해양생물학

고철환 · 박 철 · 유신재
이원재 · 이태원 · 장창익
최중기 · 홍재상 · 허형택

서울대학교출판문화원

책 머리에

이 책은 해양학을 공부하는 대학 1, 2학년 학생들을 위해 쓰여진 해양생물학 입문서이다. 해양생물학 이외에 해양학의 다른 분야를 전공으로 택하더라도 배워야 할 내용을 함께 실었다.

책의 내용은 4부로 구성하였다. 제I부에서는 일반 해양환경을 소개하고 육상과 달리 해양환경에 생물이 어떻게 적응하며 살아가고 있는가를 기술하였다. 해양환경에 대한 생리학적, 행동학적 적응을 함께 다루었다. 제II부에서는 해양생물을 서식방법에 따라 부유생물, 저서생물, 유영생물, 미생물로 나누고 그 종류와 서식방법, 해양생태계내에서의 역할을 소개하였다. 제III부에서는 해양생태계를 표영, 저서생태계로 나누어 생물의 분포 특성을 소개하였다. 가능한 한 우리나라에서 연구된 자료를 예로서 제시하고자 노력하였다. 제IV부에서는 해양생물이 인간과 가지는 관계를 기술하였다. 생물자원의 이용과 관리, 해양오염, 생태계 보전 등이 주요 내용이다.

막상 책으로 묶어 낸 두려움을 지금도 떨쳐 버릴 수가 없다. 아홉 명의 저자가 모여 내용을 어떻게 구성할 것인가 여러 번 토의하였고 각자가 나름대로 열심히 정리해 보았으나 부족한 부분이 볼수록 눈에 띈다. 앞으로 계속 보완한다는 전제 아래 출간하였음을 밝혀 둔다. 대부분의 학교가 교재로서 영문 원서를 사용하고 있어 이 책의 출간이 어느 정도 도움을 줄 수 있으리라고 여겨져 우선 부족하나마 내어 놓는 것이다.

1997년 3월

고철환(서울대 해양학과), 박철(충남대 해양학과), 유신재(한국해양연구소)
이원재(부경대 미생물학과), 이태원(충남대 해양학과)
장창익(부경대 해양생산관리학과), 최중기(인하대 해양학과)
홍재상(인하대 해양학과), 허형택(한국해양연구소)

차 례

서 론

해양생물학의 학문분야에서 취급하는 내용이 무엇인가를 소개하고 자연과학의 한 분야로서 어떤 연구방법론을 택하고 있는지를 소개하고자 한다.

"해양생물학은 바다에 사는 생물을 연구하는 학문이다." 이 정의는 '연구 대상'을 기준으로 한 것이다. 그러나 대상을 기준으로 삼았기 때문에 해양생물학의 내용을 충분히 설명하지는 못한다. 해양생물학을 정의하려면 해양생물학에서 연구하는 내용을 좀더 살펴보아야 한다.

해양생물학의 연구범위를 정하는 일이 쉽지는 않다. 해양생물학은 해양학, 생물학의 두 가지 서로 다른 성격을 가진 분야에 걸쳐 있기 때문이다. 따라서 이들 두 분야로부터 공통점을 찾아 해양생물학의 고유영역이 무엇인가를 찾아야만 한다. 그러나 해양학, 생물학은 그 추구하는 목적과 구체적인 연구방법이 다르다. 이 두 개 분야는 자연과학내에서도 서로 다른 성격을 가진 학문으로 분류된다.

자연과학의 분야는 크게 물리과학과 생물과학으로 나뉜다. 물리과학은 무생물을 취급하는 분야로서 물리학, 화학, 지구과학 등이 이에 속한다. 생물과학은 살아 있는 생물을 연구대상으로 하며 연구분야가 분류학, 생리학, 생태학 등으로 나누인다.

해양학은 지구과학의 한 분야이므로 물리과학에 속한다. 해양생물학을 해양학의 한 분야로 취급하면 지구과학에 속하게 되므로 해양생물학도 물리과학의 한 분야가 된다. 그러나 해양생물학은 취급대상이 생물이므로 해양학의 다른 분야와 달리 생물과학의 성격이 강하다. 따라서 지구과학의 한 분야로 국한시키는 것 역시 적절치는 않다. 해양생물학이 가지는 복합적인 성격을 아래에서 좀더 생각해 보고자 한다.

해양학의 분야

해양을 대상으로 해양에서 일어나는 여러 가지 자연현상을 연구하는 분야를 해양학이라고 한다. 크게 보아 순수과학 분야와 응용과학 분야로 나누인다. 순수과학 분야란 자연과학 계열의 기본과목들인 물리, 화학, 생물학들과 연계된 내용을 다루는 분야들을 말한다. 우리나라의 대학에서는 대체로 해양생물학, 해양지질학, 해양화학, 해양물리학으로 분야를 나누고 있다(그림 1).

해양생물학은 해양에 서식하는 생물의 종류, 분포, 환경에 대한 적응을 연구하는 분야이다. 해양지질학은 지체구조, 해저지형, 지질과정, 지구역사 등을 해양현상과 연계시켜 설명하고자 한다. 해양화학은 해수와 해저퇴적물의 화학적 조성을 연구한다. 해양물리학은 해수의 운동을 내부, 외부 힘의 작용과 관련시켜 해석하는 학문분야이다.

이들 네 가지 분야는 서로 깊은 연관성을 가지고 있다. 해양생물학을 예로 들어 보자. 서해에서 많이 잡히는 망둥어의 시간적, 공간적 분포를 알고자 한다면 우선 망둥어가 선호하는 물리화학적 환경을 알아야 한다. 또 조석에 따라 어떻게 이동하는가도 알아야 한다. 망둥어의 먹이가 되는 갯지렁이, 조개 등의 서식지와 생물량에 대한 정보도 매우 중요하다. 이때 망둥어의 먹이가 되는 저서동물의 서식지는 물리, 지질 환경에 의해 지배를 받는다. 따라서 유속의 세기, 이것에 의해 결정되는 퇴적물의 입도를 알아야만 한다. 즉 해양물리학, 해양지질학의 지식이 필요하다. 뿐만 아니라 저서동물의 먹이가 되는 유기물이 얼마나 해저로 퇴적되는가를 조사해야 한다. 유기물의 양은 해수에 서식하는 식물플랑크톤의 양에 의해 결정되므로 식물플랑크톤의 양적 변화에 대한 지식이 있어야 한다. 식물플

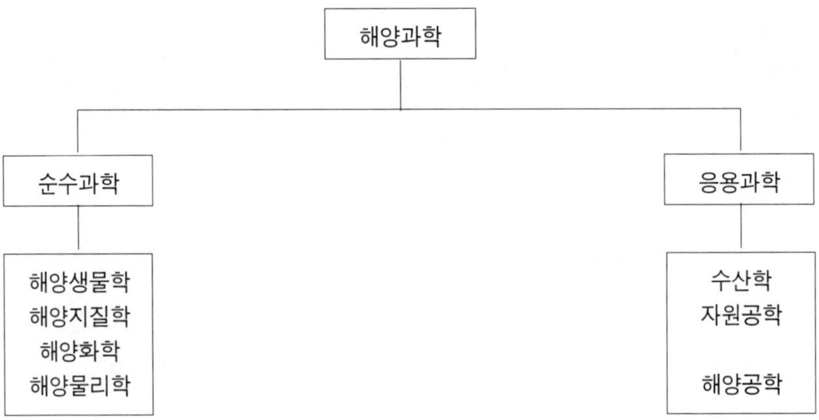

그림 1. 해양학의 순수과학 분야와 이와 관련된 응용과학 분야의 예

랑크톤의 양은 영양염의 양에 의해 지배를 받으므로 영양염의 상태를 알려면 해양화학적 조사가 다시 필요하다. 망둥어의 분포라는 현상을 설명하려 해도 이렇게 다양한 분야가 연결되어 있음을 알 수 있다. 따라서 해양학이 분야별로 구분되어 있기는 하나 각 분야의 전문가들이 모여 공동조사를 하는 것이 보통이다.

해양생물학, 해양지질학, 해양화학, 해양물리학 등의 술어 대신에 생물해양학, 지질해양학, 화학해양학, 물리해양학이라는 술어를 사용할 때도 많다. 해양이라는 대상을 공동으로 연구하여 해양의 현상을 하나의 독립된 단위로 이해하려 하기 때문이다. 이러한 술어의 차이가 어떤 의미를 갖는가를 뒤에서 해양생물학과 생물해양학을 비교함으로써 설명하겠다.

해양학과 연결된 응용분야가 많이 있다. 해양은 식량자원, 광물자원, 에너지자원을 보유하고 있으며 기후를 조절하여 생물이 살기에 적합한 환경을 제공해 준다. 또 최근에는 그 적정성 여부가 논란이 되고 있긴 하나 폐기물을 버리는 장소로도 사용된다. 해양의 이용과 연결되는 분야는 수산학, 자원공학, 해양공학, 환경학 등이다.

해양학의 응용분야 중 우리생활과 가장 밀접한 것은 수산학이다. 인류가 당면한 식량문제와 직접 연관되어 있기 때문이다. 수산학은 생물자원을 효율적으로 관리하고 이용하는 방법들을 연구한다. 특히 최근에는 양식기술을 개선하는 데 크게 공헌하고 있다. 육상생물이 의학, 농학, 약학 분야의 연구를 통해서 이용가치가 높아진 것과 마찬가지로 해양생물은 수산학을 통해서 그 가치를 극대화하였다. 수산학의 이러한 중요성 때문에 현재 우리나라에는 고등교육 기관으로 수산대학, 수산전문대학이 별도로 설립되어 있다.

자원공학은 해양의 광물자원에 대한 매장량 추정, 채취방법 등에 대해 연구하는 분야이다. 석유자원과 망간단괴에 대한 연구가 그 예이다. 해양지질학의 응용분야라고 하겠다. 우리나라에서도 태평양 망간단괴에 대한 조사를 한국해양연구소에서 실시하고 있다. 해양공학은 주로 해양구조물의 설치와 관계된 기술을 개발하는 분야이다. 토목공학 분야에 해당된다고 하겠다. 항만, 인공섬의 건설이나 간척사업과 관계된 댐의 건설, 조력발전소의 건설 등에 관계되는 기술들을 다룬다. 해양공학은 해양물리학의 응용분야이다.

해양은 최근에 생활하수나 산업폐기물이 대량으로 방출되어 오염되고 있으므로 환경학적 관점에서 많은 연구가 수행되었다. 특히 우리나라의 경우 산업공단이 연안가에 위치하고 있어 오래전부터 해양오염이 문제가 되어 왔다. 최근에는 갯벌을 개간하여 육지로 만들고 있으므로 해양생태계의 파괴가 공공연히 자행되고 있다. 많은 관심이 고조되고 있는 분야이다. 그밖에 기상학에서도 해양현상에 관한 연구를 하고 있다. 대기와 해수 사이의 상호작용이나 지구의 기후변화 등이 주된 연구분야이다. 해양학은 이러한 직접적인 응용분야 이외에도 해양이 가지는 자원으로서의 가치 때문에 국경에 대한 분쟁이 발생하므로 법학에서도 취급한다. 현재 해양자원에 관한 국제법이 제정되어 있다.

생물해양학과 해양생물학

해양생물학, 또는 생물해양학이라는 술어 모두 해양생물학의 내용을 잘 표현하고 있으나 엄밀하게 보아 약간의 차이가 있다. 생물해양학(生物海洋學, biological oceanography)이란 생물의 분포, 이동, 생물량의 변화를 해양의 지질, 화학, 물리학적 현상과 연결시켜 궁극적으로 해양현상을 설명하려는 학문분야이다. 해양생물을 '해양' 현상을 규명하기 위한 목적으로 연구한다는 의미이다. 지금까지 우리나라에서는 대체로 이 개념에 따라 연구를 수행해 왔다.

생물해양학은 해양학의 다른 분야와 긴밀히 연결되어 있다는 특징이 있다. 예를들어 생물해양학자가 동해의 식물플랑크톤 분포를 조사하였다고 가정하자. 종조성과 생물량은 해역에 따라 차이를 보이므로 이 차이에 의해서 수괴를 구분할 수 있다. 생물해양학적 관점에서 수행된 이러한 결과는 물리해양학자들에게 도움을 준다. 수온, 염분, 용존산소 등에 의해 물리해양학적 관점에서 구분한 수괴(水塊, water mass)와 식물플랑크톤의 분포에 의해 구분한 수괴를 비교함으로써 물리적 현상을 조사하여 도출된 결론에 신빙성을 줄 수 있기 때문이다. 식물플랑크톤의 많고 적음에 따라 영양염이나 그밖에 해수의 화학적 조성이 영향을 받으므로 화학해양학자들은 해수의 화학적 특성을 이해하는 데 생물해양학의 결과를 이용할 수 있다. 퇴적물을 분석한 지질해양학자들은 퇴적된 식물플랑크톤의 종류와 수괴에 있는 식물플랑크톤의 종류를 비교하여 퇴적물의 기원을 이해하려 한다. 생물해양학의 결과들은 이렇게 해양학의 여러 분야에서 이용된다고 하겠다. 생물해양학에서는 반대로 물리, 화학, 지질학적 결과들을 이용하므로 해양학은 각 분야가 서로 연결되어 있는 종합 과학의 성격을 가진다. 해양생물을 이렇게 해양을 이해하기 위한 수단으로 연구할 때 이를 생물해양학이라고 일컫는다.

해양생물학이라고 하면 약간 의미가 다르다. 글자 그대로 바다에 사는 생물에 대한 연구이다. 즉 생물학적 관점이 강조된 경우이다. 해양생물에 대해서도 육상생물에 대해서와 마찬가지로 생물 자체에 대한 연구를 하고 있다. 종류도 육상생물만큼 다양하고 그 계통적 관계나 생리적, 유전적 현상들도 육상생물에서와 마찬가지의 중요성을 가지기 때문이다. 그러나 해양생물은 육상생물처럼 접하기가 쉽지 않으므로 육상생물을 대상으로 연구한 이론들을 모두 검증하는 데는 현실적인 어려움이 있다. 따라서 육상생물을 대상으로 하는 모든 연구가 그대로 해양생물에 적용되지는 않는다. 즉 육상생물을 대상으로 한 연구 중 일부 분야만이 해양생물학에서 강조된다. 해양생물학의 구체적인 목적, 세부 연구방향 등을 잠시 살펴보자.

해양생물학의 내용

생물학은 살아 있는 생명체를 대상으로 하는 자연과학의 한 분야이다. 살아 있는 물질이 하나의 단위로 존재하는 것을 유기체 또는 생명체라고 한다. 생명체라고 해서 무생물과 전혀 다른 원소로 구성되어 있는 것은 아니다. 탄산가스와 물은 무생물이지만 이것이 식물체내에서 결합되어 생명을 가지는 유기체가 만들어지는 것이다. 생물과 무생물의 차이는 물질의 종류가 아니라 물질이 어떻게 유기적으로 연결되어 있는가 하는 유기적 구성의 정도라고 하겠다.

유기적 구성의 정도는 물질세계에서 매우 중요한 의미를 갖는다. 산소와 수소가 합쳐지면 물이라는 새로운 성질을 가지는 물질이 생긴다. 즉 산소와 수소라는 부분의 합은 산소와 수소와는 성격이 다른 물이라는 성격으로 나타난다. 이러한 부분합의 특성이 생명체의 경우는 매우 특이하다. 생명체를 구성하는 각 분자는 무생물적 성질을 가지나 이것들의 부분합은 생명이라는 특수한 성질을 갖게 되는 것이다. 이때 부분의 성질이나 부분간의 상호연관성에 대한 규칙들이 알려진다 해도 부분합은 그 성질을 예측하기가 매우 어렵다.

물질의 부분합인 생명체의 특성을 구조적, 역학적 관점에서 살펴볼 수 있다. 구조적 특성은 생명체가 주위환경과 격리되어 특정 형태의 개체를 형성한다는 것이다. 역학적 특성이란 물질교환, 생산, 자극에 대한 반응 등의 성격을 말한다.

물질교환이란 주위로부터 죽은 물질을 받아들여 이를 생명을 가지는 순환체계로 전환시키는 것을 뜻한다. 생명체는 죽은 후 분해과정을 거쳐 다시 무생물계로 환원된다. 무생물, 생물, 무생물의 이러한 물질교환의 상호작용은 자연계에서 평형을 이루고 있다. 생산은 생장과 생식의 형태로 나타난다. 생식은 하나의 생명체로부터 복제에 의해 다음 세대를 만들어 내는 것으로 선조와 후손의 특성이 유사하다. 자극에 대한 반응은 내적, 외적 환경변화에 대해 조절해 나가는 능력을 일컫는다.

물질교환, 생산, 자극에 대한 반응 등은 무생물의 세계에서도 관찰되나 이들 성질을 동시에 갖는 것은 생명체뿐이다. 더욱이 생명체가 세대를 거치면서 형태적, 생리적 변화를 수반하며 진화하는 능력을 가진 것은 생명체를 무생물과 구별하게 하는 중요한 성질이다.

생명체의 유기적 구성은 계층적 구조를 가진다(그림 2). 세포 단위에서 보자면 분자의 집합이 세포기관을 이루고 세포기관이 모여 세포를 이루는 것이 그 예이다. 세포가 유기적으로 구성된 단위를 조직이라 한다. 조직은 여러 개가 모여 다시 기관을 이루고 기관은 다시 개체를 이룬다. 이러한 계층적 구조는 개체 수준에서도 마찬가지이다. 개체군과 군집 역시 어느 종에 속하는 개체 또는 서로 다른 종이 유기적으로 구성된 하나의 계이다. 생명체의 이러한 단위가 환경과 상호작용을 하는 계를 생태계라고 한다.

분자로부터 세포, 조직, 기관, 개체, 개체군, 군집에 이르는 유기적 구성의 계층적 구조는 단계가 높아질수록 다음 몇 가지의 특징을 가진다. 첫째, 구성단위의 종류수가 적어진다. 생물분자의 종류보다 세포기관의 종류가 적은 것이 그 한 예이다. 둘째, 유기적 구성의 구조가 복잡해진다. 셋째, 단계가 높아질수록 더

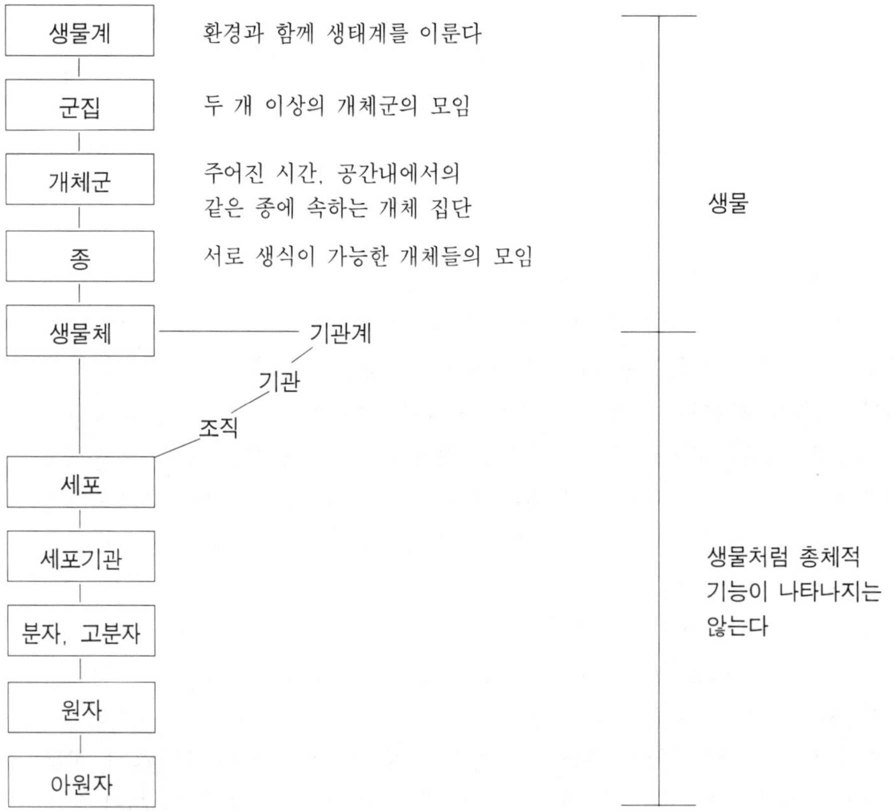

그림 2. 생물계의 계층구조. 고수준으로 갈수록 구성단위의 수가 감소한다.

많은 특성을 나타낸다. 넷째, 높은 단계로의 전이는 에너지를 필요로 한다. 그밖에 낮은 단계에서는 서로 경쟁적으로 작용하나 높은 단계에서는 상호보완적 관계를 갖는다. 예를 들면 개체상태에서는 서로 경쟁하나 군집을 이루면 서로 도우며 공존한다. 이때 구조가 복잡해지면서 서로 역할분담을 하게 된다. 역할분담을 위해서 각 단위는 더욱 특수화된다. 지구 역사상 나타나는 진화 역시 저수준에서 고수준으로 진행되어 왔다.

그러면 물질교환, 생산, 자극에 대한 반응의 능력을 가지며 하나의 단위로 존재하는 생물을 대상으로 하는 생물학은 생물의 특성들을 규명하기 위해서 어떤 방향에서 접근하고 있는가. 즉 생물과 관계된 자연현상을 어떤 관점에 따라 체계적으로 나누어 관찰하고, 가설을 세우며 실험을 통해 이론화하는가를 생각해 보자.

생물학에서는 크게 생물의 구조를 기술하고 기능을 분석하는 두 가지 관점에서 연구를 수행하여 왔다. 생물의 구조를 밝히는 분야를 형태학이라고 하며 기능을 연구하는 분야를 생리학이라고 한다. 형태학은 해부학, 조직학, 세포학, 발생학 등의 보조적인 분야를 가진다. 이들 분야의 결과를 종합하여 생물의 종을 분류하고 종간의 관계를 설정하게 된다. 이러한 분야를 분류학, 계통학이라고 한다. 생물의 기능을 밝히려는 생리학은 주로 생물분자의 수준에서 연구하고 있다. 식물의 물질생산이나 동물의 근육운동 과정을 밝히는 일 등이 좋은 예이다. 생리적 반응을 이해하고자 하기 때문에 물리학, 화학의 도움을 필요로 한다. 생물현상을 분자수준에서 연구하는 분야를 분자생물학이라 한다.

생물의 구조와 기능을 연구하는 일은 서로 독립적으로 수행하기 어려운 때가 많다. 따라서 최근의 생물학은 형태학, 생리학 분야의 구별이 뚜렷하지 않다. 또한 생물의 기능이 구조에 반영되어 나타나므로 서로의 결과를 이용하여 생명현상을 총체적으로 해석하게 되는 것이다.

생물의 구조와 기능을 밝히는 일은 최초의 생명체로부터 어떻게 지금의 다양한 생물이 진화되어 왔는가에 대한 질문과 연결되어 있다. 따라서 우리는 현재 생물계의 다양한 종들에서 관찰되는 구조적, 기능적 차이를 적응과 생존을 위한 효율성의 관점에서 이해하려 한다. 이는 지구 역사상 생물의 구조와 기능이 어떻게 진화되어 왔는가에 대한 문제와 동시에 연계시켜 논의해야만 하는 것들이다. 좁은 의미의 진화학은 고생물의 기록으로부터 그 증거를 찾는 것에 의해 진화현상을 연구하나 오늘날의 생물학은 현재의 생물현상을 밝힘으로써 과거에 일어났던 진화과정을 기능적인 관점에서 해석하고자 한다.

생물학의 분야를 취급하는 대상생물의 종류에 따라 구분할 때도 많다. 식물학, 동물학 등이 그 좋은 예이다. 해양생물을 대상으로 한다면 해양미생물학, 부유생물학, 해조류학, 무척추동물학, 어류학 등이 그 예가 될 것이다. 대상생물의 종류에 따른 이러한 구분은 연구방향에 의한 구분에 비해 매우 인위적이다. 생명현상을 이해하고자 하는 생물학의 목적에 따라 구분된 것은 아니라고 하겠다.

해양생물학은 해양의 생물을 대상으로 하므로 이론적으로는 생물학의 모든 분야에 대한 연구를 수행하여야만 한다. 실제로 해양학과 또는 해양관련 연구소에서 해양생물의 생리, 유전 등에 관한 연구를 수행하고 있기도 하다. 그러나 생리, 유전 등의 연구가 해양생물학에서 일반화된 분야는 아니다. 해양생물학은 주로 생물학의 분야 중 생태학과 깊은 관계를 가지고 있다. 따라서 해양생물학이라고 하면 전통적으로는 해양생물을 생태학적 관점에서 연구하는 분야를 일컫는다.

생물학에서 생태학의 위치는 매우 독특하다. 생태학은 일반적으로 생물학에서 수행되는 분자 또는 세포 수준이 아닌 개체수준 이상에서 발생하는 문제를 취급한다. 즉 생태학은 개체와 개체간, 종과 종간, 또 이들과 환경간의 관계를 밝히고자 한다. 생물체간의 유기적 구성에 대한 학문이라고 하겠다. 개체, 개체군, 군집의 수준에서 생물적, 무생물적 환경과 어떠한 관계를 갖는가를 그 주안점으로 하고 있다. 생물체의 구조와 기능에 대한 지식은 생태학을 이해하는 배경이 되며 생태학의 연구결과는 진화를 해석하는 데 중요한 역할을 한다. 생물의 진화를 환경에 대한 적응의 결과로 생각하기 때문이다. 해양생물학은 바로 생물학의 생태학 분야의 이론을 받아들여 연구하는 경우가 대부분이다.

해양생물학의 생태학적 관점

지금까지 해양생물학자들은 해양환경이라는 특수 조건에서 생물이 어떤 반응을 보이며 이 결과로 어떤 생물이 얼마나 많이, 어디에, 언제 분포하는가에 대한 문제들에 관심을 가져왔다. 즉 생물학의 한 분야인 생태학의 관점과 일치하는 것이다. 우선 생태학이 무엇인가에 대해 몇몇 견해가 있을 수 있으나 우리가 만일 크레브스(Krebs, 1972)에 의한 “생태학은 생물의 분포와 양을 결정하는 제반 상호작용에 대한 학문”이라는 정의를 받아들인다면 해양생물학에서 수행된 연구의 많은 부분이 생태학적 방향이었음을 알 수 있다.

해양생물학자들이 지금까지 가장 흔히 다루었던 주제들은 해양생물의 종류와 양이 시간과 공간에 따라 어떻게 분포하고 있는가에 대한 것들이다. 이때 생물의 종류와 양은 환경에 따라 결정되므로 해양생물학자들은 해양생물의 분포가 해양환경과 어떠한 상호작용 속에서 결정되는가에 대한 모든 문제를 취급해 왔다. 해양의 식물, 동물을 분류군별로 구분하여 각 분류군의 분포특성을 밝히기도 하고 일차생산자, 이차생산자로 구분하여 생산과 소비의 측면에서 연구하기도 하였다.

해양생물의 종류와 양의 시공간적 분포를 결정하는 환경요인은 여러 가지가 있다. 식물에게는 빛, 수온, 염분도, 영양염 등의 물리화학적 조건들이 중요하며 동물에게는 해양의 환경조건 이외에 동물간의 상호작용도 중요하다. 동물의 행동, 먹고 먹힘, 경쟁 등이 그 예이다. 식물에 있어서도 개체, 또는 종간의 상호작용은 생장, 생산량을 결정하는 데 중요한 요인이 된다. 해양생물의 종류와 양의 시공간적 분포와 관계된 일련의 연구들을 내용별로 나누면 아래의 네 가지 분야가 있다.

첫째, 환경에 대한 생리적 반응을 연구하여 해양생물이 어떻게 해양환경에 적응하는가에 대한 문제를 취급하는 생태생리학 분야이다. 종류와 양의 시공간적 분포에 대한 이유를 생리학적 관점에서 설명하는 분야라고 하겠다. 식물플랑크톤의 광합성 반응, 조간대생물의 고온, 건조에 대한 반응 등에 대한 연구가 그 예이다.

둘째, 해양생물의 종류와 양의 시공간적 변화를 개체, 또는 군집의 수준에서 연구하는 분야이다. 이는 일정 해역에서 서식하는 해양생물의 종류가 무엇이며 이들 종류는 환경이 구별되는 다른 해역과 차이가 있는가? 얼마나 다양한 종이 출현하며 이때 각 종은 생물량에 있어서 차이를 보이는가? 또 그 이유를 설명할 수 있는 환경요인은 어떤 것인가의 문제를 취급한다. 시공간적 변화의 이유를 개체군내에서의 개체간의 상호관계에서 찾고자 할 때 이를 개체군생태학이라고 한다. 종의 모임인 군집에 주안점을 두면 군집생태학이라 할 수 있다. 개체군, 또는 군집수준 모두에서 무생물적 환경에 반응을 취급함은 물론이다.

셋째는 생물과 환경간의 상호작용을 에너지 흐름의 관점에서 보아 연구하는 분야로서 이를 체계생태학이라고 한다. 일차생산량은 얼마이며 이는 이차소비자에 의해 어느 정도 소비되는가? 태양열로부터 받는 에너지는 해양의 최종 소비자인, 예를 들면 어류에게 얼마나 전달되는가? 등이 관심사이다. 에너지 흐름이 무생물적 환경에 어떤 영향을 받는가 역시 주된 관심사이다.

해양생물의 종류와 생물량의 환경에 대한 반응을 연구하는 일들은 비록 생태학적 관점에서 주로 이루어지지만 여러 가지의 생물학적 지식이 필요하게 된다. 대상 종의 종류를 알려면 분류학의 지식이 필요하며 각 환경에 어떻게 적응하는가를 알려면 생리학적 지식이 필요하다. 이러한 생물학적 지식을 배경으로 환경에 대한 생물의 반응을 생물적, 무생물적 환경과의 관계, 즉 생태학적 관점에서 해석하는 일들을 해양생물학에서 추구해 왔다고 하겠다.

해양생물학의 생태학적 접근들은 생물학의 최종 목표인 현존하는 생물에 대한 진화적 기원을 설명하는 데 많은 도움을 준다. 해양생물의 종류에 따른 시공간적 분포를 규명함으로써 생물종의 생태적 환경범위를 이해할 수 있고 나아가 경쟁, 피식, 포식의 관계 속에서 이들 종의 진화적 위치를 설정하게 된다. 이는 해양의 생물을 대상으로 하는 연구가 생물학이 가지는 궁극적인 목적에도 접근함을 뜻한다. 생물학은 생명현상을 규명하고 생명현상에 대한 지식을 각 대상생물에 적용하여 생물과 생물간의 계통적 관계를 수립하며 궁극적으로 오늘날의 생물이 어떠한 과정을 통하여 진화되어 왔는가를 추적하기 때문이다.

해양생물학의 과학적 추론방법론

해양생물학이 생물학, 생태학과 만나는, 위에서 논의한 부분들에 대한 연구를 위해서는 원칙적으로 자연과학에서 일반적으로 이용되는 방법론들이 필요하다. 해양생물학 역시 자연과학의 한 분야이므로 자연과학의 방법론에 따라 수행하여야만 하기 때문이다. 이러한 의미에서 일반적인 자연과학 방법론은 무엇이며 이러한 방법론에 입각하여 해양생물학의 연구를 수행할 때 필요한 구체적인 지식은 무엇인지를 아래에 특별히 소개하고자 한다. 저학년 자연과학개론에서 취급하지 않았을 경우에 대비하기 위함이다.

자연과학 방법론은 인과론에 크게 의존한다. 자연과학을 발전시킨 힘은 호기심이다. 즉 '왜', '어떻게'라는 질문이 지금까지 자연과학을 이끌어 왔다. 이때 '어떻게'라는 질문은 자연현상의 과정을 설명하는 중요한 수단이 된다. '어떻게'라는 질문에 대한 대답을 자연과학은 인과론에 의존해서 찾는다. 즉, 자연현상은 하나의 인과관계를 가지는, 예를 들면 어떤 사건은 다른 사건이 이를 허용할 때에만 일어나는 현상이라고 보는 것이다. 이는 자연현상이 그들이 계획되었기 때문에 일어난다는, 모든 자연현상이 이미 정해진 목적을 향해 가고 있다는, 목적론에 입각한 접근법과는 매우 다르다.

인과론에 기초한 자연과학적 연구는 고유의 방법론을 가진다. 자연과학 역시 의사소통의 언어를 가지며 이 언어는 문법을 가지는 바, 방법론이란 바로 자연과학에서 통용되는 문법을 말한다. 이러한 자연과학의 방법론을 네 단계로 나누어 그림 3에 나타내었다.

첫번째 단계는 자연현상을 관찰하여 문제를 제기하는 과정이다. 이때 문제제기가 과학의 단계를 넘어서서는 안 된다. 예를들어 '왜 인간은 존재하는가'라는 질문은 자연과학적 질문의 한계를 벗어난 것이다. '왜'라는 질문보다 '어떻게'라는 질문이 더욱 중요한 이유가 바로 자연과학이 자연현상의 과정을 이해하려는 데

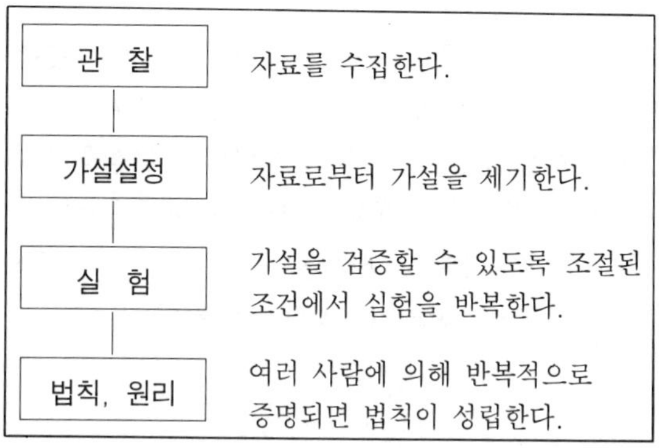

그림 3.
자연과학의 법칙과 원리를 이끌어 내는 과정

있기 때문이다.

두번째 단계는 던져진 질문에 대한 해답이 무엇인지를 가정하는 가설설정의 단계이다. 셋째 단계는 설정된 가설을 실험을 통해 검증하는 과정이다. 실험은 보통, 서로 조건을 달리하여 수행한다. 이때 실험 조건을 인위적으로 구성하여 논리적 결론을 유도할 수 있도록 한다. 실험으로 입증될 수 없는 것은 자연과학의 범주에 속하지 않는다. 예를들어 "신은 존재하는가"에 대한 문제제기는 실험으로 증명될 수 없기 때문에 자연과학의 범주로부터 벗어난다.

넷째는 이론화 단계이다. 설정된 가설은 여러 장소에서 여러 사람에 의해 검증되어 이론화된다. 자연현상의 기본을 이해하려는 질문을 던지고, 여기에 대한 가설을 설정하고 실험을 통하여 검증하여 이론을 세우는 단계를 가지는 이러한 방법론은 자연과학의 모든 영역에서 통용된다. 해양생물학 역시 이러한 방법론에 입각하여 연구를 수행하고 있다.

해양생물학을 공부하기 위해 필요한 학과목

해양생물학을 공부하기 위해서는 몇 가지 기본 학과목에 대한 지식이 필요하다. 대학원에 진학하여 계속 공부를 하고자 하는 학생들은 해양학과에서 제공되는 기본 학과목들을 수강해야 한다. 현재 대학에서 일반적으로 제공되는 과목으로는 일반해양학 및 물리, 화학, 지질해양학 등이 있다. 해양생물학과 관련된 과목은 전공선택으로 분류되어 있으나 해양생물학을 전공하려는 학생이라면 해양생물학과 관련된 모든 강의를 반드시 수강해야 한다.

해양생물학이 생물학, 생태학과 깊은 관련을 가지고 있으므로 생물학과에서 제공되는 과목 중 기본과목도 반드시 접해야 한다. 그 중 중요한 것을 들라면 분류학, 형태학, 생리학, 세포학, 생태학 등의 기본과목과 조류학, 무척추동물학 등의 각론 과목들이다.' 이밖에 통계학, 해석학, 대수학, 프로그래밍 언어 등에 대한 지식을 흡수하면 해양생물을 관찰한 자료들을 처리하는 데 많은 도움을 준다.

이 책은 해양생물을 대상으로 해양학적, 생물학적, 특히 생태학적 관점을 함께 강조하여 기술하였다. 해양생물의 종류, 형태를 이해하고 환경에 어떻게 반응하는가를 이해하는 것이 초보자에게 가장 중요하다고 생각하였기 때문이다. 부족한 부분이 물론 많이 있겠으나 흥미를 가지고 이 책에 접근하였으면 한다.

I
해양환경과 생물

1장 해수의 성질, 해류, 조석

외계에서 본 지구는 표면의 대부분이 물로 덮인 푸른 혹성이다. 물이 있기 때문에 지구에는 다른 혹성과 달리 생물체가 존재한다. 지구상의 물은 대부분이 바다에 있다. 따라서 이 장에서는 바다에 물이 얼마나 많으며 그 물의 물리, 화학적 성질은 어떠한지, 어떻게 움직이는지를 소개하고자 한다. 물의 성질이나 움직임 모두 해양생물의 서식과 밀접한 관련을 가지고 있기 때문이다.

1. 해수의 성질

1.1. 해수의 양과 분포

지구표면의 70.8%는 물로 덮여 있으며 그 물의 대부분은(>97%) 바다에 있다(그림 1-1). 그러나 전지구의 규모에 비한다면 물은 지구의 극히 일부분을 차지하고 있을 뿐이다. 지구의 반지름이 6,371 km임에 비해 바다의 평균 깊이는 3.7 km에 불과하고 가장 깊은 곳이라야 11 km에 지나지 않는다. 해양은 지구표면을 얇게 덮고 있는 수막에 비유될 수 있다. 그러나 이 물은 생물이 살기에 충분한 양이고 바로 이 물의 존재 때문에 지구에 생명체가 살아갈 수 있다.

해양에 분포하는 물을 해역별로 나누어 표면적과 부피를 표 1-1에 기재하였다. 크게 태평양, 대서양, 인도양의 세 개의 커다란 대양분지와 북극해로 나누이고 이 중 태평양이 가장 넓어 전지구 표면적의 1/3을 차지한다. 아시아, 호주대륙, 미주대륙에 둘러 쌓인 태평양은 평균 깊이도 3,910 m로 가장 깊어서 지구에 존재하는 물의 약 반 이상(52%)을 담고 있다. 대서양은 태평양과 달리 주변부에 얕은 대륙붕이 잘 발달되어 있어 평균 수심은 태평양에 비해 얕으며(3,575 m) 표면

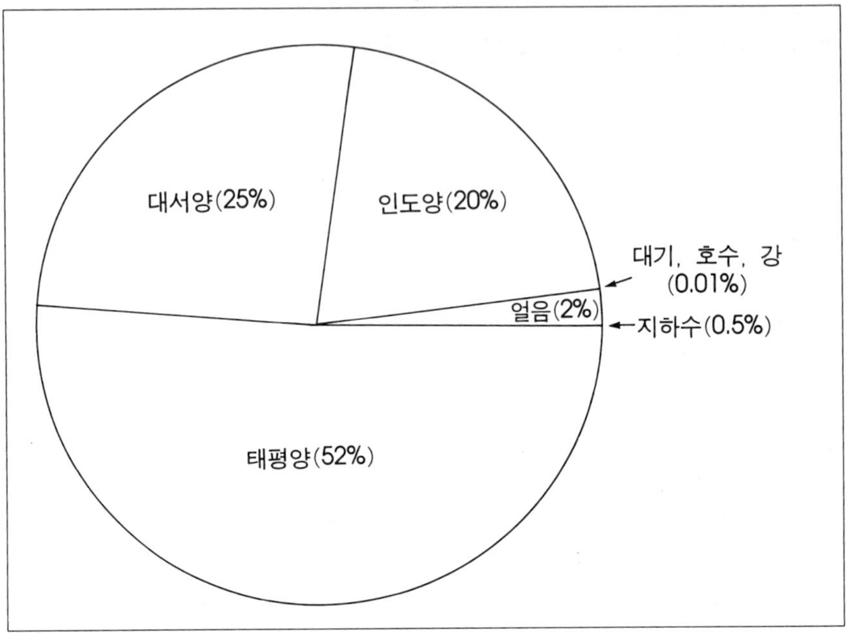

그림 1-1. 지구 표면의 물의 분포 (Gross, 1993)

표 1-1. 대양의 면적, 부피, 평균 수심 (Menard & Smith, 1966)

대양과 그 부속해	면적($\times 10^6$ km^2)	부피($\times 10^5$ km^3)	평균 수심(km)
태평양	181.344	714.410	3.940
대서양	94.314	337.210	3.575
인도양	74.118	284.608	3.840
북극해	12.257	13.702	1.117
합계	362.033	1349.929	3.729

적 역시 태평양의 반에 지나지 않는다. 물의 양은 전 지구가 함유한 물의 양의 25%를 차지한다. 아마존이나 콩고 강과 같은 큰 강에 의한 담수 유입량이 많은 것이 특징이다. 남반구에 주로 위치한 인도양은 전 지구가 함유한 물의 약 20%를 가지고 있다. 대서양보다 면적이 작으나 평균 수심은 3,840 m로 깊다. 북극해는 유라시아, 미주대륙, 그린랜드에 의해 둘러싸여 있으며 대륙붕이 차지하는 비율이 높고 상당한 부분이 얼음으로 덮여 있다. 얼음이 함유하는 물의 양은 전체의 2%이다. 참고로 지하수가 함유하는 물의 양은 전체의 약 0.5%, 대기, 호수, 강에 존재하는 물의 양은 0.01%에 불과하다. 대부분의 물이 바다에 있다고 하겠다.

1.2. 해수의 물리적 성질

물은 생명현상의 핵심인 생화학작용의 용매 역할을 할뿐만 아니라 비열이 매우 커서 온도가 급격히 변하는 것을 막을 수 있다. 이 때문에 물은 지구의 온도를 온화하게 유지시키는 역할을 해온 것으로 알려져 있다. 물의 물리적 성질 중 중요한 것들을 선택하여 표 1-2에 소개하였다.

물이 생명현상을 유지하게 하는 중요한 이유를 물의 분자결합형태에서 찾을 수 있다. 또한 표 1-2에 기재한 물리적 성질들도 이 분자결합형태로 설명할 수 있다. 물분자는 하나의 산소원자와 그 양쪽으로 공유결합을 이룬 두 개의 수소원자로 되어 있다. 수소원자는 산소원자를 중심으로 양쪽에 비대칭적으로(각도 = 104°91′) 결합되어 있다(그림 1-2). 수소원자는 각각 1개의 전자를 산소원자의 최외각 궤도의 전자와 쌍을 이루어 결합한다. 산소원자는 전자친화력이 수소원자보다 커서 전자쌍은 산소쪽으로 더 끌리게 된다. 따라서 산소원자쪽은 전기적으로 음성을 띠게 되고, 수소원자쪽은 양성을 띠게 된다. 이렇게 한 분자구조에서 위치에 따라 전기적 특성이 다른 것을 극성(極性, polarity)이라고 한다. 전기적으로 음성을 띤 산소원자부분에 양성을 띤 다른 물분자의 수소원자부분이 전기적으로 끌려 이들 사이에 수소결합(水素結合, hydrogen bond)이 생긴다. 수소결합은 분자 사이의 힘으로 반 데어 발스 힘보다는 세고, 공유결합보다는 약하다.

물분자 사이의 수소결합은 물을 여러 가지 독특한 성질을 가진 물질로 만들고 있다. 생명현상과 관련하여 무엇보다 중요한 성질은 물이 보편적인 용매라는 점이다. 극성을 가진 물질들은 물분자와 전기적으로 결합하며 비극성인 물질들은 산소원자나 수소원자를 가질 경우, 각각 물분자의 수소나 산소 원자와 수소결합

표 1-2. 물의 물리적 성질(Ingmanson & Wallace, 1973)

성 질	비 교
표면장력	일반 액체 중 최대
열전도율	수은을 제외한 일반 액체 중 최고
점도	액체로는 비교적 낮은편
증발잠열	일반 물질 중 최대
응집잠열	〃
비열	〃
밀도	수온, 염분도, 압력 순서로 영향을 받음
용해력	일반 액체 중 녹일 수 있는 종류와 양이 가장 많음

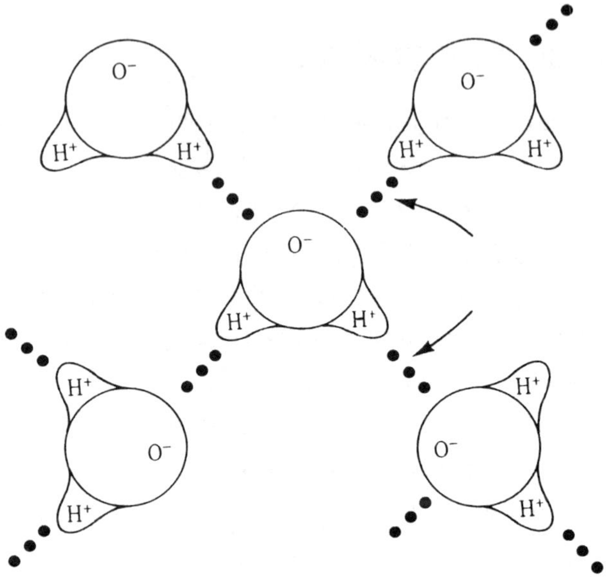

그림 1-2.
물분자의 구조

으로 결합한다. 물의 이러한 성질 때문에 물은 액체 중 가장 많은 물질을 녹일 수 있는 용매로 알려져 있다.

분자 사이의 수소결합은 강한 응집력을 갖게 하는데, 공기와의 접촉면에서는 강한 표면장력을 가지게 하여 표면의 위나 아래에 특별히 적응한 생물들이 살 수 있는 생태공간을 제공하기도 한다. 물 속에서 물체가 움직일 때는 물분자간의 응집력에 의한 저항을 받게 된다. 이 저항을 물의 점도(粘度, viscosity)라고 하는데, 이는 물의 이동이나 물 속에서의 물체의 움직임을 이해하는 데 매우 중요하다.

물은 열에 대해서도 매우 특이한 성질을 가지고 있다. 물이 액체에서 기체로 바뀔 때, 수소결합을 끊어야 하므로 기화열이 매우 크고, 비등점도 매우 높다. 지구표면에 다량의 물이 액상으로 존재하는 것은 물의 이러한 성질 때문이다. 물의 비열 또한 매우 많은 양의 열을 쉽게 흡수하거나 방출하여 물은 수중환경에서 온도의 급격한 변화를 막는 완충기능을 한다. 해수는 대기와 열을 교환하여 기후에 큰 영향을 미치며 해류의 대양순환을 통하여 고위도 지역으로 열을 이동시켜 지구전체의 기온차를 줄이는 역할도 한다.

물이 얼 때는 분자들이 육각형 구조를 이루게 되어 액체상태일 때보다 더 많은 공간을 차지하게 되어, 밀도가 낮아지게 된다. 얼음이 물보다 가벼운 것 또한 해양생태 환경에 있어 매우 중요하다. 그렇지 않았다면 극지방에서 생긴 얼음이 가라앉아 심해저의 상당한 부분은 얼음으로 덮이게 되었을 것이다. 얼음이 얼 때 이루는 육각형의 구조에 물 속에 녹아 있던 다른 분자나 원자는 끼어들 수 없게

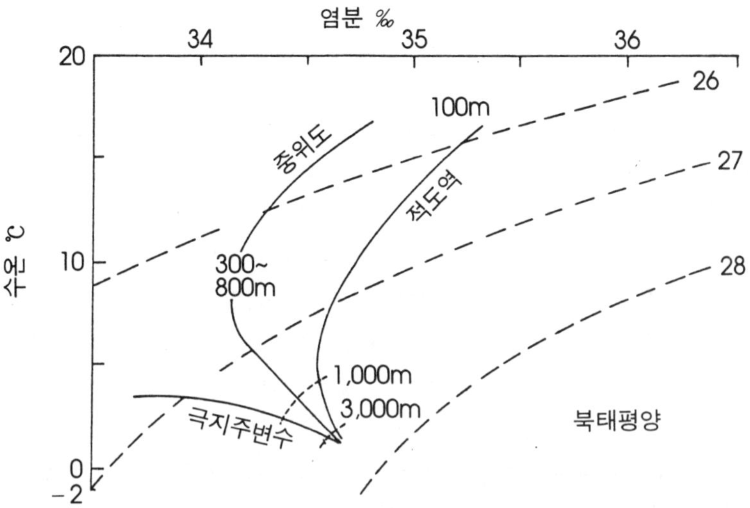

그림 1-3.
북태평양 수괴의 수온-염분(T-S) 그림표

되어 방출되기 때문에 결빙이 일어나면 주위 해수의 염분은 올라가게 되며, 얼음이 해수보다 가벼워 수중환경이 얼음으로부터 보호받게 되기도 한다.

해수의 밀도는 대개 1.024~1.030 g · cm^{-3}이며, 미묘한 차이를 쉽게 나타내기 위해 σ로 표시하기도 한다. 즉, ρ를 밀도(g · cm^{-3})라고 하면 σ는 다음과 같이 정의되며 단위는 사용하지 않는다.

$$\sigma = (\rho - 1) \times 10^3$$

밀도는 압력과 온도에 의해 달라지므로 같은 성분의 물이라도 수심과 수온에 따라 밀도가 달라지게 된다. 압력을 대기압으로 했을 때 측정지점의 수온에서 밀도를 σ_t라고 한다. 해수의 수온과 염분을 알면 σ_t는 T-S 그림에서(그림 1-3) 쉽게 구할 수 있다. 수괴마다 수온과 염분이 다르므로 T-S 그림에서 각 수괴의 수온 염분은 특징적인 위치를 가진다. 따라서, T-S 그림은 수괴끼리의 혼합과정을 파악하는 데도 쓰일 수 있다. 예를 들면 그림 1-3에서 보듯이 북태평양의 극지 주변수, 중위도 지역수, 적도역 해수는 표층과 중층의 특성은 다르나 저층의 특성은 동일함을 알 수 있는데, 이는 극지 주변에서 냉각된 해수가 바닥을 따라 흐르는 심해순환(제2.1절, 그림 1-14a)으로 설명된다.

1.3. 해수의 성분

해수에는 다양한 고형물질과 기체가 녹아 있으며 주기율표에 있는 거의 대부분의 원소가 존재한다. 해수 1,000 g의 바닷물에는 대체로 약 35 g의 물질이 녹아 있다.

해수 1,000 g 당 녹아 있는 염의 총량을 염분(鹽分, salinity, S)이라고 하며, 단위는 ‰(permil)을 쓴다. 염의 무게를 정확히 재는 것은 불가능하므로 염분을 해수의 전기전도도(電氣傳導度, electrical conductivity)로 정의하는 것이 보통이다. 염분은 대체로 연안에서 낮고 외양에서 높은데, 외양의 경우 34~37‰이며, 전체 해수의 평균은 35‰ 정도이다.

염분은 바닷물의 물리적 성질에 영향을 미친다. 4°C에서 밀도가 최대인 순수한 물과 달리 해수는 빙점에 이를 때까지 밀도가 계속 증가한다. 빙점도 강하되어 35‰인 해수는 −1.9°C에서 결빙한다. 해수의 구성성분은 장기적으로 크게 변하지 않는 보전적 성분과 영양염, 탄산가스처럼 생물, 화학적 작용에 의해 짧은 시간규모 안에 변화가 큰 비보전적 성분의 둘로 나뉠 수 있다.

바닷물 속의 용질의 대부분은 무기염류이며, 염소, 나트륨, 황산염, 마그네슘, 칼슘, 칼륨의 6종의 이온이 99.36%를 이루고 있다. 특히 생물학적으로 중요한 것은 식물 성장에 필요한 질산염, 규산염, 인산염, 탄산염과 같은 다량 영양염과 철, 망간, 코발트, 비타민과 같은 미량 영양염, 기타 유기물이다. 다량 영양염류의 해수 중 농도범위는 대개 μg at · l^{-1}이며 미량 영양염류의 농도범위는 picog at · l^{-1}이다. 용존 유기물은 측정방법에 따라 다를 수 있으나 대략 0.2~2 mgC · l^{-1}의 범위를 가진다.

이러한 용존물질 이외에도 해수에는 많은 양의 입자성 물질이 포함되어 있다. 이는 식물성 플랑크톤이나 생물체가 분해되어 생긴 유기쇄설물이나, 육지나 퇴적물에서 나온 무기성 입자(예: 점토입자)들이다. 일반적으로 0.45 μm 여과지에 걸러지는 입자성 물질을 세스톤(seston)이라고 한다.

체류시간은 해수성분의 변화과정을 이해하는 데 유용한 개념이다. 체류시간은 어떤 물질이 해양에서 머무르는 평균 시간을 말하며 해양내의 총량/연간 소실(또는 첨가)률로 정의된다. 나트륨의 체류시간은 약 2억 6천만 년이며, 알루미늄은 매우 짧아 약 100년, 물의 경우 대략 40,000년 정도된다.

해수에는 또한 대기에 있는 모든 종류의 기체가 녹아 있다. 해수면 위의 대기는 77%가 질소, 20.6%가 산소, 0.9%가 아르곤, 0.03%가 이산화탄소이며 나머지 미량 가스가 0.0024%를 차지한다(그림 1-4). 가스의 물 속에서의 용해도는 다른 액체에 비해 매우 낮다. 기체의 종류에 따라 용해도가 다르며 이산화탄소가 특히 잘 녹아 용적비로 대기농도의 40~60배가 해수에 녹는다. 기체의 용해도는 수온, 염분, 압력에 좌우되는데 압력이 커질수록 용해도는 높아진다. 10 m 깊어질 때마다 압력은 대략 1대기압 정도씩 커지게 되므로 용해도는 깊이에 비례해서 커지게 된다. 염분이 높아지면 용해도는 낮아진다(그림 1-5). 수온과 용해도의 관계는 물의 다른 성질처럼 직선적 관계가 아닌 복잡한 관계를 가진다. 순수한 물에서 산소와 수소의 용해도는 수온에 대해 포물선의 관계를 가지며 최저점이 중간에 나타난다(그림 1-5). 질소는 미량을 제외하면 물 속에서 일어나는 생화학 반응에 참여하지 않으므로 호흡과 광합성에 필요한 산소와 이산화탄소가 생물학적으로 특히 중요하다. 대기에는 없으나 저층에서 생화학적으로 형성되는 황화수소도 생물학적으로 중요하며 이들 세 가지 가스의 관계는 그림 1-6과 같다.

이산화탄소가 녹아 있는 상태는 복잡하여 대기 중의 이산화탄소, 수중의 탄산, 중탄산염(bicarbonate), 탄산염(carbonate)과 저층에 퇴적되는 탄산칼슘으로 연결되어 있다. 탄산가스의 평형상태는 탄산가스압, pH, 염기도(alkalinity)와 관계가 있는데 pH와의 관계는 그림 1-7과 같다. 대기내의 탄산가스가 증가하면 해수내의 중탄산염이 증가되고 이에 따라 탄산염이 증가하게 되고 탄산칼슘의 침전이 증가하게 된다. 반대로 광합성에 의해 CO_2가 감소하면 평형이 왼쪽으로 이동하게 된다(그림 1-6). 이러한 대기-해양의 이산화탄소가 이루는 평형체계는 완충작용을 하여 해수의 pH가 크게 변하지 않게 하며 해수의 pH는 대개 8.1~8.3(극단적인 경우 7.5~8.5)이다. 이와는 달리 담수의 pH는 2.5~10.5의 넓은 범위를 가진다.

해수 중의 산소농도는 0~8.5 ml · l^{-1}의 값을 가지며 수온이 낮을수록 용해율이

그림 1-5. 온도와 염분도에 따른 산소와 수소의 용해도

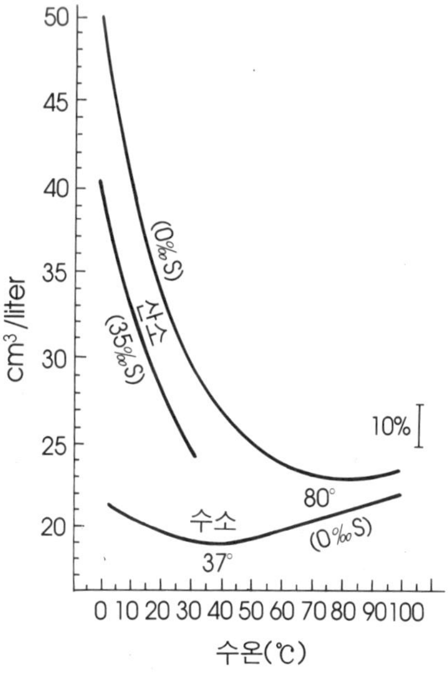

그림 1-4. 대기의 성분(1기압, 0°C)

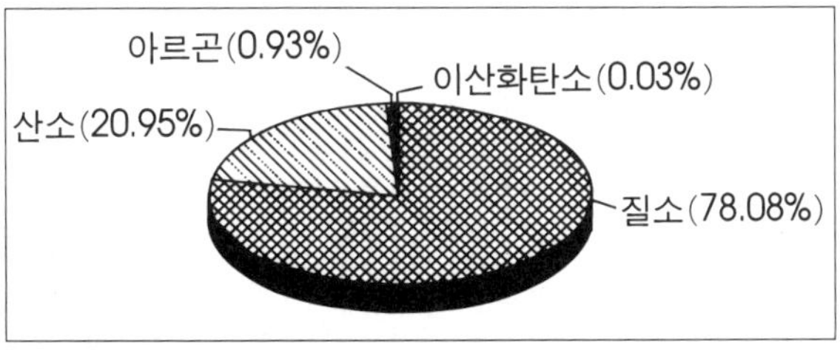

높다. 광합성이 활발할 경우 4~8 ml · l^{-1}의 높은 농도를 보이며 때에 따라 과포화상태가 될 수 있다. 4 ml · l^{-1} 이하의 산소농도는 호흡작용이 주로 일어난 결과라고 볼 수 있다. 해수 중의 산소의 기원은 대기에서의 유입이나 광합성에 의한 것으로 산소의 유입은 표층에 국한되며, 간혹 100~1,000 m 사이에서 간혹 산소 최소층이 나타나기도 한다.

해수가 성층되어 대기로부터 산소공급이 모자라게 될 때 저층에 유기물이 지나치게 많은 곳이나 갯벌 하층 같은 곳에는 황화수소가 생길 수 있다. 이는 용존

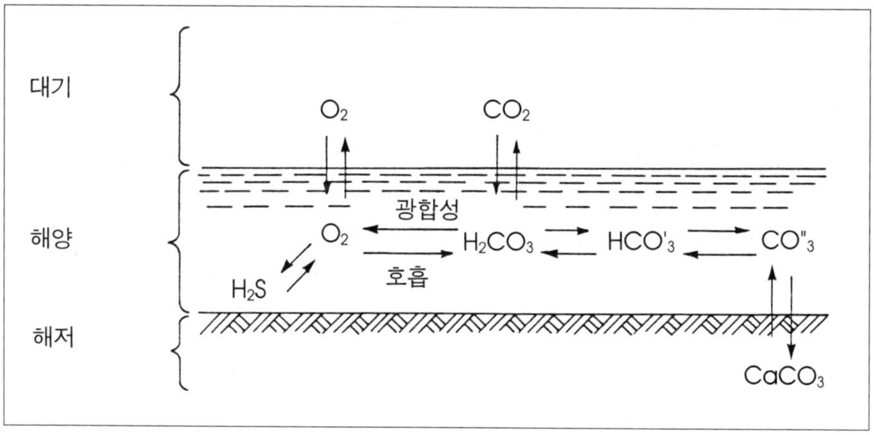

그림 1-6.
산소, 이산화탄소, 황화수소의 관계

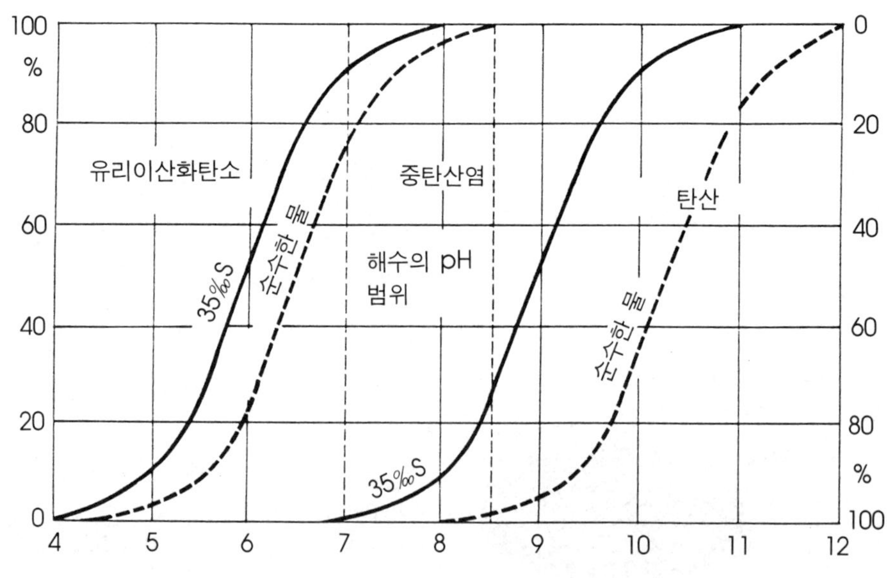

그림 1-7.
순수한 물과 35‰S의 해수에 녹아 있는 이산화탄소의 세 가지 형태와 pH에 따른 비율

산소가 모자라게 되면 유기물의 산화에 필요한 산소를 황화염내에 있는 산소원자를 유리하여 얻는 박테리아가 번성하기 때문이다(그림 1-6). 이때 부수적으로 생긴 황화수소는 물에 잘 녹게 된다. 황화수소는 대개의 동·식물에 치명적이어서 황화수소가 발생하는 지역에서는 생물이 살 수 없게 된다.

2. 해류와 조석

2.1. 해 류

해류는 다양한 규모에서 일어나는 해수의 운동이다. 큰 규모의 해류는 지구의 자전운동, 지구적 규모의 바람방향과 밀접한 관련이 있다. 지구의 자전운동과 관련된 코리올리 힘과 바람이 해류에 어떤 영향을 미치는가를 살펴보고 지구적 규모의 해류 흐름을 소개하고자 한다.

해류를 일으키는 힘

코리올리 힘

해류가 어떤 방향으로 움직이는가를 이해하려면 먼저 코리올리 힘(Coriolis force)을 이해할 필요가 있다. 지구상의 물체가 이동할 때는, 물체 자체의 이동 외에도 지구 자체의 자전에 의한 이동이 더해지게 된다. 그림 1-8a에서처럼 지점 O에서 해를 향해 미사일이 발사되었다고 하자. 일정한 시간 뒤 지구는 자전하므로 지구상의 목표점 E는 왼쪽으로 움직이게 된다(그림 1-8b). 지구의 자전각속도를 Ω라고 하면 수평면 방향의 성분은 $\Omega\sin\phi$가 된다. 그러나 지구표면에 있는 관측자에게는 해가 오른쪽 위로 이동한 것처럼 보이며, 미사일은 오른쪽으로 어떤 힘에 의해 밀리는 것처럼 보이게 된다(그림 1-8c). 이때 각속도는 $\Omega\sin\phi$이다. 이와 같이 움직이는 물체에 작용한 것처럼 보이는, 가상적인 힘을 코리올리 힘이라고 하며, 북반구에서는 진행방향의 오른쪽으로, 남반구에서는 진행방향의 왼쪽으로 작용하게 된다. 바람이나 해류도 코리올리 힘의 영향을 받게 된다.

코리올리 매개변수(Coriolis parameter) f는 $f = 2\Omega\sin\phi$로 표현되며, 여기서 Ω는 지구자전 각속도이며 ϕ는 위도이다. 극지방($\phi = 90°$)에서 코리올리 효과가 최대가 되며 적도에서는($\phi = 0°$) 0이 됨을 알 수 있다.

해양의 한쪽의 수면이 높아 압력구배가 생겼을 때 이 구배를 따라 해수가 이동

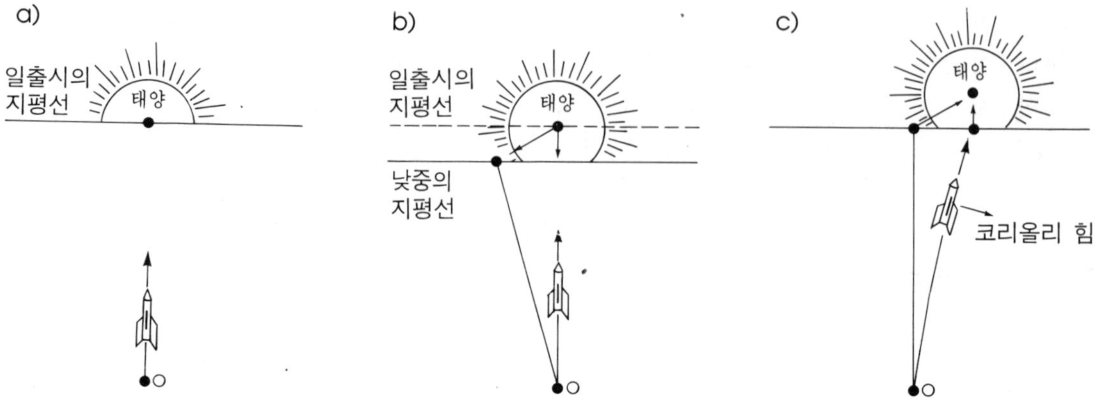

그림 1-8. 코리올리 힘의 모식도.
a) 미사일이 지평선상의 태양을 향해 발사됨. b) 태양은 그자리에 있으나 지구자전에 의해 지평선상의 지점 E는 이동한다.
c) E의 기준에서 보면 미사일이 오른쪽으로 휜것처럼 보인다.

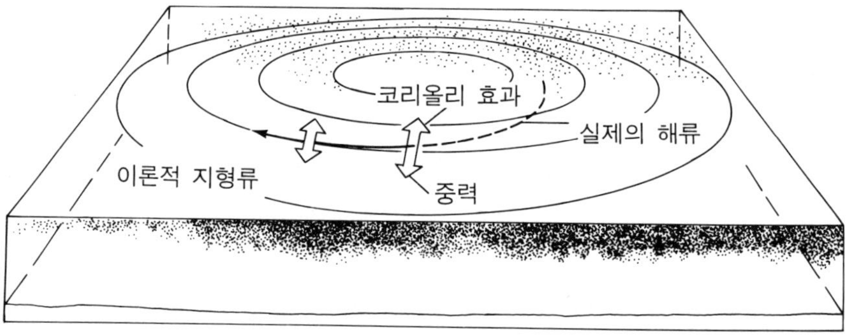

그림 1-9.
북반구에서 일어나는 지형류의 도식

한다. 이 움직임은 코리올리 힘에 의해 오른쪽으로 휘게 되고, 그 후 압력구배에 의한 힘과 코리올리 힘은 대치되어 평형을 이루게 되면 해수의 이동에는 더 이상 압력구배를 따라 흐르지 않고 압력등고선을 따라 흐르게 된다(그림 1-9). 이러한 해수의 이동을 지형류(地衡流, geostrophic flow)라고 한다.

바 람

물 위로 바람이 불게 되면 끌림(drag)에 의해 표층의 물이 바람 부는 방향을 따라 움직이게 되므로 해류가 생기게 된다. 이 해류는 코리올리 힘에 의해 북반구에서는 바람방향의 오른쪽으로 힘을 받으므로 약 45° 방향으로 꺽어지게 된다. 이 움직임은 바로 아래의 수층을 역시 끌게 되는데 똑같은 현상이 연쇄적으로 일어나 아래쪽으로 갈수록 움직임은 감소하고 표층바람 방향에 대한 편향각도는 증가하여 나선형을 이루며 휘게 되는데 이를 에크만 나선(Ekman spiral)이라고 한다(그림 1-10). 일정한 수심에 이르게 되면, 표층에서 전달된 에너지는 감소되어 해류를 일으킬 수 없게 된다. 이렇게 에크만 나선이 형성되는 수층을 에크만 층

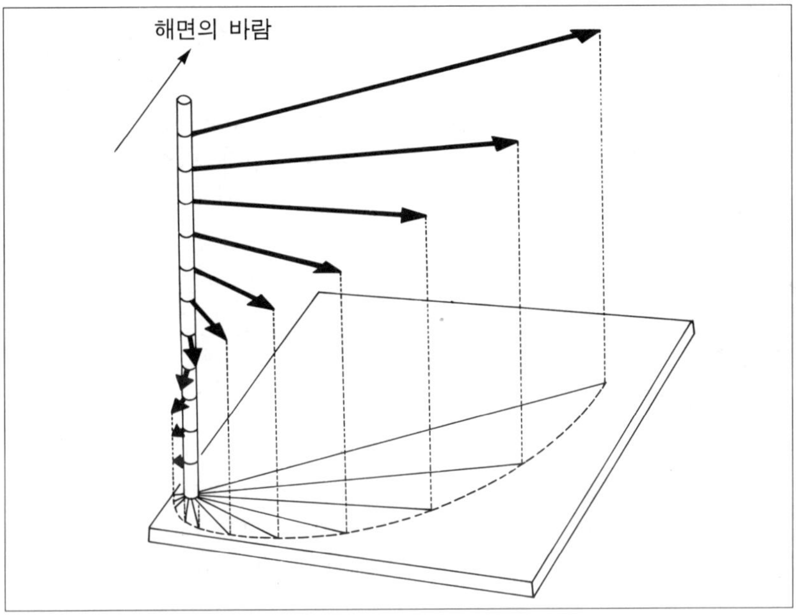

그림 1-10.
에크만 나선

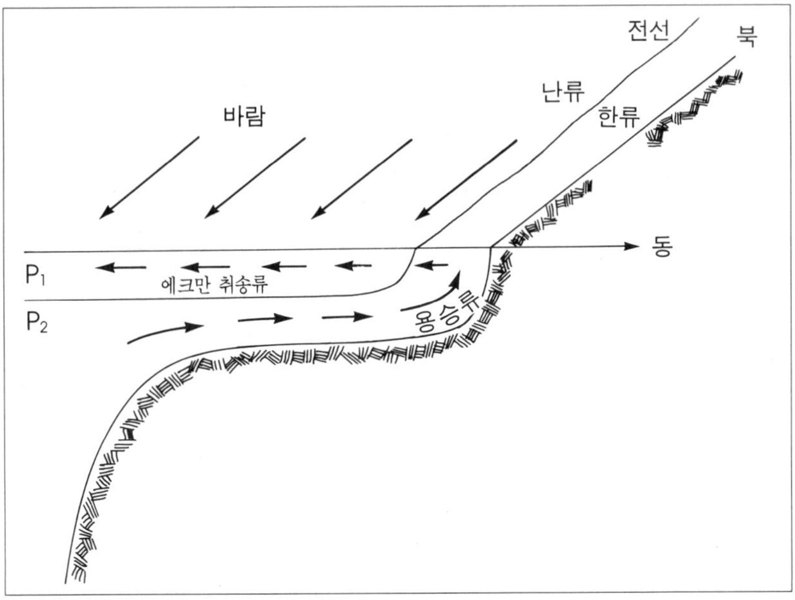

그림 1-11.
에크만 취승류에 의한 용승류

(Ekman layer)이라고 한다. 에크만 층 전체에 걸쳐 평균한 에크만 나선의 총합적인 효과는 바람 부는 방향의 90° 방향으로 물이 이동하는 결과를 가져오며 이를 에크만 수송(Ekman transport)이라 하고 이러한 물의 흐름을 에크만 취송류(Ekman drift)라고 한다.

북반구에서 대륙연안을 왼쪽에 두고 연안을 따라 바람이 불 때 외해쪽으로 에크만 취송류가 일어나게 되고 이 빈자리를 메우기 위해 아래에서 찬 저층수가 올라오게 되는 데 이를 용승류(湧昇流, upwelling)라고 한다(그림 1-11). 용승류는 바람이 불 때 지역적으로 일어나는 국지적인 현상이다. 대양에서의 해수순환은 전지구적 규모의 대기 흐름과 관계가 깊다. 다음에서 대양의 해류순환을 이러한 관점에서 설명하였다.

해류순환

대양의 해류순환

표층에서는 주로 바람에 의해 해수의 이동, 즉 해류가 일어나는데 이 해류들은 저위도 해역에서 흡수된 태양열을 고위도 지방으로 이송하는 역할을 함으로써 지구 전체의 기후에 큰 영향을 미치고 있다. 지구가 자전하지 않는다면 지구표면에 일어나는 대기의 순환은 그림 1-12a와 같이 단순한 형태가 될 것이다. 즉 적도 지방에서 더워진 공기는 위로 올라가고 극지방에서 차가워진 공기는 내려오는 하나

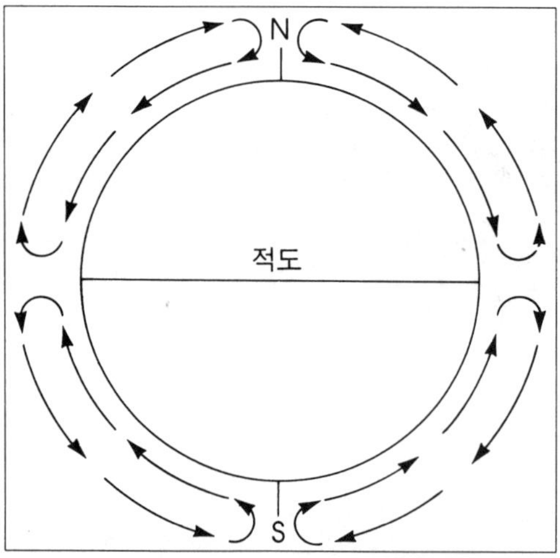

그림 1-12a. 지구가 자전하지 않는다고 가정할 때의 대기의 대류 유형(Gross, 1993)

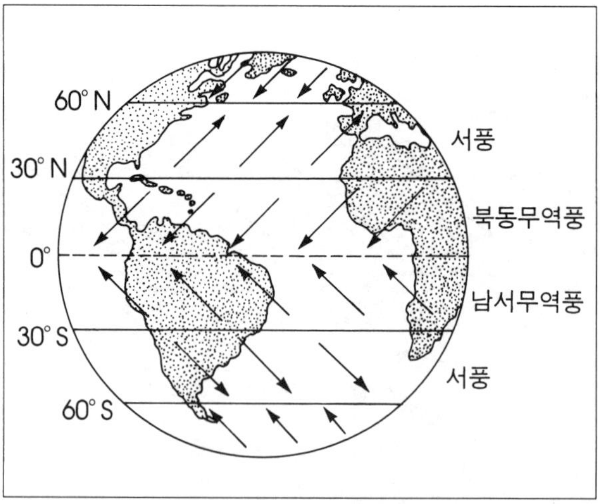

그림 1-12b. 표층 기류

의 대류체계가 만들어질 것이다. 그러나 지구의 자전운동에 의한 코리올리 힘 때문에 실제의 대류체계는 복잡해진다. 그림 1-12b에서 보듯이 표층바람은 적도와 위도 60° 부근에서 수렴하고 30° 부근에서는 발산하는 형상으로 각 반구 당 세 개의 대류체계가 생기게 된다. 북반구의 중위도에서 저위도로 부는 북동무역풍(北東貿易風, Northeast trades)은 코리올리의 힘에 의해 경도를 따라 남서쪽으로 비스듬히 불게 되며, 중위도에서 고위도로 부는 바람은 북동쪽으로 불게 된다(그림 1-12b).

이들에 의해 일어나는 해류 또한 코리올리 힘에 의해 오른쪽으로 휘므로 저위도에서는 동쪽에서 서쪽으로 흐르며, 고위도에서는 서쪽에서 동쪽 방향으로 흐르게 된다. 동쪽 혹은 서쪽으로 흐르던 해류는 대륙을 만나 남북으로 방향이 바뀌어 태평양이나 대서양에서 회전하게 되며, 이러한 거대한 순환형태를 띠게 되는데 이를 환류(還流, gyre)라고 한다(그림 1-13a). 또한, 국지적으로 북미나 남미, 아프리카의 서안에서는 연안을 따라 부는 바람에 의해 생긴 해류가 코리올리

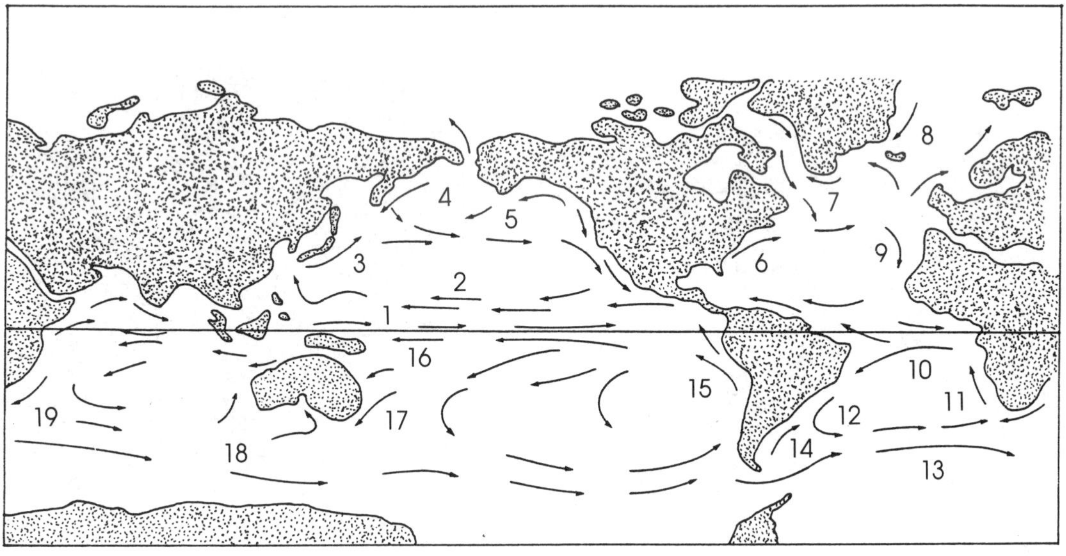

① 적도역류	② 북적도해류	③ 쿠로시오해류	④ 오야시오해류
⑤ 북태평양해류	⑥ 걸프스트림	⑦ 라브라도해류	⑧ 북대서양해류
⑨ 카나리해류	⑩ 남적도해류	⑪ 벵궐라해류	⑫ 브라질해류
⑬ 서풍류	⑭ 포크랜드해류	⑮ 페루해류	⑯ 남적도해류
⑰ 동호주해류	⑱ 서호주해류	⑲ 아굴라스해류	

그림 1-13a. 대양의 표층류

힘에 의해 에크만 취송류가 생겨 외해쪽으로 흐르게 되고, 이 빈자리를 메우기 위해 저층수가 위로 솟게 되는 용승류가 일어나기도 한다(그림 1-13b). 적도 부근에서도 적도해류가 흐를 때, 코리올리 힘에 의해 남·북반구의 편향 방향이 서로 반대가 되어 일부가 흩어지므로 밑에서 저층수가 올라오는 용승류가 생긴다. 용승류는 저층에서의 풍부한 영양염을 표층으로 공급하므로 용승류가 일어나는 곳에서는 식물플랑크톤의 번성이 일어나고 연쇄적으로 동물플랑크톤과 이를 먹고 사는 어류의 번성을 가져오게 된다. 따라서 용승류가 일어나는 곳에 생산력이 높은 어장이 형성되게 된다.

저층에서의 물의 순환은 수온, 염분 차이에 의한 밀도 차이로 일어나게 된다. 고위도 역의 해수는 차고 결빙이 일어나 고염으로 된다. 저위도의 표층해류는 증발에 의해 고염분이 되며, 이 해류가 환류를 따라 극지방으로 올라가 고위도 역의 수괴와 섞이어 차고 고염분인 수괴를 이루게 된다. 차고 고염분인 수괴는 밀도가 매우 커지게 되므로 가라앉게 되며 적도쪽을 향하여 서서히 흐르게 된다. 이때 역시 코리올리 힘이 작용하여 방향이 휘게 된다. 심해순환(深海循環, deep

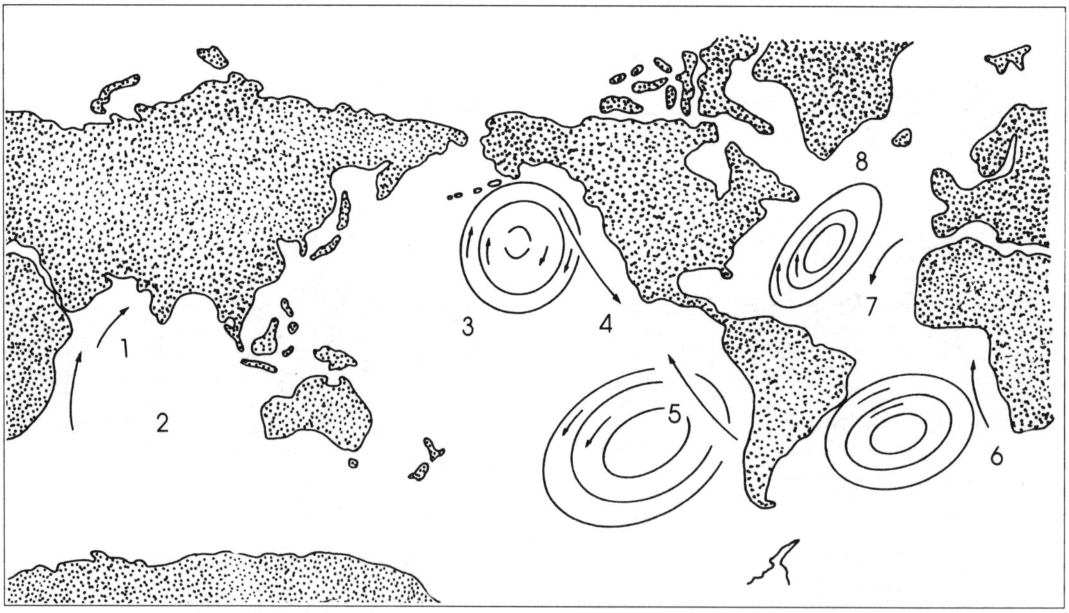

① 소말리해류 ② 인도양 ③ 태평양 ④ 캘리포니아해류
⑤ 페루해류 ⑥ 벵궐라해류 ⑦ 카니리해류 ⑧ 대서양

그림 1-13b. 용승이 일어나는 해역

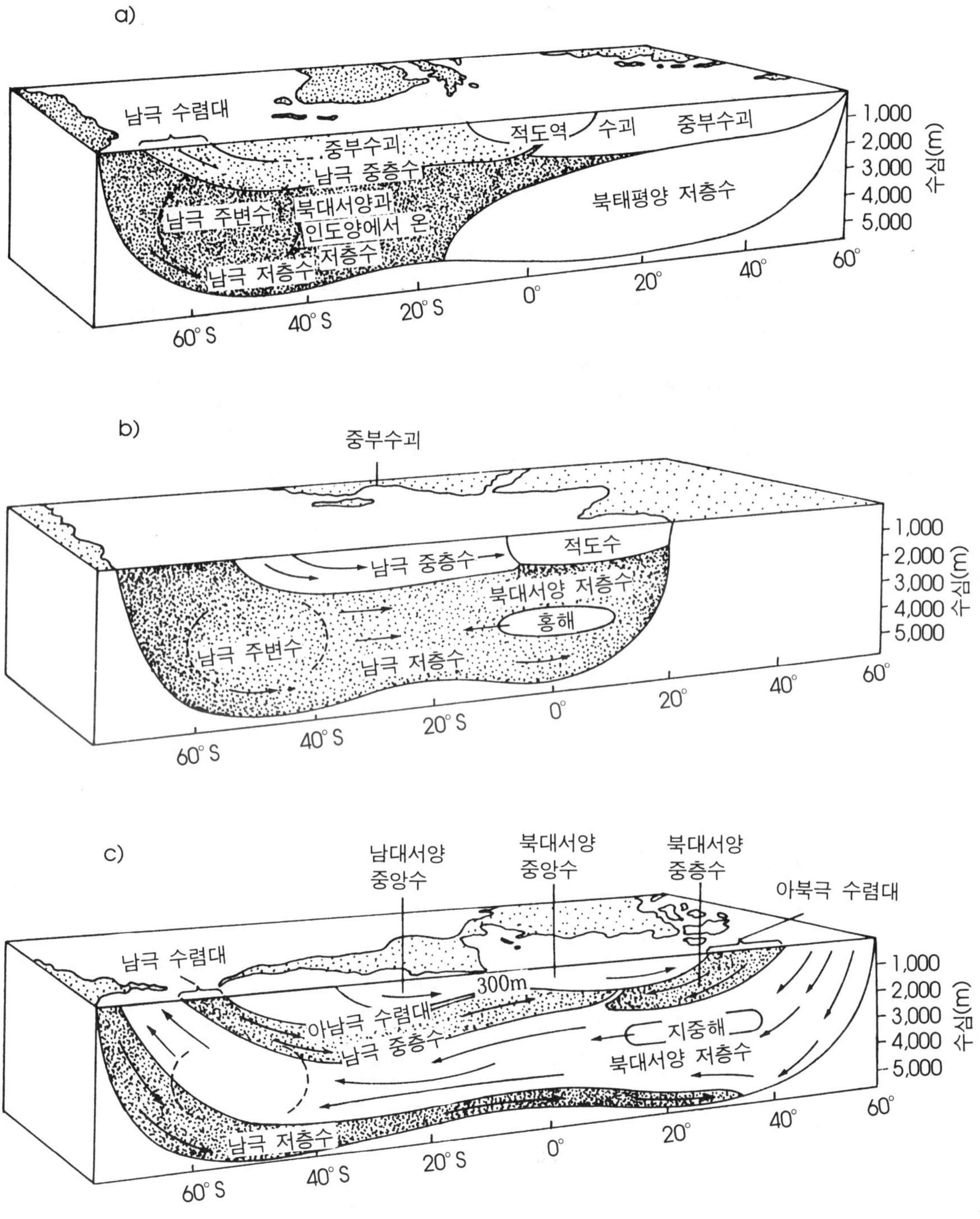

그림 1-14. a) 태평양의 심해순환. b) 남빙양의 심해순환. c) 대서양의 심해순환

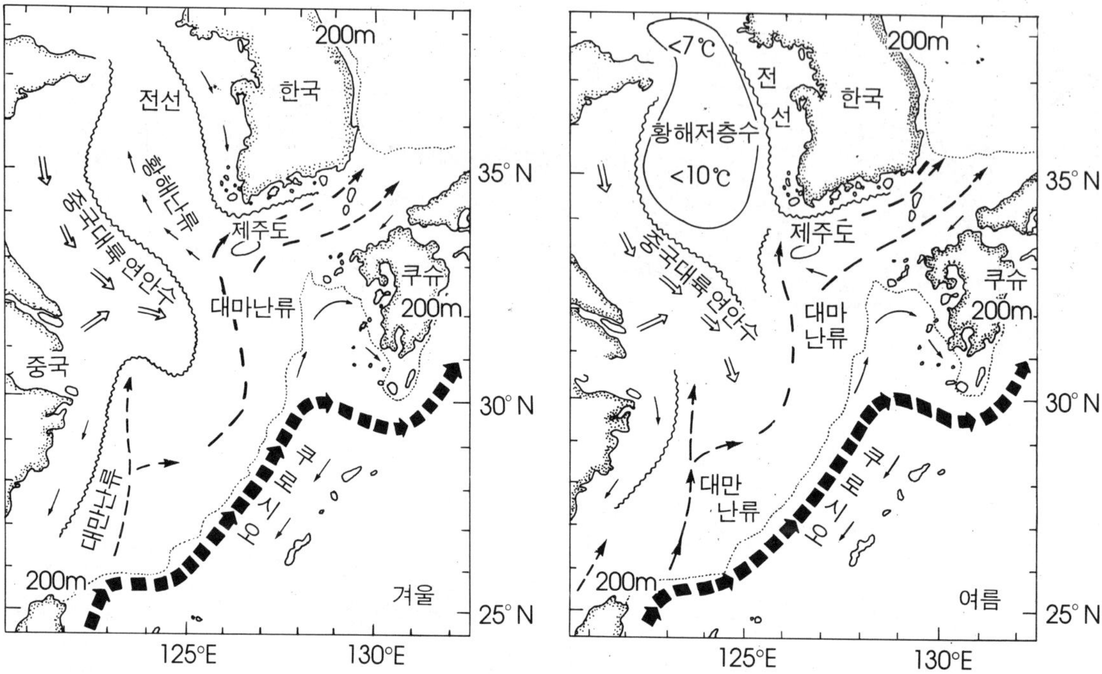

그림 1-15. 황해, 동중국해 주변의 해류(승, 1992)

sea circulation)은 밀도에 따라 몇 층으로 나뉘어 일어나게 된다(그림 1-14). 심해순환은 몇 백 년 이상의 매우 긴 시간에 걸쳐 일어나는데, 생물학적으로 중요한 역할을 한다. 즉 심해에 산소를 공급하여 심해생태계의 존재를 가능케 하고 있다. 극지방의 표층수는 차가우므로 다량의 산소를 포함하게 되며 이 수괴가 가라앉아 심해생태계로 전달되는 것이다.

한국 주변해의 해류

태평양의 북서쪽 구석에 위치한 한국의 주변에는 세 개의 주변해가 섬과 대륙에 의해 태평양으로부터 격리되고 있다. 동중국해는 타이완과 류큐열도에 의해, 동해는 일본열도와 사할린에 의해 둘러싸여 있고 황해는 아시아 대륙과 한반도에 의해 황해와 동중국해는 양자강과 제주도를 잇는 선을 경계로 하여 갈라지며 뚜렷이 구별되는 해류체계를 가진다. 황해의 평균 수심은 44 m이고 중부가 움푹 들어간 분지형태를 하고 있다(그림 1-15). 동중국해는 평균 수심 350 m이며 태평양과는 대륙사면을 경계로 분리된다. 동해는 최대 수심이 3,000 m를 넘어 대양분지와 같은 성격의 순환체계를 가진다. 남해는 150 m 이내의 얕은 수심을 가지고 있으며, 제주도 남쪽에서 일본쪽으로 갈수록 수심이 급격하게 증가하고 있다.

황해, 남해, 동해의 해수순환은 주변 해역과 밀접한 관련을 가지고 있다. 이 중 가장 큰 영향을 미치는 것은 쿠로시오 해류이다. 태평양의 대양순환체계 중 서태평양 적도역에서 북상하여 일본열도를 따라 흐르는 해류가 쿠로시오 해류인데 동중국해 남부와 일본열도 남부를 연결하는 선에서 우리나라 해역과 구별된다. 쿠로시오 해류가 류큐열도를 지나면서 그 지류가 대륙사면을 거슬러 북상하면서 대마난류가 분지되고 이 대마난류가 우리나라의 남쪽 주변해에 영향을 미치게 된다.

황해, 남해, 동해는 해류가 서로 다른 특징을 보인다. 황해는 연안쪽으로 연안류가 흐르고 있으며, 중앙에는 황해저층수가 넓게 자리잡고 있고, 또한 중국대륙의 강으로부터 담수의 유입이 상당히 활발한 해역이다. 황해에는 겨울에 형성된 저온의 황해 저층수가 봄에서 가을까지 저층에 존재하며, 연안쪽으로는 연안류가 형성되며 여기에는 담수의 유입이 영향을 준다. 황해남부에서는 대마 난류와 황해 고유수가 만나 전선을 형성하는 것으로 알려져 있으나, 황해 내부로의 난류 유입에 대해서는 아직 확실하게 밝혀지지 않았다. 이 난류는 연안류와 함께 황해 순환체계를 이루며 고온, 고염 해수를 발해만까지 나르는 것으로 추정된다. 또한 연안에는 강한 조석에 의해 조석전선이 형성되며 바깥쪽으로는 계절적으로 강한 수온약층이 형성된다.

남해는 연중 계속해서 대마난류의 영향을 받으며 서쪽의 중국대륙으로부터 유입되는 담수의 영향도 예상되는 해역이다. 양자강 수는 대마난류와 합류하여 제주해협까지 또는 그 너머에 이르는 것으로 보이나 자세한 경로는 밝혀지지 않았다. 제주도 주변 해역은 대마난류의 영향을 받지만 분포하는 범위가 계절에 따라 차이가 있어서 겨울에서 여름으로 갈수록 난류의 영향이 감소하는 경향을 보이며, 제주도 연안쪽에는 수온·염분의 수평구배가 크고 연직적으로 거의 균질 상태이며 수온과 염분이 낮아 남해와 구별된다. 그리고 남해는 연중 계속해서 대마난류의 영향을 받는 난수지역이다.

동해의 수괴특성은 크게 3가지의 수괴로 나눌 수 있는데(그림 1-16) 대한해협을 통해 연안쪽으로 유입되는 대마난류의 분류인 고온-고염-저영양염의 동한난류 수괴와 북쪽에서 겨울철 냉각에 의해 형성되어 유입되는 저온-저염-고영양염의 북한 한류수괴와 항상 심해에 존재하는 저온-고염-고영양염의 동해고유 저층수괴이다. 동한난류와 북한한류는 시·공간적으로 복잡한 변화를 보이며, 연안쪽으로 유입된 난류는 죽변~울릉도, 주문진 근처에서 남하하는 한류세력과 만나 혼합되면서 동쪽으로 방향을 전환하여 전선을 형성한다.

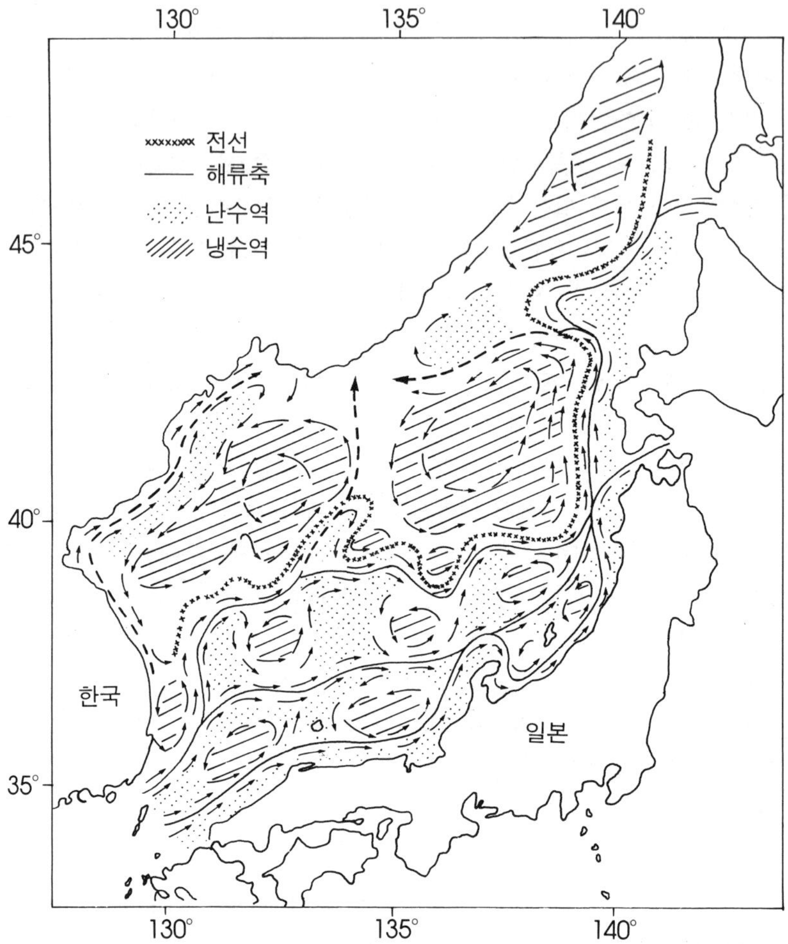

그림 1-16.
동해의 해류
(Naganuma, 1973)

2.2. 조 석

조석의 원리

조석이란 달과 해면의 인력에 의해 해수면이 주기적으로 올라왔다 내려갔다 하는 것을 말한다. 조석은 조간대라는 독특한 생태환경을 만들 뿐 아니라 해류를 일으키는데, 연안에서는 바닥에 난류를 일으키고 조류가 강할 경우는 성층이 형성되는 것을 막아 물의 혼합이 활발하게 된다. 조류에 의한 혼합이 약하고 성층이 잘된 경우에는 수온약층에 내부파(內部波, internal wave)를 일으켜 수온약층

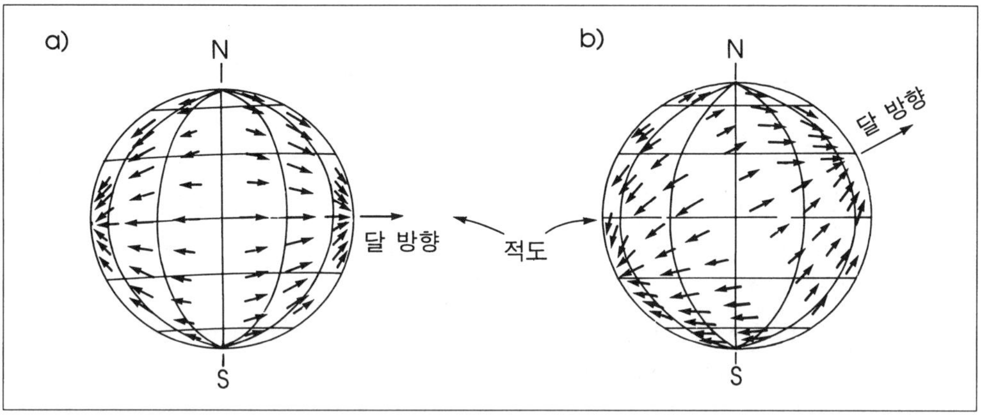

그림 1-17. 조석의 원리

상하부에 수직혼합을 일으키기도 한다.

조석의 원리를 이해하기 위해 먼저, 가장 단순한 경우부터 생각해 보는 것이 도움이 된다. 즉, 지구표면이 균일하게 바다로 덮여 있고 달은 지구 적도와 같은 평면의 한 점에 고정되어 있다고 가정해 보자. 달에 가까운 곳에는 만유인력이, 반대쪽에는 원심력이 더 세므로 양쪽에서 수면이 일시적으로 올라가게 되고(그림 1-17a), 지구가 자전하게 되면 수면이 올라간 지점이 이동하게 된다. 이때 고정된 지점에서 볼 때는 긴 파동이 지나가는 것과 같으며 하루에 두 차례의 파동이 지나가게 된다. 파동의 최고점, 즉 수면이 가장 높을 때를 만조, 반대로 파동의 최저점, 즉 수면이 가장 낮을 때를 간조라고 하고 만조수위와 간조수위의 차를 조차라고 한다. 달이 지구의 적도 위에 있다면 지구가 한 번 자전하는 동안 두 개의 동일한 파동이 지나가게 되며 정확히 하루 두 번의 동일한 조석이 일어나게 될 것이다.

이제 태양의 주위를 지구가 공전하는 경우를 생각해 보자. 해는 달보다 훨씬 질량이 크나 지구에서의 거리가 400배 정도 더 멀기 때문에 만유인력의 크기는 달에 비해 절반 정도밖에 되지 않는다. 달과 해가 같은 방향이거나 정반대에 놓일 경우는 수면상승 효과가 더해지므로 조차가 가장 큰 대조(大潮, spring tide)가 일어나고 반대로 상쇄하는 위치(즉 지구를 중심으로 직각의 위치에 놓일 때)에 놓일 경우는 조차가 가장 작은 소조(小潮, neap tide)가 일어나게 된다. 결과적으로 한 달에 두 번씩의 대조와 소조가 생기게 되는 것이다. 그러나 달이 지구 적도 위에 있지 않을 때는(그림 1-17b) 달이 정면에 있을 때와 정반대 위치에 있을 때의 만조수위가 달라지게 된다.

달은 공전에 의해 하루에 약 12° 이동하게 되므로 어떤 지점이 달에 대해 상대적으로 동일한 위치로 돌아오는 데는 하루에 약 50분씩 늦어지게 되어 조석의 주기도 하루보다 50분 정도 길게 된다. 또한 실제의 달은 한 달 동안 지구 적도를 중심으로 북위 28.5° 평면과 남위 28.5° 평면 사이를 왕복하므로 하루에 일어나는 두 번의 만조의 크기도 달라지게 된다. 이것을 일조부등(日潮不等, diurnal inequality)이라고 한다. 여기에 지구의 적위가 1년 동안 북위 23.5°에서 남위 23.5°까지 변하므로 실제 조석의 양상은 복잡해지게 된다.

이제 마지막으로 대륙과 해저지형의 효과를 포함시키게 되면 실제의 조석은 위에서 설명한 단순한 모델보다는 훨씬 더 복잡해진다. 예를 들자면 연안에서는 수심이 얕아서 지형에 따라 조차가 증폭된다. 캐나다의 펀디 만의 최대 조차는 16m 가량이나 된다.

조석의 종류

세계 곳곳의 해안에서 일어나는 조석은 지역적 특성에 따라 다양한 양상을 가지게 되는데 주기를 기준으로 하여 크게 세 가지로 나눌 수 있다. 일주조(日週潮, diurnal tides)는 하루에 한 번 조석이 일어나는 것으로 주기는 24시간 50분이 된다. 일주조는 멕시코 만, 알류샨 열도 등에서 나타난다. 반일주조(半日週潮, semi-diurnal tides)는 12시간 25분 간격으로 하루에 두 번 유사한 조석이 일어 나는 것으로 가장 흔한 형태이며 개방된 연안에서 흔히 볼 수 있다. 혼합조(混合潮, mixed tides)는 일주조와 반일주조가 섞여 나타나는 경우로 반일주조가 우세할 때는 일조부등이 나타난다. 그림 1-18에서 영국의 이밍햄(Immingham) 지방의 조석은 크기가 같은 조석이 하루에 두 번씩 일어나는 반일주조이며, 일주조의 예가 맨 밑의 도손(Do-Son) 지방이다. 그림 1-18의 두번째, 세번째 그림은 혼합조이다. 위에서 말한 복잡한 요인 때문에 한 장소에서 한 형태의 조석만 일어나기보다는 계절에 따라 다른 형태가 나타날 수도 있다.

어떤 곳의 조석을 예측하기 위해서는 지형이 기하학적으로 단순할 경우를 제외하면 실제 관측된 양상을 외삽하게 된다. 지점에 따라 형태가 달라지게 되고 실제 관측을 토대로 여러 개의 사인(sine)곡선 성분으로 분석한 뒤 이를 외삽하여 예측하게 된다. 이러한 성분을 분조라고 하며 20개 이상이 되지만 가장 중요한 4개는 다음과 같다. M_2(주기=12.4 시간)은 달에 의한 반일주조이며, S_2(주기=12.0 시간)는 해에 의한 반일주조이고, K_1(주기=23.9 시간)은 달-해에 의한 일주조(diurnal), O_2(주기=25.8 시간)은 달에 의한 일주조이다.

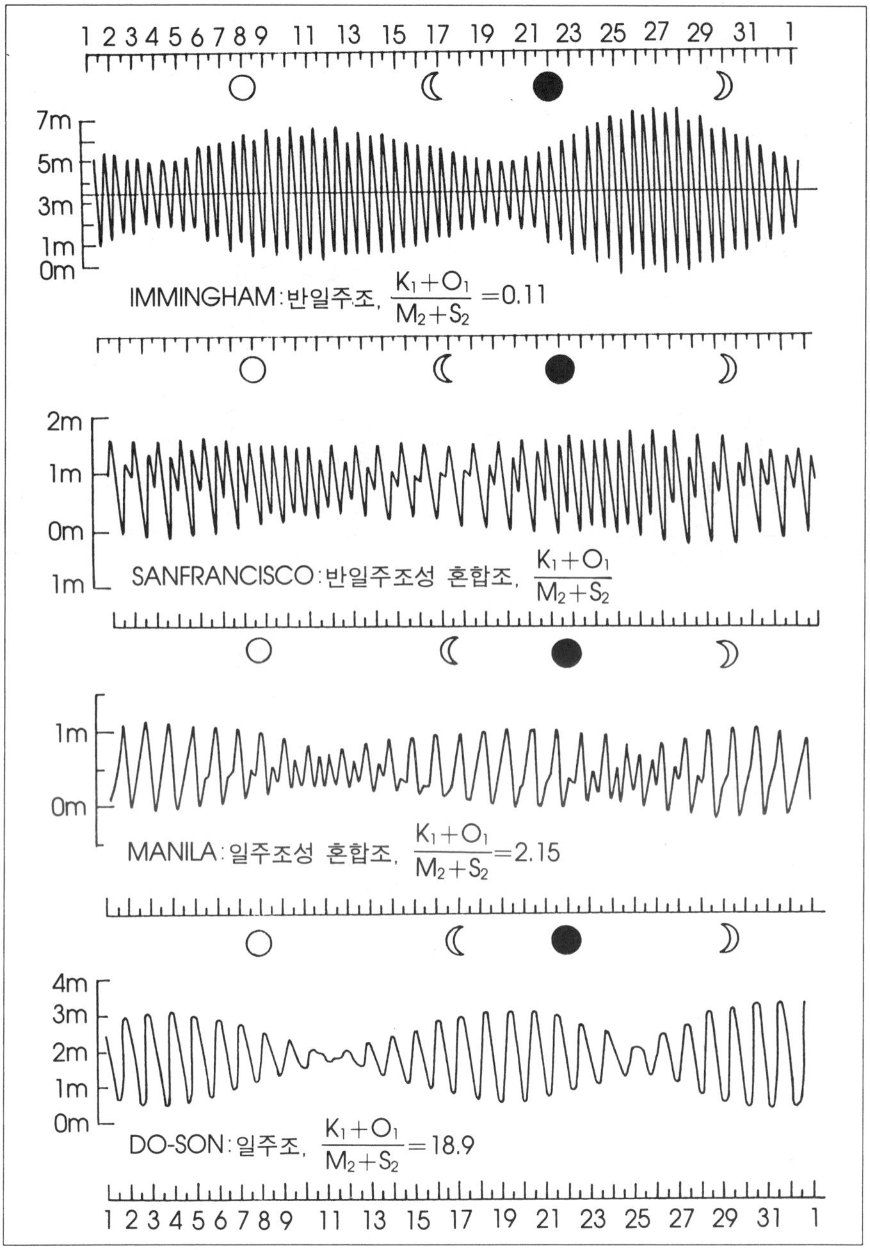

그림 1-18. 실제 조석의 다양한 형태

한국 서해연안의 조석

우리나라 서해는 세계적으로 비교해도 매우 큰 조차를 가지는 지역이다. 서해는 북쪽으로 갈수록 조석에 따른 조차가 커지는 특징을 가진다. 이는 황해가 좁고 긴 만(灣)이라는 사실과 관계 있다. 달과 태양이 끄는 힘에 의해 황해 바다로

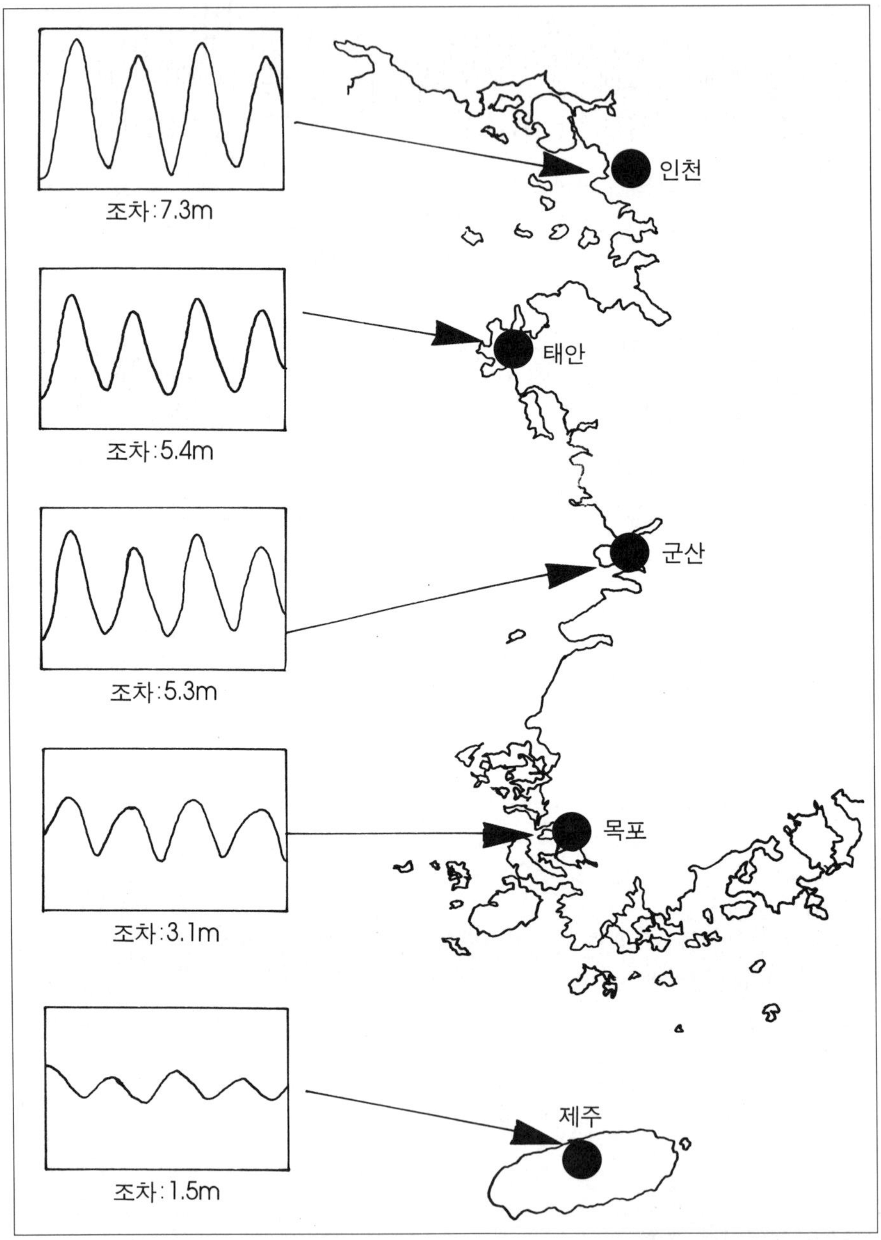

그림 1-19. 서해안의 지역별 조차 비교. 북쪽으로 갈수록 조차가 커진다.

끌려들어 온 물은 좁고 긴 만(灣)처럼 생긴 황해를 따라 북쪽으로 올라가나 북쪽이 막혀 있으므로 밀리게 된다. 밀리는 정도가 북쪽으로 갈수록 심해지는 것은 당연하다. 물이 육지에 막혀 더이상 흐르지 못하므로 층층이 쌓이는 것을 연상하면 이해하기 쉽다.

그림 1-19는 수로국에서 발행한 조석표를 기초로 한달 평균 조차를 계산하여 나타낸 결과이다. 남쪽에 위치한 목포는 평균 조차가 약 3.1 m이고 북쪽에 위치한 인천은 평균 조차가 약 7.3 m이다. 중부지방인 군산은 약 5.3 m로 목포와 인천의 중간값을 갖는다. 북쪽으로 가면서 조차가 점점 커지는 현상이 이 그림에도 잘 나타나 있다.

서해연안의 조석현상 중 또 하나의 중요한 특징은 조차가 가장 작은 목포지방이라 하더라도 이미 3 m에 달하는 높은 값을 보인다는 것이다. 동해안은 조차가 최대 약 30 cm에 불과하고 남해안은 1~2 m이다. 서해에서 관찰되는 3 m 이상의 조차는 이미 세계적으로도 흔치 않은 값이다. 조차가 3 m 이상이 되면 이를 대조차환경이라고 한다.

▶ 연습문제

1. 각 대양의 특성을 설명하시오.
2. 해수의 물리화학적 특성을 설명하시오.
3. 해수의 보전적 성질과 비보전적 성질을 비교하여 설명하시오.
4. 해수내의 탄소의 순환을 그리고 또한 탄소가 pH의 변화에 따라 어떤 형태로 존재하게 되는지 설명하시오.
5. 대기와 해수내에 녹아 있는 기체 성분을 비교 설명하시오.
6. 코리올리 힘은 무엇인가?
7. 조석이 일어나는 원리를 설명하시오. 대조와 고조는 어떻게 일어나게 되는가?
8. 대양순환을 그 요인과 연결하여 설명하라. 용승류가 일어나는 곳은 어디인가?
9. 심해순환에 대해 설명하시오.
10. 한국 주변의 주요 해류 체계를 그리고 계절적 특성을 설명하시오.

2장 해양환경과 생물의 적응

1. 빛, 수온, 염분 조건

1.1. 빛

해양에 도달하는 빛은 태양에서 일어나는 핵융합 반응에서 나오는 전자기파이다. 이를 복사(輻射)에너지(radiant energy)라고도 한다. 지구 대기 밖에 도달하는 태양의 복사에너지는 연평균 1,353 W · m^{-2}이며 이를 태양상수(太陽常數, solar constant)라고 한다. 이 에너지를 파장별로 보면 가시영역(파장 400~700 nm) 50%, 자외선(400 nm 이하) 40%, 열적외선(700 nm 이상) 10%이다. 자외선대는 UV-A(400~320 nm), UV-B(320~280 nm), UV-C(< 280 nm)로 나눈다.

태양으로부터 에너지의 형태로 방사되는 빛은 파동과 입자의 성격을 동시에 갖는다. 빛이 파동의 형태로 전달되는 것은 굴절, 회절, 간섭 등의 현상을 관찰함으로써 알 수 있다. 빛이 가지는 파동의 특성은 다음 식으로 표시된다.

$$\nu = C/\lambda$$

진동수(ν)는 주어진 시간에 한 점을 통과하는 파고점의 수로서, 예를 들면 녹색광의 경우 6×10^4 pulse · sec^{-1}, 라디오파는 10^4~10^{11} pulse · sec^{-1}이다. 빛의 속도(C)는 진공내에서 3×10^{10} cm · sec^{-1}이며 물 속에서는 2.25×10^{10} cm · sec^{-1}이다. 파장(λ)은 파고간의 거리로서 원자의 직경보다 짧은 것에서 수 km에 달하는 것이 있다. 녹색광은 500 nm(5×10^{-5} cm)이며 라디오파는 10^{-1}~10^{-6}cm이다.

빛이 입자의 성질을 갖는 것은 빛이 에너지를 갖는다는 것으로부터 알 수 있다. 빛의 입자를 양자(陽子, quantum) 또는 광자(光子, photon)라고 하는데 이는 에너지의 알갱이이다. 이때 양자 또는 광자에너지의 양은 다음 식으로 나타낸다.

$$E = h\nu$$

즉, 광자의 에너지는 진동수에 비례하며 파장에 반비례한다($\nu = C/\lambda$이므로). 따라서 파장이 길면 에너지가 적다.

해수면에 도달하는 태양광의 분포는 그림 2-1과 같다. 자외선은 오존층에서 많이 흡수되지만, 최근 오존층의 희석으로 지구표면에 도달하는 자외선대의 양이 늘고 있으며, 특히 UV-B의 증가가 식물플랑크톤에 미치는 영향이 심각한 것으로 알려져 있다.

빛의 세기를 재는 방법은 세 가지로써 조도, 에너지, 광량자를 재는 것이다. 조도는 인간의 눈에 느껴지는 밝기의 정도로 파장 400~750 nm 영역을 포함하며 단위로는 룩스(lux: lx)를 쓴다. 최대감도는 555 nm 부근이며 그 양쪽으로 갈수록 낮아진다. 조도계(照度計, photometer)로 간편하게 잴 수 있으나 파장에 따른 감도가 다르므로 광원이 달라지면 빛의 세기를 비교하기가 어려운 단점이 있다.

에너지를 재는 방법은 조도를 잴 때와 같은 상대적 감도차이가 없이 가시영역 내외의 전파장영역에서 측정이 가능하며, 측정단위로는 watts · sec^{-1}, erg, g cal 등의 에너지 단위가 쓰인다(표 2-1). 단위면적, 또는 시간에 대한 에너지 플럭스는 w · m^{-2}, g cal · cm^{-2} · day^{-1} 등으로 표시되며, 특히 1 g cal · cm^{-2}는 1ly(랭글리, langley)로 표시한다. 맑은 날 지구표면에 떨어지는 광량은 계절과 위도에

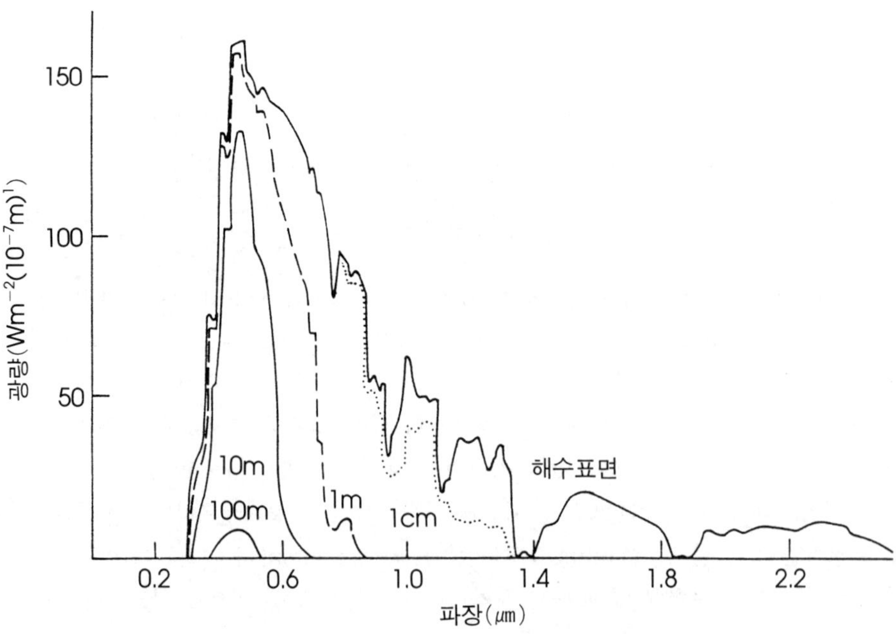

그림 2-1.
해수 표면과 수중에서의 햇빛의 분광 분포

표 2-1. 광량의 측정단위

단위의 종류	국제 표기법		비 고
1. 에너지	J m^{-2} s^{-1}	(= W m^{-2})	SI 단위
	cal m^{-2} s^{-1}	(= 4.18 J m^{-2} s^{-1})	
	erg m^{-2} s^{-1}		
	Einstein m^{-2} s^{-1}	(μE m^{-2} s^{-1})	
2. 복사선 밀도	μmol m^{-2} s^{-1}		SI 단위
3. 밝기	lux	(1 lux = 1 candle)	

따라 다르나 연중 50~700 ly · day^{-1} 정도이다. 에너지를 재는 기구는 복사계(輻射計, radiometer)가 있고, 파장별 세기를 측정하는 분광복사계(分光輻射計, spectro-radiometer)도 있다.

같은 양의 에너지라도 파장이 짧을수록 광량자의 수는 적어지므로 에너지를 재는 것만으로는 광량자의 양을 알 수 없다. 그러나 광합성과 같은 광화학적 작용은 에너지보다는 광량자수에 좌우되므로 에너지보다는 광량자를 재는 것이 더 의미가 있을 수 있다. 1몰의 광량자를 1 아인슈타인(einstein; E)이라고 하며 에너지 플럭스 단위는 대개 μE · m^{-2} · sec^{-1}을 쓴다. 광량자의 양을 재는 기구를 광량자계(光量子計, quantum meter)라고 한다.

광합성에는 주로 300~720 nm의 빛이 이용되며 이를 PAR(photosynthetically active radiation)이라고 하며, 이 중 식물에 의해 흡수된 빛에너지를 PUR(photosynthetically usable radiation)라고 한다. 400~700 nm 범위 밖의 빛 분포는 비교적 적고 바닷물 속에서 급격히 흡수되므로 바다에서의 PAR은 실질적으로는 400~700nm의 빛을 의미한다. PAR은 해수면 위에 도달한 태양에너지의 약 44% 정도를 차지한다.

해수면에 도달한 빛은 일부가 수면에서 반사되고(해수면이 잔잔할 때는 수 %, 파도가 심할 때는 약 30%까지), 물 속에 들어간 빛은 해수 자체와 기타 용존물질, 부유물질 등에 의한 흡광과 산란으로 인하여 수심이 깊어지면서 점차 약해지게 되며, 이는 램버트-비어(Lambert-Beer)의 법칙에 따른다. 즉

$$I_z = I_o\, e^{-kz}$$

여기서 I_o는 표층의 광도, I_z는 깊이 z에서의 광도이고 k를 소광계수(消光計數, extinction coefficient 또는 beam attenuation coefficient)라고 한다. 소광계수는 파장에 따라 크게 달라진다. 순수한 해수에서는 청색대 400~500 nm(최대점 480

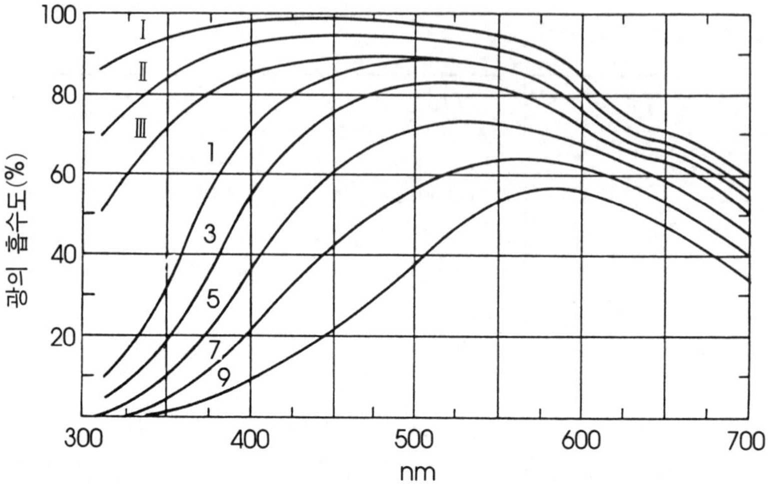

그림 2-2.
파장에 따른 흡수.
물의 탁도에 따라 흡수되는 파장과 흡수도가 다르다.
Ⅰ, Ⅱ, Ⅲ은 대양해수,
1, 3, 5, 7, 9는 연안해수로서 9가 탁도가 가장 높은 지역이다.

nm)가 가장 덜 흡수되므로 비교적 맑은 대양에서는 청색대가 가장 깊은 곳까지 들어가며 산란에 의해 바닷물이 푸르게 보이게 된다. 연안역에서는 부유입자와 유기물의 흡광과 산란에 의해 최대 투과파장이 더 긴 쪽, 즉 녹색이나 황색쪽으로 이동하게 되며 투과광량도 수십 %까지 줄어들게 된다(그림 2-2). 수심에 따른 광질(파장분포)의 변화에 적응한 결과가 저서식물의 수직분포이다(제3장 참조). 엽록소는 청색대와 적색대 파장을 선택적으로 흡수하므로 비교적 흡수가 적은 녹색대와 광량을 비교하면 엽록소의 양을 알 수 있다. 이러한 원리를 이용하여 비행기나 인공위성에서 해양의 엽록소의 수평분포를 측정하는 것이 해양원격탐사(海洋遠隔探査, ocean color remote sensing)이다.

수중의 광량은 광합성뿐 아니라 동물의 시각활동에도 영향을 미치므로 절대광량에 따라 수층을 진광대(眞光帶, euphotic), 미광대(微光帶, disphotic), 무광대(無光帶, aphotic zone)로 나눌 수 있다(그림 2-3). 진광대는 식물 성장에 필요한 광합성이 가능한 깊이이고, 미광대는 광합성에는 부족하나 동물의 시각반응을 일으킬 정도의 빛이 존재하는 깊이, 무광대는 생물학적 의미에서 빛이 거의 없는 수층을 말한다.

소광계수의 측정은 특히 물기둥 전체의 광합성량을 추정하거나 물의 탁도를 측정하기 위해 필요한데, 광량자계 등을 써서 수심별 광량을 직접 측정하여 위의 식에서 구하면 된다. 측정계기가 없을 경우 세끼원반(secchi disk)을 이용하여 소광계수를 추정할 수 있다. 세끼원반은 직경 30cm의 흰색 원반인데, 이것을 수직으로 내릴 때 시야에서 막 사라지는 깊이가 세끼원반 깊이가 된다. 세끼원반 깊이는 대략 표층광량의 10%가 투과하는 깊이가 된다. 소광계수 k는 다음의 경험

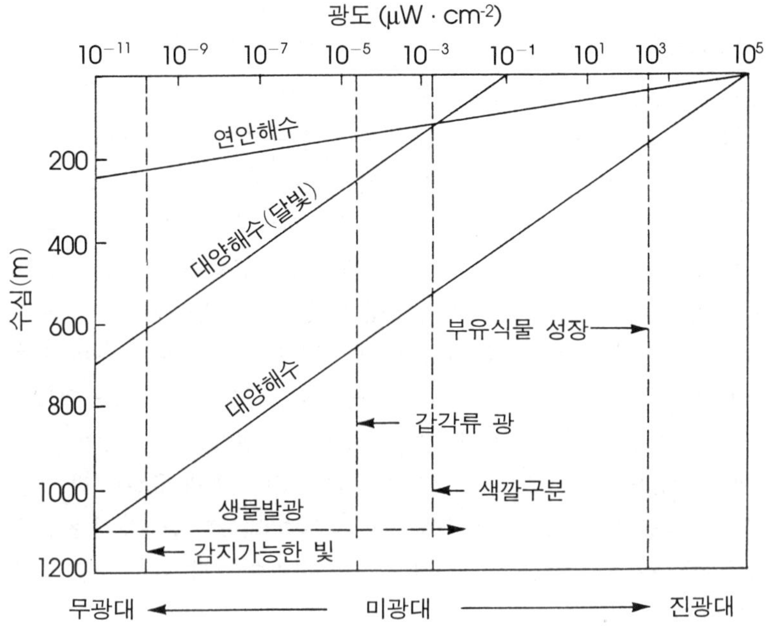

그림 2-3.
수중 광환경과 생물활동

식에서 계산할 수도 있다.

$$k = \frac{1.7}{Ds}$$

여기서 D_s는 세끼원반 깊이이고 탁도가 심할 때는 1.7 대신 1.4를 쓸 수 있다.

1.2. 수온과 염분

해양으로의 열 유입은 태양에너지에 의해 이루어지며 손실은 해수 표면에서의 복사, 대기로의 열 대류, 기화 등에 의해 일어난다. 열의 유입과 손실의 조건은 위도와 위치에 따라 다르므로 전지구적으로 보면 해양에는 위도에 따라 온도구배가 형성된다. 해수의 온도가 위도에 따라 다른 것은 태양복사에너지의 입사각이 주로 위도에 따라 차이가 나기 때문이다. 해양의 표층수의 평균 온도는 약 17.7℃이며 최고 온도는 적도가 아닌 북반구의 10~20° N에서 나타난다. 이는 북반구에 대륙이 치중되어 있기 때문이다.

수온의 연평균차는 북반구의 북위 40°에서 가장 크고 적도 근처인 북위 0~10°에서 1℃ 미만으로 가장 낮다. 북반구에서의 여름, 겨울의 수온차는 태평양이 약

10°C, 대서양이 약 9°C이다. 남위 약 40° 위치에서 태평양, 대서양 모두 약 5~6°C로서 비슷하다. 이 역시 대륙의 크기와 관계 있는 현상이다.

수온의 분포 중 특징적인 것은 깊이에 따라 층이 형성되어 있다는 것이다. 해수면으로 입사되는 태양의 복사에너지는 물 속에서 흡수되며 열로 바뀌어 표층의 온도를 높이게 된다. 빛에너지는 수심에 따라 지수함수적으로 감소하여 흡수되므로 수온 역시 이에 비례해서 낮아지지만 표층에서는 바람이나 해류에 의해 혼합이 일어나므로 수온이 비교적 균일하다. 이 수층을 표층혼합층(混合層, mixed layer)이라고 한다. 표층혼합층 아래에서는 수온의 변화가 급격하다. 수온변화가 심한 이 경계층을 수온약층(水溫躍層, thermocline)이라고 한다. 이 아래의 수층에서는 깊이에 따른 수온변화가 심하지 않다(그림 2-4). 염분이 감소해도 밀도는 감소하므로 담수유입 등에 의해 염분차이가 큰 수괴가 만날 때에도 성층이 일어나게 되며, 이렇게 염분구배가 심한층을 염분약층(鹽分躍層, halocline)이라고 한다. 수온약층이나 염분약층에서는 밀도구배 또한 급격히 변하므로 밀도약층(密度躍層, pycnocline)이라고도 한다. 밀도차에 의하여 수층이 분리 되는 것을 성층(成層, stratification)이라고 한다.

물질이 밀도약층을 거슬러 이동하기 위해서는 많은 에너지가 필요하므로 밀도약층은 수직혼합을 억제하는 장벽역할을 한다. 즉, 성층이 되면 영양염과 같은 물질의 상하 이동이 밀도약층에 의해 억제된다. 밀도약층에 의한 차단효과는 두 층의 밀도차에 비례해서 커진다. 식물플랑크톤이 성장하기 위해서는 충분한 빛과

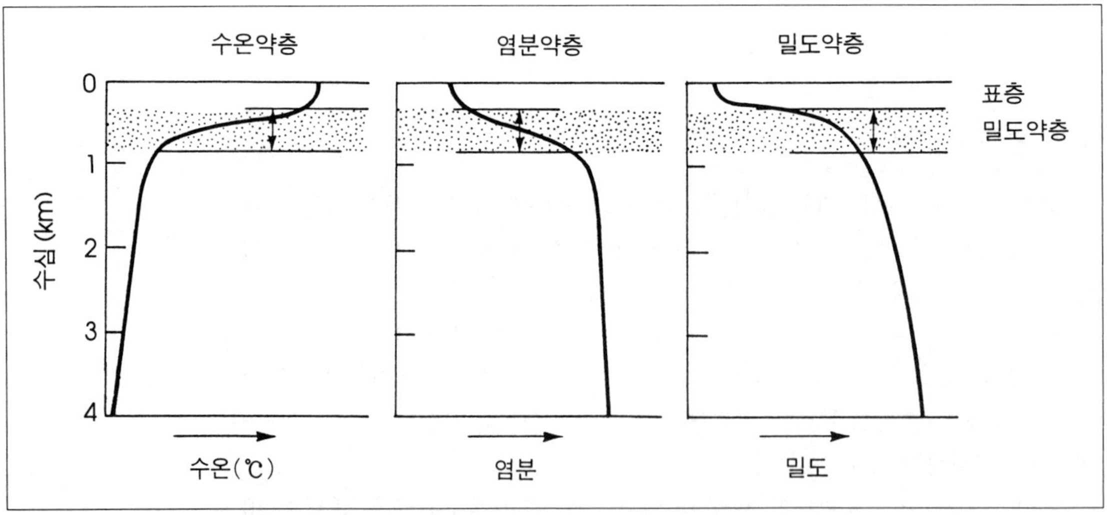

그림 2-4. 수온약층, 염분약층, 밀도약층

영양염이 필요한데, 빛은 위쪽에서 영양염은 대체로 아래쪽에서 공급된다. 성층이 일어나면 식물플랑크톤은 빛이 풍부한 표층 안에 갇히게 되므로 일시적인 번성이 일어나게 된다. 그 결과 표층의 영양염은 소비되며 저층에서의 영양염의 유입은 차단되어 있으므로 표층의 영양염이 고갈되어 식물플랑크톤의 생산은 감소한다.

성층이 된 곳에 조석 등에 의해 에너지가 가해질 경우 해수표면에 바람에 의해 파도가 일듯이 밀도가 다른 두 수층의 경계면에 파랑이 생기는데 이를 내부파(內部波, internal wave)라고 한다. 내부파는 두 수층 사이에 수직혼합을 일으켜 저층의 영양염을 상층에 공급하여 표층의 식물플랑크톤 생산을 증가시킨다.

수온·밀도 등의 성질은 수직적으로 뿐만 아니라 수평적으로도 급격하게 변할 수 있는데 이렇게 해수성질의 변화가 큰 곳을 전선(前線, front)이라고 한다(그림 2-5). 전선이 생기는 원인은 조석혼합, 성질이 다른 해류나 수괴가 접하는 경우, 용승류가 일어나는 경우 등이다. 수심이 얕은 연안역이 성층되어 있을 경우, 조석혼합에 의해 연안쪽의 성층이 파괴되면 성층이 되어 있는 깊은 쪽과 수직혼합이 잘된 연안쪽 사이에 조석전선(潮汐前線, tidal front)이 생기게 된다. 식물플랑크톤의 광합성이 촉진되기 위해서는 빛, 영양염, 수온 등의 조건이 동시에 만족되어야 하는데, 내부파의 경우와 마찬가지로 전선지역에는 여러 수괴가 만나므로 이러한 조건들이 동시에 충족되어 생물생산력이 높은 경우가 많다.

전세계 대양의 수온은 −2°C에서 30°C까지의 분포를 가지는데, 중저 위도의 수온은 표층의 혼합층(깊이는 수미터에서 200 m까지), 영구적 수온약층(500~1,000 m), 고위도 역에서 내려온 저층수(1,000 m 이하)로 이루어지는 수직구조를 가진다. 중위도 역에서는 여름을 전후하여 얕은(20~50 m) 계절적 수온약층이 생기기도 한다. 표층의 염분은 33~37‰이며 북대서양은 대체적으로 높고(35.5

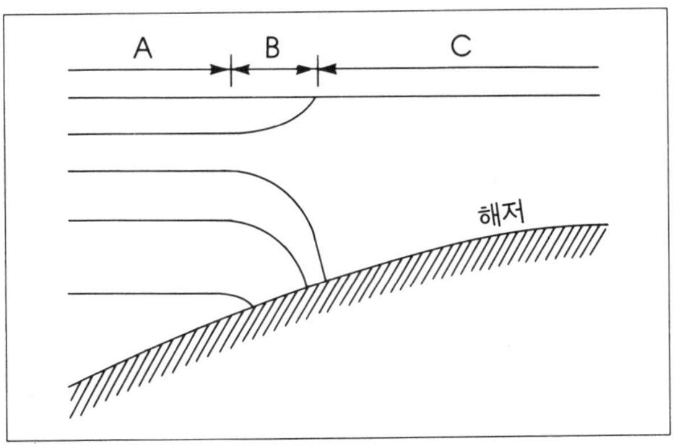

그림 2-5.
전선의 밀도 단면. A는 성층이 된 곳이며, C는 조석에 의해 혼합이 되어 있다. B는 조석 전선.

‰), 남대서양, 남태평양은 약 35.2‰이며 북태평양이 비교적 낮아 약 34.2‰ 정도이다.

염분의 수직구조는 수온보다 복잡한데 이는 밀도에 의한 수층구조가 주로 수온에 의해 좌우되기 때문이다. 저위도, 중위도 역에서는 흔히 최저값이 600~1,000 m 사이에 나타나며 약 2,000 m까지 다시 증가한다. 열대역에서는 때에 따라 수온약층 바로 위에(약 수심 100 m) 급격한 염분 최대층이 나타나기도 한다. 고위도 역에서는 표층값이 낮고 2,000 m까지 점차적으로 증가한다.

4,000 m 이하의 심층수는 전세계 대양에 걸쳐 염분이 비교적 균질하다(34.6~34.9‰). 심층수의 수온 역시 변화 폭이 작으므로(−0.9~2℃) 심해환경은 균일하다고 볼 수 있다.

2. 생물의 적응

환경이란 원래 생물이 처한 모든 외부조건을 뜻하나 생물에게는 일부 조건만이 중요하다. 생물에게 중요하게 작용하는 환경조건을 특별히 작용성 환경(作用性環境, operational environment)이라고 한다. 광, 수온, 염분, 해수의 운동 등이 해양의 경우 작용성 환경의 예이다.

환경에 대한 생물의 반응은 크게 두 가지로 나누인다. 첫째는 생물이 견디기에 적당한 범위에 놓였을 때 이 범위내에서는 생물의 활동이 활발해지는 현상이다. 수온의 예를 들면 수온이 상승함에 따라 어느 정도 범위까지는 해양생물의 신진대사가 촉진되는 현상을 관찰할 수 있다. 둘째는 환경의 범위가 생물이 견디기 어렵게 주어져 스트레스를 받는 경우이다. 수온이 계속 높아져서 효소가 파괴될 정도가 되면 해양생물이 사망하는 것이 그 예이다. 해양에서는 광, 수온, 염분, 해수의 운동 등의 조건이 서식지에 따라 해양생물에게 유리하게 작용할 수도 있고 스트레스로 작용할 수도 있다. 환경에 대한 이러한 반응들이 해양환경에서 어떻게 나타나는지 아래에 소개하였다.

2.1. 빛과 해양생물

빛은 식물에게는 광합성을 가능케 하는 에너지원이며 동물에게는 시간을 알리고 또 행동의 방향을 제시하는 자극제이다. 빛의 성질 중 빛의 세기와 파장이 생물에게는 중요하다. 빛의 세기와 파장에 대한 생물의 반응을 식물과 동물로 나누

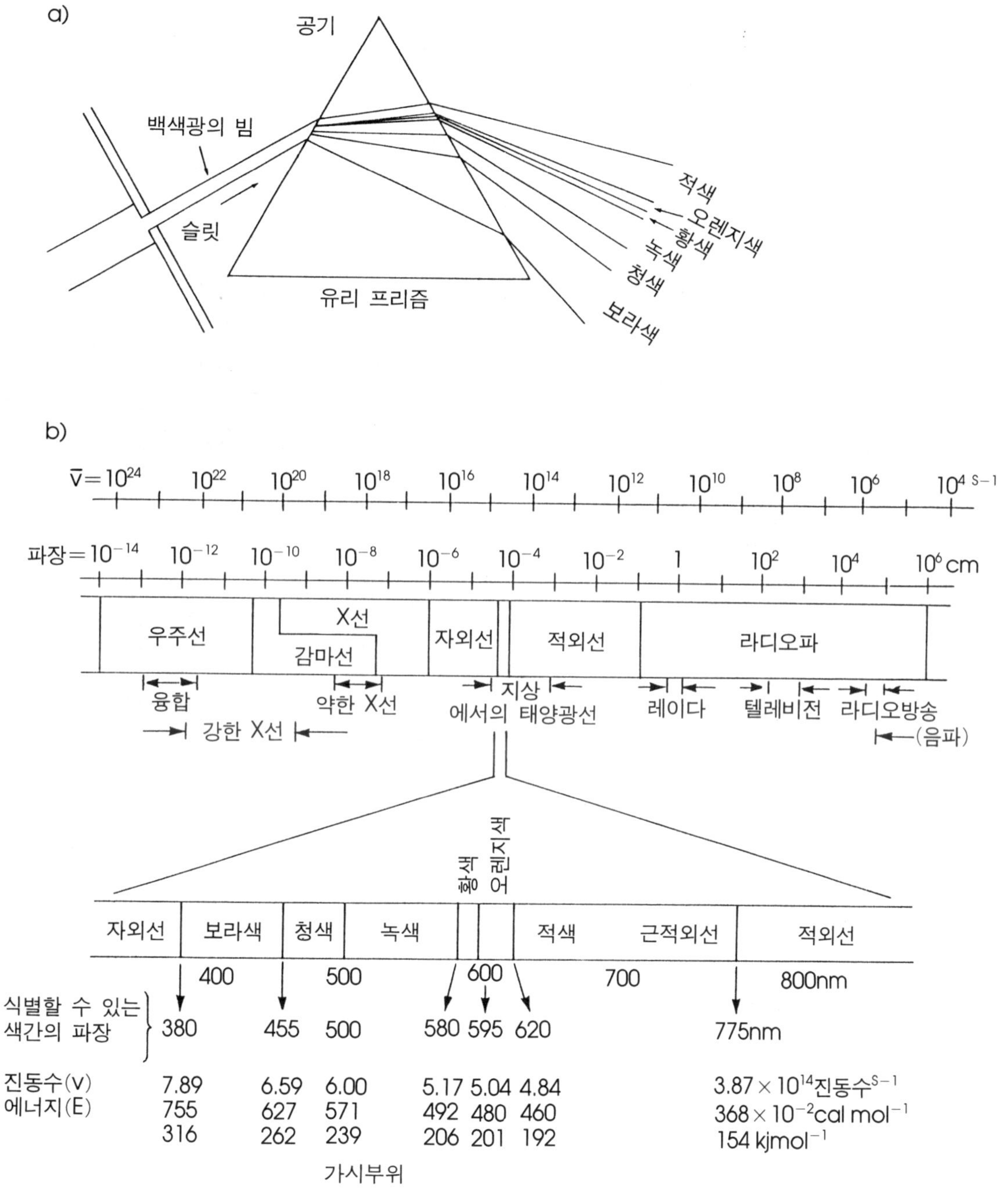

그림 2-6. a) 백색광이 유리 프리즘을 통과한 후 빛이 분산되어 나타나는 7가지 색. b) 전자기파 스펙트럼의 파수(ν)와 파장(λ)에 따른 부위별 명칭과 가시광선의 파랑별 색깔, 진동수, 에너지.(강영희 외, 1988에서 재인용)

어 아래에 소개하였다. 태양광의 파장에 따른 분류와 태양광 중 인간의 눈으로 감지할 수 있는 가시광선(380~775 nm)의 파장에 따른 색깔, 진동수, 에너지의 관계를 그림 2-6에 나타내었다.

식 물

식물과 관련하여 중요한 것은 역시 광합성이다. 해양의 먹이사슬은 광합성 산물로부터 시작되기 때문이다. 광합성에 의해 자가영양을 취하는 식물은 빛이 도달하는 유광층에 국한되어 분포하고 있다. 빛이 광합성에 어떻게 작용하는지는 그 생리적 과정이 복잡하므로 해양의 1차생산을 소개하는 난에서 자세히 다루고자 한다. 광합성 이외에 식물의 빛에 대한 반응으로 중요한 것은 진화과정에서 고정된 색소체 적응이라 하겠다. 수심에 따라 빛의 강도나 유입되는 파장에 차이가 있으므로 각 수심에서 빛을 효율적으로 받아들이기 위해 대부분의 식물은 이

표 2-2. 조류의 종류에 따른 광합성 색소체

		Cyanophyceae	*Euglenophyceae*	*Pyrrhophyceae*	*Chrysophyceae*	*Xanthophyceae*	*Chlorophyceae*	*Phaeophyceae*	*Rhodophyceae*
Chlorophylle :	Chlorophyll a	●	●	●	●	●	●	●	●
	Chlorophyll b		○				◑		
	Chlorophyll c			○				○	
	Chlorophyll e					○			
Carotine :	α - Carotin						○	○	○
	β - Carotin	●	●	●	●	●	●	○	●
	γ - Carotin						○		
Xanthophylle :	Lutein	○	●		○	○	●	○	◑
	Fucoxanthin				○	○		●	
	Peridinin			◑					
	Echinenon	◑							
	Myxoxanthophyll	◑							
Phycobiline :	R - Phycoerythrin								●
	C - Phycocyanin	●							

● 주색소체, ◑ 전체 색소체의 1/2을 차지하는 색소체, ○ 극히 적은 양의 색소체

들이 서식하는 수심에 도달하는 파장의 색깔과 보색이 되는 색깔의 색소체를 가진다. 색소체란 식물세포에서 가시광선의 에너지를 화학에너지로 바꾸는 작용을 하는 곳으로 라멜라 구조에 들어가 있다. 대체로 엽록소, 카로티노이드, 산토필, 피코빌린 계열의 네 가지로 나누이는 바, 여기에 속하는 색소체의 종류를 해산식물의 종류에 따라 표 2-2에 다시 한번 정리하였다.

엽록소는 초록색을 띠며 청색광(400~450 nm)과 적색광(650~680 nm)을 받아들일 수 있다. 고등식물이 공통으로 가지는 엽록소 a는 모든 해양식물이 가지고 있다. 카로티노이드는 황색 내지 적색이며 청-녹색을 받아들인다. 시아노박테리아와 홍조류가 가지는 피코빌린 계열은 수용성 색소체로서 피코시아닌은 녹, 황, 적색을 받아들이고 피코에리트린은 청, 녹, 황색을 받아들인다. 색소체에 따른 흡광도의 예를 그림 2-7에 제시하였다. 그림 2-8은 광합성 색소체가 받아들이는

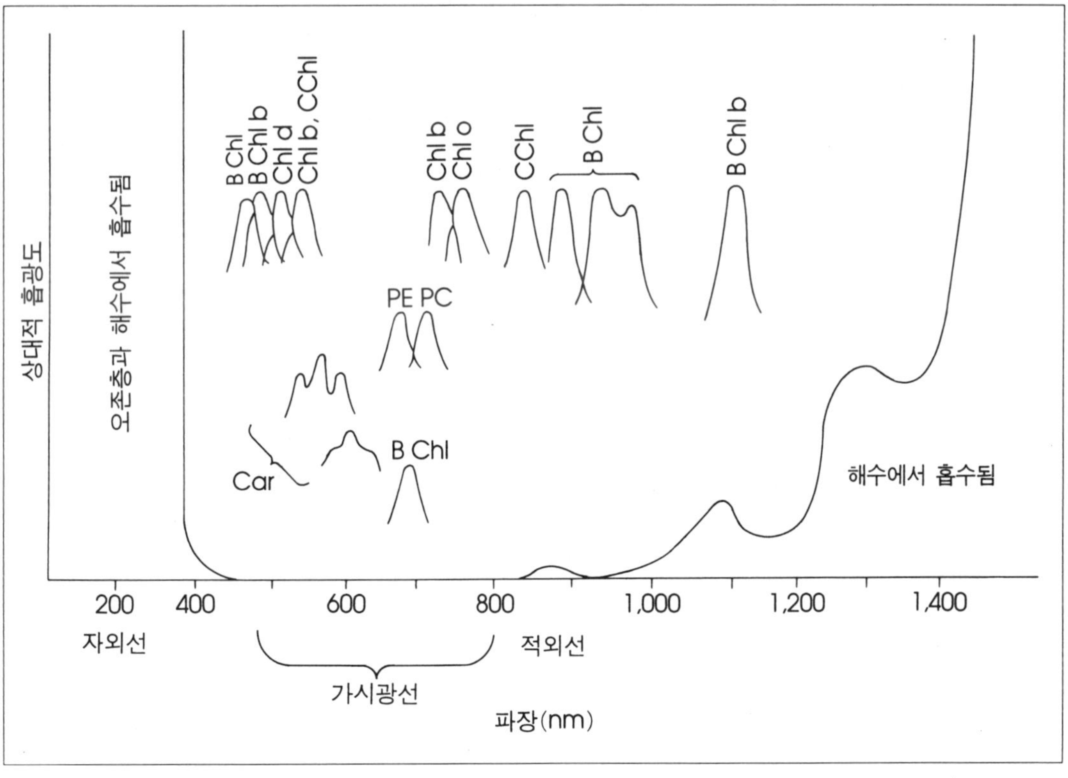

그림 2-7. 색소체에 따른 흡수파장대와 상대적 흡광도(Valiela, 1984). 흡광도가 가장 큰 흡수파장만 표시함. Chl, 클로로필; B Chl, 박테리아의 자주색 클로로필; C Chl, 박테리아의 녹색 클로로필; Car, 카로틴; PE, 피코에리트린; PC, 피코시아닌. 가시광선(v, 보라색; b, 청색; g, 녹색; y, 노랑색; o, 오렌지색; r, 붉은색)

빛의 파장대와 흡수 정도를 조류의 종류에 따라 기재한 것이다.

카로티노이드나 피코빌린 계열 색소체가 받아들인 빛은 엽록소a로 전달되어 광합성이 일어난다. 따라서 엽록소를 주색소, 그밖의 다른 색소들을 보조색소라고 한다. 보조색소가 해양식물에서 필수적일 뿐 아니라 매우 유익한 이유는 수심에 따라 달라지는 파장의 빛을 보조색소를 통해 효과적으로 흡수할 수 있기 때문이다. 예를 들면 가장 깊은 수심에서는 녹색광이 우세한데 이 수심에서는 녹색광을 잘 받아들이는 홍조류가 주로 서식한다. 중간 깊이에는 갈조류가 우점하는 바, 이는 갈조류의 색소체가 녹-황색을 잘 받아들이기 때문이다. 조간대 부근, 얕은 수심에서는 적색광을 잘 받아들이는 녹조류가 우점한다. 수심에 따른 이러한 해

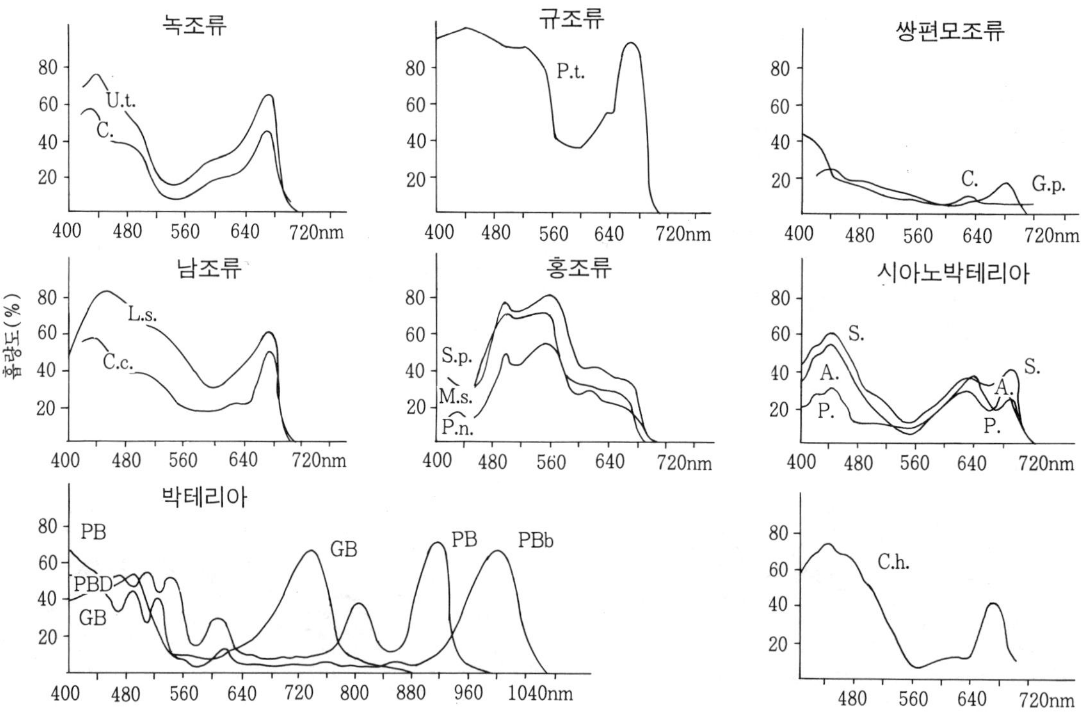

그림 2-8. 해양에서 서식하는 조류의 흡수 스펙트럼(Valiela, 1984에서 재인용). 그림내에 표시된 약자의 종명은 다음과 같다.
U.t., *Ulva taeniata*: C. *Chlorella pyrenoides*: P.t., *Phaeodactylum*: C. *Cryptomonad*: G.p., *Gonyaulax polyedra*: L.s., *Laminaria saccharina*: C.c., *Coilodesme californica*: S.p.: *Shizymenia pacifica*: M.s., *Myriogramme spectabilis*: P.n., *Porphyra nereocystis*: S., *Synechococcus* sp.: A., *Anacystis rublans*: P., *Phormidium luridum*: C.h., *Coccolithus huxleyi*: P.B., 박테리아 클로로필을 가진 자주색 박테리아: P.B. b., 박테리아 클로로필 b를 가진 자주색 박테리아: G.B., 녹색 박테리아.

조류의 분포는 색소체 적응과 관계 있는 현상이다.

동 물

동물의 빛에 대한 반응은 동물의 행동으로 나타난다. 행동의 유형은 빛을 좋아하는 정도에 따라 크게 세 가지로 나눌 수 있다. 즉 1) 빛을 좋아하여 빛을 향해 가거나 낮 동안 주로 행동하는 동물들로서 조간대와 표층수 부위에 서식하는 동물들과 2) 약한 빛을 좋아하여 밤에 행동하거나 깊은 수심에 사는 동물들, 3) 빛을 싫어하여 빛이 전혀 없는 곳에 서식하는 동물들이다.

동물이 빛을 이용하여 행동하는 데 도움을 받으려면 광신호를 받아들일 수 있는 구조를 가져야만 한다. 이러한 구조는 동물의 종류에 따라 다르나 진화수준에서 보면 크게 세 단계로 나눌 수 있다. 즉 1) 빛의 강도를 감지하는 정도, 2) 빛의 방향까지 알 수 있는 정도와 3) 뚜렷한 상을 알 수 있는 정도이다. 이는 빛을 받아들이는 감각기관과 신경계의 구조가 어느 정도 진화했는가에 의해 결정된다.

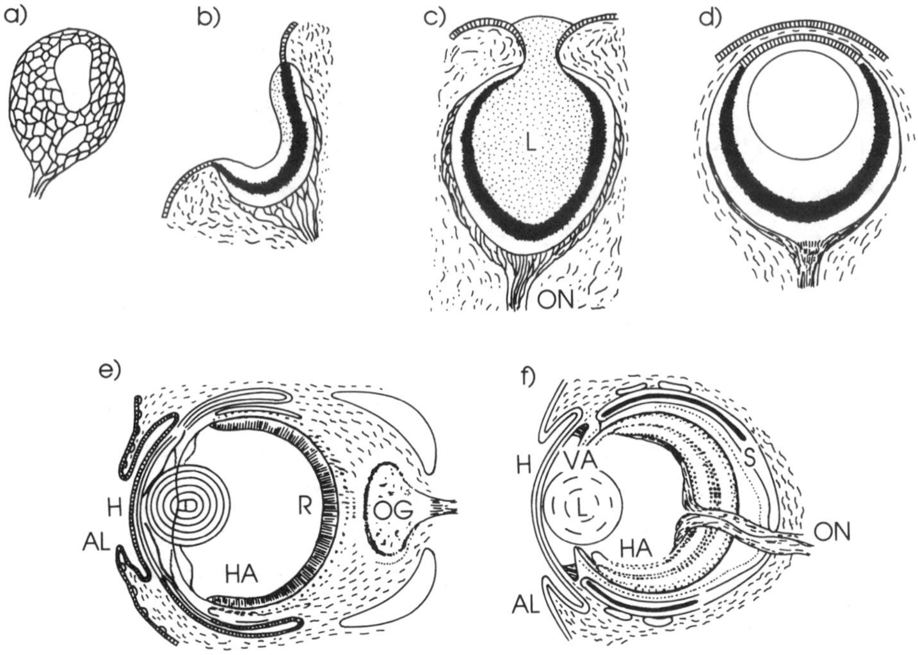

그림 2-9. 빛을 감지하는 기관의 형태.
a) *Mya arenaria*(이매패류)의 감광세포. b)-d) 고등류의 렌즈눈 진화(접시모양에서 렌즈모양으로 진화한다).
b) *Patella*(삿갓조개)의 접시눈. c) *Haliotis*(전복)의 원시형 접시눈. d) *Mures*의 렌즈눈.
e)-f) 진화과정은 다르나 형태가 비슷한 오징어눈 e)과 어류의 눈 f)의 구조.

바다에 사는 갯지렁이나 극피동물과 같은 대부분의 무척추동물은 뚜렷한 감각기관을 가지지 않는다. 표피에 광의 강도를 감지하는 단순한 광반응세포를 가지고 있을 뿐이다(그림 2-9a). 광의 강도를 감지하는 정도라 하지만 동물의 행동에는 많은 도움을 준다. 적이 오면 그림자가 생기므로 이를 감지하여 피할 수 있다. 해파리나 무척추동물의 유생은 몸의 일정한 부위에 광반응세포가 모여 있어 빛의 강도에 대한 반응이 훨씬 빠르다.

쟁반형 눈을 가진 동물은 빛의 방향까지도 감지할 수 있다. 빛을 흡수하는 세포가 여러 겹으로 되어 있고 전체가 오목하다(그림 2-9b). 편형동물, 다모류, 연체동물 등이 이러한 감각기관을 가진다.

뚜렷한 상을 감지하려면 렌즈가 있어야 한다(그림 2-9d). 렌즈를 가진 눈은 해파리와 같은 하등동물에서 이미 발견되며 그밖에 다모류, 복족류, 이매패류 등도 렌즈 눈을 가지고 있다. 무척추동물 중 가장 발달된 눈을 가진 것은 오징어이다. 오징어의 눈(그림 2-9e)은 어류와 같은 척추동물의 눈(그림 2-9f)과 발생과정은 다르나 그 기능은 비슷하다. 심해에 사는 오징어들은 직경이 40 cm에 이르는 큰 눈을 가지기도 한다.

동물들이 빛을 감지하여 이동할 때는 빛의 세기가 수심에 따라 다르므로 수직이동을 하게 된다. 빛에 대한 이러한 행동을 주광성(走光性, phototaxis)이라고 한다. 주광성은 빛을 향하거나(positive phototaxis) 빛을 피하는(negative phototaxis) 두 가지 형태로 나타난다. 부유동물은 주로 빛을 피하여 밤과 낮에 수직으로 빛의 강도에 따라 이동한다. 즉 저녁에 표층을 향해 올라오기 시작하여 어두운 밤에 얕은 수심에 머무르다가 아침에 해가 뜨면 다시 아래로 내려가 낮동안 깊은 곳에 머무른다.

부유동물의 수직이동은 수심을 측정하기 위해 사용하는 음파탐지기로 쉽게 포착할 수 있다. 부유동물이 일정 깊이에 밀집되어 있으므로 음파가 이들 집단에 부딪히면 반사되어 돌아오는 원리를 이용한 것이다. 부유동물 때문에 음파가 산란되어 돌아오는 층을 심해산란층(深海散亂層, deep scattering layer)이라고 한다. 그림 2-10은 심해산란층의 깊이가 광량과 밀접한 관계가 있음을 나타낸다. 표층에 도달하는 빛이 저녁이 되면서 감소하면 일정 광량을 나타내는 등광선(等光線, isolume)도 수심 400 m에서 100 m로 이동한다. 이때 심해산란층이 등광선과 함께 얕은 수심으로 이동함을 알 수 있다. 부유동물의 수직 이동이 광량과 밀접한 관계가 있음을 보여 주는 좋은 예이다.

어류에 있어서는 빛에 대한 행동이 더욱 뚜렷하다. 빛을 감지하는 감각기관이 발달하였기 때문이다. 그림 2-11은 저서어류가 밤이 되면서 수층으로 올라오는

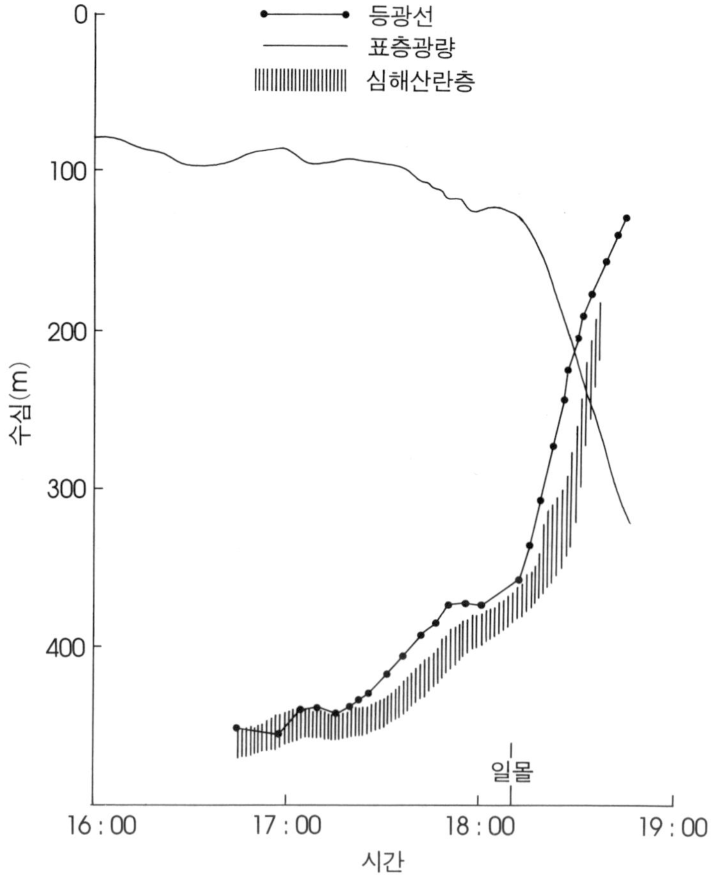

그림 2-10.
심해산란층의 깊이가 시간에 따라 변화한다. 저녁이 되면서 일사량이 적어지면 등광선이 위쪽으로 이동한다. 심해산란층 역시 같이 이동함을 알 수 있다.

현상을 보여 준다. 주간에 해저에 머물던 *Melanogrammus*, *Gadus* 등의 넙치류들이 야간에 20~30 m 올라옴을 알 수 있다(Beamish, 1966). 그밖에 *Pollachius virens*는 100 m, *Sebastes* 속에 속하는 종은 300 m까지도 윗쪽으로 이동하는 것으로 알려져 있다. 따라서 주야간에 따라 그물의 종류나 그물을 내리는 깊이를 달리해야만 원하는 어류를 채집할 수 있다.

식물에서도 주광성을 보이는 경우가 있다. 가장 전형적인 것이 저서규조류이다. 저서규조류의 일종인 *Surirella gemma*는 낮에는 퇴적물의 표층으로 이동하고 밤에는 퇴적물내로 이동하는 것으로 알려져 있다.

2.2. 수온과 생물의 반응

온도란 더운 정도를 나타내는 척도로서 무게, 길이, 시간과는 다른 °C라는 단

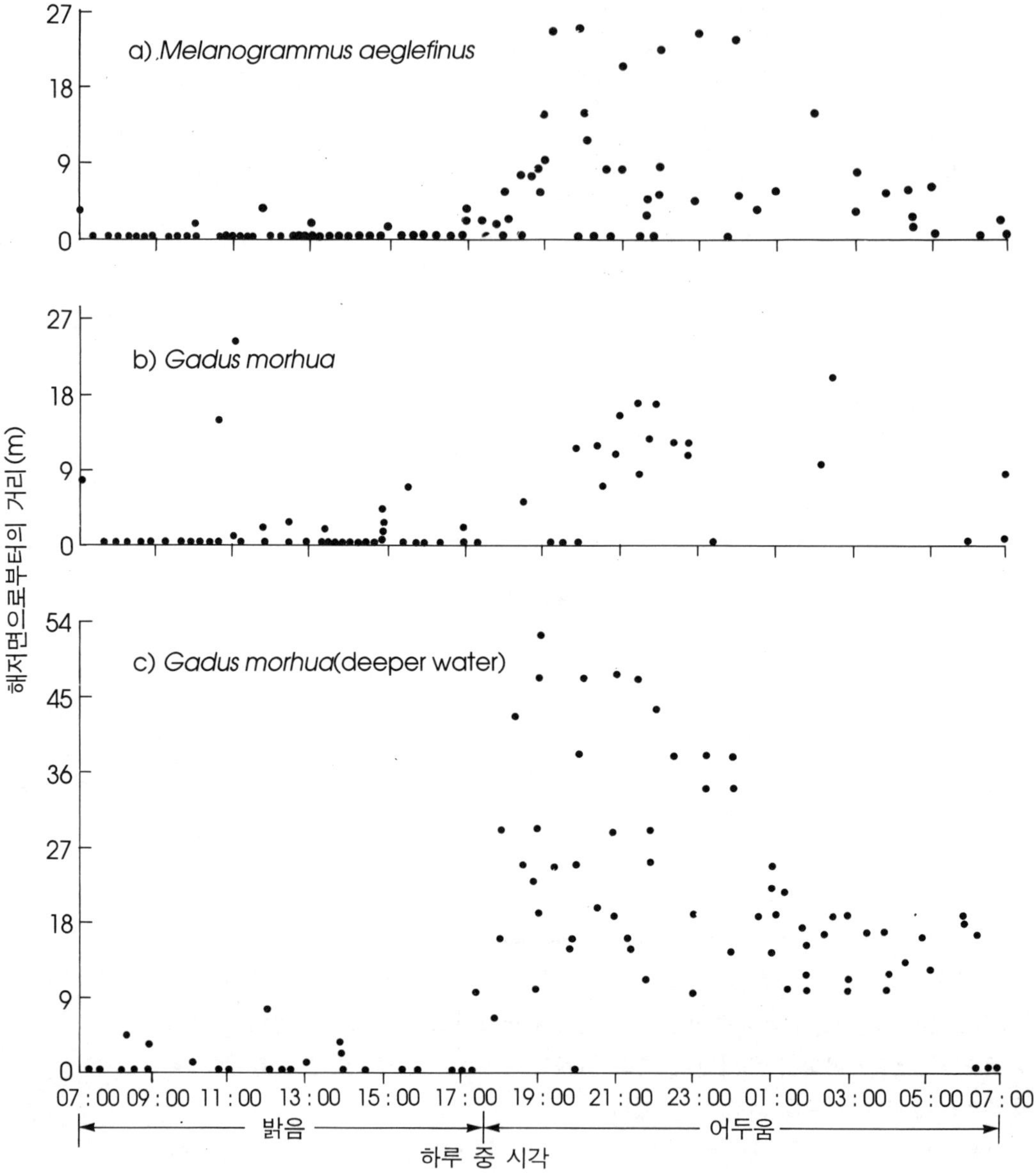

그림 2-11. 저서어류들이 저녁이 되면서 해저에서 위쪽으로 이동함을 보여 준다.

위로 나타낸다. 기온이란 대기의 온도를 말하며 수온이란 물의 온도를 말한다. 수온은 수괴에 유입된 열의 양에 의해 결정된다. 이때 열이란 일종의 분자운동 에너지이며 기계, 화학, 전기에너지 등으로 전환될 수 있고 보통 칼로리로 나타낸다.

생물체내에서 일어나는 생리적 반응은 모두 열에너지를 필요로 하므로 어느 정도의 온도는 생물에게 필수적이다. 그러나 어느 한계 이상의 온도는 생물체내의 화학, 생물학적 반응속도를 스스로 조절하기 어려울 정도로 빠르게 하거나 생물체내의 물의 상태를 변화시켜 생리적 작용에 큰 영향을 미치므로 각 생물체는 적정 서식온도 범위를 가지게 된다. 단백질이나 효소는 온도가 아주 높거나 낮으면 파괴되는데 이는 용매의 성질이 변하기 때문에 나타나는 현상이다. 세포막은 낮은 온도에서 기계적으로 파괴되기도 한다.

온도에 대한 생리적 반응은 일반적으로 Q_{10} 법칙에 따라 일어나는 것으로 알려져 있다. Q_{10} 법칙이란 어느 임의 온도에서의 생물의 반응속도를 10℃ 낮은 온도에서의 반응속도와 비교한 값으로

$$Q_{10} = K_{t+10}/K_t$$

로 표시한다. 이때 K는 반응속도상수이다. Q_{10}은 온도에 대해 선형 내지 지수함수적 관계를 가지며 변화하는 바, 대체로 2~3의 값을 가진다. 그림 2-12는 동해안에 서식하는 알쏭이모자반을 대상으로 광합성이 온도에 따라 어떻게 달라지는가를 조사한 결과이다. 일정 광량에서 온도를 달리했을 때 광합성량이 증가함을 보여 준다(Koh & Joh, 1991). 이때 Q_{10}이란 온도가 10℃ 증가할 때 증가한 광합성량을 증가율로서 상대적으로 나타낸 값이다. 광합성은 일정 온도 범위내에서만 증가하고 이 범위를 넘어서면 멈추거나 또는 감소하므로 Q_{10} 법칙은 증가하는 상태에서 적용할 수 있는 법칙이다.

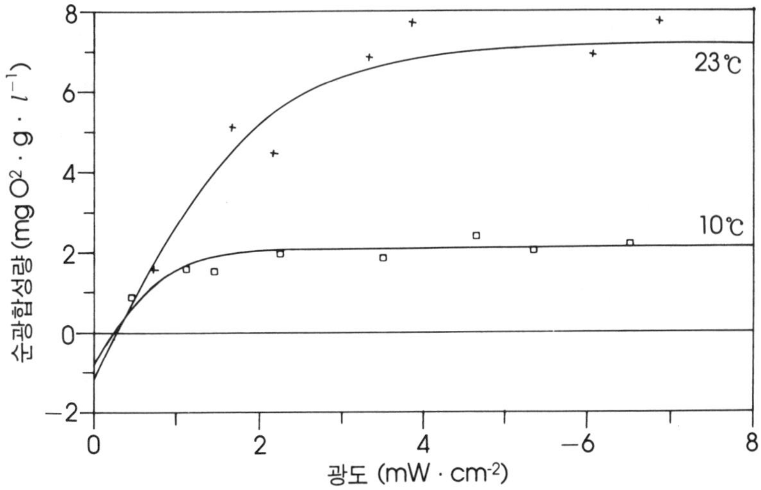

그림 2-12. *Sargassum confusum*의 광도와 온도에 따른 순광합성량의 변화

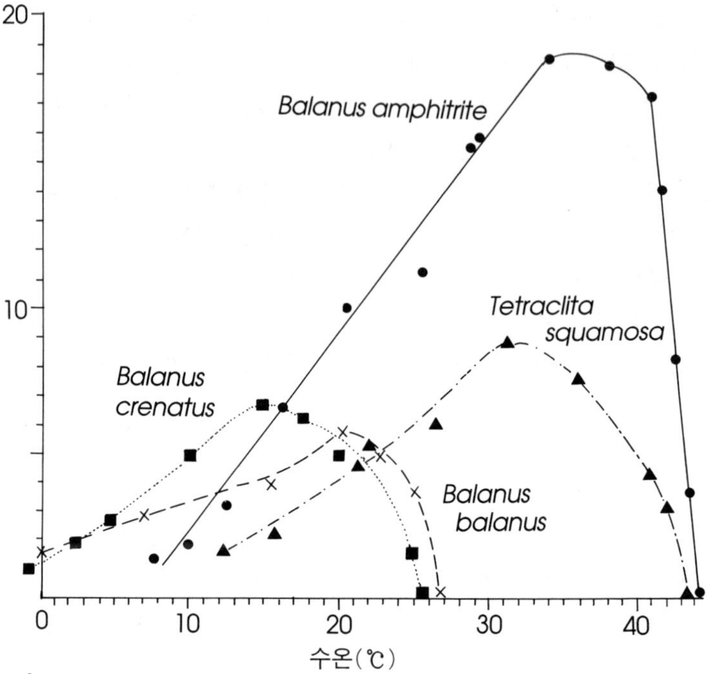

그림 2-13. 따개비의 수온에 따른 촉수의 움직임. *B. crenatus*와 *B. balanus*는 극지방에 서식하는 종이다. *B. amphitrite*와 *Tetriclita squamosa*는 열대해역에 서식하는 종이다. *T. squamosa*의 서식위치는 조간대이기 때문에 수온에 대한 반응이 상대적으로 덜 민감하다.

온도에 대한 이러한 생리적 반응은 동물들에게서도 관찰된다. 조간대에 서식하는 따개비와 거북손을 대상으로 온도에 따른 촉수의 움직임 정도를 비교하여 그림 2-13에 나타내었다(Southward, 1964). 서식지가 열대해역인 종은 섭씨 35°까지 촉수의 움직임이 증가하나 극지방에 서식하는 종은 약 15~20°C에서 최대 움직임이 관찰되었다. 이러한 차이는 모두 온도에 대한 생리활성도가 다른 것에 기인한다.

외부 온도가 변하더라도 체온을 일정하게 유지하는 동물을 항온동물(恒溫動物, homoiotherm), 체온이 변하는 동물을 변온동물(變溫動物, poikilotherm)이라고 한다. 젖먹이동물이 항온동물이며 대체로 인간과 비슷한 체온을 가진다. 예를 들면 바다에 사는 전형적인 젖먹이 동물인 고래는 35.5~36.6°C, 바닷사자는 36~38°C의 체온을 유지하는 것으로 알려져 있다. 그러나 해수의 평균 수온이 기온보다 낮을 뿐 아니라 열전달률이 약 2.7배 높으므로 낮은 수온에서 일정한 체온을 유지해야만 하는 젖먹이 동물은 특별한 기작을 가져야만 한다.

극지방에 사는 고래는 어린 새끼를 낳을 때 열대해역으로 이동하며 바닷사자는 열전달률이 낮은 육지에서 새끼를 낳는다. 고래는 체온을 유지하기 위해 약 10 cm 내외의 기름층을 갖는 것이 보통이나 50~60 cm의 두꺼운 기름층을 갖는 경우도 있다. 체격이 둥근 형태로서 체적에 대한 표면적의 비를 최소화하여 외부로 빼앗기는 열을 줄이는 것도 낮은 수온에 적응한 형태이다. 활발한 신진대사를 해야만 체온을 유지할 수 있기 때문에 해양에 서식하는 젖먹이동물은 육상동물에 비해 신진대사율이 높다. 인간이 하루에 평균 53 cal · kg^{-1}의 에너지를 사용하는데 비해 고래는 108 cal · kg^{-1}의 에너지를 사용한다. 이러한 에너지를 보충하기 위하여 많은 양의 먹이를 취해야만 한다. 고래는 하루의 먹이량이 1톤에 달하는 것으로 알려져 있다.

해양에 서식하는 대부분의 무척추동물과 어류와 같은 척추동물은 모두 변온동물이다. 이들 변온동물은 항온동물에 비해 수온의 변화에 대한 대비책이 허술하다. 어류는 주로 피부나 아가미를 통해서 열을 빼앗기는데 이들 기관을 통해 호흡을 하기 때문이다. 빼앗긴 열을 보충하려면 신진대사를 더욱 활발히 해야 하지만 호흡을 빨리 할수록 아가미를 통하여 빼앗기는 열이 더욱 많아져 신진대사에 적당한 체온을 유지하는 것이 쉬운 일은 아니다. 더욱이 물은 공기보다 산소의 양이 적으므로 산소의 공급을 위해 빠른 호흡이 필요하므로 적정 체온을 유지하는 데는 어려움이 있다. 따라서 변온동물은 수온의 차이가 심한 다른 장소로는 이동하지 않고 대부분 적정 수온이 유지되는 일정한 장소에서 산다. 수온의 변화에 견디는 정도는 종류에 따라 차이가 있다. 견딜 수 있는 수온의 범위가 좁은 동물을 협온성동물(狹溫性動物, stenotherm)이라 하고 범위가 넓은 동물을 광온성동물(廣溫性動物, eurytherm)이라 한다.

무척추동물이나 어류 등이 변온동물이기 때문에 해양동물의 대부분은 수온이 변하는 데 따른 적응한계가 상대적으로 좁은 협온성동물이라고 하겠다. 항온동물은 수온이 낮아지면 체내에서 열을 생산하거나 특수한 표피조직으로 몸을 보호하여 낮은 수온에 견딘다. 뿐만 아니라 찬 수온을 피해 이동하기도 한다. 이에 비해 변온동물은 행동이 느려지고 방향감각을 잃기도 하므로 수온이 변화하면 이에 적절히 대처하지 못한다고 하겠다. 체온도 고정되어 있는 것이 아니어서 생리적 활성이 과거에 경험했던 수온에 많은 영향을 받는다. 어떤 개체가 일정기간 동안 수온이 높은 환경에 놓여 있었다면 그 개체는 오히려 높은 수온에서 신진대사가 원활하게 이루어진다. 이를 온도순화(溫度醇化, acclimation)라고 한다. 그러나 그 순화의 정도가 그리 크지 않으므로 일정 범위를 벗어나면 사망하게 된다.

높은 수온에서 사망하는 원인으로는 수온이 증가하면 해수내 용존산소가 감소하는 현상을 들 수 있다. 용존산소가 감소하면 호흡이 지장을 받는다. 증발에 의한 수분의 손실, 효소의 과도한 활성화, 단백질의 변성 등도 사망원인이다. 낮은 수온에서의 사망은 신경의 전달기능 저하, 대사과정의 불충분, 에너지 해리속도의 저하, 얼음 결정에 의한 파괴, 수분의 응결로 인한 삼투압 증가, 탈수 등에 기인한다.

수온이 높건 낮건 각 수온에 견딜 수 있는 정도가 생물종에 따라 다르므로 해역별로 보면 해당 해역의 수온에 적합한 종만이 서식하게 된다. 생리적 활성도뿐만 아니라 성장률, 생식률, 성장시기, 생식시기, 생활사의 길이 등이 각 수온에 따라 달라지므로 이 모든 조건에 만족하도록 적응한 종만이 주어진 온도범위에 살 수 있다. 따라서 각 종은 수온에 따라 고유의 분포범위를 가지게 된다.

수온에 의해 결정되는 분포는 크게 두 가지 유형으로 나눌 수 있다. 그 하나는 남북의 위도에 따라 나타나는 지리적 분포이다. 극방향, 적도방향으로 생물종에

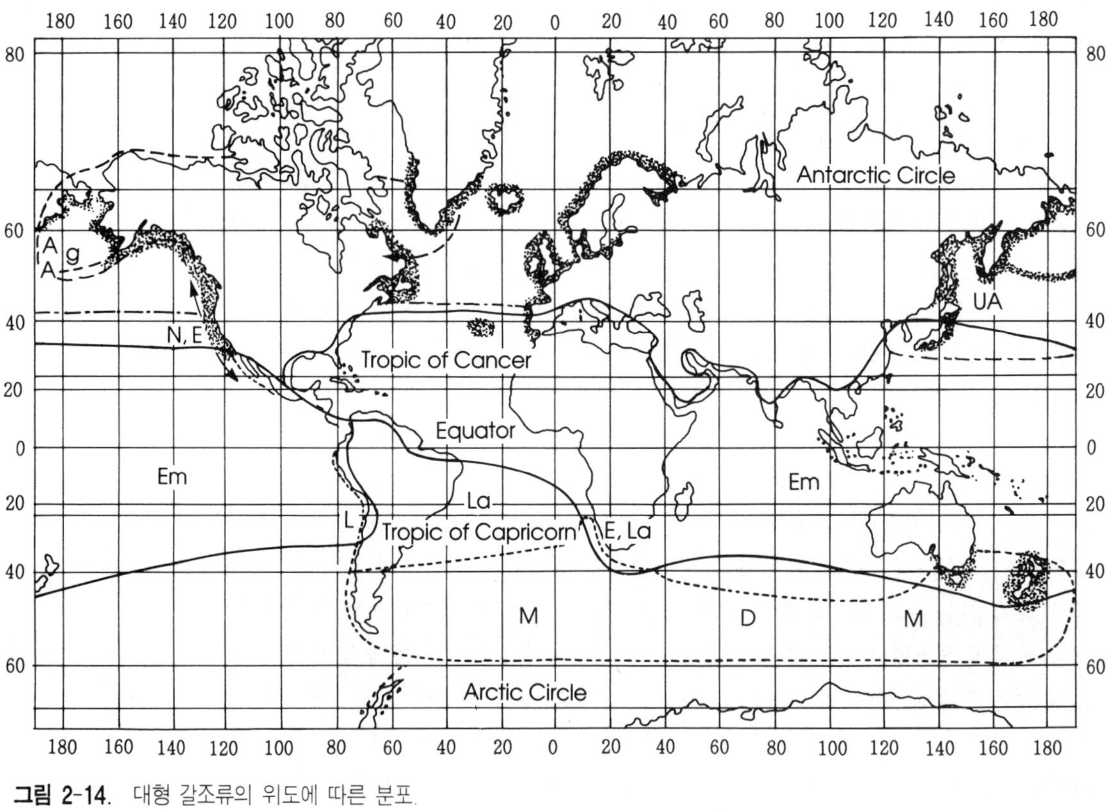

그림 2-14. 대형 갈조류의 위도에 따른 분포.
북반구의 해안을 따라 점으로 표시된 지역은 *Fucus* 생육지이다. *Fucus*는 남반구의 오스트레일리아 남동 해안과 뉴질랜드 해안에도 분포한다. 남북 40°와 적도에 걸쳐 그려진 선은 *Eusargassum* 분포대를 나타낸다. 남반구에 점선으로 구획된 지역은 *Macrocystis* 분포지역이다. 북반구 아이슬란드 근처의 끊어진 선은 *Agraeae*에 속하는 종의 분포대를 나타낸다. 북위 40° 근처의 선과 점으로 구성된 선은 *Laminaria*의 남방한계선이다.
A: *Arthrothamnus*; Ag. *Agareae*; C. *Coccophora*; D. *Durvillea*; E. *Ecklonia*; Em. *Eusargassum*; L. *Lessonia*; La. *Laminaria*; M. *Macrocystis*; N. *Nereocystis*; U. *Undaria*.

따른 분포한계가 여름, 겨울 등 계절에 따라 달라지기도 한다. 해양에서는 수심에 따라 수온이 달라지므로 수심에 따라 생물의 분포가 달라지는 특징도 나타난다. 또 온도지방에서는 일정 해역이라 하더라도 계절에 따라 수온이 변하므로 생물분포가 계절에 따라 달라진다.

그림 2-14는 대형 갈조류를 예로 들어 위도에 따라 지리적인 분포범위가 어떻게 다른지를 보여 준다. 대형 갈조류의 하나인 *Fucus*는 북반구의 북위 약 40도 이상의 북쪽에 그 분포가 국한되어 있는 해조류이다. 오스트레일리아의 남부해안과 뉴질랜드에서도 발견되는데 이 지역도 아한대성 기후 지역이다. 다시마 역시 *Fucus*와 그 분포대가 비슷하다. 이에 비해 모자반은 북위 40°에서 열대해역을 거쳐 남위 40°까지 분포하는 전형적인 아열대성 갈조류이다.

우리나라에서도 북방 해조류인 다시마는 동해안의 38°선 이북에 주로 분포하며 모자반은 그 남쪽으로 분포한다. 대형 갈조류의 하나인 미역(*Undaria*)은 중국, 일본, 한국 해역에 국한되어 분포하는 지역 고유종(固有鍾, endemic species)이다.

2.3. 염분과 생물의 반응

해수의 염분은 35‰로서 대체로 일정한 값을 보이나 연안해역 중 육수가 유입되는 곳에서는 이보다 낮으며 증발이 심한 사해나 지중해에서는 높다. 따라서 이러한 해역에 서식하는 생물은 대양과는 다른 높고 낮은 염분에 적응해야만 한다. 스칸디나비아 반도 안쪽에 놓인 발틱해는 육지로부터 담수의 유입이 끊임없이 일어나는 곳으로 염분구배가 5‰에서 30‰까지 거의 항구적으로 형성되어 있다. 염분이 해수와 담수의 중간값을 가지는 이러한 해수를 기수(氣水, brackish water)라고 한다. 저염분이라 할지라도 발트 해와 같이 오랜 시간에 걸쳐 일정한 농도가 유지된 곳에서는 이에 적응한 여러 생물적 현상을 관찰할 수 있다. 우선 이러한 기수해역에 서식하는 생물은 그 크기가 대양에 서식하는 생물보다 대체로 작다. 북해산 종과 발트 해산 종을 홍조류인 *Delesseria sanguinea*를 비교한 결과에서 보여 주는 것처럼 같은 종이라 할지라도 크기나 형태가 서식지의 염분에 따라 차이가 있음을 알 수 있다(그림 2-15). 규조류인 *Caloneis amphisbaena*가 담수역으로 가면서 크기가 작아지는 사실 역시 보여 준다.

서식종의 종수가 적다는 것도 또 하나의 특징이다. 그림 2-16은 수서환경에 서식하는 무척추동물을 대상으로 염분의 구배에 따른 종수를 나타낸 것이다. 담수에서 기수로 가면서 종수가 급격히 줄어들고 아후 30‰까지 서서히 증가하는 것을 볼 수 있다. 그러나 이러한 현상들은 오랜 기간에 걸쳐 나타난 진화의 결과들

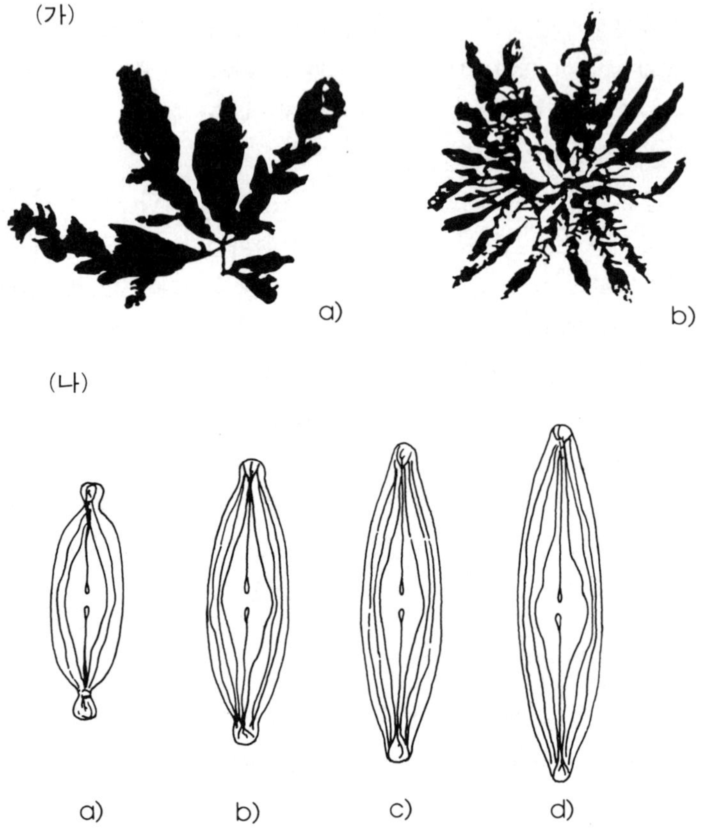

그림 2-15.
(가) 홍조류의 일종인 *Delesseria sanguinea*의 형태변이. 북해에 서식하는 개체는 엽상체가 넓으나(a), 기수해역인 발트 해에 서식하는 개체는 엽상체가 좁다(b).
(나) 규조류 *Caloneis amphisbaena*는 담수역에서 기수역으로 가면서 크기가 커지고 형태도 변한다.
a) 담수종 forma typica,
b), c) 2.4~3.4‰의 생태형,
d) 16‰에 서식하는 var. *aequata*
(Schwenke, 1974에서 재인용).

이기 때문에 짧은 시간 간격 사이에 일어나는 염분의 변화에 생물이 어떻게 대응하는가는 충분히 설명하지 못한다. 염분의 이러한 변화는 생물의 신진대사와 직접 관련이 있기 때문이다.

염분의 변화는 생물체내의 삼투압이나 체액의 이온비율에 직접 영향을 주며 그 밖에 포화계수, 밀도, 점도 등의 해수의 성질을 변화시켜 생물에게 간접적으로 영향을 미친다. 체액의 함수량이나 이온의 양은 해양생물의 신진대사나 생리, 생화학적 과정들과 관련이 있다. 이온함량이 일정해야만 신진대사가 원활하게 이루어지기 때문이다. 따라서 생물들은 종류에 따라 고유한 함수량이나 이온함량을 가진다. 생물들은 에너지를 사용하여 삼투압을 조절함으로써 고유의 이온함량을 유지한다.

삼투압은 수분포텐샬과 관계된 현상이다. 막의 한쪽에 순수한 물이 있고 다른 쪽에 이온의 농도가 높은 수용액이 있다면 물은 수분포텐샬이 높은 순수한 물에서 낮은 수용액쪽으로 확산되는데 이를 삼투현상이라고 한다(그림 2-17). 이때

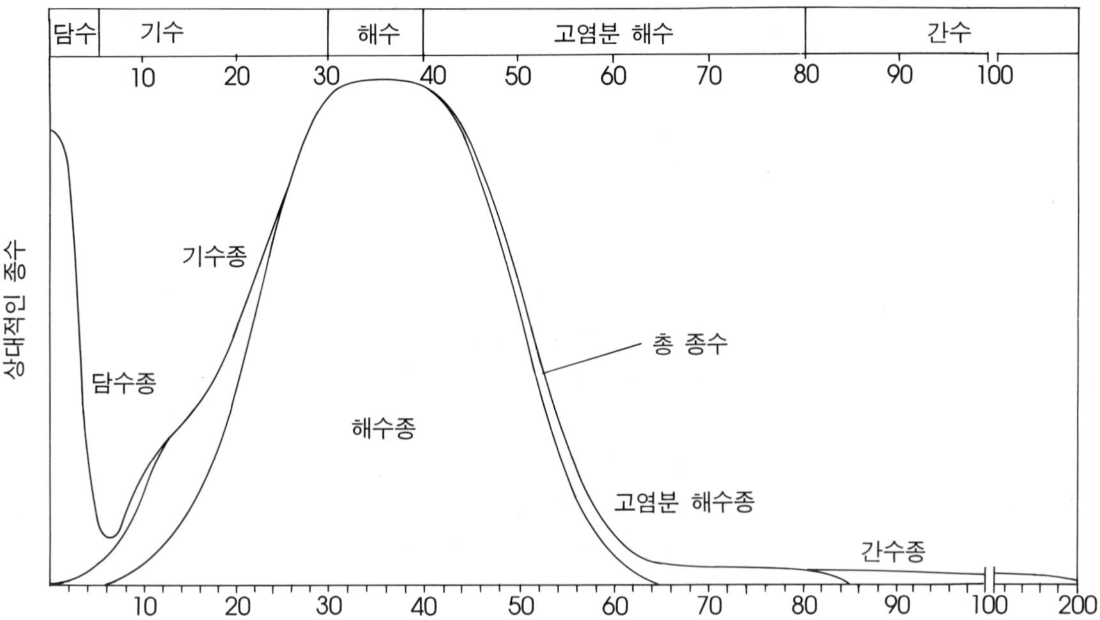

그림 2-16. 담수, 기수, 해수 등 염분도가 다른 수역에 서식하는 무척추동물의 종수를 상대적으로 가로축에 나타내었다.(Kinne, 1971)

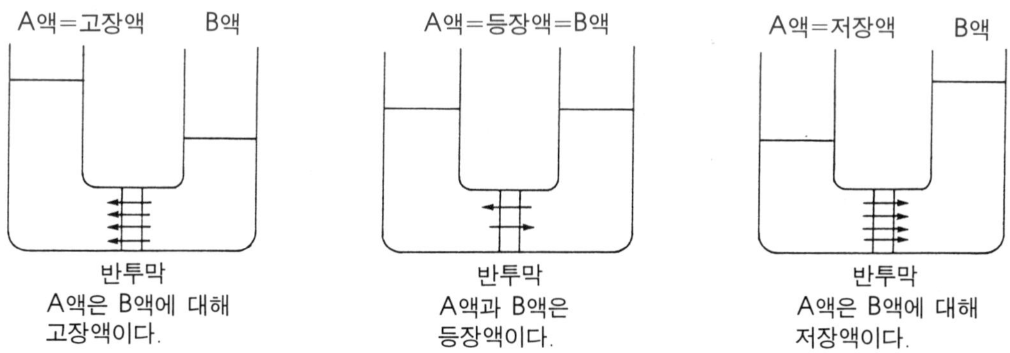

그림 2-17. 반투막은 물을 통과시키나 용질은 통과시키지 않는 막이다. 이온의 농도가 높은 고장액쪽으로 물이 확산되어 농도를 같게 하려 한다.

수분포텐샬을 같게 하려는 압력을 삼투압이라 한다.

생물체내의 체액은 반투막(半透膜, semi-permeable membrane)에 의해 외부와 격리되어 있다. 반투막이란 물은 통과할 수 있으나 이온은 순수한 확산에 의해서만은 통과할 수 없는 막이다. 체액은 주변액보다 이온농도가 높으므로 체액과 주변액은 이온농도가 평행상태는 아니다. 따라서 이 농도의 차이를 없애려 하는데 이때 체액내의 이온이 빠져 나와 평행상태에 이를 수는 없다. 반투막은 이온을 통과시키지 않기 때문이다. 그러나 물은 반투막을 통과할 수 있기 때문에 외부의 물이 오히려 세포내로 들어가서 체액을 희석시켜 농도차이를 없애려 한다.

체액이 외부액보다 이온농도가 높으면(hypertonic) 외부의 물이 확산에 의해 저절로 세포내로 들어오게 된다. 외부 이온농도가 높을 때는 반대현상이 나타난다. 세포는 물이 들어오면 부피가 커져서 팽창하게 되는데 계속 팽창되지는 않고 세포막이 막아 주어 일정한 압력까지 견딜 수 있다. 물이 들어와서 세포내에 생기는 이러한 압력을 팽압(膨壓)이라고 한다. 그렇더라도 일단 물이 들어오면 체액의 이온농도가 달라지므로 원활한 신진대사를 할 수 없다. 따라서 이 물을 다시 세포 밖으로 내보내야 한다. 물을 세포 밖으로 내보내는 일은 에너지를 필요로 하는 생리적 활동으로 이를 삼투조절이라고 한다. 삼투조절 과정에 대한 원리는 일반생리학 교과서에 잘 소개되어 있으므로 여기서는 생략한다.

대부분의 해양생물은 다행히도 체액의 이온농도가 해수와 유사하다(표 2-3). 삼투압은 이온의 종류와 관계 있는 것이 아니라 양이온과 음이온의 총 개수와 관계 있으므로 해양생물은 그들이 필요한 이온을 삼투압에 해가 되지 않는 한도내에서 필요에 따라 외부로부터 받아들일 수 있다. 이온을 교환하기 위해서 이온펌프를 사용하는데 이 과정은 에너지를 필요로하는 생리적 과정의 하나이다.

표 2-3. 해양동물의 체액내 양이온, 음이온의 양. 해수의 이온 중 Cl^-을 100으로 하여 각 이온의 양을 상대적으로 나타내었다.

이온의 종류	Na^+	K^+	Ca^{2+}	Mg^{2+}	SO_4^{2-}	Cl^-
해수의 이온농도	55.5	2.01	2.12	6.69	14.0	100
Cnidaria: *Aurelia aurita*	53	2.05	1.96	6.3	6.3	100
Polychaeta: *Arenicola marina*	56	2.09	2.12	6.7	12.9	100
Mollusca: *Mya arenaria*	56	2.15	2.26	6.6	14.1	100
Sepia officinalis	51	4.10	2.22	6.7	2.9	100
Crustacea: *Squilla mantis*	64	2.69	2.59	2.2	11.2	100
Carcinus maenas	62	2.43	2.69	2.4	8.0	100
Echinodermata: *Holothuria tubulosa*	56	2.06	2.15	6.9	13.9	100
Urochordata: *Phallusia mammillata*	53.3	1.95	1.91	6.38	7.1	100
Vertebrata: *Mustelus canis*	76	2.68	2.79	0.82	2.1	100
Gadus callarias	67	6.35	2.62	0.95	–	100

해양생물의 이온농도는 해수의 이온농도와 유사하므로 삼투압은 해수의 이온농도가 달라질 때만 문제가 된다. 조간대 생물이 공기 중에 노출되었을 때 햇빛이 쪼여 주위가 건조해지면 고염분, 비가 오면 저염분 환경에 놓이는 것을 예로 들 수 있다. 조간대 생물처럼 염분의 변화에 견디는 정도가 크면 이를 광염성생물(廣鹽性, euryhaline)이라 하고 그밖의 생물처럼 견디는 정도가 적으면 협염성생물(浹鹽性, stenohaline)이라 한다. 조간대생물이 광염성생물이라고는 하지만 간조시에 노출되어 건조되고 주위의 염분이 증가하면 삼투압에 의해 수분이 체외로 빠져 나가므로 생리활성도가 떨어진다. 그림 2-18은 조간대에 서식하는 해조

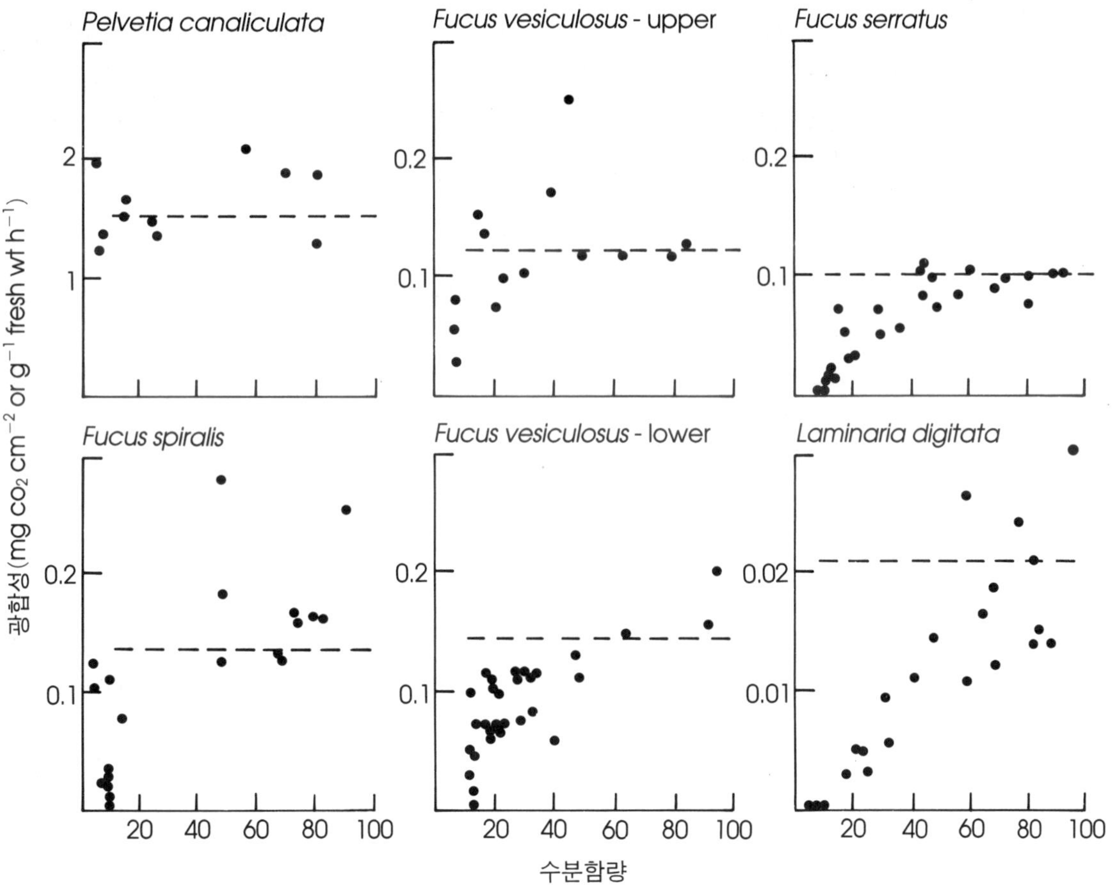

그림 2-18. 조간대와 조하대에 서식하는 해조류의 수분함량에 따른 광합성량(Dring, 1982). 조하대 해조류(*F. serratus*와 *L. digitata*)는 체내 수분함량이 적으면 광합성이 활발하지 못하다. 같은 종이라 하더라도 *F. vesiculosus*의 경우 조간대 상부에 서식하는 개체가 덜 민감하다. 정상적인 광합성의 정도는 줄을 그어 표시하였다.

류를 대상으로 체내 수분함량의 변화에 따른 광합성량을 측정한 결과이다. 해조류를 몇 시간 동안 대기에 노출시켜 수분을 잃게 한 후 다시 해수에 넣어 수분을 얻도록 하여 수분을 얻는 정도에 따라 광합성을 측정하였다. 우선 수분을 얻을수록, 즉 수분함량이 많을수록 광합성이 활발함을 알 수 있다. 그러나 수분함량과 광합성량의 상관관계는 조하대에 서식하는 *Fucus serratus* 또는 *Laminaria digitata*와 조간대에 서식하는 그밖의 조류와 차이가 있다. 조하대 해조류는 수분함량이 원래 보유한 함량에 도달해야 정상적인 광합성 능력을 가지나 *Pelvetia*와 *Fucus spiralis* 등의 조간대 해조류는 수분함량에 크게 민감하지 않다. 이는 같은 종(*Fucus vesiculosus*)이지만 서식하는 위치가 조간대 상부와 하부로 서로 다른 개체들간에서도 잘 드러난다. 무척추동물의 일부는 염분의 변화에 대하여 수동적으로 대처할 뿐이다. 다시 말하면 해수의 염분이 낮아지면 물이 세포내로 들어와 세포내의 염분이 낮아지더라도 이에 대처할 방법을 가지고 있지 못하다. 물이 세포내로 들어오면 세포막이 견딜 수 있을 때까지 팽창하며 그 이상 물이 들어오면 세포는 터지고 따라서 사망하게 된다.

외부의 염분변화에 능동적으로 대처하는 동물들은 이에 상응하는 생리적 기작을 가진다. 예를들어 담수생물들은 세포내가 주변환경보다 이온농도가 높으므로 물이 들어오게 된다. 그러나 들어온 물을 분비기관을 통하여 다시 밖으로 능동적으로 내보낼 수 있다. 반대로 사해(死海)와 같은 고염분 환경에 사는 생물은 이온을 축적하여 내부 이온농도를 주위의 높은 해수농도와 비슷하게 유지한다. 사해의 고염분에 사는 쌍편모조류의 일종인 *Dunaliella parva* 같은 종은 동화산물로서 글리세린을 축적하는데 글리세린의 높은 농도가 세포내 이온농도를 높게 유지시켜 주는 역할을 하는 것으로 알려져 있다.

바다에 사는 대부분의 척추동물은 외부의 염분이 달라지더라도 체내의 염분은 거의 일정하게 유지할 수 있는 항염성(恒鹽性, homoiosmotic) 동물이다. 그러나 상어나 가오리 같은 변염성(變鹽性, poikilosmotic) 동물도 있다. 이들은 질소대사의 노폐물인 요소를 이용하여 외부 환경과 유사한 이온농도를 유지한다.

항염성 척추동물들은 체내의 염분이 해수보다 높다. 따라서 체내에 물을 일정하게 간직해야 하며 더 이상의 이온도 받아들이지 말아야 한다. 물이 노폐물을 밖으로 내보낼 때 함께 나갈 수 있으므로 가능한 한 적은 양의 노폐물을 내보내어 일정한 양의 물을 유지하려 한다. 해산어류가 담수어류보다 요소분비율이 10 내지 100배 적은 것은 물을 적게 방출하려는 작용 때문이다. 해수에 노출되어 있어 어쩔 수 없이 들어온 이온들을 특별한 샘을 통하여 방출함으로써 가능한 한 이온농도를 일정하게 유지한다. 예를들어 거북이나 바닷새들은 이러한 샘이 눈

그림 2-19. 염을 내보내는 샘의 위치. 바닷새와 거북이 등은 먹이를 취할 때 들어온 해수 때문에 증가된 체내의 염분을 주위의 샘을 통해서 방출한다. a), b) 갈매기류, c) 거북이.

주위에 발달해 있어 먹이를 취할 때 들어온 바닷물에 의해 증가된 염을 방출할 수 있다(그림 2-19). 이러한 특별한 샘들은 뇨를 통하여 제어할 수 없을 만큼 많은 양의 염이 들어올 경우 이것이 체내에 축적되는 것을 방지하는 역할을 한다.

2.4. 해수의 운동과 해양생물

해수의 운동은 해양생물의 생존에 매우 중요하다. 세포 주변의 영양분은 소모되고 대사 노폐물은 쌓이게 되므로 물의 움직임은 생물의 생존에 큰 영향을 미친다. 또, 많은 생물의 유생은 발생 초기에 물의 움직임에 의존하여 넓은 지역에 분산되게 된다. 해수의 운동은 그 움직임의 규모가 크고 작음에 따라 규모가 가장 작은 분자확산, 중간인 난류, 와류, 가장 큰 조석, 해류로 나눌 수 있다. 해수의 운동이 생물의 서식과 갖는 관계를 분자확산, 조석, 해류로 나누어 아래에 설명하였다.

해수의 분자확산운동과 생물

물 속의 생물이 살기 위해서는 생존에 필요한 물질이 공급되어야 한다. 식물은 성장을 위해 질소, 인 등의 원소가, 그리고 동물은 호흡을 위해 산소가 필요하다. 이러한 물질들은 물 속에 녹은 상태로 있다. 물 자체의 움직임이 없으면 이들 물질은 분자확산에 의해서만 이동이 가능하다. 분자확산이란 열에너지에 의한 분자나 작은 입자의 무작위적인 운동을 말한다. 브라운 운동이 그 예인데 움직임이 극히 느리므로 상온에서 작은 분자가 물 속에서 100 μm 이동하는 데 약 10초, 1 cm 이동하는 데는 대략 십 수 시간이 걸린다. 따라서 확산은 아주 작은 규모를 제외하면 물질이동에 있어 그 효과가 아주 적다.

분자확산보다 좀 큰 규모의 운동으로 난류나 와류와 같은 운동이 있다. 파랑이나 해류와 아주 큰 규모의 물의 움직임이 있으면 움직임의 속도가 커짐에 따라 여러 가지 불안정성에 의해 난류(亂流, turbulence)가 일어나게 된다. 난류란 운동방향이 무작위적으로 변하는 흐름을 말한다. 난류는 작은 규모의 와류(渦流, eddy)를 형성하는데 큰 와류는 더 작은 와류를 만들면서 에너지를 전달하고 이 과정은 끊임없이 되풀이된다. 이러한 큰 와류에서 작은 와류로의 에너지 전달을 에너지 연쇄폭포(energy cascade)라고 한다. 와류의 크기가 점차로 작아지다가 수십 mm 이하로 되면 물의 점성에 의해 운동에너지가 열에너지로 바뀌면서 와류는 소멸한다.

와류에 의한 확산(eddy diffusion)은 분자확산과 마찬가지로 방향이 무작위적이지만 그 크기가 훨씬 크고 분자확산과는 달리 모든 성질(열, 용존산소 등)에 동일하게 작용한다. 대양의 수평방향의 와류 확산의 크기는 분자확산의 10^9 정도 되므로 물질이동에 매우 효과적임을 알 수 있다. 이는 1 km 정도의 이동에 반 시간 정도 걸리는 규모이다. 반면에 성층이 되어 있을때 수직방향으로 10 m의 확산이 일어나려면 수십 일이 걸린다. 부유생물처럼 물 속에 떠다니는 생물들은 특히 난류, 와류, 분자확산 등과 관계된 물의 움직임에 영향을 받는다.

부유생물이라 하더라도 하나의 물체이기 때문에 물 속에 있으면서 물이 움직일 때마다 저항을 받는다. 저항을 일으키는 중요한 요인 중의 하나는 물의 점성이다. 점성에 의한 저항은 물체의 크기, 속도에 따라 달라지는데 관성력과의 상대적 비율에 따라 물체의 운동에 미치는 영향이 달라진다. 관성력이란 어떤 물체가 일정 속도를 가지게 하거나, 일정 속도로 움직이고 있는 물체를 멈추게 하는데 드는 힘이다. 관성력의 점성력에 대한 비율을 레이놀즈 수(Reynolds number)라고 하며 다음과 같이 정의된다.

$$Re = \mu d / \nu$$

여기서 Re는 레이놀즈 수, μ는 물체의 속도, d는 물체의 길이, ν는 운동점도(kinematic viscosity)이다. 이 값은 원래는 수도관을 흘러가는 유체에 난류가 생기는 임계속도를 알기 위해 쓰여졌으며 d는 수도관의 직경이며 느린 운동에서 난류로 바뀌는 값은 $Re \simeq 2500$ 정도였다. 즉, 관성력의 크기가 점성력의 2,500배가 될 때까지는 점성이 불규칙한 운동을 억제하여 유체가 부드럽게 흐르도록 한다.

레이놀즈 수는 부유생물의 운동에도 적용될 수 있다(표 2-4). 예를 들면 길이가 50 μm 부유동물이 10 $\mu m \cdot s^{-1}$의 속도로 헤엄친다면 $Re = 5 \times 10^{-4}$가 된다. 이 경우 관성력은 무시되고 점성력이 지배하게 된다. 반면 다랑어의 경우는 $Re =$ 30,000,000이 되므로 점성력은 거의 무시된다.

생물체의 표면 위를 물이 흘러가게 될 때 생물체 표면에 가까와질수록 물의 속

표 2-4. 여러 가지 해양생물과 레이놀즈 수

움직이는 생물	Re
10m · s^{-1}로 헤엄치는 큰 고래	300,000,000
10m · s^{-1}로 헤엄치는 다랑어	30,000,000
2m · s^{-1}로 날고 있는 오리	300,000
7m · s^{-1}로 날고 있는 큰 잠자리	30,000
20cm · s^{-1}로 튀는 요각류	300
날고 있는 아주 작은 곤충	30
1mm · s^{-1}로 움직이는 길이 0.3mm의 무척추동물 유생	0.3
0.2mm · s^{-1}로 움직이는 성게 정자	0.03

도는 느려져서 표면에서는 물의 속도가 0이 된다. 이렇게 속도가 감소된 공간을 경계층(境界層, boundary layer)이라고 한다. 경계층에서는 물질이동 속도가 느려진다. 많은 종류의 해양생물은 생리활동을 위해 표면에서 주위 해수와 물질교환을 원활히해야 하므로 경계층을 작게 할 필요가 있다. 물체가 클수록 또 물의 상대적 속도가 느릴수록 경계층은 커진다.

해조류는 파도나 조류가 활발한 곳에 부착하므로 주위 해수와의 물질교환이 원활하다. 쌍편모류는 편모로 헤엄침으로써 경계층에서의 해수유동 속도를 증가시킨다. 그러나 박테리아와 같이 레이놀즈수가 매우 작은 경우는 경계층에서의 문제를 해결할 수 없다. 점성이 지배하고 있기 때문이다. 따라서 박테리아는 물질교환을 전적으로 분자확산에 의존하고 있다. 편모로 운동하는 이유는 경계층을 줄이기 위한 것이 아니라 영양분이 많은 곳으로 가기 위함이다.

파도, 해류, 조석운동과 생물

파도, 해류, 조석 등에 의해 일어나는 해수의 수평, 수직 움직임 모두 해양생물에게는 매우 중요하다. 만일 순수히 확산에만 의존한다면 표층수의 용존산소가 9에서 9 $cm^3 \cdot l^{-1}$로 변한 것이 10 m 깊이에 전달되는 데 약 2,000년이 걸린다. 물에서의 확산속도는 공기에서보다 10,000배 느리다. 파도, 해류, 조석 등의 해수운동과 생물과의 관계에 대한 논의는 Riedl(1969)에 의해 최초로 요약된 바 있다.

해수의 운동을 생물에 작용하는 하나의 환경으로 취급하여 생물의 적응을 해석하는 데에는 많은 어려움이 있다. 왜냐하면 1) 해수의 운동은 수온이나 염분, 먹이의 양을 결정하여 간접적으로 생물에 작용하고, 2) 그 운동의 방향이나 속도,

빈도 등이 상황에 따라 다양하게 나타나 측정하기 어려우며, 3) 운동의 현상이 파악하기 어려울 정도로 복잡하기 때문이다. 그밖에 4) 방향이나 속도 등의 특성도 넓은 공간에서만 측정이 가능하므로 작은 생물체에 미치는 미세환경을 알기 어렵고, 5) 같은 정도의 해수운동이라 하더라도 생물의 반응은 다양하게 일어난다는 것도 이유로 들 수 있다.

물리해양학자들은 해수의 운동을 유속, 유향측정기, 파고계 등을 이용하여 정확하게 측정한다. 생물학자들은 대부분 해수가 생물에 직접 부딪치는 정도를 측정해야만 하나 생물체의 크기가 작고 또 몸체가 유연하므로 생물체에 부딪치는 정도를 측정한다는 것은 거의 불가능하다. 도티(Doty, 1969)는 물 속에 석고를 끈으로 매달아 물의 움직임에 따라 녹는 정도를 비교하여 해수의 움직임을 단순히 상대적으로만 나타낸 바 있다.

해수의 운동이 생물에 작용하는 방법에는 몇 가지 유형이 있다. 부유생물에게는 영양염을 공급하며 또 부유생물을 운동에 의해 직접 이동시키기도 한다. 생물의 분포범위가 전세계에 걸쳐 넓은 이유는 해류에 의해 이동되기 때문이다. 해수의 운동으로 해조류는 가근(假根)이 암반으로부터 떨어져 나간다. 동물은 해수운동에 의해 새로운 먹이를 공급받거나 신진대사 후 방출되는 노폐물이 제거된다. 그러나 해수의 운동과 생물이 가지는 이러한 관계들을 정량적으로 조사하기란 현실적으로 거의 불가능하다. 다만 우리는 생물종, 생물량, 또는 외부적 형태가 해수의 운동에 따라 강한 곳과 약한 곳에서 차이가 있음을 알고 있을 뿐이다.

해조류의 형태가 해수의 운동과 관계 있음에 대한 몇몇 보고가 있다. 뉴슬(Neushul, 1972)은 캘리포니아 해역에서 대형 갈조류가 서식하는 장소를 택하여 물의 흐름을 3개 층으로 나누고 이와 관계된 해조류의 형태나 서식방법을 기술하였다. 즉 $1m \cdot sec^{-1}$의 해류가 흐르는 상층부, 반대 반향의 흐름이 있는 중층부, 속도가 느린 저층부에서 각각 다른 형태를 가지는 해조류가 서식한다고 하였다(그림 2-20).

리들(Riedl, 1969)은 강장동물의 일종인 연산호에 속하는 *Eunicella carolinii*가 수심에 따라 서 있는 방향이 다른 것을 해수의 운동과 연결시켜 해석하였다. 즉 약 10 m 깊이까지는 수평방향, 그 이하 깊이에서는 수직방향으로 이들 동물이 부착해 있는 바, 이는 수심에 따라 해수가 흐르는 방향이 다르기 때문이라는 것이다. 얕은 수심에서는 파도에 의해 해수가 아래 위로 움직이고 깊은 수심에서는 해류가 흐르는 방향으로 움직이므로 이 방향에 직각이 되게 이들 동물이 놓여 있다고 보았다(그림 2-21). 먹이를 대부분 해수로부터 섭취해야 하므로 해수가 움직이는 방향과 수직이 되도록 놓이면 먹이를 효과적으로 섭취할 수 있음은 쉽게

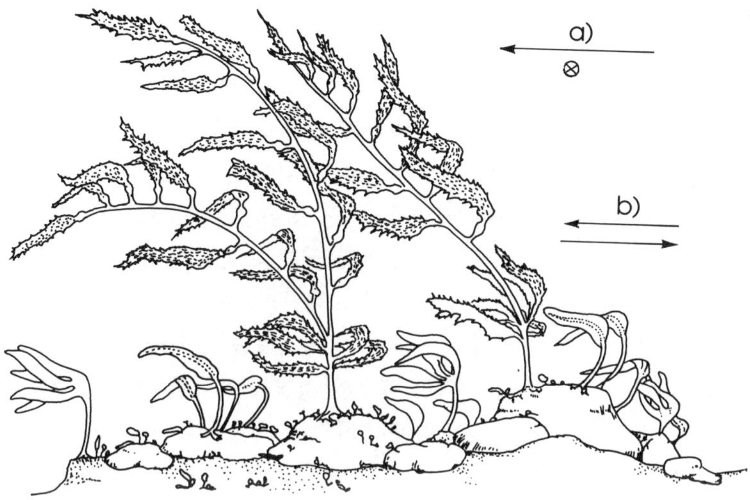

그림 2-20. 수심에 따라 물이 흐르는 방향이 다르고 또 이에 의해 서식하는 해조류의 종류가 다름을 보여 준다.

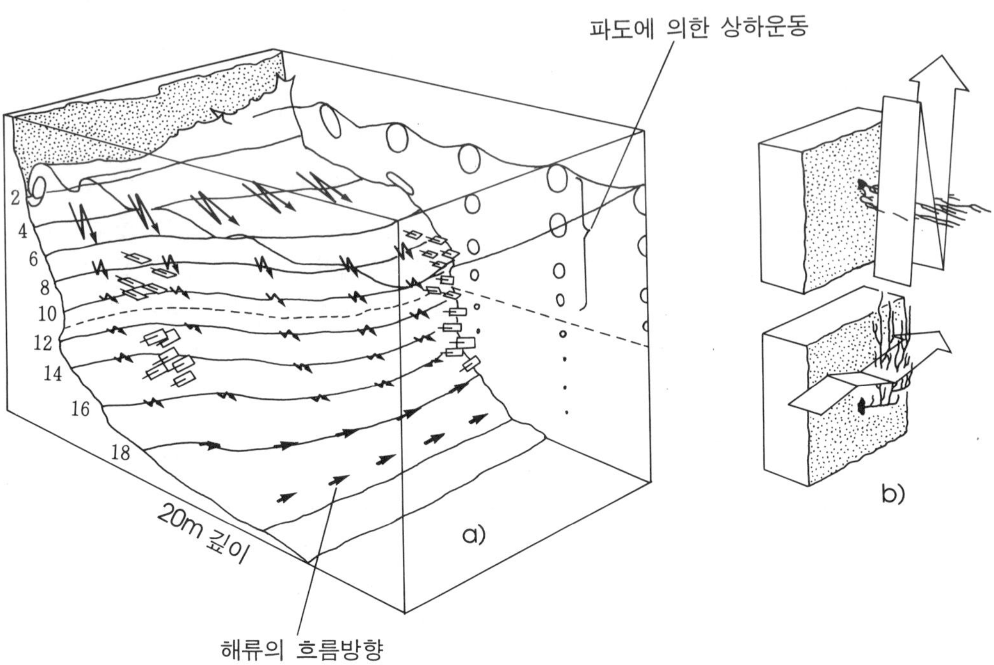

그림 2-21. 연산호가 먹이를 효과적으로 섭취하기 위해 물이 흐르는 방향에 직각이 되도록 부착해 있음을 나타낸다. a) 해수면으로부터 점선으로 표시된 깊이(약 11m 수심)까지는 파도 때문에 물이 위, 아래로 움직이며 그 아랫쪽에서는 해류의 방향과 동일하게 우측으로 움직인다. b) 연산호의 일종인 *Eunicella carolinil*는 물이 움직이는 방향에 직각으로 놓여 먹이를 효과적으로 섭취한다.

상상할 수 있다.

2.5. 해수의 밀도와 해양생물

육상과 달리 해양은 밀도가 매우 큰, 물이라는 매질로 채워져 있다. 따라서 육상의 새와 같이 날개를 갖지 않아도 힘들이지 않고 떠다닐 수 있어 해양에는 육상과 달리 부유생물이 많다. 그러나 해양의 모든 생물이 부유생활을 하는 것은 아니므로 부유 정도와 해수의 밀도가 가진 관계를 살펴볼 필요가 있다.

해수의 밀도, 또는 비중이 생물의 밀도, 또는 비중과 큰 차이가 없으면 쉽게 부유할 수 있고 차이가 크면 부유할 수 없다. 해양생물을 부유생물, 유영생물, 저서생물로 나누게 된 것도 밀도가 크다는 해수의 성질을 이용할 수 있는 정도가 생물종에 따라 다르고 이에 따라 행동방법이 달라졌기 때문이다.

밀도란 물리학적으로는 체적에 대한 무게의 비(g · cm^{-2})로서 정의되고 비중이란 순수한 물이 밀도가 가장 큰 상태인, 즉 가장 무거운 상태인, 4°C에서의 물의 무게를 1로 보아 이와 비교한 상대적인 값이다. 해수의 밀도는 염분과 수온, 압력에 따라 다른 값을 가지나 염분에 가장 민감하며 염분이 증가함에 따라 일정 비율로 커진다.

해양생물 중 부유생물은 밀도가 해수와 비슷하거나 해수보다 약간 크다(표 2-5). 부유생물은 세포막을 제외하곤 세포의 대부분이 단백질로 구성되어 있으므로 단백질의 비중에 해당되는 무게를 갖는다. 이에 비해 저서생물은 대부분이 해수보다 비중이 크다. 부유생물은 해수와의 밀도차이가 크지 않다고는 하지만 약간 무겁기 때문에 물 속으로 가라앉는다. 만일 물 속으로 가라앉으면 각 생물이 가진 고유한 기능, 예를 들면 광합성과 같은 기능을 수행할 수 없기 때문에 부유생

표 2-5. 해양생물과 해수의 밀도비율. 여기서 밀도비율이란 해양생물의 밀도를 해수로 나눈 후 1,000을 곱한 값이다. 부유생물과 저서생물의 밀도가 차이가 있음도 보여 준다.

	밀 도	밀도비	생활방법
Cnidaria: *Aurelia aurita*	1,027	1000	부유
Anemonia sulcata	1,045	1018	저서
Crustacea: *Calanus finmarchicus*	1,056	1029	부유
Hormarus vulgaris	1,170	1140	저서
Osteichthyes: *Clupea harengus*	1,061	1034	유영(부레 있음)
Solea solea	1,087	1059	유영(부레 없음)

물이라 하더라도 일정 깊이에 머물러야 한다.

만일 어떤 해양생물의 비중, 또는 밀도가 해수보다 크면 이 생물은 가라앉지 않기 위해 에너지를 사용하여 헤엄을 쳐야 한다. 그러나 헤엄칠 수 있는 특수한 기관을 갖지 않은 생물에게는 이 또한 해결하기 어려운 문제이다. 부유생물은 유영기관을 갖지 않기 때문에 대부분 밀도를 줄여 부유능력을 상대적으로 증가시킨다.

밀도를 줄이는 방법에는 여러 가지가 있다. 체내에 물을 많이 함유하여 무게를 상대적으로 줄이는 것도 한 가지 방법이다. 표영생태계에 서식하는 많은 무척추동물들이 높은 함수량을 지니는 것이 놀라운 일은 아니다. 해파리 종류는 외피와 내피 사이에 물 저장고를 가져 몸무게의 96~98%를 물이 차지한다. 해파리들이 비록 2~4%의 무기, 유기질로 구성되어 있지만 그럼에도 불구하고 죽으면 가라앉는 것으로 보아 여전히 해수보다 무거움을 알 수 있다. 이는 체액이 일정한 정도의 이온을 가지고 있기 때문이다. 만일 체액에 이온이 없다면 약 1.026의 밀도를 가진 해수에서 26 mg · cm^{-3}의 부력을 가지므로 자연스럽게 뜰 수 있으나 실제로는 삼투압에 견디거나 그밖에 생리적 작용을 위해 일정한 수준의 이온을 가져야 하기 때문에 해수보다 비중이 높다. 더욱 무게를 줄이기 위해서 결국 이온의 무게를 가능한 한 줄이는 방법을 택하는 동물들도 있다.

해양생물의 체액은 해수와 유사한 삼투압을 가진다. 이때 삼투압이란 이온의 종류가 아닌 이온의 총량과 관계 있으므로 생물은 이온의 양을 변화시키지 않은 채, 즉 삼투압에는 전혀 영향을 주지 않은 채, 무거운 이온을 가벼운 이온으로 교체하여 무게를 줄인다. 예를들어 표영생활을 하는 두족류인 *Helicocranchia pfefferi*, *Chranchia scabra*, *Japetella diaphana* 같은 종들은 연체동물이 일반적으로 갖는 체강보다 훨씬 큰 체강을 가지고 여기에 체액을 채운다. 따라서 체액의 무게가 *Helicocranchia*의 경우 전체 몸무게의 약 2/3, *Verrillitheutis*는 1/2에 달한다. 이렇게 많은 체액을 가지고 있으므로 체액내의 이온을 가벼운 이온으로 치환할 경우 전체 무게를 줄일 수 있음은 당연하다.

*Helicocranchia*나 *Verrillitheutis*의 체액내 이온함량을 이온의 종류별로 해수와 비교한다면 Cl^- 이온의 양은 해수와 비슷하나 Na^+는 해수의 약 1/6에 불과하다. 그러나 Na^+ 이온 대신 훨씬 가벼운 NH_4^- 이온을 해수의 Na^+ 이온량만큼 가진다. 이는 삼투압을 해결할 뿐 아니라 동시에 무게를 줄이는 효과를 가진다.

이온을 가벼운 이온으로 치환하는 방법 이외에 액포를 가져 무게를 줄이는 경우도 있다. 쌍편모조류의 일종인 야광충의 난(卵)은 액포가 이런 역할을 담당한다.

지방(脂方)은 물보다 가벼운 유기물이므로 지방을 많이 함유하여 무게를 줄이기도 한다. 단세포 부유식물은 지방을 중요 축적물로 가지며 표층수에서 부유생활을 하는 어란(魚卵)들도 지방을 많이 함유한다. 유영생활을 하는 두족류나 어류들은 간(肝)에 기름을 저장하며 상어 역시 부레를 가지지는 못하지만 대신에 몸무게의 약 25%에 달하는 간을 가지는 바, 간의 약 80%가 지방이다.

유영생물이라 할지라도 무게를 줄여야 할 필요가 있다. 물은 삼차원의 공간이므로 수직이동을 해야 하는데 윗쪽으로 이동하기 위해서는 무게가 가벼울수록 좋다. 또 무게가 가벼우면 빠르게 움직일 수 있어 먹이를 구하거나 적으로부터 잡혀먹는 위험도 피할 수 있다. 따라서 유영생물도 무게를 줄이는 특별한 적응기작을 가진다.

무척추동물은 해파리 중 일부 종이 가스방을 해파리의 윗쪽 둥근 부위인 우산에 가지며 어류는 저서어류를 제외하면 대부분 부레를 갖는다. 가스는 부피가 작더라도 무게가 가볍기 때문에 부레를 가스로 채우면 몸무게를 쉽게 줄일 수 있다. 그러나 문제는 수심이 깊은 곳으로 내려가면 압력이 증가하므로 가스를 채운 부레 역시 압력을 받게 된다. 따라서 생물은 높은 압력에 견디는 골격구조를 가지거나 부레를 높은 압력의 가스로 채워야 한다. 그러나 실제로는 체적이 줄어듬으로 그만큼 부력도 감소하여 가스로 채워진 부레에 의해 부력을 유지하는 것은

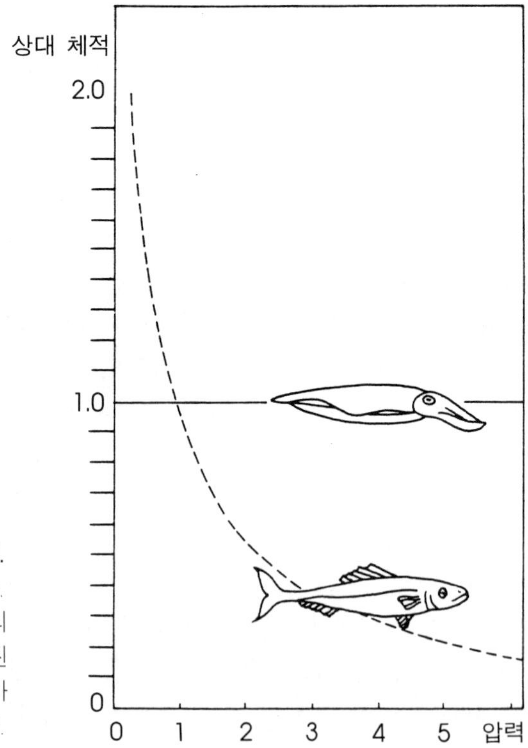

그림 2-22.
가스방의 체적이 압력에 따라 변화하는 모습. 수심이 깊어지면 압력이 증가하므로 가스로 채어진 기관의 부피가 줄어든다. 그러나 갑오징어와 같이 석회질로 이루어진 가스방을 가지면 가스방의 체적이 줄어들지 않아 깊은 곳까지 잠수가 가능하다.

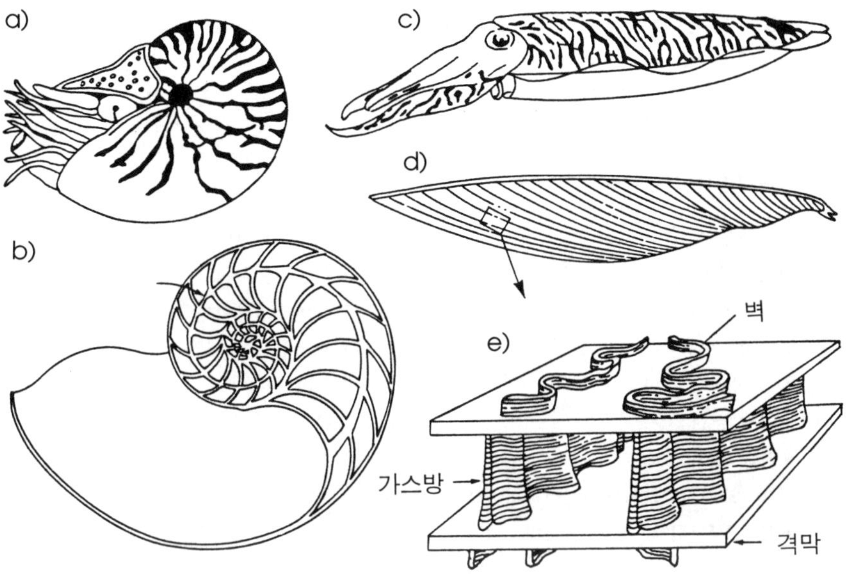

그림 2-23.
두 종류의 가스방의 구조.
a)-b) 연실세관(連實細管)을 통해 연결된 앵무조개(*Nautilus*)의 가스방.
c)-e) 미세한 구조의 벽과 격막으로 이루어진 갑오징어(*Sepia*)의 가스방.

어렵다 (그림 2-22). 갑오징어류는 가스로 채워진 기관이 높은 압력에 견디도록 석회질 골격으로 된 단단한 방을 가지고 있다(그림 2-23).

갈조류에 속하는 몇몇 해조류는 일산화탄소로 채워진 가스방을 엽상체에 가지고 있어 물 속에서 똑바로 위로 설 수 있다(*Macrocystis*, *Nereocystis* 등). 대서양 중앙에 위치한 사가소 해역에는 해조류의 일종인 모자반이 부유생활을 하는데 이 역시 엽상체가 가스방을 가지기 때문이다.

3. 육상생태계와의 비교

3.1. 매질의 차이에 따른 생물의 특성

해양생태계와 육상생태계의 차이는 크게 생물이 서식하는 공간의 특성에 의해 부각된다. 육상생물은 대부분이 지표에서 생활하면서 대기에 노출되어 있는 반면 해양생물은 직접 물 속에서 살아간다. 물과 공기라는 매질의 특성 때문에 생물의 적응이 어떻게 달라졌는가를 표 2-6에 비교하였다.

물은 공기에 비해 밀도가 약 850배나 커서 부력과 점성 또한 크다. 부력이 크므로 생물은 큰 힘을 들이지 않고도 물 속에 떠 있을 수 있다. 또한 물의 높은 점성은 대상물체가 가라앉는 속도를 매우 느리게 하므로 운동력이 없더라도 생물이

표 2-6. 해양은 육상과 달리 물이라는 매질로 채워져 있다. 물과 공기라는 매질을 밀도와 비열의 특징에 의해 비교하고 해양생물과 육상생물이 각각 어떤 차이를 가지는지를 나타내었다.

	해양(물)	육상(공기)
1. 밀도	크다(4°C에서 1g)	작다
	부유생물이 많다	일부 새 종류만 있다
	지지조직이 필요하지 않다	지지조직(줄기, 골격 등)이 필요하지 않다
	주성분이 단백질이다	주성분이 탄수화물이다
	성장이 빠르다	성장이 느리다
	P/B 비율이 크다	P/B 비율이 작다
	수명이 짧다	오래 산다
	생물의 크기가 작다	생물의 크기가 크다
	식물: 크기가 작다(단세포식물이 많다)	식물: 크다(소나무, 참나무 등)
	동물: 초식동물의 크기가 작다 인간이 이용하는 생물은 대부분 육식자이다	동물: 크다(소, 코끼리 등) 초식동물이 직접 이용된다
	먹이사슬: 그물망구조로서 길다 인간에게 도착하는 에너지 효율이 작다	먹이사슬: 짧다 인간에게 도착하는 효율이 크다
2. 비열	크다(1 cal · g^{-1} · °C) 하루 중, 연중 온도변화가 적다	작다 온도변화가 심하다
	온도변화에 대한 보호조직이 필요하지 않다	보호조직(두꺼운 외피 등)이 필요하다
	에너지 저장률이 적다	많은 에너지를 저장한다
	변온동물이 대부분이다	항온동물이 대부분이다

물 속에 떠 있는 것을 도와준다. 따라서 해양에는 부유하는 생물이 대부분이다.

부유하는 것이 수월하다고 하여 전혀 적응을 하지 않은 상태는 아니다. 부유하기 위해서는 부력을 상대적으로 높혀야 하는 바, 이는 크기를 작게 함으로써 가능하다. 크기가 작을수록 표면적은 상대적으로 커지고 표면적이 커지면 물 속에서 받는 저항이 커져 자연히 더 많은 부력을 받게 된다. 이는 작은 먼지가 공기 중에 떠다니는 것을 상상하면 이해할 수 있다. 해양의 부유생물은 바로 이런 이유 때문에 대부분 크기가 작다. 부유식물의 경우는 보통 1 mm보다 작으며 부유동물도 수 mm 크기이다. 부유동물은 어느 정도 유영할 수 있는 능력이 있으므로 부유식물보다 약간 크다고 하겠다.

해양에는 크기가 작은 생물이 대부분이지만 고래와 같이 아주 큰 동물도 존재한다. 이 역시 물의 밀도가 크다는 성질에 기초를 두어 해석이 가능하다. 물의 밀도가 크므로 고래는 부력을 많이 받고 따라서 몸무게를 지탱하기 위한 조직은 필요 없다. 육상과 비교한다면 코끼리가 좋은 예가 될 것이다. 코끼리는 몸무게를 지탱하기 위해 거대한 골격조직, 특히 다리를 가져야만 한다. 그러나 고래는 물 속에 깊게 잠수했을 때 압력으로부터 허파를 보호하기 위한 골격 정도만 갖추어도 된다. 기능적으로 우수한 체격을 갖추면서도 최대의 몸무게에 이른 것이 고래이다. 고래는 무게가 100톤이나 되는 경우가 흔하므로 이 지구상에 존재했던 동물 중 가장 무게가 많이 나가는 동물이라 할 수 있다. 육상동물 중 가장 컸다는 공룡이 약 30톤이었던 것을 보면 해양환경이 얼마나 효율적인 생활장소를 제공하고 있는가를 알 수 있다.

물의 높은 비열은 온도가 급격하게 변하는 것을 막아 줌으로 해양은 육상에 비해 온도의 변화가 크지 않다. 예를들어 강원도 강릉지방의 기온과 해수의 연변화를 비교해 보면 기온의 경우 –10°C에서 35°C까지 변한다면 수온은 7°C에서 23°C 정도 변한다. 연변화 폭이 기온은 45°C임에 비해 해수는 16°C이다. 바다가 훨씬 온화한 환경이라 할 수 있다. 따라서 해양에 서식하는 생물들은 온도의 변화에 대해 대비할 필요가 상대적으로 적다. 해양생물이 대부분 변온동물인 것도 온화한 환경과 관련이 있다.

육상생물과 다르다는 것이다. 온도변화의 폭이 이렇게 서로 다르므로 이에 대비한 몸체의 구성도 다르다. 가장 전형적인 적응 예를 든다면 육상에 있는 소나무가 겨울을 나기 위해 매우 두꺼운 껍질을 가진 반면, 바다에 사는 식물은 부유식물이나 해조류 모두 이러한 두꺼운 껍질이 없다는 사실이다. 이 결과 식물체의 원소구성비도 달라진다. 육상식물은 탄수화물이 주성분임에 비해 해양식물은 단백질이 주성분이다. 물 속에서는 온도변화가 심하지 않으므로 생물이 변화하는 온도에 대응하기 위해 사용하는 에너지도 적다. 따라서 해양생물은 대부분의 에너지를 성장에 사용한다. 해양생물이 일반적으로 생산효율이 높고 해양생태계의 전체의 생산효율이 높은 것도 온도변화의 폭이 좁다는 관점에서 해석이 가능하다.

빛에 대한 적응도 특이하다. 육상식물은 지표에 서식함으로 충분한 빛을 받을 수 있어 엽록소 a를 주성분으로 하더라도 광합성에 지장이 없다. 그러나 물 속에서는 빛이 매우 적고 또 수심에 따라 흡수되는 정도가 파장에 따라 달라지므로 특별한 색깔의 색소체를 가져야만 이 빛을 효과적으로 받아들일 수 있다. 해양식물의 대부분이 보조색소를 가지는 것도 바로 이 때문이다.

생물의 분포가 물의 움직임과 관련이 있다는 것도 해양생물이 처한 환경의 중요한 특징이다. 많은 해양생물은 유생시기 동안 물의 움직임에 의해 분포범위가 결정된다. 그러나 유생의 생존율은 극히 적으므로 육상과는 달리 많은 수의 알과 유생을 낳는다. 예컨대 북대서양산 굴은 한 번 산란에 700만 개의 알을 낳는다. 유생은 대부분 몇 주 동안 부유생활을 하므로 이 기간 동안 해류에 떠밀려 다니게 된다. 처음 태어난 곳과는 다른 곳에서 성체에 이르므로 본래 태어난 곳을 찾아가는 회유현상도 관찰할 수 있다.

해양에 서식하는 생물의 특성은 크기가 작고 생활사가 짧으며 생산효율이 높다는 특징을 가짐을 위에서 살펴보았다. 일차생산자인 식물의 크기가 작으므로 소비자인 동물의 크기도 작다. 대부분 여과식자인 것도 하나의 특징이다. 크기가 작은 식물에서 먹이사슬이 출발하므로 먹이사슬의 길이가 매우 길다. 우리가 이용할 수 있는 어류까지 도달하는 데 보통 5, 6단계를 거친다. 육상에서 소나 돼지와 같은 초식동물을 우리가 직접 이용할 수 있는 것과는 매우 다르다고 하겠다.

3.2. 해양생태계의 시 · 공간적 규모

연안역 생태계를 제외한 거의 대부분의 해양생태계에서는 단세포인 부유식물이 일차생산을 담당한다. 전환율이 빠른 부유식물 개체군의 변화는 육상식물보다 훨씬 더 작은 시간규모에서 일어난다. 해양생태계의 구성원들이 시간, 공간 속에서 변화해 나가는 양상을 그림 2-24에 나타내었다. 부유식물은 1일～수십 일의 규모에서 변동이 일어나며 이에 대응하는 공간적 규모는 1～수십 km에 해당한다. 부유동물은 수십 일～수백 일(수십 km～수백 km)에 이르는 변동규모를 가진다. 어류나 대형 무척추동물은 이보다 더 큰 변동규모를 가진다. 이러한 시, 공간적 변동규모의 차이 때문에 관측하는 방법이 대상생물군에 따라 다르다. 예컨대 부유식물을 1개월이나 계절 간격으로 관측해서는 이들의 변화 양상과 요인을 충분히 파악할 수 없다. 부유식물의 시간적 변화는 수일 단위에서 나타나기 때문이다.

과거의 해양조사는 주로 조사선박에 의존해 왔다. 조사선에 의한 관측은 시간적으로나 공간적으로 한정되게 된다. 최초의 대규모 해양조사는 챌린저호(1872～1876)의 항해에 의해 시작되었는데 이때 세계 일주하는 데 걸린 시간은 약 4년이었다. 부유식물의 변화가 수일, 부유동물의 변화가 수십 일인 것과 비교하면 매우 긴 시간이다. 따라서 조사선에 의한 해양조사만으로는 해양의 생태학적 과정이 일어나는 시간적, 공간적 규모범위의 조사가 어렵게 된다. 이러한 이유 때문에 최근 십 수년간 다양한 해양조사 방법이 개발되었다.

인공위성원격탐사는 가장 대표적인 발전이다. 극궤도 위성은 대개 1～2시간에

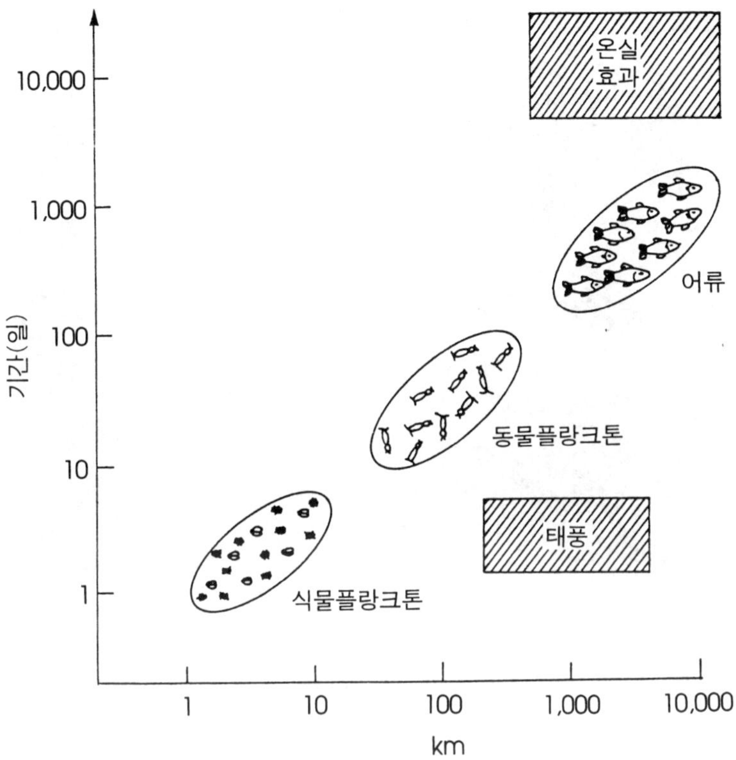

그림 2-24.
해양생물의 전형적인 수평적 규모와 이에 대응하는 시간적 규모
(Mann & Lazier, 1991)

지구를 한 바퀴 돌며 하루에서 십 수일 사이에 전지구표면을 탐사할 수 있다. 열적외선을 측정하여 표층수온을 조사하고 해색(海色, ocean color)을 측정하여 부유식물의 밀도나 탁도를 추정한다. 또한 레이더를 써서 표층의 바람이나 해류를 측정하기도 한다.

특히 해색원격탐사(ocean color remote sensing)방법을 이용하여 부유식물의 현존량과 나아가서 일차생산력을 추정하는 것은 부유식물의 변동규모에 맞는 관측을 가능하게 한다. 그림 2-25는 해색원격탐사 센서인 CZCS(coastal zone color scanner)에 의해 관측된 1980년 6월 4일의 한반도 주변해의 엽록소 농도를 보여주고 있다. 색도에 의해 농도가 표시되어 보라색(<0.07 mg Chl-a · m^{-3}), 청색(0.1~0.5 mg Chl-a · m^{-3}), 녹색(0.5~1.0 mg Chl-a · m^{-3}), 황색(1.0~5.0 mg Chl-a · m^{-3}), 적색(5.0~44.5 mg Chl-a · m^{-3})의 순서로 농도가 높아진다. 쿠로시오 해역은 엽록소 농도가 매우 낮고 대마난류가 지나가는 제주도 서부는 비교적 낮다. 또한 동해의 원산만 바깥쪽에는 수백 km 규모의 고리모양으로 생긴 부유식물의 대변성을 볼 수 있다. 전체 지역이 2, 3분 안에 관측되었다. 동일한 지역을 하루, 또는 이틀 간격으로 계속해서 관측할 수 있다. 따라서 원격탐사는 해양생태

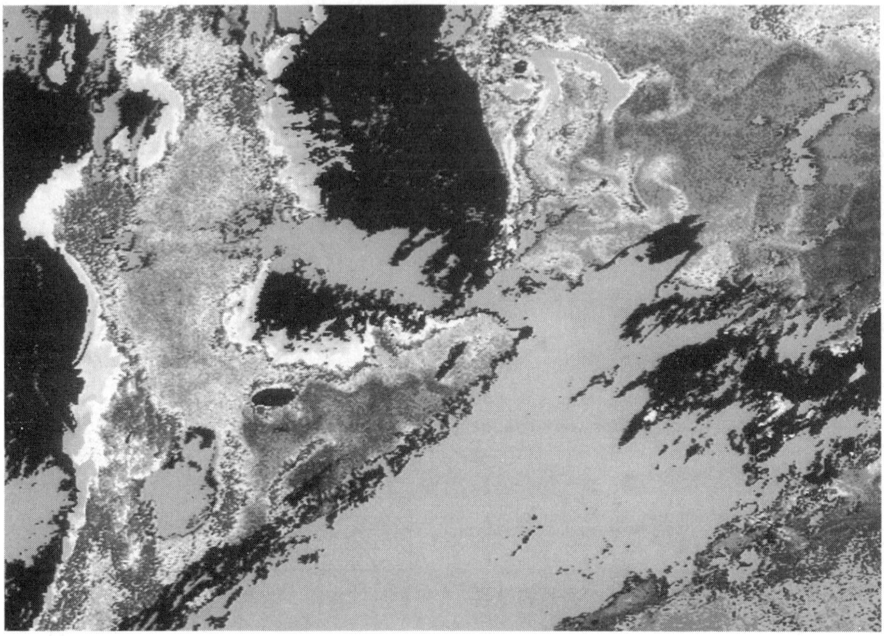

그림 2-25. 해색원격탐사 센서 CZCS에 의해 관측된 1980년 6월 4일의 한반도 주변 해역의 엽록소 농도

계의 변화를 시, 공간적으로 대상에 따라 적절히 조사할 수 있게 한다.

어류와 같은 동물은 수중음파탐지기에 의해서 조사가 가능하다. 음파탐지기는 수백 m에 이르는 수층내의 부유동물이나 어류의 분포를 파악할 수 있다. 그밖에 최근에는 여러 가지 센서에 의한 무인측정기술이 개발되었다. 염분, 수온과 용존산소 같은 환경요인뿐 아니라 영양염, 엽록소, 일차생산력과 같은 생물학적 변수도 센서에 의한 자동측정이 가능하다. 이러한 무인측정장치는 조사선박 이외에도 화물선이나 연락선과 같은 기회성 선박(機會性 船舶, ship-of-opportunity)에 쉽게 운용될 수 있어 조사선 없이도 다양한 시간적, 공간적 규모의 조사가 가능해졌다.

3.3. 해양생태계의 구분

앞에서 소개한 바와 같이 공기의 부력은 극히 작으므로 육상생물은 공기 중에 떠 있기 위해서는 큰 에너지를 사용해야 한다. 이 때문에 육상생물은 지표면을 터전으로 생활하고 있다. 이와 달리 수중에서는 부력이 크므로 비교적 작은 에너지로도 물 속을 떠다닐 수 있어 수중 자체가 생활공간이 된다. 따라서 육상과 달리 해양에서는 지표면에 해당하는 해저와 수중이라는 공간이 모두 생활공간이다. 이 두 가지 공간에 따라 각각에 서식하는 생물들의 생활유형도 달라진다. 즉, 물

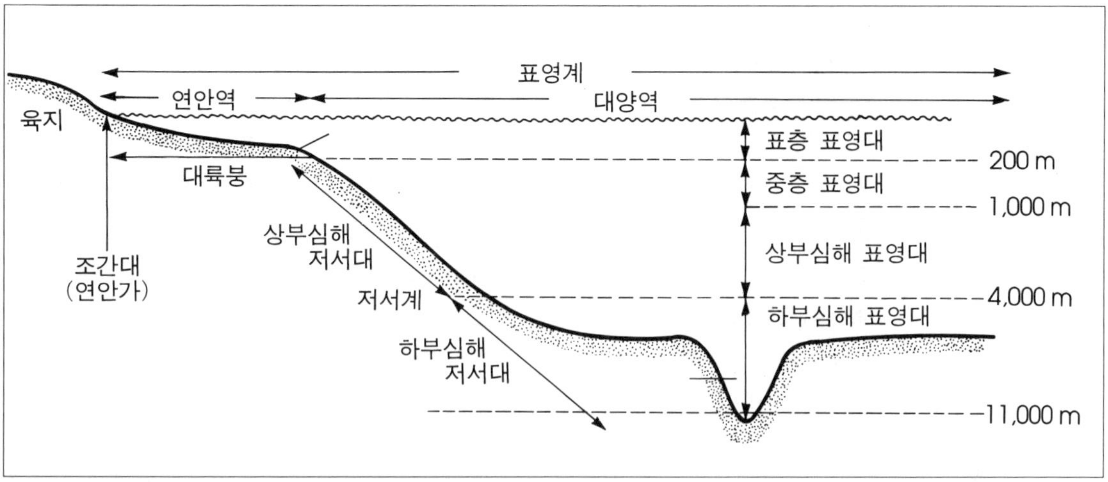

그림 2-26. 해양의 생태환경

속을 헤엄치거나 떠다니며 생활하거나 해저 바닥 위나 바닥 속에서 생활하는 유형으로 나눌 수 있다. 각 공간을 표영계(漂泳系, pelagic division), 저서계(底棲系, benthic division)라고 한다(그림 2-26).

표영계에는 부유생물이나 유영생물이 서식한다. 크기가 작은 생물들은 운동력이 없거나 크기가 작기 때문에 해류와 같은 바닷물의 움직임에 거슬러 마음대로 이동할 수 없으며 떠다니게 된다. 이러한 작은 생물을 부유생물이라고 한다. 물고기처럼 운동력이 커서 바닷물의 움직임에 거슬러 마음대로 움직이는 생물들을 유영동물이라고 한다. 수면의 얇은 막에서 발견되는 작은 생물을 뉴스톤(neuston)이라 한다. 여기에는 박테리아와 이들을 먹고 사는 원생동물, 요각류, 부유성 어란이 속한다. *Velella*와 같이 몸의 일부가 수면 밖으로 나와 생활하는 경우 플류스톤(pleuston)이라고 부르기도 한다.

표영계는 대륙붕 위의 비교적 얕은 해역인 연안역(沿岸域, neritic province)과 그 너머의 대양역(大洋域, oceanic province)으로 나눌 수 있다. 연안역은 수온의 변화가 심하며 담수의 유입으로 염분의 변화도 심하다. 담수, 용승류, 조석혼합 등으로 영양염 농도도 높아 생산력이 높다. 연안역은 총 면적이 해양 전체의 약 10%에 이르며 전세계 어획의 90% 이상이 이루어지는 곳이다. 연안역에는 만, 하구와 같이 독특한 환경을 가진 지역이 많다.

대양역은 깊이에 따라 크게 네 부분으로 나눌 수 있다. 수심 200 m까지는 표층표영대(表層漂泳帶, epipelagic zone)라고 한다. 광합성이 활발히 일어나며(진광대), 수온 등의 일, 연교차가 비교적 심하다. 물의 움직임이 비교적 활발하게 일어나는 곳이다. 수심 200 m～1,000 m까지는 중층표영대(中層漂泳帶, mesopelagic zone)라고 하며 도달하는 광량이 극히 적다(미광대). 수온의 수직변화가 적고 계절변화도 적다. 때에 따라 산소빈곤층이나 질산염 등의 최대 농도층이 나타나기도 한다. 수심 1,000 m 아래에서 해양의 평균 수심에 가까운 4,000 m까지는 상부심해표영대(上部深海漂泳帶, bathypelagic zone)라 하며 생물발광을 제외하면 빛은 거의 없고(무광대), 수온은 매우 낮고 거의 변하지 않으며 수압은 매우 높다. 4,000 m 아래는 하부심해표영대(下部深海 漂泳帶, abyssopelagic zone)라고 한다.

저서계에 서식하는 생물을 저서생물(底棲生物, benthos)이라고 한다. 저서생물의 대표적인 것으로는 식물로서 김, 미역, 다시마와 같은 해조류와 갯지렁이, 조개와 같은 무척추동물이 있다. 대부분 일정한 장소에 고착해서 사는 것이 특징이다. 그러나 장소를 바꾸며 헤엄쳐 돌아다니는 동물도 있다. 넙치와 같은 어류나 문어 등은 주로 바닥 부근에서 생활하는데 이렇게 바닥 근처에서 주로 생활하는 유영동물을 저서어류라고 한다. 유영동물로도 분류되며 저서어류로도 분류된다.

저서계 역시 크게 조간대(潮間帶, littoral zone), 조하대(潮下帶, sublittoral zone), 심해대(深海帶, deep sea zone)로 나눌 수 있다. 조석에 의해 주기적으로 해저면이 공기에 노출되는 곳과 해수가 튀는 살수대(撒水帶, water-splashed zone)가 조간대를 이룬다. 조간대 아래에서 대륙붕단(大陸, continental edge)까지를 조하대라고 한다. 심해대는 수심 4,000m까지 상부심해저서대(上部深海 底棲帶, bathybenthic zone)와 그 아래의 하부심해저서대(下部深海 底棲帶 abyssobenthic zone)로 나눌 수 있다. 상부심해저서대는 주로 대륙사면, 하부심해저생대는 심해평원 등으로 되어 있다.

심해저의 열곡대 부근에서 스며든 물이 지하에서 가열되어 수중으로 분출되는 열수공(熱水孔, hydrothermal vent)에는 태양에너지에 의존하지 않는 독특한 생태계가 존재하고 있음이 최근 밝혀졌다. 박테리아 중 어떤 것은 메탄이나 황화합물과 같은 무기물질을 이용하여 에너지를 고정한다. 이러한 화학합성의 경우 대개 무기물질의 기원은 유기물의 분해에 의한 것이므로 그 근원은 광합성이라고 볼 수 있다. 1970년대에 발견되기 시작한 열수공 생태계는 예외적으로 태양에너지에 의존하지 않는 생태계이다. 열수공을 통하여 지하에서 분출된 황화철을 황화박테리아가 화학합성하여 유기물을 합성하며 관서갯지렁이, 게, 대형 조개와 같은 생물들이 이 박테리아를 먹는 먹이망을 형성한다. 열수공 생태계의 생물은 지구상 어디에서도 볼 수 없는 독특한 것들이며 열수공 지역에 따라 종류가 다르다. 이러한 열수공의 수명은 대개 수십 년 내외로 추정된다.

▶ 연습문제

1. 빛은 해수에서 파장별로 투과되는 정도가 다르다. 청정해역과 서해와 같이 탁한 해역에서 파장별 흡수 깊이가 어떻게 다르며, 그 이유는 무엇인지 생각해 보자.
2. 수온약층의 형성과 소멸을 기술하시오.
3. 빛이 해수내에서 파장별로 투과하는 정도가 다르다는 사실에 해조류는 어떻게 적응하고 있는가?
4. 해양동물은 빛의 많고 적음에 따라 어떤 반응을 나타내는가?
5. 수온이 높아지면 해양생물의 신진대사가 빨라진다. 그 정도는 어떠한가?
6. 염분이 적은 기수해역에서는 해양생물의 종수가 적어진다. 염분에 따른 종수와 생물량의 변화를 기술하시오.
7. 염분이 높아지면 해양생물은 어떤 영향을 받는가?
8. 부유생물의 부유정도와 레이놀즈수에 대해 설명하시오.
9. 해수의 운동이 해양식물, 해양동물에 주는 영향은 무엇인가?
10. 부유생물과 유영생물의 운동이 해수의 밀도와 가지는 관계는?
11. 육상생태계와 해양생태계의 환경적 차이와 생물 적응의 차이는 무엇인가?
12. 해양생태계를 구분하는 기준은 무엇이며 이들 기준에 따라 해양생태계를 어떻게 부분생태계로 나눌 수 있는가?

3장 생태학의 기본개념들

해양생물학의 연구방향이 주로 생태학을 매개로 이루어짐을 서론에서 언급한 바 있다. 따라서 해양생물학을 공부하기 위해서는 생태학에서 취급되는 기본개념들에 대해 어느 정도 이해할 필요가 있다. 학부과정의 1, 2학년 까지는 생태학의 기본개념을 배우지 않기에 이 부분을 보완하기 위해 쓰여진 부분이다.

1. 생태학

생태학(生態學, ecology)이란 말은 1869년 독일의 생물학자 헤켈(Haeckel)에 의해 처음 정의되었다. 이 말의 어원은 그리스어인 oikos로 이는 집 또는 사는 곳을 뜻한다. 헤켈이 내린 정의는 "생물과 그 환경간의 상호작용을 연구하는 과학"이었다. 이 정의는 폭 넓은 반면 매우 모호하기도 하다. 크레브스(Krebs, 1985)는 좀더 명확하고 구체적으로 정의하였는데 그에 의하면 생태학은 "생물의 분포와 양을 결정짓는 상호작용에 대한 과학적 연구"이다. 이 개념에는 무생물적인 환경뿐 아니라 생물간의 상호작용이 포함되어 있다.

생태학의 목표에 접근하는 방법에는 크게 세 가지가 있다. 첫번째 접근방식인 현장관찰은 가장 오래된 방법으로 아마 인류역사의 시작과 그 기원을 같이할 것이다. 동식물의 구분과 명명, 습성, 서식처, 먹이 등에 관한 관찰과 기재(記載, description) 등이 주요한 내용이 된다. 이러한 연구는 자연사(自然史, natural history)연구라 불리우며 19세기에 이르러 다양한 분야에서 발전되었으며 생태학의 모태가 되었다. 다윈의 따개비에 관한 연구가 그 예이다.

두번째 접근방식은 분석적 방법인데 수학이 그 주요 도구가 된다. 17세기에 들어 시작된, 인구의 증감을 연구하는 인구학의 영향을 받아 도입, 촉진되었다. 수학적 인구학의 발전을 촉발한 맬서스(Malthus)의 인구론(1798)은 특히 생태학의 발전에 큰 영향을 미쳤다. 이 흐름은 1920년대에 발전하였으며 1950년대에 들어 크게 두 갈래로 나뉘게 된다. 그 하나는 이론개체군 생태학(理論個體群 生態學, theoretical population ecology)이라 하며 개체군을 대상으로 경쟁, 먹이 선택, 분포 등 제반문제에 수학적 모형을 적용하여 가설을 만들고 이를 검증하는 분야이다. 다른 갈래는 생태계 생태학(生態系 生態學, ecosystem ecology) 분야로 컴퓨터의 발달과 함께 가능해진 복잡한 수학모형을 써서 생태계 전체를 모형화하고 생태계 전체의 동향을 분석, 예측하는 분야이다.

세번째 접근방식은 실험을 통한 연구방법이다. 초기에는 주로 실험실 안에서 이루어 졌는데 가우스(Gauss)는 1930년대에 로트카-볼테라(Lotka-Volterra)의 경쟁, 포식모형을 가설로 하여 짚신벌레 등을 여러 조건하에 배양하여 모형의 검증을 시도하였다. 이후 많은 생태학자들이 다양한 생물을 소재로 하여 실험을 하였다. 실험실내에서의 인위적 실험환경은 자연조건과는 크게 다르고 주요 환경요인이 배제되어 실험결과를 토대로 자연현상을 유추하기에는 근본적인 어려움이 있다. 이러한 단점을 보완할 수 있는 것은 자연환경에서 하는 현장실험이다. 해양에서는 1960년대 초부터 자연환경에서의 실험이 시작되었다(Connel, 1963). 이러한 현장실험은 가급적 자연조건을 유지하면서 경쟁, 포식 등 한두 가지의 요인의 효과를 측정할 수 있다.

이러한 방법론적인 접근방식과는 다른 측면에서도 생태학의 접근방식을 생각해 볼 수 있다. 생태학적 관점에서 볼 때 생물계는 그 구성수준에 있어 다음과 같은 계층구조를 가지게 된다.

생물권
생물군계(Biome)
군집, 생태계
개체군
개체

한 수준은 그 아래 수준의 구성원이 모여 형성하게 되는데, 이때 새로운 독특한 성질이 나타날 수 있으며 이를 창발성(創發性, emergence)이라고 한다. 예를 들면 종다양성은 군집수준에서만 볼 수 있으며 개체나 개체군 수준에서는 볼 수 없는 성질이다. 어느 수준을 주대상으로 하는가에 따라 생태학 분야를 나눌 수 있는데 생태학에서 주로 다루는 수준은 개체, 개체군, 군집, 생태계 등이다. 생태학적 현상은 개체를 기본적인 단위로 하여 일어난다. 개체를 이루는 조직과 기관은 개체의 생존과 번식을 위하여 서로 종속적이며 유기적인 기능을 가지고 있다. 어떤 생물의 환경에 대한 반응을 다루는 생리생태학이나 행동에 관한 연구는 개체를 주연구대상으로 하고 있다.

대개의 생물은 유성생식을 하므로 번식을 위해서는 같은 종에 속하는 다른 개체의 존재를 필요로 한다. 같은 지역에 살고 있고, 잠재적으로 조우가 가능한 같은 종에 속하는 개체들의 집합을 개체군(個體群, population)이라고 한다. 개체군은 그 안에서 유전자의 흐름(gene flow)이 가능한 유전자 풀(gene pool)을 형성한다. 개체군수준에서는 개체군의 밀도, 연령구조, 성장률같이 개체군에만 나타나는 특성들이 주요 연구대상이 된다. 개체군의 변동에 관한 연구를 개체군 생태학(個體群 生態學, population ecology)이라고 한다.

어떤 지역에 동시에 살고 있는 개체군의 집합을 군집(群集, community)이라고 한다. 군집을 이루는 개체군의 종류와 크기, 개체군간의 관계 등을 군집구조(群集構造, community structure)라고 한다. 경쟁, 포식, 공생, 기생 등의 상호작용은 각 개체군의 분포와 증감에 큰 영향을 미치게 된다. 따라서 어떤 지역의 군집구조는 물리적 환경뿐만 아니라 생물간의 상호작용에 의한 결과로 이러한 군집구조의 특성을 연구하는 것이 군집생태학(群集生態學, commnunity ecology)이다. 종다양성, 먹이망구조 등은 군집수준에서만 볼 수 있는 성질이다.

군집을 포함하는 환경 전체를 생태계(生態系, ecosystem)라고 한다. 개체는 생존과 증식을 위하여 영양(에너지)을 필요로 하며, 광합성을 하거나 다른 유기물을 섭취하여야 한다. 생태계의 한 특징은 에너지 전달이 물질을 통하여 이루어진다는 점이다. 생태계내의 물질은 한정되어 있으므로 에너지의 흐름은 물질순환과 맞물려 일어난다. 생태계내의 생산력, 물질순환, 에너지 흐름, 생물과정을 총체적으로 연구하는 것이 생태계 생태학이다.

다양하게 존재하는 현종 생물을 우리는 어떻게 나누어 식별하는가, 각 생물계의 특징은 무엇인가, 고생물사에서 보면 어떤 생물이 언제 출현하였는가를 살펴보고 또 현존하는 다양한 생물을 대상으로 전개되는 생태학적 연구는 어떤 이론적 근거를 가지고 이루어지는가를 차례로 소개하겠다.

2. 생물의 다양성

많은 과학자들은 45억 년의 지구 역사를 통하여 바다에서 생명이 시작되었고 주요 분류군이 기원하였다고 믿고 있다. 지구상에는 약 500만에서 3,000만의 종이 존재하고 있고 이 중 최소한 100만 종 이상이 해양생물인 것으로 추정된다(표 3-1). 바다에 살고 있는 생물을 포함해서 지구상에 살고 있는 생물은 서로의 유사성을 기준으로 체계적으로 나눌 수 있다. 생물간의 유사성을 기준으로 종을 식별하는 일을 분류(分類, classification)라고 한다.

분류의 기준은 그 동안 여러 관점에 의해 설정되어 왔다. 그러나 최근 가장 중요한 기준으로 제시되는 것이 선조-후손간의 유사성이다. 이는 생물이 진화해 왔다는 사실에 기초한 것으로 생물간의 이러한 진화사적(進化史的, evolutionary) 관계를—즉, 어떤 생물이 어디서 유래하였는지—계통발생(系統發生, phylogeny)이라고 한다. 이는 현재 어떤 생물이 서로 어떻게 닮았다는 단순 비교와는 약간 차이가 있다. 계통발생 관계를 기준으로 분류하는 이러한 방법을 사용하는 것이

표 3-1. 지구상의 생물 중 해양생물의 비율(Webber *et al.*, 1991)

계	문	종의 수	해양생물의 비율(%)
원핵생물계	Schizomycophyta(박테리아)	5,000	
	Cyanophyta(남조류)	1,200	50
원생생물계	Pyrrophyta(쌍편모조류)	12,600	93
	Chrysophyta(규조류, 규산편모류)		50
	Protozoa(원생동물)		
	Sarcodina(유공충류, 방산충류)	30,000	50
	Ciliophora(틴티니드)		
	Chlorophyta(녹조류)	7,000	13
	Phaeophyta(갈조류)	1,500	99
	Rhodophyta(홍조류)	4,000	98
진균계	Amastigomycota(필자멘트형 균류)	500,000	0.001
	Gymnomycota(점균류, 효모)		
식물계	Bryophyta(이끼류)	25,000	0
	Spenophyta	15	0
	Lycophyta(석송)	1,000	0
	Pterophyta(고사리류)	12,000	0
	Gymnospermophyta(나자식물)	722	0
	Angiospermophyta(피자식물)	235,000	0.08
동 물	29개 문	1,167,000	32
총 계		2,002,037	21(424,171)

바로 계통분류학(系統分類學, systematics)이다. 초기의 분류학(分類學, taxonomy)은 시간의 흐름, 즉 진화과정이라는 종적인 축을 중요시했다기보다는 현재 시간이라는 시간의 단면에서 종간에 어떤 형태적 차이가 있는가를 중요시하였다. 이러한 분류의 시조가 바로 스웨덴의 리네우스(Linnaeus, 1720년대)이다.

분류체계는 작은 집단이 모여 더 큰 집단을 이루는 과정이 되풀이되는 아래와 같은 계층구조를 가진다. 이러한 각 수준의 집단을 분류군(分類群, taxon)이라고 한다.

계(界, Kingdom)
문(門, Phylum/Division)
강(綱, Class)
목(目, Order)
과(科, Family)
속(屬, Genus)
종(種, Species)

2.1. 생물계의 구분

현재 지구상의 생물은 크게 비세포생물계(非細胞生物界, noncellular organisms), 원핵생물계(原核生物界, Kingdom Monera), 원생생물계(原生生物界, Kingdom Protista), 진균생물계(眞菌生物界, Kingdom Fungi), 식물계(植物界, Kingdom Plantae), 동물계(動物界, Kingdom Animalia) 의 6개의 계로 이루어져 있다. 비세포생물의 특성이 충분히 규명되어 있지 않다는 이유로 이를 제외한 나머지 5개의 생물계로 나누기도 한다. 비세포생물계는 플라스미드와 같이 DNA로만 되어 있거나 바이러스와 같이 핵산과 단백질로 된 매우 단순한 구조의 생물을 포함한다. 이들은 생명활동에 필요한 에너지의 습득에 필요한 구조나 기능을 가지고 있지 않으나 원시적인 생물이라기보다는 다른 생물에 기생하여 유전자복제를 하는 전문화된 생물이라고 볼 수 있다. 그림 3-1에 각 생물계간의 계통발생적 관계를 나타내었다. 계통발생적 특성이 불분명한 비세포생물계는 제외되어 있다.

박테리아나 남조류와 같은 원핵생물(原核生物, prokaryotes)은 단세포생물로 유기물질을 합성하거나 분해하여 에너지를 얻는 기본적 대사기능을 가지고 있다. 세포내 소기관의 분화가 되어 있지 않아 세포핵, 미토콘드리아, 엽록소 등의 구

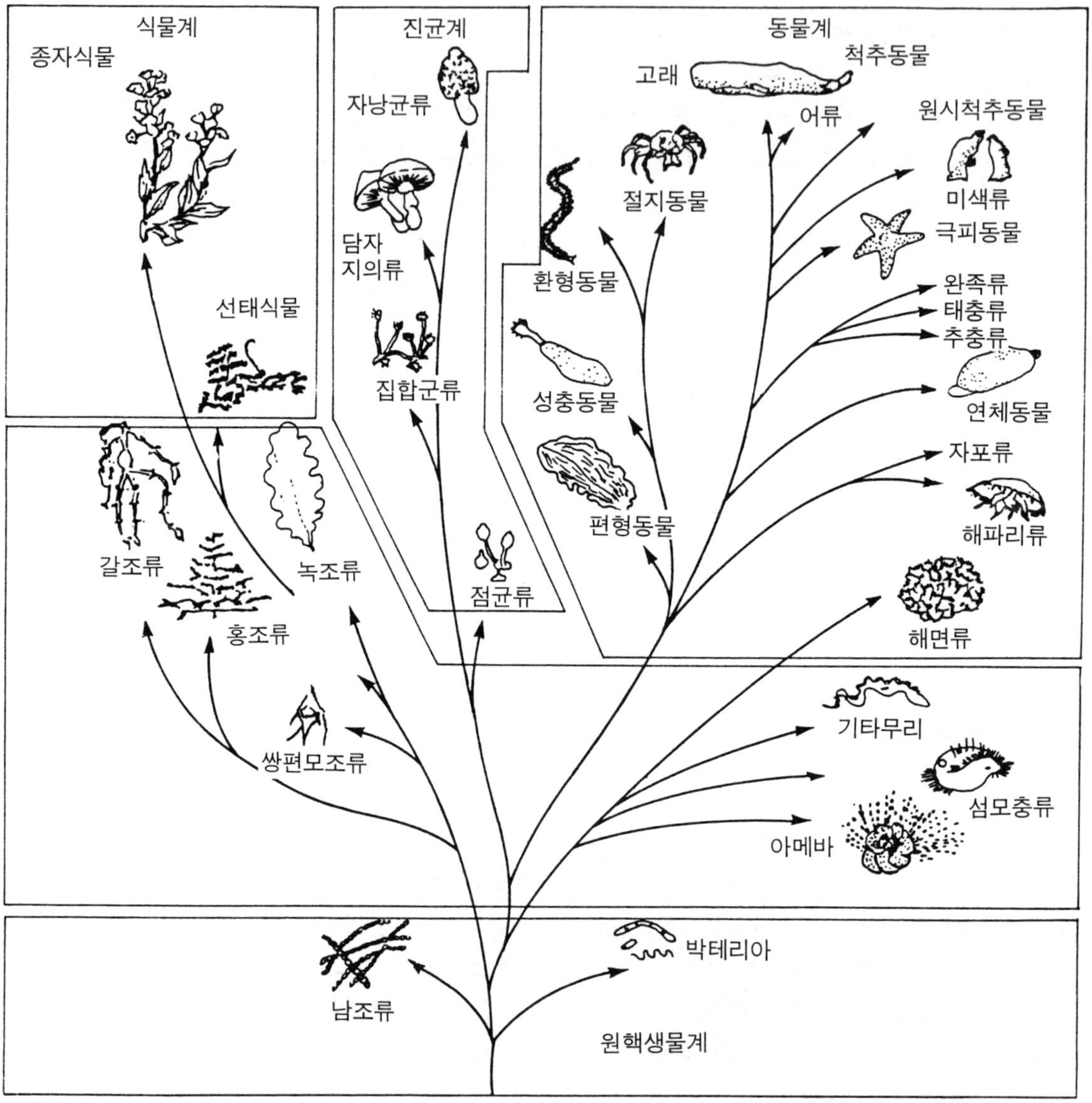

그림 3-1. 지구상 생물의 계통수. 비세포생물계는 제외하였음.

조가 없어 핵산이나 산화효소 등이 세포질내에 퍼져 있다. 세포의 크기가 작고(약 10 μm 이하) 형태적으로는 분류하기가 어렵다. 세포분열은 대개 이분법(二分法, binary fission)에 의하며 유성생식은 드물다. 광합성이나 화학합성을 통하여 영양을 취하는 종류도 있고 유기물을 분해하여 살아가는 종류도 있다.

원핵생물계 이외의 4개의 생물계는 진핵생물(眞核生物, eukaryotes), 즉 세포핵, 미토콘드리아와 같이 분화된 세포내 기관을 가지는 생물로 구성된다. 유전물질인 DNA는 염색체를 이루며 염색체는 세포핵내에 위치한다. 세포분열은 염색체가 짝을 이루었다가 갈라지는 유사분열이라고 하는 복잡한 과정을 거치게 된다. 유기물질을 분해하여 에너지를 얻는 기능은 미토콘드리아에서 전담한다. 유성생식이 보편적이며 분화가 충분히 일어나지 않은 생물에 있어서는 유성생식 세대와 무성생식 세대가 번갈아 일어나기도 한다.

원생생물계는 진핵생물 중 모든 단세포생물—군체를 이루더라도 조직 및 기관 분화가 충분히 일어나지 않은—을 모아 놓은 분류군이어서 구성이 매우 다양하다. 여기에는 규조류와 같이 엽록소로 광합성을 하는 종류와 아메바와 같이 다른 생물(세포)을 먹고사는 종류 등이 포함된다. 미역, 다시마와 같은 대형 조류 역시 원생생물계에 속하며 해양의 광합성의 대부분은 이들 원생생물에 의해 이루어진다.

동물과 같은 다세포생물에서는 세포들이 분화되어 각기 다른 기능을 가지고 있으며 비슷한 기능을 가진 세포가 모여 조직을 이루고 이러한 조직이 모여 기관을 만들게 된다. 다세포생물은 식물계, 동물계, 진균계의 3개의 생물계로 나누어진다. 식물계는 광합성을 하는 다세포생물로 이루어져 있고 이끼류와 같이 조직분화는 있으나 기관분화가 불충분한 종류에서 현화식물과 같이 잘 분화된 생물에 이르기까지 다양하다. 식물은 육상에서 진화했으며 해양에 서식하는 식물은 거의 없다. 동물계와 진균계는 식물과는 달리 필요한 영양을 다른 생물로부터 취한다. 동물은 다른 생물이나 유기물을 먹는 반면 진균류는 영양분을 흡수한다. 동물계나 진균계도 식물계나 마찬가지로 조직에 있어 다양한 형태를 보인다. 각각의 생물계는 몇 가지 중요한 특징에 의해 여러 개의 문으로 나눠지고 각각의 문은 다시 강, 목, 과, 속, 종 등으로 나누어진다. 예컨대 참조기는 동물계의 척추동물문(脊椎動物門, Phylum Chordata)에 속하며 이 중 경골어강(硬骨魚綱, Class Osteichthyes)의 농어목(鱸魚目, Perciformes), 민어과(民魚科, Sciaenidae)에 속한다. 어떤 생물을 이러한 분류체계에 의해 부를 때는 학명(學名, scientific name)이라고 하며 이탤릭체로 표기한다. 참조기의 학명은 *Pseudosciaena polyactis*이며 이처럼 학명은 속명과 종명을 쓰는 이명법(二名法, binomial nomenclature)을 따른다. 흔한 규조류인 *Skeletonema costatum*이 또 다른 예로 *Skeletonema*는 속명이고 *costatum*은 종명이다(종명은 소문자로 시작한다). 일반적으로 종은 유성생식을 하는 생물의 경우 자연상태에서 교배가 일어나 생식이 가능한 자손을 퍼뜨릴 수 있는 개체의 집단으로 정의된다. 이러한 정의를 생물학적 종의 개념이라고 한다. 이 정의는 무성생식을 하는 생물에 적용할 수 없고 모든 생물에 실제로 적용하기 어렵다는 단점이 있으나 생물학적 의미를 가지므로 가장 넓게 받아들여지고 있다. 종보다 높은 분류군은 임의적인 구분이라고 볼 수 있으며 학자에 따라 분류체계가 달라질 수 있다.

2.2. 생물의 역사

최초의 생물로부터 오늘날의 다양한 생물이 진화되기까지는 35억 년이라는 오랜 시간이 걸렸다. 그러나 최초의 원시생물에서 차츰 진화하여 오늘날의 생물로 발달했다는 사실을 안 것은 얼마되지 않는다. 18세기에야 비로소 학자들은 모든 생물이 공통점에 따라 하나의 계통으로 묶여지고 이를 토대로 모든 생물이 하나 또는 소수의 공통 조상으로부터 진화해 온 것이 아닌가 하는 생각을 하게 되었다. 물론 이러한 조상-후손의 체계는 어떤 계획안을 토대로 한 창조로 해석되기도 하였으나 여러 가지 생물학적 특성이 밝혀짐에 따라 진화라는 개념으로 해석되기 시작하였다. 일례를 들자면 고래와 원숭이같이 전혀 다른 서식처에서 전혀 다른 생활사를 가지는 생물이 여러 가지 특성에 있어 유사한 것은 창조로 해석되기 어려운 점이다. 또한 지층에 따라 다른 종류의 생물군이 발견되고 이들의 대부분이 현재 살고 있지 않은 생물인 것은 생물이 끊임없이 변하고 있다는 증거로 해석되었다.

19세기 중반까지 진화이론이 일반적으로 받아들여지지 못한 것은 진화가 어떻게 일어났는가에 대한 합리적 설명이 없었기 때문이다. 1859년 다윈과 월레스는 처음으로 자연선택에 의한 진화과정을 설명하였으며 이로써 생물학은 근본적으로 달라지게 된다. 다윈은 생물은 끊임없이 늘려고 하는 성향을 가지고 있으나 생물의 생존과 번식에 필요한 자원은 한정되어 있으므로 경쟁이 일어나게 되고 주어진 환경에 더 적합한 개체가 더욱더 많이 생존, 번식하여 퍼진다고 보았다. 다윈은 이러한 과정을 육종에 비유하여 자연선택이라고 불렀으며 그 기작은 다음과 같이 요약될 수 있다.

(1) 개체마다 형태, 생리, 행동 등 여러 가지 형질에 있어 조금씩 다르다.(변이성)
(2) 환경에 따라 형질의 차이에 의해 생존율과 번식률이 달라지게 된다. 그 결과 주어진 환경에 있어 적합한 형질을 갖춘 개체가 더 많이 살아 남고 더 많은 자손을 퍼뜨리게 된다.(적합도)
(3) 선택된 형질은 어떠한 형태로든 다음 세대에 전달된다.(유전)

이 과정이 되풀이됨에 따라 개체군 전체의 형질은 조금씩 바뀌게 되어 환경에 대해 적응하게 된다. 지역적으로 격리된 개체군은 서로 다른 환경에 독립적으로 적응하게 되며 결과적으로 형태나 행동 등이 달라지게 된다. 이것이 누적되면 서로 교배가 일어날 수 없게 되어 유전자 교류가 불가능한 별개의 종이 된다. 환경 변화에 의해 적응이 일어나고 이러한 변화에 의해 끊임없이 신종이 만들어지는 것이다. 따라서 생물의 가장 큰 특성이라고 할 수 있는 다양성과 적응은 자연선택에 의한 결과라고 할 수 있다.

다윈의 시대 이래로 고생물학에서 분자생물학에 이르는 다양한 분야에서 생물학적 발전이 있었으며 이를 토대로 지구상의 진화사는 상당히 밝혀지게 되었다. 물체의 나이는 방사성 동위원소에 의해 측정하는데 지구의 나이는 대략 45억 년 정도이다. 지층의 변동을 기준으로 나눈 지구의 역사를 지질사라고 하며 영년(永年, eon), 대(代, era), 기(紀, period), 세(世, epoch) 등으로 구분된다. 대는 대량멸종과 같은 고생물학적 변동에 의해 구분되며 크게 시생대, 원생대, 고생대, 중생대, 신생대 등으로 나누게 된다(표 3-2).

화석과 분자생물학에 의한 생물의 진화과정은 잘 일치한다. 생물의 계통발생적 관계를 나타낸 그림을 계통수(系統樹, phylogenetic tree)라고 하며 그림 3-1은 이렇게 추정된 계통수이다. 생물의 흔적이 처음으로 나타나는 것은 약 35억 년 전부터이다. 원시지구의 바다에서 오늘날의 박테리아에 가까운 원초의 생물이 나왔고 원시의 해양에 풍부했던 유기물이 고갈됨에 따라 광합성을 하는 남조류가 진화했을 것이다. 이러한 원핵생물의 체내에서 다른 원핵생물이 공생하게 되어 초기의 진핵생물(원생생물)이 나온 것으로 생각된다. 군체를 이루는 원생생물은 더욱 발전하여 다세포생물로 진화한 것으로 생각된다. 약 5억 7천만 년 전인 고생대의 캄브리아기에는 해양무척추동물의 번성과 다양화가 일어나 오늘날의 동물계를 이루는 대부분의 문이 나타나게 된다. 고생대에는 최초의 척추동물인 어류가 나타나고 육상으로의 이주가 일어나 식물, 양서류, 파충류 등이 나타나서 번성하게 된다. 고생대 말에는 대륙이동에 의해 대륙이 한곳에 모여 판게이아를 형성하며 일어난 대규모의 해양환경 변화에 의해 사상 최대의 대량멸종이 일어나게 된다. 중생대의 트라이아스기에는 포유류가 나타나며 공룡이 지배하게 된다. 중생대 말기에는 공룡을 비롯한 수 많은 생물의 멸종이 일어나게 된다. 공룡이 사라진 신생대에는 공룡이 차지하던 생태학적 지위를 포유류가 메우며 급격한 다양화가 일어났다. 고래 같은 포유류는 다시 바다로 돌아가기도 했다.

진화사를 보면 전반적으로 생물의 형태가 단순한 형태에서 복잡한 형태로 발전하는 듯한 인상을 주지만 진화에는 방향이 있는 것은 아니다. 과거에 존재했던

표 3-2. 생물학적 관점에서 본 지질사(Norse, 1993)

실제의 축적	대	기	세	현재로부터(단위: 백만년)	출현생물
	신생대	제 4 기		0.01	
65			플라이스토세	1.8	
240		제 3 기	플라이오세	6	—인류
			마이오세	24	
570			올리고세	38	
			에오세	57	—고래
			팔레오세	65	—대량멸종
	중생대	백악기		140	
		쥐라기		200	—조류
		트라이아스기		240	—포유류 —대량멸종
	고생대	페름기		285	
		석탄기		350	—파충류
		데본기		400	—상어
		실루리아기		435	—식물
		오르도비스기		500	—어류
		캄브리아기		570	—해양무척추동물의 다양화
	원생대			2,500	—무척추동물 —해조류
3,500	시생대			3,500	—최고의 화석

생물의 99%는 멸종됐다. 끝없는 멸종이 되풀이되며 생태계의 빈 공간을 찾아 새로운 종이 나타나는 것이다. 예컨대, 원생생물의 대부분이 고생대 이전에 진화한 것은 아니다. 해양플랑크톤의 주요 성원인 규조류는 중생대 백악기에 나타났던 것이다.

2.3. 해양생물의 다양성

해양에는 수없이 많은 생물이 살고 있으며 인류는 식량, 약품의 상당부분을 해양생물자원에 의존하고 의존도는 더욱더 높아지고 있다. 식량자원에는 어류, 패류뿐 아니라 미역과 같은 해조류가 포함된다.

종수를 따질 경우 해양생물은 지구상에 존재하는 종의 약 21% 정도에 불과하다(표 3-1). 그러나 육상생물의 종수가 훨씬 많은 이유는 주로 곤충과 현화식물의 다양성이 크기 때문이며 종의 수준이 아닌 문(門)수준에서는 그 양상이 달라진다. 박테리아 이상의 모든 생물은 70개 이상의 문으로 이뤄지는데 이 중 20개 정도는 해양에서만, 18개 정도가 육상에서만 발견된다. 동물만 따질 경우 마르굴리스와 쉬와츠(Margulis *et al.*, 1988)가 구분한 32개 문 중 31개가 해양에 존재한다. 이 중 14개 문은 해양에만 있으며 5개 문은 대부분이 해양종으로 이루어져 있다.

해양생물이 이렇게 다양하지만 현재 기록된 종의 수는 실존하는 종의 수의 5~20%에 불과할 것으로 추정하고 있다. 대부분의 종이 알려질 기회도 없이 사라지고 있는 것이다. 최근에는 종다양성 보존이 국제적으로 문제가 되고 있다. 해양생물을 대상으로도 많은 이용이 기대되나 해양탐사기술 자체가 최근에 발전된 것이어서 해양생물의 다양성과 이용에 대한 연구가 이루어진 것은 비교적 최근의 일이다. 지금까지는 주로 육상생물에서 약품을 취해 왔으나 해양생물이 가지는 잠재력은 크다. 해양은 육상에는 없는 다양한 분류군이 존재하기 때문이다. 생물이 가지는 다양한 화학적 방어기작을 생각할 때 수억 년의 진화과정을 통해 만들어진 여러 화학물질에서 새로운 항암제, 항생제가 나올 가능성은 매우 크다. 또한 해양생물에서 나오는 다양한 물질도 건축재, 농업비료, 오염정화제, 화장품 등으로 쓰이고 있으며 새로운 물질의 개발도 기대된다. 이러한 생물자원의 이용 가능성은 해양의 생물다양성에 그 기반을 두고 있으나 인간활동의 증가와 함께 생물다양성도 위기에 처해 있다.

생물학적 다양성이란 종다양성(種多樣性, species diversity), 즉 분류학적 다양성(分類學的 多樣性, taxonomical diversity)뿐 아니라 여러 수준의 다양성 개념을 포괄하는 것인데 특히 유전자적 다양성(遺傳子的 多樣性, genetic diversity)과 생태계 다양성(生態系 多樣性, ecosystem diversity)을 들 수 있다. 일반적으로 인식되고 있는 생물학적 다양성은 종다양성이다.

유전자적 다양성이란 개체군 사이의 또는 개체군내의 개체마다의 유전자 구성의 다양성을 말한다. 유성생식을 하는 생물의 개체군을 이루는 개체들은 유전자적 구성이 각기 다르다. 이들 유전자의 구성은 수백 수천만 년 이상의 진화과정의 결과이다. 유전자적 다양성은 자연선택이 필요로 하는 진화의 재료이다. 유전자적 다양성의 소실은 어떤 개체군의 환경변화나 천적에 대한 적응력의 손실을 의미하며 이는 그만큼 멸종의 가능성이 커짐을 의미한다.

생태계 다양성이란 가장 상위수준의 다양성을 말한다. 각기 다른 생태계는 독특한 물리적 환경, 종 구성, 먹이망 구조, 기능을 가지고 있다. 또한 같은 형태의 생태계라 할지라도 지역에 따라 각기 달라진다. 예컨대, 하구생태계는 지리적 위치, 위도, 조석차, 담수유입량 등 수많은 요인에 따라 다르며 그 종류는 엄청나게 많을 것으로 생각된다.

종다양성, 유전자적 다양성, 생태계 다양성 모두 최근에는 환경오염으로 심각하게 위협을 받고 있다. 지식이 발달하면서 우리의 생활과 더욱 밀접한 관련을 가질 이러한 다양성이 각 수준에서 위협을 받고 있는 것에 매우 유의해야 한다. 여기에 대한 보전대책들이 국제협약으로 제시되고 있다.

3. 생태적 지위

최초의 원시생물체에서 지금과 같은 다양한 종이 분화되어 오면서 각 종은 고유의 특별한 서식처를 점유하게 되었다. 이 서식처를 하나의 환경공간이라고 할 수 있는 바 이 환경공간, 또는 종의 서식범위를 기재하는 기본개념이 바로 생태적 지위(生態的 地位, ecological niche)이다.

예를 들면 각 생물 종은 수온, 염분 등의 물리적 환경요인에 대한 적응범위가 다르다. 생물는 각기 서식지가 다른 바, 각 서식지는 환경이 다르다. 이때 각 생물 종은 일차적으로 이러한 환경의 지배를 받게 된다(그림 3-2). 조간대에 사는 생물을 예로 들자면 온도, 수심, 바닥의 종류 등이 장소에 따라 다르다. 그리넬(Grinnell, 1971)은 어떤 생물이 살고 있는 서식처를 생태학적 지위라고 정의 하였다. 생물은 바로 사는 장소의 환경에 지배를 받는다고 생각한 것이다.

서식지를 결정하는 것은 이러한 물리적 환경 이외에도 다른 요인들에 의해 지배를 받는다. 예를 들면 생존을 위하여 개체는 먹이를 얻어야 하며 포식자로부터 피할 수 있어야 한다. 같은 종에 속하는 다른 개체뿐 아니라 생존조건이 겹치는 다른 종의 개체와 경쟁을 하게 된다. 엘튼(Elton, 1927)은 생물적 환경에서의 생물의 위치 — 즉 먹이나 적과의 관계 — 를 생태적 지위로 정의하였다. 그리넬이 주소(사는 곳)를 강조하였다면 엘튼은 직업(역할)을 강조했다고 볼 수 있다.

허친슨(Hutchinson, 1957)은 그리넬과 엘튼의 개념을 합친 좀더 포괄적이고 형식적인 정의를 내렸다. 한 가지 요인에 대한 적응범위를 단순화시켜 선 위에 표시하면 그림 3-3 a)와 같다. 즉, 표시된 구간은 1차원적 지위이다. 물론 생물은

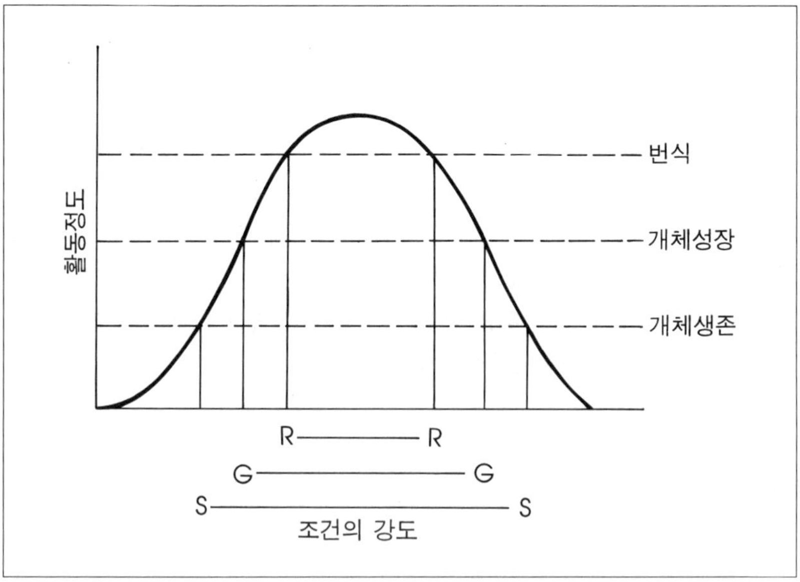

그림 3-2.
생물의 활동범위

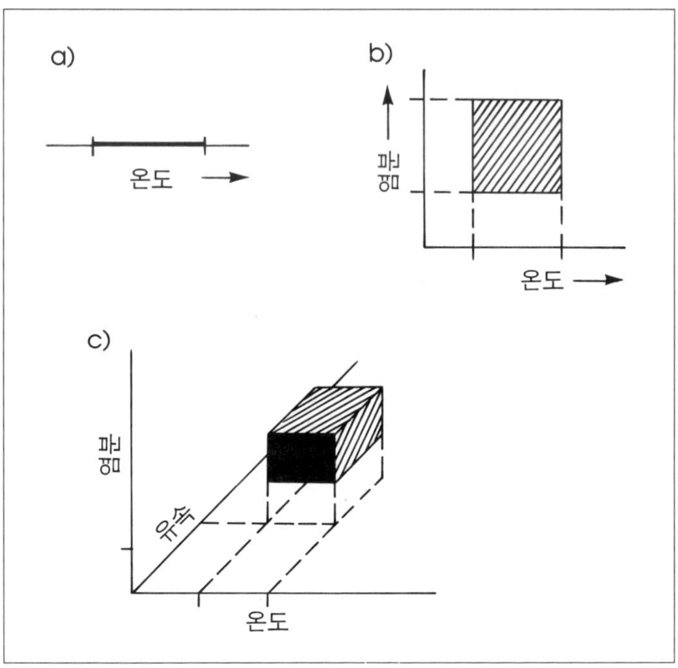

그림 3-3.
1차원, 2차원, 3차원으로 표시한 생태학적 지위

한 가지 요인에 대해서만 적응범위를 가지는 것은 아니므로 두 가지 요인을 동시에 생각하면 적응범위는 면적으로 표시되며(그림 3-3 b)) 이는 2차원적 지위가 된다. 세 가지 요인을 생각할 때 그림 3-3c와 같이 체적이 되며 이와 같이 제4, 제5 등의 다른 요인을 계속해서 생각할 수 있다. 즉, 수온, 염분도 등 물리적 환경요인뿐 아니라, 생존에 필요한 자원, 예컨대 광량, 먹이 등 많은 요인이 가능하다. 이렇게 허친슨은 생태학적 지위를 n-차원의 초체적(超體積, hypervolume)으로 정의하였으며 이러한 지위를 근본적 지위(根本的 地位, fundamental niche)라고 한다. 그러나 생물의 적응범위는 경쟁자나 포식자에 의해 줄어들 수 있으므로 이때의 지위를 실현지위(實現地位, realized niche)라고 한다. 즉, 어떤 생물이 잠재적으로 생존할 수 있는 적응범위를 근본적 지위라 한다면 경쟁자나 포식자에 의해 축소된 실제의 범위를 실현지위라 하겠다.

4. 개체군

생물 종은 어느 생태적 지위를 차지하며 자연에 존재하는 동안 자손을 번식시키며 증감을 계속한다. 이때 개체군은 생물적, 무생물적 환경의 지배를 받게 되는데 개체군의 증감과 생물적, 무생물적 관계들은 이론적 바탕을 근거로 여러 가지 수식으로 표현되어 왔다. 개체군의 증감이 주어진 자원내에서 어떻게 이루어지는가, 개체군간의 상호관계 속에서는 어떻게 결정되는가를 몇 가지 소개하고자 한다.

4.1. 개체군 성장과 종내경쟁

어떤 지역에 살고 있는 개체군의 크기는 일정한 시간이 경과한 후 다음과 같이 변하게 된다.

$$N(\text{미래}) = N(\text{현재}) + B - D + I - E$$

즉, 개체수 N은 출생(B)과 전입(I)에 의해서 증가하며, 사망(D)과 전출(E)에 의해서 감소하게 된다. 개체군의 변동과 변동요인에 관한 연구를 인구학(人口學, demography)이라고 한다. 우선 출생과 사망에 의한 개체군의 변동을 살펴보기로 하자.

생물의 가장 큰 특성은 증식을 하는 것이므로 조건이 좋다면 개체군은 끊임없이 증가하게 된다. 개체군이 어떻게 증가하는가는 아래 식에서 살펴볼 수 있다. 한 번의 번식기를 가지는 일년생 생물을 가정해 보자. 여기서는 편의상 암컷의 개체수만을 따지기로 한다. N_o의 개체가 새로 열린 좋은 환경으로 이주하였다고 하자. R을 한 마리의 암컷이 낳아 다음 해의 번식기까지 생존하는 평균 자손 수라고 하면(즉, $R = B - D$), 다음해의 개체수 N_1은

$$N_1 = N_o \cdot R$$

이 되며 해마다 R이 일정하다고 하면,

$$N_2 = N_1 \cdot R = N_o \cdot R_2$$
$$\vdots \qquad \vdots$$
$$N_T = N_o \cdot R^T \qquad (3\text{-}1)$$

이 되므로 개체군은 기하급수적으로 증가하게 된다. 단, $R > 1$ 이면, 개체군은 증가하고, $R < 1$이면 감소하며 $R = 1$이면 변화가 없다. 식 (3-1)은 이산적 세대(離散的 世代, discrete generation) 모형이나 좀더 흔한 유형은 번식기간이 연속적이거나 반복되는 형태이다. 이런 경우, 개체군의 변화도 연속적이 되므로 좀더 적합한 모형은

$$\frac{dN}{dt} = rN$$
$$N = N_0 e^{rt} \qquad (3\text{-}2)$$

이 된다.

이러한 연속적 모형(連續的 模形, continuous model)에서 $r > 0$이면 개체군은 증가하고, $r < 0$이면 감소하고 $r = 0$이면 변화가 없게 된다. 즉, 개체군의 크기는 좋은 조건이 계속 유지되는 한 기하급수적으로 늘어나게 된다. 예컨대 코끼리 한 쌍이 십 년마다 네 마리의 새끼를 낳는다고 할 때 약 400년이면 지구를 뒤덮게 된다. 그러나 이런 일은 결코 일어나지 않으며 그것은, r이 유지되지 않기 때문인데 그 이유에 대해서는 다음의 절들에서 자세히 다루기로 한다.

위의 모형들 (3-1), (3-2)에서는 일년생 생물을 가정하였으나 자연의 많은 생물은 다년생이며 복잡한 번식유형을 가지므로 개체군 성장률의 계산은 복잡해진다. 다년생의 생물의 개체군에서는 연령에 따른 구성비율이 달라지는데 이를 연령구조(年齡構造, age structure)라고 한다. 연령에 따라 생잔율(生殘律, survivorship)도 달라지게 되는데, 각 연령별로 사망률을 표로 만든 것을 생명표(生命表, life-table)라 하며, 이를 토대로 생잔율곡선(生殘率 曲線, survivorship curve)을 만들 수 있다(그림 3-4).

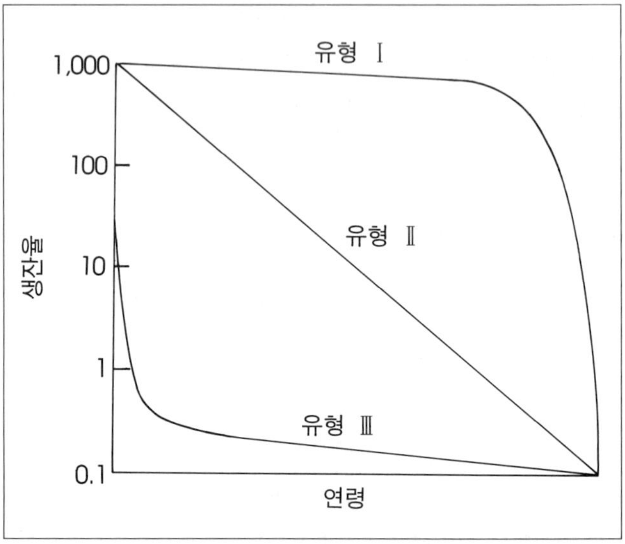

그림 3-4.
생잔율곡선의 유형

펄(Pearl, 1928)은 생잔율 곡선을 크게 3형태로 분류하였는데, 형태 Ⅰ은 최대 수명에 이르기까지 적은 사망률이 유지되는 경우, 형태 Ⅱ는 전생애를 통해 일정한 비율로 유지되는 경우, 형태 Ⅲ은 생애의 초기에만 큰 사망률을 보이는 경우이다. 형태 Ⅰ은 선진국의 인간이나 동물원의 동물 등에 볼 수 있고 형태 Ⅲ은 어류 등에서 흔히 볼 수 있다. 생잔율은 번식 등 기타의 생활사적 특성의 진화에 큰 영향을 미친다.

생물이 생존, 번식하기 위해서는 먹이나 에너지, 물, 영양염, 공간 등이 필요하다. 이를 자원이라고 한다. 자원은 생물에 의해 소비되므로 생물활동이 있으면 감소한다. 자원은 한정되어 있으므로 어떤 서식처가 지탱할 수 있는 최대 개체의 수도 한정되게 된다. 이러한 한계를 환경용량(環境容量, carrying capacity)이라고 한다. 그림 3-5를 보면 숭어 치어의 초기 밀도에 상관없이 성장 후의 밀도는 일정함을 알 수 있다. 즉 여기서의 환경수용량은 대략 1개체/m^2인 것이다.

생물의 생존과 번식에 필요한 자원은 한정되어 있므므로 생물은 같은 개체군의 다른 개체나 다른 종에 속하는 개체와 경쟁을 하게 된다. 식물은 햇빛과 영양염, 공간을 놓고 경쟁하며 동물은 공간, 먹이 등을 놓고 경쟁한다. 경쟁에는 자원을 소비하여 다른 개체에 간접적으로 영향을 미치는 착취경쟁(搾取競爭, exploitation competition)과 텃세와 같이 직접적으로 다른 개체를 몰아내는 간섭경쟁(干涉競爭, interference competition)이 있다.

개체밀도가 커질수록 경쟁은 치열해지며 그 결과 출생률은 낮아지고(그림 3-6 c)) 사망률은 높아지게 된다(그림 3-6 b)). 앞 절에서 본 바와 같이 이동을 무시하

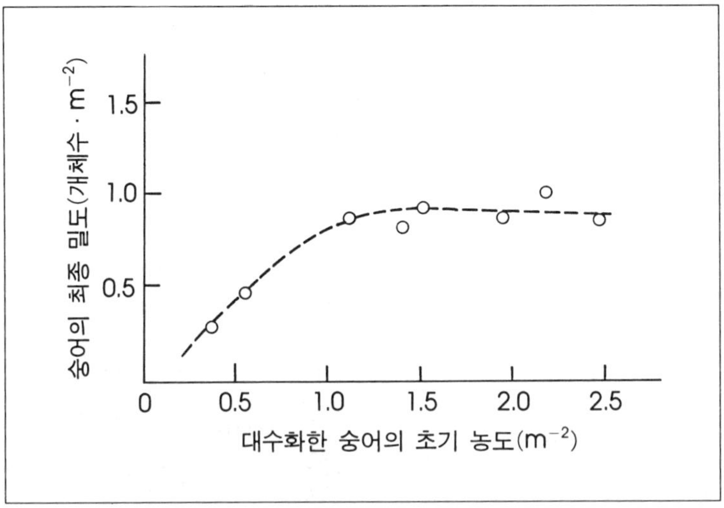

그림 3-5.
숭어의 환경용량(Le Cren, 1973)

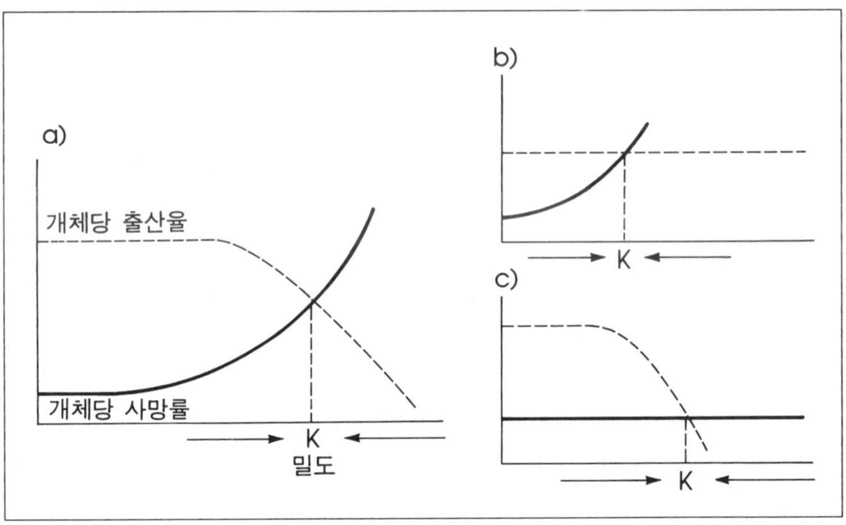

그림 3-6.
개체군 변동과 환경용량. a) 출산율과 사망률 둘 다 밀도종속인 경우. b) 사망률, c) 출산율이 각각 밀도종속인 경우 개체군 크기는 환경용량 K에게 안정되게 한다.

면 개체군 성장률은 출생률과 사망률의 차이가 되므로($r = b - d$) 개체밀도가 높아질수록 개체군 성장률은 낮아지게 된다. 개체밀도가 환경수용량 부근에서는 늘지 않으므로 이는 개체군의 성장률이 0임을 의미한다(그림 3-6 a)). 개체밀도가 K보다 커지면 개체군 성장률 r은 음이 되어 개체군의 크기가 감소하여 K에 가까워지게 된다.

실제로 여러 가지 생물에서 밀도가 높아짐에 따라 출생률이 낮아지고 사망률이 높아지고 개체 크기도 감소함이 입증되었다. 그림 3-7 a)에서 보듯이 삿갓조개의

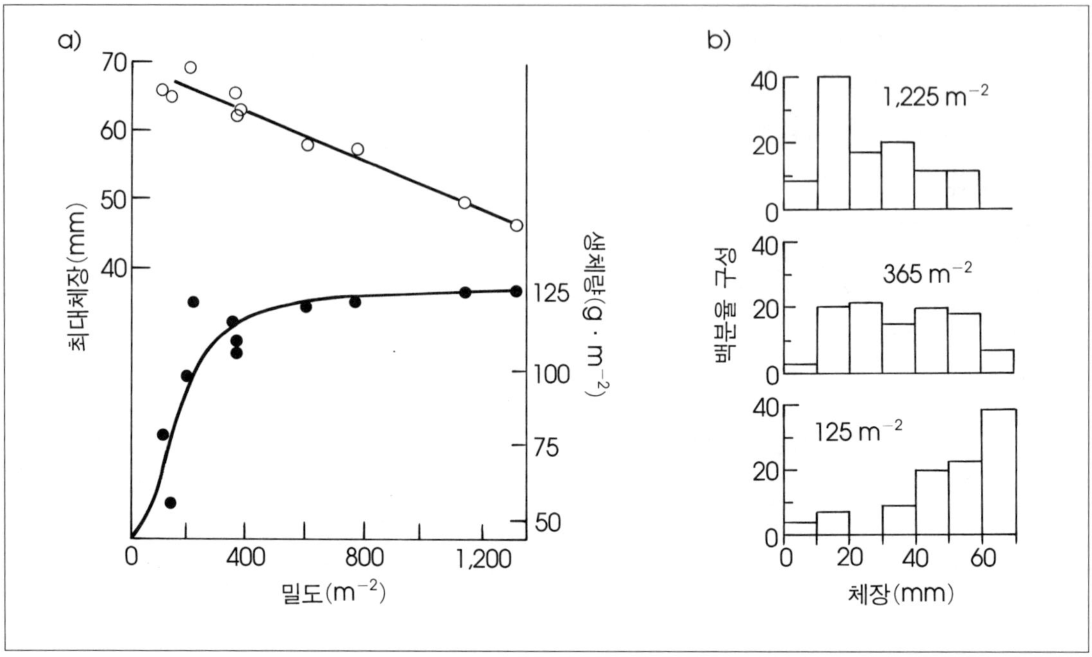

그림 3-7. 삿갓조개의 밀도, 체장, 생체량.
a) 밀도가 늘어도 개체의 크기가 줄어들어 생체량은 일정한 한도에 이르른다. b) 밀도가 늘수록 체장분포도, 작은 개체가 상대적으로 늘어난다.(Branch, 1975)

밀도가 증가하여도 생체량은 밀도에 비례하여 늘지 않으며 대신 개체 크기가 줄어들어 생체량은 일정 수준을 유지한다. 밀도가 높아질수록 작은 개체가 상대적으로 늘어난다(그림 3-7 b)).

이제 이러한 경쟁효과를 정량적 모형로 나타내보자. 가장 간단한 식은 성장률이 개체군의 크기에 비례하여 감소한다고 가정하는 것이다. 어떤 생물의 내재성장률(內在成長率, intrinsic rate of increase: 가장 좋은 조건하에서의 생물의 고유성장율)을 r_{max}라고 할 때 r이 감소하는 것을 다음과 같이 나타낼 수 있다.

$$\frac{dN}{dt} = r_{max}(1 - \frac{N}{K})N \tag{3-3}$$

실제성장률은 최대 가능성장률과 $(1 - N/K)$의 곱에 비례하며 K는 환경수용량이다. 위 식을 로지스틱 모형(logistic model)이라고 한다. 이 식을 풀어 시간에 따른 개체군 크기와의 관계를 그린 것이 그림 3-8이다. 개체군 크기가 작을 때는 $(1 - N/K)$항은 1에 가까우므로 식 (3-3)은 실질적으로는 식 (3-2)와 같게 되며

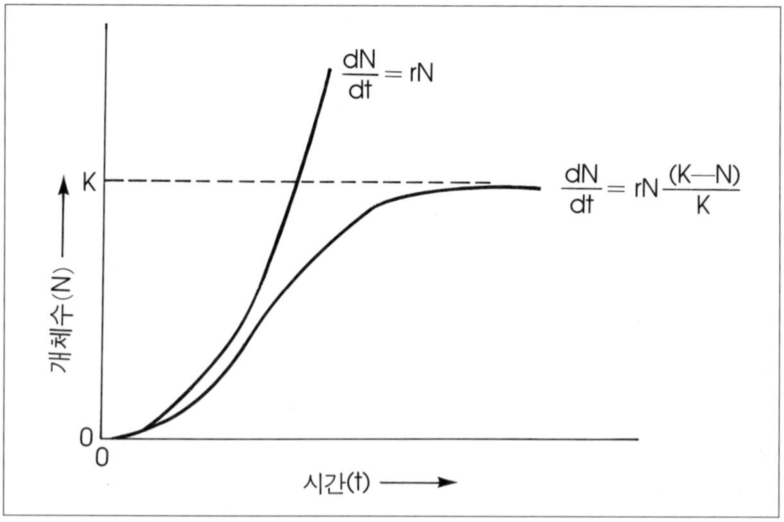

그림 3-8.
개체군 성장에 대한 지수함수 모형과 로지스틱 모형.

개체군은 지수함수적으로 성장하게 된다. 그러나 개체군의 크기가 환경수용량 *K*에 가까와질수록 실제성장률은 0에 가까와지고 전체적으로 S자형 곡선을 이루며 안정된 평형점에 도달한다. 로지스틱 모형은 몇 가지 면에서 비현실적이지만 종내경쟁이 가지는 특성을 잘 보여 주며 단순하다는 장점이 있다. 이 특성들은 나중에 설명할 생활사전략의 이해를 위한 토대가 된다.

경쟁의 결과, 항상 일정한 수, 즉 *K*만큼 살아 남는 경우를 대결경쟁(對決競爭, contest competition)이라고 하며 그 반대되는 경우, 즉 경쟁의 결과 모두가 영향을 받는 — 즉 단적으로 모두 죽는 — 경우를 분산경쟁(分散競爭, scramble competition)이라고 한다. 실제 자연의 개체군들이 평형상태를 유지하는 것은 드문데 환경변화와 포식 등의 요인도 작용할 것이다. 그러나 이론적으로는 개체군 내의 종내경쟁만에 의해서도 여러 가지 형태의 변동이 가능하다.

앞서 말한 바처럼 경쟁에 의해 성장률이 감소되는 경우는 밀도가 충분히 큰 경우이다. 경쟁이 아닌 다른 요인, 즉 포식이나 자연재해에 의해 경쟁이 큰 요인이 될 만큼 개체군 크기가 늘지 않는 경우가 자연계에는 흔하다. 이런 경우 밀도독립(密度獨立, density independence)이라고 하고 반대의 경우를 밀도종속(密度從屬, density dependence)이라고 한다.

4.2. 종간경쟁과 공존, 피식-포식

자연계의 생물은 수많은 종류의 다른 생물과 경쟁, 또는 공존한다. 다른 종류의 생물 사이에는 여러 가지의 상호작용이 일어나며 각각의 개체군을 증가시키거나 감소시키는 결과를 가져온다. 감소작용은 −로, 성장작용은 +로, 그리고 중립적인 경우, 즉 아무 영향이 없는 경우는 0으로 표시된다. 예를 들면 경쟁은 양쪽다에 감소효과를 가지므로(−, −)로 표시된다. 포식이나 기생은 한쪽의 감소에 의해 다른쪽이 증가하므로(−, +) 또는(+, −)로 표시된다. 서로 이득이 되는 공생은 (+, +)이고 한쪽만이 이득을 보는 편리공생은 (0, +)로 표시될 수 있다.

다른 종에 속한 개체라도 같은 종류의 먹이나 공간을 필요로 하는 경우 경쟁이 일어나게 되며 이를 종간경쟁(種間競爭, interspecific competition)이라고 한다. 종내경쟁은 개체군의 크기를 감소시킬 뿐이지만 종간경쟁은 어떤 지역에서 개체군을 완전히 몰아낼 수 있다. 코넬(Connel, 1960)이 조간대에서 한 실험은 전형적 예라고 할 수 있다(그림 3-9). 대서양의 암반해안에는 두 종의 따개비, *Chthamalus stellatus*와 *Balanus balanoides*가 함께 발견된다. 그러나 *Chthamalus*의

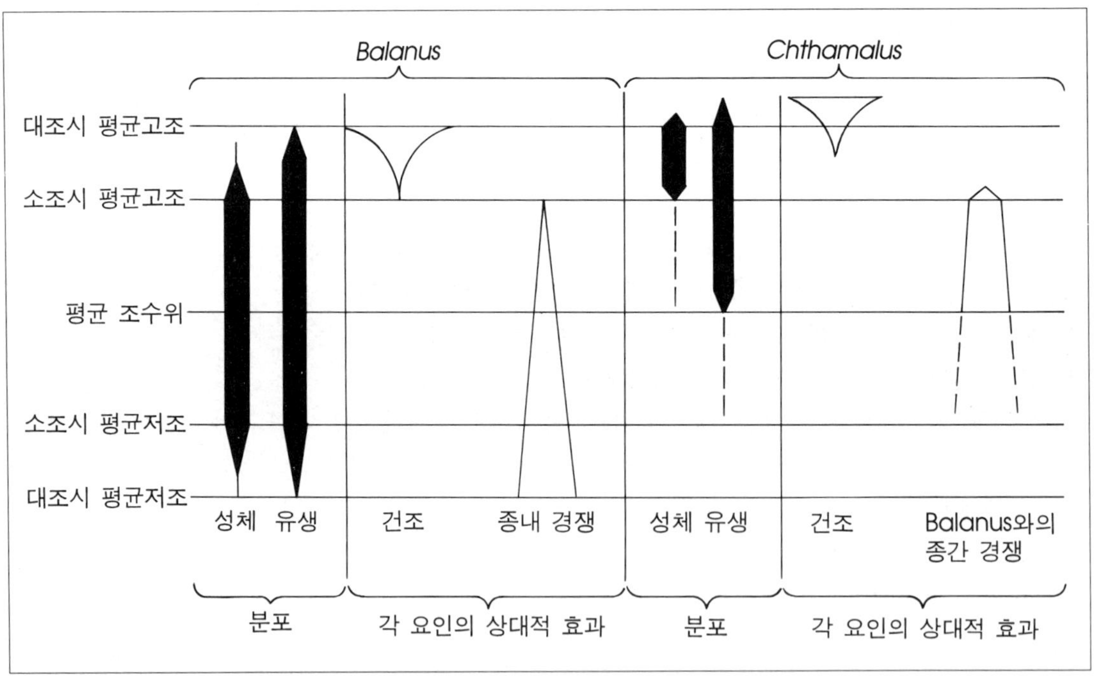

그림 3-9. 조간대에서의 따개비간의 종간경쟁.
*Chthalamus*는 *Balanus*에 대한 경쟁에서 밀려나 건조에 약한 *Balanus*가 살수 없는 조간대 상부에만 분포한다.(Connell, 1961)

성체는 *Balanus* 성체가 사는 곳보다 위인 조간대 상부에서만 살고 있었다. *Chthamalus*의 유생은 *Balanus*가 사는 곳에도 많이 정착하였으므로 *Chthamalus*는 정착 후 살아 남지 못한다고 볼 수 있다. 코넬이 인위적으로 *Balanus*를 제거했을 때 *Chthamalus*는 잘 자랐다. 직접 관찰한 결과 *Balanus*가 *Chthamalus*를 밀어내거나 뒤덮어 거의 대부분을 죽이는 것을 알았다. 이 경우는 앞서 말한 간섭경쟁의 한 예이다. *Chthamalus*는 경쟁에는 뒤졌으나 *Balanus*가 견디지 못하는 건조한 조간대 상부에는 잘 살아 남았다.

이렇게 비슷한 자원을 놓고 두 종의 개체가 경쟁을 할 때 일반적으로 그 결과는 어떻게 될까? 로트카와 볼테라는 각기 독립적으로 경쟁관계에 대한 모형을 만들었다. 두 종의 생태학적 지위가 비슷할수록 종간경쟁력이 커지므로 로트가-볼테라 모형에 의하면 일정한 환경에서 생태학적 지위가 같은 두 종이 공존하기는 어렵게 된다. 이것을 경쟁적 배타의 원리(競爭的 排他의 原理, competitive exclusion)라고 한다. 두 종이 공존한다면 지위의 분화(地位의 分化, niche differentiation)가 일어났기 때문이라는 것이다.

경쟁적 배타의 예로 담수 플랑크톤을 들 수 있다(Tilman et al., 1981). 규조류인 *Astrionella formosa*와 *Synedra ulna*는 성장을 위해 규산염을 필요로 한다. 같은 농도의 규산염을 연속적으로 공급하며 두 종을 따로 배양했을 때 각각 환경수용력에 도달하였다(그림 3-10). 이때 규산염의 농도는 *Synedra* 배양에서 더 낮았다. 이 두 종을 섞어 배양했을 때 초기 밀도에 상관없이 *Synedra*가 항상 독점하였다. *Synedra*가 규산염의 농도를 *Astrionella*의 생존조건보다 낮게 만들었기 때문이었다.

경쟁적 배타는 다음과 같은 경우는 일어나기가 어려울 것이다. 즉, i) 불안정하여 평형에 이르지 않는 환경, ii) 경쟁이 일어나지 않는 경우, iii) 변동이 계속되어 경쟁효과의 방향이 바뀌는 경우(Hutchinson, 1958) 등을 들 수 있다. i)의 예로는 플랑크톤을 들 수 있다. 해수나 담수의 플랑크톤은 비교적 균일한 환경에서 공통의 자원인 영양염을 놓고 경쟁하게 된다. 그럼에도 많은 종의 플랑크톤이 항상 공존하고 있으며 허친슨(Hutchinson, 1961)은 이를 '플랑크톤의 역설'이라고 불렀다. ii)의 경우는 포식이나 기생, 또는 자연재해로 경쟁자의 밀도가 항상 낮으므로 자원은 제한되지 않을 때이다.

자연에서 경쟁적 배타는 얼마나 흔히 일어나는가? 이 점에 있어 생태학자들의 의견은 크게 엇갈리고 있다. 포식이나 자연재해가 더 중요하며 경쟁은 크게 영향을 미치지 못한다는 견해와 종간경쟁은 흔히 일어나며 군집구조의 결정에 있어 가장 큰 요인이라는 견해가 대립되고 있는 것이다. 그렇다면 자연에서 흔히 관찰

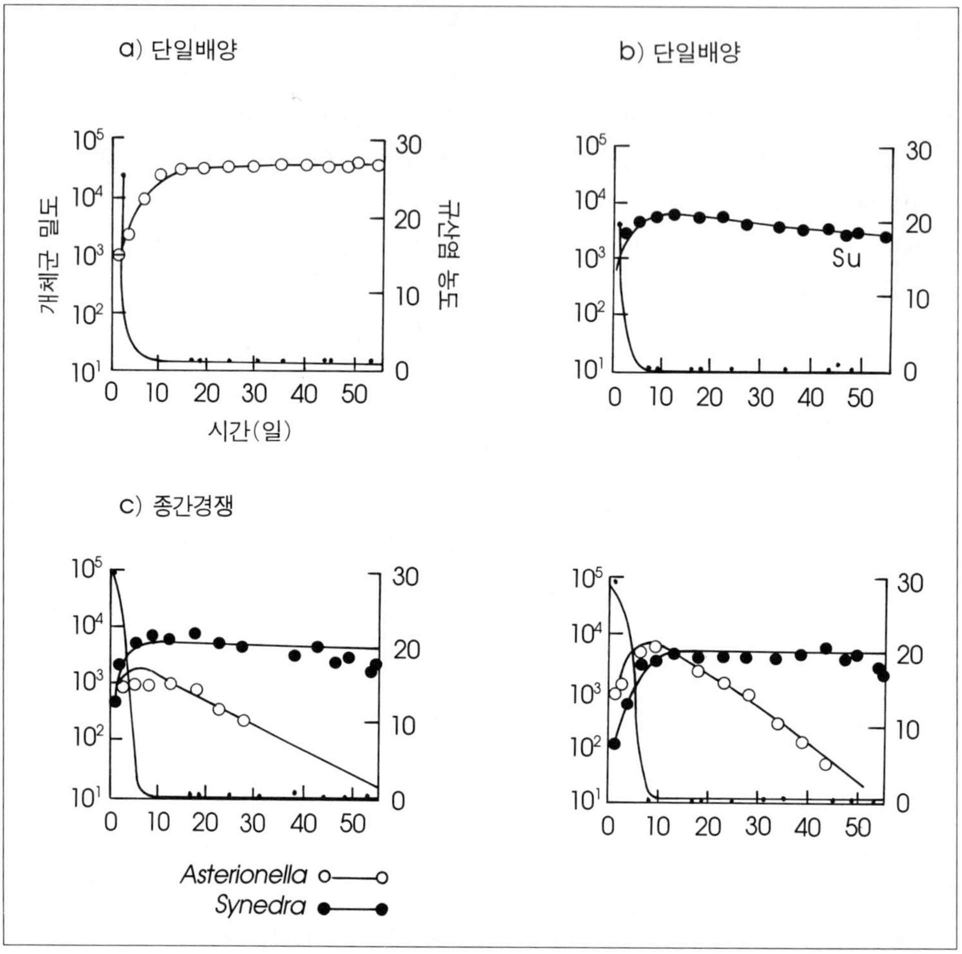

그림 3-10. 담수 규조류간의 종간경쟁.
a), b)에서는 두 종을 따로 배양했을 때 c)에서 같이 배양하면 초기 밀도에 상관없이 Asterionella가 밀려 난다.(Tilman *et al*., 1981)

되는 비슷한 종의 공존은 어떻게 설명할 것인가? 많은 경우 지위의 차별화가 일어나 있는 것이 밝혀졌다. 그러나 지위의 차별화가 일어났을 때 이것이 곧 현재 경쟁이 진행됨을 의미하는 것은 아니다. 다른 가능성으로 과거에 일어났던 경쟁의 결과나 아니면 단순히 진화의 결과일 수도 있는 것이다.

넓은 의미의 포식이란 한 개체가 다른 개체를 소비하여 에너지를 취하는 행위를 말한다. 이 정의에는 육식뿐 아니라 초식, 기생 등도 포함된다. 포식은 먹이가 되는 생물의 개체군 크기를 조절하는 주요 요인이 된다. 로트카와 볼테라는 수학적*모형을 써서 피식자-포식자간의 상호작용과 이에 따른 개체군 변화를 연구하였다. 이에 의하면 피식자와 포식자의 개체군은 일정한 주기로 진동하며 공존하였다. 가우스를 비롯한 많은 사람들이 실험실에서 포식자와 피식자가 공존하는 조건을 찾으려 하였으나 실패하였다. 대부분의 경우 피식자의 소멸, 그리고 결국에는 포식자의 소멸로 끝났다. 즉 피식자-포식자 계는 유지될 수 없었다. 그렇다면 자연계에서는 어떻게 피식자와 포식자가 공존하게 되는 것일까? 후파커(Huffaker, 1958)의 두 종의 진드기를 이용한 실험에서는 환경이 조각(patch)으로 이루어져 있고 피식자가 조각을 피난처로 이용할 수 있을 때만 포식자-피식자가 공존하였다. 즉, 대개의 자연환경은 조각 구조로 되어 있고 포식자는 피식자의 밀도가 낮은(경제성이 낮은) 조각은 이용하지 않아 피난처로 쓰이고 있어 피식자-포식자는 안정된 계를 이루게 된다. 또한 대개의 포식자는 여러 종류의 먹이를 먹으며 먹이밀도가 일정한 값을 넘는 먹이만 포식한다(그림 3-11). 이러한 현상을 전환(轉換, switching)이라고 하며 피식자개체군을 소멸하지 않고 유지하게 한다.

또 다른 가능성은 로트카-볼테라 모형은 지나치게 단순하다는 점이다. 이 모형에 포식자, 피식자 개체군의 종내경쟁을 도입할 경우 안정된 평형에 도달한다.

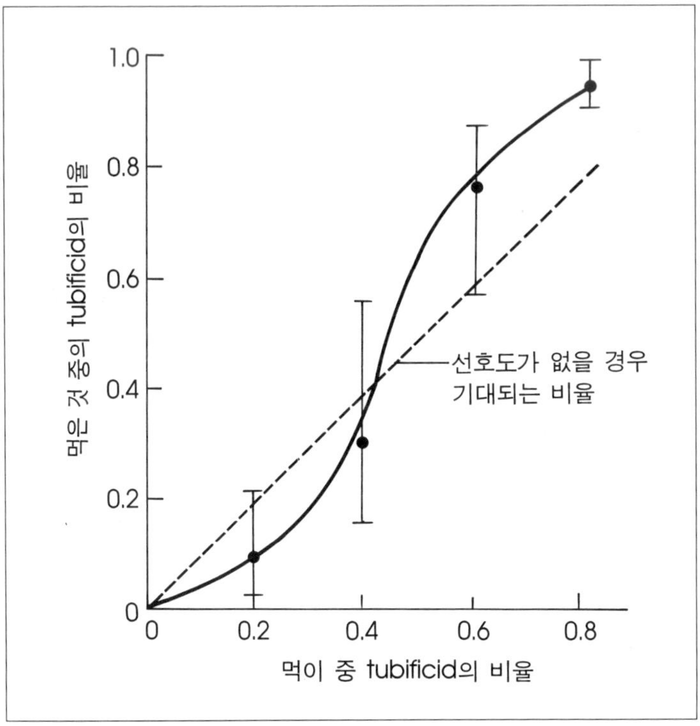

그림 3-11.
초파리와 tubificid에 대한 거피의 먹이전환(Murdoch & Oaten, 1975)

로트가-볼테라 모형의 또 다른 약점은 포식의 빈도를 피식자, 포식자 수의 곱에 비례한다고(αNP) 가정하는 데 있다. 이는 포식자가 먹이를 만나는 빈도는 포식자와 피식자의 밀도에 비례하고 포식자는 피식자를 만나는대로 끝없이 먹어 치운다고 가정하는 것이다. 그러나 실제로 포식자는 이와는 달리 반응한다.

피식자의 밀도에 따른 포식자의 포식량을 함수적 반응(函數的 反應, functional response)이라고 하며 홀링(Holling, 1963)은 이를 세 가지 유형으로 나누었다(그림 3-12에서 그 중 두 가지 유형을 볼 수 있다). 한편 포식자가 먹이를 찾을 때도 로트가-볼테라 모형처럼 무작위적인 탐색을 하는 것은 아니다. 피식자의 밀도에 대한 포식자의 밀도변화(포식자개체군의 성장이나 먹이에 대한 밀집에 의한)를 수적 반응(數的 反應, numerical response)이라고 한다(그림 3-12 b)). 어떤 포식자의 수적 반응과 기능적 반응을 안다면 포식자가 피식자 개체군을 어떻게 조절하는지 알 수 있다. 그림 3-12 a), b)와 같은 수적 반응과 기능적 반응이 주어졌을때 전체적 반응(포식자 전체가 먹어 치우는 피식자 수)은 그림 3-12 c)와 같다. 즉, 피식자의 밀도가 일정한 한계를 넘어서면 포식자는 더이상 피식자 밀도증가를 조절할 수 없게 된다. 포식자가 있음에도 일어나는 먹이생물의 폭발적 증가는 실제로 자연계에서 흔히 관찰되는 현상이다.

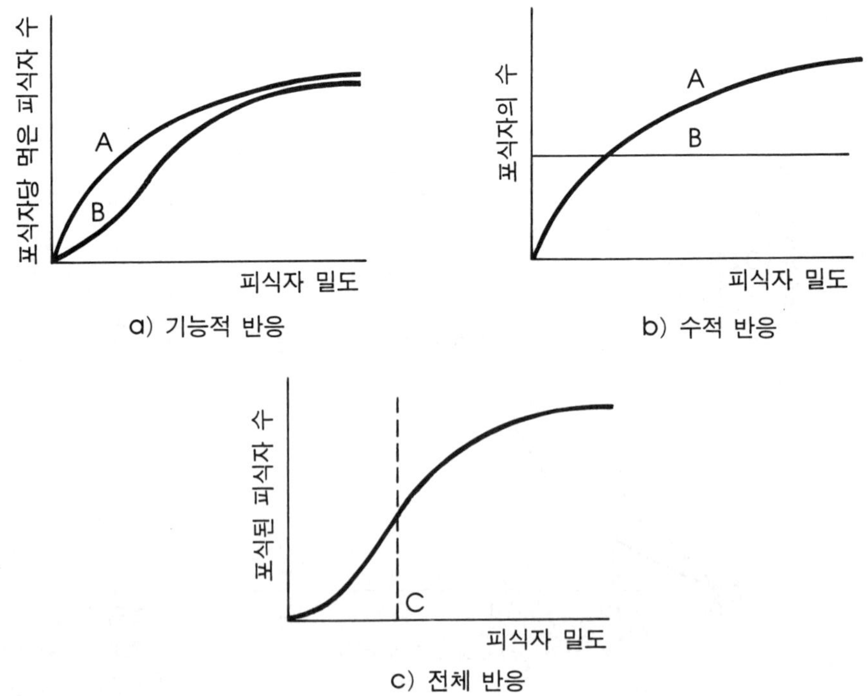

그림 3-12.
표식자의 함수적 반응, 수적 반응

포식은 포식자가 살아 있는 생물을 공격하여 소비하고 그 결과 그 생물이 즉시 죽게 되는 행위이다. 반면에 기생은 대상생물(숙주)이 즉각적으로 죽지 않으며 살아 있는 채로 기생생물에 의해 소비되는 행위를 말한다. 병원균과 같은 미생물을 포함하여 기생생물의 종수는 전체 생물의 절반이 넘을 것으로 추정되며 개체수는 이보다 훨씬 더 큰 비중을 차지할 것이다.

기생은 숙주의 성장률, 번식률을 낮추고 사망률을 높인다. 때로는 동물에 있어 행동의 변화를 유발하기도 하며 포식에 대한 노출을 높이기도 한다. 많은 생물에 있어 기생생물의 수와 숙주의 번식률, 또는 사망률간의 반비례, 비례관계가 입증되었다. 이러한 기생의 효과는 포식, 경쟁, 환경요인 등과 상승작용을 일으키기도 한다.

경쟁, 포식, 기생자는 반대로 종간의 상호작용이 양쪽 또는 어느 한쪽에 도움이 될 경우를 공생 및 편리공생이라고 한다. 기생이 큰 역할을 하는 것처럼 공생도 생물 세계에 널리 퍼져 있는 현상이다. 공생은 서식처의 제공, 생리적 기능, 포식으로부터의 보호 등 여러 가지 형태로 나타난다.

공생의 예로는 흰동가리류의 물고기인 *Amphiprion*과 말미잘(*Rhysobrachia*)의 예를 들 수 있다. 흰동가리는 열대산호초에 서식하는데 말미잘 부근에 머무르며 위험을 느끼면 말미잘의 촉수 사이로 숨는다. 흰동가리는 대신 말미잘을 먹는 다른 물고기를 쫓아 준다.

4.3. 생활사적 생존전략

경쟁, 피식-포식, 공존 등의 상호작용 속에서 각 생물이 살아 남기 위해 스스로 성장하고 자손을 퍼뜨리는 생존전략을 가지고 있다. 수명, 생식 시기와 회수 등은 생물에 따라 다른데 이 패턴을 생활순환(生活循環, life cycle), 혹은 생활사(生活史, life history)라고 한다. 개체의 크기, 자손의 수, 생식시기 등 생활사적 요소들은 생물의 생존환경을 반영한다. 주어진 환경에서 개체의 생존율과 번식률을 최대로 하는 형질이 선택되기 때문이다. 어떤 환경이 모든 형질에 적합한 것은 아니며, 주어진 환경은 형질에 따라 장·단점을 동시에 갖고 있다.

예컨대 개체의 크기는 클수록 경쟁력을 향상시킨다. 환경의 변화에도 덜 영향받으며 자손도 많이 생산할 수 있다. 반면에 큰 개체는 포식자가 선호하므로 큰 포식압을 받게 된다. 생식에 있어서도 여러 가지 가능성이 있을 수 있다. 생식시기, 생식회수, 한배의 크기, 새끼의 크기 등이 달라질 수 있다. 생애의 마지막 시기에 단 한 번 생식을 하는 것을 일회번식(一回繁殖, semelparity)이라고 하며 연어 등이 이에 속한다. 반면에 여러 번에 걸친 생식기간을 가지는 것을 반복번식(反復繁殖, iteroparity)이라고 한다. 일찍 성숙하는 것은 세대간격을 줄이므로 개체군 성장률을 높일 수 있으나 개체의 성장을 일찍 멈추게 되므로 개체 크기는 줄어들게 된다.

여러 가지 형질은 대립되므로 생존환경에 따라 절충이 이루어지게 된다. 예컨대 개체의 크기를 크게 하기 위해서는 생식시기를 늦추어야 한다. 거꾸로 생식시기를 앞당기고 번식에 집중하기 위해서는 작은 개체 크기를 감수해야 한다. 즉, 개체의 생존율을 높이는 형질과 자손 생산을 크게 하는 것은 서로 대립되게 된다. 적합도는 한 개체가 살아 남아 퍼뜨리는 자손수이므로 이러한 대립적 형질은 자손수를 최대한으로 하는 방향에서 결정되게 된다.

앞서 살펴본 로지스틱 모형(식 3-3)으로 되돌아 가보자. $(1 - N/K)$항이 의미를 가지려면 개체군 밀도가 충분히 커져야 한다. 다시 말해 서식환경이 항상 일정하거나 변화가 예측가능한 (계절같이) 경우에는 포화점까지의 개체군 성장이 가능하며 이런 환경을 K-선택환경이라고 한다. K-선택환경에서는 경쟁력이 강한 개체가 선택이 된다. 경쟁력이 강해지려면 개체 크기가 커야 하며 생식시기를 늦추어 성장을 계속해야 한다. K-선택환경에서는 성체뿐 아니라 유생도 경쟁력을 가져야 하므로 작은 자손을 여럿 낳는 것보다는 큰 자손을 적게 낳는 것이 유리하다. 생식에 쓸 자원은 한정되어 있기 때문이다. 또한 성장시기 동안 부모의 보호는 생존율을 더 높일 수 있게 된다.

반면에 개체군 밀도가 항상 포화점 부근을 유지할 수 없는 경우는 로지스틱 모형의 r항이 더 중요하게 되며 이러한 환경을 r-선택환경이라고 한다. 즉 서식환경이 예측이 불가능하거나 일시적으로 존재하거나 위에서 본 생잔곡선 Ⅲ과 같이 초기사망률이 매우 높은 경우이다. 생존율도 밀도독립적이고 개체의 크기나 경쟁력과도 무관하다. 이런 환경에서는 r을 크게 하는 방향으로 자연선택이 작용하게 된다. 즉, 작은 개체 크기, 이른 성적 성숙, 일회번식, 작고 많은 자손 등이 그 특성이 된다.

K-선택환경과 r-선택환경에 적합한 생활사 유형을 각각 K-전략, r-전략(r-K 戰略, r-K strategy)이라고 하며 각각의 특성이 표 3-3에 요약되어 있다.

실제 자연계에서 r-K 전략의 구분은 많은 종류의 일반화가 그러하듯 단순한 2분법을 따르지는 않는다. 그 대신 r-K 전략은 넓은 연속체를 형성하고 있다. 이런 점에도 불구하고 r-K 개념은 개체군의 서식환경과 경쟁력, 생활사 유형의 관계를 이해하는 데 있어 큰 도움이 된다.

표 3-3. r-K 선택의 특성

	r-선택	K-선택
기 후	변동이 크고 예측이 어려움 불확실	비교적 일정, 예측 가능
사망률	파멸적, 비방향성 밀도 독립적	방향성 있음 밀도 종속적
생잔율	흔히 제Ⅲ유형 (그림 3-4)	흔히 제Ⅰ, Ⅱ유형 (그림 3-4)
개체군 크기	변동이 큼, 비평형 상태 대개 환경수용력보다 훨씬 낮음 비포화 상태의 군집 생태학적 진공 매 해 새로운 이주	비교적 일정, 평형 상태 환경표용력 부근 포화군집
종내, 종간경쟁	변동이 큼 흔히 약함	항상 치열함
선택 조건	1. 빠른 성장 2. 높은 r_m 3. 빠른 생식 4. 작은 체장 5. 한 번의 생식	1. 느린 성장 2. 큰 경쟁력 3. 생식의 지연 4. 큰 체장 5. 여러 번의 생식
최대 연령	짧음, 대개 1년 이하	대개 1년 이상으로 김
결 과	생산성	효율성

Pianka(1970)에 의함

5. 군 집

어떤 지역에 살고 있는 여러 종류의 개체군의 합을 군집이라고 한다. 이때 군집의 범위는 관찰자가 임의로 정한 지역이 될 수도 있고 실제로 있는 지리적 경계에 의해 구분되는 지역이 될 수도 있다. 후자의 예로 진해만의 저서동물 군집을 들 수 있다.

여러 종류의 개체군이 모여 살 때 두 가지 특성이 나타나게 된다. 한 군집을 이루고 있는 종의 수는 군집마다 달라지게 된다. 또 다른 특성은 각 종들이 생체량이나 개체수에 있어 차지하는 비율이 일정하지 않다는 점이다. 일반적으로 대개의 군집에서는 몇 종이 대다수를 차지하고 대부분의 나머지 종들은 적은 비율로 존재한다. 양적으로 풍부하게 존재하는 종을 생태학적 우점종(生態學的 優占種, ecological dominants)이라 한다. 그러나 우점종만이 군집의 기능에 있어 중요한 역할을 하는 것은 아니다. 우점종이든 아니든 군집의 구조나 기능에 있어 주요한 조절을 하는 종을 핵심종(核心種, keystone species)이라고 한다.

북태평양의 암반조간대에는 불가사리를 정점으로 하는 안정된 군집이 발견된다(그림 3-13). 페인(Paine, 1966)은 8 m × 2 m 면적에서 몇 년간 지속적으로 불가사리(*Pisaster ochraceus*)를 제거하였다. 몇 달이 지나자 따개비가 들어왔고 이윽고는 담치(*Mytilus californicus*)에 의해 점유되었다. 원래 살고 있던 해조류는 1종만 남기고 없어졌고 이를 먹고사는 초식동물도 없어져서 결국 처음의 15종에서 8종으로 줄어들게 되었다. 불가사리는 따개비나 담치가 공간을 차지하는 것을 막아 공간경쟁에 약한 다른 종들이 공존할 수 있도록 했던 것이다. 불가사리처럼 군집 구조 전체를 결정짓는 역할을 하는 종을 핵심종이라고 하며 이 경우 핵심포식자(核心飽食者, keystone predator)라고 할 수 있다.

군집을 이루고 있는 종의 다양성은 두 가지 성분이 있다. 그 하나는 종풍부도(種豊富度, species richness)로 한 지역의 종의 수나 생체수에 대한 종수의 비율로 표시된다. 둘째 성분은 상대적 풍부도로 군집을 이루는 각 종의 비율을 말한다. 즉, 어떤 두 군집을 이루는 종의 수는 같다고 하더라도 구성에서는 달라 한 군집은 몇 종이 거의 대부분을 차지하는 반면 다른 군집은 대부분의 종이 고르게 이루어져 있을 수 있다. 우점도를 나타내는 지수로 심프슨 지수(Simpson index)가 있다.

$$D = \Sigma(n_i/N)^2$$

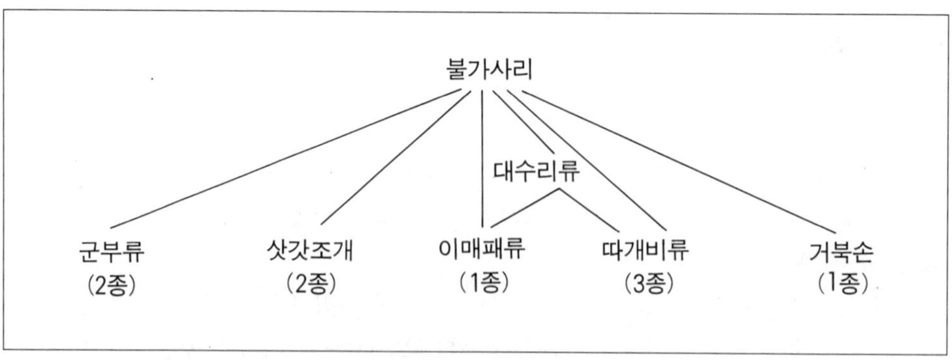

그림 3-13. 북태평양 서부조간대의 먹이망 구조(Paine, 1966)

여기서 N은 군집내의 총 개체수이고 n_i는 각 종의 개체수이다. D는 0~1.0의 값을 가지며 값이 높을수록 우점도가 높다.

흔히 쓰이는 다양도 지수는 섀논 지수(Shannon index)가 있으며 다음과 같이 정의된다.

$$H = -\Sigma\left(\frac{n_i}{N}\right)\log\left(\frac{n_i}{N}\right)$$

여기서 H의 값은 종의 수가 늘수록 그리고 각 종의 비율이 분포할수록 높아지게 된다.

군집의 또 다른 중요한 성질로 복잡성(複雜性, complexity)을 들 수 있다. 복잡성이란 군집내의 종간의 연결관계, 즉 피식-포식 관계의 복잡한 정도를 말한다. 따라서 전체 종의 수는 같더라도 먹이망내의 연결고리가 더 많으면 복잡성은 높아지게 된다. 복잡성이 커지면 먹이망내의 상호작용이 더 많다는 것이 된다.

생태계에 교란이 있게 되면 시간이 지남에 따라 원래의 상태로 복귀하던지 다른 상태로 변해갈 수 있다. 생태계가 교란에 대해 원상태를 유지하는 정도를 안정성(安定性, stability)이라고 한다. 복잡성과 안정성의 관계에 대해서도 두 가지 상반된 견해가 있다. 첫째는 복잡성이 클수록 안정성이 커진다는 것으로 상호작용이 다양해짐에 따라 생태계 전체는 안정된다는 것을 근거로 한다. 둘째는 복잡성이 클수록 안정성이 낮아진다는 것으로 생태계내의 상호작용이 클수록 현상태를 유지하기가 어렵다는 것을 근거로 한다. 어느 견해가 옳은가는 아직 불확실하며 먹이망에서의 영양준위에 따라 달라질 수 있다는 주장도 있다. 이러한 복잡성과 안정성의 문제는 생태계 관리나 보존을 위해 밝혀져야 할 문제이다.

6. 에너지 흐름과 물질순환

6.1. 먹이망

모든 생명현상은 에너지를 필요로 한다. 지구의 생물이 이용할 수 있는 에너지원 중 가장 중요한 것은 태양이다. 태양의 핵융합반응에서 나오는 복사에너지 중 지구표면에 도달하는 양은 대략 50~700 ly · day^{-1}이다. 지구생물권에 도달하는 태양에너지의 약 0.8%가 광합성에 의해 고정되며 이 중 약 절반 정도가 해양에서 일어난다. 식물은 광에너지를 화학에너지로 바꾸어 탄수화물 형태로 저장하게 된다. 동물들은 식물의 체내에 고정된 에너지를 이용하며, 이 동물들은 또 다른 종류의 동물에 의해 에너지원으로 이용되게 된다. 이러한 먹고 먹히는 과정 외에도 배설물, 시체 등이 에너지가 풍부한 유기물 공급원이 되는데, 이를 세균 등이 분해하여 그 과정에서 방출되는 화학에너지를 이용한다.

생물을 생태학적 관점에서 영양방식에 따라 자가영양자(自家營養者, autotrophs: 식물), 타가영양자(他家營養者, heterotrophs: 동물), 부식영양자(腐食營養者, saprotrophs: 박테리아, 곰팡이)로 나눌 수 있고, 또는 생산자(生産者, producer), 소비자(消費者, consumer), 분해자(分解者, decomposer, reducer)로 나누기도 한다(그림 3-14). 한편 식물을 먹고사는 초식동물을 1차소비자라 하고 이를 먹는 동물을 2차소비자라고 한다. 비슷한 역할을 하는 생물을 한 집단으로 묶어 에너지 흐름의 단계를 단순화시키면 생산자인 식물에서 최종 소비자에 이르는 연결된 고리를 생각할 수 있는데, 이것을 먹이사슬이라고 하며, 각 단계를 생태학적 준위(生態學的 準位, ecological level)라고 한다. 생산자-소비자로 연결되는 먹이사슬을 초식사슬(草食사슬, grazing chain)이라고 하며 분해자로 연결되는 먹이사슬을 쇄설물사슬(鎖屑物사슬, detritus chain)이라고 한다. 생태

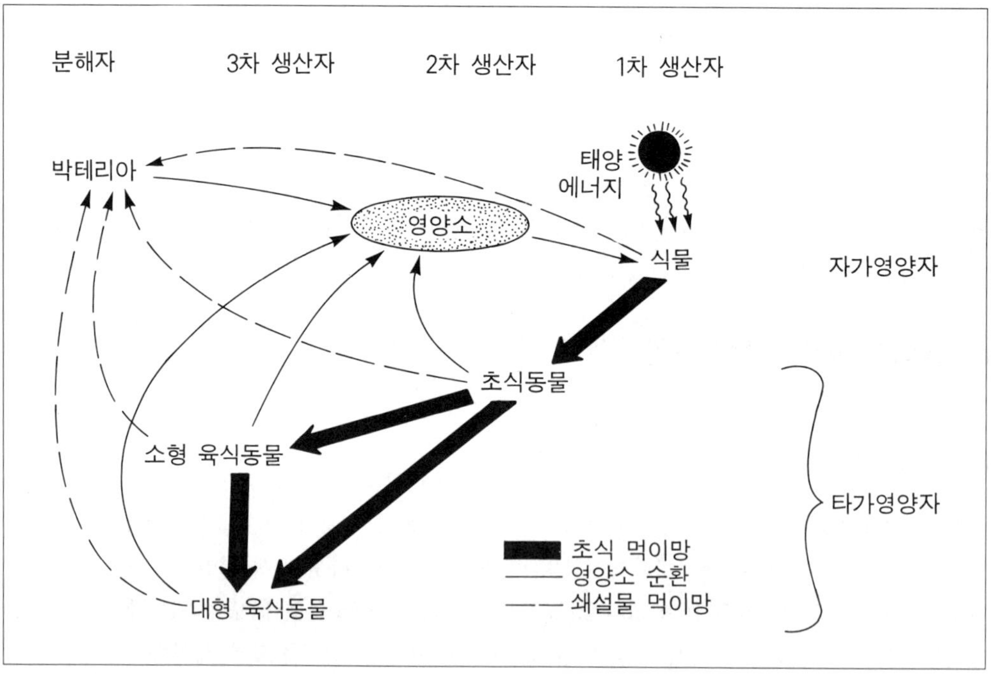

그림 3-14. 먹이망내의 에너지 흐름과 물질순환

계내에서 생성된 유기물을 내인성(內因性, autochthonous) 유기물이라 하고 반대로 외부에서 유입된 경우를 외인성(外因性, allochthonous) 유기물이라 한다.

생물학적 생산력(productivity)이란 단위시간, 단위면적당 만들어지는 생체량을 말한다. 생물생산력의 단위로는 에너지 단위나(cal · m^{-2} · day^{-1}) 무게(gC · m^{-2} · y^{-1})를 사용한다. 식물은 생태계가 필요로 하는 에너지를 공급하는 역할을 하므로 식물에 의한 생산력을 일차생산력(一次生産力, primary productivity) 또는 기초생산력(基礎生産力, primary productivity)이라고 한다. 동물이 식물을 먹고 성장할 때 일정한 생체량의 증가를 가져오므로 이를 이차생산력(二次生産力, secondary productivity)라 하며, 그 다음 단계는 3차, 4차 생산력이 된다.

실제로 먹고 먹히는 관계를 연결할 때 각각의 단계를 영양준위(營養準位, trophic level)라고 하며 전체를 먹이망(food web)이라고 한다. 먹이망을 통해 전달되는 것은 세 가지 측면에서 볼 수 있다. 첫째, 기존의 생체량(生體量: 現存量, biomass)에서 새롭게 생산된 생체량(yield)이 다음 단계로 전달된다고 볼 수 있다. 둘째, 태양에너지가 식물에 의해 고정되고 1차소비자, 2차소비자 등에게 흘러가는 에너지의 흐름으로 볼 수 있다. 이때 대부분의 에너지는 재순환되지 않고 열로 소실되며 따라서 생태계가 유지되기 위해서는 외부에서 에너지가 끊임없이 공급되어야만 한다. 셋째, 에너지가 생체로 저장되기 위해서는 탄소, 질소, 인 같은 물질이 필요하고 에너지는 물질을 통하여 전달되므로 물질이 이동하는 것으로 볼 수 있다. 질소, 인 같은 원소는 그 양이 제한되어 있으므로 생태계내에서 재순환되지 않으면 안 된다.

6.2. 에너지 전달효율

생태계 전체의 생산력을 이해하기 위하여는 먹이망 또는 먹이사슬의 각 영양준위에서 다음의 영영준위로 에너지가 어떤 비율로 전달되는가를 파악하여야 한다. 한 영양준위내에서의 에너지의 쓰임은 복잡하기 때문에 생태학적 효율도 여러 가지 측면에서 정의될 수 있으므로 우선 각 영양준위내에서의 에너지 흐름을 알 필요가 있다. 일차생산에서는 비교적 간단하여 호흡과 생체량 생산으로 나눠지며 이를 합친 것을 총일차생산력(總一次生産力, gross primary productivity), 호흡을 제외한 생체량 생산만을 순일차생산력(純一次生産力, net primary productivity)이라고 한다.

이차 이상의 영양준위에서는 좀더 복잡하게 되어 포획된 에너지는 소화된(digested) 부분과 소화되지 않은 부분으로 갈라지며 이 중 소화흡수된 에너지(assimilated)의 일부는 호흡 및 배설에 쓰이고 나머지가 성장과 생식 등의 생산에 쓰이게 된다(그림 3-15). 이러한 에너지의 쓰임새를 연구하는 분야를 에너지론(energetics)이라 한다.

전달효율은 여러 가지가 있는데 그 중 몇 가지만 들어보기로 한다. 영양준위간의 효율로 소비효율(消費效率, consumption efficiency)은 한 준위에서 생산된 에너지 중 다음 준위에서 포획된 부분을 말하며 저자에 따라 먹이망효율(food-chain efficiency)라고 부르기도 한다.

$$\text{소비효율}(CE) = \frac{I_n}{P_{n\text{-}1}}$$

여기서 P_{n-1}은 영양준위$(n-1)$에서 생산된 에너지이고 I_n은 다음 준위인(N)에서 취한 에너지이다. 소비효율은 한 준위에서 그 밑의 준위를 얼마나 이용하는가에 대한 효율이다. 예컨대 식물플랑크톤에 대한 동물플랑크톤의 소비효율은 대략 40~50%로 알려져 있다.

동화효율(同化效率, assimilation efficiency)은 포획된 먹이 중 소화관을 거쳐 동화된 비율을 말한다. 즉,

$$\text{동화효율}(AE) = \frac{A_n}{I_n}$$

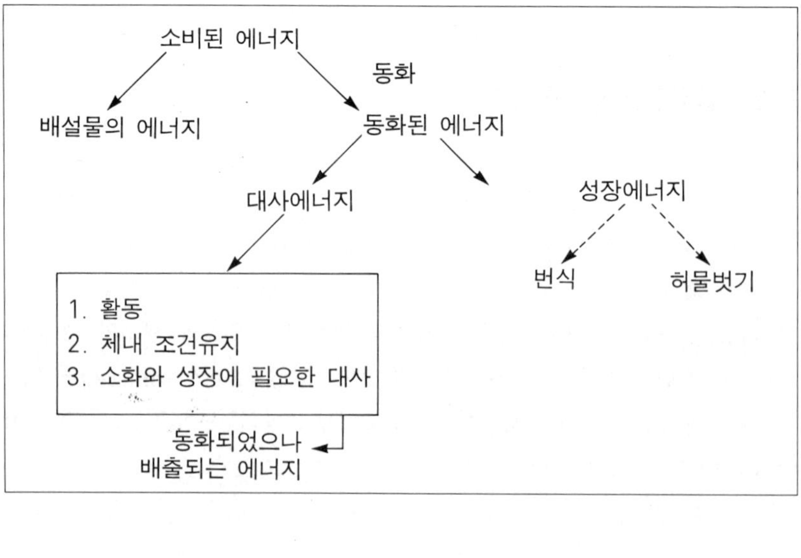

그림 3-15. 동물에 의해 소비된 에너지의 사용경로

동화효율은 초식자는 낮고(20~50%) 육식동물은 높다(80%). 식물들은 물리, 화학적 방어기작이나 셀룰로즈와 같은 구조조직을 가지고 있기 때문이다.

생산효율(生産效率, production efficiency)은 한 영양준위에서 동화된 에너지 중 얼마나를 생산에 쓰는가 하는 것이다. 즉,

$$생산효율(PE) = \frac{P_n}{A_n} = \frac{P_n}{P_n + R_n}$$

이며 P = 순생산, R = 호흡을 의미한다. 포유동물이나 조류와 같은 온혈동물의 생산효율은 1~3%로 동화에너지의 97~99%를 호흡에 소비한다. 어류의 생산효율은 약 10%이며 기타의 무척추동물은 25~40%로 높은 편이다.

생태학적 효율(生態學的 效率, ecological efficiency; 어떤 저자는 이것을 Lindeman 효율이라고 부르기도 함)은 한 준위에서 동화된 에너지 중 다음 준위에서 동화된 비율을 말한다.

$$생태학적\ 효율(EE) = \frac{A_n}{A_{n-1}}$$

실제 자연계에서 동화에너지를 측정하기란 쉽지 않으므로 동화에너지 대신 순생산을 대신 쓰기도 하며 이 경우에는

$$EE = \frac{P_n}{P_{n-1}} = CE \times AE \times PE$$

로 나타낼 수 있다.

생태학적 효율의 값을 Slobodkin(1960)이 모든 준위에서 10% 정도가 될 것이라는 가설을 제시했었으나 실제 자료와 맞지 않음이 밝혀졌으나 아직도 이 값을 쓰는 경우가 있다. 수계환경에서 1차준위에서 2차로 넘어가는 효율은 대개 15~20% 정도로 알려져 있다.

생태학적 효율은 일차생산력에서 최상준위 생산력을 추정하는 데 쓰일 수 있다. 즉 영양준위의 수가 n이고 효율이 일정하게 E라고 가정하면 최상준위 생산력은 $P = B \cdot E^n$이 된다. 이런 방법으로 Ryther 등이 전세계 해양에서 어류생산력을 추정한 바 있다.

6.3. 물질순환

에너지 측면에서 볼 때 생태계에서 일어나는 생명현상은 식물에 고정된 태양에너지가 계내에서 여러 생물체를 순환하며 열로 흩어지는 과정이라고 할 수 있다. 에너지는 유기물 속에 화학에너지 형태로 저장되게 된다. 즉 에너지의 흐름은 물질을 통해 일어나게 된다. 태양에너지는 끊임없이 공급되지만 지구상의 물질은 유한하다. 따라서 물질은 순환하지 않으면 안 된다. 물질순환에 있어 중요한 원소는 생물체의 기본 구성요소인 탄소, 질소, 인, 황 등이다. 생물권내의 원소의 이동은 생물체와 해양이나 퇴적물 같은 환경 사이를 반복하는 순환체계에서 일어나며 이를 생지화학적 순환(生地化學的 循環, biogeochemical cycle)이라고 한다. 생지화학적 순환은 크게 두 가지 유형이 있다. 해양이 주저장소가 되는 유체형과 퇴적물이 주저장소가 되는 퇴적물형이다. 탄소, 질소, 산소, 물 등은 유체형이며 인, 철 등은 퇴적물형이다. 원소가 순환체계의 한 단계를 지나가는 속도를 회전율(回轉率, turnover)이라고 하며 다음과 같이 정의된다.

$$\text{회전율} = \frac{\text{유입량(유출량)}}{\text{저장소내의 양}}$$

탄소는 모든 유기물의 기본 골격을 이루며 질소, 황은 단백질의 구성요소이고 질소, 인은 DNA, RNA 등 유전물질의 구성요소이다. 탄소는 해수 속에 주로 세 가지 형태의 이온으로 존재하는데, 식물에 흡수되어 광합성에 의해 유기물로 만들어져 먹이망을 순환하며 생체의 호흡작용에 의해 다시 이산화탄소로 분해되어 순환을 계속한다(그림 3-16). 해양에 있는 탄소의 1% 정도만이 광합성에 쓰이므로 탄소가 모자라는 일이 거의 없다. 그러나 이산화탄소는 메탄가스와 같은 온실화 기체로 지구온난화의 주된 요인이 되고 있다.

질소는 대기의 약 79%(1장 3절 그림 1-4)를 차지하는 매우 흔한 원소이나 질소분자(N_2)는 직접 쓰이지 않고 생물에 이용되려면 여러 단계의 반응을 거쳐야 한다(그림 3-17). 질소분자는 질소고정 박테리아에 의해 무기질산염이 되어 질소순환에 들어오게 된다. 해양에서는 산화상태가 다른 암모니아, 아질산염, 질산염의 세 가지 형태의 질산염으로 존재한다. 식물은 이러한 무기질산염을 이용하여 유기물을 생산하며 질소는 유기물 형태로 생태계를 이동하게 된다. 배설물이나 사체 형태로 먹이망을 빠져 나온 유기물은 유기물 분해 박테리아에 의해 분해되며 이때 질소원자는 다시 무기질산염의 상태로 되어 순환을 계속한다. 이 중 일

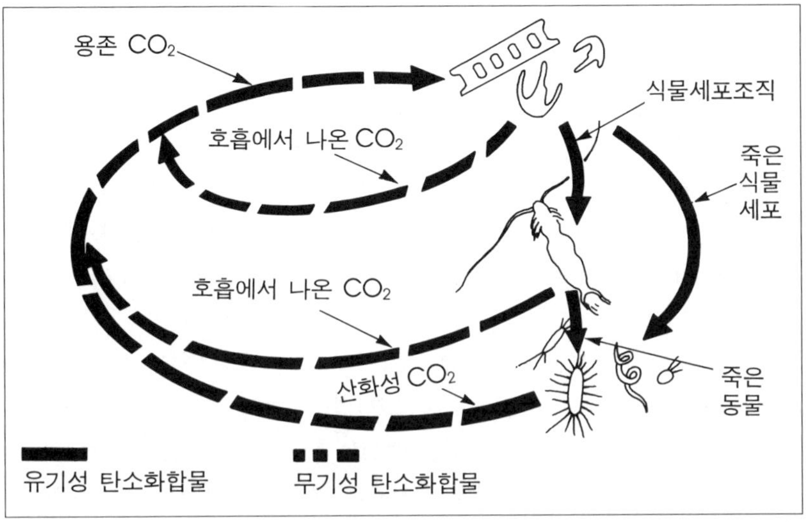

그림 3-16. 탄소의 해양순환

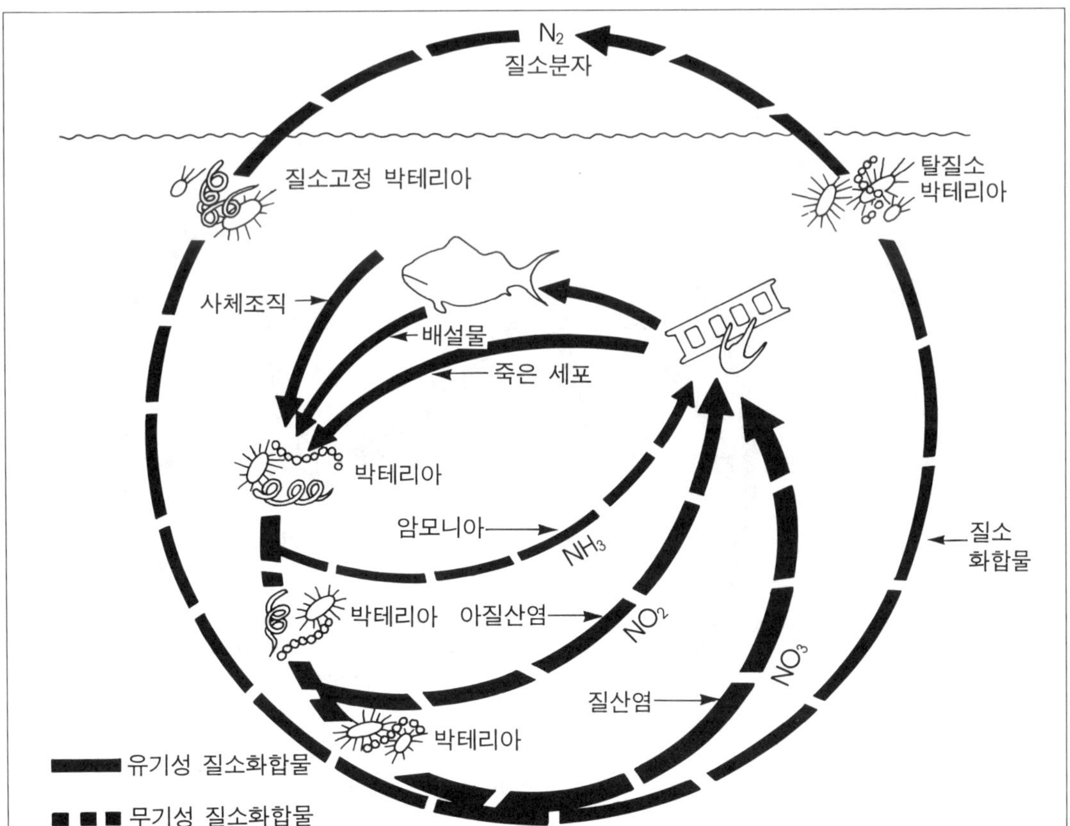

그림 3-17. 질소의 해양순환

부는 탈질소 박테리아(脫窒素 박테리아, denitrifying bacteria)에 의해 질소분자로 되돌아 가기도 한다. 식물플랑크톤은 무기질소 화합물뿐 아니라 요소와 같은 유기질소 화합물을 이용하기도 한다.

해양의 질소는 대기나 육지, 또는 심층에서 유입된다. 반대로 질소기체로 되어 대기로 빠져 나가거나 입자성 유기물형태로 유광층 아래로 손실되기도 한다. 해양에서는 주로 질소가 광합성의 제한요인이 된다. 표층혼합층에서 재순환되지 않고 저층이나 대기에서 유입된 무기질소에 의한 광합성을 신생산(新生産, new production)이라고 한다.

질소와는 달리 인의 용존무기물의 종류가 적기 때문에 인의 순환은 질소에 비해 단순하다(그림 3-18). 해수 중에서는 무기인산염, 입자성 또는 용존상태의 유기물형태로 존재한다. 유기물에서 무기인산염으로 분해되는 속도는 비교적 빠르며 가수분해도 쉽게 일어나 질소에 비해 재순환과정이 훨씬 짧다. 유기물형태의 인이 무기인산염으로 바뀌는 데는 대략 2주 정도가 걸리는 것으로 알려져 있다.

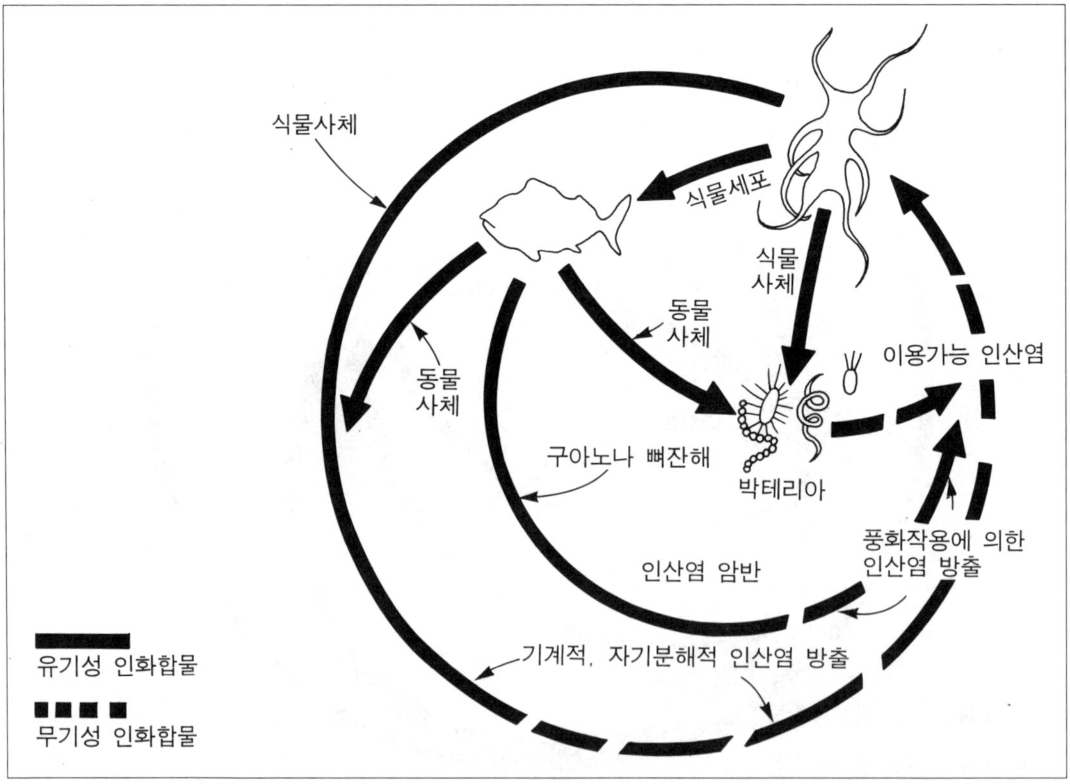

그림 3-18. 인의 해양순환

이는 수십 일 이상 걸리는 질소보다 훨씬 짧은 것이다. 해수 중 인의 농도는 질소의 약 1/7밖에 되지 않지만 재순환 속도가 빠르기 때문에 광합성의 제한요인이 되는 일은 비교적 드물다.

▶ 연습문제

1. 분류체계는 어떻게 되어 있는가? 학명을 표기하는 방법은?
2. 6개의 생물계를 구분하여 그 특징과 계통발생학적 관계를 설명하시오.
3. 다윈의 자연선택의 기작을 설명하시오. 다윈은 적응과 새로운 종의 형성을 어떻게 설명 하였는가?
4. 생물학적 관점에서 지질사를 개괄적으로 설명하시오.
5. 해양생물의 종수는 얼마 정도이며 전 지구생물 중의 비율은 얼마인가? 문(門) 수준에서 해양생물이 차지하는 비율은?
6. 생태학의 여러 가지 접근방식에 대해 논의하시오.
7. 생태학적 지위란 무엇인가?
8. 밀도종속에 대해 설명하시오.
9. 경쟁적 배타원리란 무엇이며 경쟁적 배타가 일어나지 않는 경우는?
10. 개체군 사이의 상호작용에는 어떤 것이 있으며 이들이 미치는 영향은 어떠한가?
11. r-K 전략과 bet-hedging을 비교 설명하시오.
12. 군집에 있어 우점도, 다양도, 안정성을 설명하시오.
13. 천이는 무엇이며 어떠한 요인에 의해 일어나는가?
14. 영양방식에 의해 생물을 구분해 보시오. 또한 먹이망과 먹이사슬을 설명하고 먹이망을 통해 전달되는 것이 무엇인지를 설명하시오.
15. 생물학적 생산력이란 무엇이며 단위는 무엇인가?
16. 전달효율에는 어떤 것이 있으며 어떠한 값의 범위를 가지는가?
17. 탄소, 질소, 인의 해양에서의 생지화학적 순환을 설명하시오.
18. 육상생태계와 해양생태계의 특성을 비교하시오.
19. 해양의 생태학적 과정이 일어나는 시.공간적 규모는 어떠하며 이에 대응하는 관측방법에는 어떤 것이 있는가?
20. 지구온난화는 무엇이며 해양의 역할은?

Ⅱ

해양생태계내에서 생물과 환경의 상호작용

4장 부유생물

부유생물(浮游生物, plankton)은 플랑크톤이라고도 부르며 그리스어의 'Plank'와 'ton'의 합성어로 떠 있는 생물, 부유하는 생물을 가리킨다. 즉, 수중에서 물의 흐름에 따라 수동적으로 떠 있는 생물들이다. 부유생물에는 운동능력이 전혀 없는 종류와 어느 정도 헤엄쳐 다니는 종류가 있다. 그러나 헤엄쳐 다니는 종류라 하더라도 어류처럼 물의 유동이나 흐름에 반하여 임의로 장거리를 이동할 수는 없다. 자신이 서식하는 수괴내에서 물의 유동이나 흐름을 쫓아 수동적으로 이동하는 범위를 크게 벗어나지 못하는 생물을 부유생물이라고 한다.

부유생물은 대부분 μm, mm의 크기로 육안으로 볼 수 없는 크기이다. 그러나 해양생태계내에서 광에너지를 이용하여 무기물로부터 유기물을 합성하고 이를 소비자에게 전달하는 중요한 역할을 한다. 광에너지를 고정하여 유기에너지로 전환시킨 후 해양의 다른 생물에게 전달하여 전체 해양생태계가 유지될 수 있도록 하는 기본적인 생물이라 하겠다. 본장은 부유생물의 종류, 서식방법, 기초생산, 생산자와 소비자와의 관계, 먹이망을 소개하였다.

1. 부유생물의 구분

부유생물을 구분하는 기준은 여러 가지이다. 분류학적으로 종류를 구분할 수도 있고 물질을 생산하고 소비하는 역할에 따라 생산자, 소비자, 분해자로 구분하기도 한다. 또 크기, 서식위치, 생활사 등 관점을 달리하여 구분할 수도 있다.

분류학적으로는 식물, 동물, 미생물의 구분이 가능하다. 이러한 구분은 생산자, 소비자, 분해자의 구분과도 일치한다. 즉 생산자는 부유식물이며 소비자는 부유동물, 분해자는 부유세균이다. 부유식물(浮游植物, phytoplankton)은 광합성 색소체를 가지고 광에너지를 고정해서 유기물을 합성하는 독립영양체(獨立營養體, autotroph)로 이를 기초생산자(基礎生産者, primary producer)라고 한다. 부유동물(浮游動物, zooplankton)은 운동능력이 있는 부유생물로 유기물을 합성하지 못하고 포식에 의해 유기물을 섭취하는 종속영양체(從屬營養體, heterotroph)이다.

부유동물은 부유성 단세포동물로 이루어진 부유성 원생동물(浮游性 原生動物, protozooplankton)과 다세포성 동물로 이루어진 부유성 후생동물(浮游性 後生動物, metazooplankton)로 구분된다. 부유성 세균은 핵막이 없이 핵물질이 세포내에 흩어져 있는 원핵생물(原核生物, prokaryote)로 유기물을 분해하여 생기는 에너지를 이용하거나 유기물을 섭취하는 종속영양체(從屬營養體, heterotroph)로 해양생태계내에서 분해자(分解者, decomposer)의 역활을 한다. 해양에 부유생물로 출현하는 원핵생물 중에는 남조류가 있으나 남조류는 색소를 가지고 광합성을 하기 때문에 대부분 부유식물로 취급하고 있다.

부유생물은 그 크기가 1 μm 이하에서부터 수십 cm가 되는 것까지 크기가 다양하기 때문에 생태학적인 특성도 다르고 채집하는 방법도 다르다. 따라서 부유생물을 크기별로 구분하여 사용하면 생태학적인 특성을 밝히는 데 용이하고 사용상의 편리함이 있다. 크기별 구분은 흔히 시버스(Sieburth, 1979)의 구분이 보편화되어 있다. 그의 부유생물 구분에 따르면 그림 4-1과 같다. 0.02~0.2 μm 크기는 초극미소부유생물(超極微小浮游生物, femtoplankton)로 여기에는 바이러스성 부유생물들이 속한다. 0.2~2.0 μm 크기는 극미소부유생물(極微小浮游生物, picoplankton)로 부유성세균들이 이 크기에 해당된다. 2.0~20 μm 크기의 부유생물은 미소부유생물(微小浮游生物, nanoplankton)로 부유균류(浮遊菌類, mycoplankton)와 일부 부유식물, 부유원생동물의 일부가 이 크기에 해당된다. 이 20 μm 이하의 부유생물들은 부유생물망으로 채집하기 어렵기 때문에 전반적으로 미소부유생물(微小浮游生物) 이라고 하고 20 μm 이상의 부유생물들은 부유생물망으로 채집이 가하기 때문에 망부유생물(網浮游生物, netplankton)이라고도 한다. 20~200 μm에 해당되는 부유식물과 부유원생동물, 부유후생동물의 부유유생(浮游幼生, larval plankton)들을 소형부유생물(小形浮游生物, microplankton)이라 한다. 0.2~20 mm 크기의 부유생물은 중형부유생물(中形 浮游生物, mesoplankton)이라 하며 여기에는 부유식물과 부유원생동물 중 비교적 큰 종류가 여기에 해당되며 대부분 부유후생동물이 이 크기이다. 2~20 cm에 해당하는 비교적 큰 부유동물들을 대형부유생물(大形浮游生物, macroplankton)이라 하고, 20 cm 이상이 되는 대형 해파리 같은 부유생물은 초대형부유생물(超大型浮游生

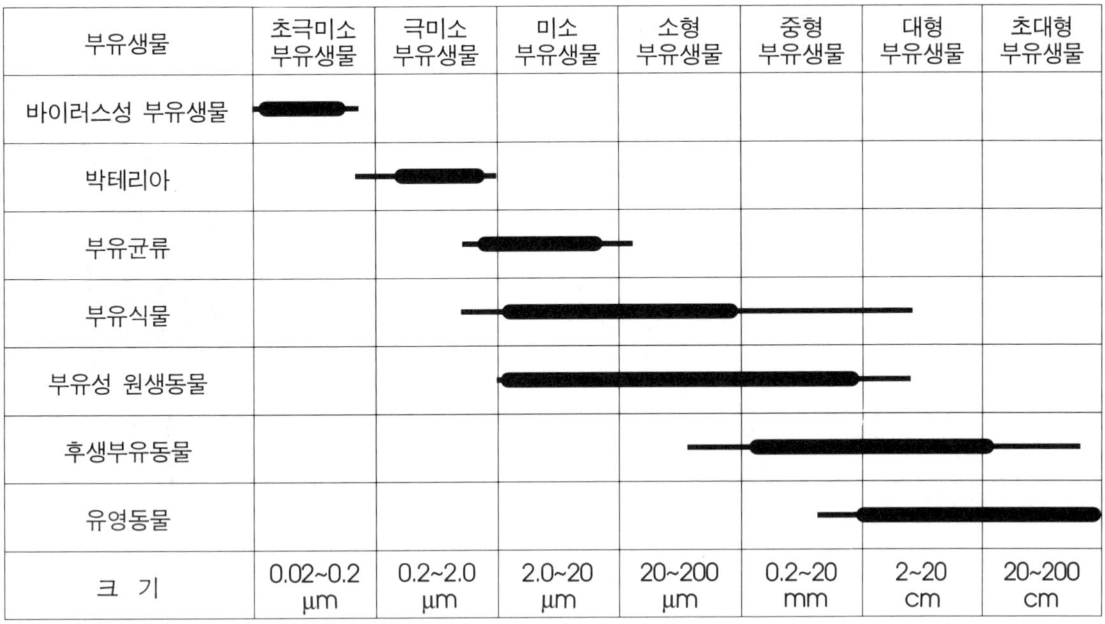

그림 4-1. 부유생물의 크기별 구분과 해당 생물

物, megaplankton)로 구분한다.

부유생물을 서식지의 깊이에 따라서 구분할 수 있다. 일반적으로 수괴의 표층에서 수동적으로 부유하는 생물체는 대부분 부유생물로 취급하고 있으나 수괴의 제일 상층부인 수표면에 서식하는 생물들은 수표생물(水表生物, neuston)이라 부른다. 수표생물은 물의 표면장력을 이용하여 물의 표면에만 사는 수면생물(水面生物, epineuston)과 수표면의 위, 아래에서 몸의 일부는 대기에 노출되고 일부는 수면하에서 부유하는 외양성 해파리(*Velella*, *Physalia*) 같은 부표생물(浮表生物, pleuston), 대기에 노출되지 않고 수면직하에서 서식하는 박테리아, 원생동물, 일부 부유식물 등과 부유성 해조류인 모자반(*Sargassum*) 같은 수면하생물(水面下生物, hyponeuston) 등으로 구분된다(그림 4-2). 대부분의 수표생물은 수면하 20cm내에서 서식하고 그보다 깊은 곳에 사는 부유생물은 표층성 부유생물(表層性 浮游生物, epiplankton)로 구분한다. 표층성 부유생물은 빛이 투과하는 깊이인 유광대(有光帶, photic zone)까지 분포하는 부유생물로 대부분의 부유 동·식물이 여기에 속한다. 수심 100m에서 600m에 주로 분포하는 종류는 중층성 부유생물(中層性 浮游生物, mesopelagic plankton)로 소형 갑각류인 곤쟁이류(Mysids)와 난바다곤쟁이류(Euphausids) 중 일부가 이 깊이에서 나타난다. 이

그림 4-2.
Physalia physalis

보다 깊은 수심 600m 이상의 심층에는 단각류(Amphipods), 난바다곤쟁이류, 요각류(Copepods)중 소수종이 심층성 부유생물(深層性浮游生物, bathypelagic plankton)로 나타나고 있다. 부유생물 중에는 심해저는 아니나 해저면의 바로 위에서 부유생활을 하며 일시적으로 해저면에 부착하기도 하면서 저층생활을 하는 종류가 있다. 이런 종류는 저서성 부유생물(底棲性 浮游生物, benthic plankton, demersal plankton)로 불리기도 한다.

부유생물은 그 생활사(life cycle)에 있어 출현기간에 따라 일생부유생물(一生浮游生物, holoplankton), 주기성 부유생물(週期性浮游生物, meroplankton), 일시부유생물(一時浮游生物, tychopelagic plankton)로 구분한다. 일생부유생물은 전 생활사 기간을 부유하며 지내는 생물로 부유성 요각류, 화살벌레, 부유성 돌말류 등이 이에 해당된다. 주기성 부유생물은 생활사의 일부만을 부유하는 생물로 대부분의 저서동물 유생들과 소형 어류의 난치어 등이 이에 속한다(그림 4-3). 천해에서 사는 저서동물의 80% 정도가 부유 유생시기를 갖는 것으로 알려져 있다. 일시부유생물은 원래 해저 바닥이나 바닥 가까운 저층에 사는 생물이나 파도나 폭풍, 조류 등에 의해 일시적으로 표층에 부유하는 생물들이다. 저서성 돌말류, 저서성 곤쟁이류, 저서성 요각류, 저서성 새우류 등이 그 예이다.

살고 있는 해역이 어디인가에 따라 외양성 부유생물(外洋性 浮游生物, oceanic plankton), 연안성 부유생물(沿岸性 浮游生物, neritic plankton), 기수성 부유생물(汽水性 浮游生物, brackish plankton) 등으로 구분하기도 한다. 외양성 부유

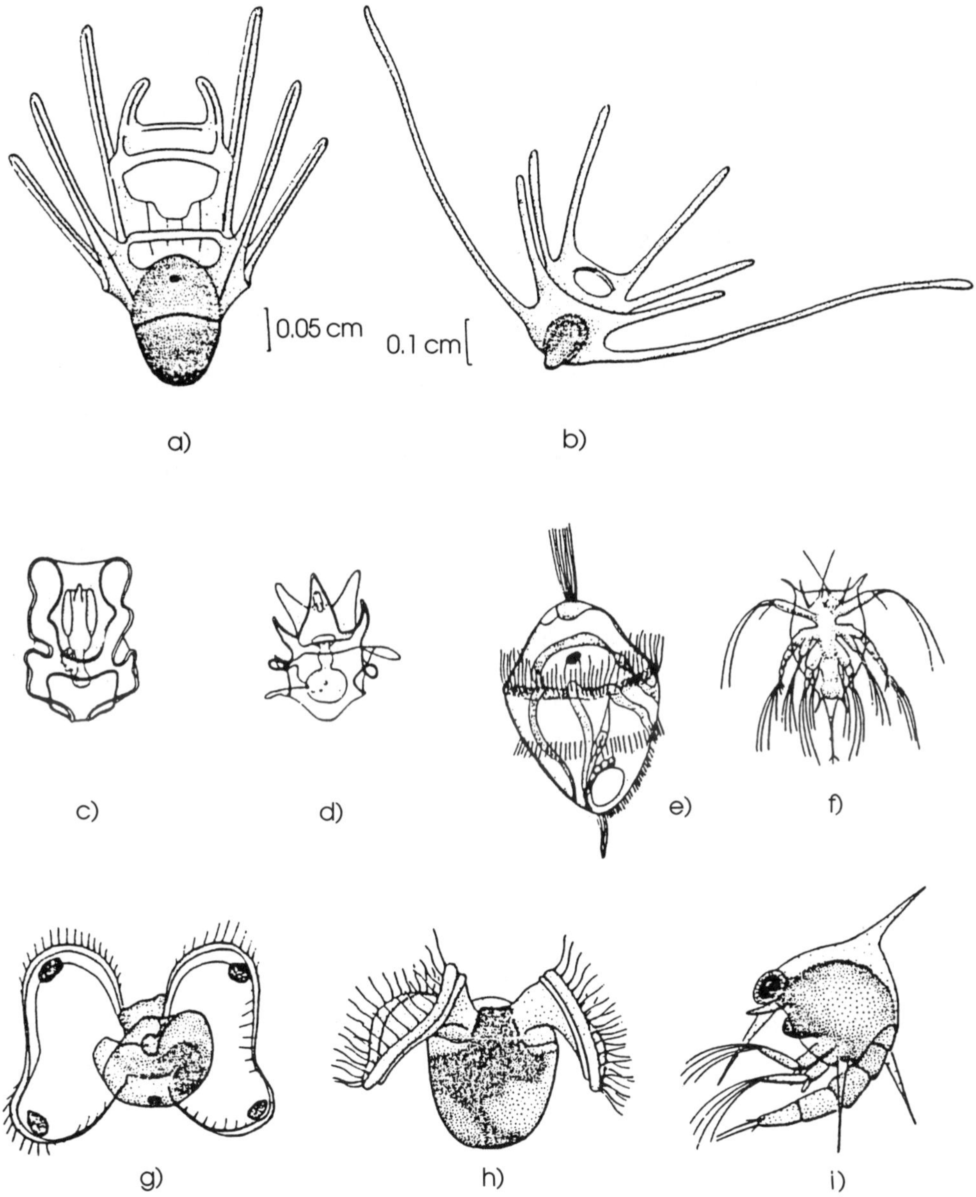

그림 4-3. 주기성(meroplankton) 부유생물.
a) 성게의 echinopluteus 유생, b) 거미불가사리의 ophiopluteus 유생, c) 해삼의 auricularia 유생,
d) 불가사리의 bipinnaria 유생, e) 갯지렁이의 trochophore 유생, f) 따개비의 nauplii 유생,
g),h) 고둥의 veliger 유생, i) 게의 zoea 유생

생물은 대륙붕 밖의 외양이나 원양에 주로 출현하는 종류이고 연안성 부유생물은 대륙붕 안쪽의 연안수역에서 출현하는 종이다. 기수성 부유생물은 담수와 해수가 만나는 지점인 강하구나 기수성 호수에 토착하여 사는 종류로(土着種, endemic species) 대부분 심한 염분변화와 낮은 염분에도 적응되어 사는 종류들이다.

2. 채집과 동정, 계수

부유생물은 바다에 나가 이를 채집하고 실험실로 옮겨 와 현미경으로 관찰하여 종류와 양을 알아내는 과정을 거쳐 조사가 이루어진다. 부유생물은 크기가 대부분 매우 작다. μm 단위로부터 수cm에 이르는 크기가 대부분이므로 아주 작은 그물코를 가진 망목을 사용하여 채집한다. 부유식물은 대부분 μm 단위의 크기이고 부유동물은 mm 내지 cm 단위의 크기이므로 이들 각각을 채집할 때 서로 다른 크기의 망목을 사용한다. 또 조사하고자 하는 목적에 따라서도 채집방법이 달라진다. 어떤 종류가 있는가만을 파악하고자 할 때, 이를 정성채집이라고 하며 각 종류에 따라 얼마나 많은 양이 존재하는가를 알고자 할 때, 이를 정량채집이라고 한다.

2.1. 정성채집

정성채집이란 조사하고자 하는 해역에 서식하는 부유생물의 종류를 알고자 할 때 사용하는 채집방법이다. 종류만 알고자 하므로 충분한 양의 물을 그물로 여과하여 이 그물에 걸리는 부유생물을 채집하기만 하면 된다. 그물을 끄는 방법은 수평으로 끄는 방법과 수직으로 끄는 방법이 있다. 수직으로 끌 때는 여러 수심에 출현하는 종류를 모두 알고자 할 때이다. 또 그물을 물 속에서 끄는 대신에 펌프를 사용하여 해수를 끌어올리고 이 물을 그물을 통과시켜 이때 걸러지는 생물을 채집할 수도 있다.

해파리처럼 생물체의 크기가 아주 큰 경우는 그물을 사용하지 않은 채 직접 잡을 수도 있다. 이 경우는 대상 생물의 크기가 커서 육안으로 쉽게 식별할 수 있는 경우이다. 흔히 사용되는 방법은 아니지만, 대상 생물이 매우 약하고 섬세하여 그물로 채집하면 몸체가 파손된다고 생각될 때는 적절한 방법이 된다. 특히 해파리처럼 몸체가 잘 부서지는 경우에 사용된다.

2.2. 정량채집

정량채집은 대상이 부유식물인 경우와 부유동물인 경우를 나누어 생각하는 것이 쉽다. 부유식물은 몇 μm에서 수백 μm 정도의 크기를 가지므로 적은 양의 물이라 하더라도 아주 많은 수의 부유생물이 포함된다. 따라서 보통 1l 정도의 물을 떠서 이 안에 있는 생물을 조사한다.

채수를 할 때는 특별히 고안된 채수기를 물 아래로 내려 채수할 수도 있고 배에서 직접 펌프를 사용하여 일정한 양의 물을 끌어 올릴 수도 있으나 보통은 채수기를 사용한다. 채수기는 과거에 난센채수기(Nansen water sampler)를 많이 사용하였으나 요즈음은 반돈(Van Doorn)채수기를 사용한다. 수심별 분포를 알고자 할 때는 채수기를 원하는 수심에서 자동으로 닫히도록 하는 특별한 방법이 고안되었다. 즉 여러 개의 채수기를 한 줄에 일정 간격으로 수심별로 달아 놓고 물속에 내린 후 전달추(messenger)를 줄에 끼워 내리면 각 수심에 달린 채수기가 자동으로 닫혀 물을 채수한다. 그외에 그물을 사용하여 부유생물을 채집하고 이때 그물을 통과한 물의 양을 측정할 수도 있으나 여과된 물의 양을 정확히 측정하기가 어려워 부유식물의 경우 흔히 사용되지는 않는다. 그림 4-4에는 채수기의 형태를 소개하였다.

부유동물은 이동능력이 상대적으로 커서 채수에 의한 방법을 사용하지 않는다.

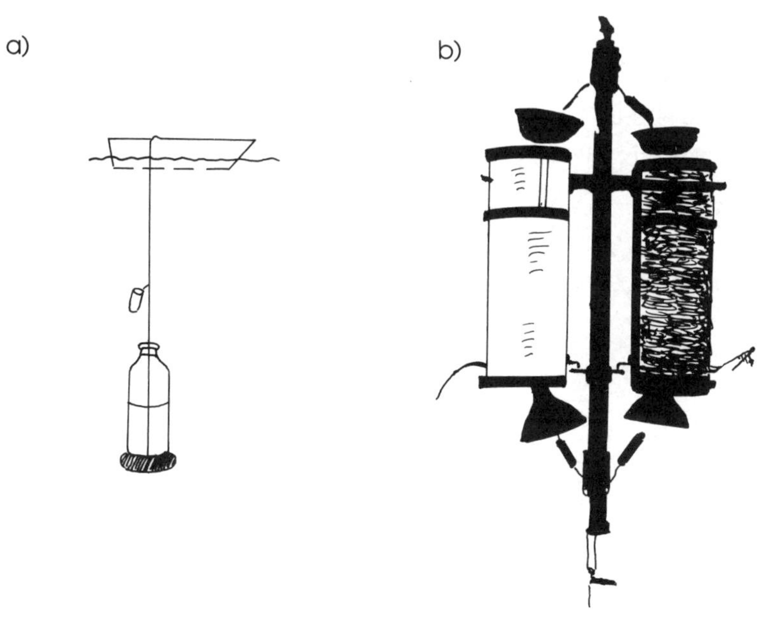

그림 4-4.
a) 채수병 및 b) 반돈 채수기

그물을 끄는 방법이 일반적으로 사용되고 있다. 펌프로 물을 끌어올리면 여과량을 정확히 파악할 수 있는 장점이 있으나, 펌프의 흡수구 입구가 좁다던가 펌프 힘이 약하여 깊은 수심의 물을 끌어올리기가 어렵다든가 하는 문제들 때문에 흔히 사용되지는 않는다.

정량채집에서는 여과한 해수의 양을 정확히 알아야만 한다. 여과한 해수의 양을 과거에는 인양시간과 인양속도로부터 인양거리를 구하고 여기에 그물의 입구 면적을 곱하여 계산하였으나 요즈음에는 그물에 직접 유량계(flow meter)를 달아 그물에 여과된 해수의 양을 계산한다.

그물을 인양하는 방법은 목적에 따라 수평, 수직, 사선 인양 등이 있다. 수평인양은 특정 수심에 분포하는 부유생물을 채집하는 데 주로 사용된다. 수직 또는 사선인양 방법은 채집하고자 하는 수심이 깊을 때 이용한다. 사용하는 그물은 여러 가지 형태가 있다(그림 4-5). 원추형의 간단한 그물을 사용하였으나 여과율을 높이기 위해 입구부분을 원통형으로 변환시키기도 하였다. 또 원하는 수심에서 채집하기 위해 열고 닫히는 장치를 개발하여 부착하기도 하였다. 한 번에 두 개의 시료를 얻기 위해 봉고 모양의 네트를 개발하였는가 하면(McGowan and Brown, 1966), 수평적으로 여러 개의 연속적 시료를 얻거나, 수직적으로 여러 층을 한 번에 채집할 수 있도록 고안한 그물도 있다(Multiple Open/Closing Nets with Environmental Sensing System, MOCNESS, Wiebe et al., 1976). 이 그물은 채집과 동시에 수온, 염분 등이 함께 기록되는 장치가 부착되어 있기도 하다.

특별히 흥미 있는 것으로 하디 자동기록계(Hardy Continuous Plankton Record)가 있다(그림 4-6). 광범위한 해역에서 장시간 채집할 필요가 있을 때 사용한다. 작동원리는 그림에서처럼 예인시 예인력에 의하여 장비 뒷부분에 있는 프로펠러가 회전하고 이 회전력이 장비 내부의 기어에 전달되어 감아 놓은 여과망이 회전하게 되면서, 입수구로 유입된 해수가 출수구로 배출되면서 부유생물이 여과망에 걸리고 이 여과망은 포르말린 등의 고정액이 있는 통 속의 축에 감기게 되는 것이다.

채집시에 따르는 문제는 크게 두 가지로 나누어 생각할 수 있다. 하나는 얼마나 생물에 손상을 안 주고 채집하느냐이고, 다른 하나는 채집된 시료가 얼마나 모집단을 잘 대표하느냐이다. 전자와 관련하여 부유식물의 경우는 고정액의 선택이 문제가 되고, 부유동물의 경우는 몸체가 약한 아교질 부유동물이 채집될 때 그물에 부과되는 수압, 즉 인양속도가 문제가 된다. 모두 완벽한 처방책은 없으나 부유식물의 경우 루골용액을 사용하여 고정함으로써 포르말린을 사용할 때 편

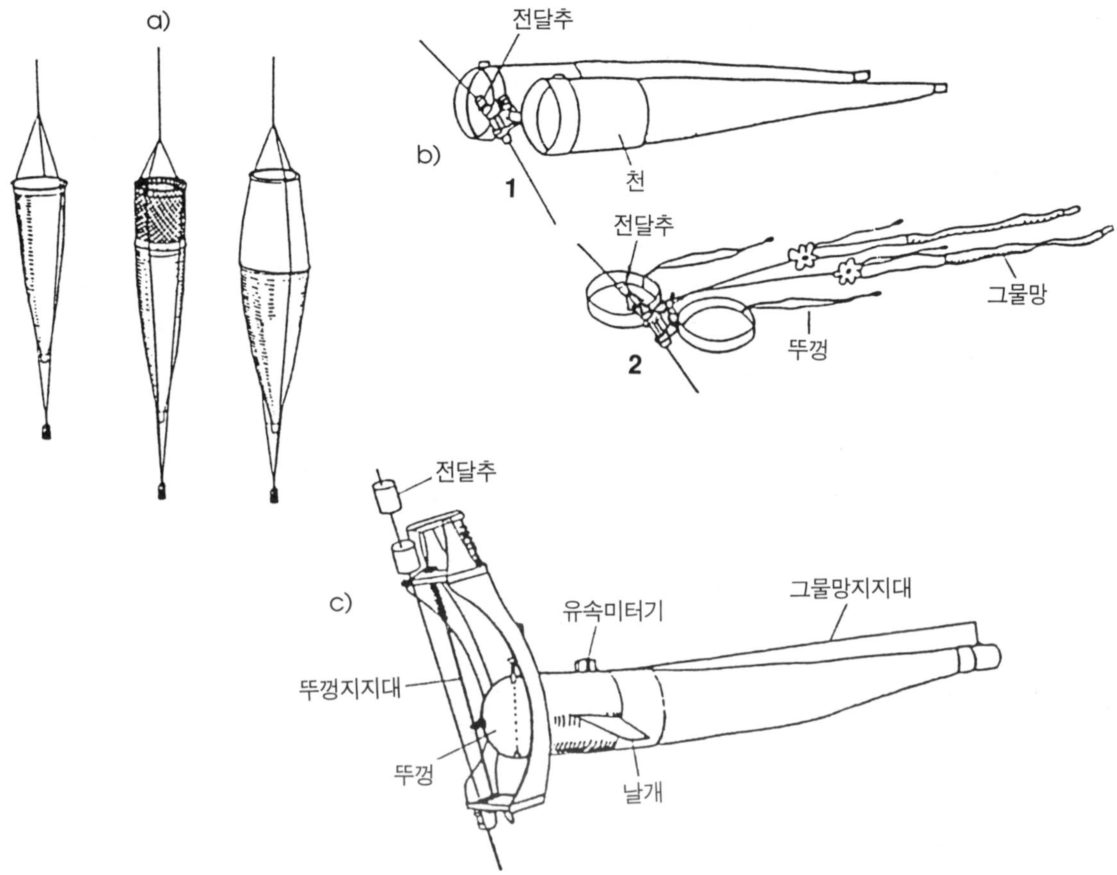

그림 4-5. 네트의 여러 가지. a) 원추형 네트, b) Bongo 네트(1. 열린상태, 2. 닫힌상태), c) Clarke-Bumpus 네트

모가 없어지는 단점을 보완할 수 있다. 부유동물의 경우는 여러 제약 때문에 그물을 보통 2노트 속도로 끈다. 아교질 생물도 반드시 손상없이 얻고자 한다면 직접 잡을 수밖에 없다.

시료가 얼마나 모집단을 잘 대표하느냐는 문제는 주로 그물로 잡는 부유동물에서 문제가 제기된다. 부유식물은 1*l* 정도의 채수로 채집이 가능하므로 비록 어느 장소에 밀집되어 분포하더라도 큰 문제가 되지 않는다. 밀집되어 분포한다는 것은 매우 넓은 해역을 보았을 때 나타나는 현상이므로 1*l* 정도 채집하는 공간의 규모, 또는 채수되는 양과 그 주변 일대만을 생각한다면 무작위 분포로 간주해도 무리가 없다는 것이 일반적 견해이다.

부유동물은 그물로 채집하기 때문에 네트의 작동과 관련된 문제점뿐만 아니라 (그물코의 크기에 따른 크기별 그물코 통과율과 이의 인양속도와의 관계, 그물코

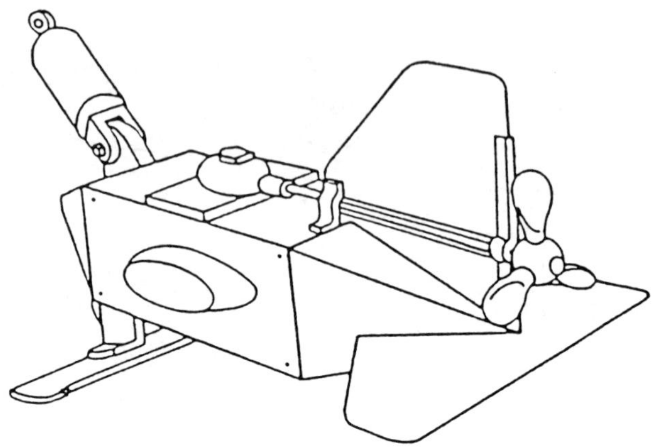

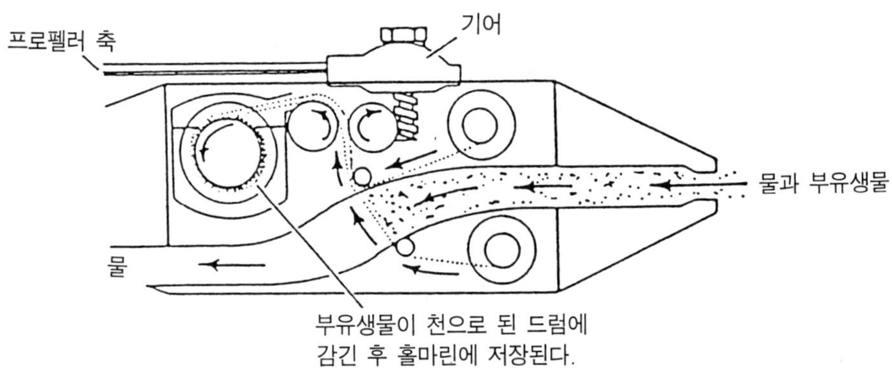

그림 4-6. 하디 자동기록계(Hardy Plankton Recorder)

가 점차 부유물질과 부유생물로 막혀 여과율이 점차 떨어지는 문제 등), 채집면적과 관련된 분포가 고려사항이 된다. 긴 거리를 그물로 끌어야 하기 때문에 밀집되어 분포하는 집단을 채집할, 또는 채집 안할 가능성이 커진다. 시료에 따라 이러한 차이가 나타날 수 있는 것이다.

부유동물은 종류에 따라 감각기관이 잘 발달되어 있고 운동능력이 상대적으로 커서 그물이 다가오면 이를 알고 도피할 수 있는 능력도 있다. 또한 하루에도 아래, 위로 수직이동하는 특성이 있어 하루 중 언제 어느 수층을 채집하는가에 따라 달라진다. 따라서 연구의 목적, 채집의 대상, 대상 해역의 특성 등을 고려하여 채집기기와 채집방법을 신중히 선택하여야 한다.

2.3. 계 수

부유생물의 조사는 위에서 소개한 방법들을 이용하여 채집하고 채집한 시료를 선상에서 루골용액이나 포르말린 등의 고정액을 이용하여 고정한 후 실험실로 가져와 현미경으로 관찰함으로써 그 결과를 얻게 된다. 현미경 관찰은 채집한 종의 종류를 알기 위한 것이기도 하거니와 종류별로 얼마나 많이 있는가를 알기 위한 것이기도 하다. 따라서 무슨 종류인가를 안 후에는 각 종류마다 몇 마리 채집되었는가를 세야만 한다. 이를 계수(計數, counting)라고 한다. 계수는 채집한 모든 개체수를 세기가 어려우므로 일부만을 취해 계수하고 이를 총 채집면적 내지 체적으로 환산해 준다. 일부만을 취하는 작업을 부차채집(sub sampling)이라고 한다. 부차채집은 피펫이나 홀섬 분산기(Folsom splitter)를 이용한다.

부유식물은 시료를 장시간 침전시켜 농축한 후 윗부분의 해수를 제거하고 여기

a)

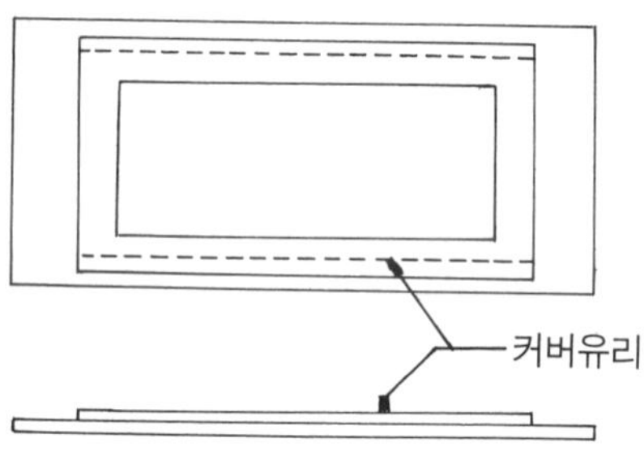

b)

그림 4-7.
부유생물 계수기
a) Sedgwick-Rafter chamber
b) Bogorov 계수판

에서 피펫 등으로 부차시료를 얻는다. 계수할 때는 현미경 아래서 S-R 계수기(Sedgwick-Rafter Chamber)(그림 4-7 a))를 이용한다. 동정이 불필요한 경우 입자계수기(Coulter counter 등)를 이용하여 크기별로 쉽게 계수할 수도 있다. 부유동물의 경우는 크기가 비교적 커서 피펫 보다는 훌섬 부차시료채집기를 주로 사용한다. 계수는 보고로브 계수판(Bogorov Counting tray)(그림 4-7 b))을 이용하는 것이 보통이다.

3. 종 류

3.1. 부유식물

부유식물은 광합성 색소를 가지고 광합성을 하는 단세포 말류(藻類, algae)가 대부분이다. 해양에 주로 출현하는 종류는 돌말류(硅藻類, Diatoms), 와편모류(渦鞭毛類, Dinoflagellates), 규질편모류(硅質鞭毛類, Silicoflagellates), 은편모류(隱鞭毛類, Cryptomonads), 석회비늘편모류(石灰鱗鞭毛類, Coccolithophorids), 남조류(藍藻類, Bluegreen algae) 등이 있다.

돌말류(硅藻類, Diatoms)

돌말류는 현미경적 크기의 미소조류로, 공기 중에서는 기중조류(氣中藻類, aerial algae)로, 온천수에서는 온천조식물(溫泉類, spring algae)로, 극지방에서는 빙상조류(氷上藻類, ice algae)로, 토양 속에서는 토양조류(soil algae) 등으로 수분이 있는 곳이면 어디나 사는 종이다.

돌말류(Diatoms)는 황갈조문(黃褐藻門, Chrysophyta)의 돌말강(Bacillariophyceae)에 속한다. Diatom은 Diatoma에서, Bacillariophyceae는 Bacillaria라는 돌말 이름에서 유래된 것으로 '두 개의 소단위' 또는 '작은 간상체'라는 의미이다. 기하학적 무늬가 조각된 두 개의 페트리 접시를 포개 놓은 것 같은 아름다운 모양을 하고 있다(그림 4-8). 펙틴질의 세포벽에 규산질(SiO_2)이 합쳐진 형태로 단단한 유리질로 된 피각(皮殼, frustule)을 가진다. 상각(上殼, epivalve)과 하각(下殼, hypovalve)으로 구분되고 피각 안에 세포질 물질과 핵물질이 있다. 골지체(golgi apparatus)가 있어 규산질의 피각을 이루는 데 필요한 소포(small vesicles)를 만들어 내고, 작은 관 모양(crista)의 미토콘드리아가 있

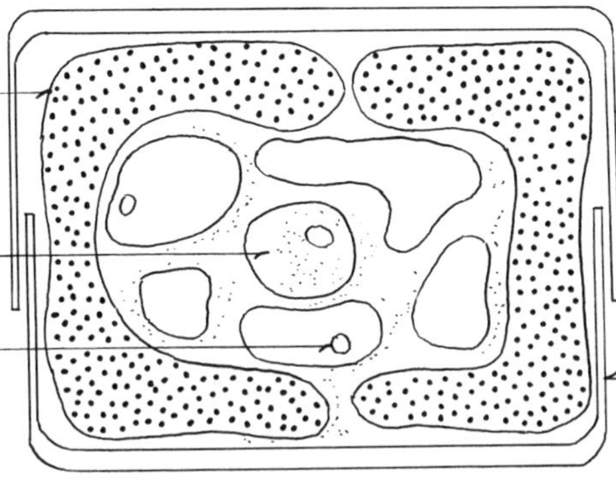

그림 4-8.
돌말류의 구조

어 호흡과 대사작용을 가능케 한다. 엽록체는 틸라코이드(thylakoid)가 모여서 된 라멜라(lamella) 구조를 하고 있다. 엽록소 a와 c를 가지며 카로티노이드 계통과 엽황소(葉黃素, xanthophyll) 계통의 색소체를 가져 황갈색을 띠게 된다. 엽록체의 중앙 부위에는 알맹이 모양의 피레노이드(pyrenoid)가 있다. 엽록체의 모양은 반상형, 원형, 방사형 등 다양하며 1 내지 수개이다. 광합성 산물은 주로 액포(vacuole)내에 기름방울(oil droplet)이나 지질의 지방성분과 크리소라미나린(chrysolaminarine)이라는 다당류로 저장되어 있다. 핵은 한 종류이며 대체로 세포 가운데 위치한다. 뚜렷한 핵막이 있고 속에는 1개의 인과 염색체가 있다.

대부분 세포분열에 의한 무성생식을 한다. 배우자를 통한 유성생식도 있으나 이분법(binary division)에 의한 무성생식이 우세하다. 이분법으로 분열할 때에 세포분열에 앞서 핵분열이 먼저 일어난다. 핵분열은 염색체와 방추사를 형성하는 유사분열이다. 핵분열이 시작되면 영양세포의 분열도 시작되고 세포막의 함입이 일어난다. 중앙부분에 세포막의 함입에 의해 세포는 둘로 갈라지고 피각도 둘로 나뉘어진다. 이 과정에서 새로이 형성되는 피각은 항상 하각으로 되고 모세포의 피각은 항상 상각으로 남는다. 이 과정이 계속 되풀이되면 하각쪽에 만들어진 새로운 피각은 대사작용을 하기에는 부적합한 아주 작은 크기가 된다(그림 4-9). *Stauroneis anceps*를 배양하여 관찰한 결과 158세대를 거치는 동안 평균 35μm이던 길이가 17.1μm로, 평균 9.0μm이던 너비가 7.7μm로 작아짐을 알 수 있었다. 더 이상 작아질 수 없는 크기가 되면 피각을 벗고 세포와 세포끼리 접합하거나 세포의 분열과 재결합을 통해 증대포자(增大胞子, auxospore)를 만들어 원래 크기를 회복한다.

수온이 낮아지거나 영양염이 고갈되고 빛이 약해지는 등 주위환경이 나빠질 때 원래의 피각 모양과 다른, 두꺼운 피각을 형성하고 세포물질이 응화되어 무거워져 바닥에 가라앉아 대사작용을 중지하는 일종의 동면상태가 될 때가 있다. 이런

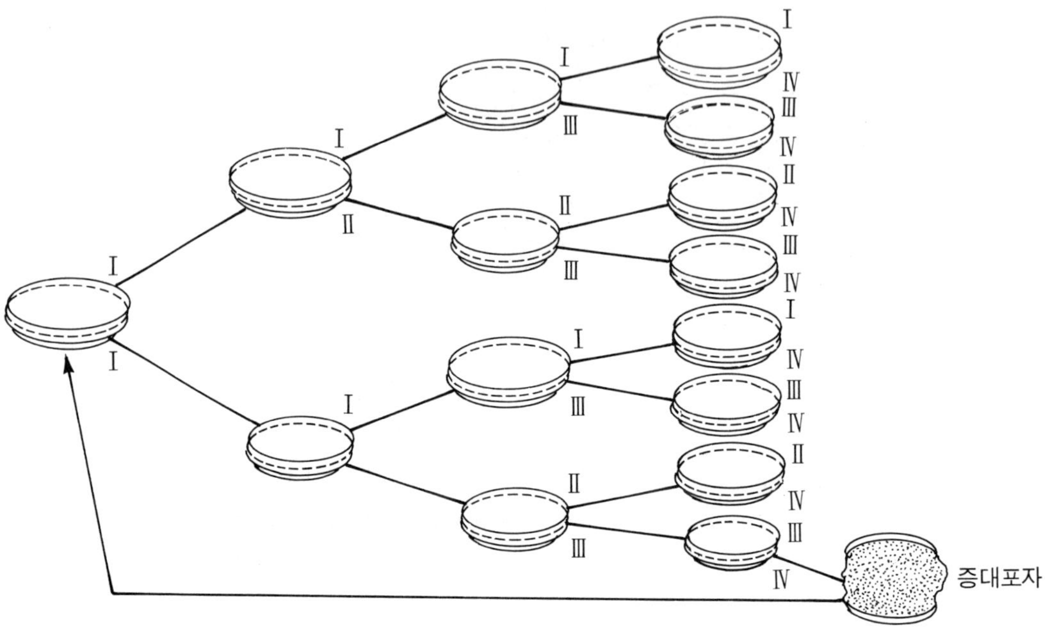

그림 4-9. 돌말류의 무성생식과 증대포자 형성

상태의 세포를 휴면포자(休眠胞子, resting spore)라고 한다. 휴면포자는 주위환경이 좋아지면 발아하여 원래의 기능을 회복한다.

돌말류는 피각에 규산질이 있기 때문에 죽은 후에는 껍질이 바로 분해되지 않고 해저에 가라앉는다. 많은 돌말류 피각이 표층으로부터 저층에 떨어지는 모습은 마치 눈이 오는 것처럼 보여 이를 해저설편(marine snow)이라고 한다. 이렇게 떨어진 돌말 피각은 해저면에 쌓여 돌말뻘(diatom ooze)이 되고 오랜 세월을 거치면 딱딱한 규조토(diatomaceous)가 된다.

돌말류는 그 피각의 윗면과 아랫면의 모양(valve view)에 따라 크게 중심돌말류(中心形硅藻, Centrales)와 깃돌말류(羽狀形硅藻, Pennales)로 나눈다(그림 4-10). 중심돌말류는 위에서 보았을때 원형에 가까우며 깃돌말류는 타원형, 배모양, 새깃모양, 바늘모양으로 긴 축이 있다. 홀로 살기도 하고 부채꼴, 리본형 모양의 사슬을 이루어 군체를 형성하기도 한다. 수중에서 일생부유생물로 지내는 것이 대부분이나, 뻘이나 암반, 모래 등에 부착하는 저서돌말류(底棲硅藻類, benthic diatom), 일시적으로 부유하는 일시부유돌말류(一時浮游硅藻類, tychopelagic diatom)도 있다. 우리나라 서해안에는 일시부유돌말류가 많다(Choi, 1990). 우리나라 주변 해역에서 부유식물로 출현한 돌말류는 500여 종에

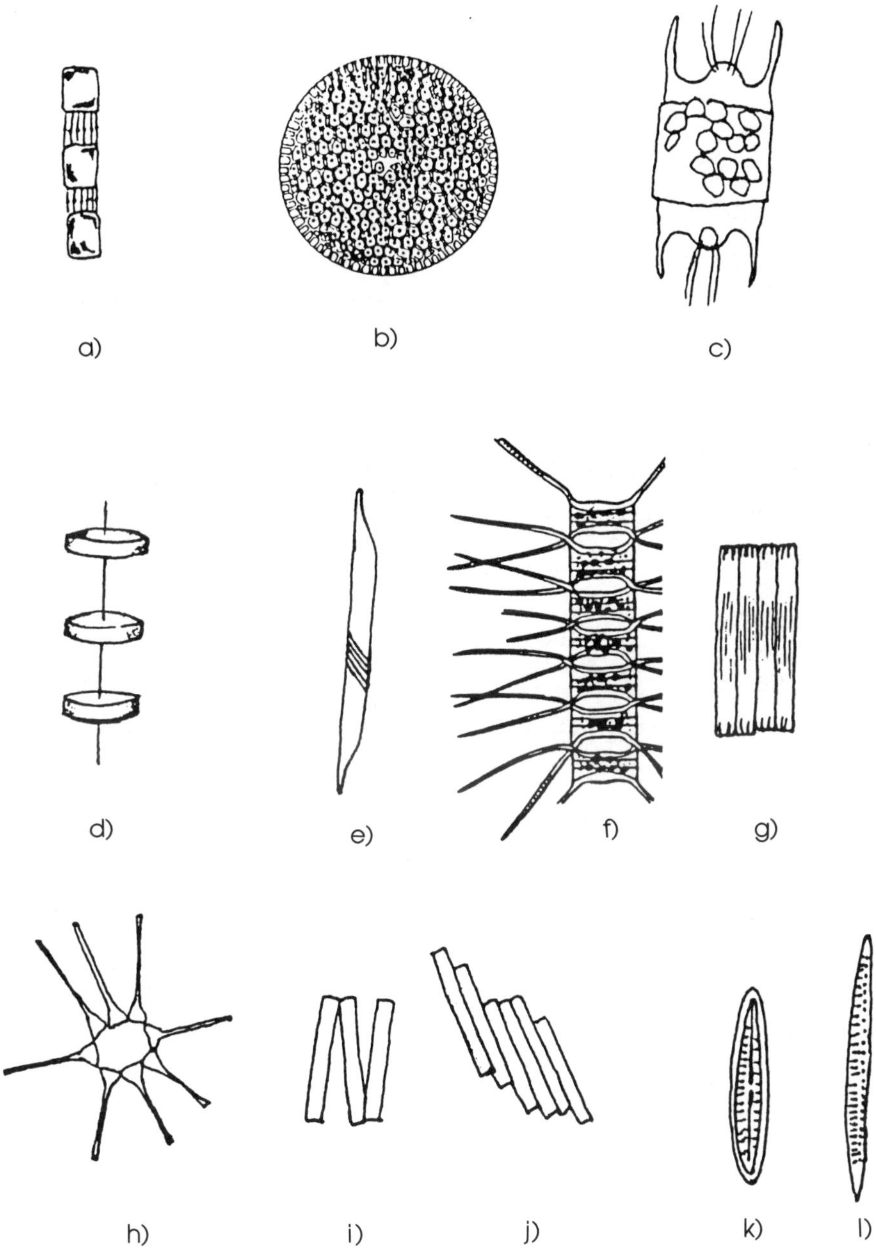

그림 4-10. 중심돌말류: a)골편돌말(*Skeletonema*), b)체돌말(*Coscinodiscus*), c)실패돌말(*Biddulphia*), d)끈원반돌말(*Thalassiosira*), e)바늘돌말(*Rhizosolenia*), f)센틸돌말(*Chaetoceros*)
깃돌말류: g)김발돌말(*Flagilaria*), h)별돌말(*Asterionella*), i)부챗살돌말(*Thalassionema*), j)윷돌말(*Bacillaria*), k)쪽배돌말(*Navicula*), l)등침돌말(*Nitzschia*)

이르며(Lee and Cho, 1985) 해산저서돌말류 중 일시 부유되어 나타난 일시부유돌말류는 200여 종에 달하는 것으로 밝혀졌다(Choi, 1990).

와편모류

와편모류(渦鞭毛類, Dinoflagellates)는 운동방향이 서로 다른 두 개의 편모를 가진 단세포생물로 온대해역의 표영생태계에서 돌말류 다음으로 많이 출현하는 부유식물이다. 현생종으로 출현하는 2,000여 종의 와편모류 중 40~60%가 광합성을 하고 있어 와편모류는 대부분 부유식물로 구분하고 있으나 편모에 의한 운동력이 있고 기생하는 종류와 포식성인 종류도 있어 일부 학자들은 원생동물로 취급하기도 한다. 와편모류는 그림 4-11에서 보는 보와 같이 편모가 두 개이다. 횡편모(橫鞭毛, transvere flagellum)는 몸을 감싸며 운동하고, 종편모(從鞭毛, longitudinal flagellum)는 몸의 후미홈(sulcus)에서 나와 앞뒤로 추진운동을 한다. 일부 종에서는 두 개의 편모 중 하나가 퇴화하거나 두 개 편모 모두가 몸의 앞쪽에 돌출한 것도 있다.

와편모류는 핵막이 있는 진핵생물이지만 핵 안의 염색체가 일생 동안 농축된 상태로 있기 때문에 일반 진핵생물과는 다른 중핵생물(mesokaryote)로 구분하기도 한다. 세포벽이 두꺼운 것도 있고, 세포벽이 없이 단순히 점액질로 덮힌 것도 있다. 세포벽 없이 점액질로 덮힌 와편모류를 노출형(naked type) 와편모류라 하고 섬유질의 피각(theca)으로 덮힌 와편모류를 갑주형(armored type) 와편모류라

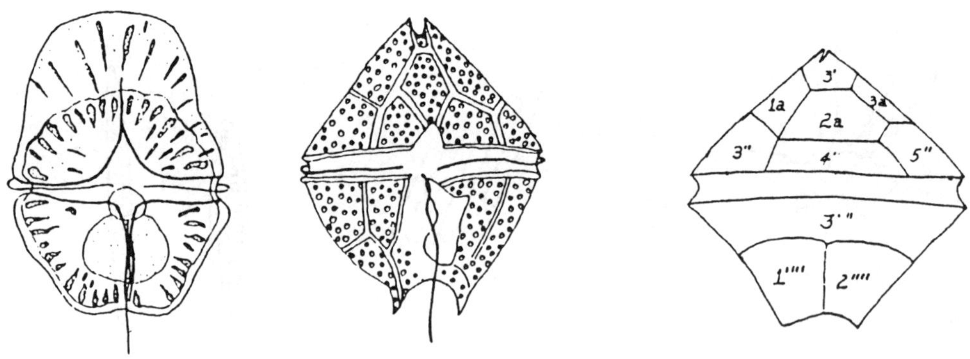

a) b) c)

그림 4-11. a) 노출형(naked type) 와편모류, *Gymnodinium*; b) 갑주형(Armoured type) 와편모류, *Protoperidinium*; c) 갑주명칭 3′, 정단뿔; 2a, 정중간각판; 4″, 환대전각판; 3, 환대후각판; 2, 배각판

고 한다(그림 4-12). 노출형 와편모류나 갑추형 와편모류 모두 이분법(binary fission)에 의해 분열하여 새로운 개체를 만들어 낸다. 와편모류는 돌말류와 달리 새로운 개체를 만들더라도 세포의 크기가 작아지지 않으므로 증대포자를 만들 필요가 없다. 그러나 환경이 나빠지면 돌말류의 휴면포자와 비슷한 모양의 두꺼운 포낭(包囊, cyst)을 만들어 휴면기를 보낸다. 환경이 좋아지면 다시 발아한다.

와편모류의 형태는 편모의 위치에 따라 정단와편모류(頂端渦鞭毛類, Desmokontae)와 측와편모류(側渦鞭毛, Dinokontae)로 구분한다(그림 4-13). 정단와편모류는 편모가 정단부에 있고 세포벽이 좌우 반쪽이다. 측와편모류는 횡편모가 옆에 나 있다. 횡편모는 가로홈(cingulum) 안에서 몸을 가로로 둘러싸고 종편모는 몸의 뒤쪽으로 향해 있다. 측와편모류의 몸 중앙에는 가로홈(cingulum)인 환대(girdle)가 있어 몸을 상체(上體, epicone), 하체(下體, hypocone)로 구분할 수 있다. 환대의 윗덮개를 상각(上殼, epitheca), 아랫덮개를 하각(下殼, hypotheca)이라고 한다. 상각과 하각은 몇 개의 피각판(皮殼板, thecal plate)으로 구성되어 있다. 상각은 정단뿔(apical horn), 정중간각판(頂中間殼板, anterior intercalary plates), 환대전각판(環帶前 殼板, precingular plate), 후각은 환대후각판(環帶後殼板, postcingular plates)과 배각판(antapical plaes, 背殼板)으로 이루어져 있다(그림 4-11 c)). 이 피각판의 모양과 수는 분류의

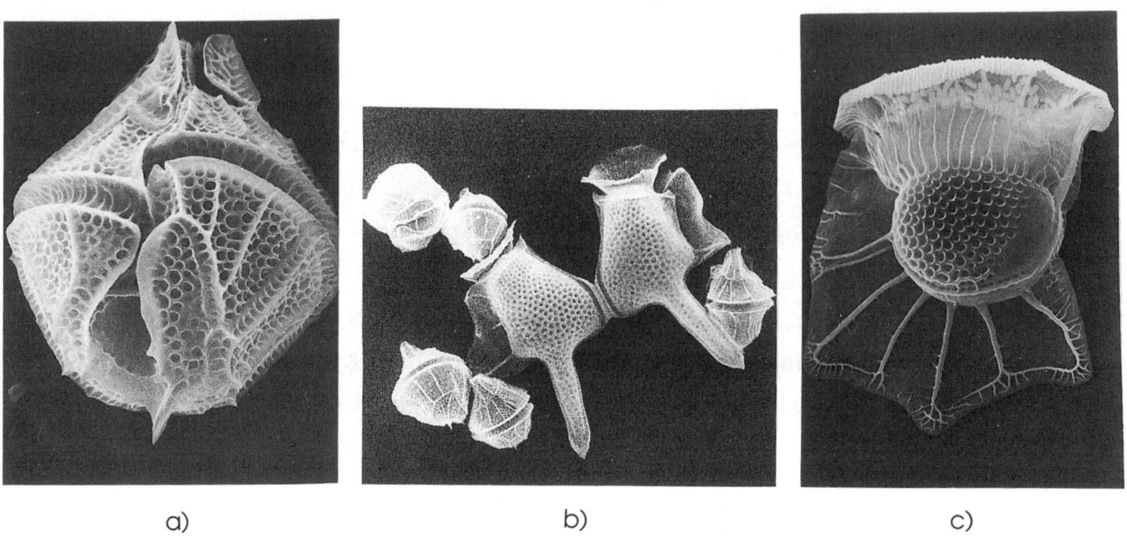

그림 4-12. 갑주형 와편모류의 주사현미경 사진.
a) *Gonyaulax* (2000 X), b) *Dinophysis*(500 X), c) *Ornithocercus*(600 X)

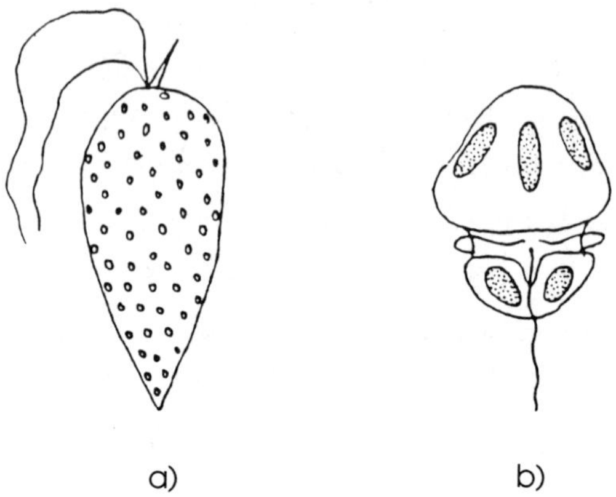

그림 4-13.
와편모류의 두 종류.
정단와편모류(*Desmokontae*)인 a) *Prorocentrum*과
측와편모류(*Dinokontae*)인 b) *Katodinium*

기준으로 사용된다.

엽록소 이외에 보조색소로 엽황소에 속하는 황적색소(黃赤色素, peridinin)를 가지고 있어 와편모류는 붉은 색깔을 띤다. 대번식이 일어나면 근처의 해수가 붉은 색깔을 띠게 되는데 이를 적조라고 한다. *Gymnodinium*, *Alexandrium* 중 어떤 종은 신경마비 독성을 가지고 있어 이를 섭취한 어류나 무척추동물에 치명적인 영향을 주기도 한다. 우리나라 연안에서 흔히 발견되는 야광충(*Noctiluca scintillans*)은 적조생물이기는 하나 독성은 가지고 있지 않다. 야광충은 생물발광(生物發光, bioluminescence)을 하는 대표적인 생물이다. 이외에 *Gonyaulax*나 *Protoperidinium* 중에도 발광하는 종들이 있다.

와편모류에는 광합성을 하는 독립영양자 이외에도 광합성을 하여 유기물을 합성하면서 수중에 녹아 있는 용존유기물을 섭취하는 보조 독립영양자(auxotroph), 광합성을 하면서 다른 부유생물을 포식하는 혼합영양자(mixotroph)도 많다. 야광충은 부유식물과 요각류의 난을 포식해서 살아가는 섭식영양자(攝食營養者, phagotroph)이다. 다른 생물의 몸에 기생해서 기생자(寄生者, Parasite)도 있고 다른 생물의 몸 안에서 공생하는 공생자도 있다. 산호, 말미잘, 섬모충 등의 해산 무척추동물의 몸 안에서 공생하는 황록공생조류(黃綠共生藻類, Zooxanthellae)의 대부분은 와편모조류이다. 이와 같이 와편모류는 해양에서 독립영양자, 보조독립영양자, 혼합영양자, 섭식영양자, 기생자, 공생자로 나타나는 다양한 영양방식을 보여 주는 중요한 단세포생물이다.

남조류, 편모류, 기타 부유식물

부유성 남조류(blue green algae)와 식물성 편모류(phytoflagellates), 석회비늘

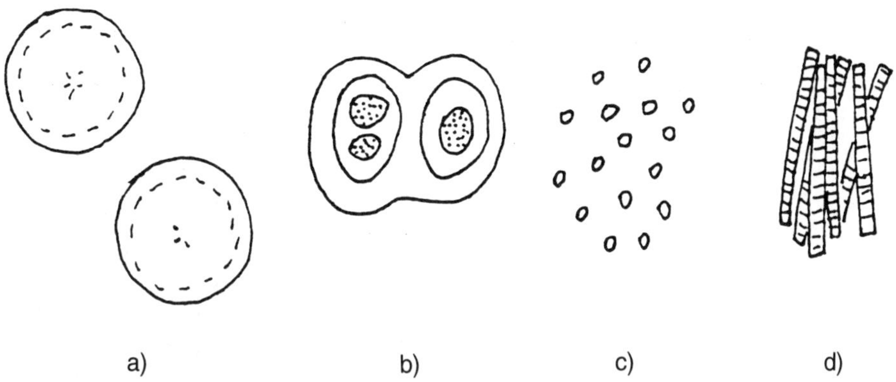

그림 4-14.
남조류: a) *Chroococcus*, b) *Gleocapsa*, c) *Synechococcus*, (d) *Trichodesminium*

편모류도 부유식물에 속한다. 남조류는 단세포원핵생물(prokaryote)로 남조박테리아(cyanobacteria)에 속하나 광합성을 하기 때문에 식물로 취급한다. 남조류 중에는 크기가 5μm 보다도 더 작은 종류도 많다. *Synechococcus*형이 대표적인 예이다. 온대해역과 열대해역의 표층에 주로 출현한다. 아라비아 해, 페루 해안, 걸프 해류수역, 우즈홀 연안, 카리브 해, 대서양 등 세계 여러 해역에서 1mm에 $10^2 \sim 10^5$ 개체가 출현함이 보고 되었다. 이는 총 부유세균수의 약 20%, 총 부유미소생물수의 6~15%에 이르는 숫자이다.

부유식물로 출현하는 남조류의 대표적인 종류는 *Trichodesmium*이다(그림 4-14). 세포열이 점액질로 쌓여 사상체를 이루고 있으며 이 사상체는 다시 다발을 만든다. 남북위 30°이하의 열대해역에서 많이 나타나는 종이다. 대번식을 하면 바다가 붉게 보인다. 홍해는 *Trichodesmium*이 많이 출현하여 붉은 빛깔을 띤 데서 유래한 이름이다. 바다가 붉게 보이는 이유는 남조류가 색소단백(phycobilin)인 남조소(phycocyanin)와 홍조소(phycoerythrin)를 가지고 있고, 그 중 홍조소가 크게 발현되기 때문이다. 남조류는 질소고정 기능을 갖는 이질세포(heterocysts)를 갖기도 한다. *Trichodesmium*이나 *Synechococcus* 등도 수중의 질소를 고정할 수 있어 질소영양염이 부족한 열대해역에서는 다른 부유식물에 비해 유리한 광합성 능력을 갖는다.

식물성 편모류에는 규질편모류, 은편모류, 착편모류(Haptophyceae)의 예를 그림 4-15에 실었다. 규질편모류는 황갈조 식물강(Chrysophyceae)의 소그룹으로 규질의 내골격이 방사상으로 배열된 단편모의 소형 부유생물이다. 보조색소로 엽황소를 가지며 황갈색을 띤다. 규질편모류는 세계 각지에서 나타나고 우리나라

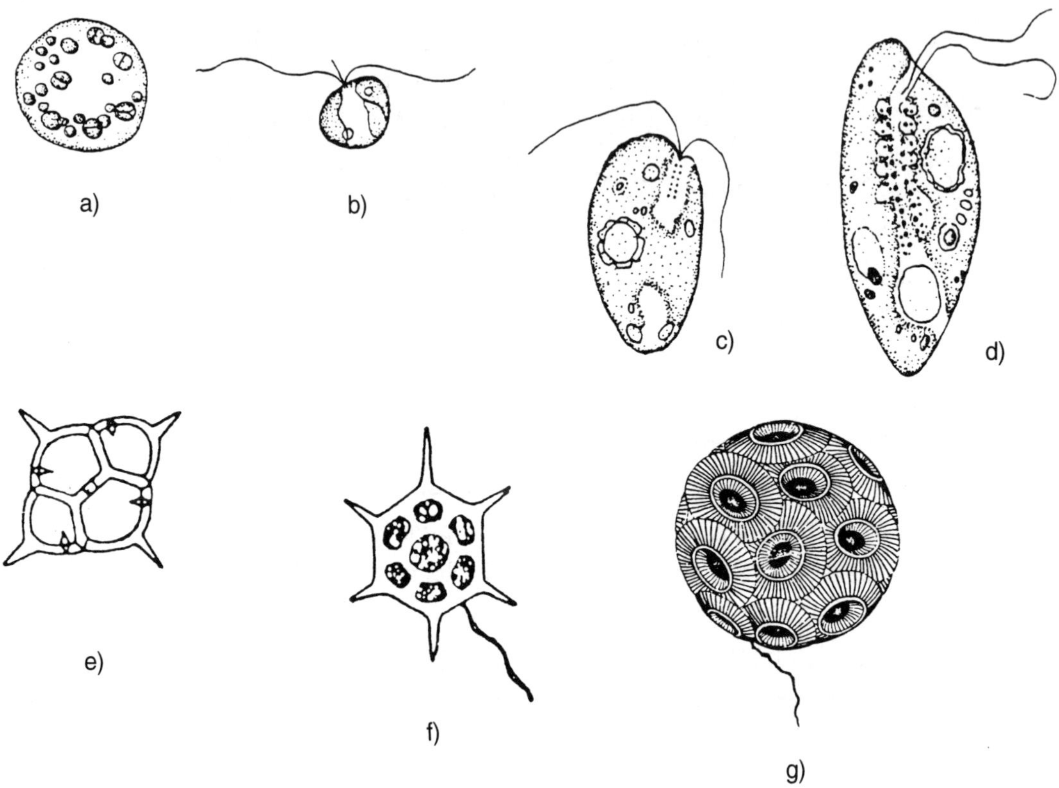

그림 4-15. 식물성 편모류: a) 착편모류 *Phaeocystis*의 부유군체, b) *Phaeocystis*의 운동세포(975 X), c) 은편모류 *Chroomonas*(2300 X), d) 은편모류 *Cryptomonas*(2500 X), e) 규질편모류 *Dictyocha*, f) 규질편모류 *Distephanus*, g) 석회비늘편모류 *Coccosphaera*

연안에서도 *Dictyocha fibula*가 연중 출현하고 있다. 은편모류는 보통 3~6 μm의 미세한 크기이다. 몸체는 난형 또는 강남콩형으로, 두 개의 털달린 편모(pleuronematic flagella)가 몸의 앞측편에 있다. 편모의 기저부에는 모포(毛胞, ejectosome)가 있어 편모를 지지한다. 크기가 작고 빠르게 움직이며 세포가 약해 터지기 쉬우므로 채집하기가 어렵다. 엽록소 a, c와 엽황소, 색소단백 등을 가진다. 그러나 색깔이 종에 따라, 생활사에 따라 다르다. *Chilomonas*는 무색, *Chroomonas*는 청색, *Rhodomonas*는 붉은색, *Cryptomonas*는 황갈색으로 흔히 나타난다.

북해, 지중해 열대해역에서 많이 출현하는 식물성 편모류는 착편모류이다. 두 개의 민편모(acronematic flagella) 사이에 착편모(haptonema)가 있는 편모류이다. 석회질 비늘(scales)을 갖는 것이 특징이다. 착편모의 길이는 종류에 따라 다르다. *Prymnresium*는 짧고, *Chrysochromulina*는 길다. 가장 흔한 종류는 석회비늘편모류(Coccolithophorids)이다(그림 4-15g). 직경 10μm 이하의 크기로 1μm의 얇은 둥근 석회비늘(calcareous coccoliths)로 덮혀 있다. 범세계적으로 출현하는 종류는 *Emiliana huxleyi*이다. 석회비늘편모류가 노르웨이, 지중해, 대서양 등에서 많이 출현할 때는 1*l*에 10만 개체까지 발견된다. 착편모류중 대번식을 하는 종류는 *Phaeocystis pouchetii*이다. 고위도의 찬물에서 봄에 군체을 만들어서 대번식을 하며 이때 크기가 직경 2~3 mm까지 된다. *Phaeocystis*의 대번식은 북대서양, 남극해 등에서도 보고되었다. 대번식은 어류의 분포를 제한하는 것으로 알려져 있다. 식물성 편모류에는 이들 이외에 *Eutreptiella*, *Euglena* 같은 유그레나 종류와 *Chlamydomonas*, *Dunaliella* 같은 녹조편모류가 있다.

3.2. 부유동물

부유동물은 크게 크기가 작은 부유원생동물, 크기가 큰 부유중형동물로 나누인다. 물론 앞에서 소개한 바와 같이 생활사 중 일부, 전부를 부유하는가에 따라 주기성 부유동물, 일생부유동물로 나누기도 한다. 부유원생동물은 일생부유생물에 속하고 부유중형동물은 일부가 주기성 부유동물에 속한다. 원생동물과 중형동물로 나누어 생물학적 특징을 아래에 소개하였다.

부유원생동물

부유동물은 단세포인 부유원생동물과 다세포인 부유후생동물로 구분된다. 부유원생동물은 크기로 보아 소형부유동물(microzooplankton)이나 미소부유동물(nanozooplankton)에 속한다. 부유세균과 미소부유식물을 먹이로 취하며 미세생물 먹이망(microbial food web)에서 중요한 위치를 차지한다.

편모충

편모충(鞭毛蟲, flagellates)은 부유동물 중 크기가 가장 작다. 편모를 가지고 움직이면서 박테리아를 먹이로 취한다. 용존유기물 또는 유기쇄설물도 먹이가 된다. 식물성 편모충류(Phytoflagellates)는 광합성을 통해 살아가나 일부 종은 광합성을 하면서 동시에 먹이도 잡는다. 동물성 편모충류(zooflagellates)는 용존 또는 고형먹이들을 섭취하는 종속영양편모충(heterotrophic flagellates) 생활을 한다. 편모로 이동하여 먹이를 잡은 후 세포입(細胞口, cytostome)를 통하여 먹이를 먹고 식포(食胞, food vacuole)에 보관 소화한다.

해양에 출현하는 식물성 편모충류에는 와편모충류, 에브리아(Ebria)류, 유그레나류, 은편모충류, 크리소모나스류가 있고 동물성 편모충에는 동정편모충류(Choanoflagellates)와 동원핵편모충류(Kinetoplastida)에 속하는 *Bicosta*, *Diplotheca*, *Calliacantha*, *Bodo*, *Cryptobia*, *Rhynchomonas* 등이 있다(그림 4-16). 자연상태에서의 개체수는 대체로 1 m*l* 당 $10^2 \sim 10^4$ 개체이다. 연안해역에서 많고

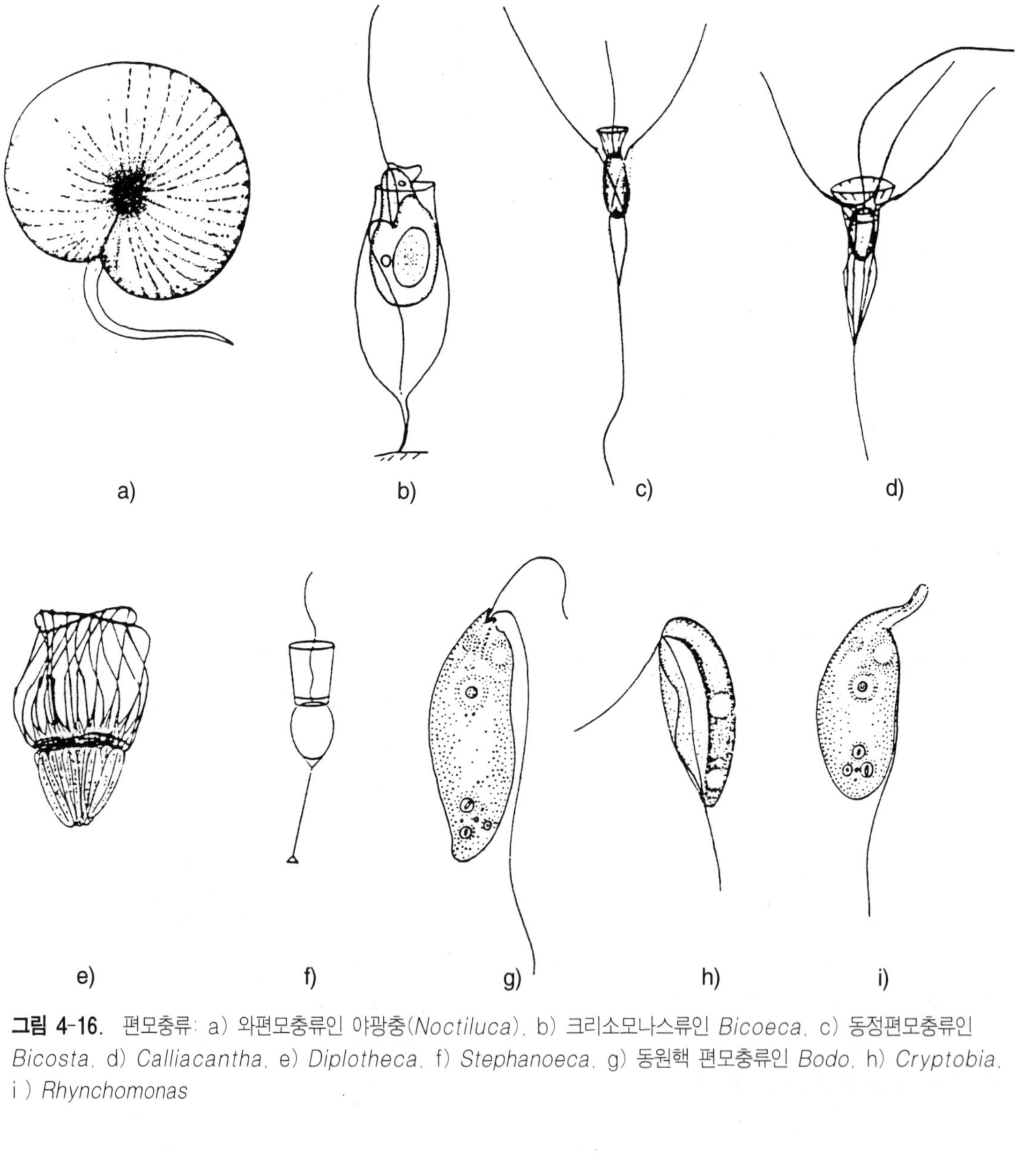

그림 4-16. 편모충류: a) 와편모충류인 야광충(*Noctiluca*), b) 크리소모나스류인 *Bicoeca*, c) 동정편모충류인 *Bicosta*, d) *Calliacantha*, e) *Diplotheca*, f) *Stephanoeca*, g) 동원핵 편모충류인 *Bodo*, h) *Cryptobia*, i) *Rhynchomonas*

외양에서는 적다. 우리나라 동해와 서해에서는 10^3～10^4 cells · ml^{-1} 정도이다.

유공충

유공충(有孔蟲, Foraminifera)은 해양과 하구에서 흔히 발견되는 원생동물이다. 유공충의 단단한 껍데기는 해저퇴적물을 이루고, 그 퇴적물은 쌓여서 석회암을 형성한다. 이집트 피라미드의 석회암과 영국 Dover의 석회절벽이 유공충 껍데기로 이루어진 것은 잘 알려진 사실이다. 유공충 화석은 캄브리아기 이후부터 나타나며 현재까지 기재된 종은 약 34,000종에 이른다. 이중 현재 해양에 나타나는 종은 4,000여 종으로 대부분이 바닥에 사는 저서종이고 부유하는 종은 40여 종에 불과하다(그림 4-17).

유공충은 육질편모충문의 과립근족충강(顆粒根足蟲綱, Granuloreticulosea)에 속하는 종들로 보통 석회질의 껍데기를 갖고 있다. 일부 종들에서는 키틴질과 비슷한 tectin(pseudochintin)질의 껍데기를 갖거나, 유기물로 된 외막에 석회질과 모래, 기타 이물질들이 쌓여 형성된 껍데기 또는 방해석(方解石, calcite)으로 된 바깥층에 사기질(procelaneous) 물질이 덮혀 매끈한 껍데기를 갖기도 한다. 유공충의 껍데기에는 위족(僞足, psedopodia)의 출입을 가능하게 하는 미세한 구멍이 있다. 유공충은 이 구멍을 통하여 과립상의 원형질 물질을 길고 가는 형태의 위족으로 만들어 내보낸다. 밖으로 나온 위족은 가지형태 또는 방사상으로 뻗어 그물 모양의 망상위족(recticulopodia)을 만들어 돌말류, 소형 원생동물, 소형 갑각류 등을 먹이로 잡아들인다. 화석종류 중에는 껍데기의 크기가 12cm나 되는 것이 있지만 현생 유공충의 껍데기는 0.5 mm～1 cm 정도의 크기로 그 안에 한

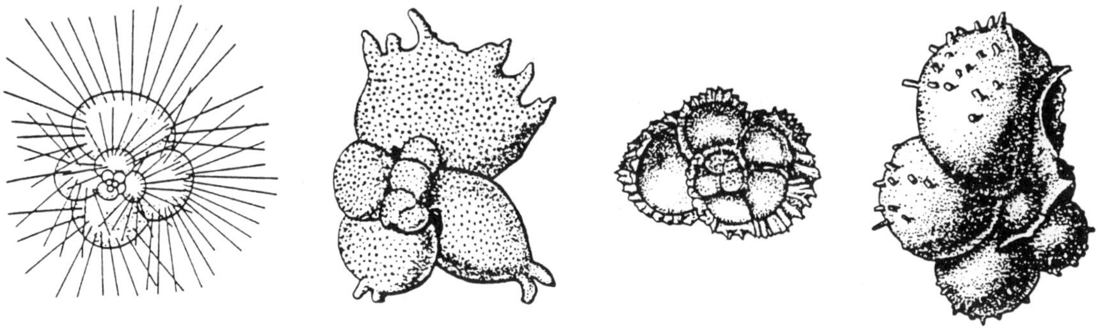

a) b) c) d)

그림 4-17. 유공충류: a) *Globigerina*, b) *Globigeeinoides*, c) *Globorotalia*, d) *Hastigerina* (McConnaughey, 1970)

개의 방(unilocular) 또는 수개의 방(multilocular)을 만들어 감싸고 있다. *Allogromiina*는 한 개의 방을 갖는 유공충이고, *Testularina*는 여러 개의 방으로 나누어지고 작은 모래알맹이와 유기물로 이루어진 껍데기를 갖는 유공충이다. *Frusulinina*는 소립형 방해석으로 이루어진 석회껍데기를 갖는 유공충이고, *Miliolina*는 작은 방해석 결정에 사기질로 덮힌 껍데기를 갖고 있다. *Rotaliina*는 유리질로 된 겹층에 구멍이 나 있는 껍데기를 가진 유공충이다. 수개의 방으로 된 유공충은 처음에 하나의 초방(初房, proloculum)을 형성하고 자라면서 새로운 방을 좌우 또는 삼면으로 계속 추가하여 다실 또는 다방(多房, polyloculum)을 이룬다. 방과 방 사이에 연결통로(stolon canal)가 있어 여기를 통하여 원형질이 연결된다.

소형의 유공충(*Allogromia*)은 이분법이나 눈내기 등에 의해 번식하나 대부분의 종은 무성생식과 유성생식을 하는 이형세대를 갖는다(그림 4-18). 유성생식을 하는 배우자체는 단핵의 반수체이다. 유성세대의 끝에 편모를 가진 배우자가 형성되어 배우자끼리 결합하여 접합자(zygote)를 형성한다. 이 접합자는 다핵의 배수성인 무배우자체(agamont)를 형성하여 무성세대를 지낸다. 무배우자체가 성숙하면 감수분열이 일어나고 핵을 중심으로 여러 개의 분열소체(schizont)가 형성되어 다분열생식(schizogony)을 하여 배우자체(gamonts)을 만든다. 대개 배우자체는 작으나 큰 초방(megalospheric)을 갖는다. 무배우자체는 작은 초방(microspheric)을 갖으나 성숙하면 크게 자란다. 이러한 생식주기는 종류에 따라 여러 가지로 변화되어 배우자 형성 전 한 번 이상의 무성적으로 형성된 큰 초방

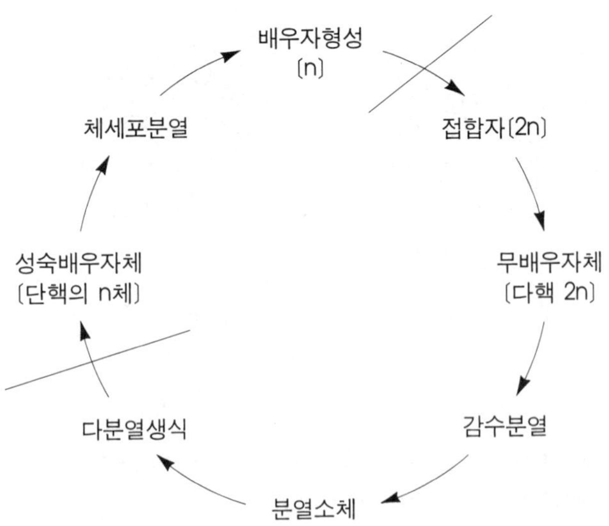

그림 4-18.
유공충의 생활사

시기가 더 개입되어 나타날 수 있다. 그 결과 큰 초방을 가진 개체가 작은 초방을 가진 개체들보다 더 많이 나타나는 경향이다. 대체로 이형세대를 갖는 종에서 작은 초방을 가진 개체가 보다 더 보존성이 크고 종의 계통발생을 가리키는 세대로 볼수 있고 큰방을 가진 개체는 보다 더 분화되어 발생과정 중의 초기 과정을 걸른 것으로 보인다. 그러므로 유공충화석에서 한 종의 초기 작은방 시기나 성숙한 큰방 시기를 연구함으로써 조상이 어떤것이었는지 후손과 어떤 관계인지를 규명할 수 있다.

어떤 종은 껍데기를 벗어버리고 원형질체로 잠시 움직인다. 그런 후 새로운 성숙한 껍데기를 형성한다. 외부로부터 들어온 물질들은 소화된 후 표면에 모여 단단한 물질로 되어 껍데기 형성에 기여한다. 껍데기의 초기 형태는 키틴질로 된 것이고 다음은 이 물질이 키틴질 외부에 접착되어 이루어진 사기질(arenaceous) 껍데기이다. 이 접착물질은 키틴질이나 철성분, 석회질 물질 또는 규소성분 등이다. 이들 철성분 접착물질은 노란 갈색을 띠고 대부분은 석회질 접착물질로 이루어졌다. 이들은 어렸을 때 구멍이 많으나 후에 한 층으로 덮혀 구멍이 없어지는 경우도 있고, 처음에는 사기질이었으나 후에 전적으로 석회질로 바뀌는 것도 있다. 흔히 사기질로 된 껍데기를 가진 종은 저서종이고 수심 2,000 m 이상에서 나타난다.

대부분의 종은 시간당 1 cm 정도 움직인다. 수층에서 부유유공충으로 나타나는 대표적인 종류는 *Globigerina*이다. *Globigerina*는 열대, 아열대 해역의 표층에서 많이 나타나는 종으로 석회질의 껍데기를 갖고 있다. 이 *Globigerina*는 과거에 대규모로 나타나 이들 껍데기가 저층에 쌓여 *Globigerina* 니층(ooze)을 만들고 이 니층이 암화되어 석회암을 만들기도 하였다. 이들 부유유공충의 분포는 수온과 깊이에 많이 영향을 받는다. 대체로 열대해역과 아열대해역에 20종 이상 나타나고 냉수대와 극지방에는 소수종만이 나타난다. 석회껍데기를 가진 종은 용해비약수심(lysocline) 밑에서는 수압에 의하여 석회질이 녹기때문에 존재하지 않는다. 단지 *Textulariina*만이 1,000~7,000m의 심해저와 심해구에서도 발견된다. 대부분의 부유종들의 유생기는 진광대 상층에서 보내고 성숙되면 수심 6~30 m내에서 서식한다.

Bé(1968)는 유공충 껍데기의 공극률(porosity)을 단위면적당 구멍의 수와 크기로 산출하여 추운 지방에 사는 유공충이 더운 지방에 사는 유공충보다 작고 보다 농집된 껍데기를 갖는 것을 발견하였다. 추운 지방의 유공충은 작고 밀집된 구멍을 갖고 있어 공극률이 작다. 껍데기가 형성된 온도와 그들의 공극률 사이에는 밀집된 상호관계가 있고 위도와 공극률 사이에도 상호관계가 있다. 껍데기에 구

멍이 많은 것은 난수종이 나타나는 간빙기 퇴적물에서 나타나고 구멍이 적은 것도 빙하기에 해당되는 퇴적물에서 발견된다.

유공충은 이와 같이 환경과 그 분포가 밀접하게 연관되므로 고해양환경의 지표종으로 유의성이 크며, 화석종의 분포를 이용하여 석유탐사 등에 지표종으로 많이 사용되는 중요생물이다. 부유유공충으로 흔히 출현하는 종류는 *Globigerina*, *Globigerinoides*, *Globorotalia*, *Globigerinella*에 속하는 종들이고 가장 풍부한 종은 *Globigerina bulloides*이다. 일부종에서는 껍데기 안쪽에 와편모류, 녹조류, 은편모류, 규조류 등의 황록공생조류나 녹색공생조류(zoochlorellae)를 공생시키고 있다.

방사족충

방사족충(放射足蟲, Actinopodea)은 육질편모충에 속하는 원생동물로 몸은 구형이며 부유생활을 한다. 방사상으로 강하게 뻗은 유축위족(放射足蟲, axopods)과 길고 가는 사상위족(絲狀僞足, filopodia)을 가지는 것이 특징이다. 유축위족은 속에 유체원형질로 둘러싸인 축사(axial rod)와 미세소관(microtubuller) 덩어리를 가지고 있다. 몸체는 껍데기로 둘러싸인 것도 있고 노출된 것도 있다. 껍데기의 구성성분과 형태에 따라 방산충류, 방사극충류, 태양충류로 구분한다(그림 4-19). 방산충류(Radiolaria)는 규질의 골편 또는 피각을 가진 종류로 중앙에 두꺼운 중낭막(central capsule membrane)이 있고 여기에 한 개 또는 여러 개의 소공(fusules)이 있다. 이 구멍을 통해 사상위족, 또는 유축위족이 드나든다. 중낭막 안에는 단백질의 미세섬유가 축체(axoplast)에서 형성되어 낭막의 구멍을 통해 외형질(ectoplasm)로 뻗어 나온다.

*Spumellarida*의 낭막 표면에는 무수히 많은 소공이 균일하게 나있는 데 반해, *Nassellarida*에서는 소공이 한쪽 극에 몰려 나 있다. 외낭의 세포질은 낭외원형질 공포층(空胞層, calymma)이라고도 하는데 세포의 점액질이 거품층을 형성하고 있기 때문이다. 이 공포층에 황록공생조류인 와편모 조류들이 기생하고 있다. 이 종류들은 거의 원양성으로 단독 또는 군체를 이루면서 돌말류 또는 소형 동물플랑크톤을 포식하면서 살아간다.

방산충류 중 *Phaeodarea*는 규질과 유기물, 마그네슘, 칼슘의 미량원소가 섞인 골격을 가지고 있다. 골편은 관형이다. 낭막은 이중으로 된 막이 있고 구극(oralpole)쪽 막에는 대공(astropylum)이 있어 식도역활을 하는 것으로 보인다. 갈색의 색소점(phaeodium)이 종낭 바깥에 보인다. 이 종류에서는 공생황록조류가 보이지 않는다. 방산충류의 규질 골격은 퇴적되어 방산충 규니(Radiolarian ooze)를 형성하기도 한다.

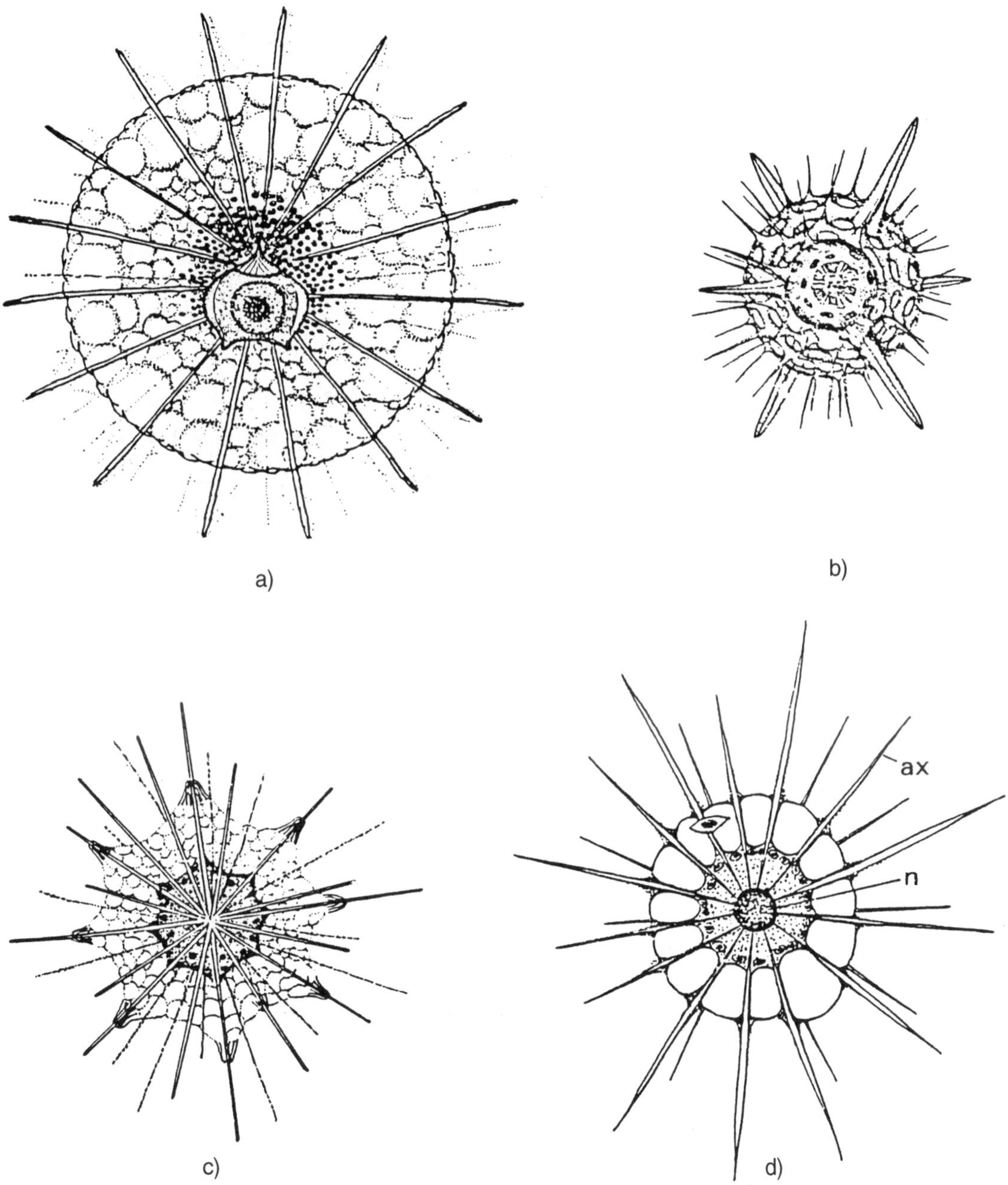

그림 4-19. 방사족충류: a) 방산충류인 *Aulacantha*(*Phaeodarea*), b) 방산충류 *Hexacontium* (*Polycystinea*), c) 방사극충류인 *Acanthometra*, d) 태양충류 *Actinophrys*(ax, 유축위족; n, 핵) (Sleigh, 1989 참조)

방사극충류(Acantharia)는 얇은 단층막으로 된 중심낭을 가지고 있고 낭막에는 구멍이 있다. 이 종류의 골격은 황산스트론튬의 골편으로 되어 있고, 20개의 골편은 방사상으로 규칙적으로 배열되어 있고 중앙에 모인다. 유축위족을 가지고 비교적 큰 구체를 이루며 주로 바다에 나타난다.

태양충류(*Heliozoea*)는 가늘고 긴 과립형의 유축위족과 짧은 위족을 가지고 있으나 중심낭이 없다. 세포는 흔히 유기물과 규질로 된 덮개로 덮혀 있다. 크기는 10～500 μm로 비교적 적다. 일부 담수종에서 수축포가 나타난다. 대체로 태양충류는 담수, 기수, 해수에 범세계 종으로 나타나는 것들이 많다.

섬모충

섬모충(纖毛蟲, ciliates)은 온대해역의 수층에서 소형 부유동물(microzooplankton)로 많이 나타나는 원생동물이다. 섬모충류는 박테리아, 편모충, 소형 식물플랑크톤을 포식하고 중형부유동물의 먹이가 되기 때문에 미세생물 먹이망에서 중요한 역할을 한다. 몸표면 전체에 섬모가 나 있는 전모류(全毛類, Holotrichs)에 속하는 채찍섬모충류(Scuticociliates)는 해양의 부유박테리아와 미소형 편모충류를 포식하는 대표적인 미소형 섬모충류이다. 이 종류는 작고 약하기 때문에 채집하였을때 흔히 발견하기 어려우나 해양에서 10^2～10^3cells · l^{-1} 정도 출현

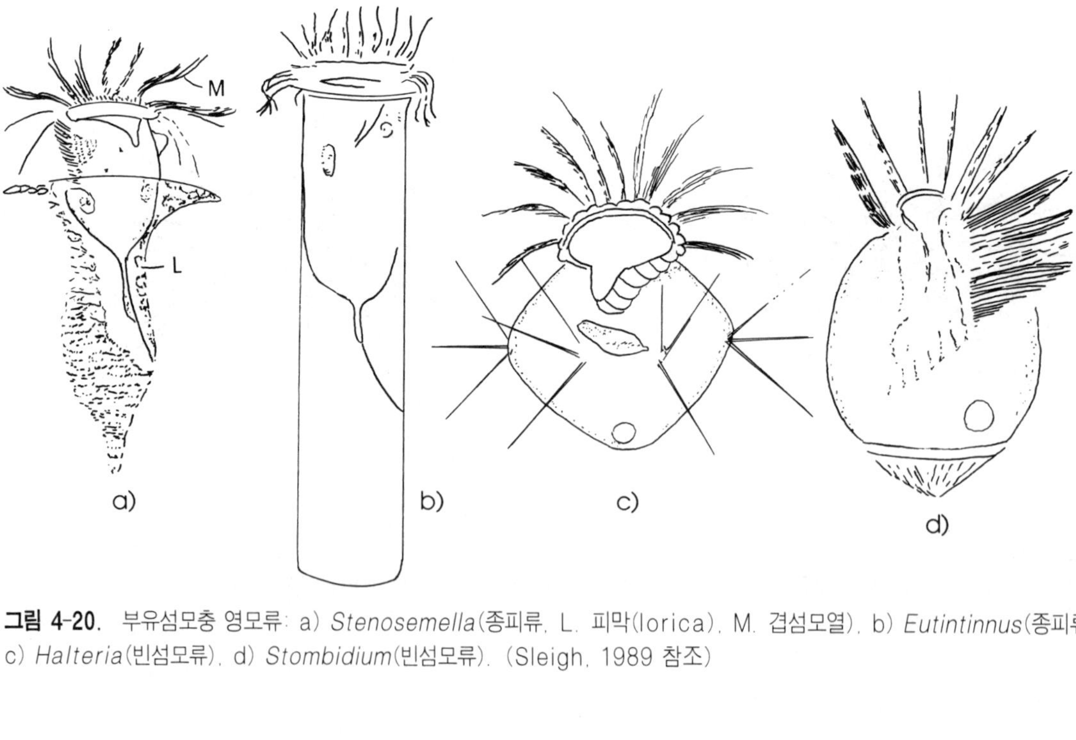

그림 4-20. 부유섬모충 영모류: a) *Stenosemella*(종피류, L. 피막(lorica), M. 겹섬모열), b) *Eutintinnus*(종피류), c) *Halteria*(빈섬모류), d) *Stombidium*(빈섬모류). (Sleigh, 1989 참조)

하기도 한다. 해양에서 흔히 발견되는 섬모충류는 영모류(泳毛類, Choreotrichs)에 속하는 종피류(Tintinnids)와 빈섬모류(Oligotrichs)이다. 이 두 종류는 몸의 세포입(cytostome) 주변에 나선형의 겹섬모열(aboral membranelle)을 가지고 헤엄치거나 먹이를 잡는 공통된 특징이 있다(그림 4-20). 종피류는 세포 밖에 키틴질의 피막(lorica)을 형성하여 몸을 보호한다. 종피류의 피막은 투명한 키틴질 물질에 여러 가지 이물질이 접착하여 형성되어 몸체가 죽거나 터져도 원래의 모양을 유지하여 오랫동안 남아 있어 종의 특징을 보여 준다. 현재 종피류의 종구분은 이 피막의 형성과 모양에 따라 결정하고 있다. 종피류의 피막 안의 세포는 1~4개의 소핵과 대핵 두 종류의 핵을 가지고 생식과 물질합성에 쓰고 있으며, 세포 둘레에 다수의 섬모열을 가지고 있다. 대부분 세포의 밑부분에는 점액질의 자루(mucilageous stalk)가 있어 피막에 부착한다. 종피류의 입 주변에는 한 줄의 나선형 겹섬모열이 있는 데 반해 빈섬모류의 세포 입 주변에는 둘로 나뉘어진 나선형 겹섬모열이 있어 두 종류가 구분된다. 빈섬모류는 일부 종에서 얇은 피막이 보이나, 대부분은 피막이 없다. 또한 세포 둘레에 단지 한두 개의 섬모열을 가지고 있을 뿐이다. 이들 영모류는 비교적 크기가 크고(50~200 μm) 포식활동이 왕성하여 해양에 1*l*에 1,000~10,000 개체 존재하기 때문에 박테리아와 식물플랑크톤의 분포에 큰 영향을 미친다. 또한 해양에서 흔히 출현하는 섬모충류에서는 전모류와 나선모류 이외에도 접모류(接毛類, Haptoria)에 속하는 *Monodinium*, *Didinium*, *Mesodinium*이 있다(그림 4-21). 이들은 때로 1*l*에 10만 개체 이상 출현하여 붉은 색을 띤 적조를 일으키기도 한다. 이 중 *Mesodinium rubrum*은 전해

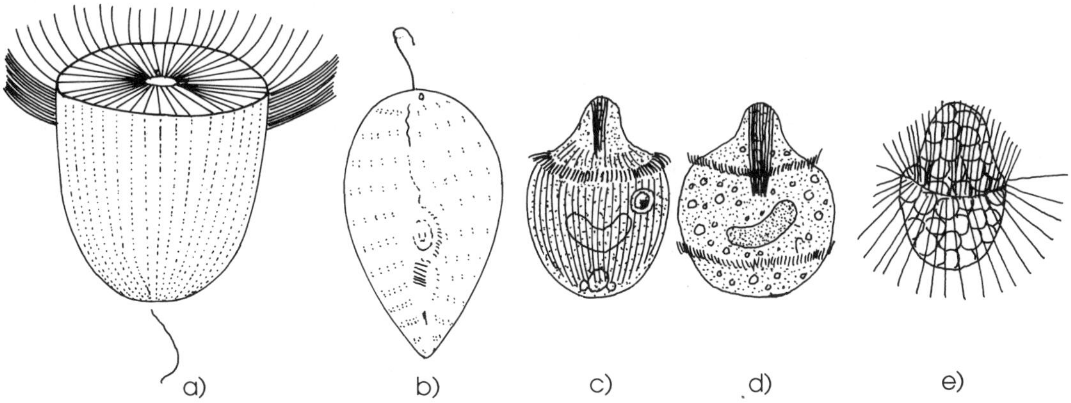

그림 4-21. 부유섬모충류 전모류: a) *Balanion*(전구류), b) *Miamiensis*(채찍 섬모충류), c) *Monodinium*(접모류), d) *Didinium*(접모류), e) *Mesodinium*(접모류)

양에 범세계적으로 많이 나타나는 종으로 섬모충 적조를 일으키는 대표종이다. 세포에 세포입이 퇴화되어 먹이를 먹지 않고 대신에 세포내에 황록공생조류를 공생시켜 이들로부터 유기물을 공급받아 생존하는 독립영양성 섬모충류이다. 우리나라에서는 서해안에서 자주 발견되고 있으며 인천연안에서 적조를 일으키기도 한다.

중형부유동물

위에서는 단세포로 생명활동을 유지하는 종류에 대하여 살펴보았다. 다세포로 이루어진 대부분의 해양동물은 그 생활사의 전부 또는 일부 기간을 부유생활로 지낸다.

여기서는 생활사의 전부를 부유생활로 지내는 동물의 대표적인 것들(일생부유동물, Holoplankton)을 분류학적인 체계별로 살펴보고, 일부 기간만을 부유생활하는 것들(주기성 부유동물, Meroplankton)은 다음 절에서 살펴보기로 한다. 본 교재의 특성상 각 동물문의 대표적인 특징만을 기술하므로 보다 자세한 동물학적인 내용을 공부하기 위하여는 분류학 혹은 무척추동물학 등의 서적을 참고해야 할 것이다.

자포동물

자포동물과 다음에 설명되는 유즐동물은 발생과정에서 중배엽이 형성되지 않는 이배엽성 동물로 성체의 몸체가 방사대칭인 특성이 있다. 보통 다형현상(Polymorphism)을 나타내고, 개체에는 저서 고착생활을 하는 폴립형과 자유생활을 하는 메듀사형이 있다. 모두 물에서 사는데 대부분이 바다에서 산다. 히드라충강(Hydrozoa), 해파리강(Scyphozoa), 산호충강(Anthozoa) 등 세 개의 강(Class)으로 분류되는데, 이 중 히드라충강과 해파리강에 속하는 종류들은 폴립형과 메듀사형의 세대교번(alternation of generation)을 한다. 자유생활을 하는 메듀사(medusa)들이 부유동물에 포함된다. 산호충강에 속하는 산호류와 말미잘 등은 폴립형으로 저서 고착생활을 한다.

이들의 모양은 마치 우산과 같은 형태로 그림 4-22와 같다. 우산의 천에 해당되는 부분이 대체로 두꺼운데 상부를 외산, 하부를 내산(Ex-, subumbrella) 이라고 한다. 이들 얇은 표피층 사이는 젤리와 같은 중교(中膠, Mesoglea)로 채워져 있다. 이러한 연유에서 다음에 설명되는 유즐동물과 척색동물문의 Salp 등과 합하여 젤리형 부유동물(Gellatinous zooplankton)이라고도 한다. 표피층 밑에는 근섬유의 띠가 있어 이의 수축에 의하여 다소의 유영능력이 있다. 입은 내산의

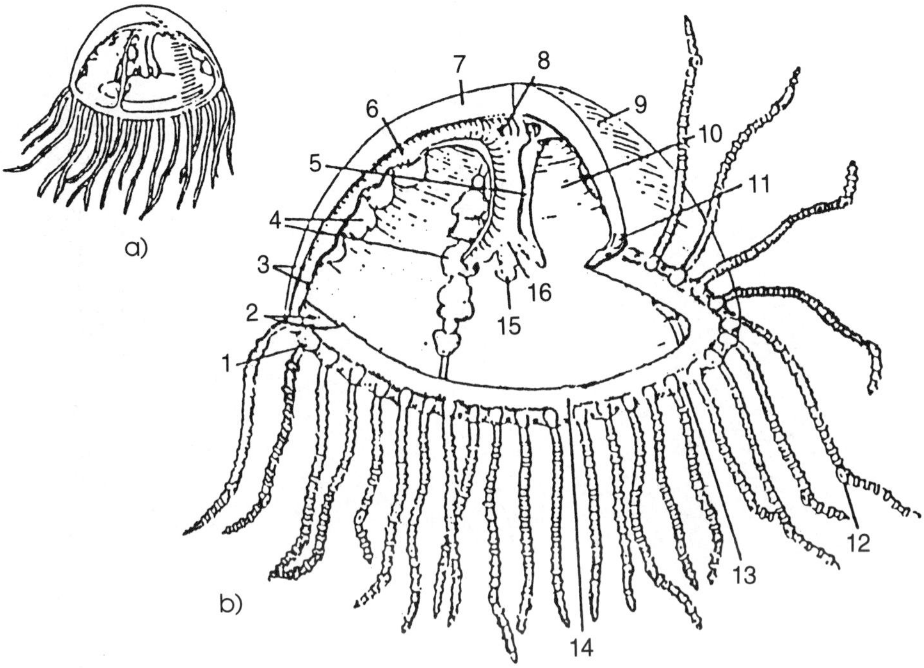

a) 외 형　　b) 내 부

1. 촉수구(tentacular bulb)
2. 신경관(nerve rings)
3. 위피(胃皮, gastrodermis)
4. 생식선(gonads)
5. 구병(manubrium)
6. 방사관(radial canal)
7. 중교(mesoglea)
8. 위수강(gastrovascular cavity)
9. 외산(外傘, exumbrella)
10. 내산(內傘, subumbrella)
11. 환상관(ring canal)
12. 흡판(adhesive pad)
13. 평형포(statocyst)
14. 연막(緣膜, velum)
15. 구엽(口葉, oral lobe) 16. 입

그림 4-22. 해파리류의 형태 및 내부 구조(김 등(1987)에서 재인용)

중앙부에 달려 있는 입자루(口柄, manubrium)의 끝에 있고, 소화와 순환은 나눠지지 않고 위수관계(gastrovascular system)로 발달되어 있다. 내산과 외산이 접하는 부위에는 근육성의 촉수(tentacle)가 나 있는데 이들 촉수내에 있는 쐐기세포(刺胞, nematocyst)를 이용하여 먹이동물을 포획한다. 따라서 대부분의 자포동물은 육식성 섭이를 한다.

신경계는 외배엽에 있는 주변신경계(peripheral nervous system)뿐이고 중추신경계(central nervous system)는 없다. 근육은 외배엽성이지만 중교 속에 침입하는 것도 있다. 항문과 일정한 배설기가 없고, 감각기로는 안점과 평형기

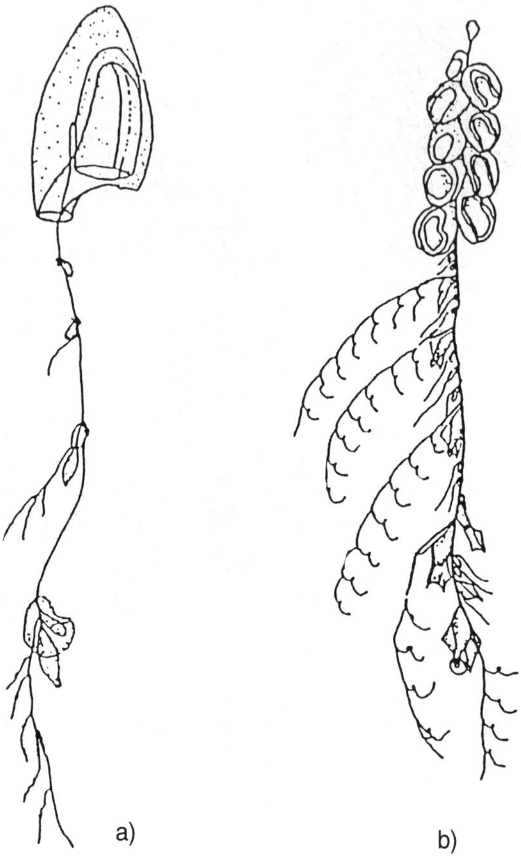

그림 4-23.
두 종류의 관해파리류의 모습.
a) *calycophora*형, b) *physonectae*형
(김 등(1987)에서 재인용)

(statocyst) 등이 있다. 출아(폴립의 경우)에 의한 무성생식 또는 생식세포(모든 해파리와 일부 폴립)에 의한 유성생식이 있다.

자포동물 중 가장 다형현상을 나타내는 종류는 관해파리류(Siphonophora)로 이는 히드라충에 속하는 것으로, 그림 4-23과 같은 형태인데 우리나라 주변해역에서도 많이 서식한다.

유즐동물

현재까지 약 100여 종 밖에 기재되지 않았으며, 자포동물과 같이 이배엽성이며 체표면에는 단단한 골격구조가 없고 몸체는 이축방사대칭이다. 일반 명칭이 빗살해파리인데 이는 입과 꼭지 사이의 체표에 8줄의 즐판대(櫛板帶, comb row)가 있고 이들이 움직이는 모습이 마치 머리를 빗는 빗살과도 흡사하기 때문이다. 촉수의 유무에 따라 유촉수강(Tentaculata)과 무촉수강(Nuda 또는 Atentaculata)으로 나뉘는데 무촉수강에는 오이빗해파리목뿐이다. 유촉수강에 속하는 종류는 2

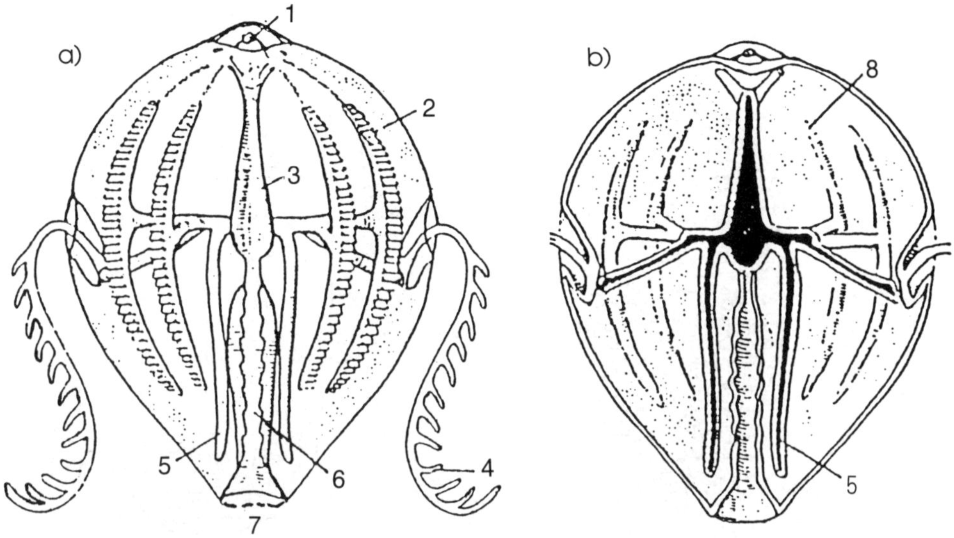

a) 전면 b) 종단면
1. 평형포(statocyst) 2. 즐판대(comb row) 3. 위(stomach)
4. 촉수(tentacle) 5. 인두관(pharyngeal canal) 6. 인두(pharynx)
7. 입(mouth) 8. 자오관(子午管, meridional canal)

그림 4-24. 유즐동물의 체제(김 등(1987)에서 재인용)

개의 촉수와 구엽(oral lobe)을 가지고 있는데 촉수에 있는 교포(膠胞, colloblast)는 자포동물의 자포와 유사한 기능을 한다. 자포동물과 같이 이배엽성이며 중교가 있고, 중추신경이 없으며 항문도 없다는 점 등으로 한때 자포동물을 포함하여 강장동물이라 칭해지기도 하였다. 몸체는 점액성으로 매우 섬세하며 투명하고 스스로 다양한 빛을 내기도 하여(發光, bioluminescence) 매우 아름답다. 그림 4-24는 유즐동물의 대표적 형태이다. 우리나라 주변에서 서식하는 대표적인 종류들은 그림 4-25와 같다.

환형동물

환형동물은 저서생활을 하는 갯지렁이가 대표적이다. 그러나 이들은 발생과정에서 trochophora 유생시절을 가지므로 이때 부유생활을 한다(육상 또는 담수에 사는 것은 유생을 갖지 않는다). 종류에 따라서는 일생부유생활을 하는 것도 있다. 일생부유생활을 하는 종류는 다모강(Polychaeta), 유영목(游泳目, Errantia)에 속한다. 이들 중 대표적인 것들을 그림 4-26에 실었다.

환형동물은 몸이 내·외부적으로 많은 체절로 이루어져 있고, 체표는 표피와 하표피에서 분비된 엷은 cuticle로 덮혀 있다. 쌍을 한 강모를 가지고 있고 옆다

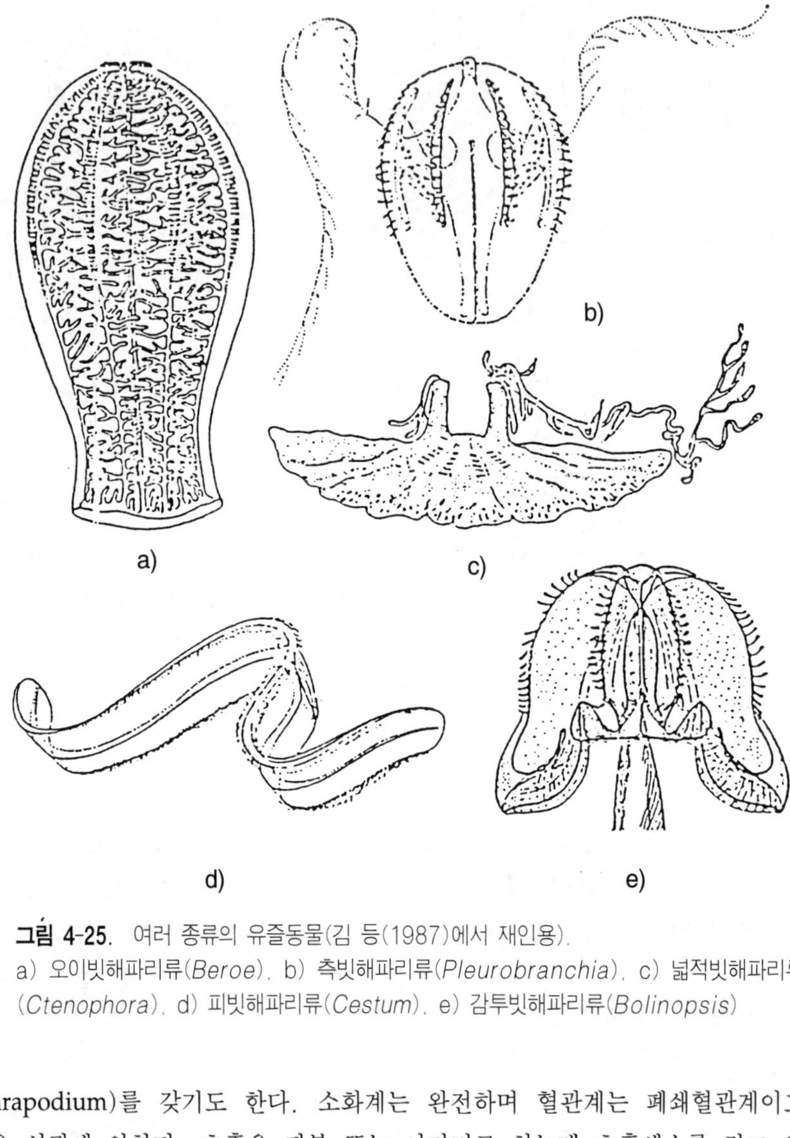

그림 4-25. 여러 종류의 유즐동물(김 등(1987)에서 재인용).
a) 오이빗해파리류(*Beroe*), b) 측빗해파리류(*Pleurobranchia*), c) 넓적빗해파리류(*Ctenophora*), d) 띠빗해파리류(*Cestum*), e) 감투빗해파리류(*Bolinopsis*)

리(parapodium)를 갖기도 한다. 소화계는 완전하며 혈관계는 폐쇄혈관계이고 배설은 신관에 의한다. 호흡은 피부 또는 아가미로 하는데 호흡색소를 갖고 있다. 신경계는 뇌와 신경절로 되어 있고 신경을 가진 배복신경색이 있다. 감각은 촉각, 화학적 감각, 눈 등에 의한다.

연체동물

연체동물은 패류나 오징어 종류들로, 이들은 일견 저서생활 또는 유영생활을 하는 것으로만 생각하기 쉽다. 그러나 복족강(腹足綱, Gastropoda)에 속하는 일

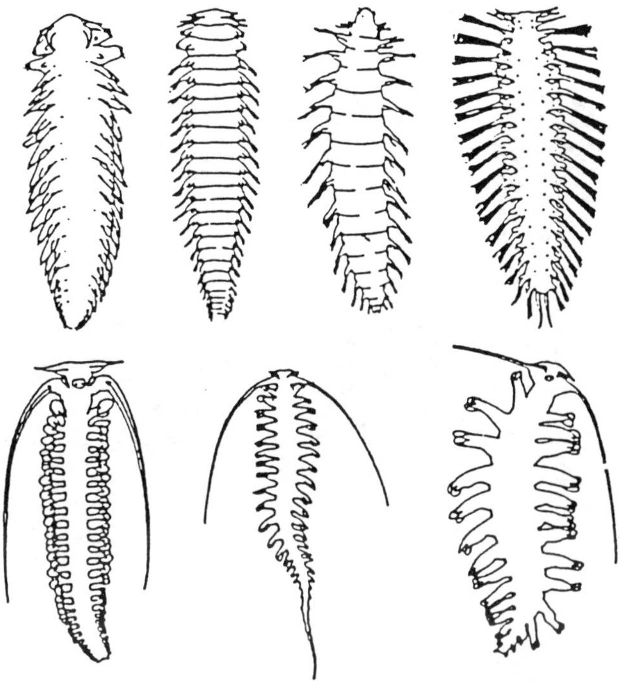

그림 4-26.
부유생활을 하는 환형동물의 모습들(이, 1992)

부 종류들(특히 익족목(翼足目, Pteropoda)과 이족목(異足目, Heteropoda) 등)은 일생부유생활을 한다. 이들은 저서생활을 하는 조상에서 패각 및 패각분비선이 퇴화되거나 상실되었으며, 몸체를 이루는 단단한 근육조직들이 퇴화되어 그 무게를 줄이고 날개형태 등의 특별한 부상방법이 발달하였다.

연체동물의 일반적인 특징은 몸의 복벽이 근육성의 발로 특수화되고, 이 발이 여러 모로 변형되어 운동용으로 쓰이고 보통 뚜렷한 두부를 가지고 있다는 것이다. 체표의 표피에는 점액선이 다수 분포하며, 감각신경의 종말이 위치한다. 몸의 배벽은 외투막을 형성하여 외투강을 둘러싸며 외투막은 아가미나 허파로 변형되기도 하고, 보통 패각을 분비한다(패각이 없는 경우도 있다). 소화계는 복잡하며 분비선을 가지고, 치설과 악판 등의 저작기관이 있다. 항문은 외투강에 열린다. 개방혈관계 또는 폐쇄혈관계로 혈액 속에 호흡색소가 있다. 가스교환은 아가미, 폐, 외투막 및 체표로 한다. 신경과 감각기관이 잘 발달되어 있으며, 특히 오징어 종류인 두족류에서는 눈이 크게 발달되어 있다.

일생부유생활을 하는 익족류에서는 발이 날개 또는 지느러미와 같이 생겼는데 부유기작을 위한 것이며, 패각이 얇고 가볍게 되어(혹은 아예 퇴화되어 없어져) 부유생활에 적합하게 되어 있다. 이 종류는 일반적으로 아가미가 없다. 자웅동체로 대체로 상층부에 서식하고 초식(패각이 있는 경우) 또는 육식성(패각이

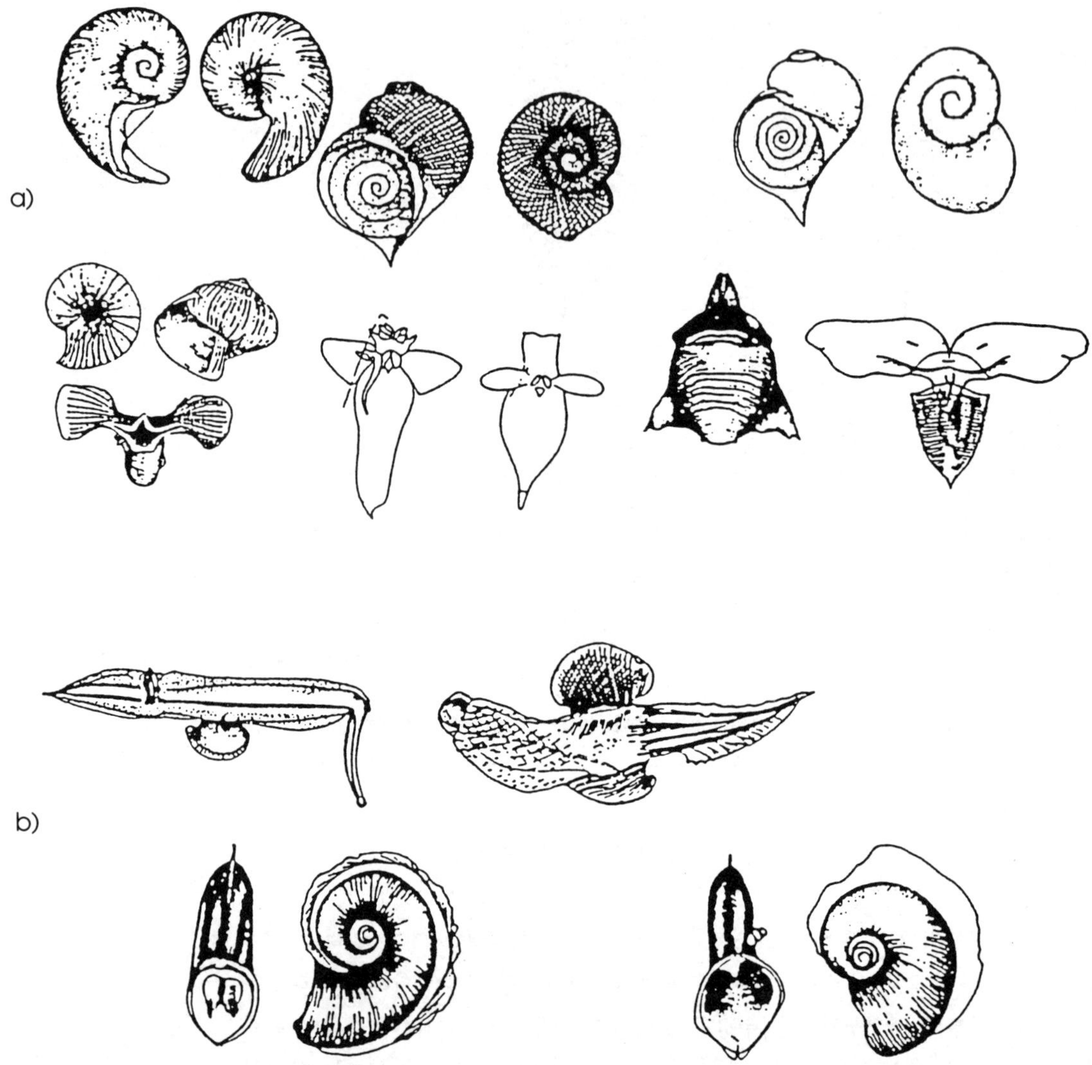

그림 4-27. 대표적인 부유성 연체동물들. a) 익족류, b) 이족류

없는 경우)이다. 한편, 이족류는 역시 발이 부유에 잘 적응하게 발달되어 있는데, 눈도 잘 발달되어 있고 촉수를 가지고 있기도 한다. 이족류는 대체로 온난한 지역에만 서식한다. 이들 부유생활을 하는 연체동물인 익족류와 이족류의 대표적인 것들을 그림 4-27에 실었다.

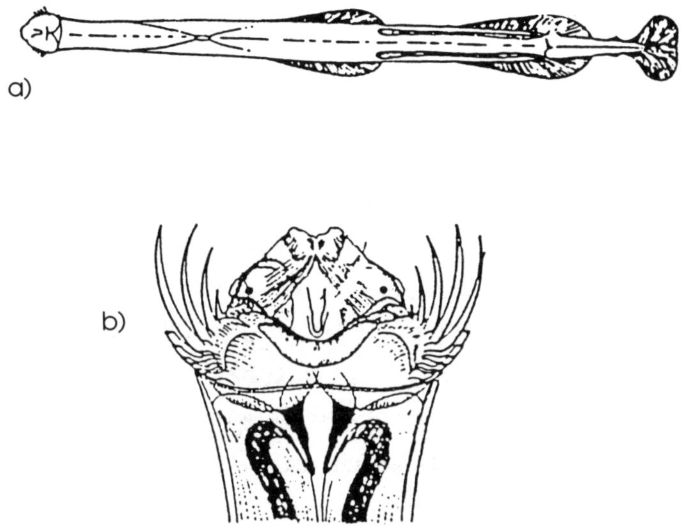

그림 4-28.
모악동물. a) 전체, b) 두부)

모악동물

모악동물은 해양에만 서식하고 대부분 부유생활을 하는 것으로 세계적으로 약 50여 종이 기재되었으며 우리나라에서도 20여 종이 보고되었다. 몸이 화살 모양과 비슷하여 화살벌레라고 불리우는데, 좌우대칭으로 무색투명하고 두부(head), 몸체부(trunk), 꼬리부(tail)의 3부분으로 구분되고 1~2쌍의 수평면의 옆지느러미(lateral fin)와 꼬리지느러미(caudal fin)가 있다(그림 4-28). 머리 위쪽에 한쌍의 안점이 있고 그 중간에 섬모환이 있으며, 머리의 아래쪽에 입이 위치하며 입의 앞뒤에 이와 악모(hook)가 발달해 있다. 소화관은 곧고, 항문은 몸통의 뒤쪽 배 끝에 열려 있다. 신경계는 배쪽에 있고 뇌와 잘 발달된 복신경절이 있으나, 배설계, 호흡계, 혈관계 등이 없다. 자웅동체이며 유생이 없다.

바다에서 채집해 보면 부유동물 중 절지동물에 이어 양적으로 가장 많다. 선호하는 수온이 뚜렷하여 해수의 온도와 관련된 지표종으로도 이용된다. 우리나라에서도 이들 모악동물을 냉수종, 난수종, 연안종, 외양종 등으로 분류하여 지표생물로 정리해 본 바 있다.

절지동물

절지동물은 관절이 있는 다리를 가지는 동물들을 칭한다. 전 동물계의 종들 중 그 수가 가장 많아 3/4을 차지하고 있으며 현재까지 90만 종 이상이 알려져 있다. 통상 전세계적으로 부유동물의 가장 많은 부분을 차지한다.

절지동물은 3개의 아문(subphylum)과 9개의 강(class)으로 세분되는데, 해양에 서식하는 대부분은 갑각강(class Crustacea)에 속하므로(육상에 서식하는 가장 큰 분류군은 곤충강이다) 여기서는 갑각류만을 대상으로 이들을 다시 세분하여 살펴보기로 한다.

갑각류는 절지동물에서 두 쌍의 촉각(안테나)을 가지고 있다는 점에서 구분되는 게, 새우, 대하, 가재 등과 같은 종류로 수서생활을 한다. 보통은 바다에 살지만 민물에 사는 것들도 있다. 외골격은 키틴질로 되어 있는데 얇고 거의 막상이며 투명한 경우도 있고, 두껍고 탄산칼슘이 침적되어 있는 경우도 있다. 몸은 머리, 가슴, 배의 3부분이 뚜렷하나, 머리와 가슴이 접속하여 두흉부를 형성한다. 두부에는 통상 5쌍의 부속지가 있는데, 앞에서부터 제1촉각(antenule), 제2촉각(antenna), 큰턱(mandible), 제1작은턱(first maxilla), 제2작은턱(second maxilla) 등이 있다. 대부분 두흉부는 갑각(carapace)으로 덮혀 있다.

가슴과 배의 다리는 전형적으로 이분지형(biramous)이다. 다리의 기부에는 기절(coxopodite)과 저절(basopodite)의 두 마디로 된 원절(protopodite)이 있다. 저절에는 내지(endopodite)와 외지(exopodite)가 붙어 있는데, 각각 1개 - 여러 개의 마디로 되어 있다. 부속지들은 유영, 교접, 포획, 난의 부착 등 다양한 기능을 보인다.

갑각강은 다시 5개의 아강으로 나누이는데, 학자에 따라 분류의 내용이 다소 차이가 있다. 부유동물로 중요한 비중을 차지하는 종류들은 거의 모든 바다에서 가장 큰 비중을 차지하는 닻벌레(요각아강, Copepoda), 남극해역 등에서 다량 분포하는 크릴새우 등의 연갑아강(Malacostraca) 중 난바다곤쟁이목(Euphausiacea), 그밖에 역시 연갑아강에 속하는 곤쟁이목(Mysidacea), 단각목(Amphipoda) 등과 새각아강(Branchiopoda)에 속하는 지각아목(Cladocera), 패충아강(Ostracoda) 등이 있다. 여기서는 이들 주요 종류들의 외부 형태만을 살펴보고, 보다 더 자세한 갑각류에 관한 내용은 무척추 동물학 또는 갑각류학 등에서 다루기로 한다.

(1) 요각류: 현재 전세계적으로 7,000여 종이 기재되어 있는데 이 중 90%가 해산이며 부유생활 또는 기생생활을 한다. 이들은 수적으로나 생물량에 있어 타생물군에 비하여 월등하게 우세하여 해양생태계와 해양생산력에 그 기여도가 매우 크다. 크기는 대체로 작아 1 mm 이내에서 몇 mm의 범위에 한정되고, 외부 형태와 각 구조의 이름은 그림 4-29에서 보는 바와 같다. 그림에서와 같이 몸체의 전단부는 볼록한 타원형의 모양으로 되어 있는데 여러 개의 체절로 분리되어 있으며 이체절들(전체절, prosome)은 후

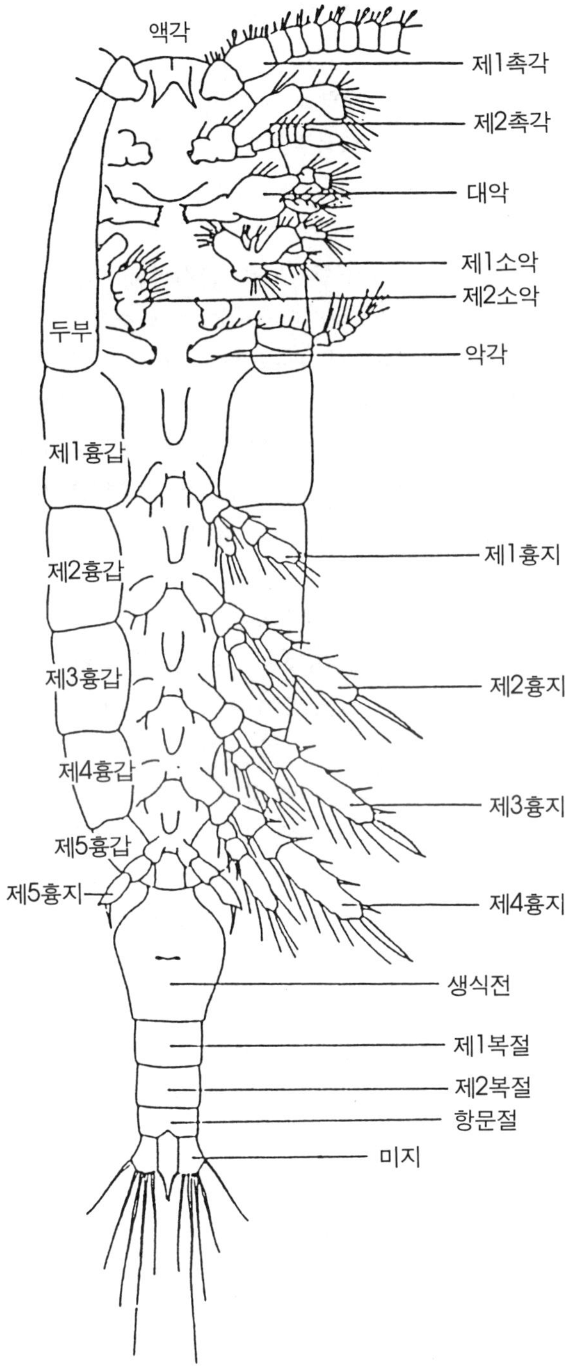

그림 4-29.
요각류의 외부 구조와 명칭

단부(복부)의 체절들(미체절, urosome)과는 달리 유합이 되어 있어 움직일 수 없다. 전체절과 미체절 사이는 주관절로 되어 있어 서로 움직일 수가 있으며 미체절의 움직임으로 운동의 방향을 정한다. 이 주관절 후단의 미체절들은 각기 기능에 따라, 생식절, 제1복절, 제2복절, 항문절 등으로 부른다. 이들 미체절에는 부속지가 없는 것이 요각류의 특징이기도 하다. 전체절의 첫마디부분은 두부에 해당되는 곳으로, 여기에는 5쌍의 부속지가 있다(그림 4-29). 이들은 감각 및 섭이에 관련되는데, 초식성의 경우는 가늘고 긴 많은 구조로 여과에 용이하게, 육식성의 경우는 짧고 두텁게 되어 먹이를 움켜쥘 수 있도록 되어 있다. 다음의 마디부터 주관절까지의 전체절은 흉부에 해당되는데, 4~6개의 마디로 되어 있으며 여기에는 악각과 4~5쌍의 헤엄다리(swimming legs)가 달려 있다. 유영지들은 대체로 좌우대칭이나 종류에 따라서는 4 또는 5번째 다리가 생식을 돕도록 변형되기도 하였다. 난에서 부화하면 여섯 단계의 nauplius 유생과 다섯 단계의 copepodid 유생기를 거쳐 성체가 된다.

(2) 난바다곤쟁이류: 남극 새우라 불리우는 Krill(*Euphausia superba*)들을 포함하는 종류로 작은 새우와 모양이 흡사하다. 요각류 다음으로 중요한 부유절지동물로 그 체장이 1~6 cm에 달하며, 크고 뚜렷한 복안이 눈자루에 부착되어 있다. 두흉갑은 한 개의 갑각으로 되었으며 측면으로 아가미를 완전히 덮지 않고 있다. 두흉부에는 6~8쌍의 흉지가 있고 이들은 먹이 획득, 유영 등의 기능을 한다. 두흉갑(carapace)에 이어지는 부분이 다섯 마디로 된 복부로 여기에는 각 마디에 유영을 위한 부속지가 나 있으며 수컷의 경우는 첫 두쌍이 교미를 위하여 모양이 변형되어 있다. 다음의 체절은 미절(telson)로 그 끝의 양측은 뾰죽하게 세장되어 있다. 요각류를 제외한 절지동물에 속하는 부유동물의 대표적인 것들은 그림 4-30에 있다.

난바다곤쟁이류는 보통 떼를 지어 특정 수심에 서식하는데, 일주기 수직이동도 있는 경우가 있다. 무리를 이루는 특성과 풍부한 단백질의 영양가치 때문에 어류, 두족류, 조류(남극해의 경우 팽귄 등), 수염고래 등의 먹이로 생태계내 중요한 기능을 하기도 한다. 난이 부화하면 nauplius, metanauplius, calyptopis, furcilia 등의 유생기를 거쳐 성체가 된다.

(3) 곤쟁이류: 얼핏 보아 작은 새우 또는 난바다곤쟁이류와 비슷한 곤쟁이류는 대부분 해산으로 천해역에 주로 서식한다. 또한 해저면에 인접하여 서식하다 하루 중 주로 야간에 일시적으로 부유하는 성질 때문에 채집에 어려움이 있기도 하다. 크기는 2 cm 이하로 배갑이 발달되고 흉부는 갑각으로 덮

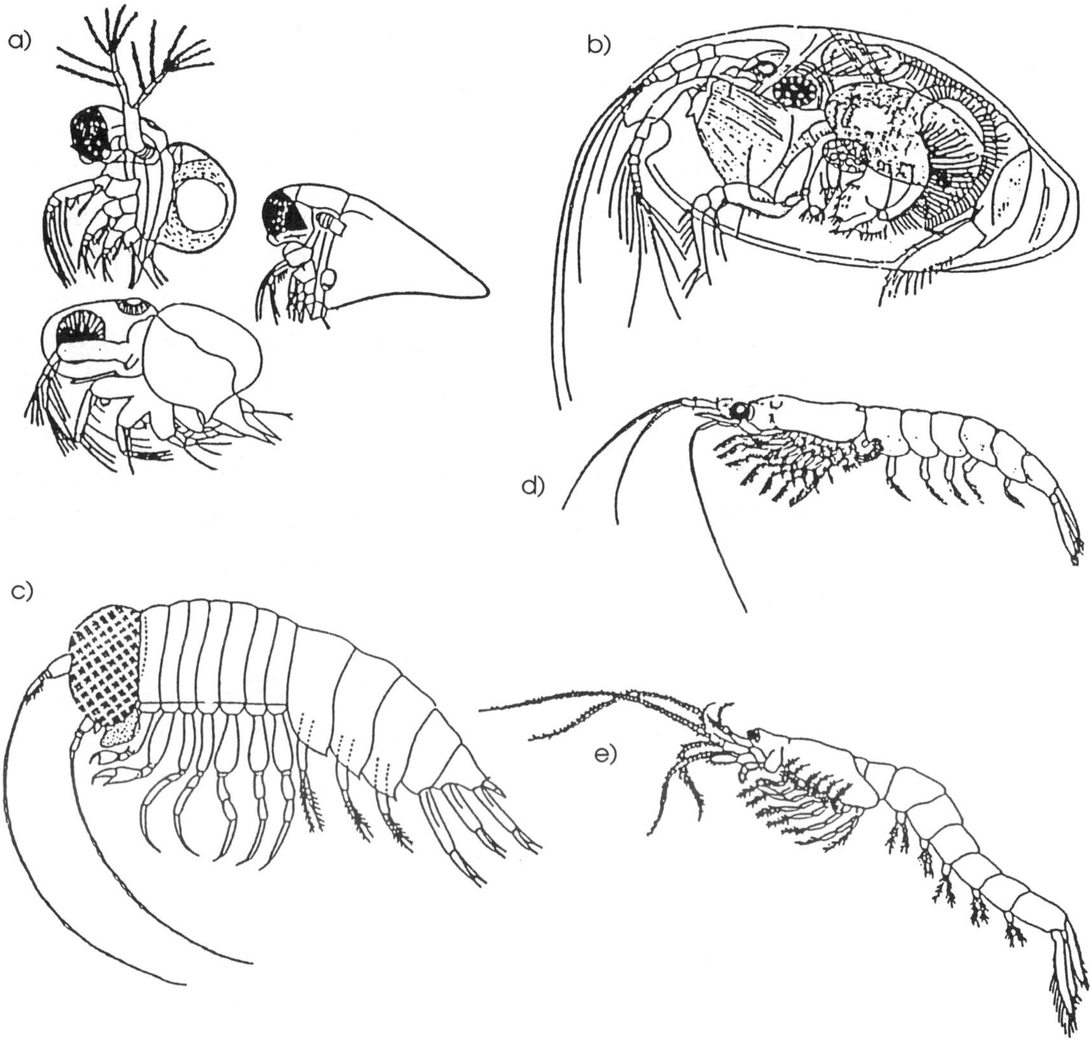

그림 4-30. 요각류의 중요 부유 절지동물
a) 지각류, b) 패충류, c) 단각류, d) 난바다곤쟁이류, e) 곤쟁이류. 종류별 그림의 축적은 같지 않음.

혀있으며 흉지는 난바다곤쟁이류처럼 2분지형으로 되어 있다. 흉부의 부속지 중 첫번째 혹은 두번째 것이 악지(maxillipeds)로 변형되어 있다. 아가미가 흉부에 발달하거나 없으며 없는 경우 갑각 밑의 얇은 막을 통하여 호흡한다.

(4) 단각류: 저서 또는 부유생활을 하는 단각류도 두부, 흉부, 복부의 3부분으로 구성되었는데, 통상 흉부위 첫번째 혹은 두번째 절은 두부와 유합되어 있다. 몸은 원통모양이거나 좌우로 편평하다. 저서생활의 대표적인 것들은

옆새우류(Gammaridea)이며 부유생활의 대표적인 것들은 히페리아(Hyperiidea)로 크기는 1~2cm 혹은 그보다 작다. 남극지방에는 이보다 큰 대형도 있다. 두부의 제1, 제2 촉각은 잘 발달되어 있으며 제2흉지는 악지로, 제2, 제3 흉지는 포획지로 기능한다. 흉부에 위치한 2~6쌍의 아가미로 호흡하며 복부에 보조아가미(accessory gill)가 있기도 하다. 눈이 없는 경우도 있으나, 있으면 대체로 복안으로 다른 절지동물에 비하여 상대적으로 크기도 하다. 전세계적으로 약 5,000종이 알려져 있다.

(5) 지각류: 지각류는 상대적으로 담수에 더 많은 종이 서식하며, 우리나라 주변에서는 주로 여름철에 많이 출현하는 종류로, 담수의 물벼룩들이 이 분류군에 속한다. 두부를 제외한 몸의 대부분이 2장의 두흉갑 속에 쌓여 있다. 제2촉각이 길게 돌출하여 유영의 중심이 되고 하나의 큰 복안을 가진다. 일부 단안을 가진 경우도 있다. 후복부는 앞 아래쪽으로 굽어 있고 두흉갑의 청소기능을 하는 톱니상의 돌기가 발톱 혹은 강모처럼 나 있다. 담수의 대표적인 속은 *Daphnia*이며 해산종은 *Podon*, *Evadne* 등의 속에 속한다. 크기는 대체로 요각류보다도 작다.

(6) 패충류: 지각류와 같은 작은 크기의 절지동물로 해수와 담수에 서식하는데, 몸도 두 장의 좌우 배갑 속에 쌓여 있다. 이 배갑은 원형이나 타원형 모양이며 바깥벽에는 탄산칼슘이 침적되어 있다. 몸의 체절은 불명확하게 퇴화되고 두부가 차지하는 비중이 크며 따라서 부속지도 크게 감소되어 있다. 유영도 두부의 제1, 제2 촉각으로 하며 생활은 부유 또는 저서형이다. 크기가 지각류처럼 작은 것이 보통이나 실루리아기 이후의 전지층에서 발견되는 화석종에는 몇 cm에 달하는 것도 있다. 담수종에는 유생의 시기가 있는 데 반하여 해산종에는 유생기나 변태가 없는 것으로 알려졌다.

척색동물

척색동물 중 미색(Urochordata) 혹은 피낭동물아문(Tunicata)에 속하는 일부 동물이 부유생활을 하는데, 그림 4-31에 보이는 살파(Salpa), 불우렁쉥이(Pyrosoma) 등을 포함하는 탈리아류(Thaliacea)와 유형류(Larvacea)가 그것이다. 유형류는 올챙이 모양의 해초류 유생(Ascidian tadpole)과 흡사한 모습으로 몸체와 꼬리부가 명확히 구분되고 척색과 뇌를 가지며 입은 몸의 앞끝에 있으며, 먹이포획을 위한 여과망을 체외에 크게 만드는 독특한 성질이 있다. 이 여과망이 제기능을 못하면 이를 찢어 버리고 새로운 망을 만드는데, 이 버려진 여과망을 Abandoned Larvacean house라 하며 이는 심해에 에너지 전달의 중요한 기능을

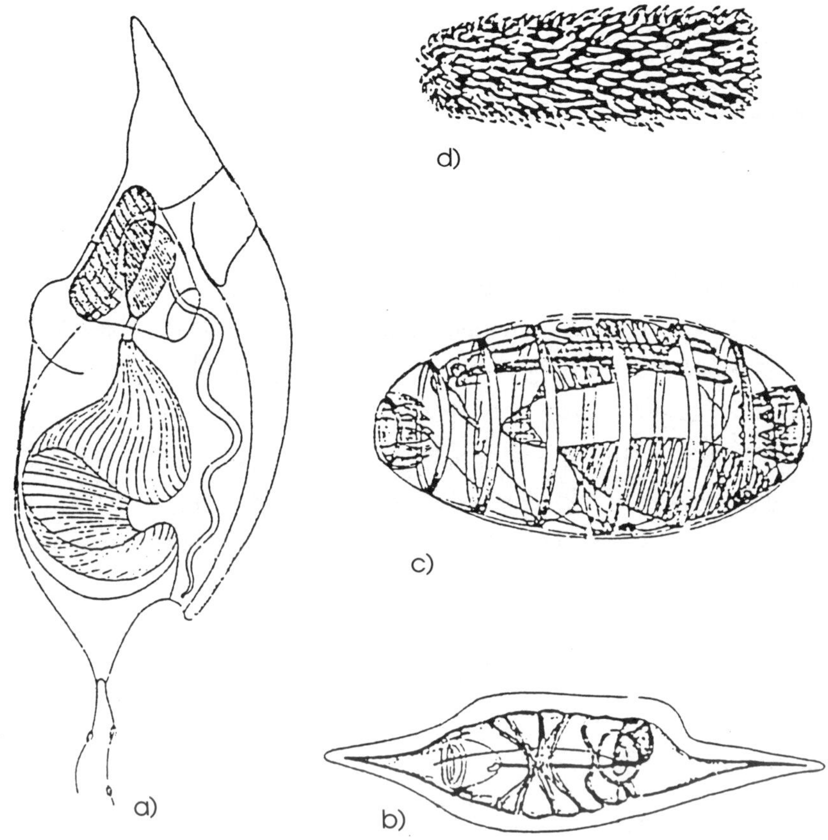

그림 4-31. 부유생활을 하는 척색동물
a) 유형류, b) 살파류, c) 바다술통류, d) 불우렁쉥이류. 종류별 그림의 축적은 같지 않음.

하는 바다설편(marine snow)의 중요한 구성물질이다. 네트를 이용한 채집에서는 이 여과망이 찢어져, 잠수를 통한 육안관찰이나 직접채집의 방법이 필요한 동물군이다.

탈리아류는 다시 세 종류로 나뉘는데 모두 부유생활을 하며, 몸의 대부분이 한천질로 투명하여 자포동물, 유즐동물과 합하여 'gelatinous' 동물플랑크톤이라고 통칭되기도 한다. 몸은 군체를 이루기도 하며 세대교번도 있다. 셀룰로오스성의 피낭으로 된 체벽에 환상의 근육띠가 있다.

4. 부유방법

4.1. 부유기작

부유식물은 광합성을 하기 위하여 표층 가까이 떠 있어야 한다. 대부분의 살아 있는 부유식물은 진광대(眞光帶, euphotic zone)내에서 빛을 이용하여 유기물을 합성한다. 또한 대부분의 부유동물은 먹이가 되는 부유식물이 진광대내에 떠 있으므로 표층이나 진광대 가까이 떠 있어야 먹이를 찾기 쉽다. 이와 같이 부유동·식물 모두 표층 가까이 떠 있어야 생존하는 데 유리하다. 그러나 부유생물 대부분은 헤엄능력이 크지 못하고 세포의 비중이 물보다 크기 때문에 밑으로 가라앉기 쉽다. 따라서 표층에 서식하기 위하여는 물에 뜰 수 있는 특별한 적응이 필요하다. 대부분의 부유생물은 오랜 세월에 걸쳐 표층에 부유할 수 있는 부유적응 능력이 형성되어 왔다. 이 부유적응 능력이 효과적이기 위하여는 침강속도가 최대한 작아야 한다. 이 침강속도에 관해 잠시 알아보자.

스토크스(Stokes) 법칙

스토크스의 법칙에 의하면 반경 γ인 구의 침강속도 V_s는

$$V_s = \frac{F}{6\pi\eta rR} \tag{1}$$

이다. 여기서 η는 물의 점성도, γ은 반경, R은 표면저항, F는 생물의 무게와 생물에 작용하는 아르키메데스 부력의 차이다. 생물의 무게는 생물의 부피에 밀도를 곱한 값이고 아르키메데스 부력은 생물의 부피에 해당하는 물의 밀도이다. F는 생물과 물의 밀도차와 생물의 부피에 비례한다. 즉, $F = k\gamma^3$으로 표시할 수 있다. 여기서 k는 상수.

그러면

$$V_s = \frac{k\gamma^3}{6\pi\eta rR} = \frac{k\gamma^2}{6\pi\eta R} \tag{2}$$

(1)과 (2)를 보면 (1)에서 침강속도가 작으려면 F가 작고 R은 커야 한다. 즉 생

물의 무게가 작아야 하고 표면저항은 커야 한다. 물의 점성도는 커야 한다. (2)에서 침강속도가 작으려면 입자의 반경이 작아야 한다. 즉, 생물의 크기가 가능한 작아야 한다. 스토크스 법칙은 엄밀하게 직경 60 μm 이하의 구에서 적용되지만 밀도차가 크지 않을 때 큰 크기에서도 적용된다.

현미경적 크기

스토크스 법칙에 의하면 생물체의 크기가 작을수록 침강속도가 느려지므로 작은 생물체가 부력이 크다. 따라서 운동력이 전혀 없는 부유식물의 경우는 현미경적 크기로 소형화하는 것이 표층에 부유하는 데 좋다. 예를 들면 물의 점성도가 작은 열대해역에서는 같은 크기의 온대수역의 부유생물이 부유하는 것보다 불리한 조건을 가지고 있다. 이러한 불리한 조건을 극복하기 위하여 온대수역이나 한대수역의 종에 비해 열대해역에 출현하는 부유생물이 소형화된 것을 흔히 발견할 수 있다. 단세포부유생물의 경우 소형화되는 것이 부유력 증가뿐만 아니라 세포내외의 물질교환에도 유리하다. 단세포생물의 경우에는 해수 중에 존재하는 필수물질을 몸표면으로 신속하게 흡수하는 것이 생존에 유리하다. 이와 같이 물질의 유통이 원활하기 위하여는 세포용적에 비해 체표면이 넓어야 한다. 표면적 대 용적의 비가 크기 위하여는 세포의 반경이 작아야 한다. 부유생물의 크기가 소형화된것은 이런 부유적응과 물질 흡수에 대한 생리적인 적응의 결과로 보여진다.

무게의 감소

부유생물이 표층에 부유하기 위하여는 무엇보다도 몸의 비중을 물의 비중에 가깝게 줄여야 한다. 몸의 비중을 줄이기 위하여는 체내외에 함유하고 있는 비중이 큰 물질들을 가벼운 물질로 바꾸거나 무거운 물질들을 내보내야 한다. 살아 있는 세포의 원형질 물질을 형성하는 대부분의 성분은 물보다 무겁다. 탄수화물은 1.5, 단백질은 1.3, 핵산은 1.7, 다중인산염은 2.5 g · cm^{3}의 비중으로 물보다 큰 비중을 가지고 있다. 다만 지방은 0.86 g · cm^{3}의 가장 작은 비중을 가지고 있다. 지방이 부유세포내에서 차지하는 부분은 크지 않더라도 지방의 함유량이 증가하므로 세포의 침강속도를 감소시킬 수 있다. 특히 피각이 무거운 돌말류의 경우는 지방이 부유력 증가에 큰 도움이 된다. 돌말류의 지방은 건중량의 10% 미만이지만 때로는 40%까지 증가되어 부유력을 증가시킨다. 돌말류의 광합성 결과 형성되는 지방알맹이(oil droplet)들은 탄수화물 대신 부유력 증가에 유용하다.

점액질은 다당류에 의해 형성되는 교질물질(gel)이다. 다당류의 비중은 1.5 g ·

cm^{-3}이지만 이 교질물질은 다량의 수분을 함유하고 있기 때문에 교질의 비중은 물의 비중과 유사하다. 점액질을 체내외에 가짐으로 부유력이 증가되는 것은 아니지만 침강률을 감소시킨다. 또한 점액질로 쌓인 세포의 비중은 감소되고 물에 대한 저항은 증가된다. 점액질이 없는 세포보다 부유하는 데 유리하다. 부유성 남조류와 녹조류의 많은 종류가 점액질 물질로 쌓여 유리한 부유조건을 갖고 있다.

체내에 지닌 기체주머니나 기포는 부유하는 데 가장 효과적인 기구이다. 이들은 고체나 액체보다 비중이 훨씬 작기 때문에 물에 잘 뜬다. 그러나 기포가 생기면 물의 표면장력에 의해 세포에 수기압의 팽압이 작용하여 외부로부터 확산에 의해 물질을 공급받는 식물플랑크톤은 생존하기 어렵다. 따라서 식물플랑크톤에서는 기포를 가진 것이 드물고 남조류와 원생동물의 일부 종에서 기포가 나타나고 있다. 원핵생물 남조류에 나타나는 기낭(gas vacuoles)은 기포체(gas vesicles)로 만들어졌다. 남조류에서 기낭이 파괴되면 가라앉는 것을 볼 수 있다. 남조류의 기낭의 비중은 0.12 g · cm^{-3}로 부유력 증가에 가장 효과적이다. 열대해역의 부유 남조류 *Trichodesmium*은 단단한 기낭을 가지고 표층에 부유하고 있다.

부유생물들이 무게를 줄이는 방법으로 체액의 이온구성을 조절하는 방법이 있다. 즉, 무거운 이온을 내보내고 가벼운 이온을 흡수하는 방법이다. 그러나 주위 해수와 삼투압을 유지하기 위해서는 체액의 구성비를 일정하게 유지하여야 한다. 이러한 문제를 해결하기 위하여는 체내의 무거운 이온을 내보내고 같은 양의 가벼운 이온을 흡수해서 일정한 삼투압을 유지해야 한다. 예를 들면 와편모류와 방산충은 해수의 비중보다 가볍고 해수와 등삼투압인 염화암모늄(NH_4Cl)을 체액으

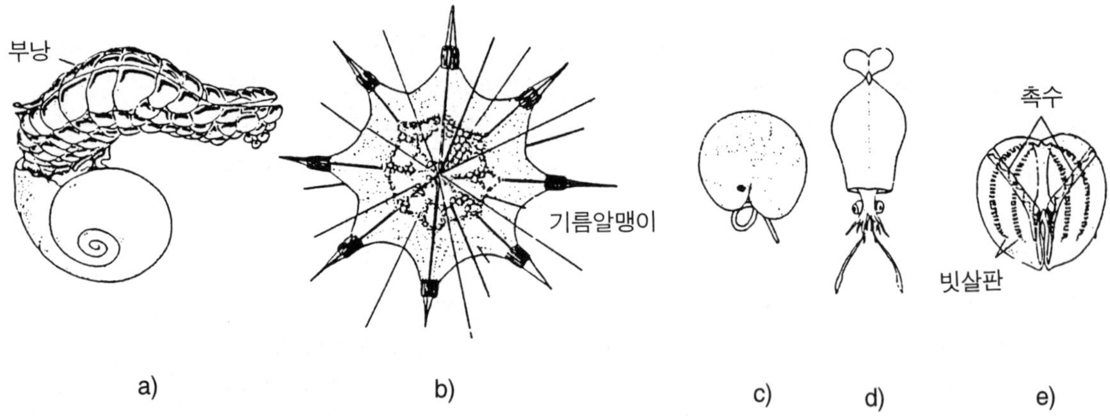

그림 4-32. 부유력 증가를 위한 부낭과 가벼운 이온 이용 부유생물.
a) 복족류 *Janthina*, b) 방산충, c) 야광충, d) 크랜키드 오징어, e) 빗살해파리류

로 가지고 있다. 또한 비대한 크랜키드(Cranchid) 오징어 종류도 염화암모늄을 체강에 채워 해수보다 가볍게 하고 있다. 부유피낭류(Salps), 빗살해파리류, 이족류(Heteropods) 같은 부유동물들은 2가의 무거운 SO_4^{-2} 이온을 체외로 내보내고 등삼투성의 가벼운 Cl^{-1} 이온을 받아들여 부유력을 증가시킨다(그림 4-32).

형태저항

구형의 입자들은 밀도나 용적을 바꾸지 않고 형태를 변형하므로서 침강속도를 변하게 할 수 있다. 즉 같은 용적이나 밀도라도 표면적이 커지면 물에 대한 저항이 커져 침강속도가 감소된다. 입자의 크기가 작으면 용적에 비해 표면적이 상대적으로 크므로 표면저항이 커진다. 또한 구형보다는 원통형이나 납작한 원판형이 표면적이 커지고 물로부터 받는 표면저항이 크다. 열대해역의 부유생물이 크기가

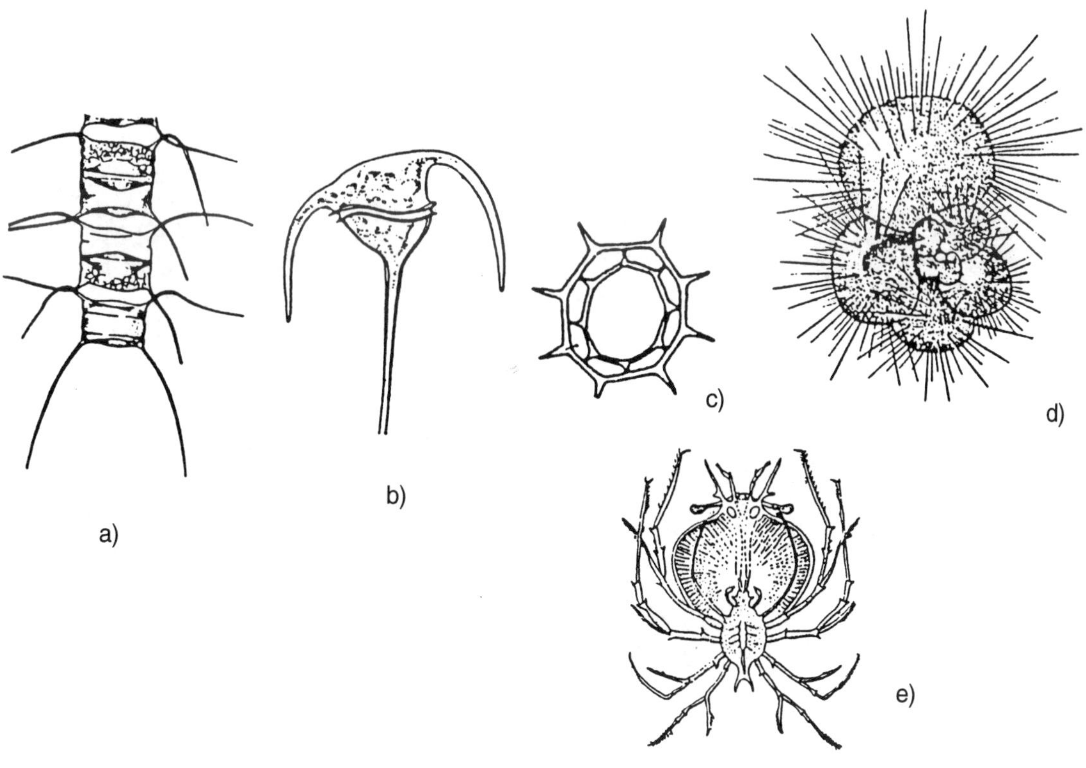

그림 4-33. 돌기와 뿔의 발달로 부유력을 증가시키는 부유동물.
a) 돌말류 *Chaetoceros*, b) 와편모류 *Ceratium*, c) 규질 편모류 *Distephanus*, d) 유공충 *Globigerinella*, e) 갑각류 *Phyllosoma*

작은 것은 체적에 비해 큰 표면적을 가질려는 적응현상이다. 또한 부유돌말류 형태가 구형보다는 원통형이나 원판형, 또는 뿔모양, 배모양으로 나타나는 것은 표면적을 넓혀 부유에 용이하게 하려는 적응현상이다. 이런 표면적을 넓히려는 방법으로 적응되어 나타난 것이 뿔이나 침 같은 돌기의 발달과 연쇄체의 형성이다. 용적이 증가되지 않는 대신에 뿔이나 돌기가 부유생물에 생기면 표면적이 증가되어 큰 표면저항을 받아 침강속도가 느려진다. 돌말류, 와편모조류, 방산충, 유공충, 갑각류의 돌기와 침, 뿔의 발달은 부유력 증가에 도움을 준다. 특히, 열대해역의 부유생물들은 이런 돌기와 침들이 잘 발달되어 있다(그림 4-33).

둘 또는 그 이상의 세포들이 연쇄체를 만들면 물에 접촉하는 면적은 개개의 개체가 물에 접할 때보다 면적이 감소된다. 따라서 표면저항이 감소되어 침강하기 쉬우나, 한편 연쇄체를 만들면 형태적으로 보다 더 평면화되고 입체화되어 표면적이 감소되는 대신 물에 대한 형태저항은 더 커지게 된다.

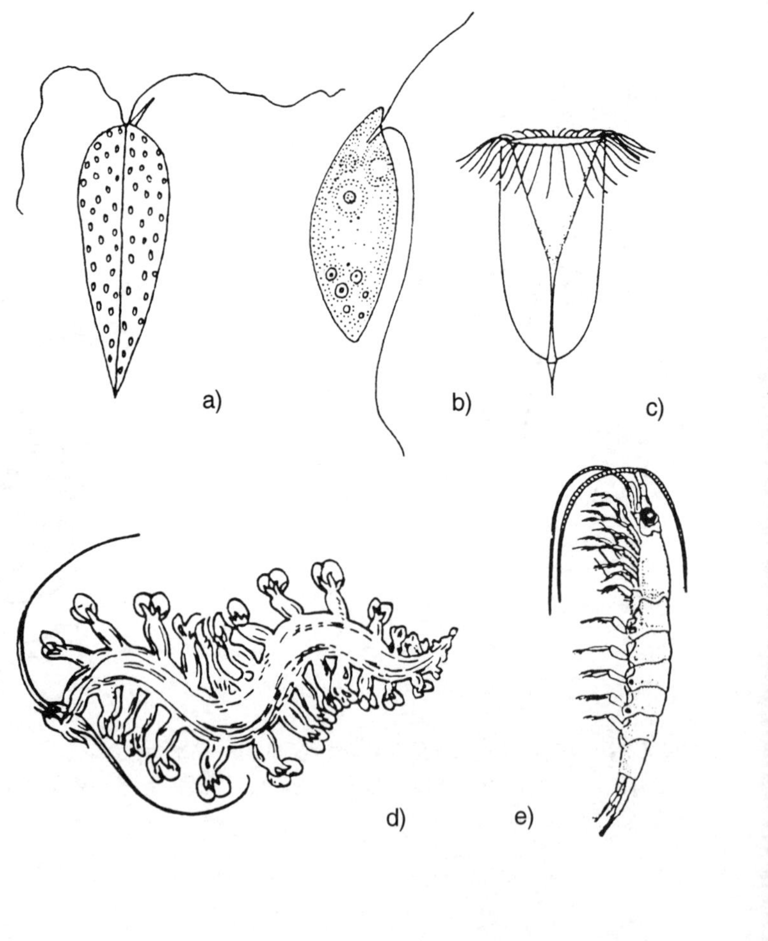

그림 4-34.
부유운동기관.
a) 식물성 편모류 *Prorocentrum*의 편모,
b) 동물성 편모류 *Parabodo*의 편모,
c) 섬모충류 *Parafavella*의 섬모,
d) 갯지렁이 *Tomopteris*의 헤엄다리,
e) 난바다곤쟁이 *Meganyctipanes*의 촉각

물의 점성도

순수한 물의 점성도는 20°C에서 0.01 poise 또는 10 g · m^{-1} · s^{-1}이다. 물의 점성도는 수온의 상승에 따라 감소된다. 열대해역은 수온이 높기 때문에 극지방 해수의 점성도보다 낮다. 그 결과 부유생물들의 침강속도는 증가된다. 이러한 침강속도 증가를 줄이기 위하여 열대해역에 서식하는 부유생물들은 크기가 작아지고 표면적을 넓히기 위하여 돌기와 가시들이 많이 돋아나 있다.

운동기관

부유식물의 대부분은 일차적으로 형태적 생리적인 적응에 의해 부유력을 증가시키려 하나 특별히 운동기관을 가지기도 한다. 운동기관을 가지면 에너지의 소모가 많으나 빠르게 이동할 수 있어 부유생활에는 효과적이다. 편모가 대표적인 운동기관이다. 동물은 편모 이외에 섬모, 헤엄다리, 촉수, 촉각 등을 가지고 있다(그림 4-34).

4.2. 부유동물의 수직이동

부유식물이 효과적으로 부유하기 위해 어떻게 형태적, 생리적 적응을 했는가를 위에서 살펴보았다. 부유동물은 부유식물에 비해 운동할 수 있는 능력이 강하다. 따라서 완전히 수동적으로 떠다니지만은 않는다. 앞서 채집과 관련된 문제점들을 지적하면서 부유동물이 상당한 운동능력이 있어, 다가오는 그물을 감지하여 도피할 수 있다고 소개한 바 있다. 이러한 면에서 알레이브(Aleyev, 1977)는 부유생물과 유영생물을 생물체 표면과 해수면 사이의 흐름이 층류(層流, lamina flow)인가 난류(亂流, turbulent flow) 인가로 구분할 것을 제시하기도 했다. 그러나 미세한 생물의 표면의 흐름을 파악하는 것은 현실적으로 어려울 뿐만 아니라 그 의미도 그리 크지 않다. 다만, 여기서 주목하고자 하는 것은 부유생물 특히 부유동물의 경우 운동능력이 상당하다는 것이다.

상당한 운동능력을 가진 부유동물이 수평적으로 뿐만 아니라 수직적으로 움직이고 있으며, 그러한 수직이동이 종류에 따라서는 매우 주기적임이 발견되었다. 2차대전 당시 미해군은 해저면이 아니면서 음파에 대한 반사층이 심해에 존재함을 발견하였고, 이러한 심해산란층(Deep Scattering Layer)은 주기적으로 음파에 대한 반사 강도가 변하면서 수직적으로 상하운동을 함을 파악하였다. 나아가 이

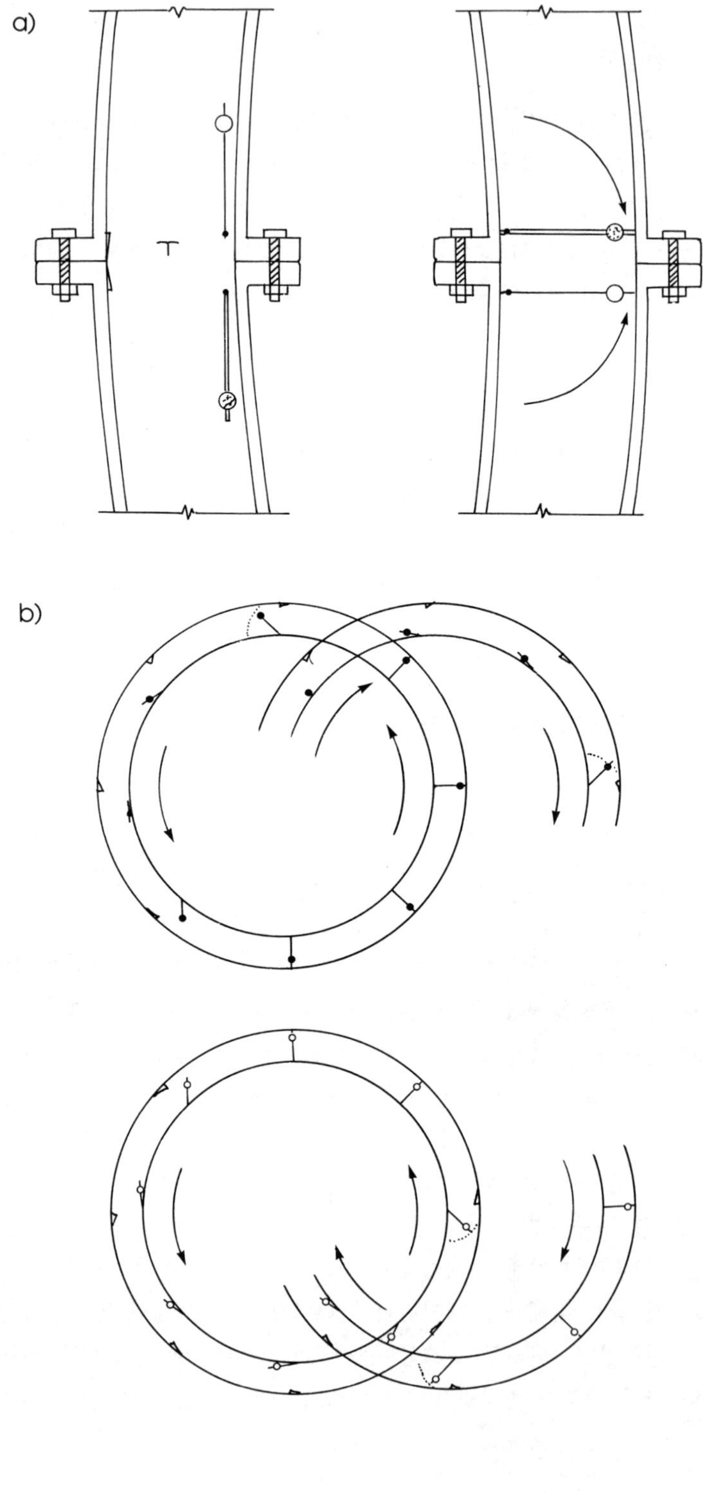

그림 4-35.
플랑크톤 휠(Plankton wheel).
a) 부표와 추로 만든 판막이가 서로 반대쪽에서 열리고 닫히는 모습.
b) 휠을 돌릴 때 판막이가 작동되는 모습
(Hardy and Bainbridge, 1954)

심해산란층이 부유생물과 소형의 유영생물에 기인함도 밝혀졌다. 그 후 1954년에 이르러는 Hardy와 Bainbridge(1954)가 플랑크톤 휠(그림 4-35)을 고안하여 실제로 부유동물(요각류)의 수직이동 속도를 측정하기에 이르렀다.

그림 4-35의 플랑크톤 휠은 투명한 유리나 아크릴로 만들 수 있는데, 내부에 부표와 추가 달린 판막이가 쌍으로 몇 군데 설치되어, 한쪽에서는 휠 내부를 가로막고 다른쪽에서는 열려지게 되어 있어 이 휠을 앞뒤로 돌리면 내부의 해수도 함께 움직이도록 고안되었다. 일정한 위치에 관찰자의 눈과 대상 동물이 위치하고 동물이 움직이는 방향의 반대로 이 휠을 돌리면서 관찰자의 눈 위치와 동물의 위치가 일정하게 유지하며 휠의 움직임을 시간의 경과와 함께 기록하여 부유동물의 상하운동 능력을 측정하는 것이다.

그 결과 많은 부유생물, 특히 많은 부유동물이 수직적으로 작게는 수 10 m의 범위를, 크게는 수 100 m의 범위를 주기적으로 이동함이 알려졌고, 그 주기는 크게 두 가지로 하루 주기와 계절에 따른 주기임도 알게 되었다. 전자를 일주기 수직이동(diel vertical migration), 후자를 계절적 수직이동(seasonal vertical migration), 혹은 발생관련 수직이동(ontogenetic vertical migration)이라고 한다. 과거에는 일주기 수직이동은 많은 종류의 부유동물이 낮에 상대적으로 깊은 곳에 위치하다가 밤에 표층에 올라와 분포하는 양상을 보인다는 점에서 주야 수직이동(diurnal vertical migration)이라고도 하였으나(그림 4-36), 수직이동의 양

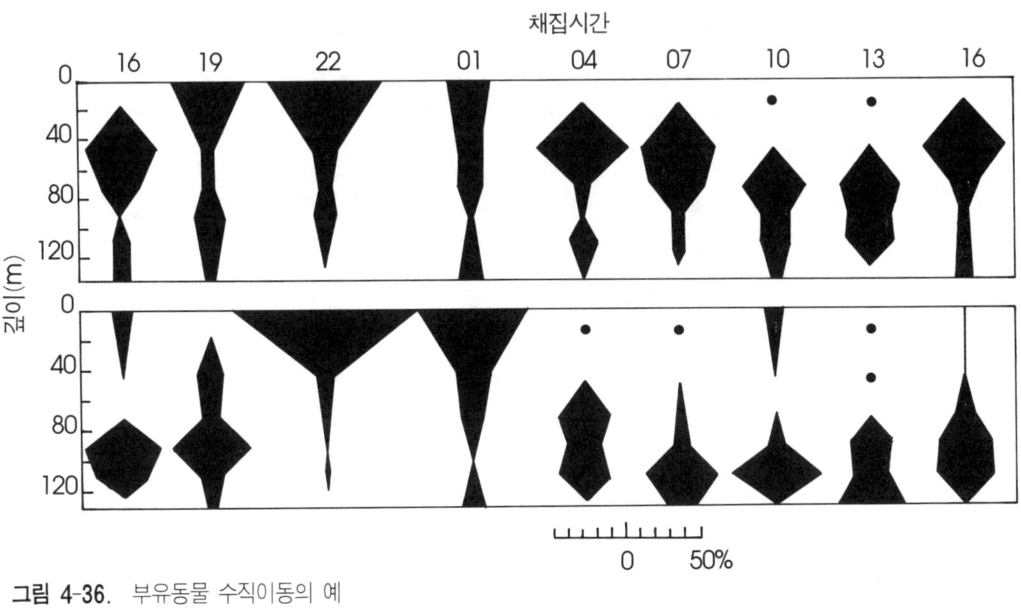

그림 4-36. 부유동물 수직이동의 예

상이 종류별로 다양하여 요즘에는 일주기 수직이동(diel vertical migration)이라는 용어를 주로 사용한다.

수직이동의 양상이 다양함은 구체적으로 박 등(Park *et al*., 1989) 등이 제시하였는데, 그들은 일반적인 수직이동, 역전된 수직이동(즉 낮에 표층에, 밤에 저층에 분포의 중심이 위치하는 경우), 위상이 지연된 수직이동(이동의 시간대가 앞의 두 경우와 4~6시간 차이를 두고 있는 경우) 등을 제시하였다. 그러나 일주기 수직이동은 모든 종에 공통적인 것이 아니고, 수직이동을 하는 종에서도 모든 개체가 다 수직이동을 하는 것은 아님을 유의해야 한다. 한편, 부유식물인 와편모조류에서도 일주기 수직이동은 관찰되었다.

일주기 수직이동에 대하여는 그 사실은 잘 알려져 있는 데 반하여, 그 원인에 대하여는 아직도 확실하지 않다. 이동의 주기가 하루며 하루의 주기로 변하는 환경요인이 광도라는 점에서 빛이 일주기 수직이동의 원인으로 간주되기도 하나 만족할 만한 설명은 아직 없다. 역시 빛과 관련되어 상층에 먹이가 되는 부유식물이 분포하고 있기 때문에, 야간에 포식자를 피해 상층에 올라와 먹이를 취하고 밝은 주간에 하층에 분포하여 포식자를 피하기 용이하다는 가설도 있었으나, 역전된 수직이동의 경우는 반대가 되며, 부유동물을 포식하는 영양단계상 상위의 동물들도 유사한 이동을 한다는 점에서 역시 완전한 설명이 되지 못한다. 수직적 수온분포와 먹이인 부유식물과 관련하여, 상층에서 먹이를 취하고 상대적으로 저온인 하층에 위치하여 대사율을 낮추어 에너지 관리상 유리함이 있다는 설명도 있었으나(McLaren, 1963), 이 역시 이동에 소모되는 에너지가 너무 크다는 반론도 있어, 일주기 수직이동의 원인에 대하여는 아직 만족할 만한 설명이 없는 실정이다. 박 등(Park *et al*., 1991)은 우리나라 서해 연안역과 같이 조류가 강하고 수심이 비교적 얕아 해수의 혼합이 활발한 지역에서도 이러한 일주기 수직이동을 확인하였는데, 그들은 또한 같은 종이라도 계절에 따라 수직이동의 양상이 변하고 있는 징후를 발견하였다.

계절에 따른 분포 중심의 수직적인 이동은 부유동물의 생활사와 관련이 있다. 이 생활사와 관련된 장기간의 수직이동은 산란된 알의 분포수심과 부화된 초기유생, 더욱 성장된 후기유생 및 성체의 분포수심들이 각기 다름을 말하며, 이러한 의미에서 발생관련 수직이동(Ontogenetic vertical migration)이라고도 한다. 그림 4-37은 요각류인 *Calanus plumchrus*의 생활사와 관련된 분포 중심의 수직이동을 도식화한 것이다. 이 현상은 계절의 변화와 밀접하여 계절적 수직이동이라고도 한다. 이러한 장주기의 수직이동 역시 종류에 따라 다양하며, 후기유생 및 성체의 시기에 단주기인 일주 수직이동이 함께 나타나기도 하여 매우 복잡한 양

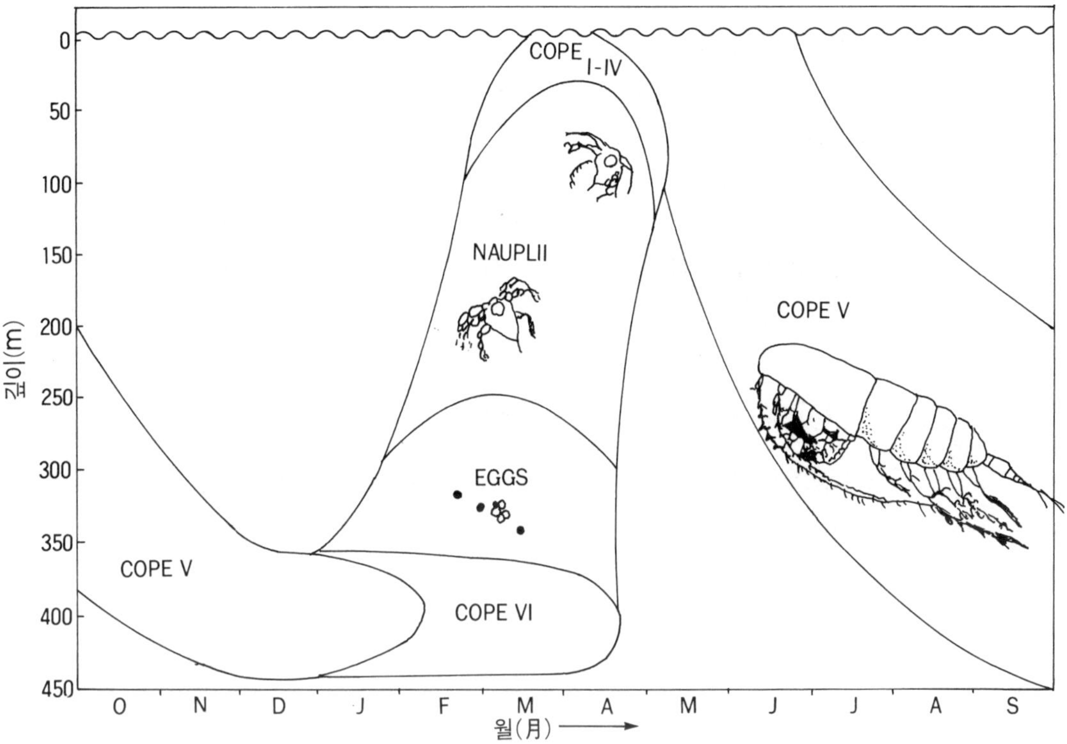

그림 4-37. 요각류 *Calanus plumchrus*의 생활사와 관련된 수직이동(COPE : Copepodite stage)(Fulton, 1973)

상을 띠기도 한다. 생활사와 관련된 장주기의 수직이동 역시 그 양상과 원인이 확실히 규명되지 않았으나 경쟁을 최소화하며 생활사 초기의 잡아먹힘에 의한 사망률의 감소를 위한 적응 등으로 해석하고 있다.

5. 부유식물의 일차생산

해양생태계는 육상생태계와 마찬가지로 해양생물들이 활동하고 성장하고 번식하기 위하여는 유기물질(organic substances)이 필요하다. 해양동물들은 먹이를 통하여 영양분을 섭취한다. 이 영양분은 해양에 서식하는 식물체나 박테리아에 의하여 만들어진 유기물을 섭식하므로 얻어진다. 해양의 유기물은 육상으로부터 유입된 것도 있으나 대부분은 해양에 서식하는 부유식물이나 해조류 또는 박테리아에 의하여 무기물로부터 만들어진다. 이와 같이 무기물로부터 유기물이 생산되는 것을 기초생산 또는 일차생산(一次生産, primary production)이라고 하며 일차생산을 하는 생물을 일차생산자(primary producer)라고 한다.

일차생산은 태양광에너지를 이용하여 무기물로부터 유기물을 합성하는 광합성(Photosynthesis) 작용과 무기물의 분해에너지를 이용하여 유기물을 합성하는 화학합성(Chemosynthesis)에 의한다. 해양에서의 유기물 생산의 대부분은 광합성 작용에 의한다. 해양의 일차생산력은 일차생산자의 광합성 능력과, 광조건, 영양조건 등 다양한 환경조건에 의해 영향을 받고, 그 측정방법도 여러 가지 방법이 이용되고 있다.

5.1. 광합성과 생화학적 탄소동화

해양에 서식하는 부유식물, 해조류, 수초 등의 식물체는 세포내에 엽록소(chlorophyll)를 가지고 있어, 이 엽록소에서 광에너지를 이용하여 물과 이산화탄소를 재료로 탄수화물(炭水化物, carbohydrate, CH_2O)을 합성하고 산소를 방출한다. 이 과정을 광합성 작용이라고 하며 아래와 같이 표시한다.

$$nH_2O + nCO_2 \xrightarrow{\text{빛}} (CH_2O)_n + nO_2$$

이 반응식에서 CO_2 환원의 최종 산물은 보통 글루코오스($C_6H_{12}O_6$)로 흔히 n을 6으로 한다. 이러한 산소를 생성하는 광합성 외에도 원핵생물(prokaryote)인 광합성 박테리아는 대부분 혐기성 박테리아(anaerobic bacteria)로 물 대신에 무기화합물을 수소원으로 사용하여 광합성을 한다. 예를 들면 녹색 유황박테리아는 아래 식과 같이 황화수소를 수소공여체로 사용한다.

$$2H_2S + CO_2 \xrightarrow{\text{빛}} CH_2O + H_2O + 2S$$

이들 박테리아는 H_2S의 산화생성물로 황을 방출한다. 해양에서 광합성 박테리아에 의한 유기물 합성은 극히 적은 양이고 그 대부분은 부유식물들의 광합성에 의해 생성된다.

부유식물의 광합성 작용은 고등녹색식물의 엽록체에서 일어나는 광합성 작용같이 세포내 엽록체(chloroplast) 안에서 빛이 필요한 명반응(明反應, light reaction)과 빛이 필요하지 않은 암반응(暗反應, dark reaction)에 의해 일어난다. 명반응에서는 엽록체의 엽록소나 다른 색소가 빛에너지를 흡수하여 전자에너지로 전환하여 두 종류의 고에너지 생성물인 ATP와 NADPH를 만들어 저장한

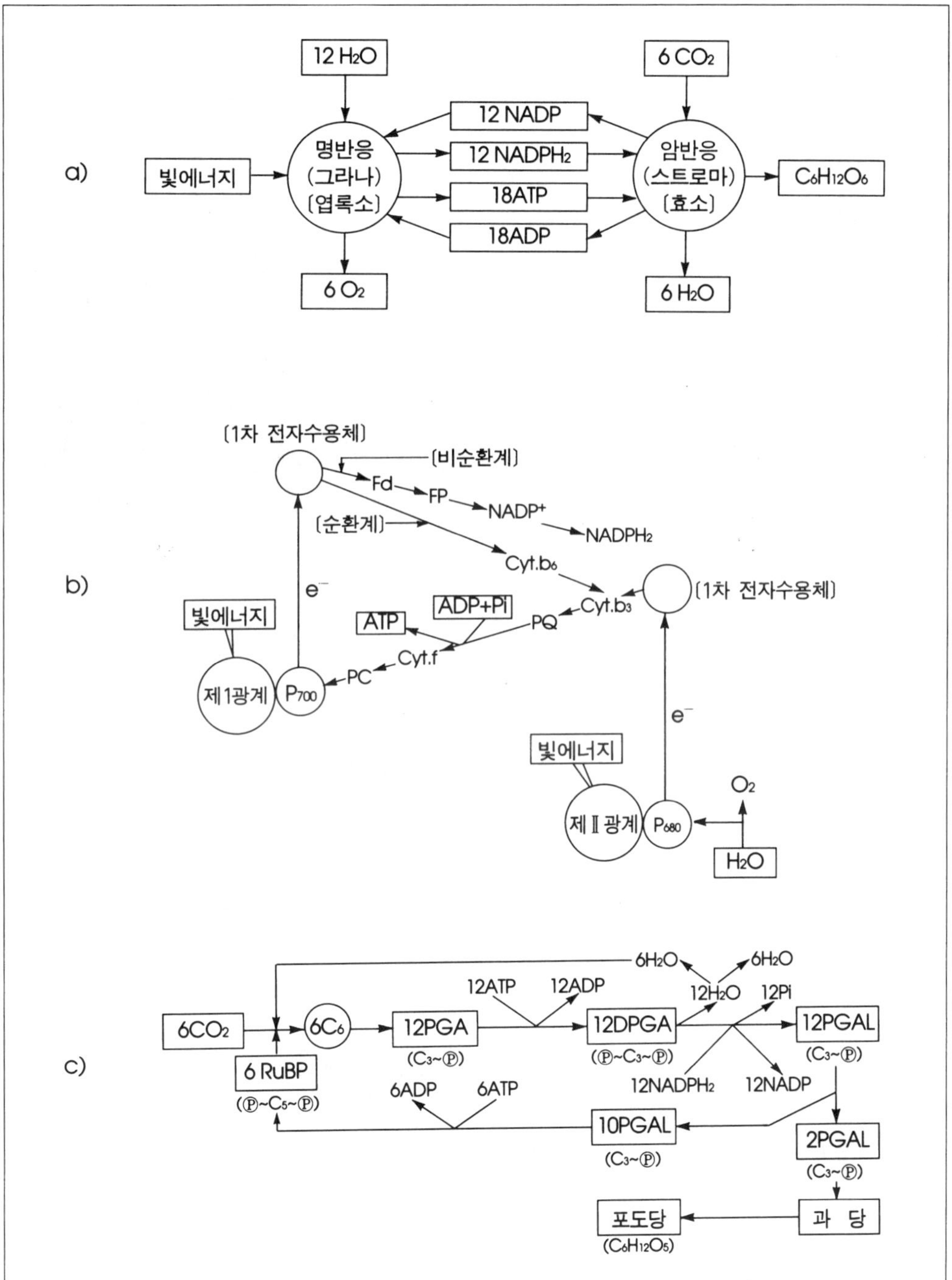

그림 4-38. 광합성 과정. a) 전과정, b) 명반응, c) 암반응

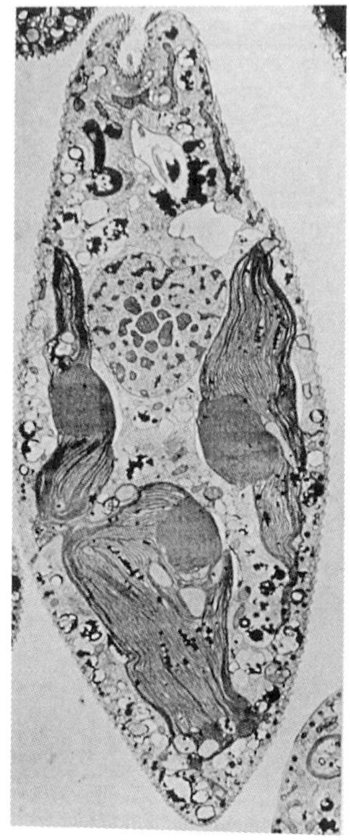

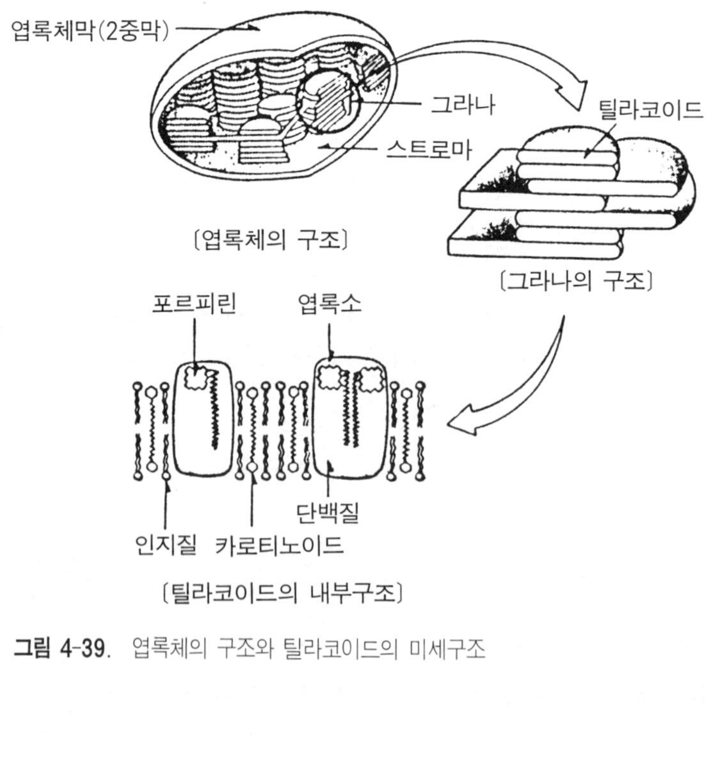

그림 4-39. 엽록체의 구조와 틸라코이드의 미세구조

다. 암반응에서는 명반응에서 만들어진 ATP와 $NADPH_2$를 에너지원으로 이용하여 Calvin 회로에서 CO_2를 환원하여 글루코오스나 다른 유기물을 생성한다(그림 4-38C).

광합성이 일어나는 엽록체는 종에 따라서 형태와 크기가 다르지만 세포내에서 외막에 둘러싸여 비교적 크게 나타난다(그림 4-39). 외막은 연한 막으로 되어 있고 안쪽에 내막을 가지고 있다. 내막 안쪽에는 막성 내부구조로 평평하게 밀폐된 주머니 모양의 틸라코이드(thylakoid) 액포 혹은 액낭이 겹쳐서 그라나(grana)을 형성하고 있다. 틸라코이드 안에는 엽록소를 비롯한 모든 광합성 색소와 전자전달계 및 광인산화 반응을 주도하는 물질이 들어 있다. 틸라코이드를 둘러싸고 있는 액체 스트로마(stroma)는 CO_2가 글루코오스로 환원되는 암반응에 필요한 효소의 대부분을 함유하고 있다. 틸라코이드막 안의 광흡수성 색소를 보면 마그네슘(Mg^{2+}) 주위에 porphyrin 고리를 가진 엽록소 a가 틸라코이드 막의 주요 부분을 차지하고 있고 보조색소(accessory pigment)라 불리는 2차적인 광흡수 색소들이 엽록소 a 주변에 붙어 있다. 이들 광흡수색소들은 집합을 이루어 광화학계(photosystem)을 형성하고 가시광의 영역인 300~720 nm 사이의 빛을 흡수한다. 엽록소 a에 의한 광화학 흡수 스펙트럼은 그림 4-40에서 보듯이 400~500 nm 사이와 600~700 nm 사이의 빛을 잘 흡수한다. 600 nm 보다 짧은 파장의 빛은 주로 엽록소 a와 보조색소에 의해 흡수되고, 600 nm 이상의 빛은 엽록소 a

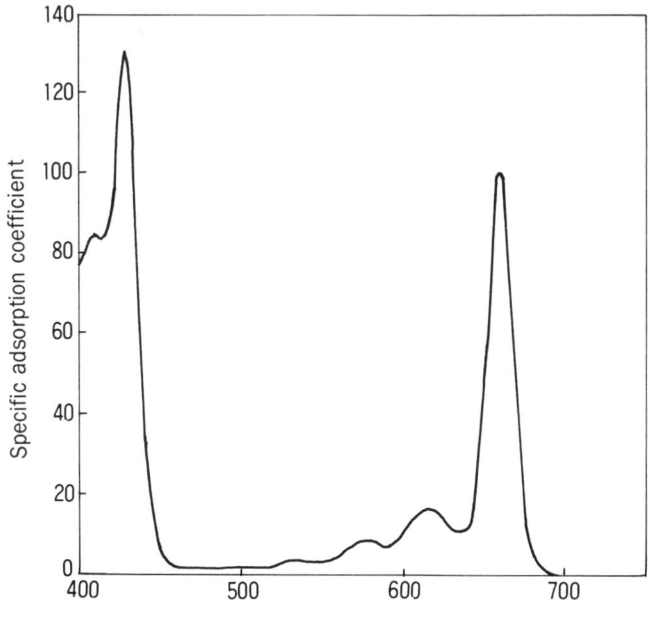

그림 4-40.
엽록소 a의 흡수 스펙트럼

에 의해서 흡수된다. 600 nm 이상에서는 670 nm와 695 nm에서 높은 흡수를 보인다. 이와 같이 엽록소 a는 틸라코이드막에 두 개의 서로 다른 광화학계를 갖는다. 광화학계 안의 모든 색소분자는 광을 흡수할 수 있으나 빛에너지를 화학에너지로 전환할 수 있는 분자는 광화학반응 중심을 이루는 단하나의 분자이다. 다른 색소분자는 빛에너지를 흡수하여 광화학반응 중심에 에너지를 전달한다. 제 I 광화학계는 장파장의 빛으로 가장 잘 여기되는 P_{700}이고, 제 II 광화학계는 600 nm 이하의 빛으로 잘 흥분되는(excited state) 광화학계이다. 엽록소 a 680에서 흡수한 에너지는 바로 광화학반응에 쓰여지거나 형광(발광파장 730)을 내는 데 쓰여진다. 그러나 짧은 파장에서 흡수된 에너지는 보조색소에 의해 엽록소 a 670으로 전달된다. 일반적으로 산소를 방출하는 모든 광합성세포는 제 I, II 광화학계를 가지고 있으며 산소를 방출하지 않는 광합성 박테리아는 제 I 광화학계만 가지고 있다. 제 I 광화학계에 의해 빛으로부터 온 광량자가 흡수되면 고에너지 전자가 광화학반응 중심에서 나와 전자운반체의 사슬을 통해서 $NADP^+$에 이르러 $NADP^+$을 아래와 같이 NADPH로 환원한다.

$$2H_2O + 2NADP^+ \xrightarrow{\text{빛}} O_2 + 2NADPH + 2H^+$$

제 II 광화학계의 반응중심은 680 nm의 빛을 흡수한다. 이러한 이유 때문에 광화학계를 P_{680}이라고 부른다. P_{680}에서 흥분된 고에너지 전자가 플라스토키논(plastoquinone, PQ)쪽으로 내려갈 때에 방출되는 전자에 의해 ADP가 인산(P_i)과 결합하여 ATP를 생성하고(광인산화 과정, photophosphorylation)

$$P_i + ADP + \text{빛 에너지} \text{ -----------} \rangle\ ATP$$

플라스토키논의 환원형은 전자를 시토크롬 b(cytochrome b)로 준다. 시토크롬 b는 다시 전자를 시토크롬 f(cytochrome f)로 넘겨 준다. 시토크롬 f는 다시 전자를 플라스토시아닌(plastocyanin)에게 넘겨 주고 플라스토시아닌은 광화학계 I의 P_{700}에 있는 빈 전자구멍에 전자를 채워 준다.

암반응에서는 명반응에서 생성된 ATP, NADPH 및 물과 이산화탄소를 이용하여 Calvin 회로를 통해 다음과 같은 ATP 18개와 NADPH 12개를 소비한 후 글루코오스 1분자를 합성한다.

$$6CO_2 + 18ATP + 12H_2O + 12NADPH + 12H^+ \text{ ------} \rangle$$
$$C_6H_{12}O_6 + 18P_i + 18ADP + 12NADP^+$$

엽록체를 가진 식물체들의 광합성 작용은 이상과 같으며 광합성 작용에 관한 보다 세부적인 반응과정은 식물생리학 또는 생화학 교과서들을 참고하기 바란다. 일부 미생물들은 암모니아, 메탄, 질산염 같은 무기복합물의 분해에서 나오는 환원력(reducing power)을 이용하여 ATP와 NADPH를 형성해 CO_2를 유기물로 합성한다. 이러한 과정은 광에너지를 이용하는 광합성과 구분하여 화학합성(chemosynthesis)이라 한다. 화학합성 과정은 다음과 같이 세 단계로 표시한다.

첫째, 수소이탈반응(dehydrogenation)의 결과 다음과 같은 강한 환원력이 생성된다.

$$nAH_2 + nH_2O \xrightarrow{\text{탈수소효소 (dehydrogenase)}} nAO + 4n[H^+ + e^-]$$

(무기물) 탈수소효소 (dehydrogenase) 산화물 환원력

둘째, 환원력의 일부는 시토크롬계(cytochrome system)에서 ADP와 P_i가 합해져 ATP를 합성하는 데 쓰이고 다른 일부는 $NADP^+$를 NADPH로 환원시키는 데 쓰인다.

$$4[H^+ + e^-] + m\,ADP + m\,P_i + O \xrightarrow[\text{system}]{\text{cytochrome}} 2H_2O + m\,ATP$$

이렇게 생성된 에너지원인 ATP와 NADPH는 다음과 같이 CO_2를 동화하는 데 쓰인다.

$$12NADPH + 18ATP + 6CO_2 \longrightarrow C_6H_{12}O_6 + 6H_2O + 18ADP + 18P_i + 12NADP^+$$

화학합성을 하는 박테리아는 무기물의 차이에 따라 *Nitrosomonas* 같은 질화박테리아(nitrifying bacteria), *Thiobacillus* 같은 유황박테리아, *Desulfovibrio* 같은 수소박테리아, *Methanonmonas* 같은 메탄박테리아, *Grallinella* 같은 철박테리아 등으로 나눈다. 이 중 무기물로 질소와 유황복합물이 다른 무기물보다 풍부하기 때문에 질화박테리아와 유황박테리아가 많이 분포한다. 대부분 환원무기물은 주로 혐기성 환경에서 생성되기 때문에 내만 기수역이나 휘오르드 무산소층이 화학합성 박테리아에 좋은 서식환경이다. 그런 환경에서 유황, 수소, 메탄 박테리아들이 활발하게 자라는 것을 볼 수 있다.

5.2. 해양의 일차생산

일차생산력과 일차생산량

광합성과 화학합성에 의해 무기물로부터 고정된 유기물의 생산능력과 생산량은 일차생산력(一次生産力, primary productivity)과 일차생산량(一次生産量, primary production)으로 표시된다. 일차생산력은 일차생산자가 광합성이나 화학합성에 의해 단위시간 동안에 무기물로부터 유기물을 생산하는 능력을 가리키고, 일차생산량은 단위시간 동안에 고정한 유기물의 양을 가리킨다. 일차생산력에 의해 고정된 유기물의 총량은 총일차생산량(總一次生産量, gross primary production)이라 하고, 이 중 일부가 생산자의 호흡이나 배설, 몸체 유지 등에 쓰여지고 남은 유기물량은 순일차생산량(純一次生産量, net primary production)이라 한다. 즉,

총일차생산량 = 순일차생산량 + 총호흡량

이 순일차생산량은 보다 위 영양단계의 먹이로서 이용되어지기도 하고, 남은 경우 일차생산자의 생물량(生物量, biomass)에 첨가된다. 일차생산량은 단위면적 또는 단위체적당 단위시간에 고정된 유기물의 양이기 때문에 보통 $mgC \cdot m^{-3} \cdot hour^{-1}$, $mgC \cdot m^{-2} \cdot day^{-1}$, $gC \cdot m^{-2} \cdot year^{-1}$ 등으로 표시한다. 이에 비해 생물량은 $mgC \cdot m^{-3}$, $gC \cdot m^{-3}$ 등의 탄소량으로 표시하거나 건중량(乾重量, dry weight), 습중량(濕重量, wet weight), 재뺀건중량(ash free dry weight) 등의 무게 단위로 표시된다. 총일차생산량은 표층에서는 호흡량보다 크나 수심이 깊어질수록 감소되어 어느 깊이에서는 호흡량과 같아져 순일차생산량이 생기지 않는다. 이 깊이를 보상깊이(compensation depth)라 한다. 이 보상깊이의 상층에서 일일 일차생산량(daily production)이 축적된다. 보상깊이는 수괴의 투명 정도와 광의 투과 정도에 따라 변한다. 투명도가 높은 동해나 제주도 부근 수역에서는 보상깊이가 깊은 데 반해 해수 중에 부유입자가 많은 서해 연안이나 하구수역에서는 보상깊이가 낮다. 보상깊이에서의 광의 세기를 보상광도라 하며 보상광도는 보통 표층광의 1%에 해당된다. 따라서 보상깊이는 표층광의 1%에 해당되는 깊이를 말한다. 일차생산력 측정은 이 보상깊이 상층에서 일어나는 광합성 능력을 측정함으로서 알 수 있다.

측정방법

해양에서 박테리아의 화학합성에 의해서 일어나는 일차생산량은 부유식물의 광합성에 의해 고정되는 일차생산량에 비해 작기 때문에, 해양의 일차생산량은 보통 광합성에 의해 고정되는 유기물의 양을 측정하는 것으로 구한다. 단위시간 동안에 광합성에 의해 고정되는 유기물의 양은 여러 가지 방법에 의해 측정할 수 있다. 광합성 측정에 가장 많이 쓰여지는 방법은 광합성 결과 생산되는 유기물의 탄소량을 측정하거나 산소량을 측정하는 방법이다. 산소량 측정은 1927년 Gaarder와 Gran이 처음으로 고안한 명-암병법(light-dark bottle method)에 의해 측정한다.

명-암병법은 광이 투과할수 있는 투명병과 광이 투과할 수 없게 페인트 칠을 하거나 알루미늄 호일로 싼 암병에, 깊이별로 채수한 동일한 양의 해수를 넣어

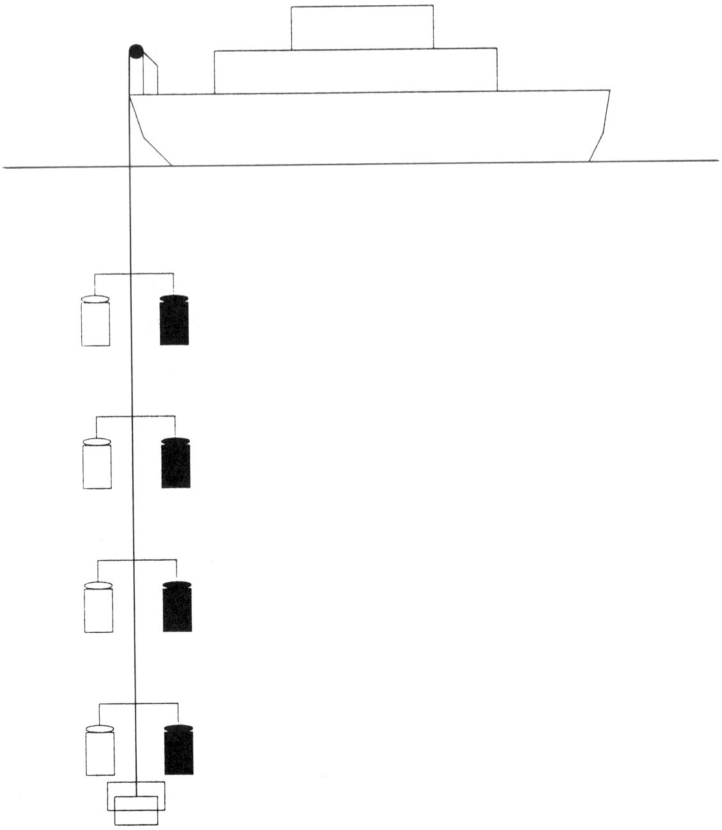

그림 4-41. 명 · 암병을 이용한 1차 생산력 측정방법

그림 4-41과 같이 동일한 시간을 배양한 다음, 병 속에 변화된 용존산소의 농도를 측정하여 계산하는 방법이다. 용존산소의 농도의 측정은 윙클러(Winkler) 방법을 이용하거나 정밀한 용존산소측정기를 이용하여 측정한다. 병 속의 변화된 용존산소의 농도를 알기 위하여는, 배양 전의 해수 중의 용존산소의 농도와 배양 후의 명 · 암병 속의 용존산소 농도를 알아야 한다. 투명병 속에서는 부유식물의 광합성과 호흡이 동시에 일어나기 때문에, 투명병 속에서 증가된 산소량은 부유식물이 광합성을 하여 생산한 산소량에서 부유식물이 호흡으로 소모한 양을 뺀 나머지 양이다. 즉, 투명병 속에서 증가된 산소량은 부유식물의 순일차생산량에 해당되는 산소량이다. 또 암병 속에서는 부유생물의 광합성이 일어나지 않기 때문에 호흡에 의한 산소의 소모만 있다. 따라서 배양 전의 용존산소 농도에서 배양 후의 암병 속의 용존산소량을 뺀 값이 호흡으로 소모한 산소량이다. 배양중에 생산된 총일차생산량은 투명병에서 구한 순일차생산량과 암병에서 구한 호흡량을 합하여 탄소로 전환하여 구한다. 이때 산소와 탄소의 비는 1:1로 전환한다. 명 · 암병법에 의한 변화된 산소량 측정으로 일차생산력을 구하는 방법은 비교적 간단한 장치와 용이한 측정으로 편리한 방법이긴 하나 배양 해수 중에 포함된 박테리아나 동물플랑크톤들의 호흡으로 순일차생산량이 과소평가될 수 있으며, 명-암병에서 용존산소량 변화가 미약하기 때문에 장시간 배양하는 경우, 투명병과 암병에서의 부유식물의 양적 변화가 일어날 수가 있다. 또한 부유식물이 흡수하는 탄소와 생성하는 산소의 비가 1:1로 같지 않고 환경에 따라 변하기 때문에 정확한 값을 구하기가 쉽지 않다.

최근에 광합성 측정에 많이 쓰이는 방법은 1952년 Steemann-Nielson에 의해 처음으로 개발된 방사선 동위원소 C-14를 이용한 방법이다. C-14 방법은 자연해수 중에서 부유식물이 광합성을 하기 위하여 주로 이용하는 HCO_3(중탄산염)과 유사한 $H^{14}CO_3$을 부유식물이 포함된 배양병내 해수에 첨가하여, 부유식물이 단위시간에 고정한 ^{14}C의 양을 측정하여 계산하는 방법이다. 배양에 사용할 해수를 보상깊이내에서 깊이별로 채수하여 투명병과 암병에 동일한 양을 넣고 상품화된 $NaH^{14}CO_3$을 소량 첨가하여 채수 깊이와 동일한 깊이에서 동시에 배양하거나, 선상 갑판 위에서 채수된 길이의 광조건과 유사한 조건을 만들어 배양한다. 일정 시간 배양 후 명 · 암병 속의 식물플랑크톤을 막여과지나 유리섬유여과지를 이용하여 걸러 낸다. 걸러 낸 시료를 용매를 이용하여 녹인 후 액상방사선 동위원소 측정기(Liquid scintillation counter)를 이용하여 β방사광을 측정한다. 해수 중의 식물플크톤이 이용하는 HCO_3의 탄소는 ^{12}C이므로 배양 전에 해수 중의 ^{12}C 양을 측정하여, 배양병 속의 $^{12}C : {}^{14}C$의 비를 이용하여 배양 후 식물플랑크톤에 고정된 ^{14}C의 양을 측정한 후 고정된 ^{12}C의 양으로 전환하여 생산력을 계산한다. 단시간 배양시 투명병에서 배양된 ^{14}C 양은 부유식물의 총일차생산력을 가리키고, 암병에서 배양된 ^{14}C은 박테리아와 부유식물이 광합성을 하지 않고 흡수한 ^{14}C을 가리킨다. 따라서 정확한 총일차생산력을 측정하기 위하여는 투명병에서 배양된 ^{14}C 양에서 암병에서 배양된 ^{14}C을 빼주어야 한다. C-14법에 의한 광합성 측정이 ^{14}C을 이용한 직접 측정으로 산소명암병법보다는 정확도가 높지만 산소측정법과 마찬가지로 박테리아에 의한 영향이나 제한된 용기내에서의 배양 등 오류의 요인를 가지고 있다. 또한 부유식물이 $^{12}CO_2$와 $^{14}CO_2$의 흡수에 5~6%의 차이를 두고 흡수하는 것으로 알려져 있으며, 배양 중에 고정된 유기물의 일부를 호흡에 의해 분해하여 다시 해수 중에 유출하기 때문에 정확한 일차생산력을 구하기가 어렵다. 해양에서의 일차생산력 측정에 위와 같은 산소명암법 측정법이나 C-14 측정법 외에도 부유식물의 현존량(standing crop)의 변화를 이용하는 방법과 수소이온 농도나, 용존 CO_2 또는 O_2의 변화량을 측정하여 구하는 방법 등이 있다.

부유식물의 현존량 변화를 이용하는 방법은 단위시간 동안에 부유식물의 개체수의 변화를 계수한 후 쿨터카운터(coulter counter) 등으로 증가된 개체수의 용적을 측정하여 탄소로 전환하여 구하는 방법이다. 또 다른 현존량을 이용하는 방법은 일정한 해수내의 부유식물의 엽록소(chlorophyll-a) 농도를 측정하여 부유식물의 광포화도(Is)와 현재 광상태(I), 최대 광합성능력($Q\,\mathrm{max}$) 등을 구해

$$P = \frac{I}{Is} \times Q\,\mathrm{max} \times \mathrm{Chlolophyll\text{-}a}$$

관계에 의한 생산력을 측정하는 방법이다.

5.3. 일차생산과 환경

앞에서 소개하였듯이 해양생태계의 일차생산은 주로 광합성에 의한다. 부유식물은 물, 이산화탄소, 무기염들을 태양에너지를 이용하여 유기물로 전환한다. 이 과정에서 물, 이산화탄소, 무기염과 태양광의 변화에 따라 부유식물의 유기물 생산이 영향을 받을 수 있다. 그러나 해수 중에 물과 이산화탄소는 풍부하기 때문에 그 변화에 큰 영향을 받지 않는다. 그 반면에 태양광은 변화가 크기 때문에 광합성 작용에 큰 영향을 주고, 광합성에 필요한 무기염도 대부분 소량이기 때문에 부유식물의 광합성과 성장에 큰 영향을 줄 수 있다. 태양광과 무기염과 같이

직접적인 영향 외에도 광합성은 태양광과 무기염 분포에 영향을 주는 요소들에 의해서도 간접적으로 영향을 받을 수 있다.

광

부유식물의 광합성은 해수 중의 광분포에 의해 큰 영향을 받는다. 해수로 유입된 태양광은 해수 중의 물분자와 용존물질 및 부유입자에 의해 흡수되고 산란되기 때문에, 광의 광도(light intensity)가 급속도로 감소되고 광파장(light spectrum)이 변하게 된다. 광의 광도는 광파장의 분포와 관계없이 수괴의 탁도(turbidity)에 따라 일정한 소광계수(消光係數, extinction coefficient, K)를 보이며 감소한다. 인천 앞바다와 같이 높은 탁도를 보이는 수역에서는 높은 소광계수를 보이며, 1~3 m의 얕은 유광층을 형성한다. 반면에 열대의 외양역에서는 부유입자의 농도가 적기 때문에 낮은 탁도를 보이고, 낮은 소광계수로 인하여 100~150 m의 깊은 유광층이 형성된다. 부유식물의 광합성에는 적당한 광도범위

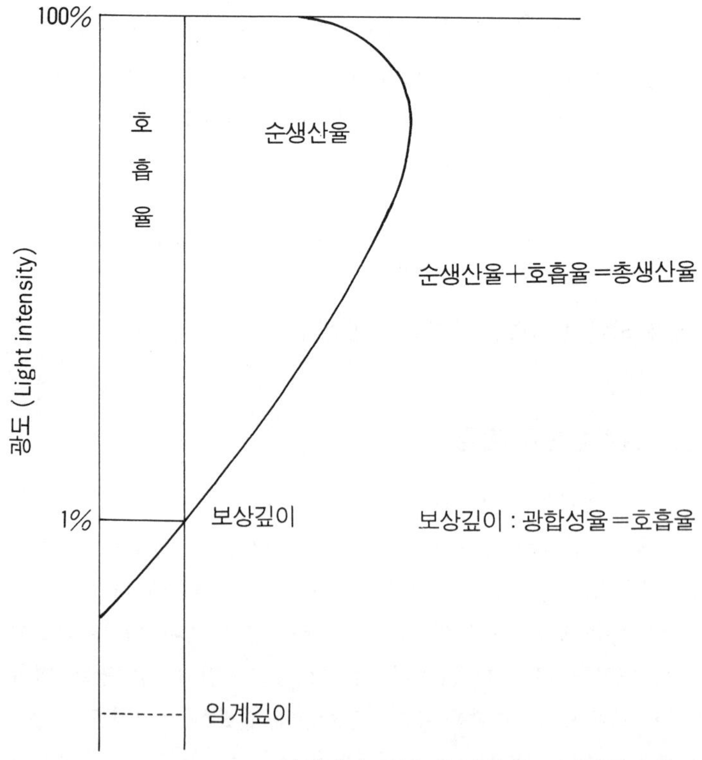

그림 4-42.
광변화에 따른 생산력 분포

(optimum light intensity range)가 있어서, 이 광도범위보다 강한 빛이 비치는 해수의 표면에서는 광저해현상(photoinhibition)이 일어나고, 부유식물의 광합성량 보다 호흡량이 많아지는 진광대 밑에서는 순생산이 일어나지 못한다(그림 4-42). 보상깊이는 보통 표면광도의 1%에 해당하는 깊이고 진광대의 최심깊이이다. 부유식물의 수괴별 일차생산량은 이 보상깊이 위의 일차생산력을 적분하여 시간단위별로 표시한 것이다. 보상깊이는 시간과 장소에 따라 변하기 때문에 일차생산력 측정시 반드시 측정하여야 한다. 보상깊이의 측정은 광도계로 소광계수를 측정하여 계산하는 방법과 투명도판(Secchi disk)을 이용하여 간접적으로 측정하는 방법이 있다.

보상깊이를 Z, 투명도 깊이를 DS라 하면,

$$Z = \frac{4.605}{K} \text{ 로, } K = \frac{1.7}{DS} \text{ 일 경우(Poole and Atkins, 1927)}$$

보상깊이는 투명도 깊이의 2.7배에 해당된다.

해수표면에 도달한 태양광의 파장은 280~1000 nm 분포로 자외선부터 적외선까지 넓은 파장분포를 한다. 그러나 태양광이 해수에 들어오면서 자외선 파장과 적외선 파장은 물분자에 의해 표면에서 흡수되고 400~700 nm의 가시광선 파장만 남게 된다. 이 가시광선 파장 중 자색파장과 적색파장은 표층 2~3 m내에서 물과 부유입자들에 의해 급속도로 흡수되고, 나머지 파장의 빛들 중 녹색과 청색

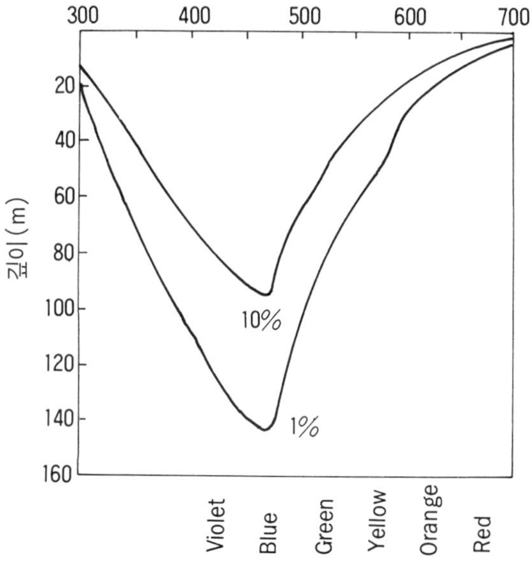

그림 4-43.
정점해역에서의 표층광의 1%광과 10%광의 파장에 따른 투과 분포(Lally and Parsons, 1993 참조)

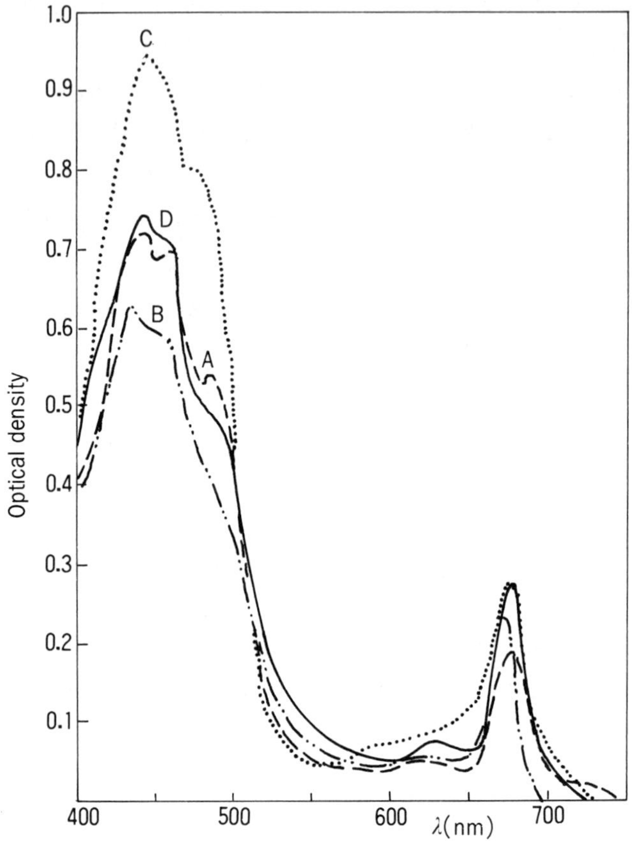

그림 4-44.
부유식물의 종류별 흡수 스펙트럼.
A. 돌말류 *Cyclotella*.
B. 와편모류 *Amphidinium*.
C. 녹조편모류 *Chlamidomonas*.
D. 자연해수의 부유식물
(Bougis, 1976 참조)

의 파장이 덜 흡수되어 가장 깊이 투과된다(그림 4-43). 부유식물의 일차생산력은 이 파장분포와 관계없이 광의 광도에 따라 일어나나 부유식물이 흡수하는 파장범위는 부유식물 종류에 따라 다소 다르게 나타난다(그림 4-44). 표층에서 부유식물의 흡수파장은 400~700 nm 까지 넓게 나타나나 수심이 깊어지면 400~600 nm 사이의 파장만 주로 흡수하는 것으로 나타난다(그림 4-45).

영양염

부유식물의 성장과 번식에는 여러 가지 무기이온들이 필요하다. 일부 무기물들은 유기물 합성의 필수원소로서 이용되고 여러 종류의 무기이온들이 몸체의 구성과 기능을 조절하는 데 이용되고 있다. 물과 탄산가스는 광합성 작용에 필수 무기물이고 이외에도 철, 인, 질소, 칼륨, 마그네슘, 황, 구리, 아연 등 많은 종류

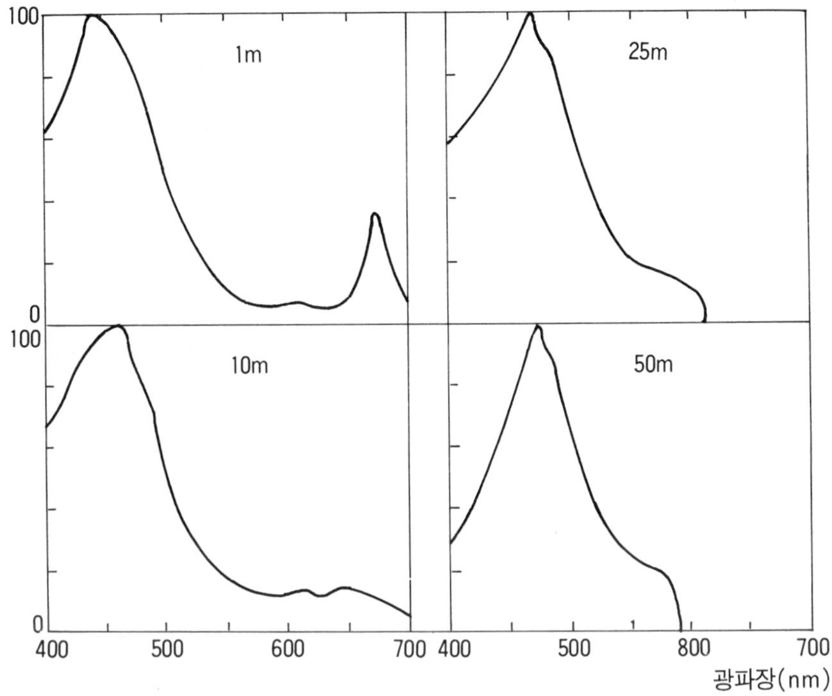

그림 4-45.
깊이에 따른 부유식물의 흡수 파장의 변화
(Yentsch, 1962)

의 무기이온들이 광합성 작용과 광합성 산물을 만드는 데 필수적으로 이용되고 있다. 이들 여러 가지 이온 중에는 해수 중에 상당량 녹아 있어 부유식물이 이용하기에 충분한 종류도 있는 반면에 몇 종류는 소량 녹아 있어 부유식물의 일차생산을 제한하는 것도 있다. 부유식물들은 Ligbig의 최소율의 법칙과 같이 성장에 필요한 무기이온의 최소 농도에 따라 성장에 제한을 받는다. 이러한 성장에 제한을 주는 무기염들을 영양염이라 하고, 부유식물에는 질소, 인, 규소 등의 염이 중요한 영양염으로 작용하고 있다. 이들 영양염 중에 질소는 해수 중에 0.5 ppm, 인은 0.07 ppm 정도로 소량 녹아 있어 생물들의 이용에 따라 급격하게 감소되기도 한다. 따라서 영양염의 생물학적 이용과 분해를 포함한 영양염의 생물지화학적 순환(biogeochemical cycle)이 해양의 일차생산에 큰 영향을 주게 된다. 영양염은 광합성 동안에 부유식물에 흡수되어 조직 형성 및 유기물 동화에 쓰여지고, 일부는 호흡 및 분비나 배설에 의해 해수 중으로 배출되어 해수 중에서 무기염으로 분해되어 순환된다. 부유식물의 광합성이 활발하게 되고 부유식물의 생물량이 증가하면 영양염들은 생물체내에 흡수되어 해수 중에 고갈된다. 이때 주위로부터 영양염 공급이 없으면 사막과 같은 삭막한 환경이 되고 부유식물의 성장이 중지된다. 흔히 열대의 외해역의 표층해수는 이와 같은 사막과 같은 환경이고, 연안

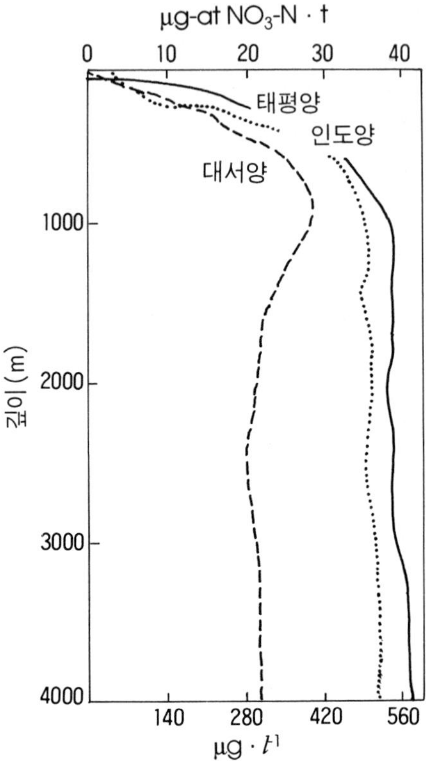

그림 4-46.
주요 대양의 깊이에 따른 질산염의 분포
(Svedrup *et al*., 1946)

수역은 육지로부터 공급이 있기 때문에 영양염이 비교적 풍부하다.

영양염 중 질소는 단백질의 주된 성분으로, 해수 중에 질소가 결핍되면 부유식물의 성장이 중지된다. 부유식물의 탄소와 질소의 비(C : N)는 일반적으로 100 : 10~20 정도로 해수 중의 질소가 감소하면 C : N 비가 증가되고 부유식물 체내의 질소성분이 감소되며 동화산물이 감소하게 된다. 부유식물 세포내의 질소는 최소량 이하로 떨어지지 않으나 세포분열이 중지된다. 녹조편모류 *Isochrysis galbana*의 경우 이 최소량은 세포당 0.031 pg-at N이다(Caperon, 1968). 부유식물에 의해 주로 이용되는 해수 중의 무기질소 영양염은 암모니아(NH_4^+), 질산염(NO_3^-, Nitrate), 아질산염(NO_2^-, Nitrite)이며, 일부 부유편모류가 유기질소인 요소(Urea)를 이용하고, 부유남조류는 질소가스를 고정하여 유기질소화합물을 만든다. 이 중 해양에서 제한요소로 작용하는 질소는 무기질소영양염으로 대부분의 부유식물이 질소원으로 이들을 흡수하기 때문에 고갈되기 쉽다. 부유식물의 무기질소 이용효율은 암모니아, 아질산염, 질산염 순으로 높으나 해양환경 중에 질산염 농도가 암모니아나 아질산염보다 10배 정도 높기 때문에 질산염의 농도분포가 부유식물의 성장에 큰 영향을 미친다. 질산염은 아질산염, 암모니아로 되고 또

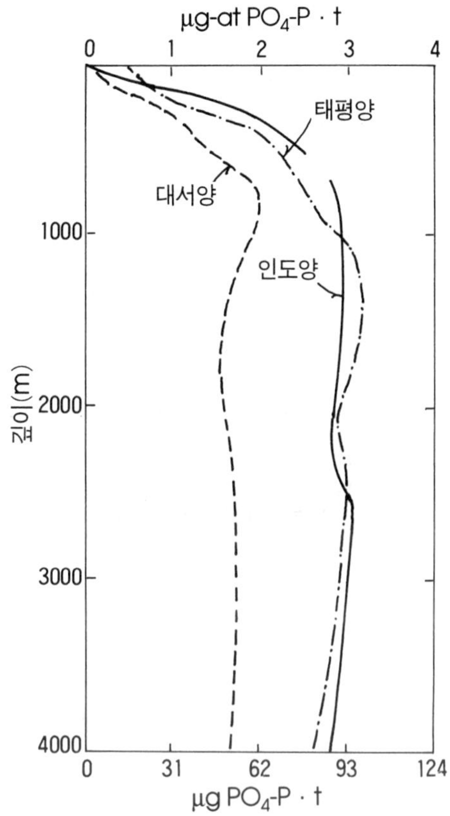

그림 4-47.
주요 대양의 무기인산염의 깊이에 따른 분포
(Svedrup *et al*., 1946)

암모니아가 아질산염, 질산염으로 되는 생지화학적 순환이 느리기 때문에 영양염 중 가장 큰 제한요소가 되고 있다(그림 4-46).

인은 세포의 구성성분 중의 하나로 인지질 형성과 핵산의 ATP 형성에 필수 물질이다. 부유식물내에서 탄소와 질소에 비해 106:16:1의 낮은 조성을 하고 있다. 인은 해수 중에서 무기인산염 계열(PO_4^{-3}, HPO_4^{-2}, $H_2PO_4^{-1}$)과 유기인(organic phosphorous)으로 존재하고, 부유식물은 인을 주로 H_2PO_4나 HPO_4 이온의 형태로 섭취한다. 그러나 규조류 같은 부유식물은 때로 무기인의 형태 외에도 유기인의 형태, 특히 glycerophosphate를 이용하기도 한다. 세포 밖의 무기인산염은 glucose-1-phosphate 형태로 세포에 흡수되어 글리코겐과 polyphosphate로 전환된다. 부유생물내의 인은 매일 무기인의 형태로 10% 이상의 많은 양이 배설된다. 원생동물들은 하루에 체내인의 10~30배를 배설하는 것으로 알려져 있다. 인은 해수 중에 질소에 비해 16:1 정도로 소량 존재하지만 이와 같이 빠른 분해속도 때문에 질소보다 덜 제한요인으로 작용한다. 일반적으로 인은 연안에서는 육지로

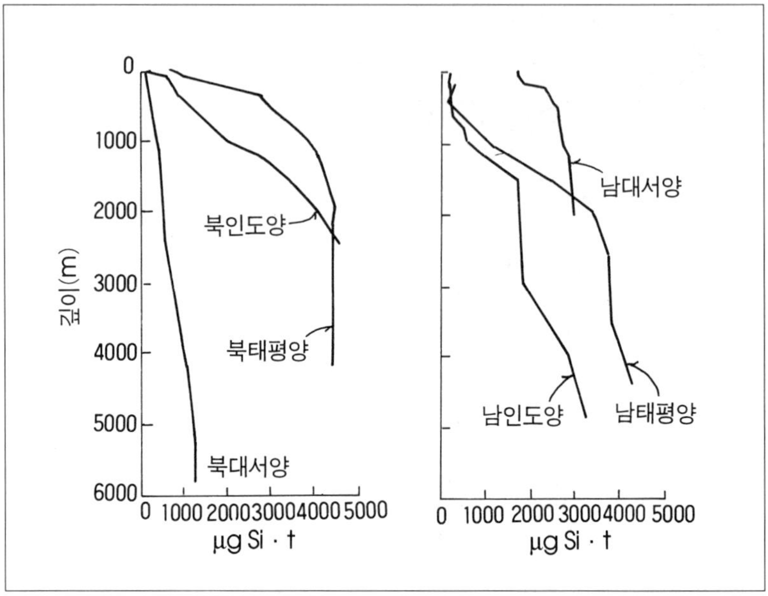

그림 4-48.
주요 해양의 규산염의 분포
(Armstrong, 1965)

부터의 공급 때문에 풍부한 편이나 외양에서는 극도로 작다. 특히 외양의 표층에서는 부유식물의 사용에 의해 극히 소량만 나타나고 있다. 그에 비해 저층에서는 표층으로부터 동·식물 사체가 떨어져 인을 공급하고 부유식물에 의한 이용이 없기 때문에 그림 4-47과 같이 높은 농도가 유지된다.

인과 질소의 비는 일반적으로 16:1 정도이나 인의 양이 적은 경우 54:1까지 증가되고 질소의 농도가 적을 경우는 6:1 정도까지 내려간다. 이때 표층에 인의 공급이나 질소의 공급이 있으면 부유식물의 증가가 일어난다.

규소는 육상에서와 달리 해양에서는 중요한 영양염 중의 하나이다. 규소는 해수 중에 질소나 인에 비해 많은 양이 녹아 있으나 돌말류나 규질편모류, 방선충종류가 규소를 많이 이용하기 때문에 때로는 고갈되어 이들 부유생물의 성장을 제한 하기도 한다. 규소는 부유식물 중 가장 많이 출현하는 돌말류의 규질껍질(silicate frustule)을 형성하는 규산(silicate, SiO_2)의 성분이기 때문에 돌말류가 대량 증식할 경우에 고갈되기 쉽다. 규소는 지각의 주성분으로 육상으로부터 많은 공급이 있는 연안수역에는 다량으로 분포한다. 그러나 외양역에서는 육상과 해저면으로부터 공급이 적기 때문에 고갈되기 쉽다. 또한 돌말류에 집적된 규소가 분해되어 해수 중에 유리되기에는 오랜 시간이 걸린다. 규산은 해수 중에 100mg · l^{-1}까지 녹을 수 있으나 대부분 5mg · l^{-1} 이하로 녹아 있고 주로 저층에 많이 녹아 있다(그림 4-48).

위와 같이 중요 영양염들이 부유식물의 이용에 의해 표층은 고갈되고 저층에 많이 녹아 있기 때문에 표층에 영양염을 공급할 수 있는 조건이 부유식물의 광합성에 중요한 영향을 미친다.

수괴의 혼합과 용승

광이 풍부한 표층수역에 영양염이 충분히 공급되면 높은 일차생산력이 유지될 수 있다. 표충수역의 영양염 공급은 외양역에서는 저층으로부터 주로 공급되고 연안수역에서는 육상과 해저 저층에서 주로 공급된다. 저층으로부터의 영양염 공급은 수괴의 수직혼합과 저층수의 용승작용에 좌우된다. 열대수역과 같이 표층수온이 높고 저층수온이 낮아 표·저층 사이에서 수온약층이 형성된 수역에서는 수괴의 수직혼합이 어렵다. 그러나 온대수역의 겨울과 극지방 수역과 같이 표층수온이 낮은 수역에서는 표층수괴의 밀도가 높아 저층의 밀도가 낮은 수역과 쉽게 혼합된다. 이와 같이 수괴의 혼합이 잘 일어나는 수역에는 저층의 풍부한 영양염이 수괴의 혼합과 함께 표층에 잘 공급된다. 수괴의 혼합에는 낮은 표층수온 외에도 바람에 의해서도 일어난다. 바람이 크게 불 때는 수괴의 혼합이 일어나 저층으로부터 영양염이 공급되거나, 수온약층이 약화되어 저층으로부터 표층으로 영양염 확산이 잘 일어난다. 이러한 수괴의 혼합 외에도 저층수괴의 용승현상에 의해서도 표층에 영양염이 공급될 수 있다. 한편 수괴의 혼합은 표층에 존재하는 부유식물을 저층으로 빨리 가라앉혀 표층 부유식물의 양을 감소시킬 수 있다. 수괴의 혼합이 클 경우 그림 4-42과 같이 대부분의 부유식물이 임계깊이(critical depth) 아래로 내려가 표층에 영양염이 풍부해도 일차생산이 생기지 않을 수 있다. 임계깊이는 수괴의 총일차생산량과 일차생산자의 총호흡량이 같아지는 깊이로 이 깊이 아래에서는 일차생산자의 호흡에 의해 일차생산량의 감소만 일어난다(그림 4-42).

임계깊이의 위에서는 일차생산량이 호흡량보다 크기 때문에 생물량의 축적이 일어난다. 수괴의 혼합이 임계깊이 위에서 일어나면 부유식물의 생산이 호흡보다 크기 때문에 생물량의 증가가 일어나고, 수괴의 혼합깊이가 임계깊이보다 깊으면 부유식물이 임계깊이보다 깊게 존재하기 때문에 총 생산보다 총 호흡이 많이 일어나 생물량의 감소가 일어날 것이다. 또한 수괴혼합 깊이가 깊으면, 부유식물이 유광층 아래에 머무르는 시간이 유광층에 머무르는 시간보다 길기 때문에 유광층에서의 일차생산량보다 유광층 아래에서의 호흡량이 크게 되어 생산이 감소된다. 이와 같이 수괴의 혼합 정도는 수괴의 광투과 정도 및 수괴의 영양염 분포와 더

불어 일차생산량 분포를 결정짓는 중요한 물리적 요소이다.

5.4. 먹이사슬

부유식물에 의해 생산된 유기물은 먹이사슬을 거쳐 우리가 식량으로 이용하는 어류에까지 전달된다. 이러한 먹이사슬은 그물처럼 서로 얽혀 있고 매우 복잡하여 흔히 먹이망이라고 칭한다. 이 먹이망은 크기가 작은 미세생물간의 먹이망과 크기가 큰 부유동물에 의한 먹이망으로 구별하여 생각해 볼 수 있다. 그 특성이 각각 독특하기 때문이다.

미세생물 먹이망

해양에서 먹이-영양 관계는 부유식물에 의하여 생산된 유기물이 부유식물을 섭식하는 초식성 부유동물과 초식성 부유동물을 포식하는 육식성 부유동물을 거쳐 어류로 전달되는 일반적인 먹이연쇄 과정이 있는 것으로 인정되어 왔었다. 그러나 해양 일차생산량의 대부분이 20 μm 이하의 미소부유식물들에 의해 이루어진다는 것이 많은 연구자들에 의해 밝혀지고, 초식성 부유동물의 주구성원인 요각류가 이런 미소부유식물을 효과적으로 섭취할 수 없다는 것이 밝혀지면서 일반적인 먹이연쇄 과정 외의 미세생물 과정(microbial process)이 존재하는 것으로 인정되었다. 한편 부유식물의 고정된 유기물의 상당량은 부유식물의 체내에서 용존유기물로 배출되어 해수 중에 용존유기물질(dissolved organic matter, DOM)로 존재하고, 부유동물의 섭식과정이나 배설로부터 유출된 용존유기물이 해수 중에 용존유기물로 첨가되어 존재한다. 또한 해수 중에는 육지로부터 유입된 미세한 생물조각이나 해양생물의 사체에서 유래된 파편성 유기입자(detritus)가 입자성 유기물(particulate organic matter, POM)로 존재한다.

박테리아는 해수 중에 10^5~10^6 cells · ml^{-1}정도 존재하면서 이 용존유기물과 파편성 유기입자를 에너지원으로 이용하여 이차생산(secondary production)을 하며 유기물을 분해하여 무기물로 환원한다. 박테리아에 의해 이용되는 용존유기물은 때로 부유식물에 의해 고정된 양의 50%까지 이르는 것으로 평가되고 있다(Larsson and Hagström, 1982). 이 박테리아들은 해양동물이나 이매패류, 갑각류 등의 다세포동물들에 의해 일부가 섭식되기도 하나 그 크기 때문에 효율적으로 이용되지 못하고 대부분은 종속영양 편모충류(heterotrophic flagellate)와 소형 섬모충류에 섭취된다.

Pomeroy(1974)는 일차생산자를 포함한 해양생물로부터 유출된 용존유기물이 박테리아와 미소종속 영양생물에 이용되고, 박테리아가 종속영양 편모충류와 섬모충류에 이용되는 먹이과정을 기존의 먹이연쇄 과정과 구분하여 미세생물 먹이고리(microbial food loop)라는 새로운 개념으로 제시했다.

이 개념은 기존의 먹이연쇄 과정에서 소실된 유기물이 미세생물 먹이고리를 통하여 다시 기존의 부유동물으로 전달된다는 에너지 이용의 보완적 의미를 갖고 있다. 이 먹이고리에서 박테리아와 함께 주도적 역활을 하는 동물성 편모충류 및 섬모충류는 유기물의 전달뿐만 아니라 빠른 대사작용을 통해 유기물을 무기물로 분해하는 데 박테리아 이상의 큰 역활을 하는 것으로 밝혀졌다. 최근의 연구에서 이들 부유원생동물들은 박테리아뿐 아니라 남조박테리아와 부유식물까지 포식하는 것으로 알려졌고 일부 부유식물 중에서는 용존유기물을 직접 이용하는 것으로 밝혀졌다. 따라서 부유식물에서 다세포성 부유동물로 가는 먹이연쇄와 박테리아에서 부유동물로 가는 미세생물 먹이고리를 따로 분리하는 것보다는 다세포성 부유동물 아랫단계의 먹이과정을 통털어 미세생물 먹이망(microbial food web)으로 정리하는 것이 바람직하다(Sherr and Sherr, 1988). 미세생물 먹이망에는 그림 4-49와 같이 극미소 크기의 부유남조류 미소형 부유식물, 독립영양 편모류 소형 부유식물 등의 독립영양자와 박테리아, 동물성 편모류, 섬모충류 및 소형 윤충류 등의 종속영양자 및 일부 식물성 편모류 중 유기물을 동시에 섭취하는 혼합영양식자 등이 포함한다. 이들 중 소형부유생물에 속하는 부유식물과 섬모충류 및 윤충류 등은 대형부유동물(macrozooplankton)에 이용되어 기존의 먹이망으로 들어간다. 이때 소형부유동물(microzooplankton)에 속하는 섬모충류 및 윤충류들은 성장이 빠르고 먹이섭취율이 높기 때문에 부유식물 및 부유편모류에 큰 영향을 미친다.

이와 같이 단세포부유생물들이 복잡한 미세생물 먹이망을 이루면서 다세포생물들의 먹이망을 지지하고 있으나, 부유식물에서 유출된 용존유기물이 미세생물 먹이고리를 통하여 다세포생물들의 먹이망에 완벽하게 전달되는지에 대하여는 아직도 많은 의견이 있다.

즉 이들 용존유기물이 미세생물 먹이망내에서 완전히 이용되어 다세포 먹이망으로 연결된다는 의견과 그 대부분이 미세생물 먹이고리내에서만 순환되어 다세포 먹이망으로는 연결되지 못한다는(sink) 의견이 있다. 그러나 열대해역과 같이 미소형부유생물 이하의 생물군집이 대부분인 수역에서는 이러한 미세생물 먹이망이 다세포생물 먹이망을 유지하는 데 큰 역활을 하고 있다.

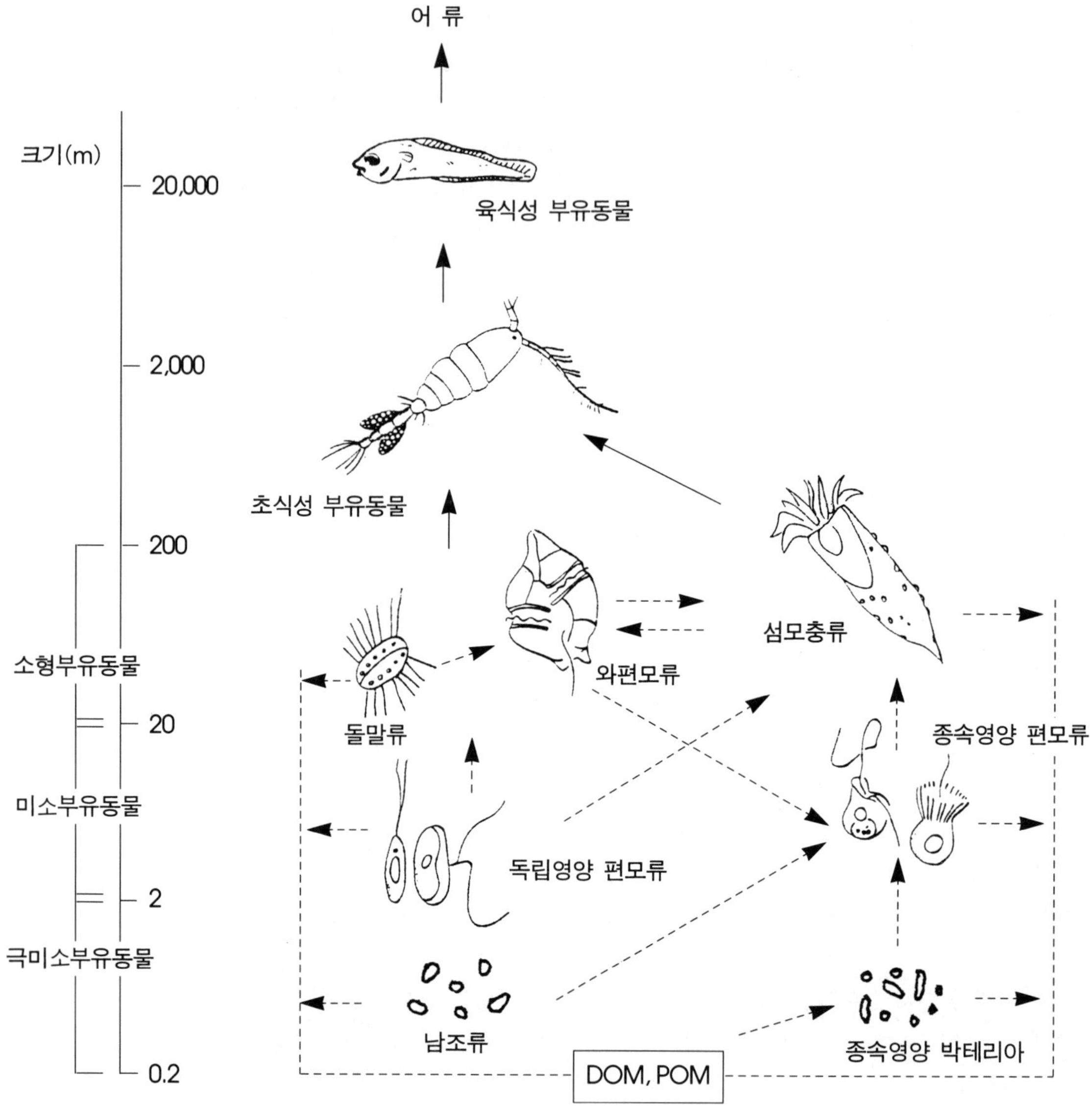

그림 4-49. 미세생물 먹이망(…)과 먹이 연쇄(—)

부유동물의 먹이망

부유식물에 의해 생산된 유기물은 미세생물 먹이망에서 순환하지만 이들 미세생물은 다시 크기가 큰 부유동물에 의해 소비된다. 이들 부유동물이 어떻게 먹이를 취하는지, 이러한 섭식이 부유식물 군집에는 어떤 영향을 미치는지, 부유식물, 미세생물, 부유동물간에는 어떤 먹이망이 형성되어 있는지를 소개하겠다.

섭식방법

동물은 무엇을 먹이로 하는가에 따라 초식성, 잡식성, 육식성으로 나눈다. 초식성은 먹이를 크기가 작은 부유식물이므로 대상을 하나씩 식별하여 잡아먹을 수가 없다. 따라서 해수를 여과하여 먹이를 골라 먹게 된다. 이렇게 해수를 여과하며 먹이를 취하는 방법을 여과섭식(filter feeding)이라고 한다. 이에 비해 육식성 동물은 먹이를 하나하나 잡아먹기 때문에 먹이섭취 방법을 포획섭식(raptorial feeding)이라고 한다.

모악동물인 화살벌레나 해파리류 등은 일반적으로 육식성으로 포획섭식을 하며 대부분의 유생들은 초식성으로 여과섭식을 한다. 그러나 어떤 부유동물이 초식자인지 육식자인지는 위 내용물이나 소화되지 않고 배출되는 고형 배설물(fecal pellet) 등을 분석해야 정확히 알 수 있다. 입 주변부의 형태를 관찰하는 것도 이를 구별하는 한 방법이다. 대표적인 요각류를 대상으로 섭식방법을 아래에 소개한다.

요각류는 보통 머리부분에 5~6쌍의 부속지를 가지고 있는데, 이 부속지 중 감각기능을 담당하는 앞의 1~2쌍 안테나를 제외한 나머지 부속지가 입 주변부에 있다. 초식성 요각류는 입 주변부의 이들 부속지를 이용해 입 부위에서 해수가 작은 와류를 만들도록 하고 이에 따라 흘러오는 먹이를 취하게 된다(그림 4-50). 부속지에는 여과기능을 담당하는 많은 강모가 있어, 이를 이용하여 먹이를 거를 수 있다. 육식성 요각류는 감각기능의 안테나가 먹이 위치를 감지하면 가슴다리(흉지)의 순간적 유영으로 먹이에 접근하여 입 주변부 부속지와 종류에 따라서는 변형된 안테나 등을 이용하여 먹이를 포획한다. 이들 입 주변부의 부속지의 예를 그림 4-51에 소개하였다. 부속지 중 특히 대악(mandible, 그림 4-52)의 형태는 초식성, 육식성에 따라 형태가 다르므로 그 동물이 초식성인지 육식성인지를 구별하는 기준으로 이용되기도 한다. 이를테면 그림 4-52에 나타낸 Edge Index(EI)의 값이 500 이하이면 초식성, 500~900 사이면 잡식성, 900 이상이면 육식성인 것으로 알려져 있다.

섭식률

초식성 요각류의 섭식량은 각 개체가 단위시간에 여과하여 부유식물을 완전히 제거하는 물의 양으로 나타내거나(여과율, Filtering rate 또는 Clearance rate, ml/copepod/hour), 여기에 부유식물의 개체수를 곱하여 얻어지는 섭식률

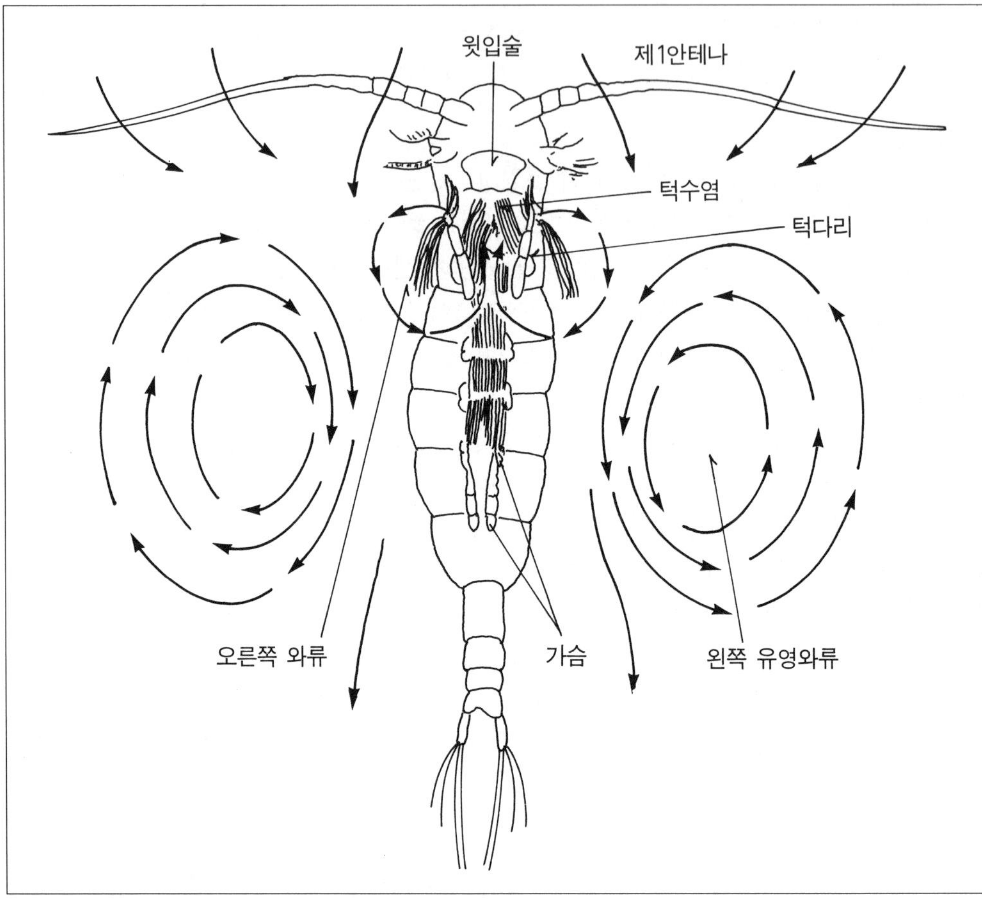

그림 4-50. 요각류 섭이에 관여하는 입 주변 부속지에 의해 형성되는 와류

(Ingestion rate, cells/copepod/hour, 또는 C/copepod/hour) 등으로 나타낸다. 이들 섭식률은 먹이의 크기, 동물의 크기, 먹이밀도, 생리적 상태 등에 따라 다르다. 여과되는 먹이의 크기는 여과장치인 Setae와 setule의 간격과 관계 있다. 먹이를 섭취할 때 그 먹이가 어떠한 종류인가보다는 먹을 수 있는 크기인가가 더 중요하다고 알려져 있다.

섭식량 혹은 섭식률을 측정하는 방법에는 여러 가지가 있다. 가장 쉬운 방법은 일정 부피의 용기에 한쪽에는 부유식물만을 넣고 다른쪽에는 부유동물을 함께 넣어 일정한 시간이 지난 후 먹이가 되는 부유식물의 개체수를 세어 몇 개나 먹었는가를 계산하는 것이다. 이때 부유식물만을 넣은 용기는 섭식이 없을 때의 비교치로 사용하기 위함이다. 부유식물의 성장이 양쪽 용기에서 모두 같다는 가정에

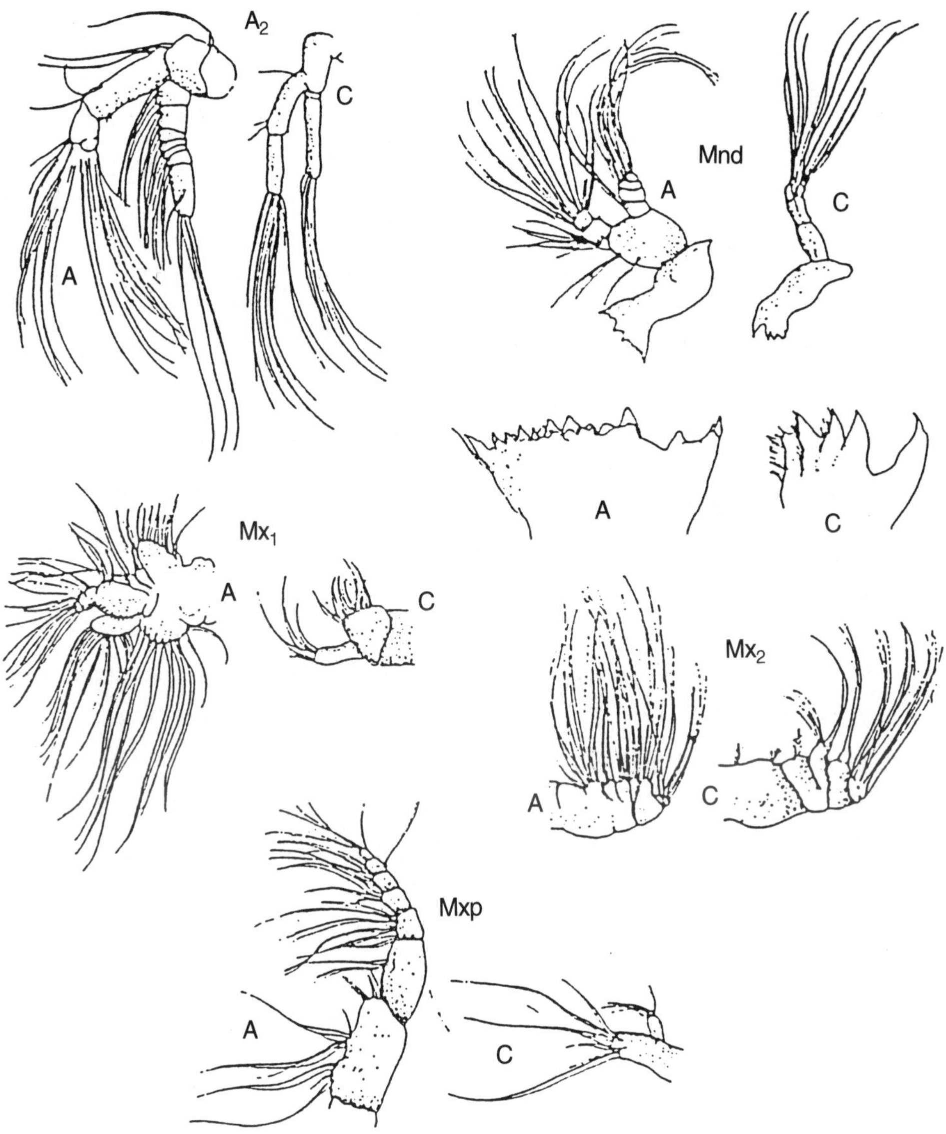

그림 4-51. 요각류 입 주변 부속지들: A. 초식성 *Calanus finmarchicus*, C. 육식성 *Tortanus discaudatus* (A_2. 제2촉각: Mud. 대악: MX_1, MX_2. 제1, 2소악: MXp. 악각)

서 이루어지는 실험이나 실제로는 부유동물이 있는 용기에서 부유동물의 배설로 인해 증가되는 암모니아의 영향으로 부유식물의 증가량이 양쪽 용기에서 같지 않을 수 있는 문제도 있다. 그밖에 위 내용물을 형광을 이용하여 측정하고 먹이가 소화관을 지나는 시간을 파악하여 섭이율을 구하는 방법도 있다. 또 동위탄소를

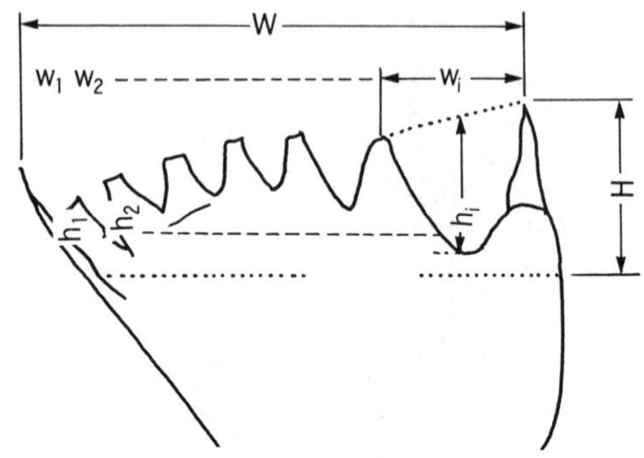

그림 4-52.
요각류 대악에서 정의되는 Edge Index

EDGE INDEX : $\sum(\frac{w_i}{W} \cdot \frac{h_i}{H} \cdot 10^4) / N$

이용하거나 산란량을 구하여 이로부터 추산하는 방법 등이 있다.

섭식이 부유식물의 증감에 미치는 영향

부유식물의 양적 분포의 시간에 따른 변화는 지역, 특히 위도에 따라 다름을 위에서 언급하였다. 특히 온대수역에서는 계절에 따른 광량의 변화, 수괴안정도의 변화, 영양염의 공급 및 재분포 등이 부유식물의 양적 변화를 좌우하는 중요한 요소임을 알았다. 그러나 이러한 물리화학적 환경요인이 악화되지 않은 상태에서도 부유식물의 양이 감소되는 경우가 많다. 이는 부유식물이 부유동물을 거쳐 궁극적으로는 영양단계의 상부에 위치하는 각종 어류, 포유류, 조류 등의 에너지로 사용되기 때문이다. 즉, 초식성 부유동물의 섭식활동이 부유식물을 감소시킨 원인이라 하겠다. 이러한 부유동물의 섭이활동으로 인한 부유식물의 감소를 우리는 포식영향(grazing effect)이라고 한다.

부유동물의 시간별 양적 변화는 부유식물의 변화에 뒤이어 나타남이 알려져 있다(그림 4-53). 이는 곧 부유식물이 번성하여 풍부한 먹이가 공급되면 이를 바탕으로 부유동물이 뒤이어 번성함을 기리키는 것으로 부유식물에 미치는 부유동물의 섭식효과를 쉽게 보여 주는 것이다. 물론 그림에서 보듯이 해역에 따라서는 이러한 현상이 뚜렷하지 않은 경우도 있다. 특히 영양염의 농도가 낮아 부유식물 양이 언제나 적은 열대해역에서는 온대나 고위도에서 나타나는 이러한 양상이 잘 나타나지 않는다.

부유식물의 양적 변화를 수치모델로 표현하고자 할 때는 섭식에 의한 감소가 고려되야 한다. 아래 식은 이러한 섭식효과를 포함하는 모델이다. 즉, 부유식물의 양을 P라 하면, 부유식물 양의 변화율 dP/dt를

$$dP/dt = P(P_h - R - G)$$

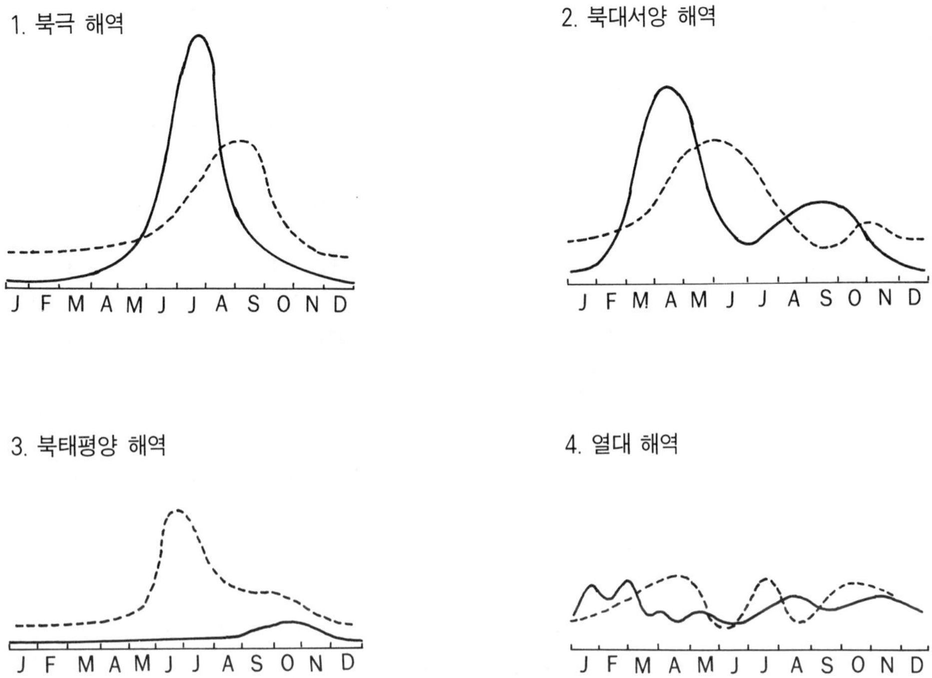

그림 4-53. 부유생물의 계절적 양적 변화(실선은 부유식물, 점선은 부유동물을 가리킴. (Parsons *et al*., 1984에서 재인용)

로 표기하는 바, 여기서 P_h는 광합성에 의한 증가를, R은 부유식물의 호흡에 의한 감소를, 그리고 G는 부유동물에 의한 포식영향을 의미한다. 포식영향이 두 배 혹은 5배로 강화되었을 때, 동일한 성장을 하는 부유식물의 감소가 얼마나 판이하게 달라지는 지를 표 4-1에 실었다. 물론 부유식물의 감소 없이도 부유동물의 양이 높게 유지되는 경우가 있다. 이것은 부유식물의 생산이 활발하여 새로이 생산된 양이 부유동물의 섭식량을 능가하는 경우이다. 여기서 염두에 두어야 할 것은 부유식물과 부유동물의 수명, 혹은 생활사의 기간이 다르다는 점이다. 부유식물은 하루에도 몇 세대가 반복될 수 있는 반면에 부유동물은 몇 개월이어야 한 세대를 지날 수 있다.

먹이망

해양의 생물학적 생산의 주체는 아주 크기가 작은 부유식물임을 앞에서 알았다. 어류나 포유류 등과 같은 대형의 종속영양생물들도 궁극적으로는 그들의 먹이를 부유식물에 의존한다. 그러나 대형의 어류, 포유류, 오징어 등이 크기가 매우 작은 부유식물을 직접 이용하기는 어렵다. 이들 사이에 에너지(먹이)의 연결

표 4-1. 포식영향으로 인한 부유식물의 감소와 부유식물의 생산이 평형을 이룰 때(초기 포식강도)와 포식강도가 2배, 5배 되었을 때의 부유식물의 개체수 변화양상. (Nybakken(1982)에서 재인용)

	부유식물 밀도(리터당 세포수)		
시간(일수)	초기 포식강도	2배 강화시	5배 강화시
0	1,000,000	1,000,000	1,000,000
1	1,000,000	487,000	62,000
2	1,000,000	237,000	3,900
3	1,000,000	106,000	240
4	1,000,000	56,000	15
5	1,000,000	27,000	1

역할을 하는 것이 바로 부유동물이다.

일차생산, 일차생산물을 섭식을 통하여 취득한 이차생산(초식), 다시 이를 포획 섭식한 3차생산(육식) 등의 단계를 영양단계(trophic level)라고 한다. 영양단계를 거칠 때 각 단계에서 생명활동을 유지하는 데 많은 양을 소모하므로 다음 단계가 이용할 수 있는 에너지 양은 점차 감소한다. 어느 영양단계에서 그 영양단계에 공급되는 에너지량에 대한, 그 영양단계로부터 다음의 영양단계가 취할 수 있는 에너지량의 비율을 생태효율 혹은 생태계수(ecological efficiency)라고 한다. 생태효율은 10~20%로 어느 영양단계에서나 비슷한 것으로 알려져 있다. 따라서 일차생산량이 비슷할 경우 영양단계의 수가 많으면 많을수록 상위의 영양단계 생물들이 이용할 수 있는 에너지의 양은 감소하게 된다.

생태계에 존재하는 영양단계의 수는 환경에 따라 다양하다. Ryther(1969)는 해양의 여러 생태환경을 외양, 연안, 용승 지역의 세 가지로 크게 분류하여 각각의 환경에서 파악되는 영양단계와 구성 생물, 생태계수의 특성 등을 다음과 같이 요약하였다. 외양역의 경우는 상대적으로 영양단계의 수가 많고(4~6) 생태계수는 낮은 특성을 보인다(약 10%).

Nanoplankton ---〉 Microzooplankton ---〉 Macrozooplankton ---〉
(작은 편모류 등) (초식성 원생동물 등) (육식성 갑각류 등)

Megazooplankton ---〉 Planktivores ---〉 Piscivores
(난바다곤쟁이류, 모악동물 등) (소형 어류) (오징어, 연어, 고등어 등)

연안역 혹은 대륙붕 해역의 경우는 외양역에 비해 영양단계의 수가 1~2개 적으며 생태계수는 외양역보다 15% 정도로 다소 높다. 저서환경까지를 포함하여 다음과 같은 영양단계가 존재한다고 하였다.

Microphytoplankton (pelagic) Macrozooplankton ---->
(돌말류, 와편모조류) ----> (초식성 동물플랑크톤)
및 (benthic) Benthic herbivores ---->
Nanoplankton (굴, 조개, 다모류 등)

---> Planktivores -->
(청어 등) ----> Piscivores
---> Benthic Carnivores (연어, 돔발상어류 등)
(대구 등) --+

용승해역에서는 영양단계의 수가 아주 적고(2~3개) 생태계수가 높은 것이 특징이다(약 20%). 멸치 등이 식물플랑크톤을 먹는 2단계까지 관찰된다.

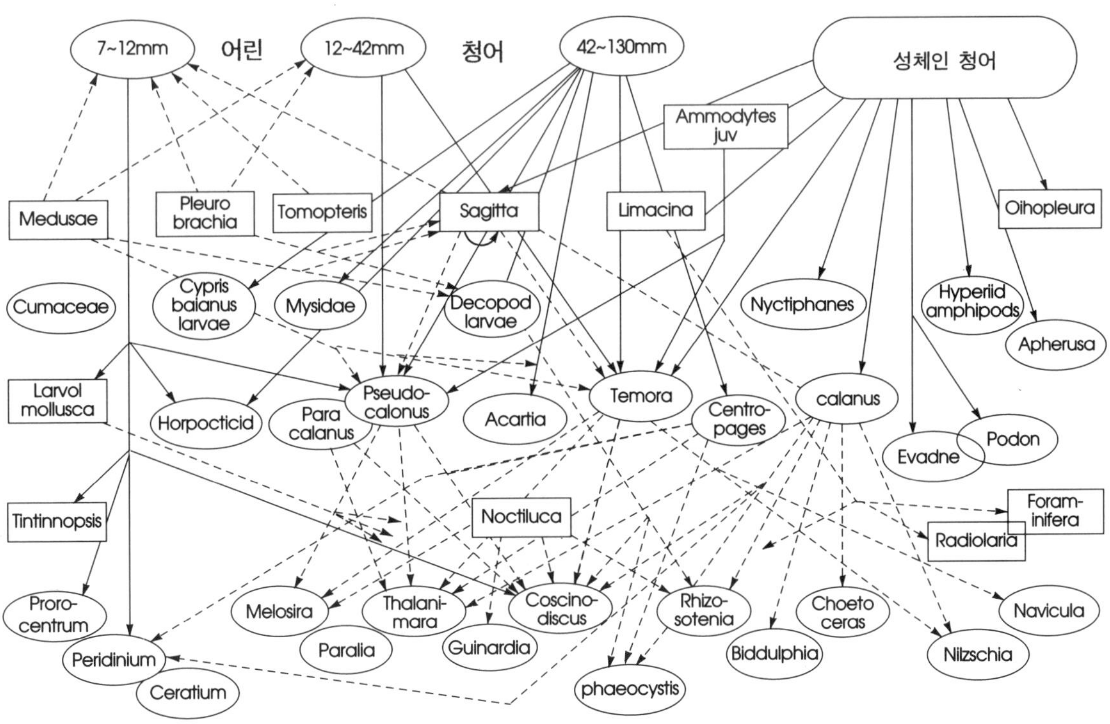

그림 4-54. 북해에서 청어를 최고 영양단계로 한 먹이망의 예(Hardy, 1924)

Macrophytoplankton ---〉 Planktivores(멸치 등)
(대형 돌말류 및 ----〉 또는
와편모조류 등) ---〉 Megazooplankton ---〉 Planktivores
(난바다곤쟁이류 등) (고래 등)

영양단계가 같다 하더라도 이 영양단계에 속하는 동물은 매우 다양하다. 또 상위 영양단계에 속하는 어떤 한 종류는 하위 영양단계의 여러 종류를 먹이원으로 한다. 즉, 먹이사슬(food chain)을 이루기보다는 먹이망(food web)을 이루고 있는 것이다. 위에서 소개한 영양단계는 개념상 정리한 형태이고, 실제로는 대부분 그림 4-54와 같은 복잡한 먹이망이 존재한다.

먹이망의 하부구조에서는 앞에서 소개한 미세생물 먹이망이 존재한다. 또 먹이로서 부유식물 이외에 유기파편과 같은 고형 유기물질도 이용되고 있음이 부유동물의 배설물(zooplankton fecal pellet)을 전자현미경으로 조사함으로써 확인되었다.

▶ 연습문제

1. 부유생물이란 어떻게 정의되며, 이를 부유식물과 부유동물로 구분하는 기준은 무엇인가?
2. 부유식물을 크기에 따라 구분하여 붙인 이름들을 나열하고 각각의 크기범위를 적으시오.
3. 생활사의 일부분 만을 부유생활하는 생물을 무엇이라고 칭하는가?
4. 부유동물의 채집시 야기되는 문제를 기계적인 면과 생물학적인 면으로 나누어 설명하시오.
5. 부유식물 중 규산염을 가장 많이 필요로 하는 두 개의 분류군은 무엇인가?
6. 규조류가 분열을 계속하면 크기가 점차 감소하게 된다. 본래의 크기로 회복되는 방법은?
7. 적조란 무엇인가? 또 이들의 원인생물은 무엇이며, 적조가 발생하면 해양생태계에 해로운 점은 무엇 때문인가?
8. 고생물학적인 가치가 있는 부유동물에는 어떤 종류가 있으며, 그 이유는 무엇인가?
9. 방사대칭상의 몸체를 가지며, 발생상 중배엽이 형성되지 않는 부유동물의 종류는 무엇인가?
10. 수온에 대한 지표종으로 곧잘 이용되며, 육식성 동물로 바다에만 서식하는 부유동물은 어떤 종류가 있는가?
11. 플랑크톤이 해수의 상층에 존재하여야 하는 이유와 이를 위한 적응내용을 설명하시오.
12. 부유동물 수직이동의 종류를 나열하시오.
13. 부유동물의 장주기 수직이동의 생태학적 의미는 무엇인가?
14. 부유동물의 일주기 수직이동의 원인으로 제시되는 내용은 무엇인가?
15. 보상깊이와 보상광도란 무엇을 말하는가?
16. 해양의 1차생산을 측정하는 방법을 설명하시오.
17. 해양에서 빛이 부유식물의 광합성에 미치는 영향을 빛의 정성, 정량적인 면에서 설명하고, 부유식물이 이와 관련하여 보이는 적응양상을 설명하시오.
18. 온대외양역 1차생산의 계절적 변동을 빛, 수괴안정도, 수온 등의 계절변화와 관련지어 설명하시오.
19. 부유식물을 먹고사는 부유동물의 현존량이 부유식물의 현존량보다 작을 수 있는가? 있다면 그 이유는 무엇인가?

5장 저서생물

해저 바닥에 사는 생물을 저서생물(底棲生物, benthos)이라고 한다. 물 속에 떠다니는 부유생물(浮遊生物, plankton)과 비교하면 서식공간이 해저 바닥인 것이 특징이라고 하겠다. 저서생물은 조간대로부터 가장 깊은 심해의 해구(海溝, trench)에 이르기까지 해저 바닥의 어디에나 살며 생물량도 많고 종류도 다양하다.

저서생물은 부착해서 살며 광합성을 하는 저서식물과 부착해서 살거나 이동이 가능한 저서동물로 나누인다. 김, 미역, 다시마와 같은 해조류와 잘피류(Sea grass)의 해산 현화식물(顯花植物)은 저서식물에 속하고 갯지렁이, 조개와 같은 동물은 저서동물에 속한다. 식물은 광합성을 해야 하므로 수심 30~40 m 정도까지에만 산다. 이보다 깊은 수심에는 동물만이 있다.

저서동물을 유영생물과 구별하기는 어렵다. 예를 들면 미소 갑각류에 속하는 패충류(貝蟲類, Ostracoda)인 갯반디(*Cypridina hilgendorfii*)나 쿠마류(Cumacea) 등은 밤에는 물 속을 헤엄쳐 다니므로 유영동물이라 할 수 있으나 낮에는 해저의 모래나 뻘 속을 파고들어가 머무르므로 저서동물이라 하겠다. 이들을 잡아서 어항 속에 모래나 뻘을 함께 담아 관찰해 보면 처음에는 물 속을 헤엄쳐 다니다가 얼마 지나면 모래나 뻘 속으로 파고들어가는 것을 볼 수 있다.

새우류 중에도 낮에는 모래나 뻘 속에 얕게 파고들어가 살고 있는 저서성 새우류가 있다. 이들은 항상 물 속을 헤엄쳐 다니는 표영성 새우류와 형태가 다르다. 어류 중에는 해저 바닥에 살기는 하나 항상 헤엄쳐 돌아다니는 가자미나 넙치와 같은 유영동물이 있다. 이들을 유영성 저서생물(遊泳底棲生物, nektobenthos)이라고 부른다. 저서생물을 식물과 동물로 나누어 채집방법, 종류, 생태적 특성, 저서생태계내에서의 역할 등을 아래에 기술하였다.

1. 저서식물

저서식물은 규조류와 같은 미세조류도 있지만 대부분이 해조류이다. 녹조류, 갈조류, 홍조류가 대표적이다. 남조류는 조류가 아닌 박테리아로 구분하기에 아래의 설명에서 제외시켰다. 해조류들이 진핵생물임에 비해 남조류는 원핵생물이기 때문이다.

저서식물은 부착기(附着器, holdfasts)를 가지고 바위에 부착하고 엽상체를 통해 광합성을 하므로 이들이 서식하기 위해서는 부착할 수 있는 딱딱한 기질(基質, substrate)이 있어야만 한다. 따라서 암반이 있는 곳이면서 빛이 있는 곳이라야 해조류가 서식할 수 있다. 우선 어떻게 채집하는가를 살펴보고, 종류와 생태적 특성을 소개하겠다.

1.1. 채 집

해조류는 바위에 붙어 있으므로 기억자 모양의 칼이나 꼬챙이로 뜯어내어 채집한다. 해안가 암반에서 채집할 때에는 칼이나 꼬챙이로 뜯어내어 바구니에 담으면 되나 수면 아래의 조하대에서는 물 속에 들어가 채집해야 하므로 뜯어낸 해조류가 쉽게 물 속으로 흩어져 버린다. 스쿠바를 이용하여 잠수하고 관찰하면서 원하는 해조류를 뜯어낸 후 그물망에 조심스럽게 집어 넣어야 한다.

채집방법에는 정성채집과 정량채집의 두 가지가 있다. 정성채집은 종류만 알고자 할 때 사용하는 방법이므로 가능한 한 여러 장소에서 눈에 띄지 않는 종류까지 골고루 채집하는 것이 중요하다. 정량채집이란 일정한 면적내에 있는 해조류를 채집하는 방법이다. 보통 50 × 50 cm 크기의 방형구를 원하는 장소에 걸쳐 놓고 이 안에서 발견되는 모든 해조류를 뜯어내면 된다. 물 속에서 채집할 때는 뜯어낸 해조류가 다시 물 속으로 흩어져 버리기 때문에 조심해서 모아야 한다. 수심별로 해조류의 종류와 양을 알고자 하는 경우가 대부분이므로 밧줄을 일직선으로 깊은 수심까지 내리고 이를 따라가며 일정 간격으로 방형구를 놓아 채집하는 방식을 취한다.

채집한 해조류는 검은 비닐주머니에 담고 상하지 않게 홀마린을 첨가한 후 실험실로 가져온다. 표본을 만드는 방법은 다음과 같다. 우선 물이 담긴 용기에 채집해 온 해조류를 풀어 넣고 차례로 하나씩 건져내어 대지(坮紙) 위로 옮긴다. 이때 대지는 물이 담긴 네모진 대야에 따로 펼쳐 놓는다. 대지 위에 해조류를 올려놓을 때 해조류의 원래 모습이 제대로 유지되도록 물 속에서 잘 펼쳐 주어야 한다. 물이 담긴 대야에서 작업하는 이유는 해조류를 잘 펼치기 위함이다. 원래 모습을 잃지 않게 대지 위에서 잘 편 후 펼쳐진 상태로 대지와 함께 대야에서 꺼낸다. 얇은 천을 해조류 위에 덮고 대지와 함께 신문지 사이에 끼어 넣는다. 천을 덮는 것은 해조류가 신문지에 붙지 않게 하기 위함이고 신문지 사이에 넣는 것은 대지와 해조류에 있는 수분을 제거하기 위함이다. 신문지를 이틀에 한 번 정도, 너더댓 번 갈아주면 습기가 제거되어 영구히 보전할 수 있는 표본이 된다. 건조하지 않은 생체표본을 관찰하려면 채집한 해조류를 검은 병에 넣어 어두운 곳에 보관해야만 한다. 검은 병에 보관하면 오랜 시간이 지나도 해조류의 색깔이 변하지 않는다.

1.2. 종 류

해조류의 종류는 크게 녹조류, 갈조류, 홍조류로 나누인다. 해조류가 가지는 색소체의 종류에 따라 분류한 것이다. 물론 형태나 생식방법에 따라 해조류를 분류하기도 한다. 색소체는 녹조류, 갈조류, 홍조류를 구분할 때 쓰이는 기준이고 형태나 생식방법은 각 해조류 문에 들어가서 목, 과, 속, 종을 구분할 때 쓰이는 기준이다.

녹조류, 갈조류, 홍조류가 각각 초록, 갈색, 붉은색을 보이는 이유는 물 속에 들어온 빛을 수심에 따라 적절히 받아들이기 위한 것이라고 생각하면 된다. 수심에 따라 투과된 빛의 파장이 어떻게 다른지, 이 빛을 받아들이기 위해 해조류는 어떤 색소체를 가지고 있는지를 2장에서 이미 소개한 바 있다. 형태, 생식방법, 색소체로 나누어 각 해조류 문의 특징을 아래에 기술하였다.

형 태

해조류라고 하면 우리는 흔히 파래나 미역, 다시마와 같은 엽상체를 생각하게 된다. 해조류를 엽상식물(葉狀植物, thallophytes)이라고 하는 것도 바로 해조류가 엽상형태를 가진다는 데 기반한 것이므로 해조류가 잎처럼 보인다고 생각하는 것은 당연하다. 일반적으로 조류(藻類)의 형태는 크게 다섯 가지 유형으로 구별된다. 학자에 따라 다르긴 하나 영국의 학자 라운드(Round, 1973)의 책에 기술된 것을 이용하여 그림 5-1을 작성하였다.

크게 단세포형(單細胞型, unicellular form), 군체형(群體型, colonial form),

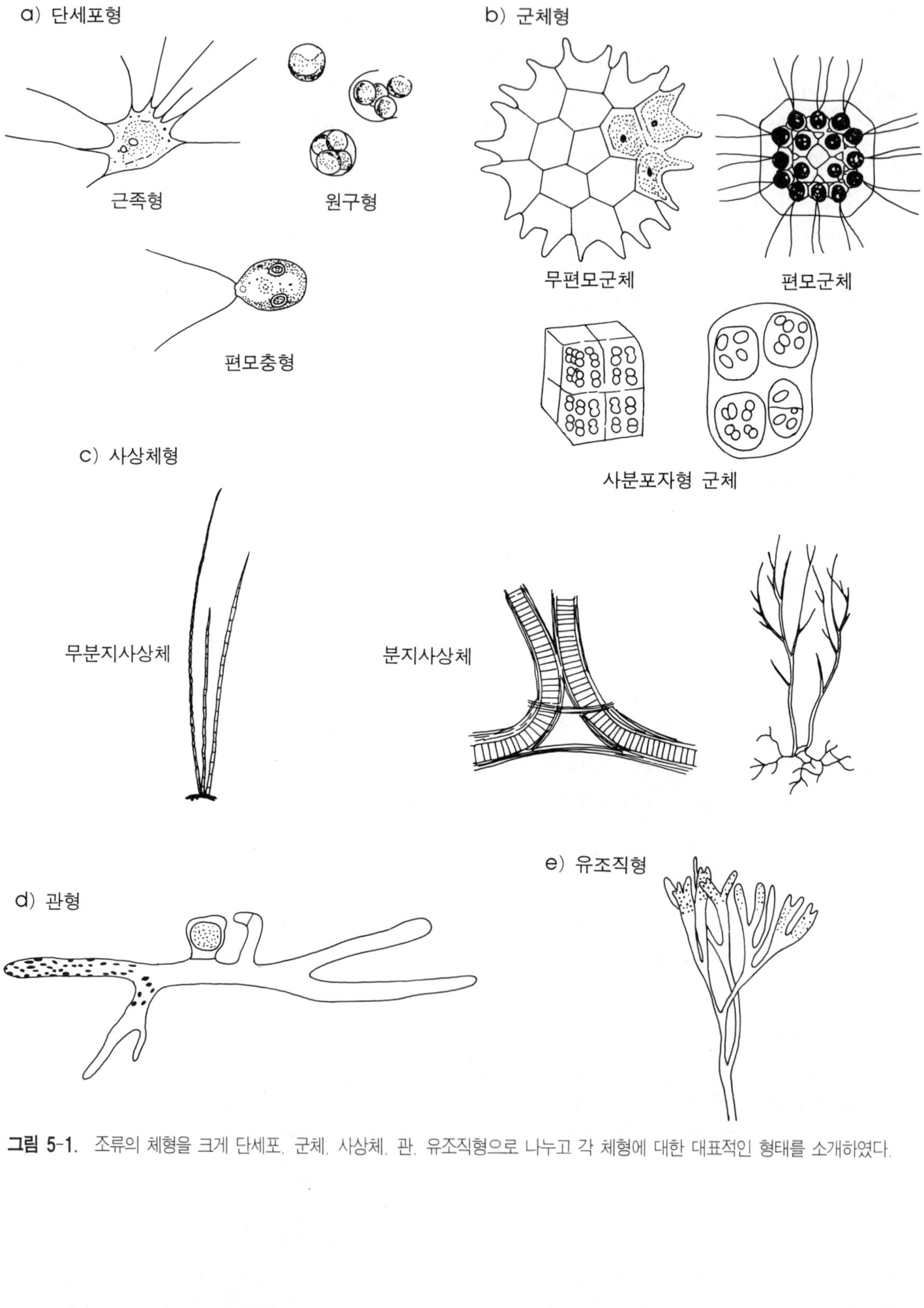

그림 5-1. 조류의 체형을 크게 단세포, 군체, 사상체, 관, 유조직형으로 나누고 각 체형에 대한 대표적인 형태를 소개하였다.

사상체형(絲狀體型, filamentous form), 관형(管型, syphonal form), 유조직형(維組織型, parenchymatous form)의 다섯 가지로 구분한다. 단세포형이란 세포 하나로 이루어진 식물체이므로 해조류에서는 홍조류의 한두 가지 종류를 제외하면 해당되지 않는다. 군체형은 단세포가 모여 군체를 이룬 형태로 남조류의 대부

표 5-1. 해조류의 형태 유형과 이들 형태 유형에 속하는 대표적인 해조류의 종류(Round, 1973 참조)

엽상체 유형		녹조류 (CHLOROPHYTA)	황록조류 (PYRRHOPHYTA)	홍조류 (RHODOPHYTA)
단세포(Unicells)	섬모조류(flagellate)	*Dunaliella*, *Chlamydomonas*	Dinoflagellates (*Cryptomonads*)	–
	rhizopodial	–	'Marine amoebae'	포자 중 일부
	protococcoidal	*Chlorella marina*	–	*Porphyridium*
군체 Colonies)	무형(amorphous)	대부분 담수생물	*Ceratium*	–
	군체형 (coenobial)	담수생물	–	–
		CYANOPHYTA		
사상체(Filaments)	무분지 (unbranched)	*Ulothrix*, *Stichococcus*	*Oscillatoria*, *Lyngbya* *Phormidium*, *Calothrix*	–
	분지(branched)	*Cladophora*	*Brachytrichia*	*Porphyra*(conchoecelis)
			갈조류(PHAEOPHYTA)	
	heterotrichous	*Phaeophila*	*Ectocarpus*	*Rhodochorton*
	각질(crustose)	*Ulvella*	*Ralfsia*	*Lithothamnion*, *Petrocelis*
	가유조직(pseudo-parenchymatous)	– –	*Desmarestia*, *Leathesia*	*Chondrus*, *Eucheuma*, *Gigartina*, *Palmaria*
관형(Coenocytes)	단순(simple)	*Valonia*, *Acetabularia*	–	–
	단축(uniaxial)	*Derbesia*, *Caulerpa*, *Bryopsis*		
	다축(multiaxial)	*Codium*, *Udotea*, *Halimeda*	–	–
유조직엽상체 (Parenchymatous thalli)	2면체	*Ulva*, *Monostroma*, *Enteromorpha*	*Scytosiphon*, *Petalonia*	*Porphyra*, *Delesseria*
	3면체	–	*Dictyota*, *Fucus*, *Laminaria*	–
		SPERMATOPHYTA		
	분지(differentiated)	Sea grasses	–	–

분과 녹조류의 일부가 이에 속한다. 사상체형은 해조류의 전형적인 형태를 기술하는 데 적합하다. 물론 남조류에서 보여지는 단순한 세포들의 연결도 사상체로 간주된다. 관형은 녹조류에서 전형적으로 나타난다. 예를 들면 청각처럼 긴 비닐봉지에 많은 세포가 들어 있는 것과 같은 형태를 가지는 해조류이다. 세포핵 사이에 격막이 없어 다핵식물이라고도 한다.

해조류의 대부분은 유조직형에 속한다. 파래나 미역, 다시마와 같은 해조류에서 볼 수 있는 형태이다. 같은 유조직형으로 분류되었지만 실제로는 해조류의 종류에 따라 유조직으로 분화된 정도에 차이가 있다. 파래는 2층 또는 3층으로 된 조직을 갖는 반면 미역은 고등식물과 마찬가지로 여러 방향으로 자란 촘촘한 유조직을 갖는다. 홍조류의 델레세리아에서 볼 수 있는 형태는 실제로 유조직이라기보다는 사상체가 합쳐진 형태라고 할 수 있다. 하나 또는 여러 개의 축이 있고 이 축에서 분지된 가지가 있다. 이 가지들이 서로 겹쳐서 겉으로 보기엔 이파리와 같은 형태를 가지는 경우이다. 그림 5-1에 이들 형태를 위의 술어들과 연결시켜 소개하였다. 단세포형, 군체형, 사상체형, 관형, 유조직형으로 형태가 점점 발달한 것으로 추정한다. 해조류는 대부분 유조직형에 속한다고 하겠다.

생식방법

해조류의 생식과정은 매우 복잡하여 초보자에게 이를 이해시키는 것이 쉽지 않다. 육상에 사는 고등 동식물의 생식에 대해서는 우리가 잘 아므로 이와 비교하여 설명함으로써 이해도를 높히고자 한다.

고등 동식물은 수정란이 자라 암컷, 수컷의 성체가 되고 이들 암, 수가 생식시기가 되면 정자, 난자를 각각 만들어 낸다. 정자, 난자가 수정이 되면 이를 수정란, 또는 접합자(接合子, zygote)라고 한다. 감수분열은 성체가 정자와 난자를 만들어 낼 때 일어난다. 따라서 성체는 2n, 정자와 난자는 n, 수정란은 2n의 핵상을 가진다(그림 5-2). 핵상이 n이면 단상, 2n이면 복상이라고 한다.

해조류에서는 정자, 난자를 만들어 내는 과정이 고등 동식물에 비해 길고 복잡하다. 핵상으로 보면 단상의 기간이 길다고도 하겠다. 즉 복상의 성체가 직접 정자, 난자를 만들어 내는 것이 아니라 일단 배우체라고 하는, 단상이 계속 유지되는 성체가 되고 이 성체가 같은 단상인 정자, 난자를 만들어 낸다. 즉 정자와 난자를 만들어 내는 과정에 단상의 성체가 한 번 더 있는 셈이다(그림 5-2).

수정란 또는 접합자가 자라서 성체가 되고 이 성체가 감수분열하여 만들어 낸 단상의 세포, 즉 고등 동식물의 정자 또는 난자에 해당하는 세포를 해조류에서는

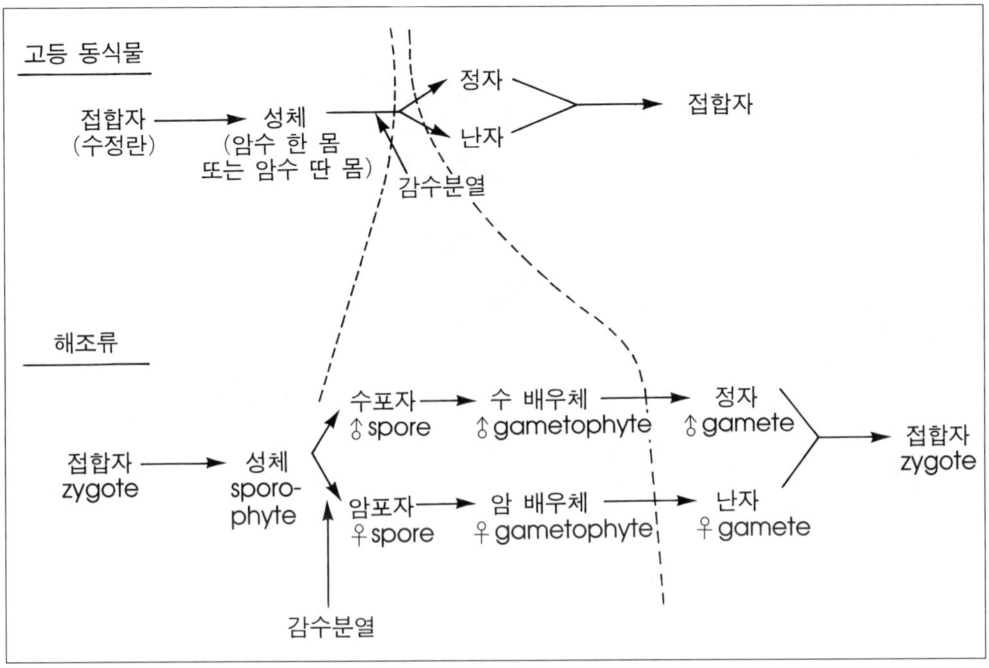

그림 5-2. 고등 동식물과 해조류간의 생식과정의 차이

포자(胞子, spore)라고 한다. 정자, 난자라고 할 수 없는 이유는 이들이 수정되지 않고 그대로 성체로 자라 일단은 배우체(配偶體, gametophyte)라고 불리우는 성체가 되기 때문이다. 성체인 암배우체와 수배우체는 생식시기에 이르면 각각 고등 동식물의 정자, 난자와 동일한 역할을 하는 정자, 난자를 체세포분열에 의해 만들어 낸다. 이들 정자, 난자를 배우자(配偶者, gametes)라고 한다. 배우자가 수정이 되어 복상의 성체가 되는 것은 고등 동식물과 마찬가지이다.

포자를 만들어 내는 단상의 성체를 포자체(胞子體, sporophyte)라고 한다. 이들 포자체는 해조류의 종류에 따라 정자, 난자를 만들어 내는 배우체와 형태가 같을 수도 있다. 단 포자를 지니는 생식기관의 형태가 정자, 난자를 지니는 생식기관과 차이가 있어 포자체, 배우체를 구별할 수 있는 정도이다.

단상과 복상의 핵상이 번갈아 나타나고 또 단상의 핵상을 가지는 기간이 길고 성체로 자라기도 하므로 이러한 생식과정을 특별히 세대교번이라고 한다. 세대라는 술어는 단상의 핵상을 가지는 성체가 오랫동안 존재하여 하나의 세대로 여겨지기 때문에 사용되었다고도 하겠다. 단상의 세대를 무성세대, 복상의 세대를 유성세대라고 한다. 단상과 복상이 번갈아 나타나므로 세대교번 대신에 핵상교번이라고도 한다(그림 5-3).

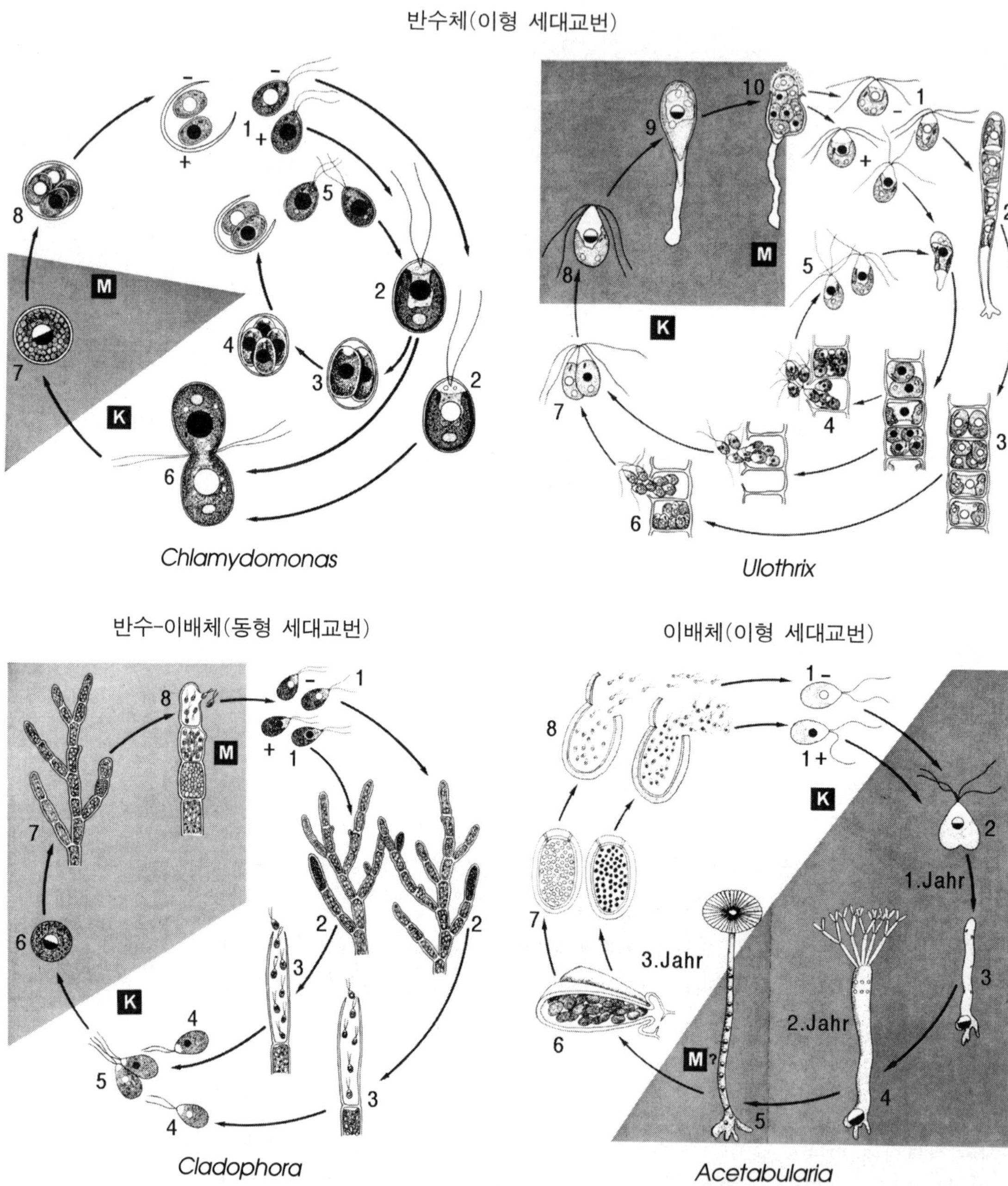

그림 5-3. 해조류 세대교번의 유형을 녹조류를 예로 들어 소개하였다(K: 체세포 분열, M: 감수분열). Esser, 1976 참조. 반수체는 단상이 지배적이고 접합자 기간에만 복상을 가진다. 이형세대교번이다. 반수-이배체는 단상의 배우체도 성체로 존재하고 복상의 포자체도 성체로 존재하며 단상, 복상의 성체는 형태가 비슷하다. 동형세대교번이라 한다. 이배체는 복상이 지배적이다. 배우자 기간만이 단상이다. 반수체와 마찬가지로 이형세대교번이라 한다. 고등 동식물의 대표적인 생식과정이다.

해조류의 생활사에서 단상이 생활사의 대부분을 차지하고 복상의 기간이 짧으면 이를 반수체(半數體, haploid) 해조류라고 한다. 이러한 반수체는 고등 동식물에서는 거의 볼 수 없다. 대부분의 고등 동식물은 정자, 난자와 같은 단상의 시기가 매우 짧다. 고등 동식물처럼 복상이 지배적인 경우도 있다. 이를 이배체(二配體, diploid)라고 한다.

반수체, 이배체에서처럼 단상, 복상 중 어느 하나의 핵상이 생활사의 대부분을 차지하면 소위 말하는 포자체와 배우체 중 어느 한 세대는 충분히 성체로 자랄 시간을 갖지 못한다. 따라서 포자체와 배우체는 형태가 다를 수밖에 없다. 포자체와 배우체의 형태가 다른 이러한 세대교번을 이형세대교번(異型世代交番, heteromorphic generation)이라고 한다.

해조류의 일반적인 생식과정을 소개하면서 단상과 복상이 서로 반복되는 세대교번에 대해 언급하였다. 이는 해조류의 대표적인 생식방법으로 단상과 복상의 세대의 기간이 서로 비슷하여 균형을 이루는 경우이다. 이렇게 단상, 복상이 균형을 이루면 이때 만들어지는 포자체, 배우체의 형태도 비슷하게 된다. 이를 동형세대교번(同型世代交番, isomorphic generation)이라고 한다. 또 반수-이배체(haplo-diplont)라고도 한다. 반수체와 이배체가 생활사 기간 동안 차지하는 비중이 비슷하기에 붙혀진 이름이다. 반수체, 이배체, 반수-이배체와 이형세대, 동형세대교번의 관계를 그림 5-3에 나타내었다.

녹조류, 갈조류, 홍조류의 생식과정의 예

위에 소개한 생식과정이 녹조류, 갈조류, 홍조류에서 실제로 어떻게 나타나는가 살펴보기로 하자. 클라도포라는 조간대에서 흔히 관찰할 수 있는 대표적인 녹조류이다. 그림 5-3에 클라도포라의 생활사를 이미 소개하였다. 반수체인 배우체와 이배체인 포자체의 형태가 같은 동형세대교번을 한다. 포자체의 끝부분 세포에서 포자가 만들어진다. 이들 포자는 형태가 같으나 실제로는 암수 구별이 있다. 각각의 포자는 자라서 암배우체, 또는 수배우체가 되고 각 배우자는 암배우자, 수배우자를 낸다. 접합한 배우자는 자라서 포자체가 된다.

갈조류의 대표적인 예로 다시마의 생활사를 그림 5-4에 소개하였다. 이형세대교번을 하는 해조류이다. 즉 배우체는 매우 크기가 작아서 야외에서 직접 관찰하기가 어렵다. 암, 수포자가 자라면 각각이 암, 수배우체가 된다. 암배우체는 난(卵)을 가지는 세포를 만들어 내며 여기에 수배우자가 수정되면 이것이 자라 포자체가 된다. 우리가 보는 1 m 이상 크기의 다시마는 포자체이다.

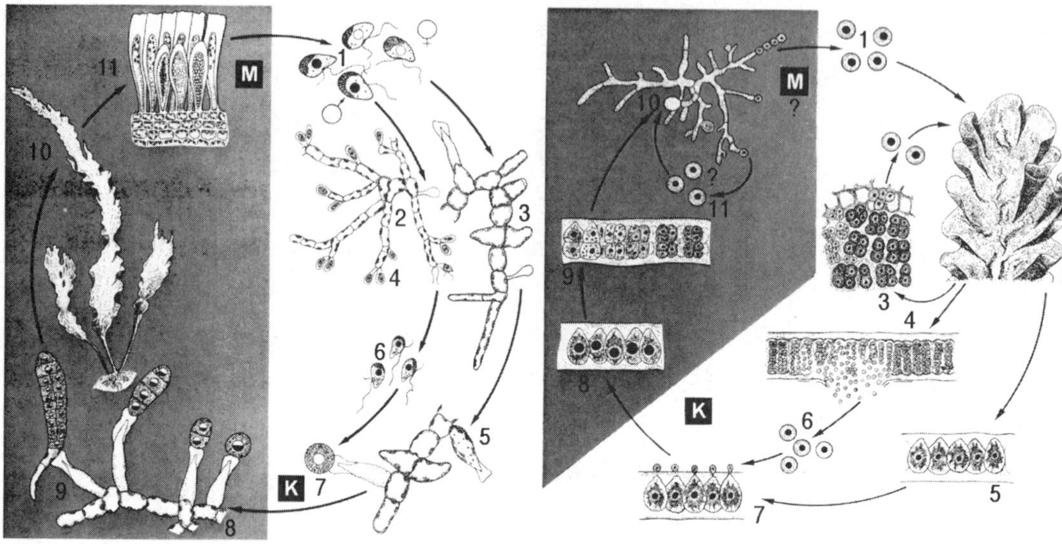

그림 5-4. 다시마(좌측)와 김(우측)의 생활사(K: 체세포분열, M: 감수분열). Esser, 1976 참조.

홍조류 중에서는 김을 소개하였다(그림 5-4). 다시마와 마찬가지로 이형세대교번을 하는 해조류이다. 우리가 흔히 보는 다시마 성체는 포자체임에 비해 김의 성체는 포자체가 아닌 배우체이다. 즉 핵상이 단상인 반수체이다. 포자체는 현미경적 크기이며 굴껍질 등에 붙어 있다. 성체의 핵상이 다시마와는 다른 것이 특징이다.

색소체

녹조류, 갈조류, 홍조류란 색소체의 특징에 의해 해조류를 구별한 것이다. 녹조류, 갈조류, 홍조류 모두 광합성의 주색소인 엽록소 a를 가지나 기타 보조색소는 해조류의 종류에 따라 다르다. 즉 녹조류는 엽록소 b, 갈조류는(후코산틴, fucoxanthin)과 같은 산토필(xanthophyll) 계통 색소, 홍조류는 피코에리트린(phycoerythrin) 또는 피코시아닌(phycocyanin)과 같은 빌리프로테인(billiprotein) 계통 색소체를 많이 갖는다. 해조류를 녹조류, 갈조류, 홍조류로 단순히 색깔에 의해 구분한 것처럼 보이지만 이러한 구분이 실제로도 유용하게 쓰이는 것은 색소에 의해 구분된 녹조류, 갈조류, 홍조류가 각각 생식방법, 형태 등에 의해 구분된 결과와 일치하기 때문이다. 표 5-2에 해조류 및 기타 조류들이 가지는 색소체의 종류를 소개하였다.

해조류의 형태나 생식방법, 색소체와 같은 형질에 의해 녹조류, 갈조류, 홍조

표 5-2. 조류의 종류에 따른 보조색소체, 저장물질과 섬모의 특징(Bold and Wynne, 1985 참조)

문(門)	일반명	보조색소	저장물질	섬모의 특징	대표적인 식물
Chlorophyta	Green algae	Chlorophyll b	Starch (amylose+ amylopectin)	2, 4 or many equal, anterior, smooth	Siphonaceous orders, Ulvales
Charophyta	Charophytes	(as Chlorophyta, but distinguished by vegetative and reproductive morphology)			해양식물 없음
Euglenophyta	Euglenoids	Chlorophyll b	Paramylon	1 anterior, tinsel	해양식물 극소수
Phaeophyta	Brown algae	Chlorophyll c1+c2, fucoxanthin	Laminaran	2 unequal, lateral, smooth+tinsel	모두가 해양식물
Chrysophyta	Yellow-brown or golden-brown algae	Chlorophyll c1+c2, fucoxanthin	Chrysolaminaran	1-3 anterior, various	Diatoms, Coccolithophorids, Silicoflagellates
Pyrrhophyta	Dinoflagellates	Chlorophyll c2, peridinin	Starch	2 equal, smooth	Dinoflagellates
Cryptophyta	Cryptomonads	Chlorophyll c2, phycobilins	Starch	2 equal, lateral, both tinsel	Some cryptomonads
Rhodophyta	Red algae	Phycoerythrin ± phycocyanin	Floridean starch (amylopectin)	None	거의 해양식물
Cyanophyta	Blue-green algae	Phycocyanin ± phycoerythrin	Myxophycean starch (glycogen-like)	None	부유성, 저서성 사상체

류의 계통을 수립하기는 어렵다. 각 해조류 문간의 진화 정도가 이들 특징에 따라 반드시 일치하지는 않기 때문이다. 예를 들어 형태가 가장 진화되었다고 생각되는 해조류는 갈조류이다. 유조직형이면서 동시에 그 모습이 고등식물과 비슷하기 때문이다. 생식방법이 가장 발달한 해조류는 홍조류이다. 홍조류 중에는 배우자와 배우자낭이 접합하는 난생식(卵生殖, oogamy)의 형태까지 있다. 따라서 형태의 진화 정도와 생식방법의 진화 정도가 서로 일치하지는 않는다고 하겠다. 형태나 생식과정의 발달 정도를 녹조류, 갈조류, 홍조류간의 계통적 관계를 유추하는 형질로 사용하는 것은 어렵다고 볼 수 있다. 그러나 이들 형질이 녹조류, 갈조류, 홍조류내에서 종, 속, 과, 목 수준의 계통적 관계를 설정하는 데는 많은 도움을 주고 있음을 위에서 살펴보았다.

녹조류, 갈조류 홍조류간의 계통적 관계는 색소체 조성의 차이로부터 오히려 뚜렷이 유추할 수 있다. 홍조류는 시아노박테리아와 마찬가지로 피코에리트린 또는 피코시아닌 색소체를 가지며 녹조류는 육상식물처럼 엽록소 b를 가진다. 따라서 진화과정에서 홍조류가 먼저 분화되었고 이후 갈조류와 녹조류가 분화되었으며 이 중 녹조류는 육상식물로 진화된 것으로 추정한다. 색소체 구성으로 보아 홍조류가 가장 하등하고 녹조류가 가장 발달된 것으로 본다고도 하겠다. 색소체 이외에 광합성에 의해 만들어 낸 물질을 저장하는 방법이나 생식세포의 섬모형태 등 표 5-2에서 보여 주는 다른 형질들이 녹조류, 갈조류, 홍조류를 구별하게 해 준다. 섬모의 형태는 계통을 수립하는 데 형질로 종종 이용되기도 한다.

우리나라 연안에 서식하는 대표적인 해조류의 예

녹조류, 갈조류, 홍조류 중 우리나라에 서식하는 대표적인 해조류를 그림 5-5에 실었다. 녹조류라고 하면 담수에 사는 단세포 녹조류를 생각하기 쉬우나 해조류의 많은 종류가 녹조류에 속한다. 모두 다세포이며 크기가 커서 쉽게 눈에 띈다. 파래, 클라도포라, 염주말, 청각이 대표적인 예이다. 파래는 이파리 모양이고 클라도포라는 실 모양이다. 염주말은 염주알이 연결된 모습과 비슷해 붙혀진 이름이다. 청각은 하나의 세포에 여러 개의 핵이 있는 전형적인 다세포식물이다. 주머니 안에 핵이 들어 있는 모양을 가진다. 청각을 제외하면 모두 조간대에 서식한다.

갈조류는 엑토카프스, 스파셀라리아, 딕티오프테리스, 부챗말, 패, 다시마, 감태, 미역, 모자반 등 다양하다. 형태와 생식방법이 이들을 구분하는 중요한 기준이다. 엑토카프스, 스파셀라리아는 실 모양의 사상체이고 배우체와 포자체의 형태가 같다. 다시마, 미역 등은 이파리 모양이고 배우체는 육안으로 관찰하기 어려울 정도로 크기가 작다. 우리가 흔히 보는 성체는 모두 포자체이다. 해조류의 형태적 특징이 분류에 잘 적용되는 경우가 바로 갈조류이다.

홍조류는 김, 우뭇가사리, 산호말, 지누아리, 도박, 델레세리아, 서실, 폴리시포니아 등이 있다. 김은 배우체가 매우 작고 포자체는 큰, 배우체와 포자체의 형태가 서로 다른 해조류이다. 폴리시포니아는 배우체, 포자체의 크기가 비슷하다. 생식방법의 차이에 의해 종이 구분된다.

1.3. 성장과 생산

해조류는 대부분이 일년생이다. 또 다시마와 감태처럼 다년생이라 할지라도 부착기만이 몇 년을 살고 엽상체는 매년 새로 싹이 튼다. 대부분의 해조류는 일년

녹조류

창자파래
(*Enteromorpha intestinales*)

옥덩굴
(*Caulerpa okamurai*)

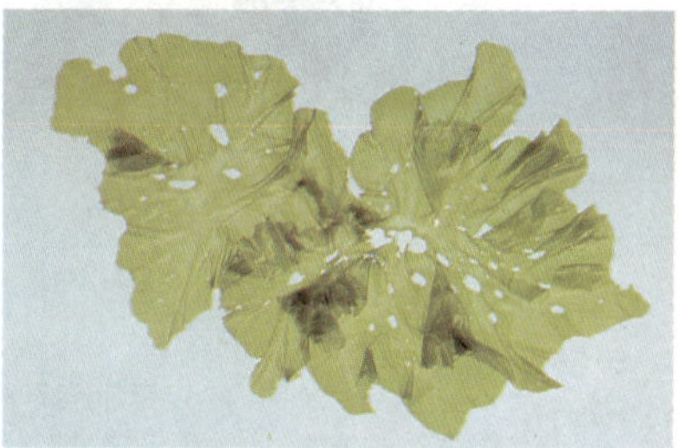

구멍갈파래
(*Ulva pertusa*)

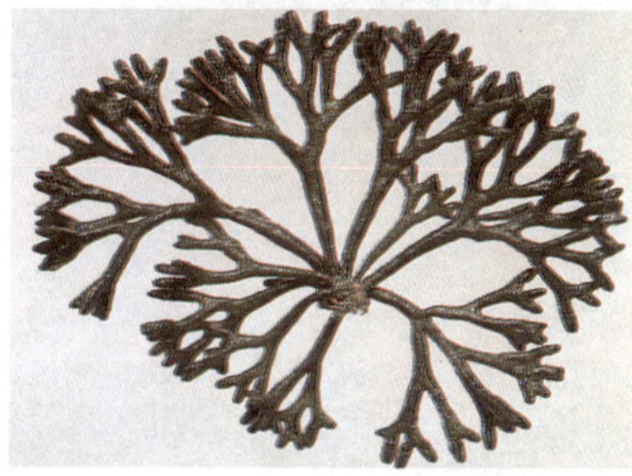

청각
(*Codium fragile*)

갈조류

엑토카프스(*Ectocarpus*)

디크티오타(*Dictyota*)

스파셀라리아(*Sphacelaria*)

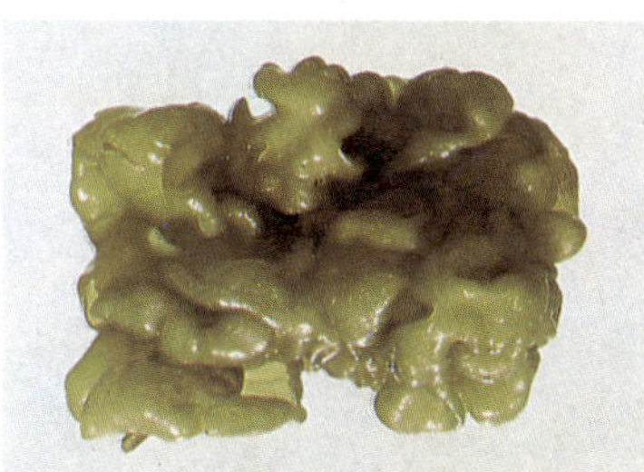

불레기말
(*Colpomenia*)

고리매
(*Scytosiphon*)

그림 5-5. 우리나라에 서식하는 대표적인 해조류

갈조류

미역(*Undaria*)

모자반(*Sargassum*)

다시마(*Laminaria*)

홍조류

김(*Porphyra*)

우뭇가사리(*Gelidium*)

서실(*Laurencia*)

비단풀
(*Ceramium*)

꼬시래기
(*Gracilaria*)

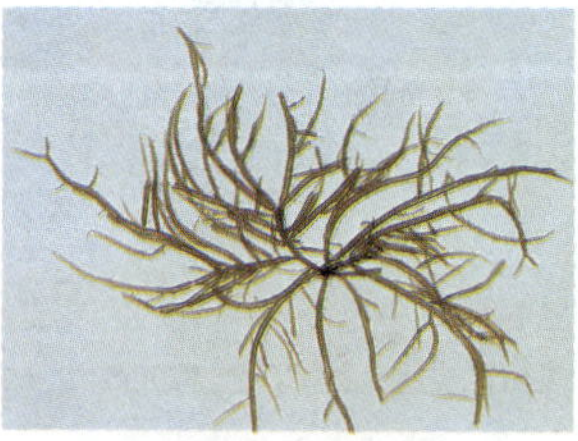

폴리시포니아
(*Polysiphonia*)

안티탐니온
(*Antithamnion*)

그림 5-5. (계속)

생일 뿐 아니라 일 년 중에도 빠르게 성장하는 특별한 시기를 가진다. 예를 들면 김, 미역은 겨울에 주로 자라고 파래는 봄, 가을에 주로 자란다. 다시마와 모자반은 봄부터 여름까지 자란다. 일년생 육상식물이 성장기와 꽃피는 특별한 계절이 있는 것과 마찬가지이다. 우리나라 동해안에서 해조류가 어떻게 자라는지를 모자반, 미역, 쇠미역을 대상으로 조사한 결과를 그림 5-6에 소개하였다. 모자반이 겨울에 싹이터서 여름에 최대 길이에 도달하는 반면, 미역과 쇠미역은 3월에 최대 길이에 이른다. 미역과 쇠미역의 초기 성장시기는 11월이다. 종에 따라 이

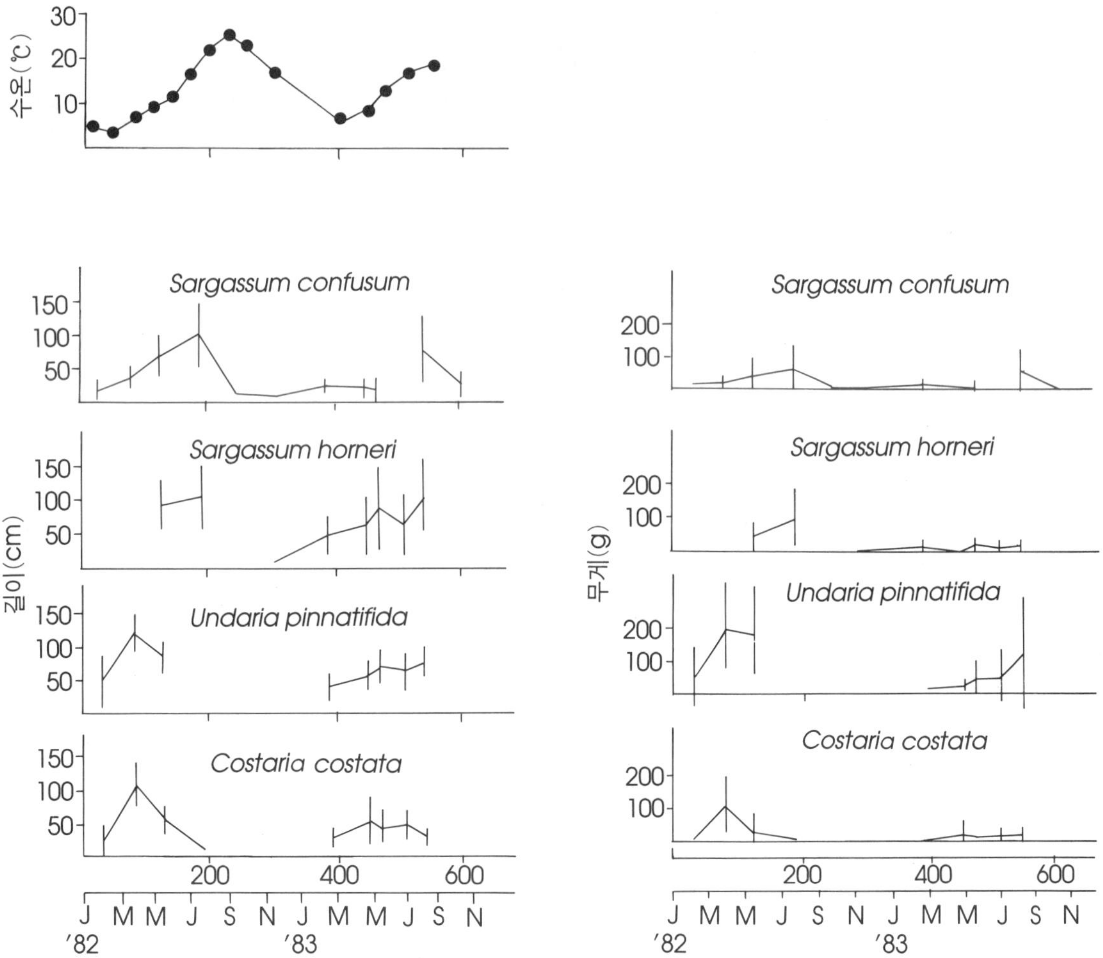

그림 5-6. 수온의 변화와 해조류의 성장.
길이와 무게(습중량)의 계절에 따른 변화가 해조류의 종류에 따라 다름을 알 수 있다.(Koh & Shin, 1990)

렇게 자라는 시기가 다른 것은 일정하게 주어진, 예를 들면 영양염과 같은 자원을 서로 나누어 갖기 위한 것이라고 해석한다. 모든 생물이 경쟁을 피해 고유의 삶의 공간과 시간을 가지려는 현상의 하나이다.

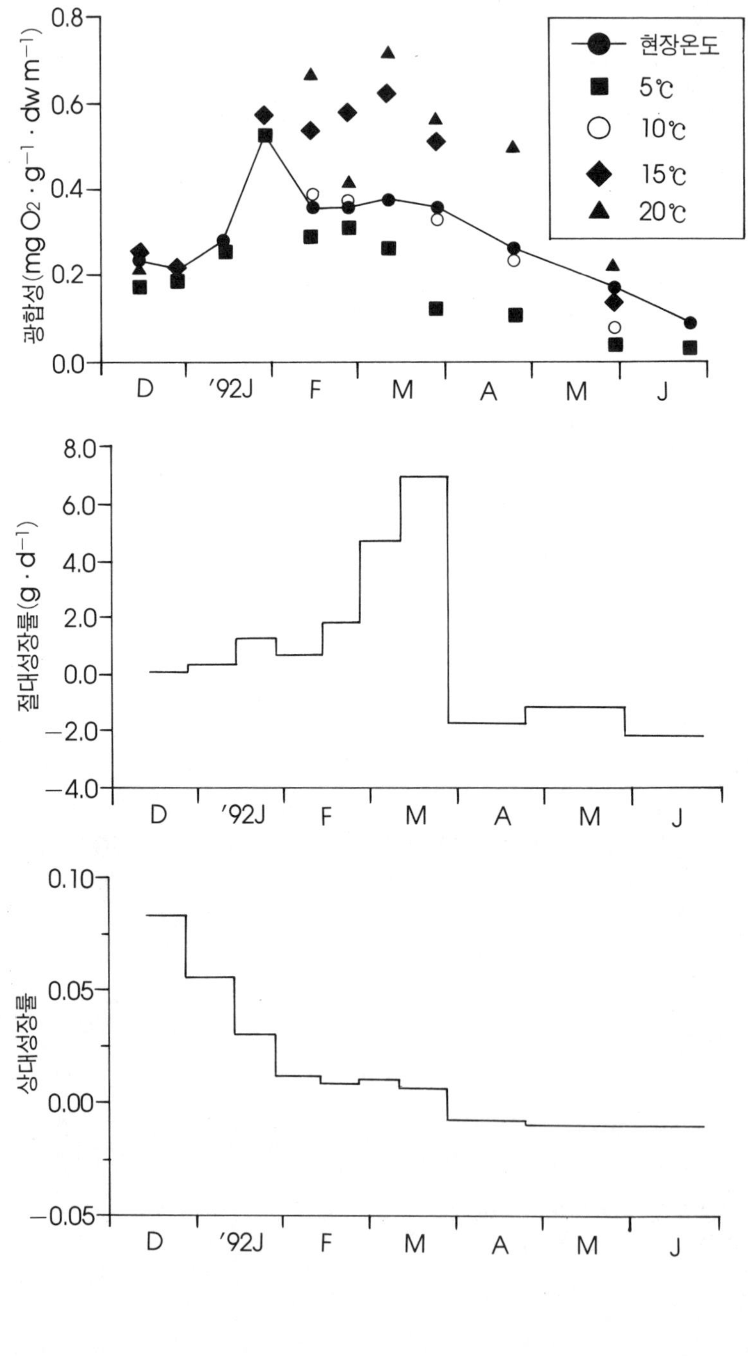

그림 5-7.
광합성과 성장의 상관관계를 미역을 대상으로 조사한 결과이다. 성장이 빠른 시기에는 광합성도 활발함을 알 수 있다.
(Oh & Koh, 1996)

성장하기 위해서는 에너지가 필요하다. 이 에너지는 광합성을 통해 얻는다. 따라서 광합성이 활발한 정도는 성장시기와 밀접한 관련이 있다. 미역을 예로 들어 광합성과 성장의 관계를 그림 5-7에 나타내었다. 11월은 상대성장률이 가장 크지만 실제 개체의 크기는 수 cm에 불과하다. 미역의 모습을 띠며 우리가 흔히 보는 길이만큼 자라는 것은 보통 1월이다. 이때 광합성량이 최대임을 그림 5-7로부터 알 수 있다. 쇠퇴기에 접어들면 광합성량도 줄어든다. 다시 말하면 미역의 성장, 쇠퇴가 광합성량의 계절적인 변화와 비슷한 경향을 보인다고도 하겠다.

해조류는 연안의 암반조간대, 암반조하대에서 1차생산자로서 중요한 역할을 한다. 암반에 서식하는 동물의 먹이가 되기도 하지만 쇠퇴한 해조류가 분해될 때에는 많은 영양염이 유리되어 나온다. 이 영양염은 연안해역의 부유식물에 의한 1차생산에도 기여한다. 그러나 중요한 것은 연안가 저서동물, 특히 초식동물의 먹이가 된다는 점이다. 해조류를 직접 먹이로 취하는 대표적인 동물은 성게이다. 성게가 대번식을 하여 해조류 숲을 모두 갉아먹어 파괴하는 현상도 흔히 관찰된다. 성게뿐만 아니라 전복, 소라 등도 해조류를 갉아먹는 전형적인 동물이다. 전복을 양식한 후 해조류 숲이 파괴된 현상을 지금도 제주도 해변가에서는 관찰할 수 있다. 복구가 되려면 수년이 걸릴 것으로 예상된다. 성게나 전복을 양식할 때는 반드시 적당한 양의 치패만 뿌려야 한다.

1.4. 해조류의 지리적 분포

해조류의 분포는 수온과 밀접한 관계가 있다. 아한대, 온대, 열대해역에 따라 우점하는 해조류의 종류가 다르다. 수온이 낮을수록 갈조류가 우점하고 수온이 높을수록 홍조류가 우점하는 것이 하나의 특징이다. 같은 아한대지방이라 하더라도 대서양과 태평양의 우점종이 다르다. 또 북반구, 남반구도 차이가 난다. 수온이 비슷하더라도 지역에 따라 우점종이 다른 것은 종의 분화과정에서 나타난 지리적 격리의 하나로 설명할 수 있다. 아한대지방에 속하는 북반구의 북대서양에는 *Ascophyllum nodosum*과 *Alaria esculenta*와 같은 대형 갈조류가 우점한다(그림 5-8). 이외에 다시마(*Laminaria*)와 *Fucus* 같은 대형 갈조류도 함께 출현한다. *Ascophyllum*은 대서양만이 아닌 북태평양의 캄차카 반도 근처에도 서식하나 북태평양의 갈조류 종류는 북대서양과 차이가 있다. 예를 들면 *Macrocystis*, *Nereocystis*와 같은 대형 갈조류가 북태평양에서는 우점종이다.

온대지방의 전형적인 갈조류로 우리나라, 일본, 중국 연안에 서식하는 미역(*Undaria pinnatifida*)이 있다. 이외에 감태(*Ecklonia*)도 아시아의 온대해역에 서식

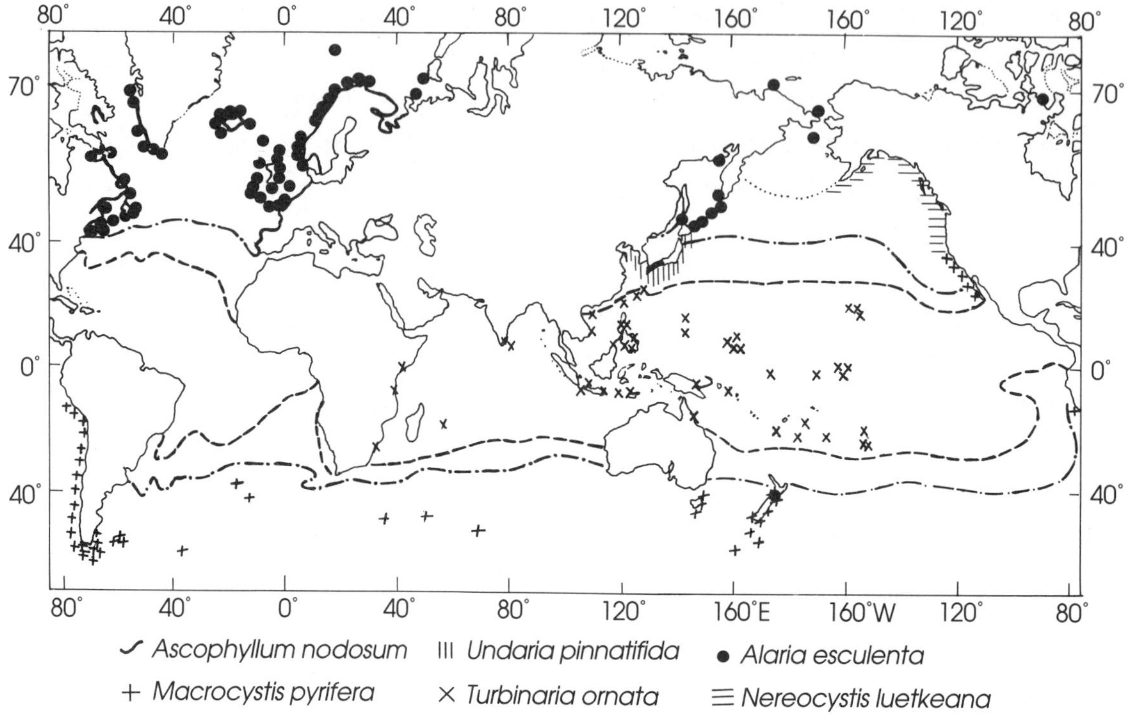

그림 5-8. 한대해역, 온대해역, 열대해역에 분포하는 우점 해조류.
대형 갈조류를 중심으로 분포한계선을 표시하였다. - - -: 겨울, — · —: 여름의 20°C 수온 등온선이다.(Dring, 1982 참조)

하는 전형적인 갈조류이다. 그림에 나타나 있지는 않지만 우리나라부터 열대해역 쪽으로는 모자반이 서식한다. 물론 열대해역으로 가면 모자반이 없고 대신 *Gracillaria*와 같은 홍조류가 주종을 이룬다. 열대해역의 전형적인 갈조류로 *Turbinaria ornata*를 그림 5-8에 표시하였다.

남반구 아한대해역은 *Macrosystis*, 다시마, 감태가 주요 우점종이다. 북반구와 비교한다면 *Ascophyllum*이나 *Fucus*가 서식하지 않는다는 특징이 있다. 그러나 최근에는 해역에 따른 이러한 구별이 무의미해지기도 한다. 예를 들면 우리나라에 서식하는 미역이 대서양의 불란서, 남반구의 오스트레일리아 해안에서 대량으로 서식하고 있음이 보고되었으며, 모자반도 대서양 연안까지 그 분포범위를 확장하여 기존에 서식하던 종을 몰아내고 있다는 문제까지 제기된 바 있다. 이는 선박의 왕래가 최근 빈번해지면서 이들 갈조류의 포자가 다른 해역까지 쉽게 퍼져 나갈 수 있기 때문이라고 여겨진다. 표 5-3에 아한대, 온대, 열대해역에 서식하는 전형적인 해조류의 종류를 나열하였다. 해역에 따라 분포를 달리하는 해조류도

표 5-3. 해역별 중요 우점 해조류의 종류(Dring, 1982 참조)

해역	갈조류	홍조류, 녹조류	부유식물
범세계 종	*Ectocarpus* spp.	*Ulva lactuca* *Gracilaria confervoides*	*Skeletonema costatum* *Coccolithus huxleyi*
북극해 연안	*Alaria* spp.	–	*Thalassiosira hyalina*
북반구 아한대	*Fucus* spp. *Laminaria* spp.	*Palmaria palmata*	–
대서양	*Ascophyllum*	*Chondrus crispus*	–
태평양	*Nereocystis*	*Iridaea cordata*	*Denticula*
열대	*Turbinaria* spp. *Sargassum* spp.	*Eucheuma* spp. *Halimeda* spp.	*Planktoniella sol* Dinoflagellates Coccolithophorids
남반구 온대	*Laminaria pallida*	–	–
남극해 연안	*Durvillea antarctica*	–	–
남, 북반구 아한대 공통	*Macrocystis pyrifera*	–	*Thalassiosira antarctica*

있지만 전세계의 어느 해안에나 분포하는 범세계적 분포 종도 있다. 갈조류에 속하는 엑토가프스, 녹조류의 일종인 파래 등이 그 예이다.

2. 저서동물

2.1. 채 집

저서동물은 바위와 같은 딱딱한 기질에 부착하여 사는 것과 모래, 뻘과 같은 부드러운 기질에 부착하여 사는 것이 있다. 이때 각 기질을 경성기질(硬性基質, hard substrate), 연성기질(軟性基質, soft substrate)이라고 한다.

경성기질에 서식하는 저서동물은 해조류를 채집하는 방법과 마찬가지이다. 따라서 자세한 소개를 하지 않아도 되리라 여겨진다. 그러나 연성기질에 서식하는 저서동물은 채집하는 방법이 독특하다. 대부분이 뻘이나 모래 속에 살므로, 뻘과 모래를 채취한 후 이 속에서 동물을 골라내는 작업을 하게 된다. 모래나 뻘을 퍼내는 방법은 한강에서 모래를 채취하는 과정과 비슷하다. 채집기구에는 어떤 것이 있는가를 소개하고 이어서 채집한 동물을 처리하는 방법을 설명하겠다.

연성저질에 서식하는 동물을 채집하는 가장 대표적인 기구는 채니기(採泥器, grab sampler)이다. 일종의 철제 상자로서 바닥에 닿은 후 닫혀서 모래나 뻘을 긁어 담도록 되어 있다(그림 5-9). 좌우로 열린 상태에서 내리고 해저 바닥에 닿으면 고리가 벗겨져 닫히게 된다. 닫힐 때 배에서 끌어올리므로 이 끌어올리는 힘에 의해 뻘을 퍼 담게 된다. 덴마크 사람인 페터슨이 개발한 기구이다. 이 채집기구는 그 후 여러 가지 형태로 변형되었다. 길다란 팔을 채집상자에 부착시켜 닫히는 힘을 강하게 한 반빈(Van Veen) 채니기, 채니기 전체에 틀을 씌어 안정

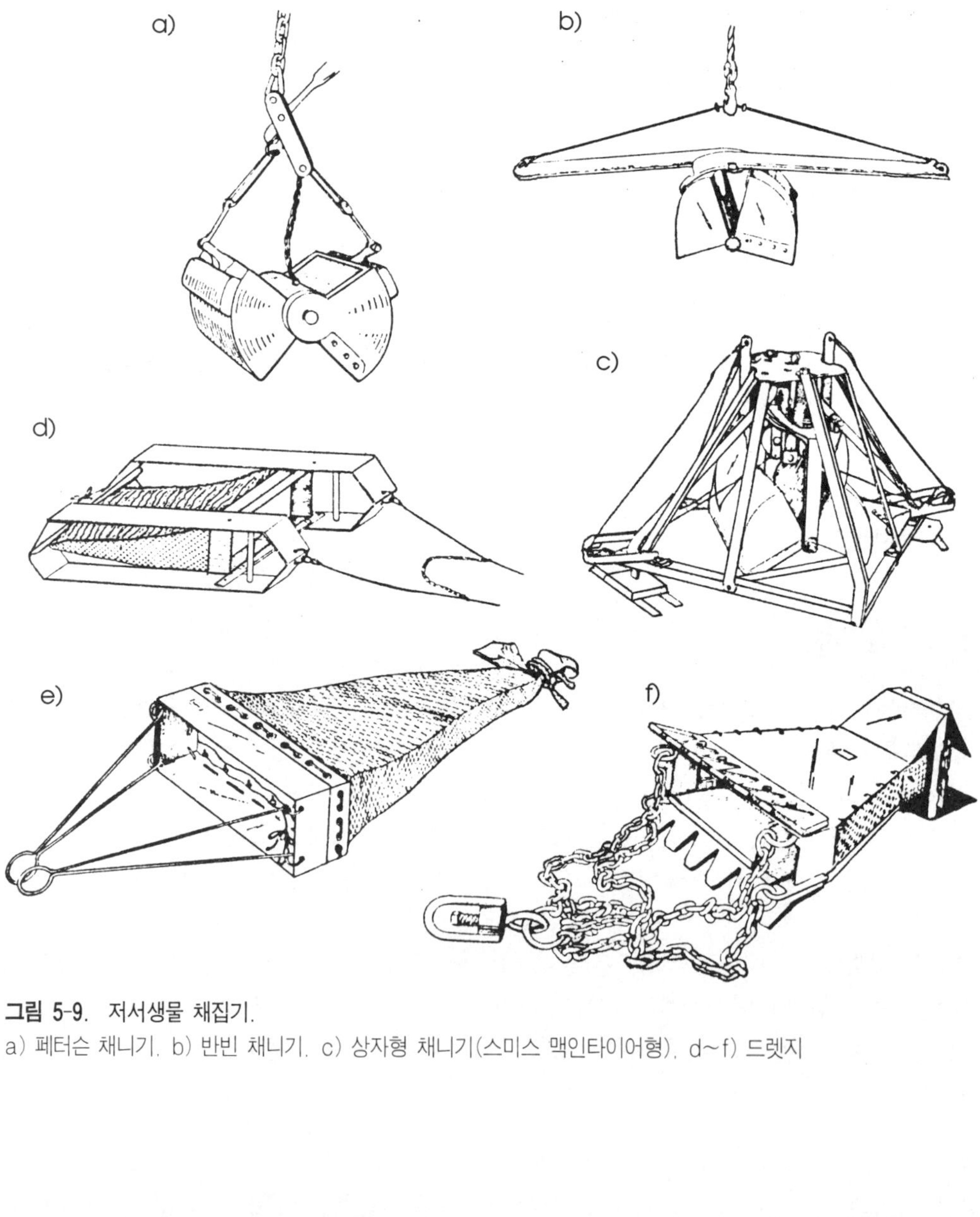

그림 5-9. 저서생물 채집기.
a) 페터슨 채니기, b) 반빈 채니기, c) 상자형 채니기(스미스 맥인타이어형), d~f) 드렛지

되도록 만든 스미스 맥인타이어(Smith-McIntyre) 채니기, 메신저를 내려 닫히게 하는 에크만 비르게(Eckman-Birge) 채니기 등이 그 예이다. 스미스 맥인타이어 채니기는 퇴적물을 흐트리지 않고 안정되게 퍼 올리나 너무 무겁고 값이 비싼게 흠이다. 자갈이 많아 파내기가 어렵거나 심해와 같이 한 번 내려 꼭 퍼 올려야 하는 경우에 주로 사용한다. 연안에서는 반빈 채니기를 사용해도 만족한 표품을 채취할 수 있다. 벌려지는 입구면적이 보통 0.1 m^2 이다.

모래에 사는 동물 중 몸체의 크기가 mm 단위인 작은 동물을 채집하고자 할 때는 플라스틱 관을 짤라 만든 주상채니기(柱狀採泥器, corer, core sampler)를 사용한다. 이는 입구면적이 보통 10 cm^2에 불과하므로 단위면적당 개체수가 상대적으로 많은 미세동물을 채집할 때만 사용할 수 있다. 깊이 약 30 cm까지 퇴적물 속으로 밀어넣어 플라스틱 관 안에 든 표품을 채취하게 된다. 조간대 연구에서 주로 이용하는 채집기구이다.

드렛지(dredge)라는 기구를 이용하는 방법도 있다(그림 5-9 d)~f)). 저인망과 원리는 같고 크기가 작을 뿐이다. 50×100 cm 크기의 철제 후레임에 망을 붙혀 늘어뜨린 형태이다. 망의 그물코는 일반적으로 cm 크기이다. 입구 모양이 보통은 사각형이나 삼각형, 원형인 것도 있다. 배의 뒷전에 내리고 약 20분간 바닥을 끌면 그 장소에 사는 동물을 채집할 수 있다. 해저 표층을 긁으며 가므로 주로 표층에 사는 동물을 채집할 때 쓰인다. 드렛지보다 크기가 큰 것은 어류를 채집할 때 쓰이는 저인망이다. 저인망에 대하여는 어류의 채집방법을 소개하면서 자세한 그림을 함께 실었다.

채니기로 채취한 퇴적물은 우선 배 위에서 체 위에 담아서 물을 뿌리며 가는 입자의 퇴적물을 씻겨 내려가게 한다. 이때 사용하는 체의 망목은 보통 1 mm 이다. 물을 뿌려 거르면 가는 입자의 퇴적물은 빠져 나가고 굵은 입자의 모래와 동물만 남게 되므로 무게나 부피가 훨씬 가벼워진다. 비닐봉투에 담고 홀마린을 넣어 썩지 않게 한 후 실험실로 옮겨 온다. 시중에서 판매되는 공업용 홀마린은 산성이므로 중조나 핵사민으로 중화한 홀마린을 사용해야 한다. 실험실로 옮겨 오면 넓은 대야에 쏟아 놓고 굵은 입자의 모래와 동물이 섞여 있는 상태에서 동물만을 하나식 핀셋으로 골라내야 하므로 시간이 많이 필요한 작업이다.

2.2. 저서동물의 구분

분류적 개념에 의해 종류별로 구분할 수도 있으며 몸의 크기, 사는 방법, 사는 장소 등에 따라 구분할 수도 있다. 분류학적 구분은 따로 정리 하였기에 우선 몸의 크기, 사는 위치, 먹이의 종류에 따라 어떻게 구분되는지를 살펴보았다.

크기에 따른 구분

0.1 mm 이하의 몸체 크기를 가진 저서동물을 소형저서동물(小型底棲動物, microbenthos), 0.1~1 mm 사이의 크기이면 중형저서동물(中型底棲動物, meiobenthos), 1 mm 크기 이상이면 대형저서동물(大型底棲動物, macrobenthos)이라고 한다. 저인망으로 잡히는 아주 큰 크기의 동물을 초대형저서동물(megabenthos)로 나누어 구분하기도 한다(표 5-4).

크기에 의한 구분은 저서동물을 채집하기 위해 퇴적물을 채취한 후 이를 체로 거르면서 저서동물을 걸러낼 때 사용하는 체의 망목 크기에 근거를 두고 있다. 즉 보통 1 mm 망목을 사용하므로 이 망목에 걸리는 동물을 대형저서동물이라고 일컬어 왔다. 중형저서동물은 1940년대 이후부터 사용되기 시작한 술어이다. 독일의 동물학자 마레(Mare)는 모래알갱이 사이에도 많은 동물이 서식하는 것을 알아내었고 이 동물들이 대부분 1 mm 크기 이하임에도 불구하고 양이 많고 종류가 다양하며 물고기들의 중요한 먹이가 됨을 밝혔다. 이에 이들 동물군에게 중형저서동물이라는 명칭을 주고 구분하여 취급하였기에 이때부터 사용되기 시작한 술어이다. 소형저서동물은 원생동물과 같이 크기가 아주 작은 동물들을 일컫을 때 사용한다.

표 5-4. 크기에 의한 저서동물의 구분과 그 예

구 분	크 기	보 기
초대형저서생물 (megalobenthos)	어망이나 트롤로 채집 (그물코 15 mm 정도에 걸림)	저어류, 불가사리류
대형저서생물 (macrobenthos)	그물코 1.0 mm(또는 0.5 mm)의 체에 걸림	복족류, 이매패류, 갯지렁이류, 갑각류
중형저서생물 (meiobenthos)	그물코 1.0 mm(또는 0.5 mm)의 체를 통과하고 그물코 0.1 mm의 체에 걸림	저서성 요각류, 선충류
소형저서생물 (microbenthos)	그물코 0.1 mm의 체를 통과함	유공충류, 섬모충류

서식 위치에 따른 구분

기질의 표면에 부착하여 사는가 아니면 기질내로 뚫고 들어가 사는가에 의한 구별이다. 모래나 펄 또는 암초 등 해저 기질의 표면에 사는 표서동물(表棲動物, epibenthos)과 기질의 내부에 사는 내서동물(內棲動物, endobenthos)로 구별할 수 있다(그림 5-10).

표서동물이란 암석이나 사니퇴적물의 표면에서 생활하는 동물로 굴이나 따개비와 같이 이동성이 없는 것도 있으나 새우나 게, 불가사리처럼 자유롭게 움직여 다니는 것도 있다. 또한 암석에 부착하는 종류라 할지라도 반드시 커다란 암초나 바위 등을 필요로 하는 것은 아니며 패각(貝殼)이나 자갈 등 크기가 작더라도 해저에 노출되어 있기만 하면 이들을 기질로 하여 생활하는 경우를 흔하게 볼 수 있다. 부착성 생물들 중에는 흔히 선박의 기저부나 수중 구조물 등에 번식해서 피해를 끼치는 오손생물(汚損生物, fouling organism)도 포함된다. 기질이 해조나 잘피류와 같은 대형 해산식물의 엽체일 수도 있다.

내서동물이란 해저의 모래나 뻘 속에 파고들어가 생활하는 동물을 말한다. 갯지렁이 종류와 조개 종류가 이에 속한다. 암석과 같은 딱딱한 기질에 구멍을 뚫고 사는 종류도 있다. 애기돌맛조개류(*Lithophaga*)나 물맛조개류(*Pholas*) 등이 그 예이다. 암석의 구멍 속에 살더라도 주름입조개(*Irus mitis*)처럼 다른 조개가 뚫어 놓은 구멍을 이용하기만 하는 경우도 있다.

기질이 암반과 같이 딱딱하지 않은 목재일 수도 있다. 항구나 연안해역의 바다에 떠다니는 목재에 뚫고 들어가 사는 종류들이 여기에 해당한다. 목재 내부를 잘라 보면 등각갑각류(Isopoda, Crustacea)에 속하는 바다나무좀류(*Limnoria*)가 얕은 곳에 이매패의 배좀벌레조개류(*Teredo*)가 깊은 곳에 헤아릴 수 없이 많은 갱도(坑道)를 파고 살고 있는 것을 관찰할 수 있다. 이와 같은 내서동물을 특별히 천공동물(穿孔動物, boring animal)이라고 한다. 나무로 배를 만든 목선이나 수중 구조물에 막대한 피해를 입히기도 한다.

먹이에 따른 구분

먹이가 식물인가, 동물인가에 따라 초식동물, 육식동물로 구분한다. 해조류를 갉아먹는 성게, 전복, 미세조류를 바위에서 갉아먹는 총알고둥, 울타리고둥이 초식동물에 속한다. 불가사리, 대수리, 큰구슬우렁이는 조개를 잡아먹는 전형적인 육식동물이다.

(1) 표서동물

(2) 내서동물

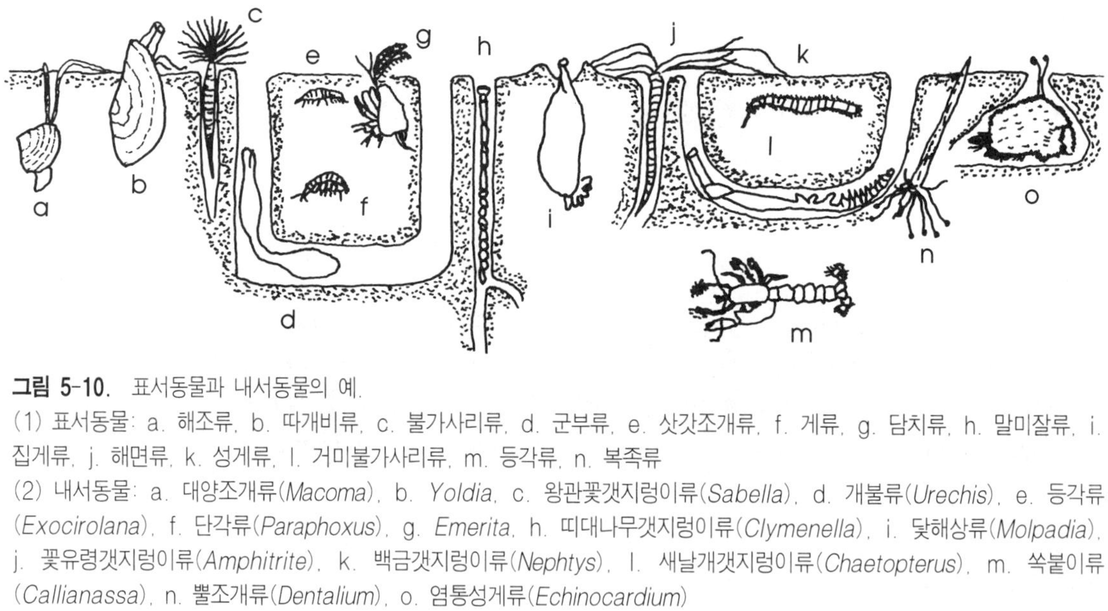

그림 5-10. 표서동물과 내서동물의 예.
(1) 표서동물: a. 해조류, b. 따개비류, c. 불가사리류, d. 군부류, e. 삿갓조개류, f. 게류, g. 담치류, h. 말미잘류, i. 집게류, j. 해면류, k. 성게류, l. 거미불가사리류, m. 등각류, n. 복족류
(2) 내서동물: a. 대양조개류(*Macoma*), b. *Yoldia*, c. 왕관꽃갯지렁이류(*Sabella*), d. 개불류(*Urechis*), e. 등각류(*Exocirolana*), f. 단각류(*Paraphoxus*), g. *Emerita*, h. 띠대나무갯지렁이류(*Clymenella*), i. 닻해상류(*Molpadia*), j. 꽃유령갯지렁이류(*Amphitrite*), k. 백금갯지렁이류(*Nephtys*), l. 새날개갯지렁이류(*Chaetopterus*), m. 쏙붙이류(*Callianassa*), n. 뿔조개류(*Dentalium*), o. 염통성게류(*Echinocardium*)

모래와 뻘의 연성저질에 서식하는 저서동물은 퇴적물을 직접 먹이로 취하거나 위에서 떨어지는 부유물을 걸러 먹기에 이를 특별히 강조하여 퇴적물식자(堆積物食者, deposit feeder), 부유물식자(浮遊物食者, suspension feeder)로 구별하기

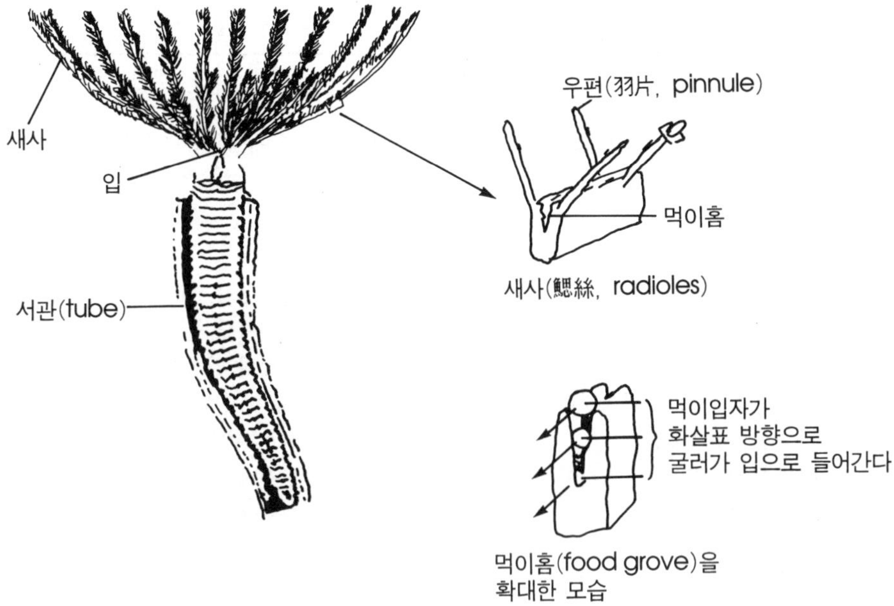

그림 5-11. 여과식자 중에서 관갯지렁이류는 먹이를 거르는 기관이 빗자루 모양이다. 이미패류가 일단 물을 빨아들이고 몸 속의 아가미에서 먹이를 거르는 방법과 다르다.

도 한다. 퇴적물이건 부유물이건 모두 광물입자가 대부분이므로 영양분이 극히 적다. 영양이 되는 유기물의 양이 보통 3%를 넘지 않는다. 그럼에도 불구하고 이를 먹고 살아갈 수 있는 것은 미생물이 섞여 있기 때문이다. 미생물은 신선한 단백질이므로 저서동물에게는 좋은 먹이가 된다.

퇴적물식자의 대표적인 것은 다모류, 복족류, 갑각류 등이다. 부유물식자는 이매패류가 대부분이다. 부유물을 거를 때는 아가미와 같은 그물망으로 거르기 때문에 이를 특별히 여과식자(濾過食者, filter feeder)라고 한다. 먹이섭취 방법에 의한 구분이다. 여과식자의 예로 꽃갯지렁이를 그림 5-11에 실었다.

2.3. 종 류

모든 동물문(動物門)이 바다에 출현한다(표 5-5). 단 동물군에 따라 순수하게 해수에만 출현하는 종으로 구성된 동물군, 대부분 해수에 사는 종으로 구성된 동물군, 해수, 또는 담수에 사는 종으로 구성된 동물군으로 구별할 수 있다. 예를 들면 자포동물의 산호충류, 연체동물의 오징어류, 완족동물, 극피동물, 피낭동물, 원색동물에 속하는 종은 모두 바다에 산다. 해면동물, 자포동물, 연체동물,

표 5-5. 주요 해산 저서동물의 문(門)과 종류 수

문	종 류	종 수	서식환경
원생동물	아메바, 짚신벌레, 유공충, 섬모충	35,000	대부분이 수계생활, 약 반수가 해산, 다수가 기생생활
해면동물	해면류	9,000	
자포동물	산호류, 말미잘류, 해파리류	9,000	수계생활, 대부분이 해산
편형동물	납작벌레류, 디스토마류, 촌충류	20,000	수계생활, 대부분이 해산 수계와 밀접한 관계가 있음.
대형동물	회충류, 십이지장충류, 바퀴벌레류	14,630	다수가 기생생활을 하나 와충류는 수계에서 자유생활함.
환형동물	갯지렁이류, 지렁이류, 거머리류	15,000	원충류는 기생생활, 윤충류는 담수산 및 해산
절지동물	새우, 게, 거미, 곤충류	1,033,000 (곤충류 850,000)	약 반수가 해산, 일부는 담수산, 일부는 육상생활
연체동물	고동류, 조개류, 오징어류, 문어류	100,000	갑각류, 바다거미류는 대부분이 해산이고, 일부 담수산
촉수동물	완족류, 태형동물, 추형동물	5,000	대부분이 해산, 다수가 담수산, 일부는 육상생활
모악동물	화살벌레류	80	대부분이 해산, 일부 담수산
극피동물	불가사리류, 성게류, 해삼류, 갯고사리류	7,000	해산 해산
원색동물	우렁쉥이류, 창고기류	1,680	
척추동물	어류, 개구리류, 뱀류, 조류, 포유류	45,000	어류는 해산 또는 담수산, 고등척추동물의 일부가 수계생활

절지동물의 갑각류에 속하는 종은 대부분이 바다에 사는 종류들이다. 원생동물, 편형동물, 대형동물, 환형동물, 척추동물의 어류 등은 바다에 사는 종과 담수에 사는 종의 비율이 비슷하다. 무척추동물 중 곤충류를 제외하면 3분의 2 이상이 바다에 사는 것으로 알려져 있다. 아래에 각 동물문별로 형태적 특징과 대표적인 동물군을 소개하였다.

해면동물

해면동물(海綿動物, Porifera)은 후생동물(後生動物, metazoa) 중에서는 가장 원시적인 체제를 가진다. 신경, 근육, 감각세포가 없다. 기본형태는 항아리 모양

이고, 몸의 위쪽 끝에 출수공인 대공(大孔, osculum)을 한 개 가진다(그림 5-12). 체벽에 나 있는 수많은 입수공을 소공(小孔, pore)이라 하며 중앙의 빈 곳을 위강(胃腔, gastric cavity 또는 spongocoel)이라고 한다.

체벽은 바깥쪽의 세포층인 피층(皮層, dermal layer)과 안쪽 세포층인 위층(胃層, gastral layer)으로 나뉜다. 이 두 층 사이에 한천질의 중교(中膠, mesoglea)가 있고 여기에 생골세포(生骨細胞, collencyte 또는 scleroblast)와 변형세포(變形細胞, amoebocyte)가 들어 있다. 피층에는 편평세포(扁平細胞, pinacocyte)와 소공세포(小孔細胞, porocyte)가 있고, 위층은 금세포(襟細胞, choanocyte 또는 동정세포, collar cell)로 되어 있으며 위강과 편모실(鞭毛室, flagellated chamber)이 있다.

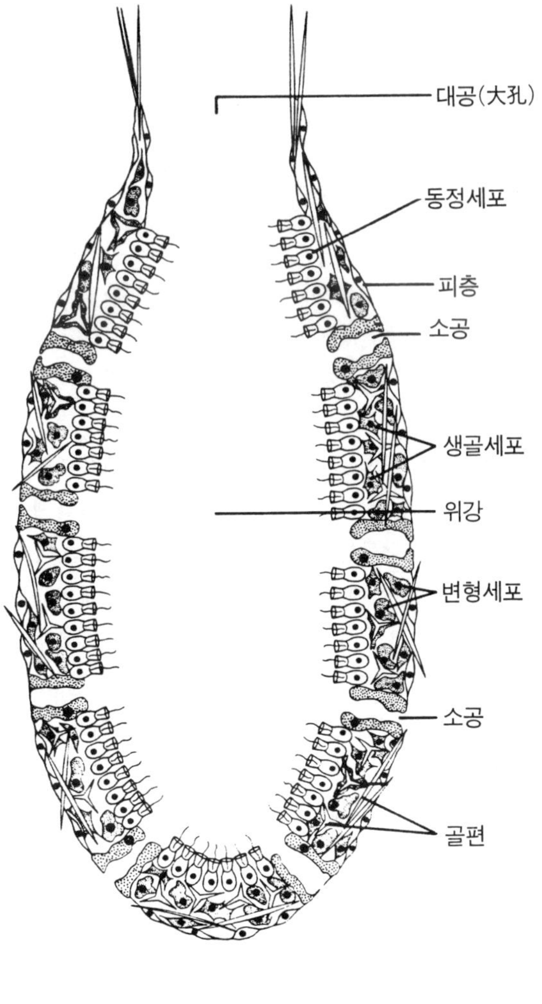

그림 5-12.
해면동물의 내부구조

동정세포를 가지는 것이 해면동물의 특징이다. 동정세포는 위강의 안벽이나 체벽 속의 빈 곳에 많이 나 있다. 편모를 가지고 있어 이를 움직여 물의 흐름이 생기게 하고 이때 물과 함께 들어오는 먹이를 잡아먹는다. 해수는 수많은 소공을 통하여 위강 속으로 들어오며, 위쪽 끝의 대공으로 배출된다. 섭취된 먹이는 중교층내에 있는 변형세포의 작용에서 소화, 흡수된다. 중교층에는 이밖에도 석회질 또는 규산질의 골편(骨片, spicule)을 만드는 조골세포와 생식세포가 있다. 전형적인 부유물식자이다.

재생이나 출아법에 의한 무성생식을 하며 주로 군체를 형성한다. 그러나 동일체내에서 정자와 난자를 만들어 유성생식을 하는 경우도 있다. 대부분이 해산이나 일부는 담수산이다. 식용으로 이용되는 종은 하나도 없다. 대부분이 고착생활을 하는 전형적인 표생동물이다. 다음 4개 무리가 있다.

(1) 석회해면류(Calcarea): 시콘해면, 오목해면 등

(2) 육방해면류(Hexactinellida): 유리해면, 해로동굴해면 등

(3) 보통해면류(Demospongiae): 유두해면, 호박해면, 보라해면, 목욕해면 등

(4) 골해면류(Sclerospongiae): 별뼈해면, 털가시해면 등

자포동물

자포동물(刺胞動物, Cnidaria)은 자포(刺胞, nematocyst)를 가지는 것이 특징이다. 강장동물이라 부르기도 한다. 주로 해산이지만 담수산도 있다. 몸은 방사대칭이고, 소화기, 순환기, 배설기는 발달하지 않았으나, 간단한 신경과 근육을 가지므로 해면동물보다 발달된 것들이라고 하겠다.

입이 위쪽으로 향하고 고착생활을 하는 폴립(polyp)형과, 입이 아래쪽으로 향하고 부유생활을 하는 해파리(medusa)형의 두 가지 형태로 구분된다. 종류에 따라 생활사 중에 이 두 가지 형의 한쪽만 발달하는 것도 있다.

몸은 외배엽과 내배엽의 두 층이며 그 중간에 중교층이 있다. 몸 속에는 입과 항문의 역할을 동시에 하는 강장(腔腸)이 있다. 입 주위에는 자세포(刺細胞, cnidocyte)를 가진 촉수(觸手, tentacle)가 있어 이것으로 먹이를 잡아 강장으로 끌어넣는다(그림 5-13). 자세포 속에는 작은 주머니 모양의 자포가 들어 있으며, 그 안에 긴 실 모양의 관으로 된 자사(刺絲)가 감겨져 있다. 독액과 함께 발사되어 먹이를 잡거나 방어하는 데 사용한다. 감각세포, 근육섬유들이 발달되어 있다. 대부분이 암수 딴몸이며, 수정은 체강내 또는 물 속에서 이루어진다. 출아법에 의한 무성생식을 하며 주로 군체를 이룬다. 세대교번을 하는 종류도 많다. 아

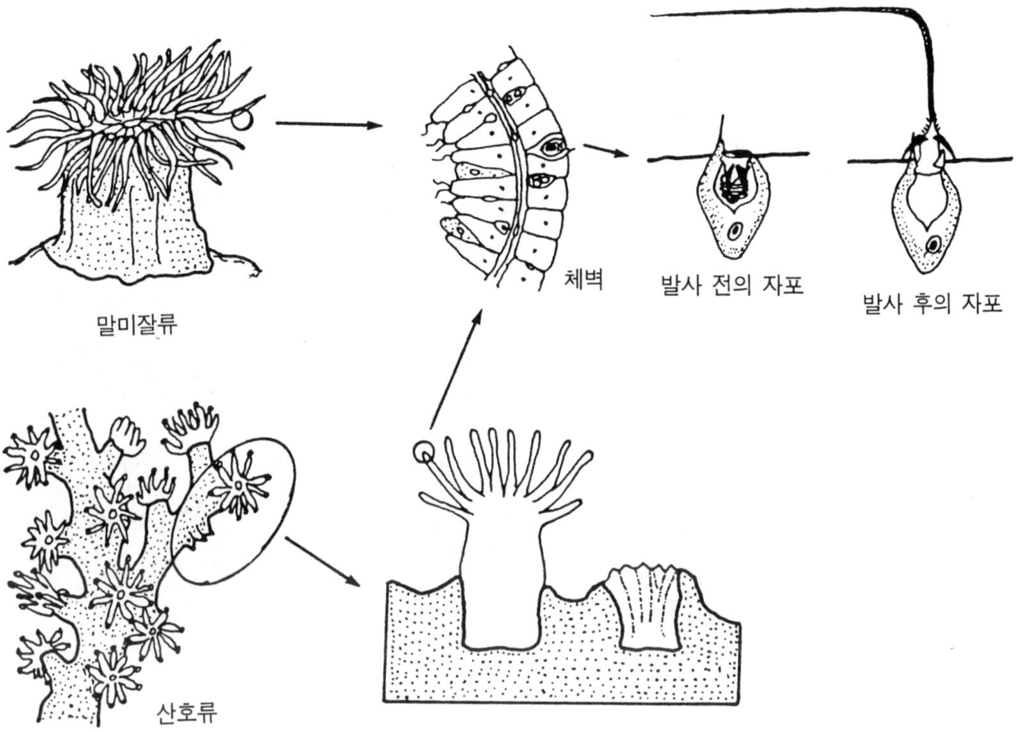

그림 5-13. 말미잘과 산호의 형태와 자포(nematocyst)

래의 3개 무리로 나누인다. 폴립의 형태적인 차이를 그림 5-14에 실었다.

(1) 히드라충류(Hydrozoa): 곤봉히드라, 깃히드라, 히드라산호류 등

(2) 해파리류(Scyphozoa): 물해파리류, 관해파리류, 식용으로 쓰이는 큰덤불해파리(*Rhopilema esculenta*) 등

(3) 산호충류(Anthozoa): 팔방산호류의 바다맨드라미류, 바다선인장류, 해양류(海楊目, Gorgonacea)에 속하는 백산호, 홍산호, 해송(흑산호) 등은 그 골축(骨軸)을 가공하여 장식용이나 공예품으로 많이 사용한다. 그밖에 말미잘류, 산호초를 구성하는 다양한 종류의 돌산호류 등이 여기에 속한다.

유즐동물

유즐동물(有櫛動物, Ctenophora)은 빗해파리라고도 하며, 내배엽과 외배엽 사이에 중교층이 잘 발달되어 있다. 중추 신경이 없고, 항문이 없는 특징 때문에 자포동물에서 분리시켜 독립된 문(門)으로 취급하고 있다.

자포 대신에 교포(膠胞, colloblast)를 가진다. 몸은 방사 대칭이고, 풍선 모

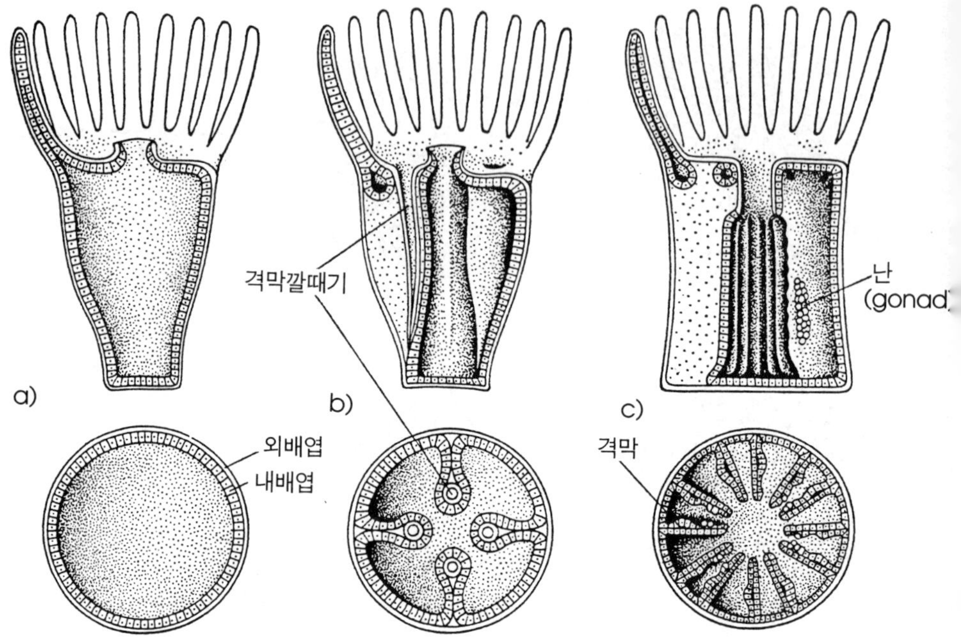

그림 5-14. a) 히드라류, b) 해파리류, c) 산호충류의 폴립의 형태적 차이

양, 감투 모양, 나선 모양, 띠 모양 등이며, 8줄의 즐판대(comb row)를 가진다(그림 5-15). 몸의 위쪽 끝에 평형기가 있으며, 여기에서 신경계가 아래로 방사상으로 나 있으며, 2개의 긴 촉수를 가지는 것과 가지지 않는 것으로 나눈다. 폴립형은 없다. 대부분 해산 부유성이며 측빗해파리, 감투빗해파리, 오이빗해파리, 띠빗해파리 등이 대표적이다.

편형동물

편형동물(扁形動物, Platyhelminthes)은 등과 배쪽으로 납작하고 좌우대칭이다. 기생하는 종류가 많으며 사람, 가축, 어류에 크게 해를 끼친다. 기생생활을 하는 종류는 보통 2~3 단계의 유생기를 거쳐 성체로 되며 수생동물이 중간 숙주로서 중요한 역할을 한다.

체강이 없는 3배엽성으로 중교질부분이 크다. 그 속에 소화기관, 배설기관, 생식기관, 신경계가 들어 있고, 혈관계는 없다. 입은 발달되어 있지만, 장은 맹장상태로 되어 항문이 없는 것이 많다. 배설기관으로 몸의 각 부분에 원신관(原腎管)을 가진다. 암수 한몸인 경우가 대부분이고 생식기관이 발달하였다. 흡충류는 대부분 유성생식을 한다.

자유생활을 하는 와충류, 기생생활을 흡충류와 촌충류가 있다. 우리나라에서는 남해안의 수하식 굴양식장에 1970년경부터 와충류에 속하는 해산 납작벌레가 대

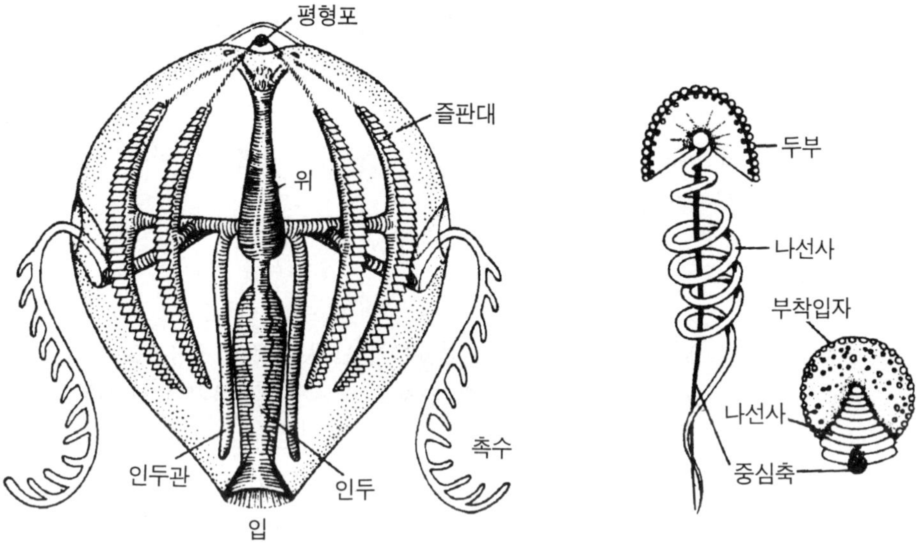

그림 5-15. 유즐동물의 구조. 교포(colloblast)를 확대하였다(오른쪽).

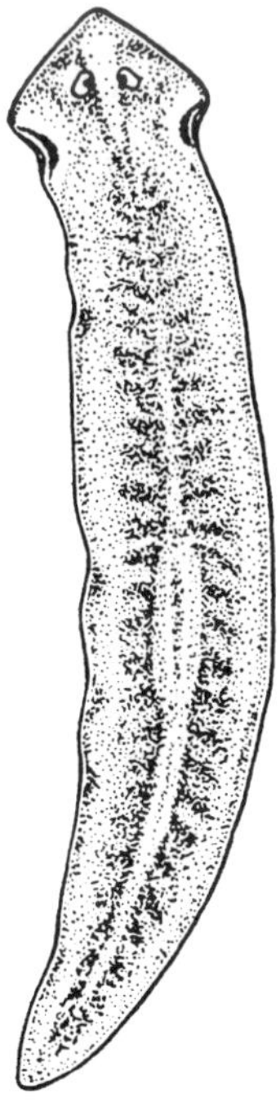

그림 5-16.
와충류의 하나인 *Dugesia gonocephala*

량으로 발생하였다. 굴의 조가비 사이로 칩입하여 굴을 먹어 버림으로써 막대한 피해를 끼치고 있다. 아래 3개 무리로 나누인다.

(1) 와충류(Turbellaria): 플라나리아, 해산 납작벌레 등(그림 5-16).

(2) 흡충류(Trematoda): 간디스토마 및 간흡충 등이 여기에 속하나, 해산 무척추동물 및 방어나 돌돔의 선회병을 일으키는 원인종 등 어류에 기생하는 종류도 많다.

(3) 촌충류(Cestoda): 내부 기생성으로서 촌충류가 대표적이나 어류의 장(腸)에 기생하는 종류도 있다.

유형동물

유형동물(紐形動物, Nemertina)은 분류학적 단계로 보아 처음으로 입을 비롯하여 식도, 장(腸), 항문으로 이어지는 완전한 소화기관을 가지게 되었다는 점에서 편형동물보다 발달한 무리로서, 계통분류학상 중요한 동물이다. 좌우대칭이고, 등과 배는 납작하고 길며, 끈 모양을 하고 있어 끈벌레라고 부른다. 암수 딴몸이고, 몸은 체절이 없으며 유연하다. 어떤 종류는 2 m에 달하는 것도 있다. 몸빛깔은 노란색, 붉은색, 녹색 등 다양하다.

대부분이 바다에 살며 소형 갯지렁이나 갑각류를 먹는 전형적인 육식자이다. 약 900여 종이 알려져 있다. 우리나라에서 조간대의 모래 속이나 바위 틈, 해조 사이 또는 조하대의 연성 저질에서 10여 종의 끈벌레를 채집할 수 있다.

대형동물

대형동물(袋形動物, Aschelminthes)에는 윤형동물(輪形動物, Rotifera), 복모동물(腹毛動物, Gastrotricha), 동문동물(動吻動物, Kinorhyncha), 원형동물(圓形動物, Nematoda) 등의 의체강동물(擬體腔動物)이 여기에 속한다.

윤형동물은 윤충류 또는 바퀴벌레라고도 하며, 그 크기가 0.1～2.0 mm로 매우 작아 육안으로 겨우 볼 수 있다. 세계적으로 약 1,800종이 알려져 있다. 담수 플랑크톤이 대부분이며 해산은 거의 없다. 어류를 양식할 때 유생의 먹이로 사용한다.

복모동물은 해수, 담수에 모두 산다. 동식물의 몸이나 바닥 위를 기어다니거나 모래 알갱이들 사이의 틈에서 사는 간극생물도 많다. 세계적으로 450여 종이 알려져 있다. 박테리아, 규조류, 소형 원생동물, 유기물의 파편 등을 먹는다.

동문동물은 1 mm 정도의 크기이다. 해산으로서, 바다 밑의 모래, 펄 속이나 해조 위에 살며, 부유생활을 하는 것도 있다. 세계적으로 약 100종이 알려져 있으며, 극피충(*Echinoderella*)이 여기에 속한다.

원형동물은 원충류 또는 선형동물(線形動物)이라고도 한다. 세계적으로 약 12,000여 종이 알려져 있다. 회충, 편충, 요충, 십이지장충 등의 기생충으로 우리에게 잘 알려진 종이다. 최근에는 바다에서 자유생활을 하거나 저서성인 선형동물(線形動物)에 관한 연구가 활발해지면서 이들의 해양생태학적 중요성도 새롭게 인식되고 있다. 열대의 저위도에서 극지방의 고위도 지역까지, 사막, 온천, 고산지대에서부터 심해저에 이르기까지 어디에나 분포한다.

환형동물

지렁이, 갯지렁이, 거머리 등이 환형동물(環形動物, Annelida)에 속하며, 현재 약 15,000종 이상 보고되어 있다. 지렁이와 거머리류는 주로 담수에 서식하나 갯지렁이류는 해산이다.

몸은 좌우대칭, 긴 원통형이고, 내·외부적으로 체절성이다. 체절은 수많은 같은 체절로 되어 있는 동규적 체절(同規的 體節)을 가진다. 몸의 표면은 쿠티쿨라로 덮여 있고, 그 안쪽에 외피, 근육층이 있다. 소화관은 몸 중축의 전후에 뻗어 있다. 각 체절에는 이 무리에 특유한 1쌍의 신관이 있어 배설작용을 한다. 또, 각 체절의 좌우에 옆다리(側脚, parapodium)를 가지고 있으며, 일부 종류들은 부속지를 가지지 않는다. 호흡은 피부로 하며, 아가미를 가지는 것도 있다.

일반적으로, 생식기는 특유한 체절에 발달하는 경우가 많이 있고, 암수 한몸 또는 암수 딴몸이다. 갯지렁이류의 발생은 윤충류와 비슷한 담륜자(trochophore) 시기를 거쳐서 변태하며, 육상이나 담수종은 유생시기를 가지지 않는다. 다모류(多毛類, Polychaeta), 빈모류(貧毛類, Oligochaeta), 거머리류(Hirudinea) 등으로 분류한다. 해산이 대부분을 차지하는 다모류를 중심으로 아래에 소개하였다.

(1) 다모류: 다모류를 갯지렁이류라고도 한다. 머리부분은 전구엽(前口葉)과 위구절(圍口節)로 되어 있다. 전구엽에는 입, 안점, 감촉수 등이 있으며, 촉수는 종류에 따라 일부 퇴화하거나 변형되어 있다. 몸통의 각 체절의 좌우에는 옆다리가 있다. 옆다리에는 운동기관인 강모(剛毛)와 족극(足棘), 그리고 감각기관인 감촉수 등이 있다. 혈관은 밀집하여 분포하고 있고, 호흡을 위한 아가미 등을 가지고 있다.

암수 딴몸이나 암수 한몸인 것도 있다. 재생하는 힘이 강하고, 무성생식인 출아법으로 번식하는 것도 있다. 대부분의 종류가 유성생식을 하며

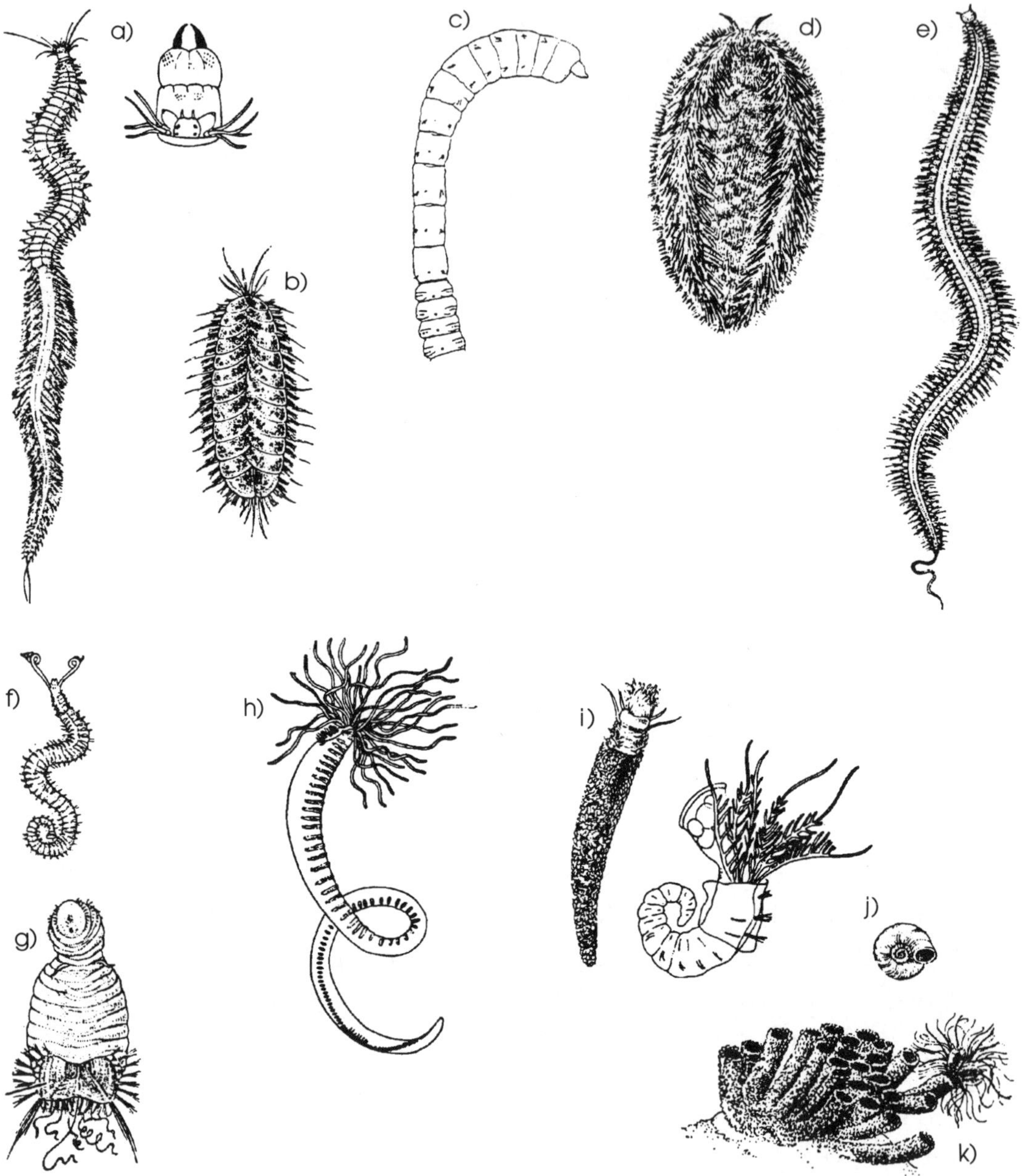

그림 5-17. 유영목(遊泳目, Errantia, 그림 a-e)과 저서목(底棲目, Sedentaria, 그림 f-k)에 속하는 대표적인 갯지렁이. a) 참갯지렁이(*Nereis*), b) 예쁜이 비늘갯지렁이(*Lepidonotus*), c) 버들갯지렁이(*Heteromastus*), d) 고슴도치갯지렁이(*Aphrodita*), e) 백금갯지렁이(*Nephtys*), f) 긴얼굴갯지렁이(*Polydora*), g) 오뚜기갯지렁이(*Sternaspis*), h) 유령갯지렁이류(*Terebellia*), i) 잎빗갯지렁이(*Lagis*), j) 동그라미 석회관갯지렁이(*Spirorbis*), k) 꽃갯지렁이(*Sarbellaria*)

산출된 알과 정자는 물 속에서 수정하여 발생하게 된다. 번식기에는 무리를 지어 나타나 생식군영(生殖群泳)을 하는 종류도 적지않다.

해양환경에 가장 잘 적응된 동물군으로 현재 약 5,300여 종이 보고되어 있다. 조간대에서 심해까지 널리 분포하며, 서식 장소도 사니질, 암초지대 등 거의 모든 저질환경에 적응되어 있을 뿐 아니라, 부유생활을 하는 종류도 있다. 또, 어떤 종류는 구멍 속에 유기질 또는 석회질로 된 집을 만들어 살고 있다. 어느 정도 유기물 오염이 진행되어 있는 연안해역에 많이 살고 있으므로, 최근에는 해양오염의 지표종으로도 이용된다.

저서동물 중 종류와 양이 가장 많은 종이다. 어류의 먹이가 되며 낚시 미끼로도 사용된다. 참갯지렁이(*Neanthes japonica*), 두토막눈썹참갯지렁이(*Perinereis aibuhitensis*), 실참갯지렁이(*Tylorrhynchus heterochaetus*), 집갯지렁이(*Diopatra sugokai*), 바위갯지렁이(*Marphysa sanguinea*) 등이 여기에 속한다(그림 5-17). 양식굴이나 진주조개 등의 조가비에 구멍을 뚫고 해를 주는 긴얼굴갯지렁이류(*Polydora*)도 있다. 발전소의 냉각수 취수관에 살면서 취수에 지장을 주는 우산석회관갯지렁이(*Hydroides ezoensis*)도 오히려 해를 주는 예이다.

(2) 빈모류(Oligochaeta): 육산 지렁이와 담수산 실지렁이가 여기에 속한다. 실지렁이는 하수구 등에 서식하며, 열대어, 금붕어, 그밖에 담수어류의 치어의 좋은 먹이로서 수요가 많다. 약 200여 종의 해산 빈모류가 보고 되었으며 그 중에는 심해에서 발견된 기록도 있다.

의충동물

의충동물(螠蟲動物, Echiurida)은 과거에 환형동물의 한 강으로 취급하였으나, 외관상 체절이 없으므로 최근에는 하나의 독립된 문으로 취급하고 있다. 모두 해산이고, 크기나 생태습성상 성구동물과 닮았다. 몸은 원기둥 모양의 몸통과 주둥이로 되어 있으며, 촉수를 가지지 않는다. 성체에서는 체절을 볼 수 없다. 열대에서 한대에 걸쳐 널리 분포하고, 세계적으로 약 100종이 알려져 있다. 암초에 사는 것도 있으나, 대부분 연안의 사니질에 구멍을 파고 산다.

조간대 또는 그 아래의 바다 밑 사니질에 U자형 구멍을 파고 사는 개불(*Urechis unicinctus*)은 도미류의 낚시 미끼로서 수요가 많다(그림 5-18). 우리나라에서는 날것으로 또는 말려서 식용으로 사용한다.

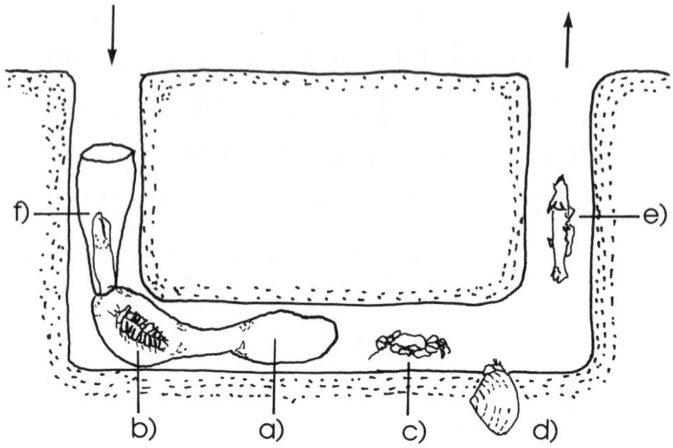

그림 5-18. 개불류의 서식형태.
a) 섭식하고 있는 개불류(*Urechis*)
b) 비늘갯지렁이류(*Hesperonoe*)
c) 속살이게류(*Scleroplax*)
d) 이매패류(*Cryptomya*)
e) 망둑어류(*Clevelandia*)
f) 섭식용 점액망(mucus feeding net)
화살표는 물이 흐르는 방향.

연체동물

고둥, 조개, 오징어, 문어 등이 연체동물(軟體動物, Mollusca)에 속한다. 몸은 연하고 좌우대칭이며, 단판류(單板類)에서는 약간의 체절성을 볼 수 있으나, 대부분은 성체나 유생기에 체절구조가 없다. 따라서, 체절의 부속지 같은 것을 볼 수 없다. 머리, 발, 몸통 및 외투막의 네 부분으로 구분되고, 조가비 등의 껍데기를 가지는 것이 많다. 몸의 앞부분에는 입, 눈, 촉각이 있는 머리가 있고, 발과는 명백한 경계가 없는 것이 많다. 발은 머리 다음에 있고, 배쪽에 있는 근육질부분이며, 이것으로 이동을 한다. 오징어나 문어는 이것이 발달하여 8~10개의 팔(arm)로 변형되어 있다. 몸통은 발의 등쪽에 있어 팽대된 내장낭을 이루고, 이 안에 생식소와 내장기관이 있다. 내장낭과 족부를 덮고 있는 것을 외투강이라 한다. 여기에 아가미가 있고, 항문, 배설기, 생식기가 열린다.

순환계는 개방혈관계이며, 심장과 혈관을 가지고 있다. 소수의 육산 종에 허파로 호흡을 하는 것이 있으나, 대부분이 아가미로 호흡을 한다. 입에는 조개류를 제외하고는 치설 또는 각질의 턱니를 가지고 있다. 소화관은 U자 모양 또는 나선형이고, 전장, 중장, 후장의 세 부분으로 구분된다. 중장에는 간과 같은 중장샘이 있다. 신경계는 보통 4쌍의 신경절과 이것을 연락하는 신경색으로 구성되어 있고, 촉각, 눈, 평형포를 가지는 것이 있다.

대부분이 외투막에서 분비된 석회질의 조가비를 가지고 있다. 고둥류는 하나로 된 나사 모양의 꼬인 조가비를, 조개류는 좌우 1쌍의 조가비를 가진다. 조가비는 성장하면서 크기가 달라지는데, 칼슘 성분의 분비량이 계절에 따라 다르므로, 조가비의 표면에 성장선이 나타난다.

대분분이 암수 딴몸이나, 암수 한몸인 것도 적지않다. 오징어류, 문어류를 제외한 것들은 발생시에 플랑크톤 생활을 하는 담륜자(trochophore), 피면자(veliger)라는 유생단계를 거쳐 변태하여 성체로 된다. 유생의 형태는 종류에 따라 약간 다르지만, 입 안에 섬모의 띠가 있다. 이 섬모 띠로 둘러싸인 부분을 면반(面盤, velum)이라 하며, 면반 뒤의 등쪽에 조가비샘이 있어 여기에서 조가비 성분이 분비되어 몸을 둘러싼다.

연체동물은 절지동물 다음으로 종류수가 많은 동물군으로, 현생종 약 5만 여종이 기재되어 있으며, 화석종도 약 3만 5천여 종이 보고되어 있다. 서식 범위도 높은 산에서 심해까지, 해수, 담수 및 육상에 널리 분포한다. 그 형태와 생태가 다양하고, 대부분이 자유생활을 하며, 공생 또는 기생 생활을 하는 것도 많다. 이것들은 크게 단판류(*Neopilina*), 군부류, 굴족류(堀足類, Scaphopoda), 복족류(腹足類), 이매패류, 두족류(오징어류)의 6강으로 나눈다.

(1) 복족류(고둥류, Gastropoda): 연체동물 중에서 가장 많은 종류를 포함한다. 육상, 담수, 기수, 해수에 널리 분포하며, 형태와 생태가 다양하다(그림 5-19). 일반적으로, 나선상으로 꼬인 조가비를 가지며, 좌우 비대칭이다.

머리부분과 발부분이 발달하였고, 내장낭은 간과 생식소가 발달되어 현저하게 융기하며, 내장도 꼬여 있다. 시계방향으로 말린 조가비를 오른꼬임이라 하고, 그 반대를 왼꼬임이라 하며, 대체로 오른꼬임인 것이 많다. 머리에는 촉각과 눈이 있고, 구구(口球)내에는 이 무리에 특유한 작고 수많은 이가 밀생한 치설(齒舌, radula)이 있어, 이것으로 먹이를 갉아먹는다. 발은 기어 다니기에 편리하게 되어 있고, 조개류보다는 큰 이동력을 가진다. 발 뒷부분에는 키틴질 또는 석회질로 된 뚜껑을 가지고 있어, 이것으로 각구(殼口)를 덮는다. 일부 난태생인 종류도 있으나, 보통은 난생이다. 알은 키틴질의 보호막으로 싸여 있다. 난생인 종류는 변태를 한다. 담륜자, 피면자의 유생을 거쳐 성체로 변태한다. 대부분이 초식성이나 육식성인 것도 있으며, 다른 조개류를 조가비에 구멍을 뚫고 먹어 버리는 종류도 있다. 다음 몇 가지가 대표적이다.

① 삿갓조개류: 배말, 배무래기, 삿갓조개 등

② 전복류: 우리나라에는 말전복, 시볼트전복, 까막전복, 참전복의 4종이 서식한다. 앞의 3종은 남방종이며, 겨울철 수온이 12°C 이하로 내려가지 않는 제주도 근해에 살고 참전복은 한류해역에 산다.

③ 고둥류: 소라, 쇠고둥(일명 물레고둥), 참고둥(일명 피뿔고둥) 등

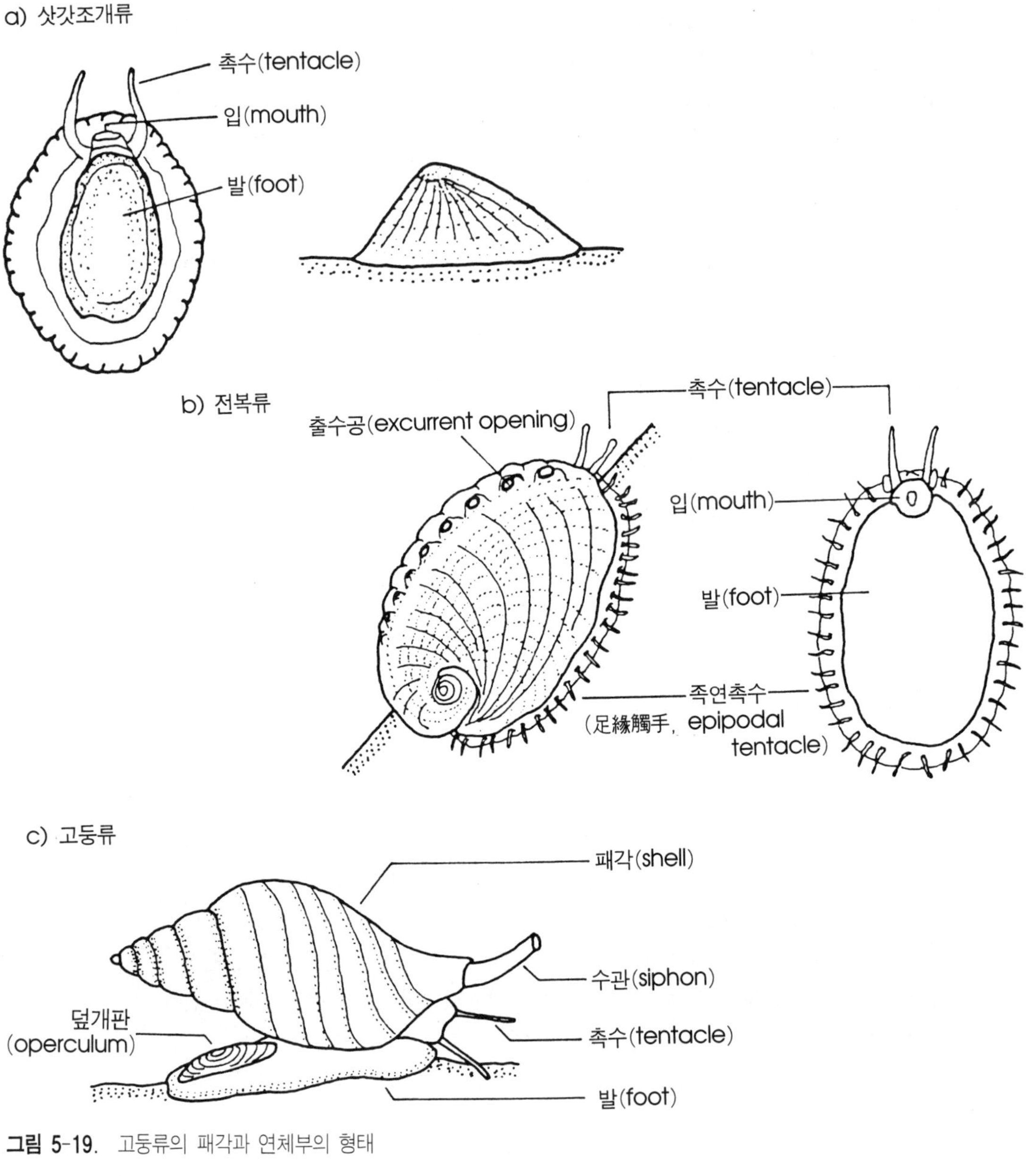

그림 5-19. 고둥류의 패각과 연체부의 형태

(2) 이매패류(二枚貝類, Bivalvia): 부족류(斧足類, Pelecypoda)라고도 한다. 좌우로 압축된 편평한 몸을 가지고, 그 양쪽에 두 장의 외투막과, 외투막에서 분비하여 형성된 2개의 조가비로 몸이 싸여 있다. 머리가 없으므로 눈, 촉각, 구구(口球), 치설 등이 발달하지 못하였다. 몸통 아래쪽은 발달

된 근육질의 발이 있는데, 도끼 모양을 하고 있어 부족류라고 한다.

외투막 후연에서는 좌우 외투막이 접착되어 만들어진 입수관, 출수관이 있다. 물은 보통 입수관으로 들어와 순환하며, 이때 외투막 안에 있는 아가미를 통해 먹이를 취하고 호흡을 한다. 전폐각근 밑에 있는 입 주위에는 2쌍의 입술이 있고 이 입술 표면에 섬모가 있어 그 운동으로 먹이를 입으로 운반한다. 입에 연결된 위에는 중장샘이 발달하여 소화액을 분비한다. 위강내에 막대 모양의 결정간(結晶杆)을 대부분 가지는데 이 결정간이 위 속을 오르내리면서 위벽을 문질러 소화액의 분비를 촉진한다. 장은 발 속의 조직 사이를 굽어돌아 심장을 관통하여 후폐각근 후단에서 밖과 연결된다.

조가비는 보통 삼각형에 가까우며 위쪽의 각정(殼頂), 오른쪽 아래의 인대가 연결되어 2개의 조가비를 결합시킨다. 조가비를 꼭 닫기 위해서는 몸의 전후에 폐각근이 한 쌍 있으나 종류에 따라서는 단 한 개만 가지는 것도 있다. 사니질 해저에 파고 들어가 사는 것이 특징이다. 암반에 사는 것은 대부분 족사를 내어 부착한다. 전형적인 부유물식자이나 육식자도 있다.

바지락, 대합, 굴 등은 우리나라에서 식용으로 이용되는 대표적인 이매패류이다. 아름다운 진주를 만들어 내는 진주조개의 조가비로는 단추, 바둑돌 및 공예품을 만들기도 한다. 석회원료나 가축의 사료로도 사용한다.

아가미의 생김새에 따라 예전에는 크게 4개의 목(目)으로 분류하였으나, 최근에는 인대(靭帶) 밑의 교판(교板)에 나 있는 이(齒)의 모양, 수, 배열상태에 따라 은치류(隱齒類, Cryptodonta), 고다치류(古多齒類, Palaeotaxodonta), 익형류(翼形類, Pteriomorpha), 고이치류(古異齒類, Palaeoheterodontaaa), 이치류(異齒類, Heterodonta), 이인대류(異靭帶類, Anomalodesmata) 등의 6아강으로 나눈다. 각 아강의 대표적인 종류는 다음과 같다(그림 5-20).

① 은치류: 바지락, 대합류, 개량조개류, 맛조개류, 떡조개류, 대칭이 등
② 가리비, 키조개류
③ 굴, 진주조개류
④ 피조개, 담치류
⑤ 배좀벌레조개류

(3) 두족류(頭足類, Cephalopoda): 오징어, 낙지, 문어, 앵무조개 등을 포함한다. 연체동물 중 가장 체제가 발달한 것으로 헤엄치기에 적합한 구조를

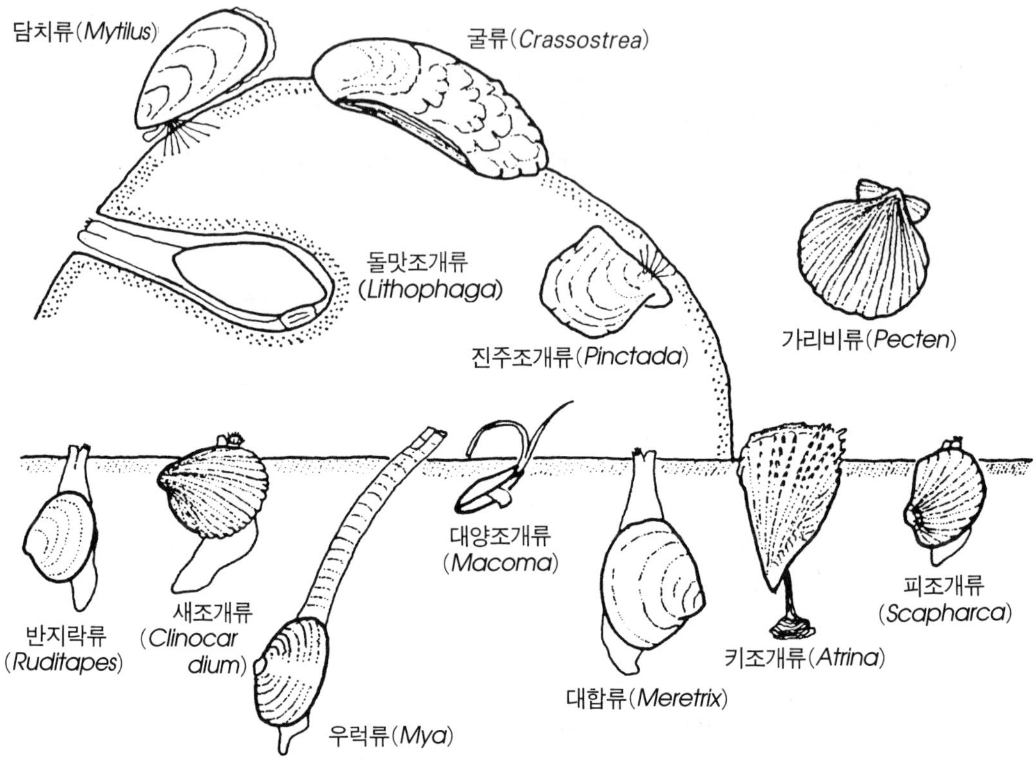

그림 5-20. 이매패류의 서식지

가졌다. 좌우대칭이고, 팔, 머리, 몸통의 차례로 구분된다. 팔(arm)이 있는 쪽이 상부이고, 살지느러미가 있는 쪽이 하부이며 또 골격이 있는 쪽이 등쪽이고, 수관이 있는 쪽이 배쪽이다. 머리에는 발달한 2개의 눈이 있고, 팔은 다른 강(綱)과는 달리 4~5쌍의 손의 역할을 하는 기관으로 변해 있다. 입은 튼튼한 각질의 턱니를 가지며, 소화관은 몸 하부에서 굴곡하여 등의 위쪽에 있는 항문으로 개구한다. 발달된 간과 침샘을 가지고 있고, 대부분의 종류는 먹물주머니를 가지고 있다.

모두 암수 딴몸이고, 산란기에는 연안으로 몰려와 산란한다. 알은 대형이고, 우무 같은 물질에 싸여 있는 것이 많다. 정자는 정포낭이라는 특수한 주머니 속에 들어 있고, 교미할 때 암컷에게 전달된다. 알에서 부화한 유생은 성체에 가까운 모양을 하고 있으며, 큰 변태과정은 없다.

조가비에 해당하는 것을 전혀 가지지 않는 것, 외표에 나사 모양의 것을 가지고 있는 것, 또는 오징어에서와 같이 피하에 연골 또는 석회질로 변한 뼈대를 가지는 것 등이 있다. 사새류와 이새류의 2아강으로 나뉜다.

대표적인 종류를 그림 5-21에 실었다.

① 사새류(四鰓類): 팔이 많고, 2쌍의 아가미를 가지며, 몸 밖에 조가비를 가진다. 과거의 지질시대에 번창하였던 종류들이다. 화석종이 많고, 현존하는 것으로는 앵무조개속(*Nautilus*)에 속하는 5종이 알려져 있다. 주로 열대해역에 서식한다.

② 이새류(二鰓類): 팔은 4쌍 또는 5쌍이고, 뼈대는 몸 속에 들어 있거나 또는 없다. 좌우 1쌍의 아가미와 1쌍의 신관을 가지고 있다. 이것들은 다시 십완류와 팔완류의 두 목(目)으로 나뉜다.

a. 십완류(十腕類): 10개(5쌍)의 팔과, 각질로 된 연한 뼈 또는 석회질

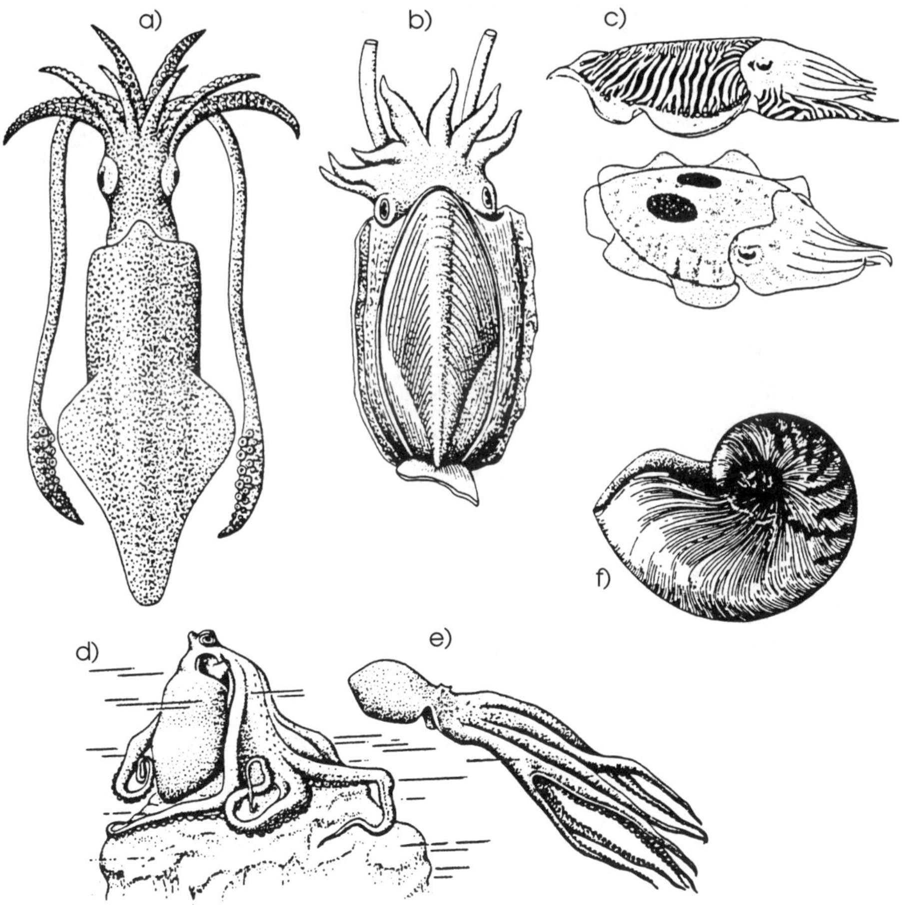

그림 5-21. 이새류의 십완류 a)~c)와 팔완류 d), e)에 속하는 두족류. 사새류에 속하는 앵무조개속(Nantilus) 역시 그림 f)에 소개하였다.
a) 오징어(*Loligo*), b), c) 갑오징어(*Sepia*), d), e) 문어(*Octopus*)

로 된 두껍고 튼튼한 뼈를 가지고 있다. 5쌍의 팔 중에서 넷째번인 긴 1쌍은 촉완이라 하여 신축이 자유로우며 먹이를 잡는 도구로 사용한다. 석회질로 된 단단하고 큰 뼈를 가진 갑오징어와 각질로 된 연한 뼈를 가지는 것에는 오징어류, 꼴뚜기류로 구별된다. 갑오징어, 무늬오징어, 쇠오징어가 갑오징어류에 속하는 종이다. 오징어류는 살오징어가 우리나라에서 많이 잡힌다. 꼴뚜기로는 화살꼴뚜기, 창꼴뚜기가 대표적이다.

b. 팔완류(八腕類): 8개의 팔이 있고, 체강이 축소되어 있다. 몸은 구형이며, 지느러미를 가지지 않는다. 보통 문어라고 한다. 우리나라에서 많이 잡히는 참문어, 대문어, 낙지, 주꾸미가 있다.

절지동물

절지동물(節肢動物, Arthropoda)은 총 96만 종이 알려져 있어 지구상에 출현하는 동물 종의 3/4 이상을 차지한다. 해수, 담수 및 육상 등 어디에나 산다. 거미류, 갑각류, 곤충류, 다지류 등으로 크게 나누어지나 여기에서는 갑각류가 해산 종이므로 이를 아래에서 소개하였다.

갑각류(甲殼類, Crustacea)

약 42,000종이 알려져 있으며, 새우, 게, 가재 등 많은 절지동물이 포함되어 있는 강이다. 머리, 가슴, 배의 세 부분이 뚜렷하나, 머리와 가슴이 합쳐져 두흉부를 형성하는 것이 많다. 체절화되어 있으나 이들이 융합, 변화된 다양한 형태를 가진다. 마지막 체절을 제외하고는 1쌍의 부속지가 있다. 부속지는 몸의 부위에 따라 다른 일을 할 수 있도록 변형되어 있다.

머리부에 5쌍의 부속지가 있다. 제1체절의 부속지를 제1촉각, 제2체절의 부속지를 제2촉각이라 하며, 머리의 앞쪽에 있다. 제3체절을 큰턱이라 하며 입 뒷쪽에 있다. 제4체절의 부속지를 제1작은턱, 제5체절의 부속지를 제2작은턱이라 하며, 먹이를 섭취하는 데 쓰인다. 가슴부의 체절수는 종류에 따라 다르다. 대부분의 두흉부는 갑각(甲殼)으로 덮여 있다. 배는 가슴에 비해서 굽어지기 쉽다. 배, 가슴 모두 부속지를 가지는데, 보통 이분지형(二分枝型, biramous)이다. 소화관은 전장, 중장, 후장의 세 부분으로 나누어지고, 단순한 관 모양이다. 전장과 후장의 내면은 키틴질로 덮여 있는데, 탈피할 때에는 이것까지 벗어 버린다. 중장에서는 소화액이 분비된다. 순환기관은 개방혈관계이다. 뇌는 머리의 앞쪽에 있고 신경절은 배에 있다.

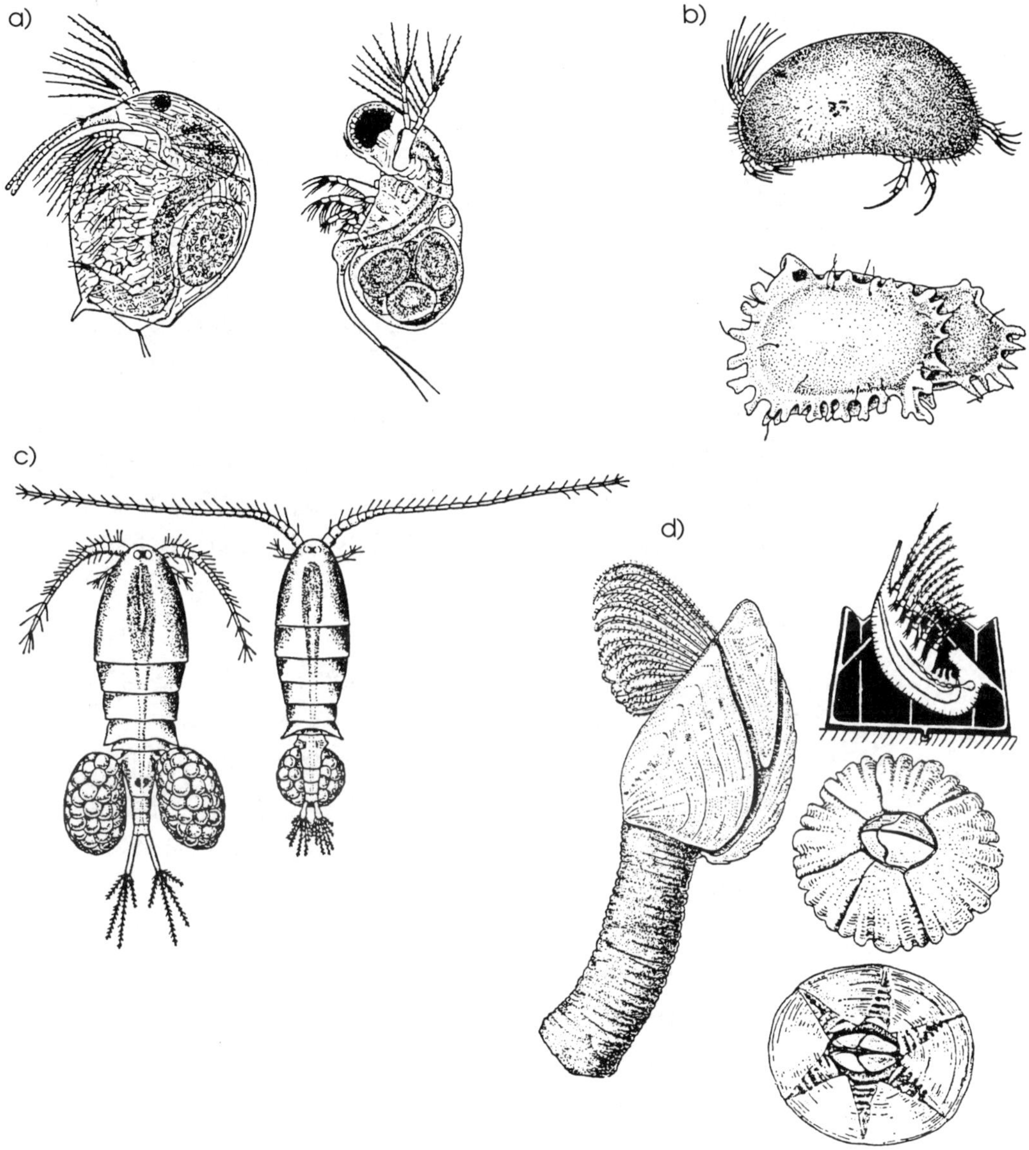

그림 5-22. 갑각류에 속하는 a) 새각류(*Branchiopoda*), b) 패충류(*Ostracoda*), c) 요각류(*Copepoda*), d) 만각류(*Cirripedia*). 연갑류(*Malacostraca*)는 그림 5-23에 소개하였다.

새각류(Branchiopoda), 패충류(Ostracoda), 요각류(Copepoda), 새미류(Branchiura), 만각류(Cirripedia), 연갑류(Malacostraca) 등으로 나누어지며, 사는 방법도 다양하다. 대부분이 물 속에서 자유생활을 하나, 물 밑의 바닥을 기어 다니거나 구멍을 파고 사는 종류가 있다. 많이 어획되는 종류는 게나 새우류를 포함하는 연갑류에 속한다. 종류별로 특징을 간단히 아래에 소개하였다.

(1) 새각류(鰓脚類, Branchiopoda) : 갑각류 중 가장 원시적인 종류로 크기가 작다. 대부분이 담수에 서식하며, 약 800여 종이 알려져 있다. 염분이 많은 염호(鹽湖)나 염전 등에 사는 아르테미아(*Artemia*, brineshrimp), 풍년새우, 물벼룩류 등이 우리가 잘 아는 종이다.

(2) 패충류(貝蟲類, Ostracoda): 2개의 원형 또는 타원형의 갑각에 싸여 있어 작은 조개와 닮았다. 약 5,600여 종이 알려져 있으며, 석회질의 갑각은 화석으로써 많이 발견된다. 내만의 펄 바닥에서 발견되는 갯반디가 여기에 속한다.

(3) 요각류(橈脚類, Copepoda): 갑각류 중에서 해양환경에 가장 잘 적응한 동물군 중의 하나로 현재까지 약 8,400여 종이 알려져 있다. 대부분이 1mm 이하의 크기이나, 기생하는 종류는 비교적 크다. 저서성 요각류는 모래 속이나 해조 사이 등 바다 밑의 바닥에 살고 있다. 약 2,800여 종이 알려진 하르팍티쿠스류에 속하는 저서성 요각류는 대형저서동물의 주요 먹이생물이 되며 중형저서동물의 주요 구성원이 된다. 기생하는 종류는 주로 물고기 아가미가 서식처이다. 우렁쉥이류, 갯지렁이류 등 무척추동물에 기생하기도 한다.

(4) 만각류(蔓脚類, Cirripedia): 모두가 해산이며 따개비류가 이에 속한다. 연체동물로 오인된 적도 있었지만 노플리우스 유생기를 가지며 마디로 된 부속지가 있다. 약 1,000여 종이 알려져 있다. 우리나라의 암반조간대에서 고착생활을 하는 주요 종류로는 조무래기따개비(*Chthamalus challengeri*), 거북손(*Pollicipes mitella*), 검은큰따개비(*Tetraclita squamosa japonica*), 고랑따개비(*Balanus albicostatus*) 등이 있다.

(5) 연갑류(軟甲類, Malacostraca): 새우나 게, 가재 등 대형 갑각류의 대부분이 여기에 속한다. 몸은 근본적으로 20개의 체절로 구성되며, 머리부는 5개, 가슴부는 8개, 배부는 7개의 체절로 이루어진다. 머리부는 1개 또는 그 이상의 가슴부 마디와 융합되고, 보통은 갑각을 가지며, 배부에는 부속지가 있다. 저서생활을 하는 것으로 등각류(Isopoda), 단각류(Amphipoda), 갯가재류(Stomatopoda), 쿠마류(Cumacea), 주걱벌레붙이류(Tanaidacea) 및 십각류(Decapoda) 등이 있다. 세계적으로 약 23,000여 종이 알려져 있다.

① 등각류(等脚類, Isopoda): 몸은 등과 배가 납작하다. 머리, 가슴, 배의 3부분으로 나누어져 있으나, 두흉갑을 가지지 않는 것이 특징이다.

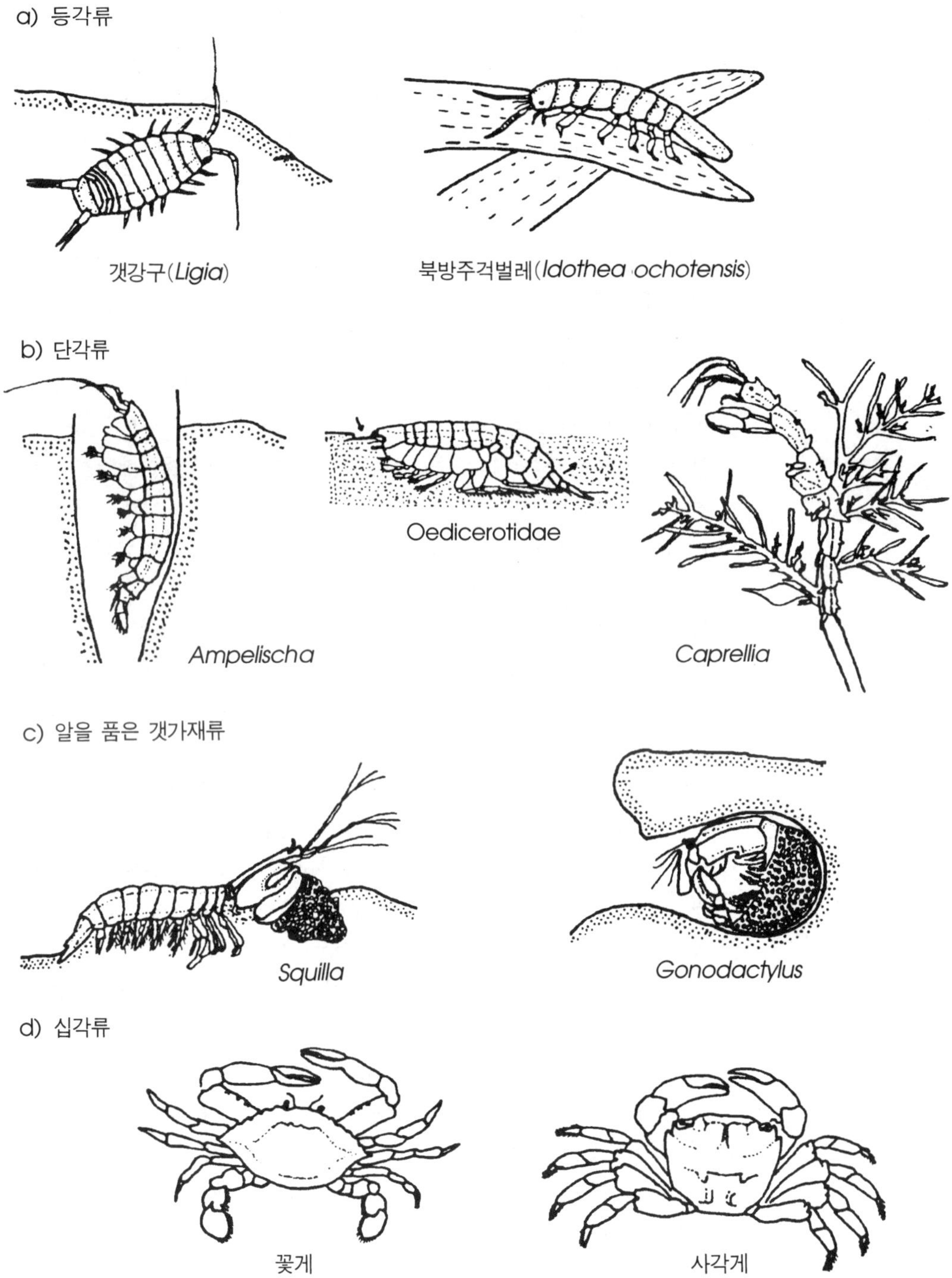

그림 5-23. 연갑류(Malacostraca)에 속하는 등각류, 단각류, 갯가재류, 십각류의 예

가슴부의 체절은 머리부와 유합하여 6~7마디만 나타난다. 배부는 6개의 체절로 되어 있으며, 배다리는 이분지형으로 새엽(鰓葉, lamella)을 이루어 유영과 호흡기의 역할을 한다. 바다 밑 모래나 펄 속에 묻혀 살거나, 해조 사이에 또는 조간대의 자갈 밑에 많으며, 어류나 그밖의 갑각류에 기생하기도 한다. 갯강구, 갯쥐며느리, 바다송충 등이 이에 속한다.

② 단각류(端脚類, Amphipoda): 그 형태나 습성이 매우 다양하다. 머리, 가슴, 배의 3부분으로 나누어지며, 두흉갑이 없고, 제1흉절이나 제2흉절이 머리부와 유합되어 있다는 점 등은 등각류와 비슷하다. 호흡을 위한 2~6쌍의 아가미가 가슴부에 위치한다. 옆새우류(Gammaridea)나 바다대벌레류(Caprellidea)에 속하는 종류들은 특히 연안의 해조류 사이에, 또는 모래질이나 개펄 바닥 등에서 많이 발견된다. 물고기의 먹이로서 중요하다.

③ 갯가재류(Stomatopoda): 전세계적으로 약 300여 종이 알려져 있다. 우리나라에서는 갯가재가 대표종이다. 첫째 촉각의 끝은 세 갈래이며, 둘째 턱다리는 사마귀의 앞발처럼 강력한 포획지로 되어 있다. 어류, 작은 갑각류, 갯지렁이 등을 먹고 산다. 연안의 모래질 또는 개펄 바닥에 구멍을 파고 산다. 서해, 남해에서 많이 잡힌다.

④ 십각류(十脚類, Decapoda): 새우, 집게, 게 등을 포함하며, 갑각류 중에서 가장 분화된 동물군으로, 세계적으로 10,000여 종이 알려져 있다. 머리부와 가슴부는 서로 융합되어 두흉갑으로 덮여 있고, 그 양면은 아가미가 들어 있는 새강(鰓腔)을 형성한다. 흉부 부속지의 앞쪽 3쌍은 이분지형의 턱다리(顎脚)로 변하여 구기의 보조역할을 하고, 다음 5쌍은 외지가 없는 운동기관인 걷는다리(步脚)로 되어 있다. 첫째 걷는다리는 크고, 가위발로 변한 집게다리(cheliped)로 변한 것이 많다. 배부(腹部)는 7개의 체절로 되어 있다.

장미류(長尾類, 새우류), 이미류(異尾類, 집게류), 단미류(短尾類, 게류)의 3아목으로 나누인다. 새우류로서는 서해의 특산종인 대하, 보리새우, 중하, 젓새우류, 자주새우, 딱총새우, 돗대기새우 등이 대표적이다. 집게류는 장미류와 단미류의 중간적 특징을 가지고 있다. 새우붙이, 집게류, 왕게 등이 있다. 게류는 갑각류 중에서 가장 발달한 무리이고, 몸은 두흉부와 배부로 나누어지나, 배부의 살은 전부 퇴화되어 없다. 꽃게, 대게, 털게, 참게 등 매우 다양하다.

극피동물

바다나리, 불가사리, 거미불가사리, 성게, 해삼 등이 극피동물(棘皮動物, Echinodermata)에 속한다. 5개의 방사대칭면을 가지는 것이 특징이다. 몸의 중추를 따라 내려오는 석관을 지나 환수관으로 연결되고 5개의 팔에 있는 방사 수관에서 관족과 연결되는 특수한 수관계를 가진다. 성게를 예로 들면 몸 표면에 관족(管足)이 있는 보대(步帶)와 그 사이에 가시를 가지는 간보대(間步帶)가 있다. 몸의 위쪽에 항문, 아래쪽에 입이 있으며, 항문 주위를 싸는 골판계를 형성하는데, 거기에는 5개의 생식판(이 중 하나는 천공판이 됨)과 5개의 안판(眼板)이 있다. 천공판에는 많은 구멍이 뚫려 있는데, 이곳으로 해수가 들어가서 몸 속의 수관계와 통한다. 성체는 이렇게 5개의 방사대칭면에 상응하는 구조를 가지나 유생은 좌우대칭이다. 체벽은 석회질로 된 골판 또는 골침을 가진다. 석회질로 된 가시가 외부로 돌출해 있다. 연안의 천해에서 심해에 이르기까지 모래질, 암초 지대, 어디나 널리 분포한다. 성게류, 해삼류는 식용으로 쓰이는 유용한 동물이나 불가사리류와 같이 조개를 잡아먹어 양식장에 피해를 주는 종류도 있다. 대표적인 종들을 아래에 나열하였다.

(1) 바다나리류(Crinoidea): 일본바다나리, 바다술류 등
(2) 불가사리류(Asteroidea): 별불가사리, 아무르불가사리, 햇님불가사리 등
(3) 거미불가사리류(Ophiuroidea): 가시거미불가사리, 빗살거미불가사리, 뱀이거미불가사리, 삼천발이 등
(4) 성게류(Echinoidea): 말똥성게, 보라성게, 염통성게, 연잎성게 등
(5) 해삼류(Holothuroidea): 참해삼, 광삼, 닻해삼, 고구마해삼 등

촉수관동물

촉수관동물(觸手冠動物, Lophophorates)은 촉수관(lophophore, 觸手冠)을 가지는 동물만을 묶은 분류군이다. 촉수관은 섬모가 나 있는 촉수(tentacle)가 배열된 기관으로 먹이를 잡는 데 쓰인다. 내항동물, 추형동물, 태형동물, 완족동물로 구별된다. 바다에서 흔히 관찰되는 태형동물, 완족동물을 아래에 소개하였다.

(1) 태형동물(苔形動物, Bryozoa): 외항동물(外肛動物, Ectoprocta)이라고도 한다. 대부분 해산이나 담수산도 있다. 현미경적 크기이고 군체를 형성하며, 다른 동식물이나 바위 위에 이끼처럼 부착하는 동물이다(그림 5-25). 출아에 의하여 군체를 만든다. 군체의 모양은 나무 모양, 덩어리 모양, 평

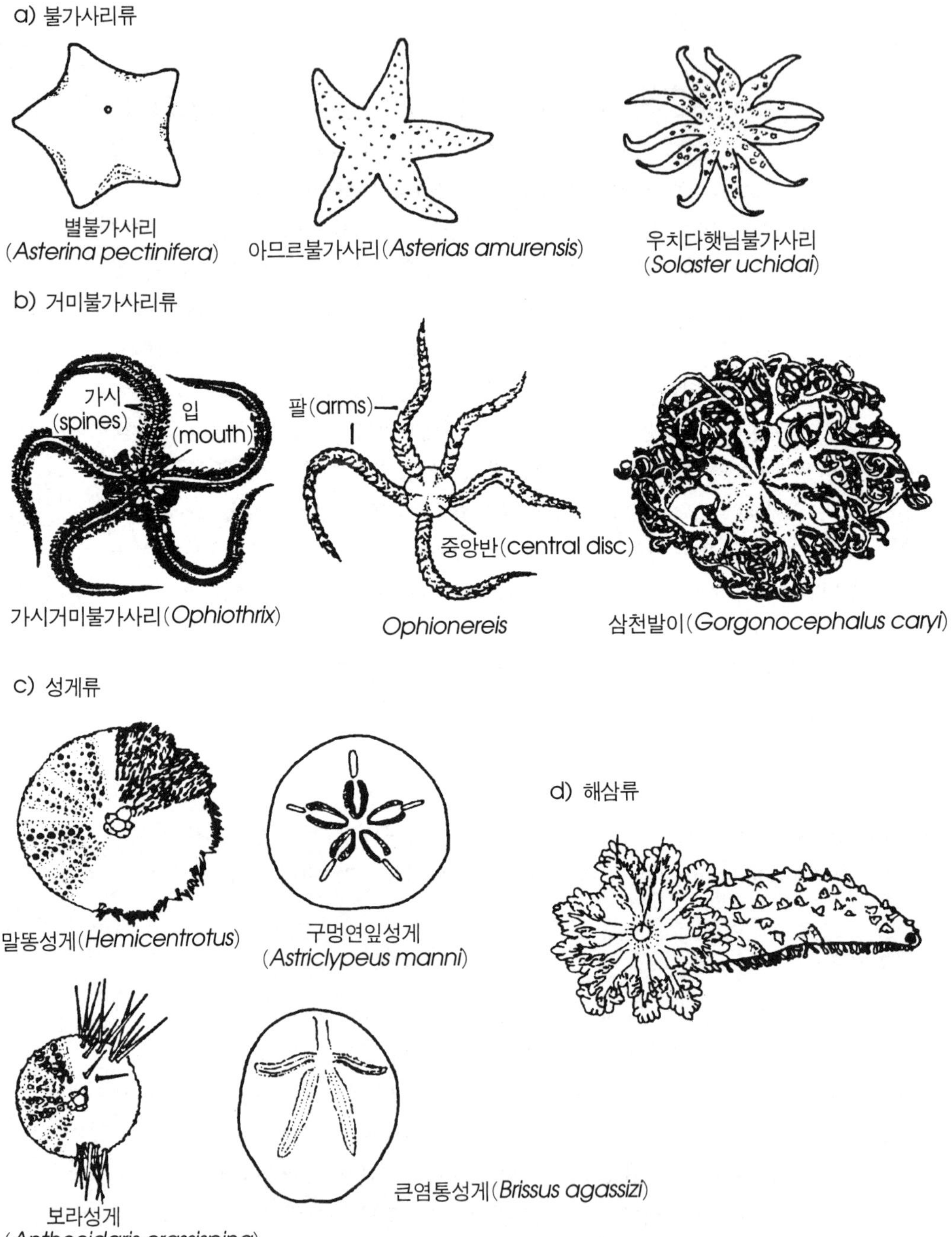

그림 5-24. 극피동물의 예. 불가사리류, 거미불가사리류, 성게류, 해삼류

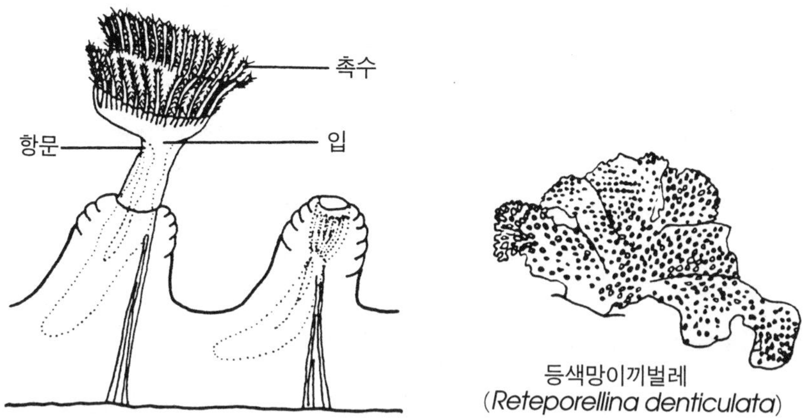

그림 5-25.
태형동물

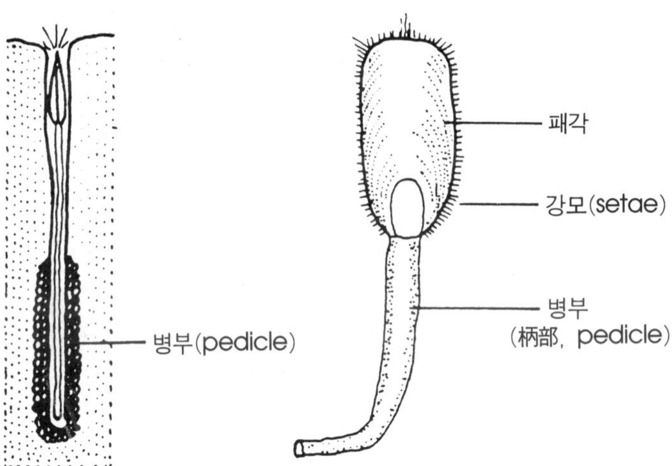

그림 5-26.
완족동물이 갯벌에 파고 들어간 모습(좌). 우리나라 갯벌에는 개맛(*Lingula anatina*)이 아주 흔하다.

면으로 넓게 부착하는 것 등 다양하다. 각 개체는 컵 모양의 석회질의 충실(蟲室) 속에 들어 있으며, 체강을 가진다. U자 모양의 소화관을 가지며, 입은 촉수관의 안쪽에 있지만, 항문은 바깥에 있어 외항동물이라 불리운다. 세계적으로 약 4,000여 종이 알려져 있으며, 우리나라에서는 흰수염이끼벌레, 꽃다발이끼벌레, 세방가시이끼벌레, 자주이끼벌레 등이 알려져 있다. 다시마에 착생하여 그 품질을 떨어뜨리기도 하며, 양식 시설물이나 배 밑바닥, 수중 구조물에 부착하여 피해를 준다.

(2) 완족동물(腕足動物, Brachiopoda): 연체동물과 형태가 비슷하여 의연체동물이라고도 한다. 몸은 2개의 조가비를 가지나, 연체동물에서는 좌우로 붙어 있는 데 반하여 완족동물에서는 등·배로 붙어 있다(그림 5-26). 또 몸의 내부구조도 연체동물과는 다르다. 배쪽의 조가비가 등쪽의 것보다

크고, 또 육질의 발이 있어 바닥이나 다른 물체에 고착하는 역할을 한다. 모두 해산이다. 특히 지질시대에 번성하였던 분류군이나, 변화도 적었던 동물이어서 지금까지 남아 살아 있는 화석(living fossil)이라고도 한다. 약 280여 종의 현생종이 있다. 조간대 사니질에 파고 들어가 사는 개맛이 이에 속한다. 바위에 고착하여 사는 고려조개사돈, 세로줄조개사돈 등도 있다.

척색동물(脊索動物, Chordata)

미색동물(尾索動物, Urochordata)과 두색동물(頭索動物, Cephalochordata)을 포함하는 원색동물(原索動物, Protochordata)과 척추동물(脊椎動物, Vertebrata)을 합친 분류군이다. 평생 또는 발생의 어느 시기에 몸의 중추에 지지기관의 역할을 하는 척색(脊索, notochord)이 생기는데, 이 척색이 한 단계 더 발달한 척추(脊椎)로 되지는 않는다. 중추신경도 척색과는 별도로 독립되어 있다.

모두 해산으로, 부유생활을 하는 것, 부착생활을 하는 것, 유영생활을 하는 것 등이 있다.

척색동물 중에서도 바다에 사는 원색동물을 중심으로 소개하였다. 의색류(擬索類), 미색류(尾索類), 두색류(頭索類)의 3강으로 나누인다.

(1) 의색류(擬索類, Adelochordata): 장새류(腸鰓類, Enteropneusta)라고도 하며, 척색의 존재가 뚜렷하지 않다. 몸은 유연하고 연충형(蠕蟲形)이며 좌우대칭이다. 몸과 체강은 주둥이, 동정, 몸통의 3부분으로 구분된다. 몸통의 앞부분에 10~80쌍의 아가미 틈(鰓裂, gill slits)이 있다. 장(腸)은 곧고, 몸통의 끝에 항문이 열려 있다. 암수 딴몸이고, 토르나리아(tornaria)라는 유생기를 거치는데, 극피동물의 유생과 비슷하며, 자유생활을 한다. 별벌레아재비류가 여기에 속하며, 조간대의 저조선 부근의 사니질에 U자형의 구멍을 파고 살며, 배설물은 뒷구멍 위로 퇴적시킨다.

(2) 미색류(尾索類, Urochordata): 피낭 또는 외투막이라고 하는 주머니 모양의 두꺼운 막에 싸여 있다. 우렁쉥이, 살파 등이 이에 속한다. 유생은 올챙이 모양(tadpole larva)을 하고 있으며, 부유생활을 하는데, 이 시기에는 꼬리에 척색이 있으므로 미색류라고 한다. 우렁쉥이류는 이후 빨판으로 다른 물체에 붙어 변태를 하여 꼬리와 척색이 퇴화되고 성체로 된다. 미색류는 다시 해초류(海鞘類, Ascidiacea), 탈리아류(Thaliacea), 유형류(幼形類, Larvacea)로 나누인다.

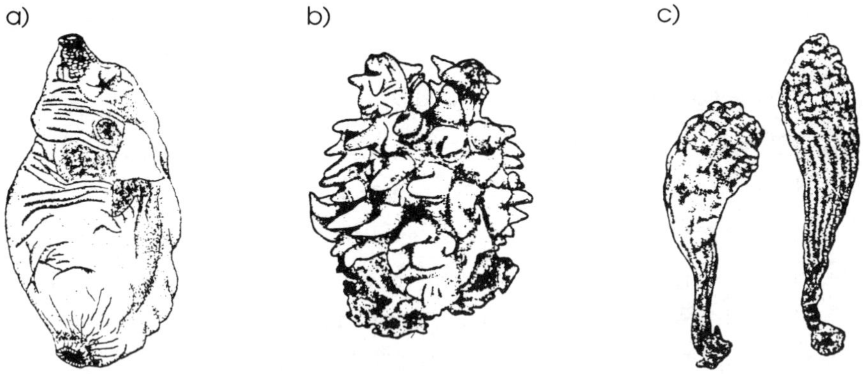

그림 5-27. 해초류의 측성해초류(Pleurogona)에 속하는 a) 벼개멍게(*Herdmania mirabilis*), b) 우렁쉥이(*Halocynthia roretzi*), c) 미더덕(*Styela clava*). 김훈수 등 (1982)에서 인용.

해초류에는 흔히 바다물총이라 불리는 멍게류가 대표적이다(그림 5-27). 단체(單體) 또는 출아에 의한 군체(群體)로 생활한다. 몸은 주머니 모양이고, 체표는 셀룰로오스질의 피낭으로 싸여 있으며, 입수공과 출수공을 가진다. 내층에는 근막(筋膜)이 발달하였고, 그 속에 위새강(圍鰓腔)이 소화관에 연결되어 있다. 특히 미색류의 해초강에는 우렁쉥이, 미더덕 등과 같이 식용으로서 유용한 종류가 많으나 수중의 인공구조물이나 양식시설물, 배의 바닥에 부착하여 피해를 주는 유령우렁쉥이, 보라판우렁쉥이, 흰덩이우렁쉥이 등도 있다.

2.4. 먹이섭취

저서동물은 먹이의 종류에 따라 초식자, 육식자, 퇴적물식자, 부유물식자로 나누임을 앞에서 소개하였다. 먹이를 섭취하는 기관의 형태와 먹이섭취 방법이 서로 어떻게 다른지를 각 동물을 예로 들어 아래에서 소개하였다.

초식자

먹이가 되는 식물은 미세조류이거나 해조류이다. 먹이식물의 크기가 다르기 때문에 미세조류와 해조류를 갉아먹는 방법이 서로 다르다. 아래에 이를 나누어 소개하였다.

미세조류를 갉아먹는 동물은 주로 암반에 사는 고둥류, 삿갓조개류, 군부류 등이다. 이들 동물은 치설을 가지고 있어 이를 움직이며 이동하면서 바위 표면을 긁고 이때 모아지는 미세조류를 먹이로 취한다. 치설의 형태와 섭식활동의 모식도를 그림 5-28에 실었다. 좁고 가늘고 긴 구강(口腔, buccal cavity)의 입구 부근의 전면(前面)에는 키틴질의 턱(jaw)이 있으며 후면(後面)에는 치설이 있다(그림 5-28 a)). 섭식활동을 시작하려고 할 때 치설이 앞쪽 아랫면으로 밀어 나와 기저(基底)에 접촉한다(그림 5-28 b)). 그런 다음 먹이를 갉아 내고 다시 치설이 원래의 위치로 돌아갈 때 구강 안으로 먹이를 집어 넣는다(그림 5-28 c)). 이들의 움직임은 몸의 앞부분에 있는 연골(anterior cartilages)의 작용에 의한다.

해조류를 갉아먹는 동물은 성게류가 대표적이다. 성게류는 섭식활동을 할 때 아리스토틀의 등(Aristotle's lantern)이라고 불리는 근육으로 결합된 다섯 개의

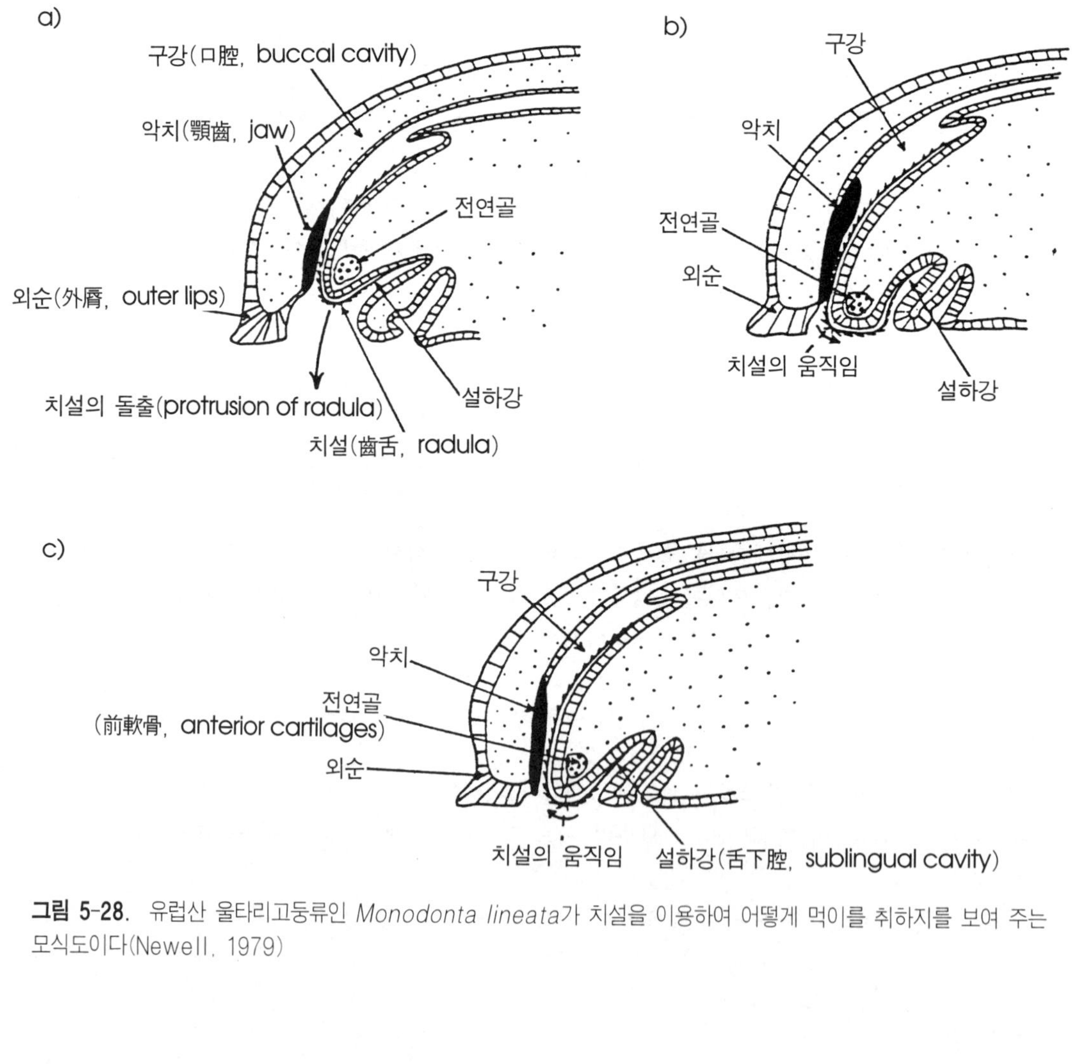

그림 5-28. 유럽산 울타리고둥류인 *Monodonta lineata*가 치설을 이용하여 어떻게 먹이를 취하지를 보여 주는 모식도이다(Newell, 1979)

석회질편(石灰質片)으로 구성되는 저작기관(咀嚼器官)을 이용한다. 근육과 보조골편의 작용으로 이 기관을 구부(口部)에서 돌출시켜 먹이를 섭취한다. 이 기관은 정형아강(正形亞綱, Regularia)에 속하는 성게류와, 부정형아강(不正形亞綱, Irregularia) 중에서는 연잎성게目(Clypeasteroida)에 있으며 염통성게目의 성게류에는 없다. 염통성게(*Schizaster lacunosus*)는 사니중에 잠입하여 모래펄을 무차별적으로 섭취하며 그 속의 유기물을 취한다.

육식자

동물의 종류에 따라 먹이를 잡는 방법이 다르기에 아래에 이를 종류별로 나누어 소개하였다.

(1) 자포동물: 자포동물은 먹이를 잡을 때 체벽이나 촉수 중에 포함되어 있는 자세포 또는 자포(nematocyst, 그림 5-13)를 사용한다. 촉수에 먹이동물이 접촉하면 자세포를 발사하여 마비시킨 다음 입 속으로 가져다 넣는다. 자세포가 발사되는 메카니즘은 다소 복잡하며, 기계적 자극과 신경계가 관여하고 있다고 한다. 그들은 히드라(Hydra)를 이용해서 자세포 발사의 기작을 연구했는데, 유기인산염을 가하면 발사하나 효소저해제(enzymatic inhibitor)를 가하면 발사하지 않는다든지 또는 acetylcholine을 첨가하면 대량으로 발사하나 신경계 차단제인 Hexamethoniren이나 Tubocurane에 의해서는 억제된다는 사실을 발견했다.

(2) 권패류(고둥류): 연안에서 흔하게 관찰할 수 있는 육식성 권패류로는 암초해변에 서식하는 대수리, 두드럭고둥, 청자고둥, 모래해변에 서식하는 큰구슬우렁이, 좁쌀무늬고둥 등이 있다.

대수리류는 따개비, 담치, 삿갓조개를 먹이로 취한다. 그 섭식기작이 Carriker(1955, 1959, 1961)에 의해 잘 연구되었다. 처음에는 발을 이용해서 먹이생물을 꽉 누르고 입주머니(proboscis)를 뻗어서 줄질하는 듯한 행동으로 구멍을 뚫는다. 구멍을 뚫기 위하여 흡반(吸盤)처럼 생긴 부속기관(accessory boring organ)을 사용한다.

청자고둥, 언챙이고둥은 화살 모양의 치설(그림 5-29 f), g))과 독선(毒腺)에서 분비되는 독액(毒液)으로 먹이를 재빨리 잡는다. 사람의 목숨도 빼앗는다는 열대해역의 인도 태평양 연안 조간대 암초지대에 서식하는 청자고둥들은 육식자로서 특히 유명하다.

큰구슬우렁이의 무리들은 침샘(唾腺)에서 황산을 분비하여 이매패에 구

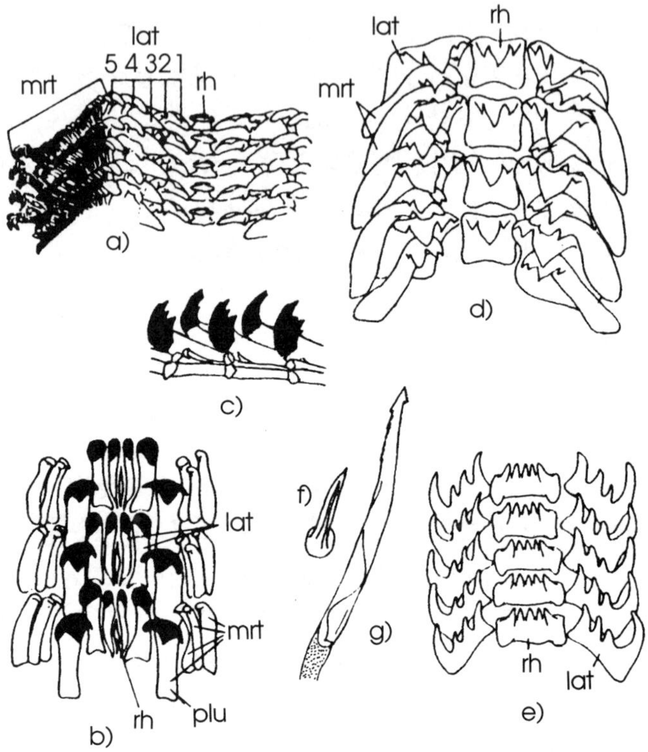

그림 5-29.
다양한 형태의 치설.
a) 전복류(*Haliotis*).
b) 삿갓조개류(*Patella*)
(연치의 일부가 마치 개의 이빨처럼 생겼다. plu).
c) 삿갓조개류 치설의 측면도.
d) 총알고둥류(*Littorina*).
e) 물레고둥류(*Buccinum*).
f) 언챙이고둥류(*Turritella*).
g) 청자고둥류(*Conus*).
언챙이고둥류와 청자고둥류의 치설은 다른 초식성 저서동물의 그것과는 달리 화살 모양을 하고 있으며, 이들은 모두 육식성이다.
rh: 중앙치(rachidian 또는 median tooth).
lat: 측치(lateral tooth).
mrt: 연치(marginal tooth).
plu: 견치상 치설(pluricuspid tooth).
(Fretter and Graham, 1962)

멍을 뚫고, 연체부를 빨아먹는다. 해변에 밀려 올라온 조개류들 중에서 직경이 1~2 mm 정도의 구멍이 뚫인 것을 쉽게 볼 수 있는데 이는 대부분이 큰구슬우렁이가 뚫어 놓은 구멍이다.

(3) 불가사리류: 불가사리는 주로 조개를 잡아먹는다. 조개의 양 패각에 수많은 관족(管足)을 붙이고 양쪽으로 끌어당겨 패각을 열어 연한 부분을 취한다. 패각이 열리면 위(胃)를 반대로 굴려 패각 안으로 집어 넣고 소화효소를 분비하여 소화 흡수한다. 조개를 벌린 틈의 넓이가 0.1 mm만 되어도 불가사리는 위를 집어 넣을 수 있다고 한다. 패각을 여는 데 드는 힘이 3,000 g 이상의 물체를 들어올릴 때 사용하는 힘과 같다고 하니 관족으로 끌어당기는 힘이 얼마나 센가를 알 수 있다.

부유물식자

대부분의 저서동물이 부유물식자이다. 부유물을 취하는 방법을 점액질 자루를 이용하는 방법, 섬모운동에 의한 방법, 강모부속지에 의한 방법으로 나누어 설명

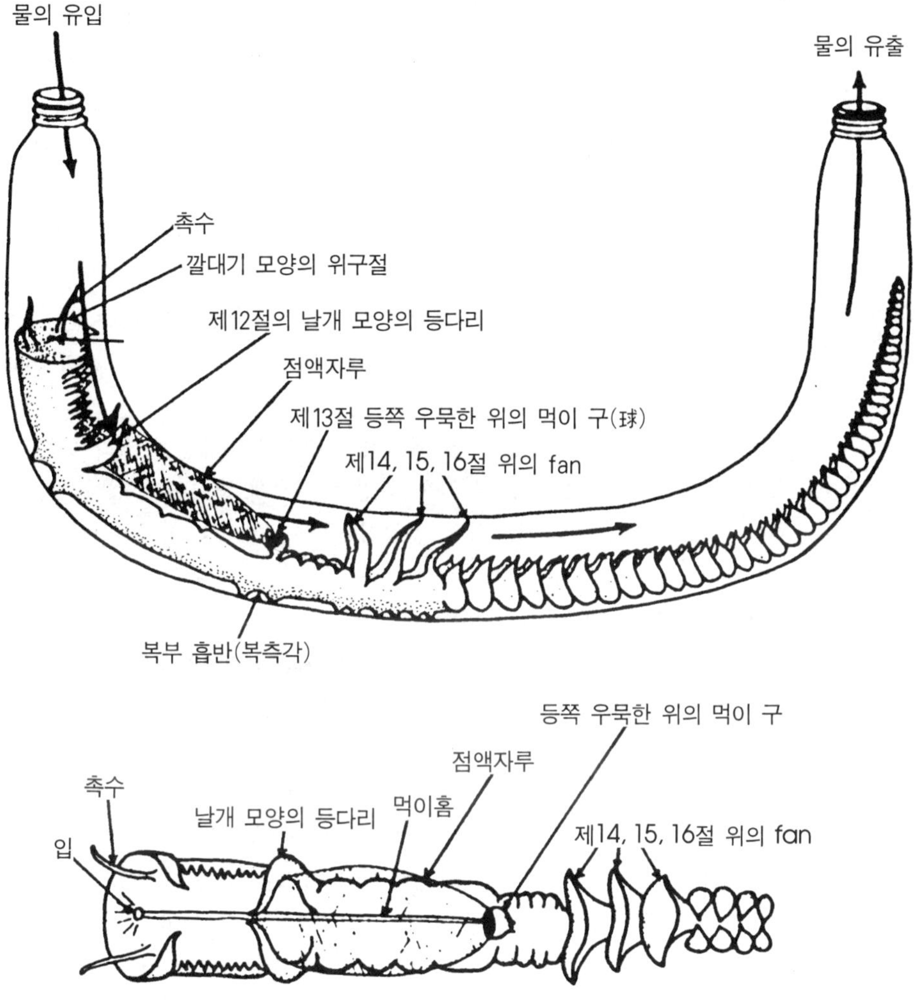

그림 5-30. 새날개갯지렁이가 먹이를 섭취하는 방식. 이 종류는 U자형의 관내에 서식하는데, 사니질의 퇴적물과 함께 유기물을 섭취하며, 분(糞)을 퇴적물 표층으로 배출한다.

하였다.

점액(粘液)질 자루를 이용하는 방법(Mucous bag mechanisms): 우리나라의 서남해안 간석지에 주로 사는 다모류인 새날개갯지렁이(*Chaetopterus*)를 예로 설명하겠다(그림 5-30). 이 갯지렁이는 U자형 관을 만들어 이 속에서 산다. 먹이를 취할 때는 우선 제12체절에 있는 기다란 날개 모양의 등다리(aliform notopodium)를 넓게 펼친다. 등다리에서 점액을 분비하면 이 점액이 차츰 기다란 자루 모양으로 되며 뒷부분으로 퍼져 나간다. 이 점액질 자루(mucous bag)가 더욱 길게 늘어나면 뒷 끝이 등쪽에 섬모가 나 있는 움푹 패어들어간 먹이컵과 연결된다. 이 상태에서 제14~16마디에 있는 부채 모양의 기관인 3개의 팬(fan)을 연속적으로 움직여 U자형 관의 원통벽을 피스톤처럼 치면 물이 관 안으로 끌려들어 온다. 이때 물 속의 부유물이 그 자루 속에 잡힌다. 부유물은 뒷부분에 모여 쌓이며 둥근 공처럼 되는데 이것이 일정한 크기에 도달하면 점액분비를 멈추고 자루와 함께 접어 등쪽의 홈을 통해 입으로 운반한다. 운반하는 힘은 섬모를 움직여 얻는다.

섬모운동에 의한 섭식방법(Ciliary mechanisms): 저서동물의 대부분이 섬모를 움직여 물 속에 떠다니는 부유물 입자를 취한다. 이를 동물의 종류에 따라 아래에 소개하였다.

(1) 다모류: 다모류는 퇴적물을 직접 취하거나 해수의 부유물을 걸러 먹는 등 먹이섭취 방법이 다양하다. 이러한 다양성 때문에 다모류를 먹이섭취 방법과 먹이 입자의 종류 및 크기, 운동성 등을 기준으로 섭식조합(feeding guilds)으로 나누기도 한다(Jumars and Fauchald, 1977; Fauchald and Jumars, 1979; Maurer and Leathem, 1981).

부유물식자의 대표적인 예는 꽃갯지렁이科와 석회관갯지렁이科에 속하는 갯지렁이들이다. 니콜(Nicole)은 이미 1930년에 꽃갯지렁이과에 속하는 *Sabella provina*를 대상으로 섭식방법을 연구하였다(그림 5-31). 먹이의 포획은 여러 개의 가느다란 막대기 모양이 깔대기처럼 열린 새관(鰓管, branchial radiole)에 의해 이루어진다. 관(冠)을 구성하는 새사(鰓絲, branchial filament)에 나 있는 섬모가 기부(基部)에서 선단(先端)방향으로 물결을 일으키면 물이 촉수(觸手)의 우상부(羽狀部, pinnule) 사이를 통과하게 된다. 이때 먹이는 촉수에 있는 섬모(laterofrontal cilia)에 의해 걸러진다. 잡힌 먹이는 섬모의 움직임에 의해 먹이를 나르는 종주구(縱走溝, longitudinal food groove)로 운반되고 다시 크기에 따라 분류되어 입으로 운반된다. 먹이가 되는 가는 입자의 부유물은 홈의 깊은 곳에 나 있는 골을 입 속으로 들어 간다. 중간 크기의 입자는 복부에 있는 자루 모양의 기관(ventral sac)으로 운반되며 관을 만드는 데 사용되며, 보다 굵은 입자는 순판(脣瓣, palps)에 의해 버려진다고 한다.

(2) 이매패류: 원새목(Protobranchia), 사새목(Filibranchia), 진판새목(Eulamellibranchia), 격새목(Septibranchia)에 속하는 이매패류는 부유물식자이다. 비록 구조가 다른 아가미를 가지지만 먹이를 취하는 방법은 비슷하다. 그림 5-32에 아트킨(Atkins, 1943)에 의해 연구된 *Musculus*

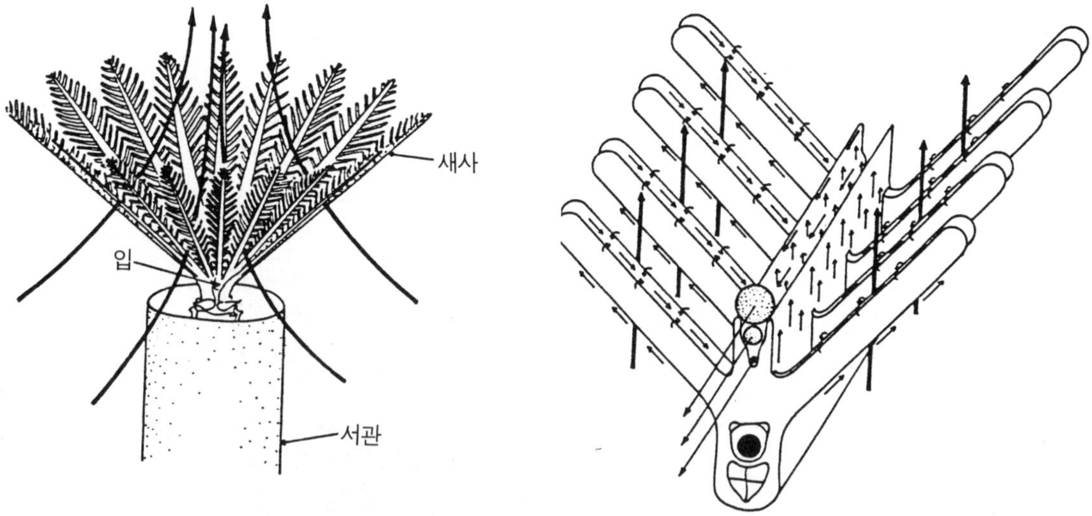

그림 5-31. 꽃지렁이류 *Amphitrite johnstoni*의 촉수의 구조와 먹이를 포착할 때 어떻게 그것을 이용하는지를 보여주는 모식도이다.

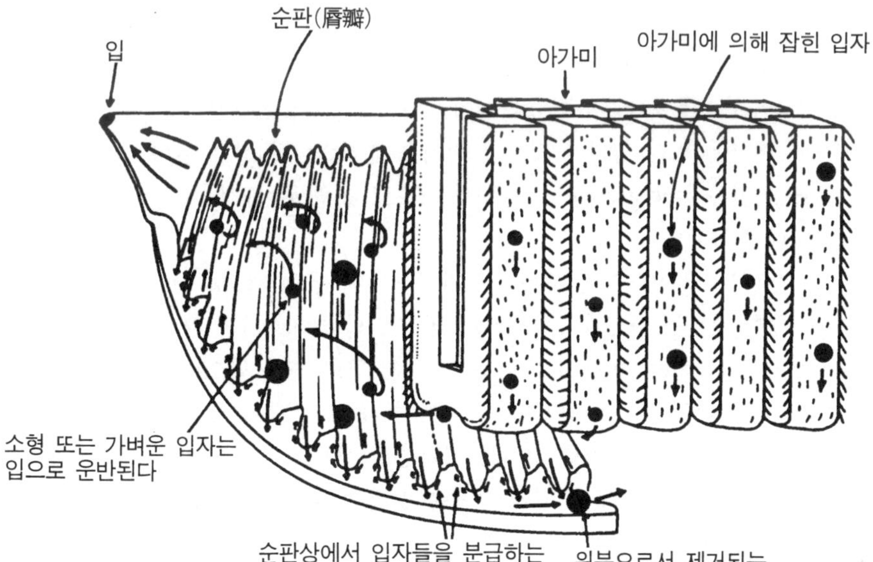

그림 5-32. 이매패류가 아가미에서 먹이를 거르는 과정

marmoratus(우리나라의 종밋(*Musculista senhousia*)과 비슷하다) 아가미 구조와 아가미에 잡힌 입자가 입까지 운반되는 모양을 나타내었다. 각 새사

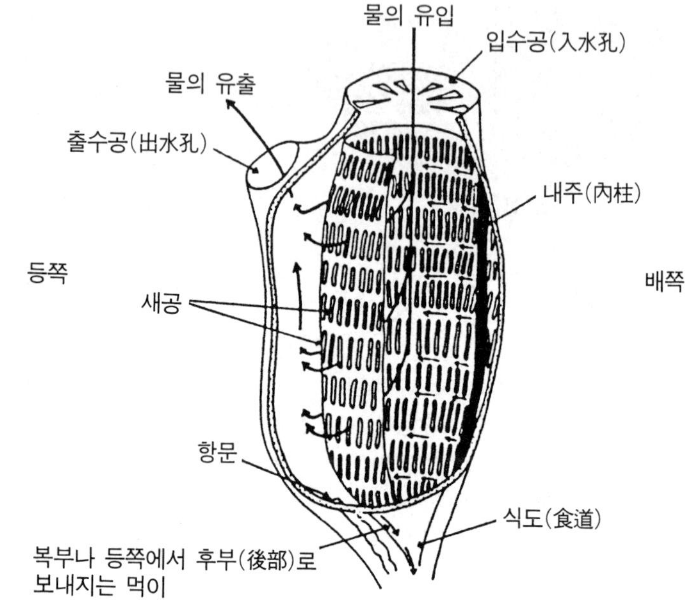

그림 5-33. 멍게류의 먹이 거르기

(branchial filament)의 가로쪽으로 나 있는 섬모(lateral cilia)를 움직여 만든 물 흐름에 따라 부유물 입자가 패각 안으로 들어온다. 일단 패각 안의 새사에 먹이 입자가 닿으면 점액을 분비하여 이를 잡는다. 잡힌 입자는 먹이홈(food groove)을 통하여 입으로 운반되는데 이때 먹이가 크기에 따라 분류된다.

먹이를 크기에 따라 분류하는 과정을 진주담치(*Mytilus edulis*)를 가지고 관찰한 결과는 다음과 같다(Dral, 1967). 인접한 새사의 횡전면(橫前面)에 있는 섬모(latero-frontal cilia)는 서로 앞 끝이 닿아 있으므로 새사 사이가 2~3 μm(섬모 사이의 간격)에 불과해 마치 체로 덮여 있는 것과 같다. 이는 3 μm 이상의 크기를 가지는 입자를 기계적으로 여과하는 장치로 생각할 수 있다. 제2단계의 입자 선택은 순판(脣瓣, labial palp) 위에서 이루어진다. 순판의 안쪽 표면에서 굵은 입자 또는 과잉의 입자는 배제되어 의분(擬糞, pseudofaeces)으로 제거되고 적당량의 미세한 입자만을 소화관내로 들여보낸다.

(3) 멍게류: 그림 5-33에 보는 바와 같이 곤봉멍게류인 *Clavelina*의 섭식과정을 보면서 설명해 보자. 아가미 위에 나 있는 섬모의 운동으로 해수가 입수공(入水孔, inhalent aperture)을 통해 들어오면 이때 부유물 입자가 아가

미에 잡힌다. 잡힌 부유물은 내주(內柱, endostyle)에서 분비되는 점액과 섬모의 운동으로 배막(背膜, dorsal lamina)의 안쪽으로 모여 쌓인다. 먹이는 몸의 맨 밑부분의 식도(食道, oesophagus)로 운반된다.

강모부속지(剛毛附屬肢)에 의한 섭식(Feeding by setose appendages): 강모부속지의 일종인 만각(蔓脚, cirri)을 움직여 먹이를 취하는 따개비가 대표적이다. 비교적 긴 만각은 굵은 입자를, 짧은 만각은 미세한 입자를 포획하는 데 사용한다.

퇴적물식자

해저에 쌓인 퇴적물을 먹이로 직접 이용하는 저서동물은 특히 연성기질에서 대단히 많으며, 그 섭식방법도 다양하다. 몇 가지 예를 들어 먹이섭취 방법을 소개하였다.

비교적 크기가 작은 이매패류인 *Scrobicularia plana*는 사니질 퇴적물 속에 파고 들어가 생활하는데, 입수관(inhalant siphon)을 퇴적물 표면에 내어 놓고 이를 돌리면서 표층퇴적물을 빨아들인다. 비슷한 방법이 대양조개류인 *Macoma nasuta*나 빛조개에서도 알려져 있다(Hylleberg and Gallucci, 1975; Tsuchiya and Kurihara, 1980). *Macoma nasuta*는 입자의 크기가 너무 크거나 너무 미세하면 먹이로 취하지 않는다는 것도 밝혀 졌다. 참갯지렁이 역시 입자의 크기에 따라 먹이를 선택적으로 취한다고 한다.

단각류인 *Corophium volutator*는 퇴적물을 파고 들어가 사는 크기가 작은 옆새우류이다. 부유물식자, 퇴적물식자 양쪽의 성격을 모두 갖는다고 한다. 제1 및 제2악각(顎脚, gnathopod)이 먹이를 취할 때 중요한 기능을 담당한다(그림 5-34). 제2촉각으로 자신이 사는 구멍 주위의 퇴적물을 끌어들이고, 복부의 유영지(pleopods)를 열심히 움직이면 물의 흐름이 생기고 이 흐름을 따라 퇴적물이 악각의 강모(剛毛) 위에 얹히도록 한다. 이어서 악각을 활발히 움직이면 먹이는 골라지고 입으로 운반된다. 퇴적물을 먹이로 취하더라도 위에서 소개한 것처럼 먹이를 고르지 않고 취해진 모든 퇴적물을 모두 삼키는 종류가 있다. 일단 위 속으로 들어간 먹이 중 일부분을 소화하여 살아가는 것이다. 모래 간석지에서 흔히 볼 수 있는 작은검은갯지렁이(*Arenicola brasiliensis*)는 이러한 섭식양식을 취하는 대표적 예이다(그림 5-35). 입주머니(口吻, proboscis)를 표층에 내놓고 주위의 퇴적물을 긁어 모아먹은 후 찌꺼기인 분괴(糞塊, faecal pellets)를 내어 놓는다.

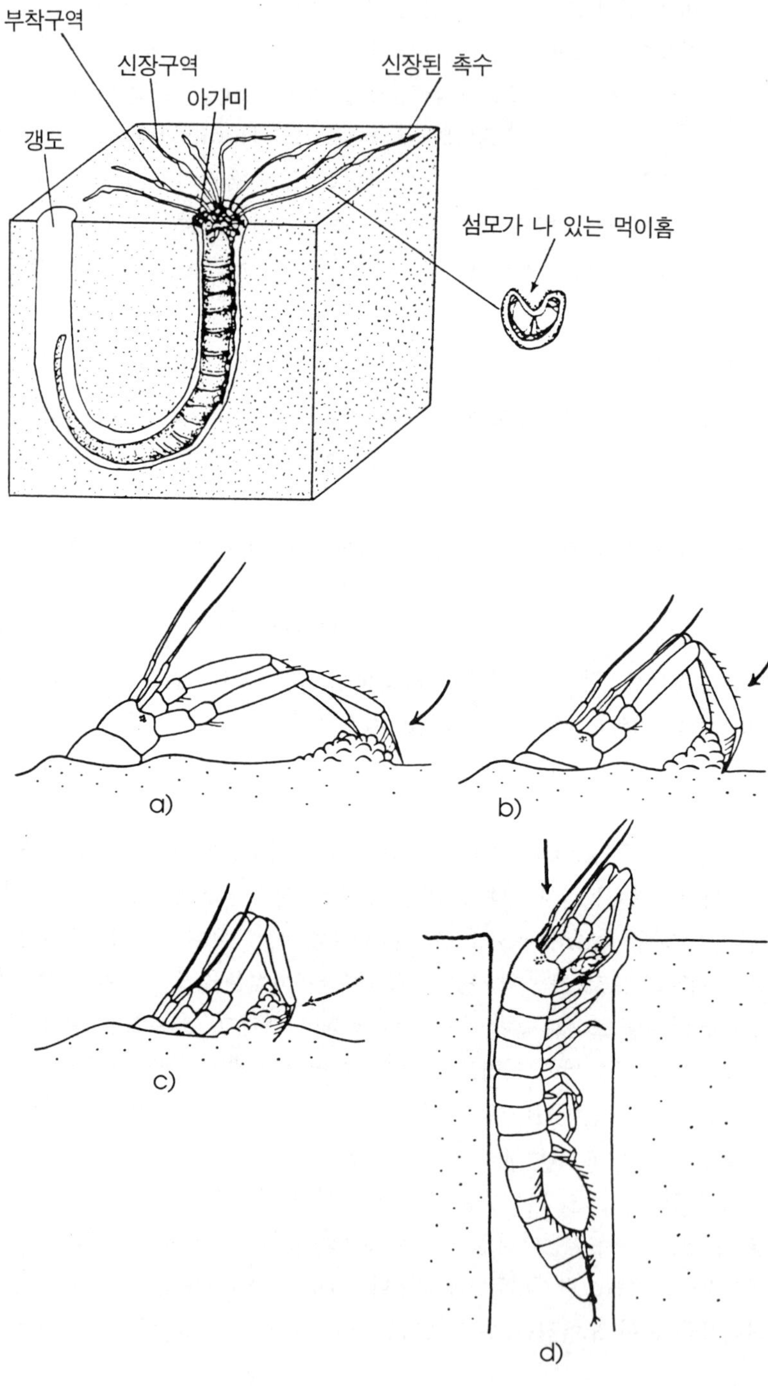

그림 5-34.
퇴적물식자의 먹이취하기
(위: 유령갯지렁이류, 아래: 미소단각류)

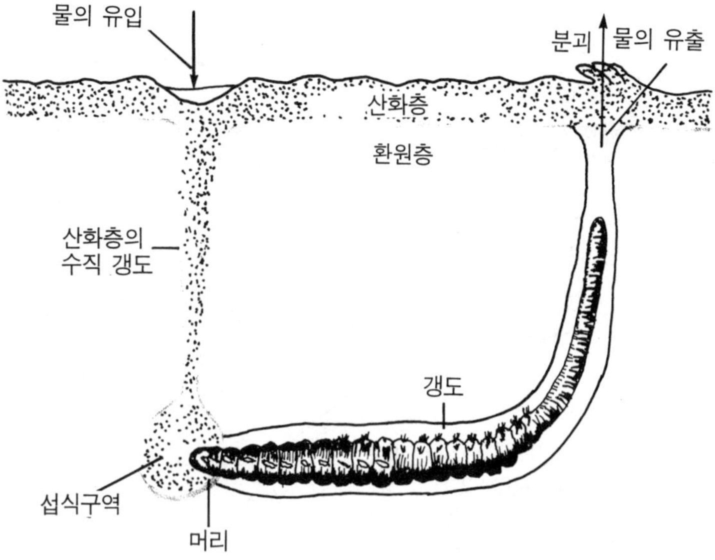

그림 5-35.
갯지렁이(*Arenicola*)가 U자관 속에서 먹이를 취하는 과정.

2.5. 유 생

저서동물의 수정된 알은 유생기를 거쳐 성체로 된다. 유생이 어떻게 영양을 취하며 자라는가에 따라 부유발생과 직접발생(비부유발생), 난황발생으로 나누인다. 이러한 발생의 유형은 모두 자손을 번식시키기 위해 각 종이 가지는 생존전략의 한 방법이다.

부유발생(浮遊發生, pelagic development)은 다시 부유생물영양형 발생(planktotrophic development)과 난황영양형 발생(lecithotrophic development)으로 나누인다. 부유생물영양형 발생이란 유생의 형태가 성체와 전혀 다르며 부유하면서 크기가 작은 다른 부유생물을 먹이로 취하여 살아가는 유형이다. 부유생물을 잡을 수 있는 기구를 가지며 부유기간은 비교적 길다. 난황영양형 발생은 난황을 많이 가지는 난이 태어나 부유하는 동안 영양분을 난황으로부터 취하는 경우이다. 부유기간이 상대적으로 짧다. 직접발생(直接發生, direct development)은 난이 태어난 후 그 난 속에서 이미 초기발생이 진행되며, 그 후 해저에 내려가 유치체(幼稚體, benthic juvenile)로 직접 부화하는 경우이다. 난태생(卵胎生, ovoviviparity)이란 유생기의 전발생과정이 어미의 몸 안에서 이미 진행된 후 해저에 직접 유치체로 부착하는 경우이다. 아래에 저서동물의 종류에 따라 유생이 어떻게 성체로 성장하는가를 소개하였다(그림 5-36).

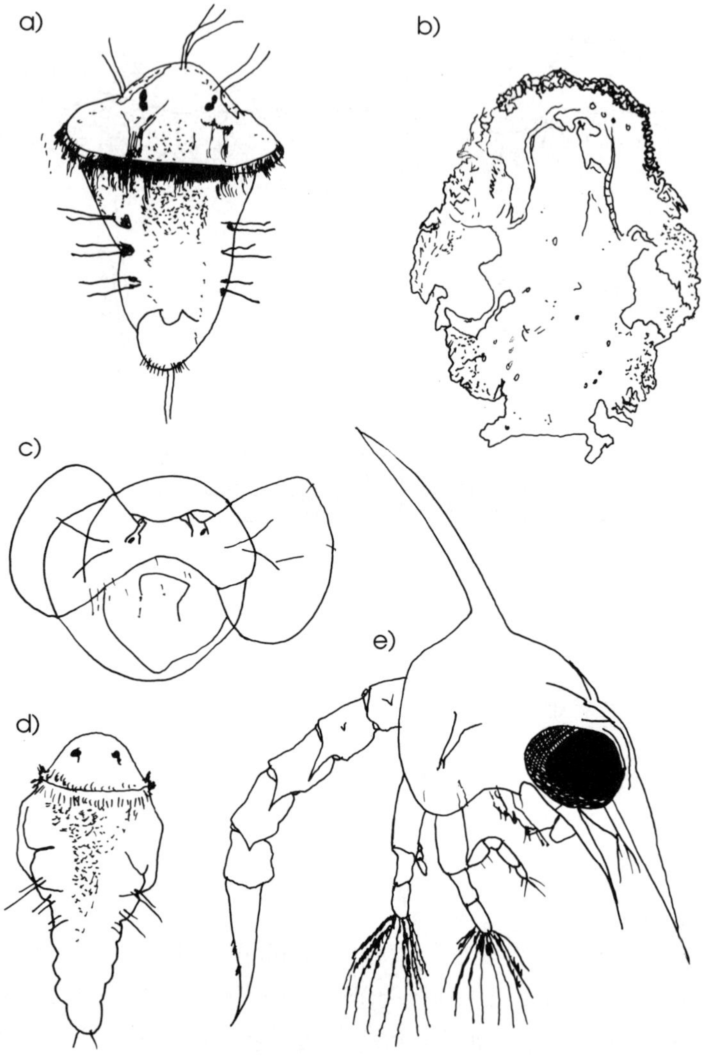

그림 5-36.
저서성 무척추동물의 유생.
a) 석회관 갯지렁이류(*Spirobranchus giganteus*)—플랑크톤 영양형이며 1~2주간의 부유유생 시기를 가진다.
b) 해삼류(*Auricularia nudibranchiata*)—플랑크톤 영양형이며, 수개월 동안이나 부유생활을 할 수 있는 장거리분산형 유생(teleplanic larva)이다.
c) 복족류(*Ilyanassa obsoleta*)—플랑크톤 영양형으로 2주~6주간 부유생활을 한다.
d) 동그라미석회관갯지렁이류(*Spirorbis spirorbis*)—난황영양형이며 1일 미만의 부유생활을 거친다.
e) 꽃게류(*Portunus sayi*)의 zoea 유생기—플랑크톤 영양형이며, 이 종의 성체는 떠다니는 모자반류(*Sargassum*)에 서식한다.

난과 유생

(1) 총알고둥류: 밀레코브스키(Mileikovsky, 1974)가 37종의 총알고둥류를 대상으로 유생의 발달과정을 정리한 결과는 다음과 같다. 28종의 총알고둥이 부유성 난 안에서 부화하여 유생시기를 플랑크톤으로서 지내며, 4종은 저생난(底生卵)내에서 부화하여 플랑크톤 생활로 들어가는데 그 기간은 짧다. 그밖에 직접 발생을 하는 종류가 4종, 난태생이 1종 확인되었고, 다른 2종은 장소에 따라서 번식양식을 달리하였다. 이들 대부분은 조간대

에 서식하고 있으나, 조위(潮位, tidal level)와 번식양식에 분명한 상관관계는 보이지 않았다. 다만, 난태생의 종류들(*Littorina saxatilis*, *L. scabra*, *L. angulifera*)은 조간대 상부에 서식한다는 것이 확인되었다. 부유유생 시기를 가지는 28종의 분포범위는 조간대 상부에서 조하대 상부까지 다양하게 나타난다. 수면으로부터 먼 곳에 분포하는 종류들은 번식기가 되면 수면 가까이까지 내려와 산란을 해야만 되는데, 우리나라의 암초해안에서 흔하게 볼 수 있는 총알고둥(*Littorina brevicula*)에서도 이러한 산란을 위한 수직이동이 알려져 있다(Kojima, 1959).

일본의 오끼나와 산호초 해안의 조간대에서 가장 높은 곳에까지 분포하는 총알고둥류인 *Echininus cumingi spinulosus*는 대조시 평균 만조선보다 훨씬 윗쪽에서 발견된다. 장마철이 되어 암초가 습기를 머금을 때 본래 분포 높이보다 아랫쪽에 있는 개체들이 조금 더 내려와 교미한다고 한다(土屋, 1986). 아직 상세한 번식방법은 밝혀져 있지 않으나, 같은 屬에 속하는 마리아나군도산 *Echininus viviparus*도 난태생이라는 것이 확인되었다(Rosewater, 1982). 해수에 의한 침식과 암석의 풍화작용으로 만들어진 거의 10m나 되는 해식애(海蝕崖)의 꼭대기로부터 더 육지쪽으로까지 분포하고 있다는 것이 난태생과 관련이 있을 것으로 추측된다.

(2) 다모류: 다모류 중에는 복족류에서 흔히 관찰되는 것처럼 영양난(營養卵, nurse egg)을 영양원(營養源)으로 이용하여 발생하는 종류가 있다. 영양난이란 난괴(卵塊) 또는 난낭(卵嚢) 속에 존재하는 수많은 알 중에서 발생이 진행되지 않고 다른 배(胚)의 먹이로서 이용되는 난을 말한다.

얼굴갯지렁이과(Spionidae)의 종류에서 영양난의 존재가 잘 알려져 있다(Hartman, 1941; Blake, 196; Rasmussen, 1973; Woodwick, 1977; Myohara, 1979). 미국의 캘리포니아산 유령얼굴갯지렁이류인 *Boccardia proboscidea*는, 한 개의 난낭 중에 104~131개의 난이 들어 있는데, 한 개체당 14~38개의 난낭을 산출한다. 그런데 한 개의 난낭 속에 있는 난 중에서 불과 몇 개만이 난할(卵割)을 진행하여 발생한다고 한다. 14~15 강모절(剛毛節)까지 성장한 단계에서 난낭으로부터 밖으로 나오는데, 그때까지 모든 영양난을 다 먹어 버린다. 이러한 번식양식을 가지는 종류의 유생의 성장 속도는 같은 과(科, family)에 속하는, 즉 먹이공급량은 적고 섭식에 보다 많은 에너지를 필요로 하는 이른바 플랑크톤 영양형의 종류의 유생보다도 빠르다. 후자는 포식(捕食)에 의한 감소가 크며, 발생에 필요한 시간도 장기간을 필요로 하는데, 생산되는 난수가 많으므로 생잔(生

殘)이 보장되며 개체군이 유지된다. 이에 반하여 영양난을 이용하는 종류는 상대적으로 빠른 시간내에 확실하게 유치자가 될 수 있으나 개체수는 적다. 어미에 의한 다음 세대로의 에너지 투자량에는 한도가 있으므로 어떠한 번식양식을 가지는가는 그 생물이 처해 왔던 환경과 밀접하게 관련되어 있을 것이다.

영양난을 가지지는 않으나 난괴 중에 존재하는 다른 영양원(營養源)을 이용해서 성장하는 갯지렁이류도 있다. 일본의 陸奧灣에서는 매년 6월이 되어 수온이 16°C로까지 상승하면 퇴적물 속에서 파고 들어가 사는 송곳갯지렁이과(Lumbrineridae)의 *Lumbrineris latreilli*가 난괴를 주위의 해조나 잘피 등 해산식물 위에 산다. 산란 시각은 조석이나 광 조건 등에 의해 결정되는데 동일 장소의 개체군은 1년 중에서 이들의 제조건이 갖추어진 극히 한정된 시간, 즉 보통은 두 시간 이내에 번식활동을 마친다(Nishihira *et al*., 1981; Tsuchiya *et al*., 1982). 산란은 해조나 잘피 등의 가능한 한 높은 부분인 해수 표면과 가까운 곳에서 이루어진다. 발생은 난괴내에서 진행되어 3~10쌍의 강모를 가진 유치자로서 밖으로 나오며, 해수 유동이 거의 없는 상태일 때 바로 밑의 해저에 정착한다. 산란 후 약 25일째에는 8쌍의 강모를 가진 유치자로 되고 이미 구기(口器)가 형성되어 있다. 마침 이 무렵 난괴의 표면에는 규조류의 일종이 번식하여 난괴 내부에까지 들어간다. 유치자는 이 규조류를 섭식하며 성장한다. 어쩌면 이들이 규조가 번식하기 쉬운, 광조건이 좋은 수심이 얕은 장소를 찾아서 해조나 잘피 등으로 올라가는지도 아직 밝혀져 있지 않다.

유치자가 난괴로부터 빠져 나오는 시기는 3쌍의 강모를 가지는 산란 후 17일에서 10쌍을 가지는 37일이라는 비교적 장시간에 걸쳐 여러 발육 단계에서 행하여진다. 많은 저서동물에서 그러하듯이, 산란이 극히 한정된 시기나 시각에 이루어진다는 사실은 수정이 효율적으로 완료되기 때문이라고 생각할 수 있으며, 유치자가 난괴로부터 빠져나오는 데 오랜 시일이 걸린다는 것은 정착에 이르기까지 직면할지도 모르는 포식 등 갖가지 위험으로부터 도피하는 비율을 높일 수 있다고도 생각해 볼 수 있다.

이와 같이 저서동물이 가지는 갖가지 번식양식은 각각의 종이 살아남기 위해 여러 가지 환경요인과 관계를 가지면서 체득한 최선의 방책이며, 일반적으로 번식전략(繁殖戰略, reproductive strategy)이라고 불린다. 해산 저서동물의 80%가 넘는 종이 부유유생 시기를 가진다는 것을 고려한다면 여기에서 소개한 몇 가지의 예는 극히 일부의 특수한 부류에 속한다고 하겠다.

저서생물의 분포와 유생의 관계

유생생태학

저서성 무척추동물이 산란하여 부화하고, 부유유생기(浮游幼生期)를 거쳐 착저(着底), 변태(變態)하고 유생의 어린 개체(juvenile)가 되는 동안의 여러 가지 환경과의 관계를 다루는 분야를 유생생태학이라고 분리하여 칭하기도 한다. 이는 유생의 양과 분포가 저서동물의 양과 분포에 큰 영향을 미치기 때문이다. 군집의 안정성, 바꾸어 말하면 특정 저서동물의 대량 발생이나 자원량의 변동 등은, 전적으로 신규개체(新規個體)들의 군집이나 개체군에로의 가입(加入, recruitment)과, 여러 가지 원인으로 인한 현존 개체수의 감소(減少, reduction), 그 중에서도 특히 생활사의 초기에 심하게 나타나는 초기감소(初期減少, early reduction)에 따라 좌우된다고 널리 알려져 있다. 따라서 유생생태학은 해양에 있어서 성체의 군집 및 개체군 생태학에 있어서도 그 중요성이 강조되고 있다.

일찍이 월리스(Wallace)는 1876년에 그의 저서 『동물의 지리적 분포』에서 유생분산(larval dispersal)의 중요성을 지적하였다. 그는 당시에 이미 연체동물의 복족류나 이매패류는 자유유영하는 유생시기를 가지며, 이것은 곧 분산의 효과적 수단이며, 이들은 조석이나 해류에 의해 운반되어 번식과 성장이 호적한 조건을 제공하는 해역으로 널리 퍼져 나간다고 하였다.

연안해역의 해저에 서식하는 조개나 갯지렁이, 갑각류 등의 저서성 무척추동물의 대부분은 일단 성체가 되고 난 후에는 자신의 운동능력으로는 가까운 거리밖에 이동하지 못한다. 그러나 알에서 부화할 당시의 시기에는 성체와는 전혀 다른 형태의 부유유생기를 가지는데, 이들 유생은 해수의 유동에 의해 운반된 다음 해저에 정착하여 변태(變態, metamorphosis)하므로써 성체와 같은 모양의 어린 개체로 된다. 부유유생기와 그 정착의 성패 여부는 이들 저서동물에게는 분포해역의 확대, 특정의 지역집단의 유지, 집단간의 유전자 교류 등의 문제에 매우 중요한 의의를 가지고 있다. 조개류의 veliger 유생, 갑각류의 nauplius 유생, 성게의 pluteus 유생 등의 이름은 아마도 중·고등학교의 생물 교과서에서 한번쯤은 접했던 용어들일 것이다.

그러나 이들 각각의 동물군(動物群)이 몇 단계나 되는 부유유생기를 가지며, 동일 종내에서도 몇 가지 다른 형태를 취하는 수도 있으며, 분류학적으로 근연인 같은 과(科)나 속(屬)의 유생들이 매우 닮아 있다는 점을 생각하면 어떤 생물의 성체와 유생을 종(種)이나 속의 레벨에서 확인하고 대응시키는 일은 분류학적 측면에서도 중요한 의미를 가진다. 유생의 형태 기재와 발육과정의 추적은 그것만으로도 대단히 중요한 작업이며, 더욱이 어느 종은 어느 정도의 크기의 난(卵)을 몇 개 정도 낳으며, 얼마 정도의 기간 동안 부유하는 유생시기를 가지는가를 종(種)의 수준에서 밝히는 것은 사육기술뿐만 아니라 세밀한 관찰력과 인내를 필요로 하는 분야이다.

이러한, 어떻게 보면 생소한 분야를 개척한 사람은 덴마크의 토슨(Thorson, 1906~1971)이다. 그는 1930년부터 3년간 그린랜드 동부해역 조사를 통하여 '극지방 해산 무척추동물의 유생발생, 성장 및 대사'에 관한 논문으로 1936년에 박사학위를 받았다(Thorson, 1936). 그 후 약 10여 년 동안 줄곧 유생에 관한 연구를 계속하여 드디어 1946년에 523페이지에 달하는 방대한 분량의 「덴마크 해산 저서성 무척추동물의 번식과 유생발생」이라는 장문(長文)의 모노그라프를 완성, 발표하였다(Thorson, 1946). 이것은 덴마크 해역에 출현하는 저서동물의 모든 종류에 대해 알이나 유생을 종류별로 그 형태, 수량, 출현시기 등을 기술한 것으로, 자신의 관찰기록이나 스케치를 덧붙여서 그때까지 출간된 모든 문헌을 인용하고 있으며, 저서동물의 번식, 가입(加入), 감소(減少) 등의 군집생태학적 문제에 관한 그 후에 계속된 자신의 연구에 확고한 기초를 쌓게 된 결과가 되었다. 그 후 타계할 때까지 약 25년간 그는 주위 사람들의 업적을 토대로 해서 해양생물에서의 유생연구의 의의와 중요성을 강조하였으며, 그 결과 오늘날에는 번식양식(繁殖様式), 유생발생 과정의 다양성과 그 적응 및 진화학적 의의, 정착 초기의 생존율이 성체의 개체군 변동에 미치는 영향이 얼마나 중요한가 하는 문제 등이 판명되었고, 이제 연구인력도 증가하여 유생생태학은 해양생물학에서 중요한 한 분야로 인정되기에 이르렀다.

유생의 발생유형과 생존전략

해양 저서생물의 유생의 발육형과 영양형은 감모, 가입, 분산 등 유생생태학의 제문제에 깊은 관계를 가지며 중요하고도 기본적인 사항이다. 해산동물의 발육형에는 ① 알에서 부화하여 유생이 일시플랑크톤(meroplankton)이 되고, 그 후에 착저, 변태하는 부유발육형(浮游發育型, pelagic development), ② 해저에서 산출되어 난낭 속에서 발육하여 직접 저생의 포복생활을 하는 직접발육형(直接發育型, direct development), ③ 어미의 체내에서 발육하여 밖으로 산출되어 저생생활로 들어가는 태생형(胎生型, viviparity) 등으로 크게 나누임을 앞에서 소개한 바 있다. 부유발육형으로는 부화 직후 플랑크톤을 먹으면서 발육하는 플랑크톤영양형(planktotrophy)과 알 속의 난황을 이용하여 발육하는 난황영양형(卵黃營

養型, lecithotrophy) 두 가지 타입을 소개하였다. 전자는 난황이 적고 소형의 난으로부터 소형의 유생이 부화하는 타입으로 산란수는 평균 100만 개 정도에 이르며, 보통 2~6주 정도의 부유유생 시기를 보낸다. 이에 대해 후자는 알이 크고 난황을 많이 함유하며, 부화하는 유생도 크고, 산란수는 1만 개 정도로서 그 수가 비교적 적다(그림 5-37). 부유기간도 대부분 수시간에서 수일 정도로 짧다. 직접발육형이나 태생형의 경우도 난이나 유생이 대형의 경우가 보통이다. 이들 세 가지 유형은 해산 저서성 무척추동물의 어떤 동물문에서도 발견할 수가 있으며, 극단적인 경우에는 같은 과나 속 중에서도 볼 수 있다(Thorson 1946; Mileikovsky, 1971, 1974; Chia, 1974).

토슨은 위와 같은 3가지 유생발생의 유형을 발견했을 뿐만 아니라, 연안구(沿岸區, neritic province)에 서식하는 종의 대부분은 플랑크톤 영양형의 소란다산형(小卵多産型)이 많고, 심해에서는 직접발생형이나 난황영양형의 것이 많아진다는 것, 또한 지리적으로 보면 극지 주변의 한랭한 지역에서는 직접발생이나 난황영양형이 많

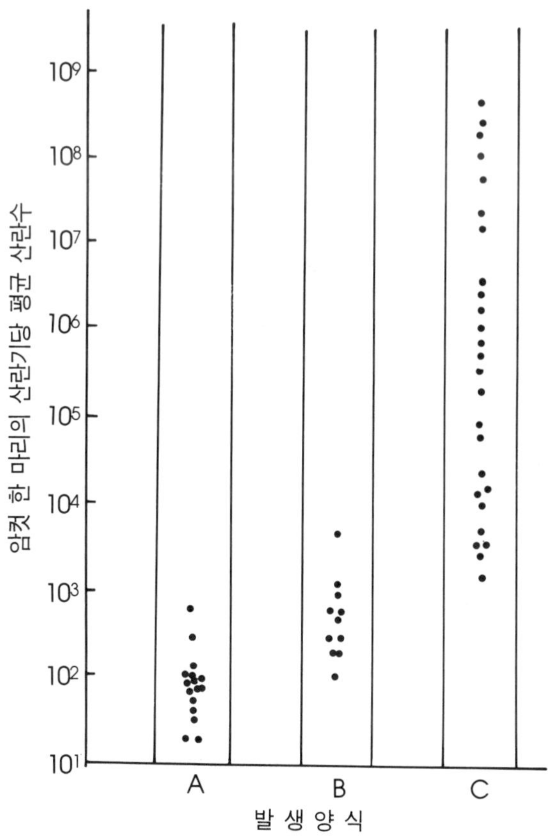

그림 5-37.
해산 무척추동물의 평균 산란수와 산란발생의 유형 (Thorson, 1950).
A: 태생 또는 보육 보호 습성을 가지는 비부유발생.
B: 알이 크며, 원시적 보육 습성의 비부유발생.
C: 알이 작고 부유생물영양형이며 장기부유발생형.

고 열대해역으로 갈수록 대부분이 플랑크톤 영양형의 종이 많아진다는 점을 지적하였다. 그는 현존하는 해산 저서성 무척추동물의 약 70% 정도가 부유발생(pelagic development)을 하며, 그러나 동그린랜드(East Greenland)에서처럼 고위도의 극지방에서는 90% 이상이 부유유생 시기를 갖지 않고 난황이 많은 대형난으로 발생한다고 하였다(그림 5-38). 토슨은 이러한 현상을 먹이가 되는 식물플랑크톤의 공급의 안정성이 서로 다른 데 따른 적응이라고 생각했다. 왜냐하면, 열대해역에서는 먹이가 되는 식물플랑크톤의 공급이 안정되어 있으나, 극지에서는 1년 중 그 절반은 암흑이 계속되므로 여름 한철에 한정적이기 때문이다. 그는 1962년에 「북동 대서양의 지브랄터(Gibraltar)에서 무르만스크(Murmansk)까지의 해산 연체동물의 분포」라는 논문에서 유럽의 북단에서 남단에 이르는 각 해역별 조개류의 번식양식의 비율이 당초 생각했던대로 변천하는 것을 분명하게 밝혔다.

소란다산(小卵多産)하는 플랑크톤 영양종의 유생의 대부분은 변태(metamorphosis)하기 이전에 포식자에게 먹히거나 변태(變態)에 부적(不適)한 곳으로 흘러 밀려나 죽게 된다. 베인(Bayne, 1976)은 이들이 긴 부유생활을 하는

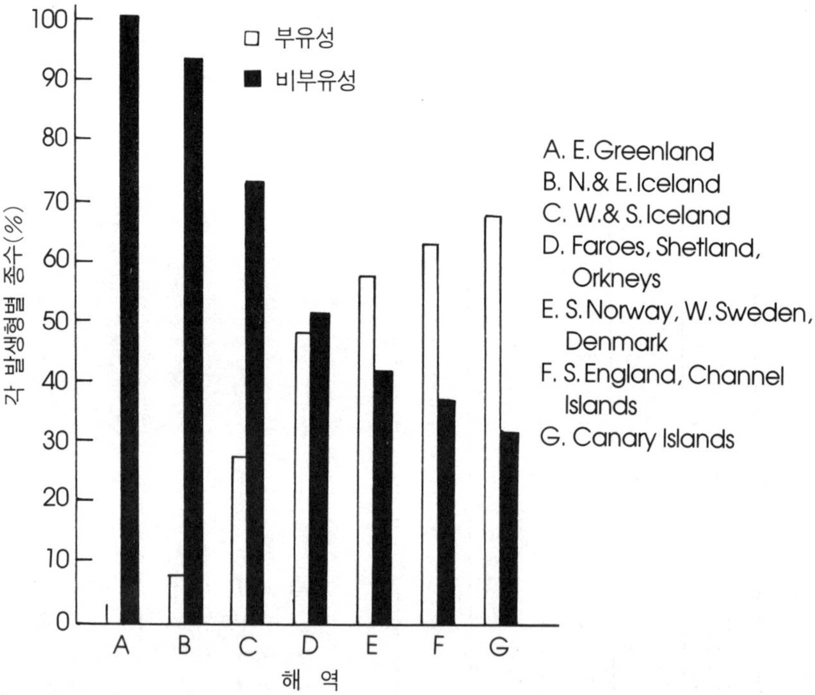

그림 5-38. 대서양 북부 해역에서 조사된 복족류의 부유발생과 비부유발생의 비율 (Thorson, 1950)

동안 높은 사망률을 보이는데, 그 감소율은 아마도 거의 99%에 이른다고 하였다. 이것은 산란수와 가입량의 차이에서도 부유유생 시기의 사망률이 엄청나다는 것을 쉽게 알 수 있다(Thorson, 1950). 대부분의 저서성 무척추동물은 암컷 1마리당 10만~100만 개의 알을 생산하는데 정작 그 가입량은 극히 일부분만이 포함된다. 그 하나의 예로서, 불가사리의 일종인 *Pisaster ochraceus*(400g 짜리) 암컷 1개체당 매해 4,000만 개의 알을 생산하는데, 이들 저서생물의 개체군의 크기가 평형상태를 이룬다고 가정했을 때, 유생 및 어린시기의 사망률은 0.99999999854였다(Menge, 1975). 일반적으로 부유유생 시기의 사망률은 부유발생형에서는 대단히 높고, 번식 연령에 도달할 수 있는 개체는 전산란수(全産卵數)의 수천 분의 1 내지는 수백 분의 1에 지나지 않는다. 소란다산은 이 막대한 유생시기의 사망을 보상하는 형식으로 되어 있는 셈이다. 한편 난황영양형의 저생발생형에서는 유생기 사망률이 낮다는 점에서는 유리하나 한 개의 난에 소비되는 영양에너지가 많기 때문에 어미의 산란수는 한정된다. 그러나 이와 같은 자연상태에서의 유생 사망률에 대한 근본적 원인은 거의 모르고 있으며, 다만 포식, 물리적 환경요인(수온, 염분농도 등), 분산의 부적합한 규모, 먹이문제 등이 관여하고 있을 것이라고 생각하는 정도이다(Thorson, 1950; Crisp, 1976). 그러나 워낙 다산(多産)이어서 해저에 띄엄띄엄 산재하는 호적한 장소를 만나는 확률도, 정착시 나타나는 유생의 특이한 적응적 습성 등으로 인하여 생각보다는 높으며, 또한 어쩌다 만난 장소의 환경이 악화된다고 하여도 종 전체로서는 어디에선가 살아 남을 수도 있으며, 조류나 해류를 타고 다른 소지역 집단의 것들과 섞여서 종내의 유전자 교류는 높다. 예를 들면, 불과 12시간 정도의 부유유생기를 가지는 종이 있다고 가정하자. 그것이 평균 유속이 2노트 정도의 조류를 타면 6시간마다 22.5 km 범위의 어디인가에 있게 된다.

부유기간

저서동물의 부유기간은 종에 따라 다르며, 몇 분에서 몇 년에 이른다. 이를테면 동그라미석회관갯지렁이의 일종인 *Spirorbis borealis*는 30분~수시간 정도의 부유유생 기간을 보내며(Doyle, 1974), 군체성 멍게류인 *Trididemnum solidum*의 올챙이 유생(tadpole larva)은 불과 2~15분 정도만 부유생활을 한다. 그러나 닭새우류에 속하는 *Janus edwardsii*의 phyllosoma 유생은 대략 2년 동안(22개월)의 부유기간을 보낸다(Lesser, 1978). 일반적으로 플랑크톤 영양형 유생은 2~6주의 부유생활 기간을 가지며, 난황영양형 유생의 전형적인 부유기간은 수일에서 2주 정도에 이른다고 보고하고 있으나, 이는 실험실내에서 관찰된 예이고 실제 자연상태에서 조사하기란 쉽지 않다. 그러나 조르겐센(Jorgensen, 1981)은 자연산 진주담치(*Mytilus edulis*)의 코호트(cohort, 同時出生集團)를 추적한 결과 부유기간이 약 1개월 정도라고 추정하였다. 그러나 이와 같은 실제 현장에서의 조사결과에 대한 해석도 유생의 채집, 코호트의 분석, 유생의 행동(behavior)에 대한 지식 결여, 정착시의 지연 여부 등의 문제와 동일 코호트내에서도 개체에 따라 또는 발생시기에 따라 엄청나게 변화하므로 대단히 어렵다. 이를테면, 염통성게의 일종인 *Brisaster latifrons*는 같은 실험실의 동일 배양조건 아래에서도 최소 9주에서 최대 24주의 부유유생 기간을 갖는 것으로 보고하였다(Strathmann, 1978).

대부분의 저생동물이 2주~6주 정도의 부유유생기를 가지므로 그 분산의 범위는 대단히 넓으며, 이들이 만약 일정 방향으로 흐르는 연안해류를 타기만 한다면 수백 km의 먼 거리까지 운반될 수도 있다. 이와는 반대로 어미로부터 많은 영양물질을 받고, 부유유생 기간을 단축해서 곧장 정착하는 종들은 비교적 폐사율이 적다. 이것은 어떻게 보면 보다 효과적인 번식전략으로 보이지만, 반면 성체가 서식하는 장소로부터 분산해서 신천지(新天地)를 개척하는 데에는 전혀 적합치 않은 방법이다. 극지나 심해를 제외하고는 플랑크톤 영양형의 동물이 많은 것은 바로 이러한 점에 그 이유가 있을 것 같다. 따라서 대란소산(大卵少産)과 소란다산(小卵多産)의 문제는 종의 영속을 위한 생존전략적 측면에서 번식양식의 두 가지 진화방향으로서 현재 생태학 및 진화학 분야의 중요 연구과제가 되고 있다.

장거리 분산

성체의 이동능력이 부족한 저서동물에 있어서 유생기의 분산은 종의 존속과 번영에 중대한 의의를 갖는다. 장기부유형 발생은 유생의 분산 가능한 범위가 넓어서 군데 군데 국부적으로 존재하는 호적한 서식장소를 발견하여 이용하거나 국지적인 환경변동에 의한 부분적 절멸(絶滅)을 보상하는 이점을 가지고 있다. 이에 대해 저생발생 또는 단기 부유발생을 하는 난황영양형의 경우에는 어미가 있는 서식장소에 도달하는 것이 확실한 반면 새로운 서식장소의 개척 가능성은 제한되어 있어서 국지적 과밀(過密)이나 환경변동에 의해 기존의 국지 개체군이 멸망해 버리면 재침투(recolonization)하기에는 불리하다. 같은 지역의 바다에 서식하는 생물 중에서도 해안가나 천해역 또는 심해저 등의 수심에 따라서 생물상은 전혀 다르다. 그럼에도 불구하고, 이를테면 대서양의 양쪽 연안이나 대서양상의 섬 주위의 수심이 얕은 해안에 동일종이 서식하는 예는 쉽게 찾아볼 수 있다. 아주 먼 옛날 이들 양 대륙의 간격이 좁았던 지질시대에 살다가 떨어진 이래 유전물질의 교류가 없는 데도 불변하고 있다는 말인가? 유라시아나 아프리카의 서쪽 해안과 남북 미주대륙의 동쪽 연안에 공통적으로 분포하는 난해성(暖海性) 권패류(卷貝類) 중에는 부유유생기가 매우 긴 종류가 있으며, 지금도 이들은 해류에 의해 운반되어 상호교류하고 있는 것이 아닌가 하는 가설을 최초로 제시한 사람도 토슨(Thorson, 1961)이었다. 그러나 이것을 입증하기 위해서는 대규모의 해양조사와 유생에 대한 연구가 요구되었다.

이 문제에 도전한 사람은 미국 우즈 홀 해양연구소의 쉘테마(Scheltema, 1967; 1971)였다. 그는 1960년대에서 1970년대 초반에 이르는 약 10 여 년간에 걸쳐 조사, 발표된 10여 편의 논문을 통해 이 방대한 가설이 더 이상 꿈이 아니고 현실로서 입증되었다. 그는 두 척의 해양조사선을 이용한 수차례의 항해를 통하여 열대 및 아열대의 북서 태평양 전역에 857개의 관측 지점에서 실시한 플랑크톤을 조사하면서, 그 중에 포함된 천해성(淺海性) 권패류의 장기부유형(長期浮游型) 유생을 계수하였다(Scheltema, 1971). 모두 7과 10종에 이르는 이들 권패류의 부유유생 시기의 길이를 알기 위한 사육실험에서(일부 종에 대한) 변태까지의 평균 일수가 100~200일, 다시 호적한 해저의 기질을 만나지 못한 경우의 변태 연장기간은 90~130일에 이르고 있음을 밝혔다. 특히 수염고둥과(Family Cymatiidae)에 속하는 나팔고둥류 *Charonia variegata*, *Cymatium parthenopeum*, *Cymatium nicobaricum* 3종은 변태 지연기간 등을 통산하면 250~320일까지도 부유할 수 있다고 하였다.

그렇다면 이들 유생을 운반해 주는 대서양을 횡단하는 해류의 코스와 그 유속을 동시에 생각해 보자. 아프리카쪽에서 미대륙으로 향하는 남적도 해류(South Equatorial Current)와, 북서 아프리카에서 서인도 제도로 향하는 북적도 해류(North Equatorial Current)가 있어서 어떤 부유물(浮游物)이 완전하게 이 해류를 탄다고 가정하면 전자에서는 60~150일, 후자에서는 130~170일로 대서양을 횡단할 수 있다는 계산이 된다. 반대로 미국쪽에서 아프리카로 향하는 해류로서는 카리브 해의 바하마 제도 부근에서 카나리아와 아조레스 제도로 향하는 북대서양 해류(North Atlantic Current)와, 브라질에서 기니아 만으로 향하는 적도잠류(赤道潛流, Equatorial Undercurrent)가 있어서 전자에서는 130~300일, 후자에서는 100일 전후로 대서양을 횡단할 수 있다. 이러한 계산을 유생의 부유기간과 합쳐서 생각해 보면 문제의 권패류는 정상적인 부유발육 기간 중에 대서양을 횡단하여 반대쪽의 대륙 연변부에 도달할 수 있게 된다.

실제로 대서양 횡단을 확인하기 위해서 우즈 홀 해양연구소가 북미 대서양 연안에서 156,000개의 표류병을 방류하는 대대적인 실험을 실시했는데, 그 결과 남유럽 및 북서 아프리카의 대서양 연안에 도착한 것이 전체의 0.1%, 멕시코 만류

(Gulf Stream)를 타고 영국이나 북유럽에 도달한 것이 전체의 0.1%였다. 역으로 아프리카 서쪽 해안에서 방류하여 남북아메리카 연안에 도달한 것은 전체의 0.18%였다. 이 결과는 그야말로 방대한 해안선에서 해류병 회수를 빠뜨리는 경우도 많다는 것을 감안한다면 이 확률은 실제로는 더욱 크다고 생각할 수 있을 것이다.

쉘테마(Scheltema, 1971)는 *Charonia*나 *Cymatium*처럼 연안해역에 서식하는 저서생물의 유생으로서 규칙적으로 외해에서 발견되며, 오랜 기간의 부유유생 시기를 가지며, 종의 분산을 위해 장거리를 부유·이동하는 종을 장거리분산형 유생(長距離分散型幼生, teleplanos, Gr. far-wandering 또는 teleplanic larvae)이라고 이름지었다(그림 5-39). 유생이 살아 남아서 성공적으로 대양을 넘는 유생의 수는 대륙연안에서 산란하여 유출되는 유생의 총 수×표류도달확률×생존확률로 구할 수 있다.

실제로 대륙 연변부에서 산란하여 유출되는 유생의 수를 정확하게 추정하는 것은 불가능하나, 쉘트마는 각 해류내에서의 부유유생은 균일분포(均一分布)를 한다고 가정하여 실측한 유생의 밀도와 해류의 체적(體積)과 유량(流量)으로부터 해류 중의 종별 유생량(種別 幼生量)을 계산했다. 가장 발견 빈도가 높은 *Cymatium parthenopeum*의 경우 대서양의 모든 조사지점 중에서 유생의 출현빈도는 26.3%에 이르고, 그들 모두가 대서양 횡단해류 중에 있으며, 계산에 의한 유생량은 실로 18.16×10^{11}에 달한다. 이렇게 대서양 양안분포(大西洋 兩岸分布, amphi-Atlantic distribution)를 보이는 이 종의 경우 그 형태적 특징을 살펴보아도 대서양의 양쪽 연안에 사는 개체들이 아종(亞種)의 차이도 없다고 한다. 한편 같은 장거리 분산형 유생의 종에서도 발견 빈도나 해류 중의 밀도가 한 자리 낮은 종에서는 동서 양쪽 연안에서 다른 아종(亞種)으로 분화되어 있으며, 종분화(種分化)의 정도는 유전자의 흐름의 정도의 차이에 대응하고 있다고 해석되고 있다.

그밖에 발생형식과 유생기의 장단(長短)의 문제는 종내 다형체(種內 多形體)의 형성과 오염 등에 의한 환경교란 및 그것으로부터의 회복의 문제 등과 서로 얽혀 있으며 최근 많이 연구되고 있는 분야이다. 결론적으로, 모든 저서동물은 제각기 독자적인 번식과 발생양식을 가지는데 각각의 특성은 주어진 환경의 냉엄성, 안정성, 자원의 풍부성, 포식, 피식, 경쟁 등의 생물학적 요건 중에서 진화적으로 선택되어 형성되어 왔다고 생각할 수 있다. 아무튼, 대부분의 부유유생 시기는 성체의 저서생활 기간에 비하여 짧다. 그러나 이 시기는 그들의 생활사에 있어서 가장 중요하며 종의 분산(dispersal)과 개체군 유지를 위한 성패 여부도 이 유생 시기에 달려 있다.

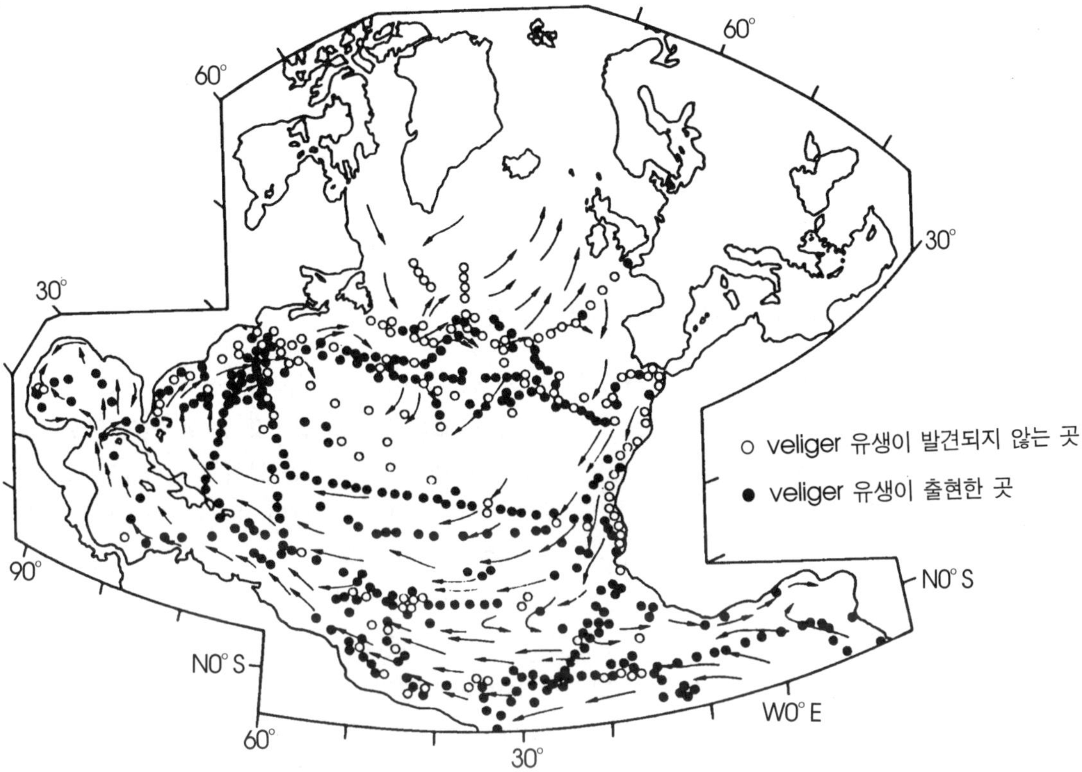

그림 5-39. 쉘테마(Seheltema, 1971)가 조사한 대서양의 열대 및 온대해역의 동물플랑크톤 조사정점의 분포도. 검은동그라미(●): 권패류의 장거리분산형 유생이 출현한 정점, 흰동그라미(○): 장거리분산형 권패류의 유생이 나타나지 않은 정점. 그림 중의 점선은 여름과 겨울철 평균 21°C 등온선을 나타내며, 화살표는 주요 표면해류의 방향을 표시한다.

2.6. 분포와 환경

저서동물의 분포는 기질에 따라 달라진다. 암반에는 부착할 수 있는 동물이 주로 서식하고 모래나 뻘에는 파고 들어가는 동물이 주로 서식한다. 또 모래와 뻘에 따라서도 서식하는 종류가 다르다. 모래에는 부유물식자가 주로 살며 뻘에는 퇴적물식자가 주로 산다. 저서동물은 해저 기질의 성격에 따라 서식하는 방법이 달라지고 따라서 각 기질에 사는 종류도 달라진다고 하겠다. 서식방법의 차이는 형태적 차이를 가져오고 이는 다시 각 종을 서로 다른 종으로 분류케 하는 결과를 가져오기 때문이다.

기질의 특성에 따른 서식종의 종류와 양의 차이는 이러한 서식방법 이외에도 유생시기를 거친 후 각 유생이 착생하는 정도와도 관계가 있다. 유생은 어미가 있는 곳에 착생하므로 이미 어미가 어디 있었는가가 분포를 결정하는 중요한 요인이 된다. 유생의 착생과정을 설명하고 착생한 후 저서동물간에는 어떤 과정을 거쳐 각 기질에서 일정한 종류로 구성된 저서동물 군집이 형성되는지를 소개하고자 한다. 또 저서동물 군집은 반대로 해저 기질에 어떤 영향을 미치는가도 함께 소개하고자 한다.

유생의 해저정착과 저서동물의 분포

연안의 간석지나 모래사장에서 조개류나 갯지렁이 등의 자연상태의 분포를 관찰해 보면, 각각의 종은 특정의 저질형(모래질, 사니질, 펄 등)에 거의 국한하여 서식하고 있음을 알 수 있다. 조간대의 암초지대에 사는 담치류나 따개비류도 특정 종이 전세계 어디를 가나 대체로 같은 생태적 지위(ecological niche)를 점유하며 대체로 같은 조위(潮位)의 비슷한 미환경(微環境)의 서식처에 살고 있다. 그렇다면 이들의 부유유생은 정착, 변태할 때에 자신들에게 적합한 장소를 선택할 수가 있을까? 토슨은 유생발육의 진행에 따라서 주광성(走光性)의 역전(逆轉)이 성체의 서식 심도의 차이에 따라 빨리 일어나거나 또는 조금 늦게 일어나는 것이 서식 깊이가 서로 다른 종들에게는 자기에게 알맞는 서식처를 구별하는 데 중요하다는 사실을 발견하였다. 그러니까 수심이 얕은 바다에 사는 종에서는 유생기의 최후의 순간까지도 정(正)의 주광성을 가지고 바다 표면 가까이를 떠다니며 자신에게 알맞는 서식지에 겨우 도착할 수 있으며, 반면 보다 깊은 곳에 사는 종의 경우에는 도중에 부(負)의 주광성으로 바뀌는 빛이 적은 해저 부근을 표류하다 호적한 장소에 도착하면 정착, 변태한다는 것이다.

실제로 어떤 종류의 연체동물이나 갯지렁이류의 유생이 해저의 저질을 식별해서 선택적으로 정착한다는 것은 영국의 윌슨과 그의 동료 연구자들에 의해 거의 20여 년에 걸친 끈질긴 연구결과 입증되었다(Wilson, 1948a, 1948b, 1952, 1954, 1955).

저질을 식별할 수 있는 가장 중요한 요인으로서는 모래 알갱이의 조립성(粗粒性)의 정도였는데, 이는 보다 근원적으로 보면 특정의 입도조성(粒度組成)을 초래케 하는 수력학적 조건하에서 모래 알갱이의 표면에 발달하는 박테리아 피막(被膜)에 대한 반응이라는 것을 알게 되었다. 정착하려는 성숙유생은 바닥을 스칠 듯이 수류를 따라 흐르면서 몇 번이고 시행착오를 반복하면서 호적한 장소를 만날 때까지 수일 내지 수주간까지도 변태를 연장할 수도 있다. 굴이나 따개비 등의 경우에는 서식층이 있는 부근까지 오면 그들 유생은 암반의 표면에서 탐색행동(探索行動)을 나타내는데, 이때 같은 종의 성체에서 나오는 화학물질인 페로몬(pheromone)의 유인에 의해 자신과 같은 종류의 어미가까이에, 그것도 다른 개체에 너무 밀착하지 않도록 장소를 선택해서 정착한다는 것도 판명되었다.

기질에 따른 섭식유형과 저서동물의 분포

연성저질에 서식하는 저서동물의 분포 특징 중 가장 중요한 것은 위에서 잠시 언급한 대로 기질이 모래인 경우에는 부유물식자가 우점하고 뻘인 경우에는 퇴적물식자가 우점한다는 사실이다. 왜 이러한 차이가 있으며 이는 어떤 의미를 가지는가를 생각해 보지 않을 수 없다.

저서동물의 분포를 결정하는 요인으로 저질의 입도조성이 극히 중요하다는 사실은 옛부터 잘 알려져 있다. 퇴적물의 입도가 큰 크기에서 작은 크기로 달라지면서 저질내의 공극의 크기는 감소하여 수분의 침투와 저질내로의 산소 공급은 감소하게 마련이다. 반면 입자 크기가 작으면 입자의 총 표면적은 커서 세균이 부착할 수 있는 면적이 커지므로 부착세균수가 증가한다. 퇴적물내의 유기물 함량 역시 증가하게 된다. 그 결과 퇴적물 속은 대부분 환원환경이 된다.

퇴적물 입도의 크기가 다른 여러 저질환경에서 저서동물을 섭식유형별로 분류해 보면 각 입도에서 고유하게 우점하는 섭식유형이 존재함을 알아 내었다 (Sanders, 1958, 1960; Savilov, 1957; Kuznetsov, 1976). 쿠즈네초프가 여러 해역에서 이를 검증하여 보편화시킨 모식도를 그림 5-40에 나타내었다. 모래질 바닥에서는 부유물식자, 뻘 바닥에서는 퇴적물식자가 우점함을 알 수 있다.

저질의 입도가 물리화학적 환경의 차이를 가져옴을 이미 앞에서 지적하였다. 샌더스(Sanders)는 모래질 바닥에 부유물식자가 우점하는 이유로 모래질 바닥은 유속이 빠른 환경인 바, 유속이 빠르면 부유물이 퇴적되지 못하고 단순히 해저와 평행하게 운반되므로 이렇게 옆으로 운반되는 부유물을 섭취하기에 가장 적합한 먹이섭취 방법을 선택한 결과라고 하였다. 또 뻘 바닥에 퇴적물식자가 우점하는 것은 뻘 바닥은 유속이 느린 환경이므로 부유물 입자가 퇴적될 수 있고 이때 퇴적된 입자를 직접 먹이로 취하는 퇴적물식자가 우세할 수밖에 없다고 보았다. 즉 저질의 입도조성과 저서동물이 이용가능한 유기물의 존재양식을 지배하는 요인은 저층의 수력학적 조건이라고 주장한 것이다. 이러한 이유 때문에 모래 또는 뻘 바닥에 부유물식자 또는 퇴적물식자가 우점할 수 있는 환경을 제공한다는 것은 이해가 가능하다. 그러나 이러한 기본적 조건 이외에도 일단 각 기질에 사는 저

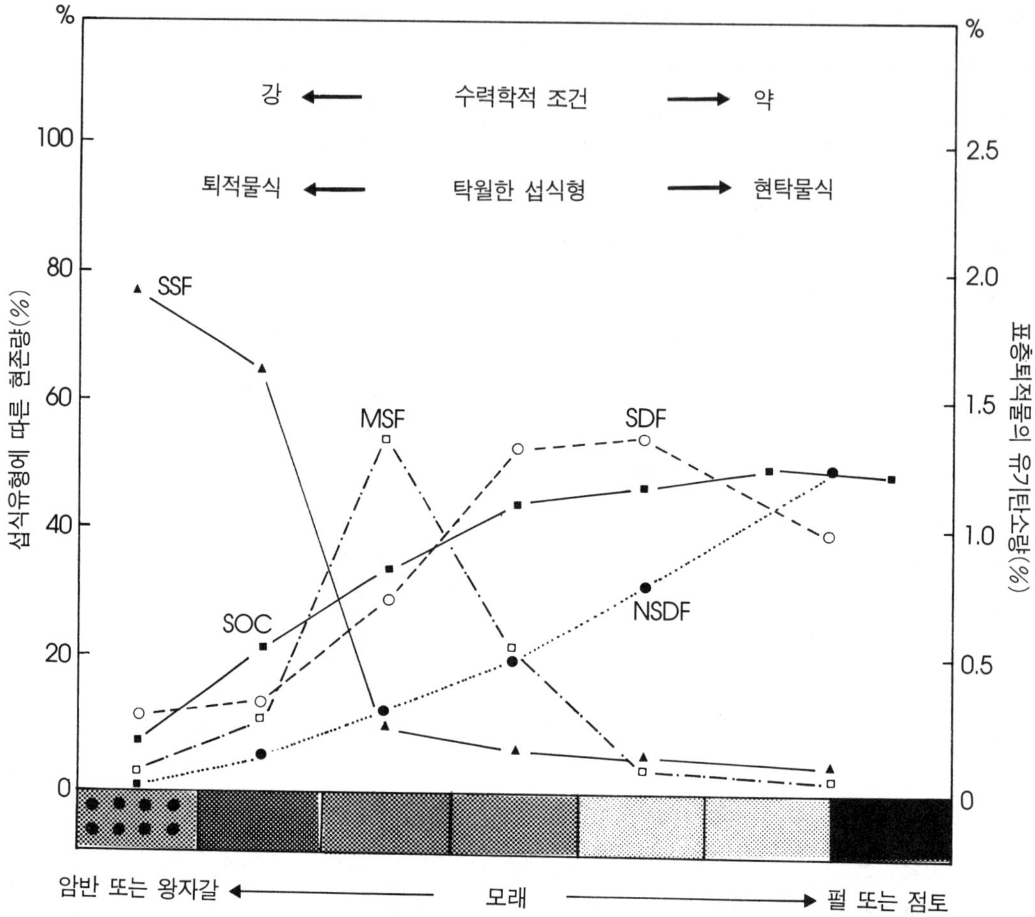

그림 5-40. 저층수의 수력학적 조건과 저질의 성상, 그리고 저서생물 군집의 각 섭식형별 현존량과의 관계. SSF(고착성 현탁물식, Sessile Suspension—Feeding), MSF(이동성 현탁물식, Mobile Suspension—Feeding), SDF(선택적 퇴적물식, Selective Deposit—Feeding), NSDF(비선택적 퇴적물식, Non—Selective Deposit—Feeding), SOC(저질의 유기탄소량, Sediment Organic Carbon)(Kuznetsov, 1974).

서동물들은 여러 가지 행동을 통하여 상대방을 배척하고 그 결과 각 기질에서는 동일한 섭식형태를 가지는 동물들만이 우점하게 된다. 영양군 편해작용도 이러한 현상의 한 예이다.

영양군 편해작용(營養群 片害作用, trophic group amensalism)이란 퇴적물식자가 부유물식자가 살지 못하도록 하는 과정을 설명한 가설이다. 퇴적물식자는 퇴적물을 먹이로 취할 때 퇴적물을 휘저어 퇴적물을 부유시키게 되고 자연히 주변에 부유물의 농도를 높히게 된다. 부유물 양이 이렇게 증가하면 부유물식자가 가진 여과기관이 막히게 됨은 당연하다. 결국 먹이섭취 기관이 막히므로 부유물식자는 퇴적물식자의 활동이 활발한 지역에서는 살 수가 없다는 것이다. 먹이섭취 과정에서 부유물식자를 배척, 또는 해를 주었기에 이를 편해작용이라고 하는 것이다. 부유물식자, 또는 퇴적물식자와 같은 먹이를 취하는, 또는 영양을 취하는 방법에 따른 분류를 영양군이라고 하기에 생물간의 관계에서 어느 종이 다른 종에 영향을 주면서 자신은 전혀 영향을 받지 않는 '편해작용'이란 술어를 합성하여 이 현상을 영양군 편해작용이라 규정하였다.

영양군 편해작용이 저서동물의 군집, 다시말하면 어느 지역의 종조성을 결정하는 중요한 요인이라고 주장한 학자는 미국의 로드와 영(Rhoads and Young, 1970)이다. 그들은 뉴잉글랜드의 조하대 지역에서 퇴적물식자와 부유물식자가 공존하지 않고 있음을 밝혔다. 퇴적물식자의 섭식활동는 저질을 불안정하게 할 뿐 아니라 생활과정, 예를 들면 굴을 파거나 먹이를 배설하는 행동으로 퇴적물 환경 자체를 변화시킨다고 하였다. 특히 주변 퇴적물의 수분함량이 증가하는 것이 퇴적물을 불안정하게 만드는 요인이라 하였다. 그림 5-41에서 보여 주듯이 퇴적물의 수분함량은 퇴적물식자가 풍부한 곳에서 더욱 높으며, 특히 '퇴적물과 해수의

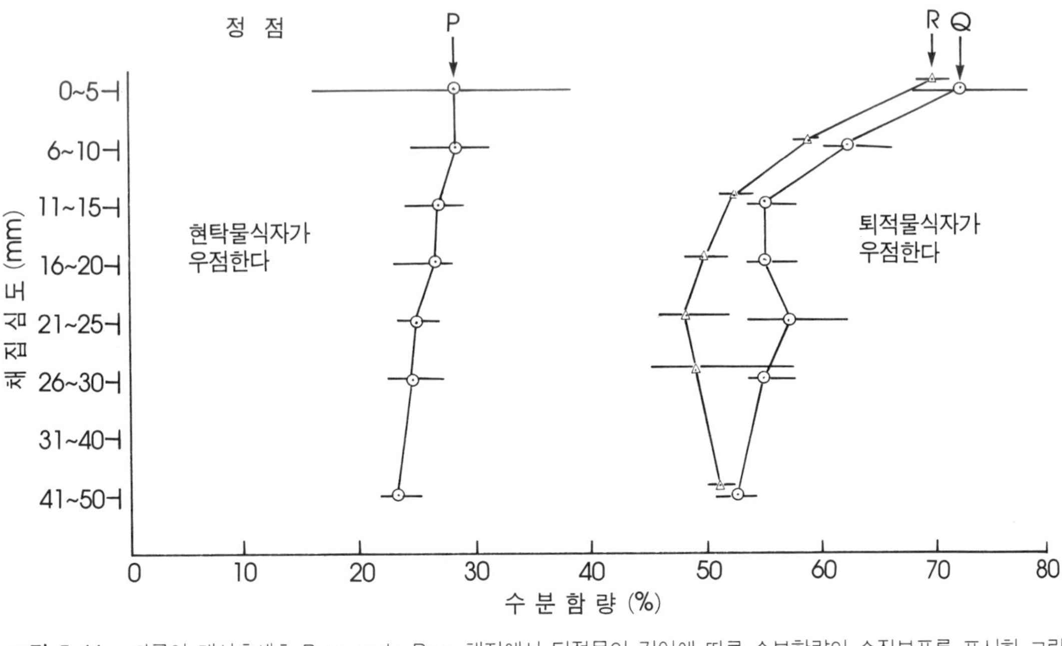

그림 5-41. 미국의 매사추세츠 Buzzards Bay 해저에서 퇴적물의 깊이에 따른 수분함량의 수직분포를 표시한 그림이다. 현탁물식자가 우점하는 지역과 퇴적물식자가 우점하는 지역이 함수율에 있어서 현저한 차이를 보여 준다 (Rhoads & Young, 1970).

경계면' 부근에서 더욱 뚜렸하게 나타난다. 특히 이런 곳에서는 해저에 부착해야 할 부유물식자의 유생이 퇴적물이 불안정하므로 정착하였다 하여도 어린시기를 보낼 수 없는 것이다. 성체가 있는 곳을 찾아와 다음 세대에서도 일정한 종류가 어느 장소를 차지하게 하는 군집의 안정성이 유생의 관점에서 보더라도 균형이 깨지는 경우라 하겠다.

저서동물이 퇴적물 환경에 미치는 영향: 생물교란

어느 일정 지역에 서로 비슷한 생활방식, 먹이섭취 방식을 가지는 저서동물이 유사한 종류끼리 무리를 이루어 살게 되는 과정에 환경이 어떻게 영향을 미치는가를 위에서 소개하였다. 이제 반대로 저서동물은 주변의 퇴적물 환경을 어떻게 변화시키는지 살펴보고자 한다.

저서동물이 퇴적물 환경을 변화시키는 전형적인 현상이 동물의 활동에 의해 퇴적물의 수직단면 구조가 바뀌는 것이다. 연성저질에 서식하는 동물은 굴을 파기도 하고 퇴적물 표면을 돌아다니기도 하며 또 먹이를 취하기 위해 파헤치기도 한다. 이러한 동물의 행동이 원래 퇴적된 상태의 퇴적물의 수직구조를 변화시키는 것은 당연하다. 이 과정을 생물교란(生物攪亂, bioturbation)이라고 한다(그림 5-42). 동물이 굴을 파거나 돌아다니고 먹이를 취하는 행동 이외에도 배설물을 배출하여 퇴적환경을 바꾸기도 한다. 배설물에 의한 이러한 변화도 생물교란의 범주에 속한다.

해저퇴적물의 수직구조와 생물교란을 이해하기 위하여, 우선 '해저-해수 경계층'에서 일어나는 퇴적과 침식, 그리고 퇴적물의 이동에 관한 제현상을 정리해 볼 필요가 있다. 그림 5-42는 전체 퇴적과정에서 생물에 의한 퇴적물교란의 중요성을 가늠케 하는 좋은 모식도라고 생각된다(Keller, 1976).

수심이 얕은 연안해역이나 심해를 불문하고 해저퇴적물의 수직단면을 관찰해 보면, 표층에서 수 cm까지와 그 아랫쪽 층 사이에 불연속면이 존재한다. 상부의 엷은 층은 저서동물의 분립(糞粒, pellets)이나 규조류 또는 유공충의 껍데기 등 생물기원 물질을 많이 함유하고 있다. 또 생물의 활동에 의해 끊임없이 파 뒤집혀져 균질화된, 이로 인해 동시에 함수율도 높아진 소위 말하는 균질층(均質層, homogeneous layer)이 존재한다. 그러나 이 균질층 아래는 교란이나 재현탁 되지 않은 안정된 퇴적층이다. 이를 역사층(歷史層, historical layer) 또는 영구퇴적물(permanent sediment)이라고 부른다(그림 5-43).

생물의 활동은 수직구조 자체를 교란시킬 뿐 아니라 퇴적물의 화학적 특성도

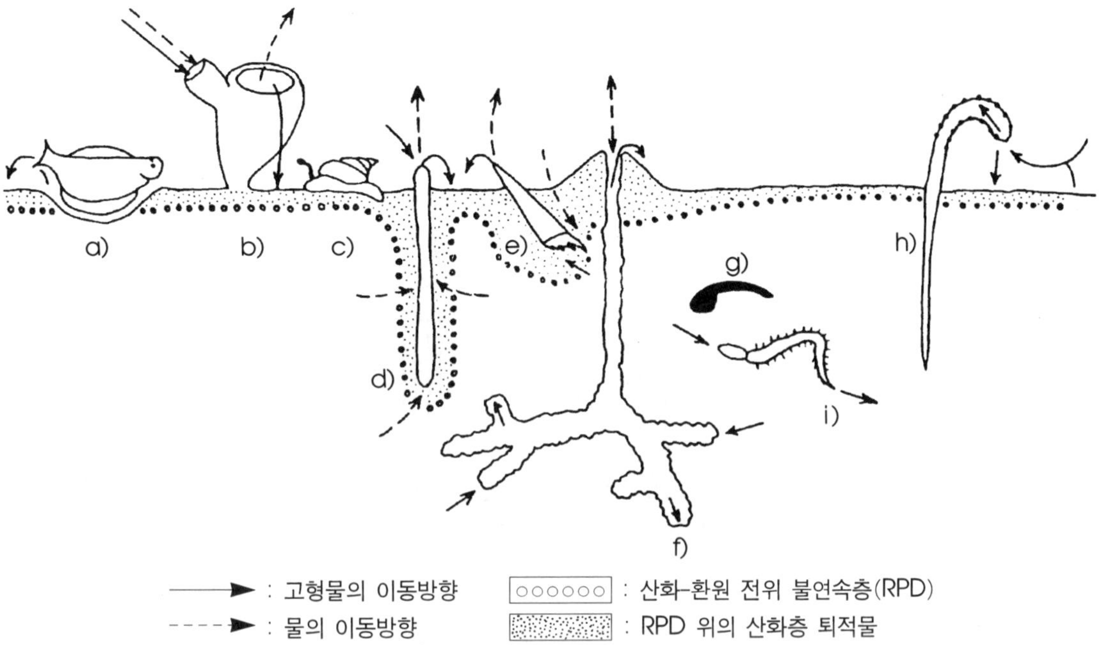

그림 5-42. 저서동물이 실제 어떠한 방법으로 '해저-수 경계층(benthic boundary layer)'에서 일어나는 물질교환에 영향을 미치는지를 보여 주는 모식도이다(Rhoads, 1976).
a) 표층 퇴적물을 교란시키는 저어류, b) 현탁물을 분(糞)으로 퇴적시키는 표생 현탁물식자(멍게류), c) 표층퇴적물을 교란시키는 표층 퇴적물식자(고둥류)—이들은 이동이나 먹이를 찾기 위하여 점액질의 포복 흔적을 만들며 분괴(糞塊)의 퇴적으로 퇴적물 입자의 크기를 증가시킨다, d) 간극수를 순환시키는 내생 현탁물식자(갯지렁이류), e) 저표하 퇴적물(subsurface deposit)을 위로 끌어올리고, 반대로 물을 퇴적물 속으로 이동시켜 주는 내생 퇴적물식자(갯지렁이류), f) 갱도를 파거나 굴진(掘進)하므로서 퇴적물을 위로 또는 수평적으로 수송하는 역할을 해주는 갑각류, g) 해수의 용존 이온을 퇴적입자로 바꾸는 조가비를 가지는 이매패류, h) 퇴적물의 특수 성분을 농축시키는 관서 갯지렁이류, i) 퇴적물을 교란시키거나 분급(分級)하는 굴진성 갯지렁이류.

변화시킨다. 안정된 퇴적물은 화학적으로도 산화-환원층이 연계되는 구조를 보인다. 산화-환원 층은 퇴적물의 깊이에 따른 산소 유무에 의해 변화하는 색깔로부터 식별할 수 있다.

퇴적물 표층으로부터 불과 수cm만 들어가더라도 산소가 없는 환원환경이다. 이러한 산화-환원층의 형성은 저서동물의 활동, 간극수와 퇴적물내의 유기물에 의한 산소 소비, 저층수로부터 퇴적물 속으로의 산소 수송 등과 관계 있다. 예를 들어 내생동물이 존재하지 않는 퇴적물의 표층에서 저층으로의 산소 수송은 단순한 저층수로부터 간극수로의 확산에 의할 뿐이다. 펜첼(Fenchel, 1969)은 환원환경의 퇴적물 속에서만 특별하게 서식하는 소위 'sulfide biome'이 존재하고 있음을 밝히면서 퇴적물의 화학적 수직구조를 잘 설명한 바 있다.

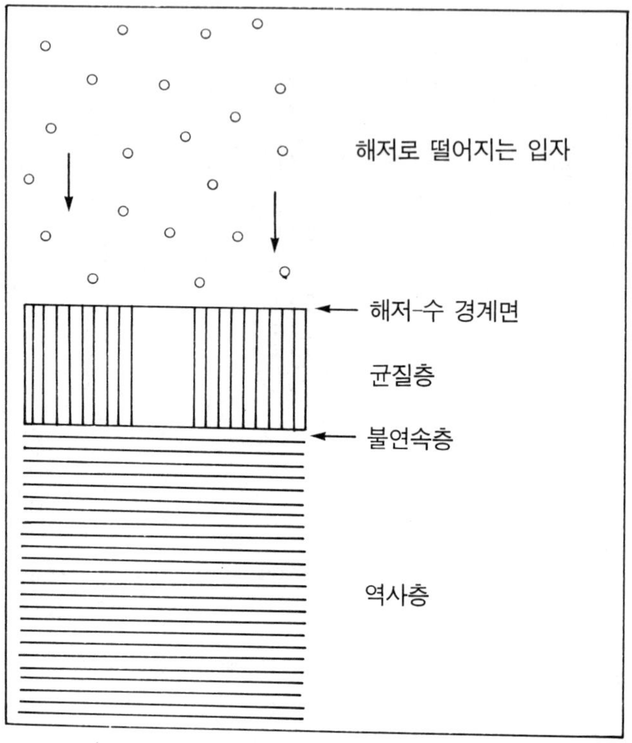

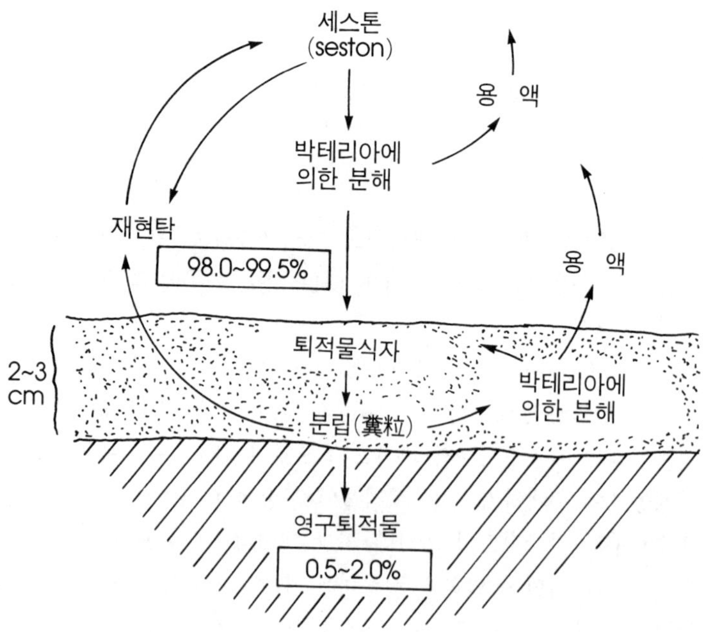

그림 5-43.
해저-수 경계면에서의 퇴적층(위)과 퇴적물내 유기물(아래). 미국의 동부 연안에 위치하는 Buzzards Bay에서 퇴적물식 저서동물이 탁월한 펄 바닥 위의 유기쇄설물과 표층퇴적물의 재부유. 퇴적물의 연간 유입량의 98.0%~99.5%가 해저퇴적물의 저표(底表)로부터 불과 2~3 cm 정도의 깊이로 일시 퇴적되었다가 재현탁되는 순환을 보이며, 2.0~0.5% 정도만이 영구 퇴적물로서 역사층에 편입된다(Young, 1971).

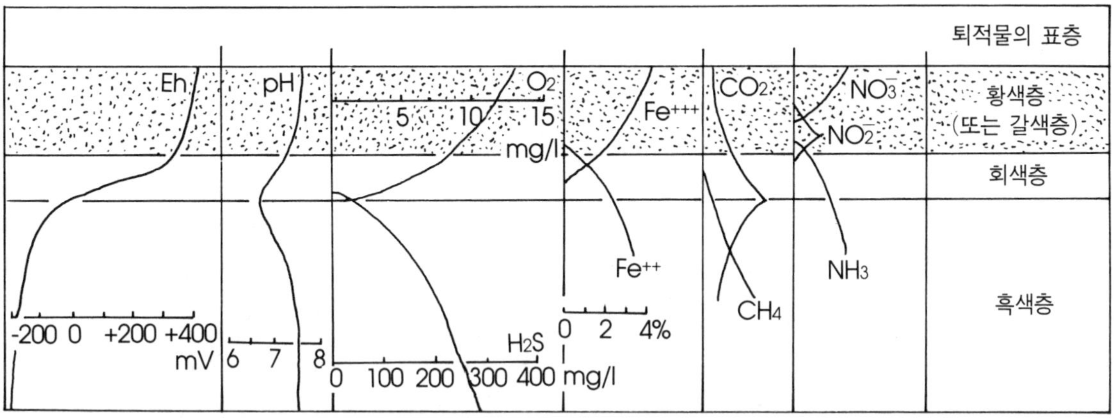

그림 5-44. 해저퇴적물의 화학적 제특성을 보여 주는 수직 단면도.
산화환원전위 불연속층(RPD)을 중심으로 Eh, pH, 일부 화합물 및 이온의 수직분포(Fenchel & Riedl, 1970).

그림 5-44는 퇴적물의 깊에에 따라 3개의 뚜렷한 층이 있음을 보여 준다. 표층 퇴적물은 산화층(酸化層, oxidized layer)으로서, 비록 지심이 깊어지면서 감소하기는 하지만 산소가 존재하며, Eh가 표층에서 +400 mV, 바로 그 아래가 +200 mV 정도이다. 이 층은 3가 철이온(Fe^{+++})의 존재로 황색을 띤다. 그 다음 층이 회색대(gray zone)이다. 산화-환원층(RPD-layer)이라 불리우며 산소는 극히 적고 H_2S와 같은 환원물질이 존재한다. Eh는 예민하게 +(positive)에서 −(negative)로 감소한다. 가장 아래층은 흑색층(black layer) 또는 sulfide zone이라 부른다. 산소가 전혀 없는 무산소상태이며 H_2S가 대량으로 존재한다. 간극수의 Eh는 −100 mV∼−250 mV 범위이다. 이러한 산화-환원층은 언제, 어디서나 일정한 깊이로 존재하는 것은 아니다. 생물의 양, 온도, 기타 생물의 생산활동 등에 의해 달라진다. 그러나 생물교란에 의한 변화를 무시할 수 없다. 생물교란이 있으면 인과관계로 이루어진 산화-환원층의 구조를 뜻하지 않게 바꾸어 놓으므로 퇴적물 수직구조와 특성을 이해하는 데 어려움을 준다.

생물교란의 규모와 주위 환경에 미치는 영향

생물교란은 표층의 퇴적물을 먹이로 삼켜 다시 배설함으로써 퇴적물을 재순환시키는 작용과 보다 깊은 곳의 퇴적물을 먹이로 삼키거나 굴을 파는 행동에 의해 재순환시키는 두 가지 형태가 있다. 각각에 대하여 생물 종에 따라 그 규모와 영향이 어느 정도인지 아래에서 소개하였다.

표층퇴적물의 재순환

미국 북서부 연안에서 조사한 결과는 다음과 같다(Rhosds, 1963). 이 지역에는 이매패류인 *Yoldia limatula*와 *Nucula proxima*가 고밀도(10^2~10^4개체 · m^{-2})로 서식한다. 이들은 퇴적물 속에 파고 들어가 진판(labial palp)을 뻗어서 표층의 퇴적물을 먹고사는 퇴적물식자이다. 소화관을 통과한 퇴적물 찌꺼기는 표층에 재분출된다. 이렇게 재분출되는 퇴적물의 양은 *Yoldia*의 경우 1년에 개체당 평균 약 250 m*l*라고 한다. 서식밀도가 높은 지역에서는 평방미터 당 약 5,500 m*l*라고 하니 그 양이 엄청남을 알 수 있다. 이는 해수에서 퇴적되는 양보다 훨씬 많은 것으로 퇴적물이 해저에서 여러 번 생물의 소화기관을 통해 재순환됨을 의미한다. *Nucula* 역시 비슷한 양을 재순환시키는 것으로 알려져 있다. 이러한 왕성한 생물교란 작용으로 이 해역의 퇴적물이 함수율이 높고 따라서 쉽게 재부유되어 해저의 탁도가 매우 높은 것이 관찰되었다(Rhoads, 1973, 1974; Rhoads & Young, 1970). 해수 중의 부유물은 결국 퇴적되지만 퇴적된 후 99% 이상이 생물에 의해 재순환된다고 하니 생물작용이 얼마나 중요한지를 알 수 있다(Young, 1971).

이들 이매패류를 대상으로 실험한 결과 역시 매우 흥미롭다. Rhoads 등은 수조에 퇴적물을 깔아 놓고 한쪽 수조에는 *Nucula*를 수백 개체 넣고 한쪽 수조에는 생물이 없는 상태로 방치한 결과 *Nucula*를 넣은 수조에서 약 10일 후에는 두터운 재퇴적층이 형성되는 것을 관찰하였다. 막대기를 일정하게 움직여 휘저으면 Nucula가 있는 수조에서는 물이 아주 탁해졌으나 조개를 넣지 않은 수조는 이러한 현상을 관찰할 수 없었다. 특히 다른 조개인 *Mercenaria mercenaria*를 수종에 넣으면 질식하여 폐사하는 현상이 탁한 수조에서 관찰할 수 있었음은 환원층에 있는 퇴적물까지 재순환된 것으로 여겨진다.

그러나 생물활동에 의해 재순환되는 퇴적물은 산소를 충분히 가지며 퇴적물 입자 표면에 세균수도 많고 이화작용(catabolism)도 활발한 것으로 알려져 있다. 또 재현탁입자는 유기질소 함유율도 높아 먹이로서의 가치도 크다고 한다. 실제로 굴을 양식할 때 해저 표면으로부터 약간 떨어지게 수하식으로 굴을 내리면 질식하지는 않으면서도 영양가 높은 부유물을 섭취하게 되므로 굴의 성장이나 비만도가 좋아진다는 보고도 있다(Rhoads, 1973).

이들 표층 퇴적물식자의 섭식방법도 흥미롭다. 표층퇴적물 중 이미 한 번 먹어서 배설한 퇴적물과 신선한 퇴적물을 구별하는 능력을 보여 주는 경우도 있다. 접시조개과(Tellinidae)의 이매패류는 분리된 기다란 수관을 가지고 저표의 퇴적물을 빨아들여서 섭식한다. 이들은 일단 한 번 먹어서 표층의 신선한 퇴적물이

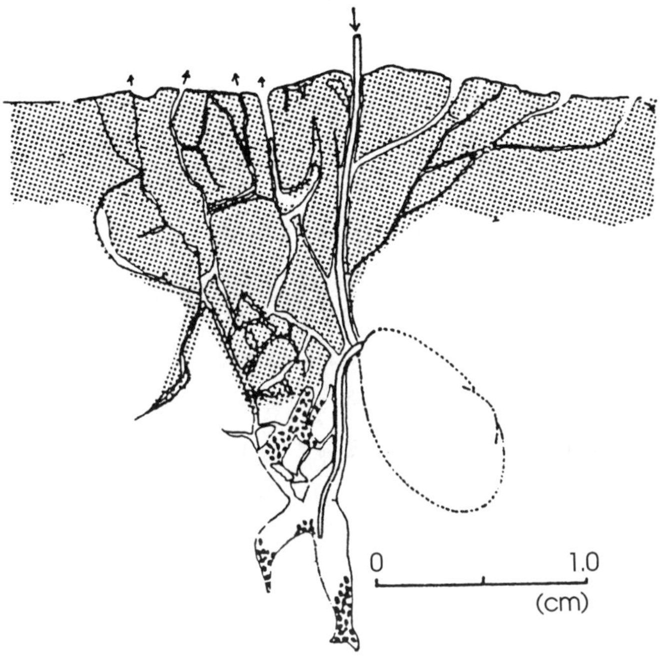

그림 5-45.
우리나라의 내만 해역에서도 풍부하게 나타나는 아기반투명조개(*Theora fragilis*)의 매몰 자세와 퇴적물의 교란상태. 어두운 부분은 산화층을 표시한다(西野 · 菊池 미발표).

없어진 부분을 입수관의 끝으로 감지해서 한 번 먹었던 퇴적물을 다시 삼키는 일을 피한다. 조간대에서 흔히 관찰할 수 있는 포도송이 모양으로 넓게 퍼진 섭식 흔적도 이를 잘 입증해 준다.

아기반투명조개가 파고 들어간 모습이나 섭식, 배설활동에 대한 관찰 결과는 그림 5-45과 같다(菊池 · 田中, 1976). 퇴적물의 표층 가까이에 패각의 전후축이 연직방향에서 30° 정도 복연측으로 기울어진 자세로 서식한다. 기다란 입수관을 물 속에 내어 호흡을 하고 먹이를 취할 때는 이 입수관을 다시 구부려 퇴적물 표면에 닿게 하여 먹이를 빨아들인다. 출수관은 입수관보다 약간 짧으며 약간 구부러진 상태로 위로 내놓고 호흡한 물을 뿜어 내고 배설도 한다. 이 주위에는 분입이 쌓여 있다. 주변보다 약간 돌출되므로 쉽게 구별할 수 있다. 호흡, 섭식활동에 의해 물이 흐르기 때문에 산화-환원층의 깊이도 좀더 깊어진다. 교란의 정도도 매우 크다. 약 30개체의 아기반투명조개가 3일 동안 교란한 퇴적물 표면의 직경이 약 30 cm 이상이 됨을 수조에서 관찰할 수 있었다. 아기반투명조개가 우리나라의 진해만에서는 평방미터당 최고 3천 개체까지 존재한다. 이들에 의한 퇴적물 재순환의 양이 적지않을 것임을 상상할 수 있다.

퇴적물 끌어올리기

보다 깊은 곳의 퇴적물을 먹이로 취함으로써 이들 깊은 곳의 퇴적물을 끌어올려 재순환시키는 동물들도 있다. 대부분 빗갯지렁이과에 속하는 갯지렁이 종류들로 머리를 처박고 퇴적물 속에서 흙을 삼키는 형상이다. *Cistenides gouldii*는 한 개체가 하루에 약 6 g의 퇴적물의 순환시키는 것으로 알려져 있다. 이 갯지렁이 한 개체가 1년 동안 깊이 약 5 cm 층으로부터 600 g의 퇴적물을 끌어올린다는 계산이 나온다. 고돈(Gordon, 1966)은 이 한 종류의 갯지렁이가 서식밀도가 높기만 하다면 약 4~15년이면 깊이 5 cm까지의 퇴적물을 모두 한 번 재순환시킬 수 있다고 하였다. 빗갯지렁이과의 다른 종류인 *Pectinaria californiensis*는 서식밀도가 높기만 하면 4년에 한 번씩 깊이 5 cm까지의 퇴적물을 재순환시킬 수 있다고 하였으니 갯지렁이가 먹어서 재배출함으로써 재순환되는 퇴적물의 양이 엄청나다고 하겠다(Nichols, 1975). 마치 소가 밭을 가는 것과 유사한 것이다.

우리나라에서도 이 빗갯지렁이과에 속하는 종류로서 3종이 기록되었다(백, 1982). 비교적 크기가 작은 잎빗갯지렁이(*Lagis bocki*)의 서식밀도가 평방미터당 1천 개체에 달하는 것이 광양만에서 관찰되었으나 이들에 의한 퇴적물 재순환 규모가 얼마나 큰지는 알려진 바 없다. 크기가 매우 큰 긴빗갯지렁이(*Amphictene japonica*)도 인천 송도 조간대에서 채집된 바 있다(Hong *et al.*, 1989).

대나무갯지렁이과(Maldanidae)에 속하는 종류들도 깊은 곳의 퇴적물을 운반하여 재순환시키는 활동을 한다. 모래 알갱이들을 견고하게 부착시켜 원통모양의 관을 만들어 그 안에 들어가 사는 이들 갯지렁이는 머리부분이 관의 아랫쪽에 있다. 퇴적물을 입으로 파 올린다. 띠대나무갯지렁이는 20 cm 깊이에서 파 올린다고 하니 그 깊이 또한 만만치 않음을 상상할 수 있다. 이 갯지렁이의 서식밀도가 평방미터당 약 600개체인 경우 20 cm 깊이의 퇴적물을 약 2년이면 모두 뒤집어 놓는 것으로 알려져 있다(Rhoads, 1967).

갯지렁이 이외에도 갑각류, 해삼류 등이 굴을 파거나 먹이를 취함으로써 깊은 곳의 퇴적물을 표층으로 운반시키는 활동을 하는 것으로 알려져 있다. 갑각류 중 쏙류(Thalassinidea)에 속하는 종들의 활동이 조간대에서 큰 영향을 미치는 것으로 알려져 있다. 쏙(Upogebia)은 Y자형 갱도를 파서 집으로 삼는다. 20 cm 깊이에서 Y자로 갈라졌던 갱도가 합쳐지나 갱도의 끝은 60 cm 깊이까지 이른다. 종류에 따라 다르기는 하지만 평방미터당 180개체가 서식하는 지역에서 계산한 퇴적물의 재순환율은 50 cm 깊이의 퇴적물을 5개월에 바꿀 수 있는 양임이 보고된 바도 있다(MacGinite, 1934).

생물활동과 퇴적물의 안정화

위에 소개한대로 생물활동이 퇴적물을 불안정하게 만들기도 하지만 반대로 퇴적물을 안정하게 만들기도 한다. 모래나 뻘을 모아서 자기가 살아갈 집인 관을 만드는 동물들이 여기에 속한다. 점액을 분비하여 부유입자들을 결속시킬 뿐 아니라 이렇게 만들어진 관이 촘촘이 해저에 박히면 주변의 퇴적물이 웬만한 물 흐름에도 견딜 수 있게 된다. 마치 아파트를 건축할 때 지반을 다지는 대신 수많은 파이프를 박아 흙을 묶어 두는 원리와 같다. 물론 관을 만들지 않더라도 동물이 서식하는 곳은 점액질이 분비되기 때문에 미세한 입자들은 서로 엉키게 되고 입자가 굵어지므로 쉽게 물에 쓸려 가지 않게 된다. 위에서 소개한 빗갯지렁이나 대나무갯지렁이는 관을 만들어 퇴적물을 안정시키는 경우이고 그밖에 *Lanice*, *Lygdamis*, *Spiochaetopterus* 등의 갯지렁이는 후자의 경우이다. 또 생물이 존재하는 것 자체가 생물의 무게나 무리를 이루는 행동 때문에 주변 퇴적물을 안정시킬 수 있다. 이매패류인 털담치나 종밋은 퇴적물 표면에 무리를 이루어 살고 있으므로 퇴적물을 안정시키는 역할을 한다.

▶ 연습문제

1. 저서생물이란?
2. 해조류의 계통을 설명하는 기준으로 '형태'가 사용된다. '형태'를 기술하고 계통에 이용될 수 있는 이유가 무엇인지 생각해 보시오.
3. 해조류의 생식방법이 육상식물의 생식방법과 가지는 가장 큰 차이는 무엇인가?
4. '해조류의 생식방법'이 왜 해조류의 계통을 설명하는 수단으로 사용될 수 있는가?
5. 해조류를 '색소체'에 의해 계통을 세우는 방법이 타당한지를 생각해 보시오.
6. 해조류는 계절에 따라 출현하는 종수가 달라질 뿐 아니라 '성장'의 정도도 다르다. 생물이 이렇게 계절성을 가지는 이유를 설명해 보시오.
7. 전세계적으로 보면 해조류 역시 종류에 따라 지리적 분포대가 다르다. 생물이 지리적 분포대를 가지는 이유를 생물학자들은 어떻게 설명하는가?
8. 저서생물을 정의하고, 그 대표적 종류를 드시오.
9. 해산식물의 대표적 종류를 들고 각각의 형태적 특징을 설명하시오.
10. 해조류의 일반적인 생식과정을 설명하시오.
11. 갈조류와 홍조류의 생식과정을 다시마와 김을 예로 들어 설명하시오.
12. 해조류의 성장에 영향을 미치는 요인은 무엇인가?
13. 해조류의 지리적 분포에 대해 설명해 보시오.
14. 저서동물의 채집방법을 경성기질과 연성기질로 나누어 설명하여 보시오.
15. 저서동물을 크기 및 먹이섭취의 방법에 따라 분류하여 보시오.
16. 해면동물에 있어서 동정세포란 무엇이며, 그 기능에 대해 설명하시오.
17. 자포동물의 특징과 이들이 기본적으로 가지는 자포란 무엇인가?
18. 갯지렁이류의 분류학적 위치와 해양생태학적 중요성에 대해 알아보시오.
19. 종수에 있어서나 산업종으로서 중요한 연체동물을 크게 3가지 부류로 나누고, 각각의 형태적 특성과 생물의 다양성에 대해 살펴보시오.
20. 새우나 게류를 포함하는 갑각류의 기본 특징을 살펴보시오.
21. 갑각류는 외골격을 갖는다. 이들의 장점과 불편한 점은 무엇인가?
22. 연갑류는 갑각류 내에서도 생물의 종 다양성이나 산업종으로서의 중요성이 가장 강조되고 있는 분류군이다. 여기에 속하는 각각의 분류군의 형태적 특징과 종류들을 살펴보시오.
23. 극피동물의 여러 무리들은 외부 형태적으로 많이 다르다. 그렇다면 이들을 하나의 문(門)으로 묶는 공통적 특징은 무엇인가?

24. 촉수관동물군에 속하는 동물군을 소개하고, 그들의 생태학적 공통점은 무엇인가?
25. 멍게류는 가장 고등한 척추동물과 함께 척색동물문에 포함된다. 그들의 무슨 특징 때문에 거기에 속하는가? 그들의 분류학적 위치도 함께 알아보시오.
26. 저서동물은 어떻게 먹이를 섭취하는지 그 유형을 들고 방법을 간단히 설명하시오.
27. 저서동물의 유생발생의 유형을 들고, 각각의 발생 양식의 특성을 설명하시오.
28. 장거리분산형 유생이란?
29. 저서동물의 부유유생 시기는 종류에 따라 얼마나 다양한가?
30. 저서동물이 부유유생 시기를 마치고 해저에 착저할 때에는 어떠한 요인들이 영향을 미치는가?
31. 저서동물의 분포와 퇴적상과는 어떠한 관계가 있는가?
32. 영양군편해작용이란 무엇인가?
33. 생물교란이란 무엇인가?
34. 생물교란은 해저 퇴적상의 수직분포에 어떠한 영향을 미치는가?
35. 퇴적물의 안정화에 기여할 수 있는 저서생물 (저서식물과 저서동물을 포함하여)의 역할을 구체적인 예를 들어 설명하여 보시오.

6장 유영동물

유영동물(游泳動物, nekton)이란 물의 흐름을 거슬러 움직일 수 있는 동물을 일컫는다. 부유생물이 물의 흐름에 수동적으로 떠다니는 것에 비해 능동적으로 유영하는 동물이라 하겠다. 유영동물의 종류, 생활방법, 분포 등에 관하여 아래에 소개하고자 한다.

1. 유영동물의 구분

유영동물은 부유동물과 정확히 구별하기 어려운 경우가 많다. 물의 흐름에 얼마나 강하게 거슬러 헤엄칠 수 있는가를 기준으로 한 구분이기 때문에 주관적일 수밖에 없다. 부유동물은 대부분 크기가 작은 무척추동물들이고 유영동물은 대부분 크기가 크고 헤엄치는 근육이 발달한 척추동물이다. 부유동물이라 하더라도 유영속도가 몸체 크기의 10배가 넘는 경우가 종종 있으나 크기가 워낙 작으므로 물의 흐름에는 역행하지 못한다. 이에 비해 유영동물은 대부분 크기가 크므로 몸체 크기와 비교한 속도가 느리더라도 절대속도가 빠르기 때문에 충분히 물의 흐름을 거슬러 헤엄칠 수 있다. 물의 흐름보다 빠르게 이동할 수 있으므로 먹이를 찾아 돌아다니고 환경이 달라지면 다른 곳으로 이동하기도 한다. 또 성체가 되면서 어린시기에 자라던 곳을 떠났다가 다시 알을 낳으러 태어난 장소로 돌아오기도 한다. 어린시기에는 대부분 유영능력이 약하여 부유생물의 범주에 속한다.

유영동물의 생태는 육상동물에 비해 밝혀지지 않은 부분이 많다. 크기가 큰 육상동물은 상당한 이동력을 가지고 있어 먼거리까지 이동하긴 하나 우리가 직접 그 이동형태를 눈으로 관찰할 수 있으므로 생태적 특성들을 잘 알 수 있다. 이에 비해 유영동물은 물 속에 살고 있어 직접 관찰이 대부분 불가능하다. 비록 그물로 잡아 조사한다고는 하지만 그물로 조사할 수 있는 지역이 매우 좁고, 그물 자체도 크기가 아주 작으므로 넓은 바다에서 단편적인 자료밖에 얻지 못한다. 실험실에서 키우며 특성을 조사하려 해도 해산어류는 사육하기가 까다로와 일부 어류를 제외하고는 이러한 직접 관찰도 쉽지 않다. 그러나 많은 유영동물은 오랜 옛날부터 인류의 식량으로 이용되어 왔기 때문에 경험적 자료들이 축적되어 있다. 또 보다 많은 수산물을 채취하기 위해 지금도 많은 연구가 진행되고 있어 일부 유용성 어류의 생태는 여건에 비해 잘 알려진 편이다.

유영동물의 구분 역시 생태적 구분과 분류학적 구분으로 나누어 생각해 볼 수 있다. 생태적 구분이란 표영성, 저서성, 또는 연안성, 대양성과 같은 선호하는 서식지에 따른 구분을 말한다. 어류의 종류에 따라 구분하면 이는 분류학적 구분이 된다. 아래에 이를 나누어 소개하였다.

1.1. 생태학적 구분

유영동물은 크게 서식지에 따라 표영성(pelagic), 저서성(benthic) 유영동물로 나눈다. 유영동물의 대부분이 어류이므로 이를 기준으로 부어류(浮魚類; pelagic fish)와 저어류(底魚類, demersal fish)로 구분하기도 한다(그림 6-1, 6-2). 부어류는 주로 물 속에 헤엄치며 살며 저어류보다 유영력이 크다. 청어, 정어리, 멸

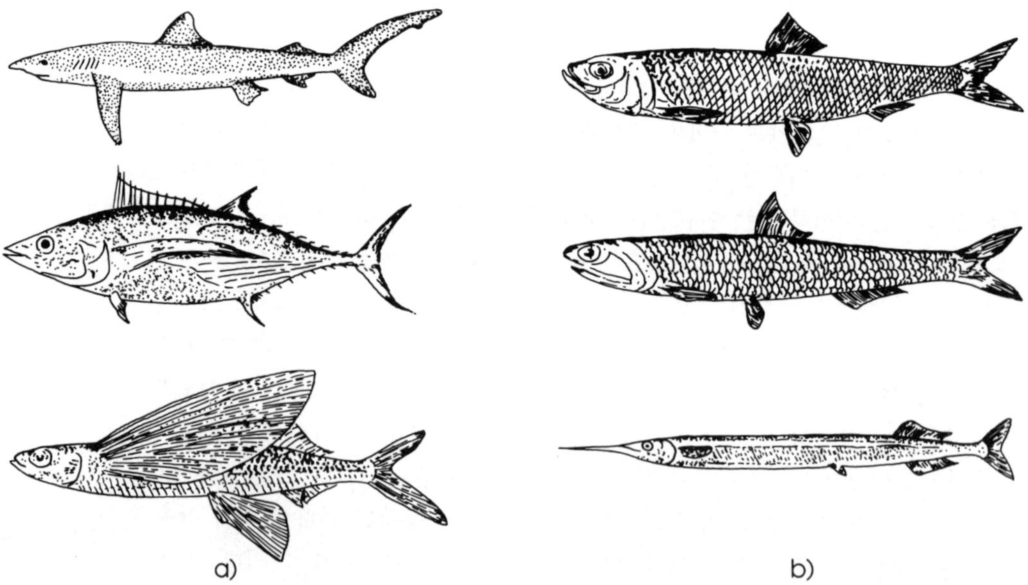

그림 6-1. 부어류의 종류. a) 해양어류: 상어류, 다랑어류, 날치류. b)연안어류: 청어, 멸치, 학꽁치

치 등이 대표적인 어류이다. 저어류는 유영력이 상대적으로 약하고 해저면에 머무는 시간이 많다. 가오리, 가자미, 망둥어와 같은 저어류는 해저면에 머무는 시간이 떠서 헤엄치는 시간보다 많다. 해저면에 머물면서 먹이를 찾아다니므로 이러한 행동에 편리하도록 몸이 납작하다. 또 해저면과 비슷한 보호색을 띠기도 한다. 바닥에 붙어 살지는 않지만 바닥 가까이에 사는 저어류도 있다. 이를 반저어류(半底魚類, semi-demersal fish)라고 한다. 명태, 대구 등이 좋은 예이다.

서식처로서 대양을 좋아하는 종과 연안을 좋아하는 종이 구분된다. 이를 각각 대양어류, 연안어류라고 한다. 대양어류는 평생을 표영생태계에서 지낸다. 열대나 아열대의 해양에 많다. 종류로는 상어류, 날치류, 다랑어류, 샛비늘치 등이 있다. 연안어류는 연안에만 사는 어류와 연안과 외해를 회유하는 어류로 구분된다. 숭어, 돔, 농어 등은 연안에만 사는 어류이며 청어, 멸치, 학꽁치 등은 산란기나 치어기를 연안에서 보내고 성체가 되면 외양으로 나가는 어류이다.

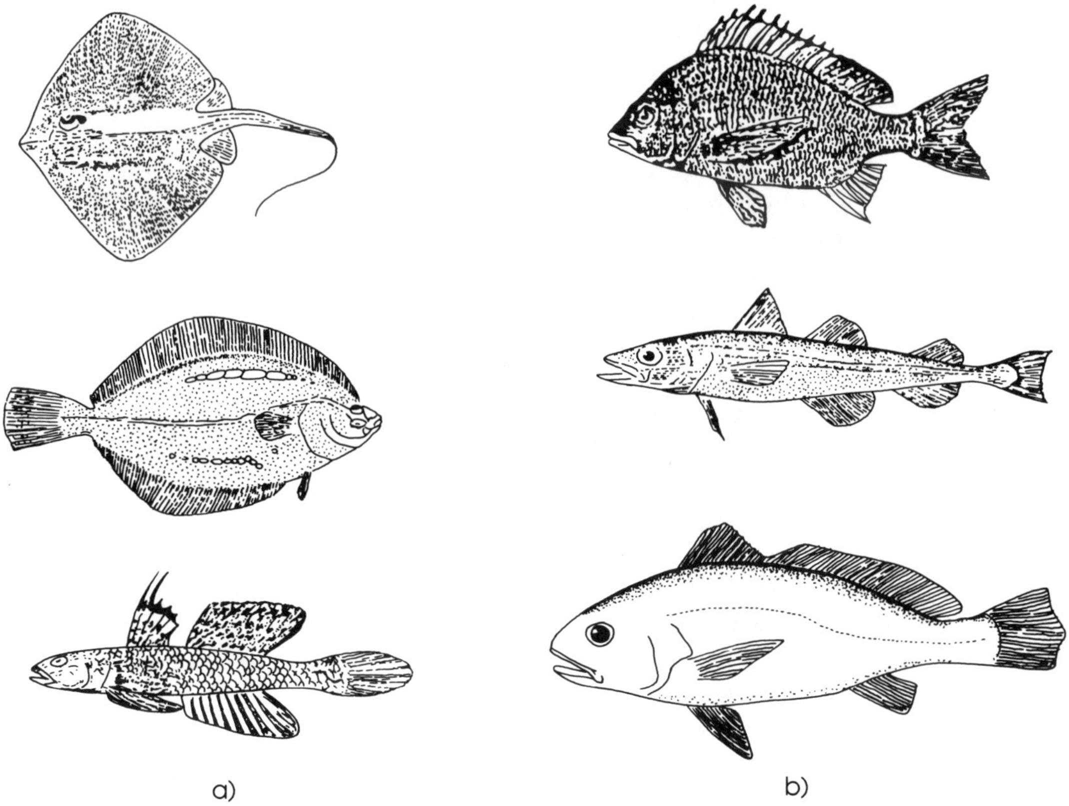

a) b)

그림 6-2. 저어류의 종류. a) 저서어류: 가오리류, 가자미류, 망둥어류 b) 반저어류: 돔류, 명태, 보구치

표 6-1. 유영동물의 분류와 대표적인 종류

척색동물문(脊索動物門: Phylum Chordata)

어상강(魚上綱: Superclass Pisces)
무악어강(無顎魚綱: Class Agnatha)
원구아강(원구아강: Subclass Cyclostomata)
  먹장어목(Myxiniformes): 먹장어
  다묵장어목(Petromyzoniformes): 다묵장어, 칠성장어
연골어강(軟骨魚綱: Class Chondrichthyes)
전두아강(전두아강: Holocephali)
  은상어목(Order Chimaeriformes): 은상어
판새아강(판새아강: Elasmobranchii)
  괭이상어목(Heterodontiformes): 괭이상어
  신락상어목(Hexanchiformes): 꼬리기름상어
  악상어목(Lamniformes): 고래상어, 악상어, 청상아리, 까치상어, 귀상어, 돌묵상어
  톱상어목(Pristiophoriformes): 톱상어, 전자리상어
  홍어목(Rajiformes): 가래상어, 홍어, 노랑가오리, 쥐가오리, 수구리
  전기가오리목(Torpediniformes): 전기가오리
경골어강(硬骨魚綱: Class Osteichthyes)
총기아강(총기아강: Crossopterygii)
  *공극목(空棘目: Coelacanthiformes): Coelacanth
폐어아강(폐어아강: Dipnoi)
  ***폐어목(Dipteriformes): 폐어
조기아강(조기아강: Actinopterigii)
  다기상목(Polypteri)
  ***다기목(Polypteriformes): Polypterus
  연질상목(Chondrostei)
  *철갑상어목(Acipenseriformes): 철갑상어
  전골상목(Holostei)
  ***아미아목(Amiiformes): Amia
  ***레피소스테우스목(Lepisosteiformes): Lepisosteus
  진골상목(Teleostei)
  당멸치목(Elopiformes): 당멸치
  밑보리멸목(Notacanthiformes): 발광멸
  청어목(Clupeiformes): 청어, 정어리, 멸치, 전어
  ***오스테오글로시목(Osteoglossiformes): bony tongs, elephant-snout
  연어목(Salmoniformes): 연어, 송어
  **압치목(Gonorynchiformes): 압치
  잉어목(Cypriniformes): 잉어, 황어, 피라미
  메기목(Siluriformes): 메기, 동자개
  뱀장어목(Anguilliformes): 뱀장어, 붕장어, 곰치

표 6-1. 계속

샛비늘치목(Myctophiformes): 샛비늘치, 매퉁이
꼬리치목(Cetomimiformes): whalefish, 꼬리치
동갈치목(Beloniformes): 동갈치, 꽁치, 날치
***연농어목(Percopsiformes): Percopsis
학치목(Gobiesociformes): 학치
아귀목(Lophiiformes): 아귀, 빨간씬벵이
대구목(Gadiformes): 대구, 명태
금눈돔목(Beryciformes): 금눈돔, 얼게돔
송사리목(Cyprinodontiformes): 송사리
달고기목(Zeiformes): 달고기
이악어목(Lampridiformes): 점매가리, 산갈치
큰가시고기목(Gasterosteiformes): 큰가시고기
드렁허리목(Synbranchiformes): 드렁허리
양볼락목(Scorpaeniformes): 볼락, 미역치, 쑤기미
성대어목(Dactylopteriformes): 쭉지성대
*페가시목(Pegasiformes): seamoths
농어목(Perciformes): 농어, 숭어, 돔류, 민어, 우럭류, 방어, 자리돔, 베도라치, 양태류, 고등어, 망둑어
가자미목(Pleuronectiformes): 넙치, 가자미류, 서대류,
복어목(Tetraodontiformes): 쥐치류, 참복류, 가시복, 개복치

사지상강(사지상강; Superclass Tetrapoda)
파충강(파충강; Class Reptilia)
거북목(Order Chelonia): 바다거북
유린목(有鱗目; Order Squamata): 갈라파고스도마뱀, 바다뱀
조강(조강; Class Aves)
슴새목(Order Procellariiformes): 알바트로스, 바다제비
펭귄새목(Order Sphenisciformes): 왕펭귄새
사대새목(Order Pelicanifomres): 가마우지, 군함조
도요목(Order Charadiformes): 물떼새류, 도요류, 갈매기류, 바다오리류
포유강(포유강; Class Mammalia)
식육목(Order Carnivora): 물개, 바다표범, 바다수달
바다소목(Order Sirenia): 바다소, 듀우공
고래목(Order Cetacea)
이빨고래아목(Suborder Odontoceti): 돌고래, 향유고래
수염고래아목(Suborder Mysticeti): 긴수염고래

*한반도 수역에 분포하지 않는 종
**담수어류
***담수어류 중 한반도 수역에 분포하지 않는 종

1.2. 분류학적 구분

유영동물은 대부분이 척추동물이며 무척추동물은 일부만이 이에 포함된다. 무척추동물은 대부분 부유생물로 생각하기 쉬우나 게나 새우 같은 대형 갑각류(Crustaceans)와 오징어, 낙지 같은 두족류(Cephalopods) 등만이 매우 큰 유영능력이 있어 유영동물에 속한다. 척추동물은 어류, 해양파충류, 바닷새, 해양포유류가 대표적인 유영동물이다. 그러나 어류가 대부분을 차지하고 기타 파충류, 포유류 등은 수가 매우 적다. 유영동물의 대표적인 종류들을 표 6-1에 실었다.

어류는 유영동물의 대부분을 차지하는 동물분류군이다. 상어, 가오리와 같은 판새어류(板鰓魚類, elasmobranchii)와 진골어류(眞骨魚類, teleost)가 대표적이다. 주요 어종과 분포 특성에 대한 소개를 이 장의 뒷부분에서 자세히 하였다. 파충류(Reptilia) 중에서도 물 속 생활에 적응한 종이 있다. 거북(Chelonia)과 바다뱀(Squamata)이 대표적인 예이다. 그러나 그 수는 매우 적다. 파충류는 약 6천만 년 전 백악기에 많은 종류가 바다에 살았고 그 수도 많았으나 지금은 거의 멸종하였다. 백악기에는 수장룡(首長龍, plesiosaurs), 어룡(魚龍, ichthyosaurs) 등이 열대해역에 우점하였던 것으로 추정된다.

바닷새는 물 속에 살지 않고 바다 위를 날아다니고 바닷가 육지에 머무는 시간이 많기 때문에 엄밀한 의미에서 유영동물은 아니다. 그러나 해양생물을 주먹이로 하기 때문에 해양의 먹이사슬에서 중요한 역할을 하기에 간단히 언급하였다. 바닷새 가운데 남극 주변의 펭귄은 날지는 못하지만 먹이를 물 속에서 취하므로 유영동물로 취급될 수 있다. 가마우지나 일부 다른 바닷새도 물 속에서 먹이를 구하며 상당한 시간을 잠수할 수 있다.

포유류는 대부분 육상에 살지만 일부가 물 속에 살 수 있도록 적응되어 평생, 혹은 생의 일부를 물 속에서 지내는 종류가 있다. 어류 다음으로 중요한 유영동물 무리이다. 고래류(Cetacea)는 평생을 물 속에서 보내는 포유류이다. 듀공(Sirenia), 바다수달, 물개와 바다사자(Carnivora) 등은 먹이를 물 속에서 구하고 번식은 뭍에서 한다. 한대 연안의 추운 지방에 주로 산다.

2. 채 집

유영동물은 넓은 바다의 3차원 공간에서 빠르게 헤엄치기 때문에 채집하기가 매우 어렵다. 그러나 유영동물은 오랜 옛날부터 인류의 식량으로 이용되어 왔기에 이를 잡는 기술이 발달하였다. 학술적으로 연구하기 위해 채집하는 방법도 수산업에서 발달된 어획방법을 그대로 이용하는 경우가 대부분이다.

어류를 채집하는 기구를 어구라고 한다. 어구는 크게 어구 자체가 이동하며 유영동물을 잡는 능동어구(能動漁具, active nets)와 어구는 고정되어 있고 이동하는 유영동물이 어구로 들어가 잡히는 수동어구(受動漁具, passive nets)로 나눌 수 있다. 능동어구를 사용할 때에는 채집면적을 추정할 수 있어 정량채집이 가능하나 수동어구는 유영동물의 이동하는 정도에 따라 채집량이 결정되기 때문에 정량채집이 불가능하다. 최근 산업적으로 널리 쓰이는 어구를 다음에 소개하였다(그림 6-3).

낚 시

낚시(lines)는 물고기가 좋아하는 미끼를 바늘에 달아 물고기가 이것을 먹을 때 잡아 올리는 어구이다. 낚시에는 바늘이 있어 걸린 물고기가 빠지지 않도록 되어 있다. 외줄낚시는 최대 3~4개의 바늘을 달지만 주낙(延繩, longline)은 한 줄에 훨씬 많은 낚시를 맨다. 원양에서 다랑어를 잡는 주낙은 그 길이가 수 km에 이르기도 한다. 미끼를 다는 대신 꼬임미끼를 다는 경우도 있다. 오징어를 낚을 때 주로 사용한다.

걸그물

걸그물(刺網, gill net)은 물고기가 다니는 곳에 그물을 쳐 놓아 그물코에 아가미 덮개나 지느러미가 걸리게 하여 물고기를 잡는 어구이다. 그물의 위쪽에는 뜸을 달고 아래에는 추를 달아 그물이 수직으로 펴지게 한다. 잡고자 하는 물고기의 크기에 따라 적당한 그물코의 그물을 사용한다.

잡고자 하는 물고기가 좋아하는 서식처나 습성이 물고기의 종류에 따라 다르므로 그물을 치는 방법이 달라진다. 이러한 방법의 차이 때문에 그물의 종류를 몇 가지로 나눈다. 뜸과 추의 무게를 조절하여 그물이 쳐 있는 깊이를 조절할 수 있다. 이때 표층 가까이에 치는 그물을 표층걸그물, 바닥 가까이에 치는 그물을 저층걸그물이라고 한다. 또한 그물의 위치를 고정시키는지의 여부에 따라 고정걸그물, 흘림걸그물(流刺網), 두리걸그물로 나눌 수 있다. 저어류나 저서동물을 잡을 때는 저층걸그물을 쓰고, 멸치, 정어리, 날치 등의 표층 가까이 사는 어류는 표층걸그물로 잡는다. 꽁치, 삼치, 연어, 송어 등은 흘림걸그물을 이용한다.

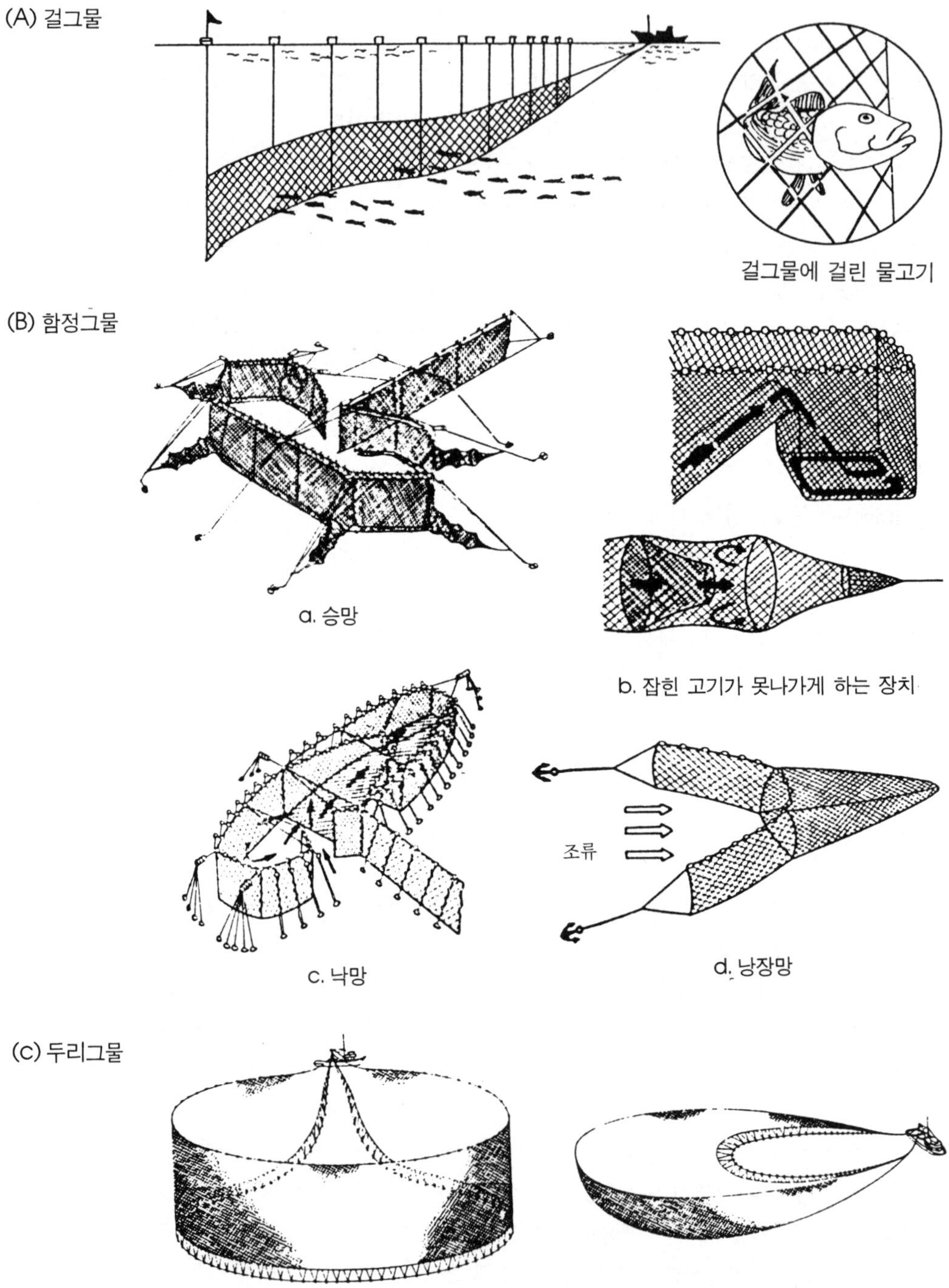

그림 6-3. 물고기를 잡는 여러 가지 그물의 형태.

함정그물

함정(陷穽, trap)그물은 물고기를 함정 안으로 유인하여 잡는 어구로, 통발과 자리그물(定置網, set net)이 이에 속한다. 통발에는 깔대기 모양의 입구가 있어 한 번 들어가면 나오지 못하도록 되어 있다. 장어통발, 게통발 등이 그 예이다. 자리그물은 물고기가 다니는 길을 막고 이들을 그물 안으로 유도하여 잡는 그물이다. 물고기가 다니는 길을 막는 부분을 길그물이라고 하며 들어온 물고기를 가두어 놓는 우리 모양의 부분을 통그물이라고 한다. 통그물 부분에는 한 번 들어간 물고기가 나오지 못하도록 비탈지게 쳐진 그물이 있거나 깔대기 모양으로 된 경우도 있다. 이 부분을 혀그물이라 한다. 자리그물은 한 번 설치해 놓은 후 오랫동안 그물을 걷지 않고 통그물에 걸려든 물고기를 주기적으로 끄집어낸다.

동해안에는 비교적 규모가 큰 낙망류가 많이 설치되어 있고 방어 등을 잡는 데 이용된다. 남해안에는 승망류가 주로 이용되고 숭어 등을 잡는 데 이용된다. 서해나 남해의 조류가 센 곳에서는 조류와 함께 어류가 그물 안으로 들어가게 하여 잡는 낭장망이 많이 이용된다.

두리그물

두리그물(旋網, surrounding net)은 물고기떼에 둘러쳐서 한꺼번에 많은 물고기를 잡는 어구로, 표층어류를 대상으로 하며 건착망(巾着網, purse seine)이 대표적이다. 두리그물의 위에는 뜸을 달아 수면에 뜨게 하였고, 그물 아래에는 고리가 달려 있고 이 고리 사이로 줄을 집어 넣었다. 물고기떼에 둘러친 후 아랫고리의 줄을 죄어 주머니처럼 되게 한 후 끌어올린다. 밤에는 물고기를 모으기 위해 불을 밝히기도 한다. 남해안에서 고등어 등을 잡을 때 주로 이용하며, 원양에서는 표층에 분포하는 황다랭이나 가다랭이를 잡을 때 쓴다. 이때 사용하는 그물은 대형 두리그물이다.

끌그물

끌그물(引網, trawe)은 연안과 원양에서 널리 쓰이는 그물로 양쪽에 날개그물이 있고 가운데 주머니가 달린 통그물이 있다. 날개그물의 끝에 달린 끌줄로 그물을 끈다. 쌍끌이 기선끌그물은 두 척의 배가 양쪽 끌줄을 하나씩 끌고 간다. 한척의 배가 끄는 경우는 끌줄에 전개판(otter)이 달려 있어 배가 끌면 전개판이 양쪽으로 벌어진다. 이 그물을 오터 트롤(otter trawl)이라 하며 가장 많이 쓰이는 어구 중의 하나이다. 바닥끌그물의 경우 빠르게 끌 수는 없지만 예인면적을 측정할 수 있어 저어류의 정량채집이 가능하다.

치어망

치어는 부유생물처럼 유영력이 약하기 때문에 이를 채집하는 치어망(稚魚網, larval net) 역시 부유동물을 채집하는 그물과 비슷하다. 다만 크기가 좀 큰 것이 차이이다. 보통 그물입구(網口, mouth diameter) 직경이 60 cm인 봉고형 그물이나 1 m인 치어망이 가장 널리 쓰인다. 그러나 치어의 순간 최대속도가 체장의 10배가 넘기 때문에, 체장 10~20 mm가 넘는 치어를 잡고자 할 때는 이들이 유영하는 속도가 매우 빠르므로 그물입구가 더 큰 IKMT(Issacs-Kidd midwater trawl) 등을 이용한다.

어군탐지기

물 속을 진행하는 음파가 물체에 부딪치면 반사하여 되돌아온다. 이 원리를 이용한 것이 어군탐지기(魚群探知機, fish finder)이다. 음파를 이용해 음이 반사한 깊이와 반사파의 강도를 측정함으로써 어류가 존재하는 깊이와 양을 추정할 수 있다. 그러나 음파탐지기를 이용해 측정한 결과가 어류의 절대적인 양을 나타낸다고 보기는 어렵다. 우선 음파는 음원에서 멀수록 약해질 뿐 아니라 물고기 이외의 다른 물질에 의해서도 반사 흡수된다. 또한 반사하는 정도가 물고기의 종류에 따라 다르다. 따라서 음파의 반사과정에서 나타나는 소음과 물고기 종류에 따른 반사 정도의 차이를 보정할 필요가 있다.

어구를 사용하여 채집하려면 시간이 많이 걸리고 따라서 넓은 해역을 조사하기 어렵다. 그러나 음파탐지기를 이용하면 빠르게 조사할 수 있으므로 넓은 해역을 조사할 수 있다. 또 어류의 수평·수직 생물량 분포까지도 쉽게 알아낼 수 있어 매우 편리한 기구이다. 그러나 음파로 탐지된 종이 어떤 종인가를 알기 어렵고 또 탐지된 종의 크기, 성별 등의 생물학적 정보를 얻을 수 없다. 이런 단점들 때문에 어군탐지기로 조사할 때에는 흔히 그물을 이용해 잡는 조사를 병행한다.

3. 유영동물의 적응

유영동물은 물이라는 투명한 공간내에서 살아가야 하기 때문에 언제나 적으로부터 많은 위협을 받는다. 따라서 나름대로 이러한 환경에서 살아 남기 위한 생활방법을 가지고 있다. 일종의 살아 남기 위한 생활전략이라 할 수 있다. 유영능력을 가져야만 적으로부터도 피하고 먹이를 구할 수 있으므로 어류는 유영을 수

월히 할 수 있도록 발달하였다. 적으로부터 피하기 위해 위장전술도 발달하였으며 무리를 지어 이동함으로써 적이 접근하지 못하게도 한다. 회유하는 습성도 어류가 가진 독특한 생활전략이다. 이들 각각을 아래에서 소개하겠다.

3.1. 유영을 위한 적응

체 형

물은 밀도가 매우 크므로 물 속에서 물체를 이동시킬 때 마찰저항이 커져 많은 에너지가 필요하게 된다. 따라서 어류는 물의 저항을 줄일 수 있는 체형을 가지고 있다. 마찰저항은 물과 접하는 표면적과 비례하므로 표면적이 적을수록 마찰저항이 작아진다. 같은 체적이라면 구형일 때 표면적이 가장 작으므로 물고기의 단면은 둥글다고 하겠다.

표피의 점액질도 마찰저항을 줄이기 위함이다. 또 물고기 형태 자체가 물 속에서 저항을 받는다. 이를 형태저항이라고 한다. 형태저항은 단면적과 관계 있다. 단면적이 적어야 형태저항을 적게 받으므로 물고기는 가능한 한 둥근 형태를 띤다. 해저에 굴을 파서 사는 물고기는 단면이 둥근 형태인데 이 역시 흙 속을 돌아다닐 때 받는 저항을 적게 하기 위함이라 해석할 수 있다. 마찰저항, 형태저항 이외에 물고기는 난류(亂流)저항도 받는다. 난류저항은 체표면 위로 흐르는 층류에서 와류가 형성되어 생기는 저항이다.

유영력이 큰 어류는 위의 세 가지 저항을 최소화하는 형태로 되어 있다. 수평단면이 머리쪽은 뭉뚝하고 꼬리쪽으로 갈수록 좁아지는 형태를 갖는다(그림 6-

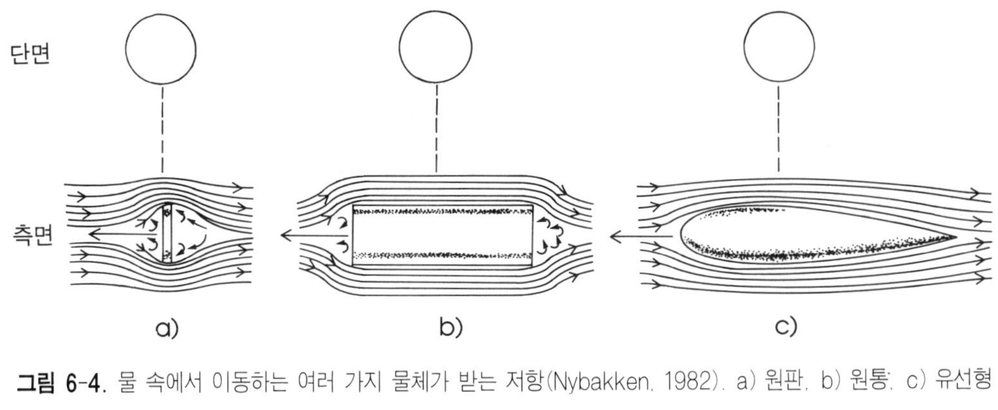

그림 6-4. 물 속에서 이동하는 여러 가지 물체가 받는 저항(Nybakken, 1982). a) 원판, b) 원통, c) 유선형

4). 대표적인 어류로 고등어를 들 수 있다. 이러한 형태적 적응 이외에 유영할 때 끌림을 방지하기 위하여 몸의 표면이 매끄럽다. 물 속에서 이동할 때 돌출부가 있으면 끌림저항을 받기 때문에 유영시에는 돌출된 부위를 접거나 들여보내 유선형이 되도록 한다. 비록 큰 눈을 가진 물고기라 하더라도 헤엄을 빨리치는 물고기를 보면 그 눈이 몸의 측면선보다 돌출되어 있지 않다. 가슴지느러미나 배지느러미는 사용할 때 이외에는 패여진 곳에 붙히고 등지느러미나 뒷지느러미도 접도록 되어 있다.

부유적응

해수의 밀도는 1.026(35‰ 기준) 정도이며, 생물세포의 밀도는 이보다 크다. 어류는 분자량이 큰 탄산칼슘으로 구성된 골격을 가지고 있어 밀도가 더욱 크다. 이러한 무게 때문에 정지하여 있으면 가라앉게 된다. 대부분의 어류는 기체가 채워진 부레라는 공기주머니를 가지고 있어 해수와 몸의 밀도 차이를 보상한다. 부레는 척추 바로 아래, 내장의 윗부분에 위치하여 부력의 중심이 무게의 중심보다 위에 있도록 하여 물고기가 물 속에서 바르게 떠 있을 수 있다. 또 부레내의 기체의 양을 조절하여 원하는 수심으로 이동할 수 있다. 부레의 부피는 물고기의 종류에 따라 차이가 있으나 바닷물고기는 보통 몸 부피의 4~6%, 민물고기는 7~11%이다.

부레와 식도를 연결하는 관의 유무에 따라 부레는 두 가지 종류로 나뉜다. 연결관이 있는 어류를 유관표(有管鰾, physostome)어류, 연결관이 없는 어류를 무관표(無管鰾, physoclist)어류라고 한다(그림 6-5). 유관표어류는 수면 가까이에 머물 때 공기를 마셔 부레를 채울 수 있지만, 대부분의 경우 부레 외피에 미망

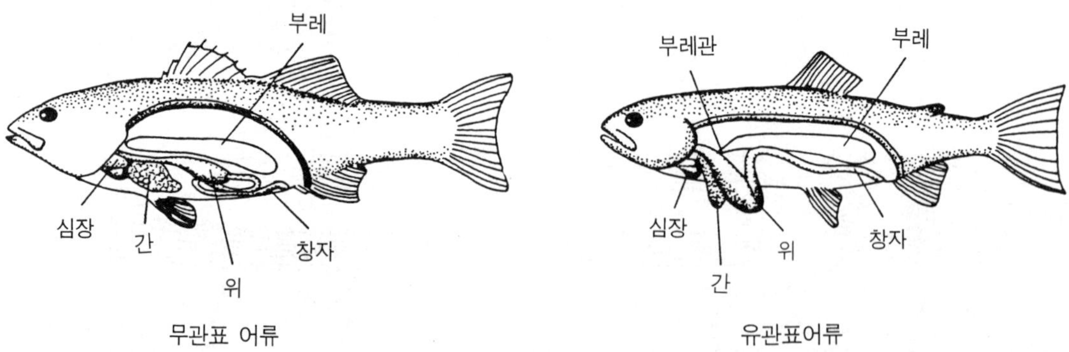

그림 6-5. 어류의 부레. 식도와 부레가 연결되지 않은 무관표어류의 식도와 부레가 연결된 유관표 어류로 나뉜다.

(迷網, rete mirabile)이라는 미세혈관망이 있어 부레에 채워지는 기체를 분비하고 흡수한다.

상어, 가오리와 같은 연골어류는 원래 부레가 없다. 또 빠르게 헤엄치거나 아래 위로 수직이동을 자주해야 하는 어류도 부레가 없는 경우가 많다. 수압의 변화에 따른 부레의 부피조절이 어려워 부레를 가지고 있지 못하다. 고등어과 어류 가운데서 예를 찾아볼 수 있다. 이들 어류는 부력을 얻기 위하여 몸에 지방을 축적한다. 지방은 물보다 가볍기 때문에 지방을 축척하면 부력을 얻을 수 있다. 지방은 어류의 근육, 간, 피부 밑 등 몸의 여러 부분에 저장한다. 상어는 다른 어류보다 간이 크며 간에 지방을 축적하여 부레역할의 일부를 담당한다. 해산 포유류는 피하에 지방을 축척하여 부력을 얻을 뿐 아니라 열손실을 막기도 한다.

부레에 기체를 채우거나 몸에 지방을 축적하여 부력을 얻는 방법 이외에 지느러미를 이용하여 이동할 때 유체역학적으로 위로 뜨게 하는 종류도 있다. 지느러미 중 등지느러미, 뒷지느러미와 같은 홑지느러미는 이동시 몸체가 수직을 유지하도록 하며 가슴지느러미와 배지느러미와 같은 겹지느러미는 상승 하강을 조절한다. 어류의 가슴지느러미는 대부분 위를 향하고 있다. 이 지느러미가 펼쳐진 상태에서 이동하면 어류의 몸은 위로 들리게 되어 물고기는 자연히 위로 올라가게 된다. 무게 중심은 몸의 앞부분에 있으므로 가슴지느러미를 몸에 붙이면 다시 아래로 내려가게 된다.

일반적으로 하등한 어류는 지느러미를 이용하여 유체역학적으로 몸을 위로 들어올리도록 하는 반면 고등한 어류는 지느러미 대신에 부레를 이용하여 부력을 조절한다. 지느러미를 이용하여 떠 있기 위해서는 계속 움직여야만 하므로 부레로 떠 있는 방법보다 더 많은 에너지를 사용하게 된다. 물론 고등한 어류라도 부레만을 이용하여 부력을 얻지 않고 지느러미를 동시에 사용한다.

유 영

일반인들은 어류가 지느러미를 움직여 이동하는 것으로 알고 있으나 지느러미는 보조역할을 하는 것에 불과하다. 즉 등지느머리, 뒷지느러미와 같은 홑지느러미는 수직 유지, 가슴지느러미, 배지느러미와 같은 겹지느러미는 상승 및 하강의 보조역할을 담당하고 있는 것이다. 지느러미로 오랫동안 움직인다는 것은 불가능하다. 사람이 헤엄칠 때 팔만 휘저어서는 빠르게, 또 오래 헤엄칠 수도 없는 것과 같은 이유이다.

사람은 개구리헤엄(平泳)이나 고래헤엄(蝶泳)에서 몸이나 발로 물을 밀어 그 반작용으로 앞으로 나간다. 어류는 몸통 전체를 움직여 앞으로 나아간다. 그러나 사람과는 운동하는 방법이 다르다. 사람과는 달리 척추가 앞 뒤로는 잘 구부러지지 않고 옆으로 잘 구부러지기 때문에 구부러짐이 좋은 옆 운동을 한다. 주로 뒷부분의 척추를 옆으로 움직여 파상운동을 일으켜 물을 옆으로 밀므로서 그 반작용으로 앞으로 이동한다.

몸의 뒷 척추가 옆으로 파상운동을 할 때 대각선 방향으로 물을 밀므로 그 반작용은 몸에 대하여 대각선 방향이 된다. 이 힘은 앞으로 나가는 힘과 옆으로 밀리는 힘으로 나뉘어진다(그림 6-6). 그 다음 파상운동은 처음 힘과 직각이 되는 방향으로 작용하여, 두 힘을 합하면 좌우로 작용하는 힘이 서로 상쇄되고 앞으로 향하는 힘만 남게 된다. 이와 같은 파상운동을 반복함으로써 어류는 몸이 좌우로 흔들림이 없이 앞으로 나아간다.

복어와 같이 몸이 뭉뚝하거나 가오리와 같이 뒷부분이 가늘어 몸 뒷부분의 파상운동이 불가능하거나 큰 힘을 낼 수 없는 어류처럼 지느러미가 주운동기관인 어류도 있다. 복어는 등지느러미와 뒷지느러미로, 가오리는 넓은 가슴지느러미로 운동한다.

해산포유류는 어류와 달리 척추가 등배쪽으로 잘 구부러지기 때문에 등배방향의 파상운동으로 헤엄친다. 어류의 꼬리지느러미가 수직방향인 데 비하여 고래의 꼬리지느러미는 수평방향이다. 이는 헤엄칠 때 파상운동의 방향이 수평인 것과 깊은 관계가 있다. 고래를 제외한 물개, 바다사자 같은 해산포유류, 펭귄, 바다거북 등은 노처럼 생긴 앞, 뒷다리를 이용하여 노를 젓는 형태로 움직여 앞으로 나아간다.

제트기와 같이 물을 뒤로 뿜어 앞으로 나가는 오징어와 같은 유영동물도 있다. 이러한 운동은 순간속도가 상당히 빠르다. 오징어는 출수공의 방향을 조절하여 진행방향을 자유롭게 조절할 수 있다.

유영속도는 근육이 얼마나 빠르게 수축하여 몸의 뒷부분을 움직이느냐에 따라 결정된다. 적으로부터 피하거나 먹이를 잡을 때의 순간 최대속도와 장거리 유영속도는 다르다. 몸이 작은 어류나 치어는 순간 최대속도가 1초에 체장의 20배 정도이며, 대형어는 체장에 대한 상대속도가 그보다 느리다. 평균 유영속도는 땅딸한 어류나 뱀장어처럼 체장이 긴 어류보다 고등어와 같은 유선형 어류가 빠르다. 연어나 고등어의 유영속도는 시속 약 5~7 km 정도이다. 지느러미로 움직이는 어류는 파상운동으로 움직이는 어류보다 속도가 느리다.

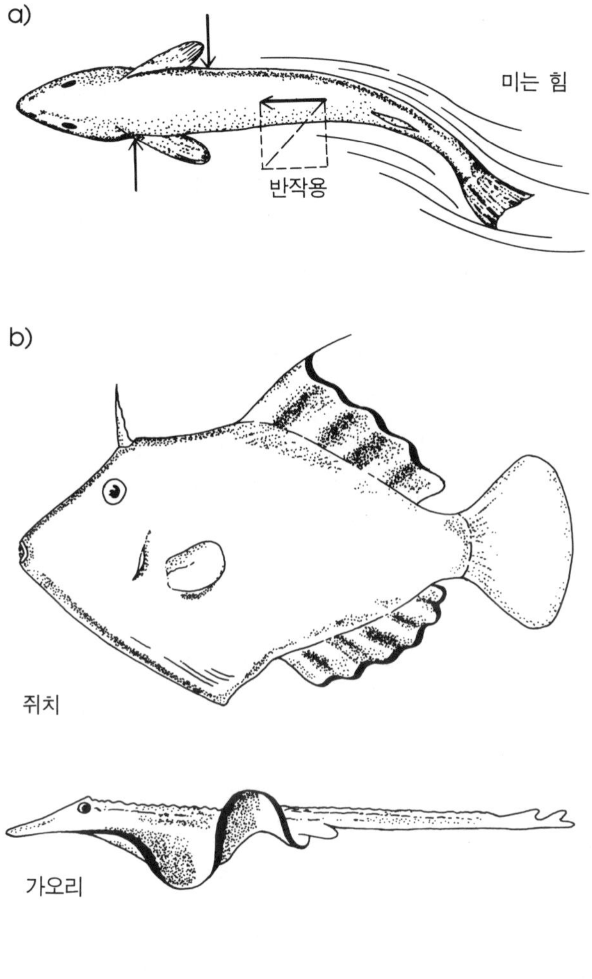

그림 6-6.
a) 어류의 유영방법. 몸통의 뒷부분으로 물을 밀어 그 반작용으로 앞으로 나간다. 파상운동을 하므로 좌우방향의 힘은 상쇄되고 앞으로 가는 힘만 남는다. (Lagler *et al.*, 1977)
b) 지느러미로 헤엄치는 어류

3.2. 위 장

바다는 3차원의 투명한 액체이므로 물 속에 떠서 사는 유영생물은 숨을 곳도 없이 온몸이 노출된다. 피식자는 포식자의 눈에 잘 띄지 않도록 위장할 필요가 있다. 부유생물은 몸체가 작고 또 색깔도 물과 비슷하게 투명하므로 잘 보이지 않는다. 그러나 유영동물은 몸체가 크고 몸 안에 있는 여러 기관의 색깔 때문에 투명하지 않다. 따라서 이렇게 드러나는 색깔이 보이지 않도록 위장(僞裝, camouflage)할 필요가 있는 것이다.

어류는 난자치어기에는 거의 무색이나 치어기의 변태과정을 거치면서 색을 띠게 된다. 어류의 등쪽은 바닷물을 위에서 보았을 때의 색과 같다. 해양은 짙푸른 색을 띠어 어류의 등쪽도 이와 같은 색을 띠고 있는 것으로 해석된다. 어류의 배쪽은 물 속에서 위를 보았을 때의 은백색과 유사하게 진화된 것으로 해석이 가능하다. 수면이 잔잔할 때 물 속에서 공기로 나가는 빛은 입사각이 약 48° 이상일 때 수면에서 전반사가 일어나기 때문에 수면은 반사되는 빛에 의하여 은백색처럼 보인다. 더욱이 파도가 치면 수면은 잔잔하지 않아 물 속에서 수면을 보면 전반사면과 공기 중으로 빛이 투과되는 부분이 불규칙하게 배열되어 은백색에 가깝다. 부어류의 등, 배는 위나 아래에서 보았을 때 물과 비슷한 색을 띠어 잘 보이지 않게 된다. 측면의 색변화도 측면의 각도에 따른 물색의 변화와 같이 점진적으로 변하여 다른 생물의 눈에 잘 띄이지 않게 된다.

물 속으로 투과된 빛은 일부가 물 속에 있는 입자에 부딪혀 반사 혹은 산란되지만 그 세기는 위에서 아래로 투과되는 빛에 비하여 약하다. 따라서, 유영동물의 몸의 수직단면이 타원형일 때 그림자가 생기게 되어 아래에 있는 생물의 눈에 띄게 된다. 이를 방지하기 위하여 부어류의 배쪽은 뾰족하여 그림자가 지지 않도록 되어 있다(그림 6-7). 배쪽의 은백색은 빛을 반사하여 그림자가 생기는 것을 방지한다.

저어류 역시 눈에 띄지 않는 색깔을 가져 적으로부터 발견되지 않도록 위장한다. 가자미류, 가오리류가 대표적이다. 이들은 등의 색깔이 해저 바닥과 비슷한 회색, 또는 모래색이다. 다른 곳으로 이동하여 해저 바닥의 색깔이 바뀌면 가자미나 가오리는 몸체의 색깔을 다시 바꾼다. 해저 바닥부분의 색깔을 몸체의 아래쪽에서 감지하여 등쪽으로 그 정보를 전달하기보다는 등쪽에 있는 감각세포가 주변 바닥에서 산란 혹은 반사되어 오는 색을 감지하여 색깔을 바꾸는 것으로 알려져 있다. 바위 틈이나 해조 사이에 사는 어류도 바위나 해조의 무늬와 유사한 색을 갖는다. 형태도 해조의 너울거리는 모습과 혼돈이 되도록 가늘고 길어 해조 사이에 숨으면 잘 눈에 띄이지 않도록 되어 있다.

줄무늬나 얼룩덜룩한 무늬를 가져 위장하는 종류도 있다. 돔류 가운데에는 종류에 따라 여러 개의 세로 줄이 있어 얼핏 보면 물고기처럼 보이지 않아 다른 생물에게 혼동을 주기도 한다. 달고기와 같은 경우는 꼬리자루 주변에 동심원상의 무늬가 있어 다른 생물이 순간적으로 앞, 뒤를 혼동하거나 다른 생물로 착각하게 한다. 잠시만 착각하게 하더라도 도망갈 여유를 얻으므로 이러한 위장전술은 매우 중요하다.

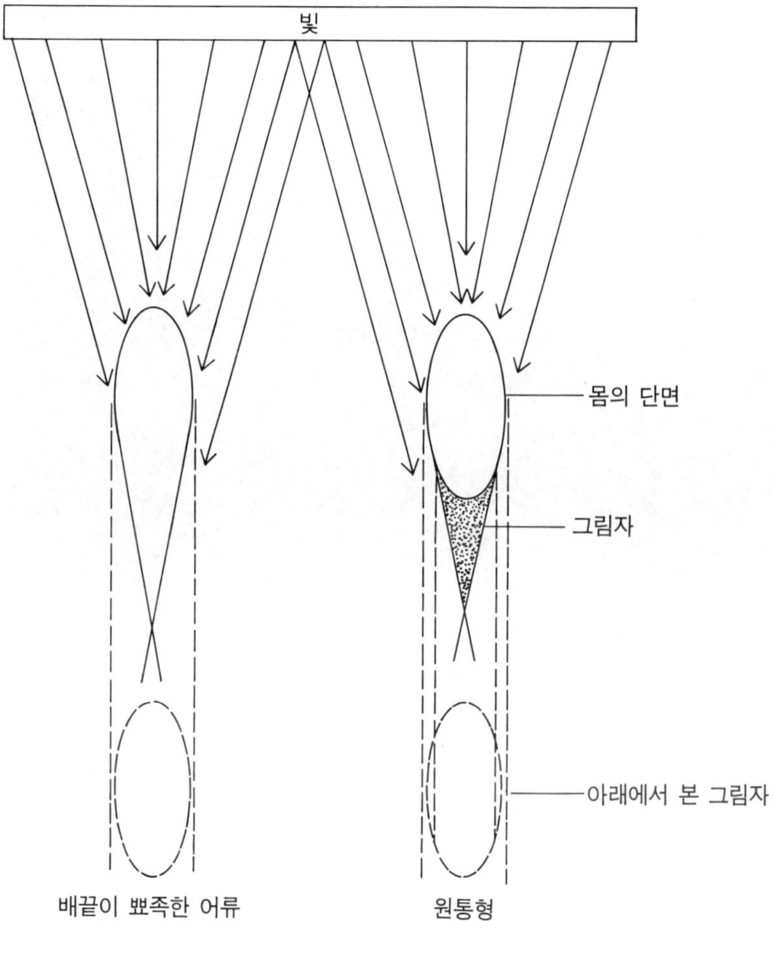

그림 6-7.
그림자가 지지 않도록 적응된 어류의 단면도.

3.3. 떼짓기와 회유

떼짓기

물고기들은 크기가 비슷한 여러 개체가 일정한 간격을 유지하며 떼(school)를 지어 다니는 경우가 많다(그림 6-8). 개체들 사이의 간격은 거의 일정하고 떼 전체의 방향전환과 유영속도가 일정하여 마치 한 개체가 움직이는 듯하다. 거의 전 생을 떼를 지어 다니는 종류도 있지만 산란회유 때에만 떼를 지어 다니는 종류도 있다. 새떼와는 달리 무리를 인도하는 지도자격의 물고기 개체가 없다. 서로 매우 가까이서 헤엄치기 때문에 각 개체가 헤엄칠 공간은 있지만 방향을 바꾸어 움

그림 6-8.
떼지어 다니는 물고기

직일 공간은 없다. 따라서 옆 개체의 움직임을 방해하지 않고는 홀로 방향을 바꿀 수가 없다. 떼의 방향이 자연스레 바뀌면 옆에 있던 어류가 앞이 되고 원래 앞에 있던 어류는 떼의 가장 자리에 위치하게 된다. 떼를 짓는 어류는 측면이 넓고 시각이 넓은 것이 특징이다. 멈추거나 뒤로 가는데 쓰이는 가슴지느러미가 거의 고정되어 있어 갑자기 정지하거나 뒤로 가지 못한다. 떼를 짓지 않는 저어류들 대부분이 가슴지느러미가 발달하여 쉽게 방향을 바꾸는 것과는 매우 다르다.

떼를 이루는 물고기는 포식자에게 잡아먹히는 확률이 적다. 넓은 바다에서 홀로 헤엄치는 개체는 크고 빠른 포식자에게 쉽게 잡히지만 떼 속에 있는 어떤 개체, 특히 가운데 있은 개체가 잡힐 확률은 적다. 보다 많은 개체가 떼를 이룰수록, 같은 수의 어류가 한 개체씩 흩어져 있을 때보다 포식자에게 발견될 확률이 적다. 또, 포식자가 한 번에 잡아먹을 수 있는 먹이의 수도 한정되기 때문에 떼를 이루는 개체의 수가 많을수록 한 개체가 잡아먹힐 확률은 더 적어진다.

떼를 이룬다고 하여 항상 유리한 것은 아니다. 물고기떼 자체가 좋은 먹이가 되기 때문에 포식자들 가운데에는 어류나 무척추동물의 떼를 따라다니는 종류가 많다. 새떼나 돌고래들은 어류가 많은 곳에 몰리므로 어군탐지기가 발달하기 이전에는 어장에 도착한 어부들이 새떼나 돌고래떼를 보고 어군이 있는 위치를 파악하곤 하였다.

또 떼를 이루면 어군탐지기에 발견되기도 쉽다. 어군탐지기가 발달한 이후 큰 떼를 이루는 어류는 좋은 어획대상이 되어 치명적인 단계까지 남획된 경우가 많다. 이러한 남획은 어획량을 오히려 감소시키는 결과를 가져온다. 페루멸치는 예를 들어 1970년에 연간 어획량이 1,000만 톤이 넘어 세계에서 어획량이 가장 많은 종이었다. 그러나 1973년 이후는 연간 어획량이 1970년의 1/10 정도로 감소하였다. 그 원인이 정확히 밝혀지지는 않았으나 1971~72년에 있었던 엘니뇨 현상과 남획 때문인 것으로 추정하고 있다. 멸치를 먹이로 하던 새의 수도 1/10 이하로 감소하여 새 똥으로 만드는 비료인 인비료의 생산량도 페루에서는 크게 감소하였다.

물고기가 떼를 지어 다니는 것은 포식자에게 잡아먹히지 않으려는 전략으로 생각되지만 번식과도 관계 있는 것으로 여겨진다. 회유하는 많은 어류가 떼를 짓지 않고 흩어져서 먹이를 구하며 자라지만 산란기에는 떼를 이루어 회유한다. 어류는 물 속에 알을 낳아 체외에서 수정하므로 체내 수정하는 다른 고등척추동물에 비하여 수정될 확률이 낮다. 떼를 이루어 좁은 산란장에 같은 시기에 방란 방정함으로써 수정확률을 높힐 수 있다.

회 유

해양환경은 시간, 공간에 따라 변한다. 빛의 세기처럼 아침, 저녁이 다르기도 하고 수온과 같이 열대, 한대에 따라 다르기도 하다. 또 염분처럼 강하구와 외해가 조건이 다르기도 하다. 시간, 공간에 다른 이러한 환경의 차이로 각기, 공간에 서식하는 종류가 다르고 각 종의 서식방법도 다르다. 그러나 어류는 다른 생물과는 달리 이동할 수 있는 능력이 있어 좋아하는 환경을 찾아 갈 수 있다. 어류가 이렇게 적절한 환경을 찾아 이동하는 현상 중의 하나가 회유(回遊; migration)이다. 적으로부터 도망가거나 먹이를 찾는 단순한, 짧은 거리를 이동하는 것과는 달리 회유는 매우 먼 거리를 이동하는 것을 말한다. 산란을 하거나 시기, 장소에 따라 대량으로 존재하는 먹이떼를 찾아 주기적으로 떼로 이동하는 것을 회유라 한다. 회유하는 종들은 대부분 환경에 대한 내성범위가 좁다. 내성범위가 넓어 한 장소에서 변화하는 환경을 견디며 살아갈 수 있는 종을 주거종(住居種, resident species)이라고 한다. 온대 연안역과 같이 환경의 변화가 심한 지역에는 주거종의 수가 적고 대신 회유종의 수가 많다.

회유는 산란회유(産卵回遊, spawning migration)와 섭이회유(攝餌回遊, feeding migration)가 가장 대표적이다. 성장기에는 흩어져 살지만 번식기가 되면 회유하는 경우가 흔하다. 이것은 알의 부화나 유생의 내성범위가 성체에 비하여 좁기 때문에, 알이 잘 부화하고 또 부화된 유생이 살아가기에 적합한 환경을 찾아 회유하게 된다. 어류나 무척추동물의 대부분은 체외수정을 하고 알은 부화한 후에 유생이 되면 스스로 먹이를 찾아 부유하는 동안 포식될 확률이 높다. 일부 어류의 치어는 부화 후 산란장으로부터 포식자가 적은 곳, 즉 보육장(保育場, nursery ground)으로 이동한다. 치어가 유어가 되어 이동력이 커져 포식의 위험이 적어지면 섭이장(攝餌場, feeding ground)으로 옮겨 넓게 흩어진다.

산란(번식)장—보육장—섭이장의 일반적인 회유양상은 서식처의 환경에 따라 이보다 더 복잡하기도 하고 단순하기도 하다. 황해와 같이 계절에 따른 수온변화의 폭이 20°C 이상인 해역을 예로 들면 난수성 어류는 봄이 되면 산란을 위하여 내만으로 회유해 들어오고 부화된 치어는 내만에서 자란다. 내만을 보육장으로 이용하는 것이다. 이후 성체가 되면서 황해로 나가 넓게 분포한다. 가을이 되어 수온이 낮아지면 월동을 위하여 동중국해로 회유한다.

회유의 종류를 회유하는 지역의 범위에 따라 해양회유(海洋回遊, oceanodromous migration)와 왕복성 회유(往復性 回遊, diadromous migration)로 구분하기도 한다. 해양회유는 회유범위가 해양에 국한된 경우로 다랑어를 예로 들 수 있다. 다랑어는 회유범위가 외해에 국한되지만 해양회유라 하더라도 산란할 때는 연안으로 들어오고 어린시기를 이곳에서 보내는 어류가 많다. 그러나 해수라는 특성이 고유하게 존재하는 곳에 회유범위가 국한된 것이 특징이다. 이에 비해 왕복성 회유는 민물이 있는 강으로 회유범위를 넓힌 종이다. 왕복성 회유는 다시 산란회유의 방향에 따라 강을 거슬러 올라가는 소하성 회유(遡河性 回遊, anadromous migration)와 강을 내려가는 강하성 회유(降河性 回遊, catadromous migration)로 구분된다. 소하성 회유를 하는 어류는 바다에서 자라지만 산란할 때가 되면 강을 거슬러 올라가 알을 낳고, 부화한 치어는 자라면서 다시 바다로 간다. 우리가 잘 아는 연어가 대표적이며 그밖에 은어, 철갑상어 등도 이에 속한다. 강하성 회유는 소하성 회유와 반대로 민물에서 자라지만 알은 바다에서 낳는 회유로 뱀장어가 대표적이다.

바다와 강을 회유하는 어류들은 삼투조절(滲透調節, osmoregulation)을 하여야만 한다. 어류의 체액은 해수와 이온농도가 유사하므로 바다에 살 때는 삼투압이 큰 문제가 되지 않으나 민물로 가면 삼투압의 문제가 되는 것이다.

해양생물 체액의 삼투압은 체액의 어는 온도(氷點降下, freezing point depression)로 나타낼 수 있다. 이온농도에 따라 빙점이 달라지기 때문이다. 바닷물(35‰)의 빙점은 −1.92°C로 체액의 빙점값을 알면 바닷물에 대한 해양생물의 삼투압을 알 수 있다. 해양 무척추동물과 원구류 및 연골어류의 체액은 바닷물과 농도가 같은 등장액이다. 그러나 경골어류 이상의 고등한 척추동물은 바다,

민물, 육상 어느 곳에 사는 종이든 체액의 빙점이 바닷물보다 낮은 −0.5~0.8°C 정도이다(그림 6-9). 즉 체액의 이온농도가 바닷물보다 낮은 것이다. 따라서 이들 경골어류의 경우 체내의 물은 밖으로 계속 빠져 나가려 하고 염은 체내로 들어오려 한다. 이것은 배추를 소금물에 절이면 배추의 물은 빠져 나가고 소금기는 배추 속으로 들어오는 현상과 같다.

보통의 경우 척추동물들은 체내의 염이 많은 경우는 신장을 통하여 이 과잉염류를 제거한다. 척추동물 신장은 과잉염류와 질소화합물을 제거하는 중요한 기관이다. 사람이 짠 음식을 먹으면 갈증을 느끼는데 이 역시 과잉염류를 제거하기 위해 신장에서 물을 요구하기 때문이다. 그러나 해산 경골어류는 체액의 염이 해수보다 적기 때문에 물이 몸밖으로 빠져 나가려 한다. 물이 계속 몸 밖으로 빠져 나가기 때문에 신장으로 과잉염류를 제거할 수 없다. 따라서 아가미나 입 속에나 있는 염세포(鹽細胞, chloride cells)를 통해 과잉염을 제거한다(그림 6-10). 체외로 빠져 나가는 물을 보충하기 위하여 많은 물을 마시기도 한다.

담수어류 체액의 빙점강하값은 0.6°C 정도로 해산어류의 0.8°C에 비하여 낮지만 민물에 비하여는 고장액으로 체외에서 물이 계속 체내로 유입된다. 따라서, 민물어류는 과잉의 물을 배출하기 위하여 신장이 발달되어 있다.

왕복성 회유를 하는 어류는 생활사에 따라 삼투조절 기능이 바뀌어야만 한다. 민물에 서식하는 동안은 체액이 주위보다 이온농도가 높으므로 물이 계속 체내로

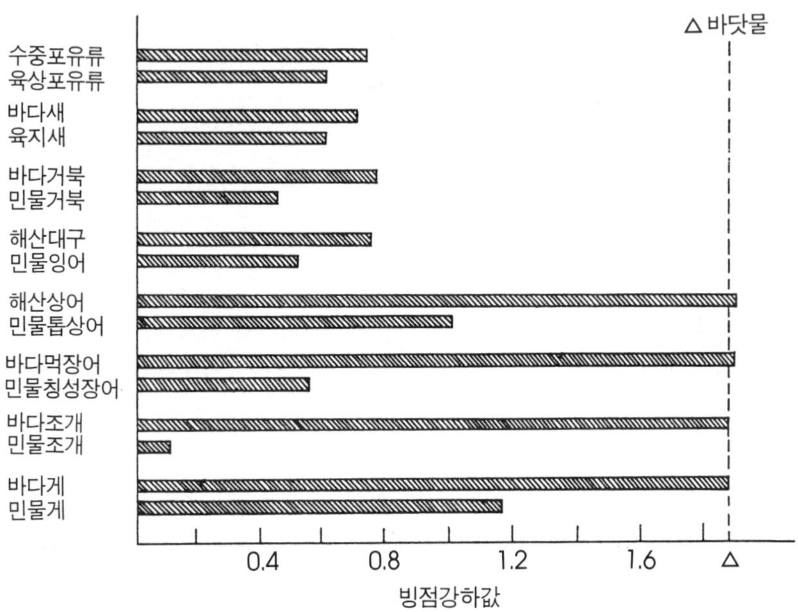

그림 6-9. 해양생물의 종류에 따른 체액의 삼투압 비교.

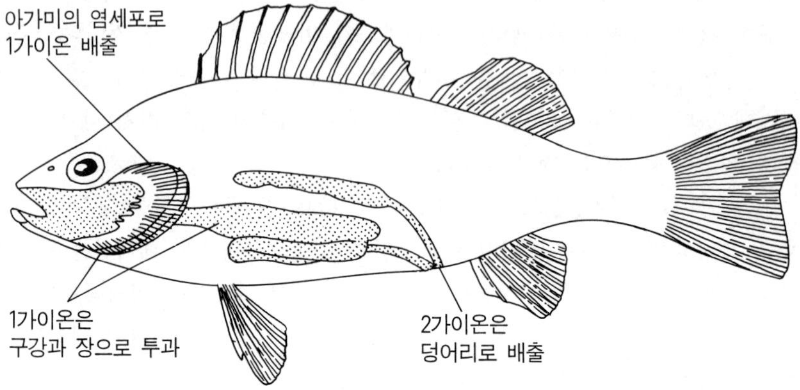

그림 6-10.
바다물고기의 삼투압 조절기능

들어온다. 이렇게 들어온 물을 제거하기 위해서 신장의 사구체의 크기도 크고 그 수도 많다. 뱀장어를 예로 들면 산란을 위하여 강을 내려가 하구에 이르면 신장의 역할이 줄어들고 반대로 염세포의 수가 늘어나 해양생활에 적합하게 바뀐다. 왕복성 회유어는 일생 동안 삼투조절 기능이 두 번 바뀌기 때문에 산란 이후 대부분 죽는 것으로 알려져 있다. 물론 산란 이후 죽는 것은 다른 이유로도 설명할 수가 있다. 생식소가 커지면 내장이 압박을 받아 먹이를 먹지 못한다. 먹이를 먹지 못하고 오랫동안 상당한 거리를 회유하여야 하는 것도 산란 이후 죽게 되는 큰 원인으로 보인다.

3.4. 감각기관

어류는 감각기관이 있어 환경의 변화에 따른 자극을 인식하고 이에 적절히 대응한다. 시각, 청각, 후각, 기타 피부에 발달한 감각기관이 있다.

시 각

물에서는 빛이 약하고 탁도가 높아 물체를 식별하기 어렵다. 그러나 어류는 비교적 조그만 움직임이나 색변화를 감지하고 있다. 어류의 눈이 포유류만큼 발달한 것은 아니다. 포유류의 눈은 렌즈의 중심에서 망막까지의 거리가 일정하여 물체의 원근에 따라 렌즈의 초점거리를 조절하여 상이 망막에 맺히게 한다. 그러나 대부분의 어류는 초점거리의 조절기능이 약하다. 따라서 원근조절은 사진기에서와 같이 렌즈를 앞뒤로 이동시켜 망막까지의 거리를 조절함으로써 이루어진다(그림 6-11). 그러나 눈동자내의 공간이 좁아 조절할 수 있는 거리가 한정되어 있으

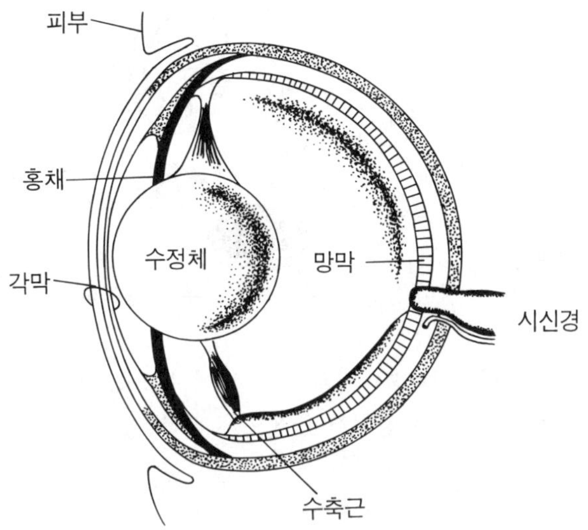

그림 6-11.
어류의 눈

므로 짧은 거리에 있는 물체만을 잘 볼 수 있다. 옆 쪽으로는 거리가 멀어도 잘 볼 수 있는 것으로 알려져 있다.

눈의 위치도 우리 인간처럼 이상적이지는 못하다. 주둥이 양쪽 측면에 있으므로 두 시각이 겹쳐 거리를 알아낼 수 있는 능력이 부족하다. 3차원의 물체인식 정도는 눈이 얼마나 앞쪽으로 돌출되어 있느냐에 따라 결정된다. 동공이 각막 가까이에 붙어 있는 것은 시야를 확대하기 위한 적응으로 판단된다. 어떤 어류는 두 눈이 독립적으로 아주 옆에 붙어 있어 눈의 시각이 겹치는 부분이 좁다. 이들 가운데에는 양쪽 눈을 독립적으로 움직일 수 있는 종도 있다.

얕고 맑은 물에 사는 어류는 사람처럼 색깔을 구분한다. 빛의 세기는 망막에 분포하는 간상체(桿狀體, rods)로 색은 원추체(圓錐體, cone)로 알아낸다. 빛이 잘 투과하는 얕은 물에 사는 어류는 이 두 신경세포수의 비율이 비슷하나 수심이 깊어지면서 원추세포의 비율은 줄고 간상체의 비율이 증가한다.

청 각

어류라 하더라도 귀에 해당하는 감각기관이 발달해 있다. 이 귀는 청각을 담당하는 것이 아니고 평형감각을 유지하는 데에 사용된다. 귀는 내이(內耳)의 삼반고리관과 세 개의 낭(통낭, 소낭, 와우각관)으로 되어 있다(그림 6-12). 이 낭에는 평형석(平衡石, statoliths)이 들어 있다. 경골어류와 오징어와 같은 일부 무척추동물이 갖는 특수한 기관이다. 삼반고리관과 통낭은 평형감각을, 그 아래에 있

그림 6-12.
어류의 내이(內耳)

는 소낭과 와우각관은 청각을 담당한다. 삼반고리관과 바로 밑에 통낭 안에 있는 통낭석은 몸이 기울어지면 통낭석 밑에 있는 감각세포 섬모가 이를 감지하여 평형을 유지한다.

물에서 소리는 분산이 적고 속도도 빨라(약 1,500 m/sec) 공기에 비하여 잘 전달된다. 바다 속을 조사하는 대부분의 기기가 음파를 이용하는 것도 이 때문이다. 유영동물들이 마찰음을 내어 동족간에 의사를 전달하고 다른 동물을 식별하는 것으로 알려져 있으나 그 기작은 알려진 바가 적다. 유영동물의 몸은 바닷물과 그 밀도가 비슷하여 소리가 몸을 그대로 통과한다. 그러나 부레는 공기로 채워져 있어 부레가 해양포유류의 고막과 같은 역할을 하는 것으로 추정한다. 음을 잘 감지하는 어류는 부레가 특히 발달되어 있다. 담수에 주로 사는 잉어목 어류는 부레의 앞 끝이 내이로 연결되어 있다. 잉어목 어류와 해산저어류의 경우, 소낭이석이 커서 음의 수신과 밀접한 관계를 가지고 있음을 알 수 있다.

옆 줄

물의 움직임을 감지하는 특수한 기관으로 어류는 옆줄(側線, lateral line)이 있다(그림 6-13). 옆줄의 수와 분포는 어류에 따라 다르나, 주로 머리와 몸의 측면에 분포하고 관으로 연결되어 뇌에 맞닿아 있다. 경골어류의 옆줄은 척추선을 따라 비늘에 구멍이 있고 그 구멍이 측선관과 연결된 형태이다. 상어나 망둥어류는 머리에 복잡한 측선관이 배열되어 있고, 노래미류(*Hexagrammus*)나 숭어류(*Mugil*)는 여러 개의 측선이 몸의 측면에 분포한다. 측선관 안에는 섬모가 신경세포 위에 나 있고 물의 흐름이나 진동이 이 섬모에 전달되면 이를 감지한다. 물체의 이동이나 고정된 물체에 의하여 반사되는 물의 흐름뿐 아니라 물의 압력까지 알아낼 수 있다.

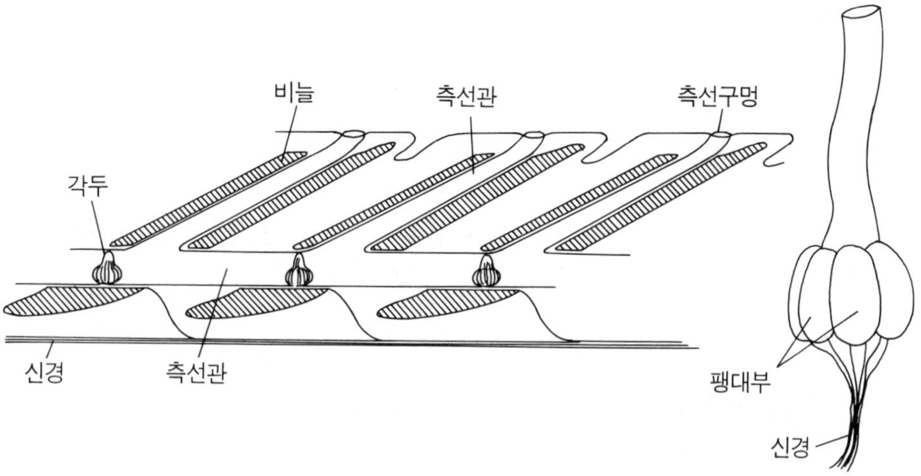

그림 6-13.
어류의 옆줄

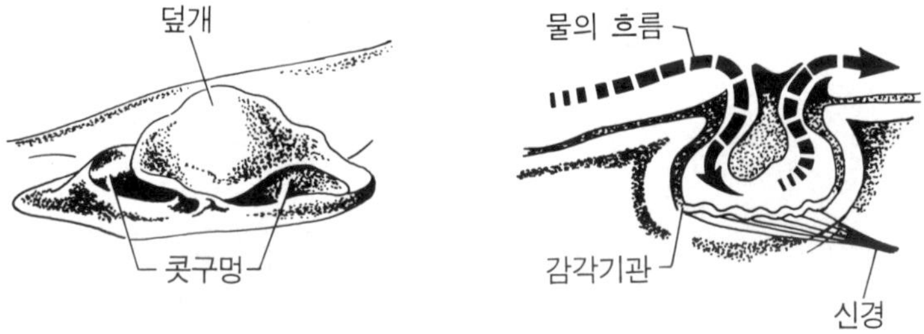

그림 6-14.
어류의 코

후 각

냄새는 먹이를 찾는 데 매우 중요하므로 대부분의 어류는 후각이 발달되어 있다(그림 6-14). 육상포유류는 공기 중에 있는 화학물질이 후각기관 점막에 용해되어야 감지할 수 있어 코가 상당히 크지만 물고기에서는 물이 후각기관에 직접 접촉되기 때문에 코가 매우 작다. 코의 수는 원구류는 한 개, 연골어류나 경골어류는 한 쌍으로 종류에 따라 다르다. 상어와 가오리는 콧구멍이 주둥이 앞 배쪽에 나 있고 경골어류는 눈의 위쪽에 나 있다. 아주 낮은 농도의 냄새도 맡을 수 있으며 심지어는 연어와 같이 냄새로 태어난 강을 찾아가는 종류도 있다. 상어와 꽁치 같은 어류는 주로 냄새로 먹이를 알아내므로 코를 막아 놓으면 먹이를 찾지 못한다. 대부분의 종류가 미량의 화학물질을 정확히 감지하는 것으로 알려져 있다.

이밖에 직접 와닿는 물체를 감지하는 신경세포가 피부에 발달해 있다. 물고기의 입 주변에는 접촉이나 맛을 감지하는 세포들이 많이 분포하여 접촉에 의하여 맛을 감지하는 종류가 많다. 저어류 가운데에는 입 주변에 수염과 같은 돌기가 있고 부분에 접촉이나 맛을 감지하는 세포들이 발달해 있다.

수온의 변화와 같은 물리적 자극도 피부에 분포하는 신경세포로 감지한다. 진골어류는 0.03° C 정도의 수온 변화도 감지하는 것으로 알려져 있다. 피부에 발달한 신경세포로 감지한 후 순간적인 이동이나 회유를 결정한다. 또 수온에 따라 적절히 내분비기능도 조절하는 것으로 알려져 있다.

4. 주요 유영동물의 형태적 특징과 생태

유영동물의 종류를 분류학적 관점에서 개괄하여 앞에서 소개한 바 있다. 어류, 무척추동물, 포유류로 나누어 형태, 생활습성, 회유에 관한 중요한 특징들을 대표적인 종류를 예로 들어 소개하고자 한다.

4.1. 어 류

어류는 무악어강, 연골어강, 경골어강으로 크게 나누인다. 무악어강에는 원구아강의 먹장어, 다묵장어가 대표적이며 연골어강은 상어류가 속하는 판새아강이 대표적이다. 우리가 식탁에서 대하는 대부분의 어류는 경골어강에 속한다. 아래에 어류를 세 종류로 나누어 대표적인 종을 중심으로 소개하였다. 어류의 분류체계와 주요 어종을 표 6-1에 실었다.

무악어강

원구아강

무악어강(無顎口類, Agnatha)의 대표적인 것이 원구아강(圓口亞綱, Cyclostomata)이다. 무악구류는 지구상에 출현한 최초의 어류로 원시 무악구류는 대부분이 고생대에 번성하다가 멸종하였으나 몇 종이 현재까지 살고 있다. 원구아강의 현생종은 먹장어목(Myxiniformes)과 다묵장어목(Petromyxoniformes)으로 나뉜다(그림 6-15). 몸은 긴 원통상으로 장어 모양이다. 턱이 없고 입은 흡반모양이다. 쌍지느러미가 없고 비늘도 없다. 골격은 연골이며 척색이 평생 지속된다.

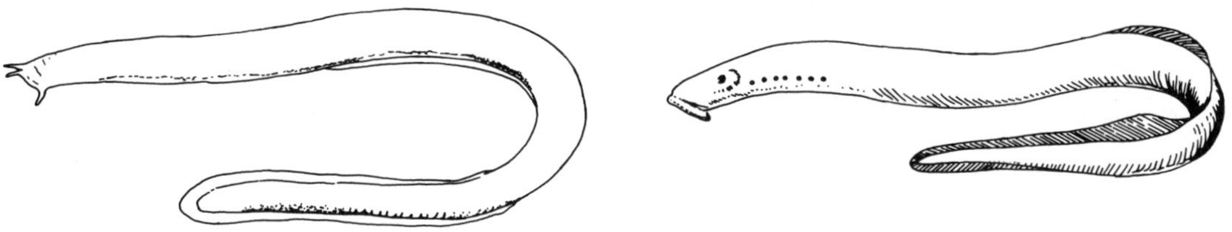

그림 6-15. 먹장어와 다묵장어의 형태

(1) 먹장어목 어류: 먹장어목 어류(hagfish)는 바다의 진흙 속에서 살며, 눈은 피부에 매몰되어 있다. 배, 가슴지느러미 같은 쌍지느러미도 없고 등지느러미도 없다. 아가미 구멍은 6~14쌍(대부분이 6쌍)이다. 먹장어류의 껍질은 가공하여 지갑, 가방 등의 장어가죽 제품을 만들며 우리나라의 주요 수산가공 수출품 중의 하나이다. 껍질을 벗긴 살은 '꼼장어' 구이로 식용한다.

(2) 다묵장어목 어류: 다묵장어목 어류(lamprey)는 눈이 발달되어 있고 쌍지느러미는 없으나 등지느러미가 2개(혹은 1개)이다. 아가미 구멍은 7쌍이다. 칠성(七星)장어라는 이름은 이 7쌍의 아가미 구멍수에서 유래되었다. 다묵장어목 어류 가운데 다묵장어는 민물에서만 살지만 칠성장어는 바다에서 살다가 산란기가 되면 강을 거슬러 올라와(소하성 회유) 알을 낳고 죽는다. 칠성장어의 치어(Ammocoetes)는 민물에 살다가 변태하여 바다로 내려간다. 이 어류는 기생성 어류로 다른 물고기에 붙어 피나 살을 먹는다. 북부 아메리카와 북유럽에서는 기생성인 이 어류들이 연어, 송어에 상당한 피해를 입히기 때문에 이를 퇴치하기 위하여 매년 막대한 예산을 투입하고 있다.

연골어강

판새아강

판새아강 어류는 연골어강 어류 중의 대부분을 차지한다. 연골어강 어류의 조상은 고생대의 데본기 초기에 출현한 판새형 어류(板鰓型魚類, Elasmobranchiomorphi)로, 고생대에는 크게 번성하였으나 고생대말에 대부분이 멸종하였다. 현생하는 종의 대표적인 것은 상어류와 가오리류이다(그림 6-16). 뼈는 연골이고 아가미열(鰓列)은 5~7쌍이며 대부분이 5쌍이다. 피부는 대부분 방패비늘(楯鱗, placoid scale)로 덮혀 있다.

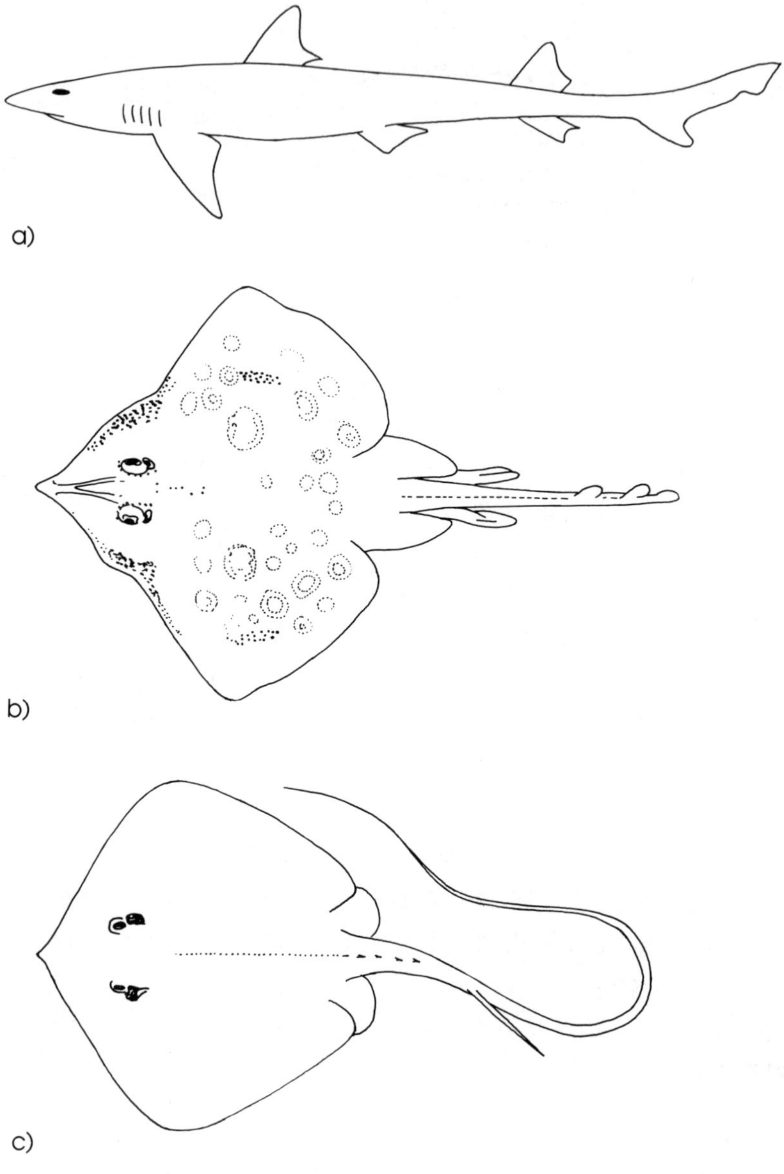

그림 6-16.
판새어류의 형태.
a) 상어류
b) 가오리과 어류
c) 색가오리과 어류

(1) 악상어목 어류: 악상어목 어류(Lamnida, sharks)는 여섯 종류의 상어들로 구성된다. 즉 괭이상어류, 신락상어류, 악상어류, 동발상어류 및 전지리상어류 등이다. 악상어목 어류는 몸이 유선형으로 유영생활에 적합한 형태를 가진다. 아가미열은 머리의 측면에 있다. 지느러미가 잘 발달하였다. 가슴, 배지느러미가 위쪽으로 들려 있어 이동할 때 몸체를 위로 뜨게 한다.

부레가 없기 때문에 이를 보상하기 위한 형태적 적응이라 하겠다. 윗쪽 꼬리지느러미가 아래쪽 꼬리지느러미보다 크다. 주로 열대해역에 분포한다.

상어라고 하면 식인상어를 생각할 정도로 포악한 포식자라 생각하기 쉬우나 실제로는 부유생물을 걸러 먹는 여과식자도 있다. 고래상어(*Rhyncodon typicus*)와 돌묵상어(*Cetorhinus maximus*)가 여과식자의 대표적인 종류들이다. 여과식자라 하더라도 크기가 매우 커서 고래상어의 경우 길이 18m, 무게 수톤에 이르는 거대한 체구를 갖는다. 돌묵상어는 아가미가 구멍이 크고 아가미살이 길게 뻗어 망 모양이며 이 아가미를 통해 물속에 있는 작은 부유생물을 걸러 먹는다. 그러나 대부분의 상어는 포식자이며 시각과 후각이 발달되어 있다. 두족류, 갑각류, 기타 다른 물고기를 잡아먹는다. 사람을 공격하는 식인상어도 가끔 있지만 실제보다는 과장된 것이다.

(2) 홍어목 어류: 홍어목 어류로는 가오리과(Rajidae)에 속하는 홍어, 가오리가 대표적이다. 가오리(rays, skates)는 가슴지느러미가 매우 넓고 앞쪽으로 나와 머리 가장자리까지 연결되어 있다. 이 가슴지느러미를 너울거려 헤엄을 친다. 꼬리쪽은 가늘다. 아가미 구멍은 배쪽에 열을 지어 나 있으며 눈 뒤에는 큰 분수공이 있다. 몸은 넓적하고 해저에서 생활한다.

그밖의 가오리과 어류 모두 전형적인 가오리 형태로서 넓적하고 꼬리쪽이 가늘다. 등지느러미가 둘이고 꼬리지느러미도 있다. 홍어 등이 그 예이다. 색가오리과 어류(Dasyatidae, whip-tailed rays, 혹은 stingrays)는 몸은 넓으나 꼬리지느러미가 채찍과 같이 가늘고 길며, 등지느러미에는 하나 또는 여러 개의 가시가 있으며 독선이 있다. 노랑가오리, 나비가오리 등이 그 예이다. 수구리류(guitarfish, fiddle fish)는 몸이 상어 모양에 가깝게 긴 편이다.

경골어강

우리가 흔히 보는 어류는 대부분 경골어강(硬骨魚綱, Osteichthyes) 어류이다.

청어목

청어목(Clupeiformes) 어류는 전세계 어류생산량의 30% 정도를 차지하는 중요한 어류이다. 이 중에서도 특히 청어, 멸치, 정어리가 수산경제적으로 가장 중요하다. 연안역의 표층 가까이에 살며 부유생물을 주먹이로 한다. 먹이사슬에서 보면 하부 영양단계에 해당하는 셈이다. 청어목 어류의 생산량이 많은 것을 바로

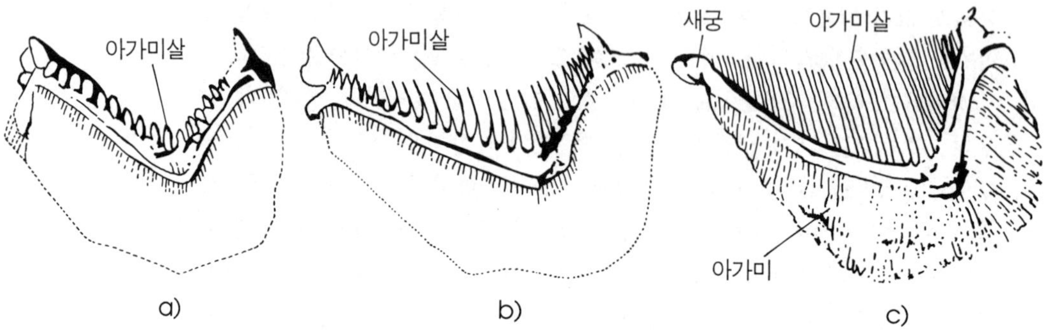

그림 6-17. 식성에 따른 어류의 아가미살. a) 잡식성 저어류, b) 육식성 어류, c) 여과식성 어류

이 영양단계와 연결시켜 해석할 수 있다. 먹이인 부유생물의 크기가 작기 때문에 이들 어류들은 아가미 안쪽의 아가미살(鰓耙, gill raker)을 이용하여 부유생물을 걸러 먹는다. 부유식성인 어류의 아가미살은 길고 가늘며 그 수도 많아 낫 모양을 한 새궁(鰓弓, gill arch)의 안쪽에 참빗살이 나 있는 모양과 비슷하다(그림 6-17).

(1) 정어리: 정어리(*Sardinops melanostiscus*)는 동해에서 1930년대 후반에는 연간 100만 톤까지 잡혔으나 1943년 이후는 자취를 감추었다. 일본의 정어리 생산량은 1970년대 초반까지 수만 톤이었으나 일본 남부태평양 연안의 정어리 산란장이 확대되면서 1980년대 후반에는 연간 생산량이 300~400만 톤에 달하였다. 일본 남부태평양 연안의 정어리의 산란장은 한반도 동해안 및 남해안까지 확대되어 이 해역에 어장을 형성하였기에 국내 정어리 어획량은 70년대 말 이후 계속 증가하고 있다.

(2) 멸 치: 멸치(*Engraulis japonicus*)는 우리나라에서 갈치, 쥐치와 함께 가장 많이 잡히는 어류이다. 남해에서 서해 중부 연안 사이에서 수온 20°C 전후에 부유성 알을 낳는다. 부화된 치어는 연안에서 부유생물을 걸러 먹으며 자란다. 가을이 되어 수온이 낮아지면 제주도 근해로 이동하여 월동하고, 봄이 되어 수온이 높아지면 다시 연안으로 몰려와 산란하는 어류이다(그림 6-18).

연어목

연어목(연어목, Salmoniformes) 어류는 연어와 송어로 구분된다. 즉 태평양에 분포하는 연어, 송어류는 연어(*Oncorhynchus*)속에, 대서양에 분포하는 연어, 송어류는 송어(*Salmo*)속에 속한다. 북태평양에 12종이 분포한다. 수산경제적으로 6종의 성숙연령, 체장, 분포해역들을 표 6-2에 소개하였다. 한반도에는 3종이 분

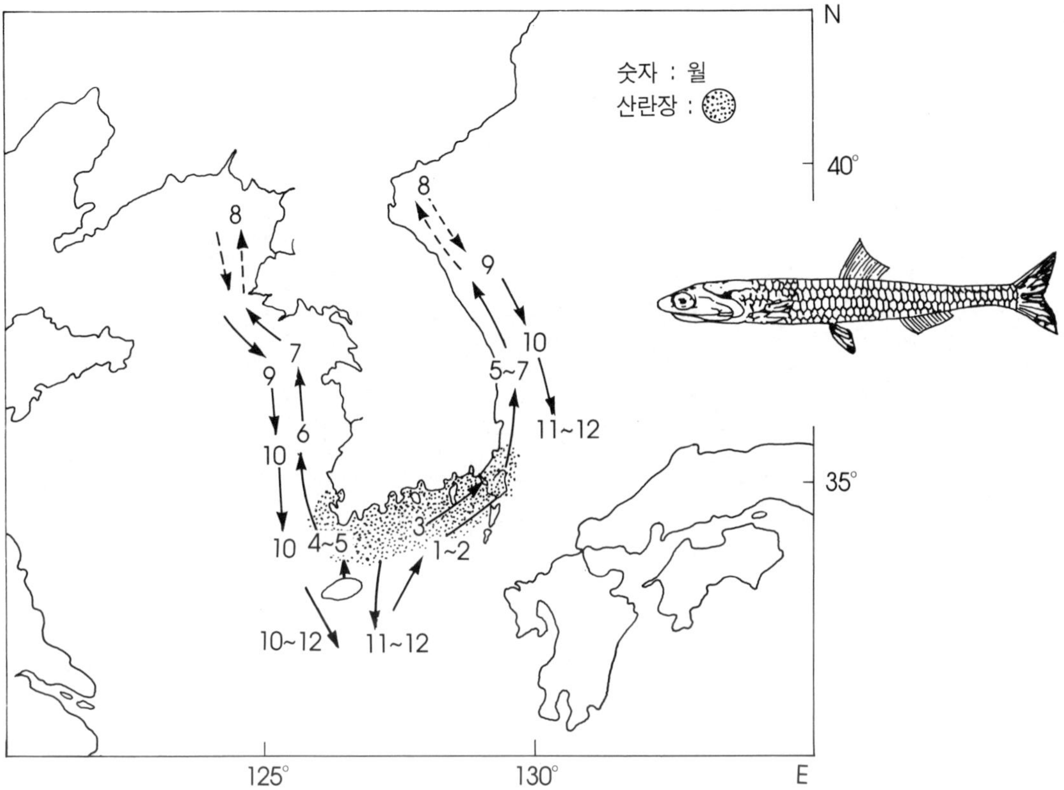

그림 6-18. 계절에 따른 멸치의 회유로.

표 6-2. 수산경제적으로 중요한 연어의 종류와 분포

종(일반명: 영어)	학 명	성숙연령	체장	분포해역
연어(chum salmon)	*Oncorhynchus keta*	3~6년	100 cm	아시아, 북미, 한반도
곱사연어(pink salmon)	*O. gorbuscha*	2년	70 cm	캄챠카-사할린, 북미, 한반도
시마연어(masu salmon)	*O. masou*	2년	60 cm	북일본-캄챠카, 한반도
은연어(coho salmon)	*O. kisutch*	2~3년	70 cm	북미, 캄챠카, 오호츠크
왕연어(king slamon)	*O. tshawytscha*	4~7년	150 cm	북미, 호카이도-알라스카
홍연어(sockeye salmon)	*O. nerka*	3~8년		북미, 캄챠카-오호츠크

포하며 주로 동해로 흐르는 강으로 산란하여 올라온다.

(1) 연 어: 연어의 주서식지는 북태평양, 대서양의 북위 40° 이상 아한대 해역이다. 연어류는 이렇게 바다에서 주로 지내지만 산란기에는 강을 거슬러 올라가(遡河) 민물에서 알을 낳는다. 부화한 알은 치어기를 거치면서 강을

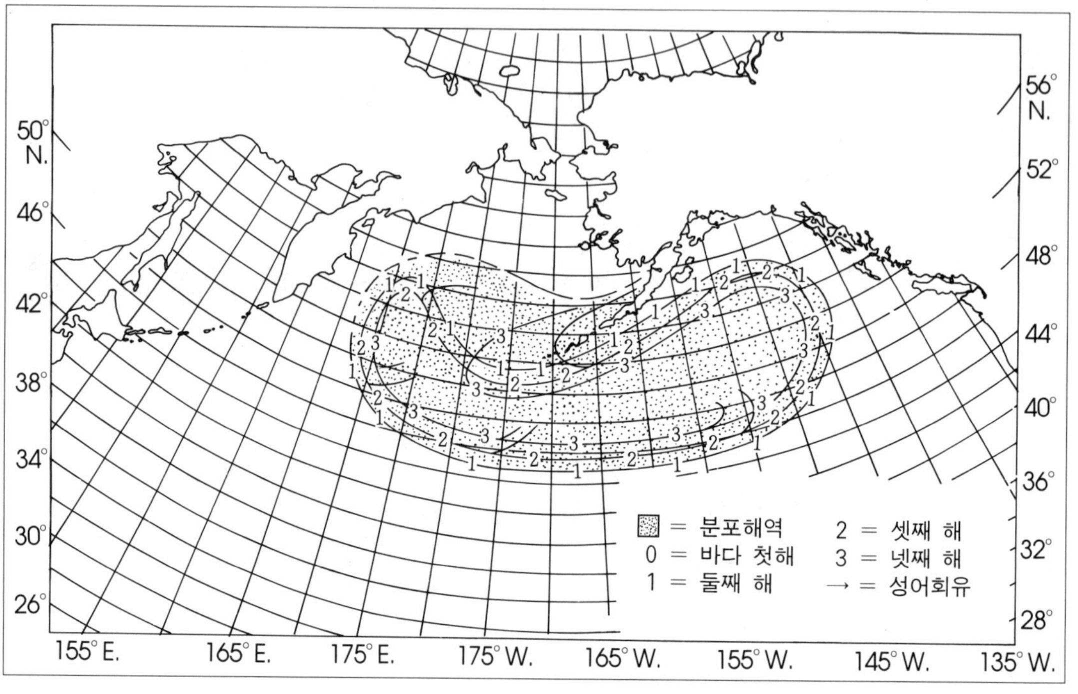

그림 6-19. Bristol만 홍연어의 회유(Royce *et al.*, 1968)

따라 내려간다. 크기가 작은 종은 수개월이 지나면 바다에 도착하나 크기가 큰 종류는 강에서 1년 정도의 시간을 보내고 바다로 간다. 바다로 가면 크기가 작은 종류는 1년, 큰 종류는 북태평양 해류를 따라 수년 동안 회유하며 자란다. 브리스톨 만(Bristol Bay)으로 흘러들어오는 강에서 산란하는 홍연어를 보면 첫 해에는 베링해에서 지내고 둘째 해에는 베링해를 벗어나 반시계 방향으로 흐르는 북태평양의 해류를 따라 돈다(그림 6-19). 셋째 해 역시 둘째 해와 마찬가지로 해류를 따라 북태평양을 한 바퀴 더 돌며 이때 일부 성숙이 빠른 개체는 태어났던 강으로 돌아온다. 그러나 대부분의 개체는 바다에서 1년을 더 지낸다.

연어가 알을 낳으러 태어났던 강으로 돌아오는 현상을 모천회유(母川回遊)라고 한다. 치어가 강을 따라 내려갈 때 표지(標識, tagging)하여 성어가 되어 다시 강으로 올라올 때 잡아서 확인함으로써 이러한 모천회유를 추적할 수 있다. 태어난 장소의 화학물질을 감지하여 모천을 찾는 것으로 알려져 있다. 강에 올라온 성숙한 연어는 붉은 혼인색을 띤다. 곱사연어의 수컷은 주둥이가 부리 모양으로 변하며 아가미 뒤의 등부분이 혹처럼 올라온다. 성숙해지면서 나타나는 이러한 특징을 이차성징이라 한다. 고등척추동물과는 달리 어류는 생식소를 관찰해야만 암, 수를 구분할 수 있다. 생식소에 의한 구별만이 가능한 이러한 특징을 일차성징이라 한다. 이차성징이란 바로 생식소가 성숙되면서 암, 수에 따라 서로 다르게 나타나는 형태적 특징들이라 하겠다. 민물에 사는 잉어목 어류나 천해에서 사는 어류들이 밝고 화려한 색으로 변하는 현상들도 그 한 예이다.

강으로 올라온 성숙한 연어는 먹이도 먹지 못하며 때로는 수백 km의 계곡까지 거슬러 올라간다. 수컷은 암컷보다 한 달 정도 일찍 잔자갈이 깔린 계곡에서 이들 자갈을 잘 다듬어 보금자리를 만들고 암컷을 기다린다. 산란을 마치면 연어는 일생을 마치게 된다. 알은 40일 정도 후 부화한다. 어류는 거의 대부분이 체외에서 수정 부화되며, 난황을 흡수한 이후는 스스로 먹이를 찾아야 한다. 부화 후 자치어의 크기는 수 mm이며 환경에 대한 적응력이 약하고 운동력도 약하여, 환경이 좋지 않거나 포식자가 많으면 대부분 죽는다. 바다에 살던 연어는 바다로부터 먼 계곡까지 거슬러 올라와서 알을 낳음으로써 알의 부화와 자치어의 성장에 좋은 환경을 마련해 주는 것이다. 또 계곡에는 포식자도 적으므로 자치어의 사망률을 줄여 주었다고 하겠다.

연어는 경제적 가치가 높아 북미주에는 많은 연어부화장이 있다. 부화장에서는 성숙한 난을 채취하여 인공수정시키고 양식 못에서 길러 어느 정도 자라면 방류한다. 자치어기에 사망률을 줄이기 위한 것이다. 이렇게 자치어기의 사망률을 낮게 하여 바다로 들어가는 자치어의 수를 늘리면 회유해 돌아오는 성어의 수도 늘릴 수 있다. 우리나라에서는 1970년대부터 내수면연구소에서 연어의 성숙난을 채취, 부화시켜 치어 방류사업을 계속한 결과 요즈음에는 회귀하는 연어의 수가 크게 증가하고 있다.

뱀장어목

뱀장어목(Anguilliformes) 어류는 몸이 모두 원통상으로 긴 장어(長魚)형으로, 뱀장어(freshwater eel), 붕장어(conger eel), 곰치(moray eel), 바다뱀 등이 이에 속한다. 아래에 뱀장어과, 먹붕장어과, 곰치과로 나누어 소개하였다.

(1) 뱀장어: 뱀장어과 어류는 모두 15종이 알려져 있으며, 북미산 뱀장어(*Anguilla rostrata*), 유럽산 뱀장어(*Anguilla anguilla*), 동북아시아산 뱀장어 등이 대표적이다. 한반도에는 뱀장어(*Anguilla japonica*)가 널리 분포하며, 제주도 천지연에서는 무태장어(*Anguilla marmorata*)가 발견된다. 피부

에 매몰된 모자이크 모양의 비늘이 있으며 가슴지느러미가 있다. 민물에서 자라지만 알은 바다에서 낳는다. 연어목 어류가 냉수성인 데 비하여 뱀장어목 어류는 난수성으로 산란장은 열대해역이며, 성체는 열대, 온대의 강에 분포한다.

뱀장어는 민물에서 성장하는 동안에는 배쪽이 연한 노란색을 띠기 때문에 영어로 yellow eel이라는 이름을 가진다. 성장한 후 생식소가 발달하기 시작하면 등쪽은 더욱 검어지고 배쪽은 은백색을 띤다. 이 때문에 silver eel이라는 명칭도 주어졌다. 은뱀장어는 가을에 강을 따라 바다로 내려간다. 바다로 들어간 뱀장어는 산란장으로 간다. 그러나 아직 자연상태에서 성숙란을 가진 뱀장어나 산란된 알이 한 개체도 채집되지 않아 산란회유 및 산란생태에 관하여는 알려져 있지 않다. 실험실에서는 산란, 수정, 부화에 성공하였으나, 난황을 흡수한 이후의 사육은 성공하지 못하였다.

뱀장어의 산란장이 어디인가는 여전히 밝혀지지 않았다. 성숙난을 가진 뱀장어를 채집하지도 못하였고 성어는 산란 후 죽어 버리기에 그 장소를 발견할 수가 없었다. 단순히 치어의 공간분포로부터 간접적으로 추정할 뿐이다. 대서양에 분포하는 북미산 뱀장어와 유럽산 뱀장어의 산란장은 사가소(Sargasso) 해역으로 추정하고 있다. 한반도를 포함한 동북아시아산 뱀장어는 북위 15°, 동경 140° 해역의 북적도 해류와 쿠로시오 환류가 만나 형성되는 전선해역을 산란장으로 추정하였다(그림 6-20). 1960년대 말부터 일본을 중심으로 수행된 연구의 결과이다.

뱀장어는 저서생활을 하지만 치어는 몸이 옆으로 넓은 대나무잎 모양이다. 이러한 모양 때문에 치어기간을 댓잎뱀장어기(leptocephalus stage)라고 한다. 이 기간 동안에는 부유생활을 한다. 부유생활을 마친 댓잎뱀장어는 몸이 원통형의 긴 장어형으로 변태하여 저서생활을 한다. 원통형 모양은 진흙을 파고 들어가기에 적합한 형태이다. 동북아시아산의 경우 댓잎뱀장어는 쿠로시오 해류를 따라 회유하며 대륙사면에 이르면 몸이 원통형으로 바뀐다(그림 6-20). 대륙붕을 지나 강어구에 이르면 실뱀장어가 된다. 우리가 먹는 장어요리는 바로 이 실뱀장어를 잡아 양식장에서 키운 것이다.

(2) 붕장어: 먹붕장어과(Congridae) 어류는 비늘이 없다. 배지느러미는 없으나 가슴지느러미가 있다. 대부분의 종이 연안의 펄이나 모래에 산다. 붕장어류 가운데 붕장어는 일명 '아나고'라고 불리우며, 맛이 좋아 회나 구이로 식용한다. 한반도 주변 붕장어는 연안에서 자란 후 알을 낳을 때가 되면 대륙붕 가장자리로 회유하여 알을 낳는 것으로 알려져 있다. 그러나 붕

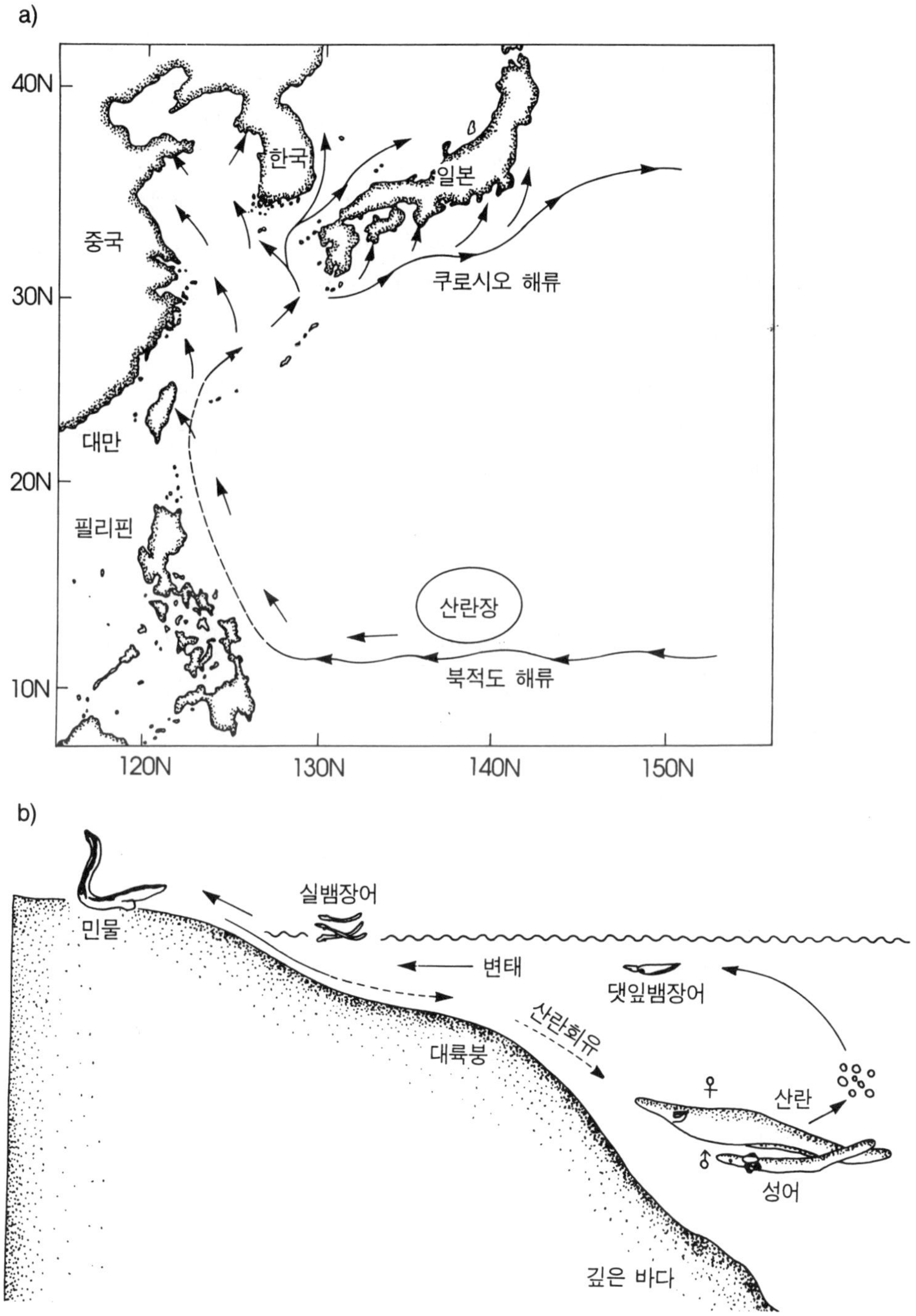

그림 6-20. 동북아시아산 뱀장어의 치어의 회유로와 생활사
a) 동북아시아산 뱀장어의 산란장, 치어의 회유로, b) 생활사

장어도 아직 알을 가진 성어나 알이 채집되지 않아 정확한 산란장을 모르고 있다. 쿠로시오 본류와 그보다 외양에서는 치어가 채집되지 않아 대륙붕 끝이나 대륙사면에서 산란하는 것으로 추정할 뿐이다.

(3) 곰 치: 곰치과(Muraenidae) 어류는 비늘도 없고 가슴, 배지느러미도 없으며 몸은 옆으로 약간 편평하다. 열대, 아열대 해역의 바위나 돌틈에 주로 살며 다른 어류나 갑각류, 두족류 등을 잡아먹는다. 열대에 사는 곰치류는 화려한 무늬를 가지며 독을 가지기도 한다.

대구목 대구과

대구목(Gadiformes) 대구과(Gadidae)에 속하는 어류의 대표적인 것은 대구와 명태이다. 대구와 명태는 냉수성이며 먹이로는 어린정어리, 멸치, 오징어 등을 먹는다. 반저서성 어류로 바닥 가까이에 산다.

(1) 명태(*Theragra chalcogramma*): 페루 근해의 멸치 자원이 줄어든 이후 명태는 세계에서 가장 많이 잡히는 어류가 되었다. 1990년의 경우 580만 톤이나 잡혔다. 동해에서 베링해까지의 아시아 연안 및 베링해에서 캘리포니아까지의 북미 연안에 주로 분포한다. 동해는 명태분포의 서쪽 남방 한계선이다. 따라서 우리나라의 남해나 서해에는 명태가 살지 않는다. 우리나라에서는 그 맛이 담백하고 생산량이 비교적 많아 오래전부터 선호하는 어류이다. 원양어업에 의해서도 많이 잡으나 요즈음 경제수역이 선포되고 인근 공해상에서의 어업도 통제를 받아 잡아 오는 양이 크게 감소하였다.

명태 서식의 최적 수온은 3~5°C이다. 동해 명태는 적정 수온을 따라 대륙붕과 대륙사면을 이동한다. 즉, 겨울에 표층수온이 낮아지면 수심 50~100 m까지 연안으로 접근하며 여름에 쿠로시로 난류의 세력이 강하여 수온이 상승하면 수온약층보다 깊은 곳으로 이동한다. 동해 명태는 11월에서 2월 사이 수심 50~100 m 사이의 해안선 가까이 바닥이 평평한 모래가 섞인 진흙에서 산란한다. 경북에서 함경북도 사이가 산란장으로 알려져 있으나 주산란장은 원산만이다(그림 6-21). 4~5개월 자라 체장 7 cm 정도가 되면 수심 200 m층까지 이동하고, 2~3년 후 30 cm 이상으로 자라면 대륙붕 밖 깊은 곳에 서식한다.

(2) 대구(*Gadus macrocephalus*): 대구는 명태와 비슷하게 생겼다. 명태보다 몸체가 좀더 크며 수염이 있는 것이 특징이다. 명태와 마찬가지로 냉수종이지만 서식범위가 명태보다 넓어서 우리나라 서해와 남해안의 진해만까지 분포한다. 고급 어종으로 취급되므로 상업적으로 중요하다.

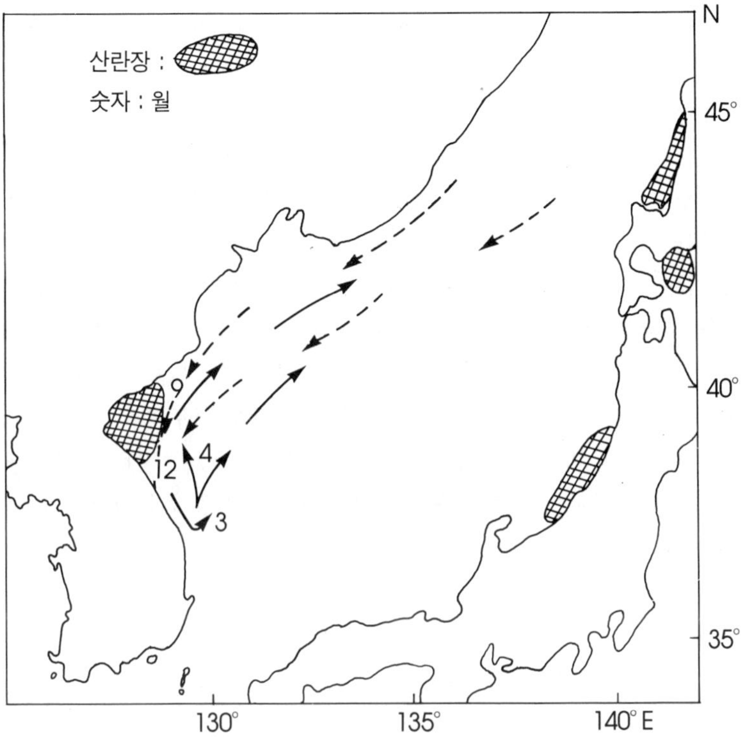

그림 6-21. 동해 명태의 산란장과 회유로

농어목 민어과

농어목(Perciiformes) 민어과(Sciaenidae) 어류에는 민어, 참조기, 보구치, 부세, 수조기, 민태(일명 황새기), 강달이 등 경제적으로 중요한 여러 종이 있다. 이들은 황해의 세립퇴적물에서 저서동물을 먹고사는 대표적인 저어류이다.

민어과 어류는 부레와 이석이 크고 잘 발달되어 있다. 다른 어류에 비하여 이석이 특히 커서 석어(石魚)라고도 불리운다. 이 어류들은 산란기에 개구리 울음소리와 같은 소리를 내어 영어로는 'croaker'로 불리운다. 민어과 어류의 부레에는 다른 어류에 비하여 많은 혈관이 분포하여 부레에 공기를 조절하는 역할을 담당한다. 3개의 이석 가운데 청각을 담당하는 소낭 이석이 특히 크므로 청각도 발달되었다. 이러한 부레 혈관과 소낭 이석의 발달로 민어과 어류가 음수신과 발신을 잘 할 수 있다.

황해는 전형적인 온대연안역으로, 수심이 얕아 대기의 영향을 크게 받아 수온의 계절 변화가 크다. 민어과 어류는 난류어종으로 수온이 낮은 겨울에는 황해 남부나 동중국해에서 월동하고, 봄에 수온이 높아지면서 내만으로 회유하여 산란한다. 부화한 치어는 성장하면서 외해로 확산되고 가을이 되어 수온이 낮아지면 월동장으로 회유한다.

(1) 참조기: 참조기(Pseadosialna polyactis)는 수산경제적인 가치가 높은 황해의 대표적인 어류 가운데 하나로, 어획량이 5만 톤을 넘었을 때도 있었으나 최근에는 어장이 동중국해까지 확대되었음에도 불구하고 1만 톤을 넘지 못한다. 이 어획량 감소의 원인은 남획과 연안 산란장의 오염, 간척매립사업에 의한 보육장의 유실 등으로 알려져 있다. 황해 참조기는 한반도 서해 산란군뿐 아니라 산동반도 연안, 양쯔강 북부 및 남부 산란군의 4개 산란군이 알려져 있다. 이 4개의 산란군은 겨울에는 황해 남부에서 모여 월동하고 봄이 되면 계군별로 산란장으로 회유한다(그림 6-22). 이 어류는 산란장과 회유로가 비교적 자세히 알려져 있으므로 저인망이나 안강망에 의해 남획된 대표적 어류이다.

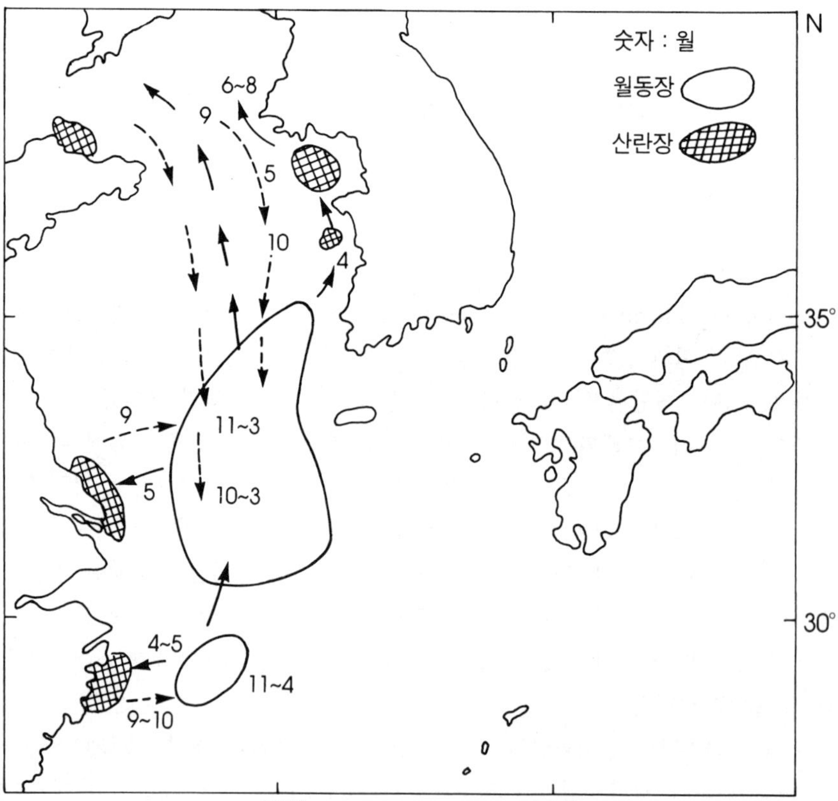

그림 6-22.
황해 참조기의 산란장과 회유로

농어목 고등어과

고등어과(Scombridae) 어류는 유영력이 강한 전형적인 부어류이다. 고등어, 삼치, 다랑어, 갈치 등이 이에 속한다. 고등어와 삼치는 난수성 어류로 대륙붕에서 살지만 다랑어는 전형적인 해양성 어류이다.

(1) 고등어: 고등어(*Scomber japonicus*, *mackerel*)는 우리나라에서 연간 어획량이 10만 톤이 넘는 중요한 어류 가운데 하나이다. 고등어는 남해 계군과 동중국해 계군으로 나뉜다. 고등어의 산란 적수온은 17~18°C로, 남해 계군은 4~6월, 동중국해 계군은 3월에서 5월 사이에 산란한다. 산란장 근해에서 월동하며 봄부터 여름 사이에는 북상회유하고 가을에는 남하회유한다. 먹이로는 요각류와 부유갑각류를 선호하며, 겨울과 봄 사이에는 식물성 부유생물도 먹는다.

(2) 다랑어류: 다랑어류(tuna)는 '참치'라고도 부르며, 열대해양에 주로 분포하고 참다랑어와 southern bluefin tuna는 아한대 해역까지도 회유한다. 우리나라에는 southern bluefin tuna를 제외한 아래의 5종과 백다랑어(*Neothunnus tonggol*)와 점다랑어(*Euthynnus affinis*)가 제주도 연해까지 출현한 적이 있다. 다랑어류는 성어의 크기가 100~300 cm에 달하며, 참다랑어는 체중이 350 kg이 넘는 것도 있다. 다랑어류는 경제적 가치가 큰 어류로 6종이 상업적으로 중요하며, 세계의 연간 생산량은 100만 톤이 넘는다(표 6-3).

다랑어류는 상당한 거리를 회유하는 대양회유성 어류이다. 주로 열대해역에 분포하지만 어떤 종류는 따뜻한 계절에는 고위도까지 회유한다. 표지방류 시험결과 플로리다 앞 바다에서 방류한 다랑어가 유럽 근해에서 채포된 적이 있고 캘리포니아 앞 바다에서 방류된 개체가 일본 근해에서 채포

표 6-3. 수산경제적으로 중요한 다랑어의 종류와 분포해역

종류(일반명: 영어)	학 명	최대크기/무게	분포해역
참다랑어(bluefin tuna)	*Thunnus thynnus*	3.5m/700 kg	온대, 열대 외양
southern bluefin tuna	*T. maccoyii*	—	〃
날개다랑어(albacore)	*T. alalunga*	1.5m/60 kg	〃
눈다랑어(bigeye tuna)	*T. obesus*	2.5m/300 kg	〃
황다랑어(tellowfin tuna)	*T. albacares*	2.5m/250 kg	열대 외양
가다랑어(skipjack tuna)	*Katsuwonus pelamis*	1.2m/25 kg	〃

된 적도 있다. 이와 같이 대양을 누비며 회유함으로써 충분한 먹이를 섭취할 수 있다.

다랑어의 분포와 회유는 수온과 밀접한 관계를 가진다. 표층수에 사는 무리는 수직적인 수온약층과 수평적 수온전선에 민감한 반응을 보이는데, 이것은 수온뿐 아니라 먹이생물의 양과도 깊은 관계가 있는 것으로 추정된다. 태평양의 다랑어류는 서식 수온범위에 따라 두 무리로 나눌 수 있다. 첫번째 무리는 높은 수온을 좋아하는 황다랑어와 가다랑어로 24~28° C가 적수온이다. 이 어류는 주로 열대의 수온약층 위에 분포하며 두리그물에 의하여 어획된다. 다른 무리는 참다랑어, 눈다랑어와 날개다랑어로 상당히 광온성이며 적수온은 18~20° C이다. 여름에는 고위도 해역까지 회유를 한다. 이 종류는 열대해역에서는 수심 200~250 m의 중층에 분포하고 온대해역에서는 표층에 분포한다. 이 어류는 주로 주낚으로 어획된다.

농어목 망둥어과

망둥어과(Gobiidae) 어류는 열대와 온대해역에 있는 조간대 부근의 천해역에 산다. 다양한 서식처로 인해 종의 분화가 심하여 전세계에 700여 종이 알려져 있다. 다른 어류와는 달리 망둥어의 배지느러미는 서로 합쳐져 흡반을 형성한다(그림 6-23). 망둥어가 서식하는 조간대 부근의 천해역은 파도가 부서지는 곳으로 해수의 유동이 특히 심한 곳이다. 따라서, 이 어류들의 몸은 저서생활에 알맞도록 종편하고 배지느러미의 변화도 강한 해수의 유동과 관계가 있는 것으로 보인다. 풀망둑과 같이 크기가 40 cm에 이르는 종도 있지만 대부분이 10 cm 내외로

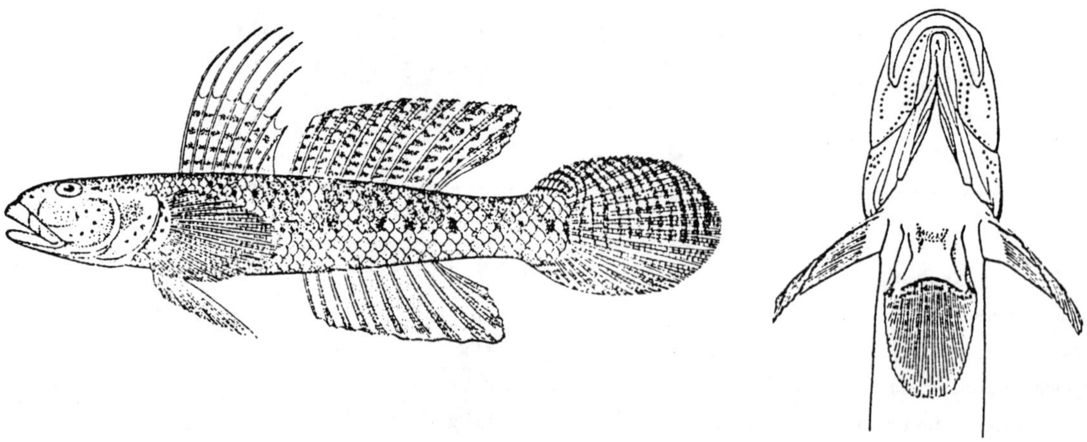

그림 6-23. 망둥어류와 흡반 모양으로 변형된 배지느러미

작다.

망둥어와 유사한 말뚝망둥어는 공기호흡에 적응하여 물이 빠진 펄조간대에서 가슴지느러미를 이용하여 개구리처럼 돌아다닌다. 말뚝망둥어의 눈은 머리 위쪽에 튀어나와 있다.

가자미목

가자미목(Pleuronectiformes) 어류는 전형적인 저어류이다. 이 어류는 눈이 머리의 한쪽으로 모여 좌우비대칭인 것이 가장 큰 특징이다. 부화 후 부유생활을 하는 치어기에는 보통 어류와 같이 눈이 머리의 양측에 위치하여 좌우대칭이나 저서생활을 하면서 한 눈이 머리의 한쪽으로 이동한다. 가자미목은 가자미아목과 서대아목로 나뉜다(그림 6-24).

(1) 가자미, 넙치류: 가자미아목 어류(Pleuronectidei)는 체고가 비교적 크고 위 턱이 아래턱보다 길지 않다. 상주상악골이 있다. 넙치(廣魚)과 어류(Bothidae, lefteye flounders)는 눈이 왼쪽에 몰려 있고 붕넙치과 어류(Pleuronectidae, righteye flounders)는 눈이 오른쪽에 몰려 있다.

(2) 서대류: 서대아목(Suborder Soleoidei)은 체고가 가자미목에 비하여 작으며 위턱이 아래턱보다 길어 입이 배쪽에 위치하는 종이 많다. 상주상악골이 없어 윗입술이 피부로 되어 있다. 납서대류(Soleidae, soles)는 눈이 오른쪽에 몰려 있고, 참서대류(Cynoglossidae, tonguefishes)는 눈이 왼쪽에 몰려 있다.

복어목

복어목(Tetraodontiformes) 어류는 열대해역에 주로 서식하며 온대해역에도 분포한다. 유영력은 약하고, 입은 작으며, 배지느러미는 없거나 매우 작다(그림 6-25).

(1) 쥐치류: 쥐치류(Monacanthidae, filefish)는 몸이 측편하고, 껍질은 질기며 비늘은 작고 서로 겹쳐지지 않게 배열되어 있다. 앞 등지느러미에는 큰 가시(棘條)가 존재한다. 말쥐치(*Thamnaconus modestus*)는 1970년대 초까지는 우리나라에서 어획대상이 아니었으나, 가공하여 쥐포를 생산하면서 1970년대 중반기부터 어획되기 시작하여 1970년대 후반기부터는 연간 어획량이 15~30만 톤으로 우리나라의 연근해에서 잡히는 어류 가운데 가장 많은 어획량을 기록하기도 하였다.

(2) 참복류: 참복류(Tetraodontidae, puffers 혹은 swellfish)는 몸이 난형이며, 피부는 매끄럽거나 작은 가시가 나 있다. 입은 작으며 이빨은 서로 융

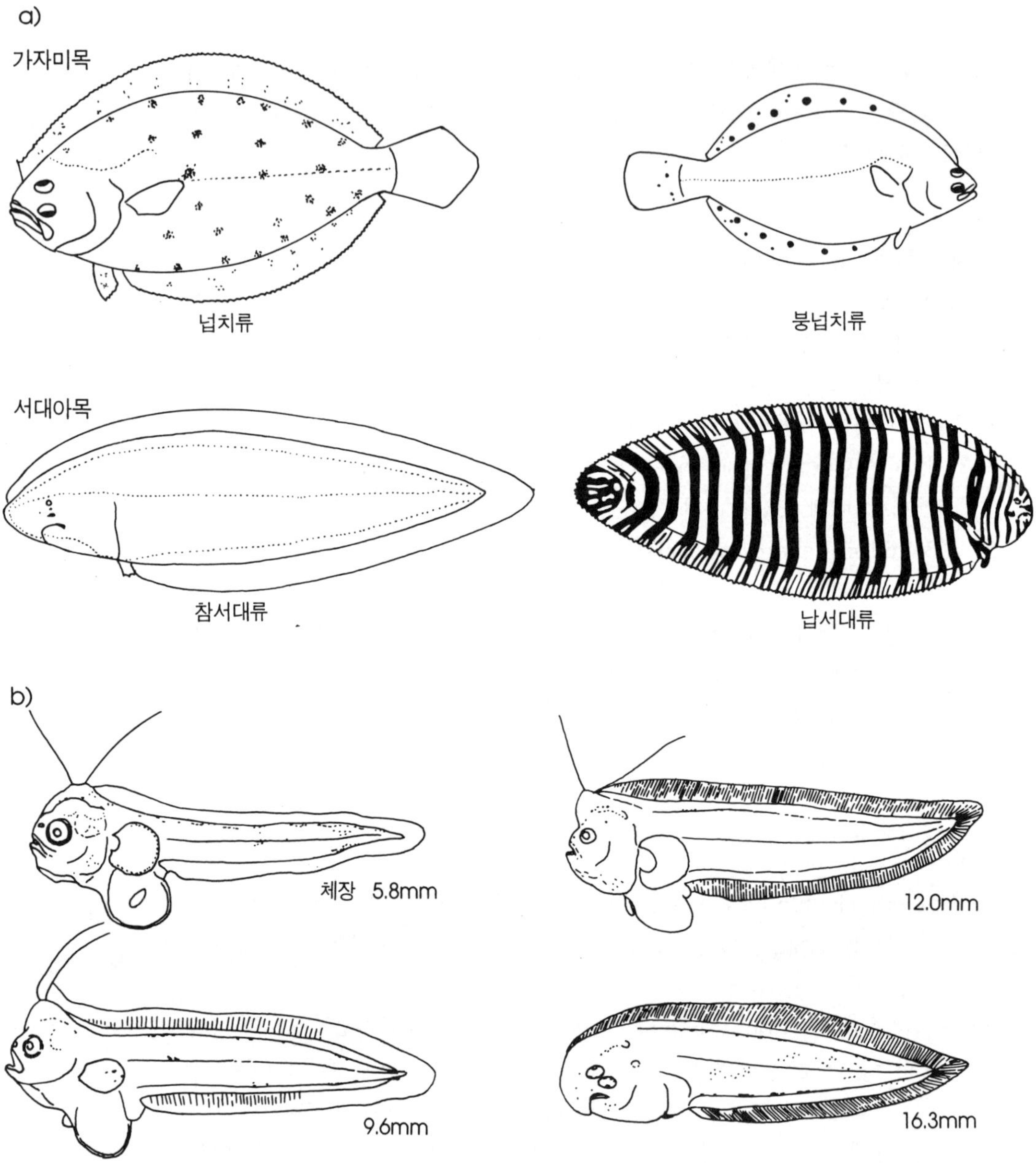

그림 6-24. a) 가자미목 어류의 형태. b) 참서대 치어의 변태과정

합하여 윗니와 아랫니가 각각 둘씩 4개의 이(tetra-odont)를 갖는다. 위에 물이나 공기를 채워 몸을 공처럼 부풀릴 수 있다. 이 어류 가운데는 사람에게 치명적인 강한 독을 가진 종이 많다. 복어는 몸 안에 독을 갖고 또

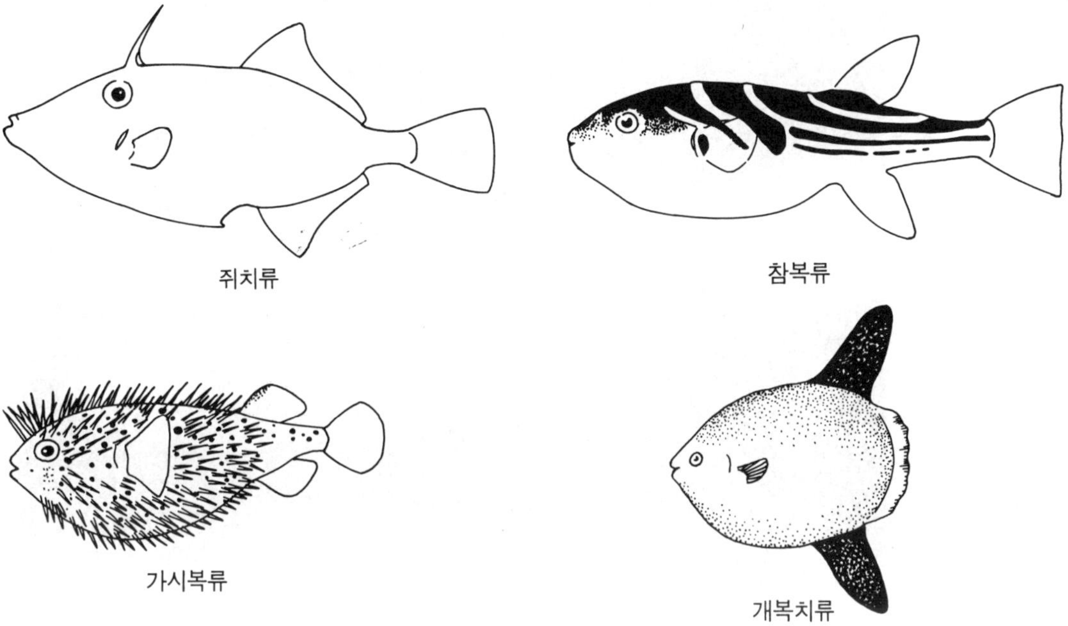

그림 6-25. 복어목 어류의 형태

몸을 부풀림으로써 포식자를 위협하여 약한 유영력을 보상하며 진화한 종이다.

(3) 가시복류: 가시복류(Diodontidae, porculpine fish)도 몸은 난형이지만 피부에는 강한 가시가 많다. 이빨은 서로 융합하여 아랫니와 윗니가 각각 한 개씩 2개의 이(di-odont)를 갖는다. 위험할 때는 위에 물이나 공기를 채워 몸을 부풀리면 강한 가시가 사방으로 뻗어 고슴도치와 같이 된다.

위의 세 무리 이외에도 수는 적지만 몸이 단단한 갑각들로 덮혀 있는 거북복류(Ostraciidae, boxfish)와 몸이 구형인 개복치류(Molidae, molas)가 있다. 개복치(*Mola mola*, sunfish)의 등지느러미와 뒷지느러미는 몸의 뒷부분에 잘 발달되어 있다. 주로 열대와 아열대 해양에 분포하며, 가끔 연안 정치망에도 채집된다. 그 크기는 3 m 정도에 이른다.

심해어

어류 가운데에는 높은 수압에 적응하여 심층에 서식하는 종류가 있다. 진광대에서 가깝고 약한 빛이 투과되는 수심 200 m에서 1,000 m 사이에 사는 어류를 중층어류(中層魚類, mesopelagie fish)라 하며 1,000 m 이심의 빛이 전혀 투과되지 않는 곳에 사는 어류를 심해어(深海魚, deepsea fish)라 한다. 중층보다 깊은

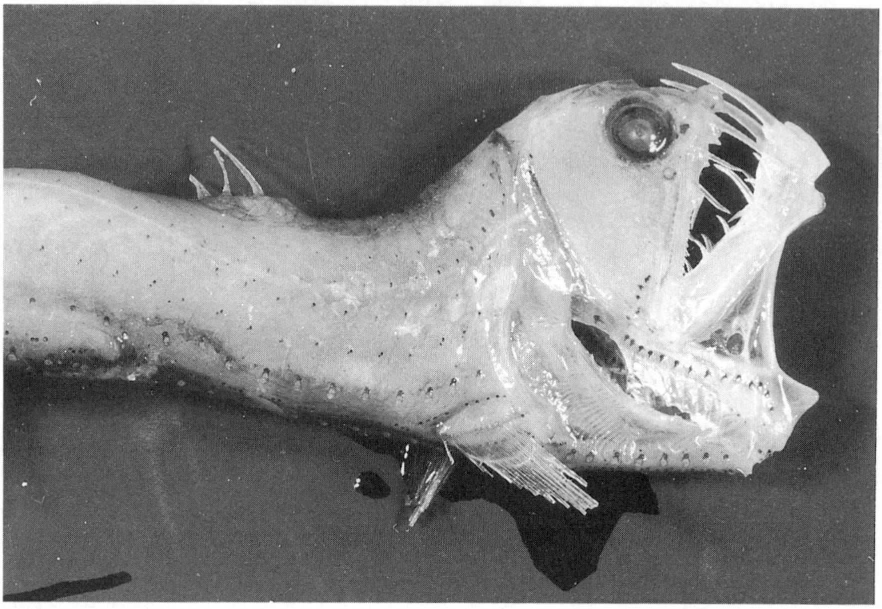

그림 6-26. 중층어 *Chauliodus* sp. 눈이 크고 배쪽에는 발광기관이 분포하며, 휘어진 긴 이빨과 큰 먹이를 잡을 수 있도록 적응된 턱을 가지고 있다.

곳은 수온, 염분 등 환경이 연중 일정한 편이며, 물의 흐름도 약하여 안정된 곳이다. 이곳에 사는 유영생물은 어둡고 찬 물 속에서 적은 양의 먹이에 특수하게 적응하며 살아간다. 심해어의 형태적 특징을 그림 6-26에 실었다.

심해어의 독특한 적응 가운데 하나는 체색적응이다. 중층 유영동물은 대부분 진흑색을 띤다. 수심 200 m에서 1,000 m에는 별빛 정도의 약한 남색 계통의 빛이 투과되기 때문에 모든 색을 흡수하는 검은색은 잘 보이지 않으며 표층에서와 같은 그림자가 생길 우려가 거의 없다. 중층에 사는 무척추동물은 붉은색 계통을 띠는 경우가 많다. 붉은색은 이곳에 도달하는 약한 파란색의 보색으로 붉은색을 띤 동물은 파란색 빛을 흡수하고 반사는 하지 않으므로 보이지 않게 된다. 빛이 도달되지 않는 심해의 유영생물은 색소가 없어 대부분 무색을 띤다. 대부분의 저서성 유영동물은 무색이나 일부는 검은색을 띠는 경우도 있다.

중층어는 대부분이 몸에 발광기관을 가진다. 어류의 발광기관은 잘 발달되어 발광세포, 집광세포, 색조절기, 조리개 등을 갖추고 있다. 이러한 구조로 볼 때 발광하는 빛의 파장과 세기를 조절하는 것으로 보인다. 발광기관은 배쪽에만 분포하며 종에 따라 그 수와 분포가 다르다. 배쪽에만 분포하는 것으로 미루어 투과하는 빛은 약하지만 그림자가 지지않게 하려는 적응으로 추정된다. 종간의 발광기관의 차는 종간의 인식과 무리짓기나 짝짓기에 이용되는 것으로 추정된다.

중층 어류와 상부심층 어류는 눈이 큰 것이 특징이다. 이 어류들은 햇빛이 잘 투과되는 진광대 어류보다 몸의 크기에 비하여 큰 눈을 가진다. 그 이유는 약한 빛이 있는 곳에 사는 생물들은 빛을 모을 수 있는 큰 눈이 필요한 것으로 판단된다. 시세포는 빛의 파장, 즉 색을 구분하는 원추세포와 빛의 세기를 감지하는 간상체가 있는데 중층 어류는 진광대의 어류에 비하여 원추세포의 수가 적고 간상체가 많아 이 어류의 시세포는 색보다는 빛의 밝기만을 구별하는 방향으로 적응한 결과이다. 하부 심층 이하의 깊은 곳에 사는 어류는 일생 암흑 속에 살기 때문에 눈이 필요치 않다. 따라서 수심 2,000 m보다 깊은 심층에 사는 어류는 눈이 작거나 퇴화되어 있고 바닥에 사는 어류는 눈이 없는 경우도 있다.

해양의 일차생산은 표면 가까이의 진광대에서만 가능하기 때문에 식물생산이 높은 진광대에는 생물량이 많고 수심이 깊어짐에 따라 생물량은 감소한다. 진광대보다 깊은 곳에 사는 동물은 상층으로부터 가라앉는 먹이에 의존하여 살아간다. 상층에서 부패하지 않은 채로 침강하는 먹이의 양은 적으며 침강하면서도 동물들에 의해 계속 소비된다. 그 결과 이용 가능한 먹이의 양은 수심이 깊어질수록 감소하고, 먹이 부족으로 심해로 갈수록 생물의 밀도는 낮아진다. 중층어류는 대부분 밤에는 먹이가 풍부한 표층 가까이로 올라와 먹이를 섭취하고 낮에는 다시 깊은 곳으로 내려간다. 중층 어류들이 수직으로 이동하는 거리는 종류에 따라 다르지만 대부분 수백 m에 이르는데 이는 몸체의 크기가 10 cm를 넘는 종류가 많지 않은 것을 고려할 때 상당한 거리에 해당된다. 따라서, 일주수직 이동에는 상당한 에너지가 필요할 것으로 보인다. 심해어 가운데에는 입이 크고 안으로 구부러진 강한 이를 가진 종류가 많다. 이것은 한 번 잡은 먹이가 아무리 크더라도 놓치지 않고 먹을 수 있도록 적응된 것이다.

중층 및 심해어는 전해양에 분포한다. 전해양은 서로 연결되어 있고, 심해는 환경변화가 심하지 않으므로 종의 진화속도도 느려 전해양에 사는 중층 및 심해어는 모양이 서로 비슷하다.

우리나라 서남해안은 수심이 대부분 20 m 미만이지만, 동해의 경우는 수심이 깊다. 동해에는 중층어로 현재까지 앨퉁이(*Maurolicus japonicus*) 한 종만이 알려져 있다. 이 어류는 동해의 중층에 살며 주간에는 250~300 m층으로 이동한다. 남해에는 발광기관을 가진 샛비늘치(*Myctophum affine*)와 얼비늘치(*Myctophum asperum*)가 알려져 있는데 이들은 중층에 서식하며 산란기에는 해안선 가까이로 이동한다.

4.2. 무척추동물

두족류

두족류는 연체동물 가운데 가장 체제가 발달된 무리로 유영생활에 적합한 구조를 갖추고 있다. 이 무리는 고생대 말기와 중생대에 번영했던 동물로 화석종이 10,000여 종이 보고되었고, 현생종은 600여 종이 알려져 있다. 현생종의 수는 적으나 수적으로 많고 전세계에 널리 분포한다. 頭足綱(Cephalopoda)은 2개의 아강으로 나뉘며 그 특징은 다음과 같다.

(1) 四鰓亞綱(Subclass Tetrabranchia): 2쌍의 아가미를 갖는다. 패각이 발달하였고, 발에는 빨판이 없다. 화석종이 많다

앵무조개목(Order Nautiloidea): 패각의 격벽과 봉합이 단순하다. *Nautilus* 1속이 알려져 있다.

암모나이트목(Order Ammonoidea): 패각의 격벽과 봉합이 복잡하다.Ceratites 등이 있다.

(2) 二鰓亞綱(Subclass Dibranchia): 패각은 몸 속에 있거나 없다. 1쌍의 아가미를 갖는다.

十腕目(Order Decapoda): 2개의 긴 촉완(tentacle)과 8개이 짧은 다리를 갖는다. 옆지느러미가 있다. 오징어(*Loligo*), 갑오징어(*Sepia*), 심해산 흡혈오징어(*Vampyroteuthis*) 등이 있다.

八腕目(Order Octopoda): 8개의 발을 가지며, 몸은 구형이고 지느러미가 없다. 문어, 낙지류(*Octopus*) 등이 있다.

四鰓亞綱에 속하는 원시 두족류는 평면으로 꼬인 패각으로 둘러싸여 있고, 패각은 막으로 막힌 여러 개의 방으로 나뉘며 그 끝에 기체를 채워 부유생활을 한다. 패각을 가진 두족류는 고생대에서 중생대까지 번성하였으나 현생종으로 Nautilus 속의 4종이 열대해양에 서식할 뿐이다. 이 종류는 여러 개의 촉완을 가지며 흡반이 없다. 수정체가 없는 불완전한 눈을 가지며 먹물주머니도 없다.

대부분의 현생 두족류(二鰓亞綱)는 패각이 표피가 된 외투막 속에 묻혀 있거나(十腕目) 퇴화되었다(八腕目). 두족류는 등배쪽이 확장되어 몸의 주축을 이룬다. 발부분은 새부리 모양의 각질 주둥이를 둘러싼 여러 개의 긴 발과 출수관(누두, infundibulum)으로 변하였다. 등쪽으로 확장된 외투강은 '배'의 아가미와 장을 둘러싸고 있다. 다른 연체류의 외투막에 있는 섬모는 퇴화되었고 외투막의 근육

질이 발달되어 외투막 사이로 물을 흡수, 출수공을 통하여 제트분사식으로 내뿜어 운동한다. 외투막의 근육질과 외투막내에 충분한 압력을 가질 수 있도록 밸브가 발달하여 오징어류 가운데에는 어류만큼의 속력을 낼 수 있는 종도 있다. 물의 분사방향이 자유로와 방향을 쉽게 조절할 수 있고, 십완류에 발달한 지느러미는 몸의 방향을 유지하여 준다.

두족류는 신경계와 감각기관이 특히 발달되어 있다. 각 신경절은 식도 부근에서 유합하여 뇌를 형성하고 연골질의 '두개골' 속에 들어 있다. 두족류의 눈은 수정체, 망막 등이 발달되어 여러 면에서 오히려 척추동물과 유사하여 다른 무척추동물과 다르다. 두족류의 눈과 척추동물의 눈은 진화된 과정은 달랐지만 결과적으로는 유사한 형태를 가지게 되었다.

대부분의 현생두족류는 위급할 때 먹물을 뿜어 도피한다. 먹물주머니는 간의 배쪽에 위치하며 출수공으로 물을 분사할 때 함께 먹물을 분출한다. 두족류가 먹물을 분출하면 포식자의 시야가 흐리게 되어 그 사이에 도피하는 것으로 알려져 있으나, 물 속에서 분출되는 먹물은 시야를 흐르게 할 정도로 넓게 퍼지지 않는다. 분출되는 먹물의 크기는 분출한 동물의 크기 정도이며 그 모양도 수초밖에 유지되지 않는다. 따라서, 먹물이 분출되면 포식자는 잠시 멍청하게 되고 그 순간을 이용하여 두족류는 도피하는 것으로 보인다. 왜냐하면 두족류는 빨리 헤엄칠 수 있어 먹물을 뿜어 포식자가 잠시 멍청히 있는 동안에 멀리 도피할 수 있다. 참오징어는 특히 먹물의 양이 많으며 심해 오징어의 경우는 발광먹물을 분출하는 종도 있다.

두족류의 체색은 시시각각으로 변한다. 특히 짝짓는 시기가 되면 강한 혼인색을 나타낸다. 수컷은 정낭(spermatophore)을 네번째 촉완을 사용하여 암컷의 외투강 안으로 옮긴다. 네번째 촉완은 다른 다리에 비하여 길며, 그 끝에 정낭을 잡아 운반할 수 있는 흡반이 발달되어 있다. *Argonota*속 오징어는 정낭과 함께 촉완의 끝이 떨어져 암컷의 체내에 남겨두므로 이것이 마치 살아 있는 기생충과 같이 보여 이 오징어의 속명을 *Hectocotylus*라는 이름으로 발표된 적이 있으며 생식완의 끝을 hectocotylus라고 부르는 것은 여기에서 유래되었다. 완숙된 정낭은 부푼 주머니 모양의 정자주머니, 관 모양의 긴목 그리고 판상의 두부로 구성되어 있다. 정낭 목부분에는 나선형으로 감긴 용수철과 같은 작용을 하여 적당한 외부의 자극을 받으면 펼쳐져서 정자들이 밖으로 품어 나오게 한다. 참오징어는 짝짓기 후 곧 산란하지만, 오징어는 짝짓기 후 암컷이 정낭을 2~3개월간 몸 속에 지니다가 산란한다.

오징어

오징어(*Todarodes pacificus*, squid)는 외투막이 길며 마름모꼴의 지느러미가 잘 발달되어 있다. 체색의 변화는 심하며, 붉은 갈색을 띠지만 등 가운데를 가로지르는 부분의 색이 특히 짙다. 다리에는 흡반이 2열로 배열하며 흡반에는 각질의 갈고리가 있다. 수컷의 네번째 다리(촉완)는 길다.

오징어는 12월에서 3월 사이에 동중국해의 대륙붕 가장자리에서 월동하며, 봄에 수온이 올라가면 한반도 서남 연안과 동해 중부해역으로 북상한다(그림 6-27). 여름에서 가을에 동해에 좋은 어장이 형성된다.

우리나라에서는 오징어를 얼리거나 말린 상태로 즐겨 먹는다. 일반적으로 오징어라 부르며, 피등어꼴뚜기(한국동물명명집)로도 불리운다. 1970~80년대의 연간 생산량은 2~6만 톤 수준이었으나, 90년대 전후에는 수십 만 톤으로 증가되었다.

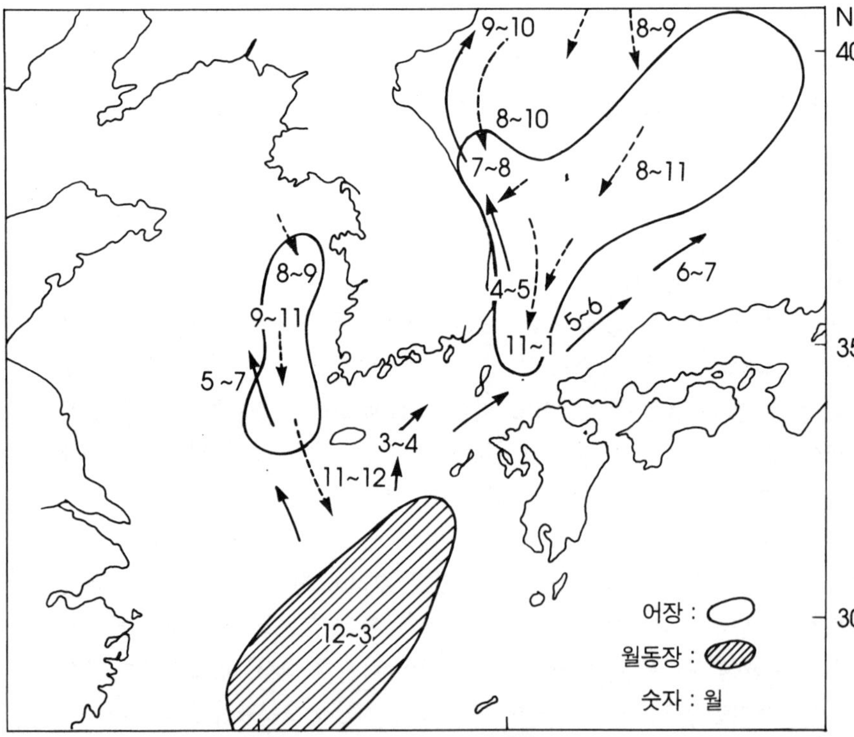

그림 6-27. 한반도 주변 오징어의 월동장소와 회유로

갑오징어

갑오징어(*Sepia esculenta*, cuttlefish)의 외투막은 납작하며 얼룩덜룩한 무늬가 있다. 지느러미는 외투막 가장자리 전체를 둘러싸고 그 가장자리는 흰색이다. 촉완에는 10~16열의 작은 흡반이 있다. 외투막 내부에는 외투막 길이와 같은 패각(오징어 뼈)이 몸을 지지하고 있다. '뼈오징어' 혹은 '참오징어'라고도 부른다.

참오징어는 제주도 남서부 및 동중국해의 수심이 깊은 곳에서 월동하며, 4~6월 사이 연안의 수심 10 m 안팎의 사니질에서 산란한다. 수명은 1년 정도이며 산란 후 죽는다.

4.3. 포유류

수중생활 적응

포유류는 대부분이 육상에서 살고 있으나 그 일부만이 바다에 산다. 공기호흡을 하는 항온동물인 포유류가 수중생활을 하기 위하여는 체온 유지, 잠수, 삼투조절 등의 특별한 적응이 필요하다.

물은 공기에 비하여 열전도율이 커서 물 속에 사는 생물은 계속 체내의 열을 빼앗긴다. 사람의 경우 체온이 40°C 이상 올라 가거나 29°C 이하로 내려가면 생명이 위험하다. 헤엄을 잘치는 사람도 찬물에 빠지면 열손실이 많아 짧은 시간에 체온이 치사온도 이하로 낮아져 생명이 위험하게 된다. 따라서, 해산 포유류는 체온보다 낮은 바닷물에 계속 열을 빼앗기기 때문에 열손실을 최소화하여 체온을 유지하도록 특별히 적응하고 있다.

열손실률은 체중에 대한 체표면의 비에 비례하기 때문에, 이 비가 작으면 작을수록 열손실률은 낮아진다. 부유생물에서 살펴본 바와 같이 체표면/체중의 비는 생물의 크기가 크면, 상대적으로 체표면이 작아져 바닷물과 접하는 면적이 작아지므로 열손실률을 줄일 수 있다. 대부분의 해산 포유류의 몸체가 큰 것은 이와 같은 이유에서 찾을 수 있다. 물론 작은 바다새도 있지만 이러한 작은 동물은 바다 속에 머무르는 시간이 매우 짧다.

열손실을 줄이는 다른 적응은 열의 전도율이 낮은 지방을 피하에 축적시키는 것이다. 평생을 물 속에 사는 고래의 경우는 이 피하지방의 두께가 50 cm가 넘는다. 연안 가까이에 사는 바다소나 바다코끼리 같은 해산 포유류 경우 피하지방이 몸무게의 1/3 정도에 이른다.

마지막 적응방법은 순환기관의 구조에서 볼 수 있다. 해산 포유류는 위에서 언급한 방법대로 적응이 되었다 해도 물과 접하는 면적이 넓어 열이 손실될 수밖에 없으며, 특히 계속 움직여야 하는 지느러미나 발 같은 부분에는 피하지방을 축적할 수 없다. 따라서, 고래의 경우에는 그 순환기관을 살펴보면, 따뜻한 피가 지나는 동맥 주위를 가는 정맥들이 둘러싸고 그 외부에 피하지방이 둘러싸고 있다. 이런 구조를 갖음으로써, 동맥의 열이 차가워진 정맥에 먼저 흡수된 후 피부를 통하여 외부로 확산되도록 함으로써 열손실을 최소화한다.

위와 같이 적응된 해산 포유류가 번식을 위하여 따뜻한 곳으로 이동하는 경우 과잉으로 열보전이 된다. 이 경우, 피하에는 지방이 축적되어 과잉의 열을 유출시킬 수 없으므로, 피하지방이 얇은 부위인 지느러미발을 공기 중에 노출시켜서 빠르게 움직임으로써 피를 지느러미쪽으로 모아 열을 방출시킨다. 물개나 바다사자 같은 경우는 육상의 개와 같이 혈관이 많이 분포한 혀를 길게 늘어뜨려 헐떡거림으로써 몸의 열을 방출시킨다.

공기호흡을 하는 포유류는 물 속에 머무르는 동안 호흡을 중지하고 있어야 하므로 이에 대한 적응이 필요하다. 사람은 도구의 도움을 받지 않고는 기껏해야 5분 정도 잠수할 수 있으며, 최대 잠수수심이 60 m 정도이다. 이에 비하여, 물개나 돌고래는 6분에서 40분까지 숨을 참을 수 있으며 160~600 m 정도를 잠수하는 것으로 알려져 있다. 향유고래의 경우 80분을 물 속에 머물며 2,250 m까지 잠수한 기록이 있다.

사람이 잠수할 때에는 여러 가지 부작용이 생기며 이를 잠수병(bends)이라 하며 여러 가지 원인이 있다. 수심 10 m 증가에 1기압이 증가하고, 기압이 2배가 되면 공기의 부피는 반으로 줄게 되어, 사람은 물 속에서 긴대롱으로 공기와 연결하여도 폐의 근육이 물의 압력을 버티지 못하여 호흡할 수 없다. SCUBA 장비는 고압의 공기통에 압력조절기(regulator)가 연결되어 수심에 따라 그 압력에 맞는 공기를 보내어 사람은 물 속에서 호흡할 수 있도록 하여 준다. 그러나 깊이 잠수할수록 압력이 높아져 기체의 용해도가 커짐으로써 많은 질소와 산소가 피 속에 용해된다. 대기는 산소와 질소로 구성되어 있고 질소는 산소보다 분자량이 작아 SCUBA 장비의 도움으로 잠수한 후 표면 위로 올라올 때, 압력이 감소함에 따라 피 속에 용해되었던 질소는 산소보다 빠르게 기체가 된다. 이 기체 방울들이 폐를 통하여 몸 밖으로 배출되는 속도보다 빠르게 상승하면 이 질소 방울들은 모세혈관을 막아 그 부분의 피의 순환을 중단시켜서 그 부분을 마비시키고 심하면 생명이 위험하게 된다. 이 질소방울에 의한 부작용이 잠수병 중에 가장 흔한 경우이다. 그러나 해산 포유류는 표층에서 공기를 마시기 때문에 고압의 공기를 마시는 경우와 같은 잠수병의 위험은 적다. 해산 포유류가 잠수를 하면 폐에서는 공기교환이 중단된다. 폐에는 거품 모양의 유상액이 있어 잠수병을 일으키는 질소를 흡수하여 피 속으로 녹아 들어가지 않게 한다. 또한 늑골은 서로 합쳐져 가슴판을 형성하며 매우 짧아 압력으로 폐 부위가 눌렸을 때의 문제점도 해결된다.

해산 포유류는 피의 양이 사람보다 상대적으로 많아 더 많은 산소를 저장할 수 있을 뿐 아니라 피의 산소저장 능력도 크다. 바다코끼리(elephant seals, *Mirounga* spp.)의 경우 피의 양이 몸무게의 약 12%로, 사람의 7%에 비하여 많고, 피의 용해력도 약 40m*l* O_2 · 100m*l*$^{-1}$로 사람의 20m*l* O_2 · 100m*l*$^{-1}$에 비하여 커서 많은 산소를 용해시킬 수 있다. 그러나 이 정도의 산소로는 사람에 비하여 2배 정도 더 오래 잠수할 수 있을 뿐이다. 또 다른 특징으로는 포유류는 잠수할 때 심장의 박동수를 공기 중에서 호흡 때의 30% 미만으로 낮출 수 있다. 이때에는 산소의 공급이 잠시도 중단되어서는 안 되는 뇌나 신경계로만 피를 보내고 무산소 상태에서도 적응할 수 있는 근육, 소화계, 신장 등으로 가는 혈관에는 피의 공급을 차단시킨다. 그러나 잠수 중에도 근육은 계속 움직이기 때문에 무산소 상태에서는 글리코겐이 물과 탄산가스로 완전히 분해되지 않고 중간산물인 젖산이 축적(oxygen debt)되도록 이차적으로 적응되어 있다. 운동 안하던 사람이 갑자기 심한 운동을 하면 산소가 충분히 공급되지 않은 상태에서 근육이 움직이면서 젖산이 축적되어 통증을 느끼게 된다. 그러나 시간이 지나면 축적된 젖산이 물과 탄산가스로 분해되어 회복된다. 이와 같이 해산 포유류의 체내에 잠수 동안 축적된 젖산도 다시 대기에서 호흡할 때 분해된다.

포유류의 체액은 바닷물에 비하여 저장액이므로 해산 포유류는 삼투적응이 필요하다. 그러나 해산 포유류에는 해산 어류나 바다새와 같이 염분비선이 없다. 해산 포유류의 피부로는 바닷물이 스며들지 않으며, 필요한 물은 주로 먹이를 통해 공급받는다. 고래류의 신장은 육상 포유류에 비하여 크지만 신장으로 염을 제거하기 위하여는 물이 필요하기 때문에 신장은 염의 제거보다는 물을 흡수하는 역할을 한다. 피하지방은 사막에 사는 동물과 같이 신진대사 과정에서 생기는 물을 저장하는 역할도 담당하는 것으로 추정된다.

해산 포유류의 발과 몸의 형태는 헤엄치기에 적합하게 변형되었다. 앞다리는 노와 같이 변형되었고, 뒷다리는 축소되었거나 퇴화되었다. 몸의 뒷부분은 어류의 꼬리지느러미와 같이 변형되었다. 그러나 어류의 꼬리지느러미는 수직형인데 비하여 고래류의 '꼬리지느러미'는 수평형이다. 따라서 헤엄칠 때 어류는 좌우로 파상운동을 하는 데 비하여 포유류는 상하로 파상운동을 한다.

고래류

고래류는 지구상에 살았던 어떤 척추동물보다도 크기가 큰 동물이다. 고래가 수중생활에 적응한 역사는 5천만 년 정도로 지사적으로 볼때 매우 짧은 시간이다. 고래의 몸은 수역학적으로 완벽한 형태로 수중생활에 완전히 적응하여 새끼도 수중에서 낳는다. 피부에는 털이 아주 짧게 있거나 없으며, 귀바퀴와 같은 돌기부는 퇴화하였다. 앞에서 언급한 것과 같이 앞다리는 노 모양으로 변형되어 헤엄칠 때 수평을 유지하며, 주골격은 짧아졌고 발가락의 뼈가 많아지고 길어져 헤엄치기에 적당하게 변형되었다. 피부 밑에는 지방질이 많아 부력을 크게 유지시켜 준다. 다른 포유류의 콧구멍은 머리 앞끝에 있는 데 비하여 현생 고래의 콧구멍은 머리의 위에 위치한다. 허파에는 지방질이 분비된 유상액(emulsion)이 형성되며 피보다 약 6배 정도 질소가 잘 녹아 급상승시 질소방울에 의한 혈관장애를 막는다. 고래가 '분수공'을 통하여 물을 뿜으며 '휘파람' 소리를 내는 것은 잠수 후 표면으로 올라올 때 콧구멍을 통하여 허파에 있는 유상액을 구름 모양으로 뿜어 내는 것이다.

고래는 포식성 포유류에서 기원되었다. 이 현생하는 고래류(Order Cetacea)는 먹이사슬에서 완전히 다른 위치를 차지하는 이빨고래아목과 수염고래아목으로 나뉜다. 고래의 종족별 형태를 그림 6-28에 실었다.

이빨고래(Suborder Odontoceti)는 평생 이빨을 가진다. 주둥이는 납작하며, 콧구멍은 한 개이다. 등지느러미가 발달된 종류도 있다. 대부분이 포식성이다.

돌고래과(Delphinidae)에는 돌고래, 범고래 등이 속하며 연안에 널리 분포한다. 돌고래(dolphins)는 청어, 고등어와 같은 유영성 어류를 먹이로 선호하며, 두족류와 갑각류도 잡아먹는다. 먹이는 씹지 않고 삼키며 하루에 먹는 양은 몸무게의 4~6%, 어린고래는 12~13%이다. 범고래(*Orcinus orca*, killer whale)는 길이가 18 m에 이른다. 몸은 위쪽이 검고 배쪽은 흰색으로 수십 마리씩 떼를 지어 다닌다. 이빨은 몇 개 되지 않아 두족류를 잡아먹지만 어류를 잡아먹기에는 부적당하다. 주로 바다표범을 먹이로 선호하고 다른 고래와 바다새도 잡아먹으며 수염고래와 같은 큰 고래도 공격한다.

향유고래과(Phuceteridae)는 향유고래(sperm whale)가 대표종이다. 머리가 몸의 약 30%를 차지하며 앞쪽은 잘려진 모양이다. 아래턱은 좁으며 20~24개의 긴 이가 나 있다. 크기는 암컷이 16 m, 수컷이 18 m에 이른다. 향유고래는 공기호흡하는 동물 중 가장 잠수를 잘하는 종으로 2,000 m 이상 잠수한 기록이 알려져

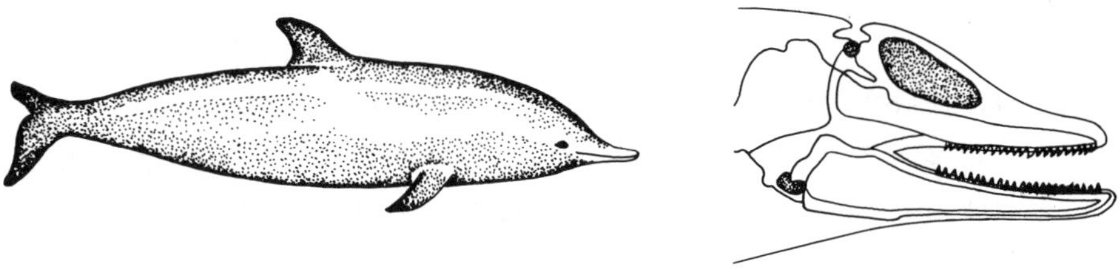

돌고래와 머리골격

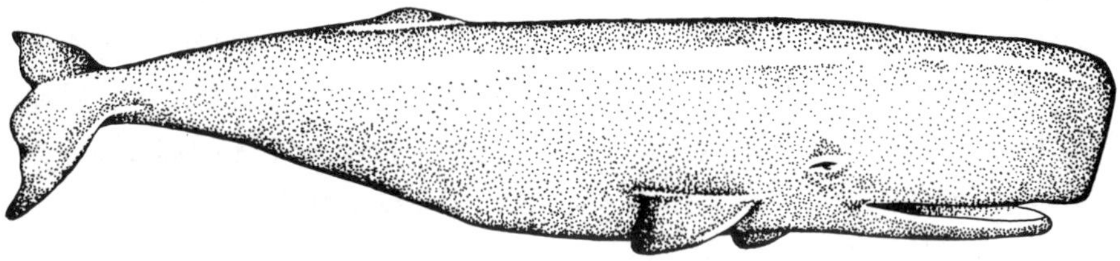

향유고래

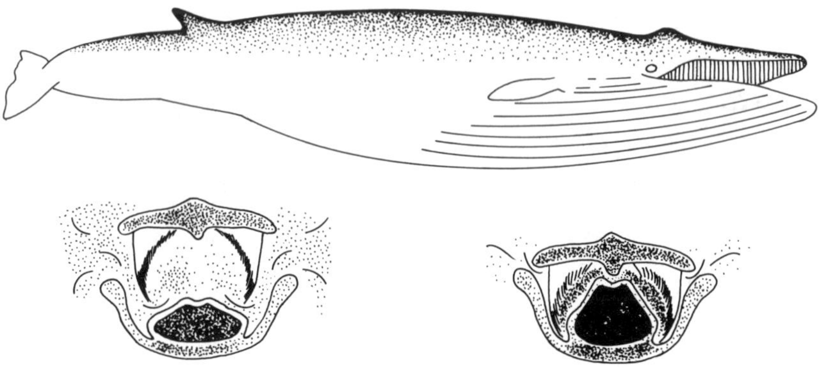

긴수염고래와 먹이여과 모식도

그림 6-28. 고래 종류별 형태와 이빨

있다. 잠수기간이 길기 때문에 유영어류뿐 아니라 저서갑각류, 저서상어류 등도 위에서 발견된다. 향유고래는 특히 오징어를 좋아하며, 대형 두족류 가운데에는 향유고래의 위에서만 발견된 종도 있다. 향유고래의 살과 기름은 다른 큰고래의 것보다 질이 우수하지는 않지만, 위에서 오징어 부리 같은 것이 소화되지 않고 남아서 생기는 응결물을 찾을 수 있다. 이 응결물은 향수 제조에 사용되는 값비싼 재료인 용연향(龍涎香)이라 불리운다.

이빨고래의 생물량은 해양 전체 생물량에 비하면 미미하지만 사람과 같이 먹이 사슬의 상부에 위치하여 중요한 역할을 한다. 연간 이빨고래들이 소비하는 먹이의 양은 사람이 어획하는 양보다 많은 것으로 추정된다.

수염고래류(Suborder Mysticeti)는 이빨이 없는 대신에 부유생물을 걸러 모으기 위한 수염(baleen)이 나 있다. 고래수염은 뼈가 아닌 각질로 되어 있으며, 피부의 털에서 기원된 것이다.

긴수염고래(*Balenoptera musculus*, blue whale)는 지구상에 존재하였던 동물 중 가장 큰 동물로 크기는 30 m, 무게는 90톤에 이르며, 평균 유영속도가 10~12노트이다. 이 큰 몸을 유지하기 위하여는 상당한 에너지가 요구되어 이를 충족할 수 있는 충분한 먹이가 있는 곳으로 능동적으로 이동한다. 긴수염고래는 저위도 해역에서 번식하지만 여름에는 남극으로 회유하여 크릴(krill, *Euphausia superba*)을 걸러 먹는다. 크릴은 헤아릴 수 없이 많은 개체들이 무리를 이루기 때문에 고래는 대형 플랑크톤 채집기와 같이 입을 벌리고 물을 삼켰다가 뱉으면서 입 안으로 물에 휩쓸려 들어온 부유생물을 수염에 걸리게 하여 잡아먹는다. 수염고래는 하루에 약 3톤 정도의 크릴을 걸러 먹는다. 남극 대륙주변에는 용승류 때문에 영양염이 풍부하고, 여름이 되어 일사량이 많아지면 일차생산이 높아지고 이에 따라 요각류에 속하는 크릴이 대량 번식한다. 크릴의 연간 생산량은 10억 톤 이상으로 추정되며, 긴수염고래는 남극의 여름 동안 이 먹이를 걸러 먹어 큰 몸을 유지할 수 있다. 이 먹이사슬은 식물부유생물-동물부유생물-고래의 3단계로 간단하므로 긴수염고래의 생물량을 유지할 수 있었다. 긴수염고래는 포경기술의 발달과 이에 따른 남획으로 인하여 그 수가 크게 줄어들었으며, 1970년대 중반부터는 어획이 금지되었다.

물개류

물개류는 식육목(Order Carnivora)의 물개아목(Suborder Pinnipedia)에 속하며 대표적인 종류로서 물개(fur seal)와 바다사자(sea lion), 월러스(walrus) 등이 있다. 이 종류는 휴식을 취하거나 새끼를 양육하기 위해 육상에 자주 올라오며 무리를 짓는 특성이 있다. 물 속에서는 행동이 빨라서 어류나 오징어류 등을 잡아먹고 살지만 육상에 올라오면 동작이 둔해진다. 물개의 털가죽은 찬 기후에서 서식하는 데 주요한 역할을 하며 상업용으로 귀하게 취급된다.

기타 해산 포유류

고래류(Order Cetacea)나 물개류(Suborder Pinniprdia)를 제외한 해산 포유류에는 듀공(dugong), 마나티(manatee), 바다소 등의 해우류(Order Sirenia), 식육목에 속하는 바다수달류(sea otters, Family Mustelidae) 등이 있다. 물개류와 함께 그림 6-29에 소개하였다. 그러나 이들은 일생 동안 내만수역에 살기 때문에 유영동물로 취급할 수 없으며 따라서 여기서는 자세히 다루지 않았다.

해우류는 몸의 크기가 2.5~4 m에 이르는 대형 동물이다. 이들은 마치 육상의 소와 같이 해초만 뜯어먹고 사는 수서초식동물이다. 뒷다리는 외부에 노출되지 않고 앞다리는 노 모양의 지느러미로 변하였으며 꼬리는 수평으로 편평한 지느러미로 변하였다. 몸에는 입 주위에 있는 강모를 제외하고는 털이 없다. 콧구멍은 2개인데 주둥이의 끝에 위치해 있다. 여기에 속하는 종으로는 서부 대서양의 바다소(*Trichechus mamatus*)와 홍해, 인도양, 서태평양에 사는 듀공(dugong)이 있다.

바다수달류는 크기가 1 m 정도밖에 되지 않는 작은 해산 포유류이다. 북반구

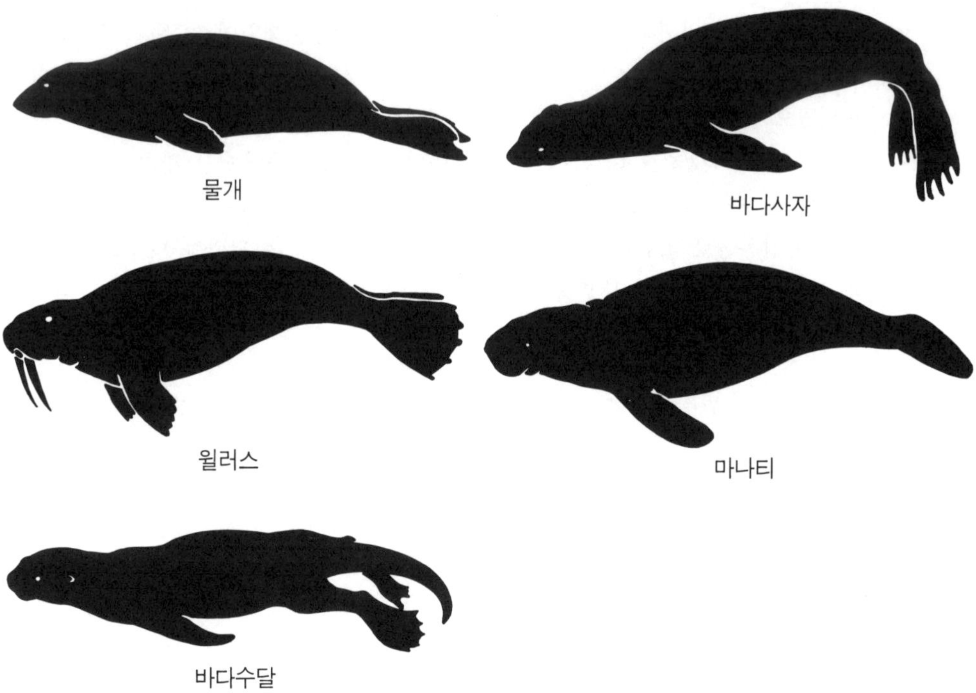

그림 6-29. 기타 해산 포유류

에 서식하는 바다수달류는 발달된 발톱을 이용하여 성게나 게, 오징어, 패류와 같은 먹이를 잡아먹는다. 이들은 먹이를 먹을 때 배 위에 올려 놓고 패류나 성게 등의 먹이를 돌로 깨어 먹을 정도로 발달된 지능을 가지고 있다. 바다수달류의 털가죽은 매우 두텁고 아름다워서 과대포획이 되어 1900년대 초에는 자원이 감소되었으며 이에 따라 미국에서는 1970년대에 해양포유동물 보호법을 만들어 보호함으로써 자원이 회복되었다.

4.4. 기타 유영동물

해산 어류(오징어류 포함)와 해산 포유류를 제외한 유영동물로는 해산 파충류와 바다새(海鳥類) 등이 있다. 해산 파충류에는 바다거북류와 바다뱀 및 바다도마뱀 등이 있다. 화석기록에 의하면 약 6천만 년 전 백악기(Cretaceous)에는 해산 파충류들이 현재보다 그 수도 많았을 뿐 아니라 다양한 종들이 존재했었다. 그 당시에는 대형 사경룡(plesiosaurs), 어룡(ichthyosauers) 등이 따뜻한 바다에 많이 서식했었다.

현생 해양 파충류들은 주로 열대나 아열대 해역의 연안에 서식한다. 냉혈동물이므로 수온에 의지하여 대사를 조절하기 때문에 분포해역이 따뜻한 곳으로 한정된다. 바다거북은 가장 보편적인 해산 파충류로서 약 3억 년 전 양서류로부터 진화되었으며 전세계의 온난한 해역에 광범위하게 분포한다.

대개의 바다새들은 대양 위를 날며 바다 속으로는 들어가지 않기 때문에 유영동물로 볼 수 없다. 그러나 바다새들은 해양에서 생태학적으로 중요하다. 실제로 해산 유영동물로 취급될 수 있는 바다새로는 날 수 없는 남반구 남부의 대륙연안과 갈라파고스 제도에 분포하는 펭귄류가 유일한 종이다.

▶ 연습문제

1. 부유동물과 유영동물의 차이를 설명하시오.
2. 해양유영동물의 생태가 자세히 알려지지 않은 종이 많은 이유를 설명하시오.
3. 부어류와 저어류의 차이를 설명하고 대표적인 어류를 셋 이상 쓰시오.
4. 유영동물의 채집에 널리 이용되는 능동어구와 수동어구의 대표적인 것들을 들고 연구에 이용될 때의 장단점을 설명하시오.
5. 어군탐지기를 이용하여 남해안 멸치의 자원량을 추정하고자 한다. 그 방법에 대하여 설명하시오.
6. 어류가 이동할 때 받는 저항에 대하여 설명하고 이에 대한 적응에 대하여 설명하시오.
7. 어류 부레의 역할에 대하여 설명하시오.
8. 유영생물의 운동방법에 대하여 설명하시오.
9. 부어류와 저어류의 체색 적응을 비교 설명하시오.
10. 물고기가 떼를 이루어 살 때의 이점을 설명하시오.
11. 황해의 환경과 연관하여 황해 대표어종의 생활사에 따른 회유에 대하여 설명하시오.
12. 연어의 생활사에 따른 삼투적응에 대하여 설명하시오.
13. 사람의 눈과 어류의 눈의 구조적인 차이점을 설명하시오.
14. 어류의 음 수신 기관에 대하여 설명하시오.
15. 먹장어의 형태적 특징을 설명하시오.
16. 청어목 어류의 수산경제적 중요성을 습성과 연관하여 설명하시오.
17. 뱀장어 산란장 추정이 다른 어류에 비하여 어려운 이유를 생활사와 연관하여 설명하시오.
18. 동해 명태의 회유에 대하여 설명하시오.
19. 황해 조기의 계군에 대하여 설명하시오.
20. 다랭이의 서식 적수온에 따라 두 무리로 나누고 각각의 분포해역을 설명하시오.
21. 가자미목 어류의 아목(suborder)과 과(family)를 구분하는 기준을 쓰고 각 과의 대표적인 어류를 쓰시오.
22. 복어의 방어전술에 대하여 설명하시오.
23. 중층어류의 적응에 대하여 표층어류와 비교하여 설명하시오.
24. 수심에 따른 해양어류 눈 구조변화에 대하여 설명하시오.

25. 현생두족류의 운동방법과 감각기관에 대하여 설명하시오.
26. 해산 포유류의 수중생활 적응에 대하여 설명하시오.
27. 해산 포유류의 잠수적응에 대하여 설명하시오.
28. 해산 포유류의 유영적응에 대하여 설명하시오.

7장 해양미생물

미생물(微生物, microorganisms)은 주로 단세포, 또는 균사로 된 생물 중 크기가 가장 작은 유기체로서 현미경으로만 볼 수 있다. 미생물학은 순수미생물학(純粹微生物學, pure microbiology), 응용미생물학(應用微生物學, applied microbiology), 병원미생물학(病原微生物學, pathogenic microbiology)과 특수미생물학(特殊微生物學, special microbiology)의 분야로 크게 나눈다. 해양미생물학은 응용미생물학의 한 분야로 크게 해수, 현탁물질(懸濁物質, detritus)이나 해산 동식물, 이토(泥土, mud)에 서식하는 미생물을 연구하는 학문이다.

해양의 환경은 육상과는 다른 특수한 환경으로 육상과 다른 미생물이 서식하고 있다. 해양은 Na^{+}, Mg^{2+} 등 염류를 함유하고 있으며, 표층에서 약 200~300 m의 수심까지는 빛(光)이 도달하지만 그 이상의 수심에는 빛이 도달하지 못한다. 또 온도가 급격히 변하는 수온약층이 발달해 있다. 100 m 이심(以深)에서는 2~3℃로 온도가 낮다. 수심이 10 m 깊어질수록 1기압씩 증가하는 고압환경이다. 연안해역은 영양이 풍부한 부영양(富營養, eutrophic), 외양해역은 영양이 적은 빈영양(貧營養, oligotrophic) 환경이다. 연안해역은 일반적으로 10^{5}~10^{8} cell/ml, 외양의 경우는 10^{4}~10^{6} cell/ml의 세균수가 존재한다.

해양미생물은 양적으로 많을 뿐 아니라 서식환경에 따라 종류도 다양하다. 강산성이나 고온, 250~350℃가 넘는 초고온의 환경에서도 발견되며 심해저(深海底) 열수공(熱水孔, hydrothermal vent)에서도 발견된다. 미생물은 물질순환의 담당자로서 많은 종류의 유기물 분해에 직・간접으로 관여하며 해양환경의 유지에 중요한 역할을 한다.

육상에서 유입된 오탁 유기물의 정화, 석유의 분해 등에 관여하며 이산화탄소의 고정, 유화수소, 메탄의 산화에도 관여한다. 해양에 서식하는 동・식물체 주위에 부착하기도 하고, 동물의 장내, 식물의 조직 속에서 상리(相利), 편해(便

害), 편리(便利, commensalism) 등의 공생(共生, symbiosis)관계를 가지며 기생(寄生), 포식(飽食)작용을 하기도 한다. 동식물과 이렇게 긴밀히 상호작용을 하는 것은 생리활성 물질을 생산하기 때문이다. 미생물은 항생물질, 항바이러스 물질, 독성물질, 효소와 그 저해제, 호르몬이나 정보전달 물질을 생산한다. 오염의 제어, 즉 오염, 오탁에 의한 연안어장 환경의 피해방지, 적조발생 방제, 석유나 농약의 분해, 어패류 양식장의 오염물질 제어 등 모든 문제에 해양미생물이 관여하고 있다.

해양미생물학에서는 주로 연안에 분포하는, 오염과 관계된 대장균, 효모와 방선균이나 기타 해양 어느 곳에나 분포하는 고유세균을 대상으로 연구한다. 실험방법은 유사하나, 외양의 경우 미생물의 수가 극히 적으므로 한천배지에 배양한 세균수가 현미경하에서 계수(計數)하는 수의 1/100~1/1,000 정도에 지나지 않아 실험에 어려움이 있다. 분자유전학적 방법이나 첨단 분석장비를 이용한 방법이 개발되어야 할 것이다.

1. 시료 채취

부유생물과 마찬가지로 난센 채수기(Nansen bottle), 반돈 채수기(van Dorn bottle)를 사용할 수 있다. 그러나 이 채수기들은 크기가 커서 멸균하기 어렵고 또 멸균한다 하더라도 열린 상태로 해수층을 통과하기 때문에 멸균효과가 없어진다. 따라서 미생물 채집기로는 사용하지 못한다. 반드시 멸균상태에서 목적지점까지 도달해야 하기 때문이다. 미생물의 채집에는 다음과 같은 조건이 필요하다 (Bertoni and Melchiorri-Santolini, 1972). 해양미생물 연구용 채수기의 종류를 그림 7-1에 소개한다.

(1) 불순물이 나오지 않는 재질, 예를 들면 유리, 테프론, 실리콘 고무와 같은 재질로 된 채수기를 사용해야 한다.
(2) 채수기 내부를 씻을 수 있어야 한다.
(3) 채수기는 멸균이 되어야 한다(이를 멸균채수기라고 함).
(4) 채수 후 다른 용기에 옮길 때 오염이 방지되어야 한다.
(5) 채수기를 지지하는 줄과 채수구가 너무 가깝지 않아야 한다.
(6) 내부가 채수 도중에 해수와 접촉해서는 안 된다.
(7) 채수기 내부와 외부 환경과의 압력차가 크지 않아야 한다.
(8) 용량이 클수록 좋다.

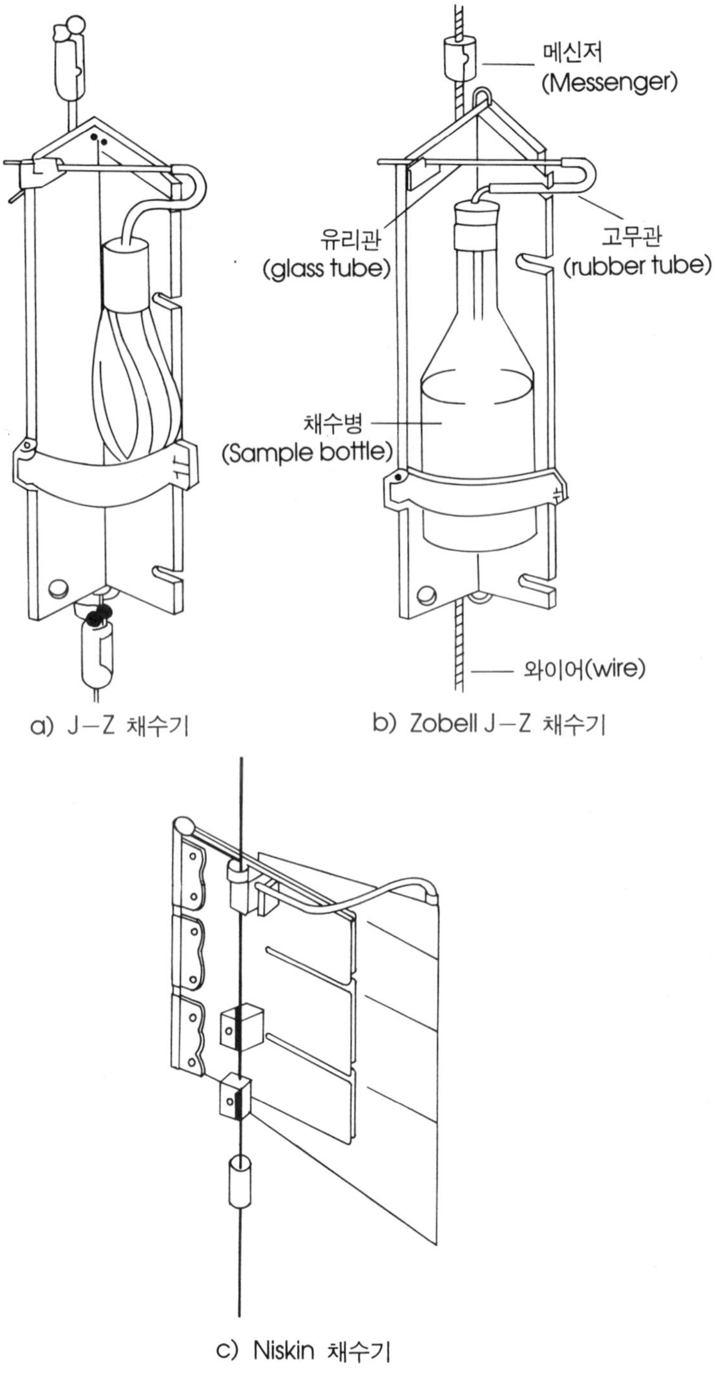

그림 7-1.
해양미생물을 채집하기 위한 채수기

수심이 얕은 곳에는 물질대사의 결과가 저층수 수질에 영향을 주게 된다. 따라서 해양환경의 특성과 병행하여 물질순환 관계를 규명하는 데 저질이 대단히 중요하다. 따라서 저층 퇴적토에서도 미생물을 채취해야만 한다. 심해의 경우는 보통 크기가 큰 상자형 채니기를 사용하고(그림 7-2a) 천해에서는 주상채니기(그림 7-2b)를 사용한다. 부착세균은 해수 중에 부유생물이나 기타 유기배설물, 선박 밑부분, 발전소의 취·배수관, 양식장의 부이(buoy, 찌) 등 해양구조물에 부착하여 산다. 이들을 직접 채취하거나 부착물체를 인공적으로 만들어 해수에 넣어 두고 여기서 채취하기도 한다.

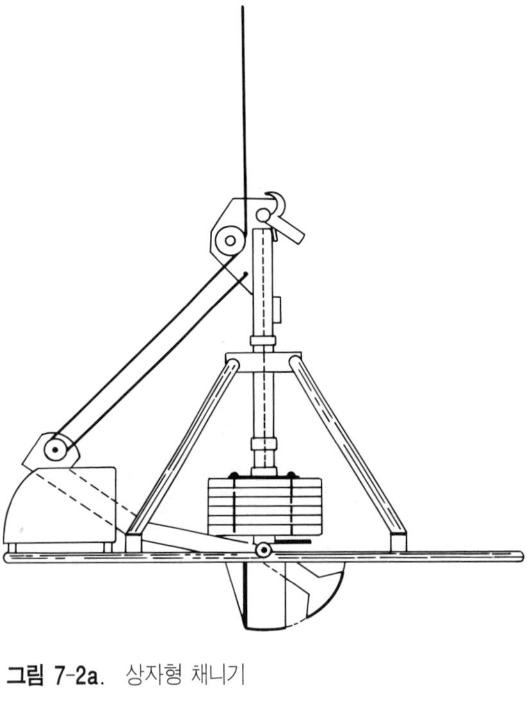

그림 7-2a. 상자형 채니기

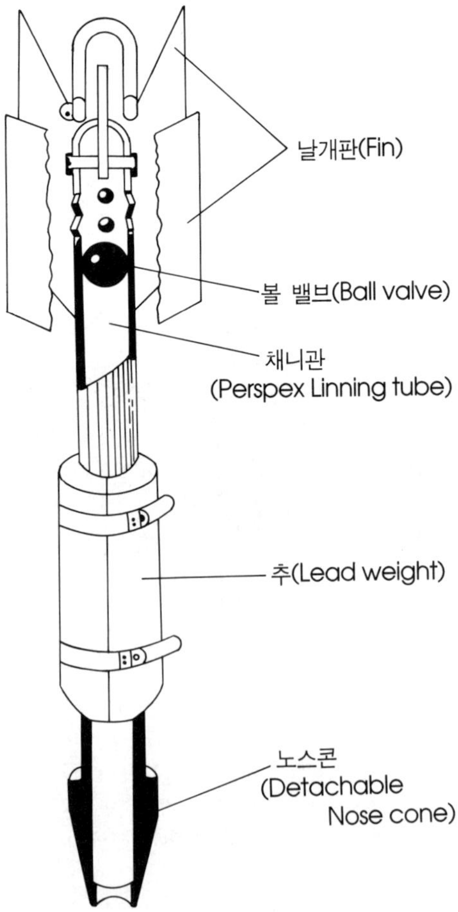

그림 7-2b.
주상채니기(corer sampler)

2. 분 류

2.1. 분리 및 동정

미생물의 분리, 동정은 미생물을 이해하고 연구하는 데 필수적이다. 이때 분리란 해수나 이토 시료로부터 미생물을 분리해 낸다는 뜻이다. 보통 배지에 미생물을 배양하여 분리한다. 이러한 분리, 동정이 이루어져야만 생태, 생리활성 물질 등에 관한 연구를 진행시킬 수 있다. 최근에는 분자생물기법(分子生物技法, molecular technic)을 분리 동정에 이용한다.

주로 병원성 세균이나 기타 채집이 쉽고 동정이 가능한 미생물을 대상으로 생리, 생화학적 성상, 형태, 유전 등을 연구한다. 해양에서 채취한 시료를 분리하여 그 특징을 조사해 보면 'Bergey's manual' 등의 분리, 동정법에 기재되지 않은 종류가 있는 것이 발견된다. 이는 지금까지의 연구가 병원성 균이나 농업, 공업, 식품 분야에서 유용하거나 유해한 미생물에 국한되어 왔기 때문이다. 또 육상과는 다르게 저온, 고압, 열수, 염분 환경이 많고 또 빈영양 환경인 경우가 많아 실험실에서 인공적으로 만든 배지에서는 미생물의 농도가 낮아 분리하기가 어렵기 때문이다. 최근에야 이러한 어려움을 제거하고 연구가 활성화되었다. 1974, 1994년 Bergey's manual(8~9판)에 5종으로 기재되어 있었던 해양세균인 비브리오과(*Vibrionaceae*)에 지금은 30종이 넘게 기재되어 있다. 분자유전적 방법이 개발되어 식중독과 관련된 비브리오과(*Vibrionaceae*)의 연구가 집중적으로 이루어졌다.

한국 연안의 해양미생물의 분리, 동정에 관한 연구로는 李 등(1972)에 의한 장염 비브리오균에 관한 연구, 李(1977)에 의한 충무 연안 해역에 해양세균상, 李 등(1990, 1992)에 의한 동, 서, 남해 해역 세균상 등이 있다.

2.2. 계 수

세균의 수를 알아내는 방법은 시료 중에 살아 있는 미생물을 어느 특정한 배지(培地, medium)에 증식시켜 한 균체가 만든 집락(集落, colony)을 확인하고 수를 세는 방법이다. 이를 계수(計數, count)라고 한다. 배지를 사용하여 최적 온도에서 일정시간 배양(해양세균은 대개 20°C에서 7일간)하여 배지상에 나타난 집락을 세는 이러한 방법을 평판배양법(平板培養法, plate culture)에 의한 계수법이라고 한다. 배지를 사용하지 않고 자연시료에 존재하는 세균을 형광물질로 염색하여 형광현미경으로 직접 균체를 세는 방법을 직접계수법(直接計數法, direct count)이라고 한다. 세균의 개체수를 일정 면적, 또는 체적에 대해 나타내면 이것이 바로 현존량(現存量, biomass)이다. 그러나 최근에는 ATP(Adenosine triphosphate) LPS(Lipopolysaccharide)로 현존량을 나타내기도 한다.

2.3. 종 류

해양세균의 형태는 일반적으로 구균(球菌, coccus), 간균(桿菌, rod, bacillus), 나선균(螺旋菌, spirillum)으로 나누인다. 그러나 같은 종이라 하더라도 환경조건에 따라 형태가 변하기도 한다. 빈영양과 부영양 환경, 저온과 고압, 초고압 등의 환경이 다양하므로 이에 따라 형태 역시 다양하다. 특히 연안해역은 공장폐수, 생활하수 등의 유기물이 유입되어 부영양화되기 쉬우나 외양은 대부분 빈영양상태이다. 빈영양상태에서는 미생물의 형태적 변화가 더욱 뚜렷하다. 그림 7-3에 전형적인 형태를 소개하였다.

편모는 한쪽만이 세포에 붙어 있는 가늘고 긴 부속체이다. 굵기가 약 20 nm에 불과하므로 염색처리를 해야만 광학현미경에서 관찰할 수 있다. 편모가 부착한 형태에 따라 극모성(極毛性, polar flagella, monotrichous flagella), 주모성(週毛性, peritrichous flagella), 총모성 편모(總毛性, lophotrichous flagella)로 구별한다. 극모성 편모는 세포의 한쪽 또는 양쪽 끝에 편모가 붙어 있다. 주모성 편

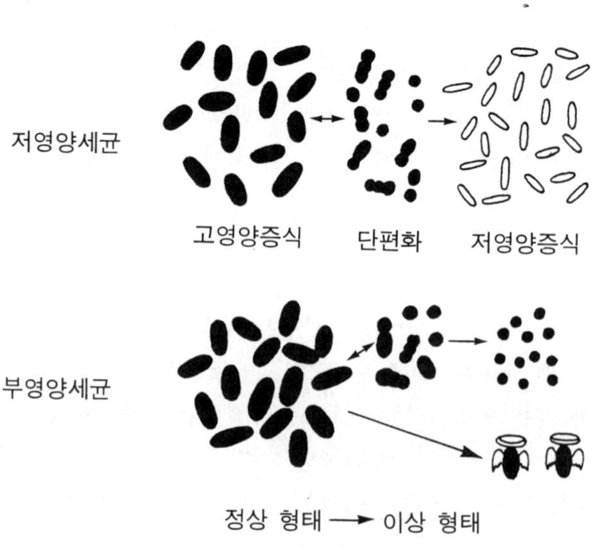

그림 7-3.
세균의 여러 가지 형태

모는 세포 표면에 따라 여러 곳에 부착되어 있다. 총모성 편모는 다발의 편모가 세포의 한쪽 끝에 붙어 있다. 이러한 배열형태는 세균을 분류하는 데 종종 이용된다(그림 7-4 a)).

그림 7-4 b)에 편모의 운동방법을 나타내었다. 극모성 편모를 가진 세균은 빠르게 돌면서 한 장소에서 다른 장소로 돌진하는 운동을 한다. 주모성 편모를 가진 세균은 똑바로 천천히 같은 속도로 회전하며 운동한다. 해양미생물은 이처럼 편모에 의해 운동한다. 그러나 활주운동(gliding)에 의해 고체 표면을 따라 이동하는 종류도 있으며 가스가 들어 있는 작은 소낭을 부풀리거나 수축시켜 수심에 따른 위치를 조정하는 종류도 있다.

해양미생물은 그람 음성균이 95%를 차지한다. 그람 양성균은 하천이나 하천에서 유입한 균이며 연안해역 또는 기수역에서만 주로 발견된다. 대표적인 그람 음성균은 *Pseudomonas*, *Vibrio*, *Aeromonas*, *Photobacterium*, *Lucinobacterium*, *Moraxella*, *Acinetobacter*, *Alcaligenes*, *Flavobacterium*, *Cytophaga*, *Thiobacillus*,

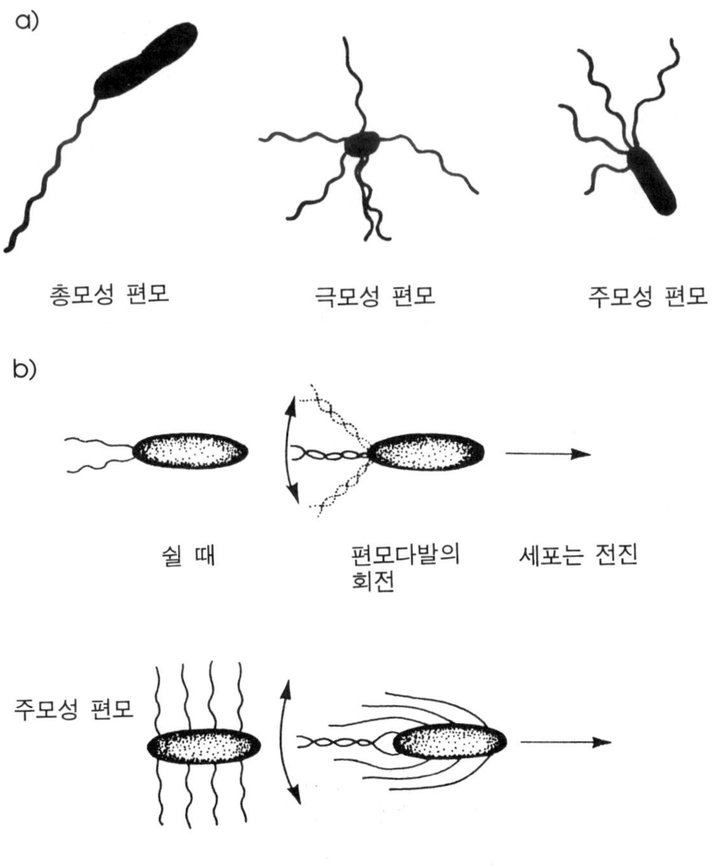

그림 7-4.
a) 편모의 종류.
b) 극모성과 주모성 편모의 운동방법

Bdeloribrio, *Erythrobacter* 등이며, 그람 양성균은 *Micrococcus*, *Corynebacterium* *Brevibacterium*, *Staphyloccus*, *Bacillus*, *Clostridium* 등이다.

종류를 알아내려면 분류에 대한 기본 지식을 가지고 있어야 한다. 미생물의 분류는 방법론적으로 다음과 같이 발전해 왔다.

중요 형질에 의한 분류 → 수리분류(數理分類) → 유전자분류
↑———— 화학적 분류 ————↑

유전자분류라 하더라도 과거의 분류방법이나 결과를 무시하는 것이 아니라 이를 보충하는 것이다. 위의 방법의 특징은 아래와 같다.

중요 형질에 의한 분류는 시완(Shewan, 1960)에 의해 잘 정리되었다. 해양세균 동정표를 만들어 해양세균의 분류 및 생태 연구에 큰 영향을 주었다. 시완의 동정표로 동정할 때 어려운 점이 있어 이를 개선한 동정표가 작성되기도 하였다(清水와 繪面, 1991). 수리분류는 1950년대 컴퓨터가 발달한 이후 활성화되었다. 소칼과 스니스(Sokal and Sneath, 1973)에 의해 집대성된 수리분류학이 큰 기여를 하였다. 분류단위간의 유사성을 계량화하고 이 유사성을 기초로 분류단위를 결정하는 방법이다. 즉 주관적인 판단에 의해 분류하던 것을 가능한 많은 자료에 기초하여 계량적으로 분류하는 것이 특징이다.

비브리오과에 대한 수리분류과정과 결과를 표 7-1, 표 7-2에 실었다. 인도양-일본 연안해역에서 채집한 360여 균주의 비브리오과 세균을 대상으로 하였다. 해수, 해저퇴적(海底堆積)에서 249균주, 어류에서 52균주, 플랑크톤에서 39균주, 보관중의 10균주, 대조균주 198균주를 이용하였다(표 7-1).

365균주에 오차평가 때문에 무작위(無作爲)로 선정한 18균주를 최후에 가산 총 383균주에 대하여 세포의 형태, 생리, 생화학적 특성을 검토하였다. 검토항목은 다음과 같다.

(1) 형태: 세포의 길이, 폭, 길이와 폭, 끝 모양, 다형성, 연쇄상, 균체의 만곡(灣曲), 세포내과립(細胞內顆粒), PHB 顆粒, 鞭毛.
(2) 배양·생리성상: 발광(luminescence), 형광, 군체의 색, 형태, 증식온도, 식염농도 의존성, 염류요구성, pH 의존성, 증식속도.
(3) 항생물질에 대한 감수성: Ampiciline, 크로람페니콜, 페니실린, 스트렙토마이신, 카나마이신 등의 항생물질.
(4) 생화학실험: VP 실험, 초산염 환원성, 알기닌 지오하이드로라제, 디카복시라제, 인돌실험, 유화수소 생성.
(5) 가수분해: 카제인, Gelatine, DNA, 키틴, tween 60.80. 전분, 요소.

표 7-1. 수리분류에 사용한 비브리오과 세균(숫자는 균주수)

분류한 곳	인도양	남지나해	동지나해	태평양	일본 연안	북태평양	합계
해수							
0~5m	7	11	1	5	28		52
10m		8			2		10
20~30m	7	9	6	3	11		36
40~50m	5	13		2	19		39
75m		3			5		8
100~150m	7	7	6		5		25
200m	6	6		3	5		20
400m	7	7		4	2		20
600~800m	8	3		1	1		13
1,000~1,200m	6	7			1		14
1,600~2,000m		4					4
해저퇴적		3	4		1		8
어(魚)		22			20	10	52
플랑크톤		24			15		39
합 계	53	127	17	18	115	10	340

(6) 탄수화물에서 산, 가스의 생산: 아라비노즈, 세로비오즈, 텍스트로즈, 가락토즈, 락토즈, 말토즈, 만노즈, 슈크로즈, 키시로즈, 그리세롤, 이노시톨, 만니톨, 솔비톨.

(7) 아미노산의 이용성: 아라닌, 로이신, 메치오닌, 페닐 아라닌, 프로린, 구루타민산, 리진, 히스티딘, 아르기닌, 아스파라긴.

(8) 유기산의 이용성: 의산, 초산, 유산, 코박산, 마론산, 그루타민산, 구연산, 수산.

이들 특성에 대한 자료를 정량화하여 유사성을 계산한 결과는 표 7-2와 같다. 인도양, 남지나해, 태평양의 해수, 플랑크톤 등에서 분리된 세균군을 관찰해 본 결과, 해수의 표층(0~100m)에만 서식하는 세균군과 인도양, 남지나해, 태평양에서 연안해역에 이르기까지 넓은 범위에 분포하고 있으나 서식하고 있는 수심층이 50~400m에만 국한되어 있는 세균군도 있다. 해수의 표층(0~100m), 중층(50~400m), 심층(400~1,200m)의 각각 다른 수심층에서 서식하고 있는 분리균에 대하여 생리화학적 성상을 비교해 보면 현저한 차이가 인정된다. 표 7-2에 표층, 중층, 심층으로 서식처를 구분하고 증식속도, 가수분해(加數分解)와 산생산

표 7-2. 해수 비브리오의 생리, 생화학적 특징과 서식 깊이 (숫자는 특징을 가진 균주의 백분율)

서식심층	표 층		중 층			심 층	
균주수	7	40	17	10	30	11	10
증식속도	빠름	빠름	중간	중간	중간	늦음	늦음
증식온도							
5°C	0	32	76	75	93	100	100
34°C	80	59	24	100	80	0	0
0.5% NaCl	97	95	76	75	81	0	55
가수분해							
Gelatin	100	100	100	100	13	20	0
DNA	100	100	100	100	100	27	82
전분	100	95	6	0	10	6	0
산생산							
celobiose	100	98	100	100	3	9	0
glycerol	93	98	59	25	19	9	55
xylose	0	2	100	67	77	100	0
galactose	3	0	100	100	94	100	93
mannose	37	5	100	100	97	100	100

(酸生産) 등을 나타내었다.

표 7-2에 실린 결과를 요약하면 다음과 같다. 표층에 사는 세균은 증식이 빠르고 염분의 변화에 대한 적응범위가 넓다. 비교적 수온이 높아도 견디며 많은 고분자 유기물질을 분해하고 말토즈, 세로비오즈, 키시로즈 등의 탄수화물도 분해한다. 심층에 서식하는 세균은 증식이 느리고 염분의 적응범위도 좁다. 저온에서 잘 견디며 고분자 유기물에 대한 분해능력은 적으며 제한된 탄수화물 종류만 이용한다. 표층 세균종이 이용 불가능한 가락토즈, 말토즈 등을 잘 분해하는 특징도 가진다. 중층 세균군은 표층과 심층 세균의 중간성질을 가진다. 표층에 사는 비브리오종은 식물플랑크톤이나 이것을 포식하는 동물플랑크톤에서 생산된 풍부한 유기물을 활발히 분해하여 빠르게 증식한다는 해석이 가능하다. 심층 비브리오종은 표층의 세균에 의하여 분해되지 않은 현탁물질 중 대부분이 난 분해성 유기물을 이용하면서 느리게 증식한다.

3. 생태적 특성

해양의 환경은 저층, 표층에 따라 다르고 해역에 따라 다르다. 따라서 각 환경에 적응하는 정도가 미생물의 종류에 따라 다르다. 영양염, 온도, 염분, 압력 등의 조건이 미생물을 어떻게 규정하는가를 아래에 소개하였다. 생태학적으로는 해양세균의 종류를 좁은 의미, 넓은 의미로 나누어 볼 수 있다. 좁은 의미란 염, 즉 Na^+, Mg^{2+}, Ca^{2+}, K^+ 등이 필요하며 동시에 저온에서 오랫동안 생존하는 해양의 고유한 세균이다. 넓은 의미란 육상에서 해양에 유입되어 해양환경에 적응하여 살아가는 세균이다. 이들 해양세균은 육상, 해양 모두 살 수 있는 세균과 해양에만 사는 세균으로 나눌 수 있다. 육상, 해양 모두에서 살아가는 세균이란 하천을 통하여 해양에 유입되어 적응하며 생활하는 세균을 말한다.

해양의 고유세균(固有細菌)

해양의 고유세균이란 영양요구가 단순하고, 저농도의 영양원(營養源), 저온에서 증식이 가능하며 해수 중에 장기간 생존하는 호염성인 균을 일컫는다. 이들 고유세균의 중요한 특성은 염류가 있어야 한다는 것이다. 마크레오드(Macleod, 1965), 日高(1964)의 연구가 이를 잘 증명하였다. 특히 日高(1964)는 염류가 필요한 정도에 따라 해양의 고유세균을 세 가지로 분류하였다. 즉 미량의 무기염류가 존재하면 증식 가능한 세균, 일정 농도 이상의 Na^+을 필요로 하는 세균, Na^+ 이외에 Mg^{2+}, Ca^{2+}, K^+를 요구하는 세균, 즉 인공해수에 증식하는 세균 등으로 나누었다. Na^+가 존재하면 Mg^{2+}, Ca^{2+} 등이 없어도 증식 가능한 *Vibrio* 균이 있으나, 이 균도 핵산분해 효소의 활성발현과 안전성에는 Ca^{2+}와 Mg^{2+}가 필요하다.

광합성 세균

광합성 세균은 산소가 없거나 적은 환경에서 광에너지를 ATP 등의 에너지 화합물로 변환시키는 세균이다. 연안의 오염된 해역, 폐쇄된 만에서 주로 발견된다. 유기물을 탄소원으로 하며 수소공여체 H_2A를 사용한다. 이때 A는 S^{2-}, $S_2O_3^{2-}$, H_2 및 기타 유기화합물이다. 식물과의 광합성 차이는 다음과 같다.

$$\text{광합성 식물: } CO_2 + 2H_2O \rightarrow (CH_2O) + O_2 + H_2O$$

$$\text{광합성 세균: } CO_2 + 2H_2A \rightarrow (CH_2O) + 2A + H_2O$$

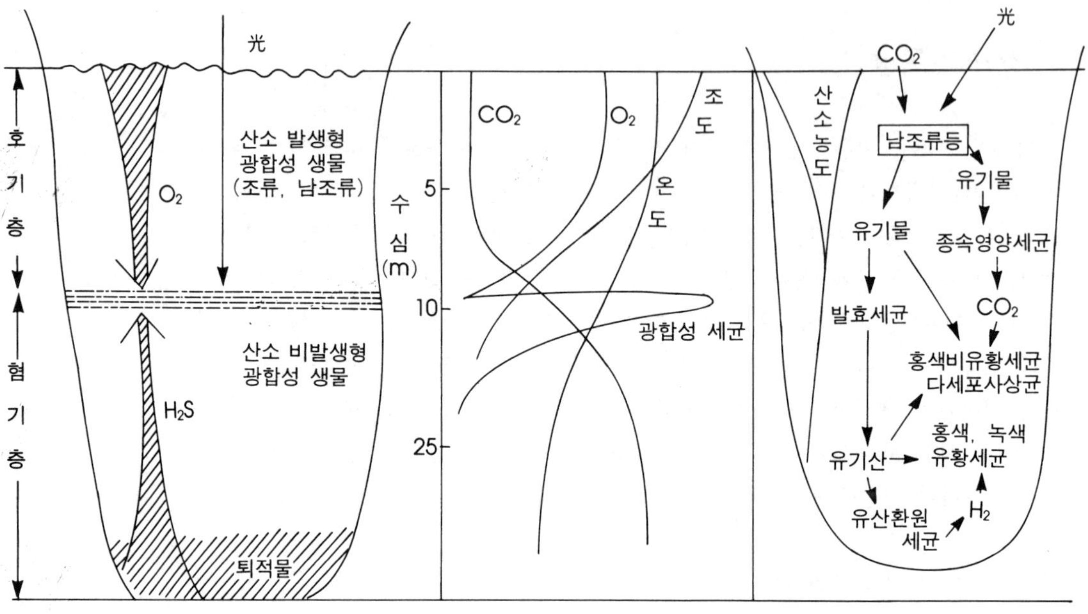

그림 7-5. 호수의 환경과 광합성 세균의 분포.
광합성에 의한 산소의 발생과 미생물 분해에 의한 황의 생산(좌), 환경에 따른 광합성 세균의 분포(가운데), 산소와 이산화탄소 세균의 분포, 황의 농도.

광합성 세균의 해수 중의 분포를 그림 7-5에 나타내었다.

부착세균

자유스럽게 떠돌며 생활하는 세균, 즉 부유세균(浮游細菌, planktonic bacteria)과 물체의 표면에 부착하여 생활하는 세균, 즉 부착세균(付着細菌, attached bacteria)이 있다. 부착기질은 부유생물이나 유기파편과 같은 작은 고형물체, 해조류, 선박의 밑부분, 발전소의 열교환기나 취수 파이프, 해양구조물 등이다. 유기파편에 부착하는 세균은 동물의 먹이로 이용된다. 암초, 모래, 산호 등에 부착하는 세균은 유기물 분해, 질소화합물이나 인산화합물의 화학변화에 기여한다. 짧은 시간 안에 급증식하여 피해를 주기도 한다. 이를 생물오손(生物汚損, biofouling)이라고 한다.

빈영양세균

외양의 유기물 농도는 보통 0.5~2 mgC · l^{-1}로 매우 낮다. 마산만과 같이 부영양화(富營養化)된 해역에는 1~10 mgC · l^{-1} 이상이다. 실험실에서 사용하는 배지의 유기물 농도인 2,000~6,000 mgC · l^{-1}와 비교하면 외양의 유기물 농도가 특히 낮음을 알 수 있다. 그러나 유기물 농도가 극히 낮은 외양(예를 들면 0.02 mgC · l^{-1})에서도 증식 가능한 해양세균이 존재한다. 이러한 세균을 빈영양세균이라 부르며, 최근의 해양세균학의 새로운 연구대상이다. 일본 미생물 생태연구회의 빈영양세균분과위원회(1980)는 1 mgC · l^{-1} 이하의 유기물을 함유한 농도에서 증식 가능한 세균을 빈영양세균이라 하였다. 아카기(Akagi, 1977)는 태평양의 조사결과를 바탕으로 해수 중의 탄수화물 양이 0.5 mg · l^{-1} 이하의 해역에는 빈영양세균이 일반 해양세균보다 많으며 0.5 mg · l^{-1} 이상의 해역에는 반대로 일반 해양세균이 많음을 밝혔다.

저온세균

해양은 대부분 저온환경이라 할 수 있다. 바다 부피의 90% 이상을 차지하는 심해가 보통 −1~5°C 이하의 수온을 보이기 때문이다. 이러한 환경에 서식하는 미생물을 저온세균(低溫細菌, psychrophillic bacteria)이라고 한다.

호스터(Foster, 1887)는 0°C의 얼음조각을 시험관에 넣고 실험하여 저온에서도 실온처럼 세균이 번식하는 것을 최초로 발견하였다. 5°C 이하의 저온에서 서식하는 세균을 에디(Eddy, 1960)는 특별히 저온세균으로 분리하였다. 해수에서 분리한 세균의 대부분은 저온에서 잘 자라고 고온에서는 잘 자라지 않는다. 온도에 대한 감수성을 표 7-3에 나타내었다. 21~29°C에서 배양한 결과 25~28°C의 해수에서 분리한 균의 성장률은 98.4%이었으며 0~10°C의 해수에서 분리한 균은

표 7-3. 수온이 다른 해수에서 분리한 세균의 수온 감수성(Zobell, 1961)

해수온도(°C)	가열수 세균의 생장률(%)					
	21~22°C	28~29°C	36~37°C	44~45°C	45~56°C	80~81°C
0~10	100	89.0	71.8	42.7	14.2	0.6
10~14	100	92.7	78.0	59.4	23.5	0.0
15~19	100	97.6	86.5	52.2	34.1	1.3
20~24	100	94.1	83.6	69.7	28.8	5.2
25~28	100	98.4	91.8	66.1	17.8	0.7

* 채수 후 즉시 각 온도에서 10분간 가열한 시료를 보통 한천평판배지에 접종하여 20°C에서 배양하였고 그 결과는 10개 시료 이상의 평균값으로 표시하였다.

89.4%에 불과하였다(Zobell, 1961).

열수세균

열수세균이란 심해저 화산 주위에 서식하는 세균을 말한다. 태평양, 일본 열도 주변의 심해저 열수공 주위에서 보고되었다. 열수공에는 화산분출 주변의 온도가 낮고(6~23°C) 분출 속도가 느린(1~2cm · sec^{-1}) 온수형과 온도가 높고(270~380°C) 분출 속도가 빠른(1~2m · sec^{-1}) 고온형의 두 가지가 있다. 후자는 해저 열수공에서 분출된 H_2S와 H_2, CH_4, NH_3, SO_3^{2-}, NO^{2-}, Fe^{2+}, Mn^{2+}가 많이 함유되어 있다.

분출공 근처에서 채취한 시료를 조사한 결과 *Thiobacillus* sp., *Thiomicrospira* sp., *Thiothrix*, *Beggiatoa*와 같은 유황산세균들이 분리되었다. 이들 세균은 이산화탄소를 에너지원으로 사용하며 H_2S, $S_2O_3^{2-}$를 산화한다. 이외에 질산세균, 수소산화세균, 철 및 망간산화세균, 메탄이용세균 등이 발견되었다.

호압성, 내압성 세균

호압성(好壓性) 세균이란 높은 압력에서는 잘 증식하나 낮은 압력에서는 증식이 불가능한 세균을 말한다. 내압성(耐壓性) 세균은 어느 일정 압력까지는 생존하나 그 이상의 압력에서는 생존이 불가능한 세균이다. 높은 압력을 가할 수 있는 장치를 이용하여 심해에서 분리된 여러 종의 미생물을 기압을 달리하여 대사율, 성장률을 측정한 결과 1~400기압 사이에서는 차이가 없었으나 500기압에서는 성장하지 않음을 관찰하였다. 10,000 m에서 채취한 시료에서 분리한 세균은 700~800기압에서 최대 성장률을 보였으나 500기압 이하에서는 성장이 중단되었다. 400기압까지 성장하는 세균을 내압세균(耐壓細菌, Barotolerance bacteria)이라 하고 500기압 이상에서 발육 성장하는 세균을 극호압세균(極好壓細菌, Barophilic)이라고 한다(그림 7-6). 내압성, 극호압성 세균은 모두 저온에서 성장이 활발하며, 특히 극호압성 세균은 저온에서의 성장이 두드러졌다. 10°C 이상에서는 극호압세균의 성장이 매우 느렸다.

호염세균

호염세균(好鹽細菌)이란 고염분 환경에 적응한 세균을 말한다. 염장식품(鹽藏食品)을 붉은색으로 변화시켜 품질을 해치는 세균이 그 예이다. 젓갈을 발효시키

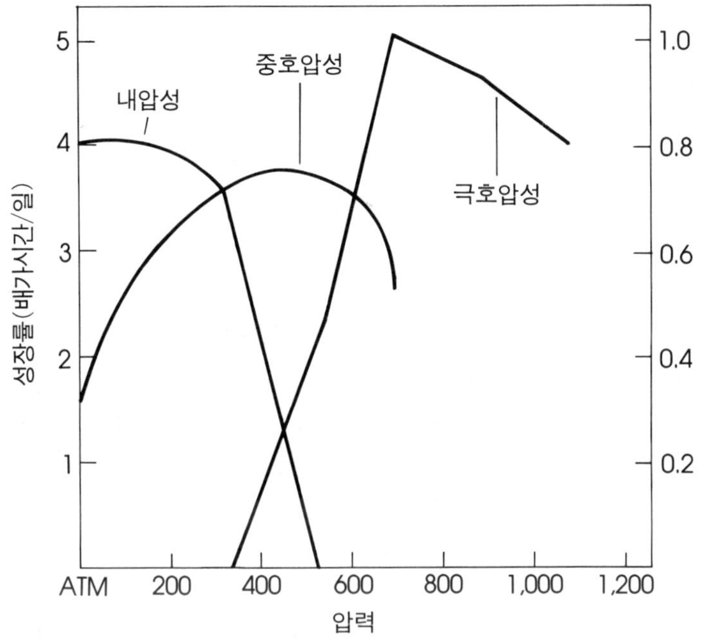

그림 7-6. 내압성, 중호압성 및 극호압성 세균의 압력에 따른 성장률.

표 7-4. 염분에 적응한 정도에 따른 해양세균의 분류

분 류	배지의 식염농도와 증식과의 관계	예
비호염성	0.2 M 이하에서 가장 잘 증식	담수성 미생물
낮은 호염성	0.2~0.5 M에서 가장 잘 증식	대부분의 해양세균
중간 호염성	0.5~2.5 M에서 가장 잘 증식	*Vibrio costicola*, *Paracoccus*, *Halodenitrificase*
높은 호염성	2.5~5.2 M에서 가장 잘 증식	*Halobacterium*, *Halococcus*
내염성	0.2 M 이하에도 잘 증식하고 0.2 M 이상에도 증식 가능	*Staphylococcus aureus* 내염효모, 조류

는 세균 역시 호염세균이다. 해수에 사는 대부분의 세균은 0.2~0.5 M의 염농도에서 잘 증식하나 호염세균은 이보다 훨씬 높은 농도에서도 증식한다. 호염세균의 염분에 따른 적응 정도를 표 7-4에 나타내었다(Larsen, 1962).

0.2 M 이하의 염농도에서 잘 증식하는 세균은 보통 호염세균이라 하지 않는다. 그밖의 세균은 모두 호염세균이라고 하나 어떤 염농도에서도 잘 자라는 세균을 특별히 내염세균이라고 한다.

탄화수소 분해세균

탄화수소를 분해하는 미생물에 관해서는 1940년대에 조벨(Zobell)을 중심으로 많은 연구가 이루어졌다. 1960년 이후 유류오염이 많이 발생하면서 이들 탄화수소 분해세균에 대한 관심이 더욱 높아졌다.

유류가 해양에 유출되면 빠르게 퍼지고 동시에 휘발성분은 날아가 버린다. 대부분 탄소수가 10개 정도인 파라핀, 나프텐 등의 방향족 화합물로 며칠이면 모두 날아가 버린다. 비휘발성 성분들은 표면에 퍼지면서 해수와 섞이고 끈적한 물질이 되어 부유생물, 세균이 이에 부착한다. 이들 물질은 대부분 해저에 가라앉는다(그림 7-7).

해수 중에 유출된 유류는 자외선과 자동산화에 의하여 일부가 화학적으로 산화되지만 대부분은 미생물에 의하여 분해된다. 방향족 탄화수소, 환상탄화수소는 미생물에 의한 분해가 더디며 탄화수소가 적은 화합물일수록 빠르다. 그러나 탄소수가 적은 탄화수소는 세균의 증식을 저해하는 작용도 있어 탄소수 14 전후의 n-paraffin이 가장 빠르게 산화 분해되는 것으로 알려져 있다(표 7-5).

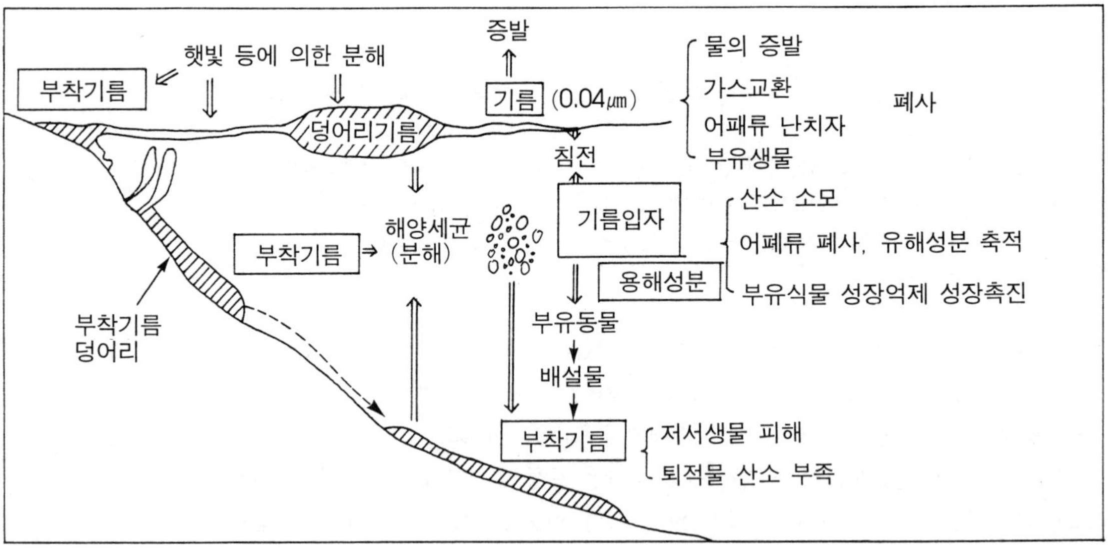

그림 7-7. 유출된 석유의 분해과정과 해양생태계에 미치는 영향

표 7-5. 탄화수소 기질의 상대적 생분해성

	n-alkane	C_{10}-C_{19}	
생*	직쇄 alkane	C_{12}-C_{18}	특**
	기체 탄화수소	C_2-C_4	
분	alkane	C_5-C_9	
	분지(盆地) alkane	$< C_{12}$	이
해	alkene	C_3-C_{11}	
	분지 alkene		
성	방향족 화합물		성
	Cycloalkane		

* 분류균주 중 표에 나타난 기질에 증식할 수 있는 수는 위에서 아래로 감소한다.
** 어떤 기질에 증식할 수 있는 분류균주는 일반적으로 그것보다 위에 있는 기질에 증식할 수 있다(Perry and Cerniglia, 1973).

4. 분 포

조벨(Zobell, 1946)은 캘리포니아 연안해역의 여러 관측점에서 조사한 결과로부터 세균의 수직분포를 부유식물의 분포와 연관시켜 그림 7-8과 같이 나타내었다. 해수 중의 세균수는 25~50 m 수심에서는 부유식물의 수와 함께 증가하고 이후 감소한다. 200 m보다 깊어지면 세균수가 10개체 · ml^{-1} 미만이다. 크리스(Kriss, 1963)는 세균의 수직분포가 일정한 유형을 가진다고 말하기는 어렵다고 하였다. 이는 방법상의 문제를 지적한 것으로 보통 세균은 배지에서 자라는 정도가 종류에 따라 다르므로 어떠한 배지를 사용했는가를 중요한 요인이라 하겠다. 배지에서 조사한 균수는 해수 중에 존재하는 전세균 중 어느 특정 종류만을 선택적으로 계수한 결과로 본 것이다.

그림 7-9는 동해안의 울릉도와 독도 사이의 4개 정점에서 생균수와 총균수를 조사한 결과이다. 배지에 형성되는 콜로니를 계수하고 직접 계수한 결과와 비교하였다. 수심이 깊어질수록 세균수가 감소함을 알 수 있다.

5. 생태계내에서의 역할

해양생태계의 생물군집을 생산자, 소비자와 분해자의 3단계의 영양단계로 나누

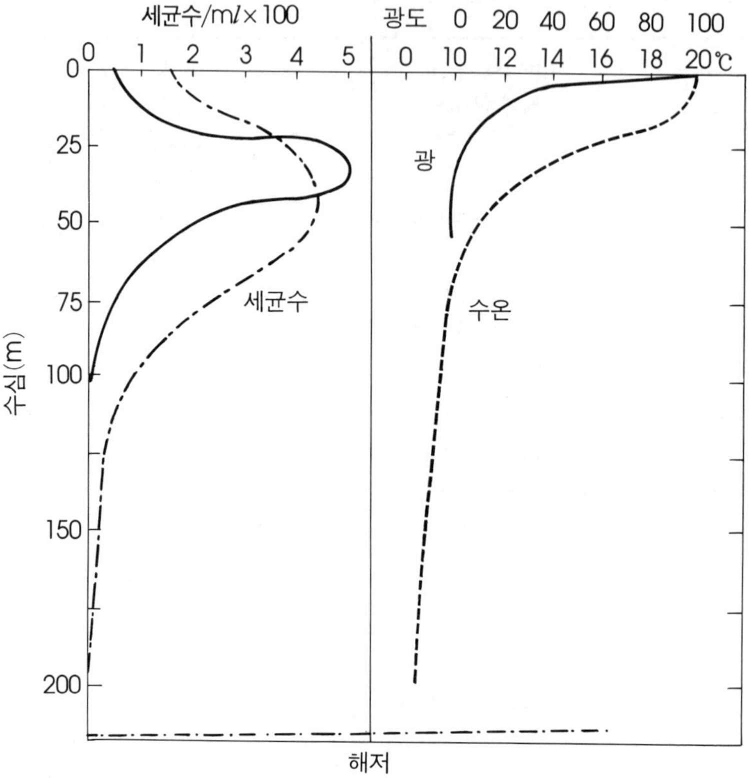

그림 7-8.
남캘리포니아 연안의 세균수

워 생각하면 해양세균은 분해자만의 역할로 취급되어 왔다. 그러나 해양세균이 먹이로서의 역할을 하는 사실이 최근 중요하게 대두되었다. 특히 원생동물과 세균과의 관계는 최근 집중적으로 연구되었다. 원생동물은 세균을 중요한 먹이로 이용한다. 예로 *Uronema* sp.는 *Chromobacterium* sp., *Pseudomonas* sp., *Vibrio* sp., *Micrococus* sp. 및 *Serratia marinorubra* 등의 해양세균을 포식한다. 부착생물 중의 하나인 진주담치도 부유물질을 제거한 후 유기파편이나 균괴(菌塊) 등을 섭취 또는 포식한다. 부유동물 *Calanus helgolandicus*는 규조류 파편에 부착한 세균을 포식한다.

표 7-6에서 *Acinetobacter* sp. AG-3가 부유동물 *Tigriopus japonicus* Mori에 먹이로서 효과를 보여 주고 있다.

그림 7-10은 수괴에서 진행되는 먹이망을 표시한 것으로 용존유기물을 세균이 이용하고 세균을 부유동물이 이용하는 먹이연쇄를 보여 주고 있다. 따라서 해양세균은 생태계에서 분해자인 동시에 먹이로서 이용된다.

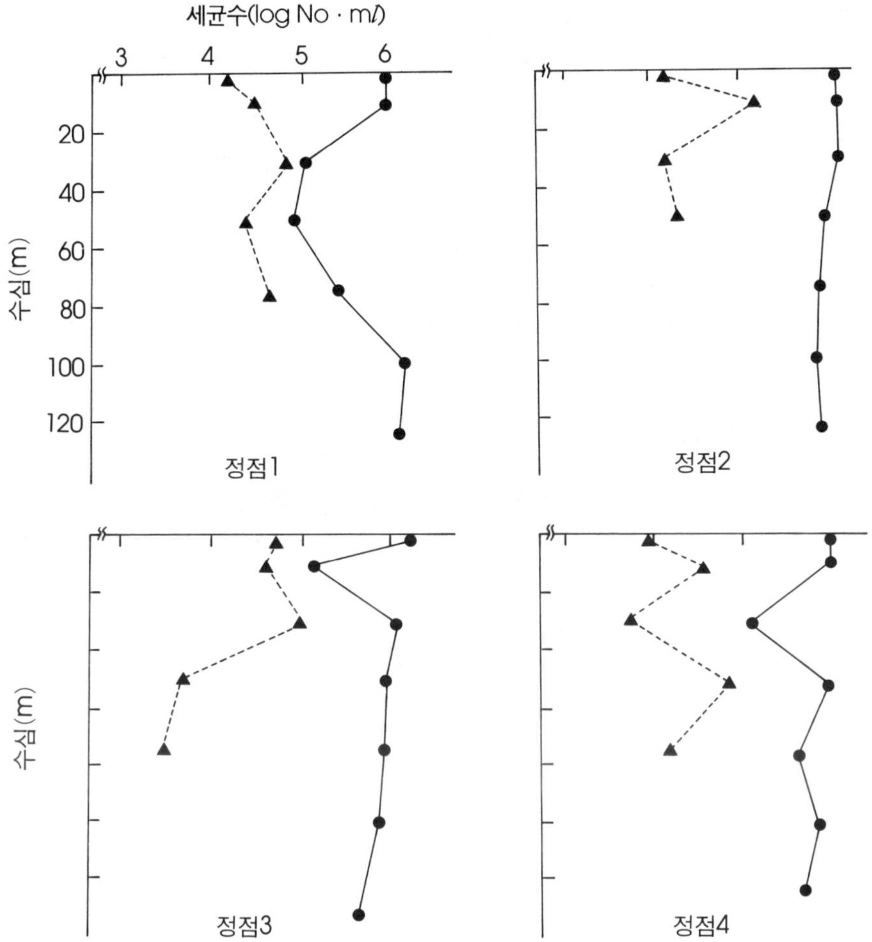

그림 7-9. 동해안 독도와 울릉도 사이의 해양세균의 수직 분포

표 7-6. 부유동물의 생장단계에 대한 체중 증가(李, 1991)

생장기	(P) 체중 증가 (μg-C/개체)	(C) 섭취세균량** (μg-C/개체)	E.C.I.* P/C(%)
Nauplius	0.024	0.114	21.1
Copepodite	0.130	0.239	54.3
Adult	0.230	0.564	40.8

* E.C.I.: Efficiency of conversion of ingested food to body substance

** 먹이로서는 *Acinetobacter* sp. AG-3가 섭취되어 감소된 균수를 직접계수법으로 구하고 여기에 탄소량을 환산한 값.

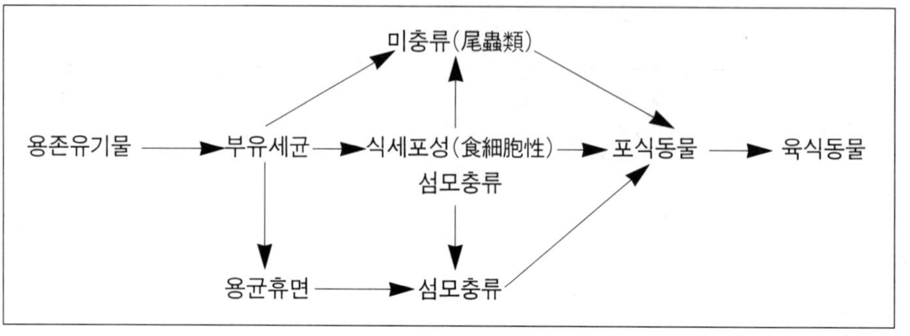

그림 7-10. 종속영양 세균의 먹이연쇄 (King *et al*., 1980)

치자어 먹이로 이용

수산생물의 치어는 부유생물을 먹이로 키워 왔다. 예를 들어 돔, 방어, 가자미 등의 치어에게는 부유동물인 윤충류와 Artemia를 먹이로 준다. 이때 부유동물은 부유식물을 먹이로 키워 왔으나 최근에는 해양미생물을 먹이로 키우려는 시도가 이루어지고 있다. 小川(1977)은 세균의 균체를 덩어리로 만들어 부유동물에게 먹이로 주었다. 多賀와 安田(1979)은 해양세균을 먹이로 주어 Artemia를 대량으로 배양하였다. 李(1991) 역시 해양세균을 먹이로 주어 부유동물인 *Tigropus Japonicus*를 대량 배양한 바 있다.

▶ 연습문제

1. 부영양환경의 세균과 빈영양환경의 세균의 차이점이 무엇인가?
2. 해양의 고유세균(固有細菌)을 설명하시오.
3. 열수분출공(Hydrothermal vent)을 설명하고 현재까지 어떤 생물들이 발견되었는가?
4. 이상적인 채수기란 어떤 조건을 가져야 하는가?
5. 저온세균의 생리적 특징을 설명하시오.
6. 광합성세균의 생리적 특징을 설명하시오.
7. 호염세균이란 무엇인가?
8. 해양미생물의 수직분포에 관하여 설명하시오.
9. 해양미생물 활성측정법에는 어떤 것이 있는가?
10. 호압세균, 내압세균과 빈영양세균을 간단하게 설명하시오.
11. 부착세균과 생물오손(biofouling)에 관하여 설명하시오.
12. *Bdelovibrio*에 관하여 설명하시오.

III

해양의 부분생태계

8장 표영생태계

해양생태계는 생물이 서식하는 공간에 따라 표영생태계(漂泳生態系, Pelagic ecosystem)와 저서생태계(底棲生態系, benthic ecosystem)로 나눌 수 있다. 부유생물이 살아가는 수괴 공간과 저서생물이 살아가는 바다 밑바닥을 서식공간으로 나누고 각 공간에서 생태계의 특징이 어떻게 다른지를 구분하기 위해 사용하는 술어라 하겠다. 부유생물, 저서생물이라는 술어가 생활하는 방법에 따른 구분이라면 표영생태계, 저서생태계는 생활공간에 따른 구분이라 하겠다. 표영생태계, 저서생태계내에서의 생물과 환경의 관계를 차례로 소개하고자 한다.

표영생태계는 다시 수심에 따라 나누기도 하나(그림 8-1), 여기서는 육지로부터 얼마나 멀리 떨어져 있는가에 따라 연안해역, 외양해역으로 나누어 설명하였다. 육지에 가까운 연안해역은 육지에서 이루어지는 인간활동 때문에 외양해역과는 다른 생태적 특성을 나타낸다. 하구역은 담수와 해수가 만나는 특수한 지역이기에 분리하여 소개한다.

1. 연안해역

수심 200 m내의 육지에 가까운 수역을 연안수역이라 한다. 연안수역은 하구역과 연결된 내만수역(內灣水域, inshore waters)과 육지에서 외양으로 나가는 점이지대인 연안수역(沿岸水域, coastal waters)으로 구분해 볼 수 있다.

내만수역은 수심이 얕고 조석의 영향을 크게 받는 수역이다. 파도에 의한 영향 또한 무시할 수 없다. 따라서 수온약층이 잘 형성되지 않는다. 수괴의 상, 하층 혼합이 잘 일어나기 때문에 영양염은 항상 풍부하다. 조석이나 파도와 같은 물의 운동이 강한 지역이므로 해저로부터 재부유되는 물질이 많아 부유물질의 농도가

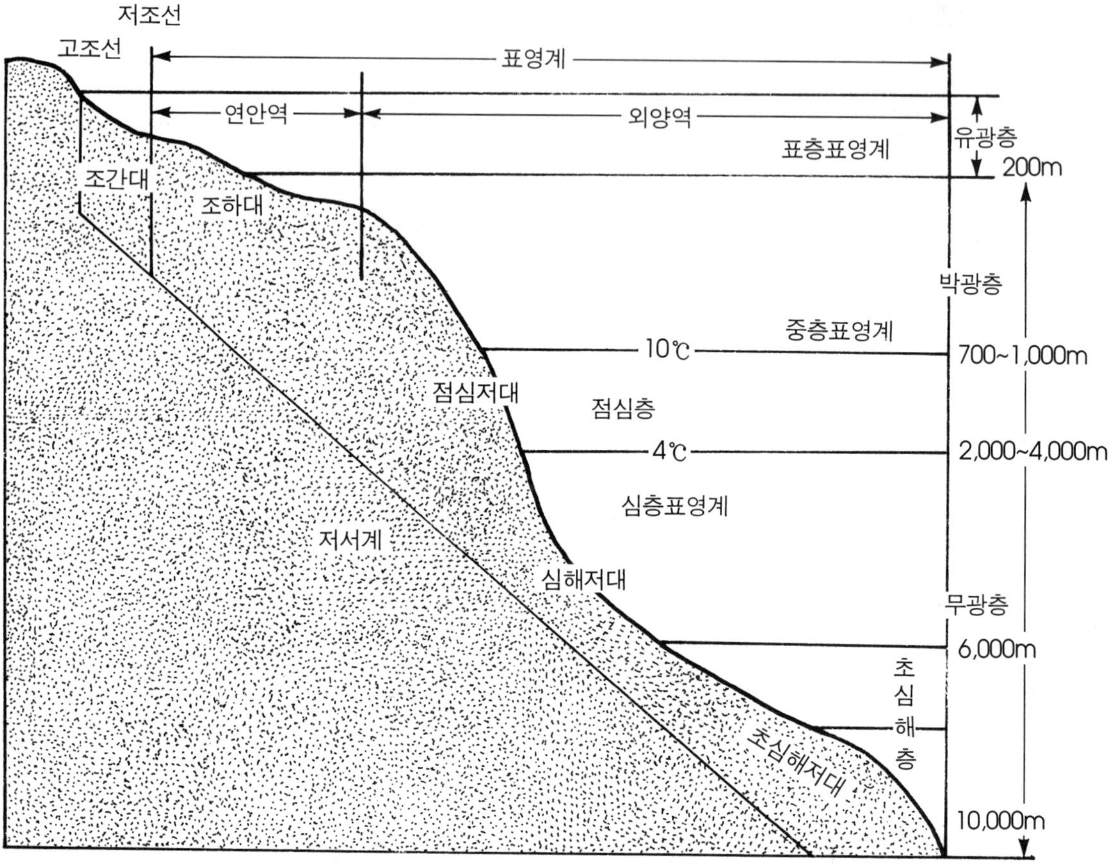

그림 8-1. 해양의 표영계와 저서계의 구분(Nybakken, 1993 인용)

높다. 부유물질의 농도가 높으므로 빛이 투과할 수 있는 깊이가 얕다. 즉 유광대가 깊지 못하다. 그러나 수심이 얕고 물의 운동이 강하기 때문에 부유식물이 광합성을 할 수 없는 임계깊이 아래로 내려가지는 않는다. 염분, 영양염 등의 조건은 하구역과 비슷하다. 다만 강 하구로부터 멀리 떨어져 있기 때문에 하구역에 비해 염분의 변화가 적고 영양염의 농도 또한 하구역에 비해 낮다.

연안수역은 수심 100~200 m이내의 대륙붕 해역이다. 흔히 천해대 또는 연해대(neritic zone)라고도 한다. 영양염 농도가 높으며 외양역에 비해 생산력도 높다. 난류, 파랑, 용승 등에 의해 수괴가 잘 섞이므로 저층에서 표층으로의 영양염 유입이 많다. 연안수역은 하구역에 비해 환경조건이 안정되고 외양역에 비해 비옥하기 때문에 생물상이 풍부하다. 외양종의 유입이 일부 있으나 대부분 고유의 연안종들이 군집의 주요 구성원이다. 저서생물들도 다양하여 생물상이 풍부하다. 저서동물의 유생이 부유시기를 가지므로 이들 부유유생들이 연안수역 표영생태계의 군집 형성에 중요한 역활을 한다.

1.1. 부유식물과 일차생산

연안해역은 육상으로부터 영향을 많이 받으므로 외양역과는 달리 육상의 인구밀집 정도나 공단조성 정도 등의 차이에 따라 해역별로 환경의 차이가 나타난다. 해역별로 환경이 다르므로 출현하는 부유식물의 종조성과 군집구조, 생산력등도 차이가 있다. 연안수역이라 하더라도 육상에서 멀리 떨어진 비교적 수심이 깊은 외해성 연안수역과 수심이 얕고 육지에 가까운 천해성 연안수역으로 구분해 볼 수 있다. 육지에 가까운 천해성 연안수역은 해역에 따라 환경이 다르므로 출현하는 부유식물 종도 차이가 나나 외해성 연안수역은 수온 염분 조건이 비슷할 경우 출현 종도 비슷하다. 또 염분의 변화가 크지 않기 때문에 외해성 부유식물의 대부분이 협염성 종이다. 외해성 연안역, 천해성 연안역의 환경과 부유식물 군집, 일차생산의 특성에 관한 몇 가지 예를 아래에 제시하였다.

미국의 메인 만(Gulf of Maine)은 대표적인 외해성 연안수역으로 미국 동북부의 북위 41°~44° 사이에 위치한다. 메인 만의 부유식물은 북방온대성 연안종과 외양종이 함께 출현한다. 계절적인 천이(seasonal succession)가 뚜렷하며 그 과정을 아래에 소개한다(그림 8-2).

겨울철에 우점하는 종들이 이미 10월부터 출현하기 시작하며 1월에 극 우점한다. 출현 종수가 많고 각 종의 개체수는 적은, 즉 높은 다양성을 보이는 것이 특징이다. 겨울에는 돌말류인 *Thalassiosira eccentrica*가 다른 돌말류에 비해 우점한다. 와편모류 *Ceratium tripos*는 많이 나타나지는 않지만 이 기간에 특징적으로 나타나는 종이다. 겨울종들은 3월과 4월이 되면 돌말류 *Thalassiosira nordenskioeldii*, *Porosira glacialis*, *Chaetoceros diadema* 등으로 대체되며 봄의 대증식이 시작된다. 온도가 상승하면서 *Chaetoceros* 종류가 증가하여 약 30여 종 출현한다. 6월과 7월, 수온이 9°C 정도에 이르면 *Chaetoceros compressus*가 우점한다. 30여 종의 *Chaetoceros*의 출현과 대증식은 대부분 종에 따라 일어나는 시기가 다르다. *Chaetoceros compressus*는 여름철에 돌말류인 *Asterionella japonica*, *Chaetoceros curvisectus*, *Skeletonema costatum* 등에 의해 대치되며 이들은 곧 *Gonyaulax*나 *Protoperidinium*. *Scrippsiela*, *Heterocapas* 등으로 바뀐다. 늦여름부터 초가을에는 대형 돌말류 *Rhizosolenia alata*, *R. styliformis*, *R. setigera*, *R. hevetata f. semispina* 등으로 대체된다.

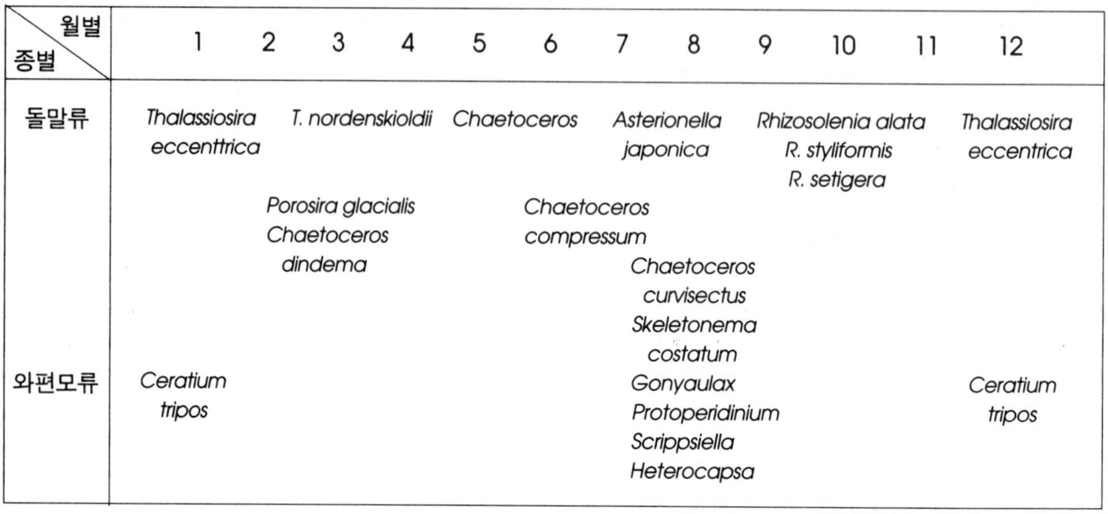

그림 8-2. 미국 메인 만 우점 부유식물의 계절적 천이 양상(Smayda, 1980).

북유럽의 노르웨이의 피요르드 해안은 수심과 크기가 다양하나 외해수와의 수괴의 교환이 제한되어 있고, 겨울철에는 연안쪽에서 얼음이 얼기도 한다. 피요르드의 양상이 다양하기 때문에 부유식물 군집도 일정하지 않다. 표층수온은 연간 북쪽에서는 0°C에서 10°C까지 변하고 남쪽에서는 0°C에서 23°C까지 변한다. 위도에 따라 광량의 계절변화가 뚜렷하다. 낮은 수온과 난류혼합으로 수온약층이 뚜렷하지 않다. 북쪽으로 가면서 일조량이 감소하므로 춘계 부유식물의 대증식이 저위도 수역에 비해 3~4주일 늦게 일어난다. 이러한 환경특성과 위도 경사는 부유식물 종조성에도 영향을 준다.

북쪽의 연안 피요르드 수역에서는(64°N~71°N) 돌말류에 의한 두 번의 대증식이 특징적이다. 즉 4월에 돌말류의 대증식이 발생하고 7월과 9월 사이의 두번째 대증식이 일어난다(그림 8-3). 일부 수역에서는 두번째 대증식이 5월과 7월 사이에 발생하기도 한다. 이들 수역에서 4월달 대증식시에는 *Chaetoceros socialis*, *Chaetoceros farcellatus*, *Fragilariopsis oceanica*, *Thalassisira decipiens* 등의 돌말류가 다량 발생하고, 7월에는 *Chaetoceros compressus*, *Chaetoceros debilis*, *Nitzschia delicatissima*, *Skeletonema costatum* 등이 우점한다. 8월에는 *Leptocylindrus minimus*, *Rhizosolenia alata* 등이 많이 나타난다. 남쪽의 피요르드(61°N)에서는 *Skeletonema costatum*에 의해 2월과 10월에 대증식이 두 번 일어나기도 한다.

수심이 얕은 천해 연안수역에서는 성질이 다른 수괴의 유입이 많지 않고, 수괴의 대부분이 균일하다. 그 결과 부유식물도 외부로부터 유입된 종보다는 그 수괴

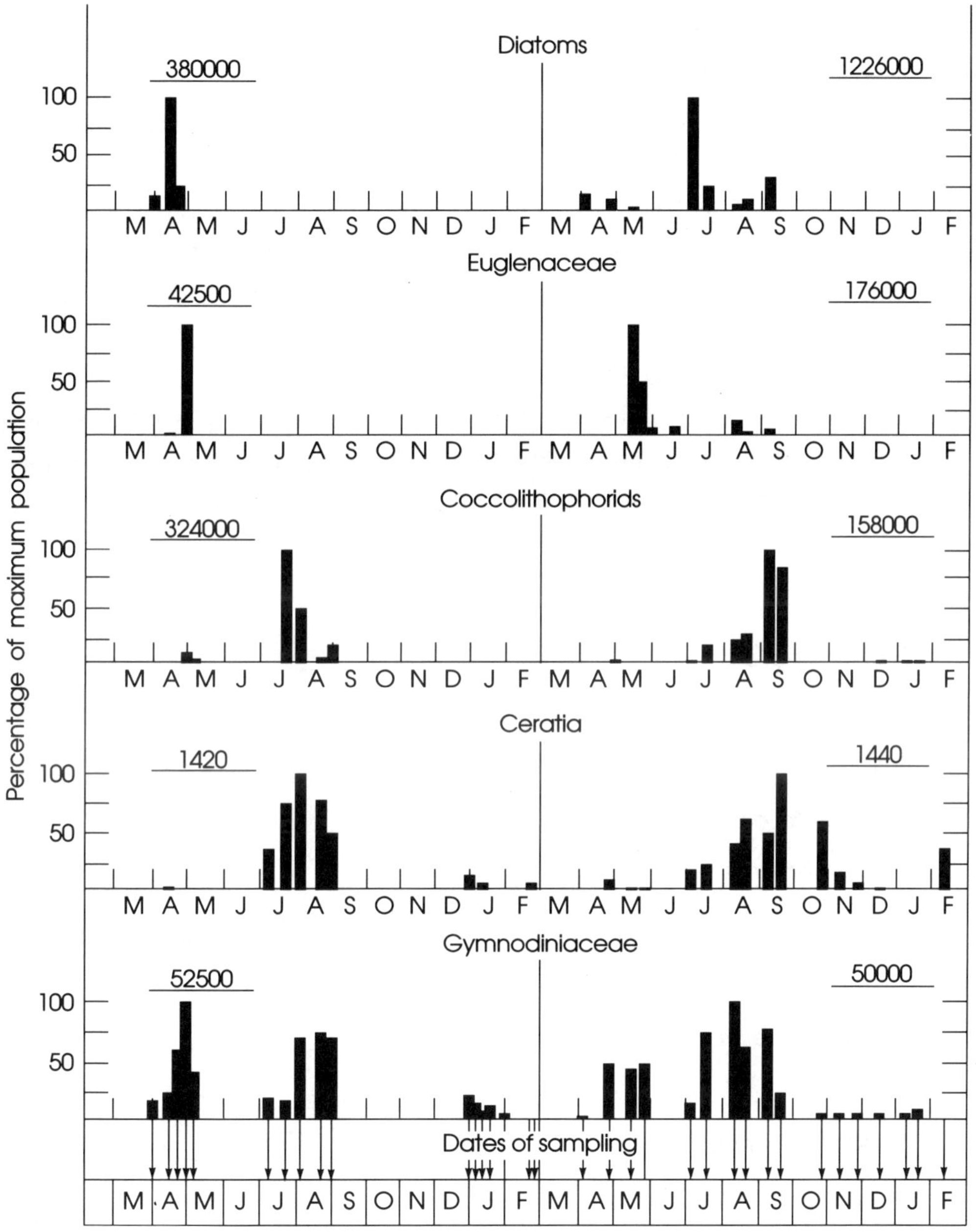

그림 8-3. 노르웨이 연안해역(68°N)의 부유식물 주요 구성종의 계절적인 변화(From Braarud *et al*., 1958)

에 오랫동안 자생해 온 토착종들이 대부분이다. 천해연안 수괴의 토착종들은 하구역의 토착종들과 유사한 점이 많으나 하구역에 비해 많은 종들이 나타난다. 온대의 천해 연안수역에 출현하는 부유식물은 대부분 계절적인 천이현상이 뚜렷하다. 미국 동부의 대표적인 천해 연안수역인 롱아일랜드 사운드(Long Island sound)에 우점하여 출현하는 토착 부유식물은 *Skeletonema costatum*, *Thalassiosira nitzschioides*, *Paralia sulcata*, *Schroderella delicatula*, *Thalassiosira decipiens*, *Thalassiosira gravida*, *Thalassiosira nordenskioeldii*, *Rhizosolenia setigera*, *Rhizosolenia delicatula* 등의 돌말류와 *Scrippsiella trochoidea*, *Prorocentrum scutellum*, *Prorocentrum triestinum* 등의 와편모류이다. 이들의 계절별 출현양상은 그림 8-4와 같다.

우리나라 서해 연안에 출현하는 부유식물은 300종 이상으로 출현 종의 수가 대단히 많다. 연안 토착종으로 출현하는 종들은 서해의 내만과 연안수역에 출현하는 종들로 200종 가까이 된다. 돌말류로서 우점하는 종은 *Paralia sulcata*, *Thalassiosira nitzschioides*, *Nitzschia delicatissima*, *Nizschia seriata*, *Leptocylindrus*

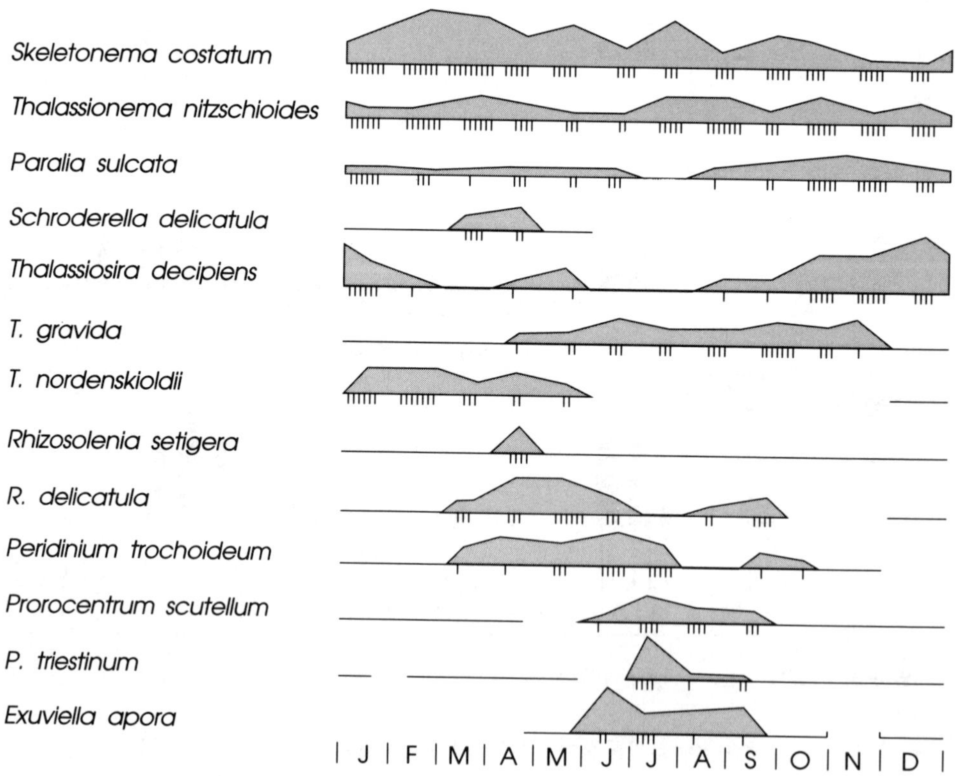

그림 8-4. 미국 롱아일랜드 해협에 출현하는 주요 부유식물의 월별분포(From Riley, 1967)

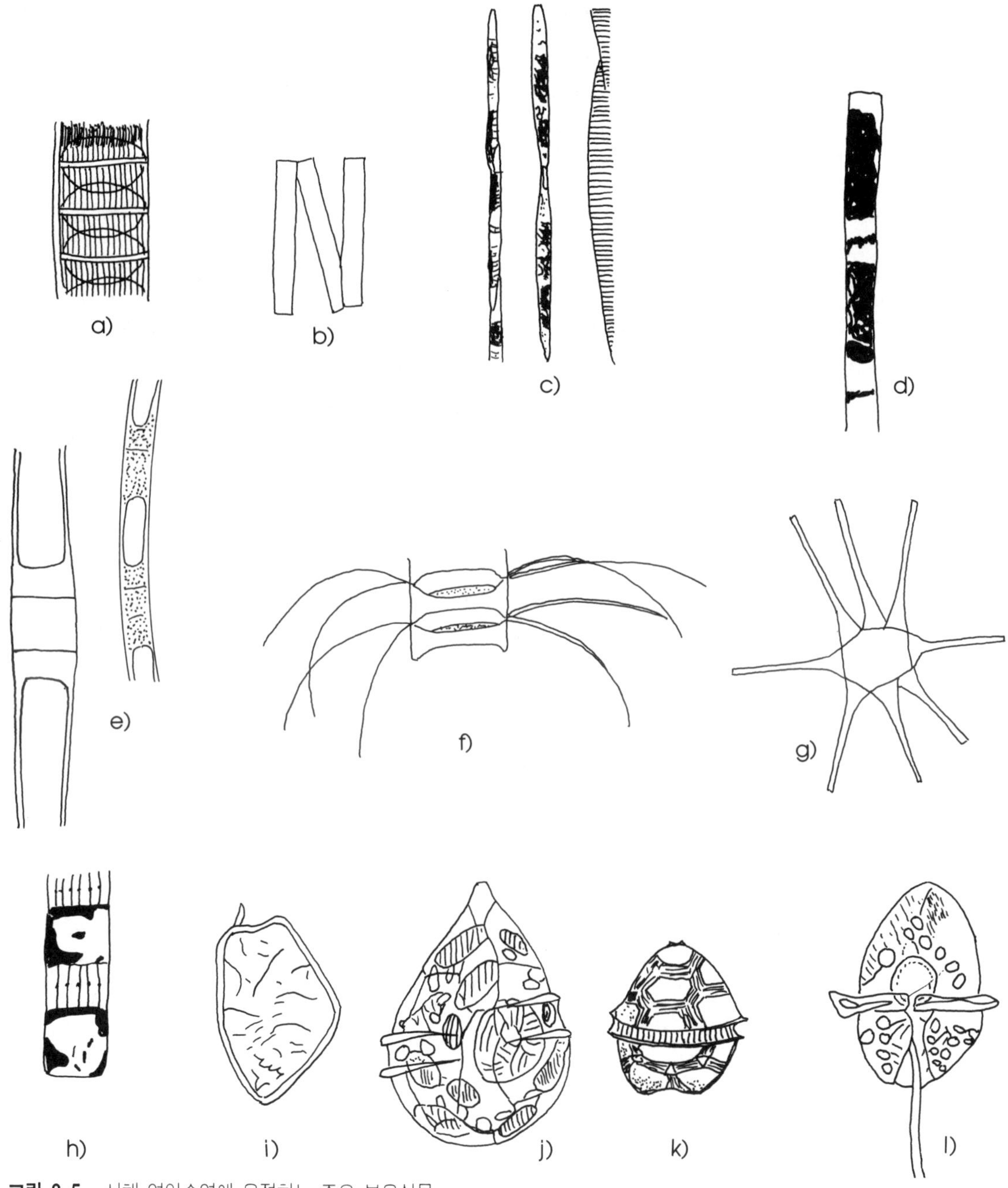

그림 8-5. 서해 연안수역에 우점하는 주요 부유식물.
돌말류: a) *Paralia sulcata*, b) *Thalassionema nitzschioides*, c) *Nitzschia seriata*, d) *Leptocylindrus danicus*, e) *Hemiaulus hauckii*, f) *Chaetoceros debilis*, g) *Asterionella japonica*, h) *Skeletonema costatum*
와편모류: i) *Prorocentrum micans*, j) *Scrippsiella trichoidea*, k) *Protoperidinium*, l) *Gymnodinium*

danicus, *Thalassiosira subtilis*, *Hemiaulus hauckii*, *Chaetoceros debilis*, *Schroderella delicatula*, *Asterionella japonica*, *Skeletonema costatum* 등이다. 와편모류는 *Prorocentrum balticum*, *P. triesticum*, *Scrippsiella trochoidea*, *Oxytoxum gladiolus*, *Gymnodinium simplex* 등이 대표적이다(그림 8-5). 우점종의 종구성이 미국 동부의 롱아일랜드 사운드 연안수역과 유사하다. 즉 지역적으로는 멀리 떨어져 있으나 온대 연안 천해수역이라는 공통적인 환경조건 때문에 부유식물의 종구성도 비슷하다.

일차생산력은 하구역에 비해 연변화가 적으나 외양역에 비해서는 연변화가 크다. 천해 연안수역의 일차생산력은 육지로부터 유입되는 영양염의 양에 직접 영향을 받는다. 여름철에 일차생산력이 높은 것도 하나의 특징이다. 영양염이 여름에 비교적 풍부하고, 광조건이 좋으며, 수온도 높기 때문이다. 외양수역은 오히려 봄과 가을에 높은 일차생산력을 보인다. 연안수역은 외양역에 비해 영양조건은 좋으나 육상과 하구역으로부터 유입된 부유물질 때문에 탁도가 높아 광조건이 좋지 않고, 유광대가 깊지 않다. 따라서 연안 천해수역의 일차생산력은 수심 5~15 m 상층부에서 주로 이루어진다. 그러나 전반적으로 표층에 높은 영양염이 존재하고 부영양화가 되어 있기 때문에 외양역에 비해 높은 일차생산력을 보인다.

부유식물에 의한 전해역의 일차생산량은 연간 약 31×10^9 tC · yr^{-1}로 추정하고 있다(Platt & Subba Rao, 1975). 그 중 12.3% 인 4×10^9 tC · yr^{-1}는 대륙붕의 용승수역에서 생산되는 양으로 단위면적당 평균 183 gC · m^{-2} · yr^{-1}의 생산을 한다. 온대의 천해 연안수역인 미국 동부의 롱아일랜드 사운드는 뉴욕주로부터 유입되는 영양물질로 인하여 부영양화되어 380 gC · m^{-2} · yr^{-1}의 높은 일차생산량을 보인다.

우리나라 서해 연안역의 연 일차생산량은 132~141 gC · m^{-2} · yr^{-1}로 추정하고 있다(최 등, 1988, 강 등, 1992). 서해 연안역의 일일 일차생산력 분포는 37.24~2,844 mgC · m^{-2} · day^{-1}의 범위로 계절에 따라 큰 변화를 보이고 있다. 겨울철에 평균 150 mgC · m^{-2} · day^{-1}의 낮은 생산력을 보이며 하계에 1,048 mgC · m^{-2} · day^{-1}의 높은 생산력을 보여 주고 있다. 서해의 경우 연안수역보다는 내만수역이 높아, 천수만의 경우는 150 gC · m^{-2} · yr^{-1} 이상의 연일차생산량이 측정되고 있다.

1.2. 부유동물

연안역은 외양역에 비해 수온, 염분의 변화가 심하고 영양염이 풍부한 것이 특징이다. 환경의 변화가 심하기 때문에 이러한 조건에 적응한 종의 수가 줄어든다. 따라서 종 다양성이 작은 것이 연안역의 특징이다. 영양염이 풍부하다는 사실 또한 매우 중요한 의미를 갖는다. 부유식물에 의한 1차생산량이 외양역에 비해 훨씬 많은 것이다. 뿐만 아니라 부유식물의 형태도 외양역과는 약간 구별되는 특징을 가진다. 영양염 흡수는 세포의 표면에서 이루어지므로 영양염이 빈약한 외양역에서는 표면적대 체적의 비를 크게 하여 영양염을 효율적으로 받아들이려 한다. 따라서 외양역의 부유식물의 크기는 연안역에 비해 작다고들 말한다. 반대로 연안역에서는 부유식물의 크기가 상대적으로 크다고 말할 수 있다.

부유동물은 부유식물과 밀접히 연관되어 있으므로 위에 열거한 부유식물의 특징과 관련된 부유동물의 특징이 나타난다. 1차생산량이 많기에 부유동물의 현존량 또한 외양역에 비해 많다. 부유동물의 크기도 연안역에서는 크고 외양역에서는 작다. 부유식물의 크기와 상관성을 보인다고 하겠다.

환경의 변화가 심하기에 내성이 강한 종들만이 서식하고 따라서 종 다양성이 낮다. 대부분의 종들이 기회종인 것으로 알려져 있다. 부유식물과는 달리 유영능력이 있고 생활사가 길므로 환경에 대한 반응이 부유식물처럼 민감하지는 않다. 따라서 연안, 외양역에 따른 차이가 부유식물에 비해 크지 않은 것 또한 하나의 특징이다.

일주기 수직이동이 활발치 않다는 것도 특징이다. 특히 육지에 가깝고 조석에 의한 수괴의 혼합이 잘 일어나는 지역에서는 수직이동 현상을 관찰하기 어렵다. 활발한 수직혼합에 기인하기도 하지만 수심이 얕아 시간별로 계속 채집하는 데 어려움이 있기 때문이다. 실제로는 종에 따라 일주기 수직이동을 하며 그 양상이 계절에 따라 다르다고 보고 되었다(Park *et al.*, 1991)(그림 8-6).

연안역 부유동물의 대부분이 각종 저서생물의 유생으로 구성된 주기성 부유동물(meroplankton)이라는 사실 또한 강조되어야 한다. 이들 주기성 부유동물의 종류는 하구역 표영생태계에서 출현하는 종과 크게 다르지 않다. 연체동물, 절지동물, 극피동물, 환형동물 등의 유생이 대부분이다. 이들 유생은 열대해역에서는 연중 계속하여 크고 작은 변이를 보이며 출현하고, 온대수역에서는 특정 계절에 집중적으로 출현한다.

한반도 주변 연안해역에 출현하는 부유동물은 약 180종으로 이중 요각류가 140종을 차지한다(Yoo, 1991). 요각류는 양적으로도 가장 많다. 우점종은 *Acartia bifilosa*, *A. clausii*, *Paracalanus indicus*, *Calanus sinicus*, *Corycaeus* spp., *Oithona* spp. 등이다. 요각류 다음으로 많이 출현하는 종은 모악동물인 화살벌레(arrow worm, Chaetognatha)로, 주요 우점종은 *Sagitta crassa*, *S. bedoti*, *S. enflata* 등이다(그림 8-7). 이들 요각류와 모악동물은 한반도 주변에서 연안수괴, 외양수괴,

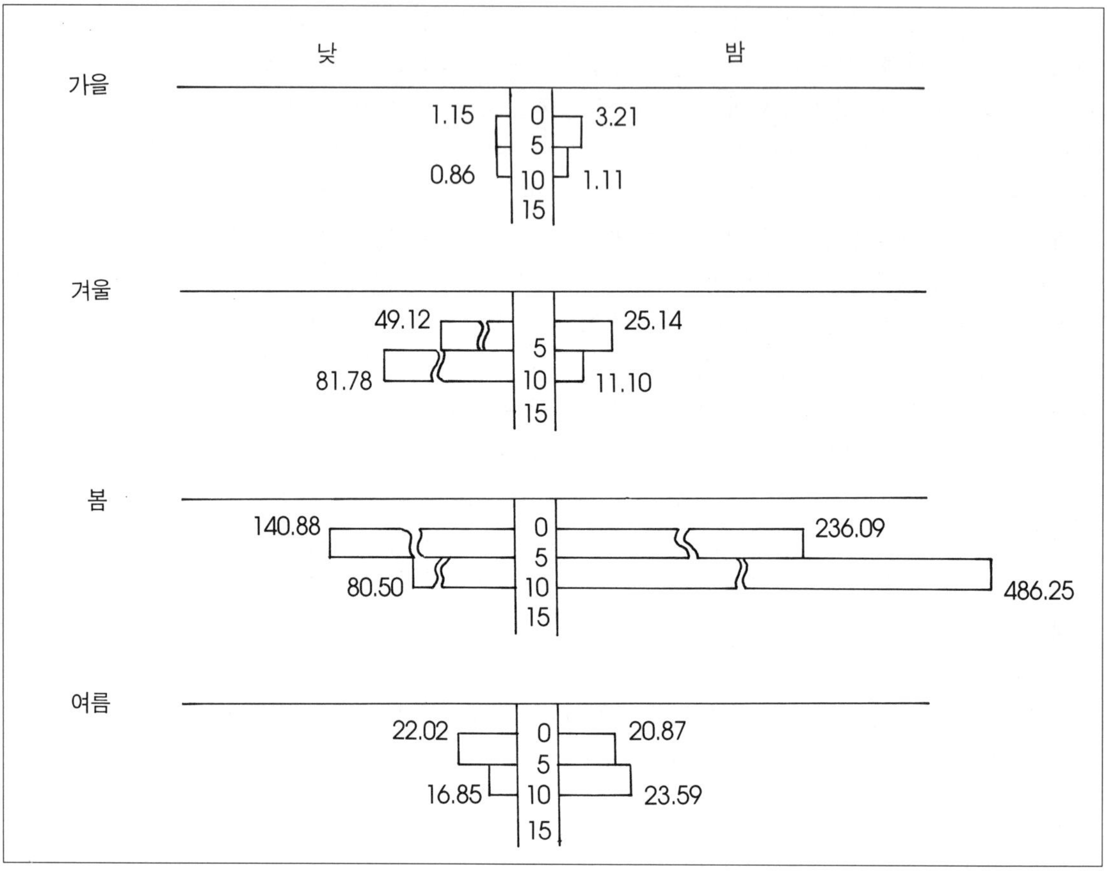

그림 8-6. 해수 혼합이 활발한 서해 연안역에 분포하는 요각류 *Acartia omorii*의 주야 수직분포 양상
(출처, 수산학회지 24권 6호)

혼합수괴 등을 구분하는 지시종으로 응용되기도 하였다(박 등, 1991, 1992). 현존량을 정확히 기술하는 데는 어려움이 있다. 채집그물의 망목 크기에 따라 채집되는 생물이 다르기 때문이다. 보통 1 m^3당 수백에서 수천 개체 존재한다. 와편모류에 속하는 야광충(*Noctiluca scintillans*)의 포함 여부에 따라 기재된 개체수에 큰 차이가 있다.

우리나라 연안역에서는 부유동물의 종조성 및 양적 분포가 계절적으로 변하는 양상을 띤다(강과 이, 1991; 황과 최, 1993; Choi and Park, 1993 등). 지역별로 다소 차이가 있으나, 늦봄에서 여름을 거쳐 이른 가을까지 현존량이 가장 크고 겨울철에 가장 작다. 이러한 계절 변동은 종류에 따라 다르다. 아산만 연안의 경우 연체동물의 유생은 가을철에, 절지동물 중 십각류의 유생은 여름철에 그 양이

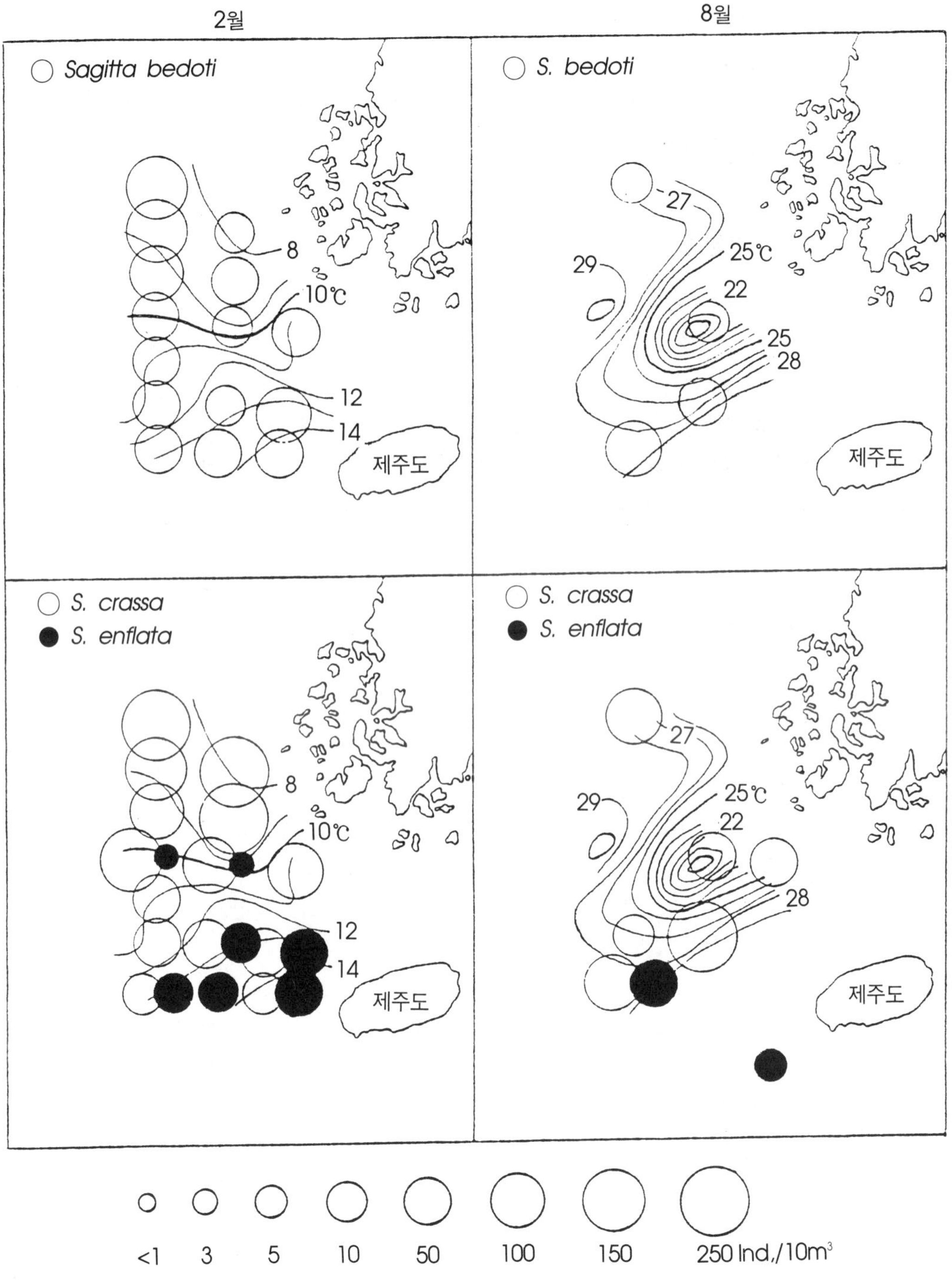

그림 8-7. 황해 남동해역의 1990년 2월과 8월의 표면수온 분포와 화살벌레(모악류) 3지표종의 분포

가장 많고 요각류는 봄철에 *Calanus sinicus*, *Acartia bifilosa*가 우점하며, 여름철에는 *Paracalanus indicus*, *A. pacifica*, *Corycaeus affinis* 등이, 가을철에는 *Labidocera euchaeta*가 각각 우점하였다. 모악동물은 *Saggita crassa*가 여름철에 가장 많이 출현하였다(Choi and Park, 1993).

1.3. 미생물

유기물 농도가 외양역에 비해 높으므로 세균수가 많다. 보통 10^6~10^7개체 · ml^{-1} 이나 부영양화가 일어나는 해역에서는 10^8개체 · ml^{-1}도 흔히 관찰된다. 진해만은 부영양화가 일어나는 대표적인 해역으로 적조발생 후 세균의 수가 10^9개체 · ml^{-1}까지 증가되기도 한다. 적조가 일어나면 세균수가 많아질 뿐 아니라 세균의 종류도 달라진다. 李 등(1986)에 의하면 적조발생 직전에는 Pseuddomonas sp., Flavobacterium sp., Moraxella sp., Vibrion sp.종이 우점하였으나 적조가 발생하면 Flavobacterium sp., Actinetobacter sp., Moraxella sp.로 우점종의 순위가 바뀌고 적조 직후에는 Flavobacterium sp., Vibrio sp., Actinetobacter sp., Pseudoomonas sp.의 순으로 바뀜을 진해만에서 관찰하였다.

1.4. 어 류

연안해역은 영양염이 풍부하고 그 순환이 활발하여 일차생산력이 높고 따라서 어류의 생산력도 높다. 외양역에서는 일차생산이 주로 진광대에서 일어나므로 어류 역시 어류진광대 가까이에 분포하는 반면, 연안해역에서는 수괴의 생산력이 높을 뿐 아니라, 저서계의 생산력도 높고 저서계에서 생산된 물질도 먹이사슬을 통하여 어류에 전달되므로 어류는 전수층에 분포한다.

북해는 세계에서 어류 생산에 대한 연구 역사가 긴 해역으로 먹이사슬을 통한 어류 생산에 대한 연구가 구체적으로 수행되어 그 결과를 아래에 소개한다. 북해에서의 일차생산, 즉 부유식물의 생산과 용존 혹은 입자유기물을 통한 총 생산은 90 gC · m^{-2} · yr^{-1}, 혹은 900 kcal · m^{-2} · yr^{-1}로 추정된다. 이 중 170 kcal · m^{-2} · yr^{-1}는 초식성 부유동물의 생산을 통하여 표영계로 전달되고, 300 kcal · m^{-2} · yr^{-1}는 저서계로 전달되는 것으로 보고 있다. 표영계로 전달된 유기물 에너지는 각각 유영어류와 무척추동물에게 반씩 전달된다. 저서계로 전달된 에너지 가운데 저서동물은 약 50 kcal · m^{-2} · yr^{-1}를 다음 먹이단계인 다른 저서어류, 또는 저서동물에 전달하는 것으로 추정하고 있다.

1960년대 말 저서어류의 총 생산은 2.6 kcal · m^{-2} · yr^{-1} 정도이며 이것은 약 130만 톤에 해당되고 이 가운데 연간 약 95만 톤이 어획되었다. 부어류의 생산은 약 4 kcal · m^{-2} · yr^{-1} 정도이며, 200만 톤이 어획되었다. 1960년대에서 1970년대 사이에 부어류인 청어와 고등어류의 생물량은 약 1/3로 감소하였고, 대구류의 저서어류 생물량은 2~5배 정도 증가하였다. 이 과정에서 부어류에 이용되지 않은 초식자의 생산은 난바다곤쟁이류, 양미리류, 소형 청어목어류 등을 통하여 저어류에 전달된 것으로 보고 있다. 결국 청어나 고등어 등의 부어류 감소에 따라 소비되지 않은 초식자의 생산은 다른 먹이사슬을 통하여 저어류로 전달되어 전체 먹이사슬은 균형을 이루는 것으로 볼 수 있다.

한반도 주변 해역의 어류 생산은 높을 것으로 예상되지만 아직 어류의 생산량이나 먹이사슬 구조와 각 먹이사슬 단계의 에너지 흐름에 대한 구체적인 연구는 미비한 편이다. 한반도 주변의 어획자원에 대하여는 다른 장에서 자세히 다루기

표 8-1. 1990년 한반도 연근해에서 잡힌 어류의 해구별 어획량
(***10만 톤 이상, **1~10만 톤, *천~만 톤)

어 류	동해구	남해구	서해구	어 류	동해구	남해구	서해구
명 태	*	*		망둑어류		*	*
도루묵	*	*		양 태		*	*
임연수어	*			볼 락		*	*
다랭이	*			숭어류		*	*
양미리	*			아 귀		*	*
꽁 치	*			가오리류		*	*
가자미류	*	*	*	넙치류		*	
멸치류	**	***	*	민 어		*	
정어리	*	***	*	복어류		*	
쥐 치	*	***		전 어		*	
고등어	*	**		갯장어		*	
붕장어		**		삼치류		*	
참조기		**	*	학꽁치		*	
전갱이		**	*	방 어		*	
강달이		**	**	준 치		*	
갈 치		**	**	상어류		*	
서대류		*	*	뱅어류			**
기타돔		*	*	밴댕이			*
병 어		*	*				

때문에, 여기서는 어업자료를 이용하여 한반도 주변 어류의 분포 및 생산력에 대하여만 소개하겠다.

1990년 수산통계 자료 중 각 해역에서 1,000톤 이상 어획된 어류를 보면 표 8-1과 같다. 동해구에서는 가자미류와 같은 저서어류도 일부 어획되지만 부어류가 주를 이룬다. 명태는 반저서어류로 만 톤 이상 어획되는 동해에서 잡히는 중요한 어종이다. 명태는 남해에는 서식하지 않는다. 동해에서 잡힌 명태가 남해구에 해당되는 항구에서도 위탁 판매되므로 위판통계를 이용한 위의 표에서는 남해구에서 잡힌 것처럼 표시되었다.

남해구는 한반도 주변에서 어류 생산량이 가장 높은 해역으로 각종의 저서어류와 부어류가 어획된다. 우리나라에서 가장 많은 생산량을 차지하는 멸치, 정어리 및 쥐치의 주어장으로 각각 10만 톤 이상 어획되었다. 이 어류 다음으로 고등어, 갈치 등도 다량 어획되었다. 갈치와 강달이는 남해구와 서해구에서 각각 만 톤 이상 잡힌다. 이들 어종은 두 해역 모두에서 주요한 어종이다.

서해에서는 갈치와 강달이 이외에 베도라치류가 만 톤 이상 어획되었다. 앞 절에서 살펴본 것과 같이 한반도 주변은 수온의 연교차가 커서 어류들이 적정 수온을 찾아 계절에 따라 회유하기 때문에 대부분의 어종이 양적으로는 차이가 있으나 세 해역 모두에 분포하는 경향을 보인다. 그러나 냉수성인 명태는 동해에만 분포하며, 내만에서 어획되는 베도라치는 서해에서 주로 어획된다. 남해는 동해나 서해에 비하여 수온이 높아 어종도 풍부하고 생물량도 많을 것으로 보인다. 또 계절에 따라, 적수온을 따라 회유하는 어류가 남해에서 많이 잡히지만 이들 어류가 계절에 따라서는 동해나 서해에서 잡히는 경우도 있다.

한반도 주변의 어장은 60년대 이후 어로장비의 현대화로 계속 넓어졌고 어획량

표 8-2. 연근해 어장의 면적당 생산량(김용문, 1991)
(면적: 1,000km^2, 면적당 생산량: ton/km^2)

연 대	구 분	계	동해	황해 및 동중국해
1965~67	면 적	229	61	168
평 균	면적당 생산량	2.54	2.72	2.48
1975~77	면 적	350	73	277
평 균	면적당 생산량	3.59	3.21	3.69
1985~1987	면 적	853	248	605
평 균	면적당 생산량	1.86	0.81	2.28

도 증가하였다. 그러나 수산자원량의 지표가 되는 단위면적당 생산량은 60년대 중반에 비하여 70년대 중반에는 30% 정도 증가하였으나 80년대 중반에는 70년대 중반에 비하여 오히려 50% 정도로 감소하였다(표 8-2). 어로장비의 현대화로 어장이 확대되면서 그때까지 어획되지 않았던 어류자원이 개발되어 70년대에는 단

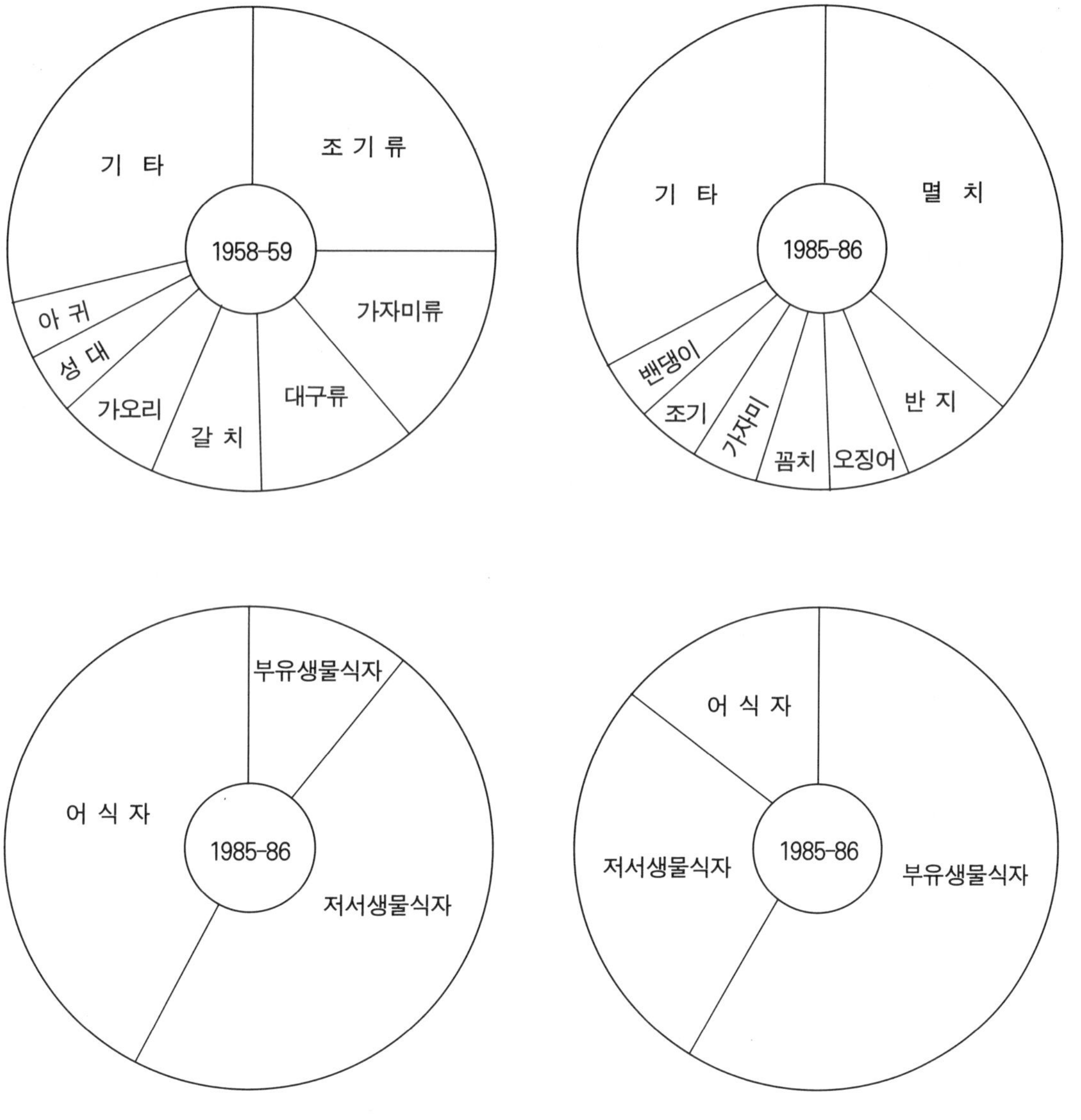

그림 8-8. 1958~59년과 1985~86년의 저층 트롤조사 자료를 이용한 어류의 종조성(위)과 식성의 변화(아래) (Tang, 1993)

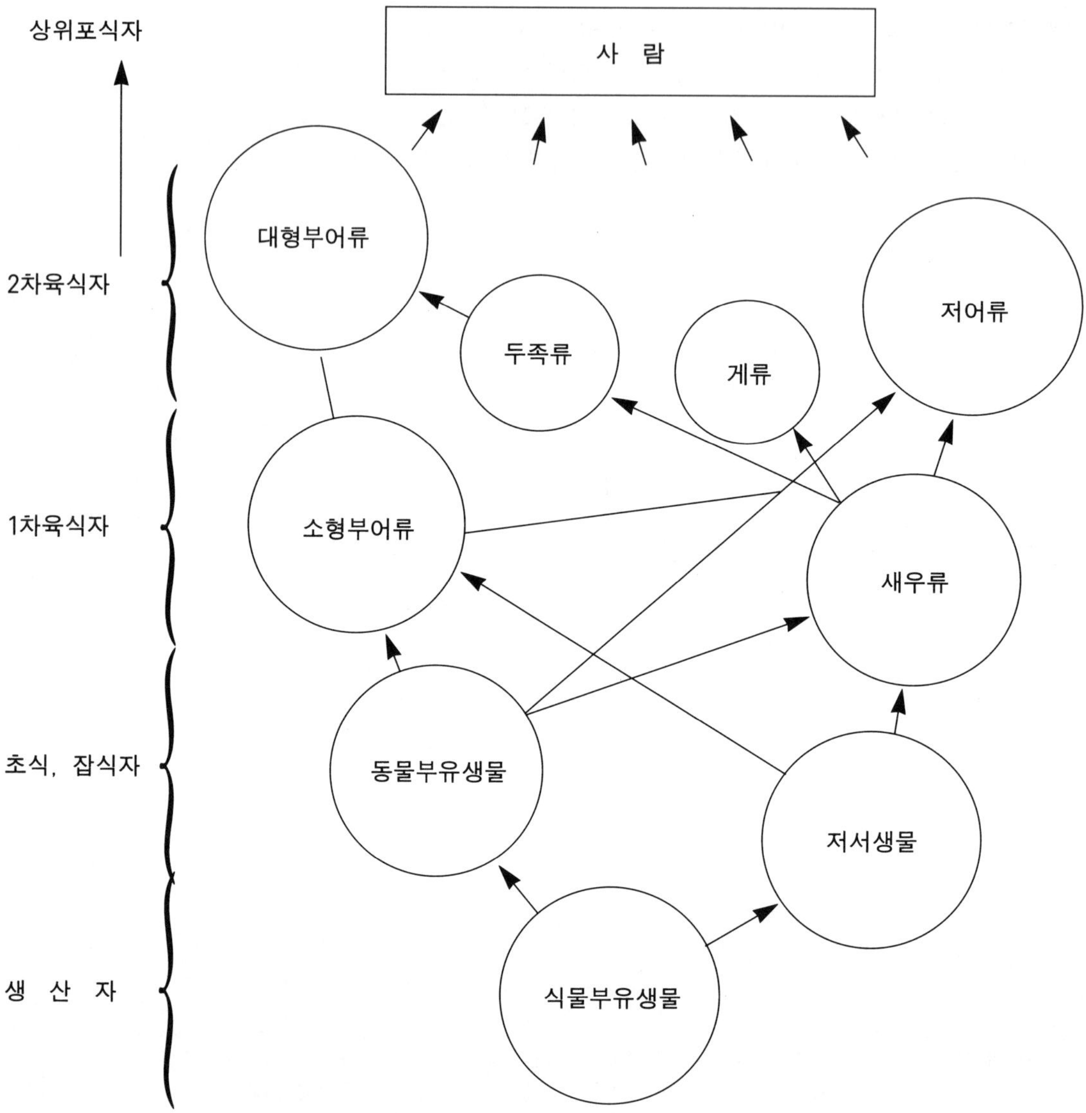

그림 8-9. 1980년대 중반 자료를 이용한 황해 해양생물 먹이망 구조의 모식도(Tang, 1993)

위면적당 생산량은 증가한 것으로 보인다. 80년대에는 어획노력이 가중되며 총 어획량은 증가하였지만, 남획으로 인하여 단위면적당 생산량은 크게 감소하였다.

황해 주변은 인구밀도가 높고 어류 단백질의 요구량이 높은 곳으로, 남획으로 인하여 자원이 감소하고 자원 조성이 변화된 대표적인 해역 가운데 하나이다. 이 해역에서는 1960년대까지 어획량은 계속 증가하였으나, 1970년대 남획의 징후가 나타나다가 최근에는 뚜렷히 감소하고 있다. 1950년대에는 조기류, 가자미류, 대구, 가오리 등의 상업성이 높은 대형저서어류가 주를 이루었으나, 1980년대에는 멸치, 반지, 오징어 등의 산업성이 낮은 작은 부어류가 주를 이루고 있다(그림 8-8). 이 기간 동안에 주어종이 저서어류에서 부어류로 바뀌었다. 1950년대에는 저서동물식자가 46%를 차지하고 어식자가 43%로 주를 이루었으나, 1980년대에는 부유동물식자가 59%를 우점하고, 저서동물식자와 어식자는 크게 감소하였다.

황해의 먹이망은 상당히 복잡하지만 개괄적으로 보면 일차생산은 부유동물이나 새우류를 통하여 먹이사슬 상부단계로 전달된다(그림 8-9). 소형부어류는 멸치가 주를 이룬다. 1980년대 중반 멸치의 연평균 자원량은 250~280만 톤 정도이다(Zhu and Iverson, 1990). 상위 포식자인 대형 어류가 감소함에 따라 이들의 먹이가 되었던 먹이사슬 중간단계의 새우를 포함한 갑각류가 증가하여 중간 포식자인 이들의 먹이가 되는 소형 동물군이 감소하는, 즉 먹이사슬의 중간단계가 비대해지는 결과를 초래하게 되었다. 이러한 생태계의 먹이구조의 변화는 어획조성률에도 반영됨을 알 수 있다. 우리나라 황해 어획물 조성은 1960년대에 어류가 80% 이상을 차지하였으나, 1980년대 말에는 어류가 50% 이하로 감소하고 1960년대에 10% 미만이었던 새우, 게류가 20% 이상으로 증가하였다(김, 1991). 1980년대 중반 동해에서 주어장이 형성되던 오징어 어장이 황해로 이동된 것도 해양환경의 장기변동에 따른 해수순환의 변화가 영향을 주었을 것으로 보이지만, 황해에 오징어의 먹이인 새우류의 증가도 일부 원인이 있었을 것으로 추정된다. 그러나 한반도 주변 해역은 수산경제적으로 중요한 곳이지만 어류를 비롯한 해양생태계 전반에 대한 구체적인 연구는 부족한 상태이다.

2. 하구역

연안역 중 담수와 해수가 만나는 강하구 수역을 하구역이라 한다. 육지와 바다의 해운의 통로로 많이 이용되기 때문에 우리에게는 가장 낯익은 수역이다. 담수의 영향을 많이 받는 지역이므로 염분의 변화가 심한 것이 특징이다. 하구역의 환경과 생물의 분포를 아래에서 살펴보았다.

2.1. 환 경

하구역은 형성요인에 따라 그 지형의 특성을 크게 4가지로 구분한다. 빙하기 말기 해수면이 상승함에 따라 강하구에 형성된 지역을 해안평원 하구역(海岸平源河口域, coastal plain estuary)이라 한다. 우리나라 서해의 하구역이 하나의 예이다. 육지의 침강에 의해 형성된 하구역을 구조하구(構造河口, tectonic estuary)라 한다. 샌프란시스코 만은 구조하구역의 일종이다. 빙하의 작용으로 강하구가 침식되어 깊어져 해수가 들어와 형성된 하구역을 협만하구(狹灣河口, fjord estuary)라 하고 있으며 노르웨이 하구역이 그 예이다. 그밖에 미국의 텍사스나 플로리다 만 안에 발달된 반폐쇄 석호하구역(瀉湖河口域, lagoon estuary)이 있다. 석호 하구역은 연안선에 평행되게 발달된 사주(砂洲, sand bar)가 강하구에서 연결되면서 바다와 반폐쇄적으로 통할 때 형성된다(그림 8-10).

하구역은 지형 특성과 조석의 정도 및 담수의 유입량에 따라 담수와 해수의 혼합범위가 다르게 나타난다. 협만하구역은 수심이 깊기 때문에 표층으로 유입된 담수층과 저층의 밀도가 높은 해수 사이에 층상구조(stratified estuaries)가 형성된다. 해안평원 하구역 중, 조류가 센 지역에서는 담수와 해수가 잘 섞인다(well mixed estuaries). 조류가 약하면서 담수가 많이 유입되는 곳에서는 담수와 해수가 접촉면에서 부분적으로 섞이거나(partially mixed estuaries), 해수가 쐐기 모양으로 아랫층에 존재하고 그 위를 담수가 흐른다(salt wedge estuaries). 해수와 담수의 유입 정도, 증발 정도에 따라 고염의 하구역(negative estuaries, hypersaline estuaries)이 나타나기도 하고 저염의 하구역(positive estuaires)이 나타나기도 한다.

하구역의 환경요인 중 가장 큰 변동을 보이는 것은 염분의 농도이다. 염분은 담수의 유입, 조석, 증발, 깊이에 따라 크게 변한다. 온대지역의 하구역에서는 우기에는 낮은 염분을 보이고, 건기에는 높은 염분을 보여 계절적인 변화가 뚜렷하다. 우리나라 서해의 하구역에서는 우기인 하계에 염분이 낮고 건기인 동계에 염분이 높다. 염분은 계절적으로 다를 뿐만 아니라 조석주기에 따라서도 다르다. 즉 만조시에는 염분이 높고 간조시에는 염분이 낮다. 조석변화가 하루에도 한 번 내지 두 번 일어나므로 염분변화 역시 조석변화에 따라 주기적으로 일어난다.

수온의 변화 또한 심하다. 대부분 수심이 낮고 담수가 유입되며 육지의 영향이 크기 때문이다. 수심이 낮으므로 기온에 의해 영향을 많이 받아 낮 동안 온도가 빠르게 상승하고 밤 동안 온도가 빠르게 하강한다. 또 계절적으로 동계와 하계에 대기의 영향을 많이 받는다. 또한 담수의 수온변화가 해수보다 크므로 하구역의 수온도 크게 변한다. 그 결과 하구역의 수온은 다른 해역에 비해 동계에 낮게 나타나고 하계에 높게 나타난다. 한강 하구역의 연 수온편차가 경기만 밖의 연 수온편차에 비해 크게 나타나는 것은 이와 같은 요인이다. 수온의 수직적 분포는

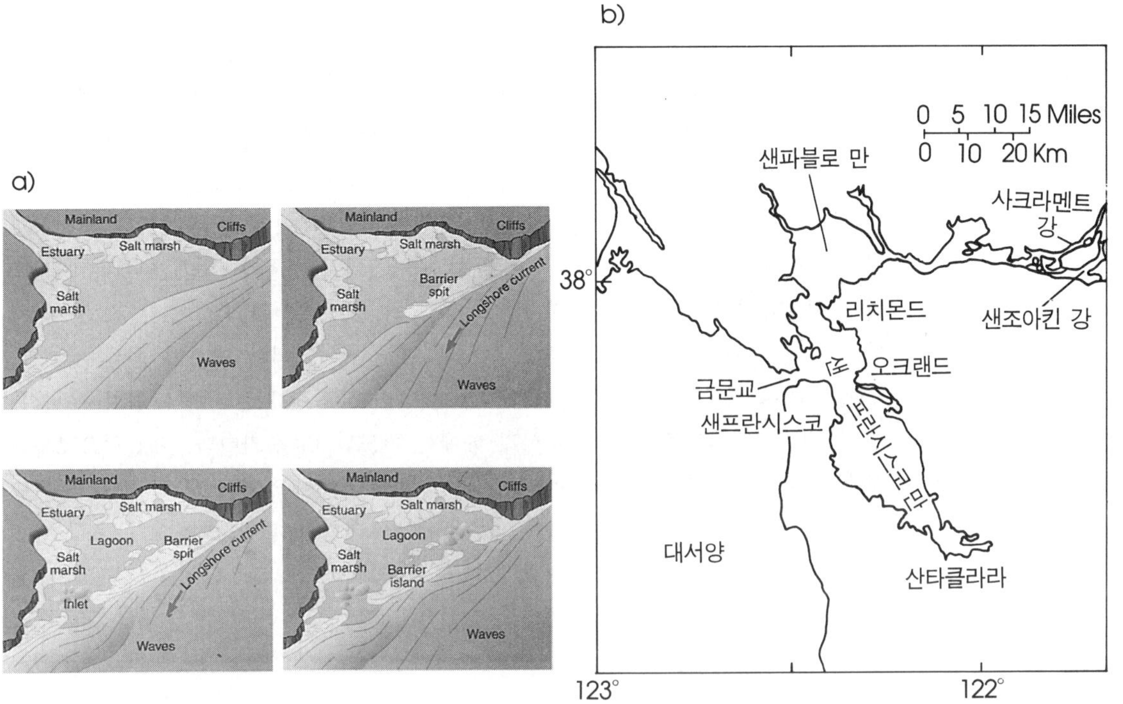

그림 8-10. 하구역의 종류. a) 석호하구역. 석화호가 형성되는 과정. b) 구조하구역. 미국 샌프란시스코 만. c) 협만하구. 노르웨이의 내로이 휘요르트(Nybakken, 1993으로부터 인용)

해수와 담수의 상하 혼합 정도에 따라 다르게 나타난다.

하구역은 반폐쇄적 지형으로 연안에 둘러싸여 있으므로 노출된 연안처럼 파도가 세지는 않다. 특히 하구역이 섬과 좁은 사주 또는 협곡에 쌓여 있을 때는 연안이나 외양에 비해 파도가 극히 약하다. 파도의 영향이 적기 때문에 대체로 잔잔한 편이나 조류가 발달된 곳에서는 물의 유동이 빠르고 퇴적물의 부유가 많이 일어난다. 하구역은 대부분 강으로부터 유입된 퇴적물 입자 및 유기입자 등이 쌓여 세립질의 퇴적층을 형성한다. 보통 이 세립질의 퇴적층이 강한 조류나 바람에 의해 재부유되어 탁도가 높아진다. 탁도가 높기에 빛의 투과 정도가 작고 이에 따라 보상 깊이도 낮아진다. 조류가 강한 인천 연안에서는 탁도가 높아 세키판(Secchi disk)으로 측정한 투명도가 1 m 이내이며 유광대도 3 m가 넘지 못한다(그림 8-11). 특히 조류가 강한 사리 때에는 탁도가 더 증가한다. 계절적으로 동계에는 강한 북서계절풍에 의한 전단응력(shear stress force)과 차가운 표층수온에 의한 열대류(thermal convection)로 수괴의 혼합이 활발하여 다른 계절보다

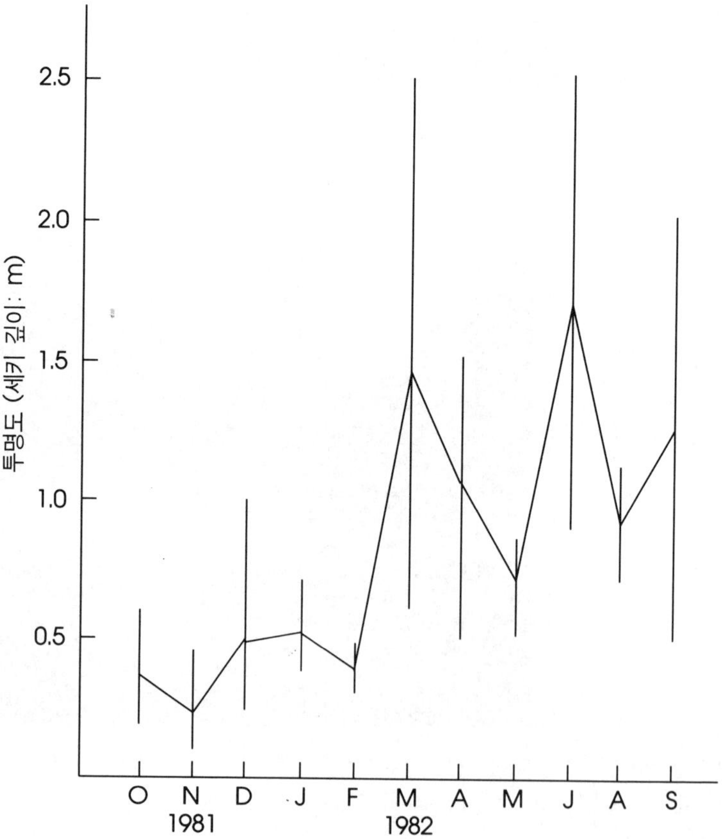

그림 8-11.
경기만의 투명도(세키 깊이)의 월변화(Choi and Shim, 1986)

높은 탁도를 보인다(Choi and Shim, 1986).

하구역의 영양염 분포는 육지와 인접하고 강하구를 통하여 담수가 유입되기 때문에 주변 육상환경에 따라 다르다. 주변의 육지가 비옥하고, 강을 통하여 영양염이 많이 유입되면 하구역도 영양염이 풍부하게 된다. 반면에 영양염이 적은 담수가 유입되는 하구역은 빈영양 수역이 된다. 그러나 대부분의 하구역은 도시나 농경지를 통과한 강이 유입되기 때문에 영양염이 풍부한 부영양염 수역이다. 경기만은 한강, 임진강으로부터 담수가 유입되고 또 도시로부터 유수가 유입되기 때문에 영양염의 농도가 높다.

2.2. 생물종의 특성

하구역은 육상과 해양의 점이수역(transitional zone)이기 때문에 담수종과 해수종이 함께 살아간다. 하구역에는 담수, 또는 해수로부터 유입된 이들 종 이외에도 토착화되어 살고 있는 기수종(brackish water species)이 있다.

하구역에 살고 있는 생물들도 하구역의 큰 환경변화에 적응되어야 생존할 수 있다. 담수종들이 하구역에 들어오면 주변의 염분이 상대적으로 높기 때문에 체액의 이온변화가 일어나고 삼투압(osmosis)에 의해 체액이 밖으로 빠져나가는 탈수현상이 일어날 수 있다. 또한 해수종들은 기수의 낮은 염분수역에 들어오면 삼투압에 의해 체내의 이온농도가 낮아질 수 있다. 이와 같이 하구역의 염분농도에 따라 담수종과 해수종이 생존에 치명적인 영향을 받을 수 있다. 이들 하구역으로 유입된 종에는 체내의 삼투조절능력이 뛰어나 하구역에서 계속 살 수 있는 삼투조절자(osmoregulator)가 있는 반면에 대부분의 유입생물들은 삼투조절 능력이 한정되어 하구역에서 오래 살지 못하는 삼투고정자(osmoconfirmer)이다. 대부분의 외양성 생물들은 이런 삼투고정자로서 염분변화에 좁은 내성을 가진 협염성(stenohaline) 생물들이다. 하구역에서 생존할 수 있는 생물들은 대부분 삼투조절자로서 염분변화에 넓은 내성을 가진 광염성(euryhaline) 생물들이다. 염분변화에 넓은 내성범위를 갖기 위해서 하구역 생물들은 특수한 배설기에 의한 체내 이온조절을 하거나 체외로부터 외부수가 유입이 잘 안 되는 형태적응을 해야만 한다.

수온의 변화 역시 매우 크므로 하구역에서 장기적으로 출현하는 종들은 이런 큰 온도변화에 적응된 광온성(eurythermal) 종들이어야 한다. 하구역의 협온성(stenothermal) 종들은 수온변화에 따라 종들의 교체가 빨리 일어난다.

2.3. 부유식물

하구역의 부유생물 군집은 환경변화가 큰 하구역의 특성 때문에 연안수역이나 외양역에 비해 출현 종수가 많지 않다. 하구역에 출현하는 부유생물은 타지성(allochthonous)의 연안수역에서 유입된 연안종(neritic species) 및 강으로부터 유입된 담수종들과 하구역에서 주로 서식하는 토착성(autochthonous)의 기수종들로 이루어졌다. 조류에 의해 연안으로부터 운반되는 연안종들 중에서 하구역 환경에 견딜수 있는 광염성 종들은 비교적 오랫동안 생존할 수 있으나 협염성(stenohaline) 종들은 큰 염분변화에 견디지 못하고 하구역에서 곧 사라진다. 또한 강으로부터 유입된 담수종들도 체액에 비해 높은 하구역의 염분농도 때문에 대부분 하구역에 들어오면서 소실된다. 하구역에서 출현하는 담수종은 극히 일부분으로 다른 담수종에 비해 내구성이 크나 오랫동안 생존하지는 못한다.

하구역 환경에 오랫동안 적응되어 토착화된 기수종들 또한 환경변화가 크기 때문에 연안종들에 비해 출현 종수가 적은 편이다. 하구역에 나타나는 기수종들은 대부분 연안종들이 하구역에 유입되어 토착화된 종들이다. 이러한 기수종들은 대부분 돌말류들로 골편돌말(*Skeletonema*), 별돌말(*Asterionella*), 얼레돌말(*Ditylum*), 끈원반돌말(*Thalassiosira*), 센털돌말(*Chaetoceros*), 체돌말(*Cosinodiscus*) 속 등에 속하는 종들이 많다. 기수종으로 출현하는 와편모류는 *Ceratium*, *Protoperidinium*, *Gonyaulax*, *Gymnodinium* 등에 속하는 종류들로 주로 여름에 많이 출현한다. 돌말류와 와편모류 외에 규질편모류에 속하는 *Dictyocha* 종류와 은편모류에 속하는 *Cryptomonads*류가 하구역에 흔히 출현하는 종류이다(그림 8-12).

하구역에 흔히 출현하는 기수종들에는 저서성 돌말류들이 많이 포함되어 있다. 이들 저서성 돌말류들은 하구역에 퇴적된 뻘이나 모래의 표면에 부착하여 사는 돌말류로, 해수의 유동이나 강한 조류에 의해 수층으로 부유되어 일시부유식물(tychopelagic plankton)로 출현한다. 일시부유 돌말류는 깃돌말류(pennate diatom)인 도관돌말(*Diploneis*), 쪽배돌말(*Navicula*), 등침돌말(*Nitzschia*), 갯나선돌말(*Pleurosigma*) 등에 속하는 종류가 많이 출현하고 중심돌말류에 속하는 바퀴돌말(*Actioncyclus*), 너울돌말(*Actinoptychus*), 실패돌말(*Biddulphia*), 갯돌말(*Paralia*), 삼각돌말(*Triceratium*) 종류도 비교적 많다(그림 8-13). 이 중 *Paralia sulcata*는 서해의 경기만 하구역이나 금강 하구역에 우점하여 출현하는 종이다(Choi, 1985). 담수종 중 하구역에 비교적 자주 출현하는 종은 대롱돌말

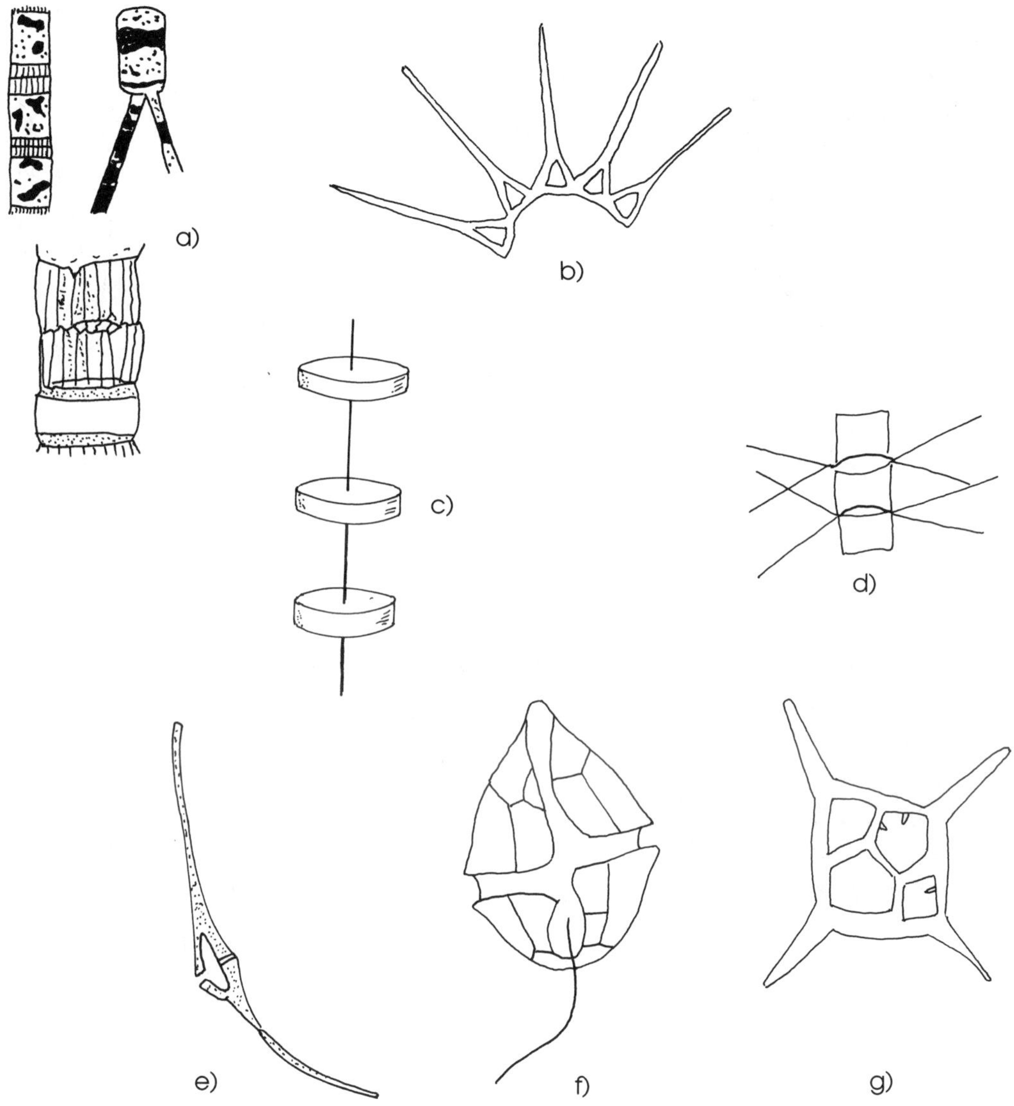

그림 8-12. 하구역의 부유식물.
a) 골편돌말, b) 별돌말, c) 끈원반돌말, d) 센털돌말, e) *Ceratium*, f) *Gonyaulax*, g) *Dictyocha*

(*Aulacoseira*), 김발돌말(*Fragilaria*), 대바늘돌말(*Synedra*) 등의 돌말류와 *Pediastrum*, *Scenedesmus* 등의 녹조류로 하구역의 강 하구부분에 주로 출현한다. 연안 토착성 종들 중에는 하구역의 연안쪽에 나타나 우점하는 것들이 있다. 이에 속하는 종류는 *Cylindrotheca closterium*, *Thalassiosira decipiens*, *Cosinodiscus granii*,

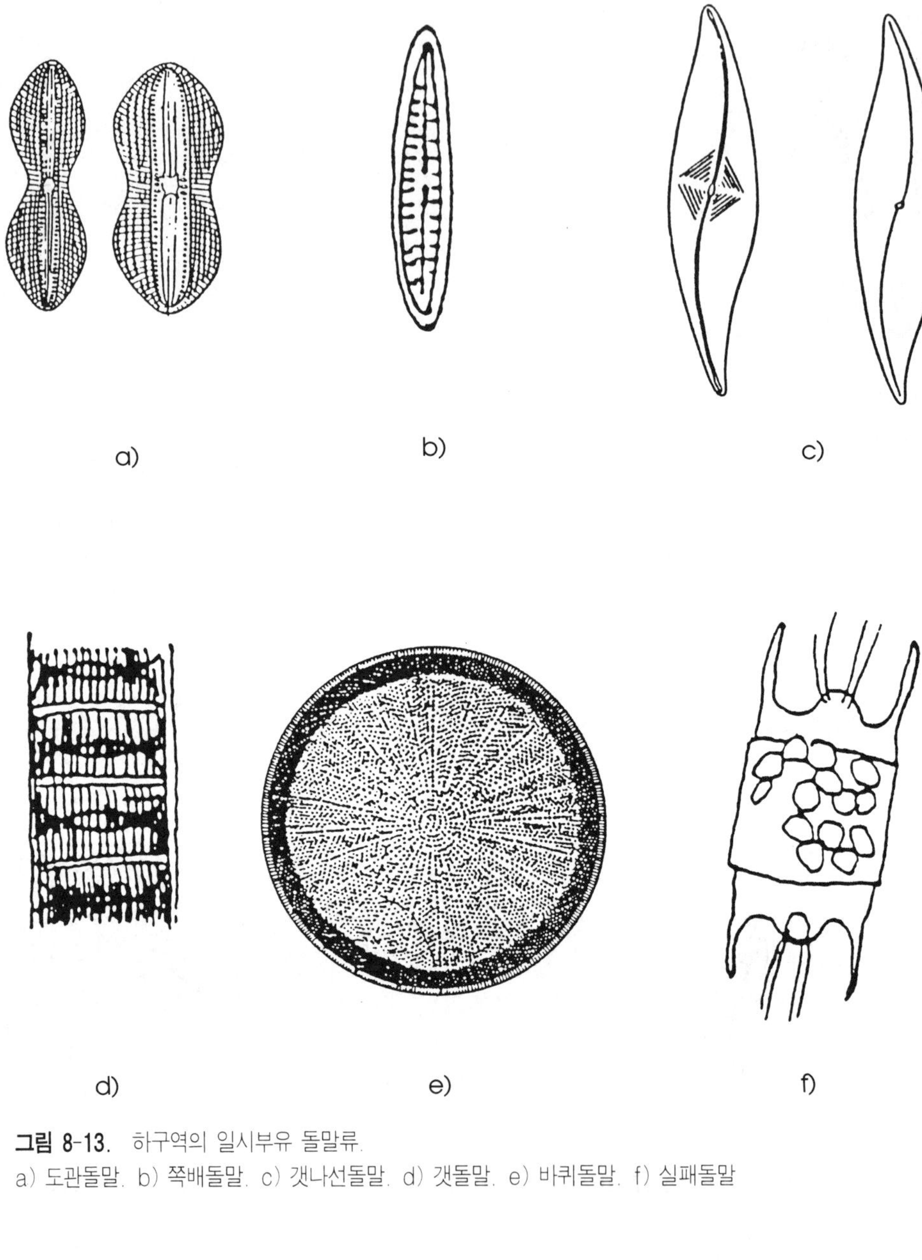

a) b) c) d) e) f)

그림 8-13. 하구역의 일시부유 돌말류.
a) 도관돌말, b) 쪽배돌말, c) 갯나선돌말, d) 갯돌말, e) 바퀴돌말, f) 실패돌말

Rhizosolenia setigera, *Chaetoceros lorenziana*, *Odontella mobilienesis* 같은 돌말류와 와편모류인 *Prorocentrium micans* 등이다.

하구역에 출현하는 부유식물 중 가장 빈번하게 우점하는 종은 돌말류인 *Skeletonema costatum*이다. *Skeletonema costatum*은 광온 광염성 종으로 하구역 환

경에 잘 적응되어 열대지역의 하구역뿐만 아니라 온대, 한대지역의 하구역까지 널리 분포한다. 그러나 영양염 분포에는 비교적 영향을 많이 받아 하구역의 영양염 분포에 따라 양적인 분포가 달라진다. *Skeletonema costatum*이 광온성 종이기는 하나 온대수역의 동계에는 많이 출현하지 않는다. 서해의 경기만에서도 겨울에는 크게 감소하여 최소의 분포를 보인다. *Skeletonema costatum*은 낮은 온도와 좋지 못한 환경에서는 휴면포자를 형성하여 가라앉았다가 환경이 좋아지면 발아하며 부유한다.

겨울철에는 대부분의 부유성 돌말류들이 낮은 수온과 높은 탁도로 많이 출현하지 못한다. 그러나 환경변화에 내구성이 큰 저서성 돌말류들은 낮은 수온과 낮은 광도에서도 비교적 잘 자란다. 이런 저서성 돌말류들이 겨울철에 수괴의 혼합으로 저층에서 표층으로 부유되어 많이 나타난다. 저서성 돌말류 중에 대표적인 종류가 서해 경기만과 서해연안에 많이 서식하는 *Paralia sulcata*이다. 경기만 하구역에서 *Paralia sulcata*는 수괴의 혼합이 큰 동계와 춘계에 많이 출현하여 부유식물 군집에서 크게 우점한다.

부유식물의 현존량은 하구역의 위치와 계절에 따라 다르게 나타난다. 열대에 위치한 하구역은 겨울철에도 수온이 높기 때문에 강으로부터 영양염이 많이 유입되면 부유식물의 대증식이 일어난다. 인도의 코친(Cochin) 기수역에서는 여름철에 센털돌말류의 대증식과 겨울철의 염분과 영양염 증가에 의한 별돌말류의 대증식으로 두 번의 큰 현존량 증가가 있다.

온대의 하구역에서는 늦가을부터 겨울까지는 수괴의 혼합과 난류 때문에 탁도가 높아 부유식물의 현존량이 적다. 그러나 봄이 되어 수괴가 안정되고 광량이 증가하면서 부유식물의 대증식이 시작된다. 하구역의 대증식은 외양역보다 다소 이른편으로 때로는 늦겨울에 대증식이 일어나기도 한다. 봄에 일어났던 대증식은 영양염이 줄어들고 부유동물의 포식이 시작되면 늦봄에서 초여름에 걸쳐 급격히 감소한다. 여름철에 영양염의 공급이 적으면 현존량은 최저를 유지하나 때로 강물의 유입이 증가되어 영양염이 풍부해지면 양호한 광조건으로 인하여 하계의 대증식이 일어나기도 한다. 가을이 되면서 수괴의 유동에 의해 저층으로부터 영양염이 공급되고 부유동물의 포식이 줄어들면서 가을철 대증식이 흔히 일어난다.

우리나라 서해 하구역에서는 동계에 *Paralia sulcata* 등 저서돌말류에 의해 20~30만 cells · l^{-1}의 현존량이 유지되고, 춘계에는 *Skeletonema costatum*의 대증식에 의해 백만 cells · l^{-1} 이상의 높은 현존량이 출현한다. 그 후 늦봄부터 감소되기 시작하여 여름에는 최소를 보인다. 가을에는 *Chaetoceros* 종류의 큰 증가로 흔히 추계 대증식이 일어난다. 서해의 하구역에서는 춘 · 추계의 전형적인 대증식 외에도 육상의 영향에 의해 여름과 겨울에도 대 증식이 일어나기도 한다(그림 8-14).

독일의 킬 바이트(Kiel Bight)는 하구역의 성격을 가지는 발틱해의 남부지역이다. 대개 첫번째 대증식이 돌말류 *Detonula*나 *Skeletonema costatum*에 의해 3월에 일어나고, 그 후 5월에는 와편모류 *Exuviaella*에 의해, 7월에는 *Anabaena* 같은 남조류에 의해, 8월에는 돌말류 *Rhizosolenia faeraensis*나 와편모류 *Ceratium fusus*에 의해 대증식이 일어난다. 10월에는 와편모류 *Ceratium tripos* 등에 의해 대증식이 일어난다. 킬 바이트 하구역은 영양염 공급이 잘되고 순환이 빨라 연중 4~5번의 대증식이 일어난다. 하구역의 큰 환경변화와 이에 따른 부유식물의 대발생은 부유식물 군집의 다양성을 감소시키고 군집의 안정도를 떨어뜨린다. 부유식물군집

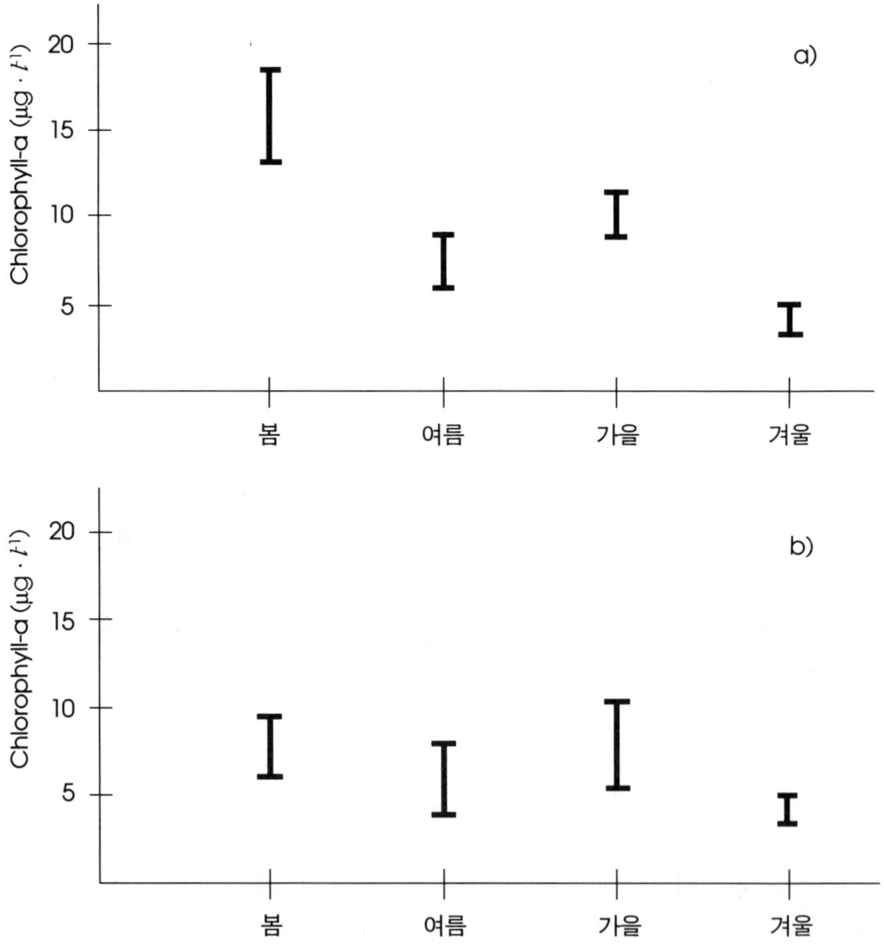

그림 8-14. 한강하류 a)와 한강하구 b)의 부유식물의 엽록소 a 농도분포(권 · 최, 1994)

에서 소수 종에 의한 높은 우점현상은 외적 영향에 의한 군집의 급격한 변화를 야기하고 군집의 안정도를 저하시킨다.

하구역의 식물상은 잘피와 같은 수초들이 있거나 대형 부착조류들이 존재할 경우 다양해지나 대부분의 하구역은 기저부가 갯벌로 이루어져 있기 때문에 녹조류에 속하는 일부 파래나 홑파래 종류 이외에는 대형 해조류가 드물고, 높은 탁도로 인하여 수초들도 드문편이다. 하구역의 기저부에는 흔히 현미경적 크기의 저서성 돌말류들이 갯벌 표면에 떼를 이루어 부착하여 살고 있다. 하구역의 조간대에 염습지(salt marsh)가 형성되면, 하구역의 일차생산이 이들에 의해 크게 증가되나 대부분의 하구역의 일차생산력은 부유식물과 저서성 돌말류에 의해 이루어진다.

부유식물에 의한 하구역의 일차생산은 하구역의 환경조건에 따라 크게 변한다. 고위도의 하구역에서는 광조건이 일차생산에 가장 중요한 영향을 미치고, 열대의 하구역에서는 영양염 농도와 염분 변화가 일차생산에 큰 영향을 미친다. 온대수역의 하구역의 일차생산은 계절과 수역에 따라 크게 변한다. 미국 동부의 나라간센트 하구역(Narragansett Bay)은 연 308 gC · m^{-2}에 이르는 높은 생산력을 보인다. 동계에서 춘계에 걸친 부유식물의 생산력은 낮은 수온에도 불구하고 총생산력의 24%를 차지하였다. 이는 *Skeletonema costatum*의 2~3월 대증식이 일차생산력 증가에 큰 기여를 하였기 때문이다. 6월에서 8월에 이르는 하계에는 낮은 영양염 농도에도 불구하고 부유동물의 활발한 영양염 배설과 높은 수온으로 전 생산력의 55%에 이르는 높은 생산을 보였다. 특히 7월과 8월에는 하루에 2 gC · m^{-2} 이상의 높은 생산을 보였다. 이때 일차생산력의 약 90% 정도는 부유식물중 20 μm 이하의 크기인 미소부유식물에 의해 이루어 졌다. 추계의 생산력은 9월부터 감소하기 시작하여, 동계에 최소의 생산을 보였다. 이와 같이 나라간센트 하구역의 높은 일차생산력은 적당한 염분 분포와 수괴의 혼합으로 인한 영양염 공급이 잘 이루어지고 수심이 얕아 광이 충분하기 때문에 가능하다.

고위도인 발트 해의 핀랜드 만의 빈영양수역은 연 생산력이 15~39 gC · m^{-2}에 불과하나 오염된 부영양수역에서는 193 gC · m^{-2}에 이른다. 킬바이트에서도 부영양화된 수역에서는 연간 200 gC · m^{-2}의 일차생산력을 보이나, 중앙의 빈영양수역에서는 60 gC · m^{-2} · yr^{-1}에 불과해 고위도 수역에서도 영양염 분포가 일차생산력 분포에 영향을 줌을 알 수 있다. 고위도 수역에서는 계절적으로 하계가 춘계에 비해 5~6배 높은 일차생산력을 보이고 동계에는 생산력이 빈약하였다.

열대수역인 인도의 코친 하구역은 연간 순일차생산력이 124 gC · m^{-2}인 것으로 추정되어 열대 외양역에 비해 높은 편이나 온대의 하구역과 비슷한 생산력을 보

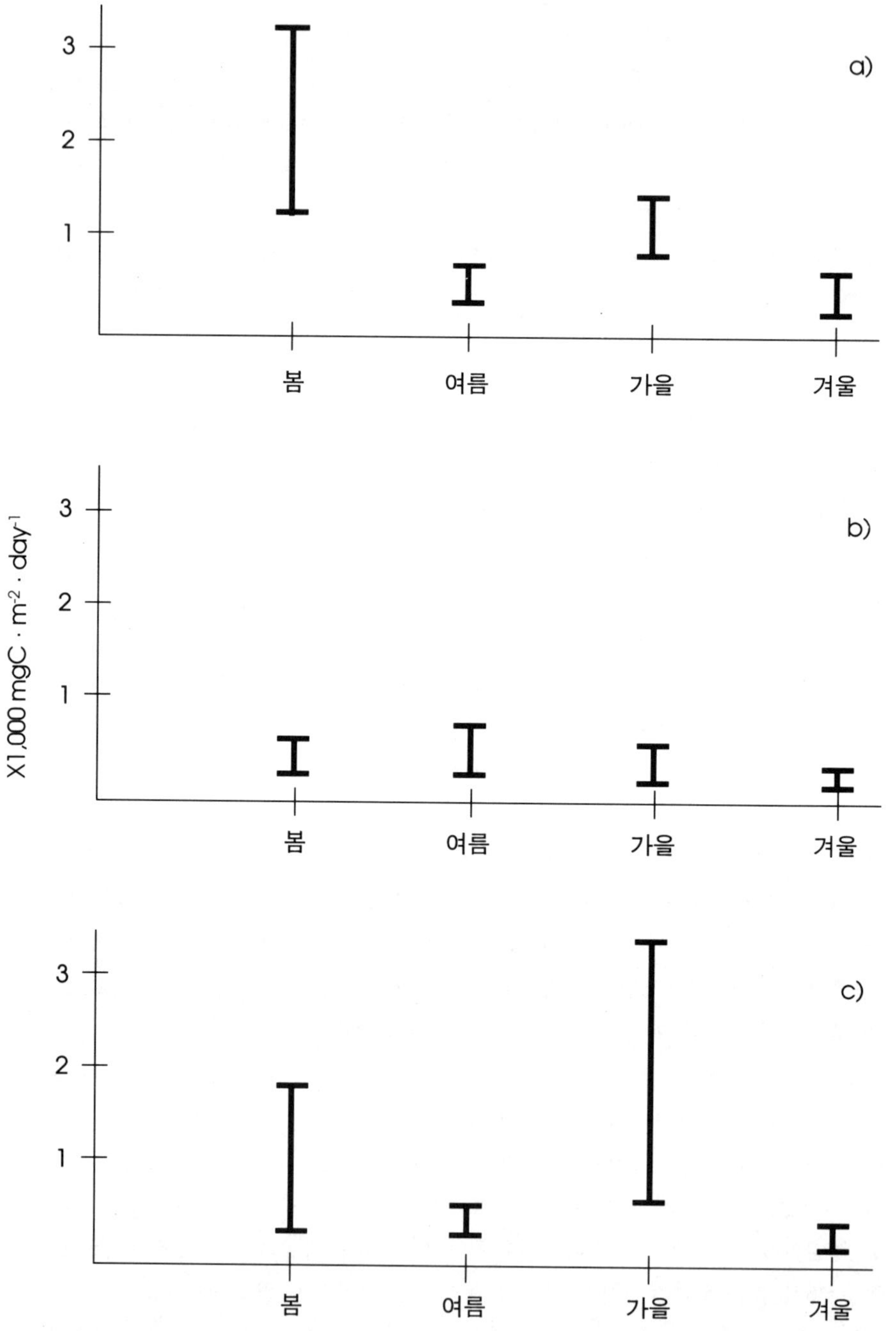

그림 8-15. 한강하류 a), 한강하구 b), 인천연안 c)의 일차생산력의 분포(권 · 최, 1994; 정 · 박, 1988; 강 등, 1992로부터)

였다. 일차생산력의 계절변화는 뚜렷하지 않고 연간 1월, 4월, 7월, 10월 등 여러 번의 뚜렷한 증가현상이 나타났다. 이러한 여러 번의 증가현상은 부유동물의 대사작용과 관련이 있는 것으로 보고되었다.

우리나라의 경기만 하구역의 연 일차생산력은 40 gC · m^{-2}에서 320 gC · m^{-2}까지 큰 변화를 보였다. 한강하구는 큰 유속으로 인한 높은 탁도로 가장 낮은 일차생산력을 보였고, 인천연안은 부영양화로 인하여 부유식물의 대규모 증식이 자주 일어나 높은 일차생산력을 보였다. 계절적으로 동계에 최소를 보였고, 추계에 부유식물의 대증식과 양호한 광조건으로 일차생산력이 가장 높았다(그림 8-15).

2.4. 부유동물

일생 부유동물과 주기성 부유동물이 모두 출현한다. 일생부유동물은 생활사의 전부를 환경변화가 심한 하구역 수중에 서식할 수 있도록 적응되어 있으므로 비록 환경변화가 심하더라도 내성한계가 넓어 성장에 큰 지장을 받지 않는다. 주기성 부유동물은 생존과 성장에 유리한 특정 시기에만 집중적으로 출현하고 이 시기를 지나면 각 개체는 성체로 성장하여 유영동물, 또는 저서동물로 정착하게 된다.

부유동물은 분류학적 종류의 다양성 만큼 크기도 다양하기 때문에 채집방법, 특히 채집에 사용된 네트의 망목 크기에 따라 우점 분류군이 바뀔 수 있다는 점을 간과해서는 안 된다. 망목 크기 200μm인 그물로 채집되는 네트 플랑크톤 중에서 대부분의 하구역에서 가장 많이 출현하는 일생부유동물은 요각류인 *Acartia*인데, 특히 *A. bifilosa, A. clausi*, *A. tonsa* 등이 여러 해역에서 가장 많이 서식하는 것으로 알려졌다. 이 속의 부유동물은 매우 광범위한 내성한계를 지녀, 수온은 0~40°C 범위에, 염분은 거의 0‰에서 35‰ 범위에, 탁도의 면에서는 매우 맑은 물에서 아주 혼탁한 물까지, 위도상으로는 극지방에서 열대지방까지, 수심으로는 천해역에서 심해역까지 분포하는 특성을 보인다. 그밖의 요각류로는 *Paracalanus*, *Oithona*, *Labidocera*, *Centropages*, *Temora* 등을 들 수 있다. 기타 일생부유동물로는 갑각류 및 이들의 유생, 모악동물인 화살벌레 등이 있다.

주기성 부유동물에는 무척추동물의 유생과 어류의 난, 치어, 자어들이 포함되는데 대표적인 종류를 표 8-3에 나열하였다. 망목 크기가 200 μm인 네트로 채집되지 않는, 크기가 작은 부유동물은 과거에는 채집상의 어려움으로 그 중요성을 잘 알지 못하였었다. 그러나 실제로는 네트 플랑크톤 못지않게 많은 종류와 양이 분포한다. 위에 예를 든 무척추동물들의 유생뿐만 아니라 단세포인 원생동물들도 모두 이에 속한다. Tintinnids와 섬모충류가 모두 원생동물이다.

표 8-3. 하구역에 많이 출현하는 주기성 부유동물

성체의 종류	일반명칭	유생단계
저서 무척추동물	Tunicates	
	Polychaetes(갯지렁이류)	Trochophore
	Cnidarians(자포동물)	Planula, Medusa
	Barnacles(따개비류)	Nauplius, Cyprid
	Molluscs(연체동물)	Veliger
	Echinoderms(극피동물)	Pleuteus
	Decapods(십각류)	Zoea, Megalops, Protozoea, Mysis
어 류	Fishes	Egg, Larva, Juvenile

염분과 수온은 하구역에서 부유동물의 분포에 영향을 미친다. 하구역에서는 변화의 폭이 크기 때문에 염분과 수온이 상대적으로 중요하다. 염분은 삼투조절, 수온은 성장과 밀접한 관계가 있다.

염분의 시, 공간적 변화는 강물의 유입과 조석에 의해 좌우된다. 강물의 유입 정도는 계절에 따라 다르다. 우리나라의 경우 우기인 여름철에 많이 유입되고 갈수기인 다른 계절에는 적게 유입된다. 조석은 역시 지리적으로 그 주기와 간만의 차가 다른데, 많은 강이 유입하는 우리나라 서해는 세계적으로 간만의 차가 매우 큰 지역이다. 따라서 우리나라 서해의 하구역은 계절적으로는 강수량의 유입이 영향을 미치고, 단주기적으로는 간만의 차가 하구역의 염분 분포를 좌우한다.

염분의 시간에 따른 변화가 크지 않고, 염분의 공간적 변화가 비교적 일정한 하구역에서는 염분이 그 지역에 서식하는 부유동물에 미치는 생리적 영향이 상대적으로 작아 담수종, 기수종, 해산종의 분포역이 공간적으로 나누어진다. 그러나, 염분의 변화가 심한 지역에서는 출현하는 부유동물의 수가 염분변화에 대한 내성한계가 넓은 몇 가지 종류로 현격히 감소한다. 염분에 대한 내성범위가 넓은 종류로는 요각류인 *Acartia tonsa*(0.3~30‰), *Metis japonica*(25~80‰), 유즐동물인 *Beroe ovata*(10~80‰), *Mnemiopsis macradyi*(10~75‰), 자포동물인 *Aurelia*(6~35‰) 등이 있다(Day, Jr. *et al.*, 1989). 따개비, 굴 등의 유생들도 매우 넓은 염분에 대한 내성범위를 지닌다. 일반적으로 외양역에 출현하는 부유동물들은 이와 같은 넓은 내성범위를 지니지 못한다.

염분에 대하여 넓은 내성범위를 보이는 하구역 부유동물은 일반적으로 수온에 대하여도 넓은 내성한계를 보이는데, 이는 하구역 환경에서 염분의 변화에 못지않게 수온도 변화하고, 이들 하구역 부유동물은 이러한 환경에 적응하여 살 수 있는 종들이기 때문이다. 하구역 부유동물의 양이 가장 많은 시기는 연안역이나

표 8-4. 동진강 하구역 염분 분포와 우점 요각류의 계절적 변동(서 등, 1991)

시 기	염분범위(‰)	주요 요각류(개체수 %)
1989년 10월	25.3~29.4	*Pseudiaptomus inopinus*(66.6)
		Paracalanus indicus(25.2)
1990년 3월	22.2~29.7	*Acartia hudsonica*(81.8)
		Pseudiaptomus inopinus(17.4)
1990년 5월	17.6~30.5	*Acartia hudsonica*(71.2)
		Centropages abdominalis(15.3)
1990년 7월	0.7~28.9	*Acartia pacifica*(32.6)
		Paracalanus indicus(29.9)
		Tortanus spinicaudatus(12.2)

외양역과는 달리 매년 일정하지 않다. 고위도의 몇 지역을 제외하면 하구역 부유동물의 계절적 변동을 어느 유형으로 나타내기는 쉽지 않다. 이는 수온변동이 계절적 변화 못지않게 단주기적으로 심하게 변한다는 것과 큰 관계가 있다. 수온은 부유동물의 성장과 밀접한 관계를 보이는데, *Acartia tonsa*의 알에서 다음 세대의 알까지 소요되는 성장기간이 수온이 상승하면서 단축됨이 확인되었고(Heinle, 1966), 주기성 부유동물인 유생들의 경우도 유사하였다(Perkins, 1974).

하구역 부유동물은 수온과 염분에 대하여 넓은 내성한계를 보이지만 최적 범위는 종류에 따라 다르다. 따라서 계절에 따른 주요 우점종의 천이현상이 나타난다. 우리나라 서해에 연하는 동진강 하구역에서 계절에 따른 염분의 변화와 주요 요각류의 종류는 표 8-4에 실었다(서 등, 1991).

2.5. 어 류

어류의 경우도 다른 하구역 생물과 마찬가지로 광온 광염성인 토착 기수종과, 인접 외해나 담수에 사는 종들이 일시적으로 하구역에 와서 사는 타지종으로 구분할 수 있다. 기수종으로는 숭어, 돔류, 망둑어류 등이 대표적이다. 해산종 가운데에는 일부 청어목 어류가 산란 및 보육장으로 이용하며, 민물종으로는 송사리목 어류가 일부 출현한다. 또한, 하구역은 연어, 뱀장어 등의 왕복성 어류가 민물과 바다 사이를 회유하는 통로이기도 하다.

하구역은 수괴가 작기 때문에 인접 육지와 대기의 영향을 크게 받아 물리화학적 환경의 공간변화가 심할 뿐 아니라, 조석에 따른 민물과 외해수가 주기적으로 유입 유출되어 짧은 시간 동안에도 환경이 크게 변한다. 이렇게 시공간에 따른 빠른 환경변화는 이곳에 사는 생물의 생리에 큰 영향을 미치며, 이 변화를 극복하기 위하여는 많은 에너지가 요구된다. 이곳에서 평생을 살아가는 종류는 적지만 많은 어류들이 일생의 일부를 이곳에서 살며 종에 따라서는 상당한 생물량을 보이기도 한다. 이렇게 환경변화를 극복하기 위한 에너지 요구량이 많은 곳에서 많은 어류가 생의 일부를 보낸다는 것은 매우 흥미로운 일이다.

하구역은 생물생산이 높아 어류의 먹이가 풍부하여 이곳 환경에 적응된 어류는 경쟁자와 포식자가 적어 풍부한 먹이를 이용하여 빠르게 성장하고 높은 생물량을 보인다. 어류는 이동력이 커서 극심한 환경을 만나면 그곳을 피할 수 있어 어류는 하구역의 이점을 활용할 수 있다. 일시적으로 하구역에 사는 어류를 보면 대부분 유어와 치어의 수온, 염분 등의 환경변화에 대한 적응범위가 성어와 완전히 다른 경우가 많다. 즉, 어린 시기에는 광온 광염성으로 경쟁자와 외적이 적은 내만역에서 자라고, 경쟁력이 커지면서 환경에 대한 적응범위가 좁아지면 하구역을 벗어나 환경변화 폭이 좁은 외해로 이동하는 경우가 많다. 그러나 대형 포식자들은 대부분이 환경적응 범위가 좁아 하구역에 적응하지 못하고 비교적 환경 변화가 적은 해역에 사는 것이 일반적이다.

하구역에 어류가 높은 밀도를 보이는 것은 이곳의 풍부한 먹이와 깊은 관계가 있다. 앞에서 살펴본 것과 같이 이 해역에는 외부에서 유입되는 유기물량이 많고 이들이 해저에 퇴적되어 먹이사슬 하부에서 중요한 역할을 담당한다. 어류는 일반적으로 먹이사슬의 상부를 차지하고 있지만 하구역 어류는 같은 종이라도 시공간에 따라 먹이가 다르고 자라면서 먹이습성이 바뀌기도 한다. 즉, 먹이에 대한 선택성이 적고 주변의 이용 가능한 먹이를 섭취하는 잡식성 어류가 많다. 미 플로리다 아팔라치콜라 만의 민어과 일종인 *Micropogonias undultus*의 경우 크기에 따라 위 내용물에 차이가 있어 생활사에 따라 식성이 바뀜을 알 수 있다. 이 어류는 크기가 30~80 mm일 때에는 위 내용물 중 60% 이상이 유기퇴적물이며, 갑각류와 미세해조류가 그 다음을 차지한다(그림 8-16). 이 어류의 크기가 80~160 mm 정도일 때에는 유기퇴적물은 주먹이이지만 그 비중이 40% 정도로 줄고 미세조류나 *Thalassia* 같은 식물 식성으로 바뀐다. 160 mm 이상의 큰 어류는 갑각류를 주먹이로 한다. 이와 같이 크기에 따라 식성이 바뀌어 충분한 에너지를 확보하는 것으로 보인다.

하구역 어류는 크기가 작거나 치어나 유어가 주를 이루어 보육장으로 중요한 역할을 담당한다. 외해에 사는 어류들도 치어나 유어기에 대부분 하구역을 거치기 때문에, 이러한 어류들은 일생 중 한 번은 하구역을 거쳐야 하는가에 대한 의

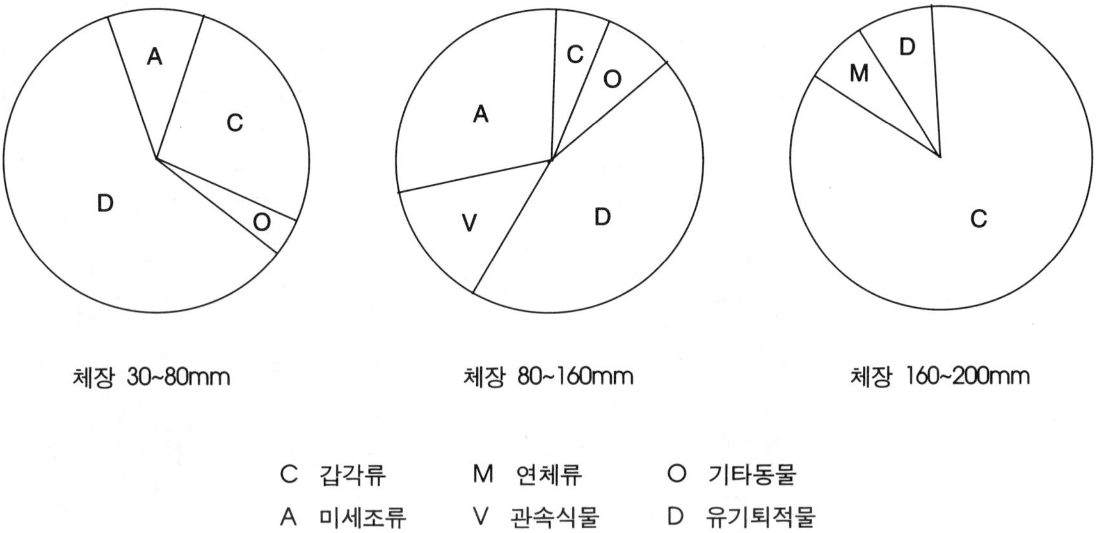

그림 8-16. 미 플로리다 Apalachicola 만 민어과 어류, *Micropogonias undultus* 성장단계에 따른 식성변화 (Sheridan and Livington, 1979)

문도 있다. 하구역에서 사는 어류는 그 생태에 따라 크게 네 무리로 나눌 수 있다(그림 8-17). 하구역과 내만역을 정확히 구분하여 그 특성을 기술하는 일이 쉽지 않기에 하구역과 내만을 함께 취급하여 아래에 소개하였다. 내만이라 하더라도 하구역에 위치한 경우와 강을 끼고 있지 않은 경우가 있으나 어류의 회유, 산란, 먹이섭취 등의 행동은 비슷하기 때문이다.

첫째 무리는 광온, 광염성으로 하구역에서 평생을 보내는 하구 토착종이다. 한반도 주변은 계절에 따른 수온의 연교차가 크기 때문에 겨울에는 수심이 깊은 곳에서 월동하고, 봄이 되면 성어들이 조간대나 해조류가 밀생하는 천해역에 성어들이 대량 출현하여 산란한다. 초여름부터 유어들이 출현하기 시작하여 가을에 높은 밀도를 보인다. 이에 해당하는 대표적인 어류로는 숭어가 있고, 서해 모래 조간대 부근의 날개망둑, 펄조간대 부근의 얼룩망둑, 남해의 잘피밭에는 두줄망둑 등이다. 그러나 주거종 가운데에는 겨울 산란종도 있어 이른 봄부터 유어들이 출현하는 종도 있다.

둘째 무리는 외해에서 월동하고 봄이 되면 성어가 하구 또는 내만으로 몰려와 산란하는 내만 산란어로 청어목의 멸치, 밴댕이, 전어 등이 이에 속한다. 산란을 마친 성어는 외해로 이동하는 것으로 보이며, 여름부터 유어들이 내만에 대량으로 출현하여 늦가을 월동하기 위하여 외해로 회유할 때까지 내만역을 우점한다.

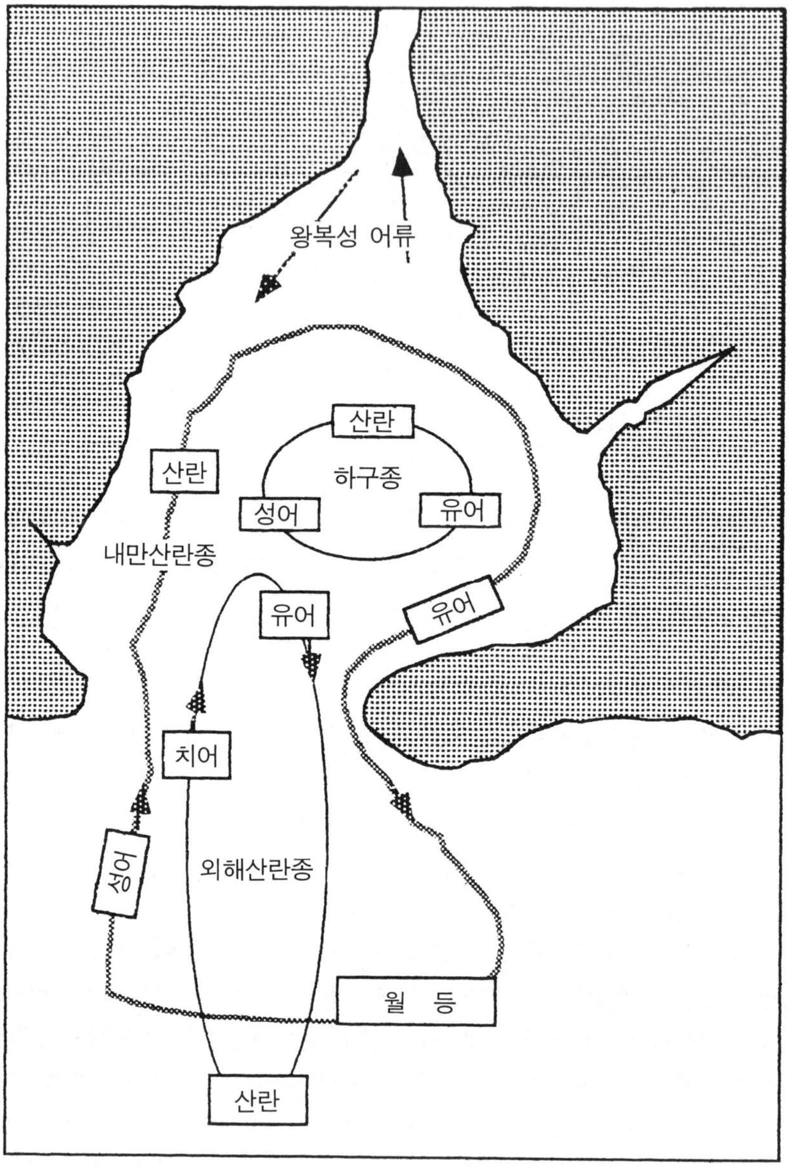

그림 8-17.
하구내만역에 사는 어류의 생활사에 따른 회유

서해의 저어류 가운데 민어과에 속하는 참조기, 민태, 보구치 등이 이 무리에 속하고, 꽃게와 대하도 같은 회유양상을 보인다.

셋째 무리는 성어는 내만에 거의 출현하지 않고 치어와 유어가 주로 내만에서 성장하는 어류로, 겨울 산란종의 대표적인 종으로 서해 유용어종 가운데 하나인 흰베도라치(일명 뱅어)를 들 수 있다. 이 종은 외해의 깊은 곳에서 겨울에 산란하며 치어들은 조류를 이용하여 내만으로 들어와 부유치어기를 보낸다. 이른 여

표 8-5. 한반도 내만어류의 밀도: 트롤에 의한 채집

해 역	천수만	아산만	남해도 연안	삼천포 연안	영일만
방목(mm)	20	22~24	0.5~50	22~24	22~24
채집주기	격월	계절별	월별	계절별	계절별
출현 종수	43	39	66	50	59
밀도					
— 개체수/10,000 m^2	253	168	1,091	338	630
— (g/10,000 m^2)	5,249	4,297	8,635	3,799	13,131
종다양성지수	0.65~0.93	0.74~1.08	0.04~1.53	1.63~2.12	2.00~2.54
출 저	이(1989)	이·김(1992)	곽(1991)	이(미발표)	이(미발표)

름이 되면 외해로 이동하여 저서생활을 시작한다. 양적으로는 적지만 많은 유영어류의 치어와 유어들이 여름이 되면 내만에 출현한다. 이들은 대부분 늦봄에서 이른 여름 산란하는 종들로 여름에서 가을 사이 내만에서 자란다. 또 다른 무리는 바다와 민물을 오가는 왕복성 어류로, 종에 따라 회유범위가 다르다. 연어류는 하천에서 산란하고 바다에서 성장하며, 뱀장어류는 바다에서 산란하고 민물에서 성장한다. 이 어류에 대하여는 5장에서 자세히 다루었다. 이들과 비슷한 회유를 하는 어류로는 은어를 들 수 있다. 은어는 민물에서 산란하고 유어는 근해로 내려가 어린 시기를 보낸 후 민물로 올라온다. 갑각류 가운데 참게는 민물에서 성장한 후 하구역에서 산란한다.

이와 같이 내만은 어류의 산란 및 보육장으로 중요한 위치를 차지할 뿐 아니라 생물생산이 높아 어류의 생산력도 상당히 높을 것으로 추정된다. 그러나 아직 한반도 주변 내만역이 연안생태계에서 차지하는 위치나 생산력에 대한 구체적인 연구는 많이 진전되지 못하였다. 최근에 수행된 연구에서 어류의 밀도를 보면 표 8-5와 같다. 이 표에서 채집기기와 채집방법이 서로 달라 직접 비교는 어렵지만 전반적인 경향은 파악할 수 있다.

Otter trawl에 채집된 종수는 39종에서 66종으로 비교적 적으며, 소수 종에 의한 우점도가 높아 종다양성지수도 낮은 값을 보인다. 이 결과는 하구내만역 환경에 적응된 어류는 적지만 생활사의 일부라도 이 환경에 적응되면 하구내만역의 이점을 이용하여 높은 생물량을 유지할 수 있다는 사실을 단적으로 설명한다. 저어류의 밀도는 조류가 강하여 저질이 불안정한 서해에서 낮고, 남해와 동해의 내만은 상대적으로 높았다. 서해 내만의 낮은 밀도는 내만의 매립과 산업시설의 건

설로 연안환경의 변화와 어장의 밀집에 따른 남획도 큰 영향이 있는 것으로 보여 황해 전체 생태계를 고려할 때 이에 대한 연구와 대책이 시급하다. 영일만의 경우 저어류가 높은 밀도를 보일 뿐 아니라 종다양성지수도 높은 값을 보여 포항제철이 건설된 이후 만내에서의 저인망 어업이 금지되어 저서생태계가 안정된 상태를 찾은 데에도 기인된 것으로 추정된다.

3. 외양해역

외양해역은 하구역과 연안해역을 제외한 수심 200 m 이상의 수역인 외해를 말한다. 전체 해양면적의 91%를 차지하며, 전체 해양수의 99.8%를 포함하는 거대한 수괴이다. 평균수심 3.8 Km로 광대한 심층수괴를 포함하고 있다. 외양해역의 생태계를 외양생태계(Open ocean ecosystem)라고 한다.

수심이 깊기 때문에 광이 투과되는 유광대와 광의 유입이 없는 무광대로 구분된다. 유광대는 외양수역의 표층에 해당되는 수심 100~200 m 이내에 존재한다. 그 밑의 수심은 광이 약한 박광층(disphotic zone)이거나 무광대이다. 따라서 외양수역은 거대한 수괴를 이루고 있지만 식물이 생존할 수 있는 것은 광이 있는 표층표영계(epipelagic zone)에 국한된다. 박광층에 해당되는 중층표영계(mesopelagic zone)와 무광대인 심층표영계(abyssopelagic)에는 식물이 없는 대신 동물이 생태계의 주역할을 맡는다.

또 수심이 깊기 때문에 수심에 따른 온도구배가 생겨 수온의 층상구조가 생긴다. 표층은 광의 유입이 있기 때문에 수온이 다소 높고, 심층은 광의 유입이 없고 극해역에서 유입된 냉수가 자리잡기 때문에 냉수괴를 이루고 있는 경우가 많다(그림 8-18). 외양수괴는 수온구배에 의한 밀도 경사 및 바람, 지구의 자전 등 여러 요인에 의해 수괴의 수평적 이동이 크게 일어나고 수역에 따라 수직적 이동도 일어난다. 수괴의 수평적 이동이나 수직적 이동에 의해 수괴의 물리·화학적 특성이 정해지며, 해양 생물의 생태적 특성도 달라진다.

3.1. 부유식물과 일차생산

외양생태계내의 부유식물의 분포와 일차생산력은 일차적으로 위도와 깊이에 따라 큰 차이를 보인다. 열대, 온대, 아한대-한대 해역에 따라 그 특징이 다르므로 이를 나누어 아래에 소개하였다.

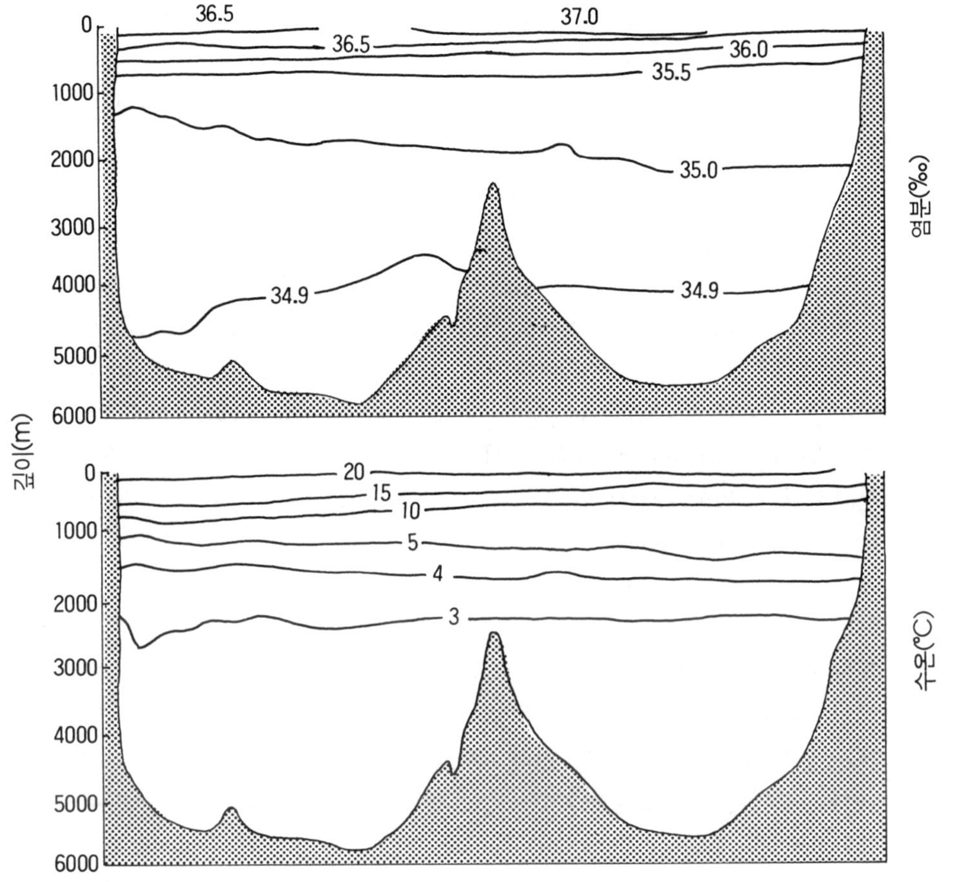

그림 8-18. 북대서양 외양역의 수온과 염분 분포(Nybbaken, 1993에서 재인용)

열대해역

열대의 외양역은 태양고도의 변화가 거의 없으므로 연중 태양광이 강하다. 열대 외양수역은 연안으로부터 멀리 떨어지고 수심이 깊기 때문에 수층에 부유입자의 양이 적다. 따라서 표층에 투입된 광이 깊이 투과하게 된다. 이러한 열대의 강한 태양광 조건과 깊은 투과조건 때문에 열대외양의 광조건은 다른 외양역에 비해 부유식물의 성장에 좋은 조건을 갖추고 있다. 그러나 외양역의 표층은 강한 태양광에너지의 유입으로 높은 수온을 유지하나 태양광의 투과가 적어지는 수심 100～200 m 아래에는 수온이 급격히 떨어지고 광조건도 나빠진다. 이러한 수온의 급격한 변화 수층에는 수온약층이 형성되어 수괴의 표층과 심층 사이에 수괴의 혼합이 일어나지 않는다. 열대해역은 연중 거의 변함없는 수온조건 때문에 연중 영구 수온약층(permanent thermocline)이 형성되어 영양염이 풍부한 심층수가 표층수와 섞이지 못한다. 이 결과 부유식물의 성장에 유리한 유광대에 영양염이 충분히 공급되지 못하여 부유식물의 대량발생이 일어나지 못한다. 그 결과 영양염을 많이 필요로 하는 부유식물 대신 소량의 영양염을 필요로 하는 종류가 주로 나타나고, 높은 수온에 의한 낮은 밀도 때문에 부유생물의 부력이 감소되어 크기가 작은 종들이 나타나거나 물에 대한 표면저항이 큰 종들이 나타난다.

아열대 해역인 대서양의 살가소 해역(Sargasso sea)과 버뮤다 해역에서는 돌말류가 와편모류나 편모조류에 비해 적게 나타난다. 난수성 돌말류인 *Rhizosolenia stolerforthii*, *Leptocylindrus danicus*, *Baceteriastrum delicatulum*, *Nitzschia delicatissima*, *Thalassiosira rotula* 등이 아열대해역에서 흔히 나타나는 종이다. 와편모류에는 *Prorocentrum*, *Exuviaella*, *Dinophysis diegenesis*, *Pyrocystis*, *Protoperidinium depressum*, *Diplopsalis lenticula* 등이 아프라카와 인도의 열대해역에서 주로 나타나는 종이다. 그러나 위와 같은 소형부유생물은 열대외양에 출현하는 전체 현존량의 30% 미만이고, 대부분은 미소형부유생물이나 극미소부유생물이다. 미소형부유생물로 출현하는 종류는 대부분 편모조류로, 열대해역의 대표적인 종류는 착편모류에 속하는 종류들이다. 여기에 속하는 *Emiliana* (*Coccolithus*) *huxleyi*는 열대해역과 아열대해역에서 흔히 우점하는 종류이다.

다른 해역에 비해 열대외양역에 많이 출현하는 종류는 극미소부유식물이다. 열대외양역에서 10^3~10^6 cells · ml^{-1}의 많은 현존량이 출현하는 극미소부유식물은 열대외양역의 일차생산력의 70~80%를 차지하기도 한다. 극미소부유식물로 출현하는 종류는 주로 원핵생물인 부유남조류와 진핵생물 중 녹조류에 속하는 종류이다. 열대수역에서 가장 많이 출현하는 부유남조류는 0.5~2 μm 크기의 Synechococcus형이고, 부유녹조류는 Micromonas 종류와 클로레라형 세포들이다(그림 8-19).

열대외양역에서 부유식물의 생물량은 계절에 따른 변동이 크지 않다. 연중 계속 존재하는 수온약층으로 인하여 부유식물의 대증식이 크게 일어나지 않으며, 그 결과 부유식물 생물량의 변동은 주로 부유동물의 포식작용에 의해 영향을 받는다. 그림 8-20과 같이 열대외양역의 부유식물의 생물량은 온대수역에 비해 적으며 계절적으로 불규칙한 진동을 보인다.

열대외양역의 일차생산력은 용승수역과 산호초 지역을 제외하고는 전반적으로 낮다. 열대외양역이 광조건과 수온조건은 양호하나 영구 수온약층에 의한 저층으로부터의 영양염 공급이 안 되어 일차생산력이 제한을 받는다. Owen과

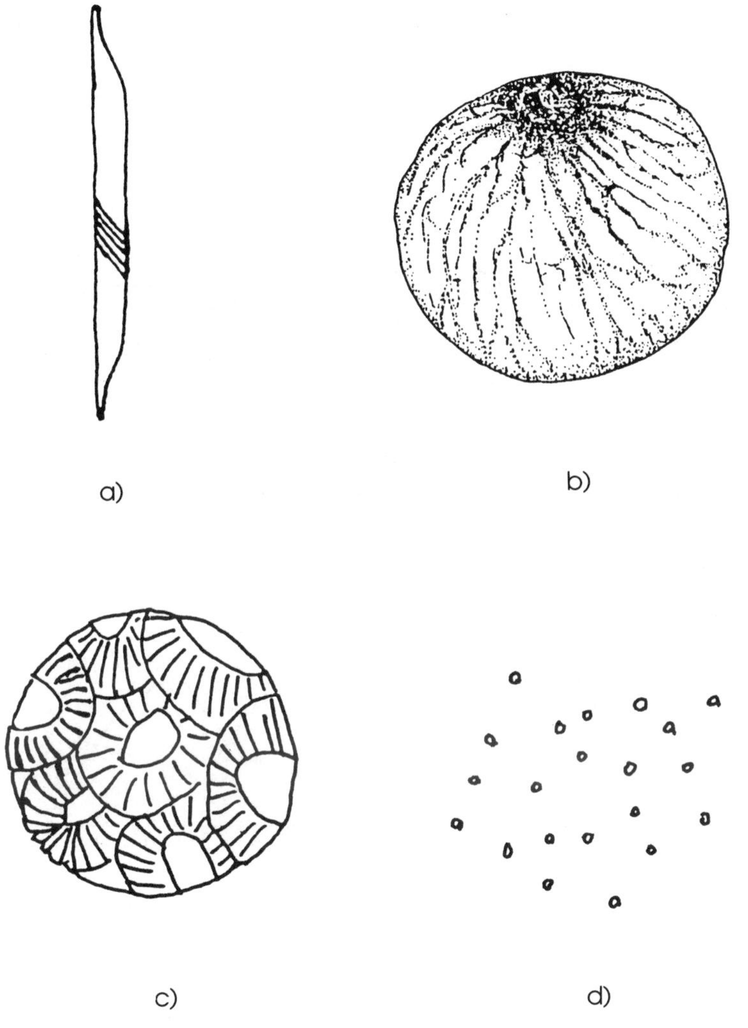

그림 8-19.
열대해양역에 주로 출현하는 부유식물.
a) 관돌말류 *Rhizosolenia*,
b) 와편모류 *Pyrocystis*,
c) 착편모류 *Emiliana*,
d) 남조류 *Synechococcus*

Zeitschel(1970)은 동태평양의 열대해역에서 두 달에 한 번씩 ^{14}C 방법으로 일차 생산력을 측정하였다. 일일생산력은 127 mgC · m^{-2} · day^{-1}에서 318 mgC · m^{-2} · day^{-1}의 변화 폭을 보이고 연 생산력은 75 gC · m^{-2} · yr^{-1}로 낮게 나타났다. 계절적인 용승현상으로 2~3월, 8~9월에 비교적 높은 생산력을 보이고 10~11월에 낮은 생산력을 보여 계절적인 변동이 보였다. 적도 근처에서 높은 일차생산력이 나타나는데 이는 수괴의 용승에 의한 발산(oceanic divergence)현상에 의해 유광대에 영양염의 공급이 증가되기 때문이다. 이러한 발산수역에서 측정된 일일생산력은 200~500 mgC · m^{-2} 범위를 보였다. 이러한 발생 수역 외의 열대의 외양수역은 표층 영양염 농도가 낮다. 자메이카 해역의 경우 질산염과 아질산염이

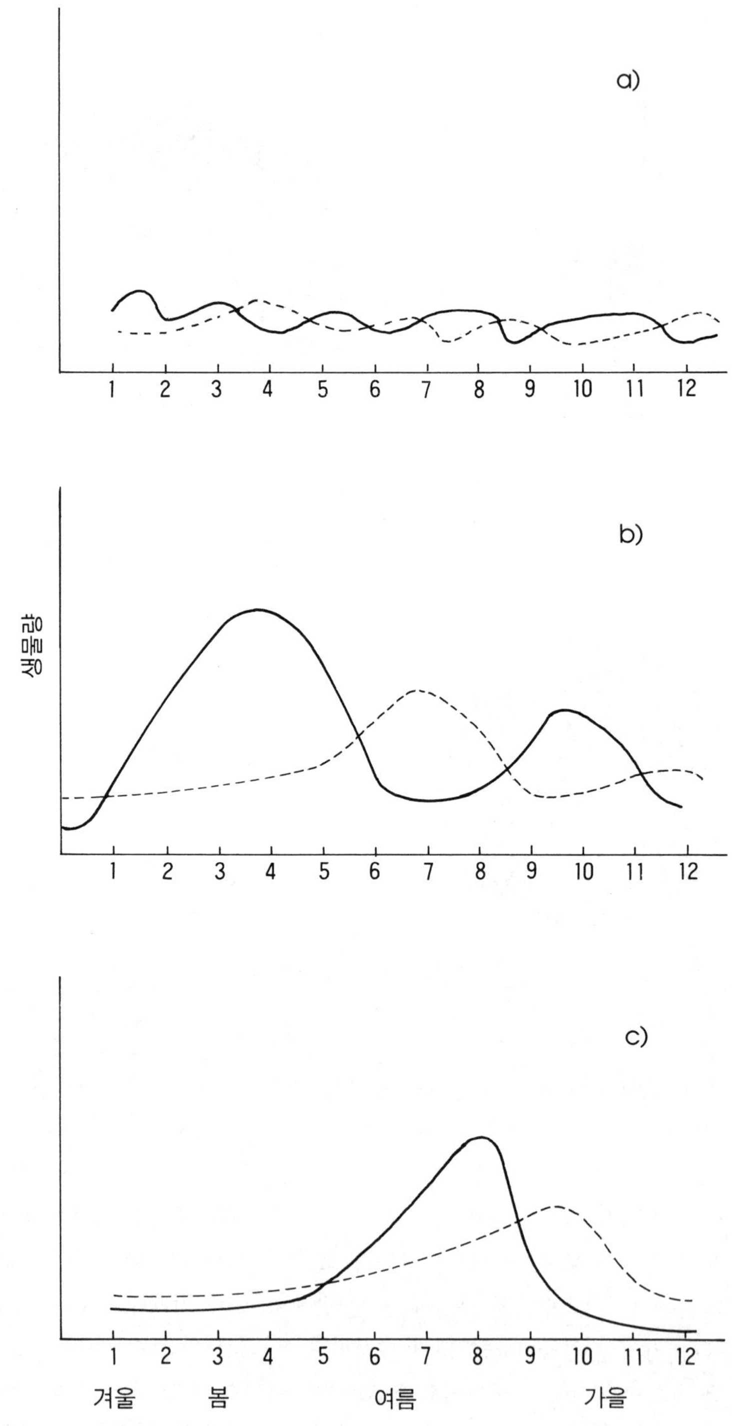

그림 8-20.
열대해역 a), 온대해역 b), 극해역 c)의 부유식물과 부유동물의 현존량 계절변화
(——: 부유식물, ……: 부유동물)

0.18～0.25 μg-at N · l^{-1} 정도이고, 인산염이 0.03 mg-at Po_4-P · l^{-1} 정도여서 연 생산력이 40 gC · m^{-2} · yr^{-1}로 낮게 나타났다. 이 수역은 수온과 염분의 연변화가 거의 없는 수역으로 일차생산력의 계절변화도 거의 없이 나타났다.

온대 해역

온대의 외양역은 열대수역과 달리 계절적인 변화가 뚜렷하다. 태양의 고도가 계절에 따라 달라짐에 따라 수괴로 태양광의 에너지 유입량이 변하여 광의 광도와 수온의 계절적인 변화가 일어난다. 겨울에는 태양의 고도가 낮아 광량이 감소하며 이에 따라 표층수온이 낮아지고 표층밀도가 증가하여 상층수와 하층수의 혼합이 일어난다. 그러나 봄이 되면서 일사량이 증가하고 표층수온이 상승하여 겨울과 같은 상, 하층의 큰 혼합은 일어나지 않는다. 여름이 되면 표층수온의 증가로 상, 하층간에 밀도의 차이가 생겨 수온약층이 형성되므로 수괴의 혼합이 일어나지 않는다. 가을에는 태양에너지의 유입이 적어 일사량이 감소되면서, 표층수온이 낮아진다. 따라서 상, 하층간의 밀도차가 적어져 수괴가 혼합되기 시작한다(그림 8-21). 이와 같은 수괴의 계절적인 변동 때문에 온대외양역의 부유식물 분포와 일차생산력은 계절적인 변화를 보인다.

온대 외양수역의 부유식물의 출현 양상은 동계에는 외각이 두꺼운 *Cosinodiscus*, *Schroederella*, *Baceteriastrum*이나 깃돌말류가 흔히 출현하고 춘계에는 *Thalassiosira*나 *Skeletonema costatum*, *Lauderia* 등과 같은 분열속도가 빠른 종이 나타나 대증식 현상을 보인다. 하계에 들면서 *Dinophysis*, *Protoperidiniun*, *Prorocentrum* 같은 와편모조류가 나타나 하계의 낮은 수온과 낮은 영양염 농도에서도 잘 견딘다. 수온약층이 강하게 형성된 일부 수역에서는 극미소형의 부유성 남조류가 많이 나타나 하계의 부유식물 현존량을 유지시킨다. 가을이 되어 영양염의 공급이 원활해지면 *Chaetoceros*, *Rhizosolenia* 같은 부유성 돌말류가 증가한다. 겨울이 되면서 수괴의 혼합이 일어나면, 외각이 얇은 돌말류가 감소하고 외각이 두꺼운 돌말류들이 나타나기 시작한다.

부유식물의 현존량은 그림 8-20에서 보여 주듯이 춘계 대증식과 추계 대증식의 두 번의 큰 증가가 있다. 하계와 동계에는 현존량이 낮다. 춘계 대증식은 소수 종에 의해, 추계 대증식은 다수 종에 의해 주로 일어난다.

온대외양역의 일차생산력은 환경조건에 의해 큰 영향을 받는다. 동계에는 수괴의 혼합이 활발하여 영양염은 풍부하나 광도가 낮고 수온이 낮아 일차생산력이 낮다. 특히 수괴의 혼합이 활발하기 때문에 표층 부유식물이 임계깊이 아래로 내

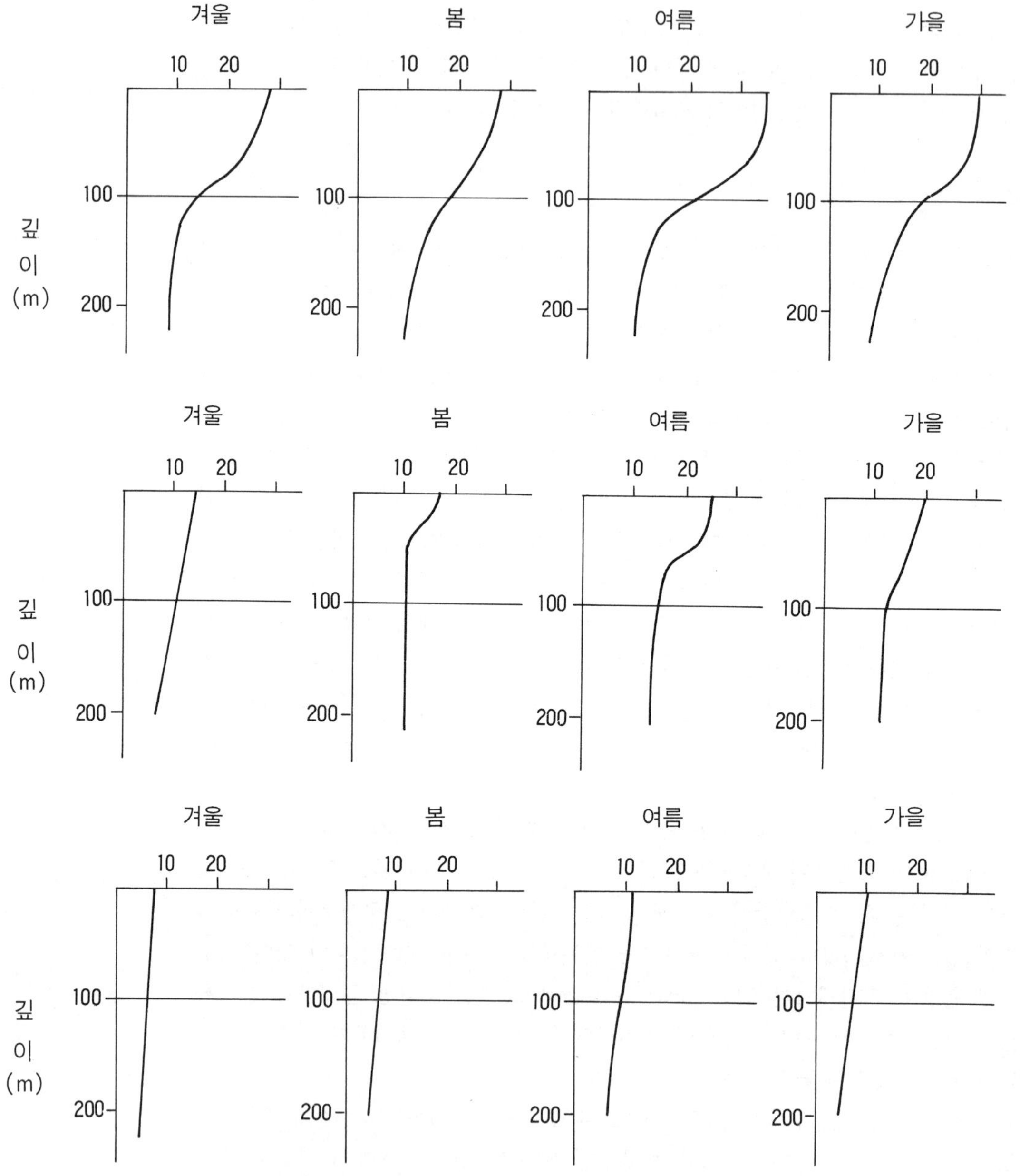

그림 8-21. 열대해역(상), 온대해역(중), 극해역(하)의 계절별 수온 연직구조(°C)

려가 전수층의 일차생산이 크게 줄어든다. 온대 외양역의 동계에는 이러한 환경 조건의 악화로 흔히 100 mgC · m^{-2} · day^{-1} 이하의 낮은 일차생산력을 보인다.

춘계에는 태양광의 세기가 증가하고 일조시간이 길어져, 광조건이 호전되고 영

표 8-6. 오호츠크해, 동해, 동중국해의 년평균 일차 생산량(Nishimura, 1983)

해역	일차생산력 (gC · m^{-2} · yr^{-1})	순생산력 (wet. wt 10^9t · yr^{-1})
오호츠크해	100~150	2.1~3.1
동해	75~100	0.9~1.3
동중국해	150~200	2.4~3.2

양조건이 좋기 때문에 연중 가장 높은 일차생산력을 보인다. 수역에 따라서는 춘계에 1000 mgC · m^{-2} · day^{-1} 이상으로 높다. 하계에는 표층수온의 증가로 수온약층이 형성되고, 표층의 영양염이 춘계에 부유식물에 이용되어 농도가 낮기 때문에 광조건이 양호함에도 불구하고 일차생산력은 낮다. 영양염 공급은 주로 수온약 층 위의 부유동물의 배설에 의해 생기는 영양염의 재생산에 의한다. 추계에는 수온약층이 깨지면서 수괴의 혼합이 일어나기 시작해 영양염이 공급되므로 일차생산력이 증가한다. 춘계의 대증식 시기보다는 일차생산력이 다소 낮다. 온대의 외양역의 평균 연 일차생산력은 70~120 gC · m^{-2} · yr^{-1}로 열대해역보다 높다.

우리나라 남부 해역은 영양염 농도가 낮은 쿠로시오 해류가 열대수역으로부터 유입되므로 일차생산력이 평균 150 mgC · m^{-2} · day^{-1}로 낮다. 반면 동해 북부 해역은 영양염 농도가 높은 오야시오 해류가 지배하므로 일차생산력이 120~500 mgC · m^{-2} · day^{-1}으로 비교적 높다. 우리나라 주변 외양역인 오호츠크 해와 동해, 동중국해의 일차생산력은 대략 표 8-6과 같다.

아한대-한대 해역

고위도에 위치한 아한대, 한대의 외양수역은 수온이 낮고 광량 또한 적은 것이 특징이다. 겨울에는 대기의 온도가 매우 낮아 대부분의 수역이 얼음으로 덮히며, 태양광 역시 얼음에 반사되고 흡수되어 부유식물이 수중에서 광합성을 하기에 충분할 만큼 입사되지 못한다. 대부분의 부유식물은 이러한 조건에서 성장하지 못하고 대부분 휴면상태로 겨울을 보낸다. 늦봄이 되면서 얼음이 녹고, 태양광이 증가하면 발아하기 시작해 여름이면 급작스럽게 증가한다. 여름 동안에 장시간에 걸친 태양광의 유입이 있고 수중의 영양염 조건이 좋기 때문에 대량 발생한다. 그러나 가을이 되면서 태양광이 감소하면 부유식물의 성장 또한 느려진다. 이러한 고위도 수역에서 생존하려면 고위도의 낮은 수온조건과 광조건에 적응되어야 한다.

고위도 수역에 출현하는 부유식물은 대부분 냉수에 적응된 돌말류로

Chaetoceros atlanticus, *Chaetoceros borealis*, *Chaetoceros diadema*, *Fragilariopsis oceanica*, *Fragilarioposis nana*, *Coscinodiscus subbulliens* 등과 와편모류 *Ceratium arcticum*, *Ceratium longipes*, *Protoperidinium depressum* 등이 대표적이다. 이외에 *Phaeocystis*가 북극해와 남극해에서 때때로 많이 출현한다.

남극해에 주로 나타나는 돌말류는 *Chaetoceros neglectus*, *Chaetoceros dichaeta*, *Chaetoceros atlanticus*, *Corethron criophilum*, *Nitzschia* spp. 등이다. 남극해의 빙변(Ice edge)에 많이 나타나는 종류는 *Biddulphia weissflogii*, *Chaetoceros neglectus*, *Eucampia balaustium* 등과 *Thalassiosira* 종류이다. 북극해는 대륙에 의해 둘러싸여 대서양과 미약하게 통해 있다는 점에서 남대양과는 좀 다르다. 남극해는 큰 규모의 용승현상이 있는 반면 북극해는 미약한 용승이 있을 뿐이다. 북극해의 얼음으로 덮힌 수역은 광이 투과하기 어렵다. 그 결과 일차생산이 매우 낮다. 여름 3달 동안 다소 증가하나 이때도 일차생산력이 5~6 mgC · m^{-2} · day^{-1}으로 낮다. 겨울 동안에는 측정하기 어려울 정도의 낮은 값이다. 얼음이 없는 수역은 여름에 1 gC · m^{-2} · day^{-1}까지 증가하나 여름이 짧기 때문에 연 생산력이 20 gC · m^{-2} · yr^{-1}를 넘지 못한다.

남극해는 북극해와 대조적으로 용승수역이 많아 영양염이 풍부해 일차생산력이 비교적 높다. 벨링하우젠 해에서는 370 mgC · m^{-2} · day^{-1}, 브랜스필드 해협에서는 700 mgC · m^{-2} · day^{-1}, 제랄쉬 해협에서는 860 mgC · m^{-2} · day^{-1}, 디셥션 섬 근처에서는 3,620 mgC · m^{-2} · day^{-1}까지 측정되었다. 많은 과학자들은 남극해의 연평균 생산력을 100 gC · m^{-2} · yr^{-1} 정도로 추정한다.

3.2. 부유동물

외양역에서는 하구역이나 연안역에서와는 달리 주기성 부유동물이 차지하는 비중이 작고 대부분 일생부유동물(Holoplankton)이 주를 이룬다. 요각류와 모악동물인 화살벌레 등이 연안역에서와 같이 중요 우점군으로 분포하며, 연안역과는 달리 크기가 큰 난바다곤쟁이류(Euphausiid)와 곤쟁이류, 살파류(Salps), 해파리류 등의 조성비가 상대적으로 크다.

외양역 부유동물의 분포는 각 개체군이 생활사와 관련하여 특정 시기에 특정 수심에 분포의 중심을 두며 이 분포중심의 수심이 계절적으로 상하로 이동하는 특징을 가진다. 이를 개체발생적 수직이동(ontogenetic vertical migration)이라고 한다. 적도지방보다는 중위도와 고위도에서 두드러지며 수온의 계절적 변화와 개체의 발생 및 성장, 포식, 도피 등과 관련이 있다. 수직이동의 주기는 극지방으로 가면서 길어져 중위도에서는 1년에 3~4회, 고위도 및 극지방에서는 연 1~2회이다. 개체발생적 수직이동의 주기는 각 개체군의 생활사의 길이와 관계가 있다. 극지방으로 가면서 주요 부유동물군의 한 세대의 기간이 길어진다고 말할 수 있다. 생활사가 긴 종류들은 크기 역시 크다. 적도를 중심으로 양 극지방으로 가면서 주요 부유동물의 분포중심 수심이 대칭적으로 얕아지고 주요 부유동물의 형태와 생태가 서로 비슷하여 외양역의 부유동물 분포는 양극성(bipolar pattern)을

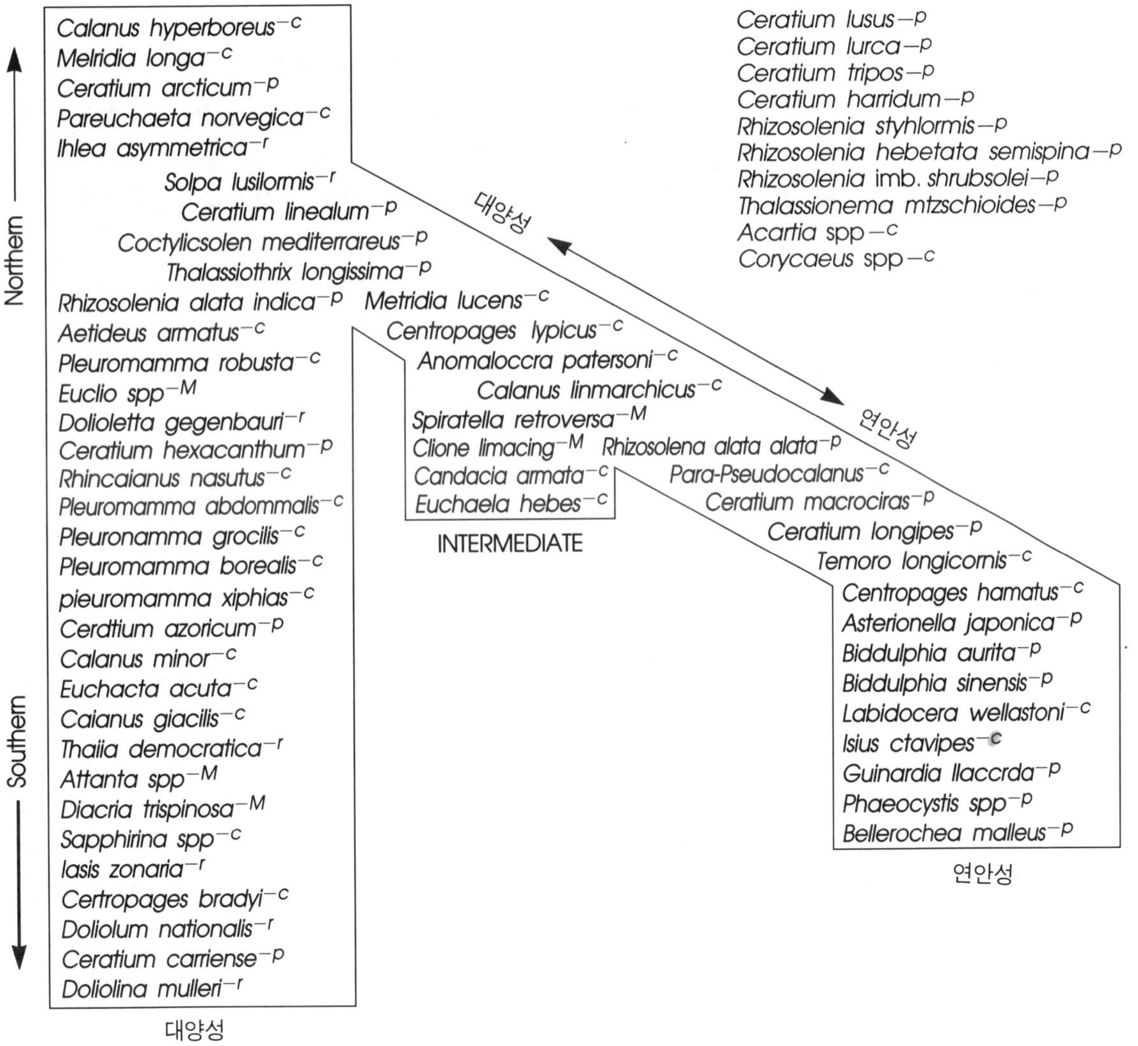

그림 8-22. 분포역에 따른 외양역 부유생물의 분류. 종명 뒤의 p는 부유식물, c는 부유동물 중 요각류, M은 연체동물, T는 Tunicate를 의미함(Colebrook, 1964에서 재인용).

갖는다고 한다.

해수의 특성이 유사한 몇 개의 지역으로 외양을 나눌 수 있으므로 이에 따른 분포도 구분할 수 있다. 예를 들어 태평양은 북극해역, 북태평양 고위도 해역, 적도 부근 해역, 남태평양 중위도 해역, 남극해역 등으로 나누어진다. 부유동물 군집의 종조성과 계절적 변동도 해역에 따라 다르다(Raymont, 1983). 컬레브루크(Colebrook, 1964)는 광범위한 해역에서 채집된 부유동물을 다변량 분석을 통하여 그림 8-22와 같이 분류하고 수온, 염분, 수괴의 혼합 정도가 분포에 영향을 미치는 것으로 간주하였다.

그림 8-22에 나열한 주요 우점종들은 대체로 연안역의 중요 종들과 비교하여 크기가 크다. 연안역에 비해 환경의 변화가 심하지 않으므로 오랜 동안 성장할 수 있다는 사실과 관련이 있다고 본다. 부유식물은 빈약한 영양염에 적응하기 위하여 영양염을 흡수하는 표면적을 상대적으로 확대하는 방향으로 적응되면서 크기가 작아졌다고 소개한 바 있다. 부유식물은 크기가 작고, 부유동물은 크기가 크다는 사실은 에너지 취득의 효율면에서 의문을 남긴다. 먹이연쇄와 관련하여 중간 연결역할을 하는 동물군이 존재해야만 한다. 섬모충류를 포함하는 소형부유동물이 연결역할을 하는 것으로 추측하고 있으나 최근에야 연구가 진행되고 있다.

3.3. 어 류

외양역의 생산은 진광대에서 이루어지므로 어류도 표층 부근에 많고 수심이 깊어지면 적어진다. 생물의 잔해나 배설물들이 모두 심해로 가라앉으므로 먹이가 적고 어류의 양도 절대적으로 적다. 먹이가 적으므로 먹이경쟁이 심하며, 포식자인 어류도 어린 시기나 소형어는 큰 포식 압력을 받는다. 먹이가 적은 환경에 잘 적응한 종류가 살고 있는 것이 특징이다.

외양역은 육지로부터 멀리 떨어져 영양염의 공급이 적기 때문에 빈영양상태로 일차생산이 대체로 낮다. 부유식물은 적은 양의 영양염을 효과적으로 흡수해야 하므로 크기가 작다. 먹이사슬 상부에 위치한 어류에까지 일차생산 에너지가 전달되려면 4~5단계의 먹이사슬을 거쳐야 한다. 따라서 어류 생산량도 매우 낮다.

수괴의 확산대에서는 용승이 있으므로 일차생산이 높다. 부유식물의 크기도 큰 편이고 어류의 먹이사슬도 짧아 어류 생산량이 높다. 용승해역에 관하여는 다음 절에서 자세히 다루기로 한다. 북서태평양 적도 해역 자치어 및 소형어의 생활사와 회유의 측면에서 해양어류의 특징을 아래에 소개하였다.

표 8-7은 북서태평양의 북위 10~22°, 동경 130~155°에서 1991년 여름 중층

표 8-7. 열대북서태평양(10~22°N, 131~155°E)에서 IKMT에 채집된 어류의 종류와 상대 분포

Order(목)	Family(과)	종수	출현량	성어 서식처
Clupeiformes(청어목)	Engraulidae(멸치과)	+	+++	표층
Anguilliformes(뱀장어목)	Anguilidae(뱀장어과)	+	++	민물
	Congridae 등(먹붕장어과)	+	++	연안 저어류
	Nemichthyidae 등	+	++	중층
Salmoniformes(연어목)	Bathylagidae	+	++	표층
	Gonostomidae(앨퉁이과)	++	+++	중층
	Sternoptychidae	+	++	중층
	Chauliodontidae	+	+	중층 및 심층
	others	+	+	
Myctophiformes (샛비늘치목)	Synodontidae(매퉁이과)	+		표층
	Scopelarchidae	+	++	〃
	Notosudidae	+	+	〃
	Myctophidae(샛비늘치과)	++	+++	〃
	others	+	++	중층 및 심층
Beloniformes(동갈치목)	Exocoetidae(날치과)	+		표층
Gadiformes(대구목)	Bregmacerotidae(날개멸과)	+	++	심해
Syngnathiformes(실고기목)	Synganthidae 등(실고기과)	+		표층
Ophidiformes	Ophidiidae 등	+	+	심해
Lampriformes(이악어목)	Lampridae(이악어과)	+	+	〃
Berciformes(큰눈돔목)	Melamphaidae	+	+	〃
	others	+	+	〃
Cetomimiformes	Eutaeniophoridae	+	+	〃
Perciformes(농어목)	Carangidae 등(전갱이과)	+	+	표층
	Xiphidae(새치과)	+	+	표층
	Scombridae(고등어과)	+	++	표층
	Gempylidae(갈치꼬치과)	+	++	표층
	Percichthyide	+	++	〃
	Bramidae(새다래과)	+	++	〃
	Mullidae(촉수과)	+	++	〃
	Scaridae(파랑비늘돔)	+	++	산호초 연안
	Acanthuridae(양쥐돔과)	+	+	산호초 연안
	Stromateoidae(샛돔과)	+	+	저어류
	others	++	+	
Plerrionectiformes(넙치목)	Bothidae	++	+	저어류
	others	+	+	〃
Lophiformes(아귀목)	Antennariidae 등	+	+	심해

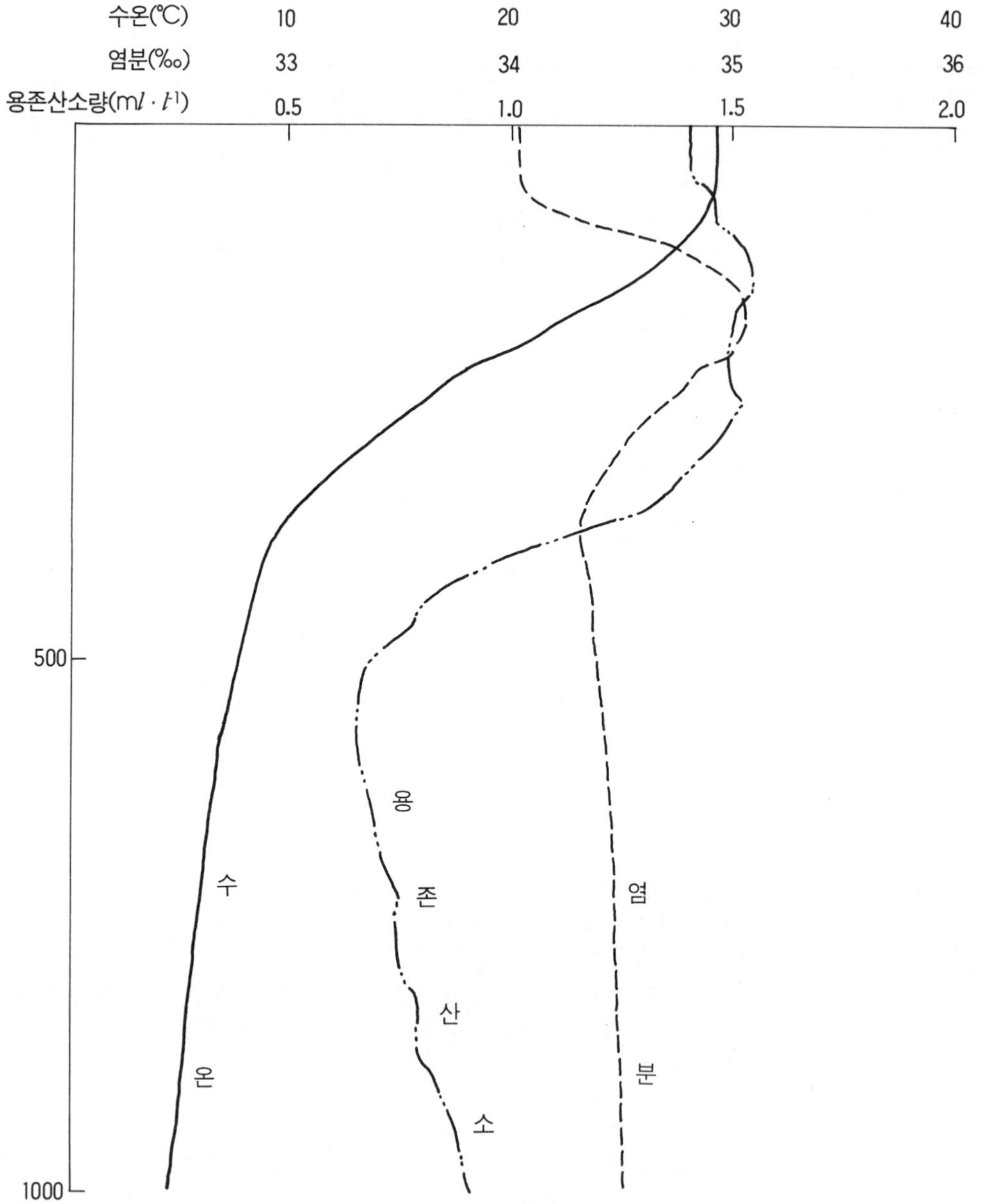

그림 8-23. 서북태평양, 14°N, 141°E의 수심에 따른 수온, 염분 및 용존산소량의 분포(1994년 6월 29일)

트롤(Issac Kidd Midwater Trawl; IKMT)에 채집된 어류의 상대도수를 나타낸 표이다. 이 해역의 표층수온은 29~30°C, 염분은 34~35‰ 정도이다. 수심

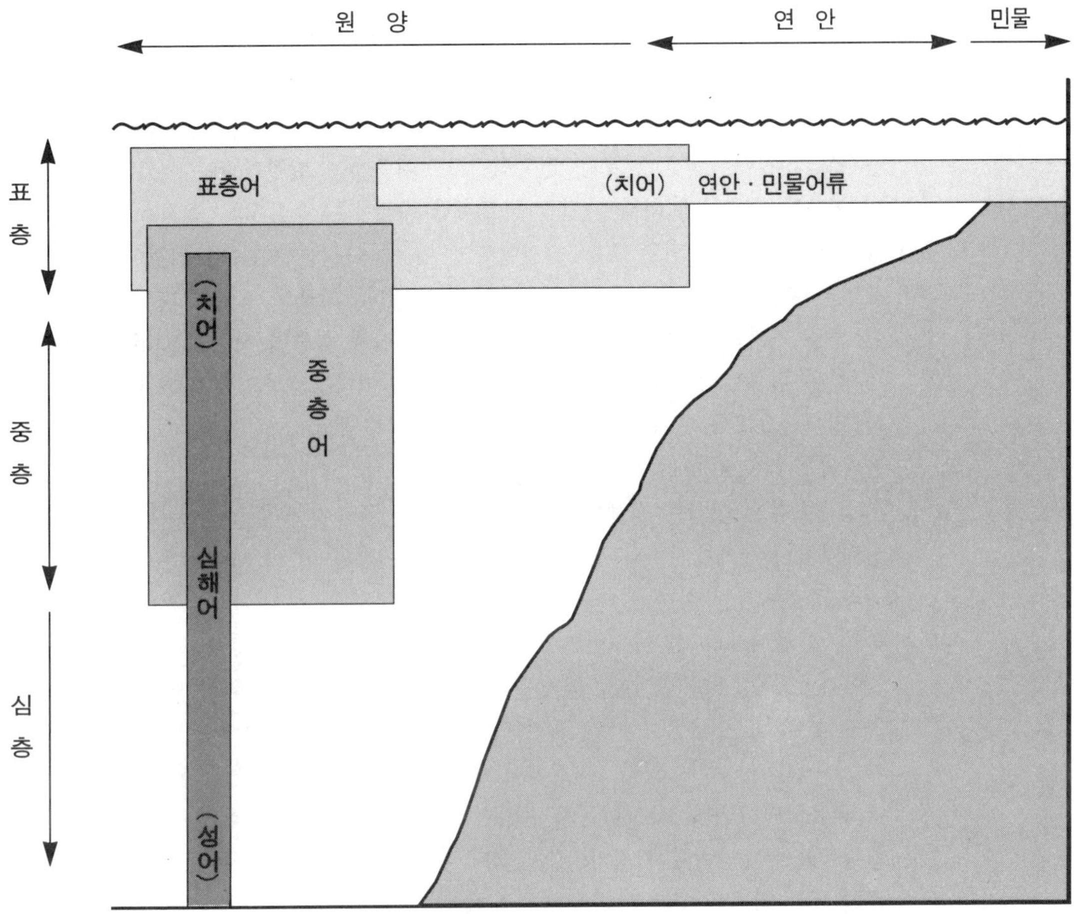

그림 8-24. 열대 북서태평양 해양어류의 분포

200~400 m에는 수온약층이 상존하며, 수심 500 m에 이르면 수온이 10°C 이하로 낮아진다(그림 8-23). 이 해역은 북적도 해류와 쿠로시오 반류가 만나 침강하는 해역으로, 생물생산이 매우 낮고 투명도가 높은 해역이다. 위의 조사에서는 1,000여 종의 자치어와 소형어가 채집되어 열대해양에 많은 종의 어류가 서식함을 알 수 있다. 이곳에서 채집된 치어 및 소형 어류는 성어의 서식처와 생활사에 따른 회유양상에 따라 크게 표층어류, 중층어류, 심해어류 및 연안·민물어류의 4무리로 나눌 수 있다(그림 8-24).

일생해양표층어류(holoepipelagic fish)는 평생을 해양의 표층에 사는 어류로, 날치, 다랭이류, 전갱이류 등이 이 무리에 속한다. 이 어류는 해양의 표층에서 알을 낳고 대양을 회유하며 평생을 살아간다. 분포역이 넓고 상당한 거리를 회유한다. 생물생산이 낮은 곳에서 필요한 먹이를 획득하기 위하여 넓은 범위를 이동하여 다니는 것으로 보인다.

중층어류(midwater fish)는 중층트롤에 채집된 어류 중 70% 이상을 차지하며 종수도 많았다. 몸은 대부분 진흑색이고, 배측에는 발광기관이 배열되어 있다. 이 어류들은 종류에 따라 약간씩 다르지만 주간에는 수심 200~500 m 정도의 중층에 머물며 밤이 되면 표층 가까이까지 이동한다. 중층어류인 앨퉁이과 어류와 샛비늘치과 어류가 종류나 숫적으로 가장 많았다. 이들은 입이 그리 크진 않으나 큰 눈을 가지는 것이 특징이다. 중층 하부와 심해 상층에 사는 Chauliodontidae와 같은 어류는 큰 턱을 가지며, 눈은 작은 편이다. 양적으로 많기 때문에 해양의 먹이사슬에서 포식자로 뿐 아니라 대형 유영생물의 먹이로도 중요한 위치를 차지하는 것으로 알려져 있다.

심해어류는 성어는 심해에 살지만 치어기를 표층이나 중층에서 보내는 어류로 심해아귀나 심해뱀장어와 같은 어류가 이에 속한다. 이 어류의 난은 심해에서 떠올라 표층에서 부화하여 치어기를 표층에서 보낸 후 성장하면 심해로 내려간다. 연안·민물어류의 성어는 연안이나 민물에 살지만 치어가 해양에 서식하는 종류들이다. 돔류, 먹붕장어류, 넙치류 등이 이에 속한다. 돔류의 치어는 인접 산호초나 섬에 사는 어류로 어린 시기에 치어가 해류를 따라 섬에서 먼 곳까지 흘러가는 우발적인 종도 있다. 먹붕장어 종류 가운데에는 원양에서 산란하고 치어기에 회유하면서 연안으로 이동하는 종류가 있다. 서북 태평양에서는 민물어류로서 뱀장어와 무태장어의 치어가 채집된다. 이들 민물어류는 대양에서 산란하고 치어는 해류를 따라 연안으로 회유하여 민물로 올라가 자란다.

외양은 일차생산력이 낮아 먹이가 적고 포식압력이 큰게 단점이지만, 입체적인 거대한 서식 공간이 있어 이 환경에 적응하기만 하면 많은 생물이 잘 살아갈 수 있다는 장점이 있다. 이렇게 단점을 극복하고 장점을 이용하는 방향으로 적응 진화된 생물들이 외양에는 많아 다양한 어류가 채집되는 것으로 생각된다.

표층에는 일생해양표층어류가 주로 산다. 크기가 큰, 먹이사슬의 윗쪽에 위치한 포식자가 대부분이다. 이 어류들은 필요한 먹이를 찾아 넓은 대양을 회유하여 빠르게 헤엄치는 방향으로 진화된 것으로 보인다. 대형 포식자에 비하여 크기가 작은 날치와 같은 경우는 위험할 때 수면 위로 도피하여 포식자를 피한다.

중층대는 진광대보다 깊은 곳으로 수온이 낮고 먹이가 되는 생물이 적어 어류의 서식에 적합한 공간이라고 보기 어렵다. 중층어류는 낮 동안에는 중층에 머물러 시각이 발달한 포식자들을 피하고 밤에 표층으로 올라와 필요한 먹이를 섭취하는 방향으로 적응된 어류들이다. 표층과 중층의 수온과 압력 차가 크기 때문에 이들 어류들은 수온과 압력 적응범위가 넓다. 대형 포식자들은 환경변화가 적은 표층에 주로 산다. 이들은 수온 등에 대한 환경의 적응범위가 좁다. 따라서 이들이 수온이 낮은 중층까지 오지 않으므로 중층대는 소형 어류가 도피장소로 사용하기에 적합하다. 앞의 북서태평양 자료에서 살펴본 것과 같이 중층어류는 종수도 많고 생물량이 많아 전세계의 외양을 모두 고려한다면 총 생물량은 막대할 것으로 보인다. 또 표층에 사는 대형 포식어류들은 먹이사슬의 상부에 위치하여 그 양이 적을 수밖에 없지만, 중층어류는 대형 어류에 비하여 먹이단계가 2단계 정도 낮으므로 생물량도 상대적으로 많을 것으로 판단된다.

심해어가 어린 시기를 환경조건이 심해보다 좋은 표층에서 보내는 것은 외양어류가 연안에서 산란하고 치어기를 연안에서 보내는 것과 같은 양상이다. 그러나, 연안 민물어류는 오히려 외양에서 산란하고 치어기를 보낸 후 성어가 되면 연안으로 찾아온다. 외양어류와는 반대인 것이다. 동북아시아 뱀장어의 산란장은 북서열대 태평양 수렴대로 생물생산이 아주 낮은 해역이다. 이 어류는 수천만 개의 알을 낳아 포식을 보상하며, 치어들은 적은 먹이에 적응하여 살아간다. 뱀장어류는 산란 회유 때의 형태 특징으로 보아 원래 중심층 어류였던 것으로 보이며, 진화과정에서 먹이가 비교적 풍부한 연안이나 민물에 적응된 종으로 생각된다.

4. 용승수역과 전선수역

연안해역과 외양해역에 포함되어 있으면서도 이들 해역과 환경이 다르고 생태적 특성이 다르게 나타나는 수역이 용승수역(upwelling area, 湧昇水域)과 전선수역(frontal area, 前線水域)이다. 각 수역을 아래에 소개하였다.

4.1. 용승수역

용승수역은 지구의 자전, 해류의 흐름, 지형, 바람 등의 요인에 의하여 저층의 수괴가 상층으로 유입되어 형성된다. 용승수역의 표층은 저층의 영양염이 유입되므로 비옥하고 이것이 부유식물의 광합성을 자극하여 일차생산력이 크다. 용승수역의 면적은 해양면적의 약 0.1% 정도이나 어획고는 50%를 차지한다. 이러한 수산업상의 중요성 때문에 용승수역의 생태환경에 대하여는 많은 연구가 이루어졌다. 남미의 페루 연안에서는 연중 용승이 일어나 해역 전체가 비옥하고 부유식물이 풍부하여 이를 먹고사는 페루멸치(*Engraulis ringens*, Peruvian anchoveta)가

표 8-8. 용승해역의 어류의 잠재생산량(Walsh, 1972)

해역	용승기간(월)	부유어류(10^6 ton)	저서어류(10^6 ton)
페루-칠레	12	11.73	0.61
앙골라-남아프리카	9	3.98	1.22
가카르-카사블랑카	8~9	3.06	0.71
바하 캘리포니아	7~8	3.57	0.41
아라비아 해	6	3.57	0.71
오레곤-워싱톤	3~4	0.82	0.612
파나마	3~4	9.20	0.10

다량 생산된다.

세계 용승해역의 어류와 오징어의 잠재생산량은 연간 약 7,600만 톤으로 추정되고 있다(표 8-8). 용승해역을 형성하는 주요 해류는 벵겔라 해류(1,800만 톤), 페루 해류(1,200만 톤), 카나리 해류(816만 톤), 캘리포니아 해류(510만 톤) 등으로 벵겔라와 카나리 용승해역에서는 정어리가 대량 서식하고 페루 연안과 캘리포니아 용승해역에서는 멸치와 대구류가 많이 서식한다.

용승해역에 주로 출현하는 부유식물은 영양염을 많이 필요로 하는 *Eucampia zodiacus*, *Rhizosolenia delicatula*, *Thalassiosira subtilis*, *Skeletonema costatum*, *Chaetoceros debilis* 같은 돌말류 등이다. 파나마 연안의 용승수역에서는 1월에 *Chaetoceros compressus*와 *Skeletonema costatum*이 나타나고 2월에 *Rhizosolenia delicatula*가 우점하고 *Eucampia cornuta*가 대량 출현한다. 이어 3월에는 *Nitzschia delicatissima*가 우점하고 *Lauderia annulata*, *Chaetoceros costatus* 등이 같이 나타난다. 4월에는 *Rhizosolenia stolterforthii*가 우점하면서 용승이 끝난다. 페루의 용승해역에서 측정된 인산염은 2 μg-at · l^{-1} 이상이고 질산염은 9 μg-at · l^{-1}에서 20 μg-at · l^{-1} 이상까지 분포하였다.

용승해역의 일차생산력은 대략 250~2,000 mgC · m^{-2} · day^{-1} 범위에 이른다. 오만 만(Gulf of Oman)의 용승수역에서는 일차생산력이 5,700~6,400 mgC · m^{-2} · day^{-1}로 측정되었다. 페루의 용승해역에서는 최대 9,000 mgC · m^{-2} · day^{-1}까지 측정되었다.

4.2. 전선수역

바다에서 서로 다른 성질을 가진 두 수괴가 수평적으로 만날 때 그 만나는 경

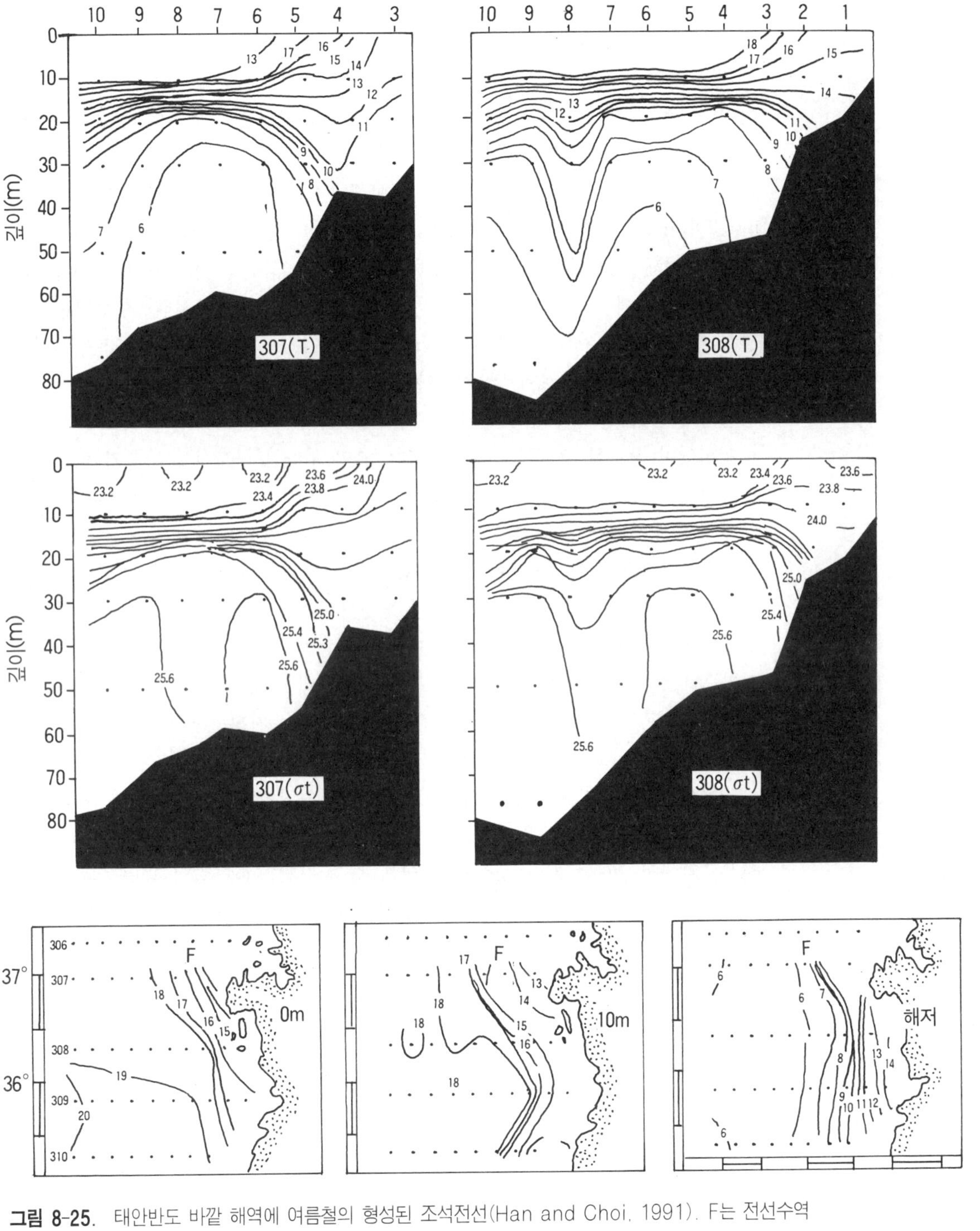

그림 8-25. 태안반도 바깥 해역에 여름철의 형성된 조석전선(Han and Choi, 1991). F는 전선수역

계수역을 전선수역이라고 한다. 전선수역은 두 수괴가 만나는 접선 수역이지만 두 수괴와는 물리 화학적 환경 특성이 다르게 나타나고, 생물학적 특성도 다르다.

전선수역은 그 위치나 형성기작에 따라 대체로 여섯 가지 유형으로 구분된다. 외양역에서 형성되는 전선수역은 대양과 대양이 만나는 경계면에 형성되는 전선수역과 대양의 주요 해류의 경계면에서 형성되는 전선수역으로 구분된다. 연안역의 전선수역은 대륙붕과 대륙사면 사이에 형성되는 대륙붕단 전선수역(shelf break fronts), 용승수역의 경계면에 형성되는 용승전선(upwelling fronts), 강의 유입에 의해 강수와 해수와의 경계면에 생기는 강유입 전선수역(river plume fronts), 조류에 의해 잘 섞이는 수괴와 그렇지 않은 수괴가 만나 형성되는 조석전선 수역(tidal fronts, shallow sea fronts) 등으로 구분된다. 전선수역은 흔히 어부들에게 좋은 어장으로서 잘 알려져 있다. 두 수괴가 만남으로 경계수역에는 영양염의 공급이 잘 이루어져 일차생산력이 높다.

영양염이 풍부한 오야시오 한류와 영양염이 부족한 쿠로시오 난류가 만나 북태평양 해류(North Pacific current)로 편입되는 지역이 전선수역의 예이다. 오야시오의 풍부한 영양염 조건과 쿠로시오의 따뜻하고 안정된 수괴의 조건이 합쳐진 전선수역이므로 일차생산력이 높다. 래부라도오 한류와 걸프스트림 난류가 만나는 북대서양에서도 유사한 전선수역이 형성된다.

연안쪽의 수괴의 혼합이 잘되는 수괴와 외양쪽의 안정되고 층상구조를 이룬 수괴가 만나는 전선수역은 혼합수괴로부터 영양염이 공급되고 층상수괴의 영향으로 수괴의 혼합 깊이가 줄어들어 광조건이 양호하게 유지되면서 일차생산력이 증가되고 부유식물의 생물량이 축적된다(그림 8-25).

강유입 전선수역은 대부분 강으로부터의 영양염이 풍부한 강수가 유입되고, 강수와 함께 유입된 부유입자들이 해수와 만나 침강하면서 광조건이 개선되어 전선수역에서 부유식물의 생산력이 크게 증가된다. 이와 같이 대부분의 전선수역은 일차생산력의 큰 증가로 양호한 먹이환경이 형성되면서 좋은 어장이 이루어진다.

▶ 연습문제

1. 해양생물의 서식공간을 둘로 구분하여 설명하시오.
2. 연안수역, 하구역, 외양수역의 물리적 환경의 차이를 비교하여 설명하시오.
3. 연안수역에서 부유식물의 계절적 천이과정을 설명하시오.
4. 연안수역에서 부유식물의 대증식 시기와 원인을 설명하시오.
5. 연안수역, 하구역, 외양역에서의 일차생산력의 차이와 원인을 설명하시오.
6. 외양역에 비해 연안수역의 부유동물은 왜 크기가 크고 생물량이 많은가?
7. 서해 연안수역의 부유동물은 계절별로 어떤 종류가 많이 나타나고 현존량은 어떻게 변화하는가?
8. 청정 연안수역과 부영양화 연안수역에 출현하는 해산미생물의 개체수를 비교하시오.
9. 우리나라 동해구, 남해구, 서해구에서 잡히는 주요 어종은 어떤 종류인가?
10. 황해 어류자원 남획에 따른 먹이사슬 변화에 대하여 설명하시오.
11. 해안 평원하구역, 구조하구역, 협만하구역, 석호하구역의 생성원인을 설명하시오.
12. 하구역에 들어오는 해양생물의 삼투조절 과정을 설명하시오.
13. 하구역에 서식하는 토착 해양생물의 특징을 설명하시오.
14. 저서성 돌말류가 하구역의 부유식물로 왜 많이 나타나는가?
15. 하구역에서는 주기성 부유동물이 왜 많이 출현하는가 설명하시오.
16. 하구 내만역에서 많은 어류가 어린시기를 보내는 원인에 대하여 설명하시오.
17. 열대 외양역에 출현하는 부유생물은 왜 크기가 작은가?
18. 열대의 적도 근처에서 높은 일차생산력이 측정되는 이유를 설명하시오.
19. 온대 외양역의 일차생산의 계절적인 변화와 그 원인을 설명하시오.
20. 중층 어류의 특징을 표층어류와 비교하여 설명하시오.
21. 심해 어류는 왜 어린시기를 표층에서 보내고 자라면 심층에서 서식하는가 ?
22. 용승해역에서 어류 생산이 높은 이유를 설명하시오.
23. 전선수역에서 해양생물 생산이 높은 이유를 설명하시오.

9장 저서생물의 분포와 환경

해저를 환경공간으로 하는 생태계를 저서생태계(底棲生態系, benthic ecosystem)라고 한다. 수심에 따라 조간대, 조하대, 대륙붕, 심해로 나눌 수 있다. 또 저서생물의 서식에 영향을 미치는 환경요인 중 가장 중요한 것이 해저의 기질이므로 기질에 따라 경성저질과 연성저질로 서식지를 구분할 수 있다. 이 장에서는 조간대, 조하대, 대륙붕으로 나누었다. 조하대를 대륙붕에 포함시키기도 하나 암반으로 이루어진 지역이 특수성을 갖기에 암반조하대를 분리하여 소개하였다. 조간대는 다시 암반조간대와 간석지로 나누어 기재하였다. 서식생물의 분포와 환경과의 관계는 가능한 한 우리나라에서 조사된 결과를 중심으로 소개하였다.

1. 암반조간대

조간대는 기질의 종류에 따라 경성저질(硬性底質, hard bottom) 조간대, 연성저질(軟性底質, soft bottom) 조간대로 나누인다. 경성저질 조간대란 기질이 바위인 암반조간대를 말한다. 우리나라 전연안의 해안가에서 암반조간대를 관찰할 수 있다. 연성저질 조간대는 간석지(干潟地, tidal flat)와 모래사장으로 나누인다. 간석지는 갯벌이라고도 부른다. 간석지는 경사가 완만하고 조차가 큰 지역에 광활하게 펼쳐지는 조간대이다. 우리나라 서해안에는 수 km의 폭을 가지는 간석지가 발달해 있다. 모래사장은 간석지의 변형된 형태로 경사가 심하고 파도가 많이 치는 해안에 형성되어 있다.

암반, 모래, 뻘 등, 기질의 종류에 따라 생물은 서식방법, 행동을 달리한다. 서식방법이나 행동을 달리하기 위해서 특수하게 적응된 형태를 가지는데 이러한 형태적인 차이가 이들 종을 다른 종으로 분류하게 한다. 따라서 기질에 따라 서식하는 종류가 다르게 되는 결과를 가져온다. 기질의 종류에 따라 조간대를 나누는 것은 환경의 차이에 원인이 있을 뿐만 아니라 이 환경의 차이가 서식종의 종류를 달리하게 하기 때문이다. 조간대를 암반조간대와 간석지로 나누어 환경과 생물간의 관계를 아래에 소개하였다. 암반조간대는 경성저질 조간대라고도 한다. 간석지는 연성저질 조간대이다.

우리나라의 동, 서, 남해 어디를 가나 경성저질 조간대인 암반조간대를 볼 수 있다. 그러나 그 특징들은 조금씩 다르다. 동해안은 암반조간대가 흔하나 조석 간만의 차이가 수십 cm에 불과해 조간대의 폭이 좁다. 서해는 간만의 차이가 최대 8~9 m에 이르러 조간대의 폭은 대단히 넓으나 암반이 아닌 모래와 뻘이 대부분이다. 따라서 전형적인 암반조간대가 흔하지 않다. 또 강한 조류 때문에 물이 탁하여 생물상도 빈약하다. 생물상이 풍부하고 조간대 현상이 뚜렷한 곳은 남해안이다. 암반조간대가 넓고 수온이 다른 해역에 비해 높아 다양한 생물을 발견할 수 있다.

1.1. 생물상

암반조간대는 간석지에 비해 생물의 종류가 다양하고 그 양도 풍부하다. 암반조간대의 생물은 대부분 부착하여 생활한다. 기질이 딱딱하여 들어갈 수 없기 때문이다. 표면에 부착하여 생활하면 다른 생물에게 쉽게 발견되어 잡혀 먹힐 위험이 있으므로 껍질을 두껍게 하여 스스로를 보호한다. 바위 표면에 부착하므로 우리 눈에도 흔히 띄어 오래전부터 많은 학자들이 조사해 왔다. 이러한 암반조간대에 서식하는 생물은 대부분이 해조류와 무척추동물이다. 대표적인 종류들을 그림 9-1, 9-2에 실었다.

해조류

암반조간대는 부착기질을 제공하므로 많은 해조류가 착생한다. 우리나라의 암반조간대에서 흔히 관찰되는 해조류를 그림 9-1과 표 9-1에 게재하였다.

해조류의 생물상은 파도에 노출된 정도에 따라 다르다. 파도가 강한 조간대에는 패, 톳, 풀가사리가 전형적으로 출현한다(학명은 표 9-1에 기재함). 섬으로 둘러싸여 있거나 내만역과 같이 파도가 약한 지역의 우점종은 위와는 다르다. 내만역 중에서도 파도에 어느 정도 노출되어 있으면 잎파래, 납작파래, 청각, 불등가사리, 부챗살, 서실 등이 흔하며 파도가 약한 연안가에서는 구멍갈파래, 지충이, 바위수염, 작은구슬산호말, 진두발, 바위수염, 우뭇가사리 등이 흔하다.

그림 9-1. 우리나라 암반조간대에서 흔히 관찰되는 해조류(위로부터 좌 · 우 순서: 지충이(*Sargassum thunbergii*), 불등가사리(*Gloiopeltis furcata*), 작은구슬산호말(*Corallina pilulifera*) 두몬티아(*Dumontia simplex*), 지충이(*Sargassum thunbergii*)와 잎파래류(*Enteromorpha* spp.)의 군락, 구멍갈파래(*Ulva pertuse*)

표 9-1. 우리나라 암반조간대에서 흔히 관찰되는 해조류

분류군	서식처	분포지역
녹조류		
구멍갈파래(*Ulva pertusa*)	조간대 하부	전국
납작파래(*Enteromorpha compressa*)	외해수의 영향이 있는 바위 등	전국
잎파래(*Enteromorpha linza*)	만내의 돌 등	전국
솜클라도포라(*Cladophrora albida*)	조간대의 바위, 다른 해조상	전국
염주말(*Chaeotomorpha monilitera*)	조간대	동해안
청각(*Codium fragile*)	저조선 부근의 암석, 조개껍질	전국
갈조류		
패(*Ishige okamurai*)	조간대 중부	남해안
뜸부기(*Pelvetia wrightii*)	조간대	남해안
톳(*Hizikia fusiforme*)	조간대 하부	제주도
지충이(*Sargassum thunbergii*)	조간대 하부	전국
홍조류		
바위수염(*Myelophycus caespeitosus*)	조간대 중부	남해안
우뭇가사리(*Gelidium amansii*)	외해에 면한 저조선 이하의 암초	전국 특히 경북
작은구슬산호말(*Corallina pilulifera*)	조간대 하부	전국
산호말(*Corallina officinalis*)	조간대의 암상	
불등가사리(*Gloiopeltis furcata*)	조간대 상부	전국
풀가사리(*Gloiopeltis tenax*)	조간대 중부	남해안, 제주
부챗살(*Gymnogongrus flabelliformis*)	조간대의 암상, 타이드 풀	전국
진두발(*Chondrus ocellatus*)	저조선 위나 저조선 이하의 깊은 곳	전국
참피아(*Champia parvula*)	조간대 하부	전국
애기잘룩마디잘둑이(*Lomentaria hakodatensis*)	조간대 하부	전국
서실(*Chondria crassicaulis*)	조간대 하부의 바위	전국
떨기나무꼴폴리시포니아(*Polysiphonia japonica*)	조간대 하부, 타이드 풀	울릉도, 거제도, 흑산도, 제주도

무척추 동물

조간대에 서식하는 동물은 대부분 해면동물, 말미잘, 연체동물, 절지동물, 극피동물에 속한다. 대표적인 종들을 표 9-2와 그림 9-2에 게재하였다. 대부분 바위에 부착하여 살아가나 절지동물과 극피동물처럼 돌아다니며 먹이를 찾는 종류도 있다.

해면동물이나 말미잘은 조수 웅덩이나 간조선 부근에 서식한다. 연체동물은 암반조간대에서 가장 우점하는 동물이며 그 종류도 다판류, 이매패류, 삿갓조개류, 고둥류 등 다양하다. 다판류 중 흔한 것은 군부이다. 이매패류로서 흔한 것은 담치류와 굴 종류이다. 굴 종류로는 서, 남해안에 많이 나는 가시굴과 동해안에 주로 서식하는 굴이 있다. 삿갓조개 중 진주배말과 두드럭배말은 물이 맑은 동해,

표 9-2. 우리나라 암반조간대에서 서식하는 무척추동물의 종류와 분포

분류군	서식처	분포지
연체동물문		
털군부(*Acanthochitoniae defilippii*) 털군부과	조간대 중하부	전국
군부(*Liolophura japonica*) 군부과	조간대 중하부	전국
진주배말(*Cellana grata*) 삿갓조개과	조간대 하부	남해, 동해
대수리(*Reishia clavigera*) 뿔소라과	조간대 중하부	전국
갈고둥(*Heminerita japonica*) 갈고둥과	조간대 하부	남해, 서해, 제주
두드럭 배말(*Collisella (Condidacmea) dorsuosa*) 흰삿갓조개과	조간대 상부	전국
총알고둥(*Littorina brevicula*) 총알고둥과	조간대 상부	전국
좁쌀무늬총알고둥(Granulilittorina exigua) 총알고둥과	조간대 최상부	전국
굵은줄격판담치(*Septifer (Mytilisepta) virgatus*) 홍합과	조간대 하부	전국
홍합(*Mytilus coruscus*) 홍합과	조간대에서 수심 20 m 이내	남동해
가시굴(*Saxostrea echinata*) 굴과	조간대 중부	남서해
굴(*Crassostrea gigas*) 굴과	조간대 중부	남서해
절지동물		
갯강구(*Ligia exotica*) 갯강구과	해안과	전국
조무라기따개비(*Chthamalus challengeri*) 따개비과	조간대 상부	전국
무늬발게(*Hemigrapsus sanguineus*) 바위게과	조간대 중하부	동해, 서해, 제주

그림 9-2. 우리나라 암반조간대에서 흔히 관찰되는 무척추동물(위로부터 좌 · 우 순서: 거북손(*Pollicipes mitella*), 검은큰따개비(*Tetraclita sequamosa*), 조무라기따개비(*Chthamalus challengeri*), 무늬발게(*Hemigrapsus sanguineus*), 갯강구(*Ligia exotica*), 둥근배무라기(*Notoacmea concinna*)

그림 9-2. 계속(위로부터 좌 · 우 순서: 총알고둥(*Littorina brevicula*), 홍합(*Mytilus coruscus*)과 조무라기따개비(*Chthamalus challengeri*) 군집, 군부(*Liolophura japonica*), 석회관갯지렁이(*Serpula vermicularis*), 풀색꽃해변말미잘(*Anthopleura midori*), 굴(*Crassostrea gigas*)

남해에 주로 서식한다. 고둥류로 가장 흔한 것은 총알고둥과 좁쌀무늬총알고둥이다. 건조와 열에 강하여 상부조간대의 가장 높은 곳에 서식한다. 그밖에 육식자인 대수리도 흔히 발견된다.

절지동물로서는 따개비와 조무래기따개비가 대표적이다. 석회질 껍질을 가지므로 고둥이나 패류로 오해하기 쉬우나 석회질 껍질은 갑각의 변형된 형태일 뿐이다. 등각류의 일종으로 해양환경에서 육상환경으로 옮겨 가는 중에 있는 갯강구도 있다. 매우 빠르게 돌아다니는 이들 갯강구는 발이 해수에 젖는 것을 싫어하며 해수 속에 잠기면 얼마 후 죽는다. 게 종류로는 간조선 부근의 자갈 밑이나 암반의 갈라진 틈 속에서 돌아다니는 무늬발게가 가장 흔하다.

1.2. 분 포

조간대 지역은 조석에 따라 주기적으로 대기에 노출되므로 해수면으로부터의 높이, 간조시간의 길이 등에 따라 온도, 건조, 섭식시간의 길이가 달라진다. 조간대생물은 대부분 육상, 해양환경이 교차되는 환경에 어느 정도 적응하여 생활할 수 있으나 환경이 혹독해지면 여기에 견디는 정도는 생물의 종류에 따라 다르다. 따라서 조간대에서는 해수면으로부터의 높이에 따라 생물의 종류가 다르게 나타난다. 일정 높이를 기준으로 보면 이 높이에서는 환경이 유사하므로 대체로 같은 종류의 생물이 분포한다고 말할 수 있다. 해수면에 수평으로, 높이에 따라 달라지는 조간대생물의 분포를 대상분포(帶狀分布, zonation)라고 한다. 이러한 대상분포의 예를 강원도 안인진에서 조사한 결과에 근거하여 아래에 소개한다.

안인진 지역은 한류의 영향을 받는 곳이다. 한류는 계절에 따라 차이는 있으나 대체로 영일만 지역까지 세력을 미친다. 한류의 영향으로 동해안의 조간대는 다른 해역과 종의 구성에 차이가 있다. 조석 간만의 차가 수십 cm에 불과하므로 조간대의 폭이 좁으나 해안선이 곧고 외해에 면해 있어 파도가 심하여 생물의 분포대는 조석에 의해 형성되는 범위보다는 넓다.

안인진 지역의 조간대는 위에 총알고둥, 조무래기따개비가 서식하고 그 아래로 해조류인 잎파래, 염주말, 솜클라도포라 등과 총알고둥, 고랑따개비 등이 함께 나타난다. 평균해수면 부근에는 굵은줄격판담치가 대량으로 부착해 있다. 염주말, 솜클라도포라의 우점도가 커지고 떨기나무폴리시포니아가 혼생한다. 그 아래로 지충이가 뚜렷한 대상분포를 보이는 것도 중요한 특징이다. 파도가 많이 치는 곳에는 총알고둥, 조무래기따개비와 함께 해조류로서 불등가사리, 톳, 참피아, 애기잘룩마디가 출현한다.

조간대생물이 이렇게 대상분포를 보이는 것은 세계적으로 공통된 현상이다. 스테펜슨(Stephenson and Stephenson, 1972)이 세계 각처에서 관찰된 대상분포를 체계적으로 기술한 이래 많은 해양생물학자들은 대상분포의 유형과 원인에 대해서 연구해 왔다. 이들은 암반조간대를 3개의 분포대로 나누고 이를 각각 상부조간대(上部潮間帶, supralittoral zone), 중부조간대(中部潮間帶, midlittoral zone), 하부조간대(下部潮間帶, infralittoral zone)라고 하였다. 조간대생물의 분포를 몇 개의 분포대로 나눌 것인가는 지역의 특성에 따를 수밖에 없으나 생물의 종류가 확연히 달라지는 높이를 기준으로 나누는 것이 일반적인 방법이다. 대상분포의 일반적인 유형을 그림 9-3에 나타내었다. 우리나라에 출현하는 중요한 종들을 서식지별로 상, 중, 하부조간대로 나누어 아래에 간략히 소개하겠다.

상부조간대의 최대 만조선 이상 높이에서는 육지식물인 지의류가 서식한다(그림 9-3). 지의류 분포대 아래쪽에서 최초로 나타나는 해양생물은 좁쌀무늬총알고둥이다. 총알고둥은 좁쌀무늬총알고둥보다 더 아래쪽으로 분포한다. 총알고둥류와 서식 높이를 같이하는 것은 조무래기따개비이다. 이 동물은 전암반을 덮을 정도로 밀생한다.

상부조간대의 평균만조선 부근에서 해조류가 나타나기 시작한다. 해조류 분포대의 최상부는 남조류가 차지하며 그 아래로 홍조류인 불등가사리가 우점한다.

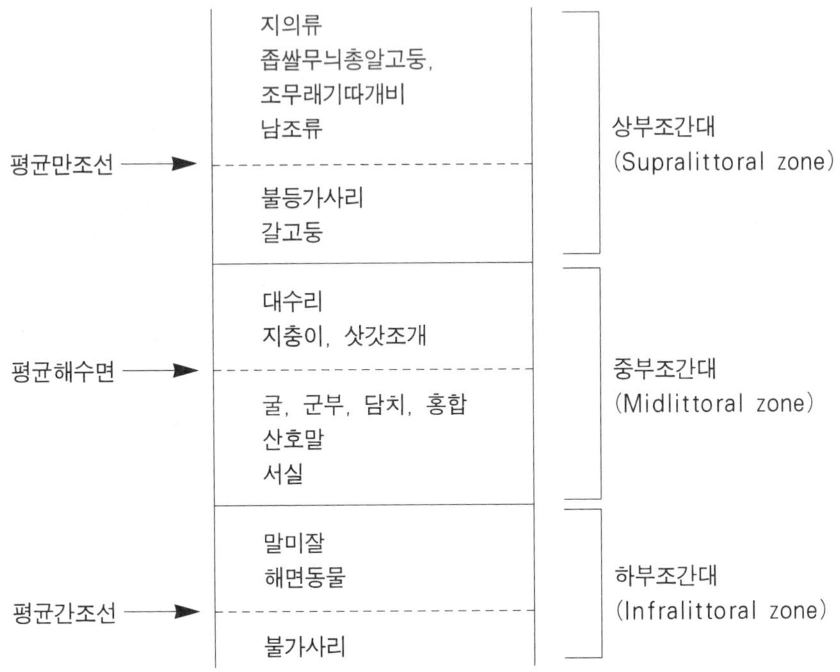

그림 9-3. 암반조간대의 조위(潮位, tidal hight)에 따른 대표적인 서식종

건조에 내성이 강한 갈고둥이 함께 출현한다.

중부조간대의 평균해수면 위쪽으로는 해조류로서 지충이가 대량으로 서식한다. 지충이는 그 분포층이 뚜렷하여 멀리서도 육안으로 쉽게 구별할 수 있다. 동물로서는 대수리가 대표적인 종이다. 삿갓조개도 다양하다.

평균해수면 부근의 대표적인 종은 역시 굴과 담치류이다. 서해 연안의 중부조간대는 바위의 전표면이 굴로 덮혀 있다. 담치류는 남해안에서 홍합, 진주담치, 동해안에서 굵은줄격판담치가 우점종이다. 담치류의 분포대는 멀리서 보면 까만 띠처럼 보여 쉽게 구별된다. 중부조간대의 평균해수면 아래쪽에서는 청각, 뜸부기, 톳, 산호말, 작은구슬산호말, 서실 등의 해조류를 관찰할 수 있다. 이 중 특히 작은구슬산호말은 그 분포 폭이 간조선까지 이른다. 서해 연안은 뜸부기, 남해 연안은 톳이 우점한다. 동물로서는 삿갓조개류 이외에 군부, 털군부가 있다.

하부조간대인 간조선 부근에는 건조에 내성이 약한 말미잘, 해면동물이 서식한다. 자갈이나 암반의 틈 사이에는 고둥류, 게류가 흔하다. 평균간조선으로부터 최대 간조선으로 가면서 모자반 같은 해조류가 밀생하는데 해조류의 가근(假根) 주변에서는 여러 종류의 갯지렁이를 발견할 수 있다. 히드라류, 태형동물, 멍게류와 같이 해조류의 엽상체나 줄기, 가근에 부착하는 동물들도 있다. 고둥이나 게 이외에 불가사리와 성게도 흔하다. 불가사리는 만조 때에 조간대 지역으로 침입하여 담치나 굴을 잡아먹는다. 성게는 주로 해조류를 갉아먹는다. 하부조간대는 생물간의 상호작용이 가장 복잡한 곳이다.

이러한 대상분포는 조석운동, 생물간 상호작용, 각 생물의 적응 정도에 의해 결정된다. 즉 온도, 건조, 섭식 시간의 길이 등, 생물의 서식과 밀접한 관계가 있는 환경이 조간대의 수직 높이에 따라 다르기 때문에 형성되는 것으로 알려져 있다. 생물의 서식을 결정하는 이러한 환경은 조간대의 어느 지점이 노출, 침수되는 정도에 따라 결정되는데, 노출, 침수되는 정도는 다시 조석운동에 의해 지배를 받는다.

그러면 조석운동은 조간대에서 뚜렷이 구별되는 대상분포를 결정할 만큼 노출, 침수되는 정도를 조간대의 수직 높이에 따라 차이가 나도록 할 수 있을까? 실제로 측정한 결과들은 해수면으로부터의 높이 차이가 작더라도 노출, 침수 시간에는 뚜렷한 차이가 있음을 보여 준다. 연속노출 시간의 길이가 급격히 변화하는 이러한 높이를 임계조석선(臨界潮夕線, critical tidal level)이라 한다(그림 9-4). 노출, 침수 시간의 길이가 뚜렷히 달라지는 임계조석선을 경계로 서식종의 종류가 달라져서 대상분포를 이룬다는 것이 지금까지 알려진 정설이다. 즉 조석의 상승, 하강에 따라 노출 또는 침수 시간이 급격히 변하는 지점이 있고 이들 지점을

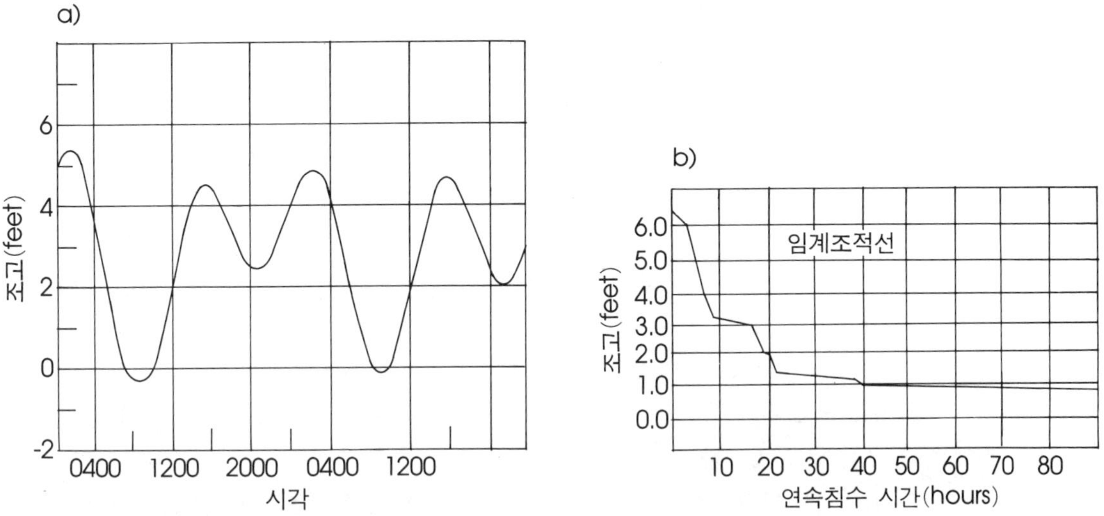

그림 9-4. 조고와 임계조석선(Nybakken, 1982).
조간대의 일정 높이를 기준으로보면 노출, 또는 침수되는 시간의 길이가 매우 다름을 나타낸다. 예를 들어 조고 2피드 높이에 사는 생물은 12시부터 이튿날 오전 6시까지 18시간 동안은 물에 잠겨 있다. 반면에 3피드 높이에 사는 생물은 오후 8시를 전후로 약 4시간 동안 대기에 노출된다. 즉 6시간 침수, 4시간 노출, 8시간 침수의 과정을 겪는다. 조고의 차이가 1피드임에도 불구하고 연속 침수되는 시간은 18시간과 6시간, 또는 18시간과 8시간이라는 큰 차이가 있음을 알 수 있다. 물에 잠긴 동안에는 활발한 활동이 가능하나 대기에 노출되면 스트레스에 견디어야 하기 때문에 생물에 따라 이에 적응하는 정도가 다르다. 조간대생물의 대상분포를 노출, 침수시간과 비교하여 해석하는 것이 바로 임계조석선 가설이다.

경계로 생물의 분포대가 달라진다는 것이다. 이를 임계조석선 가설이라고 한다.

임계조석선은 혼합주조형이 우세한 지역에서 나타나며 반일주조형 지역에서는 잘 관찰되지 않는다. 반일주조형이 우세한 지역에서는 대상분포의 양상이 뚜렷하지 않다.

경쟁, 포식, 초식활동 등도 대상분포를 가져오는 하나의 요인이다. 앞장에서 생물간의 상호작용을 설명하면서 조간대를 예로 제시한 바 있다. 조간대생물이 육상, 해양환경이 교차하는 곳에 서식하므로 이들 환경에 적응하는 정도가 생물에 따라 다르고 이 차이에 의해 각 생물의 서식대가 결정되기도 한다. 환경에 대한 적응양식을 아래에 소개하겠다.

1.3. 환경에 대한 적응

조간대는 조석에 따라 주기적으로 대기에 노출되므로 온도, 건조, 염분도, 섭식조건 등이 하루에도 번갈아 가며 변한다. 이들 조건에 생물이 어떻게 적응하는

지를 살펴보자.

온 도

암반조간대의 생물은 대기에 노출되면 기온에 영향을 받는다. 이때 기온은 해수의 수온보다 변화 폭이 훨씬 크다. 따라서 조간대생물은 하루 종일 물 속에만 사는 생물보다 견디어야 하는 온도범위가 크다. 계절적으로도 기온이 수온보다 여름에는 높고 겨울에는 낮으므로 조간대생물은 이러한 높고 낮은 온도에 적응해야 한다.

조간대생물은 주위로부터 흡수되는 열을 줄이거나 흡수된 열을 몸에서 방출함으로써 고온에 견딘다. 열의 흡수를 줄이는 방법에는 여러 가지가 있다(표 9-3). 우선 열을 흡수하는 체표면의 넓이를 상대적으로 작게 하면 열의 흡수를 줄일 수 있다. '표면적 : 체적'의 비가 상대적으로 작아야 한다는 의미이므로 이는 몸체가 큰 경우가 된다. 실제로 총알고둥이나 삿갓조개와 같은 종들은 개체의 크기가 상부조간대에서 크고 하부조간대에서 작은데 이러한 현상을 몸체를 크게하여, 즉 체표면을 상대적으로 작게 하여 열의 흡수를 줄이는 방법으로 해석한다. 열이 암반으로부터 주로 전달되므로 암반과 접촉하는 부위의 면적만을 작게 하여 전도되는 열의 양을 줄일 수도 있다. 그러나 이는 파도에 쉽게 휩쓸려 나가지 않도록 부착 면적을 증가시켜야 하는 문제와 결부되어 있으므로 조간대생물에게 간단하지는 않다.

열의 흡수를 줄이는 또 하나의 방법은 행동에 의한 것이다. 상부조간대에 서식

표 9-3. 암반조간대에 서식하는 무척추동물이 열저해(熱沮害)에 견디는 방법

열저해를 줄이는 방법	대표적인 생물의 예
1. 열의 흡수를 적게 한다.	
· 표면적을 최소화한다.	총알고둥, 삿갓조개
(같은 종이라 하더라도 조간대 상부에 사는 개체가 크기가 크다)	
· 무리를 이룬다.	고둥류
· 밝은 색의 패각을 가진다.	고둥류(Nodlittorina 등)
2. 열을 방출한다.	
· 패각에 굴곡을 많이 가진다.	고둥류
· 열을 반사시킨다.	총알고둥
· 증발을 통해 열을 방출한다.	따개비, 거북손, 갯강구
3. 그늘진 곳으로 이동한다.	게, 갯강구

하는 동물들이 하부조간대로 이동하는 현상은 흔히 관찰된다. 예를 들어 총알고둥은 온도가 적당할 때는 그들의 주서식처인 상부조간대에 주로 분포한다. 반면 온도가 3°C 이하가 되거나 15°C 이상이 되면 하부조간대로 이동한다. 이외에도 이동능력이 있는 대부분의 생물들은 바위 틈이나 그늘진 곳으로 이동한다. 갈고둥은 적정 온도가 아닌 경우에 섭식, 이동능력이 느려지고 기질에 부착하는 능력을 상실한다. 따라서 해수나 바람 등의 물리적 힘에 의해 온도가 적당한 하부조간대로 밀려나와 이곳에서 수동적으로 열저해를 피한다.

짙은 색보다 밝은 색의 패각을 가짐으로써 열의 흡수를 줄이기도 한다. 예를 들면 열대, 아열대에 서식하는 고둥인, 총알고둥 종류는 상부조간대에 서식하는 개체가 하부조간대에 서식하는 개체보다 밝은 색을 띤다. 열을 적게 흡수하는 위의 방법들 이외에도 흡수한 열을 효과적으로 방출함으로써 고온에 견디는 종들이 있다.

수분을 증발시켜 열을 방출하는 경우도 있다. 거북손은 체내의 수분을 서서히 증발시켜 5~8°C 정도 체온을 낮출 수 있다. 갯강구의 일종인 *Ligia oceanica*는 대기온도 30°C, 암반 표면온도 34°C일 때 대기가 건조하면 23~24°C까지 체온을 낮출 수 있으나 대기 중의 습도가 포화상태일 때는 체온이 30°C까지 상승하는 것이 관찰되었다. 증발시킬 수 있는 정도는 주위의 온도, 습도와 밀접한 관련이 있기 때문이다.

증발열에 의해 체온을 감소시키는 것은 동물의 몸체를 건조하게 할 위험이 있다. 이에 대비해서 체내에 필요 이상의 수분을 보유하기도 한다. 따개비나 삿갓조개는 외투강내에 충분한 수분을 저장하며 이때의 저장량은 생존에 필요한 물의 양보다 많다.

건 조

암반조간대 생물은 대기에 노출되면 체내의 수분을 손실한다. 특히 고조선 부근에 서식하는 운동성이 없는 부착동물은 수분 손실에 대한 적응능력을 가지지 못하면 살아갈 수가 없다. 다행히도 조간대생물은 건조에 잘 견디도록 진화해 왔다. 건조에 어느 정도 견디는가는 일반적으로 수분이 얼마나 손실되어야 사망하는가, 즉 생존이 가능한 한도내에서 손실될 수 있는 수분의 총량이 얼마나 되는가와 몸체가 건조되었을 때 얼마나 오래 견디는가에 의해 좌우된다. 그러나 이에 대한 능력이 생물 종에 따라 차이가 있으므로 각 종은 조간대의 높이에 따라 고유의 분포대를 가지게 된다.

건조에 견디는 방법은 수동적인 것과 능동적인 것의 두 가지가 있다(표 9-4). 수동적이란 수분의 손실을 막을 수는 없으나 많은 양의 수분을 손실하더라도 살 수 있는 능력을 형태적, 생리적으로 갖춘 것을 말한다. 즉, 생존 가능한 한도내에서 손실될 수 있는 수분의 총량이 많고 건조에 견딜 수 있는 시간의 길이가 긴 특성을 가진 경우이다. 여러 종류의 해조류와 조간대 상부에 서식하는 대부분의 동물이 이 범주에 속한다.

해조류는 간조시 오랫동안 대기에 노출되면 엽상체가 거의 말라 버리나 만조 때 해수에 다시 덮히면 재빨리 조직내로 수분을 받아들여 생육활동을 재개한다. 건조에 견디는 능력은 종에 따라 다른 바, 조간대의 어느 높이에 서식했는가와 밀접한 관련이 있다. 상부조간대에 서식하는 갈조류의 일종인 뜸부기 종류는 수일 동안이나 건조에 견디며 수분의 약 70%를 잃어도 활동이 재개된다고 한다. 중부조간대가 주서식지인 갈조류 *Fucus serratus*의 재활동 가능한 수분손실률은 40%이다. 하부조간대에 주로 생육하는 다시마는 20~30%까지만 수분 손실이 가능하다. 세포층의 두께가 생존 가능한 시간이나 최대 수분손실량의 차이를 있게 하는 것으로 보인다.

여러 종류의 조간대동물은 능동적으로 건조에 대처한다(표 9-4). 예를 들어 따개비류는 간조 때가 되면 배판(背板, turgum)과 순판(楯板, scutum)을 완전히 닫는다. 총알고둥, 갈고둥, 대수리 등의 고둥류는 덮개판(operculum)을 각구(殼口)에 꼭 끼워 수분 손실을 막는다. 담치와 같은 이매패류는 두 장의 패각을 꼭 맞물려 닫는다. 삿갓조개류는 암반의 표면에 흔적집(home scar)을 가지고 있어 간조 때에 여기에 꽉 달라붙어 육질부가 대기에 노출되지 않도록 한다. 군부는 여덟 개의 패각이 서로 분리되어 있으므로 암반의 미세한 굴곡에 맞추어 정확하

표 9-4. 암반조간대 생물이 건조에 견디는 방법

건조에 견디는 방법	대표적인 생물의 예
1. 수동적 방법	
· 수분 손실을 견딘다	해조류와 대부분의 동물
2. 능동적 방법	
· 뚜껑을 닫는다	따개비, 고둥류, 홍합
· 바위에 밀착한다	삿갓조개, 군부
· 점액질을 분비한다	말미잘
· 그늘진 곳으로 이동한다	게, 고둥류

게 몸을 구부릴 수 있다. 점액질을 분비하여 체표면이 건조되는 것을 방지하는 말미잘과 같은 동물들도 있다.

호 흡

조간대동물은 대기에 노출되면 해수로부터 산소를 공급받을 수 없다. 따라서 물에 잠긴 동안 가능한 한 효율적으로 호흡하여 필요한 영양분을 축적한 후 대기에 노출되면 이에 견딘다. 그러나 오랫동안 노출되어 축적된 물질을 다 소비하게 되면 무산소호흡을 한다. 일부 종들은 공기호흡을 하기도 한다.

효율적인 호흡은 가스교환이 일어나는 호흡기의 면적을 상대적으로 크게 함으로써 이루어진다. 아가미가 여러 겹으로 되어 있어 호흡할 수 있는 면적을 넓힌 것이 그 예이다. 표피를 통한 호흡도 이루어진다. 그러나 이러한 적응만으로는 부족하여 무산소호흡을 하는 경우가 많다. 총알고둥, 담치, 굴, 따개비 등은 대기에 노출되면 건조를 막기 위해 패각을 닫는다. 이때 비축된 해수 속의 산소를 모두 소모하면 무산소호흡을 한다.

무산소호흡의 최종 산물은 젖산이나 초산이다. 이들 산이 생성되면 체내의 pH가 낮아진다. 체내의 pH를 떨어뜨리지 않고 무한정 젖산을 보유할 수 있는 동물은 많지 않다. 그러므로 체내에 축적된 젖산은 외부로 방출되어야 한다. 이때 6탄당내에 함유된 에너지를 소모해야 하므로 다시 산소가 필요하다. 따라서 무산소호흡이라 하더라도 호흡을 할 수 있는 정도는 제한되어 있다고 하겠다.

대기 중의 산소를 이용하여 공기호흡을 할 수 있는 능력은 게 종류가 가장 우수하다. 심지어 항상 물에 잠기는 조하대에 서식하는 게의 일종인 바닷가재도 대기에 노출되면 공기호흡을 할 수 있다. 갯강구는 배다리(pleopod)를 통하여 공기호흡을 하나 체표면을 통해서도 가스교환이 일어난다. 공기호흡이 전체의 50%를 차지할 때도 있다. 따개비 역시 패각의 배판과 순판 사이의 미세한 틈을 통하여 산소를 외투강으로 받아들인다. 고둥 종류들 중 대수리나 총알고둥 등은 공기호흡량이 수중호흡량보다 많을 수 있다. 상부조간대에 서식하는 고둥들은 외투막에 혈관이 잘 발달되어 있다.

섭 식

조간대동물은 주로 초식자이거나 육식자, 부유물식자이다. 이들은 대기에 노출되면 섭식활동에 장애를 받는다.

부유물식자는 대부분 해수에 덮혔을 때에만 섭식이 가능하다. 물론 파도에 의

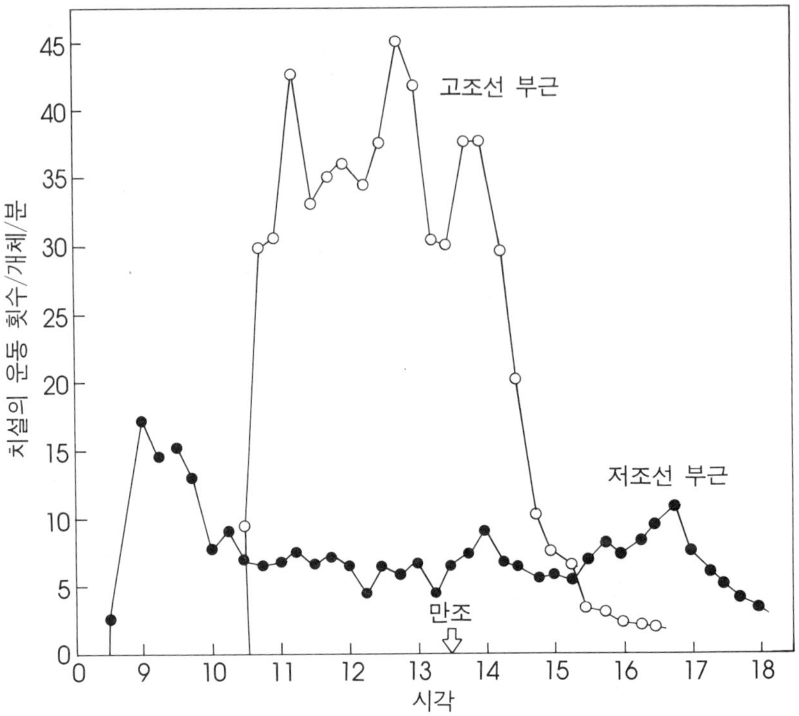

그림 9-5.
조간대 암반에 사는 총알고둥 (*Littorina littorea*)의 서식 높이에 따른 섭식률의 차이

해 공급되는 물로 수막을 형성하여 그 안의 먹이를 취하는 동물도 있다. 암반의 틈에 서식하는 조개류인 *Lasaea rubra*가 그 예이다. 그러나 대부분은 대기에 노출되면 해수로부터 먹이를 취할 수 없으므로 섭식활동은 중지된다. 따라서 대부분의 부유물 식자들은 물 속에 있는 동안 효율적으로 먹이를 취한다. 즉 조간대 상부에 서식하는 종일수록 만조 때의 섭식률이 높아 짧게 주어지는 섭식시간을 효율적으로 이용한다(그림 9-5). 일반적으로 고조선 부근에 서식하는 개체가 저조선 부근에 서식하는 개체보다 만조 때의 섭식률이 2배 이상 높은 것으로 알려져 있다.

초식자들은 부유물식자와는 달리 암반이 축축하기만 해도 먹이를 취할 수 있다. 총알고둥은 물이 빠질 때 섭식활동을 시작하고 바위 틈 속에 사는 갯강구도 바위 표면의 조류를 갉아먹기 위해 밖으로 나온다. 그러나 섭식시간이 제한되어 있으므로 초식자 역시 상부조간대에 사는 종일수록 섭식률이 높다.

파 도

파도는 조석에 의해 결정되는 환경요인은 아니다. 그러나 암반조간대의 생물은 파도에 의해 많은 영향을 받으므로 여기서 소개하기로 한다. 파도는 주로 충격을 주어 조간대 생물에 영향을 미친다. 파도에 의한 충격은 생물의 몸체를 부수기도 하고 생물을 암반으로부터 떼어 내기도 한다. 충격에 견디는 방법에는 다음 몇 가지가 있다.

패각의 형태나 두께를 달리하여 파도의 충격에 견딘다. 삿갓조개의 몇몇 종은 파도가 심한 하부조간대에 서식하는 개체들이 상부조간대에 서식하는 개체에 비해 각이 두껍고 각고 또한 낮다. 성게의 일종인 *Echinus esculontus*는 파도가 심한 지역에 서식하는 종이 껍질이 두껍다.

파도에 휩쓸려 나가는 것을 방지하기 위해 조간대의 생물은 대부분 부착기관을 가진다. 따개비, 굴, 석회관 갯지렁이 등은 패각물질을 직접 암반에 분비하여 몸 전체를 부착시킨다. 담치류는 족사(足絲: byssal thread)를 내어 바위에 부착한다. 군부는 여덟 개의 패각으로 된 등을 구부려 암반의 미세한 굴곡에 단단히 부착한다. 삿갓조개는 발을 넓게 펴서 단단히 부착해 있다. 자유로이 이동하는 갑각류는 파도가 칠 때 바위 속에 숨어서 파도를 피한다.

2. 간석지

간석지란 해안가에의 경사가 완만하여 간조시 넓게 드러나는 지역으로 갯벌이라고도 한다. 우리나라의 서해안은 조차가 6~8 m나 되는 대조차 환경이고 지형이 완만하여 세계적으로도 드문 간석지가 발달되어 있다. 서해안은 대부분의 지역에서 간조시에 보통 수 km까지 드러나며 특히 김제, 부안 앞바다에서는 15 km 이상의 광활한 갯벌을 관찰할 수 있다. 우리나라에서 특히 중요하기에 아래에 소개하겠다.

2.1. 퇴적상

퇴적물 입도는 연성저질에 서식하는 생물의 서식방법을 결정하는 일차적 환경 요인이다. 뿐만 아니라 퇴적물 입도는 퇴적물내 공극수의 함량, 염분도, 용존산소의 양을 결정하여 이차적으로 생물의 분포에 영향을 준다. 따라서 간석지의 생물 분포를 이해하기 위해서는 퇴적상에 대한 이해가 반드시 필요하다.

간석지의 퇴적물은 육지쪽으로 갈수록 세립해지고 바다쪽으로 갈수록 조립해진다. 보통 상부조간대는 니질, 중부조간대는 니사질, 하부조간대는 사질퇴적상이다. 그림 9-6은 경기도 안산에 위치한 반월조간대의 퇴적물 분포를 그 예로써 나타낸 것이다. 육지에서 바다로 향하면서 니질퇴적물에서 사질퇴적물로 변함을 알 수 있다. 육지쪽의 지형이 오목한 곳은 수로 근처를 제외하면 전지역이 니질퇴적물이다. 수로 근처에서는 조류가 강하므로 모래나 자갈 등의 조립한 퇴적물이 우세하다.

퇴적물 분포의 이러한 경향은 조류의 유속과 관계가 있다. 조류의 유속은 하부조간대에서 상부조간대로 오면서 점점 약해진다. 이때 유속이 강한 하부조간대에서는 퇴적물이 부유하고 유속이 약한 상부조간대에서는 주로 퇴적이 일어난다. 입자가 세립할수록 상부조간대까지 조류에 밀려온다.

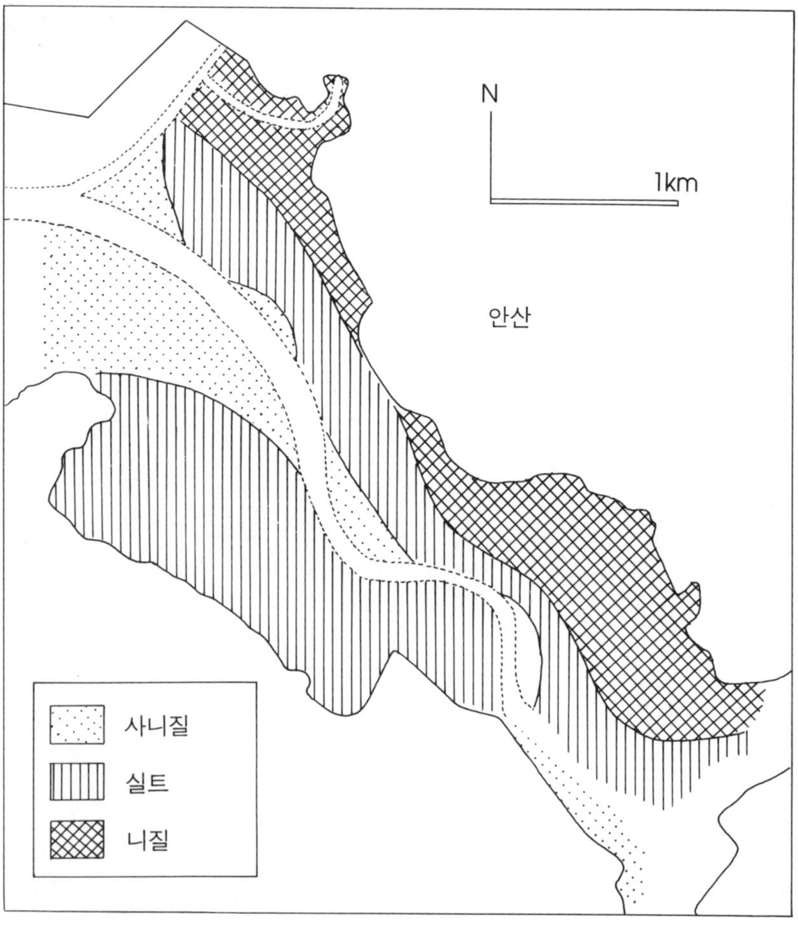

그림 9-6.
반월의 갯벌조간대(경기도 안산)에서의 표층퇴적물의 입도 분포. 수로 근처에서는 퇴적물 입자의 직경이 크며 조간대 상부에서는 입자의 직경이 작다 (Lee *et al*., 1985)

2.2. 물리화학적 환경

간석지의 생물분포에 영향을 미치는 물리화학적 환경요인으로는 퇴적물의 온도, 수분함량, 공극수의 염분도 등이 있다. 표층퇴적물의 하루 중, 또는 일년 중의 온도변화는 대기온도의 변화와 비슷하다. 육지에서 토양의 온도는 복사에너지의 수지평형 상태에 따라 달라지는데 햇빛, 구름, 비, 바람 등이 여기에 영향을 미친다. 그러나 조간대 퇴적물의 온도는 이러한 조건들 이외에 조석에 의한 영향이 추가되어 변화한다. 특히 조석의 간, 만조가 일어나는 시간대, 조간대가 대기에 노출되는 시간의 길이 등이 중요하게 작용한다. 온도의 변화에 따라 기질의 수분함량이 달라지기 때문에 온도의 변화는 조간대 퇴적물의 수분함량을 결정하게 된다. 수분함량이 달라지면 기질내의 염분도 또한 변화한다.

그림 9-7은 우리나라 서해안의 반월지역 간석지에서 조사한 하루 중, 연중 퇴적물 온도의 변화를 나타낸 것이다. 매달 만조 때를 택하여 오후 2시에 측정한 값이다. 기온, 표층퇴적물의 온도가 모두 여름에 최대, 겨울에 최소값을 보이는 것은 비슷하나 표층퇴적물의 온도가 기온보다 약 2～3℃ 높은 것이 특징이다(그림 9-7 a)). 이는 퇴적물 표층으로부터 방출되는 복사열 때문이다. 표층퇴적물 온도의 하루 중 변화를 보면 태양방사량이 많은 12～14시 사이에 높고 아침, 저녁에 낮다(그림 9-7 b)). 그러나 이러한 변화는 간조와 만조가 일어나는 시각이 언제인가에 따라 달라진다(Harrison and Phizaklea, 1980). 퇴적층 속에서 깊이별 변화를 보면 봄, 가을의 경우 10 cm까지 급격히 낮아지고 이보다 더 깊어지면 대체로 일정하다(그림 9-7 c)). 여름에는 10 cm보다 깊은 곳에서도 퇴적물 온도가 계속 낮아진다.

퇴적물내 수분함량의 변화는 태양방사열에 의한 증발, 퇴적물 입자의 크기, 분급도, 투과도, 그리고 퇴적물내 유기물 함량에 의해 영향을 받는 것으로 알려져 있다(Jansson, 1967; Jackson et al., 1973, River and Ship, 1978). 특히 조간대에서는 침수와 노출시간, 태양방사열에 의한 증발이 중요한 요인이다(Newell, 1972). 그림 9-8은 퇴적물내 수분(공극수)함량과 염도가 밀접한 관계가 있음을 나타낸다. 수분함량은 온도가 높은 여름에 낮고 온도가 낮은 겨울에 높다. 하루 중에도 표층퇴적물의 경우 심하게 변화하며 퇴적물 깊이에 따른 변화 역시 급격하다. 10 cm 깊이까지 감소하는 것은 증발에 의한 것이고 10 cm 이하의 깊이에서 다시 증가하는 것은 지하수위에 의한 것이다. 염도는 수분함량의 변화와 역관계에 있다.

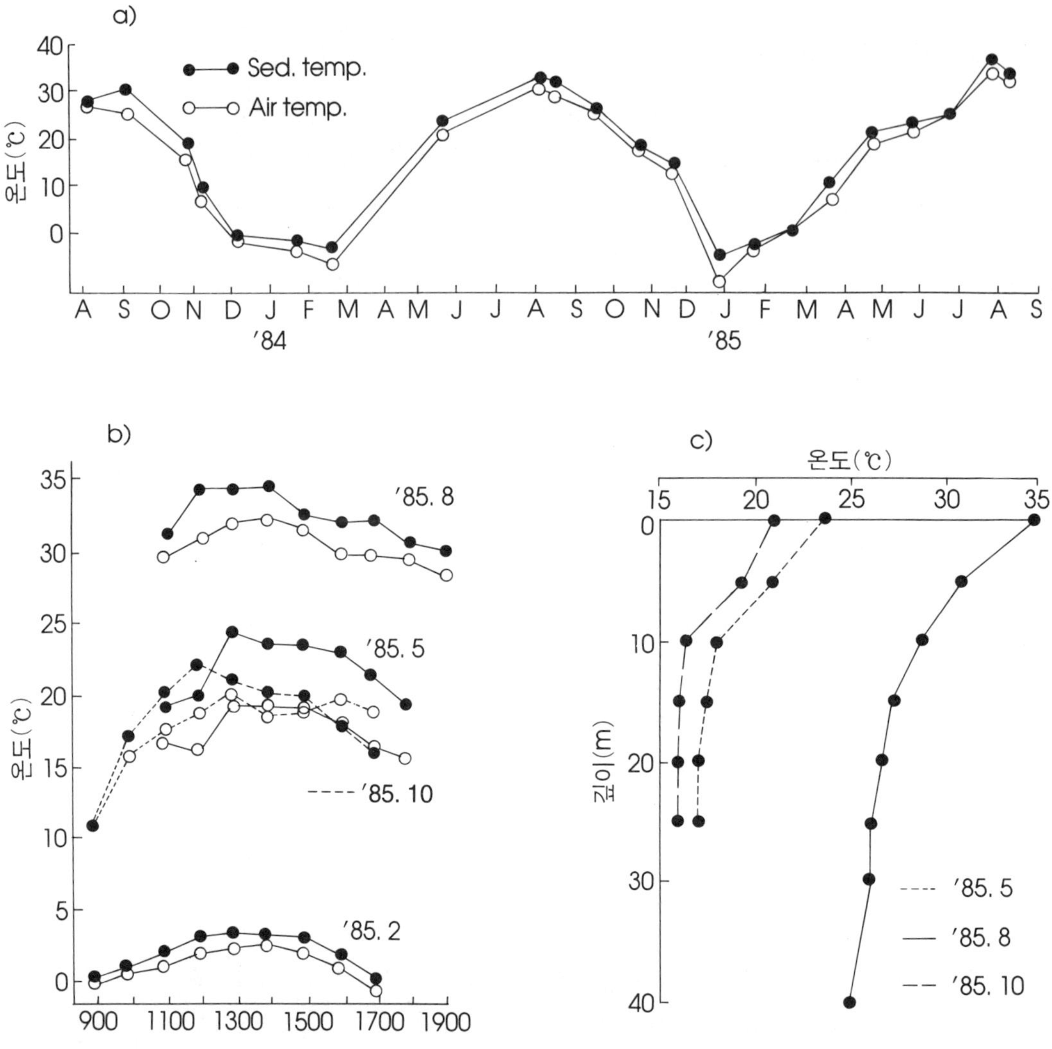

그림 9-7. 간석지에서 하루 중, 연중 기온의 변화와 퇴적물의 온도변화를 비교하였다(경기도 안산, 반월의 갯벌조간대에서 측정(Koh and Shin, 1988). a) 기온과 표층퇴적물 온도의 연변화, b) 하루 중 변화, c) 깊이에 따른 퇴적물의 온도변화.

2.3. 서식종의 종류와 서식방법

간석지에 나가 본 사람이면 간석지 위를 게들이 활발하게 돌아다니는 광경을 보았을 것이다. 게들은 구멍을 파서 그 속에 들어가 생활하며 먹이를 구할 때만

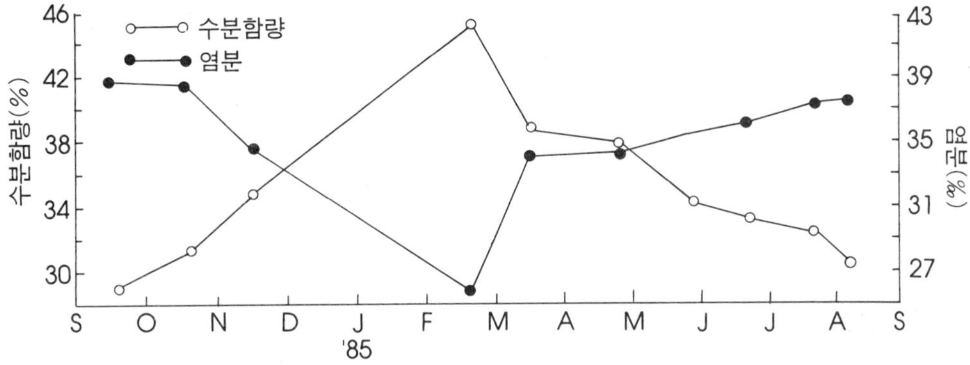

그림 9-8. 간석지 표층퇴적물의 수분함량과 염분과의 관계(경기도 안산, 반월의 갯벌의 상부조간대에서 측정, Koh and Shin, 1988). 여름에는 퇴적물의 수분함량이 적고 겨울에는 많다. 여름에는 기온이 높아 증발이 많이 일어나므로 퇴적물이 딱딱하다고 말할 수 있다. 이때 퇴적물내 공극수의 염분은 약 43‰에 달한다.

밖으로 나온다. 게뿐만 아니라 갯지렁이, 조개 등 대부분의 동물이 구멍을 파고 산다. 이렇게 구멍을 파서 사는 내서동물이 많은 점이 간석지 생물상의 중요한 특징이다. 암반조간대 동물이 딱딱한 껍질을 가져 잡혀 먹는 것을 피한다면 간석지 동물은 구멍을 파서 숨음으로써 이를 피한다고 하겠다.

식물로서는 퇴적물 표면에 부착하여 생활하는 미세한 크기의 단세포식물인 규조류가 있다. 기질이 움직이므로 부착해조류는 거의 없다. 가끔씩 굴 껍데기나 자갈 위에 부착한 파래와 같은 해조류를 발견할 수 있을 뿐이다. 미생물 역시 중요한 생물군이다. 간석지에 쌓이는 유기물을 분해하여 영양염을 공급하며 직접 먹이로서의 역할도 한다. 간석지 생물의 종류와 서식방법을 식물, 동물로 나누어 아래에 소개하겠다.

저서규조류

저서규조류는 현미경적 크기이므로 간석지에서 육안으로 관찰할 수는 없다. 그러나 물이 빠진 후 몇 시간 지나면 간석지의 표면에서 누런 막을 볼 수 있는데 이것이 광합성을 하기 위해 표면으로 올라온 규조류이다. 황갈색의 색소체를 가진 규조류가 밀집되어 있어 누런 색으로 보인다. 지역에 따라 혹은 계절에 따라 남조류나 편모조류가 출현하기도 하나 대부분의 시기나 지역에서 규조류가 우점한다. 규조류는 플랑크톤으로 사는 것 이외에 이렇게 퇴적물내에 사는 종들이 있다. 이들 규조류를 저서규조류(底棲硅藻類, benthic diatoms)라고 한다.

서해안의 갯벌에서 흔히 발견되는 저서규조류는(예: 만경, 동진강 하구 조간대) *Paralia sulcata*, *Navicula arenaria*, *Cymatosira belgica*, *Raphoneis amphiceros*, *Thalassionema nitzschioides*, *Achnanthes haukiana*, *Amphora holsatica*, *Amphora coffeaeformis* 등이다(Oh and Koh, 1995).

저서규조류는 니질성 규조류(epipelon)와 사질성 규조류(epipsammon)로 나누인다(Round, 1971). 니질성 규조류는 세립퇴적물의 퇴적물입자 사이에 서식하

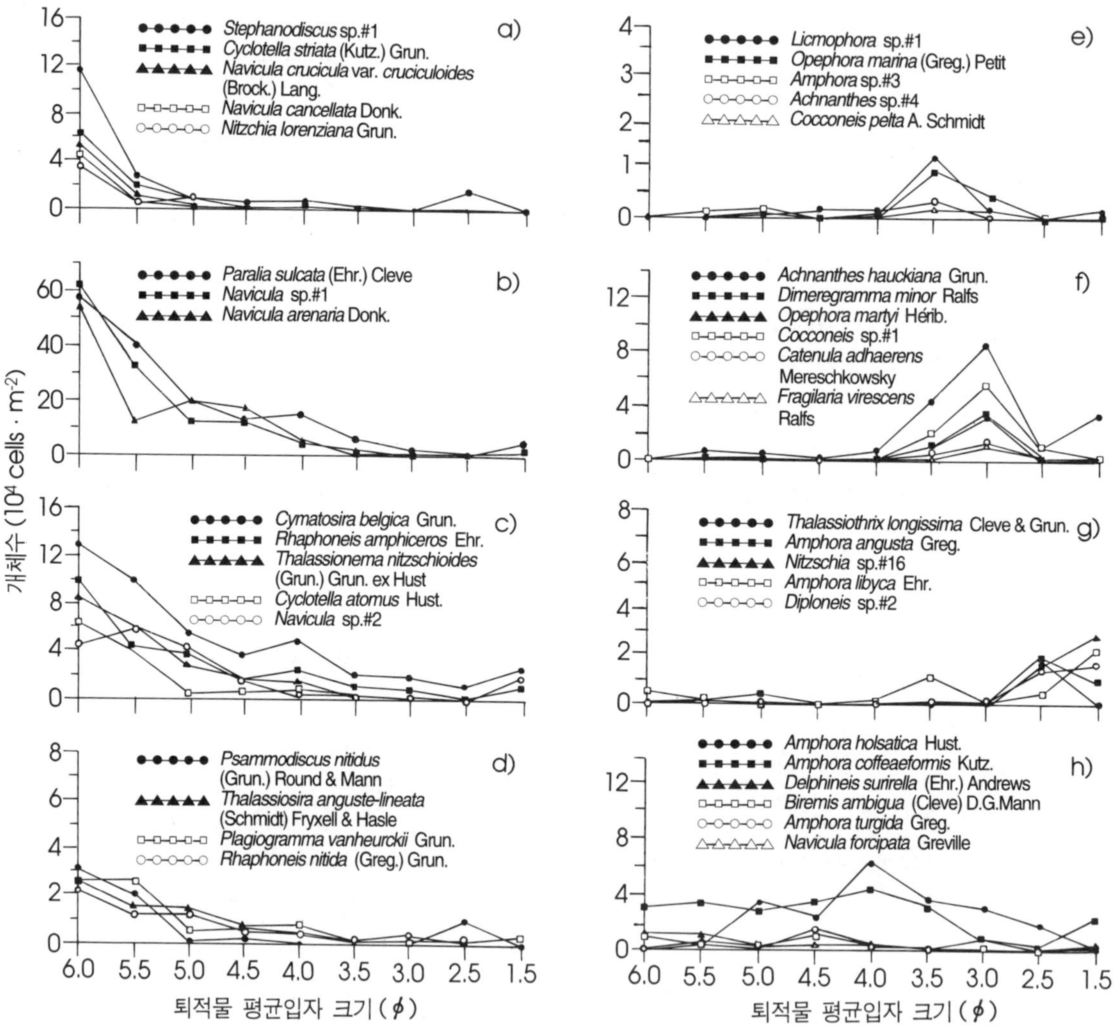

그림 9-9. 만경-동진강 하구, 김제 갯벌에서 흔히 발견되는 저서규조류를 퇴적물 입도에 대한 선호도에 따라 구분하였다(Oh and Koh, 1995). 뻘입자를 선호하는 종류(a, b, c, d)와 모래입자를 선호하는 종류(e, f, g)로 나눌 수 있다. 모래입자를 선호하는 종류는 대부분 부착규조류이다. 뻘입자를 선호하는 종류는 뻘입자 사이에서 이동하며 살아가는 규조류이다.

며 자유로이 이동할 수 있다. 대부분 익상규조목(翊狀硅藻目, Pennales)에 속하는 종들로서 종구(縱構, raphe)를 사용하여 이동한다. 모래입자의 표면에 부착하여 사는 규조류가 사질성 규조류이다. 점액질을 분비하여 강하게 부착한다. 이들은 단배선(單背線, Monoraphidineae), 또는 무배선규조류(Araphidineae)이다. 그러나 니질 또는 사질 등의 퇴적상에 따라 종 조성이 뚜렷히 차이가 나지는 않는다. 즉 사질퇴적상이라도 니질성 규조류가 발견된다. 사질퇴적상 지역이라 할지라도 니질퇴적물이 어느 정도 포함되어 있기 때문이다. 조간대의 퇴적물이 조류에 따라 이동하는 것도 하나의 이유이다. 만경·동진강 하구 김제 조간대에서 조사한 퇴적물입자의 크기에 따른 서식종의 차이를 그림 9-9에 실었다(Oh and Koh, 1995).

무척추동물

간석지에 서식하는 저서동물은 서식 깊이에 따라 표서동물(表棲動物, epibenthos), 준내서동물(準內棲動物, semiendobenthos) 내서동물(內棲動物, endobenthos)로 구분된다. 표서동물은 퇴적층의 표면에서 생활하며 표층의 미세조류나 쇄설유기물, 혹은 죽은 동물의 사체 등을 먹이로 취하는 퇴적물식자이거나 청소자(scavengers)이다. 준내서동물이란 퇴적물내에 굴을 파서 생활하나 먹이는 표층으로 올라와 취하는 동물을 일컫는다. 내서동물은 유생시기를 제외한 전생활사를 퇴적물 속에서 보내는 동물이다. 간석지에 서식하는 대표적인 동물들을 그림 9-10에 소개하였다.

서해 갯벌에서 흔히 발견되는 표서동물은 거의가 복족류와 갑각류이다. 퇴적층 위에서 기어다니므로 다른 동물에게 잡혀 먹힐 위험이 있다. 패각을 가지는 복족류나 빠르게 움직이는 게 종류가 주류를 이룬다.

준내서동물은 서식지가 굴 속인 게 종류와 갯지렁이 종류가 대부분이다. 물이 빠진 후 곧 먹이를 찾아 돌아다니며 물이 들어오면 굴 속으로 들어간다. 한낮에는 굴 속에서 건조를 피하기도 한다. 서해의 반월 조간대에서 계절에 따라, 또 조석시간에 따라 게와 갯지렁이가 파놓은 굴의 모양이 어떻게 달라지는지를 그림 9-11에 소개하였다(Lee and Koh, 1994). 굴의 모양은 주로 Y-자, U-자, I-자형이다. 참방게나 방게는 Y-자형 굴을 만들고, 칠게, 길게는 밑이 넓은 U-자형, 농게, 털콩게는 I-자형 굴을 만든다. 갯지렁이의 굴은 대체로 분지가 없이 구불구불한 S-자형이나 흰이빨참갯지렁이처럼 목이 좌은 Y-자형도 있다. 굴들이 복잡하게 얽혀 있어 각 굴들이 어느 동물에 속하는지 구별하기 어려울 때가 많다.

그림 9-10. 우리나라 갯벌조간대에 서식하는 대표적인 무척추동물(위로부터 좌 · 우 순서: 가리맛조개(*Sinonovacula constricta*), 두토막눈썹참갯지렁이(*Perinereis aibuhitensis*), 버들조름류, 바지락(*Ruditapes philippinarum*), 칠면초(*Sueda japonica*), 지채(*Triglochin maritimum*)

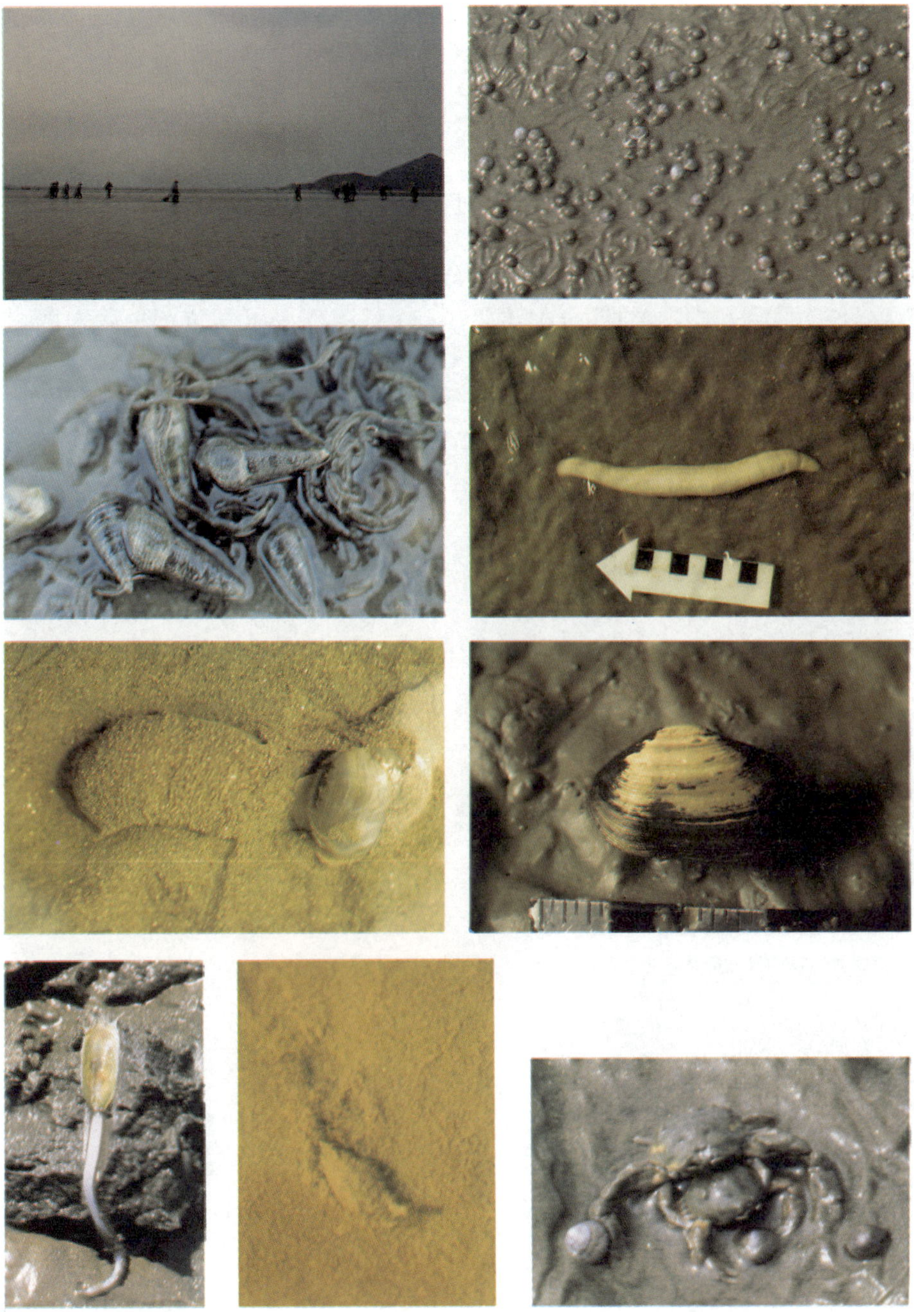

그림 9-10. (계속)(위로부터 좌 · 우 순서: 갯벌전경, 서해비단고둥(*Umbonium thomasi*), 갯비틀이고둥(*Cerithideopsilla djadjariensis*), 가시닻해삼(*Protankyra bidentata*), 민챙이(*Bullacta exarata*), 동죽(*Mactra veneriformis*), 개맛(*Lingula anatina*), 왕좁쌀무늬고둥(*Hinia festiva*), 밤게(*Philyra pisum*)

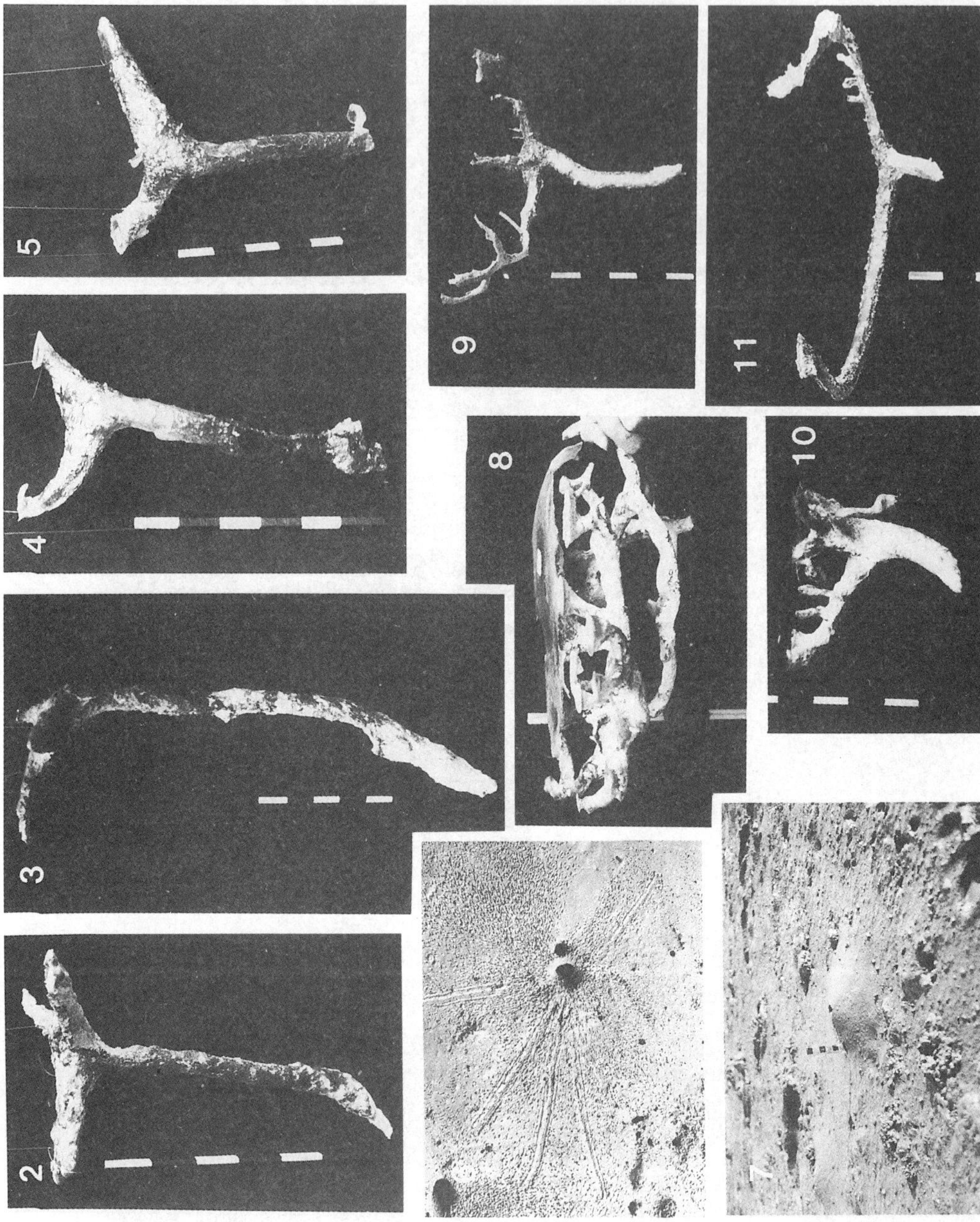

그림 9-11. 경기도 안산, 반월의 갯벌조간대에서 게와 갯지렁이가 파놓은 굴의 모양을 레진으로 본을 떠서 찍은 사진이다(Lee and Koh, 1994). (2)~(5) 참방게(*Helice tridens sheni*)가 만든 굴: 대조기(2, 5)와 소조기에 만들어진 굴(3, 4). 대조기에 만들어진 굴이 훨씬 깊고 넓다. (6) 칠게(*Macrophthalmus japonicus*)가 먹이를 섭취하기 위해 굴 밖으로 나와 기어다닐 때 생긴 흔적이 방사상으로 남아 있다. (7) 흰이빨참갯지렁이(*Periserrula leucophyna*)와 칠게(*M. japonicus*)가 함께 만든 고깔 모양의 퇴적물 배출구. (8)~(11) 칠게(*M. japonicus*)의 굴: 대조기(8, 10, 11)와 소조기(9)에 만들어진 굴은 크기가 다르다.

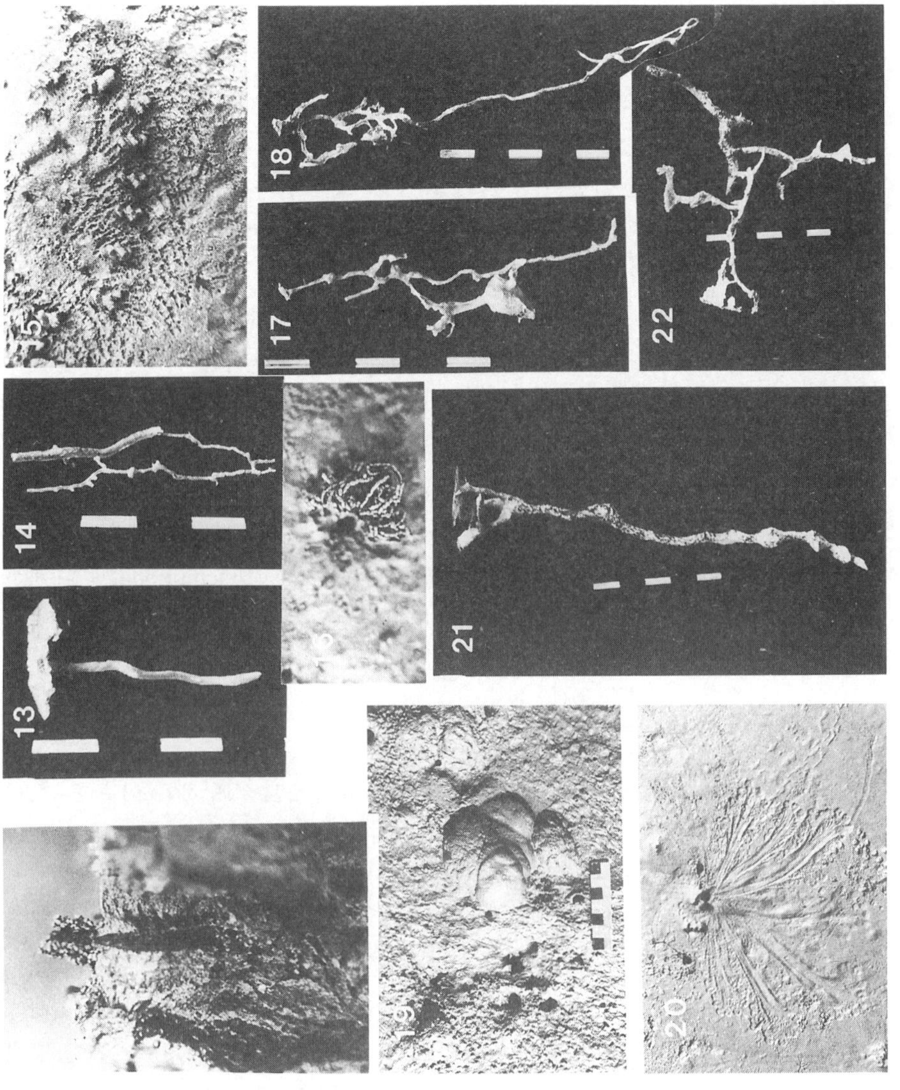

그림 9-11. (계속)(12) 털콩게(*Ilyoplax dentimerosa*)가 만든 굴뚝 모양의 굴 입구. (13) 털콩게(*I. dentimerosa*)의 굴. (14) 털콩게(*I. dentimerosa*)의 굴(오른쪽)과 두토막눈썹참갯지렁이(*Perinereis aibuhitensis*)의 굴(왼쪽)이 연결된 모양. (15) 털콩게(*I. dentimerosa*)가 집게다리를 이용하여 퇴적물을 긁어 모을 때 만들어진 흔적. 퇴적물을 먹을때 배출되는 배설물은 가운데 쌓인다. (16) 두토막눈썹참갯지렁이(*P. aibuhitensis*)의 굴 입구에 배설물이 머리를 딴 모양으로 뭉쳐 있다. (17)~(18) 두토막눈썹참갯지렁이(*P. aibuhitensis*)의 굴. (19) 흰이빨참갯지렁이(*P. leucophyna*)의 굴 입구와 주변에 쌓여진 퇴적물 덩어리. 이 퇴적물은 굴을 팔 때 나온다. (20) 흰이빨참갯지렁이(*P. leucophyna*)의 굴 주변에는 포도송이 모양의 섭식 흔적이 부챗살처럼 펼쳐져 있다. 포도송이 모양의 섭식 흔적은 갯지렁이가 입주둥이로 퇴적물을 갉아먹을 때 만들어진다. (21) 흰이빨참갯지렁이(*P. leucophyna*)의 굴. 굴의 길이가 거의 1m에 달한다. 굴의 중간에는 갯지렁이가 또아리를 틀고 쉬는 혹 모양의 공간이 있다. (22) 흰이빨참갯지렁이(*P. leucophyna*)가 만든 굴(왼쪽)과 칠게(*M. japonicus*)가 만든 굴(오른쪽)이 서로 연결되어 있다.

굴의 깊이는 동물의 종류, 서식지의 해수면으로부터의 높이, 계절 등에 따라 달라진다. 상부조간대에 사는 참방게는 30 cm 이상의 깊이까지 파며 털콩게는 보통 5~10 cm의 가는 굴을 판다. 칠게의 주서식지는 참방게, 털콩게보다 낮은 곳으로 수분함량이 많아 굴의 깊이 역시 매우 낮고 옆으로 퍼져 있다. 대부분의 게가 온도가 높고 건조가 심한 여름에 가장 깊은 굴을 판다. 갯지렁이의 굴은 수십 cm이다. 특히 흰이빨갯지렁이의 경우 굴의 깊이가 50 cm에 이른다. 흰이빨갯지렁이는 물이 빠지면 몸의 앞부분을 내밀어 굴 입구 주변의 퇴적물을 긁어 먹는데 이때 포도송이 비슷한 모양의 흔적을 남겨 다른 동물과 쉽게 구별된다.

내서동물은 퇴적물내에 서식하므로 밖에서는 관찰할 수 없으나 실제로는 다모류, 갑각류, 연체류, 해삼류 등 그 종류가 가장 다양하다. 갯벌에서 삽으로 파면 이들 동물을 쉽게 관찰할 수 있다. 준내서동물이 밖에 나오거나 몸의 일부를 밖으로 내어 먹이를 취하는 데 비해 이들 내서동물들은 퇴적물내에서 돌아다니거나 입수공만을 표면으로 내밀어 먹이를 취한다. 다모류와 이매패류가 대표적인 예이다. 다모류나 연체동물 이외의 내서동물로서는 완족동물(Brachiopoda)에 속하는 개맛, 극피동물의 일종인 가시닻해삼이 있다.

2.4. 분포와 환경과의 관계

간석지에서는 암반조간대와 달리 대상분포를 육안으로 식별하기 어렵다. 그러나 암반조간대와 마찬가지로 해수면으로부터의 높이에 따라 서식종의 종류가 달라진다. 다만 간석지의 경사가 암반조간대에 비해 완만하므로 분포의 경계선이 뚜렷하지 않을 뿐이다.

수직 높이에 따른 서식종의 차이는 암반조간대와 마찬가지로 조석운동에 의한 노출, 침수시간의 차이에 기인하는 것으로 알려져 있다(Swinbank and Murray, 1981). 퇴적물의 입도 역시 중요한 요인으로 작용한다. 노출, 침수 시간의 길이나 퇴적물의 조성이 모두 조석운동과 밀접하게 관련되어 있으므로 일차적으로는 조석운동이 생물의 분포를 지배하고 있음은 암반조간대와 마찬가지라고 하겠다. 상부에서 하부조간대로 가면서 달라지는 종조성의 양상이 지역에 따라 차이가 있으나 우리나라 서해에서 공통적인 부분만을 선택하여 설명하면 다음과 같다. 대조기의 만조 때에만 물에 잠기는 만조선 위쪽 최상부 조간대는 보통 염습지가 발달한다. 그러나 우리나라의 염습지는 대부분 간척된 후 전답으로 사용되고 있어 현재는 극히 일부 지역에만 남아 있다.

상부조간대 중 만조선 부근은 표서동물인 게가 흔하다. 내서동물로는 다모류인 두토막눈썹참갯지렁이가 우점종이다. 만조선 아래쪽으로 민챙이, 왕좁쌀무늬고둥이 나타난다. 왕좁쌀무늬고둥은 간혹 동물의 사체에 수십 개체씩 떼를 지어 붙어 있다. 다모류 중 흰이빨참갯지렁이를 자주 발견할 수 있다.

평균해수면 부근인 중부조간대는 사니질 퇴적상을 보이는 지역으로 표서동물인 서해 비단고둥과 내서동물인 동죽, 바지락, 백합, 맛조개 등의 이매패류가 우점한다. 갯지렁이는 털보집갯지렁이, 수염집갯지렁이, 바위털갯지렁이 등이 대표적이다.

평균해수면 아래쪽인 하부조간대는 대부분 내서동물로 가시닻해삼이 우점한다. 퇴적물 표면에서 가시닻해삼이 뚫은 구멍을 많이 볼 수 있다. 다모류로는 버들갯지렁이, 부챗발갯지렁이가 대표적이며 지역에 따라서는 긴빗갯지렁이가 우점하기도 한다.

우리나라 경기도 안산에 위치한 반월 조간대를 예로 들어 갯벌의 동물이 분포 양상을 그림 9-12에 소개하였다. 반월 조간대는 내륙으로 깊숙히 들어간 곳에 위치하는 전형적인 니질성 갯벌(mud flat)이다. 조간대의 폭이 육지에서 주수로까지 1 km 미만으로 매우 좁으나 대상분포는 뚜렷하다. 고와 신(Koh and Shin, 1988)은 조간대 상부로부터 하부로 향하면서 참방게, 칠게, 꽃갯지렁이-계화도조개의 분포대로 뚜렷이 구별된다고 하였다. 참방게 분포대에서는 참방게, 털콩게, 두토막눈썹참갯지렁이가 대표적인 종이며 여름에는 가지게가 출현하기도 한다. 칠게 분포대는 공극수 함량이 높은 중부조간대로서 칠게, 펄털콩게와 다모류인 흰이빨참갯지렁이가 나타나는 지역이다. 꽃갯지렁이-계화도조개 분포대는 간조선 부근의 하부조간대에 국한된다. 꽃갯지렁이와 계화도조개는 모두 부유물식자이며 그 서식밀도가 1 m^2당 10,000개체에 달하기도 한다. 꽃갯지렁이가 계화도조개보다 약간 위쪽에 분포하여 두 종의 서식지가 분리되어 있는 것도 하나의 특징이다.

갯벌의 먹이사슬은 매우 복잡하다. 포식과 피식이 갯벌조간대의 경우 어느 특정 동물끼리 연결되어 있지 않은 것이 하나의 특징이다. 즉 갯벌조간대에서 포식자는 특수한 먹이만을 선호하지 않는다. 따라서 먹이망이 상대적으로 복잡하고 느슨한 것이다. 또 피식자가 대부분 내서동물이기 때문에 포식자에게 직접 노출되지 않으므로 포식에 의한 영향도 크지 않다. 이러한 이유 때문에 암반조간대와 같이 포식자에 의해 분포대가 결정되는 것을 관찰하기 어렵다.

포식자의 대표적인 것은 어류와 바닷새이다. 어류는 조간대가 물에 덮히면 침입하여 먹이를 취하며 바닷새는 간조 때 조간대가 드러나면 갯벌에 내려 앉아 조개나 갯지렁이를 잡아먹는다. 그러나 이들 동물의 포식압에 의해 피식동물의 군집이 변화하거나 분포대가 결정되지는 않는다. 먹이동물의 종류가 어떤 특정한

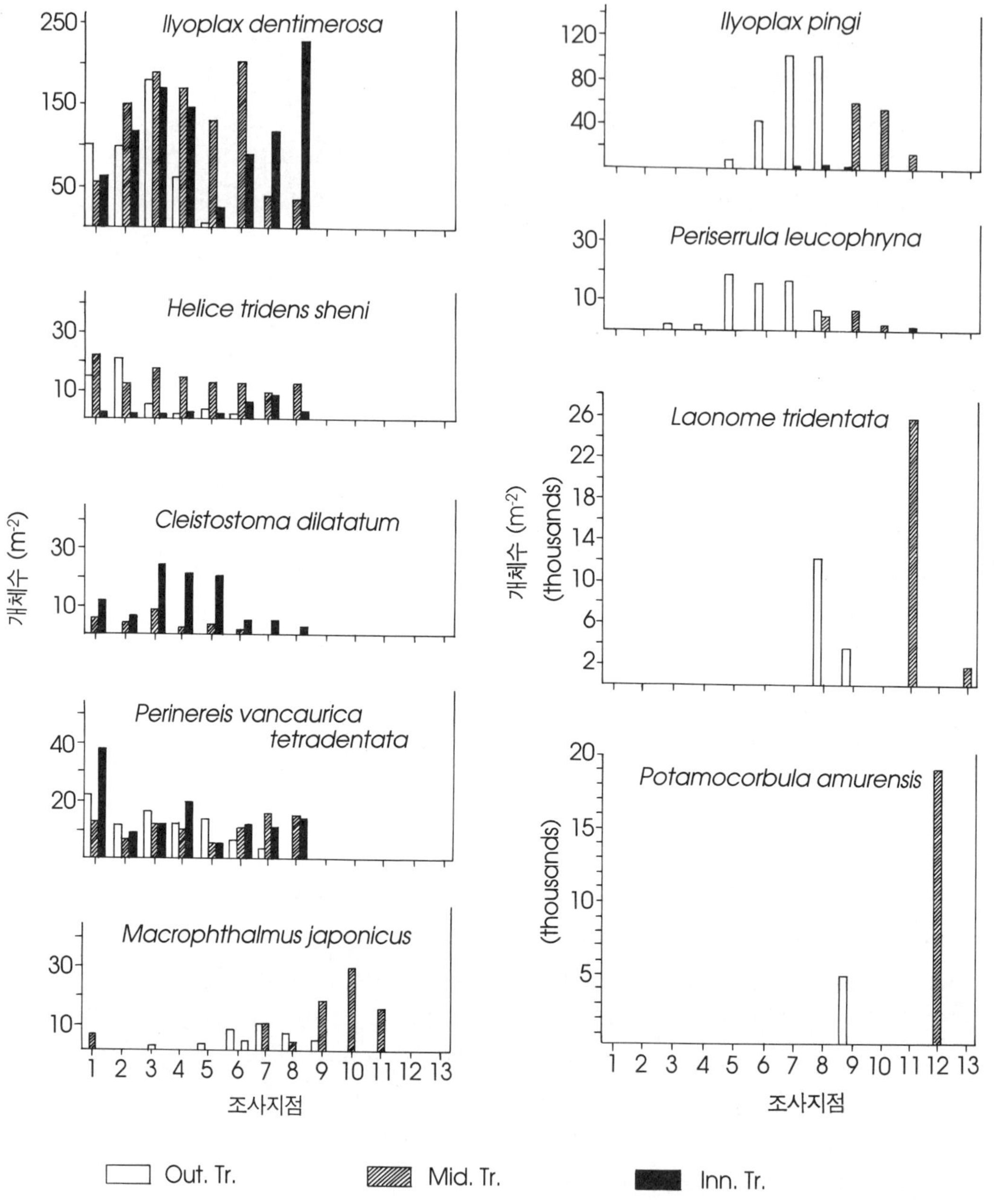

그림 9-12. 게, 갯지렁이, 조개 종류들이 간석지에서 해수면으로부터의 높이에 따라 서식 개체수가 달라짐을 나타내었다(경기도 안산, 반월 갯벌, Koh and Shin, 1988).
조사장소 1로부터 12로 가면서 수로에 가까워진다. 검은 색 막대기둥은 가장 안쪽에 위치한 갯벌이며 빈 공간으로 처리한 막대기둥은 외해에 가까운 쪽의 갯벌이다.

종에 국한되어 있지 않기 때문이다. 즉 어류와 바닷새들은 대부분 특별히 먹이생물을 가리지는 않는다. 퇴적물식자, 부유물식자, 초식자, 표서동물, 내서동물 모두가 먹이가 된다.

포식, 피식으로 연결되는 먹이망의 관계를 생산과 소비라는 생태계 생태학적 관점에서 생각해 볼 수 있다. 갯벌에서 생산된 유기물이 어떻게 소비되는가를 그림 9-13에 함께 나타내었다. 갯벌조간대의 대표적인 생산자는 저서미세조류이다. 저서규조류에 의한 일차생산량은 연안역 수괴의 플랑크톤에 의한 생산량과 대체로 유사하나 지역적으로 매우 큰 차이가 있다. 미국 서부 캘리포니아 해안 염습지의 니질퇴적물내 규조류의 생산량은 185~341 g · Cm^{-2} · yr^{-1}(Zedler, 1980)으로 보고된 반면, 네델란드의 와덴 해 갯벌에서는 이보다 낮은 58~177 g · Cm^{-2} · yr^{-1}(Cadee, 1980)이었다. 이에 비해 인천의 송도 갯벌에서 측정된 값은 9~30 g · Cm^{-2} · yr^{-1}로서 매우 낮았다(이, 1991).

저서미세조류만이 갯벌동물의 먹이는 아니다. 조간대가 해수에 덮히면 해수 속의 동식물플랑크톤도 갯벌동물의 먹이로 이용된다. 또 이들이 죽은 후 퇴적된 사체도 먹이가 된다. 더구나 분해되는 과정에서 미생물이 부착하므로 먹이의 질 역

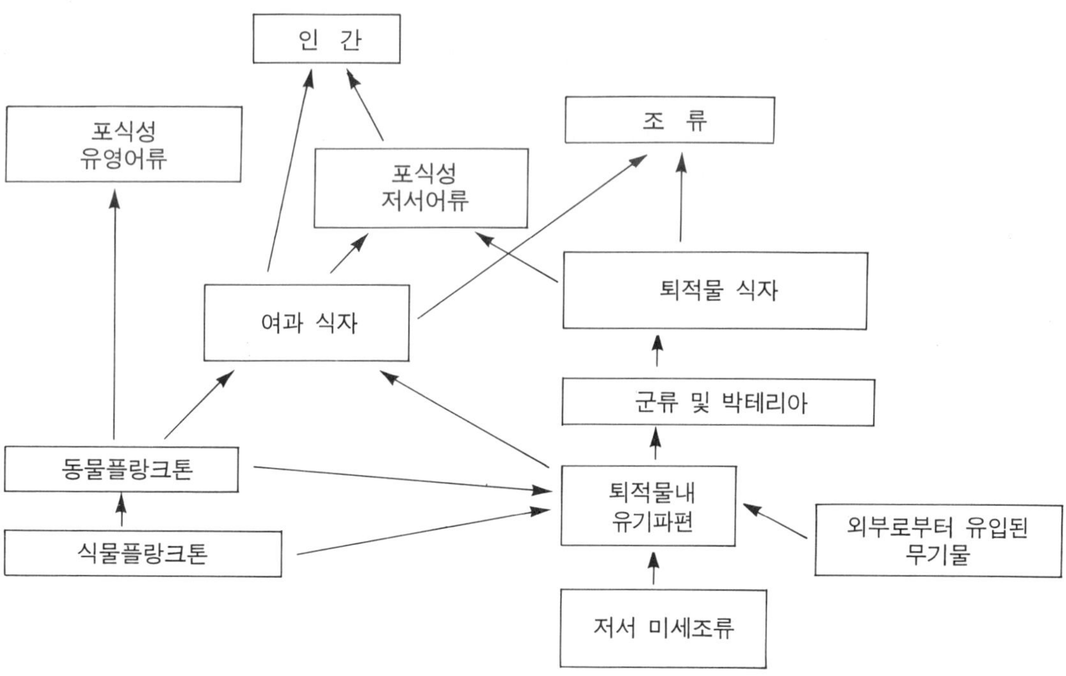

그림 9-13. 갯벌 생물의 먹이사슬에 대한 모식도

시 문제가 되지 않는다. 이들 일차유기물이 먹이망내로 유입되어 최종 소비자인 어류, 바닷새, 인간에게까지 연결된다.

3. 암반조하대

모래나 뻘로 이루어진 조하대는 환경이나 생물상이 대륙붕과 매우 유사하므로 여기서는 암반으로 이루어진 조하대만을 소개하겠다. 모래나 뻘로 이루어진 조하대는 대륙붕과 함께 취급하였다.

암반조하대란 대개 수심 20~30 m까지의 해안에 연한 암반지역으로 잠수방법에 의해 현장 조사가 가능한 지역이다. 해조류와 부착동물이 전형적인 서식생물이다. 이들 생물의 분포는 빛의 양, 수온, 파도의 세기, 탁도, 기질의 경사도 등과 같이 주변을 둘러싸고 있는 환경에 의해 달라진다. 수온은 넓은 의미로 해역간의 분포 차이를 유발하고, 빛은 파도의 세기, 탁도, 기질의 경사도와 마찬가지로 비교적 좁은 지역간의 차이 또는 수심간의 분포 차이를 유발하는 요인이 된다. 그러나 자연환경에서는 한 요인이 다른 요인들의 작용을 연쇄적으로 유발하는 것이 매우 보편적인 현상이어서, 한 요인이 다른 요인보다 더 중요하게 작용할 수는 있어도 단순히 그 요인에 의하여 분포가 결정되는 것은 아니다. 우리나라의 서해, 남해, 동해의 암반조하대에 서식하는 생물의 종류와 분포수심을 표 9-5a, b에 실었다. 해양연구소(Kordi, 1993)에서 서해, 동해, 남해의 암반조하대에 대한 본격적인 조사가 있었기에 이를 기초로 각 해역의 생물상을 아래에 기술하였다.

3.1. 서 해

서해의 연안가는 대부분의 지역이 갯벌이고 암반은 드물다. 또 암반이 있다 하더라도 저층퇴적물에서 재부유되어 탁도가 높기 때문에 남해와 동해에 비해 저서생물상이 빈약하다. 특히 내만에 가까운 곳의 조하대에서는 대다수의 암반에 뻘이 덮혀 있어 저서생물이 부착하기가 힘들고, 간혹 부착하더라도 퇴적물이 쌓인 기질을 서식지로 선호하는 경우이다.

그림 9-14 a)에 충남 태안에서 조사된 암반조하대 생물분포를 서해 암반조하대 생물상의 예로써 제시하였다. 충남 연안은 다른 서해 연안과 비교하여 상대적으로 암반이 잘 발달한 지역이다. 따라서 지역에 따라 큰 차이가 있으므로 이를 서

해의 대표적인 특징으로 간주할 수는 없으나 주로 지누아리, 꼬시래기, 분홍잎 등이 분포하며, 모자반과 같은 대형 갈조류로 구성된 해조류 숲이 없고 해조류가 무성하지 않다는 것이 서해의 전형적인 유형이라 하겠다. 수심이 얕은 곳에서는 지누아리, 꼬시래기, 가는보라색우무가 우점하며, 수심이 깊어지고 빛이 부족한 곳에서는 위의 것들과 비교해 상대적으로 광합성 효율이 높은 잎 모양 또는 실 모양의 해조류인 분홍잎, 털엇가지풀 등이 서식한다.

표 9-5a. 우리나라 암반조하대에서 관찰되는 해조류와 분포범위

분류군	서식처	분포지역
홍조류		
시나이아(*Scinaia japonica*) 갈라가라과	저조선의 조용한 곳	부산, 제주
지아누리(*Grateloupia filicina*) 지누아리과	조용한 암반	전국
꼬시래기(*Gracilaria verrucosa or confervoides*) 꼬시래기과	조하대 상부	전국
돌가사리(*Gigartina tenella*) 돌가사리과	저조선-수심 2내지 4m	전국
굵은비단풀(*Campylaephora crassa*) 비단풀과	조간대 하부	전국
털헤테로시포니아(*Heterosiphonia pulchra*) 다지아과	저조선 부근	남해, 동해, 제주
가는보라색우무(*Symphyocladia lineasis*) 빨간검둥이과	점심대	강원, 영일만, 부산
왜애기산호말(*Jania ungulata*) 산호말과	저조선 부근 암반	부산, 제주도
갈고리아크로소리움(*Acrosium uncinatum*) 델레세리아과		
갈조류		
부챗말(*Padina arborescens*) 디크티오타과	저조선의 웅덩이	함경도, 부산 거제 제주
감태(*Ecklonia cava*) 미역과	점심대의 깊은 곳	남해안, 제주
대황(*Eisenia bicyclis*) 미역과	조간대 하부	울릉도
애기외톨개모자반(*Myagropsis yendoi*) 모자반과	점심대	동해, 부산
괭생이모자반(*Sargassum honeri*) 모자반과	조하대, 점심대	남한
톱니모자반(*Sargassum serratifolium*) 모자반과	조간대 하부	울릉도, 부산, 완도, 오동도, 제주
모자반(*Sargassum fulvellum*) 모자반과	저조선 부근의 암반	전국
알쏭이모자반(*Sargassum confusum*) 모자반과	저조선-점심대	동해, 부산, 제주
갈래잎모자반(*Sargassum pinnatufodium*)		

표 9-5b. 암반조간대에서 흔히 발견되는 무척추동물의 종류와 분포범위

분류군	서식처	분포지
해면동물		
보라해면(*Haiiclona permollis*) 보라해면과	조하대 수심 20 m 이내	전국
황색해면(*Haliclona oshoro*) 보라해면과	조하대 수심 20 m 이내	남동해
자포동물		
부채뿔산호(*Melithaea flabellifera*) 뿔산호과	조하대	제주
해송(*Antipathes japonica*) 뿔산호목	조하대	제주
연체동물		
군소(*Aplysia kurodai*) 군소과	천해 해초군집	동, 남해
밤고둥(*Chlorostoma argyrostoma lischkei*) 밤고둥과	조간대 하부-수심 20 m	전국
흰삿갓조개(*Acmaea (Niveotectura) pallida*) 흰삿갓조개과	조간대 하부	전국
전복(*Nordotis discus*) 전복과	천해	전국
보리무륵(*Mitrella bicincta*) 무륵과	조하대	전국
방석고둥(*Tristichotrochus unicus*) 밤고둥과	저조선 부근	남, 서해
소라(*Batillus cornutus*) 소라과	조간대 하부-수심 20 m 이내	남해
오분자기(*Halitos (Sulculus) aquatilis*) 전복과	조간대 하부	남, 서해
진주담치(*Mytilus edulis galloprovincialis*) 홍합과	조하대 상부(수심 0~2 m)	부산, 마산, 죽변
홍합(*Mytilus corsucus*) 홍합과	조간대에서 수심 20 m 이내	남, 동해
굴(*Crassostrea gigas*) 굴과	조하대 상부	전국
환형동물		
안점꽃갯지렁이(*Pseudopotamilla occelata*) 꽃갯지렁이과	조하대	장승포, 수영만
절지동물		
봉우리따개비(*Balanus rosratus*)		
북방따개비(*Semibalanus caroius*)		
민꽃게(*Charybdis japonica*) 꽃게과	천해지역	전국
극피동물		
별불가사리(*Asterina pectinifera*) 별불가사리과	조하대, 조수웅덩이	전국
검은띠불가사리(*Luidia quinaria*) 검은띠불가사리과	조하대	전국
아무르불가사리(*Asterias amurensis*) 불가사리과	천해, 조수웅덩이	동해, 황해, 남해
우치다햇님불가사리(*Solaster uchidai*) 햇님불가사리과	조하대	전국
햇님불가사리(*Solaster borealis*) 햇님불가사리과	조하대	남해, 동해, 제주

표 9-5b. 계 속

분류군	서식처	분포지
보라성게(*Anthocidaris crassispina*) 광치목	수심 20 m 이내 암초	전국
북방말똥성게(*Strongylocentrotus intermedius*) 광치목	수심 125 m까지	
해삼(*Stichopus japonicus*)	수심 20 m 이내 암초대	전국
척색동물		
우렁쉥이(*Halocynthia roretzi*) 멍게과	조하대, 암초대	동남해 연안
미더덕(*Styela clava*) 미더덕과	조하대 상부	동해, 남해, 대한해협, 황해

저서무척추동물로는 조간대 하부에서 대상으로 분포하며 우점한 굴이 수심 1 m 전후까지 출현하고 아울러 같은 위치에 홍합과 밤고둥류도 관찰된다 전반적으로 조하대 저서생물상은 빈약하나 수심 2~5 m 사이에는 흰삿갓조개, 전복, 별불가사리, 검은띠불가사리 등이 나타난다. 그리고 수심 3~7 m 사이의 기질에는 보통 1~2 cm의 무늬가 피복되어 있고 이러한 곳에 태형동물 군체와 돌산호 개체군들이 무리를 이루고 서식한다. 돌산호 무리가 더 깊은 곳까지 분포한다.

서해에서 비교적 물이 맑은 외해쪽에 위치한 섬은 연안 암반조하대보다 조하대 상부에서의 해조상은 상대적으로 다양하다. 그림 9-14 b)는 어청도의 예이다. 조하대 깊은 곳까지 톱니모자반과 알송이모자반이 분포하는 것은 연안 가까이 위치한 태안과는 전혀 다르고, 남해의 생물상에 가깝다. 조하대에서는 뚜렷하게 대상분포 저서동물은 없으며 기질에는 엷게 니질 퇴적물이 피복되어 있다. 바위 틈에는 민꽃게와 전복이 있고 기질 주변 저층에는 별불가사리, 불가사리, 우치다햇님불가사리, 해삼이 서식한다.

3.2. 남 해

남해는 서해보다는 연안에 수심이 깊고 잘 발달한 암반들이 많으며 탁도도 낮다. 같은 남해라 하더라도 연안은 수온이 낮고 탁도는 높은 반면에 해외쪽에 위치한 도서쪽 암반은 상대적으로 수온이 탁도가 높다. 남해역은 저서생물의 서식수심대가 넓고 주변환경이 다양하므로 다른 해역에 비해 생물상도 가장 다양하다. 연안 조하대의 생물특성은 연안에서 외해쪽으로 가면서 종조성이나 분포양상이 달라지는 것이 특징적이다.

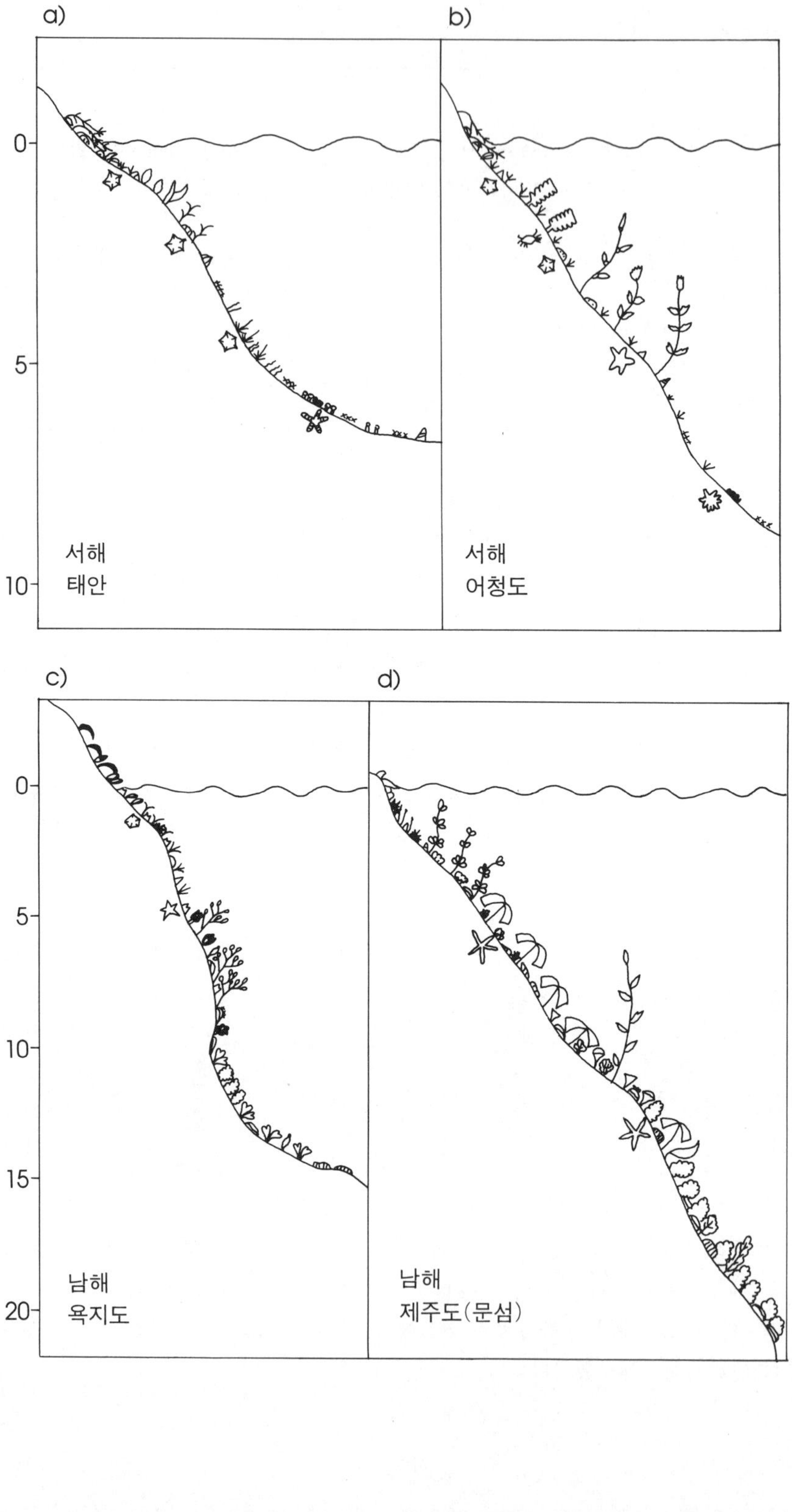

그림 9-14.
서해, 남해, 동해에 서식하는 대표적인 해조류와 무척추동물의 수심에 따른 분포. 서해의 태안반도와 어청도, 남해의 욕지도와 제주도, 동해의 강릉 안인진, 울릉도에서 잠수에 의해 관찰한 결과이다(해양연구소, 1993).

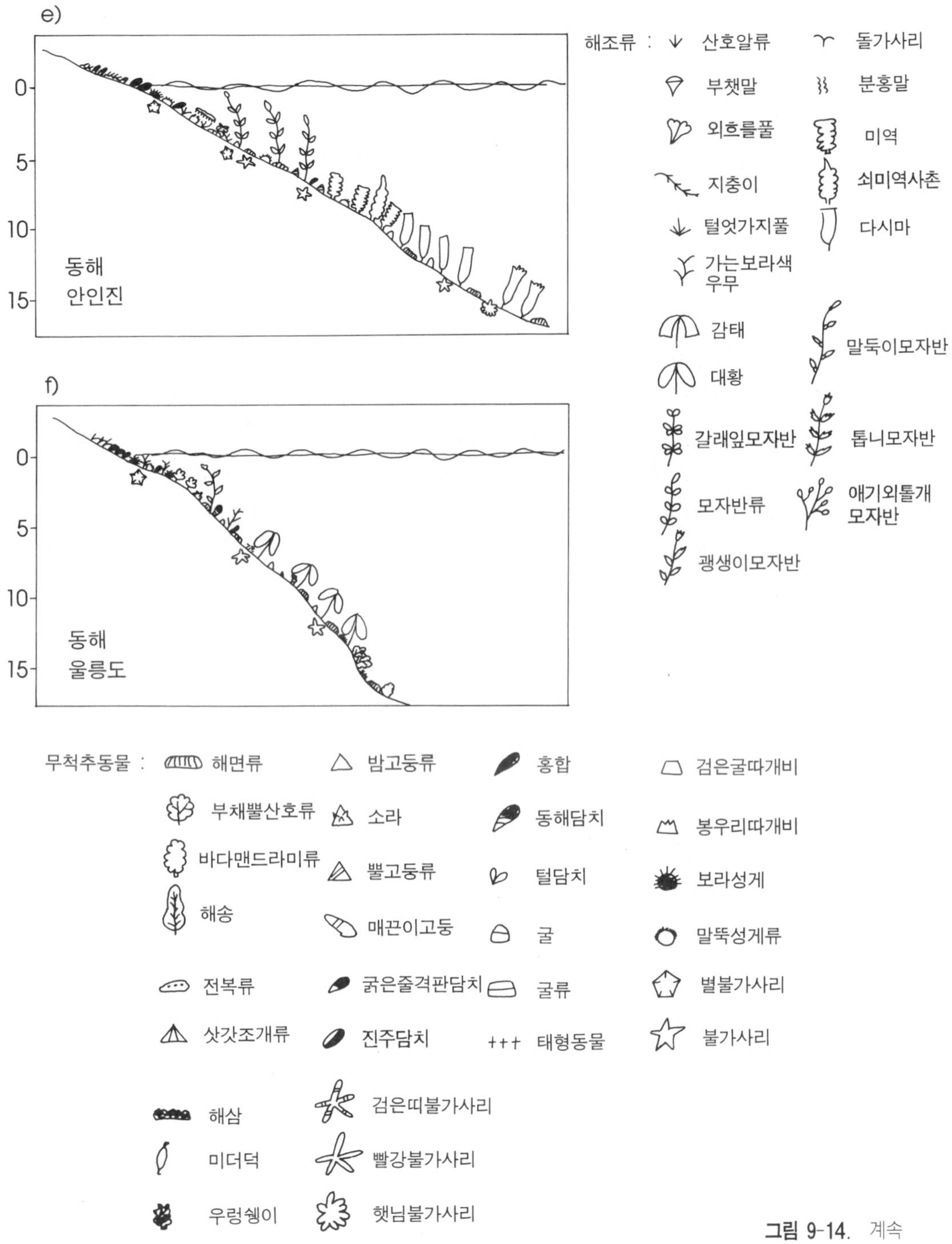
e)
0
5
10
15
동해
안인진
f)
0
5
10
15
동해
울릉도
해조류 :
산호알류
돌가사리
부챗말
분홍말
외흐름풀
미역
지충이
쇠미역사촌
털엇가지풀
다시마
가는보라색
우무
감태
말둑이모자반
대황
갈래잎모자반
톱니모자반
모자반류
애기외톨개
모자반
괭생이모자반
무척추동물 :
해면류
밤고둥류
홍합
검은굴따개비
부채뿔산호류
소라
동해담치
봉우리따개비
바다맨드라미류
뿔고둥류
털담치
보라성게
해송
매끈이고둥
굴
말뚝성게류
전복류
굵은줄격판담치
굴류
별불가사리
삿갓조개류
진주담치
태형동물
불가사리
해삼
검은띠불가사리
미더덕
빨강불가사리
우렁쉥이
햇님불가사리

그림 9-14. 계속

남해 연안에 가까운 충무 앞 30 km 거리에 놓인 욕지도와 제주도 서귀포 앞 문섬의 예를 제시하여 그 차이를 비교하였다. 그림 9-14 c)는 남해 욕지도 연안 암반조하대의 생물상이다. 수심 약 5 m까지 해조류인 돌가사리, 왜애기산호말이 우점한다. 수심 15 m까지는 해조류인 애기외톨개모자반, 굵은석묵, 외흐늘풀 등이 우점한다. 한편 저서동물은 최저 조선 부근부터 수심 5 m까지는 진주담치가 대상 분포하며, 수표면 근처에서는 기질을 완전히 피복할 정도로 밀도가 높다. 진주담치 군집에는 보리무륵, 방석고둥, 전복, 군소, 보라성게를 비롯한 성게류, 별불가시리를 비롯한 불가사리류 등이 관찰된다. 이 동물들은 해조류가 번무하는 수심 10 m 전후까지 우점한다. 밀도는 높지 않지만 조간대 하부에서부터 출현하기 시작한 봉우리따개비는 그 분포가 수심 15 m까지 이어진다. 수심 6~7 m에서는 우렁쉥이가 서식한다. 수심 10 m 이심에서는 저서생물상이 빈약하고 태형동물, 해초류, 굴류, 불가사리류, 바다맨드라미류가 일부 기질에 부착한 것이 관찰된다.

제주도의 암반조하대는 남해의 연안에 위치한 여타 도서지역과 비교해 뚜렷한 차이가 있다. 연안역의 도서지역은 수온이 낮고, 탁도가 높은 주변환경을 가지고 있는 반면에 제주도, 특히 남쪽 해안은 대마난류의 영향을 직접 받는 해역으로 수온이 높고, 탁도가 낮다. 그래서 아열대 또는 열대에 서식하는 생물의 일부가 관찰된다. 제주도 서귀포 앞 문섬에서 관찰된 수심별 생물분포를 그림 9-14d에 나타내었다. 수심 약 10 m까지 갈래잎모자반, 감태가 해조류로서 우점한다. 수심 15 m 정도에 모자반의 일종인 괭생이모자반이 군락을 이루고 있다. 10 m 이하의 수심에서 특별히 나타나는 종은 갈조류인 부챗말이다. 감태가 20 m 수심에까지 계속 나타나는 것도 하나의 특징이다. 감태와 부채말은 우리나라의 최남단 해안에서만 관찰되는 종이다. 남해 연안가로부터 제주도로 가면서 나타나는 중요 생물로는 납작갈라갈라, 잎맥말, 그물바구니 등이 있다. 이들 모두는 남방계 해조류로 제주도로 갈수록 수온이 높아지기 때문에 서식하는 것으로 보여진다.

무척추동물은 수심 10 m까지는 소라, 보라성게, 대수리, 굴류, 거품돌산호, 만두멍게류 등이 기질의 표면이나 바위 틈에서 쉽게 발견할 수 있으며, 해조류의 기근이나 주변에는 작은 고둥류, 단각류, 갯지렁이류가 서식한다. 이 수심대에는 군소나 갯민숭달팽이류, 오분자기, 빨강불가사리, 매끈이고둥 등의 관찰도 가능하다. 수종의 대형 굴들은 바위에 고착, 소형저서생물들의 기질역할을 한다. 수심 10 m 전후로 연성산호류의 밀도가 높아지기 시작하여 수심 15 m 주변에서는 연성산호가 우점하는 저서동물 군집을 이룬다. 이 수심대에는 다양한 태형동물, 해면동물, 해송을 비롯한 산호류, 히드라류, 굴류 등이 어울려 연성산호 군집의 종조성을 다양하게 한다. 이러한 연성산호 군집은 수심 30 m 이심에까지 형성되기도 한다. 같은 지역이라 하더라도 방향에 따라 경사도에 따라 우점 종조성이 크게 변한다. 햇빛이 잘 비치는 곳에는 감태 등 해조류의 서식밀도가 높고 서식 한계 수심도 깊다. 해조류는 경사진 곳보다는 평탄한 기질를 선호하고, 연성산호류와 피복성 저서동물 군집은 수직벽을 선호한다.

3.3. 동 해

동해는 포항 이남을 제외하면 북한한류가 우세한 지역이다. 따라서 한대성 생물이 주로 분포한다. 동해 역시 암반조하대는 해조류가 무성하다. 한대성 식물로 알려진 다시마는 그 분포가 동해에 국한되어 있다. 모자반은 아열대성 식물로서 동해가 분포의 북방한계선이다. 우리나라, 일본, 중국에만 주로 분포하는 미역 역시 동해안이 분포의 북방한계선이다. 모자반과 다시마, 미역 등은 대체로 수심 약 10 m까지 분포한다. 한편 저서동물은 평균해수면 근처까지는 조간대 하부 저서생물인 굵은줄격판담치가 서식하고 수심 5 m까지는 홍합이 밀식한다. 수심 4~5 m 주변에는 따개비류의 일종인 북방따개비가 부착하고 있으며, 안점의꽃갯지렁이 군집도 기질을 폭 넓게 피복하고 있다. 이 두 종은 더 깊은 수심에서도 관찰이 되며, 이들 저서동물 외에도 별불가사리, 불가사리, 미더덕, 보라성게, 말미잘류 등이 있다. 보라성게는 바위의 균열이나 틈이 있는 곳에 살며 서식이 가능하도록 공간을 확보하고 있다.

그림 9-14 e)는 동해의 또 다른 예로 강릉 주변 안인진의 저서생물 수직분포를 나타낸 것이다. 이곳의 저서생물 분포는 오호리와는 상이한 차이를 보이고 있어, 좁은 지역내에서도 장소에 따라 생물의 분포가 다양하게 변화함을 보여 주고 있다. 안인진에서는 모자반이 드물게 출현하며, 수심 7 m까지만 출현한다. 쇠미역사촌과 미역은 8~9 m에서만 큰 무리를 이루며, 다시마는 수심 10 m 이하에서만 출현한다. 특히 북방계 생물인 야키시리구멍쇠미역은 18 m의 깊은 수심에서 서식한다. 저서동물인 경우 기본적으로 우점종의 수직 분포양상에서는 오호리와 일치하나 구체적인 조성은 약간 다르다.

수심 1 m부터 보라성게와 북방말똥성게가 출현하고 수심 2~4 m 주변에는 잠쟁이, 전복, 우렁쉥이도 관찰된다. 수심 3 m 이심에서 주변 퇴적물과 잇대어 있는 기질의 해조류 기근이나 균열된 부분에는 모래가 부분적으로 퇴적되어 있는 곳에는 홍합류의 일종인 *Adula schmidti*이 밀식하였으며 그렇지 않은 기질의 표면에는 보라해면과 황색해면이 기질을 피복하며 서식한다. 홍합류 서식층에는 불가사리, 별불가사리, 맵사리 등 뿔고둥류가 포식활동을 하고 있으며, 햇님불가사리도 발견된다. 저층에 있는 바위 상층부에는 구멍밤고둥이 다수 있다.

동해안 오호리에서 관찰된 해조류와 부착동물의 수심별 분포는 수심뿐만 아니라 파도가 치는 정도도 매우 중요한 역할을 한다고 고와 성(1989)은 보고하였다. 예를 들면 파도로부터 보호된 지역에는 모자반, 진두발, 참지누아리가 서식하고 파도에 노출된 지역에서는 쇠미역사촌이 주를 이룬다고 하였다. 오호리에서도 역시 북방계 생물로 간주될 수 있는 종은 해조류인 삼나무말, 야키시리구멍쇠미역 등이 서식하는 것은 동해안의 다른 해역과 유사하다.

동해에서 특징을 보이는 곳은 울릉도이다. 제주도에 주로 분포하는 남방계 해조류인 감태, 분부챗말 등이 울릉도에까지 서식한다. 동해의 중앙에 위치하면서도 생물상은 남해의 특징을 가진다고 하겠다. 그림 9-14 f)는 홍(1981)에 의해 조사된 울릉도 암반조하대 생물상이다. 쌍발이서실, 가시뼈대그물말, 괭생이모자반이 수심 3~5 m까지 분포하며, 수심 15 m까지 대황(*Eisenia bicyslis*)이 광범위하게 분포한다. 동물군으로는 조하대 상부에는 홍합, 동해담치, 소라, 보라성게 등이 비교적 많은 양이 서식하고 전복, 보말고둥, 방석고둥, 두드럭고둥 등 고둥류와 별불가사리, 불가사리 등이 관찰된다. 해조류 군락 주변에는 다양한 종류의

표 9-6. 한국연안 암반 조하대 생물의 수심에 따른 분포 비교

	서 해		남 해		동 해	
	해조류	저서동물	해조류	저서동물	해조류	저서동물
상부	지누아리류 꼬시래기류 가는보라색우무 분홍입류	굴 (홍합)	비틀대모자 개도박류 돌가사리 개우무	굴 진주담치	알송이모자반 돌가사리 참갈고리풀 엇가지풀	홍합
중부		전복(해삼) 고착성 저서 동물군집	감태 괭생이모자반 갈래잎모자반 톱니모자반 넓은게발 게발혹 바다표고	소라(홍합) 보라성게 (성게류) 굴류 (멍게류)	검은서실 라입 쇠미역사촌 미역	
하부			붉은잎류 곱슬이류 열매의관말	연성산호류 (피복성 저서동물)	다시마	

고둥류, 단각류, 갯지렁이류가 존재한다. 수심 5 m 이심에서는 부채뿔산호(*Melithaea flabellifera*) 등 해양류, 태형동물, 해면동물 등 광도가 약한 곳을 선호하는 동물들이 우점하기 시작한다. 울릉도에 남방계 저서생물이 분포하는 것으로 보아 쓰시마 난류가 이 해역까지 영향을 미침을 알 수 있다.

3.4. 생물상의 비교

한국 연안을 서해, 남해, 동해로 나누고 각 해역의 조하대에서 수심별로 생물이 대체로 어떻게 분포하는지를 정리해 보았다(표 9-6).

4. 대륙붕

4.1. 환 경

저서생물의 분포에 영향을 주는 주요 해저 환경요인은 수심, 수온, 염분, 퇴적상 등이다. 따라서 이들 환경요인과 저서동물의 분포와의 관계를 아래에서 소개하겠다. 서해, 남해, 동해에서 그 동안 조사된 결과가 있어 이를 중심으로 아래에 간략히 정리하였다. 대상 해역은 지금까지 저서동물에 대한 조사가 활발히 이루어진 동경 123~130도 사이와 북위 32~37도 사이의 연안해역에 국한시켰다(그림 9-15).

해저지형

서해는 평균수심 44 m, 최대수심 100 m인 전형적인 대륙붕 지역으로 제4기 빙하기 이후 약 18,000년 전부터 해침과 해수의 유입으로 오늘날의 해수면을 형성한 비교적 짧은 역사를 가진 해역이다. 중앙부에는 수심 65~90 m의 남북으로 놓인 해곡이 있고 연안쪽으로는 조류에 의해 형성된 수심 20~40 m의 모래둑들이 북동-남서 방향으로 해안선에 비스듬하게 발달해 있다. 지금까지 주로 조사가 진행된 황해의 남동쪽인 우리나라 서해에서는 해안가와 대체로 평행하게 수심이 깊어지며 최대 등심선 깊이가 약 90 m이다(그림 9-15 a)).

남해 역시 전형적인 대륙붕 지역으로 수심이 제주해협(120 m 이상), 대한해협(200 m 이상) 지역을 제외하면 대부분 100 m 내외로 평탄하다. 서해와 마찬가지

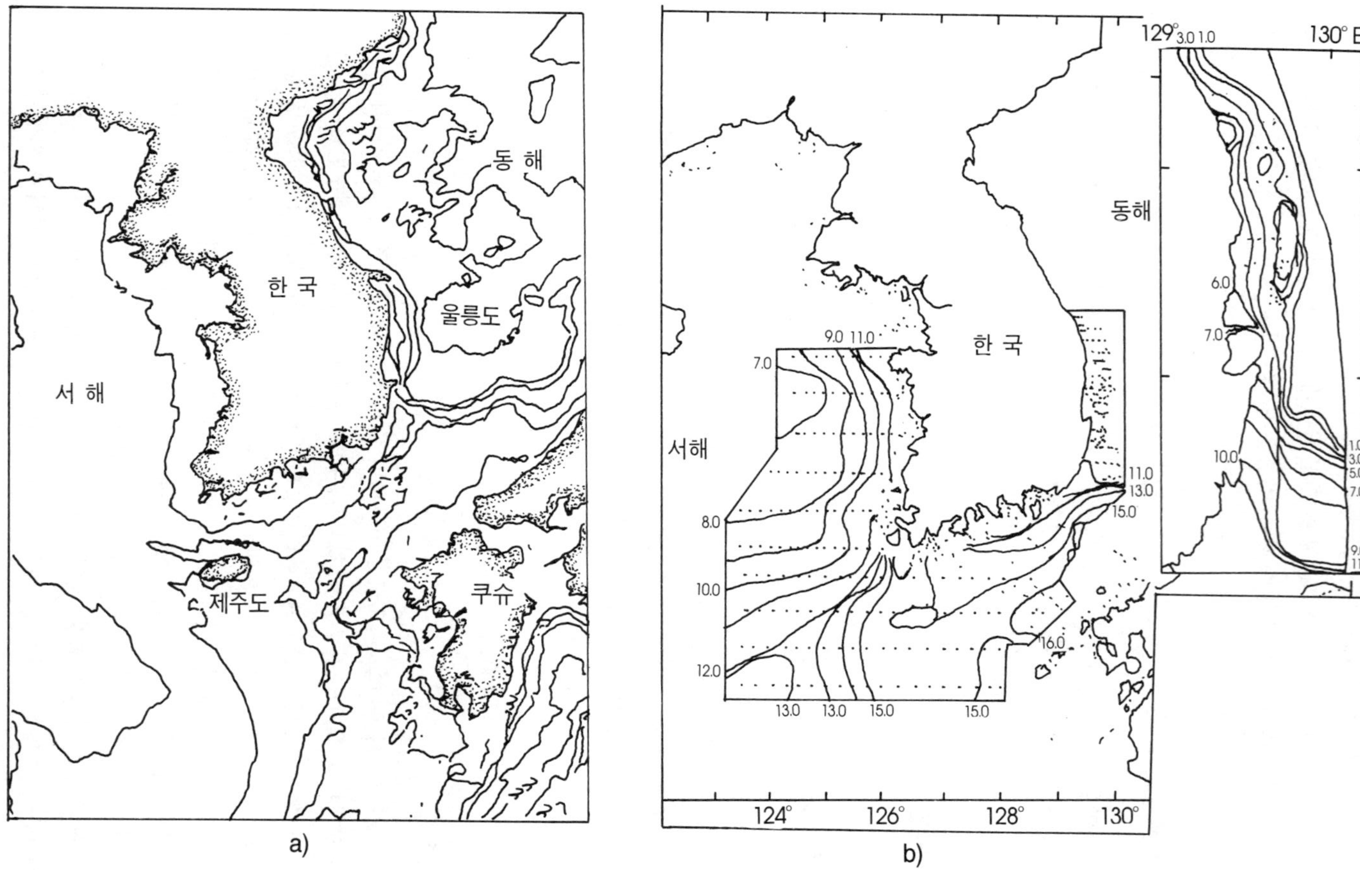

그림 9-15. 한국 주변해역의 a) 해저지형(수심), b) 저층수온(°C), c) 저층염분(‰), d) 해저퇴적상

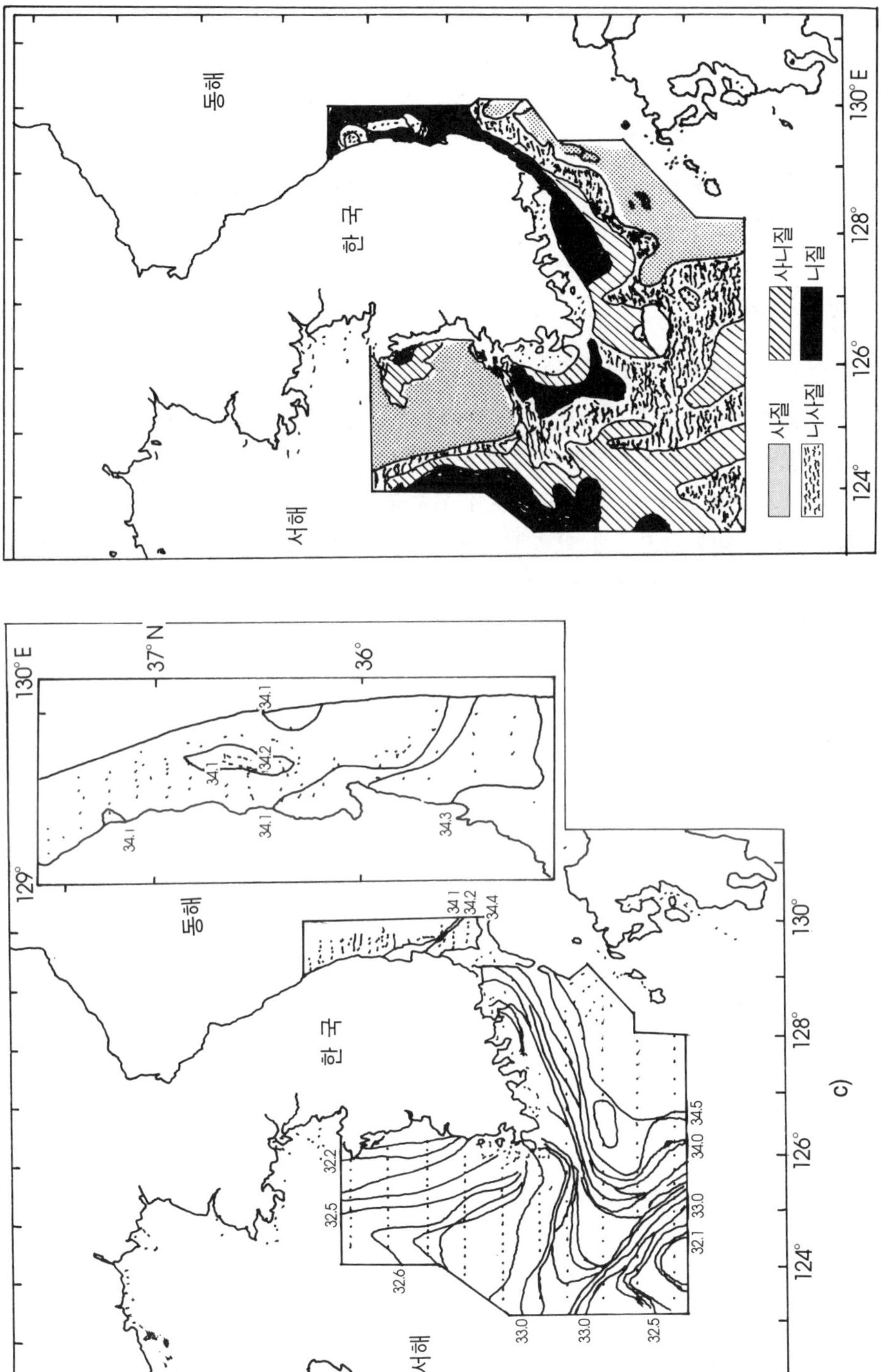

그림 9-15. (계속)

로 해안선의 굴곡은 심하나 섬이 많은 것이 특징이다.

동해는 폭 20 km 내외의 좁은 대륙붕이 발달해 있고 이어서 대륙사면, 울릉분지로 가면서 약 2,000 m까지 깊어진다. 북위 36°40′~37°10′ 사이, 연안에서 약 20 km 거리에 후포 해저뚝이 있다. 후포 해저뚝은 길이 약 120 km, 폭 약 2~5 km, 높이는 해저면으로부터 10 m에서 170 m이다. 이 해저뚝의 안쪽을 후포분지라고 한다.

저층 수온

수온은 계절에 따라 크게 변하므로 어느 계절을 기준으로 전해역을 비교하는 것이 저서생물의 분포를 수온과 연결시켜 설명하는 데 타당할 것인가를 판단하기 어렵다. 여기서는 저서생물이 오랫동안 수온에 적응하여 고유한 군집을 형성해 왔다는 사실에 초점을 맞추어 저층의 연평균 수온을 택하였다(그림 9-15 b)). 서해 해역은 황해 중부에서 약 7°C, 연안으로 향하면서 11°C로 증가한다. 등온선은 연안에서는 해안선에 대체로 평행하다. 제주 서부해역은 연평균 저층 수온이 13~15°C로 매우 높다. 남해역 역시 대부분 15°C로 전해역에서 가장 높고 대한해협을 지나 대륙붕이 끝나는 감포 해역에서 수온이 급격히 낮아진다. 감포 앞 대륙붕 해역의 저층 수온은 약 7°C이다. 동해 대륙붕에서는 북쪽으로 가면서 5°C까지 낮아진다. 대륙붕, 대륙사면을 따라 수심이 깊어질수록 급격히 낮아지며 수심 약 400 m가 되면 이미 1°C 이하로 내려간다.

요약하면 서해는 연안역에서 저층 수온이 높고 중앙부로 갈수록 낮아지며 남해는 전해역에서 서해보다 높고 동해는 연안역도 서해, 남해보다 낮을 뿐 아니라 대륙사면을 따라 수심이 깊어지면서 급격히 낮아진다고 하겠다. 황해 저층수, 구로시오 난류, 북한한류 및 동해 저층수의 특성이 어느 정도 드러나 있음을 알 수 있다.

저층 염분

황해는 중국과 한국의 여러 강으로부터 유입되는 담수로 해서 저염분인 특성을 지닌 해역이다. 반면에 남해와 동해는 상대적으로 고염분 해역이다. 서해는 저층의 연평균 염분이 33.0‰ 이하이며, 연안보다는 황해 중앙부가 그리고 남해와 가까워질수록 더 높다(그림 9-15 c)). 남해는 제주도를 중심으로 북쪽과 서쪽 해역에는 32.1~34.4‰로 염분의 분포가 매우 복잡하고 구배도 급한 반면에 남쪽과 동쪽 해역은 34.5‰ 전후로 거의 균일한 분포양상을 보였다. 동해는 모든 해역에서 34.1‰

이상 34.4% 이하의 범위를 나타내었으며, 북쪽보다는 남쪽해역이 더 높았다.

해저 퇴적상

퇴적상은 입자의 크기가 작은 뻘과 크기가 큰 모래의 함량비에 따라 니질, 사니질, 니사질, 사질퇴적상으로 나누임을 소개한 바 있다. 서해, 남해, 동해의 퇴적상을 이 기준에 따라 그림 9-15 d)에 나타내었다. 니질퇴적상은 서해의 경우 수심이 깊은 중앙부와 연안의 일부 지역에서, 남해는 연안를 따라, 동해는 대륙사면 아래쪽의 대부분 지역에서 관찰된다. 사질퇴적상은 서해에서는 서해의 북동쪽 태안반도-군산 앞 해역에 넓게 발달해 있고 남해에서는 제주의 동쪽에서 동해에 이르는 대마난류 수로에 넓게 퍼져 있다. 이는 대마난류의 빠른 유속 때문이다. 니질과 사질 퇴적상을 나타내는 위 지역의 사이에 있는 지역들은 사니질 또는 니사질 퇴적상을 보인다. 이들 사니질과 니사질 퇴적상은 대체로 연안에 평행하게 띠처럼 발달해 있다. 서해는 황해 중앙부에서 연안해역으로 갈수록 니질에서 사질퇴적상으로, 남해는 반대로 연안에 가까울수록 사질에서 니질퇴적상으로 변하며, 동해는 연안 가까운 지역의 사질퇴적상을 제외하곤 대부분 니질퇴적상을 보이는 것이 대체적인 경향이다.

4.2. 저서동물

대륙붕, 대륙사면에 서식하는 저서동물의 분포를 조사하기 위해서는 넓은 해역을 조사해야 하기 때문에 일정 규모 이상의 톤수를 가진 연구선이 필요하다. 조사를 위한 항해기간도 해역이 넓은 경우 수주일씩 걸린다. 따라서 우리나라 주변해역에 대한 연구가 충분하지는 않다. 이(1987), 최(1990), 제(1993) 등에 의한 장기적인 몇몇 연구에 의존하여 서해, 남해, 동해 대륙붕에 서식하는 생물의 분포를 아래에 소개하였다. 특히 저서동물 중 다모류, 연체동물을 중심으로 중요종의 형태를 소개하고(그림 9-16, 9-17)그 분포를 해역별로 기재하였다. 이들 동물은 서, 남, 동해 공히 우점하는 동물군이다(표 9-7). 개체수의 비율로 보아 가장 우점하는 동물군은 다모류이며 연체동물, 갑각류, 극피동물이 그 다음 중요한 동물군이다. 그러나 습중량, 건중량과 같이 무게비로 보면 극피동물, 연체동물이 우점하는 동물군으로 취급될 수 있다. 대부분의 결과가 개체수를 기준으로 조사하였기 때문에 이에 의존하여 표 9-7을 작성하였다. 갑각류에 대한 연구는 거의 없어 이들을 독립시켜 취급하지는 못하였다.

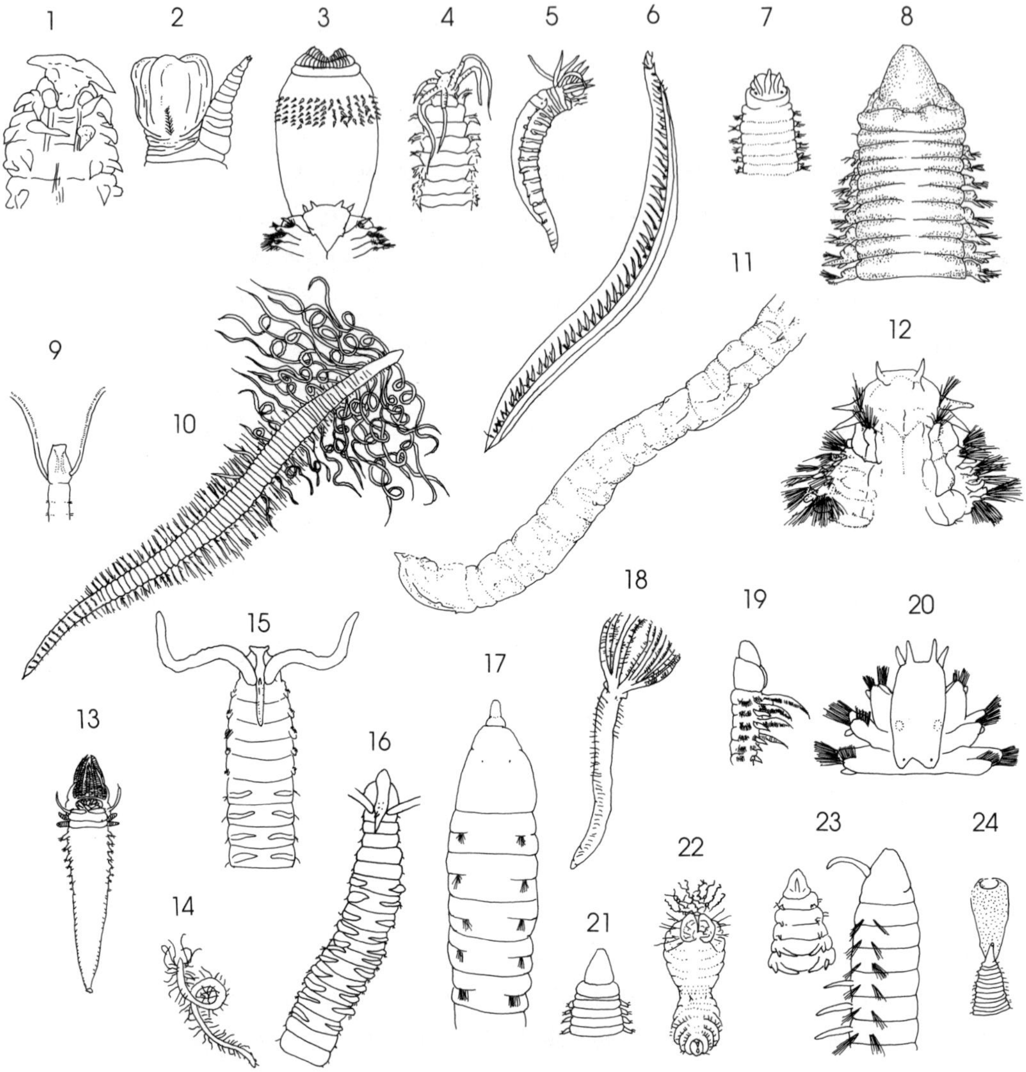

그림 9-16. 우리나라 주변 해역에 분포하는 우점다모류

1. 민얼굴갯지렁이(*Spiophanes bombyx*), 2. 작은갈매기고리갯지렁이(*Goniada maculata*), 3. 북방백금갯지렁이(*Nephtys caeca*), 4. 실집갯지렁이(*Nothria iridescens*), 5. 작은사슴갯지렁이(*Ampharete arctica*), 6. 매끈요정갯지렁이(*Ophelina acuminata*), 7. 노란솜털갯지렁이(*Cysidice collaris*), 8. 송곳갯지렁이류(*Ninoe plamata*), 9. 양손갯지렁이(*Magelona japonica*), 10. 솜털바퀴실타래갯지렁이(*Chaetozone setosa*), 11. 민숭대나무갯지렁이(*Maldane cristata*), 12. 백금갯지렁이류(*Aglaophamus malmpreni*) 13. 잎빛갯지렁이(*Lagis bocki*), 14. 실타래갯지렁이(*Tharyx* sp.), 15. 긴얼굴갯지렁이(*Polydora ciliata*), 16. 선녀얼굴갯지렁이(*Pseudopolydora kempi*), 17. 버들갯지렁이(*Mediomastus* sp.), 18. 빛꽃갯지렁이(*Chone* sp.), 19. 모자예쁜얼굴갯지렁이(*Paraprionospio pinnata*), 20. 남방백금갯지렁이(*Nephtys polybranchia*), 21. 긴잎송곳갯지렁이(*Lumbrineris longifolia*), 22. 오뚜기갯지렁이(*Sternaspis scutata*), 23. *Aricidea jeffreysii*, 24. 고리갯지렁이(*Glycinde* sp.)

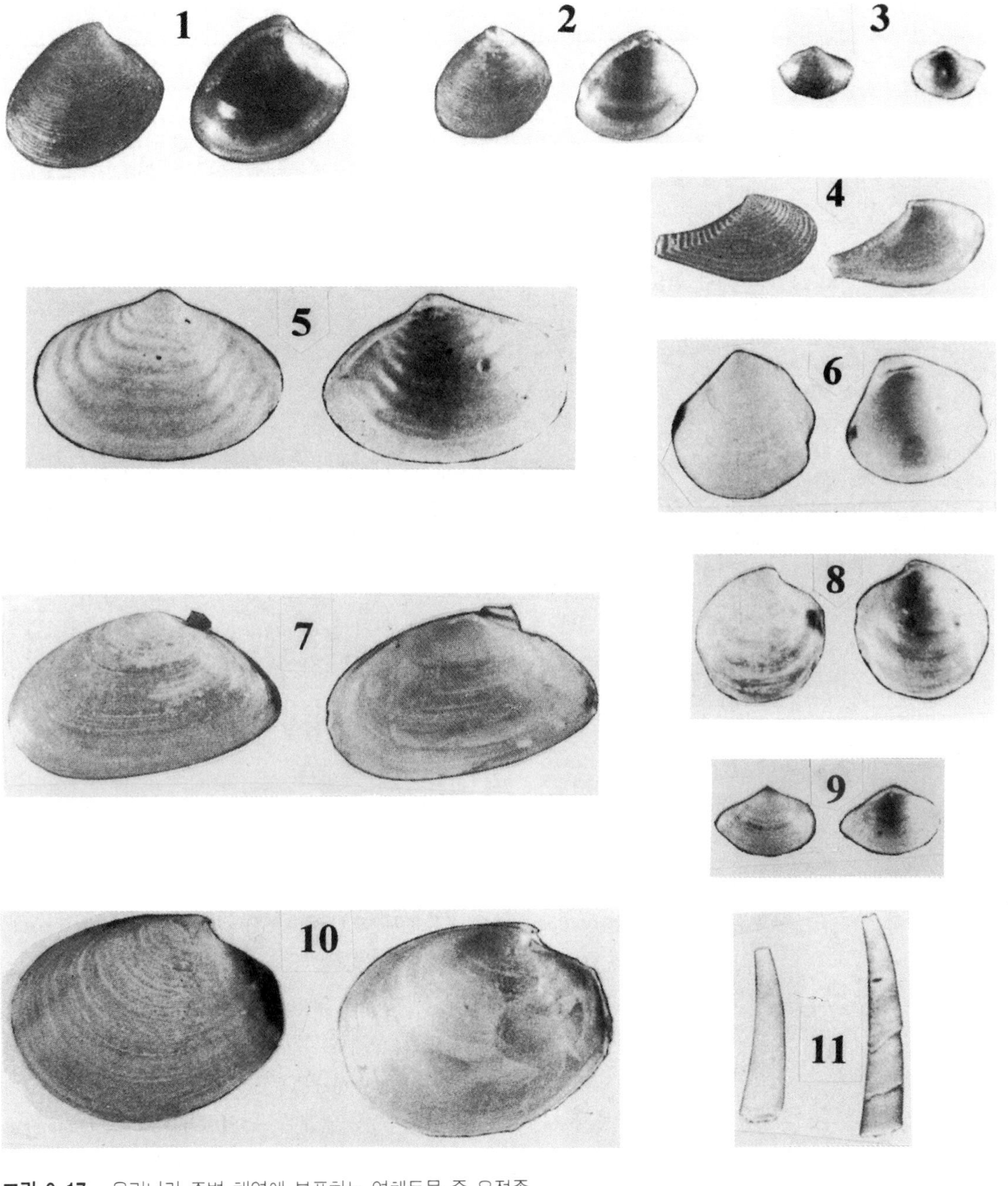

그림 9-17. 우리나라 주변 해역에 분포하는 연체동물 중 우점종

1. *Nucula tokyoensis* 2. *Nucula paulula* 3. *Portlandia toyamaesis* 4. *Nuculana yokoyamai* 5. *Raeta pulchella* 6. *Thyasira tokunagai* 7. *Nitidotellina nitidula* 8. *Axirulus croulinensis* 9. *Leptomya munuta* 10. *Periploma otohimeae* 11. *Compressidens kikuchii*

표 9-7. 한국해역에 서식하는 저서동물의 총 출현개체수 대 동물군별 비율(%)

동 물 군	서 해	남 해	동 해
연체동물	28.5	10.4	10.4
다모류	39.7	62.1	57.5
갑각류	22.2	22.9	5.1
극피동물	7.6	2.5	23.8
기타 동물군	2.9	2.1	1.4

서 해

다모류, 이매패류, 극피동물이 개체수나 생물량에 있어서 높은 값을 차지하고 있음을 알 수 있다(표 9-7). 지역적으로 6개의 저서동물 군집이 분포하는 것으로 나타났다(그림 9-18). 즉, (1) 금강하구역과 태암반도 주변의 연안해역에 위치한 *Amphioplus-Sternaspis* 군집, (2) 이 외곽의 사질퇴적상에 위치한 *Nephtys-Yoldia* 군집, (3) 35°N 이북의 황해 냉수괴에 위치한 *Ophiura-Nothria* 군집, (4) 35°N 이남의 냉수괴에 위치한 *Ophiura-Luidia* 군집, (5) 목포 연안역의 *Amphioplus* 군집, (6) 제주도 서쪽에 위치한 Luidia-Ophiura 군집 등이 있다.

다모류

다모류의 분포는 이재학(1987)에 의해 종합되었다. 다모류 분포의 특징을 보면 다음과 같다. 총 141종이 동정되었다. 다모류 중에서 개체수가 가장 많았던 종은 민얼굴갯지렁이(*Spiophanes bomyx*), 작은갈매기고리갯지렁이(*Goniada maculata*), 북방백금갯지렁이(*Nepthys caeca*), 작은사슴갯지렁이(*Ampharete arctica*) 등이다. 중요 우점종의 형태를 그림 9-16에 게제하였다.

다모류의 분포양상과 각종의 출현 개체수에 영향을 미치는 환경요인의 중요도를 1982년과 1983년의 여름철에 출현한 우점종 42종을 대상으로 집괴분석과 다중회귀분석을 하여 그 결과를 그림 9-19에 나타내었다. 크게 2개의 지역군과 3개의 동물군으로 구분되었는데, 서해의 북동지역에는 민얼굴갯지렁이(*Spiophanes bombyx*)와 북방백금갯지렁이(*Nephtys caeca*)가 우점종으로 나타났고 평균 서식밀도는 309개체 · m^{-2}였다. 서해의 남서부 해역에는 실집갯지렁이(*Nothria iridescens*)와 작은사슴갯지렁이(*Ampharete arctica*)가 우점하였고 평균 서식밀도는 114개체 · m^{-2}였다. 다모류의 종조성과 지역적인 분포에 영향을 미치는 환경요인

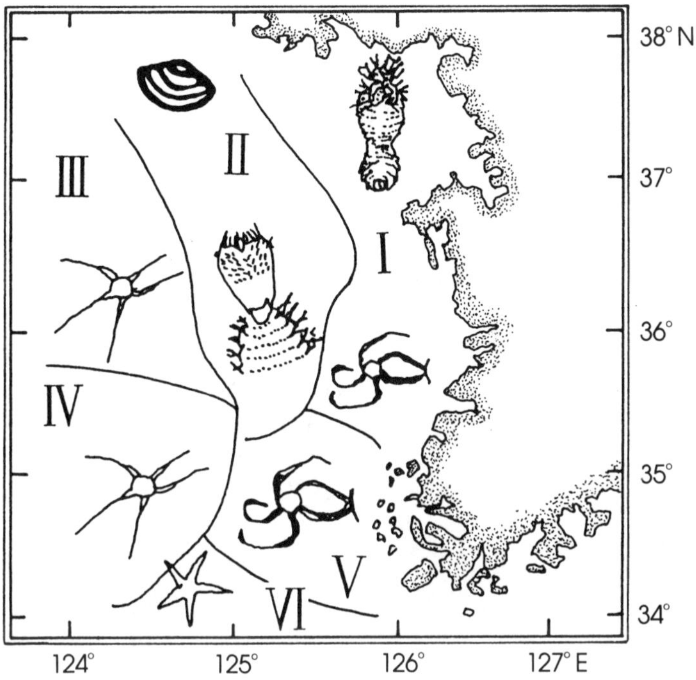

그림 9-18.
서해의 저서동물 분포
Ⅰ: *Amphioplus-Sternaspis* 군집.
Ⅱ: *Nephtys-Yoldia* 군집.
Ⅲ: *Ophiura-Nothria* 군집.
Ⅳ: *Ophiura-Luidia* 군집.
Ⅴ: *Amphioplus* 군집.
Ⅵ: *Luidia-Ophiura* 군집

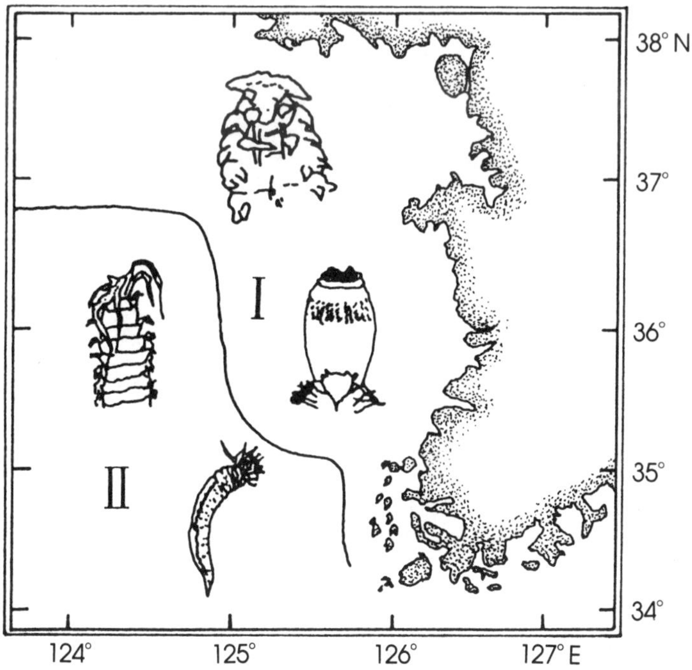

그림 9-19.
서해의 다모류 분포
Ⅰ: *Spiophanes-Nephtys* 군집.
Ⅱ: *Nothria-Ampharete* 군집

표 9-8. 해역별로 우점하는 다모류와 연체동물의 종류

해 역	서 해		남 해		동 해	
출현도(%)	개체수	출현빈도	개체수	출현빈도	개체수	출현빈도
다모류						
Spiophanes bombyx	9.5	28				
Goniada macuiata	8.0	46				
Nephtys caeca	7.7	33				
Nothria iridescens	6.0	37				
Ampharete artica	6.8	49	14.8	76	4.7	48
Ophelina acuminata			6.6	61		
Lysidice collaris			9.1	48		
Ninoe palmata			8.2	83		
Megalona pacifica					9.6	8
Chaetozone setose					9.6	42
Maldane cristata					5.5	32
Aglaophalmus malmgrenii				5.0	57	
연체동물						
Thyasira tokunagai	27	61				
Raeta pulchella	19	43	26	20		
Nuculana yokoyamal	10	23				
Nucula paulula	10	52				
Nitidotellina nitidula	7	31				
Nucula tokyoensis			10	17		
Leptomya minuta			7	18		
Periploma otohimeae			7	25		
Portlandia toyamaensis					43	49
Compessidens kikuchii					8	31
Axinulus croulinensis					6	12
Modiolus margaritaceus				6	8	

으로는 퇴적상, 특히 퇴적물 입도조성이 가장 주된 요인으로 나타났고 그 다음으로 수온, 조차, 용존산소, 탁도 등이 촉진요인인 것으로 해석되었다.

연체동물

총 77개 정점에서 채집한 결과 총 69종을 동정할 수 있었다. 종수에 있어서 이

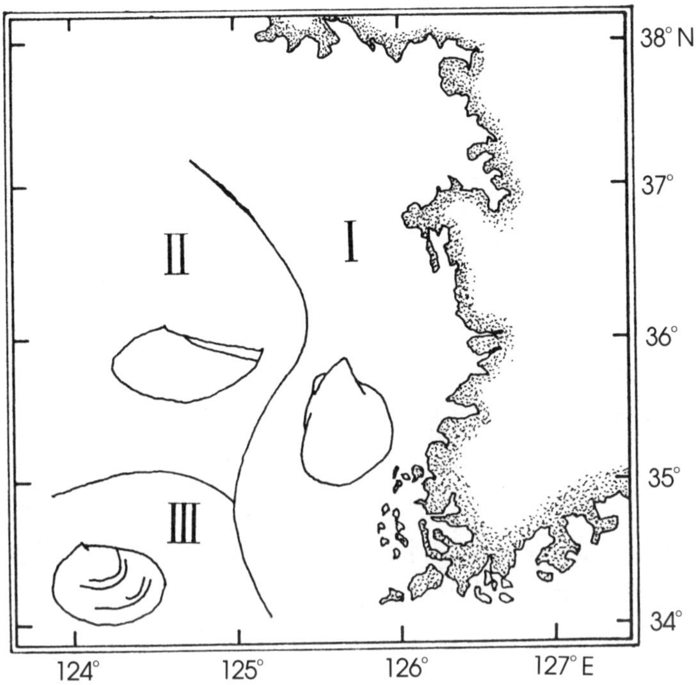

그림 9-20.
서해의 연체동물 분포
Ⅰ: *Thyasira* 군집,
Ⅱ: *Nuculana* 군집,
Ⅲ: *Raeta* 군집

매패류가 약 70%를 차지하며 복족류가 약 30%를 차지한다. 개체수는 이매패류가 약 95%를 차지하여 연성저질의 연체동물은 대부분이 이매패류임을 알 수 있다. 주요 우점종은 *Thyasira tokunagai*, *Nucula pulchella*, *Raeta pulchella*, *Nitidotellina nitidula*, *Nuculana yokouamai* 등 5종이다. 채집된 총 개체의 수가 10개 이상이 되는 종의 종류를 표 9-8에 실었다. 이들 종의 형태는 그림 9-17에서 보여 주는 바와 같다. 연체동물의 서식종류와 서식밀도가 해역별로 어느 정도 유사한지를 통계적으로 검증하여 군집으로 분류하고 이를 그림으로 나타내었다(그림 9-20). 연안역과 외해역이 구분되고 또 각 해역은 몇 개의 소 그룹으로 나누임을 알 수 있다.

남 해

1990년 7월에 채집된 남해의 저서동물은 다모류가 우점하는 동물군이며 갑각류와 연체동물도 주요 우점 동물군으로 나타났다(표 9-7). 황해와 비교하면 다모류의 비중이 커졌고, 반면에 연체동물의 비중이 낮아졌다. 다모류의 경우 우점종을 제외한 사항에 대해서는 아직 자세한 분석이 이루어지지 않았다.

다모류

총 46개 과가 출현하였고 가장 많은 개체수를 보인 과는 사슴갯지렁이과(Fam. Ampharetidae)로서 전체의 14.8%를 점하였다. 그 외의 주요 우점 과로서는 털집갯질렁이과(Fam. Eunicidae), 송곳갯지렁이과(Fam. Lumbrineridae), 대나무갯지렁이과(Fam. Maldanidae), 석회관갯지렁이과(Fam. Serpulidae), 요정갯지렁이과(Fam. Ophelidae) 등이었다. 우점 4개 종은 표 9-8에서 보는 바와 같이 작은사슴갯지렁이(*Ampharete arctica*), 노란솜털갯지렁이(*Lysidice collaris*), 송곳갯지렁이류(*Ninoe palmata*), 매끈요정갯지렁이(*Ophelina acuminata*) 등이다. 이들의 분포는 제주도를 중심으로 매끈요정갯지렁이와 *Ninoe palmata*는 북동쪽의 남해안 니질 퇴적상에서, 작은사슴갯지렁이는 제주도 북서쪽과 남서 외해역에서, 노란솜털갯지렁이는 북쪽과 남서해역에서 대량으로 출현하였다(그림 21). 작은사슴갯지렁이는 서관을 만들고 팔을 사용하여 표층 퇴적물을 취하는 퇴적물식자이고, 노란솜털갯지렁이도 서관을 만들지만 육식자이다. *N. palmata*와 매끈요정갯지렁이는 퇴적물 속에 파고 들어가 그곳의 퇴적물을 먹이로 취하는 표층하 퇴적물식자이다.

연체동물

총 97종이 동정되었고 이 중 복족류는 10%에 불과하고 85%가 이매패류이다. 개체수는 이매패류가 93%를 차지하였다. 채집된 개체의 수가 10개체 이상 되는 12종을 표 9-8에 실었다. 이들 종의 형태는 그림 9-17에서 보여 주는 바와 같다. *Raeta pulchella*, *Nucula tokyoensis*, *Leptomya minuta*, *Periploma otohimeae* 등이 우점종이다. 제주 서쪽을 경계로 동, 서 해역에서 서로 다른 연체동물이 우점하고 있음을 알 수 있다(그림 9-22). 이러한 구분은 일차적으로 대마난류역과 그렇치 않은 해역으로 나누어진다. 고온고염이면서 유속이 빠른 이 해류는 다른 수괴와 마주치면서 수온과 염분의 구배를 형성하게 하고 퇴적물의 입자 구성에도 작용할 수 있다. 대마난류역의 연체동물상은 다른 지역의 것보다 빈약하다.

동 해

전체 저서동물 중 면적당 개체수가 가장 많은 동물은 다모류로서 약 57%를 차지한다. 거미불가사리 24%, 연체동물 8%이다. 물론 이 비율은 채집방법에 따라 달라질 수 있다. 거미불가사리나 연체동물은 몸체가 크고 서식밀도가 낮기 때문에 위 조사에서 사용한 채니기로는 채집 면적이 0.1m^{2}에 불과하여 채집이 적절하

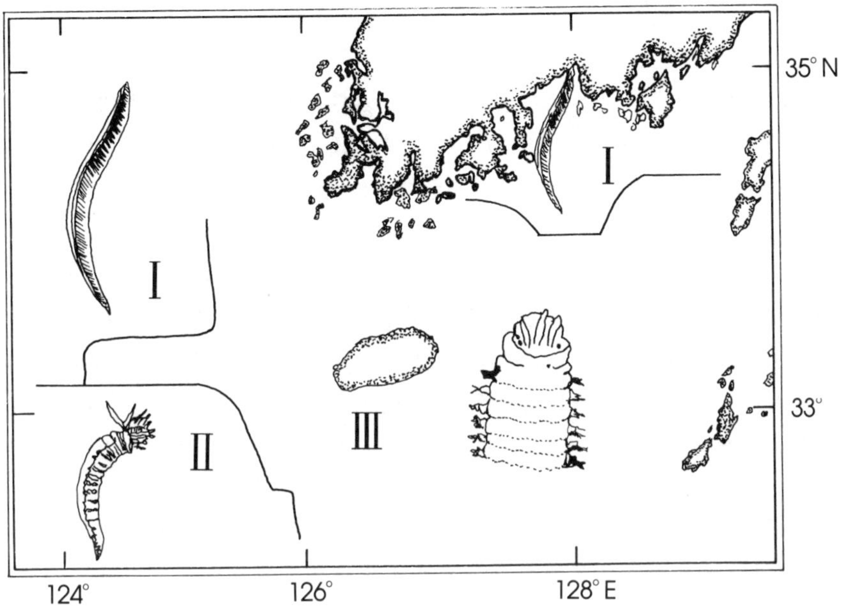

그림 9-21.
남해의 다모류 분포
Ⅰ: *Ophelina* 군집.
Ⅱ: *Ampharete* 군집.
Ⅲ: *Lysidice* 군집

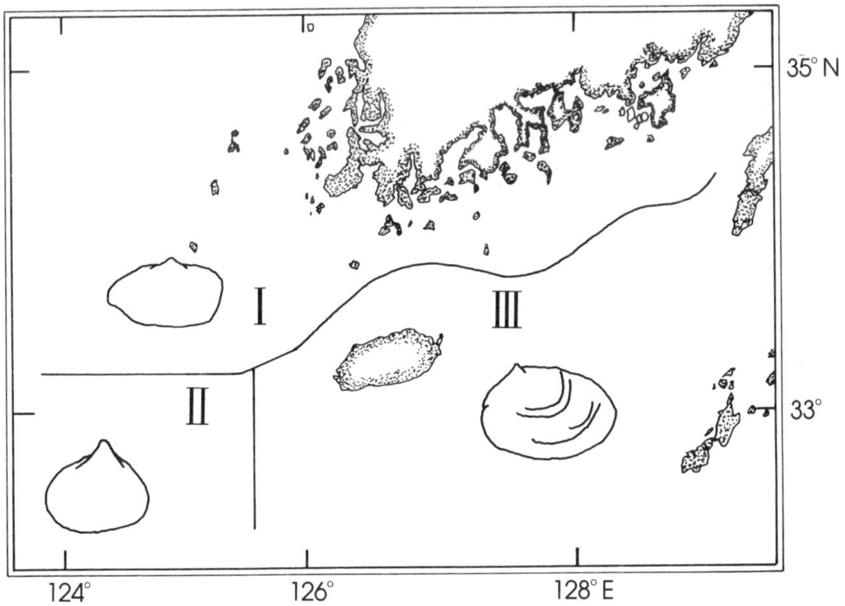

그림 9-22.
남해의 연체동물 분포
Ⅰ: *Mactra* 군집.
Ⅱ: *Abra* 군집.
Ⅲ: *Raeta* 군집

게 되지 않기 때문이다. 그러나 위의 동물군 조성 비율은 연성저질에서 관찰되는 일반적인 경향과 대체로 일치한다.

다모류

다모류 중 우점하는 종은 양손갯지렁이(*Magelona pacifica*), 솜털바퀴실타래갯지렁이(*Chaetozone setosa*)로 전체 개체수의 약 10%를 차지하였다. 민숭대나무갯지렁이(*Maldane cristata*), 납작백금갯지렁이(*Aglaophamus malmgreni*), 작은사슴갯지렁이(*Ampharete artica*) 등도 개체수가 약 5%에 이른다. 이들 종의 서식방법은 관을 만들어 그 속에 살거나 퇴적물 속에서 돌아다니며 다른 동물을 잡아먹는 등 종에 따라 다르다. 또 그 분포도 북에서 남으로, 대륙붕, 대륙사면의 서로 다른 깊이에서 출현하고, 서식장소의 퇴적상도 니질에서 니사질까지 다양하여 우점종의 분포를 환경과 연결시켜 해석하기는 어렵다. 그러나 동해는 서식하는 다모류의 종류와 서식밀도에 따라 몇 개의 지역으로 나눌 수 있음을 그림 9-23은 보여준다.

이러한 다모류 군집의 분포는 후포뱅크, 후포분지, 대륙사면, 부산에서 감포에 이르는 좁은 내대륙붕, 이 지역의 외대륙붕의 구별은 동해에 출현한 모든 다모류를 대상으로 출현한 종의 종류와 각 종의 서식밀도, 출현장소가 유사한 정도에 의한 것이다. 각 지역을 대표하는 종들에 의해 위에서 구별한 지역들을 이름지었다(그림 9-23). 최(1990)는 동해에서 다모류의 분포는 수심과 상관관계가 높다고 하였다. 따라서 대륙붕, 대륙사면에서도 수심에 따른 분포대가 구별된다고 하겠다. 그러나 수심에 따라 왜 분포가 달라지는가에 대한 대답은 수온에서 찾아야 할 것이다. 수심 자체는 생리적으로 영향을 주는 환경이 아니기 때문이다. 단지 수심변화는 수온과 먹이공급량에 차이를 주기 때문에 하나의 포괄적인 변수로서 취급될 수는 있다.

연체동물

연체동물은 76종으로 이매패류가 65%, 복족류가 25%를 차지하며 굴족류가 무려 5%를 차지한다. 종조성에 있어서 앞의 두 해역보다 이매패류의 비중이 낮다. 그러나 이매패류는 채집된 전체 개체수의 80% 이상이다. 우점종은 *Portlandia toyamaensis*, 굴족류인 *Compressidens kikuchii* 등이다. 출현 연체동물의 종조성에 따라 군집을 나누러 보면 북위 35.4° 주변을 경계로 해서 남북으로 군집이 나누임을 알 수 있다(그림 9-24). 북쪽의 저층은 니질퇴적상을 이루고 있으며 상대적으로 수온이 낮다. 이곳에서는 *P. toyamaensis*가 우점한다. 연안을 따라 남북으로 길게 펼쳐진 북쪽 군집은 경우에 따라 수심을 경계로 길게 나눌 수 있

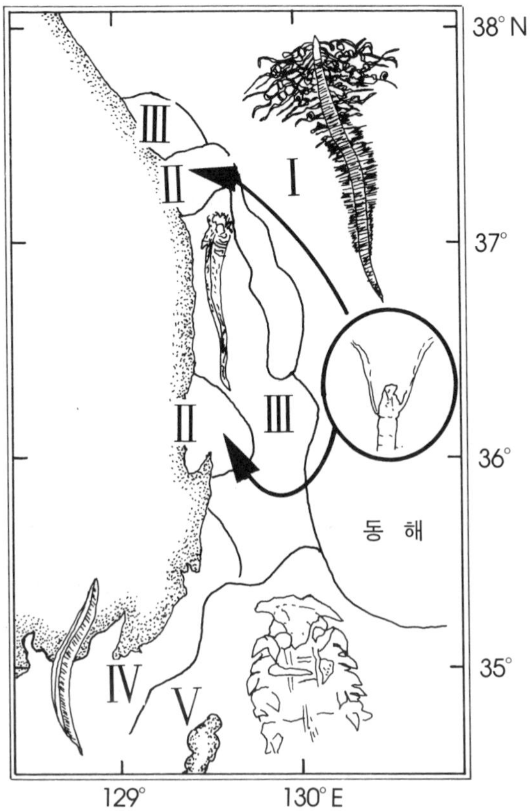

그림 9-23. 동해의 다모류 분포
Ⅰ: *Chaetozone* 군집, Ⅱ: *Magelona* 군집,
Ⅲ: *Terebellides* 군집, Ⅳ: *Ophelina* 군집,
Ⅴ: *Spiophanes* 군집

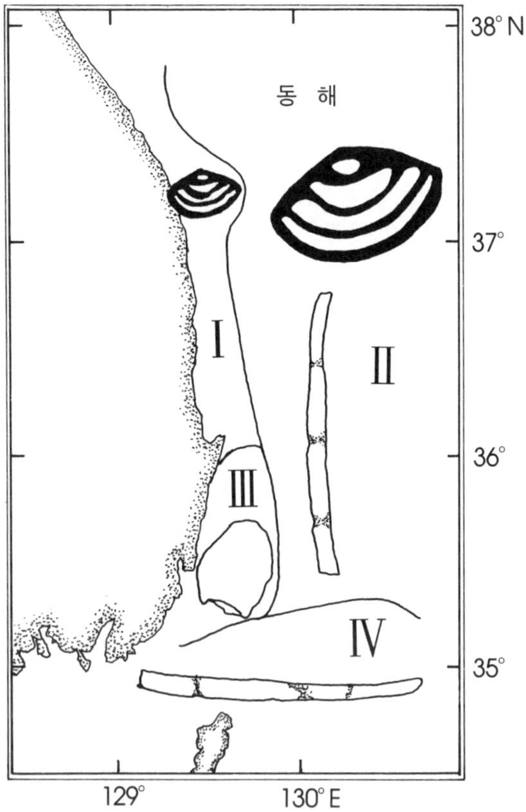

그림 9-24. 동해의 연체동물 분포
Ⅰ: *Portlandia* 군집, Ⅱ: *Portlandia-Compressidens* 군집, Ⅲ: *Acila* 군집,
Ⅳ: *Fissidentalium* 군집

다. 우점종들의 섭식형태는 대부분 표층 퇴적물식자이다. 수심에 따른 종조성에 변화가 있기 때문이다. 한편 남쪽은 평균적으로 퇴적물의 모래 함량이 60% 이상이며 수온이 평균 2°C 이상 높다. 남쪽의 군집에서는 퇴적물에 조사를 박고 사는 털담치류의 일종인 *Modiolus margaritaceus*가 우점한다. *M. margaritaceus*는 부유물식자이며, 그 외 우점종의 일부는 선택성 잡식자이다.

거미불가사리

거미불가사리의 분포 역시 수심에 따라 차이를 보인다(Koh & Shin, 1993). 거미불가사리는 동해의 대륙붕 해역에서 10종만이 동정되었으나 서식밀도는 매우 높다. *Amphiodia craterodometa*, *Amphioplus macrspis*, *Ophiura leptotenia*, *Ophiura sarsi*가 전체 출현 개체수의 98%를 차지하였다(표 9-9). 이들 종의 분포가 대륙붕, 대륙사면으로 가면서 달라짐을 알 수 있다. 대륙붕에서는 *Amphiodia craterodometa*가 우점하고 대륙사면의 상부 200~300 m 수심에서는 이 종의 서식 밀도가 감소하는 대신 *Ophiur leptotenia*가 증가하며 300 m보다 깊어지면 *Ophiura leptotenia*가 우점한다. 이들 종의 수심에 따른 분포를 그림 9-25에 실었다. 동해에서 특별히 수심에 따라 다모류, 또는 거미불가사리류가 달라지는 이유는 대륙사면이 발달해 있어 수심히 급격히 깊어지고 이에 따라 수온이 낮아지기 때문이다.

표 9-9. 동해의 대륙붕-대륙사면에 서식하는 거미불가사리의 종류와 수심에 따른 평방미터당 개체수(*n*: 조사정점수)(Shin and Koh, 1993)

Depth (m)	Species				Total mean (ind. m^{-2})
	Amphiodia craterodometa	*Amphioplus macraspis*	*Ophiura leptoctenia*	*Ophiura sarsi*	
43—100	261(±354)	27(±31)	0	24(±26)	312(±364)
(*n*=9)	(8)	(6)	(0)	(7)	
101—150	128(±147)	19(±20)	14(±24)	23(±25)	188(±168)
(*n*=32)	(26)	(24)	(16)	(24)	
151—200	78(±62)	17(±14)	21(±19)	34(±28)	155(±83)
(*n*=15)	(13)	(12)	(9)	(14)	
201—250	61(±66)	17(±18)	68(±59)	479(±27)	195(±89)
(*n*=22)	(18)	(14)	(18)	(20)	
251—300	14(±14)	24(±20)	76(±90)	39(±40)	153(±92)
(*n*=10)	(6)	(10)	(9)	(8)	
301—400	3(±5)	18(±22)	75(±58)	17(±16)	114(±82)
(*n*=11)	(3)	(8)	(10)	(8)	
401—500	0	9(±9)	66(±46)	109(±6)	85(±49)
(*n*=11)	(0)	(7)	(10)	(9)	
501—700	0	5(±14)	41(±32)	3(±4)	59(±30)
(*n*=5)	(0)	(4)	(4)	(2)	
701—1,000	0	0	16(±27)	0	19(±29)
(*n*=5)	(0)	(0)	(2)	(0)	
1,000—2,000	0	0	49(±61)	1(±2)	52(±65)
(*n*=5)	(0)	(0)	(2)	(1)	

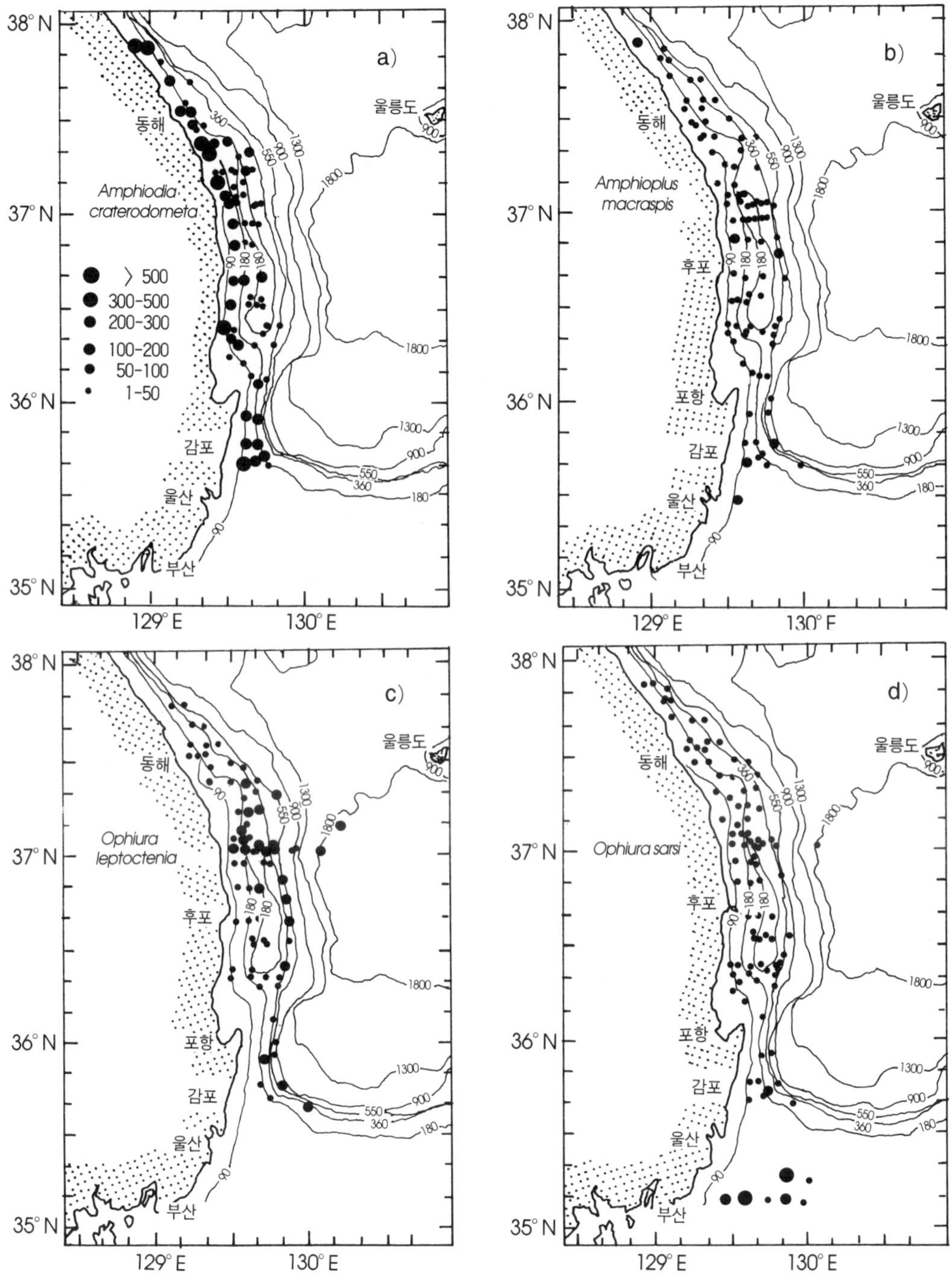

그림 9-25. 동해의 수심에 따른 거미불가사리의 분포. a) *Amphiodia craterodometa*. b) *Amphioplus macraspis*. c) *Ophiura leptoctenia*. d) *Ophiura sarsi*

분포와 환경과의 관계

다모류

한국 연안 조하대에 서식하는 다모류의 대표적인 우점종은 동해에는 양손갯지렁이(*Magelona japonica*), 남해에는 작은사슴갯지렁이(*Ampharete arctica*), 서해에는 민얼굴갯지렁이(*Spiophanes bombyx*) 등임을 표 9-8에서 알 수 있다. 다모류의 경우 각 해역별로 우점종이 거의 중복되지 않고 매우 뚜렷하게 구분됨을 보였다. 이와 같이 우점종의 분포가 해역별로 서로 다른 것은 이들이 서식하는 각 해역의 퇴적상이 다를 뿐만 아니라 이들은 수괴와 해류가 서로 다른 해양환경하에 놓여있기 때문인 것이다. 따라서 조류가 빠르고 사질퇴적상이 우세한 서해에서는 활동성이 강한 육식자인 작은갈매기고리갯지렁이(*Goniada maculata*)와 북방백금갯지렁이(*Nephtys caeca*), 몸체가 작고 여과식성과 표층 퇴적물식성을 동시에 가지는 종인 민얼굴갯지렁이(*Spiophanes bombyx*)가 우점하고, 사질퇴적상이 우세하지만 다소 수심이 깊고 세립질 퇴적물이 공급되고 있는 남해에서는 전형적인 표층퇴적물식자인 작은사슴갯지렁이(*Ampharete arctica*)와 퇴적물식자인 송곳갯지렁이류(*Ninoe palmata*)가 우점하게 된다.

반면에 수심이 깊고 니질퇴적물이 우세한 동해에서는 몸체가 작고 표층 퇴적물식자인 솜털바퀴실타래갯지렁이(*Chaetozone setosa*)가, 천해지역에서는 양손갯지렁이(*Magelona japonica*)가 우점하고 있다. 동해와 서해의 다모류 종조성을 비교하면 서로 상당히 다름을 보였고, 생물지리학적 분포형에 있어서도 동해에서 한대성 종들의 비중이 높아 수심과 수온에 따른 차이를 뚜렷히 반영하고 있다. 한편 동해의 경우 대마난류가 북상하는 북방한계로서 37°30′N인 감포 앞 부근에서 다모류 군집이 남북으로 구분된다.

연체동물

한국 연안 조하대에 서식하는 연체동물 중 가장 우점하는 종은 *Thyasira tokunagai*(서해), *Raeta pulchella*(남해), *Portlandia toyamaensis*(동해)임을 알 수 있다(표 9-8). 그러나 이들 종 중 남해에 우점하는 *Raeta pulchella*는 서해에서도 우점한다. 남해에서 우점하는 여러 종 중에는 서해에서도 다수 서식한다. 그러나 그 해역이 제주도의 서쪽 해역이거나 남해 연안역임을 알 수 있다. 따라서 서해의 남부에 남해와 이어지는 곳은 해역이 다르다 하여 일방적으로 다르게 취급할 수는 없다. 그럼에도 불구하고 두 해역이 서로 인접한 곳에서조차 서로 상반되니 종조성을 나타내는 지역이 여러 곳 있다. 이러한 점은 해역이 서로 맞대어져 있어 동일한 해역과 마찬가지로 취급될 수 있지만 두 해역의 경계면에 저층 환경요인 큰 차이로 말미암아 경사가 급한 구배가 존재하여 완전히 동일한 군집으로 판단하기에도 무리가 있다. 이 문제는 뒤에 나오는 저서동물의 분포 고찰에서 보다 상세히 설명할 것이다. 한편 동해와 남해 사이에도 이와 유사한 구배가 있어 경계가 되고 있으며, 특히 북위 35.4도 북쪽 해역은 남해 또는 서해 군집과 완전히 다른 독립적인 군집이 있다. 연체동물의 군집에 따른 해역의 구획과 환경이 서로 어떤 연관성을 갖는가를 검토하는 것은 현재의 연구결과만으로는 매우 어렵다. 우리나라 전해역을 대상으로 환경과 군집을 연결시켜 해석할 만큼 조사가 충분히 이루어지지 못했기 때문이다.

환경과의 관계

한반도 주변 해역은 다양한 수괴가 존재하므로 해서 복잡한 해양환경을 형성하고 있어 저서생물이 서식할 수 있는 서식지의 다양성이 매우 높다. 황해는 수심이 낮고 강하구가 많아 담수의 유입량이 매우 크기 때문에 낮은 염분을 유지하고 있다. 저층에는 항시 10도 주변의 냉수괴가 위치하고 있어 저층에서는 연중 낮은 수온을 나타낸다. 저층의 퇴적상도 금강하구 주변에 넓게 펼쳐진 모래질과 황해 중앙부의 니질퇴적상이 뚜렷히 대별된다. 한편 남해는 본류가 제주도의 남쪽에서 동쪽으로 통과하는 대마난류의 영향을 강하게 받는다. 대마난류는 열대에서 발원한 해류의 지류로서 고온고염의 특성을 갖는다. 또한 수층 전체에서 빠른 유속을 유지하므로 이 해의 본류가 지나는 해역 저층의 퇴적상은 주변의 해역과 비교해서 조립질이다. 남해의 남서 해역은 동지나해와 맞다어 있으며 양자강 희석수의 영향으로 저염분을 나타낸다. 그리고 남해 연안은 대마난류역에 비해 저수온이다. 동해 역시 두 해역과 마찬가지로 독특한 저서환경을 가지고 있다. 동해는 수심이 깊고 저층에는 저온고염의 동해 고유수가 있어 수심 300 m 정도만 깊어져도 수온이 1°C 이하로 떨어진다. 울산 앞 해역 동해 중앙부로 급경사를 이루고 있으며 수심이 일부 지역을 제외하고는 모두 니질퇴적상이다.

위와 같은 해역간의 뚜렷한 저서환경의 차이는 저서생물의 분포에 절대적인 영향을 미치는 것 같다. 다모류와 연체동물의 주요 출현 종 조성을 보면 해역 사이에 중복되는 종이 거의 없다. 서해와 남해와 중복되는 종이 있으나 이는 서해의 남부와 남해의 서북부의 이어진 해역에서 나타난 종이고, 대마난류가 저층에 까지 지나는 해역과 서해를 비교하면 전혀 중복되지 않는다. 서와 남해와는 염분과 수온에서, 남해와 동해와는 수온과 수심에서 구배가 뚜렷하다. 이러한 구배는 유생의 이동에 생태적인 장벽이 될 수 있으며 상호 종 또는 개체간의 교류가 제한될 수 있다. 그래서 상호 저서군집 사이에 격리현상이 생기게 된다. 즉, 대마난류가 동해와 서해의 대륙붕 저서군집간에 교류를 막고 있는 장애요인이 되는 셈이다. 이러한 생태장벽으로 해서 각 해역마다 특징적인 저서군집의 존재를 유추할 수 있다. 서해, 동해, 남해에 서로 다른 군집이 존재한다. 각 해역별로 보면 서해에는 서해 중부 연안역의 모래군집과 황해 중앙부의 니질군집으로 대별되고, 남해는 대마난류의 본류가 지나는 지역과 그 외의 남해안 연안지역 그리고 양자강 희석수 영향역으로 구분된다. 또한 동해는 동해 남부 모래군집과 그 북쪽의 니질군집으로 대별되고 니질군집은 다시 수심에 따라 차이를 보인다. 해역들 사이에는 자연 두 해역 사이에는 점이역이 있을 수 있다. 점이역은 일반적으로 두 해역의 생물학적인 특성을 공유하기 때문에 생물이 다양하지만 서해와 남해의 경계에 있는 곳에는 그러하지 못하다. 두 해역의 환경특성의 차이가 크고 구배가 형성되는 지역이 계절에 따라 어느 정도 이동이 되므로 안정적인 서식환경이 되지 못하기 때문일 것이다.

저서동물의 지리적인 분포특성을 살펴보면 서해와 남해는 온대종들이 우점하는데 반해 동해에서는 한류의 영향을 받는 북방해역 종들이 우점한다. 앞으로 많은 해결해야 할 많은 연구과제를 안고 있지만, 서해와 남해는 서로 인접하고 동일한 지리적인 특성을 가진 종들이 우점하지만 서로 상이한 점도 상당하다. 수온과 염분의 커다란 차이, 특히 연중 저온을 유지하는 황해 저층 냉수괴 등으로 해서 황해에 서식하는 저서생물들은 종에 따라 오랫동안 황해에서 고립되었을 것이라는 추측이 가능하다. 따라서 우리나라 주변 해역에 서식하는 저서동물들의 해역별 종조성과 그들의 생활사, 우점종들의 해역별 변이 등을 추적하면 저서생물의 분포와 환경과의 관계를 쉽게 풀 수 있을 것이다.

5. 내만해역

내만해역 역시 우리나라를 중심으로 소개하고자 한다. 우리나라 주변 내만해역의 저서동물에 대한 조사는 외해역에 비해 일찍부터 시작되어 비교적 많은 편이다. 서해의 경기만, 남해의 광양만과 진해만, 동해의 영일만을 선정하여 각 해역에서의 저서동물 군집의 분포특징을 기술하였다.

5.1. 서해 경기만

서해 경기만의 저서동물에 대한 조사는 Shin *et al.*(1989)에 의해 조간대 및 저하대 지역에서 수행되었다. 계절별로 수행된 조사에서 총 87종의 저서동물이 출현하였고, 평균 서식밀도는 550개체/m²였다. 조간대의 우점종으로는 이매패류인 개량조개(*Mactra chinensis*), 고둥류의 *Hinia festiva*, 다모류의 백금갯지렁이류(*Nephtys californiensis*)였고, 조하대의 우점종은 주로 다모류로서 실타래갯지렁이류(*Tharyx* sp.), 버들갯지렁이류(*Mediomastus* sp.), 오뚜기갯지렁이(*Sternaspis scutata*), 남방백금갯지렁이(*Nephtys polybranchia*)였다. 지역적으로는 4개의 저서동물 군집이 분포하였는데, 영종도와 인천 사이의 강화수로의 조하대에서는 *Mediomastus-Tharyx* 군집이, 수로 주변의 천해역 조하대에서는 *Harpiniopsis-Urothoe* 군집이 분포하였다(그림 9-26). 조간대 하부역에서는 *Aricidea-Hinia* 군집이, 조간대 중부역에서는 *Mactra-Hinia* 군집이 위치하였다. 강화도와 영종도 사이의 수로지역에서 출현 종수와 서식밀도가 높았는데 이는 퇴적물이 자갈과 니질

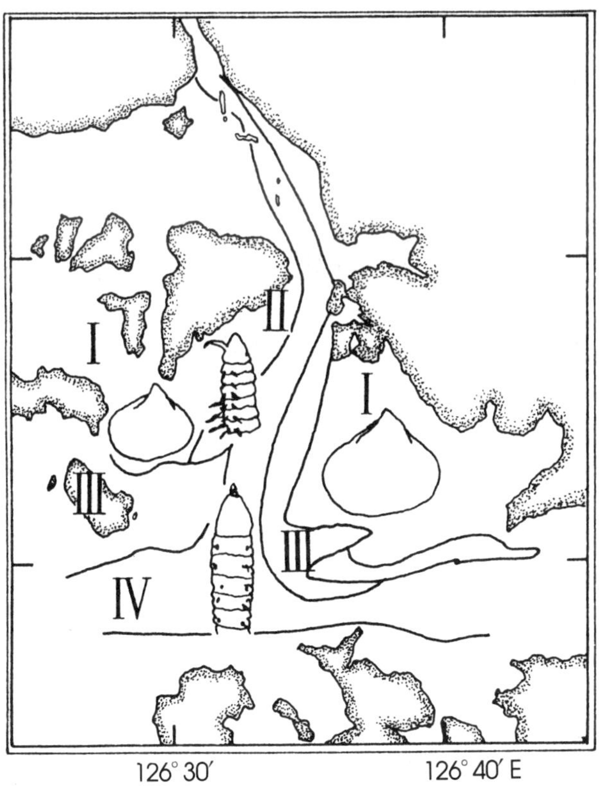

그림 9-26.
한국해역내 경기만에 저서동물 분포.
Ⅰ: *Mactra* 군집, Ⅱ: *Aricidea* 군집,
Ⅲ: *Harpiniopsis* 군집

이 서로 섞인 이질적인 퇴적환경을 가지며 또한 한강과 인천시로부터 유기물 유입이 있기 때문인 것으로 해석하였다.

5.2. 남해 광양만

다모류에 관한 연구가 대부분이다. 시간적인 저서동물의 군집변화를 보면 1982년 여름철에는 우점종이 잎빗갯지렁이(*Lagis bocki*), 베꽃갯지렁이(*Chone teres*), 긴잎송곳갯지렁이(*Lumbrineris longifolia*), 남방백금갯지렁이(*Nephtys polybranchia*), 오뚜기갯지렁이(*Sternaspis scutata*) 등이었으나, 1987년 여름철에는 과거의 우점종인 잎빗갯지렁이(*Lagis bocki*)와 베꽃갯지렁이(*Chone teres*)가 거의 소멸되고, 과거에 덜 우점하였던 긴잎송곳갯지렁이(*L. longifoli*), 남방백금갯지렁이(*N. polybranchia*), 오뚜기갯지렁이(*S. scutata*), 조름털갯지렁이(*Terebellides horikoshii*) 등이 주된 우점종으로 바뀌었다. 1987년의 지역적인 분포를 보면 크게 3개의 군집이 구분되었는데, 광양만내의 주수로역의 *Terebellides-Nephtys-*

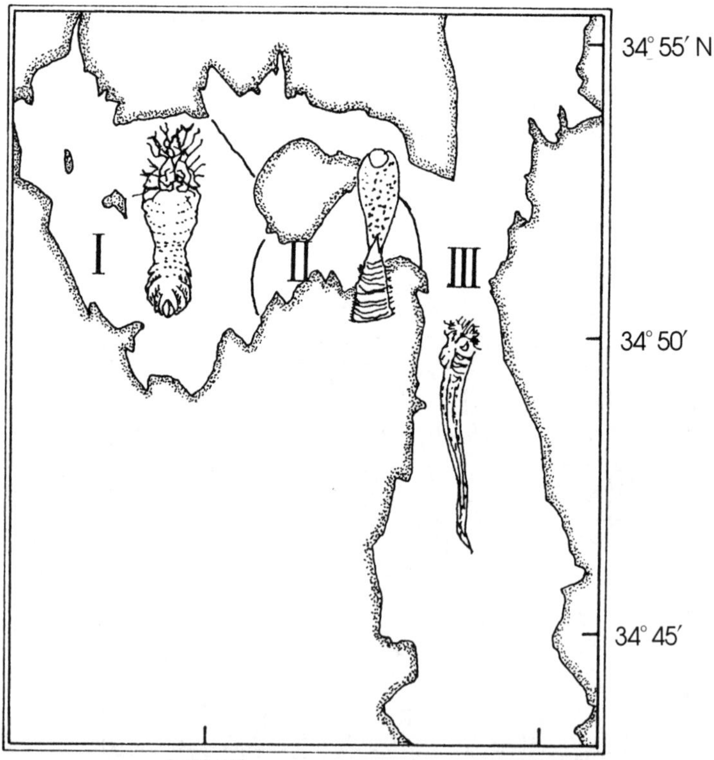

그림 9-27.
한국해역내 광양만의 저서동물.
Ⅰ: *Sternaspis* 군집.
Ⅱ: *Glycinde* 군집.
Ⅲ: *Terebellides* 군집

Lumbrineris 군집, 광양만 내부역의 *Sternaspis-Tharyx* 군집, 그리고 광양만 남쪽 수로역의 *Glycinde* 군집 등이 분포하였다(그림 9-27). 광양만에서의 시간에 따른 종조성의 차이는 섬진강 하구의 삼각주에서 행해진 대규모 간척공사와 북수로 지역의 준설공사로 인한 영향으로 해석되었다. 즉, 이들 공사로 인하여 조류의 유속과 수리적 환경이 변화되어 퇴적상이 바뀌어져 군집조성에 변화를 준 것이다.

5.3. 남해 진해만

출현 종 중 갑각류가 32%로 가장 많았고, 다모류, 연체동물 순으로 나타났으며, 개체수에 있어서는 다모류가 79%로 가장 많았고 연체동물, 갑각류 순이었다. 주요 우점종으로는 다모류의 긴잎송곳갯지렁이(*Lumbrineris longifolia*), 모자예쁜얼굴갯지렁이(*Paraprionospio pinnata*)와 이매패류의 아기반투명조개(*Theora fragilis*) 등이었다. 진해만은 유기물 오염이 심한 곳으로서 마산시에 인접한 내만

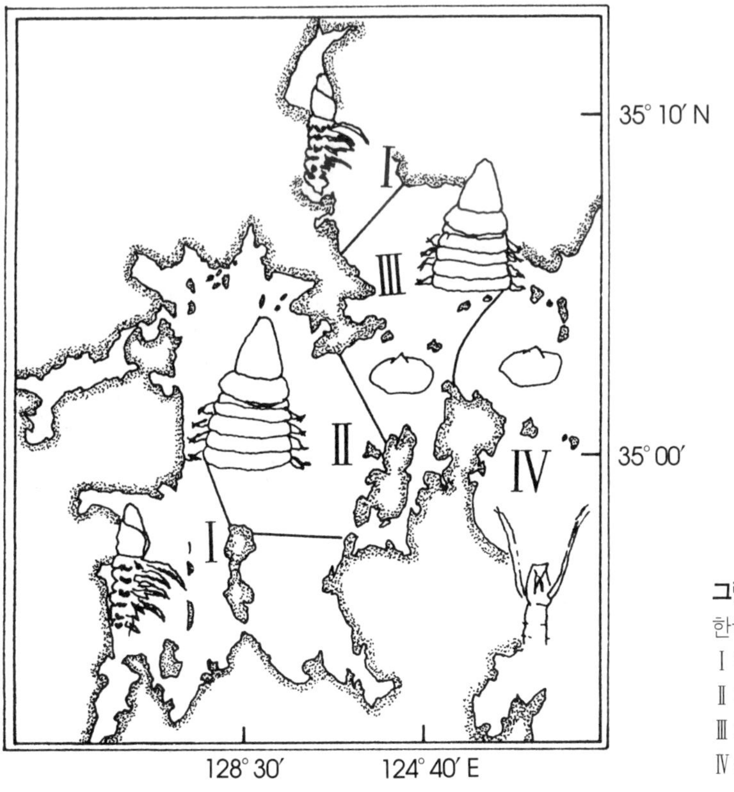

그림 9-28.
한국해역내 진해만의 저서동물 분포.
Ⅰ: *Paraprionospio* 군집.
Ⅱ: *Lumbrineris* 군집.
Ⅲ: *Theora-Lumbrineris* 군집.
Ⅳ: *Magelona-Theora* 군집.

역에서는 여름철에 성층이 형성되면 저층에는 빈산소수괴 또는 무산소층이 형성된다. 따라서 여름철에는 저서동물의 서식과 정착이 불가능하여 생물상이 소멸된다. 가을과 겨울에 성층이 파괴되어 용존산소가 공급되면 빈약하지만 저서동물의 가입이 일어난다. 진해만 전체에서는 대략 4개의 저서동물 군집이 분포하는데, 진해만의 내만역에서는 *Paraprionospio-Raeta* 군집이 빈약하지만 존재하고, 진해만 중앙부에서는 *Lumbrineris-Aricidea* 군집이, 진해만 입구역에서는 *Theora-Magelona* 군집이, 만 입구와 중안역의 점이대에서는 *Lumbrineris-Theora* 군집이 분포한다 (그림 9-28). 진해만의 저서동물 분포를 조절하는 주된 환경요인은 퇴적물내 유기물 함량이며, 이에 따른 빈산소수괴의 형성이 일차적인 영향을 주는 것으로 해석하였다.

5.4. 동해 영일만

전체 다모류 출현 종수는 72종이었고, 평균 서식밀도는 1,485개체/m^{2}로 매우

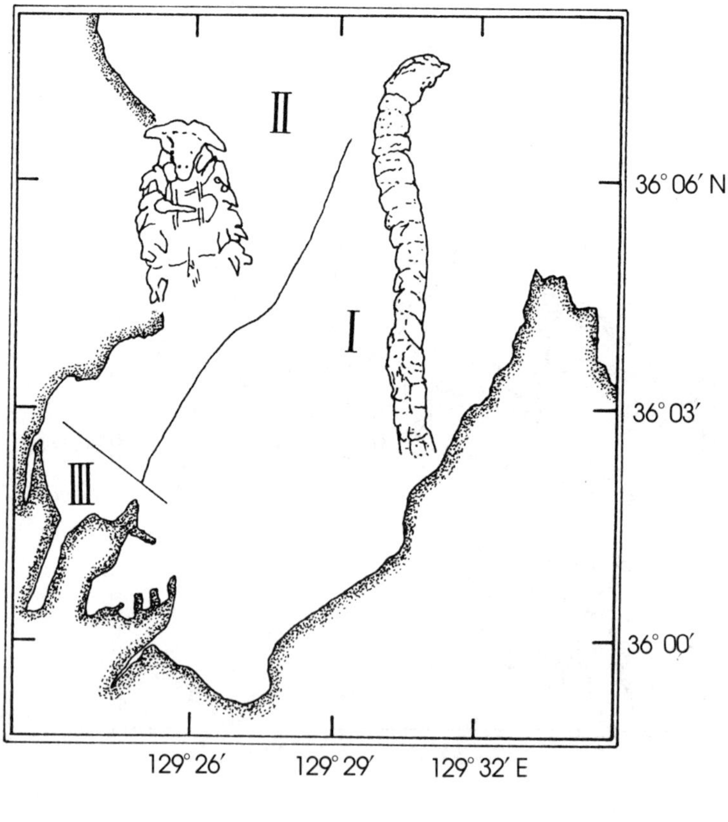

그림 9-29.
한국해역내 영일만의 저서다모류 군집
Ⅰ: *Maldane* 군집,
Ⅱ: *Spiophanes* 군집,
Ⅲ: *Capitella* 군집.

높았다(문헌 인용). 우점종으로는 민얼굴갯지렁이(*Spiophanes bombyx*), 선녀얼굴갯지렁이(*Pseudopolydora kempi*), 긴잎송곳갯지렁이(*Lumbrineris longifolia*), 민숭대나무갯지렁이(*Maldane cristata*), 긴얼굴갯지렁이(*Polydora ciliata*) 등이었다. 영일만내에는 대략 3개의 다모류 군집이 분포하였는데, 만의 중심부에서 남쪽에 이르는 해역에는 *Maldane-Praxillella* 군집이, 만의 북서부 해역에는 *Spiophanes-Nephtys* 군집이, 그리고 형산강 입구와 항내역에는 *Pseudopolydora-Polydora-Capitella* 군집이 분포하였다(그림 9-29). 이러한 다모류 군집의 분포는 일차적으로는 퇴적상에 의해서, 부차적으로는 형산강으로부터의 유기물 오염에 의해 영향을 받는 것으로 나타났다.

5.5. 환경과 다모류 분포의 관계

위에 열거한 경기만, 광양만, 진해만, 영일만의 중요 우점 다모류와 이와 관련된 환경의 차이는 표 9-10과 같다.

오염의 정도를 지시해 주는 오염지표종은 다음과 같은 특징을 가지는 것이 일반적인 경향이다. 첫째로는 오염이 진행됨에 따라 다른 종들은 개체수가 감소하는 반면에 지표종은 더 많은 개체수를 보이며, 둘째로는 오염이 극심해지는 최후까지 견딜 수 있고, 셋째로는 오염으로부터 환경이 회복됨에 따라 점차 서식밀도가 감소한다. 이러한 성질을 가지는 종들은 대부분 생활사가 짧고, 몸체도 작으며, 연중산란이 가능한 기회종들로 구성되어 있다.

지금까지 해양의 오염에 지표종으로 이용되어 온 저서동물로는 다모류의 등가시버들갯지렁이(*Capitella capitata*)가 범세계적으로 알려진 대표적인 오염지표종이다. 이외에도 일부 기회종들이 오염지표종으로 보고되었는데, 이들은 다모류의 선녀얼굴갯지렁이(*Polydora kempi*), 긴잎송곳갯지렁이(*Lumbrineris longifolia*) 등과 연체동물의 아기반투면조개(*Theora fragilis*)와 갑각류의 단각류에 속하는 *Jassa falcata* 등이다(한국해양연구소, 1993).

위에서 열거한 지표종들은 주로 유기물에 의한 오염지역에서 대량으로 출현하는 종들이다. 그러나 중금속이나 유기독성 물질의 오염에서는 전체 생물이 감소하기 때문에 현재까지는 특별히 지표종으로 내세울 만한 종이 없는 실정이다. 단지 조간대의 일부 종이 중금속 오염지역에서 견디고 체내에 농축하는 현상이 보여 주목된다. 다모류의 버들갯지렁이류(*Heteromastus filiformis*)는 Cu를 퇴적물보다 약 5배 정도 높게 체내에 함유하고 있으며, 두토막눈썹참갯지렁이(*Perinereis aibuhitensis*)는 아연, 구리 카드미움을, 십각류의 펄털콩게(*Ilyoplax pingi*)는 망간

표 9-10. 한국연안의 만(灣)에 우점하는 다모류

	경기만(서해)	광양만(남해)	진해만(남해)	영일만(동해)
환경특성	담수유입 많음 조차 9 m 사질퇴적상 수심 10 m	담수유입 많음 조차 4 m 니질 및 사질 수심 30 m 이내	담수유입 없음 조차 3 m 니질퇴적상 수심 10 m 유기물 오염	담수유입 적음 조차 1 m 이내 사질 및 니질 수심 50 m 이내
우점다모류	*Nephtys polybranchia* *Tharyx* sp. *Glycinde* sp. *Mediomastus* sp. *Sternaspis scutata*	*Lumbrineris longifolia* *Nephtys polybranchia* *Sternaspis scutata* *Lagis bocki*	*Lumbrineris longifolia* *Paraprionospio pinnata* *Magelona japonica* *Aricidea jeffreysii*	*Spiophanes bombyx* *Pseudopolydora kempi* *Lumbrineris longifolia* *Maldane cristata* *Polydora ciliata* *Chone* sp.

을 체내에 농축하는 것으로 보고되었다(안 등, 1994). 열오염의 경우에도 중금속의 오염과 유사한 실정에 있어서 특별히 지표종으로 알려진 종은 없다. 단지 생물지리학적인 관점에서 보통 환경조건하에서는 서식할 수 없는 종이 온배수지역에 밀집 서식하는 현상이 보이며, 한편으로는 온배수 배출이 서식환경을 교란시켜 기회종의 대량 서식을 유도하는 경우가 있었다(한국해양연구소, 1993). 유류오염에 있어서는 외국의 경우에는 다모류의 *Capitella capitata*가 초기에 10만 개체/m^2 정도의 높은 밀도로 대량 서식하는 것으로 보고되었으나, 국내자료로서는 아직 유류오염의 지표종이 알려져 있지 않은 실정이다.

▶ 연습문제

1. 우리나라 암반조간대, 암반조하대에서 흔히 발견되는 해조류는 어떤 종류가 있는가? 또 무척추동물의 예를 들면?
2. 조간대생물은 조간대의 높이에 따라 분포범위가 다르다. 그 이유는 무엇인가? 우리나라 암반조간대에서 그 분포의 예를 들어보시오.
3. 간석지란? 우리나라 간석지는 얼마나 넓고 또 어느 지역에 분포하는가? 그 이유는 무엇인가?
4. 간석지생물의 분포를 간석지 환경과 연계시켜 설명하시오.
5. 간석지에서는 많은 생물의 흔적을 발견할 수 있다. 생물 흔적에 대해 아는대로 설명해 보시오.
6. 간석지는 환경적으로 왜 중요한가?
7. 서해, 남해, 동해의 암반에 서식하는 생물상은 어떤 차이가 있는가?
8. 서해, 남해, 동해의 대륙붕에는 어떤 생물이 우점하는가?
9. 서해와 남해에는 만(灣)이 발달해 있다. 대표적인 만을 예로 들어 환경적으로 얼마나 건강한지와 우점 생물종을 기술하시오.
10. 연안지역의 오염을 우점종을 기준으로 판정할 수 있겠는지 생각해 보시오.

IV
해양생물자원과 환경오염

해양은 지구의 마지막 남은 미개척지로서
증가하는 세계 인구에 단백질을 공급하는 장소이며,
우리 지구에 속해 있으면서 달표면보다도 덜 이해된 부분이고,
줄어드는 화석연료를 대체할 수 있는 에너지 공급처라고 낙관주의자들은 말해왔다.
반면, 해양은 각종 약품 및 폐기물의 지구적인 시궁창으로서 점차 많은 종들이 절
멸될 위험에 처해 있는 가운데, 오염, 과도개발 및 자원고갈로 인해
죽어가는 해양생물계라고 비관주의자들은 지적하였다.
—Dayton L. Alverson—

10장 해양생물자원의 이용과 관리

인류 역사가 시작된 이래, 해양은 인류 생존에 필수적인 식량자원을 공급하는 역할을 수행해 왔다. 그러나 해양생물자원의 이용수준은 수세기 전까지만 해도 육상생물자원에 비교하면, 선경작기나 수렵기에 해당되는 원시적인 수준에 머물러 있었음을 부인할 수 없다. 근세 이후, 항해기술과 조선기술이 발달함에 따라 해양은 점차 어부들에게 뿐만 아니라 상인들이나 모험가들의 통행로로서의 역할도 담당하게 되었다. 또한, 어로기술의 발달로 인류가 더 많은 양의 해양생물자원을 이용할 수 있게 되었고, 따라서 해양을 무한한 식량자원의 공급처로서 인식하게 되었다. 근세기에 이르기 전까지는 해양은 그 방대함과 광활함으로 인해 인간의 교란이나 침범에도 불구하고 큰 영향을 받지 않고 비교적 안전하게 유지되어 왔다. 해양은 쓰레기를 처리할 수 있는 편리한 장소로서 사용되어졌으며 이 당시에는 버려진 쓰레기가 광대한 해수 속에서 희석되어 없어지는 것처럼 인식되었다.

20세기에 들어와서 해양에 대한 인간의 역할과 인식은 크게 바뀌었다. 인구 증가와 기술의 혁신으로 더 많은 부분의 바다가 인간의 영향권으로 들어오게 되면서 해양생태계에 변화를 초래하게 된 것이다. 인구가 급증함에 따라 식량에 대한 수요가 크게 증가하였으며, 이로 인해 수산자원을 채취하기 위한 어로기술과 장비 또한 크게 발달하였다. 이는 수산자원을 남획하는 원인이 되었으며, 이 결과 여러 종류의 수산자원 생물들이 감소하였고 이에 따라 어획능률도 감소하였다. 따라서 더 많은 어획 노력을 투입해야만 하게 되었고, 남획은 계속 증가함으로써 자원의 고갈을 초래하는 악순환을 맞게 되었다.

대다수의 사람들은 해양이 차세대 인류를 위한 각종 자원의 무한한 보고이며, 특히 이 중에서도 해양생물자원이 주식량원으로서 이용되어야 한다고 생각한다. 그러나 해양생물자원이 고갈되어가는 현 시점에서 자원의 효율적인 이용을 위해서는 인간에 의한 해양생물자원의 이용이 해양생태계에 미치는 주요 영향과 차세대를 지속시키기 위한 해양의 잠재적인 역할을 이해하는 것이 매우 중요하다. 따라서 이 장에서는 해양생태계의 기능에 대한 지식을 바탕으로 인간에 의한 해양의 이용 및 개발이 해양생태계에 미치는 영향을 논의하고 평가하고자 한다. 그렇게 함으로써 현재의 우리가 지구의 생태계를 파괴하지 않고, 후세대 역시 영속적으로 해양생물자원을 적절하게 이용할 수 있는 방법을 모색할 수 있을 것이다.

1. 해양생물자원의 종류

1.1. 수산자원

수산자원(水産資源, fisheries resource)이란 넓은 의미에서 해양에서 생산가능한 모든 생물자원을 뜻하지만, 여기서는 해양의 생물자원 중 수산업에 의하여 이용될 수 있는 유용생물집단만을 지칭하고자 한다. 수산자원은 다시 어업을 통해 포획되는 어업생물자원(漁業生物資源, fishery resource)과 인위적인 사육 또는 재배에 의해 이용되는 양식생물자원(養殖生物資源, aquaculture resource)으로 구분할 수 있다.

어업생물자원

어업은 지구적인 규모의 산업이다. 어업생물자원은 해양에 균등하게 분포되어 있지 않고 대개 200 m 수심보다 얕은 대륙붕에 국한되어 있어, 대개의 어업은 대륙붕 수역에서 이루어지고 있다. 대양에서의 어업은 주로 다랑어류(tuna)와 같은 표영성(表泳性, pelagic) 어류나 제한된 종의 고래만을 대상으로 하고 있을 뿐이다. 그림 10-1은 세계의 주요 이용어장과 잠재력을 가진 어장을 나타낸다. 생산력이 높은 어장은 주로 대륙붕이 넓게 발달하거나 용승이 일어나서 수괴내로의 영양공급이 원활한 해역에 형성되어 있다.

대륙붕 수역에 어업이 집중되는 데에는 다음 두 가지 이유가 있다. 첫째, 이 수역은 대양보다 기초생산력이 훨씬 높기 때문에 상대적으로 많은 자원생물(資源生物, resource organism)을 포용할 수가 있다. 이에 비해 깊은 수심에서는 먹이가 부족하므로 많은 자원생물이 유지될 수 없다. 둘째로, 대륙붕의 해저는 수심이 얕아서 어획하는 데 다양한 어구를 쉽게 사용할 수 있다. 이런 이유들 때문에

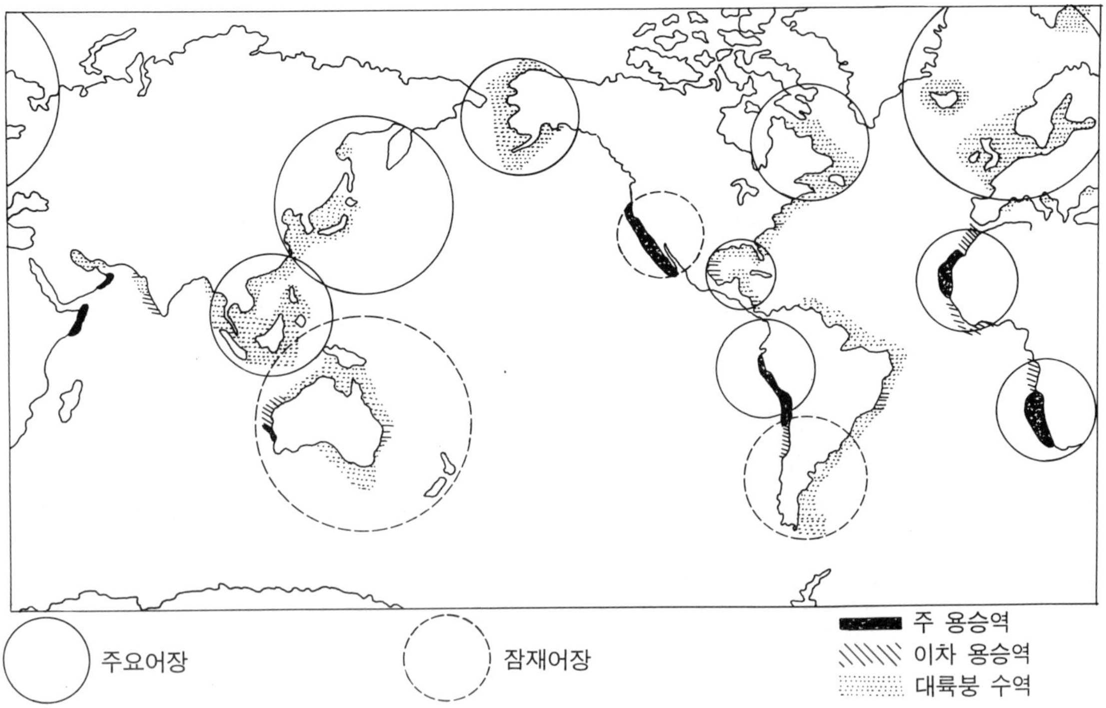

그림 10-1. 세계 주요 어장의 분포도

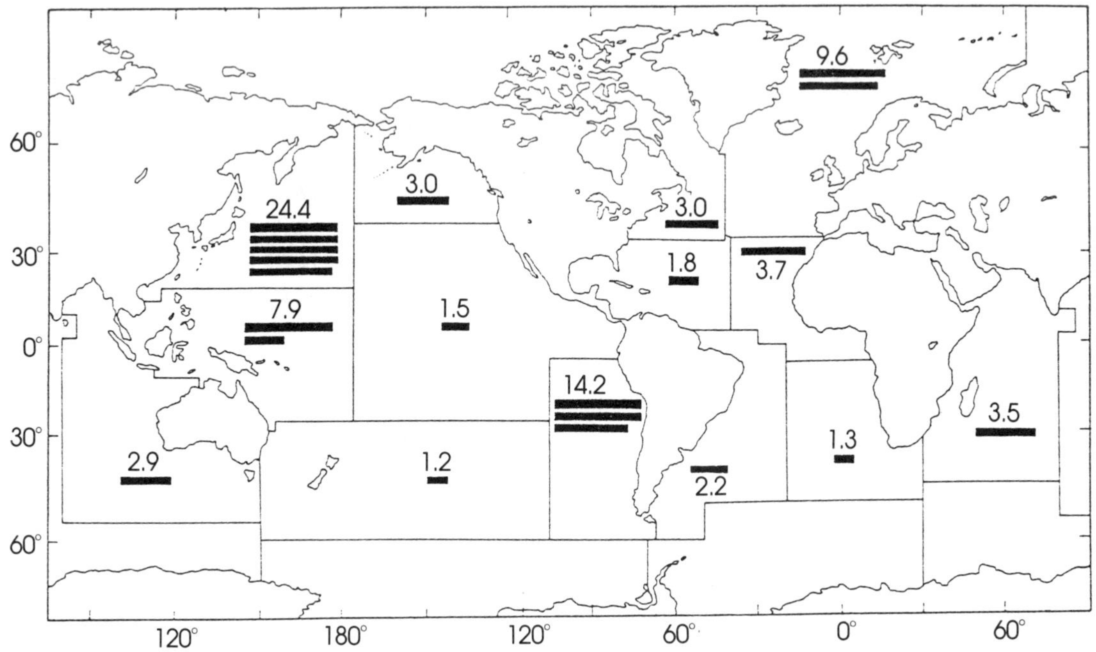

그림 10-2. 1987년도 FAO 해구별 어획량(단위: 백만 톤)

대륙붕 수역에 어업이 집중되어 있기는 하지만 대륙붕이라 해서 어디나 생산력이 높은 것은 아니다. 북서유럽과 한국·일본 근해, 남아메리카의 서부에 있는 용승해역은 대량의 어류가 잡히지만, 남아메리카 서부 해역을 제외한 남반부 해양과 열대해역은 어업생산량이 크게 떨어진다(그림 10-2). 또한, 어류는 먹이를 취하거나 산란(産卵, spawning), 월동(越冬, wintering)을 하기 위하여 특정한 수역에 분포하며, 때로는 해류의 경계수역에도 집중 분포한다. 대개 계절적으로 규칙성을 가지고 분포하므로 연중 어느 특정 시기에 특정 해역에서 어업이 주로 이루어진다고 할 수 있다.

어업생물의 종류

상업적으로 중요한 어업생물은 다음과 같이 다섯 개의 무리로 나눌 수 있다. 즉, 어류, 갑각류, 연체류, 포유류, 해양식물 등이다. 이 중 가장 많이 이용되는

표 10-1. 1985~1991년 어업자원의 종류에 따른 어획량(단위: 백만 톤)

어업자원 그룹	1985	1986	1987	1988	1989	1990	1991
가자미·넙치류	1.35	1.32	1.29	1.34	1.20	1.22	1.11
대구·명태류	12.46	13.57	13.79	13.64	12.91	11.83	10.47
볼낙류	5.21	5.96	5.71	5.71	5.92	5.66	5.74
숭어·꽁치류	8.32	7.48	8.30	9.13	9.35	9.73	10.08
청어·정어리·멸치류	21.09	23.98	22.38	24.39	24.80	22.18	21.41
다랑어류	3.20	3.50	3.64	4.07	4.08	4.37	4.48
고등어류	3.82	4.01	3.64	3.86	3.77	3.51	3.48
상어·가오리류	0.62	0.63	0.67	0.69	0.68	0.69	0.70
기타 해양어류	8.54	9.16	9.55	9.78	9.92	10.26	10.39
새우·보리새우류	2.13	2.23	2.37	2.50	2.51	2.57	2.65
크릴·플랑크톤성 갑각류	0.19	0.45	0.38	0.37	0.40	0.38	0.23
게류	0.89	0.90	0.97	1.06	1.17	1.14	1.35
닭새우류	0.20	0.20	0.21	0.21	0.21	0.21	0.21
굴류	1.09	1.08	1.11	1.09	1.04	1.01	1.01
홍합·담치류	0.96	1.00	1.14	1.29	1.31	1.32	1.33
오징어·문어류	1.79	1.75	2.32	2.29	2.72	2.33	2.56
조개류	1.35	1.43	1.49	1.46	1.46	1.46	1.54
가리비류	0.60	0.53	0.74	0.87	0.84	0.88	0.82
해양생산량	73.81	79.18	79.70	83.75	84.29	80.75	79.56
총 생산량	86.32	92.83	94.38	99.02	100.21	97.43	96.93

생물자원은 어류이다. 어류 중에서도 단지 몇 개의 종들이 세계어획량의 대부분을 차지하고 있다(표 10-1, 그림 10-3).

청어과 어류(clupeoids)인 청어, 정어리, 멸치 등이 가장 높은 비율을 차지하여 왔는데, 이들의 대부분은 표영성으로 무리를 짓는 특성을 가지고 있으며, 부유생물을 섭식하는 소형 어류들이다(그림 10-3). 특히 페루 근해 멸치(*Engraulis ringens*)는 청어과에 속하는 어류의 전체 어획량의 절반을 차지하며, 한때는 단일 어종으로 세계에서 가장 높은 어획량을 기록하기도 하였다. 캘리포니아와 한국·일본 근해 정어리(*Sardinops* sp.)도 한때는 연간 어획량이 수십만 톤을 초과하는 중요한 어업자원이었으나, 1940년대에 자원이 감소된 이래 크게 중요시되지 않다

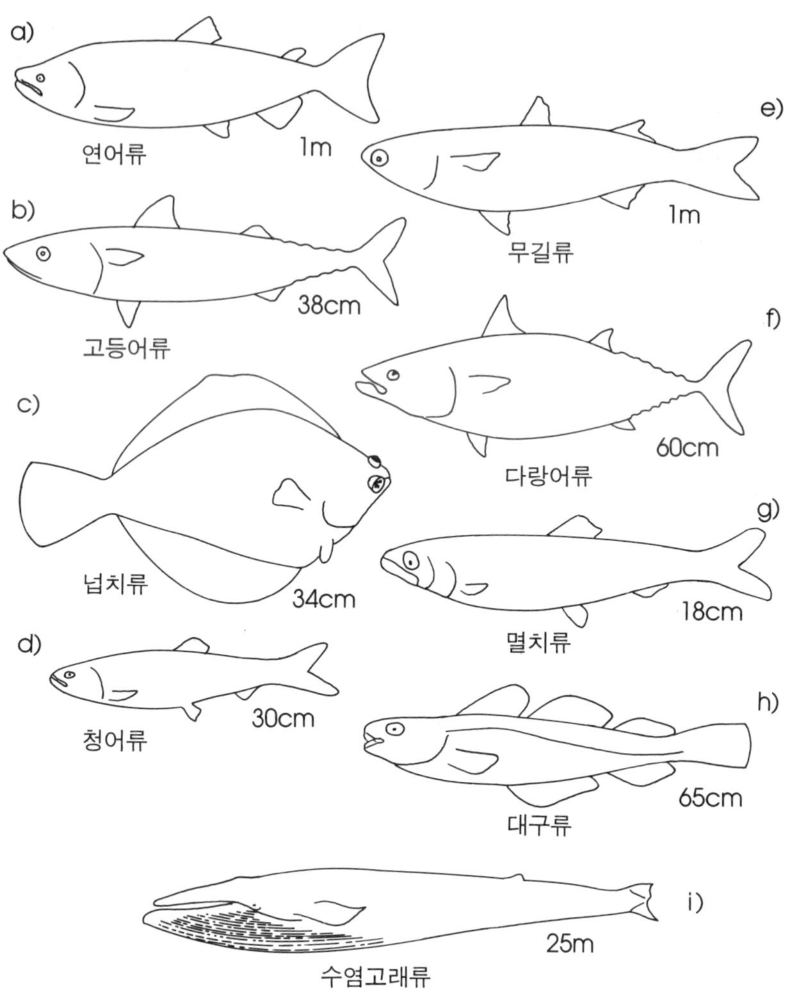

그림 10-3.
세계 주요 어업대상 어종.
a) *Oncorhynchus tshawytschs*,
b) *Pneumatophorus diego*,
c) *Pleuronectes platessa*,
d) *Clupea harengus*,
e) *Mugil cephalus*,
f) *Katsuwonus pelamis*,
g) *Engraulis ringens*,
h) *Gadus morphua*,
i) *Balaenoptera borealis*

가 최근 다시 증가하는 경향을 보이고 있다.

두번째로 어획량이 많은 어류는 명태, 대구, 민대구 등의 대구과 어류(gadoids)들인데 이들은 대부분이 저서성(底棲性, demersal), 혹은 반저서성(半底棲性, semi-demersal)으로 북태평양 및 북대서양의 대륙붕과 대륙사면에서 어획된다. 이 중 특히 명태(*Theragra chalcogramma*)는 근년에 들어와서 단일 어종으로서는 연간 600만 톤 이상으로 가장 높은 어획량을 기록하고 있는 경제적으로 중요한 종이다.

볼낙류(rockfishes)에는 우럭(sea bass), 꺽저기(sea perch) 등이 포함되는데 1980년대의 어획량은 연간 500만 톤 이상의 수준이다. 이들은 저서성으로 냉수성 해역에 주로 분포한다.

그 다음으로 중요한 어류는 고등어과 어류(scombroids)로 고등어가 가장 잘 알려진 어종이다. 이 科의 어종들은 얕은 바다에 살며 성장이 빠른 유영성의 육식성 어류들로서 온대와 열대해역에 고루 분포한다.

다랑어류(*Thunnus* sp.)는 고등어과 어류와 비슷한 모양을 가지고 있으나 크기가 훨씬 크다. 이들은 대양을 광범위하게 회유하는 회유성으로 어류로는 유일하게 대양에서 어획되며, 어획량은 많지 않으나 다른 어류들보다 고급 어종으로 인정되어 경제적으로 아주 중요한 종류이다.

넙치와 가자미 등의 측편어류(側偏魚類, flatfishes)는 저서성 어류로서 주로 트롤어업에 의해 어획이 되는데 경제적으로 상당히 중요한 어류이나, 그 일부는 남획으로 인해 오랫동안 자원이 낮은 수준에 머물러 있는 상태이다.

연골어류(軟骨魚類, cartilaginous fishes)에 속하는 상어, 가오리, 홍어류는 어획량이 가장 적은 어류이다. 요소성분을 많이 함유하고 있어 식용으로 적합치 않으므로 경제적으로 크게 중요하지 않지만 일부 지역에서는 식용으로 이용된다. 그밖에 표 10-1에는 기재되어 있지는 않으나, 연어나 송어와 같은 회귀성 어류(回歸性魚類, anadromous fishes)는 어획량은 적지만 고급 식용어류이기 때문에 미국이나 유럽 등지에서는 경제적으로 중요하게 취급된다.

두번째 어업생물자원에 속하는 갑각류에는 새우와 게, 크릴, 닭새우 등이 있다. 이 무리에 속하는 종류는 크릴을 제외하고 모두 경제적인 가치가 아주 높으며, 거의 전부가 식용으로 이용된다.

연체류 중에서는 오징어가 가장 생산량이 많다. 주로 일본, 한국 근해 및 태평양과 유럽, 캘리포니아, 남미 근해 등에서 잡힌다. 기타 연체류에는 문어, 갑오징어 등 두족류와 굴, 조개, 가리비 등의 이매패류(二枚貝類, bivalves)가 있다.

포유류에 대한 어업은 주로 고래류로 국한되어 있으나, 물개나 바다표범에 대해서도 어업이 이루어지고 있다. 현재 고래류의 어획은 고래자원이 격감하였기 때문에 모든 종의 상업적 포획이 금지된 상태이다.

마지막으로 해양식물자원에는 미역과 김, 다시마, 우뭇가사리 등의 해조류가 포함된다. 한국, 일본, 중국 등지에서는 주로 식용으로 이용되지만 서구쪽에서는 여러 가지의 산업적인 용도로 이용된다. 또한 해양식물 중 일부는 양식에 의해서도 생산이 되고 있다.

삼면이 바다로 둘러싸인 우리나라에서는 다양한 종류의 온대성 및 한대성 어업생물자원들이 분포하여 연근해 어업의 대상이 되고 있다. 동해안에는 온대성 어족인 꽁치, 멸치, 방어, 정어리, 오징어, 고등어와 한대성 어족인 명태, 대구 등이 잡히며, 남해안에서는 멸치를 비롯하여 갈치, 고등어, 전갱이, 말쥐치, 눈볼대, 돔류 등이 잡힌다. 수심이 얕은 서해안에서는 참조기, 갈치, 민어, 전갱이, 청어, 삼치, 병어, 넙치, 홍어 등의 어류와 꽃게가 어획의 주 대상이다.

우리나라 연근해 어업생물자원의 특징은 타해역에 비하여 어종수는 많으나 양적으로 우세한 종이 없다는 점이다. 또한 주대상 어종이 시대에 따라 변천하고 있는 점도 특징이다. 어획량을 기준으로 할 경우 1930~40년대에는 정어리가 가장 많이 잡혔으며 그 다음으로 명태, 참조기, 갈치, 멸치의 순이었는데 당시 이 들

표 10-2. 우리나라의 연근해 어업에 의한 주요 어종별 생산량(톤)

어 종	연 도			
	1962	1972	1982	1990
말쥐치	–	–	182,356	230,252
멸 치	46,955	104,174	162,256	168,101
정어리	10	315	81,985	132,924
갈 치	39,307	110,309	121,960	103,970
고등어	4,058	78,969	99,447	97,227
오징어	–	52,749	53,925	75,293
강달이	1,794	11,939	31,783	53,217
참조기	21,653	25,352	18,330	27,890
명 태	27,792	42,628	137,656	26,534
젓새우	–	4,897	13,815	24,568
기 타	306,548	524,944	569,735	602,037
연근해 어업생산량	448,117	956,276	1,473,248	1,542,013
총 수산물생산량	470,187	1,343,569	2,644,074	3,274,506

5개 종이 전체 어획량의 60% 이상을 차지하였다. 그러나 1980년대에는 말쥐치가 수위를 차지하였으며, 그 다음으로 멸치, 갈치, 정어리, 고등어의 순이었다. 우리나라 연근해 어업생산량은 1990년 현재 154만 톤으로 전체 수산물 생산량인 327만 톤의 약 47%를 점하고 있다(표 10-2).

어업생물자원의 감소

최근에 들어와 세계 전 해양에서는 어업자원의 감소현상이 여러 형태로 나타나고 있다. 어업자원의 감소에는 여러 원인이 있겠으나 가장 중요한 원인은 남획이다. 남획(濫獲, overfishing)이란 해양이 지속적으로 생산할 수 있는 잠재량을 초과하여 수확하는 행위이다. 이는 어업을 효율적으로 관리하지 못한 것을 뜻한다. 그러나 어떤 경우에는 인간의 이러한 직접적 남획과 더불어 서식처 환경에서의 자연적인 변화가 복합적으로 작용하여 자원의 감소를 초래하기도 한다. 자원감소의 몇 가지 실제 예를 살펴보면 다음과 같다.

청어과에 속하는 페루멸치는 남아메리카 서안의 훔볼트 해류(Humbolt Current)의 용승해역에서 무리를 이루어 서식하는 부유생물 식성의 소형 어류이다. 이 종은 1950년대 이전, 어획이 개시되기 전에는 많은 양이 이 한류수괴에 서식하고 있었다. 이 해역에서 멸치의 유일한 포식자는 구아노라고 하는 몇 종의 새들이었다. 그러나 엘니뇨(*El Niño*) 현상으로 표층난류수가 유입되면 용승현상이 일어나지 않는다. 따라서 부유생물 양이 감소하며, 이를 먹이로 하는 멸치의 양도 감소하여 결국 구아노들이 감소하는 것을 관찰할 수 있었다. 페루멸치의 어획량은 1950년에 시작되어 1960년대 후반기까지 급격히 증가하였고, 그 양은 천만 톤을 넘어 세계 총 어획량의 1/6 이상을 차지하였다(그림 10-4). 이와 같이 어획량이 급증하자 구아노의 먹이는 줄어들게 되었고, 따라서 구아노 새의 자원량은 감소하였다.

수산자원 전문가들은 이 해역에서의 페루멸치의 최대지속적 생산량(最大持續的生產量, MSY)을 950만 톤으로 추정하였다. 이 추정치는 구아노의 자원이 정상수준보다 줄어들었을 때를 기준으로 추정된 것이기 때문에 과도한 추정치라고 할 수 있다. 그러나 1967년에는 페루멸치를 최대지속적 생산량이 넘는 천만 톤 이상 어획하였고, 1970년에는 천 2백만 톤 이상 어획하여 잡히는 어체의 평균 크기가 줄어들기 시작하였다. 이 결과 멸치의 전체 자원량은 줄어들기 시작하고 재생산에 참가할 수 있는 멸치 성어의 수도 점차 감소하여 어업 자체가 난관에 처하게 되었다. 멸치자원이 이렇게 감소한 상태에서 엘니뇨 현상까지 일어남으로써 자원은 크게 타격을 받아 1972년에는 불과 470만 톤이 어획되었고, 1973년에는 230

만 톤이 어획되는 자원붕괴 현상이 나타났다(그림 10-4). 이 어업은 그 이후로 회복되지 못하고 결국 엄청난 규모의 멸치자원은 남획과 엘니뇨라는 환경요인에 의하여 최대지속적 생산량을 유지할 수 있는 수준에 훨씬 못 미칠 정도로 감소하였다.

또 다른 예로 캘리포니아의 정어리 어업을 들 수가 있다. 캘리포니아의 정어리(*Sardinops caerulea*)도 청어과에 속하는 소형의 부유생물 식성 어류로서 분포범위는 멕시코에서부터 남부 알래스카까지이다. 1930년대에는 북미의 가장 큰 어업으로, 특히 1936~37년의 어기 동안에는 주요 어장인 캘리포니아에서만 65만 톤이 양육되었다. 1940년대에 들어와서는 어획량이 줄기 시작하면서 어획노력량은 늘어나게 되었고, 어획되는 정어리는 어업으로의 가입이 원활치 못하여 연령구조에 있어서 약령어의 비율이 감소하고 고령어군이 점차 증가하는 현상이 나타났다. 결국 1950년대에 이르러서는 이 어업이 더 이상 유지될 수 없게 되었다(그림 10-5). 이 어업의 붕괴원인은 1935~50년에 이르는 15년 동안 행해진 남획을 들 수 있겠지만, 역시 다른 요인들도 함께 관여된 것으로 추측된다. 그 일례로, 정어리의 서식처에서 비정상적 냉수대가 15년 주기로 나타난 결과를 들 수 있다. Marr(1960)는 이 냉수대가 정어리의 재생산에 관련되는 생식력의 감퇴나 혹은 먹이공급에 영향을 미친 것으로 보고하였다. 만약 남획이 자원붕괴의 유일한 원인이었다면 1950년 이후 20여 년간 이 지역에서 정어리를 정상적으로 어획하지

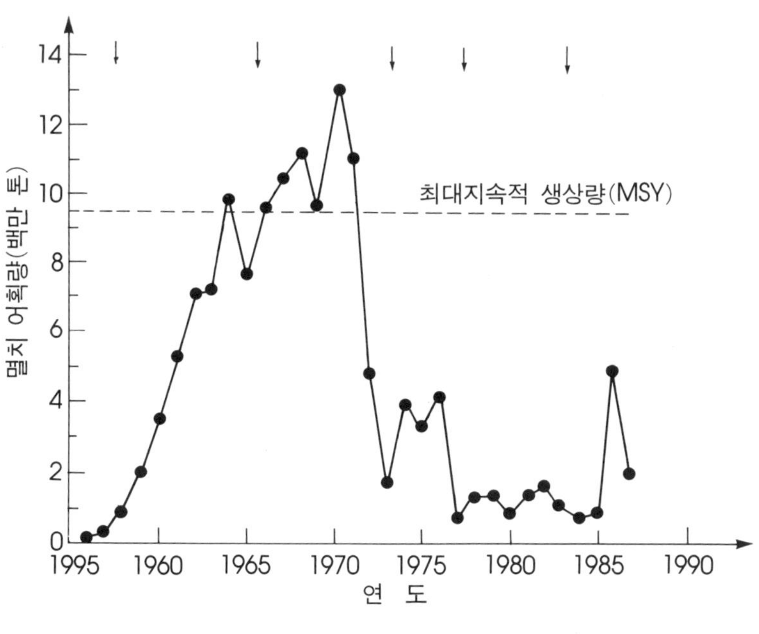

그림 10-4.
페루멸치의 어획량 변동 및 최대지속적 생산량(MSY).
화살표는 엘니뇨(EL Niño)가 출현한 해를 나타냄.

않았으므로, 정어리의 수명을 10년 미만으로 보면 그 전통적인 서식처에서 당시 정어리 자원이 어느 정도라도 회복이 되었을텐데 이러한 현상은 관찰되지 않았다. 따라서 남획 이외의 환경에 의한 요인이 작용하였음을 짐작할 수 있다. 소우타와 이삭스(Soutar & Isaacs, 1969)는 해저의 침전퇴적물 층에 퇴적된 정어리의 비늘을 조사하여 캘리포니아 정어리는 500~1700년 범위의 주기로 자원량이 변동하고 있다는 증거를 제시하였다. 이것이 사실이라면 단지 남획에 의해서 정어리자원이 붕괴되었다고는 볼 수 없으며, 오히려 자연적인 변동요인을 더 큰 원인으로 보아야 한다. 정어리의 어획량은 1975년 이후 점차 증가하여 최근에는 다시 40만 톤을 넘어섬으로써 정어리자원이 회복되는 징후를 보였다(그림 10-5).

마지막 예로서, 오로지 인간의 남획에 의하여 감소된 고래자원을 살펴보기로 하자. 다른 수산자원 생물과는 달리 고래는 수명이 길고, 낮은 재생산율을 가진 포유동물이다. 따라서 고래자원은 한 번 감소하면 회복되는 속도가 매우 느리며, 또한 쉽게 절멸될 수 있는 자원이다.

북대서양에서는 16세기에 이미 포경어업이 시작되어 원시적인 방법에 의하여 어업이 수행되어 오다가 어선과 어구의 성능이 점차 발달함에 따라 어획 강도가 높아졌다. 이 결과 북대서양과 북태평양의 상업적 포경어업은 1900년대 초에 이르러 남획에 의하여 붕괴되었다. 따라서 20세기에 와서는 포경선단은 수염고래자원이 풍부한 남극해역으로 이동하여 주로 이곳에서 집중적으로 포경어업이 이

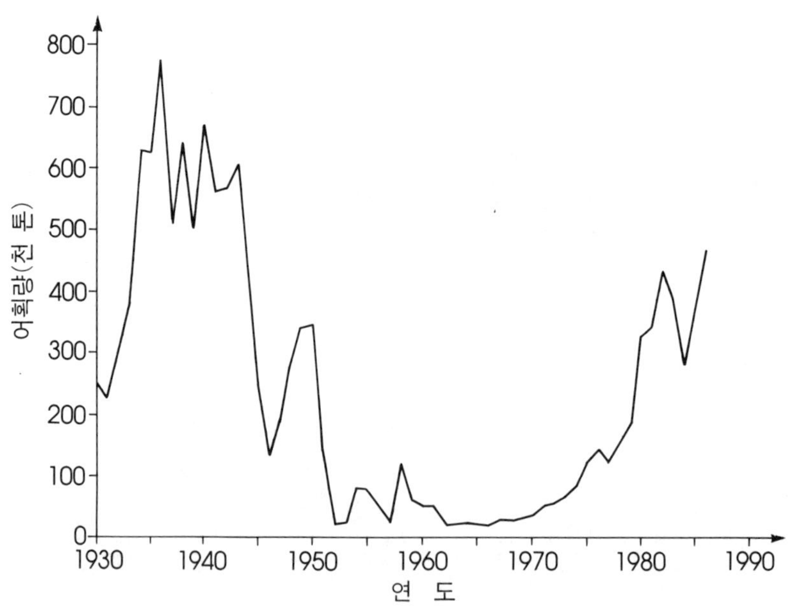

그림 10-5.
북아메리카 서안의 정어리의
연간 어획량, 1930-1986.

루어졌다.

이곳에서의 포경활동에는 속도가 빠른 포경선과 대규모의 공모선, 고래를 발견하는 데 사용하는 항공기 등이 동원되므로써 1960년대 이전에 이미 130만 마리 정도의 고래가 포획되었다(그림 10-6). 이러한 결과로 포경업을 규제하여 고래자원을 보호하기 위한 국제포경위원회(IWC)가 1946년 수립되어 고래자원에 관련된 자료를 수집, 분석하여 각 종별로 포획쿼터를 할당하려 하였으나, 처음에는 여러 가지의 이유로 인해 위원회가 효력을 발휘하지 못하였다. 따라서 계속된 포획으로 종에 따라서는 감소가 계속되거나 심지어는 멸종되는 종도 나타났다. 그러나 국제포경위원회의 끊임없는 노력과 국제여론 때문에 포경국가는 점차 줄어들게 되었고, 결국 소련과 일본 등 포경국가들도 고래자원이 경제적으로 이득이 될 만한 수준 이하로 떨어지자 어업을 중단하게 됨으로써 1986년 이래 상업적인 포경업은 완전히 중단되었다. 비록 포경어업이 전면 중단되었지만 그 자원이 회복되는 데는 상당한 기간이 필요할 것으로 보인다. 왜냐하면 고래가 생식력을 가지는 크기에 이르는 데 걸리는 시간이 길고 생식률이 낮기 때문이다.

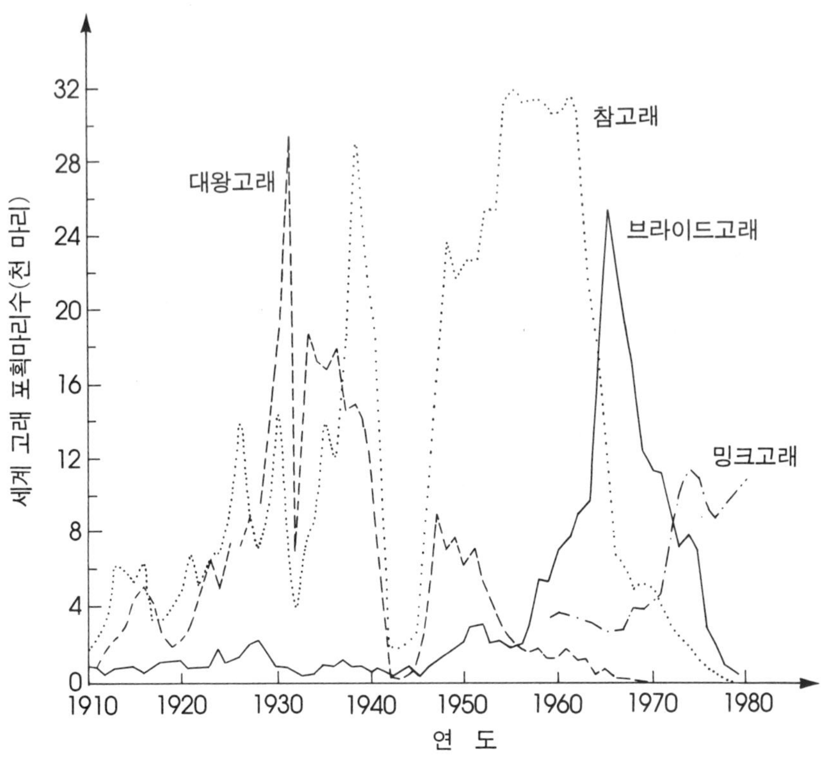

그림 10-6.
고래의 종류별 연간 포획 마리수(1910-1980).

위의 예를 통하여 알 수 있듯이 페루의 멸치자원은 남획이 행해지는 과정에서 자연적인 재해(엘니뇨 현상)가 겹쳐서 붕괴되었으며, 고래자원은 순전히 인간의 남획에 의해서 붕괴된 것으로 나타났다. 비록 캘리포니아의 정어리자원의 감소원인이 여전히 명확하게 규명되지 않고 있는 상태로 남아 있지만 남획도 한 가지 원인임에는 틀림없는 듯하다. 따라서 수산자원은 정확하게 자원상태를 평가하여야 하고 이를 기초로 남획에 이르지 않도록 효율적인 관리를 해야만 함을 알 수 있다. 수산자원을 정확하게 평가하기 위해서는 자원생물 자체의 생태학적 특성을 알아야 함은 물론이고 서식처 생태계의 물리화학적 환경요인이 생물에 미치는 영향과 아울러 생물체들간의 상호작용에 대한 지식도 필요하다. 이에 대해서는 다음 절을 참고하기 바란다.

양식생물자원

현존하는 수산자원을 효율적으로 관리, 이용하거나, 새로운 어장이나 어업법을 개발하는 방안과 더불어 육상에서 농사를 짓는 것과 같이 해양에서도 농사를 짓는 방법에 의한 생산은 세계의 식량 증산에서 점차 그 역할이 강조되고 있다. 일정한 수면, 또는 수중시설에서 인간의 생활에 유용한 생물을 사육, 또는 재배하여 수확하는 것을 양식(養殖: aquaculture)이라고 하며, 해양생물을 대상으로 하여 해양에서 이루어지는 양식을 해양양식(海洋養殖: mariculture)이라고 한다. 인류의 식량을 자연생산에만 의존한다는 것은 비효율적이기 때문에 육상에서는 역사 이래로 경작이나 목축에 의해 식량을 생산하여 인류의 욕구를 충족시켜 왔다. 그러나 해양에서의 생물자원 이용은 20세기 말인 지금까지도 자연생산물을 채취하는, 육상에서의 원시수렵 단계에 속하는 생산에 주로 의존하고 있으며, 양식에 의한 생산은 전체 수산물 생산의 약 1할 정도밖에 차지하지 못하고 있다.

양식은 개인의 생업 수단으로나 혹은 단체나 회사의 기업형태로 이루어지므로 사용되는 수면, 또는 시설은 일반적으로 독점 관할되지만 연어류를 인공부화 방류한 후 재포획하는 것처럼 공공수면에서 양식이 이루어지는 경우도 있다. 양식은 또한 식량원만을 목적으로 하지 않으며, 인공진주라든가 동물의 사료를 생산하기 위해서도 행해진다.

양식의 역사

양식에 대한 가장 오래된 기록은 표 10-3에서 보는 바와 같이 기원전 1800년경 이집트의 아에리스 왕이 못을 만들어서 22종의 어류를 넣은 것이다. 중국에서는 기원전 500년경 도주공(陶朱公)이 양어경(養漁經)을 저술한 바 있는데, 그 책에는 못을 만들고 잉어를 기르는 방법이 기록되어 있어 역사상 가장 오래된 양어책으로 인정된다. 우리나라에서는 서기 28년, 즉 고구려 대무신왕(大武神王) 11년에 잉어를 못에서 길렀다는 기록이 전해지고 있다.

로마에서는 천해에서도 양식을 했다는 기록이 있으며, 기원전 100년경에 국립양어장을 만들었다고 한다. 중세기에 들어서는 송어(trout)양식이 발달하여, 15세기에 이미 인공수정(人工受精)을 실시했다고 알려져 있다. 그러나 본격적인 양식은 19세기 중반에 시작되었는데, 세계 각국에서는 이때부터 국립양어장을 만들고, 양식과 자원관리에 관심을 가지게 되었다.

미국에서는 1848년 대서양의 하천산 섀드(shad, 전어류의 한 종)를 멕시코만으로 유입되는 알라바마 강에 이식하였고, 1871년에는 태평양 연안에도 이식하였다. 이 결과 1886년에는 태평양의 캘리포니아 수역에서도 섀드가 잡혔으며, 나중에는 미국의 전연안과 캐나다, 알래스카의 연안까지 분포하여 어획의 대상이 되었다. 미국에서는 양어장을 계속 만들고, 각종 어류의 종묘를 생산하여 하천, 호수, 저수지 등에 방류하고, 이 자원을 인위적으로 관리하였다. 지금은 600여 곳의 국립 및 공공 양어장에서 매년 수십억 마리의 치어를 인공으로 방류하여 자원을 조성하고 있다.

우리나라에서는 300여 년 전부터 이미 김양식이 이루어졌으며, 굴양식도 시작

표 10-3. 양식의 역사

연 대	국 가	양식 내용
B.C. 1800	이집트(아메리스 왕)	못에서 22종 어류 양식
B.C. 500	중국(도주공)	양어경 저술
B.C. 100	로 마	국립양어장 설립, 천해에서도 양식 시작
A.D. 28	고구려(대무신왕 11년)	못에서 잉어양식
13C	로 마	연안에서 뱀장어양식
1358	체코슬로바키아	못에서 인공수정
15C	프랑스(팡숑)	송어 인공수정
1757	오스트리아(야코비)	상자에서 송어 인공수정
1842	프랑스(레미)	송어 인공부화 방류
1848	미국(알라바마)	대서양 하천산 섀드 알라바마강에 이식
1852	프랑스	국립송어부화장 설립
1858	프랑스	서해안에서 굴양식
1864	미국(뉴욕)	국립송어부화장 설립
1873	미국(뉴욕)	연어양식 시작

된 지가 오래된다. 어류양식은 1929년 국가에서 설립한 진해양어장에서 잉어, 빙어, 가물치 등을 시험 양식하면서 시작되었다. 1960년대 초 김과 미역 등 해조류와 굴에 대한 양식으로 18,000톤의 생산고를 올렸으며, 1970년대 초에는 굴을 비롯한 패류 양식기술이 발달하여 본격적인 양식이 이루어지게 되었다(표 10-4). 1980년대에는 참돔, 방어, 넙치, 조피볼락, 연어, 송어 등 다양한 어류의 양식기술이 개발되어 해조류 및 패류 양식생산의 기하급수적인 증가와 함께 어류양식 생산도 점차 증가하였다. 최근에는 첨단의 유전육종학적 기법에 의한 양식생산 기술뿐만 아니라, 새우 등 고가의 갑각류 양식기술 개발을 위한 노력이 진행중이다. 1990년 우리나라의 양식생산량은 미역, 김 등 해조류가 41만 톤, 굴, 피조개 등 패류가 33만 톤, 기타 생물까지 합하면 약 77만 톤으로, 전체 수산물 생산량 327만 톤의 약 24%에 해당한다. 양식장 면적도 마찬가지로 급속도로 증가하고 있다(표 10-4). 최근에는 인위적 자원조성을 위해 국립수산진흥원의 종묘배양장과 내

표 10-4. 우리나라의 해양양식 품종별 생산량(톤)

양식 품종	연도			
	1962	1972	1982	1990
해조류	6,054	53,908	314,535	411,869
김	4,247	23,042	79,784	97,637
미 역	804	29,028	225,945	269,333
다시마	–	–	3,987	8,084
기 타	1,003	1,838	5,719	36,815
패류	12,026	106,349	280,966	325,603
굴	7,036	64,314	181,349	219,124
피조개	–	–	20,389	17,759
기 타	4,990	42,035	79,228	88,720
어류	–	–	–	2,656
방 어	–	–	–	462
넙 치	–	–	–	1,037
기 타	–	–	–	1,157
기타 생물	26	121	815	32,603
해양양식생산량	18,106	160,378	596,316	772,731
	(4.0%)	(11.9%)	(22.6%)	(23.6%)
총 수산물생산량	470,187	1,343,569	2,664,074	3,274,506
양식장 면적(ha)	16,956	57,340	83,825	113,026

수면연구소에서 여러 종류의 어류 및 패류를 인공수정하여 종묘를 매년 바다와 강, 호수에 방류하고 인공어초를 만들어 인위적으로 자원을 조성하고 있다.

양식방법

양식방법은 양식대상 생물의 종류와 성장단계 등에 따라 달라진다. 생물의 종류나 성장단계에 따라 생활사나 식성, 행동 등이 다르기 때문이다. 양식방법은 유영동물 양식과 부착 및 저서생물 양식의 두 가지 방법으로 나눌 수 있다.

유영동물에는 어류, 새우, 게 등의 갑각류와, 문어, 오징어 등의 연체류 등이 속하지만, 현재까지는 어류와 새우가 양식의 주대상이다. 이들 유영동물은 활발히 이동하므로 양식을 위해서는 넓은 면적의 시설이 필요하다. 이때 제한된 수용시설물 안에서 적응하여 성장할 수 있어야 하므로 자체 종묘생산도 가능하여야 한다.

어류와 같은 유영동물을 양식하는 데는 가두리를 만들어 그 속에 어류를 가두어 기르는 방법을 주로 이용한다(그림 10-7). 그물코로 안팎의 물이 교환되므로 가두리 속에 많은 양의 어류를 길러도 가두리 속의 수질이 나빠지지 않을 뿐 아니라 작은 시설에 많은 양의 어류를 기를 수 있으므로 시설면에서도 경제적이다. 이 방법으로 양식되는 어종은 방어, 돔류, 연어, 송어 등이다.

부착 및 저서생물에는 굴, 전복, 담치, 대합, 바지락 등의 패류, 그밖의 여러 가지 동물과 김, 미역, 다시마 등의 해조류가 있다. 이들 생물 중에는 일생 중 일정 기간 동안 부착생활을 하다가 후에 이동을 하는 종류도 있고, 또 그와는 반

그림 10-7.
해상 가두리양식.

대로 처음에는 부유생활, 또는 유영생활을 하다가 후에 부착생활을 하는 종류도 있다. 따라서 이들 생물은 부착시기와 이동시기에 따라 양식시설이 각각 달라져야만 한다.

굴, 담치, 우렁쉥이 등의 부착생물은 부착장소를 만들어 주어야 하므로 이들 생물이 부착할 수 있는 기질(基質)에 부착시켜 수하연, 밧줄 등에 매달아 물 속에서 기른다. 부착용 기질의 종류는 생물의 종류에 따라 다르며, 부착기가 물 속에 있도록 유지하는 데는 밧줄이나 뗏목, 말목 등이 사용되는데 이러한 방법의 양식을 수하식 양식이라고 한다. 채포된 부착기를 매단 수하연을 수하시키는 시설의 종류에 따라 각각 연승식(밧줄식), 뗏목식 및 말목식으로 나누인다(그림 10-8~10).

한편, 대합, 바지락, 피조개, 꼬막 등 주로 모래바닥에 사는 생물이나 전복, 해삼 등과 같이 암석지대에 사는 생물들을 양식하기 위해서는 별도 시설이 필요하지 않으며, 성장을 양호하게 하기 위한 환경을 조성한 다음 종묘를 뿌리기만 하면 된다. 소라나 전복 등의 패류는 그물로 만든 용기에 넣어 해수의 중층이나 저층에 매달아 해조류 등의 먹이를 공급하여 양식하는 경우도 있다.

해조류에 속하는 미역은 조간대 하부의 암반에 부착해서 살며, 김은 조간대 상부의 바위나 말목 또는 다른 해조에 붙어서 사는 습성이 있다. 이러한 습성을 이용하여 미역은 바위 대신에 밧줄에 붙어서 살 수 있도록 수면 아래 일정한 깊이에 밧줄을 설치해서 양식한다. 김은 전통적으로 갈대나 대나무 등의 섶을 얕은 연안의 바닥에 꽂아서 김포자가 자연적으로 부착하여 성장할 수 있도록 대쪽으로

그림 10-8.
굴양식장(수하식).

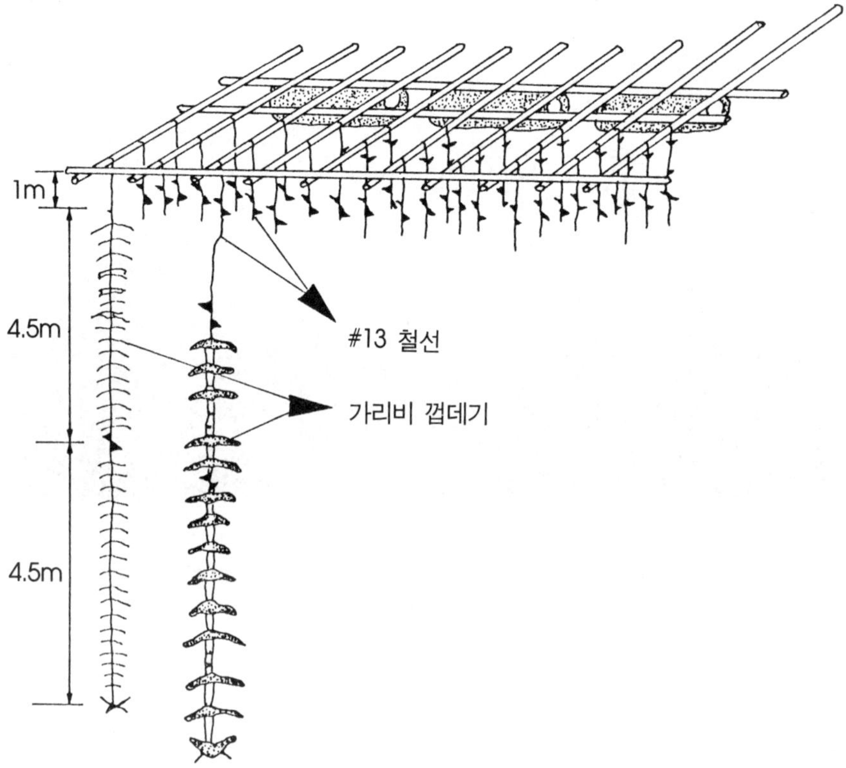

그림 10-9.
뗏목식 수하시설 조감도. 시설물이 부표에 의해 떠 있다.

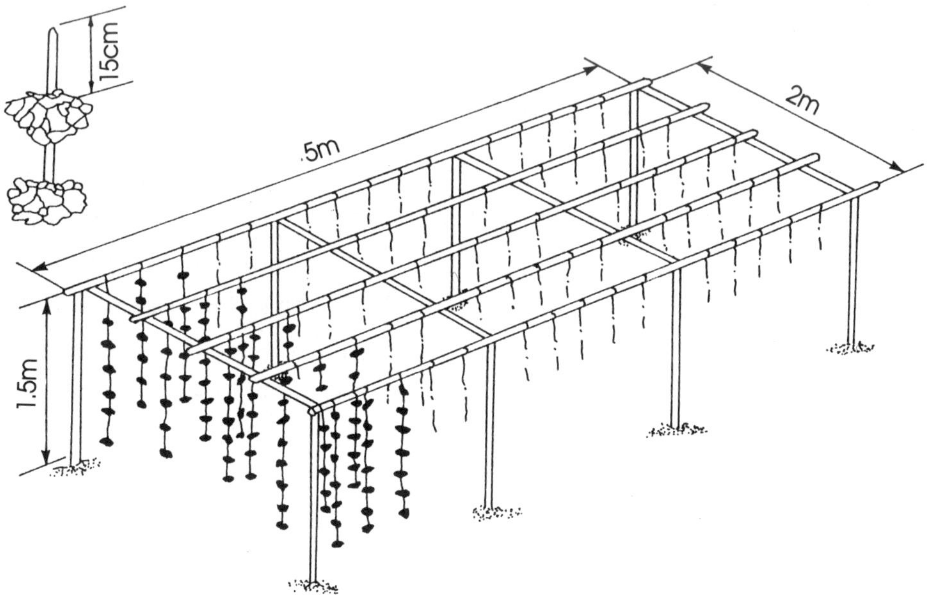

그림 10-10.
말목식 수하시설 조감도. 시설물이 기둥에 의해 고착되어 있다.

그림 10-11.
김양식장.

발을 엮어 물 속에 수평으로 설치하여 양식하였으나 최근에는 완제품으로 만들어진 그물발을 이용하여 양식하고 있다(그림 10-11).

양식종의 종류와 생산량

양식의 대상이 되는 종들은 자원생물로서 이용되는 전체 종수에 비하면 많은 편이 아니다. 양식되는 종들은 두 가지 부류로 나눌 수 있는데, 하나는 양식에 소요되는 비용을 충분히 충당하고도 이익이 남는 고가의 종이고, 다른 하나는 조방적(組放的)인 양식이 가능하여 대량생산을 하기 위한 종이다. 전자의 예는 새우나 전복 등이며, 후자는 조개나 미역 등이다.

상업적으로 성공한 양식 어류에는 연어류(*Oncorhynchus*), 방어(*Seriola quinqueradiate*), 참돔(*Chrysophrys major*), 감성돔(*Mylio macrocephalus*), 돌돔(*Oplegnathus fasciatus*), 넙치와 가자미류(*Pleuronectes*, *Solea*), 숭어류(*Mugil*, *Chanos*) 등이 있다. 갑각류 중에는 새우류(*Penaeus*, *Metapenaeus*, *Leander*)가 상업적으로 성공을 거둔 생물이며, 연체류로서 굴(*Crassostrea*, *Ostrea*), 홍합(*Mytilus*) 등이 있다. 그밖에 조개류(*Anadara*, *Tapes*, *Mactra*, *Mercenaria*, *Meretrix*)와 전복(*Haliotis*) 등도 소규모로 양식된다. 또한 미역(*Undaria*)과 김(*Porphyra*) 등의 해조류도 한국, 일본, 중국 등 일부 지역에서 집약적으로 양식된다. 양식대상 종의 수는 어획되고 있는 어업생물의 종수에 비하면 엄청나게 적다. 현재, 닭새우나 게, 가리비 등은 양식을 위한 실험단계에 있으며, 앞으로 많은 종들이 양식대상 종으로 개발될 여지가 있다.

양식업은 농업에 비하여 상당히 늦게 발달하였지만 식량원으로서의 잠재력은 매우 크다. 굴양식장을 예로 들면 집약적인 생산량은 5.8톤/ha 정도인데, 자연상태의 생산량은 10 kg/ha에 불과하다(Bardach 1968).

현재 전세계의 양식생산량은 약 천만 톤으로 수산물 전체 생산량의 11% 수준이다. 더구나, 이 중 대부분이 담수양식이고, 해양양식에 의한 생산은 여전히 적은 상태이다. 우리나라의 경우 양식에 의한 생산이 계속 확대되어 1990년에는 한국 수산물 전체 생산량의 24%에 해당되는 77만 톤에 달한다. 그러나 해양양식의 기술은 아직 초기 개발단계에 있다. 따라서 유전공학 기법을 이용한 어류의 신품종 개발, 종묘생산 기술의 개선, 해양목장화 시스템 개발 등 기술개발이 이루어지면 미래의 생산량은 크게 늘어날 것이다. 그러나 해양생태계를 보전하고 어업생물자원도 보호해야 하므로 모든 연안을 양식장화할 수 없어 양식에 의한 생산 역시 어떤 한계를 갖는 것만은 틀림없다.

양식생산의 한계

해양양식은 인류의 식량문제를 해결해 줄 수 있는 방법 같지만, 실제로는 가까운 미래에 대체식량을 생산하는 역할을 전적으로 수행할 것으로 보이지는 않는다. 왜냐하면, 해양양식에는 몇 가지의 어려움이 있기 때문이다. 첫째, 투자비용을 상회할 정도로 이익이 충분치 않고, 이를 해결하기 위한 양식기술도 부진하다는 사실이다. 해양생물들은 그들이 살아가는 데 적합한 물리적, 화학적 특성을 가지는 서식환경이 필요하므로 못이나 탱크내에서 이러한 환경을 영구적으로 계속 유지시키는 것은 매우 어렵다. 배설물과 기타 독성 물질들이 제한된 공간내에 축적되어, 이를 제거하는 데는 많은 경비가 든다. 적당한 환경을 계속 유지하는 데 필요한 경비는 생산에 의한 소득보다 더 큰 경우가 많다. 또한, 많은 종류의 해양생물들은 성어에 이르기까지 여러 단계의 자치어기를 거치면서 단계별로 다양한 서식조건과 다른 먹이를 필요로 하므로 이를 만족시키기 위한 투자도 필요하다. 자연상태가 아닌, 제한된 공간에서 높은 밀도로 양식하면 질병이 발생하며, 또 기생충이 생길 수도 있다. 따라서, 앞으로의 양식가능 대상종으로는 자치어기가 무시될 수 있거나 혹은 이러한 기간이 짧은 종, 높은 밀도의 제한된 공간에서도 생산 가능하며, 재생산을 잘 유지할 수 있는 종, 대양의 표영성이 아닌 종들이 선택될 수 있을 것이다.

둘째로는 해양양식이 해양의 연안생태계에 나쁜 영향을 미칠 수도 있다는 사실이다. 양식이 가능한 지역은 내만이나 하구, 개펄 등의 연안지역이다. 아직까지는 대양에서 양식하는 기술을 갖추고 있지 못하기 때문이다. 연안지역은 대부분의 연안 및 근해성 어업자원생물들의 산란장(産卵場, spawning ground) 및 보육장(保育場, nursery ground)이므로 양식장의 확충 정도는 이와 같은 어업생산과의 상충관계를 고려해야 할 것이다. 연안지역은 전체 해양의 아주 작은 부분에 해당되며, 최대의 가능한 밀도로 양식하더라도 결국 많은 생산은 기대하기 어렵다. 양식생산을 높히어 자연 해양생태계가 균형을 잃으면 양식장내의 영양분은 점차 감소하거나 아니면 이상 증가하여 어장이 노후된다. 결국 해양의 잠재생산력을 저하시키거나 생태계를 파괴하는 결과까지 가져 올 수 있다.

1.2. 기타 해양생물자원

해산식물

현재 이용되는 해산식물(海産植物, marine plant)의 종류는 식용으로 이용되는 김이나 미역, 파래, 다시마, 청각 등 일부의 대형 해조류에 국한되어 있으나, 실제로는 옛부터 여러 종류의 해조류가 식품이나 사료, 비료 등으로 사용되어 왔다. 국제연합(UN)의 식량농업기구(FAO)에 따르면, 연간 해조류 생산량은 2천만 톤에 이른다. 이 중 거의 대부분은 식용으로 사용되고 일부만이 공업용 원료, 의약품 등으로 이용된다(표 10-5). 식용으로 주로 사용되는 이유는 해조류가 상당한 양의 단백질과 비타민, 미네랄 등을 함유하는 자연식품이라는 점이다. 예를 들면 김과 파래의 비타민 C의 함량은 알라리라는 레몬에 함유된 양과 거의 비슷하다고 알려져 있다.

화학 · 공업용으로 이용되는 아가(Agar)와 카라지난(Carrageenan), 앨진(Algin)은 폴리사카라이드(Polysaccharide)계 화합물이다. 아가(Agar)는 그 특유의 점성으로 인해 제빵, 제과업에서 통조림업에 이르기까지 널리 사용되며, 미생물의 배양배지로도 사용된다. 카라지난과 앨진은 그 이용범위가 최근 더욱 증가하고 있으며, 그 생산량도 매년 증가 추세에 있다. 카라지난(Carrageenan), 후셀라란(Fucellaran), 후노란(Funoran) 등은 식품, 약품, 화장품, 도료 등으로 이용되는데, 최근에는 해조류의 이용 확대란 측면에서 메탄이나 알콜 같은 연료로서의 이용도 연구되고 있다. 해조류는 의약품으로서도 광범위하게 사용되어 왔는데, 갈조류에 많이 함유된 요오드는 갑상선종의 치료제로 밝혀져 있으며, 해조류의 종류와 성분에 따라 감기나 폐질환 및 위질환, 괴혈병의 예방제로도 사용된다. 미역은 식용 이외에 니코틴 장애 억제와 피임제로도 활용된다(한국해양연구소, 1990). 우리에게 이렇게 유용한 해산식물을 효율적으로 이용하기 위해서는 지속적 생산을 위한 자원생태학적 특성을 파악하는 연구와, 생산된 해산식물을

표 10-5. 해조류의 이용현황

이용방법	해조류명
식 용	김(*Porphyra* spp.), 미역(*Undaria pinnatifida*), 다시마류(*Laminaria* spp.), 톳(*Hizikia fusiformis*), 파래(*Enteromorpha* spp.), 홑파래(*Monostoroma* spp.), 매생이(*Capsosiphon fulvescens*), 청각(*Codium* spp.), 옥덩굴(*Caulerpa racemosa*), 갈래곰보(*Meristotheca papulosa*), 팔손이풀(*Palmaina palmata*), 꼬시래기류(*Gracilaria* spp.), 바다고리풀(*Asparagopsis taxiformis*), 노스톡류(*Nostoc* spp.), 스피루리나(*Spirulina* spp.), 들비라(*Eurvillaea antarctica*)
사료용	뜸부기류(*Polvfetia*), 다시마류, 푸커스류(*Fucus*), 알라리아류(*Alaria*), 아스코필럼류(*Ascophyllum*), 마크로시스티스속(*Macrocystis*), 진두발(*Chondrus*), 팔손이풀
비료용	다시마류, 감태류(*Ecklonia*), 모자반류(*Sargassum*), 칼포필럼류(*Carpophyllum*), 히만탈리아류(*Himanthalia*), 들비라류, 잔가시쩍(*Lithothamnion*), 도박류(*Pachymeniopsis*), 피마토리손류(*Phymatolithon*)
의약용 구충제	참산호말(*Corallina officinalis*), 넓은 지누아리(*Grateloupia livida*), 알지디움(*Alsidium holminthochorton*), 칼로그로사(*Caloglossa leprieurii*), 디게니아(*Digenea simplex*), 청각
갑상선 치료제	김, 유키마(*Eucheuma gelatinae*), 풀가사리(*Gloiopeltis* spp.), 꼬시래기, 푸커스, 다시마, 네마시스티스(*Nemacystis decipiens*), 모자반, 파래
해열·진통제	모자반, 파래, 갈파래(*Ulva* spp.), 김
편도선·기관지염 치료제	풀가사리, 돌가사리(*Gigartina stellata*), 구름진두발(*Chondrus crispus*), 네마시스티스, 가시파래(*Enteromorpha prolifera*), 김, 유키마
비뇨기병	꼬시래기, 검둥감태(*Ecklonia kurome*), 다시마, 미역, 모자반, 네마시스티스, 아세타뷰라리아(*Acetabularia major*), 청각, 갈파래
위병 치료제	유키마, 구름진두발, 애기우뭇가사리(*Geridium divaricatum*), 돌가사리, 풀가사리, 꼬시래기, 검둥감태, 푸커스, 다시마, 미역
괴혈병 예방	김, 팔손이풀
고혈압 예방	김, 다시마
류마치스, 결핵, 관절염 예방	풀가사리
화학공업용 아가 생산용	우뭇가사리(*Geridium*), 개우무류(*Pterocladia*), 겔리디에라류(*Gelidiella*), 겔리디오프리스류(*Gelidiopsis*), 꼬시래기류
카라지난 생산용	진두발류, 유키마류, 펄세라리아류(*Furcellaria*), 돌가사리류, 풀가사리류, 가시우무류(*Hypnea*), 이리다에류(*Iridaea*), 필로포라류(*Phyllophora*)
알긴 생산용	감태류, 대황류(*Eisenia*), 다시마류, 마크로치스피스류, 아스코필럼류, 모자반류

이용하기 위한 생물공학의 연구가 병행되어야 할 것이다.

해양생물공학의 이용

생물체의 주요 기능인 물질, 정보, 에너지 변환의 기능을 직접, 혹은 간접으로 이용하여 식량자원이나 혹은 화학약품 등 인간이 필요로 하는 각종 유용물질을 생산하는 제반기술을 생물공학(生物工學, biotechnology)이라 부른다. 해양생물공학(海洋生物工學, marine biotechnology)은 해양에 서식하는 방대한 생물군을 대상으로 하고 있기 때문에 응용 분야가 넓고 생물공학의 특성상 여러 가지 학문 분야가 융합된 종합과학의 성격을 가진다(한국해양연구소, 1990).

해양생물들은 특이한 환경에서 서식하고, 독특한 방어기작을 갖고 있는 종류가 많기 때문에 이러한 특수성과 관련된 생리활성물질들은 우리에게 유용한 물질들을 만들어 낼 수 있는 가능성을 제공해 준다. 해양생물공학의 대상생물은 크게 해양동물, 해조류, 미생물로 분류된다. 수많은 종의 해양생물 가운데 어패류나 대형 해조류의 생리와 생태에 관해서는 다소 연구되어 있으나, 미세 해조류나 기타의 해양동물 및 미생물에 관한 연구는 아직 미미한 상태이다. 미세 해조류나 미생물은 대형 해조류나 해양동물에 비해 성장이 대단히 빠르고, 인공적인 대량 배양도 가능하며, 유전자 재조합이나 단백질공학 같은 새로운 생물공학기술을 적용하기가 비교적 용이하다. 또한, 이들 가운데는 각종 유용성분을 갖고 있는 종류가 많으므로 해양생물 중에서는 유용성이 높은 대상으로 인정되고 있다.

해양생물공학이 생물공학의 새로운 응용 분야로서 관심을 끌기 시작한 것은 극히 최근의 일로서, 급속한 발전을 이룬 생물공학 기술과 1970년대 이후부터 눈부신 발전을 보인 해양천연물화학이라는 두 개의 분야가 해양생물에 접목되면서부터였다. 해양생물자원은 지금까지 주로 식량자원이나 비료, 사료 등의 비교적 저부가가치성 소재로만 이용되어 왔다. 그러나 해양생물은 육상생물과는 달리 물이라는 특수한 폐쇄환경에서 서식하므로 이들의 대사물질도 육상생물의 것과는 다른, 특이한 화학구조를 가진다. 약 20년 전부터 해양천연물화학 분야의 연구결과에 의해 해양생물에 함유된 다양한 생리활성물질이 알려지기 시작했으며, 최근에는 이들 생리활성물질을 의약품이나 기타 화학제품 등 유용자원으로 개발하기 위하여 첨단의 생물공학 기술을 적용하면서부터 해양생물자원은 미래산업에 필수적인 고부가가치성 소재로서 인식되기에 이르렀다(한국해양연구소, 1990).

해양생물공학은 독립된 연구분야가 아니라 생태학, 미생물학, 분자생물학, 면역학, 단백질화학, 유기화학, 유전공학 등의 생물·화학 분야와 해양학, 약리학,

의학 등으로 결합된 종합과학이라고 할 수 있다. 해양생물공학의 분야에서는 해양미생물이나 미세 해조류에 대한 유전자 재조합, 대형 해조류의 세포 융합, 해산 동물의 염색체 조작 등을 통한 해양생물의 유전 육종연구 등이 시도되고 있으며, 유용생리활성물질을 검색하여 항암제, 항에이즈제, 항균제, 항종양제, 특수효소 등을 개발하거나 생물의 방어물질, 변태촉진 물질, 호르몬 등을 의약품 소재로 개발하려는 연구가 진행되고 있다. 또한, 해양생물이 갖는 내염, 내한, 내열, 내압, 광합성, 질소고정, 질소환원, 부유, 발광, 주사성 등의 각종 기능을 해명하여 신경, 발생분화, 감각 등의 기작을 해명하려는 시도도 이루어지고 있고, 적조와 같은 해양생태계 변화를 해명하고 제어하려는 연구, 전기나 자기 또는 음파 등의 물리적 수단을 도입하여 해양생물을 대량으로 배양하거나 양식하려는 연구 등도 시도되고 있다.

미국에서는 대체에너지 개발을 위하여 해양 식량에너지 농장계획(Ocean Food and Energy Farm Project)과 씨그랜트 프로그램(Sea Grant Program) 등의 연구가 산학협동으로 진행중에 있다. 또한, 대형 해조류에서 메탄가스를 생산하려는 연구나 미세 해조류에서 유용유지를 얻으려는 연구, 미세 해조류를 배양하여 청정에너지인 수소를 생산하려는 연구가 실행중이거나 계획중에 있다. 미국을 비롯한 선진국에서는 해양생물로부터 추출된 천연생리활성물질에 이미 상당한 수의 신물질 특허를 부여하고 있으며, 일부는 이미 새로운 의약품으로 개발되었다.

지금까지의 연구결과에 의하면, 수많은 해양생물 중에서도 특이 구조의 생리활성물질은 몇 종류의 생물로부터 집중적으로 추출되는 것으로 알려져 있다(표 10-6). 그 생물들을 보면, 다양한 종류의 무척추동물과 해조류, 그리고 어류가 주종을 이룬다. 이러한 해양생물들은 의약품, 신소재, 농약, 화장품, 도료, 염료의 원료 등 다각도로 활용된다. 특히 의약품으로 사용되는 해양생물로는 연체류, 극피류, 어류 등이 있는데, 육상 동식물에서는 얻을 수 없는 특수한 물질을 추출하여 새로운 항암제, 항균제, 진통제, 살충제, 접착제, 인공피부 및 혈관 등의 재료로 활용되고 있다. 이와 같이 해양생물로부터 추출된 천연물이 유용 신물질로서 개발되기 위해서는 우선 생물의 채집과 분류, 유용물질의 추출과 정제, 대사물질의 구조결정이 이루어져야 하며, 선별된 물질들의 유용성에 대한 실험분석 및 검증의 과정을 통해 신물질로서의 적합성이 평가되어야 한다.

표 10-6. 해양생물의 활용도(허, 1989)

생물명	활 용 대 상
새우, 게(껍질)	인공피부 · 혈관 · 콘텍트렌즈 · 화학재료 · 항암제 · 혈액응고제 · 사료 · 도료 · 염료 · 화장품
섭조개	초강력 접착제(골절 · 치아교정용)
말발굽조개 · 투구조개	패혈증 · 임질 · 뇌척수막염 · 대장염 · 복막염
하등조개(Bugula)	항암제 · 백혈병 치료제
전복 · 연산호 (gorgonian)	항암제 · 피임제 · 간염 치료제 · 관절염 · 류마티스 · 소염제 · 신경근육제 · 심혈관약 · 기타 40여 종의 화학물질
해파리(독)	위궤양 · 심장병 치료제
불가사리	제초제 · 살충제
갯지렁이	농약(이화명충 퇴치용)
낙지(타액)	혈액응고 방지제 · 심장정맥 정상화용
해조류	위궤양 · 십이지장 · 관절염 · 화상 치료제 · 상처치유(수술) · 진해제 · 동맥경화 예방 · 인플루엔자
미역	니코틴 장애 억제 · 피임제
어류(어유 · 지방)	심장마비 · 천식 · 관절염 · 간염 치료제
복어(독)	두통 · 신경통 치료제 · 진통제
전기장어	유독가스 치료제

2. 관리와 개발전망

2.1. 평가와 관리

수산자원의 특징

수산자원이란 수산업에 의하여 이용될 수 있는 해양생물의 집단을 가리킨다. 수산자원은 지구상에 존재하는 여타 자원들과는 다른 특성을 가진다. 화석연료인 석탄, 석유, 가스나 광물자원 등은 이용할수록 감소하는 갱신불가능자원이지만 수자원(水資源)이나 생물자원은 계속적으로 생산되며 소멸되는 갱신가능자원이다. 이 중 생물자원은 갱신가능(renewable)자원이라는 점에서는 수자원과 같으나 자원 그 자체가 성장하고 번식을 하여 재생산을 할 수 있느냐 없느냐 하는 점

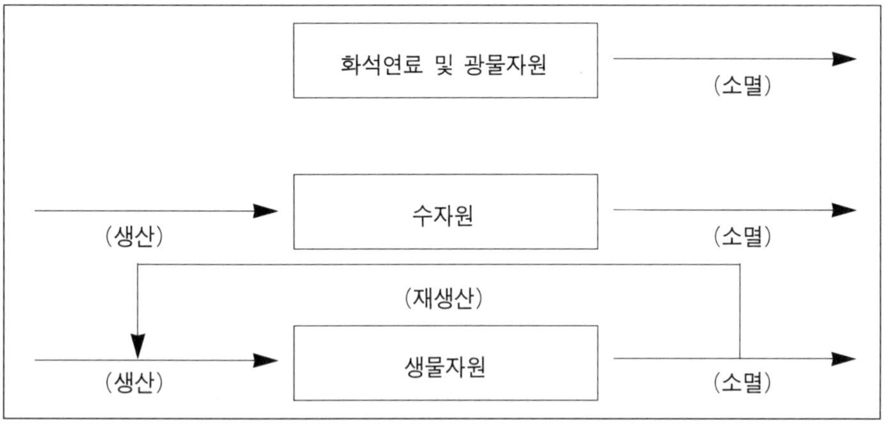

그림 10-12. 자원의 종류에 따른 재생산성(장, 1991).

에서는 서로 다르다. 이러한 의미에서 생물자원은 자율(self-regulating)자원이라고 할 수 있다. 따라서, 생물자원의 하나인 수산자원은 자율갱신가능자원(自律更新可能資源, self-regulating renewable resource)이라고 불리운다. 이러한 특징을 그림 10-12에 나타내었다.

화석연료나 광물자원은 사용한 만큼 감소하고, 수자원은 순환에 의해서 감소한 만큼 다시 충당된다. 광물자원은 일방적으로 흐를 뿐 감소와 충당이 어떤 상관관계를 가지지 않는다는 점에서 수자원과 다르다. 따라서 사용 불가능한 에너지, 즉 '엔트로피'(Entropy)가 지구상에서 계속 증가한다는 열역학 제2법칙을 올바르게 인식하고 한정된 자원을 현명하게 이용하여야 한다. 수산자원은 어획을 하더라도 이를 다시 충당하기 위한 생산력을 발휘하므로 생산력을 높은 수준에서 유지할 수 있도록 자원상태를 조절하면 영속적으로 자원을 이용할 수 있다. 수산자원도 계속되는 외부의 태양에너지로부터 생산되는 기초생산력에 의존하여 재생산이 가능하나 관리를 잘못하여 자원이 일정 수준 이하로 떨어지면, 재생산력을 잃어 광물자원과 같은 고갈성 자원이 된다. 수산학자들은 수산자원의 고갈을 막고, 바다로부터 최대의 생산을 얻기 위해 수산자원을 최적상태로 계속 유지하는 방법들을 연구하고 있다.

수산자원은 다른 자원과는 달리 대개 이동성을 가지며, 또 자원의 주인이 대부분 없다. 특히 200해리 경제수역 체제가 정착되기 전에는 더욱 그러했다. 200해리 경제수역 체제하에서도 수산생물의 이동하는 성질 때문에 한 국가의 수산자원은 다른 국가와 공동의 자원이 될 수 있다. 공해상에서 주인이 없는 자원이라도 이 자원을 과다하게 이용하면 인근 연안국의 자원에 영향을 주므로 국제 분쟁의 원인이 되기도 한다(예: 베링공해의 명태자원). 흔히 여러 국가에 의하여 이용되는 해역의 공유자원들은 인근 연안국들간에 수산자원의 공동관리 협약이 없으면 (예: 황해, 동중국해), 경쟁적인 과도어획 때문에 자원감소를 초래하게 된다. 따라서 이러한 경우에는 상호 호혜적으로 수산자원의 효율적 이용을 위한 공동 노력이 필요하다.

수산자원을 연구하는 과정은 수산자원을 평가 진단하고, 효율적으로 관리하며, 합리적인 계획 경영을 위하여 어황을 예측하는 세 가지로 나누어진다. 따라서, 이러한 목적을 달성하기 위한 분야도 대개 세 부문으로 나누어서 생각해 볼 수 있다. 이 가운데 두 부문은 생물학적인 접근방식을 요구하는 분야이며, 다른 하나는 환경을 고려하는 분야이다.

생물학적 분야의 첫번째는 자원생물의 자연사(natural history)적 연구분야인데, 자원생물들이 어디에 분포하며, 어디로 이동하고, 언제, 어디서 산란하고 성장하며, 무엇을 먹고 사는지에 관련된 연구를 하여 단위자원(單位資源, unit stock)을 판별하고, 이들이 생활사를 거치면서 어떻게 성장하며 생존을 영위하는가, 자신이 속해 있는 영양단계에서 다른 영양단계에 속한 생물들과 어떠한 관계를 가지는가를 밝혀 내는 분야이다. 두번째 분야는 단위자원들의 개체군역학적인 연구분야로서 성장률, 사망률, 재생산 및 자원량에 관련되는 수량 변동에 관한 연구를 목표로 하는데, 여기에는 개체군생태학, 개체군역학, 자원평가론 및 자원관리론 등의 분야가 포함된다. 환경을 고려하는 세번째 분야는 물리화학적인 해양환경 요인들이 자원생물과 어떠한 관계를 가지는가에 관한 연구분야로서 수산해양학, 수산자원환경론, 어해황론 등이 포함된다.

평가방법

목 적

수산자원을 효율적으로 이용하기 위해서는 다음의 몇 가지 문제에 대한 해답을 찾아야 한다. 즉, 1) 무엇이 수산자원의 변화를 초래하는가, 2) 자원의 자연적인 변화를 우리가 예측할 수 있는가. 만약 그렇다면, 이러한 변화를 예측해서 자원수준이 높은 기간 동안에는 최대로 활용하고, 낮은 수준 동안에는 보존할 수 있는가 이다. 또 3) 자원의 감소는 어획에 의해 영향을 받는가. 만약 그렇다면 어업에 의해 획득할 수 있는 지속적인 생산량은 얼마인가. 4) 자원의 변화는 어업과 환경요인에 의해 동시에 영향을 받는가. 만약 그렇다면 환경의 제반현상을 이용하여 자원을 보존시키면서 최대 어획을 가능하게 하는 가장 좋은 어업전략은 무엇인가 등이다.

이러한 기본적인 의문사항들은 1) 수산자원의 변화를 초래하는 개체군(個體群, population) 생물학적 특성과 자원역학적 변동법칙, 2) 현재의 수산자원의 수준과 증감 추세를 파악하는 자원평가와, 이를 토대로 자원상태를 판단하는 자원진단, 3) 자원을 효율적으로 보존하고 계속해서 이용할 수 있는 방법을 알아내어 조치를 취하는 자원관리, 4) 자원생물의 생태학적 법칙성을 탐구함으로써 어황을 장·단기적으로 예측하여 효과적이고 계획적으로 추구할 수 있는 어업 경영 등에 의해 어느 정도 해결될 수 있다. 수산자원 평가의 목적은 수산자원의 자율적 갱신과정에 영향을 미치는 여러 요인과 이 과정에 미치는 어업에 대한 반응을 파악하여 자원의 이용을 최적화하는 방법을 모색하는 데 있다고 하겠다.

수산자원의 변동요소

수산자원은 하나의 생물집단으로서, 다음과 같은 성질을 가진다. 기본적인 속성으로 밀도(密度, density)와 자원량이 있으며, 밀도를 결정하는 2차적인 속성으로 출생률(出生率, birth rate), 사망률(死亡率, death rate), 이입률(移入率, immigration rate), 이출률(移出率, emigration rate)이 있다. 다음으로 이러한 2차적인 속성에 영향을 미치는 3차적인 속성인 성비(性比, sex ratio), 연령조성(年齡組成, age composition), 체장조성(體長組成, length composition), 체중조성(體重組成, weight composition), 유전자조성(遺傳子組成, gene composition) 등이 있다.

수산자원은 자연상태에서 출생에 의하여 개체수가 증가하고 사망에 의하여 개체수가 감소한다. 여기서 출생이라는 개념은 자원으로의 가입을 의미한다. 어업활동이 일어나면 자연사망에 의한 감소 외에 어획에 의한 감소가 추가된다. 따라서, 자원을 개체수로 나타낼 때는 자원의 변동은 가입수와 자연사망에 의한 개체수, 어획사망에 의한 개체수 등 세 개의 변수에 의하여 결정된다. 대개의 어류자원은 중량으로 나타내므로 이 경우에는 앞의 세 가지 요소에 개체의 성장에 의한 무게의 증가를 추가해야 한다. 이러한 관계는 그림 10-13과 같이 나타낼 수 있다. 러셀(Russell, 1931)은 이를 다음 식으로 나타내었다.

$$S_2 = S_1 + A + G - D - Y$$

즉, 어느 해 초기의 자원량 S_1과 다음해 초기의 자원량 S_2 사이에는 가입량 A와 개체의 성장에 따른 증중량(增重量) G에 의한 자원의 증가요인과 자연사망량 D 및 어획에 의한 사망량인 어획량 Y에 의한 감소요인이 작용한다. 자원변동이 없는 평형상태($S_1 = S_2$)라면 $A + G = D + Y$의 관계가 성립되어 증가와 감소의

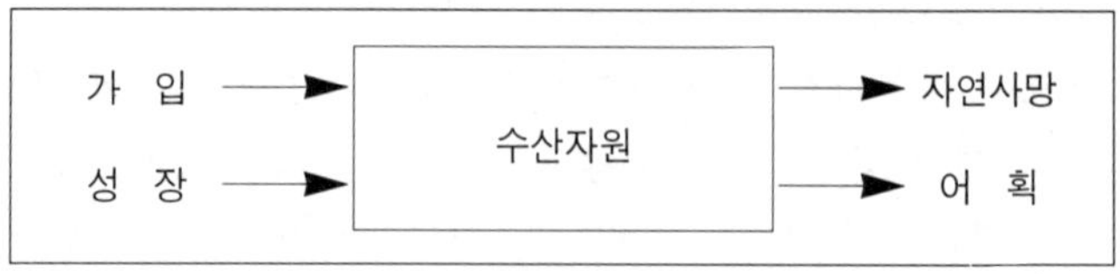

그림 10-13.
수산자원의 변동에 관련되는 요소

크기가 같다. 이를 우리가 수확할 수 있는 어획량을 기준으로 나타내면 다음과 같다.

$$Y = A + G - D$$

이 관계식은 어획이론의 기초가 되는 식으로서 어획량(Y)을 자연변동량인 $A + G - D$ 만큼 취하게 되면, 자원은 감소도 증가도 않는 평형상태를 유지한다는 의미이다. 만약, Y가 우변보다 크면 $S_2 < S_1$이 되어 자원은 감소하고, 반대로 우변보다 작으면 자원은 증가한다. 위에서 우변의 A, G, D는 자연적 요인에 의해 결정되므로 자연증가량, 또는 잉여생산량(剩餘生産量, surplus production)이라 부른다. 이에 반하여 좌변의 Y는 인간의 행위와 관련된 요소이다. 그러므로 효과적인 자원평가와 관리를 위해서는 각 요소를 명확히 파악하여 자원변동의 구체적인 법칙성을 구하는 것이 필요하다.

한편, 자원의 변동을 밀도와 관련하여 생각해 보면, 환경조건이 양호하여 자원량이 증가하면 내부적, 혹은 외부적으로 이 증가를 견제하는 힘이 생겨서 어느 한계 이상으로 증대하는 것을 억제한다. 반대로 조건이 나빠지면 자원량은 감소하지만 이 감소로 인해 자원 자체에는 여력이 생기므로 자원량은 증가하고 증가를 견제하는 힘이 작용할 때까지 이 수준이 유지된다.

자원량 추정방법

하나의 자원생물 개체군을 합리적으로 관리하는 데는 그 개체군의 변동과 관련된 정보를 알아야만 한다. 시간의 경과와 더불어 변화하는 개체군내의 개체수를 파악해야 하는 이유는 개체수가 생산량을 결정하는 기본적 요소가 되기 때문이다. 대부분의 개체군에 있어서 개체수를 직접 세어서 추정하는 것은 많은 요인들, 예를 들면 인력과 경비의 부족, 실행상의 문제점 등으로 인해 거의 불가능하므로 표본을 이용해서 통계학적으로 추정하는 방법을 주로 사용한다.

개체수나 자원량의 추정에는 다양한 방법들이 이미 개발되어 사용되고 있다. 이 방법들은 대개 두 가지 부류로 나뉜다. 즉, 어획자료를 이용하는 간접적인 추정방법과 실제 조사에 의한 방법이다. 어획자료 이용방법은 코호트 분석법(cohort analysis)과 단위노력당어획량(單位努力當漁獲量, catch per unit effort)

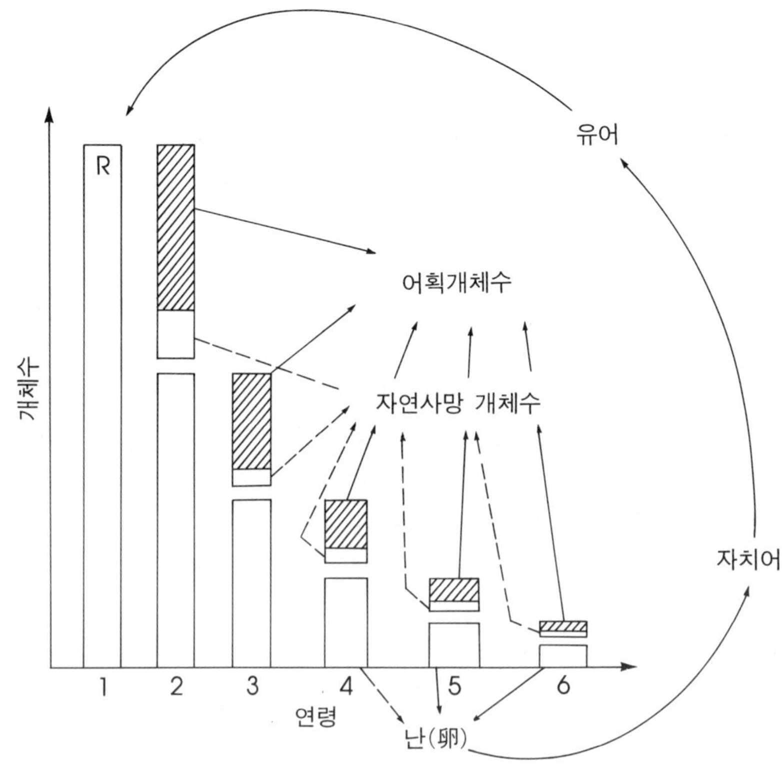

그림 10-14.
평형상태에서 연령구조 모델로 나타낸 한 동일 발생 연급군(cohort)의 생활사 모식도. R은 가입마리수를 나타낸다.

모델, 표지방류법, 조성변화법 등으로 나눌 수 있다. 이 가운데 개체군의 각 연급군의 연령구조를 고려한 코호트 분석법이 최근 가장 많이 사용된다. 그림 10-14는 어획되고 있는 개체군의 한 코호트에 대해 연령별로 개체수가 변화하는 과정과 재생산 과정을 보여 준다. 이 개체군은 1세에 가입한 후 2세부터 어획과 자연사망으로 개체수가 점차 감소하며 4세에 이르러서는 재생산에 참여하여 알을 생산한다. 이 알은 부화되어 자치어기와 유어기를 거쳐서 다시 새로운 자원으로 가입된다. 코호트 분석법은 이렇게 연령구조를 파악하여 연급군별로 개체군의 자원량을 추정하는 방법이다.

실제 조사에 의한 방법에는 트롤 조사에 의한 소해면적법(掃海面積法, swept area method)과 플랑크톤 조사에 의한 난생산량법(卵生産量法, egg production method), 수중음향기기를 이용한 수음향학적 방법(水音響學的 方法, hydroacoustics) 등이 있다. 각각의 방법들은 서로 다른 가정하에서 수행되며, 적용되는 상황이 다르므로 장단점이 있다. 두 가지 이상의 방법을 병용하여 자원량을 추정하면 추정 결과가 일치하지 않을 때에 상호보완하여 해석할 수 있게 된다(장, 1991).

자원평가 모델

수산자원을 평가하고 관리하려면 필수적으로 그 자원군에 가해지는 어획의 영향을 알아야만 한다. 어업자원군에 대한 어획의 영향을 추정하는 방법에는 여러 가지가 있다. 어업 자원역학에서 적정 어획수준을 결정하기 위해 사용하는 수학 모델은 크게 두 가지 계열, 즉 잉여생산량 모델(剩餘生産量 모델, surplus production models)과 가입당생산량 모델(加入當生産量 모델, yield per recruit models)이 있다(Zhang, 1987).

이들 모델만큼 널리 사용되지는 않지만 제한된 어종에 대해서 여전히 사용되는 재생산 모델(再生産 모델, regeneration models)의 계열도 역시 자원평가에 있어서 중요하다.

잉여생산량 모델은 생체량의 재생산을 추적하여 자원을 평가하는 모델이다. 생체량의 크기는 환경요인과 생물체간의 상호작용에 의해 결정된다. 자연상태하에서 하나의 자원군은 생체량이 증가하거나 감소하지 않는 상태에 놓일 수 있는데, 이는 개체의 성장률과 가입률이 자연사망률과 같게 되는 상태로 이를 평형상태라고 부른다. 생물체간의 상호작용은 흔히 밀도종속적(密度從屬的, density-dependent) 과정이라 부른다. 이 과정에서는 생체량이 증가함에 따라 성장률이나 생잔율, 혹은 가입률이 감소하며, 따라서 하나의 평형점에 도달하게 된다. 어획이 가해지면 생체량이 감소하고, 이로 인해 자원군의 성장률이나 생잔율, 혹은 가입률은 증가하며, 마침내는 잉여량을 생산하게 된다. 즉, 어업은 어류 자원을 솎아 냄으로써, 그 자원 자체가 유지되면서 생기는 생산물을 얻는 것이다. 잉여생산량 모델은 자원군의 크기의 변화만 다루고 자원군의 연령분포와 같은 세부적인 속성은 고려하지 않는다. 이 모델의 목표는 자원군의 크기와 그 자원군이 생산하는 잉여생산량(혹은 평형생산량)과의 관계를 규명하는 것이다.

잉여생산량 모델은 베르헐스트(Verhulst, 1838)에 의해 처음으로 제시되고, 그 후 펄과 리드(Pearl & Reed, 1920)에 의해 재발견된 로지스틱(logistic) 개체군 성장 모델에 근거를 두고 있다. 그래함(Graham, 1935)은 개체수로 표현되는 원래의 로지스틱 성장 모델을 개체수 대신에 생체량으로 표현해서 어업자원에 처음으로 응용하였다. 쉐이퍼(Schaefer, 1954, 1957)는 그래함의 모델을 좀 더 체계화하여 쉽게 사용할 수 있는 모델로 발전시켰으며, 이후 여러 가지 변형된 모델들이 계속 개발되었다(Pella & Tomlinson, 1969; Fox, 1970; Schnute, 1977).

잉여생산량 모델에서 지금까지는 어획량과 어획노력량 자료만을 사용해서 추정치를 구하는 모델이 개발되어 왔으나, 씨크와 캐디(Csirke & Caddy, 1983)는 어획노력량이 어획사망계수에 직접 비례한다는 가정이 틀린다고 가정하고, 어획노력량을 사용하는 대신 전사망계수나 어획사망계수를 사용하는 모델을 개발하였다. 즉, 쉐이퍼 모델에서는 어획량(Y)을 어획노력량(f)으로 나눈 단위노력당어획량($U = Y/f$)이 어획노력량과는 반비례의 관계에 있다고 가정하여,

$$U = U_\infty - (U_\infty\ q/r)f$$

여기서 U_∞ = 이론적 최대단위노력당어획량, q = 어획능률계수, r = 개체군 성장률.

매년의 어획노력량과 단위노력당어획량 자료를 이용하여 모델의 파라미터를 추정한 후, 윗 식을 다음과 같이 2차식으로 변형시켜 최대지속적생산량(MSY)과 이때의 어획노력량(f_{MSY})을 구한다. 즉, $U = Y/f$ 이므로

$$Y = U_\infty f - (U_\infty\ q/r)f^2$$

이 위로 볼록한 포물선식의 꼭지점이 MSY와 f_{MSY} 이므로 포물선식을 미분해서 0으로 놓고 MSY($= U_\infty r/4q$)와 f_{MSY}($= r/2q$)를 추정한다. 그러나 씨크와 캐디는 어획노력량(f) 대신 순간전사망계수(Z)를 사용하는 2차식을 제안하였다.

$$Y = -(B_\infty M + B_\infty(M^2)/r) + (B_\infty + 2B_\infty(M)/r)Z - B_\infty/r)Z^2$$

여기서 M = 순간자연사망계수, B_∞ = 이론적 최대생체량. 중회귀분석에 의하여 모델의 파라미터를 추정한 후, MSY와 Z_{MSY}를 구하기 위하여 위 식을 미분해서 0으로 놓고 추정한다(장, 1991 참조). 장(Zhang, 1987)은 단위노력당어획량($CPUE$)이 적합한 자원량 지수가 될 수 없다고 보아 생체량과 어획량(혹은 어획사망계수)을 사용하는 모델을 개발하였다. 장 모델에서는 생체량(B_t)과 어획사망계수(F_t)를 다음의 관계식으로 나타내었다.

$$B_{t+1} = B_t \exp\left(r - \frac{r}{B_\infty^{m-1}}\overline{B}_t^{\,m-1} - F_t\right), \text{ 여기서 } M\text{은 상수}$$

위 식을 선형화하여 매년의 생체량과 어획사망계수를 이용해서 모델의 파라미터를 추정한다. MSY와 F_{MSY}를 구하기 위해서 우선 평형시의 생체량($B_{t+1} = B_t = B^*$)에서 얻을 수 있는 평형생산량(Y)을 윗 식으로부터 구한다. $Y = FB^*$이므로,

$$Y = F\left(\frac{r-F}{r}\right)^{\frac{1}{m-1}} B_\infty$$

MSY와 F_{MSY}는 평형생산량(Y)을 F에 대하여 미분해서 0으로 놓으면 다음과 같이 구할 수 있다.

$$MSY = r(m-1)^{\frac{m}{1-m}} B_{\infty}$$

$$F_{MSY} = \frac{r(m-1)}{m}$$

그림 10-15는 한국 근해의 참조기 자원을 장(張) 모델에 의해서 계산한 평형생산량 곡선인데, 이 모델에 의하여 추정된 참조기자원의 최대지속적생산량(MSY)은 45,318톤이었으며 이때의 어획사망계수(F_{MSY})는 0.493으로 추정되었다.

가입당생산량 모델은 다른 하나의 자원평가를 위한 모델의 계열이다. 가입당생산량 모델에서는 앞에서 소개한 러쎌 방정식의 네 가지 요소인 가입량, 증중량, 자연사망량 및 어획사망량을 분리하여 수산자원의 평가와 관리 모델에 적용시킨다. 이 모델은 이상과 현실간의 조화를 이루고 있다. 즉, 각 과정에 대한 정보를 이용하여 시스템내에서 진행되는 과정을 적절하게 반영해 준다.

대개의 어류 개체군은 많은 연령군의 동일발생군(cohort)으로 구성되어 있다. 대부분의 어업자원에서는 하나의 동일발생군이 매년 생산된다. 러쎌이 분류한 네 가지 과정은 어류 개체군의 연령구조내에서 각 연령군에 독립적으로 작용한다. 하디(Hardy, 1958)에 의해서 예시된 연령구조의 중요성은 다음과 같다. 그는 대서양산 대구의 자원을 예로 들면서, 그 어업이 평형상태에 있고 어업에 의해서만 사망이 일어난다고 가정하였다. 이때 추정되는 연령구조는 표 10-7a와 같다. 50%의 어획률은 80%의 어획률과 꼭 같은 생산을 가져오고 50%의 어획률로 어획시에는 자원내에 더 많은 고령어가 남게 됨을 보여 주었다. 생산을 어획 개체수가 아닌 어획 중량으로 계산하면, 표 10-7b에서 보는 바와 같이(161,138 − 106,102)/106,102 = 0.52가 되어 50%의 어획률이 80%의 어획률보다 52% 더 높은 생산을 할 수 있음을 알 수 있다. 또한, 가입이 3세로 연기된다면 80% 어획률에서는 원래의 80% 어획률보다 생산량에서 90%를 증진시키게 됨을 표 10-7b에서 알 수 있다.

그러나 50% 어획률에서는 원래보다 49%만 생산량이 증가된다. 만약, 가입이 훨씬 더 고령어로 연기되거나 어획률이 너무 적어지면 생산량은 감소하게 된다. 하디의 예에서 중요한 점은 어떤 특정한 연령구조와 성장률을 가진 자원으로부터 최대의 생산량을 얻게 하는 어획률과 가입연령의 적절한 조합이 존재한다는 것과 서로 다른 어획률과 가입연령에 따라 자원의 연령구조가 변하게 되는 것을 보여

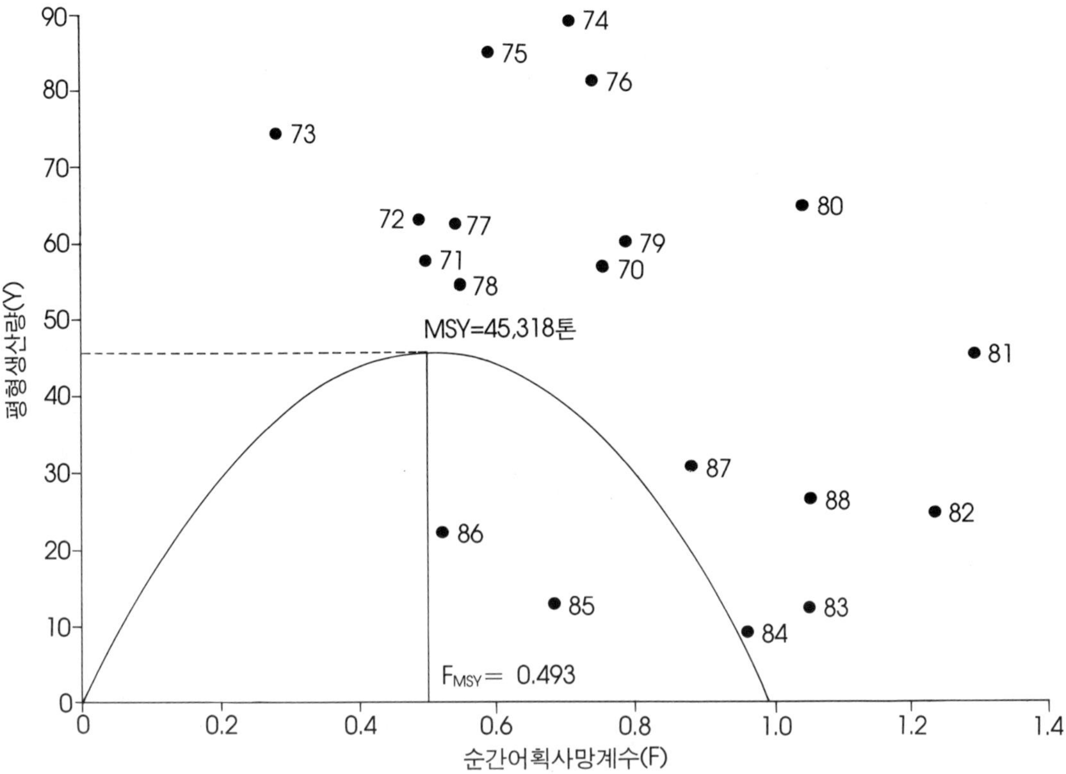

그림 10-15. 한국 근해산 참조기의 1970~1988년 연도별 자원량과 순간어획사망계수를 사용하여 장(張) 모델에 적용시켜 나타낸 평형생산량 곡선. 점들은 해당 연도의 실제 어획량과 순간어획사망계수(F)를 나타낸다(m = 2, B_∞ = 183,980톤, r = 0.985). 1970년대에는 1980년대에 비하여 순간어획사망계수가 낮았음에도 불구하고 실제 어획량은 상대적으로 더 많았다. 1980년대의 어획대상자원량이 감소되었음을 보여 준다. 또한, 1971, 1972, 1973년을 제외하고는 모든 해의 어획강도가 MSY시 순간어획사망계수(F_{MSY})보다 큰 과도한 어획상태에 있음을 보여 준다.

주었다는 점이다.

가입당생산량을 직접 구하는 방법은 매 연령당 존재하는 어체수를 계산해서 이들을 관측된 평균중량으로 곱하는 것이다. 이러한 방법으로 톰슨과 벨(Thompson & Bell, 1934)은 태평양 넙치(halibut)를 대상으로 어획 및 자연사망치를 여러 가지로 대입하여 각 경우에서의 생산량을 계산하였다. 베버튼과 홀트(Beverton & Holt, 1957)는 폰 버탈란피 성장곡선을 이용해서 바라노프의 어획이론을 가입당생산량 이론으로 발전시켰다. 즉 가입당생산량(Y/R)은 다음과 같다(장, 1991).

표 10-7a. 50%와 80%의 어획률에 의한 가상의 대서양산 대구자원으로부터의 연간 어획 개체수(Hardy, 1958)

	연 80% 어획률		연 50% 어획률	
연 령	자원개체수	어획개체수	자원개체수	어획개체수
1	1,000	–	1,000	–
2	200	800	500	500
3	40	160	250	250
4	8	32	125	125
5	2	6	62	62
6	–	2	31	31
7	–	–	16	16
8	–	–	8	8
9	–	–	4	4
10	–	–	2	2
11	–	–	1	1
계	1,250	1,000	2,000	1,000

표 10-7b. 50%와 80%의 어획률에 의한 가상의 대서양산 대구자원으로부터의 연간 어획 중량(Hardy, 1958을 수정)

연 령	평균 개체중량	어획중량	
		연 80% 어획률	연 50% 어획률
2	82	65,600	41,000
3	175	28,000	43,000
4	283	9,056	35,000
5	400	2,400	24,800
6	523	1,046	16,213
계		106,102(100%)	161,138
3	175	140,000	87,500
4	283	45,280	70,750
5	400	12,800	50,000
6	523	3,138	32,426
계		201,218(190%)	240,676(149%)

$$\frac{Y}{R} = F\exp[-M(t_c - t_r)]W_\infty \sum_{n=0}^{3} \frac{U_n \exp[-nK(t_c - t_0)]}{F + M + nK}$$
$$(1 - \exp[-(F + M)(t_L - t_c)])$$

F는 순간어획사망계수, M은 순간자연사망계수, t_c는 어획개시연령, t_r은 어장 가입연령, W_∞는 이론적 최대체중, K는 성장계수, t_0는 체중이 0일 때의 연령, t_L은 최고의 연령, $U_0 = 1$, $U_1 = 3$, $U_2 = 3$, $U_3 = 1$.

그들에 의하면 가입당생산량(Y/R)은 순간어획사망계수(F)와 어획개시연령(t_c)을 여러 가지로 조합하여 그림 10-16과 같이 나타낼 수 있다. 그림 10-16은 한국 근해산 참조기자원의 가입당생산량을 등생산량곡선(等生産量曲線, yield isopleth)에 의하여 나타낸 것인데, 그림에 있는 숫자는 참조기 한 마리가 어장에 가입하였을 경우, 각각의 순간어획사망계수와 어획개시연령의 조합에 대한 생산량을 나타내며, 점 p는 현재의 어획수준을 가리킨다. 참조기의 현재 가입당생산량이 낮은 수준(20~25g 사이)에 있음을 알 수 있다. 따라서 최대의 가입당생산을 얻기 위해서 현재의 어획강도(F = 1.1) 수준에서는 어획개시연령을 현재의

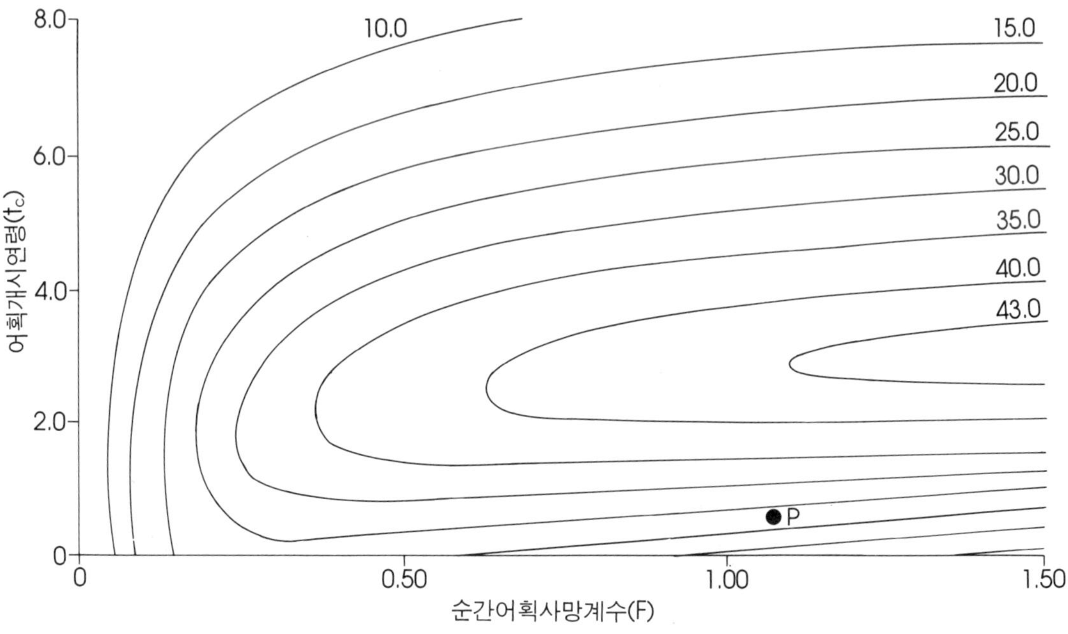

그림 10-16. 한국 근해 참조기자원의 등생산량곡선. 그림에 있는 숫자는 참조기 한 마리가 가입한 후 F와 t_c의 각 조합에 대한 생산량(gram)을 나타내며, 곡선들은 등생산량을 나타낸다. 점 P는 현재의 어획수준을 가리킨다(즉, F = 1.1, t_c = 0.604).(장 등, 1992 참조)

0.604세에서 약 2세로 높여서 어획하는 방법을 선택할 수가 있다. 한편, 현재의 어획개시연령($t_c = 0.604$)을 고수해야 할 경우에는 어획강도를 1.1에서 0.4 정도로 낮추어야 할 것으로 보인다. 그러나 어획개시연령을 2세로 높이는 방법을 선택하면 현재의 가입당생산량의 2배가 되는 43g의 생산이 가능한 데 비하여 어획강도를 0.4로 낮추는 방법에 의해서는 현재의 가입당생산량보다 약간 높은 25g 정도밖에 생산할 수 없음을 알 수 있다. 이와 같이 가입당생산량 모델은 어업관리를 하는 데 있어서 여러 가지의 방안을 모색할 수 있도록 다양한 정보를 제공해 주기 때문에 수산자원 관리에 유익하게 활용되고 있다.

위에서 설명한 두 계열의 모델과는 별도로 재생산과정과 관련되는 재생산 모델 계열도 역시 자원평가에 오래전부터 사용되어 왔다. 어획대상 자원개체군의 재생산과정은 이 과정이 어업의 존속 여부를 지배할 수 있다는 점에서 자원의 평가 및 관리에 대단히 중요하다. 생물학적 과정으로서의 가입은 매우 복잡하다. 산란에서 성어자원으로 가입되기까지의 시간은 산란, 난점착이나 부유, 부화, 변태, 치어 성장, 성육장에서의 생잔, 성어의 색이장으로의 회유 등 복잡한 가입 전 사건과 관련된다.

재생산 모델은 어류자원의 크기와 그 자원으로부터 생산되는 가입량간의 관계를 다루는데, 종종 '자원량-가입량 관계'라는 말로 표시된다. 이 관계는 현재 수산생태학 연구에서 관심의 대상이 되는 아주 중요한 문제이다. 자원량-가입량 과정은 어류개체군을 조절하는 중요 과정으로, 개체군이 계속 증가하거나 감소하지 않고 어느 수준에서 어떻게 유지되는지를 결정하는 주된 기능을 가지는 과정이기 때문에 흥미로운 분야이다.

몇몇 유영성 어류자원, 예를 들어 캘리포니아 정어리와 북해 청어 등의 역사를 살펴보면, 자원량-가입량 문제가 중요함을 알 수 있다. 그렇지만 대부분의 어류자원에서는 가입이 그 모자원의 자원량과 명백한 관계를 가지는 것으로 보이지 않는다. 오히려 특정 해(年)의 산란으로부터 유래하는 연급군의 강도는 그 연급군의 초기 발생단계에서의 환경적 요인들, 예를 들면 산란 직후의 수온이나 난황흡수시 먹이의 공급 정도 등에 의하여 주로 결정된다. 또한 가입량의 크기는 모자원의 크기와 완전히 무관할 수 없다는 점이다. 사실상 모자원은 어떤 범위의 가입량을 결정할 것이다. 그러므로 자원량-가입량 문제는 어떤 크기의 가입량의 분포범위가 성어자원의 크기에 관계없이 일정한지의 여부를 결정하는 문제가 된다. 이 분포범위의 평균치, 즉 주어진 성어자원에 해당하는 평균가입량은 아주 중요한 특성치이며, 정상적인 환경조건하에서 변화가 거의 없는 동안에는 작은 성어자원은 큰 자원에 비해서 적절한 가입량을 산출하는 데 있어서 덜 적합할지

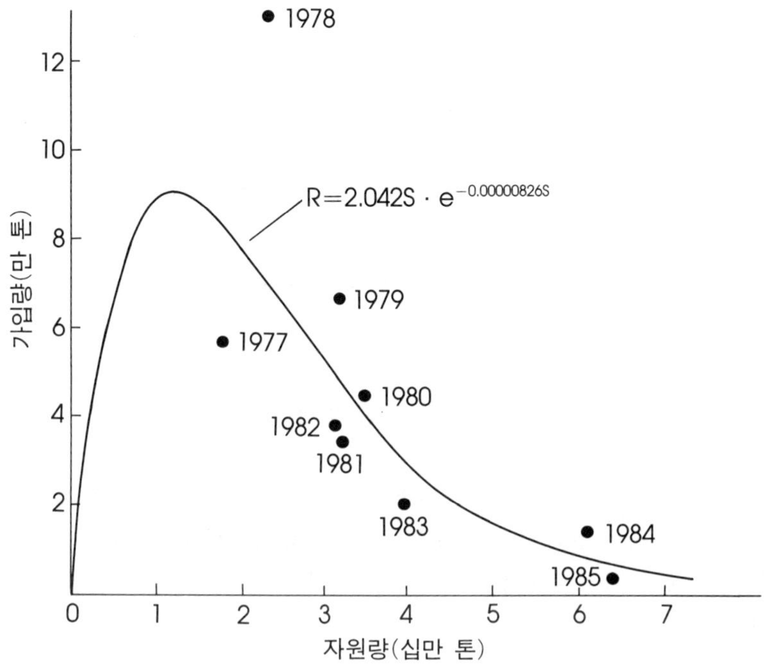

그림 10-17.
리커 모델에 의한 동부 베링해 알래스카 가자미자원의 재생산곡선. 자원량이 12만톤 수준에서 최대의 가입량이 초래되었으며 자원량이 그 수준에서 점차 커질수록 가입량은 밀도종속적인 매카니즘을 보여 준다 (Zhang, 1987).

도 모른다.

재생산 모델의 주목적은 성어의 자원량과 가입량의 평균강도간의 관계를 결정하는 것이다. 이 모델은 캐나다의 리커에 의해서 1954년에 처음으로 수산생태학에 소개되었다. 리커 모델은 가입량이 밀도종속적인 사망과 밀도독립적인 사망에 의하여 결정된다는 가정하에서 만들어진 모델이다. 즉 $R = \alpha S\exp(-\beta S)$, 여기서 R은 가입량, S는 성어자원량, α는 밀도독립적 사망계수, β는 밀도종속적 사망계수이다. 베버튼과 홀트(Beverton & Holt, 1957)는 로지스틱 모델과 비슷하게 선형의 밀도종속적 사망을 가정한 모델을 개발하였다. 즉

$$R = \frac{1}{a + \frac{b}{S}}$$

R, S는 위와 같고 a, b는 상수이다. 그림 10-17은 동부 베링해 알래스카 가자미자원의 자원량-가입량 관계를 나타내고 있다. 자원량이 일정한 수준에 이를 때까지는 가입량도 증가하다가 그 이후에는 자원량이 커짐에 따라 가입량은 점차 줄어들게 되는 리커형의 밀도종속적인 가입 기작을 보여 준다.

관리방안

자원생물학과 관련된 특성치를 추정하는 것을 자원평가(資源評價, stock assessment)라고 한다면 추정된 여러 특성치를 이용하여 자원상태(흔히 남획여부)를 판단하고, 자원의 유지 방안을 결정하는 일을 자원진단(資源診斷, stock diagnosis)이라고 한다. 자원관리(資源管理, stock management)란 자원진단에 따라 자원의 효율적 이용을 위하여 자원상태를 양적으로나 질적으로 바람직한 수준으로 변화시키거나, 혹은 유지시키는 행위를 말한다. 자원관리의 주요 방안으로는 어업 규제를 들 수 있으나, 환경관리, 자원의 번식보호 및 번식조장 등의 증식행위도 포함된다. 자원을 적정수준으로 유지하여 계속 이용한다면 지속적인 생산은 올릴 수 있으나, 적정수준 이상의 수확은 기대할 수 없다. 그러나 자원생물의 생산과정에 인위적인 효과(예로, 증식행위)를 가하여 재생산을 확대시킨다면 자연상태에서 얻는 적정수준 이상의 생산량을 기대할 수 있다. 이러한 증식행위도 자원관리의 중요한 한 가지 방안이다.

일반적으로 자원관리를 자원의 변동요인과 관련시켜서 고찰해 볼 수 있다. 자원량 변동과 관련되는 요소로는 가입과 성장, 자연사망 및 어획사망 등이 있으므로 이 네 가지 요소에 대한 관리가 필요하다. 그러나 자원관리에는 자원생물과 관련된 환경의 관리까지도 포함되어야만 한다. 가입의 관리에는 인공수정란 방류, 인공부화 방류, 인공산란장 설치 등의 방안과 아울러 산란 성어의 보호를 위한 금어기, 금어구역의 설정 등이 있다. 성장의 관리는 천연사료를 증가시키기 위한 방안을 마련하는 등 성육환경을 개선하는 작업으로서 환경관리의 일부로서 수행된다. 자연사망 관리는 유용생물에 해를 끼치는 천적이나 경쟁 종을 배제시키는 대책을 마련하는 것이 그 좋은 예이다. 어획의 관리는 어획강도나 어획량 등을 규제하는 어업규제가 주요 방안이 된다. 끝으로 환경의 관리는 성육환경을 개선하고 환경오염을 방지하여 번식을 활성화시키거나 번식을 보호하는 행위를 의미한다. 여기서 어업규제를 제외한 기타 방법들은 제한된 수역에서만(예로, 내수면이나 내만, 혹은 연안) 유효한 관리방안이다. 따라서 보편적인 어업에 대해서는 어업규제 행위가 유일한 방안이므로 이를 자원관리라고 말한다.

자원관리는 자원이 원래 가지고 있는 생물학적 특성에 기초를 두고 있으며, 남획에 대한 방지가 주목표이다. 그러나 자원이라는 개념이 경제적 용어이므로 자원관리의 목표설정이나 어업규제는 사회적, 경제적 요인도 고려하여 설정해야 한다. 어업을 원하는 상태로 지속시키거나 혹은 접근시키는 일을 어업관리라 할 때, 어업이 제대로 유지되려면 자원이 먼저 유지되어야 하므로 어업관리의 개념은 자원관리의 개념을 포함하고 있다. 하나의 어업은 여러 가지 자원을 대상으로 하고, 또한 하나의 자원은 몇 개의 어업의 대상이 되므로 자원과 어업은 대응이 되지 않을 뿐만 아니라 자원관리와 어업관리 역시 명확히 구별되지 않는다. 그러므로 자원관리와 어업관리는 때로는 모순되는 경우가 생기는데, 이런 때에는 우선순위를 결정하여 해결해야만 한다.

남획과 자원진단

자원진단이란 앞에서 설명한 바와 같이 추정된 자원 특성치들을 이용하여 자원상태, 즉 남획여부를 판단하고 자원의 유지방안을 결정하는 일을 의미한다. 남획은 러셀의 방정식에 의해 간단하게 정의할 수 있다. 즉, 어획량이 가입량, 증중량 및 자연사망량의 함수로 나타나는 자연변동량보다 큰 경우이다. 피터슨(Petersen, 1894)에 의하면 남획의 종류에는 두 가지가 있는데, 그 하나는 가입남획(加入濫獲, recruitment overfishing)이고 다른 하나는 성장남획(成長濫獲, growth overfishing)이다. 가입남획은 산란자원군이 과도한 어획의 영향으로 너무 줄어들어서 어업에 가입되는 가입군의 생산, 즉 재생산을 적절하게 유지하지 못하게 하는 어획이다. 가입남획의 한 예로 청어를 들어 보자. 청어는 성어로 충분히 성장한 후 어업에 가입되는 어류이다. 성어기간 중에는 더 이상 성장하지 않으며, 또한 성어를 구성하는 연령군(age class)의 수도 적다. 어획노력이 증대되어 남획에 이르면 재생산에 참여할 성어자원이 어획되므로 재생산력이 감소하고 따라서 추후 가입에도 영향을 미치게 된다.

성장남획은 임계크기(성장과 사망이 꼭 같게 되는 크기)에 도달하지 않은 어린 개체들을 어획함으로써 이들이 적당한 크기로 성장할 기회를 잃게 하는 수준의 어획을 말한다. 가자미류는 성장남획의 좋은 예이다. 가자미류는 가입 이후 성어가 되어서도 계속 성장을 하며, 또한 성어를 구성하는 연령의 수가 많으므로 가입남획의 위험은 청어에 비하여 상대적으로 적다. 따라서, 어획노력이 적절하면 큰 가자미만이 주로 어획되어 작은 크기의 성어는 계속 성장하며 어장에 존재하겠지만, 어획노력이 증가하여 작은 크기의 가자미까지 어획하게 되면 이들은 적당한 크기로 성장할 기회를 잃고 성장남획에 이르게 된다.

남획상태는 앞 장에서 설명한 자원평가 모델들에 의해서도 정의될 수 있다. 잉여생산량 모델에서는 최대지속적생산량(*MSY*) 이상의 어획을 가함으로써 자원이 *MSY*를 성취할 수 있는 수준 이하가 되는 상태를 의미한다. 가입당생산량 모델에서는 어획강도(F)와 가입연령(t_c)을 동시에 고려하는데 먼저 가입연령을 고정시킬 때에는 *MSY*에 대한 수준 이상의 어획강도를 가하는 상태를, 어획강도를 일정하게 두는 경우에는 *MSY*에 대한 수준 이상의 어린 개체를 과도하게 어획하는 상태를 의미한다. 재생산 모델에서는 어획강도가 너무 강하여 친어자원량이 *MSY*를 생산할 수 있는 수준 이하로 감소되는 상태이다.

남획여부는 위에서 설명한 여러 방법들에 의해서 평가된 결과를 이용하여 판단할 수 있으나, 이것이 가능하기 위해서는 자료 수집과 분석에 상당한 시간과 노력이 요구된다. 따라서 최종 평가결과를 얻기 전에 자원상태의 징후를 판단하여 자원진단을 예견할 수 있다면 매우 바람직한 관리방안이 될 것이다. 왜냐하면 과도한 어획행위는 자원의 사망률 증가에 따른 자원량 감소를 가져와 자원의 개체군 생태학적 속성을 변화시키고 이 변화는 다시 어획과정이나 어획물을 통해서 반영되기 때문이다. 남획의 징후들은 다음과 같다. 첫째, 자원이 감소하면 어군의 분포밀도가 감소하여 단위노력당어획량(*CPUE*)이 점차 감소한다. 이 감소는 일정한 어획노력이나 심지어는 증대된 어획노력에도 불구하고 총 어획량의 감소를 초래한다. 그림 10-18은 대형기선저인망에 의한 한국 연근해 참조기의 *CPUE*가 점차 감소하고 있음을 보여 준다. 그러나 이 현상은 어구능률이나 어법의 변화에 따라 나타날 수도 있으므로 주의하여 해석해야 한다. 둘째, 자원이 감소되면 분포영역이 축소되므로 어장 면적이 줄어드는 현상이 나타난다. 이 경우에도 해석시 분포한계역 부근에서의 어황변화가 고려되어야 한다. 셋째, 어획이 강화되면 사망률이 높아져서 고령어가 적어지고, 어체의 평균크기가 작아지므로 어획물에서 대형어의 비율이 감소하고 평균체장 및 평균체중의 감소가 나타난다. 어

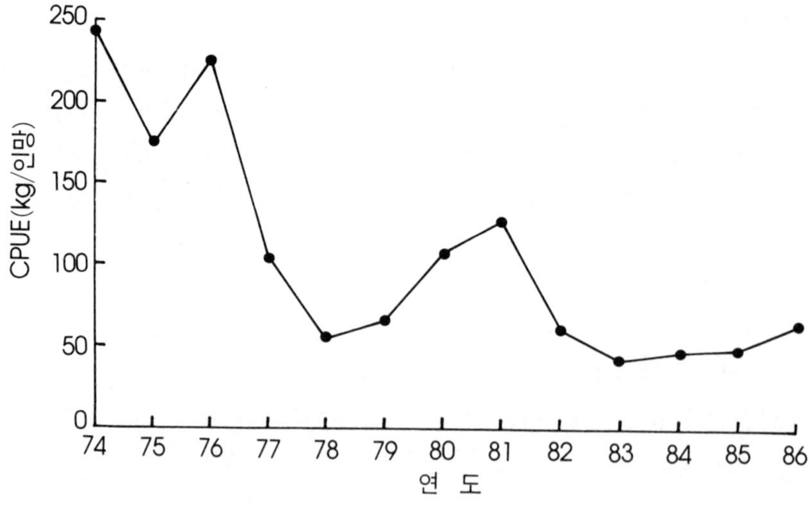

그림 10-18.
한국 연근해 참조기의 CPUE 감소현상

획물 곡선을 그리면 곡선의 정점 우측의 기울기(순간전사망계수(Z)의 음수)가 매년 감소한다. 이 경우에도 어구의 망목을 작게 하여 소형어를 많이 잡으면, 가입량이 급격히 증가했다 하더라도 소형어들 때문에 평균체장이나 평균체중이 줄어든다. 따라서 이 점도 해석하는 데 주의하여야 한다. 넷째, 자원이 감소하면 개체당 먹이의 이용도가 높아지므로 성장이 잘되고, 또한 성 성숙연령도 빨라지게 되므로 연령별 체장이 증가하거나 성 성숙연령이 빨라지는 경향을 보인다. 따라서 위에서 언급한 몇 가지 징후는 남획을 판단하는 충분조건이 아니라 자원이 어획의 영향에 의하여 감소하는 경우 나타날 수 있는 필요조건이다. 실제로 어떤 미이용 자원이 어획되기 시작하면 *CPUE*의 감소와 어체의 소형화는 일반적으로 나타난다. 즉 이 자원의 *MSY* 수준은 미이용 자원상태에서 자원이 감소된 어떤 수준－쉐이퍼 모델에서는 반이 되는 수준, 폭스 모델에서는 약 1/3이 되는 수준－으로 접근하여 감소되어 가는 과정에서도 *CPUE*의 감소와 어체의 소형화 현상이 나타난다. 그러다가 자원이 *MSY* 수준에 머무르게 되면 *CPUE*의 저하나 어체의 소형화가 더이상 나타나지 않고 안정된 상태에서 최대의 생산량을 지속적으로 유지하게 되는데, 여기에서 과도한 어획으로 인해 *CPUE*가 감소하거나 어체가 소형화되면 이 경우가 실질적인 남획의 징후를 나타내는 것이다.

자원진단은 현재의 자원상태나 어업의 강도, 혹은 망목의 크기 등을 이러한 여러 모델에서 추정된 *MSY* 수준과 비교하여 행할 수 있다. 만약 정확한 *MSY* 수준을 알 수 없을 경우에는 *MSY* 점이 현재점에 비교하여 어느 방향에 있는지를 알 수 있다면, 이러한 정보와 더불어 남획의 여러 징후를 종합적으로 고찰하여 자원을 개략적으로 진단할 수 있다.

어업규제

역사적으로 볼 때, 어업의 규제조치는 세 가지 방향에서 실행되어 왔다. 즉, 어획량이나 어획강도의 규제, 미성어의 보호, 산란친어의 적정유지 등이다. 자원은 개체의 성장과 번식에 의하여 생산되므로 어획량이나 어획강도의 규제는 성장과 재생산을 동시에 고려한 어업규제 수단이다. 미성어의 보호는 소형어가 충분히 성장하도록 한 후 이용하는 수단이며, 산란친어의 적정유지는 친어의 보호를 통하여 재생산을 확보하기 위한 것이다. 이러한 규제조치를 수립하기 위한 자원관리와 관련된 이론들을 보면, 어획량 규제를 위해서는 잉여생산량 모델을 이용하며, 어획강도의 규제와 미성어의 보호를 위해서는 가입당생산량 모델을 이용한다. 산란친어의 적정유지를 위해서는 재생산 모델을 이용하여 방안을 수립하고 있다.

표 10-8. 어업규제의 종류와 주요방안

규제종류	규제요소	주요 규제방안
양적 규제	어획강도	어선척수 · 마력수의 제한, 조업횟수의 제한 사용어구수의 제한, 총 허용어획량의 설정 등
질적 규제	선택성	망목의 제한, 어구사용 금지구역과 기간의 설정 채포금지체장의 설정, 암컷포획 금지 등

어획생산량은 솎아 내는 강도와 선택성의 두 가지 요소에 의하여 결정된다. 솎아 내는 강도는 노력량에 비례하는 것으로 주로 양적 규제에 의하여 관리될 수 있으며, 선택성은 어구를 변형시키는 방법과 같은 질적 규제에 의하여 관리될 수 있다. 어업규제의 종류와 규제방안은 표 10-8과 같다. 실제로는 어업규제를 한 가지 방법에 의존하지 않고 여러 방법을 효율적으로 병용하여 실시한다.

수산해양학적 고찰

어업자원의 가입과정과 관련된 초기 생활사에 대한 연구는 근년까지 수산자원 생태학에서 사실상 거의 무시되어 왔다. 실제로 이 분야의 학문은 수산생태학자나 해양학자 누구에게도 연구의 큰 관심사가 되지 못하였다. 수산생태학자들은 수산자원생물의 생태학적 특성치의 추정과 어획통계의 수리적 분석에만 몰두하였다. 한편, 해양학자들은 수산자원생물이 해양생태계에 있어서 양적으로나 질적으로 중요한 위치를 차지하고 있음에도 불구하고 수산자원생물의 연구보다는 해양생태계의 기초생산 과정에만 몰두해 왔다. 수산자원생물이 해양환경에 지배를 받는 것은 명백하다. 수산자원생물의 연급군의 크기(혹은 강도)를 결정하는 가입량은 성어자원량에 의해서 뿐만 아니라, 초기생활 단계에서의 해양환경 조건에 의해서도 결정이 된다는 사실이 점차 밝혀지고 있다. 그럼에도 불구하고 자원량의 변동이 평균가입량의 변동에 얼마만큼 영향을 끼치는가를 알 수 있을 정도로는 아직까지 연구가 되어있지 못하다. 따라서, 가입량이 성어자원량에 의해서 주로 결정되는지, 아니면 초기생활 단계에서의 환경에 더 영향을 받는지를 밝히는 연구가 계속 수행되어야 한다. 김(1991)은 이러한 연구수행을 위해서는 경험적 접근법(經驗的 接近法, empirical approach)과 기작규명적 접근법(機作糾明的 接近法, process oriented approach)이 시도될 수 있다고 하였다. 경험적 접근법은 가능한 의문을 제기한 후, 이에 관련된 자료들을 수집하여 상관관계를 분석함으로써 의문을 해결하는 방법이며, 기작규명적 접근법은 어떤 매카니즘이 생물체에 어떻게 작용하는가에 대한 가설을 세우고, 실험적인 검증과 해양에서의 관찰을

표 10-9. 어류의 초기생활 과정에 대한 연구수행 방법과 과제

연구방법	주요 연구과제
경험적 접근법	(1) 해양과 대기에서 장기간에 일어나는 대규모 현상들과 어류 군집 구조에서의 큰 변화는 어떻게 관련되어 있는가? (2) 어획활동 자체가 어류군집 구조에 큰 변화를 미치는가? (3) 군집의 변화는 주로 환경에 대한 단일 개체군의 반응 때문에 일어나는가, 아니면 먹이연쇄에 의한 좀더 세밀한 상호작용 때문인가?
기작규명적 접근법	(1) 알, 자치어, 유어의 생존을 조절하는 무생물 환경요인의 역할은 무엇인가? (2) 자치어, 유어의 생존을 조절하는 먹이생물의 역할은 무엇인가? (3) 알, 자치어, 유어의 생존을 조절하는 척추동물과 무척추동물의 (상위소비자군) 섭이면에서의 역할은 무엇인가? (4) 알과 자치어를 이들이 자라기에 적절한 보육장으로 이동시키고, 포식자-피식자간의 상호작용을 결정하는 물리적 현상은 무엇인가? (5) 위에 언급한 알, 자치어, 유어에 관한 사항들이 가입에 이르기까지의 생잔율에 어떤 영향을 미칠 것인가? (6) 여러 가지 생존 기작의 상대적 중요성은 1년 이내에서 변화하는가? 혹은 몇 년 동안에 변화하는가?

토대로 규명하려는 방법이다. 경험적, 기작규명적 접근법을 통하여 규명되어야 할 과제는 표 10-9에 설명되어 있다. 이 분야의 연구는 여러 해양 선진국에서 이미 그 중요성이 인식이 되어 활기 있게 수행되고 있다.

전통적인 자원평가 방법에서는 취급하지 않고 있는 종간의 상호작용에 관한 문제는 정확한 자원평가를 위해서 상당히 중요하다. 실제로 이 점이 고려되지 않으면 그 자원에 대한 자원평가가 완전하다고 인정하기가 힘들다. 이 문제에 접근한다는 것은 자원평가를 단일어종을 대상으로 수행하는 상태에서 벗어나 여러 어종을 대상으로 동시에 자원평가를 해야함을 뜻한다. 몇몇 학자들은 이미 단일어종의 자원평가 방법의 비현실성을 지적하고 어종간의 상호작용을 고려한 모델을 제시하였다. 그러나 이러한 모델에 관련되는 자료의 양과 매개변수가 너무 많아서 모든 매개변수를 정확하게 추정하는 일은 매우 어렵다. 이러한 문제점 때문에 여러 매개변수에 대한 정량화된 값을 지금까지 부여하지 못하였고, 따라서 이 모델들의 실용화 역시 부진한 상태이다. 그러나 앞으로는 이 문제의 해결을 위한 연

구가 지속되어야 한다.

한편, 생태계 차원에서의 연구과제로서 한 해역 생태계내의 잠재생산량(潛在生産量, potential production)을 추정하여 그 해역이 수용할 수 있는 어업생물이나 양식생물의 총 자원량과 생산량을 파악함으로써 수산자원을 효율적으로 이용관리하는 문제도 고려하여야 할 것이다.

위에서 언급한 수산자원 연구에 있어서의 기본적인 문제점들 외에도 생태계의 보전문제는 수산자원 생물의 서식처 보호라는 차원에서 뿐만 아니라 인류의 환경보전 차원에서도 매우 중요하다. 실제로 천해 수산자원의 서식처인 동시에 주요 수산자원의 산란장이며, 보육장인 연안역은 각종 공해로 인해 오염이 심화되고 있으며, 또한 연안개발을 위한 간척사업 때문에 그 면적이 점차 소실되어 가고 있다. 만약 앞으로 해양생태계에 대한 보전이 이루어지지 않는다면, 아무리 이론적으로 정확하고 심도 있는 수산자원의 평가나 관리방법을 개발한다 하더라도 자원의 보전이나 유지는 기대하기 힘들 것이다.

또한 최근 산업발달에 따른 환경파괴가 가속화됨에 따라 지구적 차원에서 인류는 기상이변을 맞고 있으며, 극지의 오존층이 파괴되고, 온실효과에 의한 해수면의 상승과 각종 오염원에 대한 대기 및 수질오염으로 인해 지구환경은 위기상황에 직면해 있다. 해양에서 이루어지는 모든 생명활동은 각종 원소들의 순환에 의하기 때문에 물리, 화학, 생물학적 과정들이 충분히 밝혀져야 인위적이거나 혹은 자연적으로 발생하는 지구 환경변화에 의한 해양생태계의 영향을 감지하고 또한 예측할 수 있으며, 이러한 바탕 위에서 수산자원을 효율적으로 이용할 수 있다. 따라서 최근에는 지구변화에 의한 해양생태계의 반응을 이해하고 이를 예측하기 위하여 수산학자와 해양학자들이 공동으로 지구해양생태계 동태 및 감시(GLOBEC: Global Ocean Ecosystem Dynamics and Monitoring) 국제프로그램을 결성하여 지구의 물리적인 환경변화가 해양생태계의 구조와 기능에 어떻게 변화를 주어 수산자원의 풍도와 생산량에 어떻게 영향을 미치는가를 연구하고 있다. 이 연구계획은 주요 수산자원생물 집단의 개체량과 그의 시공간적인 변이도를 결정하는 기작을 근본적으로 이해하는 데 초점을 맞추고 있다. 이 연구에서는 대개의 자원생물들이 생애를 통하여 한 번은 경험하게 되는 플랑크톤 생활기간에는 그들이 살고 있는 해수의 유동에 의해 그들의 생존운명이 결정되므로 해양자원생물의 자원량과 생산량을 결정하는 주요인은 물리적인 환경이라는 가정을 출발점으로 한다. 따라서 물리환경이 해양생태계의 자원생물들의 개체량과 그 변이도에 직접 혹은 간접으로 어떻게 작용하는가를 이해하는 것은 지구적 차원에서 변화하는 환경의 잠재적인 영향을 예측하기 위한 합리적인 방법으로 인정되고 있다.

2.2. 잠재생산량과 개발전망

해양의 잠재생산량

해양생물의 생산기구는, 식물이 태양에너지와 수중에 용해된 무기물질을 이용하여 동화작용을 행하며 이렇게 형성된 유기물질을 동물이 이용하는 구조를 가진다. 생물체의 배설물이나 사체는 분해되어 무기물질로 다시 환원되고, 이들은 다시 식물에 의해서 이용되는데 생산, 소비, 분해의 이러한 에너지 흐름(energy flow)의 과정이 해양생물의 기본적인 생산기구이다. 이 기구에 관련되는 생물요인 가운데 가장 중요한 것은 먹이관계를 통하여 형성되는 먹이사슬이며 먹이사슬의 각 단계를 영양단계(營養段階, trophic level)라 부른다. 어느 수역의 생산력은 단위수역내에서 단위시간내에 순환되는 이러한 과정의 횟수와 규모에 따라서 결정된다.

국제연합식량농업기구(FAO)는 2000년대까지는 어업에 의한 생산량의 수요가 1억 천만 톤 정도가 될 것으로 추정하였다. 1950년 이래 세계 어업생산량은 꾸준히 증가하여, 1989년에 처음으로 1억 톤을 초과하였으나 점차 감소하여 1991년에는 9천 7백만 톤 수준에 머무르고 있으므로 어업생산량의 증가가 절실히 요망된다(그림 10-19). 세계의 전해양에서 생산가능한 잠재생산량을 알 수 있다면 수요를 충족시키기 위한 생산계획을 수립할 수 있을 것이다.

굴란드(Gulland, 1971)는 잠재생산량을 추정하는 네 가지 방법을 제시하였다. 즉, 어획량 추세로부터 외삽하는 방법, 잘 알려진 해역에서의 단위면적당 생산량 추정치를 해당 해역에 외삽하는 방법, 모든 가능한 어업자원의 상태를 검토하고 잠재지속적 생산량을 추정하여 합치는 방법, 그리고 기초생산량 추정치로부터 연속되는 영양단계의 생산량을 추정하는 먹이망방법 등이다.

이 네 가지 방법들은 크게 어획생산량을 이용하는 계열과 기초생산량 추정치를 이용하는 계열로 나눌 수 있다. 어획생산량을 이용하는 계열에 속하는 방법들은 과거 어획량 실적으로부터 외삽하는 첫번째 방법과 단위면적당 어획생산량으로부터 외삽하는 두번째 방법, 단위자원(혹은, 어종)별 어획생산량을 더하는 세번째 방법 등이 있으나 이들 간에는 기본적으로 차이가 없다.

첫번째 방법인 어획량으로부터 외삽하는 방법은 신뢰도가 낮다. 세계의 수산업이 연간 7% 정도로 계속 성장하던 50년대와 60년대에는 2~3년 후의 세계 생산량의 예측이 가능했었다. 그러나 그 당시에도 개개의 수산업은 서로 다른 성장률

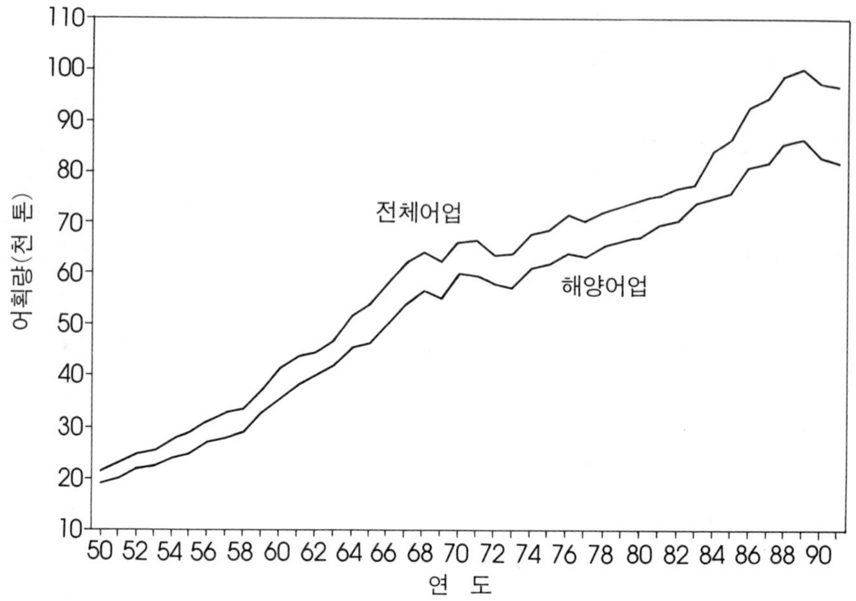

그림 10-19.
세계 총 어획량의 연도별 변화, 1950~1991.

을 나타냈으므로 이를 적용하기가 힘들었다. 예를 들면, 페루의 멸치어업은 50년대에는 연간 174%나 성장하였다. 그러나 70년 이후 어획량은 예측 불가능하게 기복이 심해서 일정한 경향을 더 이상 보이지 않으므로 요즈음은 외삽에 의해서는 믿을 만한 추정치를 거의 얻을 수 없게 되었다.

두번째 방법인 어류생산량의 실제 추정치로부터 예측하는 방법은 이론적으로는 그럴 듯해 보이지만, 그 정확성이 수산업 생산량의 분포에 대한 자료에 크게 의존한다는 약점을 가진다. 예를 들면, 그래함과 에드워즈(Graham & Edwards, 1962)는 단위면적당 어류생산량의 추정치로 1950년대 말 북대서양 수산업으로부터 계산한 평균생산량 22 kg ha^{-1} 값을 사용하였다. 이 값을 다시 세계 해양면적에 곱해서 5천 5백만 톤의 최대 잠재생산량을 얻었다. 이 추정치는 그 당시 총생산량인 4천 5백만 톤을 약간 상회하는 값이다. 북대서양에서의 계속적인 수산업의 발전으로 이 값은 실제 그 해역에서의 잠재량의 3~4배나 낮은 것으로 나타나서, 실제값을 기준으로 다시 계산하면 잠재생산량은 1억 6천~2억 2천만 톤이 된다. 이는 세계의 모든 어장이 동일한 수준의 생산력을 가지는 가정을 근거로 한 값이나 실제는 그렇지 않다.

세번째로, 모든 어업자원에 대해 추정한 잠재생산량을 더하는 방법으로 국제연합식량농업기구(FAO)는 전통적으로 어획되는 저어류와 부어류의 생산량을 1억 톤으로 예측하였다. 만약, 오징어와 샛비늘치(lantern fish), 그리고 남극의 크릴

표 10-10. 세계 해양의 생산량(Ryther, 1969)

	외해역	연안역	용승역	계
전체 해양에서 차지하는 비율(%)	90	9.9	0.1	100
면적(10^6km^2)	326	36	0.36	362
평균 기초생산력(gC · m^{-2} · 년)	50	100	300	-
전체 기초생산량(10^9톤C · 년)	16.3	3.6	0.1	20.0
영양단계수	5	3	1.5	-
평균효율(%)	10	15	20	-
어류생산(10^6톤 · 년)	1.6	120	120	242

새우자원이 추가된다면 잠재생산량은 수억 톤으로 늘어날 것이다. 1억 톤으로 예측한 추정치는 모든 자원들이 최적의 자원량 수준에 있음을 가정하는데, 다종 어업에서는 모든 자원이 최적의 어획량을 달성할 수 있도록 관리할 수는 없으므로 극히 비현실적이다. 굴란드는 잠재생산량의 80%를 어획할 수 있으리라고 가정했는데, 이렇게 본다면 우리가 전통적으로 이용하는 어종들은 이미 이 어획수준을 초과하였다.

잠재생산량을 추정하는 두번째 계열인 기초생산량을 이용하는 방법은 기초생산량과 먹이사슬(food chain)을 연구하여 잠재생산량을 추정하는 방법으로 상당히 매력이 있다. 왜냐하면, 모든 어장을 상세히 조사하지 않고도 가능한 잠재자원을 모두 포함시킬 수 있기 때문이다. 현재의 어획량으로부터 외삽하는 방법이나, 어류 생산량을 면적으로 외삽하는 방법들은 이용되지 않는 자원이나 알려져 있지 않은 자원들을 결코 설명하지 못한다.

기초생산과 먹이사슬의 상호작용을 기초로 한 추정의 한 예는 표 10-10과 같은 라이더(Ryther, 1969)의 결과이다. 그는 해양을 기초생산 수준에 따라 외해역, 연안역, 용승역의 세 해역으로 나누었다. 전체 해양의 90%를 차지하고 있는 외해는 가장 낮은 비율의 기초생산력을 가지고 있다. 연안역은 외해보다 두 배의 생산력을 가지며 세계 어업의 대부분이 이곳에서 이루어지고 있지만 면적은 약 10%밖에 되지 않는다. 가장 생산력이 높은 용승역은 면적이 아주 작다. 라이더는 각 해역별로 먹이사슬에 따른 영양단계의 수를 외해는 5, 연안역은 3, 용승역은 1.5로 가정하였다. 또한, 먹이가 한 단계에서 다음 단계로 전환되는 생태효율은 영양생태학에 관한 연구결과를 이용하여 외해, 연안역 및 용승역을 각각 10, 15, 20%로 가정하였다. 이로부터 예를 들면 연안역의 어류생산량은 $3.6 \times 10^9 \times (0.15)^3$ 톤·년 $= 120 \times 10^6$ 톤·년이다. 따라서 대양, 연안, 용승역의 어류 잠재생산량의 총합은 연 2억 4천 2백만 톤으로 추정된다. 이 값은 현재 어획되고 있는 어종뿐만 아니라 어획하거나, 혹은 이용하기에 힘든 어종들, 예로 샛비늘치과 어류(myctophids: lantern fish)들을 포함한 것이다. 따라서 실제로 어선에 의해 어획가능한 부분을 위에서 계산한 잠재생산량 추정치의 1/2이라고 한다면, 연간 1억 2천 1백만 톤이 어획가능하다.

알버슨 등(Alverson *et al.*, 1970)은 먹이사슬을 이용하는 형태의 추정치가 오류를 범할 수 있는 세 가지 가정에 의존하고 있다고 비판하였다. 첫째로, 복잡한 역학적 먹이망을 단순히 일정한 길이의 사슬로 나타낼 수 있다는 가정인데 이것은 어류, 예를 들면 청어의 경우 사실이 아니다. 둘째로 먹이사슬의 모든 단계에서 동일한 생태효율 값을 사용할 수 있다는 가정이나, 이러한 경우는 매우 드물다. 셋째 가정은 우리가 정확하게 전체 어류생산량 중 지속적으로 생산할 수 있는 수준을 평가할 수 있다는 것이다. 이것도 쉬운 일이 아니다. 알버슨 등이 지적했듯이 이러한 가정들은 비현실적이고 따라서 라이더의 방법에 의한 이 추정치는 두 단위수까지 틀릴 수가 있다.

우리가 이용하는 어류자원은 생산자인 부유식물의 광합성을 통하여 태양에너지가 화학에너지인 유기물로 환원되어서 부유동물 등 여러 단계를 거쳐서 전환된 산물이다(그림 10-20). 이때 생태계에서 영양단계를 거쳐 상부로 전달되는 에너지는 가장 밑바닥에 있는 광합성 단계에서 그 상한값이 결정된다(Platt *et al.*, 1984). 이 상한값이 각 영양단계를 거쳐 수확에 이르는 과정을 추적하는 것이 위에서 소개한 먹이사슬을 이용하는 계열에 속하며, 최근 관심의 대상이 되고 있는 먹이망 방식이다. 먹이망 방식의 문제점은 광합성 단계에서 상한값을 정확히 추정하였다 하더라도 이후 에너지 전달효율(즉, 생태효율)과 먹이사슬 길이를 어떻게 선택하는가에 따라 잠재생산량 추정치가 크게 달라질 수 있다는 것이다. 예컨대, 쿠싱(Cushing, 1969)과 라이더(Ryther, 1969)는 페루 해역의 잠재생산량을 비슷하게 추산하였지만 각기 사용한 전달효율과 먹이사슬 길이의 값은 달랐다. 만약 같은 값을 썼더라면 최종 추산치는 10배 이상의 차이가 났을 것이다(Gulland, 1976).

전달효율의 잠재생산력 추정치에 대한 민감성은 먹이망의 지나친 단순화에도 원인이 있다. 초기의 연구자들은 전세계의 잠재생산을 대상으로 하였기 때문에 먹이망구조를 단순화시킨 먹이사슬을 상정할 수밖에 없었다. 스틸(Steele, 1974)은 북해 생태계의 에너지 수지(budget)를 분석하면서 이전의 연구보다 자세하게 먹이망을 나누었다. 그는 어류를 표영어류(pelagic fish), 저서어류(demersal fish), 그리고 대형 어류의 세 부류로 나누었고 표영계 먹이사슬(pelagic chain), 저서계

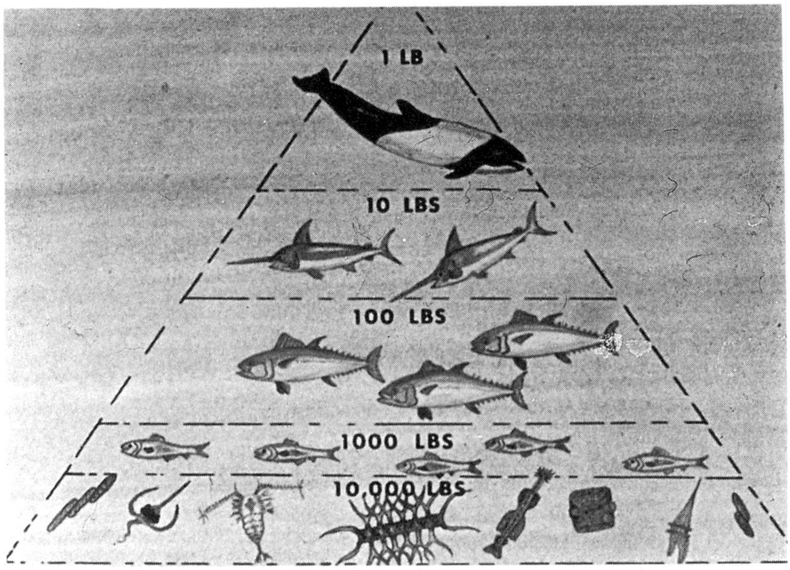

그림 10-20.
해양의 먹이피라미드

먹이사슬(demersal chain)로 나누어 좀더 정확한 잠재생산량을 계산하고자 하였다.

박테리아에 의한 재생산이 과거에 알려진 것보다 훨씬 크다는 사실이 최근 밝혀짐에 따라 실제의 먹이망구조는 지금까지 알려진 것보다는 더 복잡할 것이다. 복잡한 먹이망구조는 분석상의 어려움으로 인해 Network 분석방법 등이 도입되었다. 먹이망구조 분석방법과 에너지 전달효율 측정법이 점차 개선되고 있으므로 이 방식에 의한 잠재생산 추정은 과거보다 더 정확해 질 것이다. 먹이망 방식에 의하면 잠재생산의 절대추정이 가능하고 개체군역학적 방법과는 달리 환경변화나 생태계 변화 등에 대해 확장 적용이 가능하나, 생태계의 종합적 연구를 필요로 하므로 막대한 조사비용과 노력이 소요된다는 단점이 있다(유, 1990). 1차 생산력과 먹이사슬의 에너지 전환효율을 적용하여 추정한 이론적인 어류생산력은 최소 약 1억 톤에서 최고 9억 톤에 이르는데, 후자의 경우는 현재의 세계 총 어획량의 10배에 해당하는 양이다. 이와 같이 전세계 해양의 어류생산 잠재력을 정확하게 산출하기란 무척 어려운 일이다.

현재의 어획량 증가추세가 당분간 계속될 경우, 2,000년대 초에는 총 어획량이 1억 톤을 넘어서게 될 것으로 예상된다. 어획생산 잠재력이 10억 톤일 경우, 새로운 어구, 어법과 어종을 개발하면 어획고를 증가시키는 것은 가능하겠지만, 현재 식량농업기구(FAO)는 세계 수산자원 추가잠재력을 2억 4천만 톤에서 4억 5천만 톤 정도로 보고 있다. 추가잠재력의 대상은 지금까지 이용되지 않은 자원인 중층어류, 남극해의 크릴새우, 오징어류 등이다. 현재 이용 가능한 중층어류는 1

억 톤, 크릴새우 5천만 내지 1억 5천만 톤, 오징어류 1천만 내지 1억 톤 등으로 추정된다. 그러나 최대생산잠재력을 정확히 추정하지 못한 상태에서 어구나 어법의 개발로 어획량을 증가시킬 경우, 자원잠재력을 파괴할 위험성이 있다.

이와 같은 현실 때문에 어업에 의한 수산자원의 개발전망은 과학적이고, 신뢰성 있는 방법에 의하여 잠재생산량을 정확히 추정하고 이 추정치에 해당하는 양을 효율적인 방법으로 지속적으로 개발 이용하는가에 달려 있다. 사실상 수산자원은 적정량을 어획하지 않고 그냥 두면 자원량이 늘어나지 않고, 오히려 적당히 솎아내면 생산력이 증가하는 특징이 있다. 따라서 정확한 평가에 의해 자원을 이용하지 않고 방치해 두는 것은 식량부족을 겪고 있는 지구적 차원에서 볼 때, 인류의 공동재산을 방치하는 행위이다(장, 1990). 자원의 최대지속적인 생산을 유지하기 위해서는 자원개발 단계에서부터 자원조사를 철저히 시행하여 정확한 자원평가와 효율적인 자원관리 방안이 수립되어야 한다.

수산물 생산량을 증대하기 위해서는 현재 이용되지 않는 새로운 어장을 개척하고, 연근해의 목장화를 통한 과학적인 양식어업을 발전시키는 것이 좋은 방법이다. 현재 주요 어장은 대부분 북반구에 집중되어 있으므로 남극해와 인도양의 남부해역, 서남대서양, 동대서양, 동태평양 등의 해역을 적극 개발하게 되면, 1억 톤 이상의 어류가 증산 가능할 것으로 보인다.

양식어업에 의한 수산물 증대는 유전공학 등의 기술개발에 의해 많은 진전이 기대된다. 현재 전세계의 양식생산고는 연간 1천만 톤으로서 수산물 생산고의 약 11% 정도를 차지하고 있으나, 기술개발에 따라 앞으로 2천 5백만 톤 이상을 생산할 수 있을 것으로 예상된다. 세계 전역에서 양식개발의 적지로 평가되는 지역은 약 10억 ha 정도인데 간척 및 매립에 의한 연안개발과 환경오염으로 이러한 연안의 양식적지가 감소되고 있는 추세에 있으나 ha당 1톤의 수산물 양식이 가능하다고 볼 때, 전체의 10%만 개발된다고 하더라도 1억 톤의 양식생산이 가능하게 될 것이다. 이밖에도 최근 들어서 수산자원의 초기생활사 단계에 심각한 영향을 미치는 해양오염이 자원보전을 해치는 문제점으로 부각되고 있어, 해양오염은 자원개발을 위해서 해결되어야 할 또 하나의 중요한 과제이다(장, 1989).

해양의 목장화

1977년 이후 세계의 해양국가들은 배타적인 200해리 경제수역의 정착에 따른 해양분할 시대에 대처하기 위하여 자국의 연안자원을 보호하고, 이를 종합적으로 개발하기 시작하였다. 200해리 경제수역 정착 이후, 우리나라에서도 급증되는 해산물 수요에 대처하기 위하여 주변 천해어장을 더욱 효율적으로 개발해야 할 필요성이 대두되었다. 우리나라 연근해의 어장환경은 연안 공업단지의 건설과 대형 간척·매립사업 등으로 점차 악화되어 가고 있는 실정에 있으며, 남획으로 인한 자원감소 현상까지 겹쳐 생물자원의 고갈현상이 더욱 심화되고 있다.

수산자원의 개발은 과거에는 연안에서 근해로, 근해에서 원양으로 진출하는 경향이었으나, 근년에는 다시 연안으로 돌아오는 경향이다. 따라서 해양에 인접한 국가들은 자국의 천해를 보다 효율적으로 관리하고 이용하기 위하여 장기적인 투자계획을 세워 놓고, 국가적인 차원의 지원을 아끼지 않고 있다. 과거의 연안 개발은 주로 양식시설을 확장시켜, 생산량을 늘리는 데 역점이 주어졌으나, 이러한 개발은 여러 가지 문제점을 초래하였다. 즉, 양식시설이 밀집된 천해는 한정된 공간 때문에 생물생산량에도 한계를 드러내게 되었을 뿐만 아니라, 과다한 시설로 말미암아 종내 및 종간 경쟁으로 인한 성장의 저해와 병해, 양식어장의 노화에 따른 단위생산량의 감소, 궁극적인 생태계 파괴 등 여러 가지의 문제점들이 노출되었다. 따라서 이러한 상황을 개선하고, 연안생물자원을 종합적으로 개발하려는 의도에서 해양목장화(海洋牧場化, marine ranching) 방안이 구상되어서 추진중에 있다.

해양목장의 건설은 해양생물의 어장환경을 조절하는 환경제어기술을 바탕으로, 최적 생산가능 생태계를 조성하여 생산과정을 조직화함으로써 해양생물자원의 적절한 관리와 계획생산 체계를 확립하는 것이 목적이다(그림 10-21). 따라서 해양의 조방적인 목장화를 추진하기 위해서는 먼저 대상 해양생태계의 잠재생산력을

그림 10-21. 해양목장화 시설 조감도. (국립수산진흥원 제공)

파악해야 한다. 즉, 대상 해역이 최대로 수용할 수 있는 환경수용력(環境收容力, carrying capacity)과 이 해역에서의 물질순환 과정을 이해하여 가능한 생산량을 알아내야만 한다. 그 다음으로는 이용대상 자원생물의 자연생산력 향상과 인위적 자원배양 및 환경제어 가능성을 알아야 한다. 또한, 자원생태학적 특성 연구에 의한 자원변동 기작 및 생태계의 변동요인을 파악해야 한다. 이러한 단계를 거쳐 최적 생태계의 구조와 기능을 예측하여야만 적정관리에 의한 계획생산 체계를 수립할 수 있다. 이와 같은 사업을 추진하는 데는 연구·개발과 아울러 실용화에 막대한 예산이 요구되므로 국가적 차원에서의 지원이 절대로 필요하다.

일본에서는 1980년 200해리 시대에 대비하여 해양목장개발계획(Marine Ranching Program)을 시작하였다. 이 계획은 해양생물의 초기사망 요인을 배제하며 환경조건을 관리하고 개선하는 기술을 개발하는 데 목적을 두고 있다. 구체적인 내용을 보면, 어패류 생잔율의 향상, 환경제어기술, 생산시스템 개발, 복합형 자원배양기술, 지원기술 등의 개발이다. 일본의 오이다현에서는 1984년부터 해양목장 시스템을 운영하고 있으나, 일부 증양식 분야에서만 효과적으로 가동이 되고 있으며, 아직 고도의 기술을 요하는 종합적인 관리와 계획생산 체계에 관해서는 큰 성과를 나타내지 못하고 있다.

우리나라의 경우, 1977년 연근해어업 진흥계획(1977~81)을 수립하였고, 그 대표적인 사업으로 1982년부터 연안어장의 목장화사업을 추진중에 있다. 여기에 포함되는 사항은 인공어초 시설, 인공종묘 방류, 증양식어업 개발, 내수면어업의 촉진 및 어장환경보전사업 등이다. 이 가운데 해산생물의 증양식기술이나 내수면어업 등은 세계적인 수준이나 대부분의 분야는 아직 초기 단계에 있는 실정이다. 그러므로 개개의 분리된 사업을 단편적으로 추진하기보다는 위에서 설명한 바와 같이 해양생태계를 고려한 거시적이고 장기적인 종합시스템을 구축하여 해양목장 건설을 위한 연구개발사업이 체계적으로 진행되어야 할 것으로 보인다. 연안에는 여러 종류의 생물을 대상으로 양식장이 운영되고 있으나 아직 종합적인 체계를 갖추지 못하여 양식생산에 관련되는 제반 문제점들이 나타나고 이 때문에 많은 손실을 입고 있다. 우리나라는 삼면의 바다가 서로 다른 환경을 가지므로 다양한 생물을 양식할 수 있고 이를 목장화하여 과학적으로 관리하면 계속하여 최대의 생산을 유지할 수 있으므로 부족한 식량자원을 공급하는 데 크게 기여할 수 있으리라 여겨진다.

▶ 연습문제

1. 중요 어업생물을 다섯 개의 무리로 나누고 간략히 설명하시오.
2. 어업생물 중 어류를 자원그룹별로 나누어 간단히 설명하시오.
3. 어업생산량이 높은 해역의 특성은 무엇이며, 어떠한 요인들이 어업생산과 관련이 있는지 고찰하시오.
4. 양식의 역사에 대하여 설명하시오.
5. 우리나라 양식어업의 발달과정을 알아보고 현재의 상황을 설명하시오.
6. 우리나라에서 수산자원을 조성하기 위하여 모색하고 있는 방안을 알아보시오.
7. 양식방법에 대하여 아는 대로 논하시오.
8. 현재 성공적으로 수행되고 있는 양식 대상 종류를 열거하시오.
9. 양식생산이 어업생물자원과 해양생태계에 미치는 영향을 설명해 보시오.
10. 수산자원이 감소된 예를 유형별로 알아보시오.
11. 양식생산이 한계에 처하게 되는 원인을 설명하시오.
12. 현재 이용되고 있는 해산식물을 열거하고 용도에 대해서 알아보시오.
13. 해양생물공학의 현황과 전망을 설명하시오.
14. 수산자원이 수자원이나 광물자원과 다른 점은 무엇이며, 관리를 하는 데 유의하여야 할 점들에 대해 비교해 보시오.
15. 단위자원인 계군을 식별하는 데는 어떠한 방법들이 있는지 설명해 보시오.
16. 생물자원의 자원량을 추정하는 방법에 대하여 비교 설명해 보시오.
17. 수산자원이 고갈되는 이유를 생각해 보시오.
18. 수산자원의 변동요소를 설명하고 밀도와의 관계를 비교해 보시오.
19. 수산자원을 이용함에 있어서 당면하는 의문사항과 해결방안을 생각해 보시오.
20. 수산자원 연구분야를 고찰하시오.
21. 한국수산자원의 관리를 위하여 사용되는 관리방법에 대하여 설명해 보시오.
22. 앞으로 개발이 전망되는 미개발 양식생물자원에 대하여 알아보시오.
23. 앞으로 개발이 전망되는 미개발 어업생물자원에 대하여 알아보시오.

11장 인간활동과 해양환경

해양은 지구표면의 71%를 차지할 정도로 매우 넓은 공간이다. 그러나 지금은 인간활동에 의해 배출된 화학물질과 각종 폐기물이 심지어는 심해저, 남, 북극의 구석까지 어디나 퍼져 있다. 20세기에 들어와 인구와 산업활동이 크게 늘어나면서 해양의 이용은 매우 다양해졌다. 수산물 채취와 항로로만 이용되였었으나 지금은 어업과 해운업은 물론 광물 및 에너지 자원개발, 관광개발로까지 그 이용이 확대된 것이다. 해안지역의 인구밀도는 높아졌고 이에 따른 폐기물의 배출량도 급격하게 증가하였다. 해양의 물리화학적 환경과 생태계에 많은 변화가 가해진 것이다. 그러나 해양은 공간이 넓어 여러 종류의 오염물질이 유입되고 있음에도 불구하고 전체적으로는 아직 크게 변화되지 않은 상태이다. 특히 외해는 인간활동이 직접 영향을 미치지 않아 생물학적인 변화를 감지할 수는 없다.

심각한 것은 대부분의 연안해역이 오염문제에 직면하고 있다는 사실이다. 육상에서 흘러들어가는 각종 폐수와 폐기물질로 인해 수질이 악화되고 있을 뿐 아니라 간척사업을 비롯한 항만, 산업기지, 위락시설, 해상도시, 양식장 등의 건설로 생물의 서식지가 상실되고 해면과 해안습지대, 산호초 등이 유실 또는 파괴되어 가고 있다.

이러한 해안생태계의 변화를 방치할 경우 해양환경의 질과 생산성이 크게 저하될 것이 분명하다. 따라서 이 장에서는 해양환경에 영향을 미치는 여러 가지 형태의 인간활동과 그 결과로 야기되는 해양오염과 생물학적 영향 그리고 해양환경의 보전과 관리문제 등을 개괄적으로 살펴보고자 한다.

1. 해양환경에 영향을 미치는 인간활동

1.1. 육상개발

육상개발과 관련된 인간활동으로는 벌목, 경작, 채광, 댐 건설 등이 있다. 이들 활동의 전형적인 피해는 토사가 유출되어 바다로 유입되는 것이다. 대규모 벌목은 예를 들어 지표수를 빠르게 흐르게 하므로서 토양을 심하게 침식시켜 토사를 유출하고 그 토사를 연안해역으로 운반하는 결과를 가져온다. 조림사업이 엽수면 증산(蒸散, evaportranspiration)양을 증가시킴으로써 토사 유출을 막아 주고 동시에 홍수도 예방할 수 있으나 조림사업 자체가 시간과 경비가 많이 들어 활발하게 이루어지지 않고 있다. 최근 우리나라에서는 골프장을 건설하기 위해 산을 깎아 내는 사례가 많다(그림 11-1).

토사의 해양유입은 연안생태계에 큰 피해를 가져온다. 유입된 토사는 수중에 침투하는 태양광선을 차단하여 부유식물에 의한 일차생산력을 감소시킬 뿐 아니라 해조류와 산호 그리고 다른 저서생물군집의 분포와 성장까지도 방해한다. 부유물의 농도가 아주 높으면 여과식자(濾過食者, filter-feeder)의 아가미가 막혀 섭식활동을 하지 못하며 이 결과 죽는 경우도 빈번하다. 토사가 일단 침전되면 해저의 저질성분이 변화하고 이는 저서동물군의 구조변화로 이어지게 된다. 또한

그림 11-1. 골프장을 만들기 위해 산을 깎아 내린 모습. 토사가 빗물에 씻겨 바다에까지 도달한다.

여러 가지 오염물질이 토사입자에 부착하여 궁극적으로 유독성 물질의 축적이 증가하게 된다.

다시 말해 육상에서 유입되는 토사는 해수의 탁도를 증가시켜 식물의 일차생산력의 감소, 동물의 질식, 저질구조의 변화, 독성 물질의 증가 등을 초래하게 된다(그림 11-2). 따라서 과거에는 토사유입이 연안침식과 연안에서의 이동과 관련하여 연구되어 왔으나 지금은 토사가 연안생태계를 변화시키는 주요 오염물질의 하나로서 관심의 대상이 되고 있다. 우리나라는 60년대보다 산림이 울창해졌으나 최근에는 골프장 건설 등 산지개발이 진행되고 있어 장마철에는 토사유출 위험이 있다.

1950년대 이후 세계 각처에서 대단위 다목적 댐을 축조한 이래 연안해역, 특히 하구 부근의 해양생태계를 변화시킨 사례가 많다. 대단위로 댐을 축조하면 토사가 바다로 유입되는 것은 줄어드나 담수의 유입량이 줄고 또 물의 흐름이 불규칙하게 되어 하구역의 해수 염분도가 불규칙하게 변한다. 해수가 역류하기도 하여 넓은 하구역의 염분이 증가하고 하구역 염습지의 염분도 증가하여 동식물의 분포, 특히 하구역에서 산란하는 여러 종류의 생물상에 변화를 가져온다. 유입되는

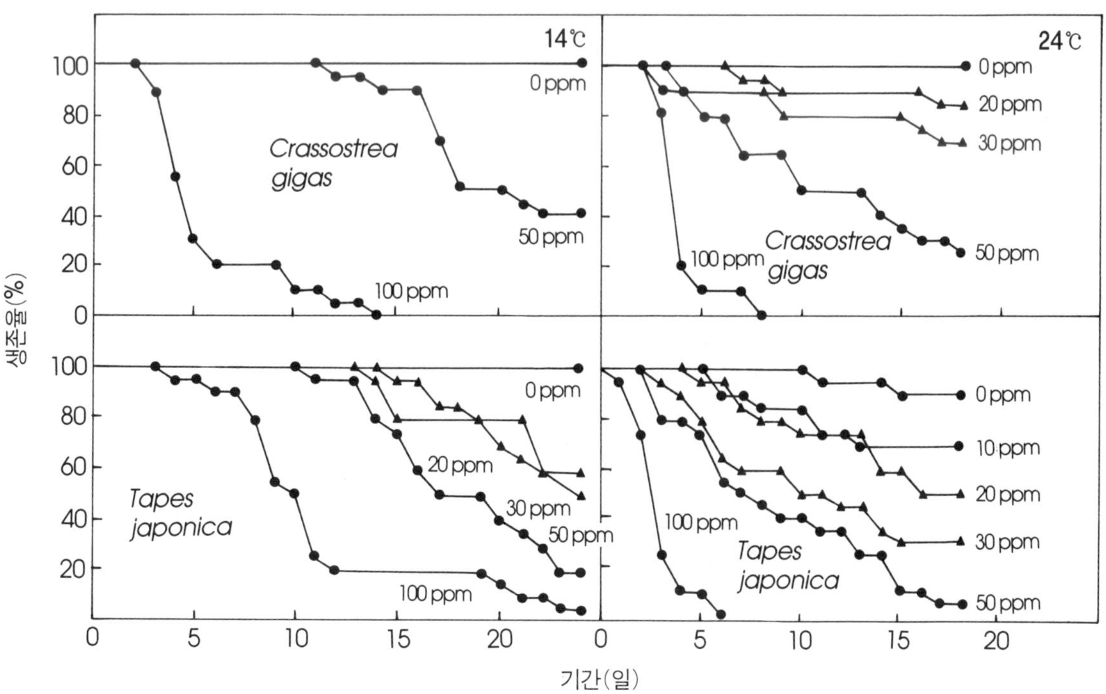

그림 11-2. 부니가 참굴과 바지락의 폐사에 미치는 영향(자료: 송원오 등, 1985)

영양염의 양도 줄어드므로 하구역의 생산성이 감소하기도 한다.

다음과 같은 구체적인 사례를 소개하겠다.

1965년 나일강의 아스완댐 건설로 지중해로의 토사유입은 매년 1.5억 톤에서 거의 0톤으로 감소되었고 영양염 유입도 감소하여 정어리(*Sardinella* sp.)의 어획량이 18,000톤(1962)에서 2,000톤(1967)으로 줄어들었다.

아프리카의 니제르강과 인도의 인다스강 삼각주 부근의 망그로브 군락(mangrove community) 및 열대림이 해수가 역류하여 많은 피해를 입었다.

흑해(Black Sea)의 하구역은 댐 축조로 평균 염도가 2.0~2.5‰ 증가하여 기수서식 종 어업이 피해를 입었으며 홍합(mussel) 서식지가 파괴되었다.

우리나라의 경우 영산강 하구의 해남방조제 건설 후 수위조절을 위한 부정기적 담수의 방류로 부근 해역의 저염화현상이 발생하였다. 다모류, 복족류 등 10종의 고염성 생물이 사라지고 광염성인 진주담치 등 5종의 2매패류가 새로 정착하였다(허, 1991).

1.2. 연안역개발

연안역에는 해안도시나 공장지대, 항구가 발달한 곳이 많아 그 자체 지역에서 많은 오염물질이 발생하고 있다. 게다가 내륙지방에서 발생한 오염물질까지 집결되는 곳이기에 연안역의 유지관리는 매우 중요하다. 특히 오염물질이 여러 경로를 통하여 유입되기 때문에 이를 관리하기란 쉬운 일이 아니다. 항구를 예로 든다면 항만내에서의 활동 이외에도 여러 부대시설과 배후 협력설비(철도, 고속도로, 조선소, 발전소, 공장, 폐수처리장 등)들로부터 오염물질이 배출되고 있기 때문이다. 연안역은 인간의 필수적인 생활활동뿐만 아니라 낚시, 해수욕, 보트놀이 등의 여러 가지 위락활동의 장으로도 이용된다. 최근 이러한 위락, 또는 여가활용이 연안역을 중심으로 점점 더 늘어나고 있는 추세이다. 새로운 관광지 또는 위락시설에 대한 수요가 증가하여 해안지방의 습지나 늪지대까지도 여가를 즐기기 위한 사람들이 이용하는 항구로 개발되고 있으며 소형 선박들의 정박지, 상업용지, 심지어 주택지로까지 개발되고 있다.

또한 만이나 간조시 노출되는 갯벌을 막아 농경지 및 산업기지로 활용하기 위한 간척사업이 활발하게 진행되고 있다. 특히 우리나라 서남해안은 수심이 얕고 넓은 간석지(干潟地, tideland/tidal flat)를 보유하고 있어 간척사업이 오래전부터 수행되어 왔다. 1992년말 현재 총 간척 적지 635,000 ha 중 이미 154,400 ha(24.3%)가 개발되었고 현재 공사가 진행중인 것만도 약 150,000 ha(23.6%)에 이른다. 또 개발된 간석지는 공업용지로 많이 쓰인다(그림 11-3).

연안수역 특히 간척의 대상이 되는 내만이나 하구 및 갯벌지역은 기초생산력이 해양생태계 중에서 가장 높은 곳이다. 표 11-1에서 보여 주듯이 연안수역의 단위 면적당 기초생산력은 인접수역인 연근해 및 대륙붕의 약 5~10배, 외양보다는 약 20배가 높다. 생체량으로 환산하면 연근해의 90배, 외양의 300배가 넘는 막대한 양이다.

연안역 개발활동은 그 지역의 경제적 수익성을 증대시킨다고는 하나 생태적인 파괴를 면하기 어렵다. 해수욕장의 규모가 변하며 해안선이 달라지기도 하고 해양생물의 서식지가 줄어든다. 어류의 산란장이 줄어들어 어업생산량까지도 줄어드는 결과를 초래한다. 또한 수질을 악화시키고 경관을 해쳐 해안환경의 질을 떨어뜨리므로 결과적으로 경제활동에 피해를 주게 된다. 관광지로 개발된 경우 계절적으로 많은 양의 폐기물을 방출하게 되며 매연, 소음 등 여러 가지 주변환경이 악화되기도 한다. 따라서 연안역을 개발할 때에는 연안생태계를 보전할 수 있

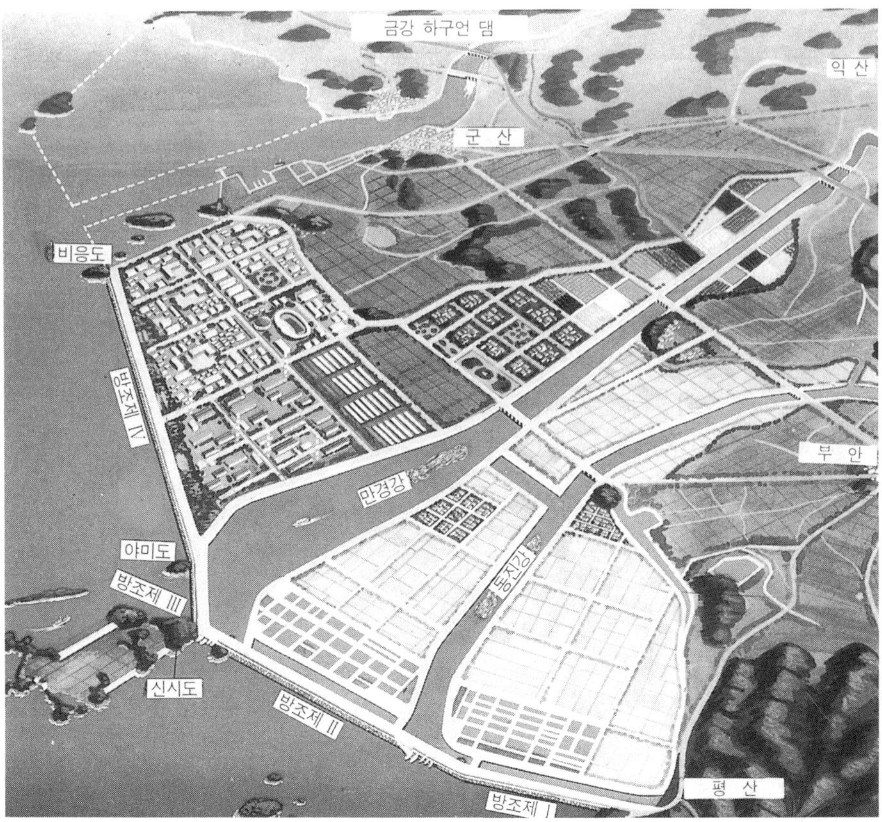

그림 11-3. 간척사업이 진행되고 있는 군산 앞 갯벌지역의 개발 후 토지이용 계획모식도

표 11-1. 해양의 기초생산력 및 생체량 분포

생태계	면적($10^6 km^2$)	총생산량($Kcal \cdot m^{-2} \cdot year^{-1}$)	식물생체량($KgC \cdot m^{-2}$)
조간대·하수구역 (Tidal zone, Estuary)	1.4	10,000~25,000	0.45
대륙붕 (Continental shelf)	26.6	500~3,000	0.005
외해역 (Deep oceans)	33.2	1,000	0.0014

자료: Odum, 1971.

는 조처가 반드시 수반되어야 한다. 즉 개발로 인해 해안생태계에 직·간접적인 피해가 발생하지 않도록 하기 위한 법적 제도적 장치가 필요하며 이를 위해 철저한 환경영향 및 사회경제적 수익성 평가 등 정책적인 조처가 선행되어야 한다.

1.3. 폐기물 방출

폐기물이란 인간활동의 부산물로 배출되어 폐기되는 모든 형태의 물질, 즉 액체, 고형물질, 가스, 열 등을 말하며 각종 폐수, 쓰레기, 산업폐기물, 준설물질, 오니, 방사능 및 폐열 등이 이에 속한다.

폐수방류

육상기원의 오염물질은 여러 경로를 통해 해양에 유입된다. 오염물질이 유입되는 경로 내지 오염원의 성격에 따라 점오염원(點汚染源, point source)과 비점오염원(非點汚染源, non-point source)으로 나눌 수 있다. 도시생활하수, 농업용수 및 공장폐수처럼 강을 통해 바다에 이르는 경로를 따를 경우 점오염원이라고 하며 그밖에 농경지로부터의 표면 유출, 해안침식, 산림, 벌목, 개간 등을 통한 토사유입 등을 비점오염원이라고 한다.

점오염원과 비점오염원을 통한 오염물질의 해양유입에 관해서는 다음 절에서 자세히 다룰 예정이다. 여기서는 연안에서의 점오염원, 즉 생활하수(生活下水, domestic sewages)와 산업폐수(産業廢水, industrial waste water)에 관해 살펴보기로 한다.

대도시 부근에서는 이들 두 종류의 폐수는 도시하수(都市下水, municipal

waste water)로서 해양으로 흘러들게 된다. 이러한 도시하수 속에는 다음 몇 종류의 오염물질이 포함되어 있다.

유기물질(有機物質, organic materials)
영양염류(營養鹽類, nutrients)
미량원소 및 금속류(微量元素, 金屬類, trace elements & metals)
미생물(微生物, micro-organisms)
합성유기화학물질(合成有機化學物質, synthetic organic compounds)
석유화학물질(石油化學物質, petroleum chemicals)
부유성 고형물질/토사(浮遊性 固形物質/土砂, particulates/sediments)
열(熱, heat)

오염물질이 환경에 미치는 영향은 이들 오염물질의 화학적 및 생물학적 특성, 농도와 총량, 지속성, 생물농축도, 재순환 잠재력, 해양환경의 특성 등에 따라 다르다. 또한 오염물질간의 상승작용(相乘作用, synergistic action)과 상가효과(相加效果, additive effects)에 따라서도 크게 다를 수 있다. 가장 대표적인 도시하수의 환경영향은 병원성 세균에 의한 건강장애, 부영양화(富營養化, eutrophication) 또는 산소결핍, 해양생물에 대한 독성 또는 독성 물질에 의한 인체 피해 등이다.

병원성 세균은 해양에 유입된 후 대부분 곧 죽지만 경우에 따라서는 패류 등 저서생물에 의해 섭취되거나 중간숙주 생물에 의해 증식되기도 한다. 부영양화는 생활하수와 축산폐수 그리고 어류 및 식품가공, 펄프, 비료공장 등 여러 종류의 산업시설로부터 유기물질이 과다하게 해양으로 배출될 때 일어난다. 부영양화가 일어나면 부유생물의 대번식(大繁殖, algal blooms)과 이에 따른 적조가 유발된다. 유기물질을 많이 포함한 폐수가 얕은 바다나 해수의 유통이 적은 내만에 유입될 경우 그 피해는 더욱 커진다. 적조가 일어나면 바닷물 색이 적색 또는 황갈색으로 변한다(그림 11-4).

개도국의 대도시나 산업시설은 효과적인 폐수처리 시설을 충분히 갖추지 못하고 있다. 폐수처리 시설이 충분치 않을 뿐 아니라 위치가 잘못 선정되어 오염물질을 배출하더라도 희석, 확산이 잘 일어나지 않는 경우가 많다. 폐수가 방출되어 인체에 해를 줄 위험성까지 내포하고 있는 것이다. 선진국에서도 대도시 부근의 폐수처리 시설이 불충분한 경우가 많으며, 또 충분한 처리능력을 갖추었다고 할지라도 계절적으로 일시에 많은 양이 배출될 때에는 이를 감당키 어려운 곳이 많다.

그림 11-4. 남해안 양식장 일대에 발생한 적조를 제거하기 위해 황토를 뿌리고 있다.(사진: 중앙일보 제공)

준설물질 및 쓰레기

해양에 투기되는 물질의 약 80~90%가 준설에 의한 폐기물이다(GESAMP, 1990). 런던 투기협약(London Dumping Convention: LDC)에 의하면 1980~85년간에 매년 약 215만 톤의 준설폐기물이 해양에 투기된 것으로 보고되어 있다. 이는 전체 준설물질의 20~22%에 해당되며 나머지는 육상에 버려지고 있다.

준설물질은 대부분 액체이거나 부유고형 상태이다. 액체 또는 용해된 부유물질 중에는 생물체에 대한 독성이 있는 성분과 생물체내에 축적되는 성분을 함유하는 경우가 많다. 고형 상태의 준설물질은 침전되면서 저서생물의 서식처를 변화시키거나 직접 덮어 생물을 질식 폐사시키게 된다. 광산폐기물(鑛山廢棄物, mining tailings)도 중요 오염물질에 속한다. 금속광산에서는 채광 선광 제련 정제 과정을 반복하게 되는데 이때 배출되는 폐기물은 대개 강한 독성을 가진다. 특히 제련과정에서 특정 금속물질을 추출하기 위해 화학처리를 할 때 많은 독성물질이 배출된다.

준설물질에 의한 생태계 피해를 줄이기 위한 방법으로 일시적인 봉쇄(temporary containment)나 심해 투기 등이 고려될 수 있다. 또, 해저 함몰지역에 투기한 후 그 위에 깨끗한 모래 등으로 덮어 버리는 방법도 있다. 해가 없는 성분을 가지는 준설물질은 오히려 인공어초나 인공섬 등의 건설에 유효하게 이용할 수도 있다. 그러나 이러한 비오염준설물질일지라도 해양에 투기할 때에는 탁도의 증가 등 해수에 미치는 물리적 영향을 고려하여 그 장소와 시기를 결정해야 한다.

산업폐기물과 오니

산업폐기물(産業廢棄物, industrial wastes)은 화학, 석유화학, 제약, 식품산업, 펄프공장 및 제련소 등에서 배출되는 것으로서 강산성이거나 알카리성이며 비교적 불활성인 것에서 매우 독성이 강한 것 등 다양하다. 이러한 폐기물은 대부분의 국가에서 적법한 처리과정을 거쳐 방출하도록 규정하고 있다. 그러나 그 종류가 다양하고 처리과정 역시 복잡하고 비용이 많이 들기 때문에 잘 지켜지지 않고 있는 실정이다.

산업폐수의 처리과정에서 발생하는 부산물인 오니(汚泥, sewage sludges)는 고농도의 유류, 금속, 유기화합물이 함유되어 있지 않는 한 대개 비료나 간척용으로 활용되고 있다. 그러나 많은 나라에서 경제적인 이유 때문에 대부분의 오니를 해양에 투기해 왔다. 1980~85년 사이 매년 1,500만 톤의 오니가 해양에 투기되었다(그림 11-5). 그러나 이러한 오니는 부영양화와 산소결핍 등을 유발하므로 최근에는 이들 오니의 해양투기를 근절하자는 움직임이 강하게 일어났고 그 결과 투기되는 양이 매년 실제로 줄고 있는 실정이다.

그림 11-5.
경기도 안산시 폐수처리장.
폐수처리 과정에서 오니가
추출된다.

플라스틱 폐기물

요즘 해변에 가면 여러 가지 종류의 플라스틱 쓰레기들이 쌓여 있음을 쉽게 볼 수 있다. 계속 늘어가고 있는 이 플라스틱류의 폐기물은 해양경관을 해칠 뿐 아니라 어업활동과 선박의 항해 등 해상활동을 방해하고 있다. 플라스틱 쓰레기는 어망, 로프 등 어구의 일부, 포장 및 묶음 끈, 병이나 부표, 과자, 라면봉지 등으로 가볍고 반영구적이어서 해상은 물론 심해저와 양극지방의 해양에까지 널리

그림 11-6. 바다에 버려진 쓰레기가 파도에 밀려와 해안가를 뒤덮은 모습(충남 천리포 해안)

흩어져 있다. 가끔은 이들 쓰레기가 해안가에 밀려와 쌓이기도 한다(그림 11-6).

플라스틱 쓰레기에 의한 피해는 여러 가지 형태로 나타난다. 우선 버려진 어망이나 로프는 어류와 바다새, 포유류 등을 얽어매어 죽게 한다. 심지어는 잠수부의 생명을 앗아간 사례도 있다. 배의 프로펠러를 휘감거나 어구와 조사기기에 피해를 주며 취수구를 막기도 한다. 이로 인한 작업시간의 지연과 수리비용 등은 어민의 수입 감소 등 경제적 손실을 초래한다. 둘째 플라스틱 부스러기를 삼킨 생물(주로 바다새와 포유동물)은 당장 죽거나 성장과 번식활동에 많은 피해를 입게 된다. 또한 플라스틱이 해저에 가라앉거나 매몰됨으로써 저서생물의 서식지를 파괴하기도 한다.

해양에 투기되는 플라스틱 쓰레기의 양과 이에 의한 구체적인 피해상황은 파악하기 어렵다. 선박에 의한 해양오염방지 국제협약(International Convention for the Prevention of Pollution from Ships: MARPOL 1973/78)이 1988년 12월부터 발효되어 모든 플라스틱 제품, 어망, 봉지 등을 바다에 버리는 것을 금지하고 있어 앞으로는 그 양이 점차 줄어들 것으로 기대된다. 또한 최근에는 생분해성(生分解性, biodegradable) 플라스틱이 개발되고 있어 머지 않아 기존의 플라스틱류를 대체하게 될 것으로 예상된다.

1.4. 생물자원 개발

현재 세계 수산물 생산고는 약 1억 톤에 이른다. 세계 2차대전 직후인 1948년에 1,960만 톤에 불과하던 것이 1990년에는 1억 톤을 넘어선 것이다. 이는 지난 40년 동안에 5배 이상 증가한 것으로 1970년대 일부를 제외하고는 거의 매년 5~7%의 성장을 지속해 왔다. 그러나 이러한 해양생물자원의 생산활동도 해양환경 및 생태계에 많은 영향을 미친다는 사실을 잊어서는 안 된다.

어구가 대형화되고 기계화되어 수산 동식물을 일시에 대량으로 채포하므로 생물군집 구조에 영향을 미칠 뿐 아니라 기선저인망 등 해저 트롤어구에 의한 해저면의 물리적인 변화가 일어나기도 한다. 대형 기선저인망은 광범위한 해저면을 훑으므로서 해저면의 저질과 자갈의 분포를 변화시켜 저서생물의 서식에 해를 끼친다(그림 11-7). 길이가 수 km에 달하는 대형 유자망은 오징어나 어류 등 어획대상 종 외의 다른 동물, 즉 물개, 돌고래, 바다새, 거북 등을 걸려들게 하여 폐사시키기도 한다. 다시 말하면 어구의 대형화와 어획강도의 증가에 의한 고도의 어획은 계군의 크기를 감소시킬 뿐 아니라 이로 인한 유전적 유동(遺傳的 流動, genetic drift) 및 근친교배(inbreeding)율을 높혀 생존능력이 줄어드는 개체수가 증가하는 결과를 가져온다.

어획에 의해 먹이사슬의 상위 포식동물인 어군의 수가 줄어들면 생태계내의 먹이사슬 구조(prey-predation, grazing)에도 변화가 생긴다. 포경어업이 그 좋은

그림 11-7.
김제 갯벌에서 백합을 잡는 모습. 갈고리로 갯벌 표면 5 cm 깊이를 계속 잘라 내므로 대부분의 저서동물이 피해를 받는다.

예이다. 19세기 이후 최근까지 남극에서는 포경어업이 성행하였고 이로 인해 수종의 고래가 거의 멸종 위기에 처하게 되었다. 그 결과 이들의 주식인 크릴(*Euphausia* spp.) 자원이 크게 증가하였고 이는 다른 크릴 포식동물인 물개와 바다새가 증가하는 결과를 가져왔다. 남대서양 포크랜드 군도 부근에서는 오징어를 남획하여 이를 먹이로 삼는 펭귄 무리가 아사하는 현상도 보고되었다. 페루 근해의 멸치 자원이 남획으로 크게 줄어들자 이를 먹이로 하는 가마우지 수가 따라서 줄어든 적도 있다.

최근 세계적으로 급성장하는 양식어업도 양식장 부근의 해양환경에 상당한 영향을 끼치는 것으로 알려지고 있다. 주로 사료와 어류의 배설물이 수질과 저서생태계, 식물플랑크톤, 어패류 등에 영향을 미친다. 또한 양식시설물이 선박의 항해, 어로작업, 레크리에이션 활동을 저해할 수 있으며 경우에 따라서는 소음과 악취를 발생시키고 경관을 해쳐 연안개발 또는 다른 목적의 해양 이용에 간접적인 피해를 준다.

사료와 어류의 배설물이 주변 생태계에 주는 피해는 심각하다. 양식장에서 배출되는 이러한 유기물은 침전, 축적되어 저서생태계를 변화시키고 질소 및 인 성분이 유출되므로 수질까지도 변화시킨다. 유기물이 과다하게 저층에 축적되면 산소 소비(BOD 및 COD)가 증가하고 이 결과 심한 경우에는 저층에 무산소상태(無酸素狀態, anoxic)를 유발하기도 한다. 또한 이러한 저층에서는 유독한 황화수소(H_2S)가 발생하므로 어패류를 폐사시키며 저서동물도 죽게 되어 저서동물의 종류, 개체수, 생물량이 감소하게 된다. 그런데 이러한 현상은 주로 가두리양식장 주변 수십 m 이내에 국한되어 일어나는 경우가 많으며 수심이 깊거나 유속이 빠른 곳에서는 그 피해가 심각하지는 않다(Wash. State. Dept. Fish., 1990). 사료를 공급하지 않더라도 이러한 피해가 일어날 수 있다. 주로 배설물에 의한 피해이다. 우리나라 남해안의 굴 양식장은 밀식과 연작으로 어장이 노화되었다. 굴의 배설물로 유기물이 저층에 과다하게 축적되었고 이 결과 여름철에는 저층에 무산소층이 형성되기도 하고 영양염이 유리되어 적조가 발생하기도 한다.

동남아 및 중남미에서는 새우 및 어류 양식장의 확장으로 망그로브 군락과 많은 연안 동물의 서식처를 파괴하는 사례가 늘어나고 있다. 그러나 전지구적 차원에서 보면 양식장에 의한 피해는 아직은 국지적 현상에 불과하다. 양식장의 설치장소를 엄격히 규제하고 양식기술을 개선하여 환경에 주는 피해를 줄일 수 있다.

1.5. 비생물자원 개발

해양의 비생물자원(非生物資源, non-living resources)이란 해수용존물, 해저석유 및 광물, 에너지, 공간자원 등 생물 이외의 모든 자원을 말한다. 이러한 비생물자원을 개발할 때에도 기초 해양조사 및 탐사에서부터 생산에 이르기까지 주변 해양환경에 많은 영향을 미치게 된다.

해저 석유 및 천연가스 개발을 예로 들면, 매장 후보지를 찾기 위한 지질학적 탐사나 매장량, 추정을 위한 시험시추 그리고 생산과정에서 폭발음, 토사, 유류 등의 유출로 어류가 폐사하거나 주변의 어장, 어류의 이동, 성장 등에 피해를 주게 된다. 특히 시추공에서 나오는 진흙과 암반 부스러기 등의 폐기물은 시추선 주위 반경 2~3 km 내외의 해저에 퇴적되므로 최소한 이 범위내의 주변 해역은 피해를 입게 된다. 폐기물 외에도 석유시추 관련 구조물과 송유관이 다른 선박의 운행과 어업활동에 지장을 줄 수 있다. 북해 유전 개발과정에서 영국에서만 과거 10년간에 1,200여 건에 달하는 어업피해보상 청구사례가 있었다. 노르웨이에서는 손실된 어구를 보상하고 퇴적된 폐기물을 준설하는 데 수천만 불을 사용하였다. 더구나 요즈음에는 생산활동이 끝난 시추시설을 제거하는 데에도 엄청난 비용이 필요할 것으로 예상되고 있다.

석유 이외에도 모래나 자갈과 같은 골재자원, 석탄, 철, 주석, 구리, 납, 인회토(phosphorite), 금속펄(metalliferous muds) 등의 해저광물자원이 연안 천해역에서 생산되고 있다. 종류와 양이 아직은 많지 않으나, 채광기술이 발전하여 채광이 점점 심해로 확산되고 있고 그 종류도 망간단괴, 열수광물 등 다양해지고 있는 실정이다. 해저광물은 주로 드레지나 준설용 바케트를 이용하여 해저면의 표층에서 채취하므로 해저면을 파괴하고 준설할 때 발생한 부유물은 해수의 탁도를 증가시킨다. 주로 저서생물에 피해를 끼치게 되며 열대해역에서는 산호류가 피해를 입고 있다.

해류, 파도, 조석류 등 해수의 운동이나 해수의 온도와 염도 차이를 이용하여 발전(發電)하는 해양에너지 개발이 환경에 미치는 영향은 발전방식에 따라 차이가 있다. 현재 실용화되고 있는 조력발전(tidal power generation)의 경우 조석간만의 차가 큰 내만의 입구를 댐으로 막아서 발전하기 때문에 조류의 유속과 양, 염분, 저질의 이동 및 침전속도 등이 변하게 된다. 이는 곧 부근 어장 또는 해양동물의 성육장 및 산란장에 피해를 주는 결과를 가져온다.

파력발전(波力發電, wave power generation)은 현재까지는 소규모이며 주로 외딴 섬이나 연안에서 비교적 멀리 떨어진 곳에 세워지고 있어 환경에 크게 영향을 끼치지 않는 것으로 알려져 있다. 해수온도차 발전(海水溫度差發電, OTEC: ocean thermal energy conversion)은 표층과 저층의 해수온도차를 이용하여 발전하는 시스템인데 차고 영양염이 풍부한 심층수를 끌어올려 표층에 방류하게 됨으로써 생물, 특히 플랑크톤의 분포와 생산력을 증가시키는 역할을 하게 될 것으로 보고 있다. OTEC은 아직 실험단계에 머물고 있어 구체적인 환경영향 평가가 나와 있지 않은 실정이다.

1.6. 오염물질의 수송

오늘날 선박을 통한 물자의 수송이 대폭 증가하게 됨에 따라 해상수송 과정을 통해 해양에 유출되는 물질의 종류와 양도 크게 늘고 있다. 특히 해양오염의 중요한 부분을 차지하는 유류는 약 46%가 유류수송 및 탱커의 사고에 의해 유출된다(GESAMP, 1990). 영국 로이드 선급협회(Lloyd's Register of Shipping)는 1977~86년 사이에 6천 톤 이상의 유조선 100척 중 2~3척이 매년 사고를 일으킨다고 보고한 바 있다. 선박제조 및 항해기술의 발달과 사고예방 조치의 강화로 최근에는 사고율이 줄어드는 경향이나 수송선이 대형화되고 있기 때문에 사고의 규모는 오히려 커지고 있는 실정이다. 유류사고가 일어나면 인근 해안이 큰 타격을 받는다(그림 11-8).

해상 유류 유출사고는 '선박에 의한 오염방지 국제협약(MARPOL, 1973/78)'이 발효된 이후 크게 감소하는 추세이다. 이 협약은 모든 선박이 원유세척시스템(原油洗滌, crude oil washing system)과 유수계면검출기(油水界面檢出器, oil/water interface detector) 그리고 선상유류배출 모니터를 갖추도록 규정하고 있다. 특히 1만 톤 이상의 선박은 반드시 유수분리기(油水分離器, oil/water separator)와 유류배출 감시체제를 갖추도록 의무화하였다. 지중해를 비롯하여 흑해, 발틱해, 걸프만, 홍해 등은 특수해역으로 지정되었으며 이 해역에서 청수 이외의 어떤 물질도 배출하지 못하도록 규정하여 유류오염을 줄이고자 하였다.

유류 이외에 오염물질은 수송량이 많지는 않으나 매년 증가하는 추세에 있다. 유해물질의 종류는 수백 종에 달하며 메타놀, 크실렌(xylene), 글리콜(ethylene glycol), 벤젠(benzene), 스티렌(styrene), 수산화나트륨(caustic soda), 인산, 황산 등 20여 가지가 전체의 80%를 차지한다. 이러한 유해물질들은 특성이 매우 다양함에도 이들에 관한 통계자료가 부족하여 관리에 많은 어려움이 있다. 해상으로 운송할 때에는 국제해사기구(IMO)의 국제해상 위험물질 코드(IMDG Code:

그림 11-8.
유류사고 때 유출된 기름이 해안가를 뒤덮은 모습

International Maritime Dangerous Goods Code)에 따라 규제를 받는다. 예를 들면 유황, 비료 등은 건화물 운반선(dry-bulk carrier), 석유화학물질, 수산화나트륨, 황산 등은 액체수송 탱커(liquid-bulk tanker) 그리고 농약, 살충제, 테트라에틸연(tetraethyl lead) 등은 일반 콘테이너선과 화물선의 포장화물로 운반해야만 한다. 그러나 콘테이너가 부서지고 포장화물이 유실되는 사고가 발생할 뿐 아니라 표기와 설명서 부착도 제대로 안 되어 사고가 나면 신속히 처리하기가 어렵고 청소작업 또한 많은 시간이 걸린다. 예를 들면 1985년 소말리아 근해에서 좌초된 Ariadne호 사고로 105가지의 화학물질이 유출되었는데 이를 청소하는 데 무려 8개월이 소요되었다.

1.7. 자연재해 및 사고

자연재해는 인간활동에 기인하는 것은 아니나 인간의 판단 잘못이나 실수로 그 피해가 훨씬 더 늘어나는 경우가 많다. 주요 자연재해로는 태풍, 해일, 엘니뇨, 적조 등이 있다. 해상사고로는 유류선박 사고, 석유시설물 사고 등이 있다.

태풍은 일반적으로 해일을 동반하며 연안시설물, 선박, 양식장 시설 등에 막대한 피해를 입힌다(그림 11-9). 조석이나 쓰나미(tsunami)는 주로 해저화산 및 지각활동에 의해 생기는 것으로 폭풍 해일과 유사하나 그 영향은 훨씬 크다. 1976년, 필리핀의 민다나오에서 발생한 쓰나미는 9 m 이상의 높은 파도를 동반하였다. 그 영향은 내륙 2 km까지 미쳤고 8천여 명의 사망자와 9만여 명의 이재민이 발생하였다. 해변과 망그로브 군락이 막대한 피해를 입은 것은 물론이다.

엘니뇨(El Niño)는 대기와 해수유동의 이상 현상에 기인하며 수년을 주기로 발생한다. 엘니뇨란 동쪽에서 서쪽으로 흐르는 남적도해류(南赤道海流, South Equatorial Current)가 편서풍의 약화 등 기상 조건이 변하면 정상적인 궤도를 벗어나 일시적으로 그 세력이 남미연안으로 남하(2~3° S에서 14~15° S까지)하는 현상이다. 차고 영양염이 풍부한 저층수가 용승하는 페루, 에콰도르 연안에 고온, 고염도의 적도해류가 흘러들어가므로 풍부한 부유생물군집은 파괴되고 어류들은 죽거나 다른 곳으로 도피해 버린다. 엘니뇨는 전지구적 현상으로 1982~83년의 경우 남북미주의 태평양 연안에 홍수를 동반한 반면 서태평양의 인도네시아, 호

그림 11-9. 서해안을 강타한 해일이 방파제를 파괴한 모습(충청도)

주, 그리고 아프리카와 러시아에 엄청난 가뭄을 유발하여 그 해 세계 곡물생산을 크게 감소시켰다. 적조는 자연발생적인 것이기는 하나 육상에서의 과다한 유기물 유입에 기인하는 것이므로 인간활동에 그 근본적인 원인이 있다고 하겠다. 우리나라를 포함한 세계 도처의 연안에서 자주 발생하는, 부유식물의 일시적인 이상증식 현상으로 해수의 색깔이 적색, 적갈색, 황갈색으로 변하며 어패류와 저서동물들을 대량으로 폐사시킨다. 적조 발생 이후 해파리, 성게, 불가사리 등 다른 동물군이 일시적으로 대량 번식하는 경우도 있다. 황해 서부연안과 흑해에서의 해파리(jellyfish), 케냐와 쿠웨이트 연안에서의 성게(*Echinometra mathaei*), 필리핀과 일본, 오끼나와 근해에서의 산호포식형의 복족류(*Drupella* sp.) 그리고 불가사리류의 대량 번식 등이 그 좋은 예이다. 우리나라에서도 인천에서 영일만에 이르기까지 전연안에서 적조가 발생하였고 특히 남해안에서는 거의 매년 발생하고 있다. 규조류와 야광충 편모조류에 의한 적조가 대부분이다(그림 11-10).

해상사고에 의한 오염도 자주 일어난다. 선박사고에 의한 유류 유출사고가 가장 빈번하며 해상 석유시추선이나 플랫폼의 폭발사고와 해저 파이프라인의 파열

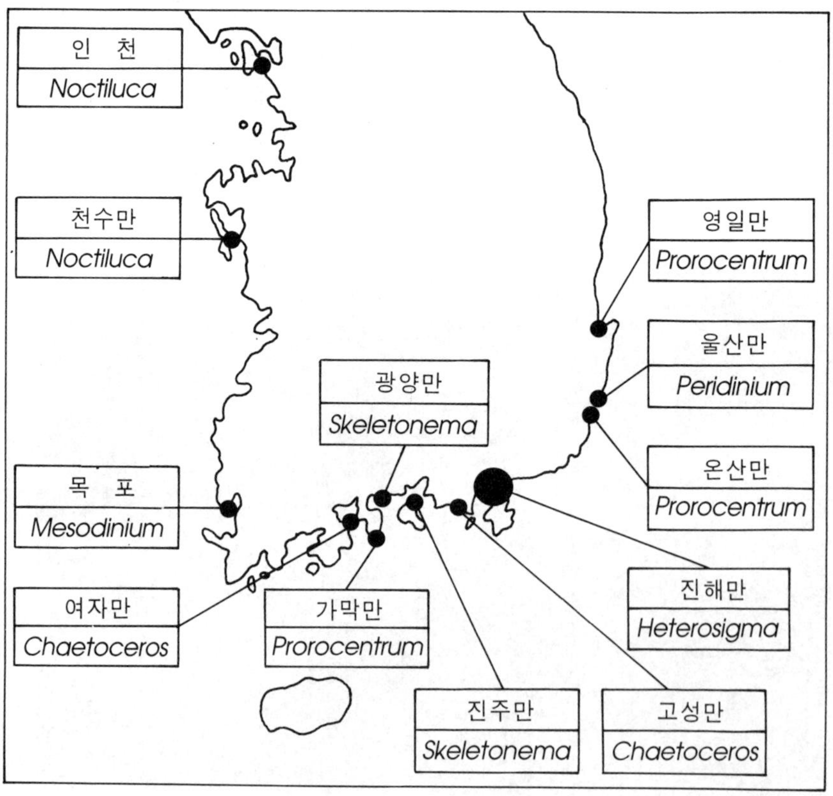

그림 11-10.
한국 근해의 적조발생 지역과 원인생물

사고 등도 간혹 일어난다. 가장 유명한 유류 유출사고는 1989년 3월 알래스카의 프린스 윌리암 수로에서 발생한 엑손·발데즈(Exxon Valdez)호 사건이다. 3만 9천 톤의 원유를 좁은 수로에 유출하여 1,775 km의 해안을 오염시켰으며 약 1천 마리의 물개와 3만 5천 마리의 바다새가 죽은 것으로 보고되었다. 그러나 실제로 폐사한 동물수는 이의 10배 이상일 것이라고 한다. 이외에 청어, 연어, 새우 어장과 연안 양식장에 막대한 피해를 입혔다. 해상 시추시설의 폭발사고로는 1979년 6월 멕시코 만에서 발생한 멕시카노스·익스톡(Mexicanos Ixtoc I) 유전 폭발사고가 기록될 만하다. 10개월에 걸쳐 약 47만 톤의 기름이 멕시코 만을 오염시킨 사상 최대의 유류 유출사고이다.

우리나라에서도 크고 작은 선박에 의한 유류 유출사고가 자주 일어난다. 매년 250~300여 건의 유출사고가 있고 경제적 손실 또한 막대하다. 1993년 6월 인천 부근 해역에서 좌초한 코리아·베누스 호와 같은 해 9월 광양만에서의 제5금동호 그리고 1995년 7월 전남 여천 앞바다에서의 씨프린스 호 유류 유출사고로 각각 약 1천억 원 이상의 피해가 발생한 것으로 집계되었다. 유류오염에 의한 경제적 및 사회적 비용 손실은 정확한 집계가 어려우나 수산자원의 피해액을 비롯하여 생태계 손상, 경관저해, 관광수입의 감소, 청소비 등을 감안할 때 실로 엄청난 것이다. 이러한 모든 해상사고는 폭풍이나 해일 등 자연현상에 의한 것도 있으나 대부분은 사람들의 실수에 기인되고 있음을 유의해야 한다.

2. 해양오염과 오염물질

2.1. 해양오염의 정의

해양오염이란 외부로부터 유기, 무기, 생물학적, 방사성 등의 유해한 물질이 해양에 유입되어 물의 사용가치와 질을 훼손시키고 결과적으로 해양생태계를 변화시키는 것을 의미한다. UN 해양오염전문가 그룹(GESAMP: Group of Experts on the Scientific Aspects of Marine Pollution)과 국제해양조사위원회(ICES: International Council for the Exploration of the Sea)에서는 해양오염을 다음과 같이 정의한 바 있다. 즉 "해양오염(海洋汚染, marine pollution)이란 인간활동에 의해 여러 종류의 물질 혹은 에너지 등이 직접 또는 간접적으로 해양에 유입되어 해양생물에 해를 끼치고 어업 등 해양활동을 저해하며 해수의 질적 가치 및 쾌적감을 저하시키고 인체에 해를 끼치는 결과를 초래하는 것"이라 하였다. 다시 말하면, 해양오염이란 인간활동 → 폐기물 해양유입 → 해양생태계 훼손 → 인간피해로 이어지는 것으로 인간활동이 원인이 되어 인간에게 그 피해가 되돌아오는 물질순환의 한 과정이라고 할 수 있다. 따라서 해양오염의 궁극적인 책임은 전적으로 인간 자신에게 있는 것이다.

여기서 주목해야 할 해양오염의 특징은 반드시 인간활동에 의해 발생되는 것이며, 환경 및 생물에 피해를 주게 된다는 점이다. 다시 말하면 오염이란 위의 두 가지 조건을 다 충족시키는 경우만을 뜻한다. 생물 또는 환경에 피해를 주는 오염물질의 유입도 그것이 자연현상에 의한 것이거나 인간활동과 관련이 없는 경우에는 오염이라고 말하지 않는 것이 보통이다. 예를 들어 지하 석유퇴적암으로부터 자연적으로 흘러나오는 유류의 유입이라든가 해안침식 작용에 의한 토사나 중금속, 해저온천이나 열수공(熱水孔, hydrothermal vent)으로부터 뿜어 나오는 열수 및 광물질, 화산폭발에 의한 화산재 또는 용암 등은 모두가 자연현상에 기인하는 것이므로 이들로 인한 환경에의 피해는 오염의 범주에 속하지 않는다.

오염(汚染, pollution)은 장기적이며 계속적인 성격을 띠는 것으로 일시적 또는 일과성인 오탁(汚濁, contamination)과는 구별되어야 한다. 어떤 특수한 독성물질이 일시적으로 유입되어 동물의 폐사를 유발했을 경우에도 이것이 군집 전체의 변화를 초래하지 않는다면 이는 일시적인 오탁으로, 자연생태계에 심각한 영향을 미치지 않는 것이므로 오염이라고 말할 수가 없다.

오염물질의 단위

해수(35‰) 1 *l*의 무게는 약 1.028 kg이므로 오염물질의 함량을 해수의 부피(per *l*)나 무게(per kg)의 비율 어느 쪽으로 표시해도 큰 상관은 없다. 그러나 측정기준을 습중량(濕重量, wet weight), 건중량(乾重量, dry weight) 또는 탄소함량에 근거할 때에는 차이가 있다. 예로서 어류나 조개 등 해양생물의 건중량은 습중량의 20~25%에 불과하다. 따라서 이들 생물체내의 오염물질 함량을 나타낼 때에는 습중량, 건중량 대비로 명확하게 표시해야 한다. 가장 널리 사용되고 있는 오염물질의 농도단위는 ppm, ppb, ppt이다.

ppm(parts per million, $\times 10^6$): 백만분의 1에 해당되는 농도로서 $mg \cdot l^{-1}$(mg/l), $mg \cdot kg^{-1}$, $\mu g \cdot g^{-1}$과 동일하다.

ppb(parts per billion, $\times 10^9$): 10억분의 1 단위로 $ng \cdot g^{-1}$, $\mu g \cdot kg^{-1}$, $\mu g \cdot l^{-1}$, $mg \cdot m^{-3}$과 동일하다.

ppt(parts per trillion, $\times 10^{12}$): 1조분의 1 단위로 $pg \cdot g^{-1}$, $ng \cdot kg^{-1}$, $ng \cdot$

l^{-1}, $\mu g \cdot m^{-3}$와 동일하다.

일반적으로 식물영양소일 경우에는 그 농도를 μg-at · l^{-1} 혹은 μmol · l^{-1}로 표시한다. 이는 $\mu g \cdot l^{-1}$로 표시한 농도를 해당물질의 원자량(atomic wt.)으로 나눈 값이다.

생화학적 산소요구량

강이나 바다에 유입되는 폐수는 도시생활하수와 산업폐수가 대부분으로 많은 유기물질을 함유하고 있어 혼합 및 자정 과정에서 다량의 산소가 필요하게 된다. 따라서 폐수 중의 오염물질 농도는 유기물의 함량과 비례한다고 볼 수 있다. 이를 유기물의 분해 및 산화에 필요한 산소요구량으로 표시한다. 이때 사용되는 것이 생화학적 산소요구량(生化學的 酸素要求量, BOD: Biochemical Oxygen Demand)과 화학적 산소요구량(化學的 酸素要求量, COD: Chemical Oxygen Demand)이다. 이의 정의는 다음과 같다.

BOD: 생화학적 산소요구량이란 일정한 양의 해수에 함유된 유기물이 박테리아에 의해 분해될 때 필요한 산소량을 말하며 유기폐수의 오염물질 함량을 측정하는 표준단위의 하나이다. 시료채취 당시와 일정한 시간이 경과한 후에 시료 중의 용존산소량을 측정하여 구할 수 있다.

COD: 화학적 산소요구량은 과망간산칼륨($KMnO_4$: potassium permanganate) 혹은 중크롬산칼륨($K_2Cr_2O_7$: potassium dichromate)를 황산(H_2SO_4)과 함께 해수(시료)에 첨가한 후 적정(適定)하여 잔류한 첨가 산화체의 양을 측정하여 구한다. 시료 속에 있는 산화성 물질의 양을 뜻한다.

2.2. 오염물질의 종류

오염물질은 대체로 할로겐계 또는 염화탄화수소(鹽化炭化水素, halogenated/chlorinated hydrocarbons), 석유화학물질(石油化學物質, petroleum chemicals), 유 · 무기화학물질(有 · 無機化學物質, organic-inorganic chemicals), 영양염류(營養鹽類, nutrients), 부유성 고형물질(浮遊性 固形物質, suspended solids), 미량원소 또는 중금속(微量元素, 重金屬, trace elements/heavy metals), 방사성 물질(放射性 物質, radionuclides), 폐열(廢熱, heat/heated effluent) 등으로 분류

할 수 있다. 이 중 가장 관심의 대상이 되는 것은 할로겐계 탄화수소, 방사성 물질, 석유화학물질 및 금속류이다.

할로겐계 탄화수소

할로겐계 탄화수소는 할로겐계의 불소(fluorine), 염소(鹽素, chlorine), 취소(臭素, bromine), 혹은 요오드(iodine)를 함유하고 있으며 박테리아나 화학작용(산화)에 의해 쉽게 분해되지 않는 특징을 가진다. 인공적으로 합성한 물질로서 염소를 대부분 함유하고 있어 염화탄화수소라 한다. 동물의 지방질 조직내에 축적되는 고분자량 탄화수소로서 DDT와 같은 살충제와 공업용 첨가제로 쓰이는 PCBs가 가장 널리 알려진 할로겐계 탄화수소 물질이다.

DDT(dichloro-diphenyl-trichloroethane)는 1939년 이후 가장 이상적인 살충

표 11-2. PCBs와 DDT의 해수와 홍합(*Mytilus edulis*)에서의 함량

Area	Seawater concentration ($ng \cdot l^{-1}$)	Concentration in *Mytilus* ($mg \cdot g$)	Concentration factor
PCBs			
France			
Valras Beach	0.94	0.25	270,000
Carro	0.68	0.20	300,000
Marseille	1.60	1.10	690,000
Saintes Maries	0.95	0.45	470,000
U.S.A.			
Los Angeles	1.20	0.23	190,000
San Francisco	0.98	0.068	69,000
DDT			
France			
Valras Beach	0.54	0.051	90,000
Carro	0.25	0.052	210,000
Marseille	1.30	0.900	690,000
Saintes Maries	0.35	0.013	40,000
U.S.A.			
Los Angeles	5.10	1.600	310,000
San Francisco	0.11	0.005	45,000

자료: Clark, 1986.

제로 전세계적으로 널리 이용되어 왔다. 곤충류에 대해서 선택적으로 독성이 강하나 토양 속에서의 반감기가 10년 이상이나 되는 지속성이 강한 물질이다. 발진티푸스 예방과 말라리아 등 다른 병원성 곤충류 구제와 농업용 살충제로 사용하였으나 지금은 열대지방 개발도상국 이외 대부분의 나라에서 사용을 금지하였다.

PCBs(polychlorinated biphenyls)는 전기기구, 페인트, 플라스틱, 접착제, 코팅 물질, 복사지 등에 널리 이용되는 공업용 첨가제이다. 화학적으로 안정된 물질로서 내화용 및 절연용재로서도 사용된다. 약 20%의 염소를 함유하고 있으며 자연환경에서 지속성이 강하고 동물의 지방질 조직내에 축적되는 특성을 가진다. 따라서 먹이사슬을 통하여 생물체내에 축적되며 상위 영양단계에 이를수록 고농도로 농축된다(표 11-2). PCBs는 DDT와 같이 자연환경에서의 강한 지속성과 생물에 미치는 영향(생리 및 생식 장애 등) 때문에 많은 나라에서 사용이 금지되었거나 엄격히 구제되고 있다.

DDT, PCBs와 같은 할로겐계 탄화수소 물질들은 불용성이어서 주로 대기를 통해 다른 입자에 흡착되며 먹이사슬을 통해 해수에 재진입된다. 따라서 많은 나라에서 생산이 중단되었거나 사용이 금지되었음에도 불구하고 지금도 환경내에서 계속 순환되고 있다. 다른 대륙과 멀리 떨어진 남극해의 동물에서도 발견될 정도로 할로겐계 탄화수소들은 전세계 해양에 널리 분포한다.

방사성 물질

해양에는 칼륨(^{40}K)을 비롯하여 많은 종류의 방사성 물질이 분포한다(표 11-3). 이들 가운데 칼륨(K), 루비듐(Rb), 토륨(Th) 및 우라늄(U) 등은 주로 풍화된 암석이나 광산에서 흘러나와 해양에 유입된 것이며 트리튬(^{3}H), 탄소(^{14}C) 등은 우주 방사선(cosmic rays)의 작용에 의해 대기 중에서 생성된 것들이다. 특히 ^{3}H, ^{14}C는 핵실험 같은 인간활동에 의해서도 생성되는 인공방사능(artificial radionuclides)이기도 하다.

해양방사능 오염원으로 가장 중요한 것은 핵실험에 의한 인공방사성 물질이다. 트리튬을 비롯하여 세슘(^{137}Cs), 스트론튬(^{90}Sr), 플루토늄(^{239,240}Pu) 등이 주로 핵실험을 통하여 대기 중에 배출되었다가 낙진 또는 강우를 통해 해양에 낙하한다. 이들 인공방사능 물질은 넓은 해양에 확산되기 때문에 아직은 해양환경에 큰 영향은 없다. 기타 원자력발전소나 산업용 또는 의학용의 결과로 배출되는 방사능의 총량을 정확하게 측정하기는 어려우나 UN 원자력방사능조사위원회(UNSCEAR)의 보고서에 의하면 원자력발전소로부터 유출되는 방사능 물질에 의

표 11-3. 표면해수의 자연방사능 농도

방사성 물질	농도(pci · l^{-1})
칼 륨 Potassium-40	320
트리튬 Tritium(^{3}H)	0.6~3.0
루비듐 Rubidium-87	2.9
우라늄 Uranium-234	1.3
우라늄 Uranium 238	1.2
탄 소 Carbon-14	0.2
라 듐 Radium-228	(0.1~10.0) × 10^{-2}
납 Lead-210	(1.0~6.8) × 10^{-2}
우라늄 Uranium-235	5 × 10^{-2}
라 듐 Radium-226	(4.0~4.5) × 10^{-2}
폴로늄 Polonium-210	(0.6~4.2) × 10^{-2}
라 돈 Radon-222	2 × 10^{-2}
토 륨 Thorium-228	(0.2~3.1) × 10^{-3}
토 륨 Thorium-230	(0.6~14.0) × 10^{-4}
토 륨 Thorium-232	(0.1~7.8) × 10^{-4}

자료: Clark, 1986.

한 해양오염에의 기여도는 매우 낮은 것으로 나타나 있다.

핵폐기물의 해양투기도 방사성 오염원이 된다. 2차 세계대전 이후 저농도 핵폐기물이 여러 나라에 의해 해양에 투기되어 왔으나 1982년 이후에는 런던투기협약(LDC) 발효로 각국이 자발적으로 이를 중단하고 있는 실정이다. 각국의 투기내용을 보면 미국이 1946~70년 사이 4.5 PBq(petabecquerels), 서유럽 각국이 54 PBq 그리고 일본과 한국이 소량의 핵폐기물을 1965~68과 1968~72 사이에 각각 해양에 투기한 것으로 보고되어 있다. 현재까지 핵폐기물의 해양투기 총량은 해양에 존재하는 자연방사능 2 × 10^{7} PBq의 약 1%에 불과하다. 따라서 인위적으로 투기된 해양방사성 물질이 해양생태계 및 사람들에게 미칠 위험도는 크지 않다.

육상의 핵발전소 사고(1979년 미국의 Three Miles Island, 1986년 구소련의 체르노빌 등)나 핵잠수함을 포함한 군사용 핵무기의 해양폐기도 해양방사성 오염에 크게 기여하지는 않고 있는 것으로 알려져 있다. 최근 구소련의 핵잠수함과 폐기물을 동해 북부해역에 투기하여 문제가 제기되었으나 한국, 일본, 러시아의 공동 조사결과 이것 역시 해양생태계에 크게 영향을 주지 않는 것으로 판명되었다. 따라서 인간활동에 의해 해양에 투입되는 방사성 물질이 아직까지는 해양생태계에 심각한 피해를 주고 있지는 않다고 하겠다.

석유화학물질

해양에 유입된 유류는 환경과 생물에 직접적으로 영향을 미칠 뿐 아니라 쉽게 육안으로 식별되기 때문에 해양오염의 대명사처럼 인식되게 되었다. 해양을 오염시키는 유류 중 가장 오래 지속되고 영향을 크게 미치는 것은 오일 타르(oil tar)이다. 타르는 유류 중 휘발성분이 증발되고 남은 찌꺼기가 엷은 조각으로 바다에 떠다니거나 바람에 의해 넓게 퍼진 후 해저에 가라앉는다. 대개 유출유의 1% 정도가 타르로 남게 되는데 주로 유조선의 왕래가 많은 수로나 내만에 많이 축적된다. 홍해와 쿠웨이트 근해의 타르 양은 1 m의 해안선당 최고 30 kg까지로 다른 비슷한 해역의 100배 이상에 이른다. 카리브 해안도 100 g · m로 높은 편이며 인도네시아, 필립핀, 인도, 파키스탄, 서아프리카 연안의 일부에서도 높은 양이 발견되고 있다. 타르가 해안선 1 m 당 10 g 이상이면 관광지로서의 가치를 잃는다.

1979년 이후부터는 세계적으로 타르 오염이 감소되고 있다. 이는 1978년에 발효된 OILPOL 54(International Convention for the Prevention of Pollution of the Sea by Oil, 1969 수정안)의 영향 때문이다. OILPOL 협약은 후에 MARPOL 73/78(1988 발효)로 대체되었는데 유류오염 방지를 위한 특별 해역설치 규정 등을 포함하고 있다. 그러나 세계의 많은 해안이 여전히 타르로 오염되고 있어 보다 더 강력한 국제규정이 요구되고 있다.

금속류

해수에는 많은 종류의 금속(metals)이 용해되어 있다. 주로 토양이나 암석의 풍화작용 또는 침식 그리고 화산 폭발 등에 의해 유입되고 있으며 금속류가 함유된 여러 가지 제품의 사용 등 인간활동에 따른 부산물로서 유입되기도 한다.

금속물질 중에는 생물에 필수적인 미량영양소(微量營養素, micro-nutrients) 역할을 하는 것이 많이 있으나 고농도일 때는 대부분이 생물과 인체에 피해를 주고 있다. 따라서 많은 나라에서 공공용수의 금속류 최대허용 기준치를 설정하고 있다. 국가마다 약간씩의 차이는 있으나 가장 대표적으로 준용되고 있는 미국환경청(U.S. EPA)의 기준치는 표 11-4와 같다.

생물학적 영향을 미치는 금속류는 대개 다음 세 그룹으로 분류되고 있다.

표 11-4. 미국환경청의 공공용수에 대한 금속 최대 허용농도

금 속	최대 허용치(Max. Permissible Conc.)	
	$\mu g \cdot l^{-1}$	$\mu mol \cdot l^{-1}$
수 은(Hg)	2	0.01
카드뮴(Cd)	10	0.09
셀레늄(Se)	10	0.13
납 (Pb)	50	0.24
비 소(As)	50	0.67
망 간(Mn)	50	0.91
크 롬(Cr)	50	0.96
철 (Fe)	300	5.37
바 륨(Ba)	1,000	7.28
구 리(Cu)	1,000	15.74
아 연(Zn)	5,000	76.49

자료: Environmental Protection Agency, U.S.A., 1976.

1) 경금속(輕金屬, light metals)－나트륨, 칼륨, 칼슘 등 양이온으로 수중에 분포.
2) 전이금속(轉移金屬, transitional metals)－철, 구리, 코발트, 망간 등 미량원소이나 고농도에서는 유독함.
3) 중금속(重金屬, heavy metals or metalloids)－수은, 납, 주석, 셀레늄, 비소 등. 대부분 생물의 대사에 불필요하며 저농도에서도 유해함.

해수 중의 금속류는 부유성 고형물질(미립자)로 분포하고 있으며 생물체에 빠르게 흡착될 뿐 아니라 생물체내에 동화되어 버리기 때문에 수중에 용해된 금속농도로서 오염정도(상태)를 나타내는 데 부적합한 경우가 많다. 즉, 일반적으로 수중의 금속농도로 표시된 자료는 실질적인 총 금속함량보다 현저하게 낮은 경우가 대부분이다. 미국의 미시시피 강의 경우(부유물질의 농도가 매우 높은 강이기는 하나) 총 수은함량의 67%가 부유침전물(suspended solids)에 흡착되어 있는 것으로 보고되어 있다(Laws, 1981).

2.3. 오염물질의 유입경로

오염물질은 강과 대기를 통하여 바다로 유입된다. 바다 속에서도 해저화산, 열

수공, 또는 지각의 확장대를 통하여 광물질과 열수가 유입되나 이는 자연발생적인 것이므로 오염물질이라 하기 어렵다. 강 또는 대기를 통하여 오염물질이 바다에 유입되는 과정을 아래에 소개하겠다.

강을 통한 유입

육상에서 배출되는 대부분의 오염물질은 지류를 따라 강으로 모이고 이후 강하구를 통해 바다로 흘러들어간다(그림 11-11). 유기질 폐수는 운반되면서 박테리아에 의해 분해되므로 오염발생지에서 하구까지의 거리에 따라 바다로 유입되는 양에 많은 차이가 있다. 따라서 바다로 유입되는 오염물질의 종류와 양을 정확히 파악하려면 오염원에 대한 자료와 이를 운반하는 강에 대한 수문학적, 지질학적, 생물화학적, 인구통계학적인 자료가 필요하다. 그러나 몇몇 종류의 오염물질과 주요 강을 제외하면 이러한 자료가 확보되어 있지 않은 실정이다.

현재 질산염, 인산염 등 영양염류와 중금속 등 무기화학물질에 대한 자료는 비교적 많이 확보하고 있다. 그러나 미량원소는 측정하기가 어렵고 또 측정했다 하더라도 오차가 심하여 자료가 충분하지 못한 실정이다. 더구나 합성유기물질은 매년 500~1,000개 이상 새롭게 개발되고 있어 이들 오염물질의 이동과 바다에로의 유입을 정확히 추정하기는 매우 어렵다. 일단 유입된 오염물질의 연안생태계 내에서의 이동과 축적과정도 매우 복잡하다. 대부분의 화학물질도 해수내에서 변형되거나 증발, 또는 침전되므로 이들의 이동량을 알기 위해서는 하구, 인근 해역의 지형과 해류, 잔류시간, 기타 다른 해양학적 환경요인을 정확히 파악해야만 한다.

대기권을 통한 유입

대기는 지상에서 발생하여 대기 중으로 진입한 모든 물질을 다른 곳으로 운반하는 역할을 한다. 대기권내의 오염물질은 사막의 먼지와 화산재, 산불로 인한 연기, 대양에서 증발된 에어로졸(aerosol) 등 자연발생적인 물질과 공장, 발전소, 폐기물 소각장, 농지 등에서 산업활동에 의해 배출된 물질로 구성되어 있다. 이들 오염물질은 지상에서 대기로 수직 혼합작용을 거쳐 진입하며 이후 기류를 따라 멀리까지 운반된 후 바다에 떨어진다. 가스와 미세입자 형태 그대로 직접 떨어지기도 하지만 눈, 비에 섞여 떨어지기도 한다.

대기를 통해 바다에 낙하하는 오염물질의 양을 직접 측정하기는 매우 어렵다. 대양에 떨어지는 미세입자의 낙진 양이나 강우량을 관측하기도 어려울 뿐 아니라

그림 11-11.
육상 오염물질은 강을 따라 바다로 흘러들어간다.
대구 염색공단의 오염된 물이 금호강을 따라 낙동강으로 흘러드는 모습의 중앙일보 보도사진. 낙동강물은 다시 부산 앞바다로 흘러든다.

해수면으로의 진입하는 가스를 측정하는 기술도 완벽하지 않기 때문이다. 따라서 대기-해수간의 오염물질 이동은 대부분 대기와 해수내에서의 농도와 흡수, 침전율을 측정하여 간접적으로 산출하고 있다.

대부분의 중금속은 대기를 통해 유입된다. 특히 납은 98%가, 그리고 카드뮴, 구리, 철, 아연, 니켈 등도 주로 대기를 통해 유입된다. 자료에 의하면 북해와 발틱해, 지중해에 있어서의 대기를 통한 중금속(수은 제외) 유입량은 북대서양 외해에 비해 3~10배 그리고 열대 북태평양보다 10~100배나 높다. 남태평양의 중금속 유입량은 북태평보다 5~10배나 낮다. 오염물질 유입량의 해역에 따른 이러한 차이는 오염원, 즉 육지로부터의 거리와 관계가 있다. 수은의 유입량은 해역에 따라 차이가 크지 않다. 수은은 가스 형태로 대기 중에서 비교적 긴 잔류기간(殘留期間, residence time)을 가지므로 지역적으로 고르게 확산되기 때문이다.

현재 전세계 해양에 유입되는 중금속 양은 자연 및 인공 오염원을 모두 합쳐 연간 납이 40만 톤, 수은이 3만3천 톤이다. 납은 50% 이상이 자동차 배기가스로 배출되므로 무연휘발유가 앞으로 보편화될 경우 그 양이 감소할 것이다. 수은은 대부분이 화산활동과 지표수를 통해 유입되는 자연발생적인 것이나 약 25%는 수은 제품이나 농약, 그리고 석탄사용의 부산물인 인간활동에 의한 오염물질이다. 염화탄화수소인 PCBs, DDT, 헥사크로로벤젠(HCB)은 약 80~99% 이상 대기를 통해 바다로 유입된다.

기타 유입경로

강과 대기를 통한 유입 이외에 다음과 같은 경로가 있다.

배수구를 통한 직접 유입: 해안에 위치한 공장 및 대도시 가정의 배수구나 파이프를 통해 직접 배출된다.

해안부락: 대부분의 소규모 어촌, 농촌 등은 폐수처리 시설을 갖추지 않고 있어 모든 폐기물이 바다에 직접 방출된다.

선박: 유류를 비롯하여 액화가스, 살충제, 비료, 기타 산업원료 등 많은 독성 물질이 선박에 의한 운송도중 사고를 통해 유출되고 있다. 정상적인 운항중에도 모든 선박은 기름 섞인 폐수를 방출하고 있으며 선상 세척수 기타 쓰레기 등을 폐기하고 있다.

해상투기: 여러 종류의 폐기물(폐수오니, 석탄재, 분뇨, 핵폐기물 등)이 아직도 외양에서 투기되고 있다.

해상산업 활동: 외해 석유시추 시설, 골재 채취선, 기타 해상산업 시설(발전

표 11-5. 주요 해양오염 물질의 생산량과 해양유입량

물 질	세계 총생산량 (1,000톤·년)	해양유입량(1,000톤·년) 강을 통한 유입	대기를 통한 유입	대기를 통한 유입량(%)	자연 유입 (1,000톤·년)
석유	1,820,000	5,100	600	12	100
석유화학물질	–	–	90,000	>95	–
중금속					
납	3,000	> 3	300	> 70	100
수은	9	> 0.8	80	> 90	3
카드뮴	15	> 0.1	10	–	0.5
탄화수소					
DDT	100	> 1	25	> 90	0
PCBs	50~100	< 5	20	> 80	0
휘발성 유기물	25,000~30,000	–	35,000	–	–

자료: Patin, 1982.

소, 공항, 저장시설, 공장 등)에서 폐기물이 방출됨.

결론적으로 오염물질의 바다에로의 유입은 강과 대기의 두 가지 경로를 통해 이루어지고 있다. 강을 통한 유입은 대개 강하구나 배출구 부근의 연안해역에 국한되며 전해양에 유입되는 오염물질의 총량면에서는 그 비율이 적다. 주요 오염물질인 중금속과 탄화수소는 대부분 대기를 통해 바다로 유입된다(표 11-5).

그러나 현재의 자료는 대부분 불완전하고 부정확하다. 특히 강과 대기를 통한 오염물질의 유입량을 동시에 조사한 것이 거의 없을 뿐 아니라 과거와 현재 자료를 직접 비교하기가 어려운 경우도 많다. 앞으로 계속 자료를 축적하는 일이 무엇보다 시급하다 하겠다.

2.4. 오염물질의 농도

해수에서의 이동

연안해역에서의 오염물질 농도는 외부로부터의 유입량에 비례함이 원칙이나 해양의 물리화학적 환경조건에 따라 크게 달라진다. 오염물질은 해수에서 확산되고 희석된다. 특히 금속물질의 경우에는 침전(沈澱, precipitaion), 흡착(吸着,

adsorption) 및 생물에 의한 흡수(吸收, absorption)과정을 통해 녹아 있는 양이 감소하기도 한다.

해수 중의 금속농도가 탄산염(炭酸鹽, carbonate)이나 염화물(鹽化物, chloride)과 같은 음이온화합물보다 높을 경우에는 침전이 일어난다. 특히 황화수소가 발생하는 무산소 저층에서는 구리, 납, 수은, 은, 아연 등의 중금속은 침전되므로 용존량이 감소한다. 또한 금속물질은 수산화 제2철(hydrated ferric oxide), 이산화망간(manganese dioxide), 점토광물, 식물플랑크톤 등에 흡착하므로 수중 농도는 낮아진다. 생물학적 작용에 의해서도 금속의 침전이 촉진된다. 금속류의 90% 이상이 갑각류나 동물플랑크톤 등에 흡수되며 그들의 배설물이나 껍질 또는 죽은 사체와 함께 저층에 퇴적된다.

염화탄화수소(鹽化炭化水素, chlorinated hydrocarbons)는 해수 중 포화농도가 1 ppb 이하일 정도로 불용성인 물질이나 동물의 지방질에 쉽게 용해되며 미립자에의 흡착성이 매우 강해 해수 중의 농도는 일정하지 않다. 대부분 무기입자, 또는 규조류와 같은 미세생물에 흡착되고 이들을 섭취하는 동물에 의해 먹이사슬에 들어가 단계적으로 생물체내에 농축(生物體內 濃縮, bioaccumulation)된다. 해수 표면에는 수 μm에서 1 mm의 얇은 표수막(表水膜, surface film)이 형성되어 있는데 여기에 여러 종류의 지방산이 내포되어 있어 지용성(脂溶性, fat soluble)인 탄화수소가 상당량 축적된다. 전체적으로 양이 많지는 않으나 해수표면에 서식하는 수표생물(水表生物, neuston)에게는 중요한 역할을 한다. 염화탄화수소는 거의 모든 해양생물 체내에 농축되어 있고 먹이사슬을 통해 거듭 순환된다.

생물체내 농축

해수 중에 분포하는 중금속과 기타 미량원소, 방사성 물질, 탄화수소 등은 대부분 생물체의 조직 속에 농축 저장된다. 미량원소들은 생물체내에서 별다른 대사기능을 하지 않는 것으로 생각하여 왔으나 최근 구리, 아연, 코발트, 망간 등이 효소, 비타민 합성에 필수적인 것으로 알려졌다.

오염물질의 생물체내에의 유입과정과 방법은 오염물질의 종류와 생물의 종류에 따라 차이가 있다. 농축계수(concentration factor) 또한 차이가 있다. 미국 롱아일랜드 연안해수 소택지(salt marsh)에서 채취한 해수와 생물체내의 DDT 농도(표 11-6)를 보면 해수로부터 먹이사슬을 거슬러 올라갈수록 농도가 크게 증가하고 있음을 알 수 있다. 즉, DDT의 생물체내 농축도는 제1영양단계인 식물플랑크톤이 해수의 800배, 제3단계인 소형 어류가 4,600~18,800배, 포식어류 26,600~

41,400배 그리고 제4단계인 가마우지는 해수의 약 53만 배에 이르고 있다.

중금속의 경우에도 마찬가지로서 상위 포식자인 참치, 상어, 새치류 등이 가장 높은 양을 체내에 농축하고 있다. 참치, 새치류의 근육내 수은농도는 1 ppm에서 최고 16.5 ppm까지 발견되고 있다(표 11-7). 이들은 수은의 용존농도가 매우 낮은 외양에서만 서식하고 있으나 해양 먹이사슬의 최상위에 있어 수은을 고농도로 농축할 뿐 아니라 쉬지 않고 유영하기 때문에 물 속의 수은을 아가미를 통해 계속 흡수하게 된다. 따라서 크고 연령이 높을수록 체내 농도도 높아진다. 호주에서는 체장 112 cm 이상의 상어는 81% 이상이 0.5 mg · kg의 수은을 함유하고 있어 식용으로서 부적합하다는 판정을 내린 바 있다. 독일에서도 수은농도 1 ppm (mg · kg) 이상의 수산물은 판매가 금지되었다.

표 11-6. 미국 롱아일랜드 연안의 해수 및 생물체내 DDT 농도

시 료	DDT 농도*(ppm)	비고**
해수	0.00005	1
식물플랑크톤	0.04	800
소형 어류(silverside minnow)	0.23	4,600
소형 어류(sheephead minnow)	0.94	18,800
포식어류(pickerel)	1.33	26,600
포식어류(needlefish)	2.07	41,400
바다새(바다오리)	22.80	456,000
바다새(가마우지)	26.40	528,000

*DDT+DDD+DDE 총량(습윤중량), **농축비율(배)

자료: Woodwell *et al.*, 1967.

표 11-7. 새치(*Makaira indica*)의 체내에 축적된 금속류 함량

중금속	근육(mg · kg, wet wt.)	간(mg · kg, wet wt.)
아연(Zinc)	8.6 (5.8~14.6)	47.5 (4~375)
수은(Mercury)	7.3 (0.5~16.5)	10.4 (0.3~63)
셀레늄(Selenium)	2.2 (0.4~4.3)	5.4 (1.4~13.5)
카드뮴(Cadmium)	0.9 (0.05~0.4)	9.2 (0.2~83)
납(Lead)	0.6 (0.1~0.9)	0.7 (0.4~1.1)
구리(Copper)	0.4 (0.3)~1.2)	4.6 (0.5~22)

자료: MacKay *et al.*, 1975.

대개 농축계수는 오염물질의 용해도와 직접 관련이 있고 지방질이 많은 조직 속에 더 많이 농축된다. 또한 모든 생물은 각기 섭식과 흡수방법이 다르고 먹이의 종류도 다양할 뿐 아니라 각 오염물질의 원자가와 생물학적 반감기가 다르기 때문에 흡수(uptake)－농축(bioaccumulation)－방출(elimination) 과정이 매우 복잡하고 다양하다.

일반적으로 오염물질 특히 염화탄화수소 물질의 생물체내에서의 대사효율은 다른 먹이(사료)의 약 20%에 불과한 것으로 알려져 있다(Laws, 1981). 이는 오염물질의 다음 영양단계로의 생태학적 전달효율(ecological transfer efficiency)은 다른 먹이보다 약 5배 더 큰 것을 의미한다(50% 대 10%). 다시 말해 해양생물에 의해 섭취된 먹이는 소화, 호흡 및 배설작용을 통해 90%가 소비되고 약 10%만이 다음 단계로 전달되는 데 반해 오염물질은 50%가 전달되는 것으로 보고 있다. 따라서 상위 영양단계의 DDT 농축도는 제3소비자(제4영양단계)인 가마우지에서 생산자인 플랑크톤의 5^3=625배에 이르게 된다(표 11-6 참조 － 0.04:26.4 ppm).

넙치에게 DDT를 사료와 함께 4주간 투여한 결과 투여량의 60%가 넙치의 조직(간, 뇌세포, 근육)내에 축적되었고, PCBs를 3주 동안 투여한 갯지렁이의 일종인 *Nereis virens*의 조직 속에서는 58~93%가 농축된 것이 실험적으로 밝혀졌다(Goerke & Ernst, 1977). 그런데 DDT를 농축한 넙치를 깨끗한 해수에 2개월간 사육한 결과 농축된 DDT의 60%가 방출되었음도 밝혀졌다. 또 수은에 감염된 이

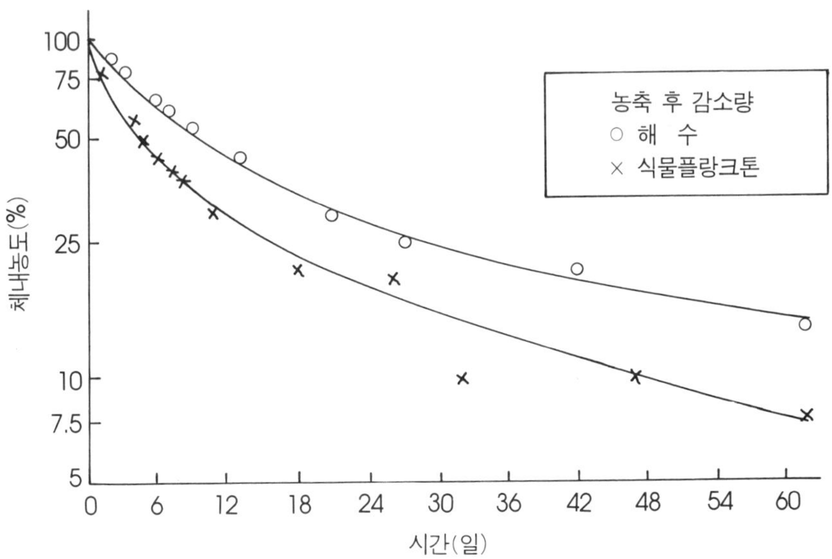

그림 11-12.
이매패(*Venerupis decussata*) 체내에 농축된 수은($^{203}HgCl_2$)의 유실. 조개를 흐르는 깨끗한 해수에 옮겼을 때 5~10일 이내에 체내 농도가 약 50%가 감소하였다.
(자료: Clark, 1986)

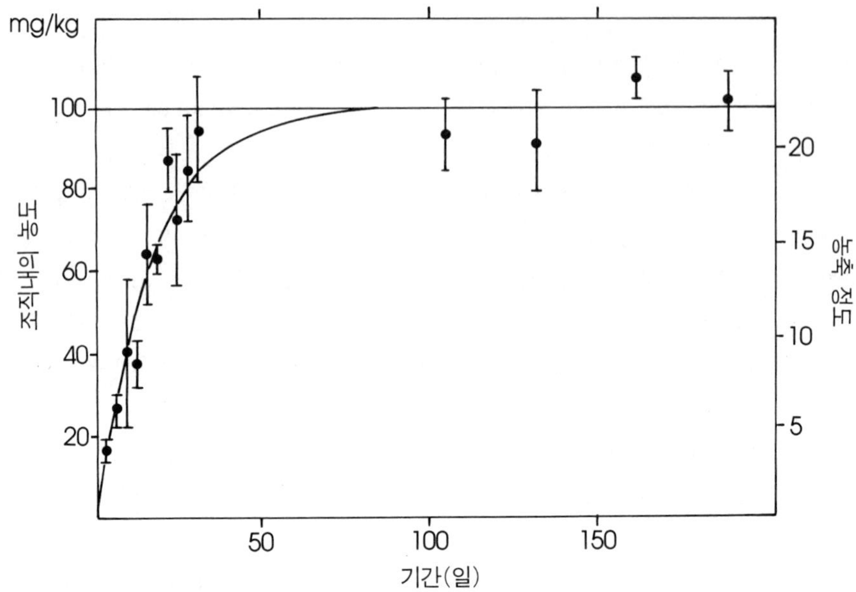

그림 11-13.
홍합(*Mytilus edulis*)에 의한 중금속 안티모니 (Sb)의 농축
(자료: Gerlach, 1981)

매패(*Venerupis decussata*)를 깨끗한 해수(유수식 탱크)로 옮긴 결과 5~10일내에 체내에 농축된 수은 약 50%가 감소하였다(그림 11-12).

그림 11-13은 홍합에 의한 안티모니(Sb)의 생물농축과정을 보여 주고 있다. 홍합조직내의 안티모니 농도는 처음 30일간에 거의 직선적으로 증가하였고 그 이후에는 변화가 없었다.

3 해양오염의 생물학적 영향

3.1. 인체에의 영향

해수 중에는 인체에 해를 끼치는 많은 종류의 물질이 분포한다. 인체에 직접 피해를 주는 물질은 폐수에 섞여 연안해역에 흘러들어온 바이러스나 박테리아와 같은 병원성 세균이다. 연안역에 널리 분포하는 여러 종류의 호염성 비브리오균(halophilic vibrios)과 기생충 알도 위험하기는 마찬가지이다. 유독성 유·무기질 화학물질과 자연적으로 발생한 수중생물독소(水中生物毒素, aquatic biotoxins) 역시 위험성이 매우 크다.

미생물에 의한 피해

병원성 해양미생물에 의한 감염은 수영 등을 통해 해수와의 접촉이 이루어지거나 오염된 해수 또는 그 해역에서 채취한 어패류를 섭취했을 경우 발생한다. 오염된 해수와의 접촉을 통한 감염은 귀, 눈 및 피부병 또는 호흡기 질환을 유발한다. 질환을 일으키는 균은 주로 포도상구균(*Staphylococcus* sp.), 녹농균(*Pseudomonas* sp.)이다. 병원균에 감염된 해수를 잘못 마시면 주로 위장 계통이 장애를 받으나 간혹 호흡기 계통이나 다른 신체부위가 장애를 받는 경우도 있다.

위장기능 장애는 도시 인근 연안해역이나 하구역 부근 주민들에게 주로 일어난다. 어린아이들은 여름철에 특히 위험하다. 대장균(*Escherichia coli*)에 의해 이러한 위장질환이 발생하는 것으로 알려져 해수욕장의 수질기준을 대장균 수를 근거로 판단해 왔다. 그러나 최근 대장균(*E. coli*) 이외에 장구균의 일종인 *Enterococcus*와 관련이 더 밀접한 것으로 밝혀지기도 하였다.

병원균에 오염된 수산물 특히 패류를 날것으로 먹으면 전염성 장염(傳染性 腸炎, infectious hepatitis), 설사, 콜레라에 감염되기도 한다. 1973년 이태리의 나폴리에서 발생한 콜레라가 오염된 패류에 의한 것이었고 동남아시아, 서아프리카 및 카리브 연안에서 자주 발생하는 바이러스성 장염의 대부분도 이러한 수인성 세균이 원인이었다. 따라서 연안에서 채취한 패류는 수일 내지 수주간 깨끗한 해수에 축양하여 정화한 다음 판매해야만 한다. 이매패류와 같은 여과식자가 아닌 갑각류나 어류는 병원성 세균을 체내에 축적치 않으므로 이러한 위험성이 적다.

화학물질에 의한 피해

인체에 피해를 주는 중금속이나 염화탄화수소류의 농도는 자연상태에서 일반적으로 매우 낮다(ppt 또는 ng · l^{-1}). 그러나 어패류와 같은 생물체내에서는 해수보다 훨씬 농도가 높다. 특히 공단이나 산업시설 부근의 해역에서 채취한 어패류는 이들 오염물질의 농도가 매우 높기 때문에 오랫동안 계속해서 섭취할 경우 건강상의 피해가 심각해진다. 일본 미나마타 만에서의 수은중독(미나마타병) 사건이 좋은 예이다(그림 11-14).

미나마타병은 일본의 미나마타 만에서 발생한 어패류를 섭취한 주민들이 걸린 수은중독병이다. 1930년부터 1968년까지 '신 · 니혼 치소' 화학공장에서 포르말린과 염화비닐(vinyl chloride)을 생산하는 과정에서 염화수은(mercuric chloride)을 촉매제로 사용함으로써 수은(methyl mercury)을 방류하였다. 총 2,000여 명이

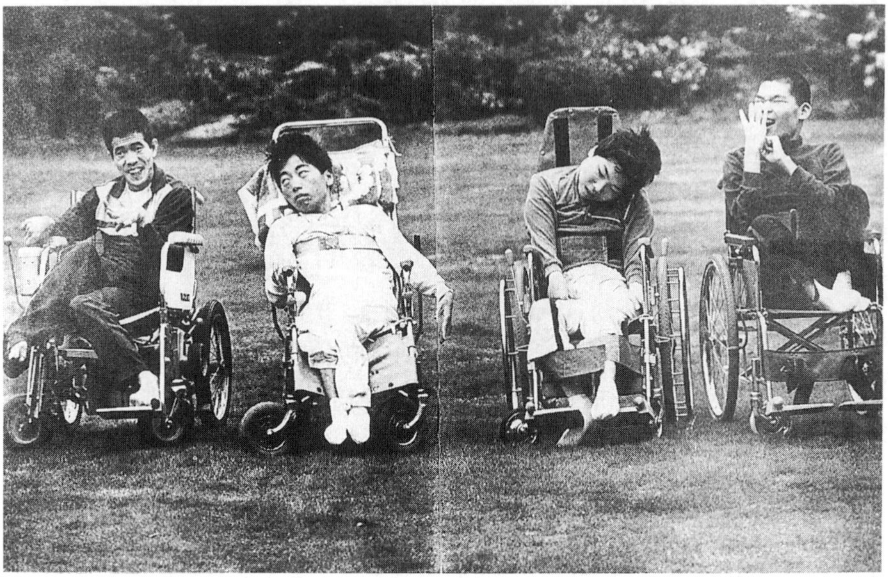

그림 11-14.
1960년대 일본에서 발생한 미나마타병 환자

중독되어 그 중 43명이 사망하고 700여 명이 불구자가 되었다. 1953년에 처음 발견되었으나 수은중독으로 확인된 것이 1959년, 그리고 그 오염원이 인근의 염화비닐 공장이라는 사실이 확인된 것은 1960년이다. 1957년부터 배수구 부근에서의 어패류 채취가 금지되었고 1968년 공장이 폐쇄되었다.

인체내에 흡수된 유기수은은 밖으로 배설되지 않고 계속 축적되며 혈관을 통해 신경조직 속으로 침투하여 뇌에 치명적인 손상을 입힌다. 미나마타병이 발견된 이후 세계보건기구(WHO)와 유엔식량농업기구(FAO)에서는 수은의 최고 허용치를 1인당 1주일에 유기수은 0.2 mg, 총수은 0.3 mg으로 할 것을 권고하였다. 이에 따라 각국은 해산물의 최고 수은 허용농도 기준을 채택하였는데, 미국 0.5 $\mu g \cdot g^{-1}$(ppm), 이태리 0.7 $\mu g \cdot g^{-1}$, 일본, 독일, 스웨덴 1.0 $\mu g \cdot g^{-1}$, 노르웨이 1.5 $\mu mg \cdot g^{-1}$ 등이다.

합성유기물질 특히 PCBs와 같은 염화탄화수소는 해저 퇴적층에 축적되어 있으며 계속 방출되어 먹이사슬을 통하여 재순환된다. 미국 동북부 연안일부에서는 매우 높은 농도의 PCBs가 수산물에서 발견되고 있어(바닷가재 84 ppm, 어류 730 ppm) 그 판매를 엄격히 규제하고 있다. 맹독성 물질로 알려진 구리, 납, 카드뮴 등의 다른 중금속도 하구역이나 공단 배출구 부근해역에 서식하는 저서동물에게 큰 영향을 미치고 있으나 인체에 피해를 줄 정도의 위험물질로 간주되고 있지는 않다.

생물독소에 의한 피해

유기물이 많이 해양으로 유입되면 인근 연안해역 해수의 영양염 농도가 높아진다. 이러한 부영양화는 식물플랑크톤의 이상증식을 유발하는 바, 이상증식을 하는 부유식물 중 특히 쌍편모조류인 *Gonyaulax*, *Gymnodinium*, *Prorocentrum* 등은 독소를 가진다. 신경독(神經毒, neurotoxin), 또는 마비성 패독(痲痺性 貝毒, saxitoxin)으로 알려진 이들 독소는 먹이사슬을 따라 주로 이매패의 체내에 농축되므로 이들 패류를 먹을 경우 마비성 패류중독(Paralytic Shellfish Poisoning: PSP) 또는 설사성 패류중독(泄瀉性 貝類中毒, Diarrhoeic Shellfish Poisoning: DSP)에 걸린다.

마비성 패독은 패류 자체에는 해를 끼치지 않으나 패류를 섭취한 척추동물 특히 사람에게는 큰 해를 끼친다. 독성이 매우 강하게 작용하여 질식 또는 호흡장애를 일으켜 사망에 이르게 하는 경우가 종종 있다. 이러한 사고는 미국, 캐나다 그리고 북해연안의 여러 나라에서 오래전부터 발생하였다. 아시아에서는 1983년 필리핀에서 처음으로 300명이 발병하여 21명이 사망한 기록이 있다. 마비성 패류중독 사건은 현재 세계의 전해역에서 발생하고 있으며 그 빈도도 급속도로 증가하고 있다(그림 11-15).

설사성 패독은 보다 최근에 알려진 독성으로 마비성 패독에 비해 덜 치명적이나 심한 설사, 구토 등 위장장애를 일으킨다. 열대 및 아열대 지방 해역에서 널리 알려진 시구아 독소(ciguatoxin 혹은 ciguatera toxin)도 쌍편모조류에 의한 것으로 이를 섭취한 어류를 통해 발병하게 되며 심한 호흡장애와 위장장애, 신경마비 증상을 일으킨다. 최고 4.5%의 치사율을 가진 시구아테라병(ciguatera disease)은 동남아 및 중남미에서 주로 발생하는데 발병자 수가 연 5만 명에 달한다.

쌍편모조류 이외의 식물플랑크톤에서도 계속 독소가 발견되고 있어 새로운 생물독소에 의한 피해가 예상된다. 1987년 카나다에서 발생한 규조류 *Pseudonitzschia pungens*에 의한 신경성 도모산(domoic acid) 중독사건이 이를 잘 입증해 주고 있다. 규조류에 의한 도모산의 생성은 지금까지 알려지지 않았던 사실로서 이 독소에 감염된 진주담치(blue mussel)를 섭취하여 새로운 질병인 건망성 패류중독(健忘性 貝類中毒, Amnesic Shellfish Poisoning: ASP)이 발생하기도 하였다. 이 병으로 기억상실증 환자와 사망자가 발생하였고 그 해 패류생산도 금지되었다.

또 1993년에는 뉴질랜드에서 신경성 패류중독(Neurotoxin Shellfish Poisoning:

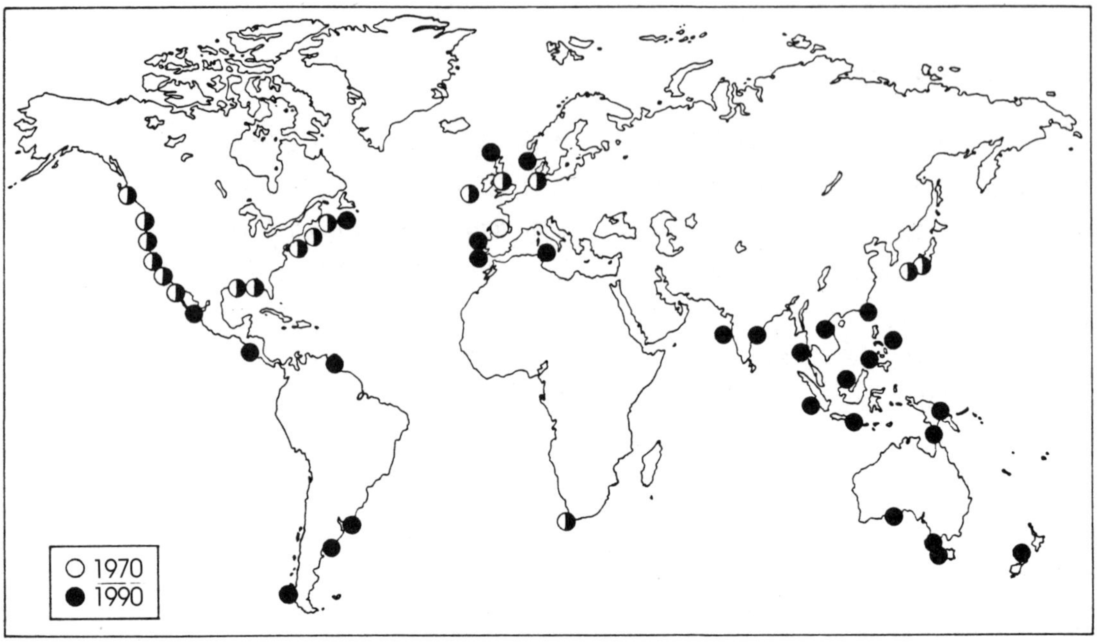

그림 11-15. 마비성 패류중독(PSP) 사건 발생지역. 1990년의 발생건수는 1970년에 비해 250% 증가하였고 발생해역도 전세계로 확산되었다(자료: Anderson, 1994).

NSP)으로 수백 명이 입술마비, 촉각전도증, 근육이완 등의 증세를 일으킨 사건이 발생하였다. 이는 *Gymnodinium breve-like* sp.에 의해 생성된 새로운 폴리에테르계 화합물의 신경독으로 판명되었다(Chang, 1994).

그 외에도 지금까지 무독성으로 알려진 규조류 *Pseudonitzschia seriata*(전 *Nitzschia seriata*)가 ASP를 유발하는 도모산(DA)을 배출하는 것으로 조사되었다(Lundholm, 1994).

3.2. 생물학적 영향

오염물질의 생물학적 영향은 오염물질의 환경내에서의 분포형태(용존, 침전, 생체내 농축) 및 이동경로에 따라 다를 뿐 아니라 수온, pH와 같은 무생물적 환경조건과 연령, 크기, 성, 유전형질과 같은 생물학적 조건에 따라 달라진다. 따라서 오염물질의 총량 또는 추출가능 함유량만으로 오염물질의 영향을 평가하면 오류를 범할 수 있다. 또 영향의 정도도 단기간내에 나타나는 것과 장기간에 걸쳐 나타나는 것이 있으므로 이를 구별해야만 한다.

금속류

수은은 해수에 유입되면 무기수은이 대부분 유기메틸수은으로 전환되어 생물체의 지방조직에 축적되며 먹이사슬을 통해 상위 포식자에게 전달된다. 부유식물은 주로 무기수은을 섭취, 축적하고 부유동물과 패류는 유·무기 수은을 함께 축적한다. 어류는 해수에서 수은을 직접 섭취하거나 먹이사슬을 통해 섭취한다. 축적되는 양은 몸의 크기가 크고 연령이 많을수록 많다.

수은 화합물질은 해조류나 소형 갑각류에게 독성이 강한 것으로 밝혀졌다. 홍조류인 *Plumaria elegans*의 반치사 농도(18 *h* LC_{50})는 0.013~3.12 ppm으로 알려져 있으며(표 11-8) 따개비 유생(*Elminus*)이나 양식장에서 사용하는 먹이생물 Artemia도 비슷하다고 한다. 스웨덴과 노르웨이에서는 바다새인 물수리와 흰꼬리독수리의 무리가 수은중독으로 감소하였다는 보고가 있다. 이들 바다새는 모두 수은에 감염된 어류(농도 50 ppm)를 주식으로 하는 것으로 판명되었다. 그러나 어류, 바다새 자체에게 체내에 농축된 수은이 어떤 영향을 미치는지는 밝혀진 바 없다.

카드뮴은 먹이사슬을 통한 생체내 농축이 아직 구체적으로 밝혀져 있지 않은 상태이다. 식물플랑크톤에 의한 카드뮴 흡수는 거의 일정하나 이들을 섭취하는 동물플랑크톤과 다른 섭식자(조개)의 체내 농도에는 많은 차이가 있다. 저질내의 카드뮴 농도도 저서동물의 체내 축적과 크게 관련이 없는 것으로 알려져 있다. 해수의 카드뮴 농도는 0.001~0.2 $\mu g \cdot l^{-1}$로 낮은 편이며 수중 농도 0.4 $\mu g \cdot l^{-1}$까지는 식물플랑크톤, 패류나 갑각류에 아무런 영향이 없는 것으로 보고 되어 있다.

홍합은 주로 저질과 연안해수로부터 납을 흡수하며 그 농도는 노출시간에 거의

표 11-8. 각종 수은화합물의 홍조류 *Plumaria elegans*에 대한 독성

물 질	18 *h* LC_{50} (ppm)
Methyl mercuric chloride	0.044
Ethyl mercuric chloride	0.026
n-Propyl mercuric chloride	0.013
Isoamyl mercuric chloride	0.019
Phenyl mercuric chloride	0.054
Mercuric iodide	0.156
Mercuric chloride	3.120

자료: Clark, 1986.

비례한다. 해수 중 납의 농도는 0.01 $\mu g \cdot l^{-1}$ 이하로 낮은 편이나 생물의 성장과 갑각류 등의 유생생존율에 큰 영향을 미친다. 그러나 전반적으로 납에 의한 해양생물의 중독이나 해산물을 통한 인체내의 축적은 많지 않다. 납의 농도 800 $\mu g \cdot l^{-1}$의 해수에서 식물플랑크톤의 성장이 촉진된 반면 갑각류인 *Gammarus locusta*는 100 $\mu g \cdot l^{-1}$의 농도에서, 그리고 패류의 유생은 500 $\mu g \cdot l^{-1}$에서 모두 폐사한다는 실험결과도 있다.

최근에는 유기금속화합물인 유기주석(TBT: tributyl-tin)이 새로운 오염물질로 등장하여 해양생물, 특히 연체동물에 심각한 피해를 끼치고 있다. 선박이나 어구에 대한 부착생물 방지용 페인트의 첨가제로 널리 사용되어 온 TBT는 0.05 ppb의 낮은 농도에서도 굴의 유생이 폐사할 정도로 강한 독성을 지니고 있으며 기형적인 성장과 생식불능의 임포섹스(imposex) 현상을 유발한다.

진해만에서 1987~94년 사이에 실시된 조사에서 매우 높은 농도(0.42 ppm, dry weight)의 TBT가 진주담치에 농축되어 있음이 밝혀졌고(황, 1994), 이로 인한 복족류(gastropods)의 임포섹스와 굴패각의 기형화 그리고 양식굴(*Crassostrea gigas*) 유생채묘의 현저한 감소현상 등이 나타나고 있다(Kang, 1995). 이미 프랑스에서는 1980년대 초에 양식굴(*C. virginica*)이 TBT 오염으로 멸종되는 사태가 발생하였다.

그 외의 다른 금속(미량)원소는 연안해역에서의 농도가 매우 낮아 해양생물과 인체에 크게 피해를 끼치지 않는 것으로 알려져 있다.

염화탄화수소

할로겐계 탄화수소의 독성은 먹이사슬의 모든 단계에 영향을 미친다. 예를 들면 1차 생산력은 1 $\mu g \cdot l^{-1}$의 염화탄화수소(PCBs) 농도에서 50% 감소하였고(그림 11-16), 새우(*Crangon* sp.)는 DDT 6 $\mu g \cdot l^{-1}$ 이하에서 50%가 폐사했다(96 *h* LC_{50}). 또 발틱해 광어(*Platichthys flesus*)는 난소에서의 잔류량이 120 ppb일 때 부화율이 크게 감소하였다. 이매패류의 96 *h* LC_{50} 농도는 10,000 $\mu g \cdot l^{-1}$(보통해수 PCBs/DDT 농도의 약 1천만 배) 이상으로 나타났다.

DDT는 칼슘대사를 저해하며 PCBs는 조류의 부화율과 쥐의 출산율 및 생존율을 감소시키는 것으로 알려져 있다. 그러나 실제 해수의 농도는 대개 1 ng $\cdot l^{-1}$ 이하여서 이들 농도에 비해 수천-수백만 분의 1에 불과하므로 크게 문제가 되지 않는다.

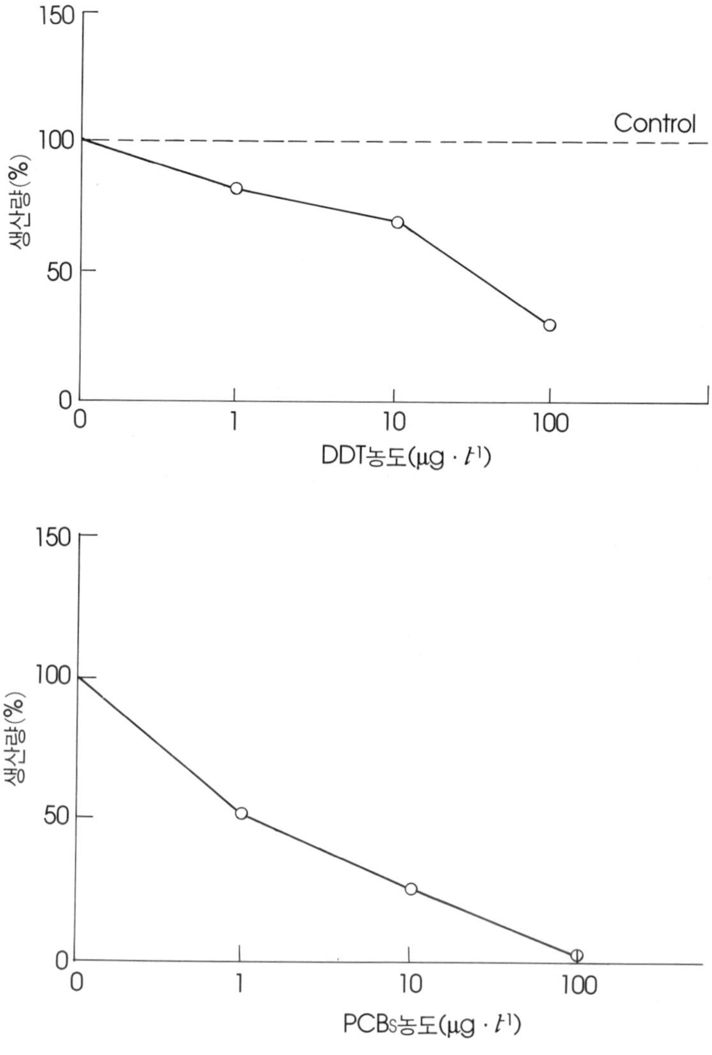

그림 11-16.
해수 중의 DDT 및 PCBs 농도와 식물플랑크톤 생산량
(자료: Clark, 1986)

석유화학물질

수용성 석유탄화수소(水溶性石油炭化水素, water-soluble petroleum hydrocarbons)는 수많은 독성 물질을 포함한다. 생물에 대한 영향은 생물의 종류에 따라 다를 뿐 아니라 같은 종일 지라도 연령, 성숙도, 크기, 계절 등에 따라 다르다.

유독성 석유화학물질은 생리적 기능장애를 일으키고 발육부진, 성장 감소, 행동의 변화, 재생산능력 감퇴를 가져온다. 그러나 석유탄화수소의 정확한 독성을 구명하기는 매우 어렵다. 원유나 정유된 석유화학물질은 수천 개의 다른 화합물을 함유하고 있어 특정 물질의 구체적인 독성이나 생물학적 영향을 파악하기가 어렵기 때문이다.

유류 유출사고가 발생하면 해양생물이 이러한 복합적인 석유화학물질에 직접 노출되기 때문에 많은 피해를 입게 된다. 생물 종류에 따른 피해는 다음과 같다.

부유생물: 해양의 표층에 사는 수표생물(水表生物, neuston)은 석유화학물질에 의한 피해 가능성이 매우 높다. 석유화학물질의 농도가 50 μg · g(ppb) 이하일 경우에는 부유식물의 광합성은 촉진되나 50 μg · g 이상에서는 점진적으로 감소된다. 250 μg · g 이상에서는 동물플랑크톤의 섭식활동이 감소하는 것으로 보고 되었다. 저농도라 할지라도 일단 유류에 감염되면 대부분의 플랑크톤의 성장이 저해되고 생존율이 감소되는 것으로 알려져 있다.

해조류 군락: 주로 해류의 소통이 낮은 내만이나 해수소택지(海水沼澤地, salt marsh)의 식물군락이 피해를 입는다. 발아 또는 개화기에는 유류오염에 의한 피해가 크며(발아 및 개화율 감소), 일년생이 다년생 식물보다 훨씬 더 취약하다. 석유화학물질은 효소나 박테리아에 의해 분해되므로 일정한 기간이 경과한 후에는 영양소로 활용되어 식물군의 성장을 촉진시키는 역할도 한다. 해안의 식물군락은 유류에 의한 직접적인 피해보다 청소시 사용되는 유출유처리제(流出油處理劑, 유화제) 등의 독성에 의한 피해가 더 큰 경우도 있다.

바다새(海鳥類): 정확한 통계를 잡기 어려우나 매년 수십만 마리 이상의 바다새가 유류오염에 의해 폐사되는 것으로 알려져 있다. 바다새의 깃털에 유류가 흡수되면 깃털의 방수, 보온기능이 상실되어 익사하거나 체온 상실로 죽게 된다. 또 부리로 깃털에 묻은 유류를 제거하는 과정에서 독성이 강한 유류가 새의 체내로 침투하게 되어 신장, 간 등 장기능 장애, 산란 및 부화율 감소, 생식기능 저하 등의 피해를 입게 된다.

수산업 및 어류: 주로 가두리 양식장이나 축양장 등이 피해를 입는다. 어류는 오염현장을 쉽게 빠져 나가기 때문에 큰 영향을 받지 않으나 어란이나 치어는 취약하다. 약 10~25 ppb 농도에서 부화율이 감소했고 250 ppb 이상에서는 치어의 비정상 발육과 사망률이 크게 증가하였다. 그러나 유류오염에 의해 어란 및 치어가 대량으로 폐사한 경우에도 전체 어류자원에 미치는 영향은 별로 크지 않은 것으로 알려져 있다. 유류 타르는 해저에 침전되어 수년간 잔류하게 되므로 저서생물 특히 양식패류에 피해를 입히

게 된다. 어업에의 피해는 생물체 자체에 대한 유류의 직접적인 피해보다도 간접적인 피해(냄새 등)가 더 심각한 문제이다. 유류의 냄새는 저농도에서도 매우 오래 지속되며 수산물의 상품성을 저하시킨다. 또 어구에 기름이 묻으므로 채취된 어패류가 이차적으로 감염되는 사례도 허다하다. 유류 유출사건이 발생하면 피해에 관계없이 그 부근 해역에서 채취된 수산물의 판매량이 격감하게 되는 것이 보통이다.

영양염류

과다한 영양염류의 유입은 많은 생물학적 변화를 유발한다. 일차생산력의 증가, 식물플랑크톤의 종조성 변화 및 특수종의 이상 증식, 용존산소량 감소, 어족자원의 감소 등을 초래하며 심한 경우에는 적조와 무산소 상태가 발생하여 어패류의 대량 폐사가 발생한다. 적당한 양의 영양염 유입은 긍정적이나 과다한 유입은 환경의 질을 저하시키는 원인이 된다.

전지구적으로 볼 때 강을 통해 유입되는 양은 자연상태에서 추가되는 양과 비슷하다. 그러나 유입된 영양염류의 80~90%가 주로 연안해역내에서 일차생산에 이용되므로 외해 생산력에의 기여도는 매우 낮다. 따라서 과다영양염에 의한 영향은 연안해역에 국한된다.

1988년 스칸디나비아 반도 연안해역에서 발생한 편모조류의 일종인 *Chrysochromulina polylepis*의 대번식(5천만~1억 cells · l^{-1})은 영양염류의 과다유입에 의한 결과였다. 약 200 km에 걸친 해안에서 어패류와 해조류에 막대한 피해를 입혔고 노르웨이의 연어양식장에 1천만 불 이상의 경제적 손실을 끼쳤다. 북해의 남쪽 해안인 네덜란드 연안에서는 과거 50년 사이에 질소와 인의 양이 4배와 2배로 각각 증가하였다. 그 결과 식물플랑크톤이 크게 증가하였고 편모조류가 규조류보다 많아지는 종조성의 변화가 일어났다. 이러한 부영양화 과정은 다음의 단계적 변화를 일으킨다.

일차생산량의 증가
식물종조성의 변화와 고밀도 증식
무산소상태
어류 및 무척추동물 피해(폐사)
쾌적도의 저하
저서생물군집 구조변화

그러나 이러한 변화가 항상 일률적으로 일어나는 것은 아니다. 또 저서생물군집 구조변화가 최종 단계가 아니고 부영양화의 초기 현상으로 나타나는 경우도 많다. 보편적으로는 어류폐사, 수산물 생산량 감소 및 쾌적도의 저하로 인한 경제적 손실이 피해의 양상이다. 감염된 패류 섭취를 통한 인체의 피해(마비성 패류중독 등)가 발생할 위험성도 있다. 피해를 감소시키기 위해서는 다음과 같은 항목을 계속 감시해야 한다: 탁도, 용존산소, 영양염류, 엽록소, 해조류 및 저서동물군 등.

인공위성을 통해 적조의 크기, 발전과정 및 소멸상태를 추정할 수 있으며 모델링이나 수치실험 등도 유용한 관리수단으로 활용할 수 있다. 영양염 과다유입에 의한 피해를 줄이려면 폐수처리를 철저히하여 영양염·유기탄소를 적게 배출해야 한다. 배출지점을 잘 선정하여 배출수가 잘 희석, 혼합되도록 노력할 필요도 있다.

3.3. 생물학적 영향의 측정

독성이란 물질의 생물체에 대한 유독 정도를 뜻한다. 대개 생물을 폐사시키거나 해를 주는 만큼의 물질 양, 농도, 시간으로 표시한다. 그 표기법은 아래와 같다.

TL_m 또는 TL_{50}(Median Tolerance Limit): 중간내성한계 또는 반치사농도
LT_m 또는 LT_{50}(Median Lethal Time): 중간치사시간
LC_m 또는 LC_{50}(Median Lethal Concentration): 중간치사농도
LD_m 또는 LD_{50}(Median Lethal Dose): 중간치사량
EC_m 또는 EC_{50}(Median Effective Concentration): 중간유효농도
ED_m 또는 ED_{50}(Median Effective Dose): 중간유효량

실험실내에서의 독성실험은 단기(급성)독성실험(短期毒性實驗, acute toxicity test)과 장기(만성)독성실험(長期毒性實驗, chronic toxicity test) 또는 장기생물학적 반응실험 (長期生物學的 反應實驗, chronic biological response test)으로 구분된다.

단기독성실험

단기독성실험은 중간내성한계(TLm), 즉 실험대상 동물의 50%가 사망하는 조건을 알아내는 실험이다. 실험대상 동물을 특정 오염물질에 일정시간 노출했을

때 50%가 사망(또는 50%가 생존)하기까지 걸리는 시간과 오염물질의 농도 또는 투여된 양을 측정하여 생물의 내성한계를 알아내는 실험이다.

실험동물의 사망 정도는 오염물질의 양, 또는 농도와 노출시간에 따라 달라진다. 따라서 오염물질 투여량이 많으면 50%가 사망하는 데 걸리는 시간이 짧고, 반대로 적으면 시간이 길어진다(그림 11-17). 편의상 24시간, 48시간 또는 96시간을 실험단위로 하여 중간치사 한계를 측정하고 있다. 중간치사량 실험결과는 96 h LD_{50} 또는 96 h LD_m, 중간치사시간은 96 h LT_{50} 및 중간치사농도는 96 h LC_{50} 등으로 나타낸다. 만약 실험자가 사망률이 아닌 다른 생물학적 반응(예: 무감각 또는 마취 상태)에 관심이 있다면 50%의 실험동물이 그 상태에 이르게 되는 중간유효량(48 h ED_{50}) 또는 중간유효농도(48 h EC_{50})를 측정하면 된다.

해양생물에 관한 독성실험에서는 주로 오염물질의 농도를 중심으로 중간치사농도(LC_{50}) 또는 중간유효농도(EC_{50})를 사용하는데 이는 육상동물 대상의 중간치사량(LD_{50})이나 중간유효량(ED_{50})과 같은 의미이다. 그러나 엄격한 의미에서는 차이를 가진다. 육상동물인 경우에는 오염물질을 먹이나 주사기를 통하여 체내에 투여하므로 정확한 양을 쉽게 파악할 수 있는 반면 해양생물일 경우에는 실험동물에 직접 투여하는 것이 아니고 실험탱크의 물에 특정 양의 오염물질을 첨가하

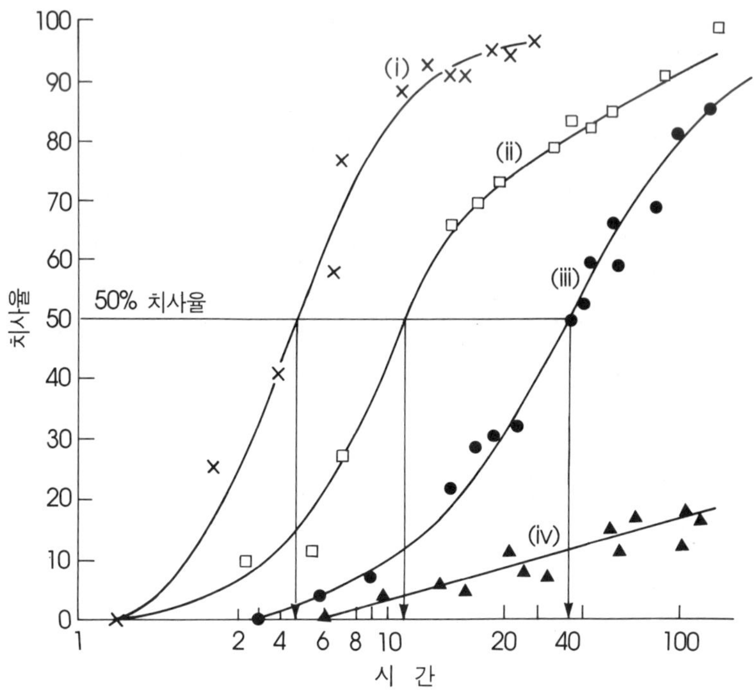

그림 11-17.
황화아연에 의한 홍합의 치사율.
(i) 10^{-2}M, (ii) 10^{-3}M,
(iii) 10^{-4}~10^{-4}M,
(iv) 10^{-5}M $ZnSO_4$
(자료: Clark, 1986)

므로 정확한 양을 파악하기 어렵다. 따라서 수중생물검정(水中生物檢定, aquatic bioassay) 결과는 육상동물에 대한 독성실험에 비해 개략적이라고 할 수 있다.

중간치사농도란 생물의 오염물질에 대한 내성한계를 나타내는 판단기준에 불과할 뿐이어서 수산자원이나 환경보호 측면에서 활용되기는 어렵다. 일반적으로 생물에 해를 끼치지 않는 안전농도는 반치사농도의 약 10%로 본다. 중간치사농도에 적용계수(適用係數, application factor) 0.1을 곱한 이 값을 아치사 영향(亞致死 影響, sublethal effects) 또는 만성영향(慢性影響, chronic effects)이 없는 안전농도(安全濃度, safe concentration)라고 한다(Warren, 1971). 10일(240시간) 이내의 실험은 단기독성실험에 속하고 그 이상은 아치사 또는 장기독성실험에 속한다.

아치사 영향

단기독성실험에서는 실험기간 동안 일어나는 치사율만 측정한다. 따라서 독성물질에 노출된 생물을 오염되지 않은 해수에 옮겼을 때 계속 나타나는 치사율은 알 수가 없다. 단기독성실험 자료는 독성의 지속적인 영향이 포함되지 않았기 때문에 실제보다 낮은 독성을 측정하게 된다. 독성의 장기적인 영향까지를 포함한 결과를 그림 11-18에 나타내었다. 홍합을 여러 농도의 황화구리($CuSO_4$) 용액에 24시간 노출시킨 후 3주간 동안 깨끗한 해수에 사육한 결과 0.4 ppm 이상의 농도에 노출된 개체는 50~95%의 높은 치사율을 보였다.

매우 낮은 농도일지라도 오랫동안 오염물질에 노출되면 생물은 여러 가지 피해를 입는다. 아주 사소한 생리적 변화에서부터 발육부진, 심한 경우에는 조기사망에 이르기도 한다. 어류 지느러미의 비정상 발육, 기형골격, 장기(腸器)이상 등이 매우 흔하게 발견되는 만성독성에 의한 피해들이다. 북해에서 채포된 청어의 경우 전체의 8.4%가 기형어로 보고된 적이 있다. 물론 유전적 결함이나 기생충, 영양실조 등의 자연적인 원인도 있으나 염화탄화수소, 중금속 등의 독성 물질에 의해 많이 발생한다. 장기적 영향으로 다음과 같은 것이 있다.

성장 억제 혹은 촉진
산란양 및 유생생존율 감소
저서동물 유생의 정착 및 환경적응 능력 감소
포식자-피식자 관계 교란
생리 및 생화학적 기능(호흡, 삼투압, 이온조절) 변화
갑각류의 탈피주기 억제 또는 변형

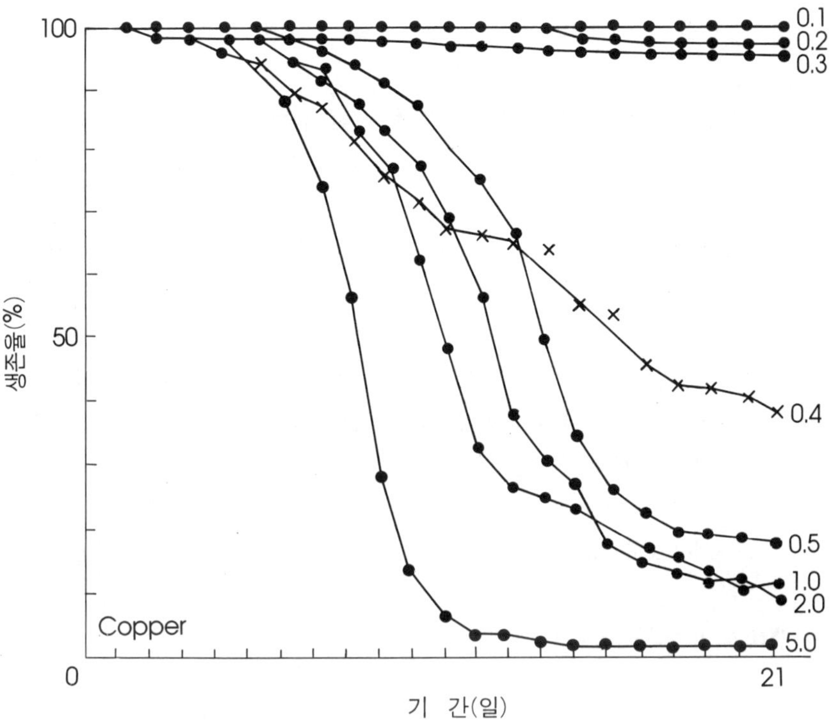

그림 11-18. 여러 가지 농도(ppm)의 황화구리($CuSO_4$) 용액에 노출된 홍합의 생존율(자료: Clark, 1986).

기생충 및 질병에 대한 면역기능 감소

장기독성 영향평가

장기영향(長期影響, long-term/chronic effects)으로 중요한 것은 생물의 성장과 생식능력의 저하이다. 따라서 장기독성 영향의 평가도 이러한 문제에 초점을 맞추어야 한다. 이러한 영향을 알아내려면 독성 물질의 인체에의 전달과정, 해양생물의 성장과 번식, 그리고 생태학적 상호작용을 구체적으로 규명해야만 한다. 생물 피해에 대한 평가는 궁극적으로 환경의 효율적 관리를 위해 이루어지므로 단기독성 평가만으로는 생물에 피해를 주지 않는 안전농도에 관한 정보를 얻기가 매우 어렵다. 따라서 보다 장기적인 관점에서 조사가 필요하다. 장기독성 평가를 위한 접근방법의 한 예를 들면 다음과 같다(Perkins, 1976).

인체에 관련되는 영향평가

환경모니터링(수질, 오염물질 이동경로)

인체내 투입 조사(전달과정, 체내축적)

먹이사슬 조사(영양단계내의 이동, 축적)

실험실 평가(오염물질의 생화학적 작용, 습성, 변환)

해양생물의 생존에 미치는 영향평가

오염된 사료의 섭취, 사료전환 효율 및 성장

생식에의 영향(난 생존율, 부화 및 유생 발육, 성숙도, 산란 및 출산 능력)

표지시험(marking experiments, 연안배출구 및 유류 유출현장에서 표지를 단 생물이용 독성영향 조사)

생태학적 상호작용 평가를 위한 현장 및 모델 시험

오염물질의 현장적용 시험(오염물질 현장 방류 또는 유류 유출시 그 영향조사—유류와 계면활성제의 독성)

연안배출구에 대한 현장조사

모델시험(각종 오염물질 및 생물군을 이용한 현장 축소모델 시험—pilot scale model)

손상된 생태계 및 생물상의 회복

오염에 의해 변화된 생태계나 생물상이 오염물질의 유입이 중단되었을 때 어느 정도 회복이 가능한 것인가는 중요한 관심사가 아닐 수 없다. 일반적으로 해양생태계는 시간이 지나면 오염 이전상태로 환원된다. 그러나 생태계는 유동적이고 그 성격 또한 다양하여 변화가 일어난 후 언제나 그전 상태 그대로 복원되지는 않는다. 생태계가 파괴되면 종의 다양성이 줄어들고 먹이사슬 단계가 짧아지는 등, 특성이 변하기 때문이다. 그럼에도 불구하고 인위적인 노력에 의해 손상된 생태계가 회복된 사례는 많다.

영국의 테임스 강은 폐수의 유입으로 20세기 초반까지 용존산소량이 줄어들고 풍부하던 어류가 사라진 대신 실지렁이(tubificid worms)가 저서생물군의 우점종이었다. 1960년대 이후 폐수처리 시설의 확장으로 수질이 개선되면서 용존산소량이 증가하고 100여 종의 어류가 나타나는 등의 변화가 있었다. 1983년에 연어 치어를 방류한 이래 연어가 돌아와 130년만에 연어 낚시를 할 수 있는 장소로 변한 것이다. 1971년 미국 캘리포니아 연안에서는 도시하수 배출구를 연안의 수심 18 m 지점에서 외해의 60 m 깊이로 옮긴 결과 배출구 근처의 생태계가 빠르게 회복되었다. 폐수배출이 중지된 지 불과 수개월 후 저층퇴적물의 유기탄소, 유화물 농도가 정상으로 회복되었고 어류와 저서동물의 종류도 크게 늘어났다.

염화탄화수소의 경우는 약간 다른 결과를 보여 준다. 1970년대 초 이후 많은 국가에서 PCBs와 DDT의 사용을 금지하거나 엄격히 제한한 결과 환경내에서의 농도가 현저하게 줄어들었다. 해양동물 체내의 PCBs 농도는 50%로 감소하였고 DDT는 80년대 중반에 종전의 약 10% 수준까지 감소하였다. 그러나 그 이상은 줄어들지 않을 뿐 아니라 80년대 종반 이후는 오히려 조금씩 증가하는 경향을 보였다. 새로운 염화탄화수소의 유입은 없으나 퇴적물에 축적된 것이 해수 속으로 재방출되어 순환하고 있기 때문인 것으로 추정된다.

최근 빈번해진 연안개발, 항만 및 해상 교량건설, 어업활동, 해저광물 개발, 온배수배출 등에 의해 산호초나 망그로브 및 해조류 군락이 파괴되는 경우가 많다. 산호는 성장이 느리기 때문에 회복에는 수십 년이 걸린다. 반면 망그로브나 대형 해조류 군락은 환경조건이 오염 이전으로 개선되면 해조류는 수개월 이내, 망그로브는 1년 이내에 80%가 복원된다고 한다(GESAMP, 1990).

4. 해양오염의 예방 및 관리

4.1. 예방 및 관리 원칙

환경보전과 이에 관련되는 제문제점들은 오늘날 인류가 공동으로 해결해야 하는 가장 중요하고 시급한 과제의 하나이다. 그러나 산업발달에 따른 폐기물의 계속적인 증가와 새로운 합성유기화합물의 증가로 오염의 예방과 관리가 점점 더 어려워지고 있다. 더욱이 독성물질의 특성과 용량반응관계(dose-response relationships)에 관한 기초자료가 부족할 뿐 아니라 기술, 인력, 재정 등 필요한 자원이 한정되어 있어 이러한 어려움은 계속 남아 있다.

지난 1992년 6월 브라질의 리우데자네이로에서 열린 환경과 개발에 관한 UN 회의(UNs Conference on Environment and Development: UNCED)에서 '21세기 지구환경 실천강령'을 채택한 이후 환경보전은 이제 전지구적 공동관심사로 부각되기 시작하였다. 특히 이 회의에서 자원개발과 환경보전을 동시에 추구해야 한다는 ESSD 원칙(Environmentally Sound & Sustainable Development)이 확인되어 환경보전의 새로운 접근방법이 제시되었다. 이는 환경을 저해하는 무절제한 자원의 이용개발은 더 이상 용납될 수 없을 뿐 아니라 환경보전이 개발의 필수요소가 되어야 하며 이 두 가지를 분리해서 생각할 수 없음을 의미한다. 개발은 현재와 미래의 요구를 똑같이 충족시킬 수 있도록 자원의 생산성을 일정한 수준으로 유지하는 범위내에서 이뤄져야 한다는 점 또한 강조된 것이다. 이러한 정신에 입각하여 오염의 예방 및 관리 전략의 원칙을 나열하면 다음과 같다.

1) 환경수용능력(環境收容能力, EC: environmental capacity)을 고려하여 환경이나 인체에 피해를 주는 인간활동을 규제해야 한다. 환경수용능력이란 부정적인 영향이 없이 오염물질 또는 그 활성도를 받아들이고 흡수 분해하며 활용할 수 있는 환경의 수용능력을 말한다(GESAMP, 1990).
2) 환경정화목표(環境淨化目標, EQOs: Environmental Quality Objectives)를 설정 활용해야 한다. 환경정화목표란 특정한 목표를 충족시킬 수 있는 환경의 적정상태를 의미한다. 예를 들면 연어가 하구를 통해 소강(회귀)해 올 수 있게 하는 수질(환경)의 유지라든가, 오염되지 않은 수산물 생산, 해변의 보존을 위한 환경상태의 유지 등을 말한다.
3) 환경피해를 근거로 하여 통일된 배출기준(排出基準, UESs: Uniform Emission Standards)을 설정해야 한다. 지금까지는 오염물질의 독성이나 오염도(hazardous properties)만을 근거로 배출기준을 산출하였다.
4) 폐기물 처리는 환경영향을 최소화할 수 있는 가장 실용적인 방법을 선택해야 한다.
5) 예방적 환경보호원리를 적용해야 한다. 예방이 최선의 치유방법이라는 일반적인 예방원리를 활용하는 것이다. 독일에서는 이 원리를 이용하여 환경피해의 확증이 없는 물질에 대해서도 엄격한 규제(예방조치)를 실시하고 있다.

4.2. 오염관리 전략 및 경제성

전 략

오염물질의 관리는 생산에서부터 폐기에 이르기까지의 전과정관리(life-cycle strategies)가 중요하다. 또한 일반 공장가동이나 제품의 생산과정에서 오염물질의 배출을 최소화할 수 있도록 처음 계획단계에서부터 환경영향(훼손)의 가능성을 고려해야 한다. 폐기물을 최대한 재활용해야 하며 발생한 폐기물을 희석, 해독 및 제거할 수 있는 방법을 준비해야 한다. 특히 유류나 화학물질이 유출되었을 경우 그 처리방법(유화제 사용, 제거 및 청소, 자연분산)에 관한 지침서를 작성 비치해야 한다. 폐기장소를 선택하기 위한 연구 또한 미리 수행되어야 한다.

오염제거의 경제성

오염제거 또는 관리에는 재정적 부담이 따르기 때문에 이의 경제성이 매우 중요하다. 실제로 오염을 완전히 제거할 때 드는 비용이 그로 인해 얻는 수익을 능가하는 경우가 많다. 오염물질의 손익비용에 관한 자료가 규격화되고 목록화되는 것이 바람직하나 대부분의 경우 그렇지 못하다. 해양환경에서는 특히 오염물질의 분포와 장기적인 영향을 예측하기가 어렵기 때문에 오염에 따른 손익비용을 정량적으로 산출하는 것 역시 매우 어렵다.

오염물질의 배출량을 줄이고 잘 관리하기 위해서는 금융지원, 세율 감면, 배출허가제 또는 벌금 등의 조치를 취할 수 있으나 행정적 부담이 문제이다. 오염방지, 감소 또는 처리를 위한 구체적인 기술개발은 매우 효과적이나 이 또한 경비가 많이 들고 그 결과도 불확실하다는 문제가 있다.

오염을 감소시키기 위한 비용은 환경기준의 정도에 따라 큰 차이가 있다. 설탕공장의 예를 들어보자. 설탕공장에서 배출되는 폐수에는 많은 유기물이 함유되어 있다. 폐수의 처리과정에서 BOD 양을 제거하는 비율에 따라 비용은 크게 달라진다(그림 11-19). BOD 60%를 제거할 때의 비용은 30%만 제거할 때의 20배, 그리고 90% 제거시는 약 60배가 더 소요된다. 화력발전소 역시 마찬가지이다. 석

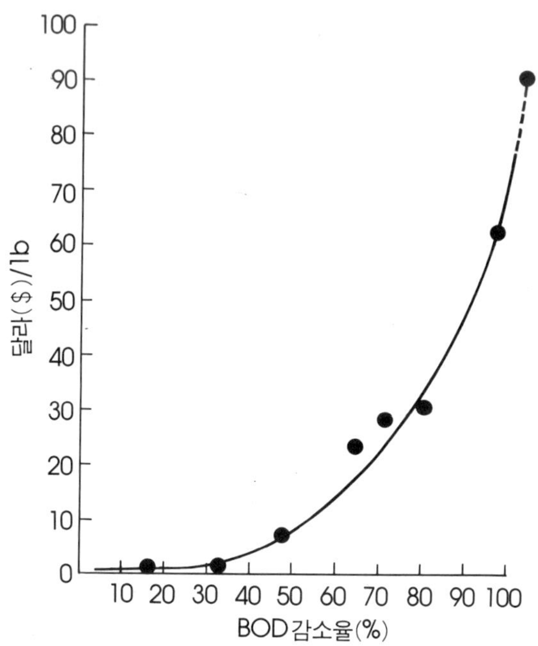

그림 11-19.
사탕무우공장 폐수의 유기물질 감소비용
(자료: Clark, 1986).

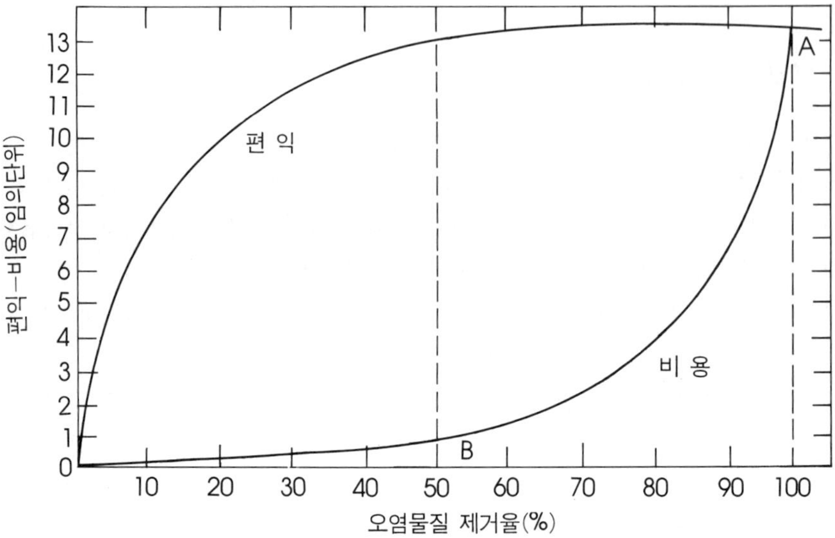

그림 11-20. 오염관리의 비용과 편익곡선 (자료: Williams, 1979).

탄으로부터 나오는 분진을 90% 제거하는 데 발전소 건설비용의 10%가 추가로 소요되나 95%를 제거하려면 30%, 99%를 제거하려면 200% 이상이 더 필요하다(Clark, 1986). 이는 오염물질 제거율을 높힐수록 그 비용은 기하급수적으로 증가함을 뜻한다.

따라서 오염 감소의 경제성은 감소에 드는 비용과 그로부터 얻어지는 이익과의 상관관계에 따라 결정할 수밖에 없다. 즉 "얼마만큼 깨끗한 환경을 원하는가?와 이를 위해 얼마까지 더 투자할 것인가?"가 주결정요인이 된다. 그림 11-20은 오염관리에 있어서 오염물질 제거율과 이에 소요되는 비용간의 상관관계를 나타내고 있다. 일반적으로 오염물질 제거의 최적량은 100%가 제거되는 A점이 아니고 제거를 위한 비용증가율과 이에 따른 이익증가율이 일치되는 B점(50% 제거)으로 보고 있다.

4.3. 해양오염의 국제적 관리

해양에 분포하는 오염물질은 주로 육상과 대기를 통하여 유입된 것이며 선박과 해상투기에 의한 것은 22%에 불과하다(표 11-9). 그러나 유조선의 등장 이후 해양의 유류오염 문제가 관심을 끌기 시작했고 또한 2차 세계대전 이후 해상 핵실험과 핵잠수함의 등장과 폐기물의 해상투기가 성행하게 되면서 이들 오염물질에 대한 국제적 관리가 문제로 대두되기 시작하였다. 특히 최근 지구환경에 대한 세계적 관심이 고조되면서 해양환경 상태에 대한 종합적인 평가와 관리를 위한 다

표 11-9. 인간활동에 의해 해양에 유입되는 오염물질의 추정량

오염원	오염물질 유입량(%)
해상생산활동(Offshore production)	1
해상수송(Maritime transportation)	12
해양투기(Ocean dumping)	10
육상에서의 유입(Run-off & land-based discharges)	44
대기(Atmosphere)	33

자료: GESAMP, 1990.

양한 국제협약 및 기구가 설치되고 있다.

해양오염에 관한 국제협약

1926년 미국 워싱톤에서 열린 '국제해양유류오염회의'에서 처음으로 문제가 제기되었다. 1954년 런던에서 '유류에 의한 해양오염방지 국제협약(International Convention for the Prevention of Pollution of the Seas by Oil)'이 채택되면서 국제협약은 구체화되기 시작하였다. 이 협약은 그 후 몇 차례의 수정(1962, 69, 71)을 거쳐 선박으로부터의 유류배출을 금지하는 국제협약(OILPOL Convention)으로까지 발전하였다. 중요한 오염관련 국제협약 및 기구, 단체는 다음과 같다:

선박에 의한 해양오염방지 국제협약(International Convention for the Prevention of Pollution from Ships): 1973년 런던에서 채택되어 1978년 의정서에 의해 수정되었다(MARPOL 73/78). 그 뒤 부속서(Annex I-V)가 추가되었는데 선박으로부터 유류뿐 아니라 모든 유해액체물질과 포장된 물질, 용기와 물통, 폐수와 쓰레기 등의 배출을 금지하고 있다. 이 협약은 OILPOL Convention을 대체하게 되었다.

런던 투기협약(London Dumping Convention: LDC): 1972년 12월 런던에서 채택되어 1975년 8월 발효되었다. 1972년의 'UN 인간환경회의'의 제안에 따라 제정되었는데 정식 명칭은 '폐기물 및 기타 물질의 투기에 의한 해양오염 방지협약(Convention on the Prevention of Marine Pollution by Dumping of Wastes and Other Matter)'이나 '런던 투기협약 또는 런던 협약'으로 통칭된다. 이 협약은 소위 블랙리스트(black list)에 해당되는 물질, 즉 유기할로겐계 및 염화탄화수소, 수은 및 카드뮴, 석유화학물질, 고방사성 물질, 플라스틱 등의 해양투기를 금지하고 있다. 전세계 바다에

적용되며 한국도 가입되어 있다.

해양오염의 과학적 현상에 관한 전문가 그룹(Group of Experts on the Scientific Aspects of Marine Pollution: GESAMP): UN 및 그 산하 8개 기구(UN, UNEP, UNESCO, FAO, WHO, IMO, IAEA, WMO)에 대한 자문을 담당하는 국제전문가 그룹이다. 이 그룹은 모든 오염물질의 환경영향과 연안개발의 결과 등을 분석 평가한다. 또 매년 선박에 의해 수송되는 화학물질에 대해 이들의 생체내 농축, 자원에 대한 피해, 인체에의 영향 그리고 경관저해, 수산물 및 해수의 질적가치 저하 등을 분석하여 오염도를 분류하는 작업을 수행한다.

육상오염원에 의한 해양오염방지 협약(Convention for the Prevention of Marine Pollution from Land-Based Sources): 육상으로부터 해양에 유입되는 오염물질을 관리하기 위한 협약이다. 1974년 프랑스 파리에서 채택되었으며 '파리 협약'(Paris Convention)으로 불리운다. 이 협약은 통일된 배출기준(UESs)의 적용과 환경정화 목표(EQOs)의 설정을 통해 오염물질의 해양유입을 강력하게 규제하는 정책을 도입하고 있다.

기타 유사한 지역 협약으로 발틱 해 해양환경 보전협약/헬싱키 협약(Convention on the Protection of the Marine Environment of the Baltic Sea/Helsinki Convention-1974), 36°N 이북의 대서양에 적용되는 오슬로 협약(Oslo Convention-1972), 지중해 관리를 위한 바르세로나 협약/아테네 의정서(Barcelona Convention/Athens Protocol-1980), 남태평양 지역의 뉴메이어 협약(Noumea Convention-1986)과 동남태평양의 리마 협약/퀴토 의정서(Lima Convention/Quito Protocol-1981), 페르시아/아라비아해의 쿠웨이트 의정서(Kuwait Protocol-1990), 흑해지역의 부카레스트 의정서(Bucharest Protocol-1992) 등 10개의 UNEP 지역해 협약이 있다.

북서태평양 환경보전 실천계획(NOWPAP: The North-Western Pacific Action Plan): 유엔환경계획의 지역해 보전사업(UNEP's Regional Seas Programs)의 일환으로 추진되고 있는 북서태평양 해역(동경 121~143°E, 북위 33~52°N)의 오염방지를 위한 실천계획이다. 한국을 비롯하여 일본, 중국, 러시아 및 북한이 참가하는 정부간 협의체로 1991년 발족하였다. 블라디보스톡, 북경, 방콕 등지에서 여러 차례의 예비 회의를 거쳐 1994년 9월 12~14일 서울에서 제1차 회의를 개최하였다. 북서태평양 해역의 해양환경 현황평가, 공동연구 및 전문인력 교류, 해양환경 정보자료의 관리체제 구축 등의 사업안을 채택하였다. 이 계획은 곧 UNEP의 지역해 협약(Regional Seas Convention)으로 발전될 것으로 기대된다.

유엔해양법

1982년에 채택되어 1994년 11월에 발효된 유엔해양법 협약(United Nations Convention on the Law of the Sea: UNCLOS)은 해양환경의 보전을 위한 원칙과 의무에 관한 규정들을 포함하고 있다. 즉 모든 연안국들은 어떠한 오염원으로부터도 해양환경을 보전하고 오염을 감소시키기 위한 조처를 취해야 하며 이를 위한 국제적 규정을 설정하고 전지구적 또는 지역적 협력을 지원하도록 명시하고 있다. 이러한 협력의무 속에는 피해에 대한 보고와 오염방지를 위한 예비 또는 계획의 수립 및 연구조사 사업 수행 등이 포함되어 있다. 또한 각 연안국이 자국의 200해리 경제수역내에서 해저자원을 개발하더라도 반드시 국제규정과 기준에 합당하는 국내법과 규정을 채택하도록 되어 있다.

환경과 개발에 관한 리우선언

환경과 개발에 관한 리우선언(The Rio Declaration on Environment and Development)은 1992년 6월 브라질의 리우데자네이로에서 개최된 '환경과 개발에 관한 유엔회의(UNCED)'에서 채택된 선언으로 21세기 지구환경 보전을 위한 국가, 국제기구, 단체 및 국민들이 실천해야 할 책임과 역할을 제시해 주고 있다. 이 선언은 전지구환경의 완전성과 개발시스템을 보호하기 위하여 국가간의 새로운 지구 동반자적 협력체제를 구축하는 데 그 목표를 두고 있다.

리우회의의 의제 21(Agenda 21)은 지구환경 전반에 대하여 환경보전을 위한 여건조성과 이를 추진하기 위한 실천과제 등을 상세히 규정하였다. 전문 40장으로 구성된 이 선언에는 해양환경 및 생물자원 보호, 유해화학물질, 폐수, 유해폐기물, 방사성 폐기물 등의 환경안전관리와 이를 위한 각 분야의 역할과 이행수단 등이 포함되어 있다. 특히 이 선언이 강조하고 있는 '환경적으로 건전하고 지속가능한 개발(ESSD)' 원칙은 앞으로 해양을 포함한 전지구환경 보전의 기본개념이 될 것이다.

지구표면의 71%을 차지하는 바다는 그 공간이 넓어 많은 종류의 오염물질이 유입되었음에도 육상에 비해 비교적 깨끗한 환경을 유지해 왔다. 그러나 20세기 후반에 들어와서 급격하게 늘어나는 인구와 산업활동으로 각종 폐기물이 대량으로 배출되면서 연안해역의 환경은 급속도로 악화되었다. 특히 대도시나 임해공업단지 부근의 연안해역은 영양염, 염화탄화수소, 유류, 중금속, 쓰레기 등으로 크게 오염되었다.

오염물질의 대부분은 육상에서 유입된 것이므로 육상에서의 폐기물 발생을 최소화하고 폐수처리 시스템을 개선 확장하는 것이 연안오염 방지의 최선의 방법이다. 이를 위해서는 일반국민과 정부 그리고 산업체의 공통된 노력이 필수적이다. 오염물질 배출을 감소하기 위한 일반대중의 적극적인 참여의식과 산업체의 기술개발 노력 그리고 정부의 과학적이며 철저한 관리체제가 확보되어야만 해양환경보전이 이루어질 수 있는 것이다. 특히 오염감시망의 확보, 오염자 비용부담 및 총량규제 원칙 등이 적용될 수 있는 총괄적인 관리체제가 갖추어져야 한다.

오염물질은 국경에 관계없이 해양과 육지 그리고 대기권을 통하여 널리 확산되고 있어 한 국가의 노력만으로는 관리와 방지가 매우 어렵다. 따라서 통일된 방법과 대책을 통한 국제적 또는 인접 국가간의 협력은 필수적이다. 1992년 6월 리우데자네이로에서 채택된 유엔의 '리우환경선언'에서 이러한 국제협력의 필요성과 각 국가 특히 선진국들의 책임과 역할을 강조한 것도 바로 이 때문이다.

환경보전을 위한 모든 정책은 반드시 확고한 과학적 정보에 근거를 두고 수립되어야 하며 이를 효율적으로 집행하기 위한 제도적 장치도 마련되어야 한다. 불행히도 우리나라는 아직 환경기술 개발을 위한 투자가 매우 부족할 뿐 아니라 특히 해양오염 관리를 총괄하는 책임부서가 확립되어 있지 못한 실정이다.

▶ 연습문제

1. 해양오염을 정의하시오.
2. 해양환경에 영향을 미치는 인간활동을 3가지 이상 예를 들어 설명하고 결과에 대하여 논의하시오.
3. 간석지(tadal flat)의 생태학적 특성을 설명하시오.
4. 간척사업이 해양생태계에 미치는 영향을 설명하시오.
5. 폐기물의 종류와 이들의 특성을 논하시오.
6. BOD와 COD를 설명하시오.
7. 부영향화(eutrophication)의 생물학적 영향을 설명하시오.
8. 염화탄화수소(chlorinated hydrocarbons)의 특성과 생물체내 농축에 대하여 설명하시오.
9. 중금속의 해수내에서의 이동 및 습성(transportation & behavior)과 생물체내에서의 대사과정을 설명하시오.
10. TBT에 관하여 설명하시오.
11. 양식어업과 환경과의 관계를 논하시오.
12. 해양에 유출된 유류가 해양생물에 어떤 영향을 미치는지를 설명하시오.
13. 생물독소(aquatic toxins)란 무엇이며, 이들이 해양생물과 인체에 어떤 피해를 입히는지를 설명하시오.
14. 안전농도(safe concentration)란 무엇이며 이들이 오염기준치를 설정함에 어떻게 적용되고 있는가?
15. 독성물질의 생물체에 대한 유독성은 장·단기독성 실험을 통해 측정하고 있다. 독성실험의 결과는 해양생물 및 환경보호 차원에서 어떻게 활용되고 있는가?
16. 장기독성 영향평가의 의의를 설명하시오.
17. 아치사 영향(sublethal effects)이란 무엇이며 이로 인해 초래되는 생물학적 영향을 간단히 설명하시오.
18. 오염물질 제거의 경제성에 관해 논하시오.
19. 다음을 간단히 설명하시오.

   ① UNCED

   ② UNCLOS

   ③ LDC

   ④ ESSD

⑤ NOWPAP

⑥ Application factor

⑦ 96 h LC_{50}, 48 h ED_m

20. 최근 수계환경이 아과되면서 '어류 대량 폐사' 사건이 자주 발생하고 있다.
   가) 예상되는 폐사 원인을 3가지 들고 그 이유를 설명하시오.
   나) 만약 이의 원인 규명을 의뢰받았다면 어떻게 하겠는가? 3가지 원인 조사에 대한 구체적인 study plan을 요약해서 설명하시오.

참고문헌

강연식, 최중기, 정경호, 박용철. 1992. 서해 중동부 연안수역과 경기만에서 일차 생산력과 동화계수에 관한 연구. 한국해양학회지, 27(3): 237-246.

강영실, 이삼석. 1991. 한국 근해 동물부유생물 현존량의 계절적 변동에 관한 연구. 수산진흥원 연구보고, 45: 13-21.

강영희, 권영명, 김한집, 심웅섭, 이진범, 홍영남. 1988. 식물생리학(plant physiology by Salisbury & Ross), 아카데미서적.

고관서. 1975. 어구어법학. 고려출판사.

곽정남. 1991. 남해도 연안의 어류 군집. 부산수산대학교 석사학위 논문.

국립수산진흥원. 1985. 연근해 주요어종의 생태와 어장. 국립수산진흥원 수산기술지 14.

권순기, 최중기. 1994. 한강 하류 및 하구역의 식물플랑크톤 생태연구. 황해연구, 6: 77-99.

김동원, 이원재. 1993. 해양미생물과 식물플랑크톤의 상호 관계. 한국수산학회지, 26(5): 446-457.

김수암. 1991. 해양조사에 의한 수산자원 평가론. 우성문화사.

김수암, 장창익. 1994. 어류생태학. 서울프레스.

김완수. 1980. 어류학 실험교본.

김용문. 1991. 연근해 어업자원의 동향. 수산계, 7(3): 16-25.

김용억. 1978. 어류학 총론. 태화출판사.

김용억, 김용문, 김영섭. 1994. 한국연근해 유용어류도감. 예문사, 부산.

김훈수, 이창언, 노분조. 1987. 동물분류학. 집현사.

박주석. 1970. 한국 근해의 모악류에 관한 연구. 한국수산진흥원 연구보고, 6: 1-174.

박주석, 이삼석, 강영실, 허성회, 1991. 한국 동해 중부해역의 지표성 요각류 및 모악류의 분포와 수괴 특성. 한국수산학회지, 24(3): 203-212.

박주석, 이삼석, 강영실, 이병돈, 허성회, 1992. 한국 동남 해역의 지표성 요각류 및 모악류의 분포와 수괴 특성. 한국수산학회지, 25(4): 251-264.

서해립, 서호영, 차성식, 1991. 만경 동진강 하구계의 동물플랑크톤 분포와 염분. 한국해양학회지, 26(3): 181-192.

신민철, 이태원, 1990. 대천 해빈 어류군집의 계절 변화. 한국수산학회지, 23: 135-144.

안인영, 이수형, 김경태, 1994. 남극연안해역 환경모니터링을 위한 예비조사: 남극대형이매패류의 중금속오염에 대한 지표종으로서의 적합도 평가. 한국해양연구소, BSPE 00428-723-7.

유신재, 1990. 한국근해의 잠재생산 추정. 한국수산학회 1990년도 추계 심포지움 보고서 '한국 연근해 잠재생물생산력 추정과 이용', pp.45-57.

이원재, 1977. 한국연안의 해양미생물의 분포에 관한 연구, 1. 충무연안의 분포에 관하여. 한국수산학회지, 10(1): 31-36.

이원재, 1991. *Tigriopus japonicus* Mori에 대한 수종미생물의 사료효과. 한국수산학회지, 24(2): 117-122.

이원재, 강원배, 성희경, 임월애, 김무찬, 김동원, 1992. 독도주변해역의 해양세균의 분포. 섬연구회, pp.31-43.

이원재, 김학균, 박영태, 성희경, 1990. 海洋細菌이 赤潮形成生物에 미치는 役割. 한국수산학회지, 26(5): 446-457.

이원재, 정희동, 강창근, 박희열, 1986. 부영양화 해역의 해양 세균의 분리 및 분리균의 생리적 성질에 관하여. 한국수산학회지, 19(6): 586-592.

이재학, 1987. 황해의 저서군집내에서 다모류의 분포유형. 한국수산학회지, 20(3): 224-229

이종화, 1992. 해양생물학. 동화기술.

이태원, 1989. 천수만 저서성 어류 군집의 계절 변화. 한국수산학회지, 22: 1-8.

이태원, 김광천, 1992. 아산만 저어류-Ⅱ. 종조성의 주야 및 계절변동. 한국수산학회지, 25: 103-114.

임월애, 김학균, 박주석, 이원재, 1993. 적조와 편모조 *Scrippsiella trochoidea*와 해양세균 *Pseudomonas* spp.의 동시배양시 지방산 조성의 변화. 한국해양학회지, 28(3): 186-191.

장창익, 1990. 한국북양어업의 당면과제에 관한 고찰. 한국해양연구소, 해양정책

연구, 5(1): 145-158.
장창익, 1991. 수산자원 생태학. 우성문화사.
장창익, 김수암, 윤성봉, 1992. 한국근해 참조기의 자원평가 및 관리방안. 한국수산학회지, 25(4): 282-290.
정경호, 박용철, 1988. 서해 경기만의 기초생산력 및 질소계 영양염의 재생산에 관한 연구. 한국해양학회지, 23(4): 194-206.
정문기, 1977. 한국어류어도보. 일지사.
제종길, 1993. 한국 주변해역의 연성저질에 서식하는 연체동물의 분포. 박사학위논문, 서울대학교.
최중기, 박용철, 김용철, 이영철, 정창수, 손승규, 황학진, 한범석, 1988. 서해 연안어장의 생산력 조사. 수산진흥원 연구보고, 42: 143-168.
최진우, 1990. 한국 동해의 대륙붕과 대륙사면에 서식하는 저서다모류군집. 박사학위논문, 서울대학교.
한국해양연구소, 1990. 해양개발의 현재와 미래. 해양과학총서.
허성회, 1986. 잘피말에 서식하는 어류의 종조성 및 출현량의 계절변동에 관한 연구. 한국수산학회지, 19: 509-517.
허형택, 1980. 해양자원의 지식. EM 문고 82, 한국경제신문사.
홍재상, 1981. 독도의 해양저서생물상의 잠수관찰. 한국자연보전협회 조사보고서, 19: 229-236.
황학진, 최중기, 1993. 황해 중동부 해역 동물플랑크톤의 계절적 분포 특성. 한국해양학회지, 28(1): 24-34.

菊池泰二, 田中雅生, 1976. 汚染海域 ベントスに關する研究-Ⅱ. ツズクがイ *Theora lubrica* (Gould) の汚染 指標性 と 生活史の 特徵 非調和性 環境への 適應性 について 生理生態, 17: 261-271.
宮地重遠編, 1991. ラボマニュアル マリンバイオテクノロジ. 横山印刷株式會社.
多賀信夫, 安田公昭, 1979. 餌科微生物フロック生産と その利用に 關する 基礎的 研究. 涑戸內海栽培漁業協硏, 13: 45.
門田元, 多賀信夫編, 1985. 海洋微生物硏究法, 學會出版センタ-.
小川數也, 1977. 動物プランクトン 餌科としての バクテリア フロックの效果. 日水誌, 43: 395-407.
增井正幹, 大西博, 畝本力編, 好鹽微生物, 醫菌藥出版株.
清水潮編, 1991. 海洋微生物とバイオテヲテクノロジ-. 技報堂出版.

土屋 誠, 1986. 海洋科學, 18: 11-17.

Aleyev, Yu. G., 1977. Nekton. Translated from the Russian by B. M. Meerovich Dr. W. Junk b.v. Publishers, Hague.

Alverson, D.L., A.R. Longhurst and J.A. Gulland. 1970. How much food from the sea? *Science*, 168: 503-505.

Anderson, D.A., 1994. Red tides. *Scientific American*, 271(2): 52-58.

Armstrong, F.A.J., 1965. Silicon. In: chemical oceanography, edited by Riley and Skirrow. Academic press, London & New York, 1: 409-432.

Atkins, D., 1943. On the ciliary mechanisms and interrelationships of lamellibranchs. *Quart. J. Mir. Sci.*, 84: 187.

Bardach, J.E., J.H. Ryther, and W.O. McLarney. 1972. Aquaculture. Wiley, N. Y.

Bayne, B.L., 1976. Marine mussels: their ecology and physiology, edited by B.L. Bayne, International Biological Program 10, Cambridge University Press.

Bermish, F.W.H., 1966. Vertical migration by demersal fish in the Northewst Atlantic, *J. Fish. Res. Bd. Can.*, 23: 109-139.

Beverton, R.J.H. and S.J. Holt. 1957. On the dynamics of exploited fish populations. Fishery investigations, Series II, Marine Fisheries, Great Britain Ministry of Agriculture, *Fisheries and Food* 19.

Blake, J.A., 1969. Reproduction and larval development of *Polydora* from Northern New England (Polychaeta: Spionidae). *Ophelia*, 7: 1-63.

Bold, H.C. and M.J. Wynne, 1985. Introduction to the algae. Prentice-Hall.

Bond, K.E., 1979. Biology of fishes. Sounders Coll. Pub. Philadelphia.

Bougis, P., 1976. Marine plankton ecology. North-Holland and publ. Co. New York.

Braarud, T., K.R. Gaardr and O. Nordli, 1958. Seasonal changes in the phytoplankton at various points off the Norwegian west coast. *Rept. Norweg. Fish. mar. Invest.*, 12(3): 1-77.

Cadée, C.G., 1980. Reappraisal of the production and import of organic carbon in the Western Wadden Sea. *Neth. J. Sea Res.*, 14(3/4): 305-322.

Carperon, J., 1968. Population growth response of *Isochrysis galbana* to nitrate variation at limiting concentrations. *Ecology*, 49: 866-872.

Carriker, M.R., 1955. Critical review of biology and control of oyster drills and Eupleura. Fish and Wildlife Service, *Spe. Sci. Rep. Fisheries No.*, 148: 1-150.

Carriker, M.R., 1959. Comparative functional morphology of the drilling mechanism in *Urosalpinx* and *Eupleura* (muricid gasropods). *Proc. XVth Int. Congr. Zool.*, London, pp.373-376 .

Carriker, M.R., 1961. Comparative functional morphology of boring mechanisms in gastropods. *Am. Zool.*, 1: 263-266.

Chang, F.H., 1994. New Zealand-Major shellfish poisoning (NSP) in early 1993. Harmful Algae News. IOC. No. 8.

Chia, F.S., 1974. Classification and adaptive significance of developmental patterns in marine invertebrates. *Thalassia Jugoslavica*, 10(1/2): 121-130.

Choi, J.K., 1985. The ecological study of phytoplankton in Kyeonggi Bay, Yellow sea. Seoul Nat. Univ., Ph.D thesis.

Choi, J.K., 1990. A checklist of marine tychopelagic and benthic diatoms in korea. *The Korea J. Phycol.*, 5(1): 73-116.

Choi, J.K., and J.H. Shim, 1986. The ecological study of phytoplankton in Kyeonggi Bay, Yellow Sea. II. Light Intensity, transparency, suspended substances. *J. Oceanogr. Soc. Korea*, 21(2): 101-109.

Choi, K.H. and C. Park, 1993. Seasonal fluctuation of zooplankton community in Asan Bay, Korea. *Bull. Korean Fish. Soc.*, 26(5): 424-437.

Clark, R.B., 1986. Marine pollution. Clarendon Press, Oxford.

Colebrook, J.M., 1964. Continuous plankton records: A principal component analysis of the geopraphical distribution of zooplankton. *Bull. Mar. Ecol.*, 6: 78-100.

Connell, J. H., 1961. The influence of interspecific competition and other factors on the distribution of the barnacle Chthamalus stellatus. *Ecology*, 42: 710-723.

Crisp, D.J., 1976. The role of the pelagic larva. In: Perspectives in Experimental Zoology, Vol. I, eited by Spencer-Davies, T., Pergamon Press.

Csirke, J. and J.F. Caddy, 1983. Production modelling using mortality estimates. *Can. J. Fish. Aquat. Sci.*, 40: 43-51.

Cushing, D.H., 1969. Upwelling and fish production. *FAO Fish. Tech. Pap.*

pp.40–84.

Day, Jr.J.W., C.A.S. Hall, W.M. Kemp, and A. Yáñez-Arancibia, 1989. Estuarine Ecology. John Wiley & Sons, New York.

Doty, M.S., 1971. Measurement of water movement in reference to benthic algal growth. *Bot. Mar.*, 14: 32-35.

Doyle, R.W., 1974. Choosing between darkness and light: the ecological genetics of photic behavior in the plankton larvae of *Spirorbis borealis. Mar. Biol.*, 25: 311-317.

Dring, M.J., 1982. The Biology of Marine Plants. Edward Arnold, London.

Elton, C., 1972. Animal Ecology. Sidgwick and Jacson, London.

Environmental Protection Agency, 1976. Quality criteria for water. EPA, Washington.

Esser, 1976. Kryptogamen. Springer-Verlag.

FAO, 1989. Yearbook of Fishery statistics, Volume 69. FAO, Rome.

Fauchald, K. and P.A. Jumars, 1979. The diet of worms: a study of polychaete feeding guilds. *Oceanogr. Mar. Biol. Ann. Rev.*, 17: 193-284.

Fenchel, T., 1969. The ecology of marine microbenthos. IV. Structure and function of the benthic ecosystem, its chemical and physical factors and the microfauna communities with special reference to the ciliated protozoa. *Ophelia*, 6: 1-182.

Fenchel, T. & R.J. Riedl, 1970. The sulfide system: a new biotic community underneath the oxidized layer of marine sand bottoms. *Mar. Biol.*, 7: 255-268.

Fox, W.W.Jr., 1970. An exponential surplus yield model for optimizing exploited fish populations. *Trans. Amer. Fish. Soc.*, 90: 80-88.

Fretter, V. & A. Graham, 1962. British prosobranch molluscs. Royal Society London.

Fulton, J., 1973. Some aspects of the life history of *Calanus plumchrus* in the Strait of Georgia. *J. Fish. Res. Bd. Can.*, 30: 811-815.

Gaarder, T. and H.H. Gran, 1927. Investigations of the production of plankton in the Oslo Fjord. *Rapp. Proc. Verb. Coms. Int. Explor. Mer.*, 42: 1-48.

Gause, G. F., 1934. The Struggle for Existence. Williams & Wilkins, Baltimore (Reprinted 1964 by Hafner, New York).

Gerlash, S.A., 1981. Marine pollution-Diagnosis and therapy. Springer-Verlag, Berlin.

GESAMP, 1990. The state of the marine environment. Blackwell Scientific Publ. Oxford.

Goerke, H. and W. Ernst, 1977. Fate of ^{14}C-labelled di-, tri- and pentachlorobiphenyls in the marine annelid Nereis virens. I. Accummulation and elimination after oral administration. *Chemosphere*, 6: 551-558.

Gordon, D.C., 1966. The effects of the deposit feeding polychaete *Pectinaria gouldii* on the intertidal sediments of Barnstable Harbor. *Limnol. Oceanogr.*, 11: 327-332.

Graham, M., 1935. Modern theory of exploiting a fishery, an application to North Sea trawling. *J. Cons. int. Explor. Mer.*, 10: 264-274.

Graham, H.W. and R.L. Edwards, 1960. The world biomass of marine fishes. P. 3-8. In: Fish in Nutrition, edited by E. Heen and R. Kreuzer. Fishing NewsBooks, Farnham.

Gross, M.G., 1993. Oceanography: A view of the Earth, Prentice-Halll Inc.

Gulland, J.A., 1971. The Fish Resources of the Ocean, Fishing News Books, Farnham.

Gulland, J.A., 1976. Production and catches of fish in the sea. In: The Ecology of the Seas, edited by D.H. Cushing and J.J. Walsh. Blackwell Scientific Publications.

Gulland, J.A., 1977. Fish population dynamics. Wiley, N. Y.

Han, B.S. and J.K. Choi, 1991. A study on the environmental conditions and phytoplankton ecology in the tidal front area of the *Yellow Sea. Yellow Sea Res.*, 4: 39-56.

Hardy, A.C., 1924. The herring in relation to its animate environment. Part 1. the food and feeding habits of the herring with special reference to the east coast of England. *Fish. Invest*, 7: 1-53.

Hardy, A.C., 1958. The Open Sea. Volume 2: Fish and Fisheries. Collins, London.

Hardy, A.C. and R. Bainbridge, 1954. Experimental observations of the vertical migration of plankton annimals. *J. Mar. Biol. Assoc. U. K.*, 33: 409-

448.

Harrison, S.J. and A.P. Phizaklea, 1980. Temperature in the intertidal zone: Bibliography and notes. IMRP report 1. Stirling Univ.

Hartman, O., 1941. Some contributions to the biology and life history of Spionidae from California. *Allan Hancock Pacific Expeditions*, 7: 289-323.

Heinle D.R., 1966. Production of a calanoid copepod *Acartia tonsa* in the Patuxent River Estuary. *Chesapeake Sci.*, 7(2): 59-74.

Hong, J.S., R.W. Frey and J.H. Lee, 1989. The first record of the pectinariid polychaete *Amphictene japonica* (Nilsson) in Korea. *Korean J. Zool.*, 32: 9-13.

Huffaker, C. B., 1958. Experimental studies on predation: dispersion factors and predator-prey oscillations. *Hilgardia*, 27: 343-383.

Hutchinson, G. E., 1957. Concluding remarks. *Cold Spring Habor Symposium on Quantitative Biology*, 22: 415-427.

Hutchinson, G. E., 1959. Homage to Santa Rosalia, or why are there so many kinds of animals? *American Naturalist*, 93: 145-159.

Hutchinson, G. E., 1961. The paradox of the plankton. *American Naturalist*, 95: 137-145.

Hylleberg, J. and V.F. Gallucci, 1975. *Mar. Biol.*, 32: 167-178.

Ingmanson, D.E. and W.J. Wallace, 1973. Oceanology: An Introduction. Wadsworth, Belmont, California.

Jackson, R.D., B.A. Kimball, R.J. Reginato and F.S. Nakayma, 1973. Diurnal soil-water evaporation: time-depth-flux patterns. *Soil Sci. Soc. Am. Proc.*, 37: 505-509

Jannasch, H.W., R.E. Marquis and A.M. Zimmerman, 1987. Current perspective in High pressure Biology. Academic Press.

Jansson, B.O., 1976. The significance of grain size and pore water content for the intertidal fauna of sandy beach. *Oikos*, 11: 114-120

Johnston, R., 1976. Marine pollution. Academic Press, London.

Jorgensen, C.B., 1981. Feeding and cleaning mechanisms in the suspension feeding bivalve *Mytilus edulis. Mar., Biol.*, 65: 159-163.

Jumars, P.A. and K. Fauchald, 1977. Between-community contrasts in succesful polychaete feeding strategies. In: Ecology of marine benthos, edited by B.C. Coull, The Bell W. Baruch Library in Marine Science No.

6, Univ. of South Carolina Press.

Kang, S.H., 1995. Bioaccumulation and stress effects of persistent toxic organic contaminants in marine bivalves and gastropods in Chinhae Bay. Ph. D. Thesis, Seoul Nat. Univ.

Kinne, O., 1971. Salinity, animals-invertebrate, In: Marine ecology, edited by Kinne, 1(II), pp.821-995.

Koh, C.H. and H.C. Shin, 1990. Growth and size ddistribution of some large brown algae in Ohori, east coast of Korea. *Hydrobiologia*, 204/205: 225-231.

Koh, C.H. and S.O. Joh, 1991. An estimation of the algal production of Sargassum confusum (Paeophyta) on the coast of Ohori, East Sea, Korea, by mathematical models based on photosynthetic rates and biomass changes. *J. Oceanol. Soc. Kor.*, 26: 108-116.

Koh, C.H., S.H. Oh, N.G. Sung, I.Y. Ahn and Y.C. Kang, 1989. Algal zonation and seasonality in subtidal area of an wave-exposed coast in Ohori, east coast of Korea. *Kor. J. Phycology*, 4(2): 171-182.

Koh, C.H. and H.C. Shin, 1988. Environmental characteristics and distribution of macrobenthos in a mudflat of the west coast of Korea (Yellow Sea). *Neth. J. Sea Res.*, 22: 279-290

Koh, C.H. and H.C. Shin, 1993. Distribution and abundance of ophiuroids on the continental shelf and slope of the East Sea (southwestern Sea of Japan), Korea. *Mar. Biol.*, 115: 393-399.

Kojima, Y., 1959. The relation between seasonal migration and spawning of a periwinkle, *Littorina brevicula* (Philippi). *Bull. mar. Biol. Stn., Asamushi*, Tohoku Univ., 9: 183-186.

KORDI, 1993. An ecological study on the macrozoobenthos in the Chinhae Bay, Korea. KORDI Tech. Rep., BSPE 00314-536-3, p.163. (in Korean)

KORDI, 1993. Oceanographic Atlas of Korean Waters. Vol. 2. South sea. (in Korean)

Krebs, C. J., 1985. Ecology the Experimental Analysis of Distribution and Abundance. Harper & Row, Pub., New York.

Kuznetsov, A.P., 1976. Trophic structure of the sea bottom fauna as a system of an ecological organization. In: Bottom Fauna of the USSR Fringing Seas, edited by Filatova, Z.A. and A.P. Kuznetsov. Inst. Oceanol. Acad. Sci.,

USSR, Moscow (in Russian), pp.6-31.

Lagler, K.F., J.E. Bardach, R.R. Miller and D.R. May Passino. 1977. Ichthyology. Wiley, N. Y.

Lalli, C.M. and T.R. Parsons, 1993. Biological oceanography. Pergamon press, Oxford, New York, Seoul, Tokyo.

Larsson, U. and A. Hagstrom, 1982. Fractionated phytoplankton primary production, exudate release and bacterial production in a Baltic eutrophication gradient. *Mar. Biol.*, 67: 57-70.

Laws, E.A., 1981. Aquatic pollution. John Wiley & Sons. New York, Toronto.

Lee, C.B., Y.A. Park and C.H. Koh, 1985. Sedimentologic and geochemical properties of intertidal surface sediments of the Panweol area in the southern part of Kyeonggi Bay, Korea. *J. Oceanol. Soc. Korea*, 20: 24-37

Lee, J.H. and C.H. Cho, 1985. Checklist of marine planktonic algae in the coastal waters of korea. I. Bacillariophyceae. *Ocean Research*, 7(1): 19-47.

Lee, J.J., S.H. Hunter and E.C. Bovee, 1985. An illustrated guide to the protozoa. *Society protoz.*

Lee, Y. H. and C. H. Koh, 1994. Biogenic sedimentary structures on a Korean mud flat: spring-neap variations. *Neth. J. Sea Res.*, 32(1): 81-90.

Lesser, J.R., 1978. Phyllosoma larvae of *Janus edwardsii* (Hutton) (Crustacea: Palinuridae) and their distribution off the east coast of North Island, New Zealand. *N. Z. Jour. Mar. Freshwater Res.*, 12: 357.

Lundholm, N., 1994. Pseudonitzschia seriata-A new toxic diatom. Harmful Algae News. IOC. No. 8.

MacGinite, G.E., 1934. The natural history of *Callianassa californiensis* Dana. *Am. Midl. Nat.*, 15: 166-177.

Mackay, N.J., M.N. Kazacos, R.J. Williams and M.I. Leedow, 1975. Selenium and heavy metals in black marlin. *Mar. Poll. Bull.*, 6: 57-61.

Maeda, M., W.J. Lee and N. Taga, 1983. Distribution of lipopolysaccharide, an indicator of bacterial biomass, in subtropical areas of the sea. *Mar. Biol.* 76: 257-262.

Malthus, T. R., 1978. An Essay on the Principle of Population. (Reprinted by Macmillan, New York).

Mann, K. H. & J. R. N. Lazier, 1991. Dynamics of Marine Ecosystem.

Blanckwell Sci. Publ.

Mann, K.H. and J.R.N. Lazier, 1991. Dynamics of marine systems. Blackwell Sci. Publ.

Margulis, L. & K. V. Schwarz. 1988. Five kingdoms: An Illustrated Guide to the phyla of life on Earth, 2nd Ed. W. H. Freeman and Company, New York.

Marr, J.C., 1960. The causes of major variations in the catch of the Pacificsardine, *Sardinops caerulea*. Spec. Sci. Rept., U.S. *Fish and Wildlife Ser.*, 208: 108-125.

Masuda, H., K. Amaoka, C. Arago, T. Ueno and T. Yoshino 1984. The fishes of the Japanese Archipelago. Tokai Univ. Press, Japan.

Maurer, D. and W. Leathem, 1981. Polychaete feeding guilds from Georges Bank, USA. *Mar. Biol.*, 62: 161-171.

McConnaughey, B.H., 1978. Introduction to marine biology. Mosby Co. Saint Louis.

McGowan, J.A. and D.M. Brown, 1966. A new open-closing paired zooplankton net. SIO report 66-23. University of California, Scripps Institute of Oceanography. La Jolla, California.

McLaren I.A., 1963. Effects of temperature on growth of zooplankton and the adaptive value of vertical migration. *J. Fish. Res. Bd. Can.*, 20: 685-727.

Menard, H.W. and S.M. Smith, 1966. Hyposmetry of basin provinces. *J. Geophysical Research*, 71: 4305-4325.

Mileikovsky, S.A., 1971. Types of larval development in marine bottom invertebrates, their distribution and ecological significance: a reevaluation. *Mar. Biol.*, 10(3): 193-213.

Mileikovsky, S.A., 1974. Types of larval development in marine bottom invertebrates, their distribution and ecological significance: An integrated ecological scheme. *Thalassia Jugoslavica*, 10(1/2): 171-179.

Neushul, M., 1972. Functional interpretation of benthic marine algal morphology. In: Contributions to the systematics of benthic marine algae of the North Pacific, edited by A. Abott and M. Kurogi, pp.47-73.

Newell, R., 1965. The role of detritus in the nutrition of two marine deposit-feeders, the prosobrach Hydrobia ulva and the bivalve Macoma balthica.

Proc. Zool. Soc. London., 142: 85-106.

Newell, R.C., 1979. Biology of intertidal animals. 3rd Ed., Marine Ecological Surveys, Faversham (Kent, U.K.), p.781.

Nichols, F.H., 1975. Dynamics and energetics of three deposit-feeding benthic invertebrate populations in Puget Saound, Washington. *Ecol. Monogr.*, 45: 57-82.

Nishihira, M., M. Tsuchiya and M. Sato, 1981. Distribution and spawning site selection of the polychaete, *Lumbrineris latreilli* (Audouin et Milne-Edwards) at Asamushi, northern Japan. *Bull. Mar. Biol. Stn. Asamushi*, Tohoku Univ., 17(1): 17-28.

Nishimura, S., 1983. Okhotsk Sea, Japan Sea, East china Sea. In: Ecosystem of the world, 26; Estuaries and Enclosed seas, edited by B. Ketchum, Elsevier, Amsterdam, pp.375-402.

Norse, E. A., 1993. Global Marine Biological Diversity, Island Press, Washington D. C.

Nybakken, J.W., 1993. Marine biology; An ecological approach. 3rd ed. Harper-Collins publ. New York.

Odum, E.P., 1971. Fundamentals of ecology. W. B. Saunders Co., Philadelphia.

Odum, E. P., 1989. Ecology and our endangered Life-support systems. Sinaner.

Oh, S.H. and C.H. Koh, 1995. Distribution of diatoms in the surfacial sediments of the Mangyeong-Dongjin tidal flat, west coast of Korea (Eastern Yellow Sea). *Mar. Biol*. 122: 487-496.

Oh, S.H. & C.H. Koh, 1996. Growth and photosynthesis of *Undaria pinnatifida* (Laminariales, Phaeophyta) on a cultivation ground in Korea. *Bot. Mar.* 39: 389-393.

Paine, R. T., 1966. Food web complexity and species diversity. *American Naturalist*, 100: 65-75.

Park C., K.H. Choi and C.H. Moon. 1991. Distribution of zooplankton in Asan Bay, Korea. with comments on vertical migration. *Bull. Korean Fish. Soc.*, 24(6): 472-482.

Park, C., J.H. Wormuth and G.A. Wolff, 1989. Sample variability of zooplankton in the nearshore off Louisiana with consideration of sampling design. *Continental Shelf Res.*, 9: 165-179.

Patin, S.A., 1982. Pollution and biological resources of the oceans. Butterworth Scientific, London.

Parsons, T.R., M. Takahashi and B. Hargrave, 1984. Biological Oceanographic Processes. 3rd Ed. Pergamon Press, New York.

Pearl, R., 1928. The Rate of Living. Knopf, New York.

Pearl, R. and L.J. Reed, 1920. On the rate of growth of the poulation of the United Stated since 1790 and its mathematical representation. *Proc. Natl. Acad. Sci.*, 6: 275-288.

Pella, J.J. and P.K. Tomlinson, 1969. A Generalized stock production model. *Inter. Am Trop. Tuna Comm. Bull.*, 13: 419-496.

Perkins, E.J., 1974. The biology of estuaries and coastal waters. Academic, London.

Perkins, E.J., 1976. The evaluation of biological response by toxicity and water quality assessments. In: Marine pollution, edited by R. Johnson. Academic Press, London, pp.505-585.

Petersen, C.G.J., 1894. On the biology of our flatfishes and on the decrease of our flatfish fisheries. Rep. Dan. Biol. Stn. IV.

Petipa, T.S., 1967. On the efficiency of utilization of energy in pelagic ecosystems of the Black Sea. *Fish. Res. Bd. Can. Translation*.

Platt, T. and D.V. Subba Rao, 1975. Primary production of marine microphytes. photosynthesis and productivity in different environments. In: Intern. Boil. Prog., Cambridge Univ press, Cambr., 3: 249-279.

Platt, T., M. Lewis and R. Geider, 1984. Thermodynamics of the pelagic ecosystem : Elementary closure conditions for biological production in the open ocean. In: Flows of Energy and Materials in Marine Ecosystem, edited by M.J.R. Fasham. Plenum Press, New York.

Pomeroy, L.R., 1974. The ocean's food web: a changing paradigm. *Bioscience*, 124: 499-504.

Poole, H.N. and W.R.G. Atkins, 1929. Photo-electric measurement of submarine illumination throughout the year. *J. Mar. Biol. Ass. U. K.*, 16: 297-324

Rasmussen, E., 1973. Systematics and ecology of the Isefjord marine fauna (Denmark), *Ophelia*, 11: 1-49.

Raymont, J.E.G., 1983. Plankton and productivity in the oceans. Vol.2: Zooplankton. 2nd Ed. Pergamon Press, Oxford.

Rhoads, D.C. 1963. Rates of sediment reworking by *Yoldia limatula* in Buzzards Bay, Massachusetts and Long Island Sound. *J. Sed. Petrol.*, 33: 723-727.

Rhoads, D.C., 1967. Biogenic reworking of intertidal and subtidal sediments in Barnstable Harbor and Buzzards Bay, Massachusetts. *J. Geol.*, 75: 461-476.

Rhoads, D.C., 1973. The influence of deposit-feeding benthos on water turbidity and nutrient cycling. *Am. J. Sci.*, 273: 1-22.

Rhoads, D.C., 1974. Organism-sedment relations on the muddy sea floor. *Oceanogr. Mar. Biol. Ann. Rev.*, 12: 263-300.

Rhoads, D.C. and D.K. Young, 1970. The influence of deposit-feeding organisms on sediment stability and community trophic structure. *J. Mar. Res.*, 28: 150-178.

Ricker, W.E., 1954. Stock and recruitment. *J. Fish. Res. Bd. Can.*, 11: 559-623.

Riedl, R., 1969. Marinbiologische Aspekte der Wasserbewegung. *Mar. Biol.*, 4: 62-78.

Riley, G.A., 1967. The plankton of estuary. In: Estuaries, edited by G.M.E. Lauff, Amer. Assoc. Ad. Sci. Publ. No. 83., Washington D.C., pp.316-326.

River, E.D. and R. F. Shipp, 1978. Soil water retention as related to particle size in selected sands and loamy sands. *Soil. Sci.*, 126: 94-100.

Roger, C., 1971. Les Euphausiaces du Pacifique equatorial et sud-tropical. Zoogeographie, Ecologie, Biologie et situation trophique. These d'Etat, Univ. Provence, Marseille.

Round, F. E., 1971. Benthic marine diatoms. *Oceanogr. Mar. Biol. Ann. Rev.*, 9: 83-139.

Round, F.E., 1973. The biology of algae. Edward Arnold.

Russell, E.S., 1931. Some theoretical considerations of the overfishing problem. *J. Cons. int. Explor. Mer.*, 6: 1-20.

Ryther, J.H., 1969. Photosynthesis and fish production in the sea. The production of organic matter and its conversion to higher forms of life vary throughout the world ocean. *Science*., 166: 72-76.

Sanders, H.L., 1958. Benthic studies in Buzzards Bay. I. Animal-sediment relationship. *Limnol. Oceanogr*., 3: 245-258.

Sanders, H.L., 1960. Benthic studies in Buzzards Bay. II. The structure of the soft-bottom community. *Limnol. Oceanol*., 5(2): 138-153.

Savilov, A.I., 1957. Biological aspect of the bottom fauna groupings of the north Okhotsk Sea. Trudy Inst. Okeanol., USSR Acad. Sci. Press, Moscow, 20: 88-170. In: Marine Biology (English translation), 1959. Edited by Nikitin, B.N., pp.67-136. Americn Institute of Biological Sciences, Washington, D. C.

Schaefer, M.B., 1954. Some aspects of the dynamics of populations important to the management of commercial marine fisheries. *Inter. Am. Trop. Tuna Comm. Bull*., 1: 25-56.

Schaefer, M.B., 1957. A study of the dynamics of the fishery for yellowfin tuna in the eastern tropical Pacific Ocean. *Inter. Am. Trop. Tuna Comm. Bull*., 2: 245-285.

Scheltema, R.S., 1967. The relationship of temperature to the larval development of Nassarius obsoletus (Gastropoda). *Biol. Bull*., 132: 253-265.

Scheltema, R.S., 1971. Larval dispersal as a means of genetic exchange between geographically sparated populations of shallow water benthic marine invertebrates. *Biol. Bull*., 140: 284-322.

Schnute, J., 1977. Improved estimates from the Schaefer production molel: theoretical considerations. *J. Fish. Res. Bd. Can*., 34: 583-603.

Schwenke, H., 1974. Die Benthosvegetation. In: Meereskunde der Ostsee, edited by Springer-Verlag, London.

Sheridan, P. and R.J. Livingston, 1979. Cyclic trophic relationships of fishes in unpolluted, river-dominated estuary in North Florida. In: Ecological Progresses in Coastal and Marine Ecosystems, edited by Livingston, Plenum, New York, pp.143-161.

Sherr, E.B. and B.F. Sherr, 1988. Role of microbes in pelagic food webs : A revised concept. *Limnol. Oceanogr*., 33(5): 1225-1227.

Shin, H. C., J. W. Choi and C. H. Koh, 1989. Faunal Assemblages of benthic macrofauna in the inter- and subtidal region of th inner Kyeonggi Bay, west coast of Korea. *J. Oceanol. Soc. Korea*, 24: 184-193.

Sieburth, J.M., 1979. Sea microbes. Oxford University Press. N.Y.

Sleigh, M., 1989. Protozoa and other protists. Edward Arnold, London, New York.

Slobodkin, L. B., 1961. Growth and Regulation of Animal Population. Holt, Rinehart and Winston, New York.

Smayda, T.J., 1980. Phytoplankton species succession. In: physiological ecology of phytoplankton, edited by I. Morris, Blackwell Sci. Publ., pp.493-570.

Soutar, A. and J.D. Issacs, 1969. History of fish populations inferred from fish scales in anaerobic sediments off California. *Calif. Mar. Res. Comm.*, CalCOFI Rept. 13: 63-70.

Southward, A.J. and O.J. Crisp, 1965. Activity rhythms of barnacles in relation to respiration and feeding. *J. Mar. Biol. Ass. U.K.*, 45: 161-185.

Steele, J.H., 1974. The Structure of Marine Ecosystems. Blackwell, Oxford.

Steemann-Nielson, E., 1952. The use of radioactive carbon(C-14) for measuring organic production in the sea. *J. Cons. Int. Explor. Mer*, 18: 117-140.

Stephenson, T.A. and A. Stephenson, 1972. Life between Tidemarks on Rocky Shores. W.H. Freeman Company, San Francisco.

Strathmann, R.R., 1978. Length of pelagic period in echinoderms with feeding larvae from the northeast Pacific. *J. Exp. Mar. Biol. Ecol.*, 34: 23-27.

Svedrup, H.U., M.W. Johnson and R.H. Fleming, 1946. The oceans Their physics, chemisty and general biology. 2nd ed., Prentic-Hall, New York.

Swinbank, D.D. and J.W. Murray, 1981. Biosedimentological zonation of Boundary Bay tidal flats, Fraser River Detta, British Columbia. *Sedimentology*, 28: 201-237.

Taga, N., 1968. Some ecological aspects of marine bacteria in the Kuroshio current. *Bull. Misaki Mar. Biol. Kyoto Univ.*, 12: 65-76.

Tang, Q., 1993. Structure of fisheries resources and its variability in the Yellow Sea ecosystem. Symposium of Marine Science in Yellow Sea. Qingdao Ocean University Press, China, pp.243-252.

Tesch, F.W. The eel-Biology and management of anguillid eels. Chapman & Hall, London.

Thompson, W.F. and W.H. Bell, 1934. Biological statistics of the Pacific halibut dynamics. *J. Amer. Stst. Assoc.*, 64: 111-130.

Thorson, G., 1936. The larval development, growth and metabolism of Artic marine bottom invertebrates. *Medd. om Gronland*, 100(6): 1-155.

Thorson, G., 1946. Reproduction and larval development of Danish marine botttom invertebrates. Medd Komm. Danm. Fikeri-og Havunders, *Ser. Plankton*, 4: 1-523.

Thorson, G., 1950. Reproductive and larval ecology of marine bottom invertebrates., *Biol. Rev.*, 25: 1-45.

Thorson, G., 1961. Length of pelagic larval life in marine bottom invertebrates as related to larval transport by ocean currents. In: Oceanography, International Oceanographic Congress, New York, pp.455-474.

Tilman, D., M. Mattson and S. Langer, 1981. Competition and nutrient kinetics along a temperature gradient: an experimental test of a mechanistic approach to niche theory. *Limnol. and Oceanogr.*, 26: 1020-1033.

Tsuchiya, M. and Y. Kurihara, 1980. Effect of the feeding behavior of macrobenthos on changes in environmental conditions of intertidal flats. *J. Exp. Mar. Biol. Ecol.*, 44: 85-94.

Tsuchiya, M., M. Sato and M. Nishihira, 1982. Influence of water temperature and light conditions on the onset of spawning in the polychaete, *Lumbrineris latreilli* (Audouin et Milne-Edwards). *Bull. Mar. Biol. Stn. Asamushi*, Tohoku Univ., 17(2): 87-98.

Valiela, I., 1984. Marine ecological processes, Springer-Verlag, London.

Verhulst, P.F., 1838. Notice sur la loi que la population suit dans son accrossement. *Corresp. Math. et Phys.*, 10: 113-121.

Vlymen, W.J., 1970. Energy expenditure of swimming copepods. *Limnol. Oceanogr.*, 15: 348-356.

Wahington State Dept. of Fisheries, 1990. Fish culture in floating net-pens. Final Programmatic Environ. Impact Statement. Plympia, WA.

Walsh, J.J., 1972. Implications of a systems approach to oceanography. *Science*, 197: 969-975.

Warren, C.E., 1971. Biology and water pollution control. W. B. Saunders Co. Philadelphia.

Webb, J.E., J.A. Wallwork and J. H. Elgoob. Guide to living fishes. McMillan, London.

Webber, H. H. & H. V. Thurfman, 1991. Marine Bilogy, Harper Collins Publ.

Wiebe, P.H., K.H. Burt, S.H. Boyd and A.W. Morton, 1976. A multiple opening-closing net and environmental sensing system for sampling zooplankton. *J. Mar. Res.*, 34: 313-326.

Williams, J., 1979. Introduction to marine pollution control. John Wiley & Sons, New York.

Wilson, D.P., 1948a. The larval development of *Ophelia bicornis* Savigny. *J. mar. Biol. Ass. U. K.*, 27: 540-553.

Wilson, D.P., 1948b. The relation of the substratum to the metamorphosis of *Ophelia* larvae. *J. mar. Biol. Ass. U. K.*, 27: 723-760.

Wilson, D. P., 1952. The influence of the nature of the substratum on the metamorphosis of the larvae of marine animals, especially the larvae of *Ophelia bicornis* Savigny. *Ann. Inst. Oceanogr.*, Monaco, 27: 49-156.

Wilson, D. P., 1954. The attractive factor in the settlement of *Ophelia bicornis* Savigny. *J. mar. Biol. Ass. U. K.*, 33: 361-380.

Wilson, D.P., 1955. The role of microorganisms in the settlement of *Ophelia bicornis* Savigny. *J. mar. Biol. Ass. U. K.*, 34: 531-543.

Woodwell, G.M., C.F. Wurster and P.A. Issacson, 1967. DDT residues in an east coast estuary: A case of biological concentration of a persistent insecticide. *Science*, 156: 821-824.

Woodwick, K.H., 1977. Essays on polychaetous annelids in memory of Dr. Olga Hartman. *Allan Hancock Foundation*: 347-372.

Yentsch, C.S., 1962. Marine plankton. In: Physiolosy and biochemisty of algae, edited by R. Lewin, Academic press, London & New York, pp.771-797.

Yoo, K.I., 1991. Zooplankton studies of Yellow Sea in Korea. *Yellow Sea Research*, 4: 31-37.

Young, D.K., 1971. Effects of infauna on the sediment and seston of a subtidal environment. *Vie et Milieu*, 22 (Suppl.): 557-571.

Zedler, J.B., 1980. Algal mat productivity: comparison in a salt marsh. *Estuaries*, 2: 122-131.

Zhang, C.I., 1987. Biology and population dynamics of Alaska plaice, *pleuronectes quadrituberculatus*, in the eastern Bering Sea. Doctoral Dissertation. University of Washington, Seattle.

Zhu, D. and S.A. Iverson, 1990. Anchovy and other fish resources in the Yellow Sea and East China Sea. November 1984 - April 1988. *Mar. Fish. Res.*, 11: 1-143.

국문색인

ㄴ

ㄷ

ㄹ

ㅁ

ㅂ

ㅅ

ㅇ

ㅈ

ㅊ

ㅋ～ㅌ

ㅍ

ㅎ

영문색인

a

B

C

D

E

F

G

H

I

L

M

N

O

P

Q

R

S

T

U

V

W

Y

Z

▶ 저자 약력

고 철 환
1969년 서울대 식물학과 졸업
1979년 독일 Kiel대, 이학박사(저서생태학)
현재 서울대 해양학과 명예교수

박　　철
1976년 서울대 해양학과 졸업
1987년 미국 Texas A&M대, 이학박사(부유생물학)
현재 충남대 해양환경과학과 교수

유 신 재
1978년 서울대 해양학과 졸업
1987년 미국 New York 주립대, 이학박사(진화생태학)
현재 한국해양과학기술원 선임연구위원

이 원 재
1967년 부산수산대 제조과 졸업
1983년 일본 동경대, 농학박사(해양미생물학)
현재 부경대 미생물학과 명예교수

이 태 원
1973년 서울대 해양학과 졸업
1979년 프랑스 Montpellier대, 이학박사(어류생태학)
현재 충남대 해양환경과학과 명예교수

장 창 익
1976년 제주대 증식학과 졸업
1987년 미국 Washington대, 이학박사(수산자원학)
현재 부경대 해양생산시스템관리학부 교수

최 중 기
1973년 서울대 해양학과 졸업
1985년 서울대 해양학과, 이학박사(부유생물학)
현재 인하대 해양과학과 명예교수

홍 재 상
1972년 부산수산대 증식학과 졸업
1980년 프랑스 Aix-Marseille대, 이학박사(저서생태학)
현재 인하대 해양과학과 교수

허 형 택
1960년 부산수산대 증식학과 졸업
1975년 미국 Wisconsin대, 이학박사(해양생물학)
현재 서태평양해양과학위원회 의장

해양생물학

초판 1쇄 발행 1997년 3월 5일
초판 11쇄 발행 2020년 4월 10일

지은이 고철환 외
펴낸이 오세정
펴낸곳 서울대학교출판문화원

출판등록 제15-3호

주소 08826 서울 관악구 관악로 1
대표전화 02-880-5252 | 팩스 02-889-0785
도서주문 02-889-4424, 02-880-7995
이메일 snubook@snu.ac.kr
홈페이지 www.snupress.com

ISBN 978-89-521-1617-8 93470